답이보이는 무선설비기사 산업기사
10개년 영역별 기출문제풀이

초 판	2022년 1월 10일
편 저 자	김기남고시연구회
발 행 인	이재선
발 행 처	(주)네트웍텔레콤
주 소	서울 영등포구 영신로 17길 3, 경산빌딩
대표전화	02) 836-3543~5
팩 스	02) 835-8928
홈페이지	www.ucampus.ac
가 격	22,000원
I S B N	979-11-87180-23-4 (93560)

이 책의 저작권은 도서출판 NT미디어에 있으며, 무단복제할 수 없습니다.

상담전화 02) 836-3543~5
홈페이지 www.ucampus.ac

[1과목] 디지털 전자회로

1. 전원회로 ·· 6
2. TR 및 FET증폭회로 ·· 18
3. 궤환 및 연산증폭회로 ·· 25
4. 발진회로 ·· 35
5. 변복조회로 ·· 42
6. 펄스회로 ·· 50
7. 논리회로 ·· 58
8. 응용 논리회로 ·· 71

[2과목] 무선통신기기

1. 아날로그 송수신기 ·· 80
2. 디지털 송수신기 ·· 90
3. 항법기기 ·· 104
4. 전원회로 ·· 107
5. 무선기기의 성능 측정 ·· 122

[3과목] 안테나공학

1. 전자파이론 ·· 136
2. 안테나이론 ·· 141
3. 급전선이론 ·· 159
4. 전파전파 ·· 175

[4과목] 무선시스템

1. 무선시스템 기초 ·· 194
2. 고정통신시스템 ·· 204
3. 위성통신시스템 ·· 214
4. 이동통신시스템 ·· 218
5. 방송통신시스템 ·· 231
6. 무선 프로토콜 ·· 233
7. 무신시스템의 계획과 관리 ······································ 245

[5-1과목] 전자계산기 일반

1. 자료의 구성과 표현 ·· 252
2. 컴퓨터의 기본구조와 기능 ································ 263
3. 운영체재 ··· 267
4. 소프트웨어 일반 ·· 273
5. 마이크로 프로세서의 구조와 기능 ···················· 278

[5-2과목] 무선설비기준

1. 무선설비기준 1편 ·· 286
2. 무선설비기준 2편 ·· 302
3. 무선설비기준 3편 ·· 311
4. 무선설비기준 4편 ·· 323

[6과목] 최근년도 기출문제풀이

1. 2019년 1회 ··· 336
2. 2019년 2회 ··· 354
3. 2019년 4회 ··· 371
4. 2020년 1회 ··· 388
5. 2020년 2회 ··· 407
6. 2020년 4회 ··· 425
7. 2021년 1회 ··· 444
8. 2021년 2회 ··· 462
9. 2021년 4회 ··· 481

① 디지털 전자회로

1. 전원회로
2. TR FET 증폭회로
3. 궤환 연산증폭회로
4. 발진회로
5. 변복조회로
6. 펄스회로
7. 논리회로
8. 응용논리회로

········ 008
········ 018
········ 025
········ 035
········ 042
········ 050
········ 058
········ 071

무선설비기사 필기
영역별 기출문제풀이

① 전원회로

1 정류회로

01
다음 중 전원회로의 교류입력단과 직류부하단사이의 기본구성으로 적절한 것은?

① 교류입력단-정류회로-변압기-평활회로-정전압회로-직류부하단
② 교류입력단-변압기-정류회로-평활회로-정전압회로-직류부하단
③ 교류입력단-정류회로-변압기-정전압회로-평활회로-직류부하단
④ 교류입력단-변압기-정류회로-정전압회로-평활회로-직류부하단

• **전원회로의 기본구성**
교류 → 변압기 → 정류기 → 평활회로 → 정전압회로

[정답] ②

02
다음과 같은 블록도에서 출력으로 나타나는 파형이 적합한 것은?

입력(교류) — 정류/평활 — 정전압회로 — 출력( )

①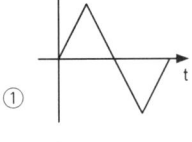
②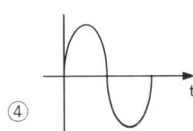
③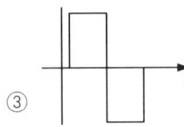
④ (정현파)

전원회로의 정전압회로는 부하변동의 영향 없이 일정한 직류출력을 유지시켜주는 회로이다.

[정답] ②

03
다음 중 정류회로를 평가하는 파라미터에 해당되지 않는 것은?

① 최대역전압　② 궤환율
③ 전압변동률　④ 정류효율

궤환율은 증폭기나 발진기에서 사용하는 파라미터이다.

[정답] ②

04
다음 중 정류회로에서 다이오드를 병렬로 여러 개 접속시킬 경우에 나타나는 특성으로 옳은 것은?

① 과전압으로부터 보호할 수 있다.
② 정류회로의 전류용량이 커진다.
③ 정류기의 역방향 전류가 감소한다.
④ 부하출력에서 맥동률을 감소시킬 수 있다.

정류회로에서 다이오드를 병렬로 여러 개 접속시키면 정류회로의 전류용량이 커진다. 정류회로에서 다이오드를 직렬로 여러 개 접속시키면 과전압으로부터 보호할 수 있다.

[정답] ②

05
다이오드를 사용한 정류 회로에서 여러 다이오드(n개)를 직렬로 연결하여 사용하면 어떤 장점이 있는가?

① 과전압으로부터 보호할 수 있다.
② 부하 출력의 맥동률을 감소시킬 수 있다.
③ AC전원으로부터 많은 전력을 공급받을 수 있다.
④ n배의 출력 전압을 얻을 수 있다

다이오드를 직렬로 연결하면 과전압으로부터 보호할 수 있으며, 다이오드를 병렬로 연결하면 과전류로 부터 보호할 수 있다.

[정답] ①

06
반도체 다이오드의 두 가지 바이어스(Bias)조건으로 맞는 것은?

① 발진과 증폭　② 블록과 비블록
③ 유도와 비유도　④ 순방향과 역방향

다이오드는 전기적 스위치 소자로 사용 시 순방향바이어스는 ON, 역방향바이어스는 Off로 사용된다.

[정답] ④

07

다음 그림과 같이 $2\,[\text{k}\Omega]$의 저항과 실리콘(Si)다이오드의 직렬 회로에서 다이오드 양단의 전압 크기는 얼마인가?

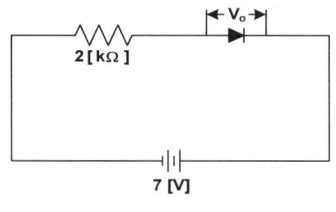

① $0\,[\text{V}]$ ② $1\,[\text{V}]$
③ $5\,[\text{V}]$ ④ $7\,[\text{V}]$

회로에서 전원전압이 다이오드에 역방향 바이어스되어 걸리므로 다이오드 양단이 개방되어 V_o에 7[V]의 전압이 걸린다.

[정답] ④

08

바이어스(Bias) 전압에 따라 정전 용량이 달라지는 다이오드는?

① 제너 (Zener) 다이오드
② 포토 (Photo) 다이오드
③ 바렉터 (Varactor) 다이오드
④ 터널 (Tunnel) 다이오드

바렉터 (Varactor) 다이오드는 역방향 바이어스 전압에 따라 공핍층의 두께가 변화되어 용량이 변화되는 다이오드이다.

[정답] ③

09

변압기의 입력단 1차 권선비와 출력단 2차 권선비가 1:2일 때, 출력전압은 입력전압의 몇 배인가?

① 0.5배 ② 1배
③ 1.5배 ④ 2배

$$n = \frac{N_1}{N_2} = \frac{V_1}{V_2}$$

[정답] ④

10

다음 정류회로의 명칭은?

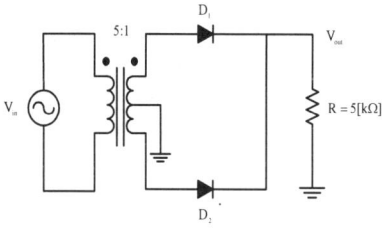

① 단상반파 정류회로 ② 3상반파 정류회로
③ 단상전파 정류회로 ④ 브릿지전파 정류회로

전파정류회로는 브리지 전파정류회로와 중간탭 변압기를 이용하는 전파 정류기가 있다. 주어진 회로는 2개의 다이오드와 중심 탭 변압기를 이용하여 구성된 전파 정류회로이다.

[정답] ③

11

다음 그림에서 1차측과 2차측의 권선비가 5:1일 때 1차측의 입력전압 V_{rms}=120[V]이다. 2개의 다이오드가 이상적이라고 가정 할 때 직류 부하 전류의 평균치는 약 얼마인가?

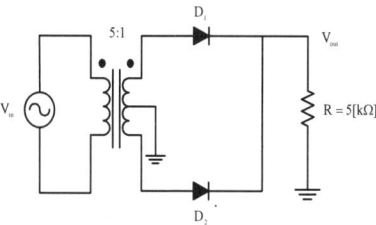

① 1.74[mA] ② 2.16[mA]
③ 5.11[mA] ④ 6.82[mA]

단상 전파 정류회로의 2차측 전압은 중간탭에서 양분되며 5:1로 강압되므로,

$$V_2 = \frac{V_s}{2 \times 5} = \frac{120}{10} = 12[\text{V}]$$

• 직류출력전압

$$V_{dc} = \frac{2V_m}{\pi} = \frac{2\sqrt{2}\,V_2}{\pi} = \frac{2\sqrt{2} \times 12}{\pi} = 10.8[V]$$

• 직류부하전류

$$I = \frac{V_{dc}}{R_L} = \frac{10.8}{5 \times 10^3} = 2.16[\text{mA}]$$

[정답] ②

12

17/6, 15/6

다음 중 정류회로에 대한 설명으로 틀린 것은?

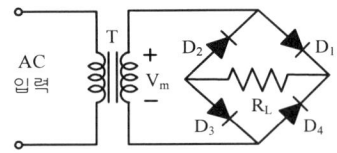

① (+) 반주기에는 D_1과 D_3되어 정류작용을 한다.
② 고압 정류회로에 적합하다.
③ Tap형 전파정류회로에 비해 정류효율이 낮고 전압 변동률이 크다.
④ 중간 Tap이 있어 소형 변압기로 사용할 수 있다.

> 브릿지전파 정류회로에 사용되는 변압기는 중간 Tap이 없다.

[정답] ④

13

13/6, 16/3, 11/10, 11/6

교류 입력의 반주기에 대해 브리지 정류기의 다이오드 동작 조건에 대한 설명으로 적절한 것은?

① 한 개의 다이오드가 순방향 바이어스이다.
② 두 개의 다이오드가 순방향 바이어스이다.
③ 모든 다이오드가 순방향 바이어스이다.
④ 모든 다이오드가 역방향 바이어스이다.

> 브리지(Bridge) 정류 회로 교류 입력 전압의 (+) 반주기가 동안에는 D_2과 D_3가 동작하고, (-) 반주기 동안에는 D_1와 D_4로 동작하여 전류가 흐른다.

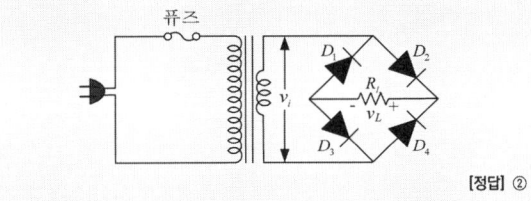

[정답] ②

14

17/3

전원 주파수 60[Hz]를 사용하는 정류회로에서 120[Hz]의 맥동 주파수를 나타내는 정류방식은?

① 단상 반파 정류 ② 단상 전파 정류
③ 3상 반파 정류 ④ 3상 전파 정류

- 정류회로 출력신호의 주파수

입력	반파정류회로	전파정류회로
60Hz	60Hz	120Hz

[정답] ②

15

14/10

다음 중 아래 그림과 같은 입·출력 파형 특성을 만족시키는 정류 회로는? (단, 다이오드의 장벽전압은 0.7[V]이고, 변압기의 권선비는 1:1로 가정한다.)

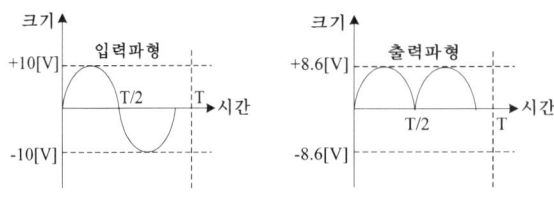

① 반파정류회로   ② 배전압정류회로
③ 전파정류회로   ④ 출력정류회로

> 전파정류회로의 일종인 브리지 정류회로는 다이오드가 2개 사용되어 1.4[V]의 전압강하가 발생, 10[V] 입력 시 8.6[V]가 출력된다.

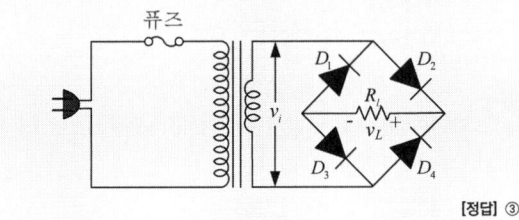

[정답] ③

16

16/6, 15/3, 12/3

다음 그림은 정류회로의 입력파형과 출력파형을 나타내었다. 주어진 입출력 특성을 만족시키는 정류회로는? (단, 다이오드의 문턱전압은 0.7[V]이고, 변압기의 권선비는 1:1이라 가정한다.)

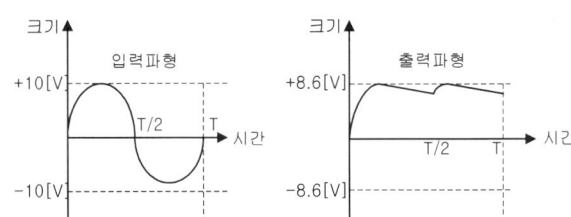

① 반파정류회로
② 유도성 중간탭 전파정류회로
③ 2배압 정류회로
④ 용량성 필터를 갖는 브리지 전파정류회로

> 입력전압이 10[V]인가되어 출력에 1.4[V] 전압강하되어 8.6[V]가 나타나는 용량성 필터를 갖는 브리지 전파 정류회로이다.

[정답] ④

17

그림의 브리지 정류회로에서 부하(R_L) 10[Ω]에 평균 직류 출력전압이 10[V]일 때 각 Diode에 흐르는 피크전류값(I_m)은?

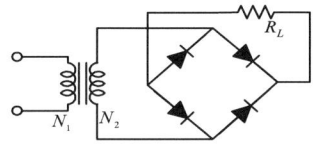

① 0.79[A] ② 1.57[A]
③ 1.79[A] ④ 3.14[A]

• 첨두 전압값
$V_{dc} = \dfrac{2V_m}{\pi}$ 이므로 $V_m = \dfrac{\pi}{2}V_{dc} = \dfrac{\pi}{2} \times 10 = 5\pi$ [V]

• 첨두 전류값
$I_m = \dfrac{V_m}{R_L} = \dfrac{5\pi}{10} = 0.5\pi = 1.57$ [V]

[정답] ②

18

다음 주어진 회로는 어떤 종류의 회로인가?

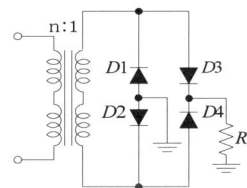

① 클리핑 회로
② 중간탭 전파정류회로
③ 브릿지 전파정류회로
④ 전압체배회로

주어진 회로는 4개의 다이오드를 이용한 브릿지 전파정류회로이다.

[정답] ③

19

120[V], 60[Hz]의 정현파가 전파정류회로에 인가되었을 때 출력신호의 주파수는?

① 30[Hz] ② 60[Hz]
③ 90[Hz] ④ 120[Hz]

• 정류회로 출력신호의 주파수

입력	반파정류회로	전파정류회로
60Hz	60Hz	120Hz

[정답] ④

20

다음 회로의 종류는?

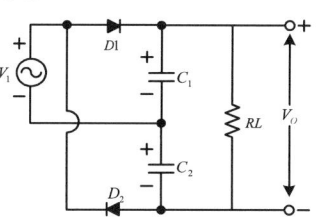

① 반파정류회로 ② 전파정류회로
③ 브릿지정류회로 ④ 배전압정류회로

출력에 입력전압의 2배 전압이 출력되는 전파 배전압 정류회로이다.

[정답] ④

2 평활회로

21

정류회로 출력 성분 중 교류인 리플을 제거하기 위해 정류회로 다음 단에 접속되는 회로는 무엇인가?

① 평활회로 ② 클램핑회로
③ 정전압회로 ④ 클리핑회로

평활회로는 교류를 직류로 바꾸는 과정 가운데 맥류를 깨끗한 직류로 바꿔주는 역할을 한다.

[정답] ①

22

평활회로의 기능에 대해 바르게 설명한 것은?

① 콘덴서나 인덕터를 통해 파형을 평탄하게 하여 일정한 크기의 전압을 만든다.
② 트랜지스터를 통해 (-)성분을 제거시켜서 평균값을 발생시킨다.
③ 제너다이오드를 통해 출력전압을 안정화시켜준다.
④ 트랜지스터를 통해 출력전압을 안정화 시켜준다.

정류회로의 출력 전원은 직류 성분 이외에 고조파 성분을 포함한 맥류이기 때문에 교류 성분을 제거하여 직류 성분만을 얻는 회로를 평활회로라고 한다.
평활회로는 콘덴서나 인덕터를 사용하여 LPF로 구현한다.

[정답] ①

23

정류회로에서 직류전압이 200[V]이고 리플(ripple) 전압 실효 값이 4[V]였다면 리플율은 얼마인가?

① 1[%]   ② 2[%]
③ 10[%] ④ 20[%]

- **맥동률(Ripple Factor)**
  정류된 직류출력에 포함되어 있는 교류분의 정도
  $$r = \frac{4}{200} \times 100[\%] = 2[\%]$$

  [정답] ②

24

정류회로의 리플률을 바르게 나타낸 식은?

① 리플률 = $\frac{\text{맥동신호의 평균전압}}{\text{출력신호의 실효전압}} \times 100[\%]$

② 리플률 = $\frac{\text{맥동신호의 실효전압}}{\text{출력신호의 실효전압}} \times 100[\%]$

③ 리플률 = $\frac{\text{맥동신호의 실효전압}}{\text{출력신호의 평균전압}} \times 100[\%]$

④ 리플률 = $\frac{\text{맥동신호의 평균전압}}{\text{출력신호의 평균전압}} \times 100[\%]$

- **맥동률(Ripple Factor)**
  정류된 직류출력에 포함되어 있는 교류분의 정도이다
  $$\text{리플률} = \frac{\text{맥동신호의 실효전압}}{\text{출력신호의 평균전압}} \times 100$$

  [정답] ③

25

어떤 정류회로의 맥동률이 1[%]인 정류회로의 출력 직류전압이 400[V]일 때 이 회로의 리플 전압은 얼마인가?

① 4[V]   ② 40[V]
③ 20[V] ④ 2[V]

- **맥동률(Ripple Factor)**
  정류된 직류출력에 포함되어 있는 교류분의 정도
  $$\gamma = \frac{\text{교류분의 실효치}(V_{\text{rms}})}{\text{직류분의 평균치}(V_{dc})}$$
  $$\therefore V_{\text{rms}} = \gamma \times V_{dc} = 0.01 \times 400 = 4[V]$$

  [정답] ①

26

반파정류회로를 사용하는 어떤 회로에서 반파정류회로 대신 전파정류회로로 변경하였다면 리플율은 대략 어느 정도 변동이 있는가?

① 1   ② 2.5
③ 3   ④ 5

- **리플률 비교**

반파정류	전파정류
리플률 : 1.21	리플률 : 0.482
효 율 : 40.6[%]	효 율 : 81.2[%]

$$\therefore \frac{1.21}{0.482} \fallingdotseq 2.51$$

  [정답] ②

27

다음과 같은 용량성 캐패시터를 이용한 평활회로의 특징으로 옳지 않은 것은?

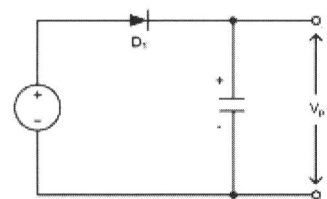

① 정류파형의 주파수가 높을수록 맥동률은 적어진다.
② 부하저항이 클수록 맥동률은 적어진다.
③ 정류파형의 주파수는 맥동률과 무관하다.
④ 캐패시터 용량값이 클수록 맥동률은 적어진다.

- **용량성(콘덴서) 평활 회로**
  $$r = \frac{1}{2\sqrt{3}fCR_L}$$

  [정답] ③

28

정류회로의 부하에 병렬로 콘덴서를 연결한 용량성 평활회로의 경우 부하저항이 감소하면 리플 전압은 어떻게 변화하는가?

① 리플이 증가한다.
② 리플이 감소한다.
③ 리플의 증가와 감소가 반복한다.
④ 변화가 없다.

용량성 평활회로의 경우 부하저항이 감소하면 리플 전압은 증가한다.
$$r \propto \frac{1}{L, C, R_L, f, m}$$
L : 인덕턴스
C : 커패시턴스
R_L : 부하저항
f : 신호의 주파수
m : 신호의 상개수

  [정답] ①

29

다음 회로에서 맥동률을 개선하고자 한다. 가장 관련 있는 것은?

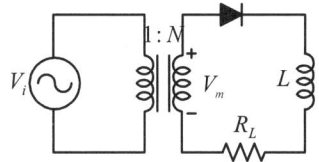

① R_L
② N
③ V_i
④ V_m

맥동률 $r \propto \dfrac{1}{L, R_L, f}$

[정답] ①

30

평활회로의 특성 중 L형 평활회로와 비교하여 C형 평활회로의 특성으로 틀린 것은?

① 직류 출력 전압이 높다.
② 시정수가 클수록 리플이 감소한다.
③ 전압변동률이 작다.
④ 고전압, 저전류 용도로 사용된다.

- 평활회로 비교

	콘덴서입력형(π)	쵸크입력형(L)
맥 동 율	작다	크다
출력직류전압	높다	낮다
전압 변동율	크다	작다
최대 역전압	높다	낮다

[정답] ③

31

전파 중간탭 정류기를 이용한 전파정류회로에서 맥동률에 대한 설명으로 옳지 않은 것은?

① 주파수에 비례한다.
② 부하저항에 반비례한다.
③ 콘덴서 C의 정전용량에 반비례한다.
④ 부하저항과 정전용량의 곱에 반비례한다.

맥동률 $r \propto \dfrac{1}{L, C, R, f}$

[정답] ①

32

다음 그림과 같은 평활회로에서 출력 맥동률을 최소화하기 위한 방법으로 옳은 것은?

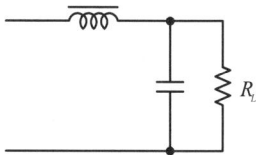

① L과 C 값을 적절하게 감소시킨다.
② L값은 증가, C값은 감소시킨다.
③ L값은 감소, C값은 증가시킨다.
④ L과 C 값을 적절하게 증가시킨다.

맥동률 $r \propto \dfrac{R_L}{L, C, f, m}$

[정답] ④

33

π형 필터에 비해 L형 필터에 대한 특징으로 틀린 것은?

① 전압변동률이 적다
② 역전압이 높다.
③ 정류 소자 전류가 연속적이다.
④ 정류소자를 이용하기 용이하다.

- 평활회로 비교

	콘덴서입력형(π)	쵸크입력형(L)
맥 동 율	적다	크다
출력직류전압	높다	낮다
전압 변동율	크다	적다
최대 역전압	높다	낮다

[정답] ②

34

L형 필터에 비해 π형 필터에 대한 특징으로 틀린 것은?

① 직류 출력 전압이 높다.
② 역전압이 높다.
③ 맥동률이 높다.
④ 전압 변동률이 높다.

- 평활회로

	콘덴서입력형(π)	쵸크입력형(L)
맥 동 율	작다	크다
출력직류전압	높다	낮다
전압 변동율	크다	작다
최대 역전압	높다	낮다

[정답] ③

35

다음 그림과 같은 평활회로에서 출력 맥동률을 최소화하기 위한 방법으로 틀린 것은?

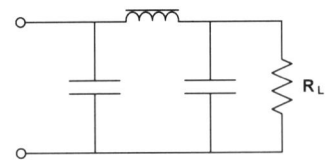

① 정류파형의 주파수를 높인다.
② L 값을 크게 한다.
③ C 값을 크게 한다.
④ R_L 값을 작게 한다.

맥동률 $r \propto \dfrac{1}{L, C, R_L, f, m}$

[정답] ④

36

전원회로 중 평활회로에서 커패시터 입력형에 비해 인덕터 입력형의 특성으로 옳은 것은?

① 최대 역전압(Peak Inverse Voltage)이 높다.
② 소전류에 적합하다.
③ 전압변동률이 양호하다.
④ 출력직류전압이 크다.

• 평활회로 비교

	콘덴서입력형(π)	쵸크입력형(L)
맥 동 율	적다	크다
출력직류전압	높다	낮다
전압 변동율	크다	적다
최대 역전압	높다	낮다

[정답] ③

37

다음 중 직류 전압 또는 직류 전류의 맥동률을 감소시키기 위한 회로가 아닌 것은?

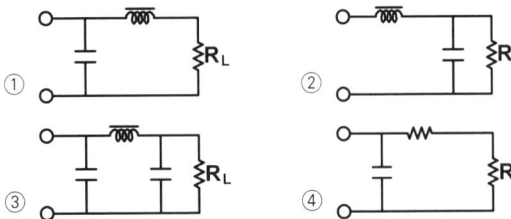

• 평활회로의 종류
① 콘덴서입력형 LC필터
② 초크입력형 LC필터
③ π형 LC 필터

[정답] ④

3 정전압회로

38

무부하시의 직류 출력 전압이 $300[V]$이고 전부하시 직류 출력 전압이 $250[V]$이었다면 전압 변동률은?

① $10[\%]$
② $20[\%]$
③ $30[\%]$
④ $40[\%]$

• 전압변동률

$= \dfrac{\text{무부하시 직류 출력전압} - \text{부하시 직류출력전압}}{\text{부하시 직류출력전압}} \times 100[\%]$

$= \dfrac{300-250}{250} \times 100[\%] = 20[\%]$

[정답] ②

39

무부하일 때 직류 출력전압이 120[V]인 전원회로의 전압 변동율이 20[%]일 때 이 전원회로의 부하시 직류 출력전압은 얼마인가?

① 100[V]
② 10[V]
③ 110[V]
④ 11[V]

• 전압 변동률

$\delta = \dfrac{V_o - V_L}{V_L} \times 100[\%]$

$= \dfrac{120 - V_L}{V_L} \times 100[\%] = 20[\%]$

$\therefore V_L = 100[V]$

[정답] ①

40

무부하시 직류출력전압이 $12[mV]$인 정류회로의 전압 변동률이 10[%]일 경우 전부하시의 단자전압은 약 얼마인가?

① $9.9[mV]$
② $10.9[mV]$
③ $11.9[mV]$
④ $12.9[mV]$

$\delta = \dfrac{V_o - V_L}{V_L} \times 100[\%]$

$V_L = \dfrac{V_o}{1+\delta} = \dfrac{12mV}{1+0.1} = 10.9[mV]$

[정답] ②

41

정전압 회로의 특성으로 가장 알맞은 것은?

① 입력전류가 변할 때 출력 전압은 일정하지 않다.
② 출력전압이 변할 때 부하 전류는 일정하다.
③ 주위온도가 상승할 때 출력 전압은 일정하다.
④ 부하가 변할 때 입력 전압은 일정하다.

정전압회로는 부하조건이나 온도변화에 대하여 직류출력전압을 일정하게 만들어 주는 회로이다.

[정답] ③

42

정전압 안정화 회로의 규격으로 적절하지 않은 것은?

① 직류 출력전압의 허용범위
② 직류 출력전류의 허용범위
③ 입력 및 출력 임피던스의 허용범위
④ 부하 전류 변화에 따른 출력전압의 변동범위

- **전압 안정화 회로의 규격**
  ① 정격 출력전압
  ② 정격 출력전류
  ③ 출력 전압의 허용범위

[정답] ③

43

다음 회로에서 제너다이오드의 특성으로 옳은 것은? (단, Vs는 제너다이오드의 동작을 위한 정격전압보다 크다.)

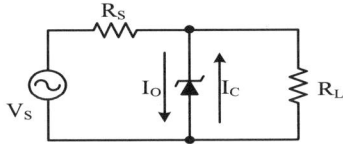

① 일정한 신호를 증폭 시킨다.
② 사용하기 적당한 교류전압으로 변환한다.
③ 리플 성분을 제거시킨다.
④ 일정한 직류 출력전압을 제공한다.

제너다이오드를 사용한 정전압회로이다

[정답] ④

44

다음 중 정전압 회로의 안정도 파라미터에 해당되지 않는 것은?

① 전압안정계수
② 온도안정계수
③ 출력저항
④ 출력직류전압

- **정전압 전원의 안정도를 나타내는 파라미터**
  ① 전압 안정 계수
  $$S_v = \frac{\partial V_L}{\partial V_s} = \frac{\Delta V_L}{\Delta V_s}\bigg|_{\Delta V_L = \Delta T = 0}$$
  ② 온도 안정 계수
  $$S_T = \frac{\partial V_L}{\partial T} = \frac{\Delta V_L}{\Delta T}\bigg|_{\Delta V_L = \Delta I_L = 0}$$
  ③ 출력 저항
  $$R_o = \frac{\partial V_L}{\partial I_L} = \frac{\Delta V_L}{\Delta I_L}\bigg|_{\Delta V_s = \Delta T = 0}$$

정전압 회로는 S_V, R_0, S_T 값이 적게 되도록 설계를 하는 것이 바람직하다.

[정답] ④

45

다음 정전압 회로에서 전압 안정도를 0.05로 하기 위해서 R_S의 값은? (단, $r_d = 10[\Omega]$)

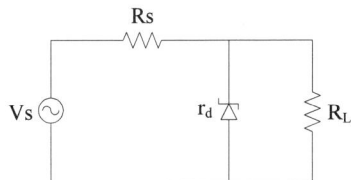

① 190[Ω]
② 260[Ω]
③ 290[Ω]
④ 330[Ω]

- **전압 안정도**
$$S_v = \frac{\partial V_L}{\partial V_s} = \frac{r_d}{R_s + r_d} = 0.05$$

$r_d = 10[\Omega]$이므로 $R_s = 190[\Omega]$

[정답] ①

46

다음 정전압회로에서 제너 다이오드의 내부저항(rd)는 2[Ω]이고, 입력직렬저항(Rs)는 500[Ω]일 경우 전압 안정계수(S)는 약 얼마인가?

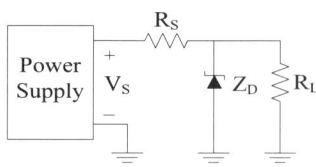

① 0.004　　② 0.005
③ 0.006　　④ 0.007

- 전압 안정계수

$$S_v = \frac{\partial V_L}{\partial V_S} = \frac{r_d}{R_s + r_d} = \frac{2}{500+2} = 0.004$$

[정답] ①

47

다음 회로에서 안정계수(Sv) 값이 증가하기 위한 조건으로 옳은 것은? -그림확인필요-

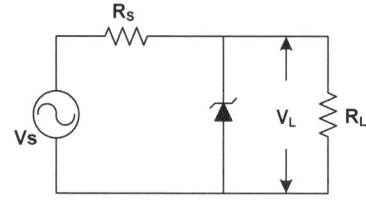

① Vs를 증가시킨다.
② Rs를 감소시킨다.
③ 출력전압(ΔV_L)을 감소시킨다.
④ 출력전류(ΔV_L)를 감소시킨다.

$$S_v = \frac{\partial V_L}{\partial V_S} = \frac{r_d}{R_s + r_d}$$

안정계수(Sv) 값이 증가시키려면 입력직렬저항(R_s)값을 감소시킨다.

[정답] ②

48

다음과 같은 정전압 회로에서 입력전압 V_{in}이 15[V]~18[V]의 범위로 변동하는 경우 제너다이오드 전류 I_D의 변화는 얼마인가? (단, $R_L = 1[K\Omega]$, $V_L = 10[V]$ 이다.)

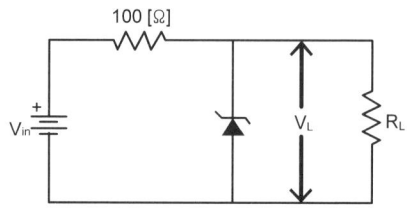

① 20~50[mA]　　② 30~60[mA]
③ 40~60[mA]　　④ 40~70[mA]

① R_s에 흐르는 전류를 I, R_L에 흐르는 전류를 I_L이라 하면

$$I_D = I - I_L = \frac{V_{in} - V_L}{R_s} - \frac{V_L}{R_L}$$

② V=15[V]일 경우

$$I_d = \frac{15-10}{100} - \frac{10}{1 \times 10^3} = 40[mA]$$

③ V=18[V]일 경우

$$I_d = \frac{18-10}{100} - \frac{10}{1 \times 10^3} = 70[mA]$$

[정답] ④

49

다음은 트랜지스터 직렬전압안정회로를 나타내었다. 부하전압을 5[V]로 유지하기 위한 제너다이오드의 항복전압은 얼마인가? (단, 트랜지스터의 베이스 - 이미터 전압 $V_{BE} = 0.7[V]$이고, 입력전압 $V_{in} = 10[V]$~20[V]까지 변한다고 가정한다.)

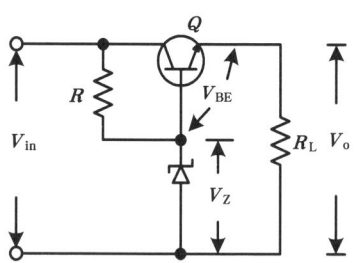

① 5[V]　　② 5.7[V]
③ 10[V]　　④ 10.5[V]

$$V_o = V_Z - V_{BE}$$
$$\therefore V_Z = V_0 + V_{BE} = 5 + 0.7 = 5.7[V]$$

[정답] ②

50

다음 정전압 회로에 대한 설명으로 틀린 것은?

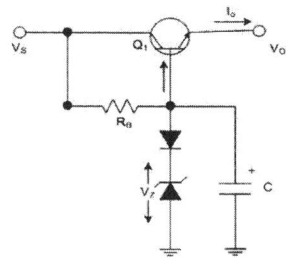

① 다이오드를 통하여 온도변화에 대해 안정하다.
② 캐패시터를 통하여 리플성분을 제거해 준다.
③ 출력 전압(V_0)은 제너전압(V_z)에 순방향 전압을 더한 값이다.
④ 등전위 정전압 회로이다.

출력 전압은 제너전압에 순방향 전압을 빼준 값이다.
$$\therefore V_o = V_Z - V_{BE}$$

[정답] ③

51

다음 중 스위칭 정전압 회로에 대한 설명으로 틀린 것은?

① 스위칭 정전압 회로는 직렬 정전압회로에 비하여 소형·경량이나, 트랜지스터의 콜렉터 손실이 크게 되어 효율성이 나쁘다.
② 스위칭 정전압회로를 흔히 SMPS(Switching Power Supply)라고 부르기도 한다.
③ 직렬 정전압회로와 차이점은 제어 트랜지스터가 연속적인 전류를 흘리는 것이 아니라 단속(On-Off)적으로 전류를 흘린다.
④ 스위칭 트랜지스터의 이미터에 흐르는 전류는 펄스 형태로 나타난다.

항목	직렬형 방식	스위칭 방식
전환 변환 효율	나쁘다(<50%)	좋다(약 85%)
중량	무겁다	가볍다
형상	대형	소형
전원 잡음	작다	크다
복수 전원 구성	불편하다	간단하다
프리볼트	불편	간단

[정답] ①

52

다음 중 스위칭 정전압 회로에 대한 설명으로 틀린 것은?

① 높은 효율을 갖는다.
② 제어소자의 스위칭 동작으로 대부분의 시간이 포화와 차단으로 동작한다.
③ 고역통과필터를 사용한다.
④ 펄스폭 변조기를 사용한다.

스위칭 정전압 회로에서는 저역통과필터를 사용한다.

[정답] ③

53

스위칭 정전압 제어기에서 제어 트랜지스터가 도통되는 시간은?

① 부하 변동에 대응하는 펄스 유지 기간 동안
② 항상
③ 과부하가 걸린 동안
④ 전압이 정해진 제한을 넘은 동안

스위칭 정전압 회로 (SMPS, Switched Mode Power Supply)회로는 반도체 소자를 이용하여 교류 전원을 직류 전원으로 변환하는 스위치 제어 방식의 전원공급 장치로 저역필터(LPF)를 통하여 제어된 직류 출력 전압을 얻는다.

[정답] ①

54

다음 그림과 같은 회로의 입력에 120[Vrms], 60[Hz] 정현파 신호가 인가되었을 경우, 부하에 걸리는 직류전압은 약 얼마인가? (단, 다이오드에 걸리는 전압강하는 무시한다.)

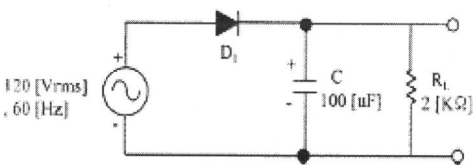

① 169.9[V]
② 167.9[V]
③ 164.9[V]
④ 162.9[V]

• **반파 정류회로의 직류출력 전압**
$$V_{dc} = \frac{V_m}{1 + \frac{1}{2f_c R_L}}$$

(V_m은 전압의 최대치, $V_m = \sqrt{2}\, V_{rms}$)

$$\therefore V_{dc} = \frac{\sqrt{20} \times 120}{1 + \frac{1}{2 \times 60 \times (100 \times 10^{-6}) \times (2 \times 10^3)}}$$

$$\fallingdotseq 162.86[V]$$

[정답] ④

② TR 및 FET증폭회로

1 신호증폭회로

01
공통 베이스(common base) 증폭기 회로에서 컬렉터 전류가 4.9[mA]이고, 에미터 전류가 5[mA]이었을 때 직류전류 증폭률은?

① 0.98　　　　　② 0.99
③ 98　　　　　　④ 99

- **공통베이스 증폭기 직류 전류증폭률**

$$\alpha = \left|\frac{\Delta I_C}{\Delta I_E}\right| = \frac{4.9[\text{mA}]}{5[\text{mA}]} = 0.98$$

[정답] ①

02
트랜지스터가 정상적으로 동작하기 위해서는 컬렉터(collector)와 베이스(base) 단자 사이의 바이어스는?

① 순방향 바이어스 되어야 한다.
② 역방향 바이어스 되어야 한다.
③ 도통하지 않아야 한다.
④ 항복영역에서 동작하지 않아야 한다.

- **트랜지스터**

트랜지스터에 외부 전류전원을 연결하는 방법에는 입출력 단자에 각기 순방향이나 역방향 전압을 인가할 수 있으므로 4가지가 있다.
포화상태와 차단상태를 이용하는 것이 스위칭 동작이며 활성 상태를 이용하는 것이 증폭 동작이다.

동작영역	EB접합	CB 접합	용도
포화상태	순 bias	순 bias	펄스, 스위칭
활성영역	순 bias	역 bias	증폭작용
차단영역	역 bias	역 bias	펄스, 스위칭
역활성영역	역 bias	순 bias	사용치 않음

[정답] ②

03
다음 증폭기 회로에서 베이스-에미터 전압 $V_{BE} = 0.7[\text{V}]$일 때 베이스 전류 I_B는?

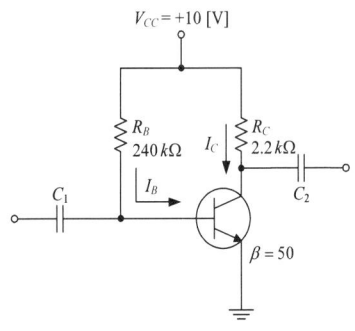

① 12.5[μA]　　　② 38.75[μA]
③ 55.15[μA]　　　④ 70.50[μA]

$$I_B = \frac{V_{CC} - V_{BE}}{R_B} = \frac{10 - 0.7}{240 \times 10^3} = 38.75[\mu A]$$

[정답] ②

04
다음 증폭기 회로에서 β=200인 경우 컬렉터 전류 Ic는 얼마인가?

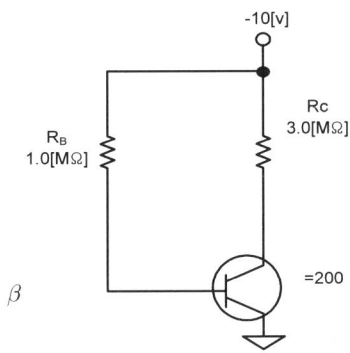

① 1.25[mA]　　　② 2.00[mA]
③ 10.1[mA]　　　④ 1.86[mA]

- **컬렉터 전류**

$$I_B = \frac{V_{CC} - V_{BE}}{R_B} = \frac{10 - 0.7}{1 \times 10^6} = 9.3[\mu A]$$

$$I_C = \beta I_B = 200 \times 9.3 \times 10^{-6} = 1.86[\text{mA}]$$

[정답] ④

05

다음 증폭기 회로에서 $B_{DC} = 75$인 경우 컬렉터 전압 V_C는 약 얼마인가? (단, $V_{BE} = 0.7[V]$이다.)

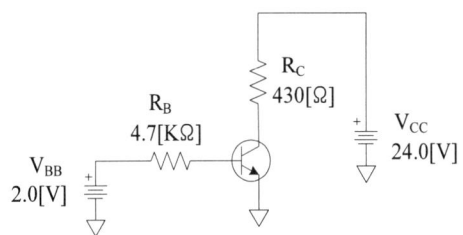

① 15.1[V] ② 17.1[V]
③ 18.1[V] ④ 20.1[V]

- 입력회로에 KVL적용

$$I_B = \frac{V_{BB} - V_{BE}}{R_B} = \frac{2 - 0.7}{4.7[k\Omega]} = 0.276[mA]$$

- 콜렉터 전류

$$I_C = \beta \cdot I_B = 75 \times 0.276 \times 10^{-3} = 20.74[mA]$$
$$V_C = V_{CC} - (I_C R_C)$$
$$= 24 - (20.74 \times 10^{-3} \times 430) = 15.1[V]$$

[정답] ①

06

다음 그림의 회로에서 근사적으로 베이스전압 V_B를 구하기 위한 부분적인 바이어스 회로이다. V_B의 값을 구하면?

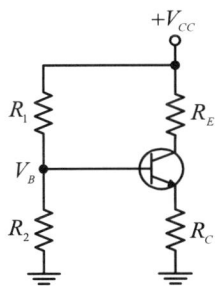

① $\frac{R_2 V_{CC}}{R_1 + R_2}$ ② $R_2 V_{CC}$

③ $\frac{R_1 + R_2}{R_1 V_{CC}}$ ④ $R_1 V_{CC}$

- 전압분배 바이어스 회로

$$V_B = \left(\frac{R_2}{R_1 + R_2}\right) V_{CC}$$

[정답] ①

07

다음 그림과 같은 바이어스 회로에서 I_c가 2[mA]이고 β가 50일 때 R_b의 값은? (단, V_{cc}=10[V] 이고 V_{BE}=0.7[V]이다.)

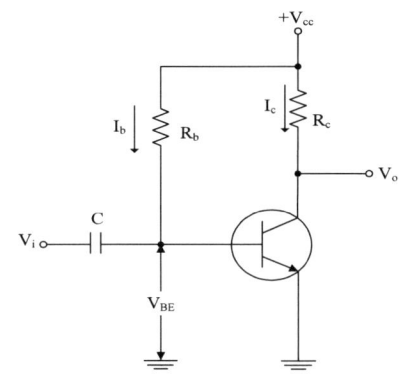

① 132.5[kΩ] ② 232.5[kΩ]
③ 265[kΩ]   ④ 465[kΩ]

- 고정바이어스 회로

$$V_{CC} = R_B I_B + V_{BE} 에서, \ R_B = \frac{V_{CC} - V_{BE}}{I_B}$$

여기서, $I_C \fallingdotseq \beta I_B$ 이므로
$$I_B = (2 \times 10^{-3})/50 = 0.04[mA]$$
$$R_B = \frac{10 - 0.7}{0.04 \times 10^{-3}} = 232.5[k\Omega]$$

[정답] ②

08

트랜지스터의 컬렉터 누설전류가 주위온도의 변화로 15[μA]에서 150[μA]로 증가되었을 때 컬렉터 전류는 9[mA]에서 9.5[mA]로 변화하였다. 이 트랜지스터의 안정계수[S]는 약 얼마인가?

① 9.3 ② 8.4
③ 4.5 ④ 3.7

- 안정계수

$$S = \frac{\triangle I_c}{\triangle I_{co}} = \frac{(9.5 - 9) \times 10^{-3}}{(150 - 15) \times 10^{-6}} = \frac{0.5}{135 \times 10^{-3}} = 3.7$$

[정답] ④

09

다음 회로의 직류 부하선도로 적합한 것은?

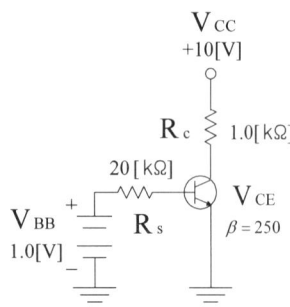

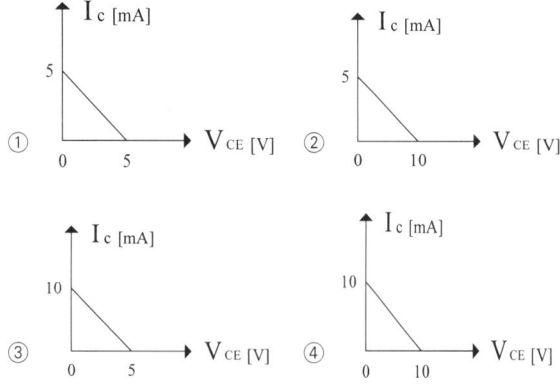

- **CE 트랜지스터 증폭기의 직류 부하선(Load line)**
  ① 부하 수직축 교차점
  $I_C = \dfrac{V_{CC} - V_{CE}}{R_C}$ 에서 $V_{CE} = 0$이므로
  $I_{C(sat)} = \dfrac{V_{CC}}{R_C} = \dfrac{10}{1[k\Omega]} = 10[mA]$
  ② 부하 수평축 교차점
  $V_{CC} = R_C I_C + V_{CE}$ 에서 $I_{CE} = 0$이므로 $V_{CE} = V_{CC}$
  $V_{CE(cutoff)} = 10[V]$

[정답] ①

10

다음 중 증폭기에 대한 설명으로 알맞은 것은?

① 교류(AC)를 직류(DC)로 바꾸는 여러 과정 가운데 맥류를 완전한 직류로 바꾸어 준다.
② 입력 신호가 출력단에 확대되어 나타난다.
③ 교류 성분을 직류성분으로 변환하기 위한 전기 회로이다.
④ 다이오드를 사용하여 교류 전압원의(+) 또는 (-)의 반 사이클을 정류하고, 부하에 직류 전압을 흘리도록 한다.

증폭기는 입력신호를 증폭시키는 역할을 한다.

[정답] ②

11

다음 중 트랜지스터 증폭 특성에 대한 설명으로 틀린 것은?

① 공통 베이스 회로의 입력 임피던스는 작고 출력 임피던스는 크다.
② 공통 베이스 회로의 전류 이득과 공통 컬렉터 회로의 전압 이득은 모두 1보다 크다.
③ 공통 컬렉터 회로의 입력 임피던스는 크고 출력 임피던스는 작아 임피던스 매칭 회로로 사용된다.
④ 증폭 회로의 입출력 위상관계는 공통 베이스 및 컬렉터 회로의 경우 동일 위상이고 공통 이미터의 경우 반전된 위상이다.

구 분	베이스 접지	에미터 접지	콜렉터 접지 (에미터 플로어)
전류이득 A_i	최소	중간	최대
전압이득 A_v	최대	중간	최소
입력저항 R_i	최소	중간	최대
출력저항 R_o	최대	중간	최소
입·출력 위상	동상	역상	동상

[정답] ②

12

다음 중 베이스 접지 증폭기에 대한 설명으로 틀린 것은?

① 다른 접지증폭 방식에 비해 전압이득을 크게 할 수 있다.
② 출력임피던스가 다른 접지증폭 방식에 비해 높다.
③ 전류이득은 대략 1이다.
④ 입력과 출력간의 위상은 반전이다.

베이스 접지 증폭기의 입력과 출력 간의 위상은 동상이다.

구 분	베이스 접지	에미터 접지	콜렉터 접지 (에미터 플로어)
전류이득 A_i	약 1	중간	최대
전압이득 A_v	최대	중간	최소
입력저항 R_i	최소	중간	최대
출력저항 R_o	최대	중간	최소
입·출력 위상	동상	역상	동상

[정답] ④

13

다음 중 공통 이미터(CE) 증폭기회로에 대한 설명으로 옳은 것은?

① 출력신호는 입력신호와 위상이 같다.
② 출력신호는 입력신호와 위상이 다르다.
③ 출력신호는 입력신호에 비해 작다.
④ 출력신호는 입력신호와 크기가 같다.

구 분	베이스 접지	에미터 접지	콜렉터 접지 (에미터 플로어)
전류이득 A_i	약 1	중간	최대
전압이득 A_v	최대	중간	최소
입력저항 R_i	최소	중간	최대
출력저항 R_o	최대	중간	최소
입·출력 위상	동상	역상	동상

CE 증폭기의 입·출력 위상은 180도 위상차가 발생한다.

[정답] ②

14

다음 중 버퍼(Buffer) 증폭기에 사용하기 가장 적합한 것은?

① 공통 베이스 증폭기   ② 공통 이미터 증폭기
③ 공통 컬렉터 증폭기   ④ 캐스코드 증폭기

공통 컬렉터증폭기(에미터 플로워)는 입력저항이 매우 높고, 출력저항이 매우 낮아 완충증폭기(Buffer)로 널리 사용된다.

[정답] ③

15

다음과 같은 증폭기의 교류 입력전압의 크기가 20 [mV]일 때 교류 출력전압의 크기는 약 얼마인가?

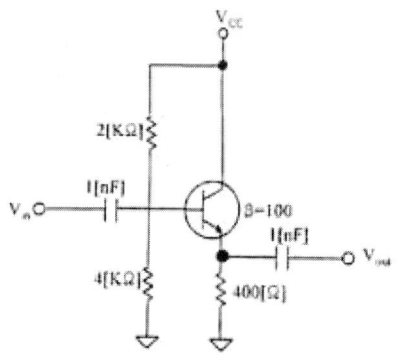

① 20 [mV]   ② 30 [mV]
③ 40 [mV]   ④ 50 [mV]

에미터 플로워는 전압이득이 약 1배이며 완충증폭기(Buffer)로 널리 사용된다.

[정답] ①

16

다음은 BJT 증폭기 회로를 나타내었다. 커패시터 C_E를 사용한 목적으로 적절한 것은?

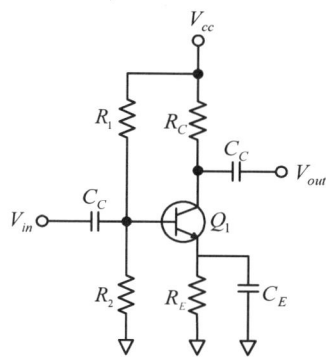

① 증폭기의 이득을 증가시킨다.
② 리플성분을 감소시킨다.
③ 직류성분을 통과시킨다.
④ 병렬궤환을 발생한다.

Emitter측의 By-Pass 콘덴서 C_E는 Emitter 저항에 나타난 전압에 의해 일어나는 부궤환으로 전압이득 저하가 발생하는 것을 방지하는데 있다.

[정답] ①

17

다음 회로에서 R의 용도로 가장 적합한 것은?

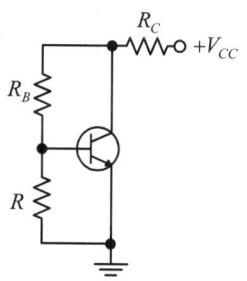

① 전류 부궤환 된다.   ② 교류 이득이 증가한다.
③ 동작점이 안정화 된다.   ④ 신호 이득을 방지한다.

전류분배를 위한 저항 "R"은 Bleeder저항으로 부하전류가 변화할 때 동작점이 변동되는 것을 방지하기 위하여 사용하는 저항이다. 블리더 저항은 증폭기의 안정적인 동작을 위해서 트랜지스터 증폭기와 병렬로 사용하는 저항이다.

[정답] ③

18

그림과 같은 에미터폴로우 회로에서 h-파라메타 가 $h_{ie} = 2.1[k\Omega]$, $h_{fe} = 100$이고, $R_1 = 10[k\Omega]$, $R_2 = 10[k\Omega]$, $R_e = 4[k\Omega]$일 때, 입력저항은 약 얼마인가?

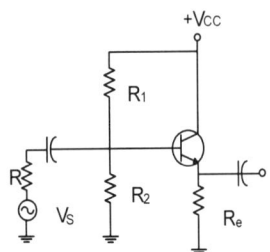

① 402[kΩ] ② 204[kΩ]
③ 406[kΩ] ④ 408[kΩ]

- **입력저항**
$R_i = h_{ie} + (1+h_{fe})R_e$
$= 2.1[K\Omega] + (1+100) \times 4[K\Omega] ≒ 406[K\Omega]$

[정답] ③

19

다음 등가회로와 관련된 트랜지스터 증폭기 회로의 특징으로 틀린 것은?

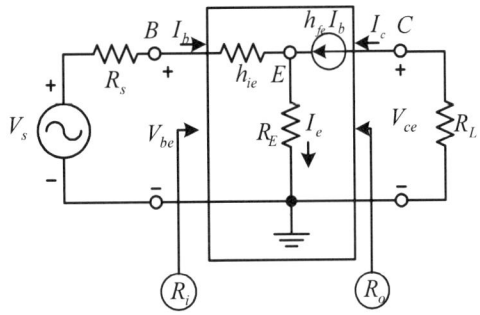

① 전압이득은 공통 이미터 증폭기 회로와 동일하다.
② 전류이득은 공통 이미터 증폭기 회로와 동일하다.
③ 입력저항 R_i가 매우 크다.
④ 출력저항 R_o가 작다.

- R_E **저항을 갖는 CE 증폭회로의 전압이득**
$A_v = \dfrac{V_0}{V_i} = \dfrac{-h_{fe}I_b \cdot R_L}{h_{ie}I_b + (1+h_{fe})R_E I_b}$
$= \dfrac{-h_{fe}R_L}{h_{ie} + (1+h_{fe})R_E} ≒ \dfrac{R_L}{R_E} (h_{fe} \gg h_{ie})$

CE 회로에 비해 전압 이득은 감소한다.

[정답] ①

20

이미터 플로워와 비교한 달링톤 이미터 플로워의 특징이 아닌 것은?

① 전류이득이 매우 커진다.
② 입력저항이 매우 커진다.
③ 출력저항이 매우 낮아진다
④ 전압이득이 커진다.

달링턴 이미터 플로워회로의 전압이득은 이미터 플로워 회로보다 더 적어진다.

[정답] ④

21

다음 중 트랜지스터(Transistor)를 달링턴 접속하였을 경우에 대한 설명으로 틀린 것은?

① 전류이득이 높아진다.
② 입력임피던스가 낮아진다.
③ 전압이득은 1보다 작다.
④ 출력임피던스가 낮아진다.

달링턴 이미터 플로워회로의 전압이득은 이미터 플로워 회로보다 더 적어진다.
① 전류이득이 높아진다.
② 입력임피던스가 높아진다.
③ 전압이득은 1보다 작다.
④ 출력임피던스가 낮아진다.

[정답] ②

22

다음의 달링턴 회로에서 직류 바이어스 전류 I_E를 계산하면 약 얼마인가? (단, $I_{B1} = 2.56[\mu A]$, $\beta_1 = 100$, $\beta_2 = 100$)

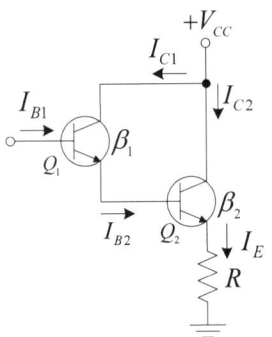

① 2.61[mA] ② 26.1[mA]
③ 261[mA] ④ 2.61[A]

$I_{B2} = (1+\beta_1)I_{B1}$, $I_{C2} = \beta_2 I_{B2}$
$I_E = (1+\beta_1)I_{B1} + \beta_2(1+\beta_1)I_{B1}$
$I_E = (1+\beta_1)(1+\beta_2)I_{B1}$
$= (100+1)(100+1) \times (2.56 \times 10^{-6})$
$= 26.1[mA]$

[정답] ②

23

다음 중 캐스코드 증폭기에 대한 설명으로 틀린 것은?

① 입력단은 공통베이스, 출력단은 공통이미터로 구성된 증폭기이다.
② 전압 궤환율이 매우 적다.
③ 공통 베이스 증폭기로 인해 고주파 특성이 양호하다.
④ 자기 발진 가능성이 매우 적다.

> 캐스코드 증폭기 회로는 CE와 CB가 종속적으로 조합된 다단증폭기로 VHF대역 전치 저잡음 증폭기로 널리 사용된다.
>
>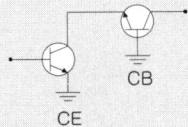
>
> 캐스코드 증폭기는 입력에 전류증폭율이 우수한 CE증폭기를 출력에 입력임피던스가 매우 낮은 CB증폭기를 접속한 다단증폭기이다.
>
> [정답] ①

24

FET와 TR의 차이점 중 틀린 것은?

① FET는 TR보다 입력저항이 크다.
② FET는 TR보다 동작속도가 빠르다.
③ FET는 TR보다 잡음이 적다.
④ TR은 양극성 소자이고 FET는 단극성 소자이다.

> • **FET와 TR의 비교**
>
> | TR | FET |
> |---|---|
> | • 전류제어소자 | • 전압제어소자 |
> | • 전력소비가 크다. | • 전력소비가 작다. |
> | • 입력 임피던스가 낮다. | • 입력 임피던스가 높다. |
> | • 잡음이 크다. | • 잡음이 적다. |
> | • 이득-대역폭이 크다. | • 이득-대역폭이 작다 |
> | • 동작속도가 빠르다 | • 동작속도가 느리다 |
>
> [정답] ②

25

다음 FET(Field Effect Transistor)에 대한 설명으로 옳지 않은 것은?

① 입력저항이 수 [MΩ]으로 매우 크다.
② 다수 캐리어에 의해 동작하는 단극성 소자이다.
③ 접합트랜지스터(BJT)보다 잡음이 심하다.
④ 이득대역폭이 좁다

> • **FET의 주요 특징**
> ① 입력임피던스가 높다.
> ② 다수 carrier만의 동작
> ③ 잡음이 적다.
> ④ 이득, 대역폭이 BJT보다 적다.
>
> [정답] ③

26

다음 중 FET(Field Effect Transistor)에 대한 설명으로 틀린 것은?

① 입력저항이 수 [MΩ]으로 매우 크다.
② 다수 캐리어에 의해 동작하는 단극성 소자이다.
③ 접합트랜지스터(BJT)보다 동작속도가 빠르다.
④ 전압제어용 소자이다.

> • **FET의 주요 특징**
> ① 입력임피던스가 높다.
> ② 다수 carrier만의 동작
> ③ 잡음이 적다.
> ④ 이득, 대역폭이 BJT보다 적다.
> ⑤ 동작속도는 접합트랜지스터(BJT)보다 느리다.
>
> [정답] ③

27

다음 그림은 JFET 소자의 직류전달특성을 나타내었다. 소자의 포화전류 I_{DS}와 컷오프 전압 $V_{GS}(\text{off})$은 얼마인가?

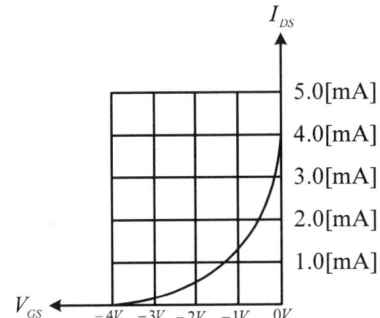

① $I_{DS} = 4.0[\text{mA}], V_{GS}(\text{off}) = 3.0[\text{V}]$
② $I_{DS} = 5.0[\text{mA}], V_{GS}(\text{off}) = 3.0[\text{V}]$
③ $I_{DS} = 4.0[\text{mA}], V_{GS}(\text{off}) = 4.0[\text{V}]$
④ $I_{DS} = 1.0[\text{mA}], V_{GS}(\text{off}) = 4.0[\text{V}]$

> N채널 JFET의 전달특성 곡선게이트 전압에 의해 드레인 전류가 제어된다. 특성곡선에서 포화전류 I_{DS}는 4[mA]이며, 드레인 전류 I_D가 0[A]가 되는 컷오프 전압 $V_{GS}(\text{off})$는 -4[V]가 된다.
> ∴ $V_{GS} = 4[\text{V}]$
>
> [정답] ③

28

주어진 그림은 N-채널 FET 소자의 직류전달특성을 나타냈었다. 이 소자의 트랜스컨덕턴스는?

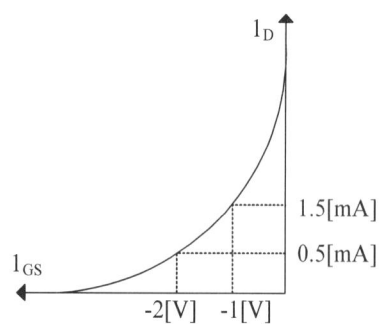

① 1.0[mS]   ② 2.0[mS]
③ 10[mS]   ④ 20[mS]

전달콘덕턴스 : $g_m = \dfrac{\Delta I_D}{\Delta V_{GS}} = \dfrac{1}{0.5} = 2[mS]$

[정답] ①

29

다음 회로에서 V_{GS}가 -1.4[V], VDS가 4.5[V], I_{DS}가 10[mA]일 때 R_D와 R_S의 값은?

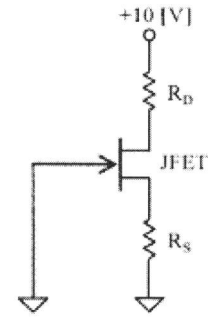

① $R_D = 410[\Omega]$, $R_S = 240[\Omega]$
② $R_D = 410[\Omega]$, $R_S = 140[\Omega]$
③ $R_D = 310[\Omega]$, $R_S = 140[\Omega]$
④ $R_D = 310[\Omega]$, $R_S = 240[\Omega]$

$V_{GS} = R_S I_{DS}$ 이므로

$R_S = \dfrac{V_{GS}}{I_{DS}} = \dfrac{1.4}{10[mA]} = 140[\Omega]$

KVL을 이용하여

$I_{DS}R_S + V_{DS} + I_{DS}R_D - 10 = 0$

$1.4 + 4.5 + I_{DS}R_D - 10 = 0$

$I_{DS}R_D = 4.1$

$R_D = \dfrac{4.1}{I_{DS}} = \dfrac{4.1}{10[mA]} = 410[\Omega]$

[정답] ②

30

다음 중 드레인 접지형 FET 증폭기에 대한 특성으로 틀린 것은? (단, FET의 파라미터 g_m은 상호 전도도이다.)

① 입력 임피던스는 매우 크다.
② 전압 이득은 약 1이다.
③ 출력은 입력과 역위상이다.
④ 출력 임피던스는 약 $\dfrac{1}{g_m}$이다.

• FET 증폭회로 비교

	게이트 접지	소스 접지	드레인 접지
입출력 위상	동상	역상	동상
출력 임피던스	약 r_d	r_d	약 $1/g_m$
전압이득	약 $g_m R_L$	약 $g_m R_L$	약 1
용도	주로 고주파용	증폭용	임피이던스 변환용

여기서 $R_L = R_d // r_d$

[정답] ③

③ 궤환 및 연산증폭회로

1 궤환증폭회로

01 12/10

부궤환 증폭기의 특징에 대한 설명으로 틀린 것은?
① 주파수 대역폭이 증대된다.
② 이득이 증가한다.
③ 주파수 일그러짐이 감소된다.
④ 안정도가 향상된다.

- 부궤환 증폭기의 특성
  ① 이득이 감소한다
  ② 안정도가 개선된다.
  ③ 증폭기의 주파수 대역폭이 증대된다.
  ④ 일그러짐과 잡음이 감소한다.
  ⑤ 주파수 특성이 개선된다.
  ⑥ 입출력 임피던스가 변화된다.

[정답] ②

02 11/06

부궤환 증폭기의 특징이 아닌 것은?
① 부하변동에 의한 이득변동이 감소한다.
② 일그러짐과 잡음이 감소한다.
③ 주파수 특성이 좋다.
④ 증폭도가 증가한다.

- 부궤환 증폭기의 특성
  ① 이득이 감소한다
  ② 안정도가 개선된다.
  ③ 주파수 특성이 개선된다.
  ④ 일그러짐과 잡음이 감소한다.
  ⑤ 주파수 특성이 개선된다.
  ⑥ 입출력 임피던스가 변화된다.

[정답] ④

03 18/10

다음 중 부궤환 증폭기의 특성이 아닌 것은?
① 잡음이 감소된다.
② 주파수 특성이 개선된다.
③ 비직선 왜곡이 감소된다.
④ 안정도가 다소 감소된다.

- 부궤환 증폭기의 특성
  ① 이득이 감소한다
  ② 안정도가 개선된다.
  ③ 주파수 특성이 개선된다.
  ④ 일그러짐과 잡음이 감소한다.
  ⑤ 주파수 특성이 개선된다.
  ⑥ 입출력 임피던스가 변화된다.

[정답] ④

04 16/03

다음 중 부궤환 증폭기의 장점이 아닌 것은?
① 주파수 특성이 개선된다.
② 부하변동에 의한 이득 변동의 감소로 동작이 안정된다.
③ 일그러짐이 감소한다.
④ 전력효율이 좋아진다.

- 부궤환 증폭기의 특성
  ① 이득이 감소한다
  ② 안정도가 개선된다.
  ③ 주파수 특성이 개선된다.
  ④ 일그러짐과 잡음이 감소한다.
  ⑤ 주파수 특성이 개선된다.
  ⑥ 입출력 임피던스가 변화된다.

[정답] ④

05 16/06

부궤환 증폭기에서 부궤환량을 증가시켰을 때 증폭기의 대역폭은?
① 감소한다.　　② 증가한다.
③ 영향을 받지 않는다.　　④ 왜곡이 발생한다.

부궤환 증폭기에서 부궤환량을 증가시켰을 때 증폭기의 주파수 대역폭이 증대된다.

[정답] ②

06

다음은 부궤환 증폭 회로의 기본형이다. 옳은 명칭은 다음 중 어느 것인가?

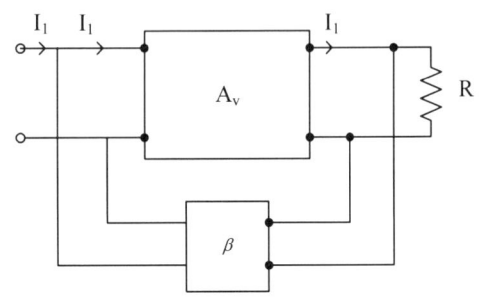

① 직렬 전압 궤환 ② 직렬 전류 궤환
③ 병렬 전압 궤환 ④ 병렬 전류 궤환

• **부궤환 증폭기의 입출력 임피던스 변화**

궤 환	직렬전압	직렬전류	병렬전압	병렬전류
입력임피던스	증가	증가	감소	감소
출력임피던스	감소	증가	감소	증가

[정답] ③

07

다음 부궤환 방식 중 입력 임피던스는 감소하고 출력 임피던스가 증가하는 방식은?

① 전류 병렬 궤환회로
② 전압 병렬 궤환회로
③ 전류 직렬 궤환회로
④ 전압 직렬 궤환회로

• **궤환회로의 특징**

	직렬전압	직렬전류	병렬전압	병렬전류
출력 임피던스	감소	증가	감소	증가
입력 임피던스	증가	증가	감소	감소
주파수 대역폭	증가	증가	증가	증가
비직선 왜곡	감소	감소	감소	감소

[정답] ①

08

전류 궤환 증폭기의 출력 임피던스는 궤환이 없을 경우에 비해 어떻게 변화하는가?

① 변화가 없다. ② 0이 된다.
③ 감소한다. ④ 증가한다.

회로성분	직렬전압 궤환	직렬전류 궤환	병렬전압 궤환	병렬전류 궤환
입력 임피던스	$1+\beta A$ 배 증가	$1+\beta A$ 배 증가	$1/(1+\beta A)$ 배 만큼 감소	$1/(1+\beta A)$ 배 만큼 감소
출력 임피던스	$1/(1+\beta A)$ 배 만큼 감소	$1+\beta A$ 배 증가	$1/(1+\beta A)$ 배 만큼 감소	$1+\beta A$ 배 증가

[정답] ④

09

입력 저항이 20[kΩ]인 증폭기에 직렬 전류 궤환회로를 적용할 경우 입력 저항값은 얼마가 되는가? (단, $\beta A = 9$이다.)

① 0.1[MΩ] ② 0.2[MΩ]
③ 0.3[MΩ] ④ 0.4[MΩ]

직렬전류 궤환회로의 입력저항 값은 $(1+A\beta)$배 만큼 증가한다.
$R_{if} = (1+A\beta)R_e$
$= (1+9) \times 2 \times 10^3 = 0.2[M\Omega]$

[정답] ②

10

다음 회로의 종류는?

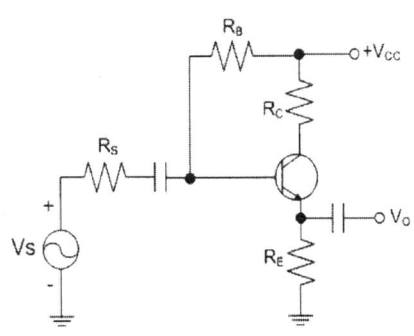

① 병렬전압부궤환 ② 병렬전류부궤환
③ 직렬전압부궤환 ④ 직렬전류부궤환

"Emitter Follower"는 대표적인 직렬전압 부궤환 증폭회로이다.

[정답] ③

11. 다음 궤환회로에 대한 설명으로 틀린 것은?

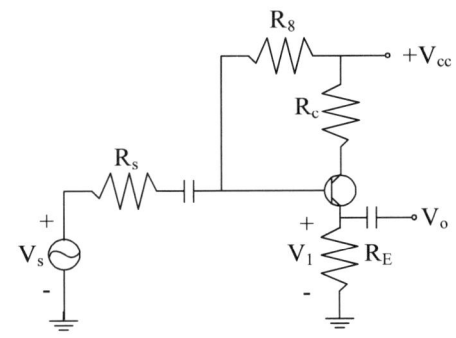

① 궤환으로 입력 임피던스는 감소한다.
② 궤환으로 전체 이득은 감소한다.
③ 궤환으로 주파수 일그러짐이 감소한다.
④ 궤환으로 출력 임피던스는 감소한다.

직렬전압 궤환증폭회로이다.
- **부궤환 증폭기의 입출력 임피던스 변화**

궤 환	직렬전압	직렬전류	병렬전압	병렬전류
입력임피던스	증가	증가	감소	감소
출력임피던스	감소	증가	감소	증가

[정답] ①

12. 전압 이득이 40[dB]이고 차단주파수가 40[kHz]인 개루프(Open Loop) 증폭기에 부궤환 회로를 사용하여 전압이득이 20[dB]로 감소되었을 경우 폐루프(Closed-Loop) 증폭기의 차단주파수는?

① 800[kHz] ② 600[kHz]
③ 400[kHz] ④ 200[kHz]

증폭기의 이득 대역폭적은 일정하므로 전압이득이 증가하면 대역폭은 감소하게 된다.
즉, G·B=const이므로 전압 이득이 40[dB]이고 차단주파수가 40[kHz]인 개루프(Open Loop) 증폭기에 부궤환 회로를 사용하여 전압이득이 20[dB]로 감소되었을 경우 폐루프(Closed-Loop) 증폭기의 차단주파수는 400[kHz]가 된다.

[정답] ③

13. 다음 주어진 회로에서 점선으로 표시된 회로의 기능이 아닌 것은?

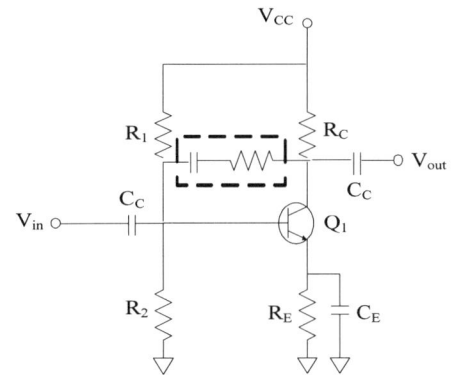

① 증폭 이득을 조절할 수 있다.
② 입출력 임피던스를 조절할 수 있다.
③ 대역폭을 조절할 수 있다.
④ 온도 특성을 조절할 수 있다.

점선으로 표시된 회로는 부궤환 회로로 부궤환 증폭기는 다음과 같은 특성을 가진다.
① 주파수 특성이 개선된다.
② 비직선 일그러짐이 감소된다.
③ 잡음이 감소한다.
④ 이득이 감소한다.
⑤ 입력 및 출력저항이 변화한다.

[정답] ④

14. 이득이 100인 저주파 증폭기가 10[%]의 왜율을 가질 경우, 왜율을 1[%]로 개선하기 위해서는 얼마의 전압 부궤환을 걸어 주어야 하는가?

① 0.01 ② 0.09
③ 99   ④ 100

$D_f = D/(1+\beta A)$의 식에서
$\dfrac{D_f}{D} = \dfrac{1}{1+\beta A} = \dfrac{1}{10}$, $1+\beta A = 10$
$A=100$이므로 $1+100\beta=10$에서
$\beta = 0.09$

[정답] ②

15 전압 이득이 $60[dB]$인 저주파 증폭기에 궤환율 0.08인 부궤환을 걸면 비직선 왜곡의 개선율은 얼마나 되는가?

① $0.11[\%]$ ② $0.99[\%]$
③ $1.23[\%]$ ④ $8.77[\%]$

> 부궤환증폭기의 비직선 왜곡의 개선율
> $$D_f[\%] = \frac{D}{1+A\beta} \times 100$$
> 전압이득 $60[dB](A=1000)$이므로
> 개선율 $= \frac{1}{1+A\beta} \times 100[\%]$
> $= \frac{1}{1+1000 \times 0.08} \times 100[\%]$
> $= 1.23[\%]$
>
> [정답] ③

2 연산증폭회로

16 차동증폭기의 동위상 신호제거비(CMRR)를 표현한 식으로 맞는 것은?

① CMRR=차동이득+동위상이득
② CMRR=차동이득-위상이득
③ CMRR=동위상이득÷차동이득
④ CMRR=차동이득÷동위상이득

> • 이상적인 연산 증폭기의 동위상 신호제거비(CMRR)
> $$CMRR = \frac{A_d (\text{차동신호이득})}{A_c (\text{동상신호이득})}$$
>
> [정답] ④

17 이상적인 차동증폭기의 동상제거비(CMRR)는?

① 0   ② 1
③ -1 ④ ∞

> 잡음은 대개 두 입력단자에 공통으로 들어오므로 차동모드로 증폭기를 동작시키게 되면 잡음을 제거할 수 있게 된다.
> 이러한 동작을 공통모드제거비(Common Mode Rejection Ratio) CMRR이라 한다.
> 이상적인 연산 증폭기의 동상(잡음)제거비
> $$CMRR = \frac{A_d (\text{차동신호이득})}{A_c (\text{동상신호이득})}$$
> 차동 신호의 전압 이득 $A_d = \infty$
> 동상 신호에 대한 전압 이득 $A_c = 0$
> 동상(잡음)제거비 CMRR $= \infty$
>
> [정답] ④

18 이상적으로 CMRR값이 무한대인 차동증폭기회로에서 발생하는 잡음은 출력단자에 어떻게 나타나는가?

① 발생한 잡음의 크기가 그대로 나타난다.
② 발생한 잡음이 증폭되어 출력에 나타난다.
③ 발생한 잡음의 크기보다 작게 나타난다.
④ 발생한 잡음은 출력단자에 나타나지 않는다.

> • 동상신호 제거비(Common Mode Rejection Ratio)
> $$\therefore CMRR = \frac{\text{차동이득}(A_d)}{\text{동상이득}(A_c)} = \infty \text{ 이므로},$$
> 차동이득이 무한대이고, 동상이득(잡음) = 0 인 특성이므로 출력에 잡음이 나타나지 않는다.
>
> [정답] ④

19 다음 중 차동증폭기의 동상신호제거비 (Common Mode Rejection Ratio)에 대한 설명으로 틀린 것은?

① 동상신호제거비가 작을수록 간섭신호 제거 특성이 좋다.
② 개루프 전압이득이 100,000이고 공통-모드 이득이 0.2인 연산증폭기의 공통신호제거비는 500,000이다.
③ 동상신호제거비는 동상신호를 제거할 수 있는 성능척도이다.
④ 입력 동상신호에 대한 오차를 나타내는 성능척도이다.

> 잡음은 대개 두 입력단자에 공통으로 들어오므로 차동모드로 증폭기를 동작시키게 되면 잡음을 제거할 수 있게 된다.
> 이러한 동작을 공통모드제거비(Common Mode Rejection Ratio) CMRR이라 한다.
> • 이상적인 연산 증폭기의 동상(잡음)제거비
> ① $CMRR = \frac{A_d (\text{차동신호이득})}{A_c (\text{동상신호이득})}$
> ② 차동 신호의 전압 이득 $A_d = \infty$
> ③ 동상 신호에 대한 전압 이득 $A_c = 0$
> ④ 동상(잡음)제거비 CMRR $= \infty$
>
> [정답] ①

20

다음 중 차동증폭기 (Differential Amplifier)의 특징에 대한 설명으로 틀린 것은?

① 직류와 교류 모두 증폭할 수 있다.
② 부품의 절대치가 변동하여도 증폭이 거의 안정적이다.
③ 작은 온도 변화에서도 동작이 안정적이다.
④ 종합증폭도는 에미터 접지방식보다 크다.

> ① 차동증폭기는 2개로 된 반전 및 비반전 입력 단자로 들어간 입력신호의 차를 증폭하여 출력하는 회로이다.
> ② 차동 증폭기 특징
> ⓐ 직류증폭이 가능하며 직선성이 좋다.
> ⓑ 온도에 대해서 안정적이다.
> ⓒ 전원 전압의 변동에도 안정적이다.
> ⓓ 잡음, 간섭 등의 영향에 강하다.
> ⓔ 증폭도가 보통 방식보다 훨씬 크다.
>
> [정답] ④

21

다음 증폭기 회로에서 R_E가 증가하면 어떤 현상이 일어나는가?

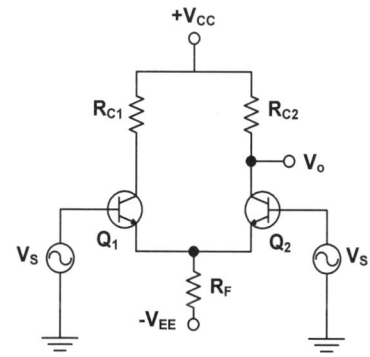

① 차동이득이 감소한다.
② 차동이득이 증가한다.
③ 동상이득이 감소한다.
④ 동상이득이 증가한다.

> R_E가 증가할수록 동상이득이 감소하므로 실제 차동증폭기에서는 R_E대신 저항 값이 무한대인 정전류원으로 설계하여 사용한다.
>
> [정답] ③

22

다음 중 OP-AMP 성능을 판단하는 파라미터로 관련이 없는 것은?

① V_{io}(입력 오프셋 전압)
② CMRR(동상 신호 제거비)
③ I_B(입력 바이어스전류)
④ PIV(최대 역 전압)

> PIV(최대 역 전압)은 다이오드와 관련된 파라미터이다.
>
> [정답] ④

23

다음 중 이상적인 연산 증폭기의 특성이 아닌 것은?

① 전압증폭도가 무한대
② 입력 임피던스가 무한대
③ 출력 임피던스가 무한대
④ 주파수 대역폭이 무한대

> • 이상적인 연산증폭기 특성
> ① 전압증폭도 = 무한대
> ② 대역폭 = 무한대
> ③ 입력임피던스 = 무한대
> ④ 출력임피던스 = 0
> ⑤ CMRR(공통 모드 제거비) = 무한대
> ⑥ 전원 전압 제거기 = 무한대
>
> [정답] ③

24

다음 중 이상적인 연산증폭기에 대한 설명으로 틀린 것은?

① 입력 임피던스는 무한대(∞)이다.
② 출력 임피던스는 0이다.
③ 공통모드제거비(CMRR)는 0이다.
④ 대역폭이 무한대(∞)이다.

> • 이상적인 연산 증폭기의 파라미터(Parameter)
> ① 차동 신호의 전압 이득 $A = \infty$
> ② 동상 신호에 대한 전압 이득= 0,
> ③ CMRR = ∞
> ④ 입력 임피이던스 $Z_i = \infty$
> ⑤ 출력 임피이던스 $Z_0 = 0$
> ⑥ 주파수 대역폭 = ∞
> ⑦ 온도에 의한 드리프트(drift) = 0
> ⑧ 입력 바이어스 전류 = 0 ($I_{B1} = I_{B2} = 0$)
>
> [정답] ③

25

이상적인 OP-AMP의 특성으로 틀린 것은?

① 입력임피던스(Z_i)가 무한대이다.
② 출력임피던스(Z_o)가 무한대이다.
③ 전압이득이(A_V) 무한대이다.
④ CMRR(동상제거비)는 무한대이다.

- **이상적인 연산 증폭기의 파라미터(Parameter)**
  ① 차동 신호의 전압 이득 $A = \infty$
  ② 동상 신호에 대한 전압 이득= 0,
  ③ CMRR = ∞
  ④ 입력 임피이던스 $Z_i = \infty$
  ⑤ 출력 임피이던스 $Z_0 = 0$
  ⑥ 주파수 대역폭 = ∞
  ⑦ 온도에 의한 드리프트(drift) = 0
  ⑧ 입력 바이어스 전류 = 0 ($I_{B1} = I_{B2} = 0$)

[정답] ②

26

다음은 궤환율이 0.04인 부궤환 증폭기 회로이다. 저항 R_f는?

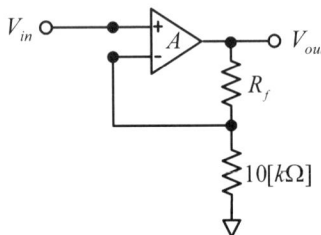

① $200[\mathrm{k}\Omega]$
② $20[\mathrm{k}\Omega]$
③ $24[\mathrm{k}\Omega]$
④ $240[\mathrm{k}\Omega]$

- **비반전 증폭기 궤환율**

$$\beta = \frac{V_f}{V_0} = \frac{R}{R+R_f}$$
$$= \frac{10[k\Omega]}{10[k\Omega]+R_f} = 0.04 \text{ 이므로}$$
$$\therefore R_f = 240[k\Omega]$$

[정답] ④

27

다음 그림과 같은 부궤환 증폭기 회로의 궤환율은?

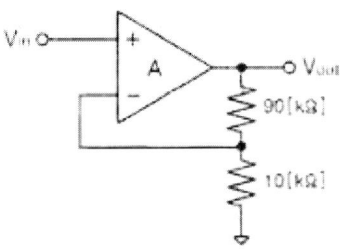

① 10
② 1.1
③ 0.5
④ 0.1

비반전 연산 증폭기는 입력신호가 비반전 단자(+단자)에 가해지고, 출력신호의 일부가 반전단자(-단자)에 궤환되는 증폭기이다.

① 폐루프 전압이득
$$A_f = \frac{V_o}{V_i} = (1+\frac{R_f}{R}) = (1+\frac{90[k\Omega]}{10[k\Omega]}) = 10$$
② 궤환율 $\beta = \frac{R}{R+R_f} = \frac{10[k\Omega]}{10[k\Omega]+90[k\Omega]} = 0.1$

[정답] ④

28

다음 그림에서 입력전압 Vi는? (단, $R_1=2R_2$)

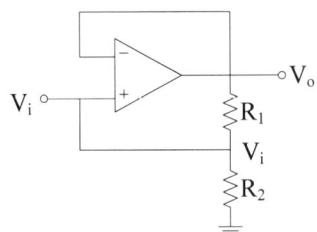

① $V_i = V_o$
② $V_i = 2V_o$
③ $V_i = \dfrac{V_o}{3}$
④ $V_i = 3V_o$

$$\beta = \frac{V_i}{V_0} = \frac{R}{R+R_f}$$
$$= \frac{R_2}{R_2+R_1} = \frac{R_2}{3R_2} = \frac{1}{3}$$
$$V_i = \frac{V_o}{3}$$

[정답] ③

29

그림과 같은 부궤환 증폭기 회로의 폐루프(Closed-Loop) 이득은? (단, 증폭기의 증폭도는 무한대(∞) 이다.)

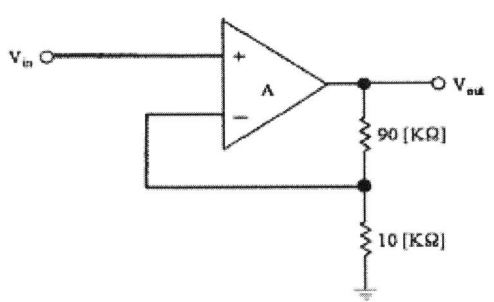

① 10
② 5
③ 3
④ 1

$$A_v = \frac{V_o}{V_i} = \frac{R + R_f}{R}$$
$$= \frac{10[k\Omega] + 90[k\Omega]}{10[k\Omega]} = 10$$

[정답] ①

30

그림과 같은 부궤환 증폭기의 폐루프(Closed-Loop) 차단주파수는? (단, 개루프(Open Loop)일 때, 이득-대역폭 곱은 $1 \times 10^6 [Hz]$이다.)

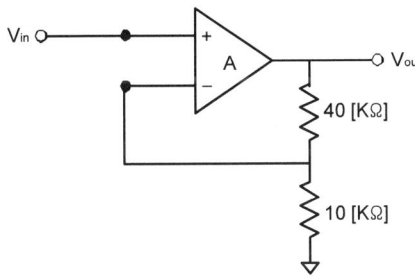

① 200 [kHz]
② 100 [kHz]
③ 50 [kHz]
④ 10 [kHz]

$$A_f = (1 + \frac{40}{10}) = 5$$
$$A_f \times f_c = 1 \times 10^6 [Hz]$$
$$f_c = 200 [kHz]$$

[정답] ①

31

다음과 같은 연산증폭기 회로의 출력 전압은?

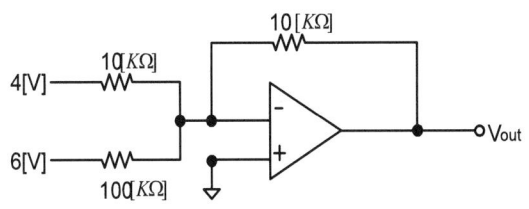

① −64[V]
② −4.6[V]
③ +64[V]
④ +4.6[V]

$$V_0 = -R_f \left(\frac{V_1}{R_1} + \frac{V_2}{R_2} \right)$$
$$= -10[K\Omega] \left(\frac{4}{10[K\Omega]} + \frac{6}{100[K\Omega]} \right)$$
$$= -4.6[V]$$

[정답] ②

32

다음 그림과 같은 회로의 입력에 계단전압(step voltage)을 인가할 때 출력에는 어떤 파형의 전압이 나타나겠는가?(단, A는 이상적인 연산 증폭기이다.)

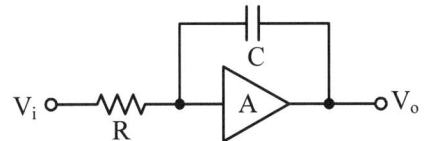

①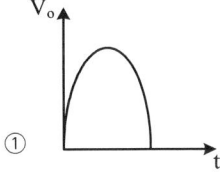
②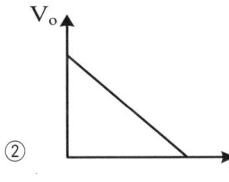
③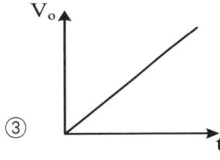
④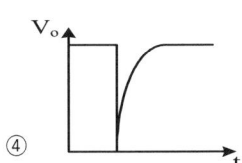

RC회로로 구성된 적분기이므로 입력에 계단전압(step voltage)을 인가되면 출력에는 램프파형이 나타난다.
RC 시정수 크기에 따라 기울기를 조절할 수 있다.

[정답] ③

33
다음 회로의 종류는?

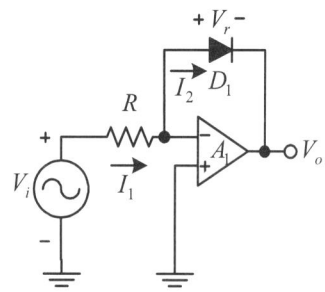

① 반파정류회로 ② 전파정류회로
③ 피크검출기   ④ 대수 증폭기회로

대수 증폭기회로 출력전압은 입력전압의 자연대수(ln)의 값으로 출력되는 대수 증폭 회로이다.

[정답] ④

34
연산증폭기를 이용한 능동 여파기에서 차단주파수는 출력전압이 최대값의 약 몇 [%]로 감소하는 주파수인가?

① 10[%] ② 50[%]
③ 70[%] ④ 90[%]

차단주파수는 출력전압이 최대값의 $\frac{1}{\sqrt{2}} = 0.707$ 감소하는 주파수이다.

[정답] ③

3 전력증폭회로

35
다음 중 증폭기의 종류에 해당하지 않는 것은?

① A급 증폭기   ② AB급 증폭기
③ C급 증폭기   ④ AC급 증폭기

• 아날로그 증폭기의 최대효율

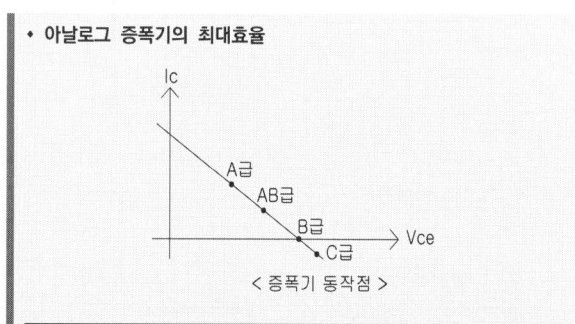

< 증폭기 동작점 >

A급	AB급	B급	C급
50[%]	78.5[%] 이하	78.5[%]	78.5[%] 이상

[정답] ④

36
선형 증폭기 동작을 위한 바이어스 조건은?

① A급 동작 ② B급 동작
③ C급 동작 ④ D급 동작

• 바이어스에 따른 증폭회로 구분

	A급	B급	C급
동 작 점	특성곡선의 중앙	특성곡선의 차단점	특성곡선의 차단점 이하
유통각 θ	$\theta = 2\pi$	$\theta = \pi$	$\theta < \pi$
일그러짐	작음	중간	큼
효 율	낮음	중간	높음
용 도	완충 증폭	저주파 전력 증폭	고주파 전력증폭 및 주파수 체배 증폭

[정답] ①

37
이상적인 A급 증폭기의 최대 효율은?

① 18[%]   ② 35[%]
③ 50[%]   ④ 100[%]

• 증폭기별 최대효율

A급 전력증폭기	B급 전력증폭기	C급 전력증폭기
50[%]	78.5[%]	78.5[%]이상

[정답] ③

38

다음 중 전력증폭기에 대한 설명으로 틀린 것은?

① 대신호 동작으로 사용된다.
② 증폭기의 선형동작에 의해 고조파 왜곡이 생긴다.
③ 고출력 증폭을 위해 사용된다.
④ 부궤환 회로를 적용하면, 저왜곡 출력이 가능하다.

증폭기의 비선형동작에 의해 고조파 왜곡이 생긴다.

[정답] ②

39

전력증폭기의 직류공급 전압은 12[V], 전류는400[mA]이고 효율이 60[%]일 때 부하에서의 출력전력은?

① 0.7[W] ② 1.44[W]
③ 2.88[W] ④ 4.8[W]

전력증폭회로의 효율이란 증폭기에 공급된 직류전력 중 얼마만큼이 교류 부하전력으로 나타났는가의 비율을 나타낸다.

$\eta = \dfrac{P_L}{P_S} \times 100[\%]$

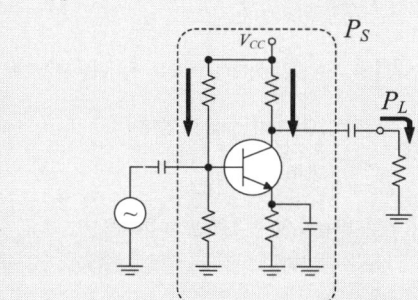

$\eta = \dfrac{P_L}{12 \times 400 \times 10^3} \times 100[\%] = 60[\%]$ 이므로

$\therefore P_0 = \dfrac{60 \times 12 \times 400 \times 10^{-3}}{100} ≒ 2.88[W]$

[정답] ③

40

변압기의 입력단 1차 권선비와 출력단 2차 권선비가 1:2일 때, 출력전압은 입력전압의 몇 배인가?

① 0.5배 ② 1배
③ 1.5배 ④ 2배

권선비 $a = \dfrac{N_1}{N_2} = \dfrac{V_1}{V_2} = \dfrac{I_2}{I_1}$

$\therefore V_2 = 2V_1$

[정답] ④

41

푸시풀(push-pull) 전력증폭회로의 가장 큰 장점은?

① 우수 고조파 상쇄로 왜곡이 감소한다.
② 직류 성분이 없어지기 때문에 효율이 크다.
③ A급 동작 시 크로스오버(cross over)왜곡이 감소한다.
④ 기수와 우수 고조파 상쇄로 효율이 증가한다.

푸시풀(push-pull)전력증폭회로는 우수차 고조파 성분은 서로 상쇄되어 출력단에 나타나지 않아 왜곡이 감소한다.

[정답] ①

42

다음 중 푸시 폴(Push-Pull)증폭기에서 출력파형의 찌그러짐이 작아지는 이유는?

① 기수고조파가 상쇄되기 때문이다.
② 우수고조파가 상쇄되기 때문이다.
③ 기수차 및 우수차 고조파가 상쇄되기 때문이다.
④ 직류성분이 없어지기 때문이다.

푸시풀(push-pull)전력증폭회로는 우수차 고조파 성분은 서로 상쇄되어 출력단에 나타나지 않아 왜곡이 감소한다.

[정답] ②

43

고주파 증폭회로에서 중화 조정을 수행하는 목적은?

① 이득의 증가 ② 주파수의 안정
③ 전력 효율의 증대 ④ 자기 발진의 방지

고주파 증폭회로에서 자기 발진의 방지를 위하여 중화회로를 사용한다.

[정답] ④

44

다음 중 영 바이어스(Zero Bias)된 B급 푸시풀(Push-Pull) 증폭기에서 발생되는 왜곡의 원인으로 가장 적합한 것은?

① 주파수 일그러짐 ② 진폭 일그러짐
③ 교차 일그러짐 ④ 위상 일그러짐

B급 PP전력 증폭회로에서는 바이어스는 불필요한 것처럼 생각되나, 트랜지스터의 $V_{BE}-I_C$특성의 상승부분의 비직선성에 의해서, 입력신호가 정현파라도 출력전류의 파형은 이상적인 정현파로는 되지 않고 왜곡을 일으킨다.
이것을 크로스오버 왜곡(crossover distortion)이라 하며 이 왜곡을 없애려면 무신호 시에도 콜렉터 전류가 조금 흐르도록 약간의 바이어스를 가해서 사용해야 한다.(AB급 바이어스 동작)

[정답] ③

45

증폭기에서 발생하는 일그러짐(Distortion)현상이 아닌 것은?

① 비직선 일그러짐 ② 잡음(Noise)
③ 주파수 일그러짐 ④ 위상 일그러짐

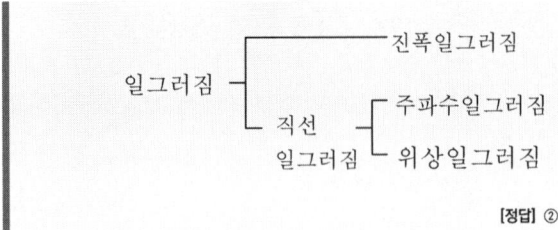

[정답] ②

46

전력증폭기의 출력 측 기본파 전압이 50[V]이고, 제 2 및 제 3 고조파의 전압이 각각 4[V]와 3[V]일 때 왜율은?

① 5[%]   ② 10[%]
③ 15[%] ④ 20[%]

$$D = \frac{\sqrt{V_2^2 + V_3^2}}{V_1} \times 100 = \frac{\sqrt{4^2 + 3^2}}{50} \times 100 = 10[\%]$$

[정답] ②

47

다음 중 전치 증폭기에 대한 설명으로 틀린 것은?

① 출력신호를 1차 증폭시킨다.
② 초기신호를 정형한다.
③ 고출력 증폭용으로 사용된다.
④ 일반적으로 종단 증폭기에 비해 증폭률이 낮다.

전치증폭기(Pre-Amp)는 잡음 특성을 개선하기 위하여 사용하는 저잡음 증폭기이며, 고출력 증폭용으로 사용되는 증폭기는 전력증폭기(Power-Amp)라 한다.

[정답] ③

48

B급 푸시풀 증폭기의 최대 직류공급전력은? (단, I_m은 최대 콜렉터 전류, V_{CC}는 공급 전압이다.)

① $I_m V_{CC}$ ② $2I_m V_{CC}$
③ $I_m V_{CC}/\pi$ ④ $2I_m V_{CC}/\pi$

B급 푸시풀 증폭기의 최대 직류공급전력
$$P_0 = \frac{2I_m}{\pi} \times V_{cc}$$

[정답] ④

49

3단 종속 전압증폭기 이득이 각각 10배, 20배, 50배 일 때 종합증폭도와 종합이득은 각각 얼마인가?

① 종합증폭도는 10배, 종합이득은 20[dB]
② 종합증폭도는 100배, 종합이득은 40[dB]
③ 종합증폭도는 1,000배, 종합이득은 60[dB]
④ 종합증폭도는 10,000배, 종합이득은 80[dB]

① 종합 증폭도 = $10 \times 20 \times 50 = 10,000$
② 종합 이득 = $20\log_{10} 10,000 = 80[dB]$

[정답] ④

50

잡음지수가 3[dB]이고 증폭도가 20[dB]인 전치 증폭기를 잡음지수가 5[dB]인 종속 증폭기에 연결하면 종합잡음지수는 얼마가 되는가?

① 3[dB]   ② 3.2[dB]
③ 5[dB]   ④ 5.2[dB]

$$F = F_1 + \frac{F_2 - 1}{G_1} \fallingdotseq F_1.$$

종합잡음지수를 계산하기 위해서는 dB로 된 값을 자연수로 바꾸어야 함.
즉, 3dB → 2, 20dB → 100, 5dB → 3.16

따라서 $F = 2 + \frac{3.16 - 1}{100} = 2.02$
$F = 10\log 2.02 = 3.05 dB \cong 3.2 dB$

[정답] ②

4 발진회로

1 발진의 개요

01 14/03

외부로부터의 전기적인 신호가 없어도 회로내에서 전기진동을 발생하는 회로를 무엇이라 하는가?
① 발진회로   ② 변조회로
③ 정류회로   ④ 전원회로

회 로	특 징
발진회로	지속적인 전기진동을 발생
변조회로	정보를 반송파에 실어주는 회로
정류회로	AC전원을 DC전원으로 변환
전원회로	안정적인 DC 출력을 발생

[정답] ①

02 12/06

발진회로와 관계가 없는 것은?
① 부성저항   ② 정궤환
③ 부궤환   ④ 재생회로

부궤환은 증폭기 특성 개선을 위하여 사용된다.

[정답] ③

03 13/6, 11/06

궤환증폭기에서 전달이득이 A, 궤환율은 β일때, $|1-\beta A|=0$이었다. 이 때 $|\beta A|=1$이면 증폭기의 증폭도는 어떤 동작을 하나?
① 정류   ② 부궤환
③ 발진   ④ 증폭

• 바크하우젠 발진조건
궤환 발진기에서 $\beta A = 1$을 만족하면 지속적인 발진출력 파형을 내게 되는데 이를 바크하우젠의 발진 조건이라 한다.

[정답] ③

04 12/03

발진을 위한 조건으로 적합한 것은?
① 클리퍼 회로가 필요하다.
② 증폭기에 부궤환 회로를 부가한다.
③ 공진 결합 회로가 필요하다.
④ 증폭기에 정궤환 회로를 부가한다.

• 바크하우젠 발진조건

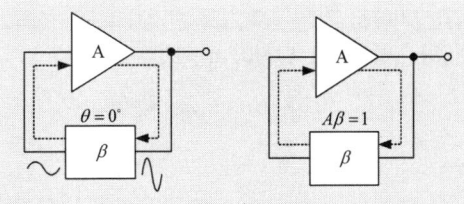

phase shift   loop gain

① loop gain($A\beta$)=1
② phase shift =0°

발진회로는 직류전원만 공급하면 지속적으로 일정한 주파수를 발생시키는 회로이다. 증폭기의 출력신호의 일부를 입력측으로 정궤환하여 입력과 동위상이 되게 하면 출력이 성장해 일정진폭의 정현파 출력을 얻을 수 있다.

[정답] ④

05 10/10

바크하우젠 발진조건에 대한 설명 중 옳은 것은?
① $A\beta < 1$ 이면 발진이 크게 일어난다.
② $A\beta > 1$ 이면 발진이 일어나지 않는다.
③ $A\beta = 1$ 이면 일정한 진폭의 교류출력이 발생한다.
④ $A\beta > 1$ 이면 발진은 되나 잘림현상이 발생한다.

• 바크하우젠 발진조건

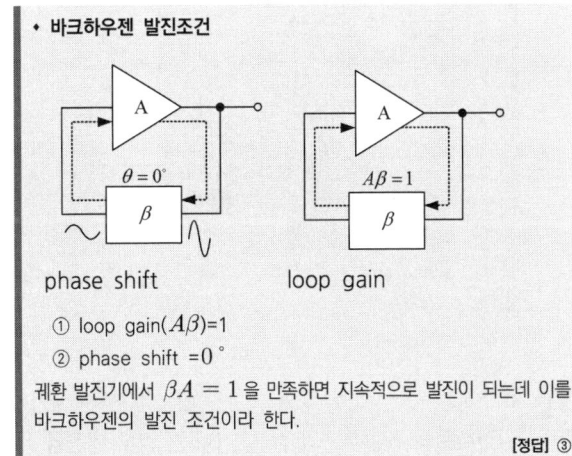

phase shift   loop gain

① loop gain($A\beta$)=1
② phase shift =0°

궤환 발진기에서 $\beta A = 1$을 만족하면 지속적으로 발진이 되는데 이를 바크하우젠의 발진 조건이라 한다.

[정답] ③

06 16/06, 11/3

궤환에 의한 발진회로에서 증폭기의 이득을 A, 궤환 회로의 궤환율을 β라고 할 때 발진이 지속되기 위한 조건은?
① $\beta A = 1$ ② $\beta A < 1$
③ $\beta A < 0$ ④ $\beta A = 0$

• 바크하우젠 발진조건
$|\beta A|=1$

[정답] ①

07

발진기에서 기본 증폭기의 전압증폭도가 A이고, 궤환율을 β라고 했을 때 발진이 발생되는 조건은?

① A=100, $\beta=1$
② A=100, $\beta=0.1$
③ A=100, $\beta=0.01$
④ A=100, $\beta=0$

- **바크하우젠 발진조건**
  $|\beta A|=1$
  A=100일 때, $\beta=0.01$

  [정답] ③

08

다음 중 발진을 유지하기 위한 조건이 아닌 것은?

① 증폭기의 출력이 유지되는 방향으로 궤환이 일어나야 한다.
② 궤환루프의 위상천이가 0°이어야 한다.
③ 전체 페루프의 전압이득이 0 이어야 한다.
④ 발진의 안정조건은 $|A\beta|=1$이어야 한다.
(A:증폭기 증폭도, β: 궤환율)

- **발진을 유지하기 위한 조건**
  ① loop gain($A\beta$)=1
  ② phase shift =0°

  [정답] ③

09

발진회로의 궤환루프의 감쇠가 0.5인 경우 발진을 유지하기 위한 증폭회로의 전압이득은?

① 전압이득은 2.0이어야 한다.
② 전압이득은 1.5이어야 한다.
③ 전압이득은 1.0이어야 한다.
④ 전압이득은 0.5이어야 한다.

발진조건은 $A\beta=1$이어야 한다.
$\beta=0.5$일 때 A=2.0

  [정답] ①

10

정궤환(positive feedback)을 사용하는 발진회로에서 발진을 위한 궤환루프(feedback loop)의 조건은?

① 궤환루프의 이득은 없고, 위상천이가 180°이다.
② 궤환루프의 이득은 1보다 작고, 위상천이가 90°이다.
③ 궤환루프의 이득은 1이고, 위상천이는 0°이다.
④ 궤환루프의 이득은 1보다 크고, 위상천이는 180°이다.

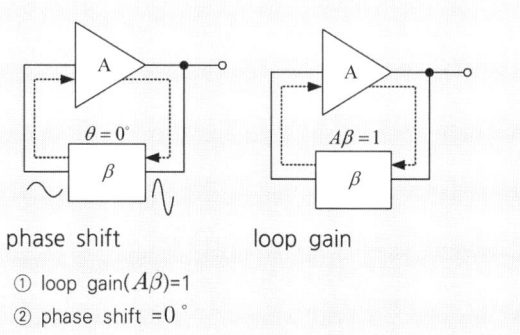

- **정궤환(positive feedback) 발진조건**
  ① loop gain($A\beta$)=1
  ② phase shift =0°

  [정답] ③

11

다음 중 궤환회로에서 발진이 일어나는 조건인 바크하우젠 발진조건에 관한설명으로 틀린 것은? (단, A는 증폭부의 증폭률이고 β는 궤환부의 궤환율 이다.

① 발진조건은 $|A\beta|=1$이다.
② $A\beta<1$이면 발진이 일어나지 않는다.
③ $A\beta>1$이면 발진은 되나 이득이 계속 증가하여 클리핑이 일어나면서 불안정하다.
④ $A\beta=1$은 발진조건으로 일정한 진폭의 직류출력이 발생한다.

$A\beta=1$은 발진조건으로 일정한 진폭의 교류 발진출력이 발생한다.

  [정답] ④

12

발진회로와 증폭회로의 특성을 나타낸 것이다. 적절하지 않은 것은?

① 발진회로와 증폭회로는 적절한 직류전원이 공급되어야 한다.
② 발진회로는 증폭회로 모두 적절한 궤환회로를 적용할 수 있다.
③ 발진회로와 증폭회로는 출력파형에 왜곡이 발생할 수 있다.
④ 발진회로와 증폭회로는 외부에서 입력되는 교류신호가 필요하다.

- **발진회로와 증폭회로**
  ① 발진회로는 정궤환을 이용하며, 증폭회로는 부궤환을 이용하여 특성을 개선한다.
  ② 발진회로는 외부에서 입력신호없이 자체적으로 발진하지만 증폭회로는 외부 입력신호가 있어야 증폭이 된다.

  [정답] ④

13

15/06

다음 중 발진에 대한 설명으로 틀린 것은?

① 발진회로는 전기적인 에너지를 받아서 지속적인 전기적 진동을 일으킨다.
② 발진이 지속되려면 출력신호의 일부를 정궤환 시켜야 한다.
③ 외부로부터 일정한 입력신호를 제공해주어야 발진과정을 지속할 수 있다.
④ 발진회로는 정현파 발생회로와 비정현파 발생회로가 있다.

발진기가 시동 하는 데는 아무런 입력 신호가 없어도, 기본 증폭기와 궤환 회로를 조절하여 βA의 값과 위상이 $v_f = v_i$가 되도록 조정하면 발진이 지속된다.

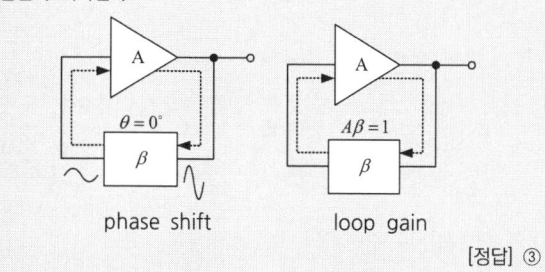

[정답] ③

14

13/03

아래의 괄호 안에 들어갈 알맞은 말을 앞에서 부터 순서에 맞게 나열한 것은?

궤환전압 또는 전류가 원래의 입력신호와 동위상일 때 (　) 이라 하고, 역위상이 될 때(　)이라 하며 궤환율을 가한 증폭기를 (　)라 한다.

㉮ Feedback Amplifier
㉯ Positive Feedback
㉰ Negative Feedback

① ㉮㉯㉰
② ㉯㉰㉮
③ ㉰㉮㉯
④ ㉰㉯㉮

궤환전압 또는 전류가 원래의 입력신호와 동위상일 때 (Positive Feedback) 이라 하고, 역위상이 될 때 (Negative Feedback)이라 하며 궤환율을 가한 증폭기를(Feedback Amplifier)라 한다.

[정답] ②

15

17/3. 15/10. 14/03

발진회로에서 발진을 지속하기 위해 필요한 과정은?

① 출력신호의 일부분을 부궤환시킨다.
② 출력신호의 일부분을 정궤환시킨다.
③ 외부로부터 지속적으로 입력신호를 제공한다.
④ L과 C 성분을 제거한다.

발진회로는 직류전원만 공급하면 지속적으로 일정한 주파수를 발생시키는 회로이다. 증폭기의 출력신호의 일부를 입력측으로 정궤환하여 입력과 동위상이 되게 하면 출력이 성장해 일정진폭의 정현파 출력을 얻을 수 있다.

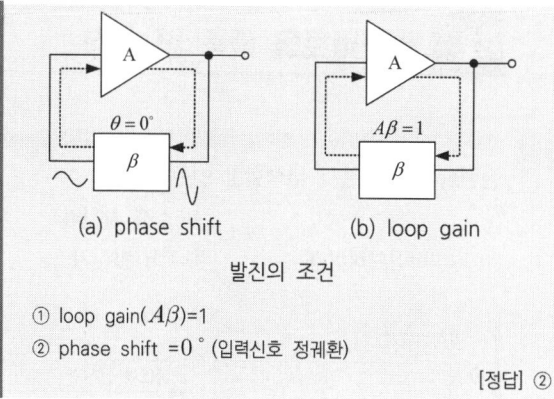

(a) phase shift　　(b) loop gain
발진의 조건

① loop gain($A\beta$)=1
② phase shift =0° (입력신호 정궤환)

[정답] ②

16

13/10

다음 중 발진조건에 대한 설명으로 틀린 것은?

① 궤환증폭기의 이득(A)과 궤환율(β)의 곱이 1보다 작으면 발진 진폭이 감소한다.
② 궤환증폭시 입력신호와 궤환신호의 위상이 180° 차이가 난다.
③ 증폭된 출력의 일부를 입력 쪽으로 정궤환시켜야 한다.
④ 발진이 지속될 수 있는 상태를 유지하기 위해서는 $\beta A = 1$ 조건을 만족해야 한다.

• 바크하우젠 발진조건

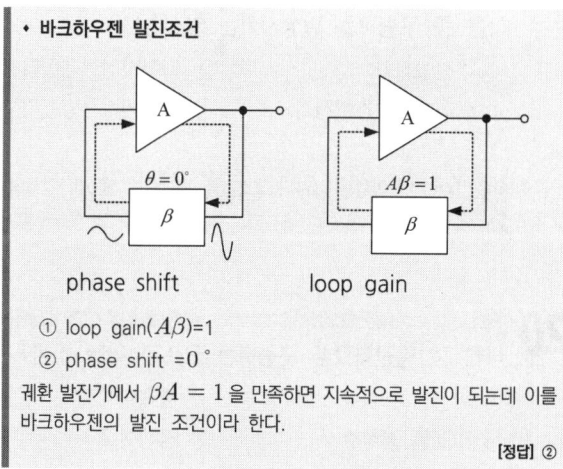

phase shift　　loop gain

① loop gain($A\beta$)=1
② phase shift =0°
궤환 발진기에서 $\beta A = 1$ 을 만족하면 지속적으로 발진이 되는데 이를 바크하우젠의 발진 조건이라 한다.

[정답] ②

17

10/03

발진회로의 출력이 직접 부하와 결합되면 부하의 변동으로 인하여 발진 주파수가 변동된다. 이에 대한 대책으로 많이 사용하는 방법은?

① 정전압 회로를 사용한다.
② 발진회로와 부하 사이에 증폭기를 접속한다.
③ 발진회로를 온도가 일정한 곳에 둔다.
④ 타 회로와 차단하여 습기가 차지 않도록 한다.

• 발진회로의 주파수 변화방지
① 부하변동 : 발진회로와 부하사이에 완충증폭기 사용
② 전압변동 : 정전압 전원회로 사용
③ 온도변동 : 온도보상회로(항온조) 사용

[정답] ②

2 발진회로의 종류 및 특성

18 16/3, 11/03

정현파 발진기로서 부적합한 것은?

① LC 발진기
② 수정 발진기
③ 멀티바이브레이터
④ CR 발진기

* 발진기분류

발진기	정현파 발진기	LC 발진기	동조형 발진기
			하틀리 발진기
			콜피츠 발진기
		수정 발진기	피어스 BE형 발진기
			피어스 CB형 발진기
		RC 발진기	이상형 발진기
			빈 브리지
	비정형파 발진기		멀티바이브레이터
			블로킹 발진기
			톱니파 발진기

[정답] ③

19 18/03, 12/10

다음 중 구형파를 발생시키는 발진기는?

① 수정발진기
② 멀티바이브레이터
③ 플레이트동조발진기
④ 다이네트론발진기

멀티바이브레이터는 고차의 고조파를 포함하는 펄스파 발생회로이다.

[정답] ②

20 14/10

다음 중 발진회로를 구성하는 요소가 아닌 것은?

① 위상천이회로
② 정궤환회로
③ RC타이밍회로
④ 감쇄회로

발진회로는 정궤환이 되도록 위상천이회로를 이용한다. 위상천이회로는 RC회로, LC회로, 수정발진회로 등을 사용한다. 특히, 이완발진기는 RC timing 회로와 Switching 회로로 구성된다.

[정답] ④

21 15/06

다음 회로는 어떤 발진회로인가?

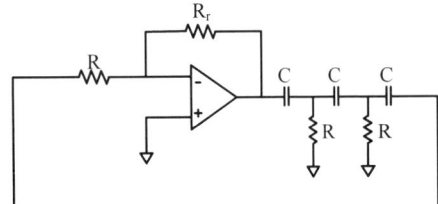

① 윈-브리지 발진회로
② 위상천이 발진회로
③ 클랩 발진회로
④ 피어스 발진회로

증폭기의 출력측에 CR 회로를 여러 단 접속하고 출력 위상을 차례로 바꾸어서 전체적인 위상을 180°바꾼 다음 입력측에 반결합 시킨 발진기를 위상천이(Phase shift type)발진기라고 한다.

[정답] ②

22 10/06

그림과 같은 회로에 대한 설명 중 틀린 것은?

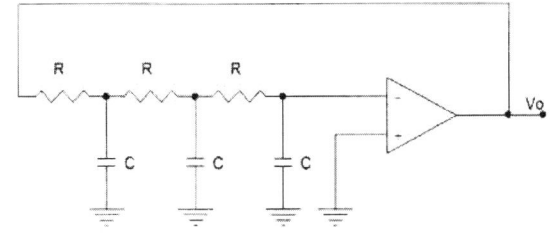

① 저주파 발진기의 일종이다.
② 회로의 전류증폭도는 29배 이상이어야 한다.
③ 발진주파수 $f = \dfrac{1}{2\pi\sqrt{6}\,RC}$[Hz]이다.
④ 병렬 용량형 이상형 발진회로이다.

* CR 이상형 발진기

병렬 R형 발진주파수	병렬 C형 발진주파수
$f = \dfrac{1}{2\pi\sqrt{6}\,CR}$[Hz]	$f = \dfrac{\sqrt{6}}{2\pi\,CR}$[Hz]

[정답] ③

23 14/06

병렬저항 이상형 발진회로에서 캐패시터 값이 0.01[μF]일 경우 1,500[Hz]의 발진주파수를 얻으려면 R값은 약 얼마인가?

① 1.51[kΩ]
② 2.52[kΩ]
③ 3.23[kΩ]
④ 4.33[kΩ]

* 병렬R형 발진주파수

$$f = \dfrac{1}{2\pi\sqrt{6}\,CR}[\text{Hz}]$$

$$R = \dfrac{1}{2\pi\sqrt{6}\,Cf}$$

$$= \dfrac{1}{2\pi\sqrt{6}\,(0.01\times 10^{-6})\times 1{,}500}$$

$$\fallingdotseq 4.33[\text{k}\Omega]$$

[정답] ④

24

병렬저항형 이상형 발진회로에서 1.6[kHz]의 주파수를 발진하는데 필요한 저항 값은 약 얼마인가? (단, C = 0.01[μF])

① 2[kΩ] ② 4[kΩ]
③ 6[kΩ] ④ 8[kΩ]

$$f = \frac{1}{2\pi\sqrt{6}\,CR}[\text{Hz}]$$
$$R = \frac{1}{2\pi\sqrt{6}\,Cf}$$
$$= \frac{1}{2\pi\sqrt{6}\,(0.01\times10^{-6})\times1,600}$$
$$\approx 4[\text{k}\Omega]$$

[정답] ②

25

RC 발진회로에서 RC 시정수를 높게 할 경우 발진주파수는 어떻게 변하는가?

① 발진주파수가 높아진다. ② 발진주파수가 낮아진다.
③ 무한대가 된다. ④ 아무런 변화가 없다.

병렬 R형 발진주파수	병렬 C형 발진주파수
$f = \frac{1}{2\pi\sqrt{6}\,CR}[\text{Hz}]$	$f = \frac{\sqrt{6}}{2\pi\,CR}[\text{Hz}]$

RC 시정수가 커질수록 발진주파수가 작아진다.

[정답] ②

26

다음 회로는 빈-브릿지(Wien-Bridge) 발진회로이다. R_1, R_2 값이 감소할 경우 발진주파수의 변화는?

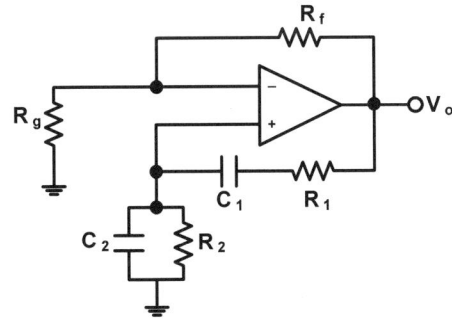

① 증가한다. ② 감소한다.
③ 변화없다. ④ 발진이 되지 않는다.

윈 브리지 RC발진회로 발진주파수
∴ $f = \frac{1}{2\pi\sqrt{R_1 R_2 C_1 C_2}}[\text{Hz}]$

[정답] ①

27

다음 그림과 같은 발진회로에서 높은 주파수의 동작에 적절한 발진회로 구현을 위한 리액턴스 조건은 무엇인가?

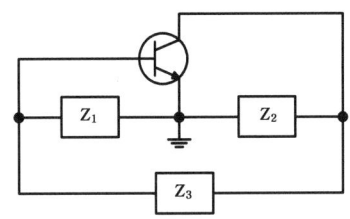

① Z_1 = 용량성, Z_2 = 용량성, Z_3 = 용량성
② Z_1 = 유도성, Z_2 = 유도성, Z_3 = 유도성
③ Z_1 = 유도성, Z_2 = 용량성, Z_3 = 용량성
④ Z_1 = 용량성, Z_2 = 용량성, Z_3 = 유도성

• 3소자형 발진기의 종류

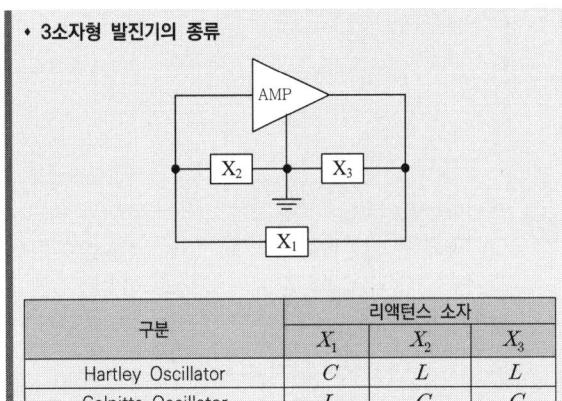

구분	리액턴스 소자		
	X_1	X_2	X_3
Hartley Oscillator	C	L	L
Colpitts Oscillator	L	C	C

[정답] ④

28

그림과 같은 회로에 대한 설명 중 옳은 것은?

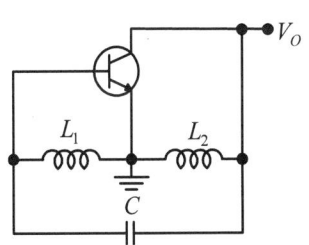

① 콜피츠 발진회로이다.
② VHF대나 UHF대에서 많이 사용된다.
③ 부궤환을 적용하였다.
④ 하틀리 발진회로이다.

궤환회로가 L_2, L_3 나 C_2 로 구성된 하틀리 발진회로로 장중파, 단파 대역에서 주로 사용된다.

[정답] ④

29

다음 하틀리 발진회로에서 커패시턴스 $C = 200\,[\text{pF}]$, 인덕턴스 $L_1 = 180\,[\mu\text{H}]$, $L_2 = 20\,[\mu\text{H}]$이며, 상호인덕턴스 $M = 90\,[\mu\text{H}]$의 값을 가질 때 발진 주파수는 약 얼마인가?

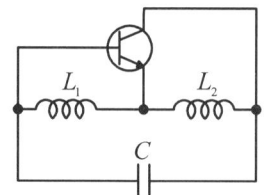

① 517[kHz]　② 537[kHz]
③ 557[kHz]　④ 577[kHz]

- **하틀리발진기의 발진주파수**

$$f = \frac{1}{2\pi\sqrt{(L_1 + L_2 + 2M)C}} \quad (M: \text{상호인덕턴스})$$

$$= 577.6\,[\text{kHz}]$$

[정답] ④

30

그림과 같은 발진회로에서 $200\,[\text{kHz}]$의 발진주파수를 얻고자 한다. C_1과 C_2의 값이 $0.001\,[\mu\text{F}]$이라면 L의 값은 약 얼마인가?

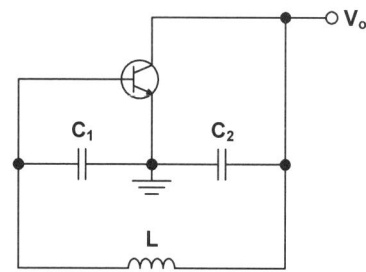

① 2.21[mH]　② 1.27[mH]
③ 2.31[mH]　④ 1.35[mH]

- **콜피츠 발진기의 발진주파수**

$$\therefore f_0 = \frac{1}{2\pi}\sqrt{\frac{1}{L_1}\left(\frac{1}{C_1} + \frac{1}{C_2}\right)}$$

$$= \frac{1}{2\pi\sqrt{L_1\left(\frac{C_1 C_2}{C_1 + C_2}\right)}}\,[\text{Hz}]$$

[정답] ②

31

다음 그림은 콜피츠 발진회로를 변형한 클랩 발진회로이다. 안정한 주파수를 얻기 위해 C_1, C_2를 C_3에 비해 크게 하였을 때 이 발진회로의 발진주파수는?
($C_3 = 0.001\,[\mu\text{F}]$, $L = 1\,[\text{mH}]$)

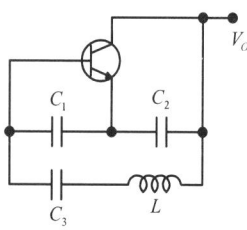

① 150[KHz]　② 153[KHz]
③ 156[KHz]　④ 159[KHz]

- 클랩(Clap) 발진기 → 콜피츠 발진기를 개선한 형태 C_3에 의해 발진주파수가 결정된다.

$$f_o = \frac{1}{2\pi\sqrt{LC_3}}\,[\text{Hz}]$$

$$= \frac{1}{2\pi\sqrt{(1\times 10^{-3})\times(0.001\times 10^{-6})}}$$

$$= 159\,[\text{KHz}]$$

[정답] ④

32

다음 그림과 같은 회로에서 결합계수가 0.5이고, 발진주파수가 $200\,[\text{kHz}]$일 경우 C의 값은 얼마인가? (단, $\pi = 3.14$이고, $L_1 = L_2 = 1\,[\text{mH}]$로 가정)

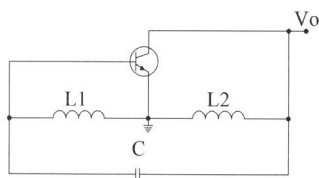

① 211.3[μF]　② 211.3[pF]
③ 422.6[μF]　④ 422.6[pF]

- **결합계수와 상호 인덕턴스**

$$k = \frac{M}{\sqrt{L_1 L_2}},$$

$$M = k\sqrt{L_1 L_2} = 0.5\sqrt{(1\times 10^{-3})^2} = 0.5\times 10^{-3}$$

- **하틀리 발진회로의 발진 주파수**

$$f = \frac{1}{2\pi\sqrt{(L_1 + L_2 + 2M)C}}$$

$$C = \frac{1}{4\pi^2 f^2 (L_1 + L_2 + 2M)}$$

$$= \frac{1}{4\pi^2 (200\times 10^3)^2 \times (2\times 10^{-3} + 1\times 10^{-3})}$$

$$= 211.3\,[\text{pF}]$$

[정답] ②

33
18/06

다음 중 LC발진회로에서 발진주파수의 변동요인과 대책이 틀린 것은?

① 전원전압의 변동 : 직류안정화 바이어스 회로를 사용
② 부하의 변동 : Q가 낮은 수정편을 사용
③ 온도의 변화 : 항온조를 사용
④ 습도에 의한 영향 : 회로의 방습 조치

◆ 발진주파수의 변동원인과 대책
① 전원전압의 변동 - 정전압 회로의 이용
② 부하의 변동 - 소결합 및 버퍼용 완충증폭기 사용
③ 온도에 의한 회로정수의 변동 - 항온조에서 열 차폐
④ 습도에 의한 회로정수의 변화 - 방습 조치
⑤ 진동에 의한 회로정수의 변동 - 견고히 제작

[정답] ②

34
13/10

수정발진기는 어떤 효과를 이용한 것인가?

① 차폐효과   ② 압전기 효과
③ 홀 효과   ④ 제에벡 효과

수정발진기는 압전효과를 이용한 발진기이다.

[정답] ②

35
13/06

수정편에 기계적인 압력을 가하면 표면에 전하가 나타나 전압이 발생하는 현상을 무엇이라 하는가?

① 압전기 현상   ② 부성저항 현상
③ 자기 왜형 현상   ④ 인입 현상

압전기 현상(압전효과)이란 어떤 물질에 기계적 일그러짐을 가함으로써 유전분극을 일으키는 현상을 말한다.

[정답] ①

36
13/03

다음 그림은 수정진동자의 등가회로를 나타내었다. 수정진동자의 직렬 공진주파수는?

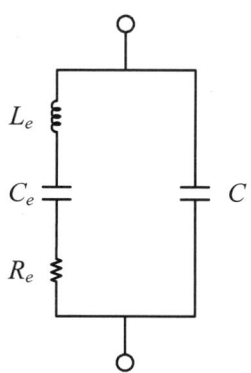

① $f_s = \dfrac{1}{2\pi\sqrt{L_e(\dfrac{C_e \cdot C}{C_e + C})}}$ ② $f_s = \dfrac{1}{2\pi\sqrt{\dfrac{1}{L_e}(\dfrac{C_e \cdot C}{C_e + C})}}$

③ $f_s = \dfrac{1}{2\pi\sqrt{L_e C_e}}$ ④ $f_s = \dfrac{1}{2\pi R_e \sqrt{L_e C_e}}$

◆ 수정발진기 공진주파수

직렬공진주파수	병렬공진주파수
$f_s = \dfrac{1}{2\pi\sqrt{L_e C_e}}$	$f_p = \dfrac{1}{2\pi\sqrt{L_e(\dfrac{C_e C}{C_e + C})}}$

[정답] ③

37
12/06

그림과 같은 수정편의 등가회로에서 L_0=25[mH], C_0=1.6[pF], R_0=5[Ω], C_1=4[pF]때, 직렬공진 주파수는? (단, π=3.14)

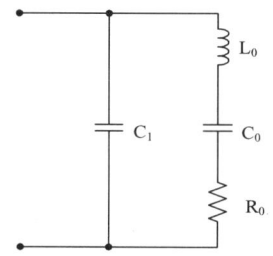

① 약 766.2[KHz]   ② 약 776.2[KHz]
③ 약 786.2[KHz]   ④ 약 796.2[KHz]

◆ 수정발진기 공진주파수

직렬공진주파수	병렬공진주파수
$f_s = \dfrac{1}{2\pi\sqrt{LC}}$	$f_p = \dfrac{1}{2\pi\sqrt{L(\dfrac{C_0 C}{C_0 + C})}}$

◆ 직렬공진주파수

$f_s = \dfrac{1}{2\pi\sqrt{L_0 C_0}} = \dfrac{1}{2\pi\sqrt{(25 \times 10^{-3})(1.6 \times 10^{-12})}}$

$= 796.2[KHz]$

[정답] ④

38
13/03

수정발진기는 임피던스가 어떤 조건일 때 가장 안정된 발진을 하는가?

① 저항성   ② 용량성
③ 유도성   ④ 유도성과 용량성 결합

수정발진기는 리액턴스가 유도성이 $f_0 < f < f_p$ 인 범위에서 매우 안정된 발진을 한다.

[정답] ③

39

다음 중 수정 발진기에서 주파수 변동이 발생하는 원인이 아닌 것은?

① 전원 전압의 변동
② 주위 온도의 변화
③ 부궤환 계수의 변동
④ 발진기 부하의 변동

- **수정발진기의 주파수 변동원인과 대책**
  ① 부하 변동
  대책 : 발진부 후단에 완충 증폭단 설치
  소결합 차폐를 충실히 한다.
  ② 온도변화
  대책 : 항온조 사용
  온도 계수가 작은 수정 공진자를 사용
  온도 계수가 작은 부품 사용
  온도 영향을 보상하는 소자사용
  ③ 전원 전압의 변동
  대책 : 정전압 회로 사용
  발진 회로 부분을 독립 전원으로 한다.
  ④ 외부의 기계적 진동
  대책 : 방진 장치(보안 장치를 한다.)
  ⑤ 부품의 불량
  대책 : 부품 교환 또는 접속 불량 등이 생기는 일이 없도록 한다.
  ⑥ 동조점의 불안정
  대책 : 동조점에서 약간 벗어난 곳에 조정 사용

[정답] ③

40

인가되는 역전압의 직류전압에 의해 커패시턴스가 가변되는 소자를 이용하여 발진주파수를 가변하는 발진회로는?

① 윈-브리지 발진회로
② 위상천이 발진회로
③ 전압제어 발진회로
④ 비안정멀티바이브레이터

전압제어 발진회로(VCO:Voltage Control Oscillator) 는 외부에서 인가되는 전압에 따라 가변용량이 변화되어, 발진 주파수가 가변되는 발진기이다.

[정답] ③

⑤ 변복조회로

1 아날로그 변복조 회로

01

다음 중 변조과정에 대한 설명으로 옳은 것은?

① 반송파에 정보신호(음성·화상·데이터 등)를 싣는 것을 변조라 한다.
② 변조된 높은 주파수의 파를 반송파라 한다.
③ 변조는 소신호로 대전류를 제어하는 것이다.
④ 저주파는 음성 신호파를 운반하는 역할을 하므로 피변조파라 한다.

변조는 반송파에 정보신호를 싣는 과정을 말한다.

[정답] ①

02

$1,000[\text{kHz}]$ 의 반송파를 $5[\text{kHz}]$ 의 신호주파수로 진폭 변조할 경우 출력 측에 나타나는 주파수가 아닌 것은?

① $995[\text{kHz}]$
② $1,000[\text{kHz}]$
③ $1,005[\text{kHz}]$
④ $1,990[\text{kHz}]$

- **AM 피변조파에서 출력측에 나타나는 주파수**
  ① 반송파 주파수 $f_c = 1,000[\text{kHz}]$
  ② 상측파 주파수 $f_c+f_s = 1,005[\text{kHz}]$
  ③ 하측파 주파수 $f_c-f_s = 995[\text{kHz}]$

[정답] ④

03

진폭 변조파의 전압이 $e = (200+50\sin 2\pi 100t)\sin 2\pi \times 10^8 t[\text{V}]$ 로 표시 되었을 때 변조도는 약 몇 $[\%]$인가?

① 25
② 50
③ 75
④ 95

피변조파 $V_{AM} = V_c(1+m\cos w_s t)\sin w_c t$ 에서 m이 변조도이므로
$e = 200(1+\frac{50}{200}\sin 2\pi 100t)\sin 2\pi \times 10^8 t[\text{V}]$
변조도 = $\frac{50}{200} \times 100 = 0.25 \times 100 = 25[\%]$

[정답] ①

04
변조도가 '1'이라는 의미는 무엇인가?
① 1[%] 변조
② 무변조
③ 과변조
④ 100[%] 변조

변조도 m은 반송파와 신호파의 진폭의 비로 변조도(Modulation Factor)라고 하며 다음 식으로 표현된다.
$$m = \frac{V_s}{V_c}$$
변조도 m을 백분율로 나타낸 것을 변조도라고 한다.

[정답] ④

05
다음 중 AM방식의 변조도에 대한 설명으로 틀린 것은?
① 변조도가 1일 때 완전변조라 한다.
② 변조도가 1보다 작으면 파형의 일부가 잘려 일그러짐이 생긴다.
③ 변조도는 신호파의 진폭과 반송파의 진폭의 비로 나타낸다.
④ 변조도가 1보다 큰 경우를 과변조라 한다.

과변조(변조도가 1이상)때 신호가 일그러진다.
• AM 변조도
$$m = \frac{V_S(신호파)}{V_C(반송파)}$$

m > 1	m = 1	m < 1
과변조(찌그러짐)	100%변조	정상변조

[정답] ②

06
진폭변조에서 반송파전력 Pc를 변조율 m[%]로 변조했을 때, 피변조파 전력 Pm을 구하는 식은?
① $P_m = P_c(1 + \frac{m^2}{2})$
② $P_m = P_c + \frac{m^2}{4} \times P_c$
③ $P_m = P_c \times m$
④ $P_m = P_c(1 + \frac{m}{2})^2$

• AM 피변조파 전력
$$\therefore P_m = P_C(1 + \frac{m^2}{2})$$

[정답] ①

07
AM변조에서 100[%] 변조인 경우 그 변조 출력이 전력이 6[kW]일 때, 반송파 성분의 전력은 얼마인가?
① 1[kW]
② 1.5[kW]
③ 2[kW]
④ 4[kW]

피변조파 전력 $P = P_c(1 + \frac{1}{2}m^2)[W]$
반송파 전력 $P_c = \frac{2}{3}P = \frac{2}{3} \times 6 = 4[kW]$

[정답] ④

08
진폭변조에서 80[%] 변조하였을 때 상측파대의 전력은 반송파 전력의 몇[%]인가?
① 16[%]
② 32[%]
③ 40[%]
④ 48[%]

• AM 변조전력의 구성

반송파 전력	상측파 전력	하측파 전력
P_c	$(\frac{m^2}{4})P_c$	$(\frac{m^2}{4})P_c$

$P_{USB} = (\frac{m^2}{4})P_c$ 에서 $m = 0.8$ 이므로
$\therefore P_{USB} = (\frac{0.8^2}{4})P_c = 0.16P_c$

[정답] ①

09
변조도 80[%]로 진폭 변조한 피변조파에서 반송파의 전력 P_C와 상측파대 또는 하측파대의 전력 P_S와의 비율은?
① 1 : 0.8
② 1 : 0.55
③ 1 : 0.33
④ 1 : 0.16

AM 변조 시 반송파 전력 P_C와 상측파대, 하측파대 전력 P_S 비율

반송파 전력	상측파 전력	하측파 전력
P_C	$(\frac{m^2}{4})P_C$	$(\frac{m^2}{4})P_C$

m = 0.8 일때, 반송파대 상측파, 하측파의 전력비는 1 : 0.16 : 0.16이다.

[정답] ④

10

다음 중 단측파대 변조 방식의 특징으로 틀린 것은?

① 점유주파수 대역폭이 매우 작다.
② 복조를 할 경우 반송파의 동기가 필요하다.
③ 송신출력이 비교적 적어도 된다.
④ 전송 도중에 복조되는 경우가 있다.

단측파대(SSB) 변조방식은 DSB방식에 비하여 비화성이 우수하다.

[정답] ④

11

다음 중 반송파를 제거하는 변조방식은?

① 진폭 변조   ② 펄스 변조
③ 위상 변조   ④ 평형 변조

평형 변조기는 반송파가 제거된 DSB-SC변조기의 일종이다.

[정답] ④

12

다음 중 슈퍼헤테로다인(Superheterodyne) 검파방식의 주파수 성분을 구하는 방법으로 틀린 것은?

① 영상주파수 = 수신주파수+(2×중간주파수)
② 국부발진주파수=수신주파수-중간주파수
③ 혼신주파수=영상주파수-국부발진주파수
④ 중간주파수=국부발진주파수+영상주파수

수신주파수 = 국부발진주파수+중간주파수
∴ 중간주파수 = 수신주파수-국부발진주파수

[정답] ④

13

FM 변조에서 최대 주파수 편이가 80[kHz]일 때 주파수 변조파의 대역폭은 얼마인가?

① 40[kHz]   ② 60[kHz]
③ 80[kHz]   ④ 160[kHz]

FM방식 주파수 대역
$B ≒ 2\triangle f = 2 \times 80 kHz = 160[kHz]$

[정답] ④

14

AM 복조(검파) 회로에서 직전 검파회로의 RC(시정수)가 반송파의 주기보다 짧은 경우에 일어나는 현상은?

① 충방전 특성이 늦어진다.
② 출력은 입력 전압의 반송파 진폭의 제곱에 비례하게 되며, 검파 감도가 높아지게 된다.
③ 방전이 빨리 일어나서 저항 R의 단자 전압변동이 크게 일어난다.
④ 포락선의 변화에 추종하지 못한다.

• **직선검파(포락선검파)**
AM파의 입력 전압(v_i)이 가해지면 검파 전류가 흐르면 방전 시정수 CR을 이용해 피변조파의 포락선을 재현하게 된다.

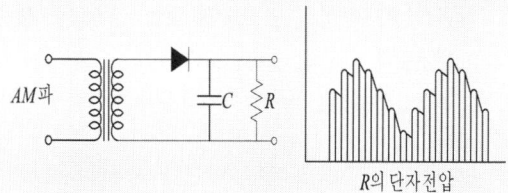

R의 단자전압파형

• **R의 단자전압파형**
저항 R의 단자에는 충전과 방전의 결과 점선과 같은 포락선의 출력파형이 나타난다.
RC(시정수)가 반송파의 주기보다 짧은 경우에 방전이 빨리 일어나서 저항 R의 단자 전압 변동이 크게 일어난다.

[정답] ③

15

변조신호 주파수 400[Hz], 전압 3[V]로 주파수를 변조하였을 때 변조지수가 50이었다. 이 때 최대주파수편이 △f는 얼마인가?

① 20[KHz]   ② 40[KHz]
③ 80[KHz]   ④ 100[KHz]

$m_f = \dfrac{\Delta f}{f_s}$ 에서
$\therefore \Delta f = m_f \cdot f_s = 50 \times 400 = 20000[Hz] = 20[kHz]$

[정답] ①

16. 주파수 변조에서 신호주파수가 4[kHz], 최대 주파수 편이가 20[kHz]이면, 변조지수는?

① 0.2　　　② 5
③ 16　　　④ 80

> 변조지수 $m_f = \dfrac{\triangle f}{f_s}$ ($\triangle f$=주파수 편이, f_s=정현파 변조신호)
> $m_f = \dfrac{20[kHz]}{4[kHz]} = 5$
>
> **[정답] ②**

17. 다음의 FM 변조지수 중 대역폭이 가장 넓은 것은?

① 1　　　② 2
③ 3　　　④ 4

> **• FM 대역폭**
> $B = 2(f_s + \triangle f) = 2f_s(1 + m_f)$
> FM방식에서 대역폭은 변조지수에 비례한다.
>
> **[정답] ④**

18. FM에서 최대 주파수편이가 60[kHz]이고 최대 변조 주파수가 6[kHz]라 하면 변조도는 얼마인가? (단, 변조지수는 8이다)

① 6[%]　　　② 60[%]
③ 80[%]　　　④ 120[%]

> **• FM 변조도**
> $k_f = \dfrac{\text{변조주파수} \times \text{변조지수}}{\text{최대 주파수편이}(\triangle f)} \times 100[\%]$
> $= \dfrac{6 \times 8}{60} \times 100[\%] = 80[\%]$
>
> **[정답] ③**

19. FM 검파 방식 중 주파수 변화에 의한 전압 제어 발진기의 제어 신호를 이용하여 복조하는 방식은?

① 계수형 검파기　　② PLL형 검파기
③ 포스터 - 실리 검파기　　④ 비 검파기

> PLL검파기는 위상비교기, 루프필터, 전압제어발진기로 구성되며 전압제어발진기의 출력이 복조출력이 된다.
>
> **[정답] ②**

20. 다음 중 위상변조에 대한 설명으로 틀린 것은?

① 위상을 변조신호에 의해 직선적으로 변하게 하는 방식이다.
② 변조지수는 위상감도계수에 비례한다.
③ PM방식을 사용해 FM신호를 만들 수 있다.
④ 반송파를 중심으로 3개의 측파대를 가지며 그 크기는 변조지수에 관계한다.

> 반송파를 중심으로 2개의 측파대를 가지는 것은 AM DSB-LC 변조방식이다.
>
> **[정답] ④**

21. 간접 FM 변조방식(Armstrong방식)에서의 필수 요소가 아닌 것은?

① 가산기(adder)
② 평형 변조기(balanced modulation)
③ 위상 천이기(90° phase shifter)
④ 진폭 제한기(limiter)

> 간접 FM변조방식은 적분기, 위상변조기(위상천이, 평형변조기, 진폭제한기)이용하는 변조방식이다.
>
> **[정답] ①**

22. 다음 중 FM에 대한 특징으로 틀린 것은?

① 단파 대역에 적당하지 않다.
② 수신의 충실도를 향상시킬 수 있다.
③ 잡음을 보다 감소시킬 수 있다.
④ 피변조파의 점유주파수대역이 좁아진다.

> **• FM의 특징**
> ① 수신측에서 진폭 제한기 (리미터)를 사용하므로 언제나 일정한 저주파 출력을 얻을 수 있다.
> ② AM 방식에 비하여 신호대 잡음비(S/N)비가 좋다.
> ③ 피변조파의 점유 주파수 대역폭이 넓다.(단점)
> ④ 초단파이상의 주파수대에서 많이 사용된다.
> ⑤ 전력 증폭을 모두 C급 동작으로 하기 때문에 송신기의 효율이 좋다.
> ⑥ 페이딩(fading), Echo 등의 혼신 방해가 적다.
>
> **[정답] ④**

23

다음 중 주파수 변조에 대한 설명으로 옳지 않은 것은?

① 협대역 FM과 광대역 FM방식이 있다.
② 변조신호에 따라 반송파의 주파수를 변화시킨다.
③ 선형 변조방식이다.
④ 반송파로 cos이나 sin 함수와 같은 연속함수를 사용한다.

FM변조방식은 비선형 변조방식이다.

[정답] ③

24

주파수변조를 진폭변조와 비교할 경우 잘못된 것은?

① 점유주파수대폭이 넓다.
② 초단파대의 통신에 적합하다.
③ S/N비가 좋아진다.
④ Echo의 영향이 많아진다.

• FM의 특징
① 수신측에서 진폭 제한기 (리미터)를 사용하므로 언제나 일정한 저주파 출력을 얻을 수 있다.
② AM 방식에 비하여 신호대 잡음비(S/N)비가 좋다.
③ 점유 주파수 대역폭이 넓다.(단점)
④ 초단파이상의 주파수대에서 많이 사용된다.
⑤ 전력 증폭을 모두 C급 동작으로 하기 때문에 송신기의 효율이 좋다.
⑥ 페이딩(fading), Echo 등의 혼신 방해가 적다.

[정답] ④

25

다음 중 주파수변조(FM)에서 신호대 잡음비(S/N)를 개선하기 위한 방법이 아닌 것은?

① 디엠파시스(De-Emphasis) 회로를 사용한다.
② 주파수대역폭을 넓게 한다.
③ 변조지수를 크게 한다.
④ 증폭도를 크게 높인다.

• FM방식 S/N비 개선방법
① 변조 지수 m_f를 크게 한다.
② 최대 주파수 편이를 크게 한다.
③ 변조 신호의 주파수를 작게 한다.
④ 변조 신호의 진폭을 크게 한다.
⑤ 주파수 감도 계수를 크게 한다.
⑥ 반송파의 진폭을 크게 한다.
⑦ pre-emphasis 회로를 사용한다.

[정답] ④

26

주파수 변조에서 S/N비를 높이기 위한 방법이 아닌 것은?

① 주파수 대역폭을 크게 한다.
② 변조지수를 크게 한다.
③ 프리 엠퍼시스 회로를 사용한다.
④ 주파수 변별회로를 사용한다.

• FM변조 S/N비 개선도

$$I_{FM} = 3m_f^2 \left(\frac{B}{2f_p}\right)$$

FM방식 S/N비 개선방법
① 변조 지수 m_f를 크게 한다.
② 최대 주파수 편이를 크게 한다.
③ 변조 신호의 주파수를 작게 한다.
④ 변조 신호의 진폭을 크게 한다.
⑤ 주파수 감도 계수를 크게 한다.
⑥ 반송파의 진폭을 크게 한다.
⑦ pre-emphasis 회로를 사용한다.

[정답] ④

2 디지털 변복조 회로

27

다음 중 디지털 변조방식에 대한 설명으로 틀린 것은?

① ASK 방식은 반송파의 진폭을 변화시키는 방식으로 장거리 및 대용량 전송에는 적합하지 않다.
② FSK 방식은 반송파의 주파수를 변화시키는 방식으로 전송로의 영향을 많이 받기 때문에 전송로 상태가 열악한 통신에는 적합하지 않다.
③ PSK 방식은 반송파의 위상을 변화시키는 방식으로 심볼 에러가 우수하고 전송로 등에 의한 레벨 변동에 영향을 적게 받는다.
④ QAM 방식은 반송파의 진폭과 위상을 상호 변환하여 싣는 방식으로 제한된 전송 대역 내에서 고속 전송에 유리하다.

FSK 방식은 반송파의 주파수를 변화시키는 방식이므로 비선형 전송로의 영향을 적게 받아 전송로 상태가 열악한 통신에 적합하다.

[정답] ②

28

다음 중 그림과 같은 변조파형을 얻을 수 있는 변조방식에 대한 설명으로 옳은 것은?

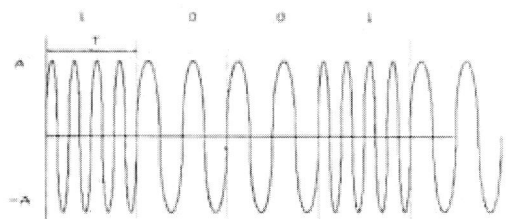

① 정현파의 주파수에 정보를 싣는 FSK 방식으로 2가지 주파수를 이용한다.
② 정현파의 진폭에 정보를 싣는 ASK 방식으로 2가지의 진폭을 이용한다.
③ 정현파의 진폭에 정보를 싣는 QAM 방식으로 2가지의 진폭을 이용한다.
④ 정현파의 위상에 정보를 싣는 2위상 편이 변조방식이다.

FSK변조방식은 입력신호에 따라 반송파의 주파수를 변화시키는 디지털 변조방식이다.

[정답] ①

29

정보 전송 기술에서 다음 그림과 같은 변조 파형을 얻을 수 있는 변조 방식은?

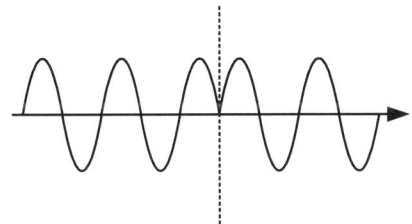

① ASK(Amplitude Shift Keying)
② PSK(Phase Shift Keying)
③ FSK(Frequency Shift Keying)
④ QASK(Quadrature Amplitude Shift Keying)

PSK변조방식은 입력신호에 따라 반송파의 위상를 변화시키는 디지털 변조방식이다.

[정답] ②

30

다음 중 정보 전송에서 반송파로 사용되는 정현파의 위상에 정보를 싣는 변조 방식은?

① PSK
② FSK
③ PCM
④ ASK

• 정현파 변조방식의 종류

구분	아날로그 변조	디지털 변조
진폭변조	DSB(양측파대 변조) SSB(단측파대 변조) VSB(잔류측파대 변조)	ASK(진폭편이 변조)
각도변조	FM(주파수 변조)	FSK(주파수 편이 변조)
	PM(위상 변조)	PSK(위상 편이 변조) DPSK(차동 위상 편이 변조) MSK(Minimum Shift Mode)
복합변조	AM-PM (진폭 위상 변조) SCFM(진폭 주파수 2중 변조)	QAM(직교 진폭 변조) APSK(진폭 위상편이 변조)

[정답] ①

31

디지털 신호의 정보 내용에 따라 반송파의 위상을 변화시키는 변조 방식으로 2원 디지털 신호를 2개씩 묶어 전송하는 QPSK 변조방식의 반송파 위상차는?

① 45[°]
② 90[°]
③ 180[°]
④ 270[°]

• QPSK 변조방식의 반송파 위상차

$$\theta = \frac{2\pi}{M} = \frac{2\pi}{4} = \frac{\pi}{2}$$

[정답] ②

32

QAM 변조방식은 디지털 신호의 전송효율을 향상, 대역폭의 효율적 이용, 낮은 에러율, 복조의 용이성을 위해 어떤 변조 방식을 결합한 것인가?

① FSK+PSK
② ASK+PSK
③ ASK+FSK
④ QPSK+FSK

QAM 변조방식은 진폭과 위상을 동시에 변화시킬 수 있는 다치변조방식이다.
QAM = ASK + PSK

[정답] ②

33
17/03

정보 전송에서 $800[\text{Baud}]$의 변조 속도로 4상 차분 위상 변조된 데이터 신호 속도는 얼마인가?

① $600[\text{bps}]$
② $1,200[\text{bps}]$
③ $1,600[\text{bps}]$
④ $3,200[\text{bps}]$

• 데이터 신호속도

$$r[\frac{bit}{\sec}] = n[\frac{bit}{symbol}] \times B[\frac{symbol}{\sec}]$$
$$= \log_2 M \times B$$
$$= \log_2 4 \times B = 2B = 1600[bps]$$

[정답] ③

34
18/06

$600[\text{bps}]$의 비트열을 16진 PSK로 변조하여 전송하면 변조 속도는?

① $1,200[\text{Baud}]$
② $2,400[\text{Baud}]$
③ $3,200[\text{Baud}]$
④ $4,600[\text{Baud}]$

$$r[\frac{bit}{\sec}] = n[\frac{bit}{symbol}] \times B[\frac{symbol}{\sec}]$$
$$= \log_2 M \times B$$
$$= \log_2 16 \times B = 4B = 2400[bps]$$

[정답] ②

35
10/03

8진 PSK 신호에 $5,000[\text{Hz}]$의 대역폭이 주어졌을 때 비트율은?

① $40[\text{kbps}]$
② $15[\text{kbps}]$
③ $5[\text{kbps}]$
④ $625[\text{kbps}]$

$$r[\frac{bit}{\sec}] = n[\frac{bit}{symbol}] \times B[\frac{symbol}{\sec}]$$
$$= \log_2 M \times B$$
$$= \log_2 8 \times 5,000 = 15[kbps]$$

[정답] ②

36
10/10

정보비트의 전송률이 일정할 때 QPSK의 채널 대역폭이 $5,000[\text{Hz}]$라면 16진 PSK의 채널 대역폭은?

① $1.25[\text{kHz}]$
② $2.5[\text{kHz}]$
③ $5[\text{kHz}]$
④ $80[\text{kHz}]$

• 16PSK 채널대역

$B = \frac{r}{n} = \frac{r}{\log_2 M}$ 의 관계에서 진수 M=4의 경우보다 M=16의 경우 채널의 대역폭은 $\frac{1}{2}$로 작아진다.

[정답] ②

37
10/10

M진 QAM의 대역폭 효율은?

① 비트에러율 ÷ 전송대역폭
② 비트율 ÷ 전송대역폭
③ 비트율 × 전송대역폭
④ 비트에러율 × 전송대역폭

대역폭효율은 비트율과 전송대역폭의 비

대역폭효율(n) = $\frac{비트율(r)}{전송대역폭(B)} = \log_2 M$

진수 M이 커질수록 대역폭효율은 증가된다.

[정답] ②

38
16/3, 10/03

일정시간 동안 200개의 비트가 전송되고, 전송된 비트 중 15개의 비트에 오류가 발생하면 비트 에러율(BER)은?

① $7.5[\%]$
② $15[\%]$
③ $30[\%]$
④ $40.5[\%]$

• BER(Bit Error Rate)

$$BER = \frac{에러비트수}{총 전송비트수} = \frac{15}{200} \times 100 = 7.5[\%]$$

[정답] ①

39
17/10, 10/03

BPSK 변조방식의 에러확률은 QPSK 변조방식의 에러 확률의 몇 배인가?

① $1/2$배
② $1/4$배
③ 2배
④ 4배

• 에러확률

$$P_{QPSK} = P_{BPSK} \times \log_2 M$$
$$P_{BPSK} = \frac{P_{QPSK}}{\log_2 M} = \frac{1}{\log_2 4} \times P_{QPSK}$$
$$= \frac{1}{2} \times P_{QPSK}$$

[정답] ①

40
다음 중 디지털 복조에 대한 설명으로 틀린 것은?

① ASK(Amplitude Shift Keying)에 대한 복조는 비동기식 포락선 검파만을 이용한다.
② 동기 검파는 송신신호의 주파수와 위상에 동기된 국부발진 신호와 입력 신호를 곱하게 하는 곱셈 검파기이다.
③ 비동기식 포락선 검파방식은 PSK(Phase Shift Keying)의 복조에는 이용되지 않는다.
④ 비동기식 검파는 동기 검파보다 시스템은 간단하지만 효율이 떨어진다.

> ASK에 대한 복조는 비동기포락선 검파, 동기검파를 모두 사용 할 수 있다.
> [정답] ①

41
다음 중 비동기 검파에 대한 설명으로 옳은 것은?

① 국부발진 신호와 입력신호를 곱하게 하는 곱셈 검파기이다.
② 송신측과 수신측이 동일한 반송파를 이용한다.
③ 주로 ASK와 FSK에 이용된다.
④ 동기검파보다 복조시스템이 복잡하다.

> • 비동기 검파
> ① 동기 검파와 달리 반송파의 위상을 이용하지 않는 방식이다.
> ② 성능은 떨어지지만 시스템이 간단하다
> ③ ASK, FSK 신호의 검파에 이용된다.
> [정답] ③

42
DPSK 복조에 주로 이용되는 검파방식은?

① 포락선 검파
② 동기검파
③ 동기직교 검파
④ 차동위상 검파

> DPSK 복조방식은 PSK의 동기 검파만 가능한 단점을 보완한 비동기 검파 방식(위상 정보 불필요)으로 1구간(T초)전의 PSK신호를 기준으로 사용하여 검파하는 차동위상 검파 방식이다.
> [정답] ④

43
다음 중 변조방식과 복조방식의 조합이 잘못된 것은?

① FSK-포락선검파
② DPSK-동기검파
③ QAM-동기검파
④ QPSK-동기검파

> • 디지털변조방식의 검파 종류
>
> | FSK | DPSK | QAM | QPSK |
> | --- | --- | --- | --- |
> | 동기/비동기 | 비동기검파 | 동기 | 동기 |
>
> [정답] ②

44
펄스부호변조(PCM) 방식에서 아날로그 신호를 디지털 신호로 변환시키는 과정을 바르게 나타낸 것은?

① 표본화 → 양자화 → 부호화 → 압축
② 표본화 → 부호화 → 양자화 → 압축
③ 표본화 → 양자화 → 압축 → 부호화
④ 표본화 → 압축 → 양자화 → 부호화

> PCM 변조방식은 아날로그 신호를 표본화 - 압축 - 양자화 - 부호화의 단계를 거쳐 디지털펄스로 변환하는 펄스 디지털 변조방식이다.
> [정답] ④

45
정보 전송의 변복조 기술에서 반복 주기가 일정한 펄스의 시간폭을 신호파의 진폭에 대응하여 변화시키는 방식은?

① PCM
② PPM
③ PWM
④ PAM

> • 펄스 변조(Pulse Modulation)의 분류
> ① 펄스 진폭(Amplitude) 변조 (PAM)
> : 신호레벨에 따라 펄스 진폭 변화
> ② 펄스 폭(Width)변조 (PWM)
> : 신호레벨에 따라 펄스 시간폭을 변화
> ③ 펄스 위상(Phase)변조 (PPM)
> : 신호레벨에 따라 펄스 위상을 변화.
> ④ 펄스 주파수(Frequency)변조 (PFM)
> : 신호레벨에 따라 펄스 주파수가 변화
> ⑤ 펄스 수(Number)변조 (PNM)
> : 신호레벨에 따라 펄스 수를 변화.
> ⑥ 펄스 부호(Code)변조 (PCM)
> : 신호 레벨에 따라 펄스 열의 유무를 변화.
> [정답] ③

46
다음 중 불연속 펄스 변조방식의 종류가 아닌 것은?

① PAM(Pulse Amplitude Modulation)
② PNM(Pulse Number Modulation)
③ ΔM(Delta Modulation)
④ PCM(Pulse Code Modulation)

> • 불연속 아날로그 펄스 변조방식
> ① PAM ② PFM ③ PPM ④ PWM(PDM)
>
> 불연속 디지털 펄스 변조방식
> ① PNM ② ΔM ③ PCM
> [정답] ①

47

다음 중 정보 전송 기술에서 디지털 신호 재생 중계기의 기능에 해당되지 않는 것은?

① 타이밍
② 에러 정정
③ 파형 등화
④ 식별 재생

- 디지털 신호 재생 중계기의 3대 구성요소
  ① 타이밍회로
  ② 파형 등화
  ③ 식별 재생

[정답] ②

48

정보기입 방식 중 "1"또는 "0"을 기억한 후 반드시 0레벨로 돌아가는 방식은?

① RB방식
② 위상변조 방식
③ RZ방식
④ NRZ방식

RZ (Return Zero방식)은 "1" 또는 "0"을 기입한 후 항상 "0" 레벨로 돌아가는 방식이다.

[정답] ③

⑥ 펄스회로

1 펄스의 개요

01

다음 그림은 이상적인 펄스를 나타낸 것이다.
펄스의 듀티 싸이클(Duty Cycle) D의 식으로 맞는 것은?

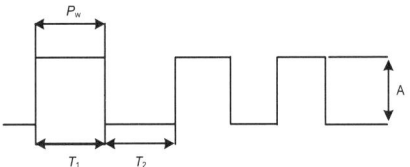

① $D = \dfrac{P_w}{T_2} \times 100 [\%]$
② $D = \dfrac{P_w}{T_1 + T_2} \times 100 [\%]$
③ $D = \dfrac{A}{T_1} \times 100 [\%]$
④ $D = \dfrac{A}{T_1 + T_2} \times 100 [\%]$

듀티 사이클은 펄스 주기에서 펄스폭이 점유하는 시간의 비이다.

[정답] ②

02

다음 그림과 같은 주기적인 펄스파형의 듀티비(Duty Ratio)는 얼마인가? (단 $t_o = 30 [\mu s]$, $T = 150 [\mu s]$)

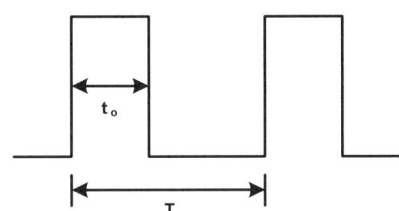

① 10 [%]
② 12 [%]
③ 20 [%]
④ 22 [%]

펄스 점유율 $D = \dfrac{t_o}{T} = f \times t_o$
$D = 1[kHz] \times (30 \times 10^{-6}) = 3 \times 10^{-2} = 3[\%]$

[정답] ③

03

이상적인 펄스 파형에서 펄스폭이 30[μs]이고, 펄스의 반복 주파수가 1[kHz]일 때 점유율은?

① 3[%] ② 7[%]
③ 30[%] ④ 70[%]

- Duty비(충격계수)
$$D = \frac{t_0}{T} \times 100 = ft_0 \times 100 = 30 \times 10^{-6} \times 1 \times 10^3 = 3[\%]$$

[정답] ①

04

펄스폭이 10[μs], 펄스 점유율이 50[%]인 펄스의 주파수는?

① 50[kHz] ② 20[kHz]
③ 10[kHz] ④ 5[kHz]

펄스 점유율 $D = \dfrac{t_o}{T} = f \times t_o$

$f = \dfrac{D}{t_0} = \dfrac{0.5}{10 \times 10^{-6}} = 50[\text{KHz}]$

[정답] ①

05

Duty cycle 0.1이고 주기가 40[μs]인 펄스의 폭은?

① 1[μs] ② 2[μs]
③ 3[μs] ④ 4[μs]

충격계수 $D = \tau/T$
펄스폭 $\tau = D \times T = 0.1 \times 40 \mu s = 4[\mu s]$

[정답] ④

06

다음 중 펄스에 대한 설명으로 틀린 것은?

① 짧은 시간에 전압 또는 전류의 진폭이 급격하게 변화하는 파형이다.
② 충격파, 직사각형파, 톱날파, 계단파 등이 있다.
③ 전압이나 전류의 성분이 양인 양(+) 펄스와 음인 음(-) 펄스가 있다.
④ 펄스에는 고조파가 포함되지 않는다.

펄스파는 고조파(하모닉)의 합으로 만들어진 파이다.

[정답] ④

07

RC회로의 출력에서 최종치의 10[%]~90[%]까지 얻는데 소요되는 시간을 무엇이라 하는가?

① 지연 시간 ② 하강 시간
③ 상승 시간 ④ 전이 시간

① t_r : 펄스의 상승 시간(Rise Time)
　펄스가 최대 진폭의 10[%]에서 90[%]까지 상승하는 시간
② t_f : 펄스의 하강 시간(Fall Time)
　펄스가 최대 진폭의 90[%]에서 10[%]까지 하강하는 시간
③ t_d : 펄스의 지연 시간(Delay Time)
　입력 펄스가 들어온 후, 출력 펄스의 최대 진폭의 10[%]까지의 지연 시간
④ t_s : 펄스의 축적 시간(Storage Time)
　입력 펄스가 끝난 후 출력 펄스가 최대 진폭의 90[%]까지 감소하는 시간
⑤ t_{on} : 턴 온 시간(Turn-On Time)= 상승시간 + 지연시간
⑥ t_{off} : 턴 오프 시간(Turn-Off Time)= 하강시간 + 축적시간

[정답] ③

08

CR충방전 회로에서 상승시간(rise time)은 무엇인가?

① 출력전압이 최종값의 90[%]에로부터 10[%]에 이르기까지 소요되는 시간
② 스위치를 넣은 후 출력전압이 최종값의 10[%] 에서 90[%] 까지 소요되는 시간
③ 스위치를 넣은 후 출력전압이 최종값의 90[%] 에서 100[%]까지 소요되는 시간
④ 스위치를 넣은 후 출력 전압이 최종값의 10[%] 에 이르는데 소요되는 시간.

- 펄스의 상승시간

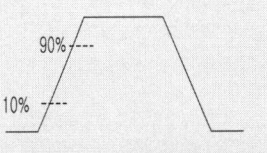

펄스	특징
상승시간	펄스가 10[%]에서 90[%] 상승시간
하강시간	펄스가 90[%]에서 10[%] 하강시간
지연시간	입력진폭이 10[%]될 때 까지 시간
축적시간	최대진폭의 90[%]까지 하강시간
턴온시간	상승시간 + 지연시간
턴오프시간	하강시간 + 축적시간

- 펄스의 상승 시간(Rise Time) : t_r

펄스가 최대 진폭의 10[%]에서 90[%]까지 상승하는 시간

$t_r = 2.2 \times 시정수 = \dfrac{0.35}{f_H}$, $(f_H = \dfrac{1}{2\pi CR})$

[정답] ②

09

트랜지스터의 스위칭 작용에 의해서 발생된 펄스 파형에서 턴 오프시간(turn-off time)은 무엇인가?

① 하강시간 + 축적시간
② 상승시간 + 지연시간
③ 축적시간 + 상승시간
④ 지연시간 + 상승시간

① t_r : 펄스의 상승 시간(Rise Time)
 펄스가 최대 진폭의 10[%]에서 90[%]까지 상승하는 시간
② t_f : 펄스의 하강 시간(Fall Time)
 펄스가 최대 진폭의 90[%]에서 10[%]까지 하강하는 시간
③ t_d : 펄스의 지연 시간(Delay Time)
 입력 펄스가 들어온 후, 출력 펄스의 최대 진폭의 10[%]까지의 지연 시간
④ t_s : 펄스의 축적 시간(Storage Time)
 입력 펄스가 끝난 후 출력 펄스가 최대 진폭의 90[%]까지 감소하는 시간
⑤ t_{on} : 턴 온 시간(Turn-On Time)= 상승시간 + 지연시간
⑥ t_{off} : 턴 오프 시간(Turn-Off Time)= 하강시간 + 축적시간

[정답] ①

10

트랜지스터의 스위칭 시간에서 Turn-on 시간은?

① 하강시간
② 하강시간 + 축적시간
③ 축적시간
④ 상승시간 + 지연시간

• 펄스의 특징

펄스	특징
상승시간	펄스가 10[%]에서 90[%] 상승시간
하강시간	펄스가 90[%]에서 10[%] 하강시간
지연시간	입력진폭이 10[%]될 때 까지 시간
축적시간	출력펄스가 최대진폭의 90[%]까지
턴온시간	상승시간 + 지연시간
턴오프시간	하강시간 + 축적시간

[정답] ④

11

다음 중 높은 주파수 성분에 공진하기 때문에 생기는 펄스 상승부분의 진동 정도를 무엇이라 하는가?

① 새그(Sag)
② 링깅(Ringing)
③ 언더슈트(Undershoot)
④ 오버슈트(Overshoot)

펄스 상승부분에서 진동하는 현상을 링깅(Ringing)이라 한다.

[정답] ②

12

전기회로의 응답 펄스에서 새그(sag)가 생기는 이유는 무엇인가?

① 높은 주파수 성분에 공진하기 때문에
② 증폭기의 저역 특성이 나빠서
③ 콘덴서의 방전 작용 때문에
④ 낮은 주파수 성분이나 직류분이 잘 통하지 않기 때문에

새그(Sag)는 구형파 파형의 뒤쪽 부분의 진폭이 감소하는 현상으로 낮은 주파수 성분 또는 직류성분이 잘 통하지 않아서 발생한다.

[정답] ④

13

펄스의 중요한 변위에 있어 상승 모서리에서 잠시 흔들리는 일그러짐을 무엇이라고 하는가?

① Overshoot
② Undershoot
③ Sag
④ Spark

상승 모서리에서 일그러짐 현상을 Overshoot라 한다.

[정답] ①

14

다음 중 트랜지스터의 스위칭 작용에 의해서 발생된 펄스 파형에서 링깅(Ringing) 현상이 생기는 이유는?

① 낮은 주파수 성분 때문이다.
② 직류분이 잘 통하지 않기 때문이다.
③ 높은 주파수 성분에 공진하기 때문이다.
④ 증폭기의 저역 특성이 나쁘기 때문이다.

링깅(Ringing) 현상은 펄스회로가 높은 주파수 성분에 공진하기 때문에 발생한다.

[정답] ③

15

RL 회로에서 시정수는 어떻게 정의하는가?

① RL
② L/R
③ R/L
④ 1/(RL)

$R-L$ 회로에서 시정수
$\tau = \dfrac{L}{R}$

[정답] ②

16
다음 그림과 같은 회로에서 콘덴서 양단의 스텝 응답에 대한 상승 시간(Rise Time)은 약 얼마인가? (단, RC 시정수는 2[μs])

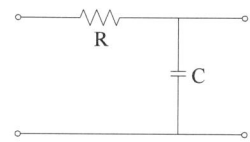

① 2[μs] ② 2.2[μs]
③ 4[μs] ④ 4.4[μs]

> 펄스의 상승 시간(Rise Time)은 펄스가 최대 진폭의 10[%]에서 90[%]까지 상승하는 시간이다.
> $t_r = 2.2 \times$ 시정수
> $= 2.2 \times 2[\mu s] = 4.4[\mu s]$
>
> [정답] ④

17
저역 통과 RC회로에서 시정수가 의미하는 것은?
① 응답의 위치를 결정해준다.
② 입력의 주기를 결정해준다.
③ 입력의 진폭 크기를 표시한다.
④ 응답의 상승속도를 표시한다.

> • 상승시간
> 펄스의 상승 시간(Rise Time)은 펄스가 최대 진폭의 10[%]에서 90[%]까지 상승하는 시간을 말한다.
> $\tau = 2.2 \times CR$
>
> [정답] ④

2 펄스 발생회로

18
멀티바이브레이터의 단안정, 무안정, 쌍안정의 동작은 어떻게 결정 되는가?
① 전원 전압의 크기 ② 바이어스 전압의 크기
③ 전원 전류의 크기 ④ 결합 회로의 구성

> • 멀티 바이브레이터(Multivibrator)
> 멀티바이브레이터는 결합회로의 구성에 따라 다음 3가지로 구분된다.

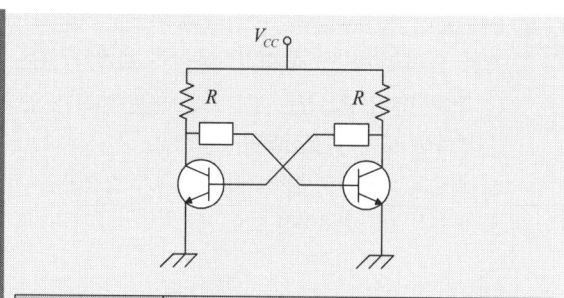

구분	결합소자	결합상태	안정
쌍안정 MV	R+R	DC적+DC적	2개
단안정 MV	R+C	DC적+AC적	1개
비안정 MV	C+C	AC적+AC적	없음

[정답] ④

19
단안정 멀티바이브레이터는 다음 중 어떤 결합을 이용하는가?
① DC 결합 ② AC결합
③ AC와 DC 결합 ④ 무결합

> • 멀티바이브레이터의 결합회로 구성
> ① 비안정 MV : AC 결합 회로 구성
> ② 단안정 MV : AC와 DC 결합 회로 구성
> ③ 쌍안정 MV : DC 결합 회로 구성
>
> [정답] ③

20
다음 회로 중 결합 상태가 직류로 구성된 멀티바이브레이터 회로는?
① 비안정 멀티바이브레이터
② 단안정 멀티바이브레이터
③ 쌍안정 멀티바이브레이터
④ 비쌍안정 멀티바이브레이터

> • 멀티 바이브레이터(Multivibrator)
> 멀티바이브레이터는 결합회로의 구성에 따라 다음 3가지로 구분된다.

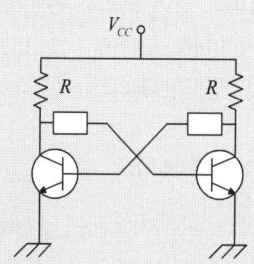

구분	결합소자	결합상태	안정
쌍안정 MV	R+R	DC적+DC적	2개
단안정 MV	R+C	DC적+AC적	1개
비안정 MV	C+C	AC적+AC적	없음

[정답] ③

21
다음 중 멀티바이브레이터의 동작과 관계가 없는 것은? `16/03`

① 전원전압이 변동해도 발진주파수에는 변화가 없다.
② 출력에 고차의 고조파를 포함한다.
③ 회로의 시정수로 출력파형의 주기가 결정된다.
④ 부궤환으로 이루어진 회로이다.

> 멀티바이브레이터는 정궤환으로 이루어진 회로이다.
> [정답] ④

22
다음 중 멀티바이브레이터의 특징으로 옳은 것은? `15/06`

① 고차의 고조파를 포함하고 있다.
② 부성 저항을 이용한 발진기이다.
③ 발진 출력이 크다.
④ 극초단파의 발생에 적합하다.

> 멀티바이브레이터의 출력파형은 구형파이므로 고조파가 포함되어 있다.
> [정답] ①

23
다음 중 단안정 멀티바이브레이터에 대한 설명으로 틀린 것은? `14/10`

① 두 증폭단 사이에 AC 결합과 DC 결합이 함께 쓰인다.
② 회로의 시정수로 주기가 결정된다.
③ 정상 상태에서 한 개의 TR이 On이면 다른 TR은 Off이다.
④ 1개의 펄스가 인가되면 2개의 안정 상태를 유지한다.

> 단안정 M/V는 하나 RC회로를 이용, 외부트리거 입력에 의해 안정상태와 불안정상태를 반복하면서 발진한다.
> [정답] ④

24
멀티바이브레이터 회로의 외부에서 가해지는 트리거(trigger)입력이 없이 스스로 반전하는 회로는? `11/06`

① 단안정 멀티바이브레이터 ② 비안정 멀티바이브레이터
③ 쌍안정 멀티바이브레이터 ④ 슈미터 트리거

> • 멀티바이브레이터(M/V)
> ① 비안정 M/V
>   안정된 상태가 없이 외부 트리거 입력 없이 스스로 반전하면서 구형파 발진
> ② 단안정 M/V
>   외부트리거 입력에 의해 일정시간 불안정 상태 구형파 발진
> ③ 쌍안정 M/V
>   외부트리거 입력에 의해 2개의 안정상태 유지
> [정답] ②

25
비안정 멀티바이브레이터 회로에서 콜렉터 전압의 파형은? `16/10`

① 구형파 ② 스텝파
③ 임펄스파 ④ 정현파

> 멀티바이브레이터 회로는 구형파를 만들어내는 회로이다.
> [정답] ①

26
다음 그림과 같은 단안정 멀티바이브레이터 회로에서 콘덴서 C_2의 역할은 무엇인가? `15/03`

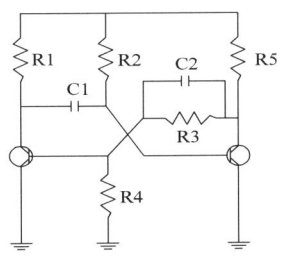

① 스위칭 속도를 빠르게 한다.
② 상태를 저장하는 메모리 기능을 한다.
③ 트랜지스터의 베이스 전위를 일정하게 한다.
④ 출력 파형의 진폭크기를 결정한다.

> Speed 콘덴서(가속 콘덴서)는 Base 영역 내 존재하는 과잉 캐리어 축적 지연시간을 짧게 하여 스위칭 속도를 향상시키는 역할을 한다.
> [정답] ①

27
슈미트 트리거 회로의 출력 파형은? `12/10, 11/6`

① 방형파 ② 정현파
③ 삼각파 ④ 램프파

> 슈미트 트리거회로는 구형파(방형파)출력을 얻기 위해 사용되는 회로이다.
> [정답] ③

28

18/06, 10/6

다음 중 슈미트 트리거 회로에 대한 설명으로 틀린 것은?

① 입력이 어느 레벨이 되면 비약하여 방형 파형을 발생시킨다.
② 입력 전압의 크기가 on , off 상태를 결정한다.
③ 펄스 파형을 만드는 회로로 사용한다.
④ 증폭기에 궤환을 걸어 입력신호의 진폭에 따른 1개의 안정 상태를 갖는 회로이다.

* 슈미트 트리거회로 응용
① 펄스 구형파를 얻기 위하여 사용
② 전압 비교회로(Voltage Comparator)이다.
③ 쌍안정 멀티바이브레이터 회로이다.
④ A/D 변환 회로이다.
⑤ 증폭기에 궤환을 걸어 입력신호의 진폭에 따른 2개의 안정 상태를 갖는 회로이다.

[정답] ④

29

17/06

다음 중 슈미트 트리거회로(Schmitt Trigger Circuit)에 대한 설명으로 틀린 것은?

① 구형파 펄스 발생회로로 사용된다.
② 비안정 멀티바이브레이터 회로이다.
③ 입력전압의 크기가 출력의 On , Off 상태를 결정해 준다.
④ 두 개의 안정상태를 갖는 회로이다.

슈미트 트리거회로(Schmitt Trigger Circuit)는 일종의 쌍안정 멀티바이브레이터회로이다.

[정답] ②

30

14/06

다음 중 Schmitt Trigger(슈미트 트리거)회로에 대한 설명으로 틀린 것은?

① 1개의 안정상태를 갖는 회로이다.
② 입력전압의 크기가 ON, OFF상태를 결정한다.
③ A/D 변환기 또는 비교회로에 응용되고 있다.
④ 구형펄스 발생회로에 이용된다.

슈미트 트리거 회로는 입력신호의 진폭에 따라서 2가지의 안정된 상태를 가지게 한 펄스발생회로이다.

* 슈미트 트리거 용도
① 전압비교회로
② 쌍안정회로
③ 구형파 펄스 발생회로
④ A/D 변환기

[정답] ①

31

17/10

다음 그림과 같은 회로의 명칭은?

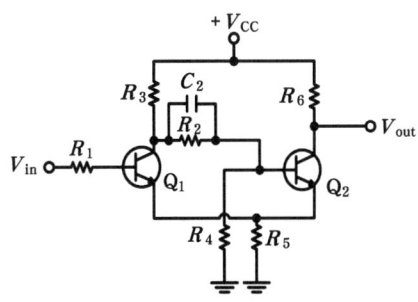

① 슈미트 트리거 (Schmitt Trigger) 회로
② 차동증폭회로
③ 푸시풀(Push-Pull) 증폭회로
④ 부트스트랩(Bootstrap) 회로

트랜지스터로 구현한 슈미트 트리거 (Schmitt Trigger)회로이다.

[정답] ①

32

12/06

다음 회로의 정현파 입력 시 출력파형은 어느 것인가?

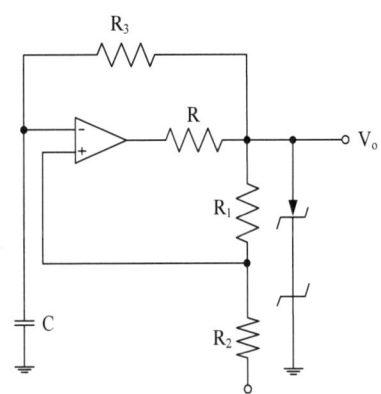

① 구형파　　② 삼각파
③ 톱니파　　④ 사인파

반전 슈미트트리거 구형파 발생회로이다.

[정답] ①

3 파형 정형회로

33 14/06

클리퍼(clipper) 회로에서 입력 파형과 출력 파형간의 관계를 결정하는 소자는?

① 다이오드
② 트랜지스터
③ 콘덴서
④ 코일

임의의 입력파형에 대하여 다이오드의 스위칭 상태에 따라 특정한 기준 전압 레벨의 윗부분 또는 아래 부분을 절단하는 회로를 클리퍼라 한다.

[정답] ①

34 18/10, 15/06, 12/3

다음 중 그림과 같은 회로에 대한 설명으로 옳은 것은?

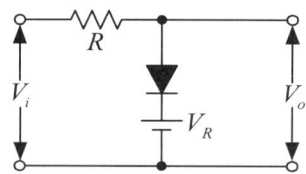

① 입력 파형의 아랫부분을 잘라내는 베이스 클리퍼 회로이다.
② 입력 파형의 윗부분을 잘라내는 피크 클리퍼 회로이다.
③ 직렬형 베이스 클리퍼 회로이다.
④ 입력 파형의 위, 아래 부분을 일정하게 잘라내는 클리퍼 회로이다.

파형의 아래 부분만을 잘라 내는 베이스 클리퍼(Base Clipper) 회로이다.

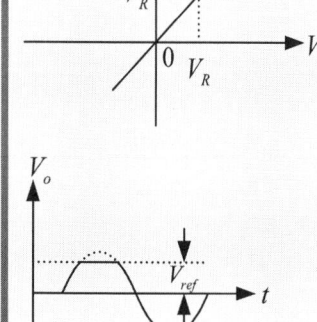

[정답] ②

35 18/03

다음 회로에서 $V_i > V_B$일 때, 회로의 출력 파형은 어느 것인가? (단, 다이오드의 V_T 값은 무시한다.)

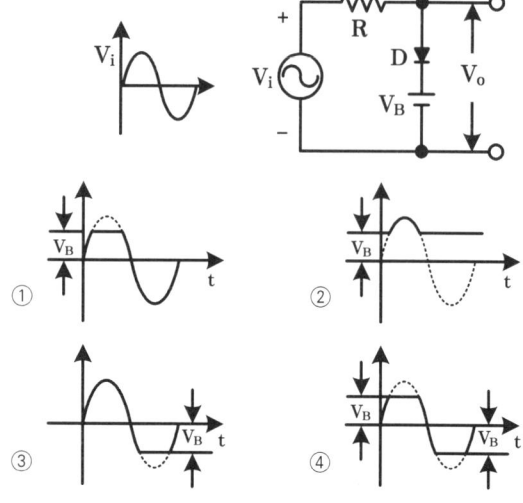

입력파형을 적절한 Level로 잘라내는 파형변환 회로이다.
① $V_i < V_B$ 인 경우, D: 차단상태(개방회로) $V_o = V_i$
② $V_i > V_B$ 인 경우, D: 도통상태 (단락회로) $V_o = V_B$

따라서 V_B 전압 이하의 교류 입력신호에서만 출력 신호가 발생한다.

[정답] ①

36 15/10

병렬 클리핑 회로에서 클리핑 특성을 좋게 하기 위하여 사용되는 저항 R의 조건으로 옳은 것은? (단, Rd는 다이오드의 순방향 저항이다.)

① $R = \sqrt{R_d}$
② $R = 1/R_d$
③ $R = R_d^2$
④ $R \gg R_d$

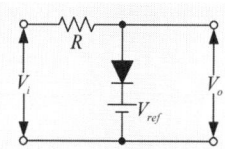

병렬 클리핑회로의 이상적인 기울기가 되기 위한 조건은 $R > r_f$이다.

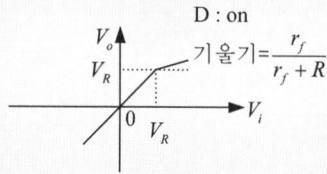

병렬 클리핑회로의 이상적인 기울기가 되려면 $R > r_f$ 조건을 만족해야

[정답] ④

37

그림과 같은 회로에서 정현파 입력을 가했을 때 얻을 수 있는 출력 파형은?

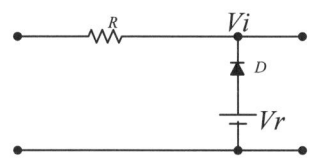

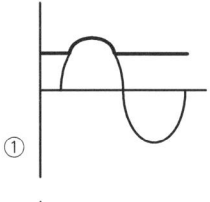 ①
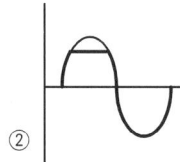 ②
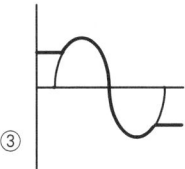 ③
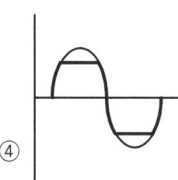 ④

입력파형을 적절한 Level로 잘라내는 파형변환 회로이다.
① Vr < Vi 일 때, 다이오드 D = Off
② Vr > Vi 일 때, 다이오드 D = On
따라서 Vr 전압 이상의 교류 입력신호에서만 출력 신호가 발생한다.

[정답] ①

38

다음 중 다이오드 병렬 클리퍼 회로에서 클리핑 특성을 좋게 하기 위하여 사용되는 저항 R의 조건은? (단, R_d는 다이오드의 순방향 저항이다.)

① $R = R_d$
② $R = 1/R_d$
③ $R < R_d$
④ $R \gg R_d$

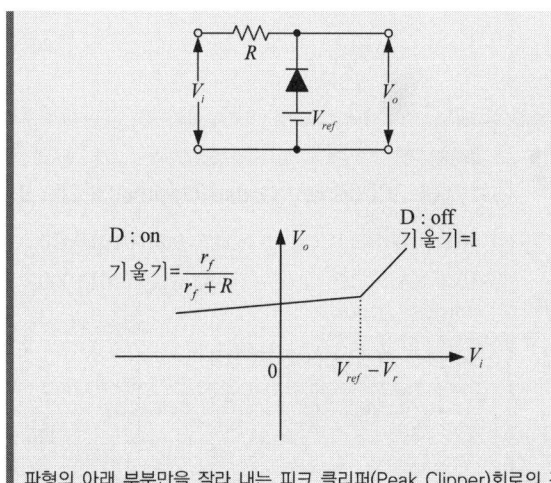

파형의 아래 부분만을 잘라 내는 피크 클리퍼(Peak Clipper)회로의 경우, $R \gg r_f$일수록 이상적인 전달특성을 나타낸다.

[정답] ④

39

그림과 같은 회로에 정현파 전압을 인가시켰을 때 출력측에 나타나는 파형은?

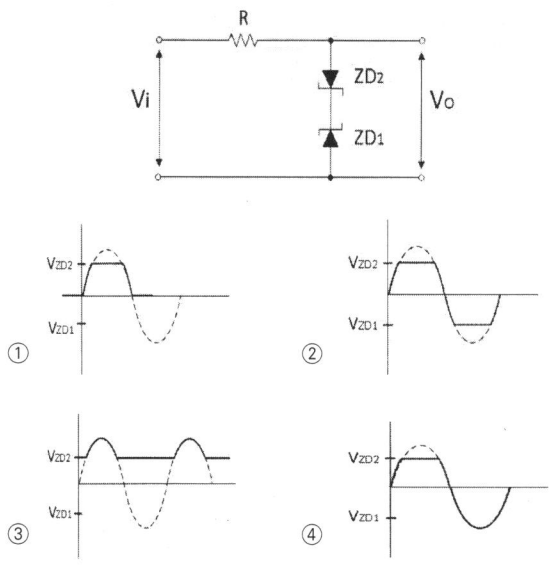

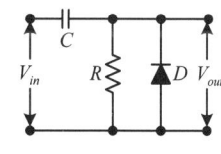 ①
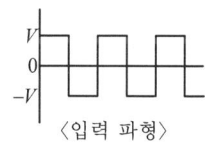 ②
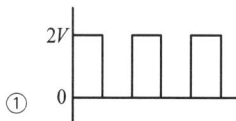 ③
 ④

① 제너다이오드를 이용한 슬라이서(리미터) 회로이다.
② 제너다이오드는 순바이어스 일 때 일반 다이오드와 동일한 특성을 가지며, 역바이어스 일 때 Vz(항복전압)을 이용한 다이오드이다.

[정답] ②

40

그림과 같은 클램핑 회로의 출력 파형은?

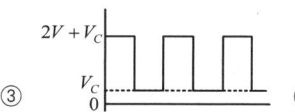
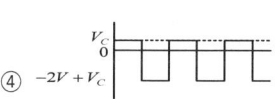

〈입력 파형〉

① ② ③ ④

• 정(+)의 클램프 회로

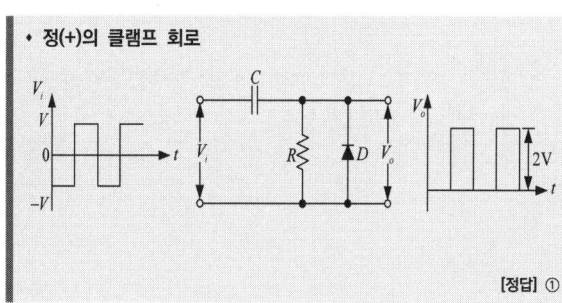

[정답] ①

⑦ 논리회로

1 조합논리회로

01 17/10, 1603, 10/6

8진수 (67)8을 16진수로 바르게 표기한 것은?

① (43)16 ② (37)16
③ (55)16 ④ (34)16

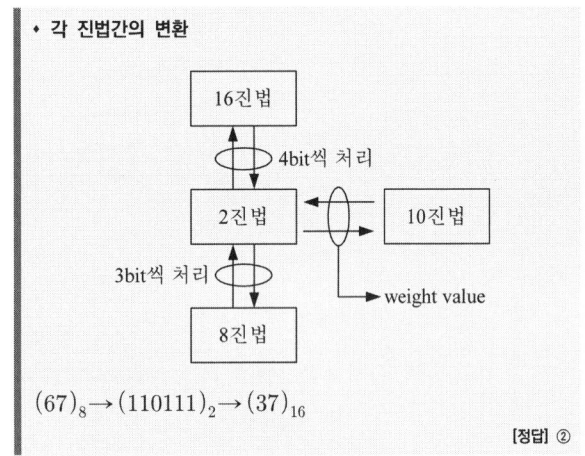

- 각 진법간의 변환

$(67)_8 \rightarrow (110111)_2 \rightarrow (37)_{16}$

[정답] ②

02 13/10, 12/6

십진수 10.375를 2진수로 변환하면?

① 1011.101₍₂₎ ② 1010.101₍₂₎
③ 1010.011₍₂₎ ④ 1011.110₍₂₎

10진수를 2진수로 변환은 Weight Value를 이용해서 변환한다.

8	4	2	1	.	0.5	0.25	0.125
1	0	1	0	.	0	1	1

∴ $(10.375)_{10} = (1010.011)_2$

[정답] ③

03 15/03

10진수 45를 2진수로 변환한 값으로 맞는 것은?

① 101100 ② 101101
③ 101110 ④ 101111

정수 45를 2로 나눈 나머지만 역순으로 기재하면 2진수를 얻을 수 있다.
$(45)_{10} = (101101)_2$

[정답] ②

04 16/10

2진수 $(101101)_2$을 10진수로 올바르게 표시한 것은?

① 40 ② 45
③ 50 ④ 55

$(101101)_2$ 2진수의 가중치를 적용하여 계산하면
$32+8+4+1=45$
$(101101)_2 = (45)_{10}$

[정답] ②

05 14/6, 11/06

16진수 1A6을 2진수로 표시하면?

① 0001 0001 0110 ② 0001 1010 0110
③ 0010 1100 1111 ④ 0011 0110 0010

- **16진수 1A6을 2진수 표현**

16진수 1자리는 2진수 4자리와 같다

16진수	1	A	6
2진수	0001	1010	0110

[정답] ②

06 17/3, 15/10, 15/6

숫자 0에서 9까지를 나타내기 위해 BCD 코드는 몇 비트가 필요한가?

① 4 ② 3
③ 2 ④ 1

BCD(binary code decimal)는 한 자리의 10진수를 2진수로 표시하기 위하여 4비트를 사용한다.

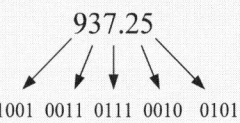

937.25 → 1001 0011 0111 0010 0101

[정답] ①

07 12/10

$(347)_{10}$을 BCD(Binary Coded Decimal)코드로 표시하면?

① 0011 0100 0111 ② 0001 0101 0010
③ 1010 1010 0110 ④ 0110 1101 1000

- **10진수를 BCD코드(8421)로 변환**

3	4	7
0011	0100	0111

[정답] ①

08

그레이 코드(Gray Code) 1110을 2진수로 변환하면?

① 1110 ② 1100
③ 1011 ④ 0011

• Gray Code에서 2진수의 변환 (EX-OR동작)

```
1 1 1 0  (G)
↓↘↓↘↓↘↓
1 0 1 1  (2)
```

[정답] ③

09

$(3)_{10}$을 Gray Code로 변환하면?

① 0010 ② 0001
③ 0100 ④ 0110

$(3)_{10} = (0011)_2$
2진수에서 Gray Code 변환 (EX-OR연산)

```
 ⊕ ⊕ ⊕
0 0 1 1₂
↓ ↓ ↓ ↓
0 0 1 0  gray
```

[정답] ①

10

다음 그림과 같은 논리회로 출력값과 기능으로 옳은 것은?

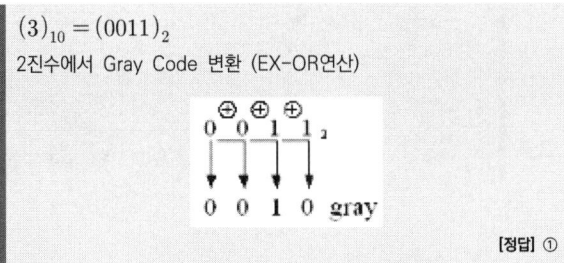

① 11011, 패리티 점검
② 11000, 양수, 음수 점검
③ 11111, 코드 변환
④ 10000, 패리티 변환

두 입력을 EX-OR과정을 거쳐 그레이 코드로 변환하는 회로이다.

[정답] ③

11

2-out of-5code에 해당하지 않는 것은?

① 10010 ② 11000
③ 10001 ④ 11001

• 2-out of-5 코드
2-out of-5 code는 부호내 1인 비트가 항상 2개인 부호이다.

10진수	2 Out of 5 Code
0	0 0 0 1 1
1	0 0 1 0 1
2	0 0 1 1 0
3	0 1 0 0 1
4	0 1 0 1 0

[정답] ④

12

10진수 8을 excess-3 code로 변환하면?

① 1000 ② 1001
③ 1011 ④ 1111

3초과 코드는 8421코드에 $(0011)_2$을 더한 코드이다.
$(8)_{10} = (1000)_2$
$(8)_{10} + (3)_{10} = (1000)_2 + (0011)_2 = (1011)_2$

[정답] ③

13

BCD 코드 1001에 대한 해밍 코드를 구하면?

① 0011001 ② 1000011
③ 0100101 ④ 0110010

• 해밍코드(Hamming code)
오류 검출뿐만 아니라 자체적인 오류교정도 가능하도록 구성한 코드로 왼쪽부터 1,2,4째 번에 패리티 비트를 두고 3,5,6,7째 번에 비트에 정보 비트를 삽입하여 구성한다.

행:	1	2	3	4	5	6	7
비트:	P_1	P_2	D_1	P_3	D_2	D_3	D_4
	0	0	1	1	0	0	1

1. P1은 1,3,5,7 행에 대해서 짝수 패리티가 되도록 한다.
2. P2는 2,3,6,7 행에 대해서 짝수 패리티가 되도록 한다.
3. P3은 4,5,6,7 행에 대해서 짝수 패리티가 되도록 한다.

[정답] ①

14

2진수 1110을 2의 보수로 변환한 것으로 맞는 것은?

① 1010　　② 1110
③ 0001　　④ 0010

2의 보수는 1의 보수를 구한 다음 1을 더하면 된다. 1110의 1의 보수는 0001이다. 1을 더하면 0010이 된다.

[정답] ④

15

2진법 곱셈 1010 × 0101의 계산값은?

① 0110010　　② 1110001
③ 0111001　　④ 0110001

10진법으로 변환해 곱셈처리 후 2진수로 변경하면 빠르게 계산할 수 있다.
$1010 = 2^3 + 2^1 = 10$
$0101 = 2^2 + 2^0 = 5$
$10 \times 5 = 50$ 이므로 2진수로 변경하면
$(50)_{10} = (0110010)_2$

[정답] ①

16

십진 BCD 계수가 출력으로 그림과 같은 표시를 이용하려면 어떤 디코더 드라이버가 필요한가?

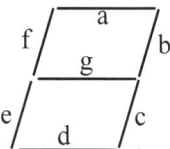

① BCD-10 세그먼트　　② Octal-10 세그먼트
③ BCD-7 세그먼트　　④ Octal-7 세그먼트

a~g까지 7개의 세그먼트로 숫자를 표현하는 BCD-7 세그먼트 드라이버를 사용한다.

[정답] ③

2 논리게이트 및 부울함수

17

디지털 논리 소자에서 회로 동작을 손상시키지 않으면서 출력에 연결할 수 있는 동일한 논리 게이트의 수를 무엇이라고 하는가?

① Settling　　② Fan-Out
③ Hold　　④ Setup

• 디지털 IC 특성
① 팬아웃(Fan Out) : 한 개의 게이트 출력단자에 연결하여 무리 없이 구동할 수 있는 표준 부하 수
"C-MOS 〉 ECL 〉 TTL 〉 HTL"
② 전력소모(Power dissipation) : 게이트 구동을 위해 게이트 자체에서 소모되는 전력
"C-MOS 〈 TTL 〈 HTL 〈 ECL"
③ 전파지연시간(Propagation delay) : 입력 신호레벨이 변할 때 출력 신호레벨이 변하는 데 걸리는 시간
"ECL 〉 TTL 〉 C-MOS 〉 HTL"
④ 잡음여유(Noise margin) : 출력회로가 오동작하지 않는 범위에서 허용할 수 있는 잡음 전압여유
"HTL 〉 C-MOS 〉 TTL 〉 ECL"

[정답] ②

18

다음 진리표에 해당하는 논리회로도는?

입력(A)	입력(B)	출력(F)
0	0	1
0	1	1
1	0	1
1	1	0

① 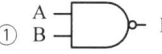　　②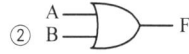

③ 　　④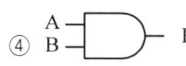

주어진 진리표는 NAND에 해당하는 진리표이다.

[정답] ①

19
다음 게이트 중에서 fan-out이 가장 큰 것은?
① RTL 게이트
② TTL 게이트
③ DTL 게이트
④ DL 게이트

- 논리 IC회로의 비교
  ① Fan out 수(입출력 분기수)
     CMOS 〉 ECL 〉TTL 〉HTL 〉DTL 〉RTL
  ② 소비전력
     CMOS 〈 TTL 〈 DTL〈 RTL 〈 HTL 〈 ECL
  ③ 동작속도
     ECL 〉 TTL 〉 RTL 〉 CMOS 〉 HTL

[정답] ②

20
다음 중 두 게이트 입력이 0과 1일 때 1의 출력이 나오지 않는 것은?
① NOR게이트
② OR게이트
③ Exclusive OR 게이트
④ NAND 게이트

- NOR Gate 진리표

입 력		출력
A	B	Y
0	0	1
0	1	0
1	0	0
1	1	0

[정답] ①

21
그림과 같은 다이오드 게이트의 출력값은?

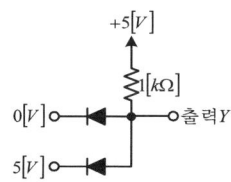

① 0[V]
② 5[V]
③ 약4.3[V]
④ 10[V]

- AND 논리게이트

A	B	Y
0	0	0
0	1	0
1	0	0
1	1	1

[정답] ①

22
다음 회로에서 $V_{CC} = 5[V]$일 때 출력 전압은? (단, $A = 5[V]$, $B = 0[V]$, 다이오드의 $V_T = 0[V]$이다.)

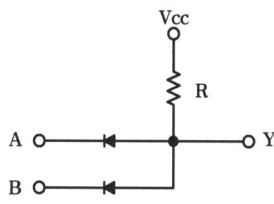

① 0[V]
② 2.5[V]
③ 5[V]
④ 7.5[V]

- AND 논리게이트

A	B	Y
0	0	0
0	1	0
1	0	0
1	1	1

[정답] ①

23
다음 그림에서 입력 신호 X와 Y가 어떤 조건을 갖출 때 출력 신호의 값이 1이 되는가?

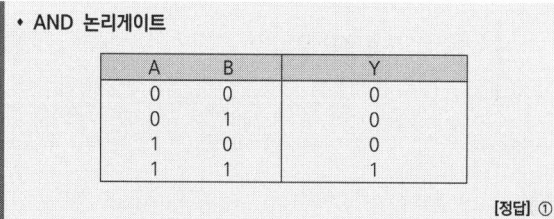

① X=0, Y=0
② X=1, Y=0
③ X=0, Y=1
④ X=1, Y=1

- AND 논리게이트

A	B	Y
0	0	0
0	1	0
1	0	0
1	1	1

[정답] ④

24
다음 회로에서 정논리의 경우 게이트 명칭은?

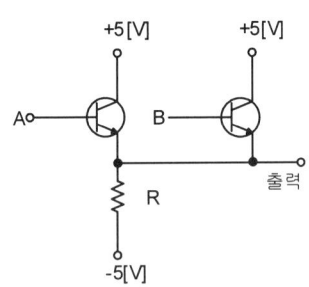

① AND 게이트 ② OR 게이트
③ NAND 게이트 ④ NOR 게이트

> OR는 논리합에 해당하는 연산으로 하나 이상의 입력만 1이면 출력이 1이 된다.
>
> [정답] ②

25
다음 회로가 수행할 수 있는 논리 기능은?

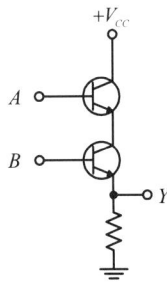

① NOT ② OR
③ AND ④ XOR

> A 와 B의 입력이 모두 High일 때, 출력 Y에 "High"가 출력되는 AND게이트회로이다.
>
> | A | B | Y |
> |---|---|---|
> | 0 | 0 | 0 |
> | 0 | 1 | 0 |
> | 1 | 0 | 0 |
> | 1 | 1 | 1 |
>
> [정답] ③

26
다음 중 틀린 것은?

① $A+B=B+A$ ② $A \cdot B = B \cdot A$
③ $A+0=0$ ④ $A \cdot 1 = A$

> $A+0=A$
>
> [정답] ③

27
다음 논리 회로는 어떤 논리 게이트(Logic Gate)로 동작하는가?

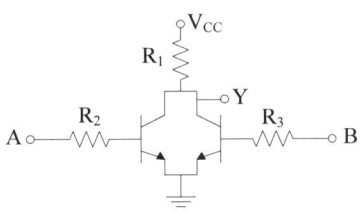

① OR ② NOR
③ NAND ④ AND

> 출력이 NOT 위치이며, 병렬로 구성되어 있으므로 NOR기능을 수행한다.
>
> [정답] ②

28
다음 중 논리방정식이 잘못된 것은?

① $A+1=A$ ② $A \cdot 0 = 0$
③ $A+A \cdot B = A$ ④ $A \cdot (A+B) = A$

> $A+1=1$
>
> [정답] ①

29
다음 중 부울 대수의 정리가 성립되지 않는 것은?

① A + B = B + A ② A·B = A(A+B)
③ A(B+C)=AB+AC ④ A+(B·C)=(A+B)(A+C)

> A·B = B·A
>
> [정답] ②

30
다음 중 드모르간(De Morgan)의 정리를 옳게 나타낸 것은?

① $A+B=\overline{A}+B$ ② $A+B=A \cdot B$
③ $\overline{A+B}=\overline{A} \cdot \overline{B}$ ④ $A+B=\overline{A}+\overline{B}$

> • 드모르간의 법칙
>
> $\overline{A+B}=\overline{A} \cdot \overline{B}$
> $\overline{A \cdot B} = \overline{A}+\overline{B}$
>
> [정답] ③

31

다음 중 드모르간의 법칙에 해당하는 것은?

① $\overline{A * B} = \overline{A} + \overline{B}$
② $A * B = B * A$
③ $A * (B+C) = A * B + A * C$
④ $A(A+B) = A$

- 드모르간의 법칙

$\overline{A+B} = \overline{A} \cdot \overline{B}$
$\overline{A \cdot B} = \overline{A} + \overline{B}$

[정답] ①

32

불 대수식 $A(\overline{A}+B)$를 간단히 하면?

① A ② B
③ AB ④ $A+B$

- 부울식 간소화

$A(\overline{A}+B) = A\overline{A} + AB = AB$

[정답] ③

33

다음 논리식을 최소화시킬 때 올바른 것은?

$$F = (A+B)(A+\overline{B})$$

① A ② $A+B$
③ $A+B$ ④ $A\overline{B}$

$F = (A+B)(A+\overline{B})$
$= A + (B \cdot \overline{B}) = A$

[정답] ①

34

논리식 $(A+B) \cdot (\overline{A}+B)$를 간단히 하면?

① $\overline{A}B$ ② $A\overline{B}$
③ B ④ A

논리식을 전개하면
$A\overline{A} + AB + \overline{A}B + B = (A+\overline{A})B + B$
$A + \overline{A} = 1$이므로 $B + B = B$

[정답] ③

35

논리식 $Y = ABC + \overline{A}BC + A\overline{B}C + B\overline{C}$를 간단히 하면?

① $AB+C$ ② $AC+B$
③ ABC ④ $A+BC$

Karnaugh map을 이용해 간략화한다.

A\BC	00	01	11	10
0			1	1
1		1	1	1

$Y = ABC + \overline{A}BC + A\overline{B}C + B\overline{C} = AC + B$

[정답] ②

36

논리식 $A(A+B+C)$를 간단히 하면?

① A ② 1
③ 0 ④ $A+B+C$

- 논리식의 간략화

$A(A+B+C) = AA + AB + AC$
$= A + AB + AC$
$= A(1+B+C) = A$

A\BC	00	01	11	10
0				
1	1	1	1	1

∴ 출력 $Y = A$

[정답] ①

37

다음 논리 함수 $Y = AB + A\overline{B} + \overline{A}B$를 간략화한 것으로 옳은 것은?

① $A + B$
② $\overline{A} + \overline{B}$
③ $(A+\overline{A}) + (B+\overline{B})$
④ $(AB + A\overline{B}) \cdot (AB + \overline{A}B)$

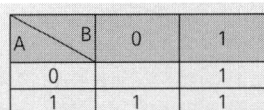

카르노 맵에 각 항을 표시한 후 간략화하면
$Y = AB + A\overline{B} + \overline{A}B = A + B$

[정답] ①

38

다음 진리표를 부울 대수식으로 표시하면?

A	B	Y
0	0	1
0	1	0
1	0	1
1	1	1

① $Y = \overline{A} + \overline{B}$
② $Y = \overline{A} + B$
③ $Y = A * B$
④ $Y = A + \overline{B}$

> 출력 Y에 1이 나오는 입력변수를 최소항의 곱으로 표현하면 다음과 같다.
> $Y = \overline{A}\overline{B} + A\overline{B} + AB = \overline{B}(\overline{A} + A) + AB$
> $= \overline{B} + AB = (\overline{B} + A)(\overline{B} + B)$
> $= \overline{B} + A$

[정답] ④

39

다음 그림의 논리회로에 대한 논리식은?

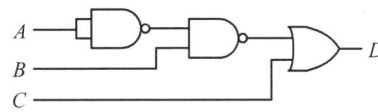

① $D = (\overline{A} + B)C$
② $D = (A + \overline{B}) + C$
③ $D = (\overline{A} + \overline{B}) + C$
④ $D = (A + B) + \overline{C}$

> $D = (\overline{AB}) + C = (\overline{A} + \overline{B}) + C$

[정답] ②

40

그림과 같은 논리 회로는?

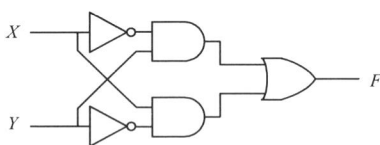

① XOR
② XNOR
③ AND
④ OR

> $F = \overline{X}Y + X\overline{Y} = X \oplus Y$

[정답] ①

41

다음 회로는 무엇을 가리키는가?

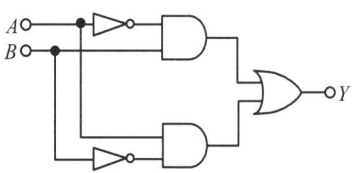

① 배타적 논리합 회로(Exclusive-OR)
② 감산기(Subtractor)
③ 반가산기(Half adder)
④ 전가산기(Full adder)

> • 배타적 논리합 회로(Exclusive-OR)
> $Y = (A + B)(\overline{AB}) = A\overline{B} + \overline{A}B = A \oplus B$
>
> | A | B | Y |
> |---|---|---|
> | 0 | 0 | 0 |
> | 0 | 1 | 1 |
> | 1 | 0 | 1 |
> | 1 | 1 | 0 |

[정답] ①

42

그림과 같은 회로의 출력은?

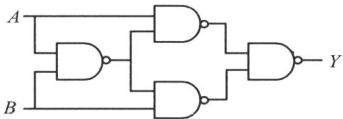

① AB
② $\overline{A} + \overline{B}$
③ $AB + \overline{A}\overline{B}$
④ $A\overline{B} + \overline{A}B$

> • EX-OR 회로의 출력
> $Y = (A + B)(\overline{AB}) = A\overline{B} + \overline{A}B = A \oplus B$

[정답] ④

3 조합논리회로 종류

43 다음 그림의 회로명칭은 무엇인가?

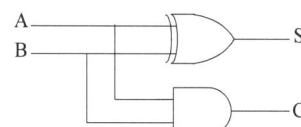

① 반가산기 ② 반감산기
③ 전가산기 ④ 전감산기

- **반가산기**

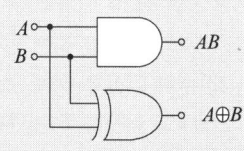

두 Bit를 더하는 회로로 올림수(Carry)를 고려하지 않는 가산기를 반가산기라 한다.
$S = \overline{A}B + A\overline{B} = A \oplus B$
$C = AB$

[정답] ①

44 다음 그림과 같은 회로의 명칭은?

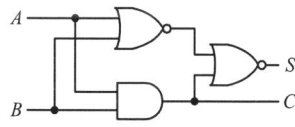

① 동시회로 ② 반동시회로
③ Full Adder ④ Half Adder

- **반가산기(Half Adder)**
두 Bit를 더하는 회로로 올림수(Carry)를 고려하지 않는 가산기를 반가산기라 한다.
$S = \overline{A}B + A\overline{B} = A \oplus B$
$C = AB$

[정답] ④

45 한자리의 2진수 A, B를 입력으로 하여 출력 $S = B\overline{A} + A\overline{B}$ 및 $C = AB$를 취할 수 있는 회로를 무엇이라고 하는가?
① 적산기 ② 반감산기
② 반가산기 ④ 감산기

- **반가산기**
반가산기(Half-Adder)의 출력 S는 합(sum), C는 캐리(carry)이다.

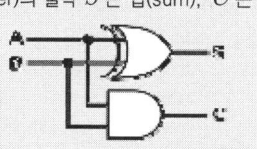

$Sum = A \oplus B$
$Carry = A \cdot B$

[정답] ③

46 반가산기(Half Adder)에서 A=1, B=1 일 경우 S(Sum)의 값은?
① -1 ② 1
③ 0   ④ 2

- **반가산기 Sum**
$S = A \oplus B = \overline{A}B + A\overline{B} = 0 \cdot 1 + 1 \cdot 0 = 0$

[정답] ③

47 반가산기에서 입력이 A, B일 경우, 반가산기의 합(S)에 대한 출력 논리식으로 옳은 것은?
① $A \oplus B$ ② $(\overline{AB}) \cdot (AB)$
③ $(\overline{A} + \overline{B}) + (A+B)$ ④ $\overline{AB} + AB$

두 Bit를 더하는 회로로 올림수(Carry)를 고려하지 않는 가산기를 반가산기라 한다.
$S = \overline{A}B + A\overline{B} = A \oplus B$
$C = AB$

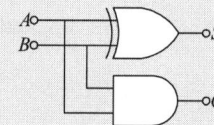

[정답] ①

48

다음 중 반가산기의 구성요소로 알맞은 것은?

① 배타적 OR(XOR)게이트와 AND 게이트
② JK플립플롭
③ 2개의 OR게이트
④ RS 플립플롭과 D플립플롭

- **반가산기(HA : Half Adder)**
  ① 두 개의 2진수 A, B 를 더한 경우 그 합계 S와 자리 올림수 C가 발생하는데 이 때 이 두 출력을 동시에 나타내는 회로이다.
  ② 반가산기 = XOR gate + AND gate로 구성됨

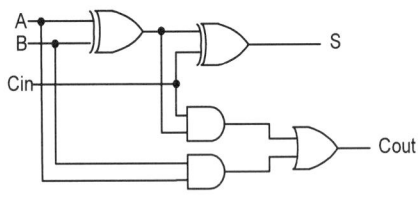

[정답] ①

49

다음 회로는 어떤 회로인가?

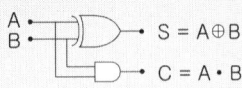

① 반가산기 2개와 OR게이트를 이용한 전가산기 회로
② 반가산기 3개와 OR게이트를 이용한 전가산기 회로
③ 반가산기 2개와 NOR게이트를 이용한 전가산기 회로
④ 반가산기 3개와 NOR게이트를 이용한 전가산기 회로

반가산기 2개와 OR게이트를 이용하여 구성한 전가산기회로이다.

[정답] ①

50

다음 중 전가산기(Full Adder)의 구성으로 옳은 것은?

① 1개의 반가산기와 1개의 OR게이트
② 1개의 반가산기와 1개의 AND게이트
③ 2개의 반가산기와 1개의 OR게이트
④ 2개의 반가산기와 1개의 AND게이트

[정답] ③

51

다음 중 전가산기(Full Adder)에 대한 설명으로 옳은 것은?

① 아랫자리의 자리올림을 더하여 그 자리 2진수의 덧셈을 완전하게 하는 회로이다.
② 아랫자리의 자리올림을 더하여 홀수의 덧셈을 하는 회로이다.
③ 아랫자리의 자리올림을 더하여 짝수의 덧셈을 하는 회로이다.
④ 자리올림을 무시하고 일반계산과 같이 덧셈을 하는 회로이다.

세 Bit를 더하는 논리회로를 올림수(Carry)를 고려한 가산기를 전가산기라 하며 2개의 반가산기와 1개의 OR Gate로 구성된다.

[정답] ①

53

반감산기의 동작을 옳게 나타낸 것은?

① 1자리의 2진수의 감산을 하는 동작을 한다.
② 2자리의 2진수의 감산을 하는 동작을 한다.
③ 3자리의 2진수의 감산을 하는 동작을 한다.
④ 1자리의 carry를 덧셈과 같이 감산하는 동작을 한다.

- **반감산기**

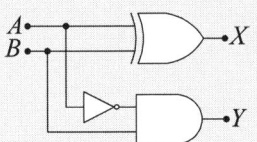

반감산기는 두 Bit를 빼는 회로로 입력 변수 A와 B는 각각 피감수와 감수를 나타내고, 출력 X는 차(difference), Y는 자리 빌림(borrow)를 나타낸다.

[정답] ①

54

다음 그림의 회로 명칭은 무엇인가?

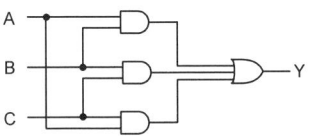

① 일치 회로
② 반 일치 회로
③ 다수결 회로
④ 비교 회로

3개의 입력 가운데서 2개 이상 1일 때만 출력을 얻는 다수결회로이다.

[정답] ③

55

다음 진리표를 만족시키는 회로는?

A	B	빌림수	차
0	0	0	0
0	1	1	1
1	0	0	1
1	1	0	0

① AND Gate ② XOR Gate
③ 반감산기 ④ 전감산기

• 반감산기

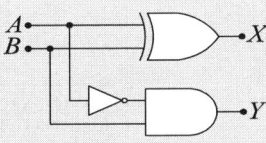

반감산기는 두 Bit를 빼는 회로로 입력 변수 A와 B는 각각 피감수와 감수를 나타내고, 출력 X는 차(difference), Y는 자리 빌림(borrow)를 나타낸다.

[정답] ③

56

다음 그림의 회로 명칭은?

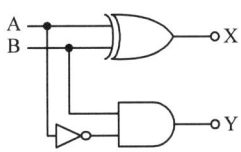

① 가산기 ② 감산기
③ 반감산기 ④ 비교기

2진수 1자리 2개 비트를 빼서 그 차를 산출하는 반감산기회로이다.

[정답] ③

57

다음 중 전감산기의 입력과 관계 없는 것은?

① 감수 ② 피감수
③ 상위에서 자리 빌림 ④ 하위에서 자리 빌림

[정답] ④

58

다음 그림과 같은 회로의 명칭은?

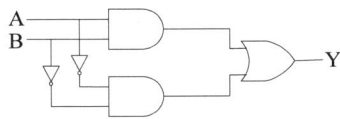

① 일치 회로 ② 시프트 회로
③ 카운터 회로 ④ 다수결 회로

EX-NOR 회로의 입력 A, B가 서로 같을 때 출력이 나오는 일치회로이다.

$$Y = \overline{A \oplus B} = \overline{A} \cdot \overline{B} + A \cdot B$$

• 진리표

A	B	출력
0	0	1
0	1	0
1	0	0
1	1	1

$Z = (A \cdot B)'$ or
$Z = A'B' + AB$

[정답] ①

59

다음의 회로는 무엇을 가리키는가?

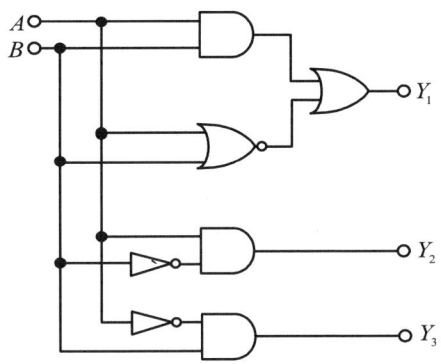

① 비교회로 ② 다수결회로
③ 일치회로 ④ 반일치회로

입력 데이타를 비교하여 판정하는 비교기회로이다.

$Y_1 = AB + \overline{(A+B)} = AB + \overline{A}\overline{B}$ (A = B)

$Y_2 = A\overline{B}$ (A > B)

$Y_3 = \overline{A}B$ (A < B)

[정답] ①

60

여러 개의 회로가 단일 회선을 공동으로 이용하여 신호를 전송하는데 필요한 장치는?

① 멀티플렉서 ② 디멀티플렉서
③ 인코더 ④ 디코더

멀티플렉서란 많은 수의 정보를 적은 수의 채널나 출력선을 통하여 전송하는 것을 의미하며, 일반적으로 멀티플랙서는 2^n 개의 데이터 입력선과 n 개의 선택선, 그리고 1개의 출력선으로 구성되며 $(n = 1, 2, 3, \ldots)$
데이터가 여러 개의 입력선으로부터 선택(Selector) 신호에 따라 출력단에 보내지는 장치로 데이터 선택기(Data selector)라고도 한다.

[정답] ①

61

서로 다른 2개 이상의 신호를 하나의 통신 채널로 전송하는데 필요한 장치는?

① 멀티플렉서 ② 비교기
③ 인코더 ③ 디코더

> 멀티플렉서란 많은 수의 정보를 적은 수의 채널이나 출력선을 통하여 전송하는 것을 의미하며, 일반적으로 멀티플랙서는 2^n 개의 데이터 입력선과 n 개의 선택선, 그리고 1개의 출력선으로 구성되며 ($n = 1, 2, 3, \ldots$) 데이터가 여러 개의 입력선
> 으로부터 선택(Selector) 신호에 따라 출력단에 보내지는 장치로 데이터 선택기(Data selector)라고도 한다.
>
> [정답] ①

62

다음 소자 중에서 n개의 입력을 받아서 제어 신호에 의해 그 중 1개만을 선택하여 출력하는 것은?

① Multiplexer ② Demultiplexer
③ Encoder ④ Decoder

> 멀티플렉서란 많은 수의 정보를 적은 수의 채널이나 출력선을 통하여 전송하는 것을 의미하며, 일반적으로 멀티플랙서는 2^n 개의 데이터 입력선과 n 개의 선택선, 그리고 1개의 출력선으로 구성되며 ($n = 1, 2, 3, \ldots$) 데이터가 여러 개의 입력선
> 으로부터 선택(Selector) 신호에 따라 출력단에 보내지는 장치로 데이터 선택기(Data selector)라고도 한다.
>
> [정답] ①

63

다음 그림과 같은 회로의 명칭은?

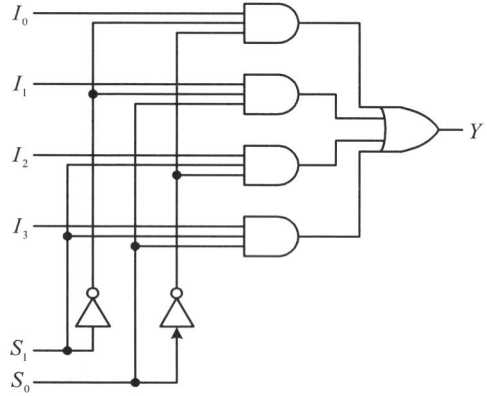

① 병렬가산기 ② 멀티플렉서
③ 디멀티플렉서 ④ 디코더

> 멀티플렉서는 복수개의 입력선으로부터 필요한 데이터를 선택하여 하나의 출력선으로 내보내는 회로이다.
>
> [정답] ②

64

다음 중 멀티플렉서(multiplexer)의 설명으로 잘못된 것은?

① 멀티플렉서는 전환 스위치(selector SW)의 기능을 갖는다.
② N개의 입력데이터에서 1개 입력씩만 선택하여 단일 통로로 송신하는 것이다.
③ 특정한 입력을 몇 개의 코드화된 신호의 조합으로 바꾼다.
④ 4×1의 멀티플렉서의 경우에는 2개의 선택신호가 필요하다.

> • 멀티플렉서
> 2^n 개의 입력선과 n 개의 선택선, 그리고 1개의 출력선으로 구성된다. 몇 개의 입력 신호 가운데서 하나를 선택하여 출력회로에 접속하는 역할을 하는 것으로 데이터 선택회로 (data selector)라고 한다.
>
>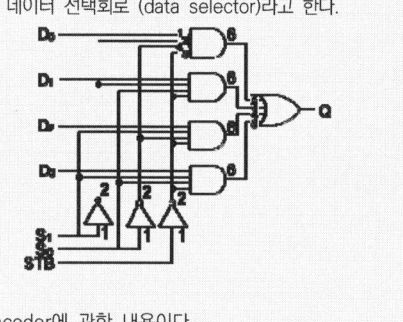
>
> * (다)는 Encoder에 관한 내용이다.
>
> [정답] ③

65

다음은 디멀티플렉서 회로의 일부분이다. 점선 안에 공통으로 들어갈 게이트는? (단, S_0, S_1은 선택신호 1은 데이터 입력이다.)

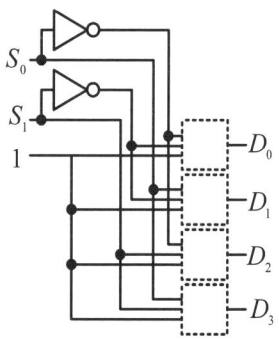

① OR 게이트 ② AND 게이트
③ XOR 게이트 ④ NOT 게이트

> 디멀티플렉서는 멀티플랙서의 역기능을 수행하는 장치로 하나의 입력을 여러 개의 출력선 중에서 선택하여 정보를 전송하는 회로이며 이렇게 하나의 입력정보를 여러 개의 출력선 중의 하나에 분배하므로 데이터 분배기(Data distributer) 라고도 한다. 디멀티플랙서의 구성은 하나의 입력, 그리고 2^n 개의 출력선과 n 개의 선택선으로 구성된다. ($n = 1, 2, 3, \ldots$) 점선안 AND Gate의 입력이 모두 "1" 인 출력선에 데이터가 분배된다.
>
> [정답] ②

66

다음 그림과 같이 2^n개 (0 ~ 7)의 십진수 입력을 넣었을 때 출력이 2진수 (000 ~ 111)로 나오는 회로의 명칭은?

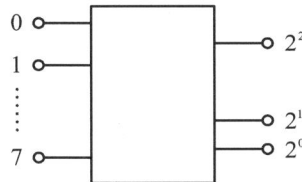

① 디코더 회로 ② A-D 변환회로
③ D-A 변환회로 ④ 인코더 회로

> 인코더는 2^n개의 서로 다른 정보를 입력받아 n bit의 2진 코드 값으로 변경해 주는 회로이다.
> 인코더는 디코더의 역기능을 수행하는 것으로 10진수나 8진수를 입력으로 받아들여 2진수 BCD와 같은 코드로 변환해주는 장치로 부호기라고도 하며 이는 2^n 개의 입력선과 n 개의 출력선을 가지며 OR게이트로 구성된다.
>
> [정답] ④

67

조합 논리 회로 중 0과 1의 조합으로 부호화를 행하는 회로로 2^n개의 입력선과 n개의 출력선으로 구성된 것은?

① 디코더(Decoder) ② DEMUX
③ MUX ④ 인코더(Encoder)

> ① 인코더 : 2^n개의 입력선과 n개의 출력선으로 구성
> ② 디코더 : n개의 2진 코드를 2^n 정보로 변경
>
> [정답] ④

68

0과 1의 조합에 의하여 어떠한 기호라도 표현될 수 있도록 부호화를 행하는 회로를 무엇이라고 하는가?

① Decoder ② Detector
③ Encoder ④ Comparator

> 신호를 0과 1로 부호화를 행하는 회로를 Encoder라 하며, 부호화된 신호를 다시 원신호로 복호화 하는 과정을 Decoder라 한다.
>
> [정답] ③

69

다음은 어떤 논리 회로인가?

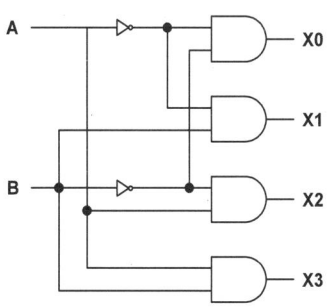

① 인코더 ② 디코더
③ RS 플립플롭 ④ JK 플립플롭

> 디코더 : n개의 2진 코드를 2^n 정보로 변경
>
> [정답] ②

70

n개의 입력으로부터 2진 정보를 2^n개의 독자적인 출력으로 변환이 가능한 것은?

① 멀티플렉서 ② 디코더
③ 계수기 ④ 비교기

> • 디코더
> n개의 입력과 2^n개의 출력선을 가진 논리회로
>
>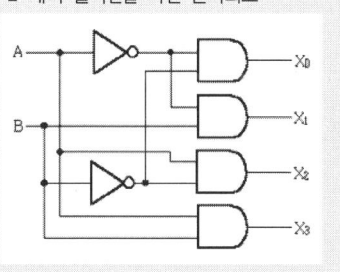
>
> [정답] ②

71

다음 중 특정 비트의 값을 무조건 0으로 바꾸는 연산은?

① XOR연산
② 선택적-세트(selective-set)연산
③ 선택적-보수(selective complement)연산
④ 마스크(mask)연산

> • 마스크(Mask) 연산
> 원하는 비트들을 선택적으로 clear(0)하는데 사용하는 연산으로 데이터 A의 비트들을 0으로 바꾸기 위해서 원하는 특정 비트위치가 0으로 세트된 데이터 B와 AND 연산을 수행한다.
>
> [정답] ④

72

다음 중 디코더(Decoder)에 대한 설명으로 틀린 것은?

① 출력보다 많은 입력을 갖고 있다.
② 한 번에 하나의 출력만을 동작한다.
③ N 비트의 2진 코드 입력에 의해 최대 2^N개의 출력이 나온다.
④ 인코더의(Encoder)의 역기능을 수행한다.

디코더는 2진 코드나 BCD 코드를 입력으로 하여 우리가 사용하기 쉬운 10진수로 변환해 주는 장치로 해독기라고도 한다. 이는 n 개의 2진 코드로 받아 최대 2^n 개의 출력을 갖는 조합 논리회로이다.

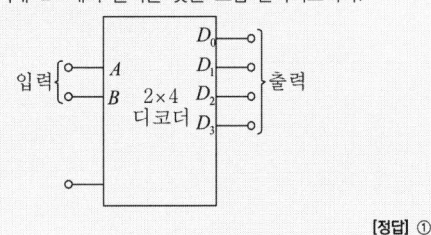

[정답] ①

73

다음의 디지털 장치에서 디코더(decoder)의 반대 동작을 하는 장치는?

① 멀티플렉서(multiplexer)
② 전기산기(full adder)
③ 디멀티플렉서(demultiplexer)
④ 인코더(encoder)

- 디코더와 인코더

디코더	인코더
· 해독기	· 부호화기
· 2진수를 10진수 변환	· 10진수를 2진수 변환
· AND Gate 구성	· OR Gate 구성

[정답] ④

74

다음은 어떤 논리 회로인가?

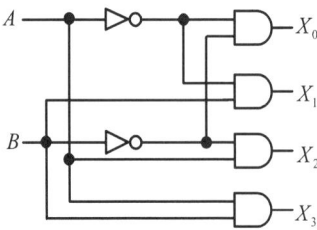

① 인코더
② 디코더
③ RS플립플롭
④ JK플립플롭

n비트의 2진 코드 값을 받아 2^n개의 서로 다른 정보로 바꿔주는 디코더(Decoder)회로이다.

[정답] ②

75

다음 중 입력 신호에서 어떤 특정된 제어 시간의 신호만 출력되도록 할 목적으로 사용하는 회로는?

① 슬라이싱(Slicing)회로
② 클램퍼(Clamper)회로
③ 클리핑(Clipping)회로
④ 게이트(Gate)회로

게이트(Gate)회로입력 신호에서 어떤 특정된 제어 시간의 신호만 출력되도록 할 목적으로 사용하는 회로이다.

[정답] ④

76

다음 중 보수 발생기가 필요한 회로는?

① 일치회로
② 가산회로
③ 나눗셈 회로
④ 곱셈회로

보수는 뺄셈과 나눗셈에서 필요하다.

[정답] ③

77

1의 보수기는 어떤 회로를 사용하는가?

① 일치 회로
② 반일치 회로
③ 감산 회로
④ 가산 회로

1의 보수를 구하기 위해서는 반일치 회로를 사용한다.

[정답] ②

78

1의 보수기에 대한 설명으로 적합한 것은?

① 감산기를 이용하지 않고 감수의 보수를 이용하여 가산기만으로 뺄셈을 한다.
② 감수의 보수를 이용하지 않고 피감수의 보수를 이용하여 감산기만으로 뺄셈을 한다.
③ 감산기를 이용하지 않고 피감수의 보수를 이용하여 가산기만으로 뺄셈을 한다.
④ 피감수의 보수를 이용하여 감산기만으로 뺄셈을 한다.

1의 보수기를 사용하면 감산기를 이용하지 않고 감수의 보수를 이용해 가산기만으로 뺄셈을 해서 얻을 수 있다.

[정답] ①

⑧ 응용논리회로

1 플립 플롭 회로

01 13/10, 10/10

플립플롭은 몇 개의 안정 상태를 갖는가?
① 1   ② 2
③ 4   ④ ∞

플립플롭은 2개의 안정상태를 기억하도록 구성된 일시 기억소자이다.
[정답] ②

02 11/10

다음 중 플립플롭과 관계가 없는 것은?
① Decoder   ② RAM
③ Register   ④ Counter

플립플롭은 카운터, 레지스터, RAM 등에 사용된다.
디코더는 게이트만으로 구성된 조합논리회로이다.
[정답] ①

03 18/3, 10/06

그림의 회로에서 A=B=0이면 X_1과 X_2의 값은 각각 얼마인가?

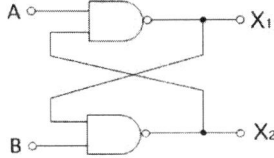

① $X_1 \to 0, X_2 \to 0$ ② $X_1 \to 0, X_2 \to 1$
③ $X_1 \to 1, X_2 \to 0$ ④ $X_1 \to 1, X_2 \to 1$

NAND Gate를 이용한 래치회로 래치는 두 개의 안정된 상태중 하나를 가지는 1 비트 기억소자이다.

S(A)	R(B)	Q(X_1)	$\overline{Q}$(X_2)	State
0	1	1	0	SET
1	1	1	0	
1	0	0	1	RESET
1	1	0	1	
0	0	1	1	Undefined

[정답] ④

04 14/06

다음 진리표는 어떤 논리회로에 대한 진리표인가?

A	B	Q(t+1)
0	0	Q(t) 불변
1	0	1
0	1	0
1	1	부정

① 전가산기   ② 반가산기
③ JK 플립플롭   ④ RS 플립플롭

• **RS Flip-Flop 논리회로의 진리값**

SR	Q_{n-1}
00	Q_n 불변
01	0
10	1
11	부정

[정답] ④

06 17/06, 16/10

RS 플립플롭 회로의 출력 Q 및 $\overline{Q}$는 리셋(Reset) 상태에서 어떠한 논리값을 가지는가?
① $Q=0, \overline{Q}=0$ ② $Q=1, \overline{Q}=1$
③ $Q=0, \overline{Q}=1$ ④ $Q=1, \overline{Q}=0$

• **RS플립플롭의 진리표**

Q	$\overline{Q}$	Q(t+1)
0	0	Q(t) 불변
1	0	1(Set)
0	1	0(Reset)
1	1	부정

[정답] ③

07 17/06

다음 그림과 같이 RS 플립플롭에서 R 입력과 S 입력 사이에 NOT 게이트를 추가하면 어떤 기능을 갖는 플립플롭인가?

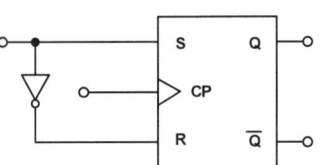

① T형 플립플롭   ② N형 플립플롭
③ JK형 플립플롭   ④ D형 플립플롭

D형 플립플롭은 RS F/F와 NOT 게이트로 구성된다.
[정답] ④

08
J-K 플립플롭에서 Jn=0, Kn=1일 때 클럭 펄스가 1이면 Qn+1의 출력 상태는?
① 반전 ② 1
③ 0   ④ 부정

- **JK 플립플롭 동작**
  ① $J=0, K=0$ 일 때 : 현재 상태 $Q(t)$ 유지
  ② $J=0, K=1$ 일 때 : 리세트 $Q(t+1)=0$
  ③ $J=1, K=0$ 일 때 : 세트 $Q(t+1)=1$
  ④ $J=1, K=1$ 일 때 : 반전 $Q(t+1)=\overline{Q}(t)$

[정답] ③

09
JK-Flip Flop에서 J입력과 K입력이 모두 1이고 CP=1 일 때 출력은?
① 출력은 반전한다.
② Set 출력은 1, Reset 출력은 0이다.
③ Set 출력은 0, Reset 출력은 1이다.
④ 출력은 1이다.

- **JK 플립플롭 동작**
  ① $J=0, K=0$ 일 때 : 현재 상태 $Q(t)$ 유지
  ② $J=0, K=1$ 일 때 : 리세트 $Q(t+1)=0$
  ③ $J=1, K=0$ 일 때 : 세트 $Q(t+1)=1$
  ④ $J=1, K=1$ 일 때 : 반전 $Q(t+1)=\overline{Q}(t)$

[정답] ①

10
JK 플립플롭은 두 개의 입력 데이터(Data)에 의하여 출력에서 몇 개의 조합(Combination)을 얻을 수 있는가?
① 2   ② 4
③ 8   ④ 16

- **JK 플립플롭 동작**
  ① $J=0, K=0$ 일 때 : 현재 상태 $Q(t)$ 유지
  ② $J=0, K=1$ 일 때 : 리세트 $Q(t+1)=0$
  ③ $J=1, K=0$ 일 때 : 세트 $Q(t+1)=1$
  ④ $J=1, K=1$ 일 때 : 반전 $Q(t+1)=\overline{Q}(t)$
  총 4가지의 조합을 얻어낼 수 있다.

[정답] ②

11
JK Flip-flop에서 현재 상태의 출력 Q_n을 1로 하고, J입력과 K입력이 1일 때, 클럭 펄스 CP에 신호가 인가되면 다음 상태의 출력은 Q_{n+1}은? (단, 플립플롭의 setup time과 holding time은 만족한다고 가정함)

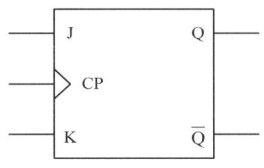

① 부정   ② 1
③ 0   ④ $\overline{Q_t}$

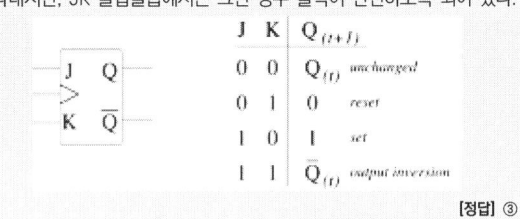

RS 플립플롭에서는 세트 펄스와 리셋 펄스가 동시에 오면 불안정 상태를 나타내지만, JK 플립플롭에서는 그런 경우 출력이 반전하도록 되어 있다.

[정답] ③

12
JK Flip Flop을 그림과 같이 결선하였을 경우 클럭 펄스가 인가 될 때마다 Q의 출력상태는 어떻게 동작하는가?

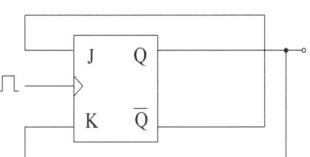

① Toggle   ② Reset
③ Set   ④ Race 현상

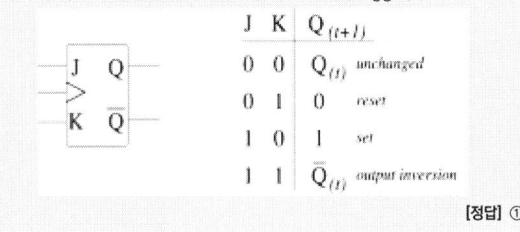

RS 플립플롭에서는 세트 펄스와 리셋 펄스가 동시에 오면 불안정 상태를 나타내지만, JK 플립플롭에서는 출력이 반전(Toggle)된다.

[정답] ①

13

JK 플립플롭(Flip-Flop)을 다음 그림과 같이 연결했을 때, 결과치가 같은 플립플롭은?

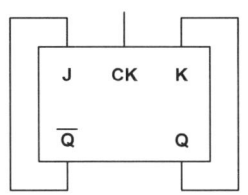

① D 플립플롭
② RS 플립플롭
③ T 플립플롭
④ MS 플립플롭

T형 Flip-Flop은 입력 클럭펄스가 1 이 들어올 때마다 출력 상태가 반전되어 나타난다

[정답] ③

14

J-K 플립플롭을 이용하여 J 와 K 입력 사이를 NOT 게이트로 연결한 플립플롭은?

① D형 플립플롭
② T형 플립플롭
③ RST형 플립플롭
④ RS 플립플롭

D형 플립플롭은 JK-F/F와 NOT 게이트로 구성된다.

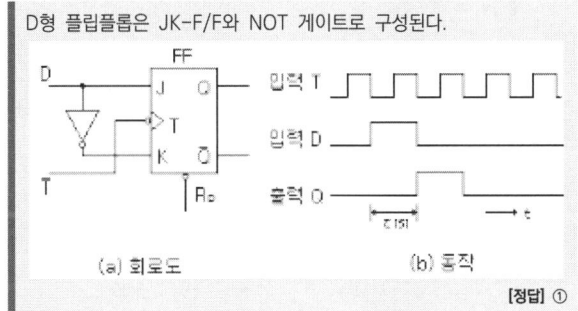

(a) 회로도   (b) 동작

[정답] ①

15

다음 중 Master-Slave 플립플롭은 어떠한 현상을 해결하기 위한 플립플롭인가?

① 지연 현상
② Race 현상
③ Set 현상
④ Toggle 현상

마스터 슬레이브(Master/Slave)플립플롭은 2개의 RS 플립플롭이 직렬로 연결된 회로로서 출력은 클럭펄스가 0으로 복귀할 때까지는 변화되지 않는다. 이 회로는 클럭펄스가 1일 때 출력 상태가 변화되면 입력 측에 변화를 일으켜 오동작이 발생되는 현상 Race현상을 해결 할 수 있다.

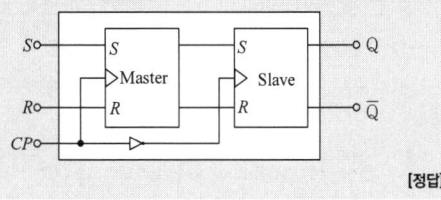

[정답] ②

16

마스터 슬레이브 JK-FF에서 클럭 펄스가 들어올 때마다 출력 상태가 반전되는 것은?

① J=0 , K=0
② J=1 , K=0
③ J=0 , K=1
④ J=1 , K=1

• 마스터 슬레이브 JK-FF 동작
① $J=0, K=0$ 일 때 : 현재 상태 $Q(t)$ 유지
② $J=0, K=1$ 일 때 : 리세트 $Q(t+1)=0$
③ $J=1, K=0$ 일 때 : 세트 $Q(t+1)=1$
④ $J=1, K=1$ 일 때 : 반전 $Q(t+1)=\overline{Q}(t)$

[정답] ④

2 계수기

17

다음 중 리플 카운터(Ripple Counter)에 대한 설명으로 틀린 것은?

① 비동기 카운터이다.
② 카운트 속도가 동기식 카운터에 비해 느리다.
③ 최대 동작 주파수에 제한을 받지 않는다.
④ 회로 구성이 간단하다.

• 비동기식 계수기
비동기식 카운터는 리플 카운터라 하며, 이 카운터는 전단에 있는 플립플롭(F/F)의 출력을 받아 다음 단 플립플롭을 동작시키도록 연결되어 있다. 회로는 간단하나 동작속도는 느린 단점이 있다. 최대 동작 주파수는 다음과 같이 구해진다.

$$f_{\max} = \frac{1}{F/F개수 \times 각 F/F의\ 전파지연}$$

[정답] ③

18

다음 중 비동기식 카운터에 대한 설명으로 틀린 것은?

① 리플 카운터라고도 한다.
② 고속 카운팅에 주로 사용된다.
③ 전단의 출력이 다음 단의 트리거 입력이 된다.
④ 회로가 단순하므로 설계가 쉽다.

비동기식 카운터는 전단에 있는 플립플롭의 출력을 받아 다음 단의 Flip-Flop을 동작시키도록 연결되어 있어 회로는 간단하나 동작속도는 느린 단점이 있다.

비동기(리플) 계수기	동기 계수기
. 간단	. 복잡
. 저속	. 고속
. 직렬	. 병렬

[정답] ②

19
비동기식 5진 계수회로는 최소 몇 개의 플립플롭이 필요한가?
① 4   ② 3
③ 2   ④ 1

필요한 플립플롭의 개수를 n 이라고 하면, $2^{n-1} \leq N \leq 2^n$ 이어야 한다. 문제에서 $2^{n-1} \leq 5 \leq 2^n$ 이므로 $n=3$, 즉 3개의 플립플롭이 필요하다.

[정답] ②

20
25진 리플 카운터를 설계할 경우 최소한 몇 개의 플립플롭이 필요한가?
① 4개   ② 5개
③ 6개   ④ 7개

$2^{n-1} \leq N \leq 2^n$ 의 식으로 구한다. 25진 카운터이므로 $n=5$ 가 된다.

[정답] ②

21
30:1의 리플계수기를 설계할 때 최소로 필요한 플립플롭의 수는?
① 4   ② 5
③ 6   ④ 8

필요한 플립플롭의 개수를 n 이라고 하면 $2^{n-1} \leq N \leq 2^n$ 이어야 한다. 문제에서 $2^{n-1} \leq 30 \leq 2^{n-1}$ 이므로 $n=5$, 즉 5개의 플립-플롭이 필요하다.

[정답] ②

22
플립플롭 4개로 구성된 계수기가 가질 수 있는 최대의 2진 상태는 몇 가지인가?
① 8가지   ② 12가지
③ 16가지 ④ 20가지

플립플롭을 이용한 카운터(계수기)회로 $2^{n-1} \leq MOD \leq 2^n$ 상태의 수 MOD는 $2^4 = 16$로 16개의 상태를 만들 수 있다.

[정답] ③

23
플립플롭 6개로 구성된 계수기가 가질 수 있는 최대 2진 상태수는?
① 16개   ② 32개
③ 64개   ④ 85개

필요한 플립플롭의 개수를 6 이라고 하면 $2^5 \leq N \leq 2^6$ 이어야 한다. 문제에서 $32 \leq N \leq 64$ 이므로 최대 2진 상태수 N=64 이다.

[정답] ③

24
카운터(Counter)를 이용하여 컨베이어 벨트를 통과하는 생산품의 개수를 파악하려고 한다. 최대 500개의 생산품을 카운트하기 위한 카운터를 플립플롭을 이용 제작할 때 최소한 몇 개의 플립플롭이 필요한가?
① 5   ② 7
③ 9   ④ 11

필요한 플립플롭의 개수를 n 이라고 하면 $2^{n-1} \leq N \leq 2^n$ 이어야 한다. 문제에서 $2^{n-1} \leq 500 \leq 2^n$ 이므로 $n=9$, 즉 9개의 플립플롭이 필요하다.

[정답] ③

25
다음 계수기(counter)의 명칭으로 알맞은 것은?

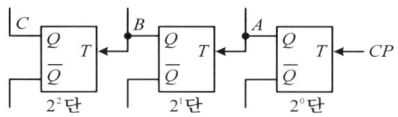

① 상향 4진 계수기   ② 하향 4진 계수기
③ 상향 8진 계수기   ④ 하향 8진 계수기

3개의 Flip Flop을 가지고 있으므로 ($2^3 = 8$) 8진 계수기이며, 펄스가 인가됨에 따라 출력값이 증가하는 상향 8진 계수기회로 이다.

[정답] ③

26
3개의 T플립플롭이 직렬로 연결되어 있다. 입력단(첫단)에 $1,000[Hz]$의 입력신호를 인가하면 마지막 플립플롭 출력신호는 몇[Hz]인가?
① 3,000   ② 333
③ 167   ④ 125

T 플립플롭 출력주파수 = 입력주파수 ÷ 2^3
출력주파수= 1000[Hz] ÷ 8 = 125[Hz]

[정답] ④

27 11/03

입력 주파수 512[kHz]를 T형 플립플롭 7개 종속 접속한 회로에 인가했을 때 출력 주파수는 얼마인가?

① 256[kHz] ② 8[kHz]
③ 4[kHz]   ④ 2[kHz]

> 7개의 플립플롭을 사용했으므로 출력에는
> $2^7 = 128$ 분주된 출력 주파수가 나온다.
> $$f = \frac{512[\text{KHz}]}{128} = 4[\text{KHz}]$$
>
> [정답] ③

28 11/10

8[MHz] 구형파를 카운터의 입력으로 인가할 때 250[kHz]를 얻기 위해 필요한 카운터의 비트수는 얼마인가?

① 2비트 ② 3비트
③ 5비트 ④ 4비트

> 분주비 $M = \frac{8[\text{MHz}]}{250[\text{KHz}]} = 32$, $n = \log_2 32 = 5$
> 분주비가 32이므로 필요한 카운터의 비트수는 5비트가 필요하다.
>
> [정답] ③

29 16/10, 11/06

지연 시간 50[ns]의 플립플롭을 사용한 5단의 리플 카운터가 있다. 카운터의 동작 최고 주파수는 얼마인가?

① 1[MHz]   ② 4[MHz]
③ 10[MHz] ④ 20[MHz]

> 각 플립플롭의 50[ns]이고, 5단을 사용하므로 총 250[ns]의 지연시간이 발생된다. 최고 클럭주파수는 다음과 같다.
> $$f_m = \frac{1}{250[\text{ns}]} = 4[\text{MHz}]$$
>
> [정답] ②

30 16/03

5비트 2진 카운터의 입력에 4[MHz]의 정방형 펄스가 가해질 때 출력 펄스의 주파수는?

① 25[kHz]   ② 50[kHz]
③ 250[kHz] ④ 125[kHz]

> 5개의 플립플롭이 직렬로 연결된 카운터의 출력 주파수
> 출력주파수=입력주파수 $\div 2^5 = 4[MHz] \div 32 = 125[kHz]$
>
> [정답] ④

31 15/06

다음 중 동기식 3진 카운터에 대한 설명으로 틀린 것은?

① 병렬 카운터라고도 한다.
② 각 단에 클럭펄스가 인가되는 회로이다.
③ 동시에 Trigger 입력이 인가되기 때문에 여러 단이 동시에 동작되므로 고속으로 동작되는 회로에 많이 이용된다.
④ 전단의 출력이 Trigger 입력으로 들어온다.

> 전단의 출력이 Trigger 입력으로 들어오는 카운터는 비동기식 리플 카운터이다.
>
> [정답] ④

32 12/06

비동기식 직렬 전송(UART) 시 start bit와 stop bit의 신호 상태는?

① start bit : low, stop bit : high
② start bit : high, stop bit : low
③ start bit : low, stop bit : low
④ start bit : high, stop bit : high

> UART(Universal Asynchronous Receiver and Transmitter)는 컴퓨터의 시리얼 포트 등에 사용되는 통신회로로 Start Bit(0)와 Stop Bit(1)를 사용하여 동기를 유지한다.
>
> [정답] ①

33

다음 중 동기식 카운터에 대한 설명으로 옳은 것은?

① 플립플롭의 단수는 동작 속도와 무관하다.
② 논리식이 단순하고 설계가 쉽다.
③ 전단의 출력이 다음 단의 트리거 입력이 된다.
④ 동영상 회로에 많이 사용된다.

- **동기식 카운터(counter)**
  ① 병렬식 counter라고도 하며 각 플립플롭에 동시에 클록펄스가 인가되는 회로를 말한다.
  ② 각 플립플롭의 출력 단자로부터 계수할 때, 출력의 위상차가 거의 없어 일그러짐이 매우 적기 때문에 현재의 계산기에서 널리 사용되는 방식이다.
  ③ 여러 단이 동시에 동작되므로 고속으로 동작되는 회로에 널리 사용된다.
- **비동기식 카운터**
  ① 리플 카운터라고도 하며, 전단의 플립플롭의 출력을 받아 순서대로 플립플롭이 동작되도록 연결되어 있다.
  ② 설계는 쉽지만 캐리타임이 문제가 되며, 동기식보다 동작 속도가 느리다.

[정답] ①

34

다음 중 동기식 카운터와 비동기식 카운터를 설명한 것으로 옳은 것은?

① 동기식 카운터를 직렬형, 비동기식 카운터를 병렬형 카운터라고도 한다.
② 같은 수의 플립플롭을 갖는 경우 비동기식 카운터보다 동기식카운터가 더 높은 입력 주파수를 사용하는 곳에 이용된다.
③ 비동기식 카운터는 동기식 카운터와는 달리 시간 지연이 누적되지 않는다.
④ 비동기식 카운터는 동기식 카운터보다 더 많은 회로 소자가 필요하다.

- **동기식 카운터(counter)**
  ① 병렬식 counter라고도 하며 각 플립플롭에 동시에 클록펄스가 인가되는 회로를 말한다.
  ② 각 플립플롭의 출력 단자로부터 계수할 때, 출력의 위상차가 거의 없어 일그러짐이 매우 적기 때문에 현재의 계산기에서 널리 사용되는 방식이다.
  ③ 여러 단이 동시에 동작되므로 고속으로 동작되는 회로에 널리 사용된다.
- **비동기식 카운터**
  ① 리플 카운터라고도 하며, 전단의 플립플롭의 출력을 받아 순서대로 플립플롭이 동작되도록 연결되어 있다.
  ② 설계는 쉽지만 캐리타임이 문제가 되며, 동기식보다 동작 속도가 느리다.

[정답] ②

35

다음 중 동기형 계수기로 사용할 수 없는 것은?

① Ripple 계수기
② BCD 계수기
③ 2진 업다운 계수기
④ 2진 계수기

Ripple 계수기는 비동기식 계수기이다.

[정답] ①

36

다음 중 시프트 레지스터 출력을 입력에 되먹임 시킴으로써 클럭 펄스가 가해지면, 같은 2진수가 레지스터 내부에서 순환하도록 만든 카운터는?

① 링 카운터
② 2진 리플 카운터
③ 필드코드 카운터
④ BCD 카운터

- **링 카운터(Ring counter)**
  링 카운터는 마지막 플립플롭의 값을 처음 플립플롭으로 시프트 (shift)할 수 있도록 연결된 순환 시프트 레지스터이다

[정답] ①

37

다음 중 환형 계수기(Ring Counter)와 같은 기능을 갖는 것은?

① BCD 계수기
② 가역 계수기
③ 시프트 레지스터
④ 순환 시프트 레지스터

시프트 레지스터(Shift Register)를 응용한 카운터를 시프트 레지스터형 카운터 또는 시프트 카운터(Shift Counter)라고도 한다. 이것은 동기식 카운터의 일종이며 두 가지 종류가 있는데, 그 하나는 링 카운터(Ring Counter)이고, 또 다른 하나는 존슨 카운터(Johnson Counter)이다.

[정답] ④

3 기억장치회로

38 기억된 내용을 자외선을 비추어 소거시키는 ROM은?
① EPROM   ② EAROM
③ MASK ROM   ④ EEPROM

- ROM(Read Only Memory)

종류	특징
ROM	읽기만 할 수 있음
EPROM	자외선으로 지울 수 있음
EEPROM	전기적으로 지울 수 있음

[정답] ①

39 다음 중 계수형 전자 계산기(Digital Computer)의 보조 기억 장치가 아닌 것은?
① 자기 드럼(Magnetic Drum)
② 자기 테이프(Magnetic Tape)
③ 자기 디스크(Magnetic Disk)
④ 자기 코어(Magnetic Core)

자기코어는 보조기억장치가 아닌 주기억장치의 일종이다.
① 보조기억장치 : 자기드럼, 자기테이프, 자기디스크 등
② 주기억장치 : RAM, ROM, 자기코어 등

[정답] ④

40 다음 기억 장치 중 보조 기억 장치가 아닌 것은?
① 자기 디스크   ② RAM
③ 자기 드럼   ④ 자기 테이프

- 주기억 기억장치와 보조기억장치

주기억장치	보조기억장치
ROM	자기디스크
RAM	자기드럼
자기코어	자기테이프

[정답] ②

4 신호변환회로

41 다음 중 아날로그 신호를 디지털 신호로 변환할 때 양자화 잡음의 경감 대책이 아닌 것은?
① 압신기를 사용한다.
② 양자화 스텝수를 감소시킨다.
③ 양자화 비트수를 증가시킨다.
④ 비선형화 한다.

- 양자화 잡음 경감책
① 양자화레벨 수를 늘린다(양자화 비트수 증가)
② 압신기를 사용한다.
③ 비선형 양자화방식을 사용한다.

[정답] ②

42 다음 중 정보 전송 기술에서 디지털 신호 재생 중계기의 기능에 해당되지 않는 것은?
① 타이밍   ② 에러 정정
③ 파형 등화   ④ 식별 재생

- 재생 중계기(Regenerative Repeater)의 3R
① 파형 등화(Reshaping)
② 타이밍(Retiming)
③ 식별재생(Regenerating)

[정답] ②

43 일정시간동안 200개의 비트가 전송되고 전송된 비트 중 15개의 비트에 오류가 발생하면 비트에러율(BER)은?
① 7.5[%]   ② 15[%]
③ 30[%]   ④ 40.5[%]

$$BER = \frac{에러발생\ 비트수}{총\ 전송\ 비트수} \times 100[\%]$$
$$= \frac{15}{200} \times 100[\%] = 7.5[\%]$$

[정답] ①

② 무선통신 기기

1. 아날로그 송수신기
2. 디지털 송수신기
3. 항법기기
4. 전원회로
5. 무선기기의 성능측정

.... 080
.... 090
.... 104
.... 107
.... 122

무선설비기사 필기
영역별 기출문제풀이

① 아날로그 송수신기

1 AM 송수신기

01 12/10

무선통신에서 변조를 하는 이유로 가장 적합하지 않은 것은?

① 장거리 통신을 수행하기 위해 실시한다.
② 안테나 제작문제를 해결하기 위해 실기 한다.
③ S/N비를 개선시키기 위해 실시한다.
④ 시분할 다중통신을 수행하기 위해 실시한다.

- 변조의 목적
① 주파수 할당 과 다중 분할을 하기 위함
② 안테나를 작게 만들어 복사를 용이하게 하기 위함
③ 원거리 전송을 하기 위함
④ 신호 대 잡음비를 향상시키기 위함

[정답] ④

02 18/6

전송할 신호의 주파수에 비해 높은 주파수의 반송파를 이용하여 0과 1을 진폭, 주파수 및 위상에 대응하여 전송하는 방식은?

① 문자 동기 전송 방식 ② 대역 전송 방식
③ 차분 방식 ④ 다이코드 방식

전송할 신호의 주파수에 비해 높은 주파수의 반송파를 이용하여 0과 1을 진폭, 주파수 및 위상에 대응하여 전송하는 변조는 대역전송방식이다.

[정답] ②

04 13/3

5[kHz]의 신호주파수를 900[kHz]의 반송파로 진폭 변조한 경우 피변조파에 나타나는 주파수 성분이 아닌 것은?

① 900[kHz] ② 895[kHz]
③ 905[kHz] ④ 890[kHz]

DSB-LC방식의 출력에는 반송파=900kHz,
반송파 + 신호파=905kHz, 반송파 - 신호파=895kHz 주파수 성분이 나타난다.

[정답] ④

03 16/10, 12/3

다음 중 아날로그 신호의 진폭변조(AM) 방식에 해당되지 않는 것은?

① DSB-SC(Double Side Band Suppressed Carrier)
② SSB(Single Side Band)
③ VSB(Vestigial Side Band)
④ PAM(Pulse Amplitude Modulation)

진폭변조(AM) 방식의 종류에는 DSB-LC, DSB-SC, SSB ,VSB 등이 있다.

DSB-LC	반송파, 상측파, 하측파 모두 존재
DSB-SC	상측파, 하측파만 존재
SSB	상측파와 하측파 중 하나만 존재
VSB	반송파와 상측파 또는 하측파중 일정대역 부분 제거

[정답] ④

04 10/6

정보신호가 $m(t)=\cos(2\pi f_m t)$인 정현파를 반송파 f_c를 사용하여 DSB-SC 변조하는 경우 변조된 신호의 스펙트럼으로 옳은 것은?

① f_m, f_{-m}, f_c, f_{-c}
② $f_c+f_m, -f_c-f_m$
③ $f_c+f_m, f_c-f_m, -f_c+f_m, -f_c-f_m$
④ $f_c+f_m, f_c, f_c-f_m, -f_c+f_m, -f_c, -f_c-f_m$

DSB-SC(AM)변조방식은 반송파를 제외한 모든 측파대(상측파 또는 하측파)를 취하는 변조방식이다.
$v(t) = \cos 2\pi f_c t \cdot \cos 2\pi f_m t$
$= \dfrac{1}{2}[\cos 2\pi(f_c+f_m)t + \cos 2\pi(f_c-f_m)t]$

[정답] ③

05

진폭 12[V], 주파수 10[MHz]의 반송파를 진폭 6[V], 주파수 1[kHz]의 변조파 신호로 진폭 변조할 대 변조율은?

① 25[%] ② 50[%]
③ 75[%] ④ 100[%]

- 변조도
$m = \dfrac{A_m}{A_c} = \dfrac{6}{12} \times 100[\%] = 50[\%]$

[정답] ②

07

AM(Ampitude Modulation)에서 반송파 전압이 10[V], 변조도가 40[%]일 때 변조파 전압은 몇 [V]인가?

① 2[V] ② 4[V]
③ 6[V] ④ 8[V]

- **AM 변조도**

$$m = \frac{A_m}{A_C}, \quad 40\% = \frac{A_m}{10}$$

$$\therefore A_m = 4V$$

[정답] ②

08

진폭변조파의 변조도(m)에 대한 설명 중 틀린 것은?

① 변조도 m = 1이면 피변조파(신호파)전력은 반송파 전력의 1.5배가 된다.
② 변조도 m이 낮을수록 측파대 전력은 감소한다.
③ 변조도 m < 1 면 타 통신에 혼신을 준다.
④ 변조도 m > 1면 신호의 진폭이 찌그러진다.

① m=1 일 때 100% 완전변조로, 피변조파전력($P = P_c(1 + \frac{m^2}{2})$)은 반송파 전력의 1.5배가 된다.
② m > 1 이면 과변조 되어 신호가 찌그러진다.
③ m < 1 이면 정상변조로 신호왜곡이 발생하지 않고 타통신에 혼신을 주지 않는다.

[정답] ③

09

어떤 AM송신기의 안테나 전류가 무변조되었을 때 11.75[A]이지만 변조되었을 때는 14.14[A]까지 증가하였다면 변조율은 약 몇 [%] 인가?

① 54[%] ② 74[%]
③ 84[%] ④ 94[%]

$$m = \sqrt{2\left\{\left(\frac{I_m}{I_c}\right)^2 - 1\right\}} \times 100[\%]$$

$$= \sqrt{2\left\{\left(\frac{14.14}{11.75}\right)^2 - 1\right\}} \times 100[\%] = 94[\%]$$

[정답] ④

10

200[W] 전력의 반송파를 사용하여 신호를 변조도 80[%]로 진폭변조하여 전송하고자 할 때 소요되는 총 전력은 몇 [W]인가?

① 218[W] ② 264[W]
③ 286[W] ④ 342[W]

- **피변조파전력**

$$P_m = P_c(1 + \frac{m^2}{2}) = 200(1 + \frac{0.8^2}{2})$$

$$= 200 \times 1.32 = 264[W]$$

[정답] ②

11

정현파 신호의 반송파를 60[%] 진폭변조(AM)한 송신기의 반송파 전력이 600[W]일 경우 피변조파 전력은 얼마인가?

① 908[W] ② 808[W]
③ 708[W] ④ 608[W]

- **AM 피변조파 전력(m : 변조도, Pc : 반송파 전력)**

신호	신호전력
상측파, 하측파	$\frac{m^2}{4}Pc$
반송파	Pc
피변조파 (상측파+하측파+반송파)	$(1 + \frac{m^2}{2})Pc$

m = 0.6 , Pc = 600[w] 이므로
$$P_m = (1 + \frac{(0.6)^2}{2})600 = 708[w]$$

[정답] ③

12

다음 중 SSB 송신기에 해당하는 전파 형식으로 적합한 것은?

① J3E ② A3E
③ A1A ④ A2A

- **전파형식**

전파형식	형식명칭
A1A	모르스 전신부호 (Continuous)
A3E	AM (Amplitude Modulation)
J3E	억압반송파 SSB방식
F3E	Frequency Modulation
H3E	전반송파 SSB방식
R3B	저감반송파 SSB방식

[정답] ①

13

정보신호가 $m(t) = \cos(2\pi f_m t)$인 정현파를 반송파 f_c를 사용하여 SSB 변조하는 경우 변조된 신호의 스펙트럼을 모두 나타낸 것은?

① $f_c + f_m, f_c - f_m$
② $f_c + f_m, -f_c - f_m$
③ $f_c + f_m, f_c - f_m, -f_c - f_m$
④ $f_c + f_m, f_c, f_c - f_m, -f_c + f_m, -f_c, -f_c - f_m$

SSB(Single Side Band)은 DSB-SC(AM)변조에서 한쪽 측파대(상측파 또는 하측파) 만을 필터링해서 취한 변조방식이다.

$$v(t) = \cos 2\pi f_c t \cdot \cos 2\pi f_m t$$
$$= \frac{1}{2}[\cos 2\pi(f_c + f_m)t + \cos 2\pi(f_c - f_m)t]$$

(a) 상측파대만 이용한 SSB   (b) 하측파대만 이용한 SSB

[정답] ②

14

가장 좁은 대역폭을 사용하는 것은?

① DSB-SC   ② DSB-TC
③ VSB   ④ SSB

SSB변조는 Single Side Band로 가장 좁은 대역폭을 사용한다.

[정답] ④

15

다음 중 SSB 변조기를 구성하는 방식이 아닌 것은?

① 필터(Filter)법   ② 위상천이방법
③ 웨버(Weaver)법   ④ 압신법

• **SSB 방법**
① 필터법: 평형변조기와 BPF필터 사용
② 위상천이법: 평형변조기와 위상천이기 사용
③ 웨버법: 필터법과 위상 천이법을 혼용 사용

[정답] ④

16

웨버법에 의한 SSB파 발생 회로의 구성요소가 아닌 것은?

① 평형 변조기   ② 90° 이상 회로
③ 합성 회로   ④ 고역 필터

• **SSB(Sigle Side Band)의 구성**
SSB발생은 Filter법, 위상천이법(이상기법), 웨버법이 있다.
웨버법은 필터법과 이상기법을 조합한 구조로 되어 있다.

[정답] ④

17

대역폭이 B[Hz]인 기저대역 신호 $m(t)$를 변조한 SSB 신호의 설명으로 가장 먼 것은?

① SSB 변조신호의 대역폭은 B[Hz]이므로 SSB 방식으로는 한정된 주파수대역에서 두 배의 신호를 다중화 하여 송신할 수 있다.
② DSB 변조 신호를 만들고 이를 단측파대만을 통과시키는 필터를 통과 시키면 SSB변조신호를 만들 수 있다.
③ $m(t)$에 반송파를 곱한 신호 $u(t)$와 $m(t)$와 반송파를 각각 -90도 위상천이 한 신호들을 곱하여 $v(t)$를 만들고 $u(t) + v(t)$하여 SSB 변조신호를 발생시킬 수 있다.
④ 기저대역 신호의 대역폭이 넓은 경우 SSB 변조에는 필터방법보다는 위상천이 방법이 더 경제적이고 효율적이다.

SSB 변조에는 위상천이 방법에 비해 필터방법이 경제적이고 효율적이다.

[정답] ④

18

SSB(Single Side Band) 통신에서 자국 송신기와 상대국 수신기의 반송주파수를 일치(동기)하도록 해야 하는데 이러한 동기를 미세하게 조정하는 것을 무엇이라 하는가?

① 자동 선택도 조정회로
   (ASC: Automatic Selectivity Control Circuit)
② 자동이득 조절회로
   (AGC: Automatic Gain Control Circuit)
③ 비트 주파수 발진기(Beat Frequency Oscil-lator)
④ 스피치 크라리파이어(Speech Clarifier)

스피치 크라리파이어(Speech Clarifier)는 SSB 수신기에 사용하는 동기조정장

[정답] ④

19

다음 중 SSB 신호에 대한 설명으로 틀린 것은?

① SSB 신호는 DSB-SC와 같이 동기검파를 수행하여 원래의 변조 신호를 얻을 수 있다.
② SSB 신호는 DSB의 두 개 측파를 모두 전송하는 것이 아니고 한쪽만 전송하는 것이므로 신호의 분리에 날카로운 차단 특성을 가진 필터를 사용해야 한다.
③ 변조하는 신호에 DC성분이 있는 경우 SSB를 사용할 수 없다.
④ SSB 신호는 복조기에서의 주파수 및 위상의 오차에 대한 영향이 DSB에 영향을 미치는 정도와 유사하다.

- **SSB통신 방식의 특징**
(1) SSB통신 방식의 장점
  ① 점유 주파수대 폭이 1/2로 축소된다.
     (주파수 이용 효율이 높다.)
  ② 적은 송신전력으로 양질의 통신이 가능하다.
     (평균전력 대비 1/6, 공칭 전력 대비 1/4)
  ③ 송신기의 소비전력이 적다.
     (변조시에만 송신하므로 DSB의 30%)
  ④ 선택성 페이딩의 영향이 적다.(3[dB]개선)
  ⑤ S/N비가 개선된다.(평균전력이 같다고 했을 때 전체 10.8[dB]개선, 첨두 전력이 같다고 했을 때 전체 12[dB]개선)
  ⑥ 비화성을 유지할 수 있다. (DSB수신기로 수신 불가)
(2) SSB통신 방식의 단점
  ① 송수신기 회로구성이 복잡하며 가격이 비싸다.
  ② 높은 주파수 안정도를 필요로 한다.
  ③ 수신부에 국부발진기가 필요하며 동기장치 (Speech clarifier)가 있어야 한다.
  ④ 반송파가 없어 AGC회로 부가가 어렵다.

[정답] ④

20

DSB 방식에 비하여 SSB 방식의 장점 중 틀린 것은?

① 송신기의 소비전력이 약 30[%] 정도 개선
② 선택성 페이딩의 영향이 6[dB] 정도 개선
③ SNR 개선이 첨두 전력이 같을 때 약 12[dB] 정도 개선
④ 대역폭이 축소되어 주파수 이용률이 개선

- **SSB 통신의 장점.**
① 점유 주파수대 폭이 1/2로 축소된다.
   (주파수 이용 효율이 높다.)
② 적은 송신전력으로 양질의 통신이 가능하다.
   (평균 전력 대비 1/6, 공칭 전력 대비 1/4)
③ 송신기의 소비전력이 적다.
   (변조시에만 송신하므로 DSB의 30%)
④ 선택성 페이딩의 영향이 적다.(3[dB]개선)
⑤ S/N비가 개선된다.
   (첨두 전력이 같다고 했을 때 전체 12[dB]개선)
⑥ 비화성을 유지할 수 있다. (DSB수신기로 수신 불가)

[정답] ②

21

다음 중 SSB 방식을 DSB 방식과 비교한 설명으로 맞는 것은?

① 송신기의 소비전력은 SSB 방식이 적다.
② 송수신기의 회로는 SSB 방식이 간단하다.
③ SSB 방식이 낮은 주파수 안정도를 필요로 한다.
④ SSB 방식은 간섭성 페이딩에 의한 영향이 적다.

- **DSB 와 SSB 비교**

	DSB	SSB
대역폭	넓음	좁음
송신전력	큼	적음
신호대 잡음비	낮음	높음
구성	간단	복잡
복조방식	비동기	동기

[정답] ①

22

변조도 $m=1(100[\%])$인 경우 SSB 송신출력과 DSB 송신출력과의 비는 어떻게 되는가?

① 8배(4.8dB) ② 6배(7.8dB)
③ 9배(9.5dB) ④ 12배(10.8dB)

- **AM(DSB-LC)방식의 출력**

반송파전력	상측파전력	하측파전력
P_c	$(\frac{m^2}{4})P_c$	$(\frac{m^2}{4})P_c$

- **피변조파 전력**

$$P = P = (1 + \frac{m^2}{2})P_c$$

$$\frac{\text{피변조파 송신출력}}{SSB\text{송신출력}(\text{상측파또는하측파})} = \frac{\frac{1}{4}m^2}{P_c(1+\frac{m^2}{2})} = \frac{m^2}{2(2+m^2)}$$

m=1 일 때, SSB 송신출력은 DSB송신출력의 1/6배이다.

[정답] ②

23

변조도 m=1(100[%])인 경우 SSB(Single Side Band) 송신기의 평균전력은 DSB-LC(Double Side Band - Large Carrier) 송신기 평균전력에 비해 어느 정도 소요되는가?

① 1/2배 ② 1/3배
③ 1/4배 ④ 1/6배

m=1 일 때, SSB 송신출력은 DSB송신출력의 1/6배이다.

[정답] ④

24
다음중 VSB 변조에 대한 설명으로 틀린 것은?

① 양 측파대 중 원하지 않는 측파대를 완전히 제거하지 않고 그 일부를 잔류시켜 원하는 측파대와 함께 전송한다.
② VSB 변조는 SSB 변조에 비해 25~33[%] 정도의 대역폭을 넓게 사용하지만 간단히 만들 수 있다.
③ 원하지 않는 측파대를 완벽히 제거하지 않아야 하므로 필터 설계 조건이 까다롭다.
④ DSB 변조와 SSB 변조를 절충한 방식으로 텔레비전 방송에 사용되고 있다.

> **VSB(Vestigial Side Band)**
> ① VSB란 Vestigial side band로 잔류측파대 진폭변조라 하며 SSB(Single Side Band)방식의 장점인 대역폭과 전력에 대한 장점을 살리고 DSB(Double Side Band)의 장점인 포락선 검파(비동기 검파)를 할 수 있는 변조 방식이다.
> ② DSB 장점은 피변조파내에 반송파가 포함되어 있으므로 검파하기 쉽고, SSB는 한쪽 대역만 사용하므로 전력이나 점유 주파수 대역이 적게 된다.
> ③ 필터의 설계 또는 적용이 단순하다.
>
> [정답] ③

26
슈퍼헤테로다인 수신기의 특징 중 옳은 것은?

① 수신기의 이득이 낮다.
② 회로가 간단하고 조정이 쉽다.
③ 국부 발진기의 안정도가 저주파에서 저하된다.
④ 영상신호의 방해를 받을 수 있다.

> 슈퍼 헤테로다인 수신기는 영상주파수(Image Frequency)혼신방해의 영향을 받을 수 있다.
>
> [정답] ④

25
DSB-TC 변조된 신호의 복조에 관한 설명에서 (가), (나), (다), (라)의 괄호에 들어갈 내용으로 가장 적당한 것은?

> "DSB-TC변조방식에서 전송되는 반송파를 $A\cos(2\pi f_c t)$, 정보신호를 $m(t)$라고 할 때 변조된 신호 $s(t)$는 [(가)]이다. 이는 [(나)] 신호를 DSB-SC 변조한 것과 같으므로, DSB-TC 복조는 DSB-SC과 같이 동기식 복조를 사용할 수 있다. 그러나, 동기식은 가격이 고가이므로, 비동기 방식을 사용한다. 대표적인 복조기로서 [(다),(라)]등이 있다."

① (가) $m(t)+A\cos(2\pi f_c t)$, (나) $m(t)$, (다) 위상천이법, (라) 포락선 검파기
② (가) $(m(t)+A)\cos(2\pi f_c t)$, (나) $m(t)+A$ (다) 정류검파기, (라) 포락선검파기
③ (가) $(m(t))+A\cos(2\pi f_c t)$, (나) $m(t)$, (다) 위상천이법, (라) 정류검파기
④ (가) $m(t)+A\cos(2\pi f_c t)$, (나) $Am(t)$, (다) 정류검파기, (라) 포락선 검파기

> 정보신호 $= m_t$, 반송파신호 $= A\cos 2\pi f_c t$일 때,
> $DBS-TC = [m_{(t)}+A]\cos 2\pi f_c t$임.
> 비동기검파기(수신)로는 포락선검파기, 정류검파기를 사용함
>
> [정답] ②

27
슈퍼헤테로다인 방식의 특징 중 틀린 것은?

① 근접주파수 선택도가 양호하다.
② 수신 주파수에 의한 대역폭의 변화가 없고, 임의의 대역폭을 얻을 수 있다.
③ 주파수변환에 따르는 혼신방해와 잡음이 적다.
④ 수신기 출력이 변동이 적고 영상 주파수 혼신을 받는다.

> **슈퍼헤테로다인 수신기 특징**
> ① 감도, 선택도, 충실도가 우수함
> ② 영상혼신(Image Frequency)영향
> ③ 수신기 출력이 변동이 작음
> ④ 수신주파수에 의한 대역폭의 변화가 없고, 임의의 대역폭을 얻을 수 있음
> ⑤ 높은 주파수대에서 국부발진기의 주파수 안정도 낮음
>
> [정답] ③

28
수신기에서 고주파 증폭회로의 역할로 적합하지 않은 것은?

① 수신기의 감도 개선
② 불필요한 전파발사 억제
③ 근접주파수 선택도 개선
④ 안테나와의 정합 용이

> **고주파 증폭부 역할**
> ① 수신기의 감도향상
> ② S/N 개선
> ③ 영상 주파수 선택도 개선
> ④ 불요 방사의 억제
> ⑤ 공중선회로와의 정합
>
> [정답] ③

29

이득 및 잡음지수가 각각 $G_1, G_2 \cdots$ 와 $F_1, F_2, \cdots$ 인 부품들이 직렬로 연결되어 있을 때, 전체 잡음지수는 어떻게 되는가?

① $G_1F_1 + G_2F_2 + G_3F_3 \cdots$
② $F_1 + \dfrac{F_2-1}{G_1} + \dfrac{F_3-1}{G_1G_2} \cdots$
③ $\dfrac{F_1-1}{G_1} + \dfrac{F_2-1}{G_2} + \dfrac{F_3-1}{G_3}$
④ $F_1 + G_1F_2 + G_1G_2F_3 \cdots$

종합잡음지수 (F 잡음 , G 이득)
$F_1 + \dfrac{F_2-1}{G_1} + \dfrac{F_3-1}{G_1G_2} \cdots$

[정답] ②

30

수신 주파수가 850[kHz]이고 국부발진주파수가 1,305[kHz]일 때 영상 주파수는 몇[kHz]인가?

① 790[kHz]
② 1,020[kHz]
③ 1,760[kHz]
④ 2,155[kHz]

영상주파수 = 수신주파수 + (2×중간주파수)
∴ 영상주파수 = 850 + (2×455) = 1,760[KHz]

[정답] ③

31

슈퍼헤테로다인 수신기의 영상주파수 방해를 줄이기 위해 동조회로를 어느 단에 설치하는 것이 바람직한가?

① 혼합기 앞단
② 혼합기 뒷단
③ 중간주파수증폭기 뒷단
④ 저주파전력증폭기 앞단

영상주파수를 개선하기 위해 고주파 증폭기를 두는데 고주파증폭기는 혼합기 앞단에 설치한다.

[정답] ①

32

영상주파수를 개선하기 위한 방법 중 틀린 것은?

① 중간주파수를 낮게 정함으로써 영상주파수에 의한 혼신을 감소시킨다.
② 특정한 영상 주파수에 대한 Trap 회로를 입력회로에 넣는다.
③ 고주파 증폭단을 두고 동조회로 Q를 크게 한다.
④ 고주파 증폭단을 증설한다.

• 영상주파수 개선 방법
① 고주파 증폭단을 두고 동조회로 Q를 크게 한다.
② 영상주파수에 Trap회로를 사용
③ 중간주파수를 높게 설정

[정답] ①

33

슈퍼헤테로다인 수신기에 대한 설명 중 가장 적합하지 않은 것은?

① 슈퍼헤테로다인 수신기는 동조 증폭기의 중심 주파수를 특정 주파수에 고정시키고 수신된 전체 RF 스펙트럼을 이동시키면서 원하는 채널의 스펙트럼이 통과대역에 들어오게 하는 방식이다.
② 슈퍼헤테로다인 수신기의 고정된 주파수를 중간주파라고 하는데, 상용 AM 방송의 경우 455[kHz]로 고정되어 있다.
③ 수신된 RF 신호는 가변 국부 발진기의 출력과 곱해짐으로써 주파수 천이된다. 이 과정에서 국부 발진기의 주파수를 조정하여 RF 스펙트럼 중 원하는 채널의 스펙트럼이 고정된 특성의 IF 증폭기의 대역폭 내에 들어오도록 한다.
④ 슈퍼헤테로다인 수신기에서 영상 주파수는 채널의 잡음을 나타낸 것이다.

슈퍼헤테로다인(super-heterodyne)수신기는 희망 주파수만 선택해서 고주파(RF)증폭 후 주파수 변환기에서(mixer)에서 미리 정해진 중간 주파수(IF: Intermediate Frequency)신호로 변환 후 검파기를 이용해 검파를 행하는 수신기이다.

[정답] ④

34

AM수신기에서 수신주파수를 중간주파수로 변환함으로서 근접(인접)주파수선택도가 향상되는 이유는?

① 낮은 중간주파수로 변환함으로서 이조도(분리도)가 낮아지기 때문이다.
② 낮은 중간주파수에서 Q가 동일한 경우라면 3[dB] 대역폭이 작게 되기 때문이다.
③ 희망파의 측파대를 제거함과 동시에 리플이 큰 것을 사용하기 때문이다.
④ 낮은 중간 주파수가 일정하여 대역폭의 특성이 좋지 않은 BPF도 사용할 수 있기 때문이다.

중간주파수(IF Intermediate Frequency)는 반송파를 믹서(Mixer)를 통해 낮은 주파수로 만들어낸 주파수이다. 낮은 주파수는 Q(첨예도)가 증가되어 선택도가 3[dB] 향상된다.

[정답] ②

35

중간주파 증폭부에서 중간주파수를 높게 설정할 때의 특징이 아닌 것은?

① 인입현상 영향 개선
② 전송 대역 주파수 특성 개선
③ 영상 주파수 관계 개선
④ 근접 주파수 선택도 개선

헤테로다인에서 중간 주파수가 높은 경우에는 영상혼신, 인입현상, 충실도 등이 좋아지며 중간 주파수가 낮은 경우에는 단일조정, 근접 주파수 혼신, 감도 및 안정도 등이 좋아진다.

[정답] ④

36
AM 검파기에 필요한 조건이 틀린 것은?

① 일그러짐이 적을 것
② 동조회로의 Q가 저하되지 않도록 입력 저항이 작을 것
③ 주파수 특성이 양호할 것
④ 회로가 간단할 것

- **AM 검파기의 요구사항**
① 회로가 간단해야 한다.
② 주파수 특성이 양호해야 한다.
③ 일그러짐이 작아야 한다.
④ 검파기의 입력저항에 의해 병렬로 구성된 동조회로의
$Q = \dfrac{R}{wL} = wCR = R\sqrt{\dfrac{C}{L}}$ 이 되므로 입력저항이 커야한다.

[정답] ②

37
다음 중 수신기에서 사용되는 잡음 억제 회로의 종류가 아닌 것은?

① ANL(Automatic Noise Limiter) 회로
② 스퀠치(Squelch) 회로
③ 뮤팅(Muting) 회로
④ AGC(Automatic Gain Control) 회로

AGC(Automatic Gain Control) 자동이득조정회로는 수신신호의 시간적변화(Fading)에 의한 수신신호의 흔들림을 일정하게 유지시키기 위한 수신기 보조회로이다.

[정답] ④

38
페이딩(Fading)에 의한 수신전계강도 변화에 대해 수신기 출력을 일정하게 하기 위한 회로는?

① 자동주파수제어회로(AFC)
② 자동이득조정회로(AGC)
③ 자동잡음제어회로(ANL)
④ 자동전력제어회로(APC)

AGC(Automatic Gain Control) 자동이득조정회로는 수신신호의 시간적변화(Fading)에 의한 수신신호의 흔들림을 일정하게 유지시키기 위한 수신기 보조회로이다.

[정답] ②

39
다음 중 수신기의 전기적 성능 고려 시 주 대상이 아닌 것은?

① 감도
② 선택도
③ 충실도
④ 변조도

수신기 성능을 나타내는 4대 성능은 감도, 선택도, 충실도, 안정도이다.

감 도	미약한 전파를 잘 수신할 수 있는 능력
선택도	혼신, 잡음 등을 분리하여 원하는 신호만 선택할 수 있는 능력
충실도	원신호를 정확하게 재생할 수 있는 능력
안정도	오랜 시간 동안 일정한 출력을 유지할 수 있는 능력

[정답] ④

40
다음 중 수신기의 전기적 성능을 나타내는 지표로서 가장 적합한 것은?

① 변조도, 왜율, 안정도
② 감도, 선택도, 충실도
③ 감도, 변조도, 점유주파수대폭
④ 변조도, 왜율, 점유주파수대폭

감 도	미약한 전파를 잘 수신할 수 있는 능력
선택도	혼신, 잡음 등을 분리하여 원하는 신호만 선택할 수 있는 능력
충실도	원신호를 정확하게 재생할 수 있는 능력
안정도	오랜 시간 동안 일정한 출력을 유지할 수 있는 능력

[정답] ②

41
수신기의 전기적 성능 중 수신기에 일정 주파수 및 일정 진폭의 희망파를 가할 때, 재조정하지 않고 오랜 시간동안 일정 출력을 얻을 수 있는가를 나타내는 지수는?

① 감도
② 안정도
③ 충실도
④ 선택도

수신기 성능을 나타내는 4대 성능은 감도, 선택도, 충실도, 안정도이다.

감 도	미약한 전파를 잘 수신할 수 있는 능력
선택도	혼신, 잡음 등을 분리하여 원하는 신호만 선택할 수 있는 능력
충실도	원신호를 정확하게 재생할 수 있는 능력
안정도	오랜 시간 동안 일정한 출력을 유지할 수 있는 능력

[정답] ②

42
수신기의 안정도는 수신기를 구성하는 어떤 구성요소의 주파수 안정도에 의해 결정되는가?

① 동조회로
② 고주파 증폭기
③ 국부 발진기
④ 검파기

안정도는 주로 국부발진기의 주파수 안정도로 결정된다.

[정답] ③

43

다음 중 수신기의 동작상태가 얼마나 안정한가를 나타내는 안정도에 미치는 영향이 아닌 것은?

① 국부발진 주파수의 변동
② 증폭도의 변동
③ 부품의 경년변화에 의한 성능열화
④ 변조도의 변동

> 안정도는 국부발진기 및 회로의 안정도에 의해 결정된다. 그 외에 부품의 노후화 및 증폭회로의 특성에 따라 안정도가 변한다.
>
> [정답] ④

44

수신기의 성능을 나타내는 요소 중 충실도란 무엇을 말하는가?

① 미약 전파 수신 능력
② 혼신 분리 제거 능력
③ 원음 재생 능력
④ 장시간 일정출력 유지 능력

> 수신기 성능을 나타내는 4대 성능은 감도, 선택도, 충실도, 안정도이다.
>
> | 감 도 | 미약한 전파를 잘 수신할 수 있는 능력 |
> |---|---|
> | 선택도 | 혼신, 잡음 등을 분리하여 원하는 신호만 선택할 수 있는 능력 |
> | 충실도 | 원신호를 정확하게 재생할 수 있는 능력 |
> | 안정도 | 오랜 시간 동안 일정한 출력을 유지할 수 있는 능력 |
>
> [정답] ③

45

수신기의 충실도(Fidelity)를 높이기 위해 부궤환을 실시하는 것은 어떤 일그러짐을 개선하기 위한 것인가?

① 비직선 일그러짐
② 주파수 일그러짐
③ 위상 일그러짐
④ 검파 일그러짐

> 1. 비직선 일그러짐 : 증폭기의 비직선성에 의해 발생하며, push-pull증폭을 하거나 부궤환을 실시함으로써 개선할 수 있다.
> 2. 주파수 일그러짐 : 여러 가지 주파수의 진폭이 일정하지 않아 발생되며, 통과대역폭을 조절하거나 디엠파시스 회로로 개선할 수 있다.
> 3. 위상 일그러짐 : 다양한 주파수 성분을 일정한 지연시간으로 전송할 수 없기에 발생하며, BRF필터를 사용하면 개선된다.
> 4. 검파 일그러짐 : AM검파나 FM검파시에 발생한다.
>
> [정답] ①

46

무선 수신기에 수신되는 신호 중 원하는 신호를 끌어내는 능력에 해당하는 것은?

① 선택도
② 이득
③ 잡음
④ 감도

> • 무선수신기 4대 특성
>
> | 감 도 | 미약한 전파를 잘 수신할 수 있는 능력 |
> |---|---|
> | 선택도 | 혼신, 잡음 등을 분리하여 원하는 신호만 선택할 수 있는 능력 |
> | 충실도 | 원신호를 정확하게 재생할 수 있는 능력 |
> | 안정도 | 오랜 시간 동안 일정한 출력을 유지할 수 있는 능력 |
>
> [정답] ①

2 FM 송수신기

47

상업용 FM 방송에서는 기저대역 신호의 대역을 15~30 [kHz]로 하고, 최대 주파수 편이를 $\Delta f = 75$[KHz]로 제한하고 있다. 전송대역폭을 각 채널당 200[kHz]로 할당하는 경우 FM방송에서의 신호 대역폭은 얼마인가?

① 150[kHz]
② 160[kHz]
③ 180[kHz]
④ 200[kHz]

> • FM 신호의 대역폭
> $B = 2(f_m + \Delta f) = 2(15 + 75) = 180[\text{kHz}]$
>
> [정답] ③

48

주파수 90[MHz]의 반송파를 6[kHz]의 정현파 신호로 FM 변조했을 때 최대 주파수 편이가 ±76[kHz]이다. 이 때 점유 주파수대폭은 몇 [kHz]인가?

① 12[kHz]
② 82[kHz]
③ 152[kHz]
④ 164[kHz]

> • FM 신호의 대역폭
> $B = 2(f_m + \Delta f) = 2(6[\text{KHz}] + 76[\text{KHz}])$
> $= 164[\text{KHz}]$
>
> [정답] ④

49

100[MHz]의 반송파로 주파수가 50[KHz]의 정현파 신호를 주파수 변조 할 때 주파수 감도계수 $k_f = 100$을 사용한다고 가정하자. 정현파 신호의 진폭을 10으로 하였을 때 FM변조된 신호의 대역폭은?

① 102[KHz] ② 120[KHz]
③ 240[KHz] ④ 300[KHz]

- FM신호의 주파수 대역폭
$B = 2(f_m + \Delta f) = 2(f_m + A_m k_f)$
$= 2(50K + 10 \times 100)$
$= 100K + 2K = 102KHz$

- *변조방식별 대역폭

진폭변조방식(AM)	주파수변조방식(FM)
$B = 2f_m$	$B = 2f_m(m_f + 1)$ $= 2(\Delta f + f_m)$

[정답] ①

50

주파수가 50[kHz] 인 정현파 신호를 100[kHz]의 반송파로 주파수 변조하여 최대 주파수 변이가 500[kHz]가 되었다고 하자. 발생된 FM 신호의 대역폭과 FM변조지수는 각각 얼마인가?

① 1,100[kHz], 10 ② 1,200[kHz], 15
③ 1,500[kHz], 20 ④ 1,800[kHz], 20

- FM 변조지수
$\beta_f = \dfrac{\Delta f}{f_m} = \dfrac{500[kHz]}{50[kHz]} = 10$

- FM 신호의 대역폭 (카슨의 대역폭)
$B = 2(f_m + \Delta f) = 2(50 + 500) = 1,100[kHz]$

[정답] ①

51

주파수 대역폭이 가장 좁은 통신방식은?

① FS 전신 ② SSB 전화
③ FM 전화 ④ TV

대역폭이 좁은 순서는 FS전신 < SSB전화 < FM전화 < TV순이다.

[정답] ①

52

다음 그림은 어떤 변조방식의 블록도를 나타내는 것인가? (단, m(t)는 입력정보이고, fc는 반송주파수이다.)

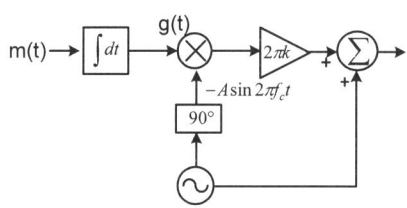

① 협대역 각변조(narrowband PM)
② 협대역 주파수 변조(narrowband FM)
③ DSB-TC(Double Side Band - Transmitted Carrier)
④ VSB(Vestigial Side Band)

주어진 구성도는 적분기와 위상변조기를 사용한 간접 주파수 변조(narrowband FM)방식의 구성도이다.

[정답] ②

53

FM변조에는 직접 FM변조방식과 간접 FM방식 중 직접 FM변조방식의 특징이 아닌 것은?

① 중심주파수(반송파)의 안정도가 나쁘다.
② AFC회로가 불필요하다.
③ FM변조가 비교적 간단하다.
④ 발진주파수를 높게 하면 체배단수를 어느 정도 줄일 수 있다.

	직접 FM 방식	간접 FM 방식
구성	LC OSC → FM 변조기 → FM	X-tal OSC → PM 변조기 → 등가 FM파, 적분회로, Pre-distorter
종류	① Reactance관 변조 ② 가변 Inductance 변조 ③ 가변 용량 다이오드 변조 ④ 콘덴서 Microphone을 사용한 변조 ⑤ Reflex Klystron을 사용한 변조	① 벡터 합성법 {Amstrong방식, AM-C합성방식, AM-AM합성방식} ② 펄스 위치 변조법 {Serrasoid방식, 포화변압기방식} ③ 이상기법 - 가변 저항, 가변 리액턴스 방식
특징	① 중심 주파수(반송파)의 안정도가 나쁘다. ② AFC 회로가 필요하다. ③ 발진주파수를 어느 정도 높게 해서 체배단 수를 적게 할 수 있다. ④ FM변조가 비교적 간단하다.	① X-tal을 사용하므로 주파수 안정도가 좋다. ② AFC 회로가 필요 없다. ③ 큰 주파수 편이가 얻기 어려우므로 큰 주파수 편이를 요하는 송신기는 많은 주파수 체배단 수를 필요로 한다. ④ 장치가 복잡해진다. ⑤ PM에서 FM을 얻는 방법으로 전치보상기(Pre-distorter) 회로가 필요하다. ⑥ Spurious 발사에 충분한 주의를 필요로 한다.

[정답] ②

54

FM신호의 포락선에는 정보가 실려 있지 않으므로 잡음으로 인한 포락선의 변화를 균일화시킬 수 있는데 이러한 기능을 수행하는 것은?

① 기저대역 필터 ② 변별기
③ 진폭제한기 ④ 반송파 필터

> 진폭제한기(Limiter)를 이용해 잡음이나 페이딩으로 인한 반송파의 포락선변화를 균일하게 유지할 수 있다.
>
> [정답] ③

55

아래 그림과 같이 FM 변조기를 이용하여 FM 변조를 하고자 한다. 괄호에 들어갈 내용으로 적합한 것을 고르시오.

① (가) 없음,   (나) 적분기
② (가) 적분기, (나) 없음
③ (가) 없음,   (나) 미분기
④ (가) 미분기, (나) 없음

> • FM파의 변복조
>
>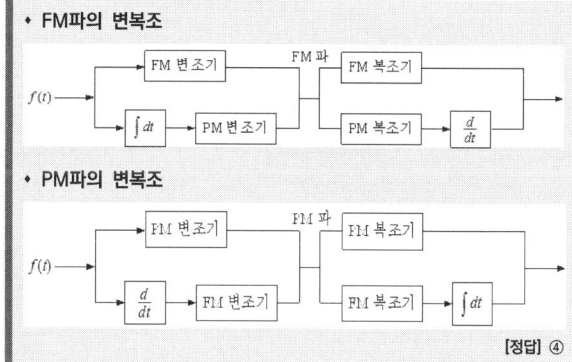
>
> • PM파의 변복조
>
> [정답] ④

56

다음 중 직접 FM(Frequency Modulation) 변조방식이 아닌 것은?

① 콘덴서 마이크로폰을 이용한 변조
② 가변용량 다이오드를 이용한 변조
③ 리액턴스관 변조
④ 암스트롱 변조

> 암스트롱변조는 간접FM방식이다.
>
> • **직접 FM방식의 종류**
> ① Reactance관 변조
> ② 가변 Inductance 변조
> ③ 가변 용량 다이오드 변조
> ④ 콘덴서 Microphone을 사용한 변조
> ⑤ Reflex Klystron을 사용한 변조
>
> [정답] ④

57

FM 신호에서 진폭의 변화를 제거하기 위한 방법으로 사용하는 것은?

① 경사 검파기(slope detector)
② 리미터(limiter)
③ 위상동기루프(PLL)
④ 등화기

> • FM수신기 Limiter
> 잡음, 페이딩에 의한 진폭성분을 제거하여, 일정진폭의 FM 파를 얻기 위한 회로로 주파수변별기 앞단에 둔다.
>
> [정답] ②

58

FM 수신기의 구성에 해당되지 않는 것은?

① 주파수 변별기   ② 스켈치 회로
③ 프리 엠퍼시스 회로   ④ 진폭제한기

> 프리엠파시스 회로는 고역 S/N개선을 위한 송신기 부속회로이다.
>
> [정답] ③

59 광대역 FM의 변조지수가 10인 경우 AM에 비해 SNR이 몇 배나 증가하는가?
① 200   ② 300
③ 400   ④ 500

- **FM과 AM의 SNR**
$SNR_{FM} = 3\beta_f^2 \times SNR_{AM}$ 이므로, $\beta_f = 10$ 이면 SNR은 300배 증가한다.

[정답] ②

60 다음 중 FM 수신기에 대한 설명으로 틀린 것은?
① 점유주파수대역폭이 AM 방식보다 넓다.
② 잡음에 의한 일그러짐이 AM 방식보다 많다.
③ 신호대 잡음비가 AM 방식에 비해 양호하다.
④ 진폭 제한기에 의해 진폭성분의 잡음을 감소시킬 수 있다.

- **FM과 AM방식 비교**

구분	진폭 변조(AM)	각변조(FM, PM)
주파수 대역폭	협대역	광대역(단점)
송신기의 회로 구성	간단하다.	약간 복잡하다.
S/N 비	S/N을 좋게 하기 위해서는 송신 전력을 크게 해야 한다.	변조지수를 크게 할수록 커진다.
외부 잡음의 유해	약하다.	강하다.

[정답] ②

② 디지털 송수신기

1 ASK

01 전송할 신호의 주파수에 비해 높은 주파수의 반송파를 이용하여 0과 1을 진폭, 주파수 및 위상에 대응하여 전송하는 방식은?
① 문자 동기 전송 방식   ② 대역 전송 방식
③ 차분 방식   ④ 다이코드 방식

변조는 전송하고자 하는 신호를 전송로의 가장 적합한 형태로 변환하는 과정으로 전송신호 주파수에 비해 높은 주파수의 반송파를 진폭, 주파수 및 위상에 대응하여 전송하는 기저대역전송방식과 통과대역전송방식이 있다.

[정답] ②

02 진폭편이변조(ASK) 신호에 대한 설명으로 적합하지 않은 것은?
① 정보비트를 양극성 NRZ(Non Return To Zero)으로 부호화한 기저대역 신호를 DSB(Double Side Band)변조하여 얻는다.
② 데이터가 1인 구간에서는 반송파가 있고, 0인 구간에서는 반송파를 보내지 않는다.
③ ASK의 전력스펙트럼은 양측파대 특성을 가진다.
④ ASK신호의 복조에는 아날로그 AM 통신에서의 복조방식을 사용할 수 있다.

ASK는 디지털 정보신호에 따라 반송파의 진폭을 변화시켜 전송하는 진폭편이 변조 방식이다.

[정답] ①

03 2진 ASK 신호의 전송속도가 1,200[bps]일 경우 보[Baud] 속도는 얼마인가?
① 300[Baud/초]   ② 400[Baud/초]
③ 600[Baud/초]   ④ 1,200[Baud/초]

2진 ASK는 Symbol 당 전송 비트수가 1비트이다.
$r[bps] = n[\frac{bit}{symbol}] \times B[baud]$
$B[baud] = \frac{r}{n} = \frac{1200}{1} = 12[baud]$

[정답] ④

2 FSK

04   17/3

다음 중 전송속도와 보[Baud]속도가 항상 같은 변조방식은 무엇안가?

① FSK(Frequency Shift Keying)
② QPSK(Quadrature Phase Shift Keying)
③ QAM(Quadrature Amplitude Modulation)
④ OQPSK(Offset QPSK)

$$\text{Baud} = \frac{r}{n} = \log_2 M$$

M=2인 2진 FSK방식이 전송속도와 보속도가 같다.

[정답] ①

05   14/10, 13/6

FSK 신호는 정보데이터에 의하여 반송파의 무엇을 변경하여 얻는 신호인가?

① 주파수　　　② 위상
③ 진폭　　　　④ 위상과 진폭

• 디지털변조방식

변조방식	반송파변화
FSK	주파수 변화
PSK	위상 변화
ASK	진폭 변화
QAM	진폭 + 위상 변화

[정답] ①

06   18/3, 16/6

다음 중 FSK(Frequency Shift Keying) 신호에 대한 설명으로 틀린 것은?

① FSK 신호는 진폭이 일정하기 때문에 채널의 진폭변화에 덜 민감하다.
② FSK는 정보 데이터에 따라서 반송파의 순시주파수가 변경되는 방식이다.
③ FSK 신호는 주파수가 다른 2개의 OOK (ON/OFF Keyin) 신호의 합으로 볼 수 있다.
④ FSK 신호의 대역폭은 ASK (Amplitude Shift Keying)나 PSK(Phase Shift Keying)에 비하여 좁다.

FSK 신호의 대역폭은 ASK (Amplitude Shift Keying)나 PSK(Phase Shift Keying)방식에 비하여 넓어지는 단점이 있어 고속 정보전송에는 사용하지 않는다.

[정답] ④

07   13/10

다음 중 FSK 방식에 대한 설명으로 옳은 것은?

① 2진 정보를 AM 변조한 것
② 2진 정보를 FM 변조한 것
③ 2진 정보를 PM 변조한 것
④ 2진 정보를 PCM 변조한 것

FSK : 2진 정보를 FM변조 한 것
ASK : 2진 정보를 AM변조 한 것
PSK : 2진 정보를 PM변조 한 것
QAM : ASK+PSK

[정답] ②

08   17/10, 12/3

다음 중 이진변조에서 M진 변조로 확장할 때 주파수 효율이 가장 낮은 변조방식은?

① M-진 ASK(Amplitude Shift Keying)
② M-진 FSK(Frequency Shift Keying)
③ M-진 PSK(Phase Shift Keying)
④ M-진 QAM(Quadrature Amplitude Modulation)

FSK방식은 ASK방식이나 PSK방식에 비하여 대역폭이 넓어지므로 주파수 효율이 낮다.

[정답] ②

09   16/10

다음 중 FSK(Frequency Shift Keying) 변조방식과 ASK(Amplitude Shift Keying) 변조방식에 대한 설명으로 틀린 것은?

① FSK 변조방식이 ASK 변조방식에 비해 점유대역폭이 더 넓다.
② FSK 변조방식은 ASK 변조방식에 비해 오류확율이 낮다.
③ 두 변조방식 모두 비동기 검파 및 동기 검파가 가능하다.
④ ASK 변조방식이 FSK 변조방식 보다 비선형 전송채널 환경에 적합하다.

FSK변조방식은 주파수 변화로 정보를 전송하는 방시으로 비선형 전송채널 환경에 적합하다.

[정답] ④

10

$49\,[\text{kHz}]$와 $50\,[\text{kHz}]$의 버스트(Burst)로 구성된 BFSK (Binary Frequency Shift Keying) 시스템의 대역폭은? (단, 비트율은 $2\,[\text{kbps}]$이다.)

① $1\,[\text{kHz}]$ ② $2\,[\text{kHz}]$
③ $4\,[\text{kHz}]$ ④ $5\,[\text{kHz}]$

$$B = (f_2 - f_1) + 2f_b$$
$$= (50 - 49) + 2 \times 2 = 5\,[kHz]$$

[정답] ④

11

FSK신호의 전송속도가 1,200[bps]이면 보(baud) 속도는 얼마인가?

① 300[baud] ② 400[baud]
③ 600[baud] ④ 1,200[baud]

• Baud 속도
$$baud = \frac{r_b(\text{데이타전송속도})}{n(\text{전송Bit수})} = \frac{1200}{1}$$
$$= 1200\,[Baud]$$

[정답] ④

12

다음 중 정보에 따라 주파수를 변환시키는 디지털 변조 방식은?

① ASK ② FSK
③ PSK ④ QAM

FSK는 정보에 따라 주파수를 변화시키는 디지털변조방식이다.

[정답] ②

13

채널간 간섭 등 급격한 위상 변화에 의한 문제들을 해결하기 위해 QPSK의 위상을 연속적으로 변하도록 하는 변조방식은?

① BPSK ② PSK
③ MPSK ④ MSK

• MSK
FSK변조방식 Switching으로 인한 위상 불연속 문제를 개선하기 위하여 CPFSK(Continuous Phase FSK) → MSK → GMSK방식 등이 사용되었다.

[정답] ④

3 PSK

14

다음 그림은 어느 변조 파형인가?

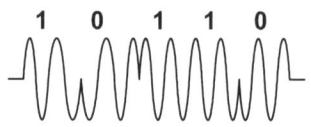

① 진폭 편이 변조 ② 위상 편이 변조
③ 주파수 변이 변조 ④ 진폭 변조

[정답] ④

15

다음의 그림에 나타낸 파형은 어떤 변조방식에 대한 신호파형인가?

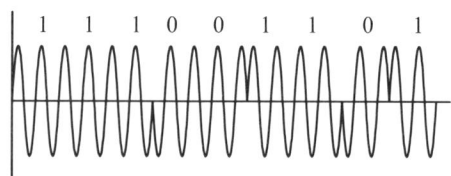

① PSK(Phase Shift Keying)
② ASK(Amplitude Shift Keying)
③ FSK(Frequency Shift Keying)
④ QAM(Quadrature Amplitude Modulation)

진폭이 동일하고 위상만 변하므로 위상편이변조방식이다.

[정답] ①

16

QPSK(Quadrature Phase Shift Keying) 신호의 보(Baud)속도가 400[bps]이면 데이터 전송속도는 얼마인가?

① 100[bps] ② 400[bps]
③ 800[bps] ④ 1,600[bps]

$$r[bps] = n\left[\frac{bit}{symbol}\right] \times B[baud]$$
$$= \log_2 M \times B$$
$$= \log_2 4 \times 400 = 800\,[bps]$$

[정답] ③

17 QPSK(Quadrature Phase Shift Keying) 신호의 전송속도가 4,000[bps]이면 보(Baud) 속도는 얼마인가?

① 1,000[Baud] ② 2,000[Baud]
③ 4,000[Baud] ④ 8,000[Baud]

$$B[baud] = \frac{r}{n} = \frac{r}{\log_2 M}$$
$$= \frac{4,000}{\log_2 4} = 2,000[baud]$$

[정답] ②

18 다음 그림에 나타낸 성상도는 어떤 변조방식에 대한 성상도인가?

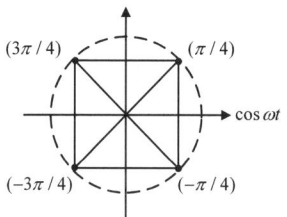

① BPSK ② QPSK
③ 8PSK ④ 16PSK

QPSK는 위상 변화를 이용하여 정보를 전송하는 변조하는 방식이다.
$\theta = \frac{2\pi}{M} = \frac{2\pi}{4} = \frac{\pi}{2}[rad]$

[정답] ②

19 다음 중 PSK(Phase Shift Keying) 변조방식에서 위상상태의 개수가 증가함에 따라 나타나는 현상은 무엇인가?

① 비트율이 감소한다.
② 보오율이 증가한다.
③ 데이터율 증가에 대해서는 BER(Bit Error Rate)을 유지하기 위해 SNR(Signal to Noise Rate)이 증가된다.
④ 이득이 증가한다.

PSK(Phase Shift Keying)으로 위상을 변화시켜 변조시키는 방식이다. 위상의 상태 개수가 증가하게 되면 심볼(symbol)당 비트(Bit)수가 증가하게 되어 BER(Bit Error Rate)을 유지하기 위해 SNR(Signal to Noise Rate)이 증가된다.

[정답] ③

20 QPSK(Q phase shift keying) 전송 시스템에 관한 신호 성상도를 보이고 있다. 전송 신호의 전력을 높였을 때 신호 성상도는 어떻게 변화 되겠는가?

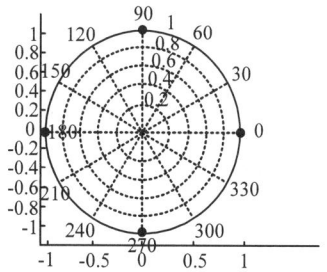

① 신호점들 사이의 각이 좁혀진다.
② 신호점들이 원점에서 멀어진다.
③ 신호점들이 오른쪽으로 45도 이동한다.
④ 신호점들이 왼쪽으로 45도 이동한다.

신호 전력을 높이면 성상도상 심볼은 원점으로 부터 거리가 멀어지게 된다.

[정답] ②

21 다음 중 QPSK(Quadrate Phase Shift Keying)대신 방식을 사용하는 이유로 적합한 것은?

① 전송률을 높이기 위해서이다.
② 같은 전송률로 BER(Bit Error Rate)을 낮추기 위해서이다.
③ 180° 위상변화를 제거하기 위해서이다.
④ 수신기 복잡도를 줄이기 위해서이다.

• OQPSK(Offset QPSK)
QPSK에서의 위상 변화는 0, ±90°, 180°가 되는데 반송파의 위상이 180° 변하게 되면 PSK의 장점인 Constant Envelope을 유지하지 못하게 된다.
OQPSK는 Constant Envelope을 유지하기위해 I ch이나 Q ch중 어느 한 ch을 $\frac{1}{2}T_s$(1비트 시간 즉, T_b)만큼 지연 시켜 180° 위상 변화를 제거한 변조 방식이다.

[정답] ③

22

ASK와 BPSK를 비교하여 설명한 것으로 틀린 것은?

① 단극성NRZ 신호를 DSB변조한 것은 ASK.
② 양극성NRZ 신호를 DSB변조한 것은 BPSK
③ ASK와 BPSK의 신호의 전력 스펙트럼은 다른 모양을 갖는다.
④ ASK 신호의 스펙트럼에는 직류성분이 있고 BPSK 신호의 스펙트럼에는 직류성분이 없다.

> ASK와 BPSK의 전력스펙트럼은 같다.
> ① ASK 스팩트럼 (DC Level 존재(단극 NRZ))

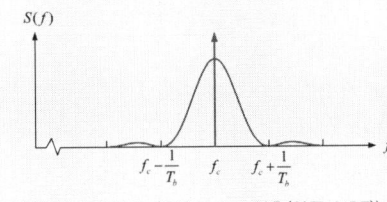

> ② BPSK 스팩트럼 (DC Level 없음(양극 NRZ))

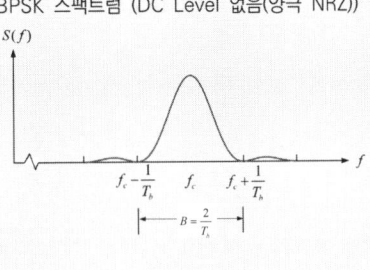

[정답] ③

23

다음 중 BPSK 변조방식에 대한 설명으로 틀린 것은?

① 정보 데이터의 심볼값에 따라 반송파의 위상이 변경되는 변조방법이다.
② 이진 신호의 $s_1(t)$와 $s_2(t)$의 위상차가 180°가 될 때 성능이 최대가 된다.
③ 정보 데이터의 심볼값에 따라 부호가 반대로 되는 결과를 얻는다.
④ BPSK신호는 기저대역 단극성 NRZ(Non Return to Zero) 신호를 DSB변조하여 발생 할 수 있다.

> • BPSK의 특징
> ① 점유대역폭은 ASK와 같으나 전송로 등의 잡음, 레벨 변동 영향에 강해 심볼 오류확률이 적다.
> ② 비동기식 포락선 검파방식은 사용이 불가능하며 동기 검파 방식만 사용이 가능해 구성이 비교적 복잡하다
> ③ M진 PSK의 경우 M의 증가에 따라 스펙트럼 효율 증가해 고속 데이터 전송이 가능하다
> ④ BPSK 심볼 오류 확률은 QPSK 심볼 오류 확률의 $\frac{1}{2}$이지만 비트 오류 확률(P_b)은 동일하다.

[정답] ④

24

다음 중 BPSK(Binary Phase Shift Keying)와 DPSK (Differential Phase Shift Keying)의 성능에 대한 설명으로 틀린 것은?

① BPSK는 동기식 ASK(Amplitude Shift Keying)나 동기식 FSK(Frequency Shift Keying)보다 약 3[dB] 성능이 우수하다.
② 비동기식 DPSK는 BPSK 보다 1[dB] 정도 성능이 떨어진다.
③ 비동기식 DPSK는 비동기식 ASK, 비동기식 FSK과 성능이 유사하다.
④ DPSK는 BPSK에 비해 회로가 간단하지만, 비트 오류가 다음 비트에도 영향을 미치는 단점이 있다.

> 비동기식 DPSK는 비동기식 ASK, 비동기식 FSK방식보다 성능이 우수하다.

[정답] ③

25

다음 중 PSK(Phase Shift Keying) 변조방식에 대한 설명으로 틀린 것은?

① PSK복조방식은 FSK(Frequency Shift Keying)복조방식 보다 소요 대역폭이 좁다.
② PSK복조방식은 비동기검파방식 보다 성능이 3[dB] 정도 S/N비가 개선된다.
③ PSK복조방식은 FSK복조방식에 비해 경제적이다.
④ PSK복조방식은 동기검파방식만 지원한다.

> PSK는 동기검파 방식만 사용이 가능하므로 구성이 복잡해진다.

[정답] ③

26

다음 중 DPSK(Differential Phase Shift Keying) 방식에 대한 설명으로 틀린 것은?

① BPSK(Binary Phase Shift Keying) 방식에 비해 S/N 값이 우수하다.
② 회로가 간단해 무선 LAN(Local Area Network) 분야의 변조 방식으로 사용된다.
③ PSK 동기 검파만 가능한 단점을 보완한 차동 위상 검파 방식이다.
④ Delay 회로가 필요하다.

> • DPSK(Differential Phase Shift Keying)
> PSK방식의 동기검파 문제를 해결하기 위하여 1구간(t초)이전의 PSK신호를 기준파로 사용하여 검파할 수 있는 "비동기검파"가 가능한 변조방식

[정답] ①

27

다음 중 DPSK(Differential Phase Shift Keying) 신호의 복조에 대한 설명으로 틀린 것은?

① DPSK 신호의 복조는 동기 검파방식을 사용한다.
② DPSK 신호는 수신기에서 반송파 복구를 하지 않고 복조가 가능하다.
③ PSK 복조에 비해 DPSK복조 방식이 경제적이다.
④ PSK 복조보다 성능이 떨어진다.

• DPSK(Differential Phase Shift Keying)
PSK의 동기 검파만 가능한 단점을 보완한 비동기 검파 방식(위상 정보 불필요)으로 1구간(T초)전의 PSK신호를 기준파로 사용하여 검파하는 차동위상 검파 방식이다.

[정답] ①

4 QAM

28

QAM(Quadrature Amplitude Modulation)신호는 정보 데이터에 의하여 반송파의 무엇을 변경하여 얻는 신호인가?

① 주파수 ② 위상
③ 진폭   ④ 위상과 진폭

• QAM
① 서로 독립된 I-channel과 Q-channel의 베이스밴드 신호계열로 직교하는 2개의 반송파를 진폭변조(DSB-SC)한 후 합성하는 방식
② 동일한 통신로에 송출시켜 비트 전송속도와 스펙트럼 효율을 2배로 향상시킨 변조방식
③ 위상과 진폭을 동시에 변경함으로써 가능하게 된다.

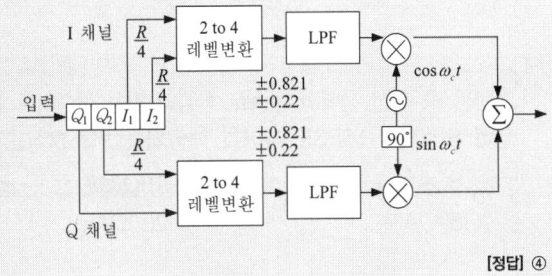

[정답] ④

29

다음 중 디지털 신호에 따라 반송파의 진폭과 위상을 동시에 변화시키는 변조방식은?

① ASK(Amplitude Shift Keying)
② QPSK(Quadrature Phase Shift Keying)
③ QAM(Quadrature Amplitude Modulation)
④ OQPSK(Offset Quadrature Phase Shift Keying)

QAM변조방식은 위상과 진폭을 동시에 변화시킨다.

[정답] ③

30

진폭 변조와 위상 변조를 결합하여 위상선도 상에서 점들의 위치를 달리하는 변조 방식은?

① QAM(Quadrature Amplitude Modulation)
② DPSK(Differential Phase Shift Keying)
③ CPFSK(Continuous Phase Frequency Shift Keying)
④ GMSK(Gaussian Filtered Minimum Shift Keying)

QAM변조방식은 위상변조와 진폭변조를 결합한 방식이다.

[정답] ①

31

디지털 변조에서 반송파의 형태는 $A(t)\cos(2\pi ft+p(t))$와 같3 여기서 A는 진폭, f는 주파수, p는 위상을 의미한다. 변조 시 크기와 위상 정보를 동시에 이용하는 변조방식은?

① ASK   ② QPSK
③ QAM   ④ OQPSK

QAM(Quadrature Amplitude Modulation)변조방식은 진폭(거리)과 위상(각도)를 사용한 고효율변조방식
① QAM신호는 2개의 직교성 DSB-SC신호를 선형적으로 합성한 것임
② QAM의 소요대역폭은 신호파의 2배임
③ M진 QAM의 대역폭 효율은 $\log_2 M$[bps/Hz]임
④ 동일 진수일 경우 M-PSK 보다 M-QAM이 오류확률이 낮음

[정답] ③

32

다음 중 직교진폭변조(QAM)에 대한 설명으로 적합하지 않은 것은?

① APK(Amplitude-Phase Keying)의 한 형식이다.
② 4진 QAM은 4진 PSK와 대역폭 효율은 동일하다.
③ 반송파의 진폭과 위상이 베이스밴드 신호에 따라 변하는 디지털 변조시스템에 사용된다.
④ M진 QAM의 대역폭 효율은 $\log_e M$[bps/Hz]이다.

• QAM의 특징
① PSK + ASK방식=APK 방식의 일종
② M-QAM의 대역폭 효율 $\log_2 M$[bps/Hz]임
③ M 진수가 증가되면 오율(P_e)이 증가됨

[정답] ④

33

다음 그림은 어떤 변조방식의 성상도를 나타낸 것인가?

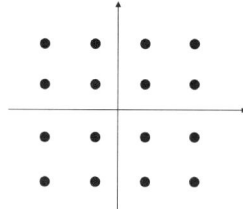

① 16PSK
② 16ASK
③ 16QAM
④ 16FSK

위상 및 진폭이 모두 다른 심볼이 16개 존재하므로 16진 QAM방식이다.
[정답] ③

34

다음은 64QAM의 블록도를 나타낸다. 괄호에 들어가는 내용으로 적절한 것은?

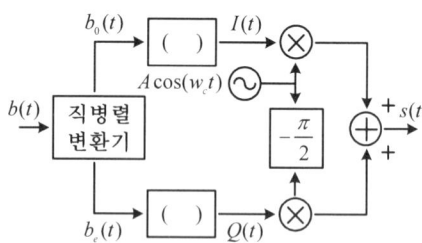

① 2-to-4 레벨변환기
② 3-to-8 레벨변환기
③ 4-to-16 레벨변환기
④ 5-to-32 레벨변환기

레벨변환기는 진폭변조기와 같음
① 16QAM은 2 to 4 레벨변환기를 이용하여 2bit를 이용해서 4개의 신호레벨(진폭)을 발생시킴.
② 64QAM은 3 to 8 레벨변환기를 이용하여 3bit를 이용해서 8개의 신호레벨(진폭)을 발생시킴.
[정답] ②

35

QAM 신호의 baud rate가 1800이고 데이터 전송속도가 9000이라면, 하나의 심볼에 몇 개의 비트가 할당되어 있는가?

① 3
② 4
③ 5
④ 6

$$n = \frac{r_b(\text{데이타전송속도})}{B(\text{대역폭})} = \frac{9000}{1800} = 5[\text{Bit}]$$

[정답] ③

36

16진 QAM (Quadrature Amplitude Modulation)의 대역폭 효율은 몇 [bps/Hz]인가?

① 1[bps/Hz]
② 2[bps/Hz]
③ 4[bps/Hz]
④ 8[bps/Hz]

- 16진 QAM 대역폭 효율
$n = \log_2 M = \log_2 16 = 4$

[정답] ③

37

100[kbps] 데이터율로 디지털 데이터를 전송할 경우 16-ary QAM의 심볼전송률 [sps]은?

① 25[ksps]
② 50[ksps]
③ 80[ksps]
④ 160[ksps]

$$B = \frac{r_b}{n} = \frac{r_b}{\log_2 M} = \frac{100}{\log_2 16} = 25[baud]$$

[정답] ①

38

QAM(Quadrature Amplitude Modulation) 복조기에서 In-Phase 기준 신호가 I성분을 뽑아내는데 사용되는 것은?

① 동조회로
② 위상검출기
③ 저역통과필터
④ 전압제어 발진기

- QAM복조기
QAM복조기는 위상 검출기를 이용하여 반송파를 복구한다.
[정답] ②

39

다음 중 송신 전력과 전송로 환경이 같을 때, 비트 에러확률이 8PSK와 16PSK 사이에 해당되는 변조방식은?

① 8QAM
② 16QAM
③ 32QAM
④ 256QAM

[정답] ②

40
다음 중 QAM 변조의 특징에 대한 설명으로 틀린 것은?

① QAM 신호는 2개의 직교성 DSB-SC 신호를 선형적으로 합성한 것으로 볼 수 있다.
② M진 QAM의 대역폭 효율은 M진 PSK의 대역폭 효율과 동일하다.
③ QAM은 비동기 검파 또는 비동기 직교 검파방식을 사용하여 신호를 검출한다.
④ QAM은 APK 변조방식으로 잡음과 위상변화에 우수한 특성을 가진다.

> QAM은 PSK와 ASK의 변조의 장점만 합쳐 놓은 방식으로 정보신호에 따라 반송파의 진폭과 위상을 동시에 변화시키는 APK(Amplitude Phase Keying)의 한 종류로 동기 검파 방식만 사용 가능하다.
>
> [정답] ③

41
다음 중 QAM(Quadrature Amplitude Modulation)의 신호 및 성능에 대한 설명으로 부적합한 것은?

① 16QAM의 경우 4개의 비트단위로 반송파의 진폭에 2비트, 위상에 2비트의 정보를 실어 보낸다.
② QAM은 반송파의 진폭과 위상에 정보가 담겨있으므로 채널의 진폭 왜곡과 위상 왜곡에 민감하다.
③ 평균 송신 전력을 동일하게 한 상태에서는 M-QAM(M-ary Quadrature Amplitude Modulation) 신호점 사이의 거리가 M-PSK (M-ary Phase Shift Keying) 신호점 간의 거리에 비해 커서 비트오율 성능이 M-PSK보다 우수하므로, M이 16 이상에서 QAM이 선호된다.
④ 동일 평균 송신 전력이라면 64QAM이 16QAM보다 위상도 상에서 신호점간의 거리가 더 멀다.

> 64QAM방식은 한 사분면당 16개의 심볼(신호점)이 존재해야 하므로 신호점간 사이의 거리가 더 가까워진다.
>
> [정답] ④

42
다음 중 QAM(Quadrature Amplitude Modulation)에 대한 설명으로 틀린 것은?

① MASK(Multiple Amplitude Shift Keying)와 MPSK(Multiple Phase Shift Keying)를 결합한 변조방식이다.
② 반송파의 진폭과 위상을 변화시키는 방식이다.
③ 16QAM의 경우 성상도에서 신호점이 16개가 발생된다.
④ QAM의 레벨의 개수가 많아질수록 전력효율은 높아지나 대역폭 효율은 떨어진다.

> • QAM 대역폭 효율
> $n = \dfrac{r}{B} = \log_2 M$ 이므로 심볼수가 많아지면 대역폭 효율은 커진다.
>
> [정답] ④

43
BER(Bit Error Rate)에 대한 다음 설명 중 틀린것은?

① 디지털 변복조 시스템의 성능을 평가하는 중요한 지표이다.
② 채널의 잡음특성과도 관계가 깊다.
③ BER은 SNR과 정비례 관계를 갖는다.
④ 디지털 신호를 어떠한 방법으로 변조하느냐에 따라서도 차이가 많이 발생한다.

> • BER(Bit Error Rate)의 특성
> 비트에러율 = $\dfrac{\text{발생에러비트수}}{\text{전송비트수}}$
> 디지털 변복조시스템의 성능평가 요소임
>
> [정답] ③

44
총 전송한 비트수가 10^7개이고 이중에 두 개의 비트에서 에러가 발생한 경우 BER은 얼마인가?

① 10^{-5}　　　② 5×10^{-6}
③ 2×10^{-7}　　　④ 10^{-8}

> • BER(Bit Error Rate)의 특성
> 비트 에러율 = $\dfrac{\text{발생에러비트수}}{\text{전송비트수}} = \dfrac{2}{10^7} = 2 \times 10^{-7}$
>
> [정답] ③

45
이동통신에서 사용되는 디지털 변조방식 중에서 에러 발생확률 측정 시 그 값이 가장 낮은 방식은? 단, 진수는 같은 경우이다.

① ASK　　　② FSK
③ PSK　　　④ QAM

> • 디지털 변조방식 오류확률
> ① 동일 변조 방식인 경우 진수가 증가할수록 오류확률은 증가
> M진 오류확률 = 2진 오류확률 $\times \log_2 M$
> ② 동일 진수인 경우 QAM방식이 오류확률이 가장 적음
> ASK > FSK > DPSK > PSK > QAM
>
> [정답] ④

46. 전송대역폭이 일정하다고 하자. 고정된 SNR값에서 M진 디지털통신 시스템에서 동기식 수신 시스템을 적용한다고 한다. 이때, M의 값을 증가시킬 때 이를 가장 잘 설명한 것은?

① 고정된 SNR에서는 M이 증가하더라도 오류비트율(BER)은 거의 일정하다.
② 고정된 SNR에서는 M이 증가하면 BER은 감소한다.
③ 고정된 SNR에서는 M이 증가하면 BER도 증가한다.
④ 고정된 SNR에서는 M이 증가함에 따라서 BER이 감소하다가 최적 M값보다 커지면 BER이 반대로 증가한다.

M이 증가하면 BER도 커진다.
$P_M = P_B \times \log_2 M$

[정답] ③

47. ASK, FSK, BPSK의 성능에 대한 비교 설명으로 적합하지 않은 것은?

① 비동기식 ASK보단 우수한 것은 동기식 BPSK이다.
② 가장 성능이 우수한 것은 동기식 BPSK이다.
③ 동기식 ASK와 동기식 FSK의 성능은 동일하다.
④ 비동기식 BPSK는 동기식 FSK와 성능이 거의 동일하다.

비동기식 BPSK는 동기식 FSK보다 성능이 우수하다.

[정답] ④

5 OFDM

48. 다음 중 3세대 이후 (3.5세대)의 무선통신시스템에 사용하는 다중화방식은?

① CDMA ② OFDM
③ TDMA ④ FDMA

OFDM(직교주파수분할다중화방식)은 스펙트럼효율이 우수한 방식으로 3.5G / 4G 에서 사용중인 다중화 방식이다.

[정답] ②

49. 다음 중 OFDM (Orthogonal Frequency Division Multiplexing)에 대한 설명으로 틀린 것은?

① 다수 반송파 시스템으로서 반송파 사이에 직교성이 보장되도록 한다.
② 주파수 선택성 페이딩이나 협대역 간섭에 강인하게 사용할 수 있다.
③ 송수신단에서 복수의 반송파를 변복조하기 위해 IFFT/FFT를 사용할 수 있으므로 간단한 구조로 고속 구현이 가능하다.
④ 부반송파들을 분리하기 위해 보호대역이 필요하다.

OFDM은 부반송파들을 분리하기 위해 직교하는 코드를 사용하므로 부반송파간 겹쳐서 사용할 수 있다.
보호대역(Guard Band)이 필요한 방식은 FDM방식이다.

[정답] ④

50. OFDM의 장점이 아닌 것은?

① OFDM은 다수 반송파를 사용하므로, 주파수 오프셋과 위상잡음에 강인하다.
② OFDM은 협대역 간섭이 일부 부반송파에만 영향을 주므로 협대역 간섭에 강하다.
③ OFDM은 다중경로에 대해 효율적으로 대처
④ OFDM은 시변채널에 대해 부반송파에 대한 데이터 전송률을 적응적으로 조절할 수 있어 전송용량을 크게 향상시킬 수 있다.

• **OFDM 장점**
① 주파수 스펙트럼 효율(주파수대역 활용성)이 높다.
② 다중경로 페이딩에 강하다.
③ 복잡한 등화기를 필요로 하지 않는다.
④ 심볼간 간섭(ISI)에 강하다.
⑤ FFT를 이용하여 고속의 신호처리 구현이 용이
⑥ 이동통신 셀 간 간섭이 없고, 자원할당이 용이

• **OFDM 단점**
① 위상잡음 및 송수신단 간의 반송파 주파수 오프셋에 민감하다.
② 단일 반송파 변조방식에 비해 상대적으로 큰 첨두전력 대 평균전력비(PAPR)를 가진다.
③ 프레임 동기, 심볼 동기에 민감하게 동작하기 때문에 해당 시스템의 수신단 구현 시 이를 극복할 수 있는 최적의 알고리즘이 요구된다.

[정답] ①

51
다중접속 기술 방식 중 OFDMA (Orthogonal Frequency Division Multiple Access) 방식의 단점으로 옳은 것은?
① 타임슬롯 동기화가 어렵다.
② 주파수 자원의 이용 효율이 낮다.
③ 복잡한 전력제어 알고리즘이 필요하다.
④ 시간동기와 주파수동기에서 오류가 발생하면 성능저하가 심각하다.

> OFDM방식은 위상잡음 및 송수신단 간의 반송파 주파수 오프셋에 민감한 단점이 있다.
> [정답] ④

52
다음 그림과 같은 다수의 반송파 주파수를 가지고 변조하는 변조방식과 다중화하는 방식을 바르게 짝지은 것은?

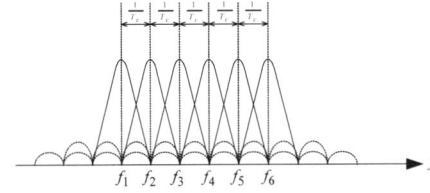

① MFSK - OFDM
② MPSK - OFDM
③ MFSK - FDM
④ MPSK - TDM

> OFDM방식은 고속 전송률(high-rate)을 갖는 직렬 데이터열(data stream)을 낮은 전송률을 갖는 병렬 데이터열로 나누고 이들을 다수의 협대역 부반송파(Subcarrier)를 사용하여 심볼단위로 전송하는 방식이다.
> [정답] ①

53
동일한 조건에서 주파수 대역폭의 사용량을 비교했을 때, OFDMA (Orthogonal Frequency Division Multiplexing Access) 방식은 FDMA (Frequency Division Multiplexing Access) 방식에 비하여 약 몇 배 정도의 효율이 있는가?

① 1배
② 2배
③ 4배
④ 8배

> FDMA는 사용가능한 주파수 대역을 나눈 다음 각 사용자마다 서로 다른 주파수 대역을 사용하여 다 중접속(multiple access)하는 방식이고, OFDMA방식은 각 사용자가 서로 직교관계에 있는 부반송파를 사용하여 다중 접속하는 방식으로 동일 대역에서 2배 많은 부반송파를 할당해 정보를 전송할 수 있다.
> [정답] ②

54
OFDM은 어느 변조 방식의 일종이라고 볼 수 있는가?
① M-ary ASK(MASK)
② M-ary FSK(MFSK)
③ M-ary PSK(MPSK)
④ M-ary QAM(MQAM)

> OFDM(Orthogonal Frequency Division Multiplex)로 직교주파수다중화 방식이다. 서로 완전히 직교하는 다수의 부반송파(Sub Carrier)로 데이터가 나뉘어져 병렬로 전송되는 일종의 M-ary FSK(MFSK)계열로 볼 수 있다.
> [정답] ②

6 기타 디지털 송수신기

55
다음 중 디지털 펄스 변조 방법은?
① PAM
② PCM
③ PPM
④ PWM

> • PCM(Pulse Code Modulation)
> 표본화-양자화-부호화를 거쳐 디지털신호로 바꾸어 전송하므로 디지털 변조방식에 해당된다.
> [정답] ②

56
대역폭이 $45[kHz]$인 방송 프로그램 신호를 PCM 방식으로 전송하고자 할 때 필요한 최소 표본화 주파수는 얼마인가?
① $30[kHz]$
② $45[kHz]$
③ $90[kHz]$
④ $65[kHz]$

> • 나이퀴스트 표본화 주파수
> $f_s = 2 \times f_m = 2 \times 45kHz = 90kHz$
> [정답] ③

57
심볼 간격이 T인 펄스신호를 Nyquist 기저대역(baseband) 채널을 통해 전송하고자 한다. 이 때 요구되는 기저대역 채널 대역폭은?

① $\frac{1}{2T}$
② $\frac{2}{T}$
③ $\frac{1}{T}$
④ $\frac{3}{2T}$

> Nyquist 채널대역폭은 $\frac{1}{2T}$로 (1/주기)로 나타낼 수 있음. Nyquist 채널대역폭 이상의 대역폭을 확보해야만 전송에러 없이 전송할 수 있다.
> [정답] ①

58

다음 중 표본화 오차의 발생 원인에 해당되지 않는 것은?

① 반올림(Round-Off) 오차
② 절단(Truncation) 오차
③ 엘리어싱(Aliasing) 오차
④ 과부하(Overload) 오차

과부하(Overload)오차는 양자화 오차(잡음)의 일종이다.
[정답] ④

59

64[kbps] 이진 PCM 신호를 ISI(심볼 간 간섭) 없이 수신할 수 있도록 하는 시스템의 최소대역폭은 얼마인가?

① 8[kHz]   ② 16[kHz]
③ 32[kHz]   ④ 64[kHz]

• ISI없이 수신할 수 있는 최소대역폭
$$W = \frac{R_s}{2} = \frac{64 \times 10^3}{2} = 32[kHz]$$
[정답] ③

60

심볼 간 간섭(Inter Symbol Interference)이 수신기에서 문제가 되는 상황은?

① 심볼지연확산이 심볼시간과 같거나 이보다 긴 경우
② 심볼지연확산이 심볼시간 보다 훨씬 짧은 시간인 경우
③ 심볼지연확산이 0인 경우
④ 심볼지연확산 시간을 알 수 없는 경우

ISI는 전송채널이 협대역이거나, 전송지연에 의해 심볼 간 간섭이 발생되는 현상이다. 심볼지연시간이 데이터 심볼시간과 같거나 이보다 길 때 수신기에서 문제가 된다.
[정답] ①

61

다음 중 눈다이어그램(Eye Diagram)에 대한 설명으로 틀린 것은?

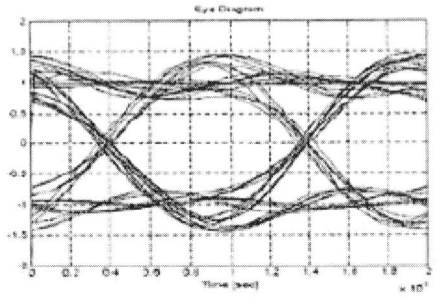

① 데이터 전송과정에서 발생하는 신호의 손상을 그림으로 살펴볼 수 있다.
② 부호간 간섭 또는 잡음이 증가할수록 눈 모양이 더욱 열려 진다.
③ 수신된 펄스열을 비트주기 동안 계속 중첩하여 그린 파형이다.
④ 수신기에서 1과 0을 판정하기 위하여 시호를 표본화하는 최적의 시간은 바로 눈이 가장 크게 열리는 순간이다.

• 아이패턴(Eye pattern)
간섭 및 잡음이 증가할수록 눈 모양이 감기게 된다.
[정답] ②

62

수신된 펄스열의 눈 형태(Eye Pattern)을 관찰하면 수신기의 오류확률을 짐작할 수 있다. 수신된 신호를 표본화하는 최적 시간은 언제인가?

① 눈의 형태(Eye Pattern)가 가장 크게 열리는 순간
② 눈의 형태(Eye Pattern)가 닫히는 순간
③ 눈의 형태(Eye Pattern)가 중간 크기인 순간
④ 눈의 형태(Eye Pattern)가 여러 개 겹치는 순간

오류없이 1과 0을 판정하기 위하여 눈의 형태(Eye Pattern)가 가장 크게 열리는 순간에 표본화해야 한다.
[정답] ①

63

다음 중 통신에서 기저대역 필터의 사용목적으로 옳은 것은?

① 신호를 정해진 대역폭으로 제한하여 송신하고 심볼간 간섭을 제거하기 위함이다.
② 안테나 길이를 작게 만들 수 있기 때문이다.
③ 대역제한과는 관계없이 심볼간 간섭을 제거하기 위함이다.
④ 아날로그 필터로만 구현하여 부피를 적게 하기 위함이다.

기저대역 필터(Basebnad Filter)란 신호를 정해진 대역폭으로 제한하여 통과시키는데 사용하는 필터로 심볼 상호간 간섭을 제거할 수 있다.
[정답] ①

64

다음 그림은 입력신호에서 주파수와 위상을 추출하는 위상동기루프(PLL)을 나타낸 것이다. (가), (나)에 들어갈 명칭으로 맞는 것은?

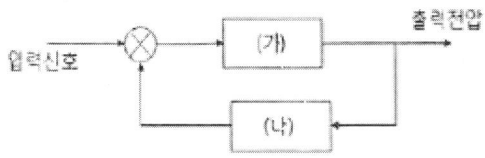

① (가) 위상검출기, (나) 저역통과필터
② (가) 위상검출기, (나) 전압제어발진기
③ (가) 전압제어발진기, (나) 저역통과필터
④ (가) 저역통과필터, (나) 전압제어발진기

• PLL의 구성

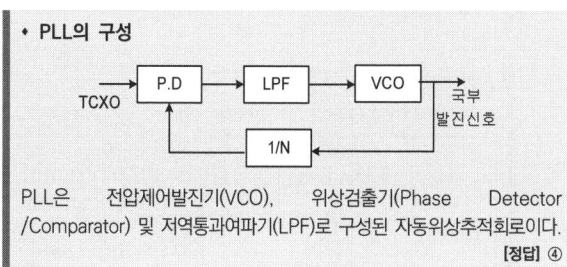

PLL은 전압제어발진기(VCO), 위상검출기(Phase Detector /Comparator) 및 저역통과여파기(LPF)로 구성된 자동위상추적회로이다.

[정답] ④

65

다음 그림은 입력신호에서 주파수와 위상을 추출하는 위상동기루프(PLL)를 나타낸다. 괄호에 들어가는 내용의 조합으로 적절한 것은?

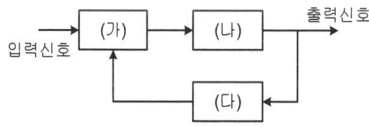

① (가) : 위상검출기
 (나) : 저역통과필터
 (다) : 전압제어발진기
② (가) : 위상검출기
 (나) : 전압제어발진기
 (다) : 저역통과필터
③ (가) : 전압비교기
 (나) : 고역통과필터
 (다) : 전압제어발진기
④ (가) : 전압비교기
 (나) : 전압제어발진기
 (다) : 저역통과필터

• PLL의 구성

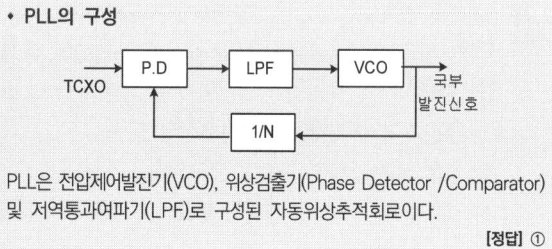

PLL은 전압제어발진기(VCO), 위상검출기(Phase Detector /Comparator) 및 저역통과여파기(LPF)로 구성된 자동위상추적회로이다.

[정답] ①

66

다음중 PLL(Phase Locked Loop)의 용도가 아닌 것은?

① AM 신호의 복조
② FSK 변·복조회로
③ PCM 신호의 복조
④ FM 신호의 복조

PLL은 발진기, Loop Filter, Phase Detector로 구성되어 동기복조기와 주파수 합성기로 사용된다. PLL은 AM변조의 SSB, FSK, FM, PSK 복조에 사용된다.

[정답] ③

7 CDMA

67

다음 중 스펙트럼 확산(Spread Spectrum) 변조 방식에 대한 설명으로 틀린 것은?

① 복조는 비동기 검파방식만 사용한다.
② 전송 중의 신호전력 스펙트럼 밀도가 낮다.
③ 확산계수가 클수록 비화성이 우수하다.
④ 혼신이나 페이딩 등에 강하다.

• 스펙트럼 확산방식의 특징
① 전송신호의 신호전력 스펙트럼 밀도가 낮아짐
② 확산계수가 클수록 비화성이 우수
③ 혼신이나 페이딩에 강함
④ 동기방식을 사용하므로 송/수신기의 구성이 복잡함
⑤ CDMA통신방식에서 사용되고 있음

[정답] ①

68
CDMA(Code Division Multiple Access)의 특징으로 옳은 것은?
① 수신기의 하드웨어가 단순해진다.
② 고도의 전압제어 기술이 요구된다.
③ 주파수 및 Timing 계획이 필요하며 주파수 사용효율이 높다.
④ 서로 직교관계에 있는 부호를 할당하면 된다.

- **CDMA방식의 특징**
  ① 수신기의 하드웨어가 복잡
  ② 고도의 전력제어 기술이 요구됨
  ③ 주파수 재사용 계수=1
  ④ 완전히 직교하는 코드를 할당하여 사용함
  ⑤ 광대역특성이 요구되며, 잡음에 강인함

[정답] ④

69
다음 중 마이크로웨이브 통신이나 밀리미터파를 사용하는 다중 통신에 사용되는 중계방식이 아닌 것은?
① 검파 중계 방식
② 재생 중계 방식
③ 무급전 중계 방식
④ 반파 중계 방식

- **마이크로웨이브통신 중계방식**
  ① 직접중계방식 : M/W 전파를 그대로 증폭한 후 중계하는 방식
  ② 헤테로다인 중계방식 : M/W 전파를 증폭하기 쉬운 중간주파수로 변환하고 중간 주파증폭기로 증폭한 후 M/W로 변환하는 방식
  ③ 검파중계방식 : M/W 전파를 복조하여 얻은 기저대역 신호를 증폭하여 다시 M/W로 바꾸어 중계하는 방식
  ④ 무급전중계방식 : M/W 전파의 직선성을 이용하고 금속, 반사판이나 안테나에 의해서진행로를 변화하는 방식이다.

[정답] ④

70
통신위성이나 방송위성의 중계기(트랜스폰더)에 사용되는 중계방식은?
① 헤테로다인 중계방식
② 재생 중계방식
③ 무급전 중계방식
④ 직접 중계방식

마이크로웨이브에서 사용하는 중계방식의 종류이다. 트랜스폰더(중계기)에서는 직접중계방식을 주로 사용함.

헤테로다인 중계	가장 효율적임
재생 중계	가장 비싼방식(성능 최우수)
무급전 중계	가장 저렴함(성능 최하)
직접 중계	트랜스폰더에서 주로 사용

[정답] ④

71
다음 중 Microwave 주파수대에서 폭우의 영향이 가장 크게 나타나는 주파수대는?
① 10 [GHz]
② 8 [GHz]
③ 6 [GHz]
④ 4 [GHz]

대기 감쇠나 폭우의 영향은 10 [GHz]이상에서 현저히 나타난다.

[정답] ①

72
위성통신에 사용되는 주파수 대역 중 12.5 ~ 18[GHz] 대역을 무엇이라고 하는가?
① C 밴드
② Ku 밴드
③ Ka 밴드
④ X 밴드

- **각 밴드의 주파수**

밴 드	주파수 대역
L Band	1[GHz] ~ 2[GHz]
S Band	2[GHz] ~ 4[GHz]
C Band	4[GHz] ~ 8[GHz]
X Band	8[GHz] ~ 12.5[GHz]
Ku Band (under)	12.5[GHz] ~ 18[GHz]
K Band	18[GHz] ~ 26.5[GHz]
Ka Band (above)	26.5[GHz] ~ 40[GHz]

[정답] ②

73
마이크로파 통신에 있어 수신전력 P_r 을 바르게 나타낸 것은? (단, d는 송수신점간 거리, P_t는 송신전력, G_t는 송신 안테나 이득, G_t는 송신 안테나 이득, G_r은 수신 안테나 이득이다.)
① $(\lambda/2\pi d)^2 P_t G_t G_r$
② $(2\pi d/\lambda)^2 P_t G_t G_r$
③ $(\lambda/4\pi d)^2 P_t G_t G_r$
④ $(4\pi d/\lambda)^2 P_t G_t G_r$

- **프리스(Friss) 전력전송방정식**
$$Pr[w] = (\lambda/4\pi d)^2 P_t G_t G_r \ Pr[dB]$$
$$= P_t + G_t + G_r + 20\log\frac{4\pi d}{\lambda}$$

[정답] ③

74. 다음 중 무선통신 시스템의 수신신호 전력에 대한 설명으로 틀린 것은?

① 송신전력의 크기에 비례한다.
② 안테나 유효 개구면(Aperture)에 비례한다.
③ 자유공간에서 송신부까지의 거리 제곱에 반비례한다.
④ 신호 파장에 비례한다.

> **Friss 전력전송방정식**
> ① $Pr[w] = (\lambda/4\pi d)^2 P_t G_t G_r$
> ② $Pr[dB] = P_t + G_t + G_r + 20\log \dfrac{4\pi d}{\lambda}$
> 수신전력은 송신전력, 안테나 개구면적에 비례하고, 파장에는 반비례한다.
>
> [정답] ④

75. 무선 전송 시스템에서 페이드 마진(fade margin)을 측정하는데 필요하지 않은 것은?

① 무선 전송장치
② BER tester
③ 멀티미터
④ 컴퓨터 및 측정용 엑세서리

> **페이드마진 (Fade Margin)**
> 무선전송시스템에서 전송에러에 대한 Margin중 Fading에 의한 Margin을 두는 것을 Fade Margin이라 한다. 이때, 디지털정보에 대한 측정은 BER(Bit Error Rate)로 측정한다.
>
> [정답] ②

76. 다음 중 디지털송신설비에 대한 설명으로 틀린 것은?

① 적은 전력으로 광범위한 서비스지역을 확보할 수 있다.
② 전계강도가 낮은 지역도 선명한 화질을 얻는다.
③ 디지털 송신설비는 좁은 면적에 시설할 수 있다.
④ 디지털 송신설비는 단순한 편이나 운용비용이 비싸다.

> 디지털 송신설비는 낮은 전력, 낮은 전계강도 등에 유리한 중계방식이므로 운용비용(OPEX)가 저렴함.
>
> [정답] ④

77. 이동전화 시스템에서 사용하고 있는 핸드오프(Hand-Off) 기능에 대해 맞게 설명한 것은?

① 이동전화단말기와 기지국간의 통화종료를 의미한다.
② 이동전화교환국과 기지국간의 정보전송속도의 변경을 의미한다.
③ 이동 전화단말기가 통화 중에 이동시 통화채널이 인접기지국에 자동 절환되는 것을 의미한다.
④ 발신과 착신의 신호송출 기능을 의미한다.

> **핸드오프**
> ① 소프트 핸드오프(Soft Hand off)
> 통화중인 단말기가 동일한 교환국의 기지국에서 다른 기지국으로 이동할 경우에 수행하는 make and break 방식(이동 셀에 접속하고 이동전의 셀을 끊는 방식)의 핸드오프로 주로 CDMA 시스템에서 이용하고 있다.
> ② 소프터 핸드오프(Softer Hand off)
> 단말기가 섹터 간 이동시에 수행하는 핸드오프를 소프터 핸드오프라 한다. 일반적으로 도심의 기지국은 3섹터로 구성되며 각 섹터의 안테나는 120°씩 커버하게 된다. 소프트 핸드오프는 Rake receiver에 의해 수행되는 기지국 내의 핸드오프이다.
> ③ 하드 핸드오프(Hard Hand off)
> FDMA,TDMA 또는 CDMA 방식 등과 같이 서로 다른 교환국 사이를 이동하는 경우에 수행하는 break and make 방식의 핸드오프로 주로 아날 로그방식에서 사용하는 방식이다.
>
> [정답] ③

78. 페이징 기능은 이동통신 단말기에 착신호가 발생 하였을 때 단말기가 있는 위치구역의 기지국 제어장치를 통하여 단말기를 호출하는 것이다. 페이징 구역은 단말기가 가장 최근에 등록을 한 위치구역이며 이 정보는 어디에 저장되어 있는가?

① MSC
② VLR
③ EIR
④ BSC

> VLR(Visitor Location Register): 가입자의 현재 위치한 정보를 일시 저장하는 장치로 가입자가 페이징구역을 벗어나면 관련 정보를 삭제한다.
>
> **CDMA 이동통신 시스템의 구성과 역할**
>
> | 시스템 구성 | 역 할 |
> |---|---|
> | MS (Mobile Station) | 이동전화 |
> | BTS (Base Transceiver System) | 기지국 |
> | BSC (Base Station Controller) | 지지국 제어기 |
> | MSC (Mobile Switching Center) | 이동 교환국 |
> | HLR (Home Location Register) | 가입자 정보 |
> | VLR (Visitor Location Register) | 방문자 정보 로밍, Paging |
> | EIR (Equipment ID Register) | 단말인증 |
>
> [정답] ②

③ 항법기기

1 레이더

01 다음 중 레이더 시스템의 구성요소가 아닌 것은?

① 송신기(transmitter) ② 수신기(receiver)
③ 안테나(antenna)   ④ 블랙박스(black box)

RADAR (Radio Detection and Ranging)으로 무선을 이용해 대상물까지의 거리를 측정하는 장치임.

- **레이다(Radar)시스템의 구성요소**
  ① 송신부 / 송신전환부
  ② 수신부
  ③ 안테나부
  ④ 부속회로 (STC 해면반사 억제회로, FTC 비 또는 눈 반사제거회로)

[정답] ④

02 구형파에서 펄스폭을 τ, 펄스주기를 T, 주파수를 f, 첨두치를 P, 평균치를 A 라고 하면 충격 계수(Duty Factor) D의 관계가 틀린 것은?

① $D = \dfrac{\tau}{T}$ ② $D = \tau f$

③ $D = Af$ ④ $D = \dfrac{A}{P}$

- **Duty Factor**
$$D = \frac{\tau}{T} = \frac{A}{P}, \quad T = \frac{1}{f}, \quad \tau = \frac{1}{T}$$

[정답] ③

03 다음 중 레이더를 설명한 것으로 가장 적합한 것은?

① 이동통신용으로 많이 이용한다.
② 항공기나 선박 등에서 많이 이용한다.
③ 관제용으로 많이 이용하였으나 요즘에는 사용하지 않는다.
④ 데이터 통신을 이용한다.

[정답] ②

04 다음 중 레이더(Radar)를 설명한 것으로 가장 적합한 것은?

① 자이로를 이용하여 스스로 위치와 방향을 알 수 있다.
② 방향만 알 수 있고 거리는 파악이 어렵다.
③ 펄스를 보내 물체로부터 반사된 펄스가 수신될 때까지의 시간을 측정한다.
④ 상대방이 위치를 알려주는 시스템이다.

- **레이더(Radar)**
펄스를 보내 물체로부터 반사된 펄스가 수신될 때 까지의 시간을 측정하는 Pulse Radar 방식 과 두 개의 안테나를 사용하여 이동 물체를 측정 가능한 CW Radar 방식이 있다.

[정답] ③

05 다음 중 레이더를 설명한 것으로 가장 적합한 것은?

① 이동통신용으로 많이 이용한다.
② 항공기나 선박 등에서 많이 이용한다.
③ 관제용으로 많이 이용하였으나 요즘에는 사용하지 않는다.
④ 데이터 통신을 이용한다.

- **펄스식 레이다와 지속파 레이다의 비교**

특 징	펄스식 레이다	지속파 레이다
안 테 나	1개	2개
탐지거리	펄스폭	송신출력
지 향 성	분해능 향상	검출거리 향상
이동체 검출	어렵다	가능

[정답] ②

06 다음은 레이더의 장점을 설명한 것이다. 잘못된 것은?

① 야간이나 시계가 불량한 경우 레이더를 사용하면 안전한 항해를 할 수 있다.
② 거리와 방위를 구할 수 있으므로 목표물의 위치 및 상대속도 등을 구할 수 있다.
③ 특수 레이더의 경우 강렬한 열대성 폭풍(태풍)의 위치와 강우의 이동 등 다양한 용도로 사용할 수 있다.
④ 기상조건에 영향을 많이 받으므로 주로 가시거리 내에서 사용된다.

레이다(Radar)는 초고주파를 이용해 직진성이 우수해 기상조건에 큰 영향을 받지 않으며, 송신기 출력, 수신기 안테나 이득에 따라 원거리 측정도 가능하다.

[정답] ④

07 17/10, 16/3, 14/6

다음 중 레이더의 기능에 의한 오차에 속하지 않는 것은?

① 해면반사 ② 거리오차
③ 방위오차 ④ 선박 경사에 의한 오차

> 선박 오른쪽 왼쪽 흔들리는 경사 정도에 따라 탐지물의 방위오차가 발생하고, 레이다의 안테나의 위치에 따라 탐지물의 실제거리와 오차가 발생한다. 해면반사는 레이더 화면상에 잡음으로 나타날 뿐이지 기능오차에는 해당하지 않는다.
>
> [정답] ①

2 GPS

08 15/6, 13/10

다음 중 GPS에 대한 설명으로 틀린 것은?

① 여러 개의 위성으로부터 시간 정보를 받는다.
② GPS 수신기는 위성의 거리에 대한 데이터를 받는다.
③ 삼각 측량법에 의해 자신의 위치를 계산하는 원리이다.
④ GPS 서비스는 다수의 위성 중 4개 이상의 위성으로부터 정보를 받는다.

> • GPS의 특징
> ① WGS-84(UTM)좌표계를 사용함
> ② 24개의 위성을 6궤도에서 사용함
> ③ 20,200[km] 고도 사용
> ④ 반송파는 1574.42MHz (L1) 사용
> ⑤ 삼각측량법을 이용해 위치계산
>
> [정답] ②

09 14/6

다음 중 GPS에 대한 설명으로 틀린 것은?

① PZ-90 geometric 좌표계 시스템을 사용한다.
② 24개의 위성을 이용한다.
③ 반송파는 1575.42[MHz]를 사용한다.
④ 위성 고도는 약 20,200[km]이다.

> • GPS의 특징
> ① WGS-84(UTM)좌표계를 사용함
> ② 24개의 위성을 6궤도에서 사용함
> ③ 20,200[km] 고도 사용
> ④ 반송파는 1574.42MHz (L1) 사용
> ⑤ 삼각측량법을 이용해 위치계산
>
> [정답] ①

10 11/3

다음은 GPS 코드에 대한 설명으로 잘못된 것은?

① P코드는 처음에는 군용이었지만 민간에서도 이용하고 있다.
② 민간용으로는 C/A코드를 사용한다.
③ 군용으로는 P코드를 사용한다.
④ C/A코드의 정밀도는 10[m] 내외의 정밀도를 갖는다.

> • GPS에서 사용되는 코드
>
> | P Code | C/A Code |
> |---|---|
> | Precise Code | Coarse/Acquisition |
> | 군 용 | 민간에 공개됨 |
> | 10.23Mbps | 1.023Mbps |
>
> * 반송파 L1 주파수 1575.42MHz에 실림
>
> [정답] ①

11 15/3

다음 중 GPS를 이용하여 위치 측정 시 발생하는 오차가 아닌 것은?

① 대류층의 굴절오차 ② 위성시계오차
③ 온도상승오차 ④ 다중경로오차

> • GPS 위성신호의 오차.
> ① 전리층 영향
> ② 대류권 영향
> ③ 잡음의 영향
> ④ 정보 전송량의 문제
> ⑤ 위성시계의 오차
>
> [정답] ③

12 17/6

다음 중 GPS(Global Positioning System)를 이용하여 위치 측정 시 발생하는 오차가 아닌 것은?

① 위성 시계의 오차
② 위성 궤도의 오차
③ 온도 상승의 오차
④ 다중경로 등으로 인한 거리 오차

> • GPS 위성신호의 오차.
> ① 전리층 영향
> ② 대류권 영향
> ③ 잡음의 영향
> ④ 정보 전송량의 문제
> ⑤ 위성시계의 오차
>
> [정답] ③

13
다음 중 DGPS(Differential Global Positioning System)에 대한 설명으로 틀린 것은?
① 라디오 비컨을 통해서 방송한다.
② 관측 가능한 모든 위성을 모니터링한다.
③ DFPS의 정확도는 100[m] 내외이다.
④ 관측에 의한 위치와 이미 알고 있는 기준국의 위치를 비교하여 보정값을 산출한다.

> • DGPS
> ① 단독 측위 기법의 정밀도를 향상시키기 위해 개발된 것으로 2대 이상의 수신기(기준국 수신기와 이용자 수신기)와 통신 매체가 필요.
> ② 기준국에 설치된 1대의 수신기에서 이미 알고 있는 기준점의 위치 정보를 이용하여 각 위성의 거리 오차 계산, 보정치로 환산해서 이동체에 전달.
> ③ 이동체에서는 저가의 항법용 수신기를 가지고도, 이동시 수m, 정지시 1m 이내의 실시간 위치 측정 가능.
>
> [정답] ③

3 항법장치

14
다음 중 VHF를 사용하지 않는 항법 장치는?
① DME   ② VOR
③ ILS   ④ RMI

> • DME(Distance Measuring Equipment)는 거리측정 장비로 UHF밴드(1000MHz)를 사용함.
> ① ADF : 지상으로부터 송신된 전파를 이용 항공기에서 수신하여 자동으로 방향탐지
> ② VOR : 초단파를 이용해 ADF보다 정확
> ③ RMI : 자국방향에 대해 VOR상호 방향과의 각도 및 항곡기의 방위각을 표시
> ④ ILS : 착륙을 위한 진행방향, 자세, 활강각도 등을 정확하게 제공함 (HF, VHF사용)
>
> [정답] ①

15
다음 중 무선 항법 장치가 아닌 것은?
① VOR (VHF Omnidirectional Radio Range)
② DME(Distance Measurement Equipment)
③ ILS(Instrument Landing System)
④ NBDP(Narrow-Band Direct Printing)

> 무선항법장치는 비행기에서 사용되는 네비게이션(항법)이라 생각할 수 있음. NBDP(Narrow Band Direct Telegraphy)는 협대역 직접전신통신을 나타내는 방식임.
>
> [정답] ④

16
다음 중 거리측정장치(DME)에 대한 설명으로 틀린 것은?
① 지상국 안테나는 무지향성 안테나를 사용한다.
② DME 동작원리는 전파의 전파속도를 이용한 것이다.
③ DME는 보통 VOR 또는 ILS와 함께 설치된다.
④ 지상 DME국은 질문신호를 송신하고 항공기는 응답신호를 송신한다.

> DME(Distance Measuring Equipment)는 960-1215[MHz]를 사용하는 항법장치로 항행중인 항공기가 미지의 지점으로부터 거리 정보를 연속적으로 얻을 수 있다. 항공기에는 질문기가 지상국에는 응답기가 설치되어 있다.
>
> [정답] ④

17
다음 중 전파 지연시간을 이용하는 항법 장치는?
① VOR(Very High Frequency Omnidirectional Range)
② INS(Inertial Navigation System)
③ DME(Distance Measuring Equipment)
④ GPS(Global Positioning System)

> ① ADF : 지상으로부터 송신된 전파를 이용 항공기에서 수신하여 자동으로 방향탐지
> ② VOR : 초단파를 이용해 ADF보다 정확
> ③ RMI : 자국방향에 대해 VOR상호 방향과의 각도 및 항공기의 방위각을 표시
> ④ ILS : 착륙을 위한 진행방향, 자세, 활강각도 등을 정확하게 제공함 (HF, VHF사용)
> ⑤ DME(Distance Measuring Equipment)는 전파 지연시간을 이용해 거리를 측정장비
>
> [정답] ③

18
다음 중 ILS의 구성요소가 아닌 것은?
① Localizer (방위각 제공 시설)
② Glide Path (활공각 제공 시설)
③ MLS(초고주파 착륙 시설)
④ Marker Beacon(마커 비콘)

> ILS(계기착륙시설)는 공항진입 및 착륙유도시설이다
> ① Localizer (방위각 제공장치)
> ② Glide Path (활공각 표시장치)
> ③ 마커(Marker)
>
> [정답] ③

19.
다음 중 선박에서 위성을 이용하여 위치를 측정할 수 있는 장치는?

① 로란(LORAN) C ② 데카(DECCA)
③ GPS ④ RDF

> GPS는 선박, 차량, 휴대폰, 비행기 등 다양한 분야에서 위치측정시스템으로 응용되고 있다.
>
> [정답] ③

20.
다음 중 무선방위 측정에서 전파전파에 따른 오차에 해당하지 않는 것은?

① 야간오차 ② 해안선의 오차
③ 대륙현상 ④ 산란현상

> • 전파전파에 따른 오차종류
> ① 야간오차
> ② 해안선 오차
> ③ 사분원 오차
> ④ 수분, 구름 등에 의한 산란현상
>
> [정답] ③

④ 전원회로

1 정류회로

01.
전원회로에서 요구하는 일반적인 성능요구조건으로 부적합한 것은?

① 충분한 전력용량을 가질 것
② 출력 임피던스가 높을 것
③ 전압이 안정할 것
④ 리플이나 잡음이 적을 것

> • 전원회로(Power Supply)의 조건
> ① 충분한 전력용량을 가질 것
> ② 출력임피던스가 낮을 것
> ③ 전압이 안정적일 것
> ④ 리플이나 잡음이 적을 것
>
> [정답] ②

02.
다음 중 정류회로의 전압 변동 요인으로 보기 어려운 것은?

① 오랜 사용 시간 ② 부하 변동
③ 교류 입력전압 변동 ④ 온도에 따른 소자 특성 변화

> • 전압변동요인
> ① 부하의 변동
> ② 교류 입력전압의 변동
> ③ 온도특성변화로 인한 변동
>
> [정답] ①

03.
전원회로에서 일반적으로 최대 출력 전류를 얻기 위한 방법으로 적합한 것은?

① 전원 내부 저항보다 부하 저항이 커야 한다.
② 전원 내부 저항보다 부하 저항이 작아야 한다.
③ 전원 내부 저항과 부하 저항이 같아야 한다.
④ 전원 내부 저항이 0 이어야 한다.

> 전원회로에서 최대 출력전류를 얻어 부하에 전달하기 위해서는 전원의 내부 저항과 부하저항이 같아야 임피던스 정합이 이루어진다.
>
> [정답] ③

04
다음 중에서 수전설비에 해당하지 않는 것은?
① 비교기
② 유입개폐기
③ 단로기
④ 자동 전압 조정기

• 수전설비
① 전기를 받는데 필요한 설비를 수전설비라 함
② 전력차단설비, 보호설비, 측정설비, 변압설비 등이 필수적으로 요구됨

[정답] ①

05
다음 전원 공급 장치의 설비 중 수변전설비의 종류에 적합하지 않은 것은?
① 단로기
② 피뢰기
③ 분전반
④ 배전용 변압기

[정답] ③

06
전원회로에 관한 설명 중 서로 관계가 먼 것은?
① 평활회로 : 저역통과 여파기
② 전원 변압기 내압 : 코일의 굵기, 횟수
③ 교류 전원 상수 : 리플
④ 평활용 콘덴서 용량 : 주파수

평활용 콘덴서의 용량은 "출력전압의 파형" 과 관계가 된다.

[정답] ④

07
다음 중 정류회로의 특성을 나타내는 주요 요소가 아닌 것은?
① 맥동률(리플 함유율)
② 정류 효율
③ 전압 변동률
④ 최대 전압

정류회로의 특성을 나타내는 요소는 정류회로에 나타나는 정류 효율, 평활회로에 나타나는 맥동률, 전압 변동률이 있다.

[정답] ④

08
정류회로에서 정류효율을 나타낸 식은?
① η = 출력직류전력/입력직류전력
② η = 출력직류전력/입력교류전력
③ η = 출력교류전력/입력직류전력
④ η = 출력교류전력/입력교류전력

$$정류효율 = \frac{출력\ 직류전력}{입력\ 교류전력}$$

[정답] ②

09
다음 중 정류회로의 종류가 아닌 것은?
① 반파 정류회로
② 전파 정류회로
③ 평활회로
④ 배전압 정류회로

평활회로는 정류회로 뒷단에서 콘덴서 등을 사용하여 정류회로에 포함된 리플(교류성분)을 제거하기 위해 사용되는 회로이다.

[정답] ③

10
전원 회로에 사용되는 금속 정류기의 종류가 아닌 것은?
① 아산화동 정류기
② 셀렌 정류기
③ 산화 정류기
④ 반도체 정류기

• 금속정류기의 정의
금속과 반도체를 접속시켜 그 사이의 전기저항을 측정하면 가한 전압의 방향에 따라 통과방향이 결정되는데, 이를 이용한 정류기(교류→직류)라 한다. 아산 활동 정류기, 셀렌정류기, 반도체정류기, 실리콘 정류기가 있다. 현재는 실리콘 정류기가 널리 사용된다.

[정답] ③

11
다음 중 정류회로의 특성에 관한 설명이 잘못된 것은?
① 전압변동률은 부하전류가 커지면 커질수록 증가하게 된다.
② 맥동률은 부하전류가 작아지면 작을수록 감소하게 된다.
③ 파형률은 백분율로 하지 않으며, 부하전류가 증가하면 커진다.
④ 정류효율의 값이 크면 교류가 직류로 변환되는 과정에서 손실이 적게 된다.

맥동률은 부하전류가 클수록 감소한다.

[정답] ②

12

다음은 정류회로에 대한 설명이다. 올바르지 못한 것은?

① 단상 반파 정류회로의 맥동율은 1.21이다.
② 단상 전파 정류회로의 맥동율은 0.482이다.
③ 브리지형 단상 전파 정류회로는 중간탭이 없다.
④ 브리지형 단상 전파 정류회로에는 다이오드가 2개 사용된다.

브리지형 단상전파 정류회로에는 중간탭이 없으며, 다이오드가 4개 사용된다.
[정답] ④

13

다음 전원회로의 설명에서 잘못된 것은?

① 단상 전파 정류회로의 최대 역전압은 2Vm이다.
② 단상 전파 정류회로의 맥동 주파수는 전원주파수 f 이다.
③ 단상 전파 정류회로의 변동률은 48.2[%]이다.
④ 단상 전파 정류회로의 정류 효율은 81.2[%]이다.

• 정류회로비교

방식\항목	맥동 주파수	맥 동 률	최대 정류효율
단상 반파	f[60Hz]	121%	40.6%
단상 전파	2f[120Hz]	48.2%	81.2%
3상 반파	3f[180Hz]	18.3%	96.8%
3상 전파	6f[360Hz]	4.2%	99.8%

[정답] ②

14

다음 중 단상 반파 정류회로에 대한 설명으로 잘못된 것은?

① 단상 반파 정류회로의 최대 역전압은 2[Vm]이다. (단, Vm은 교류전압의 최대치이다.)
② 단상 반파 정류회로의 맥동 주파수는 전원주파수 f이다.
③ 단상 반파 정류회로의 맥동률은 121[%]이다.
④ 단상 반파 정류회로의 최대 정류효율은 40.6[%]이다.

• 정류된 직류성분에 포함된 교류성분의 크기

반파정류	브릿지형 전파정류
입력교류의 반주기 동작	입력교류의 한주기 동작.
리플률 = 121%	리플률 = 48.2%
효율 40.6%	효율 81.2%
PIV: Vm	PIV: Vm

[정답] ①

15

단상 반파 정류회로에서 직류 출력전류의 평균치를 측정하면 어떤 값이 얻어지는가?(단, I_m은 입력 교류전류의 최대치이다.)

① $\dfrac{I_m}{2}$
② I_m
③ $\dfrac{I_m}{\pi}$
④ $\sqrt{\dfrac{I_m}{2}}$

• 단상 반파정류회로의 특성

	출 력 특 성
I_{dc} (평균전류)	$\dfrac{Im}{\pi}$
V_{dc} (평균전압)	$\dfrac{Vm}{\pi}$
I_{rms} (실효치 전류)	$\dfrac{Im}{2}$
V_{rms} (실효치 전압)	$\dfrac{Vm}{2}$

* 반파정류의 맥동율 (ripple) $r = 1.21 (121\%)$

[정답] ③

16

단상 반파 정류 회로에서 출력전력에 대한 설명 중 올바른 것은?

① 입력 전압의 제곱에 비례한다.
② 입력전압에 비례한다.
③ 부하저항의 제곱에 반비례한다.
④ 부하저항의 제곱에 비례한다.

• 단상반파정류 회로특성

직류전류 $(I_{dc}) = \dfrac{V_m}{\pi(r_f + R_L)}$

(r_f : 다이오드 순방향 내부저항, R_L : 부하저항)

출력전력 $(P_{dc}) = I_{dc}^2 \cdot R_L = \left[\dfrac{Vm}{\pi(r_f+R_L)}\right]^2 \cdot R_L$

[정답] ①

17

다음은 브리지형 전파정류회로의 특징으로 올바르지 못한 것은?

① 변압기 2차측 중간 탭 단자가 필요 없다.
② PIV가 낮으므로 고압정류회로에 적합하다
③ 전압변동률이 매우 작다
④ 다수의 다이오드가 소요된다.

• 브리지형 전파정류회로
① 브리지형 정류회로는 2차측 중간탭이 필요 없음
  (중간탭형 정류회로는 2차측 중간탭이 요구됨)
② 전압 변동률이 비교적 큼
③ 다수(4개)의 다이오드 사용
④ 고압정류회로에 적합

[정답] ③

18 15/10, 13/6, 11/10, 10/3

단상 전파 브리지 정류회로에서 각 다이오드에 걸리는 최대 역전압의 크기는? (단, 1차측 입력전압 100[V], 트랜스포머의 권선비는 $n1:n2 = 10:1$)

① 10[V] ② 14.1[V]
③ 100[V] ④ 141[V]

전파브리지 정류회로의 다이오드에 걸리는 역전압(PIV)는 2차측 전압(V_2)의 최대치인 V_m 이다.
2차측 전압 = 10[V]
$\frac{n_1}{n_2} = \frac{V_1}{V_2}$ 이므로, $V_2 = \frac{n_2}{n_1} V_1 = \frac{1}{10} \times 100 = 10[V]$
∴ $V_m = \sqrt{2} V_2 = \sqrt{2} \times 10 = 14.1[V]$

[정답] ②

19 14/6

다음 중 단상 브리지형 전파 정류회로에 대한 설명으로 틀린 것은?

① 최대 역전압은 Vm 이다.
② 맥동 주파수는 전원 주파수 f와 같다.
③ 맥동율은 48.2[%]이다.
④ 정류 효율은 81.2[%]이다.

• **정류된 직류성분에 포함된 교류성분의 크기**

반파정류	브릿지형 전파정류
입력교류의 반주기 동작	입력교류의 한주기 동작
리플률 : 1.21	리플률 : 0.482
효 율 : 40.6[%]	효 율 : 81.2[%]
PIV : Vm	PIV : Vm

[정답] ②

20 17/6, 14/10, 13/3

단상 전파 정류회로의 직류 출력전압과 직류 출력전력은 단상 반파 정류회로와 비교하여 각각 몇 배인가?

① 1배, 2배 ② 1배, 4배
③ 2배, 2배 ④ 2배, 4배

단상 반파정류회로에 비해 단상 전파 정류회로의 직류 출력전압은 2배, 직류 출력전력은 4배이다.

• **정류회로의 특성**

	단상반파	단상전파
I_{dc} (평균전류)	$\frac{I_m}{\pi}$	$\frac{2I_m}{\pi}$
V_{dc} (평균전압)	$\frac{V_m}{\pi}$	$\frac{2V_m}{\pi}$
I_{rms} (실효치 전류)	$\frac{I_m}{2}$	$\frac{I_m}{\sqrt{2}}$
V_{rms} (실효치 전압)	$\frac{V_m}{2}$	$\frac{V_m}{\sqrt{2}}$

[정답] ④

21 13/3

브리지형 정류회로에서 직류 출력전압이 10[V]이고, 부하가 10[Ω]이라고 하면 각 정류소자에 흐르는 첨두 전류값은?

① π/2[A] ② π[A]
③ 2π[A]   ④ 4π[A]

• **브리지형 정류회로** $I_m = \frac{V_m}{R}$

	출력 특성
I_{dc} (평균전류)	$\frac{2I_m}{\pi}$
V_{dc} (평균전압)	$\frac{2V_m}{\pi}$
I_{rms} (실효치 전류)	$\frac{I_m}{\sqrt{2}}$
V_s (실효치 전압)	$\frac{V_m}{\sqrt{2}}$

$I_{dc} = \frac{2I_m}{\pi} = \frac{V_{dc}}{R}$ 이므로
$I_{dc} = \frac{V_{dc}}{R} = \frac{10}{10} = 1[A]$
$I_m = \frac{\pi}{2}[A]$

[정답] ①

22 12/6

정류회로에서 평균값을 지시하는 가동코일형 직류 전류계를 사용하여 평균값을 측정하였더니 2.82 [A]였고 맥류의 실효값을 지시하는 열전형 전류계를 사용하여 실효값을 측정하였더니 3.14[A]였다면 파형율은 얼마가 되는가?

① 0.9   ② 1.1
③ 0.32 ④ 6

파형률 = $\frac{실효값}{평균값} = \frac{3.14}{2.82} = 1.1$

[정답] ②

2 평활회로

23 평활회로에 대한 설명 중 가장 적합한 것은?
① 직류를 직류로 변환하는 역할을 한다.
② 맥동성분을 제거하여 직류분만을 얻기 위한 회로이다.
③ 일정한 직류 출력 전압을 유지하도록 한다.
④ 직류를 교류로 변환하는 역할을 한다.

• 평활회로
교류성분인 맥동을 제거함으로써 직류성분만을 얻게 하기 위해 사용되는 회로
[정답] ②

24 다음 중 교류성분인 맥동(리플)을 제거함으로써 직류성분만을 얻게하기 위해 사용하는 회로는 무엇인가?
① 정류회로
② 중계회로
③ 평활회로
④ 정전압회로

평활회로는 정류회로 뒷단에서 콘덴서 등을 사용하여 정류회로에 포함된 리플(교류성분)을 제거하기 위해 사용되는 LPF 회로이다.
[정답] ③

25 전원장치에 사용되는 평활회로의 역할은 무엇인가?
① 저역여파기
② 고역여파기
③ 대역여파기
④ 대역소거여파기

평활회로는 정류회로 뒷단에서 콘덴서 등을 사용하여 정류회로에 포함된 리플(교류성분)을 제거하기 위해 사용되는 LPF 회로이다.
[정답] ①

26 평활회로는 어떤 필터의 역할을 수행하는가?
① LPF(Low Pass Filter)
② HPF(High Pass Filter)
③ BPF(Band Pass Filter)
④ BRF(Band Rejection Filter)

평활회로는 LPF(Low Pass Filter)특성을 가진다.
[정답] ①

27 다음 중 전원장치에 사용되는 평활회로에 대한 설명으로 옳지 않은 것은?
① 일종의 저역통과 필터이다.
② 콘덴서 입력형과 초크 입력형이 있다.
③ 맥동률을 줄이기 위해서는 콘덴서나 초크코일의 값을 크게 한다.
④ 초크 입력형의 맥동률은 부하저항이 클수록 좋다.

초크 입력형의 맥동률 $r \propto \dfrac{R}{LCf}$
[정답] ④

28 콘덴서 입력형 평활회로의 정류기를 사용하다가 갑자기 과전류가 흐르고 맥동률이 증가하였다. 이 때 회로의 고장진단에 나타난 현상은?
① 입력 주파수가 증가하였다.
② L값이 크게 변하였다.
③ 부하 쪽에 있는 콘덴서가 단락되었다.
④ 부하임피던스가 크게 높아졌다.

• 콘덴서 입력형 평활회로
정류회로의 뒷단에 콘덴서를 병렬로 한개 연결하고 부하에 병렬로 한개를 연결한 구조이다. 부하 쪽에 있는 콘덴서가 단락되면 과전류가 흐르고 맥동률이 증가한다.
[정답] ③

29 평활회로에서 콘덴서 입력형에 대한 설명으로 적절치 못한 것은?
① 직류 출력 전압이 높다.
② 역전압이 높다.
③ 전압 변동율이 크다.
④ 저전압, 대전류에 이용한다.

• 콘덴서 입력형과 쵸크 입력형의 비교

	콘덴서입력형(π)	초크입력형(L)
맥동율	적다	크다
출력직류전압	크다	작다
전압 변동률	크다	작다
최대 역전압	높다(단점)	낮다
용도	대전압	대전류

[정답] ④

30

정류회로에서 쵸크(L)입력형과 콘덴서(C)입력형을 설명한 것으로 적합하지 않은 것은?

① 콘덴서 C 입력형은 부하 전류의 평균치와 최대치의 차가 크다.
② 콘덴서 C 입력형은 맥동률이 크다.
③ 쵸크 L 입력형은 정류 소자 전류가 연속적이다.
④ 쵸크 L 입력형은 전압 변동률이 작다.

• 콘덴서 입력형과 쵸크 입력형의 비교

	콘덴서입력형(π)	쵸크입력형(L)
맥동율	적다	크다
출력직류전압	크다	작다
전압 변동률	크다	작다
최대 역전압	높다(단점)	낮다
용도	대전압	대전류

[정답] ②

31

쵸크입력형 평활회로와 비교하여 콘덴서 입력형 평활회로에 대한 다음 설명 중 틀린 것은?

① 변동률이 적다.
② 전압 변동률이 크다.
③ 직류 출력전압이 크다.
④ 정류소자의 이용률이 높다.

• 콘덴서 입력형과 쵸크 입력형의 비교

	콘덴서입력형(π)	쵸크입력형(L)
맥동율	적다	크다
출력직류전압	크다	작다
전압 변동률	크다	작다
최대 역전압	높다(단점)	낮다
용도	대전압	대전류

[정답] ④

32

다음 중 쵸크 입력형 평활회로에 대한 설명으로 틀린 것은?

① 정류기에 충격전류의 모양으로 전류가 흐르지 않는다.
② 큰 직류출력을 얻을 수 있다.
③ 전압 변동률이 작다.
④ 높은 출력전압과 작은 맥동률이 요구될 때 사용된다.

높은 출력전압이 요구되는 곳에는 콘덴서 입력형 평활회로를 사용해야 한다.

[정답] ④

33

다음 중 평활회로에 대한 설명으로 틀린 것은?

① 쵸크 입력형 평활회로의 경우 부하전류가 작을수록 맥동률이 크다.
② 콘덴서 입력형 평활회로의 경우 콘덴서 용량이 작을수록 맥동률이 작다.
③ 쵸크 입력형 평활회로의 경우 단상반파 및 배전압 정류회로에 주로 적용된다.
④ 콘덴서 입력형 평활회로의 경우 부하전류의 최대치와 평균치와의 차가 크다.

콘덴서 입력형 평활회로의 경우 콘덴서 용량이 작을수록 맥동률이 크다.

[정답] ②

34

전원회로의 부하에 병렬로 블리더(Bleeder) 저항을 사용하면 전원 특성은 어떻게 되는가?

① 전압변동률이 개선된다.
② 리플함유율이 개선된다.
③ 정류효율이 저하된다.
④ 최대역전압이 증가한다.

블리더(Bleeder)저항은 부하에 병렬로 접속하기 때문에 부하전류는 증가하지만 부하 전류변화에 의한 전압변동을 억제한다.

[정답] ①

35

정류회로에서 직류전압이 200[V]이고, 리플전압이 2[V]라면 맥동률(리플)은 얼마인가?

① 1[%] ② 2[%]
③ 5[%] ④ 10[%]

• 정류회로의 맥동률

$$맥동률 = \frac{맥동신호의 실효값}{출력신호의 평균값} \times 100[\%]$$

$$= \frac{2}{200} \times 100 = 1[\%]$$

[정답] ①

36

정류회로에서 평균값을 지시하는 가동코일형 직류 전압계를 이용하여 직류 전압을 측정하였더니 100[V], 실효값을 지시하는 전류력계형 전압계를 이용하여 교류 전압을 측정하였더니 2[V]였다. 리플율은 몇[%]인가?

① 1 ② 2
③ 4 ④ 10

• 정류회로 맥동률

$$r = \frac{직류전압에 포함된 교류전압}{직류전압} \times 100[\%]$$

$$= \frac{2}{100} \times 100 = 2[\%]$$

[정답] ②

3 정전압회로

37. 부하시 직류 출력전압이 100[V], 무부하시 직류 출력전압이 120[V]일 때 전압 변동율은 몇[%]인가?

① 5[%] ② 10[%]
③ 15[%] ④ 20[%]

- 전압변동율

$$\delta = \frac{무부하\ 전압 - 부하시\ 전압}{부하시\ 전압} \times 100[\%]$$

$$= \frac{120-100}{100} \times 100[\%] = 20[\%]$$

[정답] ④

38. 정격부하일 때 전압이 200[V], 무부하시 전압이 220[V]인 전원이 있을 때 전압 변동율은?

① 1[%] ② 5[%]
③ 10[%] ④ 20[%]

- 전압변동율

$$\delta = \frac{무부하시\ 출력전압 - 부하시\ 출력전압}{부하시\ 출력전압} \times 100[\%]$$

$$= \frac{220-200}{200} \times 100[\%] = 10[\%]$$

[정답] ③

39. 무부하시 직류 출력전압이 10[V]인 정류회로의 전압 변동률이 10[%]일 경우, 부하시 직류 출력전압은 약 얼마인가?

① 7.09[V] ② 8.09[V]
③ 9.09[V] ④ 10.09[V]

$$\delta = \frac{V_o - V_n}{V_n}$$

$$V_n = \frac{V_o}{1+\delta} = \frac{10}{1+0.1} = 9.09[V]$$

[정답] ③

40. 전압 변동률을 d, 부하 시 직류 출력전압을 V_n, 무부하시 직류 출력전압을 V_o라 할 때 V_o를 바르게 구한 것은?

① $V_n(1+d)$ ② $V_n(1-d)$
③ $V_n/(1+d)$ ④ $V_n/(1-d)$

$$\delta = \frac{V_o - V_n}{V_n}$$

$$V_o = V_n \times \delta + V_n = V_n(1+\delta)$$

[정답] ①

41. 다음 중 정전압 안정화회로에 대한 설명으로 잘못된 것은?

① 전압안정계수는 낮을수록 좋다.
② 출력저항은 작을수록 유리하다.
③ 온도계수는 높을수록 좋다.
④ 회로구성에 제너다이오드가 많이 사용된다.

정전압회로는 부하조건이나 온도변화에 대하여 직류 출력전압을 일정하게 만들어 주는 회로이다. 따라서 온도계수는 작을수록 좋다.

[정답] ③

42. 정전압 회로는 제어부의 연결형태에 따라 분류를 하는데 이에 해당되지 않는 것은?

① 제너 다이오드 형 ② 가변용량 콘덴서 형
③ 병렬 제어 형 ④ 직렬 제어 형

정전압회로는 일정한 출력전압을 얻기 위해 사용되는 회로로서 제어방식에 따라 직렬형, 병렬형, 제너다이오드형으로 나눌 수 있다.

직렬형	제어용 트랜지스터가 부하와 직렬로 연결된 정전압회로
병렬형	제어용 트랜지스터가 부하와 병렬로 연결된 정전압회로
제너다이오드형	제너 다이오드만 사용되는 정전압회로

[정답] ②

43. 정전압 회로(Regulator circuit)에서 경부하시 효율이 병렬 제어형 보다 크고, 출력전압의 안정 범위가 넓은 것은?

① 제너 다이오드형 정전압 회로
② 병렬 제어형 정전압 회로
③ 직렬 제어형 정전압 회로
④ IC형 정전압 회로

직렬 제어형 정전압 회로가 경부하시 효율이 병렬 제어형 보다 크고, 출력전압의 안정 범위가 넓다.

[정답] ③

[2과목] 무선통신기기

4 전력변환장치

44 다음은 전력 변환 장치에 대한 설명으로 잘못된 것은?
① 직류를 교류로 변환하는 장치가 인버터이다
② 교류를 교류로 변화하는 장치가 싸이클로 컨버터이다.
③ 교류를 직류로 변환하는 장치가 무정전전원장치(UPS)이다.
④ 출력전압을 일정하게 유지시키는 장치가 정전압회로이다.

• 전력변환장치의 종류

변환장치	특 징
인버터	직류를 교류로 변환하는 장치
컨버터	직류를 직류로 변환하는 장치
정류기	교류를 직류로 변환하는 장치
UPS	무정전 전원장치

[정답] ③

45 다음 중 전력변환장치가 아닌 것은?
① 인버터(Inverter)
② 컨버터(Converter)
③ 정류기(Rectifier)
④ 무정전 전원 공급장치(UPS)

무정전 전원공급장치는 정전을 대비한 전원공급장치이다
[정답] ④

46 DC-DC컨버터의 구성요소가 아닌 것은?
① 구형파 발생기 ② 정류회로
③ 정전압회로   ④ 버퍼회로

DC-DC Converter는 DC전압을 다른 DC전압으로 변경시켜주는 회로이다. 일반적인 구성은 다음과 같다.
(DC-구형파발생-변압기-정류기-평활-정전압-DC)
[정답] ④

47 전압형 인버터 시스템의 구성에 대한 설명으로 잘못된 것은?
① SCR 대신에 3상 다이오드 모듈을 사용하여 교류전압을 직류로 정류시킨다.
② DC-Link내의 직류전압을 평활용 콘덴서를 이용하여 평활시킨다.
③ 정류된 직류전압을 PWM 제어방식을 이용하여 인버터부에서 전압과 주파수를 동시에 제어한다.
④ 출력전압파형은 정현파 특성을 얻도록 한다.

전압형 인버터 시스템은
① 컨버터 부 : SCR대신에 3상 Diode Module를 사용하여 교류전압을 직류로 정류시킴
② DC-Link부 : DC-Link내의 직류전압을 평활용 콘덴서를 이용하여 평활시킴
③ 인버터 부 : 정류된 직류전압을 PWM 제어방식을 이용하여 인버터부에서 전압과 전류를 동시에 제어함

출력전류파형	출력전압파형
정현파	PWM구형파

[정답] ④

48 전력 변환장치인 인버터(Inverter)의 기능을 바르게 나타낸 것은?
① DC를 DC로 변환하는 장치이다.
② DC를 AC로 변환하는 장치이다.
③ AC를 DC로 변환하는 장치이다.
④ AC를 AC로 변환하는 장치이다.

① DC 출력은 컨버터 (DC to DC, AC to DC)
② AC 출력은 인버터 (DC to AC)
③ AC 교류주파수변환장치를 사이클로 컨버터라 함.
[정답] ②

49 인버터의 스위칭 주파수가 2[kHz]가 되려면 주기는 몇 [ms]로 해야 하는가?
① 0.1[ms]   ② 0.5[ms]
③ 1[ms]   ④ 10[ms]

주파수 $f = \dfrac{1}{T}$

$T = \dfrac{1}{2000} = 0.5 mS$

[정답] ②

50 어떤 주파수의 교류를 직류 회로로 변환하지 않고 그 주파수의 교류로 변환하는 직접 주파수 변환장치를 무엇이라 하는가?
① 쵸퍼(Chopper)
② 정류기(Rectifier)
③ 사이클로 컨버터(Cyclo Converter)
④ 인버터(Inverter)

① DC 출력은 컨버터 (DC to DC, AC to DC)
② AC 출력은 인버터 (DC to AC)
③ AC 교류주파수변환장치를 사이클로 컨버터라 함
[정답] ③

5 UPS

51
전원에서 발생되는 전압변동 및 주파수변동 등의 각종 장애로부터 기기를 보호하고 양질의 전원으로 바꿔서 중요 부하에 정전 없이 전기를 공급하는 무정전 전원설비를 무엇이라 하는가?
① inverter ② rectifier
③ SCR ④ UPS

> UPS(Uninterruptible Power Supply)는 전압변동 및 주파수 변동 등 각종 장애로부터 기기를 보호하고 양질의 전기를 공급하는 전원설비이다.
> [정답] ④

52
다음 중 전원을 끊김없이 공급할 수 있는 장치는?
① TRANSFORMER ② AVR
③ CONVERTER ④ UPS

> UPS(Uninterruptible Power Supply)는 전압변동 및 주파수 변동 등 각종 장애로부터 기기를 보호하고 양질의 전기를 공급하는 전원설비이다.
> [정답] ④

53
다음 중 무정전 전원장치(UPS)에 관한 설명으로 가장 올바른 것은?
① 정전이 존재하지 않는 전원 공급 장치이다.
② 교류를 직류로 변환시켜 주는 장치이다.
③ 고전압을 저전압으로 변환시켜 주는 장비
④ 직류를 교류로 변환시켜주는 장비이다.

> • UPS(Uninterruptible Power Supply)
> 상용전원이 정전 되거나 긴급사고가 발생할 때 부하측 전원이 차단 또는 전압변동이 되지 않도록 준비된 비상전원에 의해 양질의 전원을 공급하는 무정전을 위한 전원장치이다.
> [정답] ①

54
다음 중 UPS의 구성에 대한 설명으로 적합하지 않은 것은?
① 입력 필터부 : 고조파 성분을 없애는 장치
② 정류부 : 교류전원을 직류전원으로 변환하는 장치
③ Static 스위치부 : 장비에 문제가 발생 되었을 때 출력측으로 전원이 공급되지 않을시 출력으로 전원을 공급할 수 있는 비상전원 공급용 스위치부
④ 축전지 : 전원을 충전하는 장치

> • UPS(무정전 전원장치) 구성
> ① 순변환부 및 충전부(Rectifier/Charger),제어부
> ② 역변환부(Inverter), 축전지(Battery), 출력필터부
> ③ 동기절체부(Static Switch) : 유지보수, 과부하대비용 비상 바이패스부는 인버터 이상시, 과부하시, 완전 동기방식으로 By-pass절체시, 무중단으로 안정된 전원을 공급하는 역할을 한다.

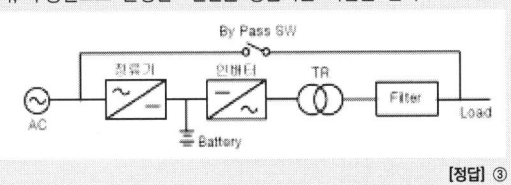

> [정답] ③

55
다음 중 UPS의 구성요소에 속하지 않는 것은?
① 출력필터부 ② 증폭부
③ 비상바이패스 ④ static 스위치부

> • UPS(무정전 전원장치) 구성
> ① 순변환부 및 충전부(Rectifier/Charger)
> ② 역변환부(Inverter) / 축전지(Battery)
> ③ 출력필터부 / 제어부(Control)
> ④ 동기 절체부(Static Switch)
> ⑤ 비상 바이패스부
> [정답] ②

56
다음 중 UPS의 구성요소가 아닌 것은?
① 증폭부 ② 정류부
③ 인버터부 ④ 축전지

> • UPS(Uninterruptible Power Supply)의 정의
> 전압변동 및 주파수 변동 등 각종 장애로부터 기기를 보호하고 양질의 전기를 공급하는 전원설비이다. 정류부, 인버터부, 축전지로 구성된다.
> [정답] ①

57
다음 중 UPS(Uninterruptible Power Supply)의 구성요소가 아닌 것은?
① 인버터부 ② 축전지
③ 쵸퍼부 ④ 동기절체 스위치부

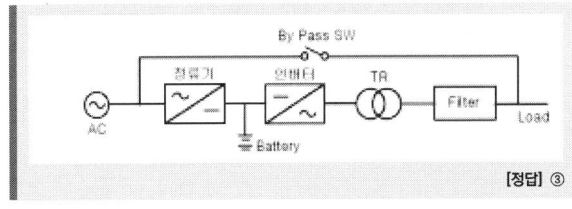

> [정답] ③

58 다음 중 무정전 전원장치(UPS)방식이 아닌 것은?

① ON-LINE 방식　② OFF-LINE 방식
③ Hybrid 방식　④ LINE 인터랙티브 방식

UPS((Uninterruptible Power Supply))의 종류	
On-Line 방식	• 항상 인버터 회로를 경유하여 출력 • 신뢰성을 요구하는 중용량 이상
Off-Line 방식	• 정전시에만 인버터를 동작하는 방식 • 서버전용 (소용량)
Line Interactive 방식	• 축전지와 인버터 부분이 항상 접속되어 서로 전력을 변환

[정답] ③

59 다음 중 무정전 전원 공급장치(UPS)의 On-Line 방식에 대한 설명으로 틀린 것은?

① 상용전원을 그대로 출력으로 내보내며 축전지는 충전회로를 통해 충전한다.
② 상시 인버터 방식이라고도 한다.
③ 항상 인버터 회로를 경유하여 출력으로 내보낸다.
④ 출력이 안정되며 높은 정밀도를 가진다.

UPS((Uninterruptible Power Supply))의 종류	
On-Line 방식	• 항상 인버터 회로를 경유하여 출력 • 신뢰성을 요구하는 중용량 이상
Off-Line 방식	• 정전시에만 인버터를 동작하는 방식 • 서버전용 (소용량)
Line Interactive 방식	• 축전지와 인버터 부분이 항상 접속되어 서로 전력을 변환

[정답] ①

60 다음 중 UPS의 구성 방식에 대한 설명으로 틀린 것은?

① ON-LINE 방식 : 상용전원을 컨버터회로에 의해 직류로 바꾸고 이를 축전지에 충전하고 인버터 회로를 통해 교류전원으로 바꾼다.
② Hybrid 방식 : 상용전원은 그대로 출력으로 내보내며 축전지는 충전회로를 통해 충전한다.
③ LINE 인터랙티브 방식 : 축전지와 인버터 부분이 항상 접속되어 서로 전력을 변환하고 있다.
④ OFF-LINE 방식 : 입력측의 변동된 전원이 부하측의 출력으로 공급되어 출력에 영향을 줄 수 있다.

UPS((Uninterruptible Power Supply))의 종류	
On-Line 방식	• 항상 인버터 회로를 경유하여 출력 • 신뢰성을 요구하는 중용량 이상
Off-Line 방식	• 정전시에만 인버터를 동작하는 방식 • 서버전용 (소용량)
Line Interactive 방식	• 축전지와 인버터 부분이 항상 접속되어 서로 전력을 변환

[정답] ①

61 다음은 UPS의 On-Line 방식에 대해 설명한 것이다. 잘못된 것은?

① 상용전원을 그대로 출력으로 내보내며 축전지는 충전회로를 통해 충전한다.
② 상시 인버터 방식이라고도 한다.
③ 항상 인버터 회로를 경유하여 출력으로 내보낸다.
④ 출력이 안정되며 높은 정밀도를 가진다.

UPS((Uninterruptible Power Supply))의 종류	
On-Line 방식	• 항상 인버터 회로를 경유하여 출력 • 신뢰성을 요구하는 중용량 이상
Off-Line 방식	• 정전시에만 인버터를 동작하는 방식 • 서버전용 (소용량)
Line Interactive 방식	• 축전지와 인버터 부분이 항상 접속되어 서로 전력을 변환

[정답] ①

62 다음은 UPS의 LINE 인터렉티브 방식에 대한 설명이다. 올바른 것은?

① 상용전원을 컨버터회로에 의해 직류로 바꾸고 이를 축전지에 충전하고 인버터 회로를 통해 교류전원으로 바꾼다.
② 상용전원은 그대로 출력으로 내보내며 축전지는 충전회로를 통해 충전한다.
③ 축전지와 인버터 부분이 항상 접속되어 서로 전력을 변환하고 있다.
④ 입력 측의 변동된 전원이 부하 측의 출력으로 공급되어 출력에 영향을 줄 수 있다.

UPS((Uninterruptible Power Supply))의 종류	
On-Line 방식	• 항상 인버터 회로를 경유하여 출력 • 신뢰성을 요구하는 중용량 이상
Off-Line 방식	• 정전시에만 인버터를 동작하는 방식 • 서버전용 (소용량)
Line Interactive 방식	• 축전지와 인버터 부분이 항상 접속되어 서로 전력을 변환

[정답] ①

63
무정전 전원공급 장치 설비 중 무전압 상태의 열화진단방법으로 적합하지 않은 것은?

① 절연저항법　② 직류 성분법
③ 부분방전 시험　④ 직류 고전압 인가법

무전압 상태에서의 열화 진단 방법으로는 다음과 같은 방법이 있다.
① 전열저항법
② 부분방전 시험법
③ 직류 고전압 인가법
④ 유전정접법

[정답] ②

6 태양광 발전설비

64
다음 중 가정용 태양전지 시스템 구성 요소가 아닌 것은?

① PV(Photovoltaic) Array　② Converter
③ 반전계량　④ 접지

인버터는 태양전지에서 발전된 DC를 AC로 변환시켜주는 장치이다.
[정답] ②

65
다음 중 태양전지 구조에 대한 설명으로 틀린 것은?

① 일반적인 태양전지는 3층 구조로 되어 있다.
② 태양건전지는 N형과 P형 반도체로 구성되어 있다.
③ 가장 많이 보급되는 태양전지 재료는 실리콘결정형이다.
④ 실리콘원자의 최외각 전자의 개수는 4개이다.

• **태양전지 구조**

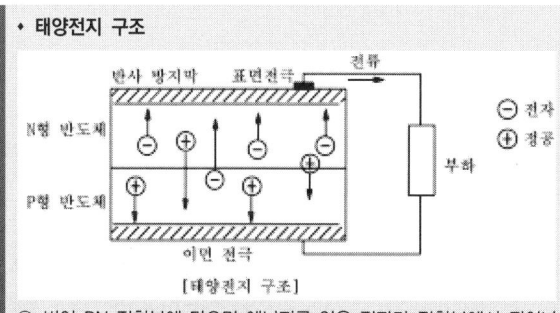

[태양전지 구조]

① 빛이 PN 접합부에 닿으면 에너지를 얻은 전자가 접합부에서 튀어나와 N형 반도체 쪽으로 향하고, 정공은 P형 반도체 쪽으로 향하여 양 전극간에는 전압이 발생한다.
② 여기에 외부부하가 접속되면 전류는 P형 반도체에서 N형 반도체 쪽으로 흐른다.

[정답] ①

66
다음 중 태양전지의 최대 전력량을 생산하기 위한 컨트롤 기술은?

① 접지기술　② 솔라셀 설치 기술
③ 인공강우기술　④ 인버터 컨트롤기술

인버터는 직류를 교류로 만들어주는 전기적 장치로 태양전지기술에 핵심 요소이다.
[정답] ④

67
태양광 발전시스템에서 필요 배터리 용량(Ah)을 구하는 수식으로 옳은 것은?

① 필요배터리용량(AH)=1 주일 소비전력×배터리전압×부조일수
② 필요배터리용량(AH)=15일 소비전력×배터리전압×부조일수×1.25 (방전손실보정계수)
③ 필요배터리용량(AH)=1일 소비전력 ÷ 배터리전압×부조일수×1.25 (방전손실보정계수)
④ 필요배터리용량(AH)=15일 소비전력 ÷ 배터리전압×부조일수×1.25 (방전손실보정계수)

• **필요배터리용량(AH)**
= 1일 소비전력÷배터리전압×부조일수×1.25(방전손실보정계수)

[정답] ③

68
태양광 발전시스템에서 DC전기를 사용할 때 필요치 않은 자재는?
① 태양전지모듈 ② 밧데리(축전지)
③ 인버터 ④ 역류방지 다이오드

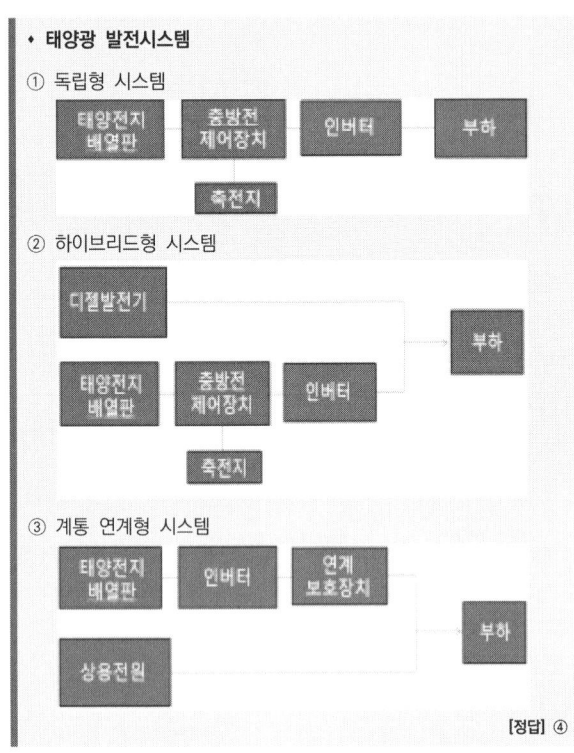

• 태양광 발전시스템
① 독립형 시스템
② 하이브리드형 시스템
③ 계통 연계형 시스템

[정답] ④

7 축전지

69
납 축전지의 구성으로 맞지 않는 것은?
① 양극판 ② 염산액
③ 음극판 ④ 전해액

• 납 축전지의 구성
① 양극 : 과산화납층(PbO_2) :양극판의 수명이 축전지의 수명결정
② 음극 : 순수납(Pb), 회색
③ 격리판 : 양극과 음극간의 전기적인 단락을 방지하는 역할을 하며 다공질의 페놀수지 사용
④ 전해액 : 양극과 음극의 도체역할을 하는 묽은 황산용액

[정답] ②

70
다음 중 납 축전지의 구성요소와 재료의 연결이 잘못된 것은?
① 양극판 – 이산화납 ② 격리판 – 니켈
③ 음극판 – 납 ④ 전해액 – 묽은 황산

• 납 축전지의 구성요소

구성요소	특징
양극판	납축전지의 수명결정
음극판	순납(Pb)를 사용함
전해액	묽은 황산(H2SO4)을 사용

[정답] ②

71
다음 중 납축전지에 대한 설명으로 올바른 것은?
① 기전력은 전해액의 비중과 온도가 높을수록 커진다.
② 내부 저항은 온도가 낮을 때 보다는 높을 때 커진다.
③ 방전이 되면 내부저항이 감소한다.
④ 양극판의 수가 음극판의 수보다 하나 더 많다.

납축전지의 기전력은 전해액의 비중과 온도에 비례한다.

[정답] ①

72
다음 중 납축전지에 대한 설명으로 잘못된 것은?
① 납축전지의 단자전압은 전해액의 비중, 온도 등에 의해 변화한다.
② 겨울철에는 묽은 황산의 비중을 높인다.
③ 내부저항은 극판, 전해액, 격리판, 접속선 등의 저항값 합으로 이루어진다.
④ 온도가 일정하다면 충전시간이 길어져 내부저항이 높아진다.

납축전지는 온도가 일정하다면, 충전시간이 길어져 내부저항의 값이 낮아진다.

[정답] ④

73
다음 중 축전지에 대한 설명으로 틀린 것은?
① 축전지는 한번 충전하여 반영구적으로 사용하는 전지이다.
② 1차 전지는 한번 사용하면 다시 사용할 수 없는 전지이다.
③ 2차 전지는 충전과 방전을 몇 번이고 반복하여 계속 사용할 수 있는 전지이다.
④ 축전지의 종류에는 납축전지 와 알칼리 축전지 등이 있다.

축전지는 충전과 방전을 지속적으로 할 수 있음. 잦은 충전과 방전은 축전지의 수명을 짧게 한다.

[정답] ①

74
다음 중 납축전지의 단자 전압 변화 원인으로 옳은 것은?

① 외부 충격
② 단자 접촉 불량
③ 전해액의 비중
④ 양극판 재질

납축전지의 전해액의 비중에 따라 단자 전압이 변화 될 수 있음.

[정답] ③

75
다음은 축전지의 용량을 설명한 것이다. 바른 것은?

① 극판의 면적이 넓으면 커진다.
② 전해액의 농도가 낮으면 커진다.
③ 전해액의 온도가 낮으면 커진다.
④ 극판의 수를 적게 할수록 커진다.

축전지 용량은 극판의 면적 클수록 커지고, 온도 및 전해액의 농도가 높을수록 커진다.

[정답] ①

76
다음 중 납 축전지의 용량이 감소하는 원인이 아닌 것은?

① 전해액 비중 과소
② 극판의 만곡 및 균열
③ 충방전 전류의 과다
④ 백색 황산연의 제거

◆ **축전지의 용량감퇴 원인**
① 전해액의 부족
② 전해액 비중의 과소
③ 극판의 만곡 및 그에 따른 단락
④ 극판의 부식 및 균열
⑤ 충방전 전류의 과대
⑥ 백색 황산납의 발생
⑦ 충전의 불충분

[정답] ④

77
축전지 용량 감퇴의 직접적인 원인이 아닌 것은?

① 충전 전류나 방전 전류의 과대
② 충전의 불충분
③ 백색 황산납의 발생
④ 장기간 사용

◆ **축전지의 용량감퇴 원인**
① 전해액의 부족
② 전해액 비중의 과소
③ 극판의 만곡 및 그에 따른 단락
④ 극판의 부식 및 균열
⑤ 충방전 전류의 과대
⑥ 백색 황산납의 발생
⑦ 충전의 불충분

[정답] ④

78
10시간 방전율인 50[AH](암페어시)의 용량을 갖는 축전지를 10시간 방전한다고 할 때 방전전류는 몇 [A]로 사용할 수 있는가?

① 0.5[A]
② 1[A]
③ 5[A]
④ 20[A]

$$방전\ 전류 = \frac{방전율}{방전시간} = \frac{50[AH]}{10[H]} = 5[A]$$

[정답] ③

79
다음 중 충전의 종류가 아닌 것은?

① 중충전
② 초충전
③ 평상충전
④ 과충전

충전 종류	내용
초기 충전	제품공장에서 생산시 축전지에 전해액을 주입하여 처음으로 행하는 충전으로 비교적 소전류로 장시간 축전지를 충전하는 방식
부동 충전	축전지와 정류기를 병렬로 접속하여 평상시에는 정류기에서 부하 전류를 공급하고 정전시에는 축전지에서 부하 전류를 공급하는 방식
균등 충전	부동 충전 방식에 의해 사용할 때 각 전지간에 전압이 불균일하게 된다. 이를 시정하기 위해 일시적으로 과충전하는 방식
급속 충전	응급적으로 용량을 회복시키기 위해 충전전류의 2~3배로 충전하는 방식.
과 충전	축전지 백색 황산납 등으로 발생하는 성능저하를 사전에 방지하거나 이미 고장 난 축전지를 회복하기 위해 저 전류로 장시간 충전하는 방식
보 충전	축전지를 장시간 방치 시(자기방전상태) 미소전류로 장시간 충전하는 방식

[정답] ①

80
다음 중 충전의 종류가 아닌 것은?

① 속충전
② 저충전
③ 균등충전
④ 부동충전

◆ **충전의 종류**
① 부동충전 : 자기방전을 보충, 충전기 + 축전지 동시 부담하여 충전
② 세류충전 : 자기방전량 만 충전
③ 급속충전 : 충전전류의 2~3배 로 충전
④ 초기충전 : 축전지에 전해액 주입 후 처음으로 충전하는 것

[정답] ②

81

다음 중 상용부하에 대한 전력공급은 충전기가 담당하고, 충전기가 부담하기 어려운 대전류 부하는 축전지가 부담하게 하는 충전방식을 무엇이라 하는가?

① 초충전(Initial Charge)
② 균등충전(Equality Charge)
③ 부동충전(Floating Charge)
④ 평상충전(Normal Charge)

> **• 부동충전**
> 축전지와 정류기를 병렬로 접속하여 평상시에는 정류기에서 부하 전류를 공급하고 정전시에는 축전지에서 부하 전류를 공급하는 방식
>
> [정답] ③

82

축전지의 초충전을 설명한 것으로 가장 적합한 것은?

① 축전지를 제조한 후 마지막으로 걸어주는 충전이다.
② 충전 시작하자마자 가스가 발생한다.
③ 충전전류는 10%내외로 발생한다.
④ 온도 상승을 피하기 위해 충전시간은 70~80시간 정도로 한다.

> 초충전(Initial Charge)은 축전지를 조립한 후 처음 하는 충전을 말한다.
> ① 충전이 완료되면 가스가 발생됨
> ② 충전전류는 10시간율 전류의 10[%]~30[%]
> ③ 온도상승을 피하기 위해 충전시간은 70~80시간
>
> [정답] ④

83

과충전을 적용하는 시기로 잘못된 것은?

① 규정 용량 이상으로 방전을 하였을 때
② 방전 후 즉시 충전을 하였을 때
③ 축전지를 오랫동안 사용하지 않고 방치하였을 때
④ 극판에 백색 황산납이 생겼을 때

> **• 과충전(Over Charge)의 조건**
> ① 규정용량 이상으로 방전시
> ② 방전 후 즉시 충전하지 않았을 경우
> ③ 축전지를 오랫동안 사용치 않을 경우
> ④ 측판에 백색 황산연이 생겼을 경우
>
> [정답] ②

84

축전지 극판에 배색 황산연이 생겼을 때 실시하는 충전방식으로 옳은 것은?

① 초충전   ② 속충전
③ 부동충전 ④ 과충전

> **• 과충전(Over Charge)의 조건**
> ① 규정용량 이상으로 방전시
> ② 방전 후 즉시 충전하지 않았을 경우
> ③ 축전지를 오랫동안 사용치 않을 경우
> ④ 측판에 백색 황산연이 생겼을 경우
>
> [정답] ④

85

다음 중 충전 시 주의사항으로 잘못된 것은?

① 충전은 규정전류(또는 전압)로 규정시간에 할 것
② 너무 과도한 충전이나 불충분한 충전을 하지 말 것
③ 충전으로 온도가 조금씩 상승하므로 40 ~ 60 도 이내로 유지할 것
④ 충전에 의해 확산한 회유산의 분말을 제거할 것

> **• 충전 시 주의사항**
> ① 규정 전류(또는 전압)로 규정시간 동안 해야 한다.
> ② 너무 과도한 충전이나, 불충분한 충전을 하지 말 것이다.
> ③ 충전시 실내온도를 0~ 40도 이내에서 충전.
> ④ 충전에 의해 확산된 회유산의 분말을 제거해야 한다.
>
> [정답] ③

86

충전 종료 시 축전지의 상태로 올바른 것은?

① 전해액의 비중이 낮아진다.
② 단자 전압이 하강한다.
③ 가스(물거품)가 많이 발생한다.
④ 전해액의 온도가 낮아진다.

> **• 충전 종료시 축전지의 상태**
> ① 전해액의 비중이 높아진다.
> ② 단자 전압이 매전지당 2.4~2.8[V] 정도까지 상승
> ③ 가스(물거품)가 발생한다.
> ④ 극판의 색이 변한다.
> ⑤ 전해액의 온도가 높아진다.
>
> [정답] ③

87

다음 중 축전지 취급상의 주의할 점에 대한 설명으로 틀린 것은?

① 방전한 상태로 방치하지 말 것
② 충전은 규정 전류로 규정 시간에 할 것
③ 축전지의 전압이 약 1.0[V], 비중 0.5가 되면 방전을 정지시키고 곧 충전을 할 것
④ 극판이 전해액 면에서 노출하지 않을 정도로 전해액을 보충해 둘 것

- **축전지 취급 시 주의사항**
  ① 방전직후 곧 충전 해야 함
  ② 충전할 때 온도와 비중에 주의해야 함
  ③ 충전은 규정전류로 규정시간동안 해야 함
  ④ 전해액은 언제나 극판위에 차이게 해야 함
  ⑤ 극판이 전해액 면에서 노출하지 않을 정도로 전해액을 보충해야 함

  [정답] ③

88

다음 중 축전지의 백색 황산납 발생의 원인이 아닌 것은?

① 극판에 불순물이 혼합되었을 때
② 과도하게 충전할 때
③ 방전한 대로 방치 할 때
④ 전해액의 비중이 너무 클 때

- **축전지의 백색 황산납 발생원인**
  ① 방전상태로 장기간 방치할 때
  ② 과대한 전류로 단기간 방전할 때
  ③ 소전류로 장기간 방전할 때
  ④ 불충분한 충전을 할 때
  ⑤ 전해액의 비중이 너무 클 때
  ⑥ 충전 후 오랫동안 방치할 때
  ⑦ 전해액의 온도상승과 하강이 자주 일어 날 때

  [정답] ①

89

축전지에서 백색 황산납 발생의 직접적인 원인이 아닌 것은?

① 소전류로 장시간에 걸쳐서 방전할 때
② 방전 후 곧바로 충전하였을 때
③ 불충분한 충전을 할 때
④ 전해액의 온도의 상승과 하강이 빈번히 일어날 때

- **축전지의 백색 황산납 발생원인**
  ① 방전상태로 장기간 방치할 때
  ② 과대한 전류로 단기간 방전할 때
  ③ 소전류로 장기간 방전할 때
  ④ 불충분한 충전을 할 때
  ⑤ 전해액의 비중이 너무 클 때
  ⑥ 충전 후 오랫동안 방치할 때
  ⑦ 전해액의 온도상승과 하강이 자주 일어 날 때

  [정답] ②

90

다음 중 축전지에 백색 황산연이 발생하는 원인이 아닌 것은?

① 불충분한 충전
② 방전상태로 방치
③ 전해액의 비중이 너무 작을 때
④ 전해액 온도상승과 하강 등이 빈번히 일어날 때

- **축전지의 백색 황산납 발생원인**
  ① 방전상태로 장기간 방치할 때
  ② 과대한 전류로 단기간 방전할 때
  ③ 소전류로 장기간 방전할 때
  ④ 불충분한 충전을 할 때
  ⑤ 전해액의 비중이 너무 클 때
  ⑥ 충전 후 오랫동안 방치할 때
  ⑦ 전해액의 온도상승과 하강이 자주 일어 날 때

  [정답] ③

⑤ 무선기기의 성능 측정

1 측정일반

01
측정물의 작용에 의하여 계측기의 지침이 변위를 일으켜, 이 변위를 눈금과 비교하여 측정치를 얻는 측정방식은 무엇인가?

① 편위법 ② 영위법
③ 보정법 ④ 치환법

> ① 편위법 (Deflective Method): 측정량 크기에 비례하여 지시계를 편위시켜 그 편위 정도로 측정.(예) 저울 지시 눈금으로 무게 측정
> ② 영위법 (Null Method, Zero Method, Null Balanced Method): 어느 측정량과 같은 크기로 조정된 기준량으로부터 측정. (예) 휘스톤 브리지 등
> **[정답] ①**

02
기본단위인 길이, 질량, 시간 등을 측정하여 피측정량을 알아내는 측정을 무엇이라 하는가?

① 절대측정 ② 직접 측정
③ 간접 측정 ④ 비교 측정

> ① 직접측정 : 측정량을 같은 종류의 기준량과 직접 비교하여 그양의 크기를 결정하는 방식이다.
> ② 간접측정 : 측정량과 관계가 있는 것을 직접측정으로 구하여 계산에 의해 구하는 방식이다.
> ③ 절대측정 : 길이와 질량과 시간을 측정하여 구하는 방법으로 정확한 값이 구해진다.
> **[정답] ②**

03
오실로스코프의 용도로 적합하지 않는 것은?

① 스펙트럼 분석 ② 주파수 및 주기 측정
③ 파형관측 및 비교 ④ 위상차 측정

> • 장비의 용도
>
> | 오실로스코프 | 스펙트럼 아날라이져 | 네트워크 아날라이져 |
> |---|---|---|
> | 주파수 및 주기 파형측정 | 주파수 및 진폭 스펙트럼 분석 | S-Parameter 측정 |
>
> **[정답] ①**

04
다음 중 싱크로스코프(Synchroscope)에 대한 설명으로 틀린 것은?

① 소인시간은 입력신호의 반복주기에 비례하여 설정된다.
② 파형의 부분 확대가 가능하다.
③ 비주기성 파형이나 단발현상의 파형 측정에 이용할 수 있다.
④ 높은 주파수 성분을 포함하는 여러 가지 파형을 정지시켜 측정 할 수 있다.

> 싱크로 스코프는 소인(스위프)회로를 작동시키는 외부 신호로 트리거를 사용한다. 이와 같은 스위프를 트리거스위프라고 한다. 이것에 의해 반복이 매우 느리고 지속시간이 짧은 충격파 등의 펄스파형 관측이 가능하다
> **[정답] ①**

05
오실로스코프의 수직축에는 피변조파, 수평축에는 이상기를 걸친 변조신호를 인가하면 사다리꼴의 출력 파형이 나타난다. A가 B의 3배일 때 변조도는 몇[%]인가?

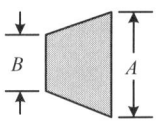

① 50[%] ② 60[%]
③ 80[%] ④ 100[%]

> 변조도 $= \dfrac{A-B}{A+B} = \dfrac{3B-B}{3B+B} = \dfrac{2B}{4B} = \dfrac{1}{2} = 0.5$
> **[정답] ①**

06
다음 중 스펙트럼 분석기를 이용하여 측정할 수 없는 것은?

① 안테나 복사패턴 측정
② 스퓨리어스 특성 측정
③ 주파수 및 펄스특성 측정
④ 비트 에러율 측정

> • 측정 장비의 특징
>
> | 오실로스코프 | 스펙트럼 아날라이져 | 네트워크 아날라이져 |
> |---|---|---|
> | 주파수 및 주기 파형 측정 | 주파수 및 진폭 스펙트럼 분석, 안테나 복사패턴 분석 | S-Parameter 측정 |
>
> Bit Error율은 BER Tester를 사용한다.
> **[정답] ④**

07

오실로스코프의 수평축과 수직축 입력에 진폭과 주파수가 같고 위상차가 90도인 전압을 가했을 때 오실로스코프에 나타나는 리사주 도형의 모양은?

① 점 ② 사선
③ 타원 ④ 원

• 오실로스코프의 리사주 도형

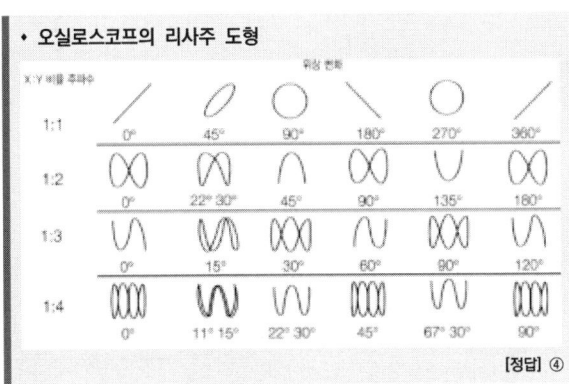

[정답] ④

08

오실로스코프의 수평축 단자에 500[Hz]신호를, 수직축 단자에 피측정 신호를 인가했을 때 오실로스코프에 타원 모양의 리사주 도형이 나타났다. 이 리사주 도형이 가로선과 만나는 최대 접점수를 2개, 세로선과 만나는 최대 접점수를 2개라 할 때 피측정 신호의 주파수는 몇[Hz]인가?

① 125[Hz] ② 500[Hz]
③ 1,000[Hz] ④ 2,000[Hz]

• x-y 에 의한 주파수 측정 (리사쥬)방법

$$\frac{V축 주파수}{H축 주파수} = \frac{H축 접점수}{V축 접점수}$$

$$\frac{f_x}{f_y} = \frac{N_y}{N_x}$$

$$f_y = \frac{N_x}{N_y}f_x = \frac{2}{2} \times 500 = 500[Hz]$$

(f_x : 수평축에 가하는 신호)
(N_x : 가로선과 만나는 최대접점 수)
(N_y : 세로선과 만나는 최대접점 수)

[정답] ②

09

다음 중 계수형 주파수계에 대한 설명으로 잘못된 것은?

① ±1 Count 오차는 계수시간과 피측정 신호의 상대 위상 관계 때문에 발생한다.
② ±1 Count 오차를 작게 하기 위해 게이트 시간을 짧게 한다.
③ 매초당 반복되는 파의 수를 펄스로 변환하여 계수한 후 표시하는 방식이다.
④ 측정범위를 확대하기 위해서는 비트다운(Beat Down)방식을 사용한다.

계수형 주파수계 : 매 초당 반복되는 파를 펄스로 변환하여 계수한 후 표시하는 방식이다. ±1 Count 오차를 작게 하기 위해 게이트 시간을 길게 해야 한다.
측정범위를 확대하기 위해서는 비트다운(Beat Down)방식을 사용한다.

[정답] ②

10

다음은 이동통신 망운용을 위한 측정장비에 대한 사용 설명이다. 빈칸에 공통으로 들어갈 측정장비 이름으로 맞는 것은?

• 측정하고자 하는 기기의 주파수 및 출력 범위를 확인한다.
• 확인된 주파수와 출력범위에 맞게 엘리먼트(Element)를 선택한다.
• 선택된 엘리먼트를 ( )에 연결한 후 엘리먼트 고정핀을 이용하여 엘리먼트를 고정시키고 측정하고자 하는 기기의 출력부분은 ( )의 입력단자에, 안테나는
( )의 출력단자에 연결한다.

① 파워미터(power meter)
② 스펙트럼분석기(spectrum analyzer)
③ 코드영역분석기(code domain analyzer)
④ 네트워크분석기(network analyzer)

• 고주파장비의 특성

고주파장비	특 성
파워미터	RF신호의 전력(Power)측정
스팩트럼분석기	RF신호의 스펙트럼(주파수)분석
코드영역분석기	Decode된 디지털신호의 분석
네트워크분석기	S-Parameter분석

[정답] ①

11

송신전력 10[W]는 몇 [dBm] 인가? (단, 송신전력이 1[mW]일 때 0[dBm]이다.)

① 40[dBm] ② 60[dBm]
③ 80[dBm] ④ 100[dBm]

$$dBm = 10\log\frac{P}{1mW}$$
$$= 10\log\frac{10[W]}{1[mW]} = 10\log 10^4 = 40[dBm]$$

dBW	$10\log\frac{x[W]}{1[W]}$
dBuV	$20\log\frac{x[W]}{1[uV]}$
dB	$10\log\frac{P2}{P1}$

[정답] ①

12

이동통신 단말기의 수신전력이 $0.004[\mu W]$일 때 이를 dBm으로 나타내면 몇 [dBm]이 되는가? (단, 1[mW]를 0[dBm]으로 한다.)

① $-44[dBm]$ ② $-54[dBm]$
③ $-64[dBm]$ ④ $-74[dBm]$

$$dBm = 10\log\frac{P}{1[mW]} = 10\log\frac{0.004 \times 10^{-6}}{1 \times 10^{-3}} = -54[dBm]$$

[정답] ②

13

전지의 내부저항을 측정하기 위해 전압계와 전류계를 사용하는 경우 전압계와 전류계의 내부저항은 전지의 내부저항에 비해 어떻게 되어야 하는가?

① 전압계의 내부저항은 아주 작고 전류계의 내부저항은 아주 커야 한다.
② 전압계의 내부저항은 아주 크고 전류계의 내부저항은 아주 작아야 한다.
③ 전압계의 내부저항과 전류계의, 내부저항은 아주 커야 한다.
④ 전압계의 내부저항과 전류계의 내부저항은 아주 작아야 한다.

전압 측정장비는 내부저항이 클수록 전압이 크게 나오고, 전류 측정장비는 내부저항이 작을수록 폐회로에 흐르는 전류가 차이가 생기지 않으므로 작을수록 좋다.

[정답] ②

14

다음 회로에서 스위치 off시 전압계의 지시치를 V_1=22[V], 스위치 on시 전압계의 지시치를 V_2=20[V]이라 하고, R은 10[Ω]이라 할 때 전지의 내부저항은 몇 [Ω] 인가?(단, 전압계의 내부저항은 아주 크고, 전류계의 내부저항은 아주 작다.)

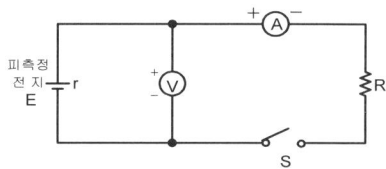

① 0.1[Ω] ② 0.5[Ω]
③ 1[Ω]   ④ 2[Ω]

내부저항(r)을 고려하면, 내부저항 r 과 외부저항 R이 직렬로 구성되어있고, 스위치 S 에 의해 외부저항이 달라진다.
Off 시 전압계 $E = I \times r = V_1 = 22V$
On시 전압계 $E = I \cdot r + I \cdot R$
여기서 $V_2 = I \cdot R$이므로
∴ $E = I \cdot r + I \cdot R$ 로부터 $V_1 = I \cdot r + V_2$
∴ $r = \frac{V_1 - V_2}{I} = \frac{R}{V_2}(V_1 - V_2)$
∴ ($I = \frac{V}{R} = \frac{V2}{10}$, R측에 흐르는 전류)
$= \frac{10}{20}(22-20) = 1[\Omega]$

[정답] ③

15

10시간 방전율인 50[AH](암페어시)의 용량을 갖는 축전지를 10시간 방전한다고 할 때 방전전류는 몇 [A]로 사용할 수 있는가?

① 0.5[A] ② 1[A]
③ 5[A]   ④ 20[A]

$$방전\ 전류 = \frac{방전율}{방전시간} = \frac{50[AH]}{10[H]} = 5[A]$$

[정답] ③

16

기전력이 2[V]인 2차 전지 60개를 직렬로 접속한 전원에서 20[A]의 방전전류를 얻고자 한다. 전원단자의 전압은 몇 [V]가 되는가? (단, 2차 전지 1개당 내부저항은 0.01[Ω]이다.)

① 108[V] ② 110[V]
③ 112[V] ④ 114[V]

$2V \times 60 = 120V$
$120V - (0.01 \times 60) \times 20 = 108V$

[정답] ①

17

전지의 내부저항을 측정하기 위해 사용되는 브리지는?

① 맥스웰(Maxaell)브리지
② 헤이(Hey)브리지
③ 헤비사이드(Heaviside)브리지
④ 코울라우시(Kohlrausch)브리지

- 브리지 회로의 종류와 특징

브리지 회로	측정항목
맥스웰 브리지	코일의 자기인덕턴스와 저항
헤이 브리지	코일의 자기인덕턴스와 저항
헤비사이드 브리지	코일의 자기인덕턴스와 저항
코울라우시 브리지	전지의 내부저항 측정

[정답] ④

18

LC 회로에서 공진 주파수가 1,200[kHz]일 때 고주파 1[A]가 흐르고, 980[kHz]와 1,020[kHz]에서 $1/\sqrt{2}$[A]의 전류가 흘렀을 경우 코일의 Q값은?

① 30   ② 40
③ 50   ④ 60

$$Q = \frac{f_0}{B} = \frac{1000}{1020-980} = 25$$

[정답] ①

19

기본파 전압이 10[V], 제2고조파 전압이 4[V], 제3고조파 전압이 3[V]일 때 전압왜율은 몇 [%]인가?

① 10[%]   ② 25[%]
③ 50[%]   ④ 80[%]

$$왜율 = \frac{\sqrt{V_2^2 + V_3^2}}{V_1} = \frac{5}{10} = 50\%$$

[정답] ③

20

총 전송한 비트수가 10^7개이고 이중에 두 개의 비트에서 에러가 발생한 경우 BER은 얼마인가?

① 10^{-5} ② 5×10^{-6}
③ 2×10^{-7} ④ 10^{-8}

- BER(Bit Error Rate)의 특성

$$비트에러율 = \frac{발생에러 비트수}{전송비트수} = \frac{2}{10^7} = 2 \times 10^{-7}$$

[정답] ③

21

BER을 측정하는데 필요하지 않은 것은?

① BER tester
② RJ-45/RS-232C 루프백 케이블
③ 다단계 감쇠기
④ 멀티미터

멀티미터는 저항측정, 전압측정, 전류측정을 하는 장비이다.

[정답] ④

22

무선전송 시스템에서의 BER 측정에 대한 설명중 틀린 것은?

① 무선 전송로와 시스템의 전송품질을 확인하기 위한 방법으로 사용된다.
② 단방향 BER 측정과 루프백 BER 측정이 있다.
③ 하드웨어 계측기인 BER tester를 이용하는 방법 및 소프트웨어 프로그램상으로 측정하는 방법이 있다.
④ E1급을 이용하는 경우 24시간 측정하여 비트 에러가 없어야 한다.

E1(2.048[Mbps]급)의 BER은 15분을 측정한다.

[정답] ④

23

BER(Bit Error Rate)에 대한 다음 설명 중 틀린 것은?

① 디지털 변복조 시스템의 성능을 평가하는 중요한 지표이다.
② 채널의 잡음특성과도 관계가 깊다.
③ BER은 SNR과 정비례 관계를 갖는다.
④ 디지털 신호를 어떠한 방법으로 변조하느냐에 따라서도 차이가 많이 발생한다.

- BER(Bit Error Rate)

① 비트에러율 = $\frac{발생에러 비트수}{전송비트수}$
② 디지털 변복조시스템의 성능평가 요소임
③ S/N이 낮으면 BER이 증가되어 반비례 관계임

[정답] ③

2 송수신기에 관한 측정

24 17/10, 15/10, 14/10, 12/10, 10/10

AM송신기의 전력측정 방법이 아닌 것은?

① 공중선의 실효 저항에 의한 측정
② 볼로미터 브리지에 의한 전력 측정
③ 의사 공중선을 사용하는 방법
④ 전구 부하에 의한 방법

- **AM송신기 전력측정방법**
  ① 실효저항 이용
  ② 의사공중선 이용
  ③ 전구의 조도비교법
  ④ 열량계법 (양극손실 측정법)
  ⑤ 수부하법
  ⑥ C-C형 전력계 법
- **FM송신기 전력측정방법**
  ① 볼로미터 브리지
  ② 열량계법
  ③ C-M형 전력계법

[정답] ②

25 13/3

다음 중 AM송신기의 전력 측정방법에 속하지 않는 것은?

① 수부하법
② 전구의 조도 비교법
③ 의사 공중선법
④ 열량계법

- **AM송신기 전력측정방법**
  ① 실효저항 이용
  ② 의사공중선 이용
  ③ 전구의 조도비교법
  ④ 열량계법 (양극손실 측정법)
  ⑤ 수부하법
  ⑥ C-C형 전력계 법

[정답] ④

26 16/10

다음중 중 AM송신기의 전력 측정방법이 아닌 것은?

① 진공관 전력계법
② 전구 부하법
③ 안테나 실효저항법
④ 열량계법

- **AM송신기 전력측정방법**
  ① 실효저항 이용
  ② 의사공중선 이용
  ③ 전구의 조도비교법
  ④ 열량계법 (양극손실 측정법)
  ⑤ 수부하법
  ⑥ C-C형 전력계 법

[정답] ④

27 16/6, 15/3

송신기에 의사 공중선 대신 16[Ω]의 무유도 저항을 연결한 후, 측정한 전류값이 5[A]일 경우 송신기의 출력 값은 얼마인가?

① 300[W]
② 400[W]
③ 500[W]
④ 600[W]

의사공중선(Dummy antenna): 공중선의 성능을 측정하고, 실제 공중선에 의한 입력회로와 등가회로로 구성한 안테나

송신출력 $P = I^2 R = 5^2 \times 16$
$= 25 \times 16 = 400 [W]$

[정답] ②

28 11/3

수부하법을 사용한 송신기의 전력 측정에서 냉각수 입구측의 온도가 4[℃] 출구측의 온도가 7[℃], 냉각수 유량이 4[cm³/sec]일 때 송신기의 전력은 약 몇 [W]인가?

① 28.2[W]
② 34.6[W]
③ 46.8[W]
④ 50.2[W]

- **수부하법**
  AM송신기의 전력측정에 사용되는 방법
  $P = 4.18 Q(t_2 - t_1) = 4.18 \times 4 \times (7-4) ≒ 50.2[W]$

[정답] ④

29 10/3

전력측정에 사용되는 볼로메터(bolometer) 브리지법에 대해 잘못 설명한 것은?

① 볼로메터 소자란 전력을 흡수하면 온도가 변화하여 전기저항이 변하는 소자이다.
② 볼로메터 브리지법을 사용하면 주파수에 따른 측정오차가 발생한다.
③ FM송신기의 전력 측정방법으로 사용된다.
④ 볼로메터 소자로는 써미스터나 바레터 (barreter)가 있다.

- **볼로메터(Bolometer)**
  볼로메터는 반도체 또는 금속이 전력을 흡수하면 온도가 상승하여 전기저항이 변화하는 것을 이용한 소자인데 주로 1[W] 이하의 소전력 측정에 사용한다. 볼로미터 소자에는 서미스터와 바레터가 있다.

[정답] ②

30 10/3

다음중 방향성 결합기를 이용하여 측정할 수 없는 것은?

① 반사계수
② 정재파비
③ 주파수
④ 결합도

- **방향성 결합기**
  도파관 두 개를 연결하여 놓고 어느 한쪽 개구로 전파를 넣었을 때, 다른 쪽 으로 나오게 만드는 것으로 정재파비, 반사계수, 결합도를 측정할 수 있다

[정답] ③

31 공중선 전류계법을 사용하여 변조도를 측정하고자 한다. 무변조시 반송파 전류(I_c)는 2[A]이고, 변조시 피변조파 전류(I_m)가 2.2[A]일 때 변조도는 약 몇[%]인가?

① 52[%] ② 65[%]
③ 72[%] ④ 85[%]

- AM 송신기 변조도 측정

$$m = \sqrt{2\left\{\left(\frac{I_m}{I_c}\right)^2 - 1\right\}} \times 100[\%]$$
$$= \sqrt{2\left\{\left(\frac{2.2}{2}\right)^2 - 1\right\}} \times 100[\%] = 64.8[\%]$$

I_m : 변조시 피변조파전류,
I_c : 무변조시 피변조파전류

[정답] ②

32 송신기의 변조특성은 여러 가지 요소를 이용하여 나타낼 수 있는데 이에 해당되지 않는 것은?

① 변조의 직선성 ② 공중선 전력
③ 종합왜율   ④ 신호대 잡음비

송신기의 변조특성은 변조도, 변조의 직선성, 종합왜율, 주파수특성, 신호대 잡음비로 나타낼 수 있다. 변조특성과 명료도, 오율은 상관관계에 있다.

[정답] ②

33 AM송신기의 신호대 잡음비 측정에 필요하지 않는 것은?

① 저주파 발진기 ② 감쇠기
③ 전력계   ④ 직선 검파기

AM송신기의 신호대 잡음비 측정에는 저주파 발진기, 감쇠기, AM송신기, 변조도계, 직선 검파기 등이 필요하다.

[정답] ③

34 다음 중 필터법을 이용한 송신기의 왜율 측정에 필요하지 않는 것은?

① LPF(Low Pass Filter)   ② BPF(Band Pass Filter)
③ HPF(High Pass Filter) ④ 감쇠기

BPF(Band Pass Filter)대신 LPF를 사용해야 한다.

[정답] ②

35 다음 중 FM송신기의 주파수 특성 측정에 사용되지 않는 것은?

① 공동 주파수계   ② 감쇠기(ATT)
③ 저역여파기(LPF) ④ 저주파 발진기

FM 송신기의 주파수 특성 측정은 먼저 저주파 발진기로 신호 주파수를 발생 후 저주파통과필터와 감쇠기를 거쳐 FM송신기에 출력을 인가하고 발사된 출력을 FM변조도계로 측정한다.

[정답] ①

36 다음 중 스퓨리어스 발사에 포함되지 않는 것은?

① 고조파 발사 ② 저조파 발사
③ 기생발사   ④ 대역외 발사

스퓨리어스는 크게 4가지 구분할 수 있다.
① 고조파 (Higher Harmonic)
- 원 인 : 증폭기의 비선형성
- 대 책 : Push-Pull 증폭기, 출력에 π형 결합기
② 저조파 (Sub-Harmonics)
- 원 인 : 주파수 체배기의 여진주파수 성분
- 대 책 : 출력의 결합회로 Q를 높이거나 또는 BPF(Band Pass Filter), Trap사용
③ 기생진동 (Parasitic Oscillation)
- 원 인 : 발진기나 증폭기 부분에서 정상주파수 이외의 주파수가 발생하는 현상
- 대 책 : 발진회로가 생성되지 않도록 부품선정, 배선을 짧게 함. 또는 저항을 삽입하여 중화시킬 수 있음
④ 상호변조 (Inter-Modulation)
- 원 인 : 비선형성을 가진 소자(증폭기,Mixer)에 입력된 주파수간에 변조 되어 새로운 주파수가 생기는 현상
- 대 책 : 소자간 간격을 충분히 둠

[정답] ④

37 다음 내용을 나타내는 용어는?

"통과대역 밖에 존재하는 강력한 방해파가 통과대역내의 희망파에 방해를 미쳐 통과대역 밖의 방해파에 의해 통과대역내의 희망파가 영향을 받게 되는 현상"

① 스퓨리어스 레스폰스 ② 혼변조
③ 잡음감도   ④ 감도 억압효과

- 혼변조(Cross Modulation)
통과대역 밖에 존재하는 강력한 방해파가 통과대역내의 희망파에 대해 간섭으로 작용하여 상호변조되는 변조를 혼변조라 한다. (상호변조(IM)도 있음)

[정답] ②

38

희망신호 근처에 방해파가 있을 경우 수신기의 감도가 저하되는 현상을 무엇이라 하는가?

① 혼변조
② 상호변조
③ 감도억압효과
④ 스퓨리어스 레스폰스

	특 징
혼변조	시스템 내에서 신호 간 변조
상호변조	시스템 외에서 신호 간 변조
감도억압	방해파에 의한 감도 저하
Spurious	송신기에서 발생되는 잡음신호

[정답] ③

39

다음 중 상호변조의 방지대책에 해당되지 않는 것은?

① 증폭기를 비선형 영역에서 동작시키지 않는다.
② 필터를 이용하여 통과대역 밖의 신호를 잘라낸다.
③ 다중화 방식으로 FDM을 사용한다.
④ 입력신호의 레벨을 너무 크게 하지 않는다.

상호변조(Inter Modulation)는 두 신호가 상호변조 되어 제3의 주파수를 만들어 내는 것으로, 증폭기에서는 왜곡으로 나타남. (Mixer(믹서)는 상호변조를 이용하는 소자임)

• **상호변조(IMD)의 방지대책**
① 필터를 이용하여 통과대역 밖의 신호를 제거
② 전송시스템을 TDM 시스템으로 구성
③ 송수신 장치나 전송매체의 선형성 동작
④ 입력레벨을 작게 함

[정답] ③

40

다음 중 수신기의 성능 지수인 선택도를 나타내는 주파수 특성에서 얻을 수 없는 것은?

① 대역폭
② 옥타브 감쇄 경도
③ 평균 감쇄 정도
④ 스퓨리어스 응답

스퓨리어스 응답특성은 수신기 성능이 아닌, 송신기에서 발생되는 2차, 3차 하모닉 성분의 크기를 나타내는 수치를 나타냄. 수신기 성능지수는 감도, 선택도, 안정도, 충실도를 말함.

[정답] ④

41

입력에 고주파 케이블을 사용한 수신기의 감도를 출력임피던스가 50[Ω]인 신호발생기를 사용하여 측정하고자 할 때 수신기의 입력단자에 연결한 방법은?

① 신호발생기와 50[Ω]의 직렬회로로 연결
② 신호발생기만 연결
③ 신호발생기와 75[Ω]의 병렬회로로 연결
④ 저항 75[Ω] 연결

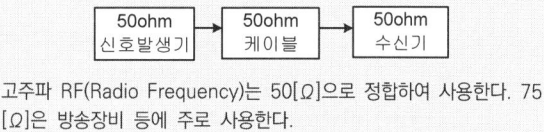

고주파 RF(Radio Frequency)는 50[Ω]으로 정합하여 사용한다. 75[Ω]은 방송장비 등에 주로 사용한다.

[정답] ①

42

FM수신기의 감도 측정에는 어떤 측정 방법이 사용되는가?

① 잡음 증가감도에 의한 측정방법
② 이득 증가감도에 의한 측정방법
③ 잡음 억압감도에 의한 측정방법
④ 이득 억압감도에 의한 측정방법

• **FM수신기 감도측정방법**
잡음 억압감도에 의한 측정방법을 사용한다.

[정답] ③

3 안테나 급전선에 관한 측정

43 무손실 선로에서의 특성 임피던스를 바르게 나타낸 것은?

① $\frac{C}{L}$
② $\frac{L}{C}$
③ $\sqrt{\frac{L}{C}}$
④ $\sqrt{\frac{C}{L}}$

> 무손실선로의 특성임피던스 = $\sqrt{\frac{L}{C}}$ 이고,
> 무왜곡 전송조건은 RC = LG 일 때를 말함.
>
> [정답] ③

44 어떤 선로의 출력을 개방시키고 입력 임피던스를 측정 하였더니 Z_1이고, 출력을 단락시키고 입력 임피던스를 측정하였더니 Z_2일 때 이 선로의 특성 임피던스는?

① $Z_1 Z_2$
② $\frac{Z_2}{Z_1}$
③ $\frac{Z_1}{Z_2}$
④ $(Z_1 Z_2)^{\frac{1}{2}}$

> 특성임피던스 = $\sqrt{Z_1 \times Z_2}$
>
> [정답] ④

45 어떤 동축 케이블의 종단 개방 시 입력 임피던스가 30[Ω]이고 종단 단락 시 입력 임피던스가 187.5[Ω]일 때 이 동축 케이블의 특성 임피던스는 몇 [Ω]인가?

① 50[Ω]
② 75[Ω]
③ 65[Ω]
④ 80[Ω]

> • 선로의 특성 임피던스
> $Z_o = \sqrt{개방시 임피던스 \times 단락시 임피던스}$
> $= \sqrt{30 \times 187.5} = 75 [\Omega]$
>
> [정답] ③

46 급전선상에 반사파가 없을 때 전압 정재파비는 얼마가 되는가?

① 0
② 1/2
③ 1
④ ∞

> 정재파는 (진행파 + 반사파)를 말함, 반사파가 없다는 의미는 정합이 되었다는 의미임.
> 전압정재파비 $VSWR = \frac{1+|\Gamma|}{1-|\Gamma|}$
> ∴ 반사계수 $\Gamma = 0$ 이 되어, 완전정합이므로 $VSWR = 1$
>
> [정답] ③

47 정재파 전압의 최대치를 V_{max}, 정재파 전압의 최소치를 V_{min}이라 할 때 정재파비를 구하는 식을 바르게 나타낸 것은?

① V_{max}/V_{min}
② V_{min}/V_{max}
③ $(V_{max}+V_{min})/(V_{max}-V_{min})$
④ $(V_{max}-V_{min})/(V_{max}+V_{min})$

> • 전압정재파비
> $VSWR = \frac{V_{max}}{V_{min}} = \frac{1+|\Gamma|}{1-|\Gamma|}$
>
> [정답] ①

48 고주파 전압계에 나타나는 정재파의 최대점 전압과 최소점 전압이 각각 12[V], 4[V]일 때, 정재파비는 얼마인가?

① 0.5
② $\sqrt{2}$
③ 2
④ 3

> • 전압정재파비
> $VSWR = \frac{V_{max}}{V_{min}} = \frac{12}{4} = 3$
>
> [정답] ④

49 반사계수가 0.2일 때 정재파비는 얼마인가?

① 1.0
② 1.5
③ 2.0
④ 2.5

> 전압 정재파비 $VSWR = \frac{1+|\Gamma|}{1-|\Gamma|}$
> $\Gamma = 0.2$ 이므로 ∴ $VSWR = \frac{1+0.2}{1-0.2} = 1.5$
>
> [정답] ②

50

정재파비를 S라 할 때 전압 반사계수는 어떤 식으로 구할 수 있는가?

① S
② S^2
③ $(S-1)/(S+1)$
④ $(S+1)/(S-1)$

> • 정재파비
> 정재파비(SWR, Standing wave ratio)는 급전선 등 전송선로의 정합상태의 양부를 나타내는 것이다.
>
> ① 반사계수
> $$\Gamma = \frac{I_r}{I_f} = \frac{V_r}{V_f} = \sqrt{\frac{P_r}{P_f}} = \frac{Z_e - Z_o}{Z_e + Z_o} = \frac{S-1}{S+1}$$
>
> ② 정재파비
> $$VSWR = \frac{V_{\max}}{V_{\min}} = \frac{I_{\max}}{I_{\min}} = \frac{Z_e + Z_o}{Z_e - Z_o} = \frac{V_f + V_r}{V_f - V_r}$$
> $$= \frac{1 + \frac{V_r}{V_f}}{1 - \frac{V_r}{V_f}} = \frac{1 + \Gamma}{1 - \Gamma}$$
>
> [정답] ③

51

급전선의 특성 임피던스 Z_o와 급전선을 통과하는 전파의 전파속도 v를 알면 급전선이 가지는 인덕턴스 값(L)을 알 수 있다. 다음 중 인덕턴스 값(L)을 구하는 식으로 맞는 것은?

① Z_o/v
② v/Z_o
③ $v \times Z_o$
④ $1/(v \times Z_o)$

> 전파속도 $v = \frac{\lambda}{T} = f\lambda = \frac{w}{\beta} = \frac{1}{\sqrt{LC}}$
>
> $Z_o = \frac{V_x}{I_x} = \sqrt{\frac{R + j\omega L}{G + j\omega C}} \fallingdotseq \sqrt{\frac{L}{C}} \; [\Omega]$
>
> 따라서, $Z_o^2 = \frac{L}{C} \to C = \frac{L}{Z_o^2}$
>
> $v = \frac{1}{\sqrt{L * \frac{L}{Z_o^2}}} = \frac{1}{\frac{L}{Z_o}} = \frac{Z_o}{L}$
>
> $\therefore L = \frac{Z_o}{v}$
>
> [정답] ①

52

레헤르(Lecher)선에 미지의 전파를 인가했을 때 전압이 최대로 나타나는 두 점 사이의 거리가 3[m]일 경우 미지 전파의 주파수는 몇 [MHz]인가?

① 30[MHz]
② 50[MHz]
③ 70[MHz]
④ 90[MHz]

> 한파장의 거리가 3[m]이므로 $\lambda = \frac{c}{f}$ 를 이용해 구할 수 있다.
> $f = \frac{3 \times 10^8 m/s}{3m} = 100 [MHz]$의 절반(1/2)인 50[MHz]가 미지의 전파 주파수가 된다.
>
> [정답] ②

53

다음 중 급전선(선로)에 나타나는 정재파의 전류, 전압의 분포와 위상을 바르게 설명한 것은?

① 전류, 전압의 분포는 선로상 어디서나 같으며, 위상은 선로의 각 점에 따라 다르다.
② 전류, 전압의 분포는 선로상 어디서나 같으며, 위상도 선로의 어디서나 같다.
③ 전류, 전압의 분포는 λ/2마다 최대와 최소가 있고, 위상은 선로의 각 점에 따라 다르다.
④ 전류, 전압의 분포는 λ/2마다 최대와 최소가 있고, 위상은 선로의 어디서나 같다.

> 정재파비(SWR)는 급전선 등 전송선로의 정합상태의 양부를 나타내는 것이다.
> 일반적으로 급전선의 특성 임피던스가 급전선의 종단에 접속된 부하의 임피던스와 같지 않으므로 급전선상에는 진행파와 반사파가 공존한다.
> 이때, 정재파의 전류, 전압의 분포는 $\frac{\lambda}{2}$ 마다 최대와 최소가 존재하고 위상은 선로에서 같다.
>
> [정답] ④

54

다음 중 급전선의 필요조건으로 적합하지 않은 것은?

① 전송효율이 좋을 것
② 유도방해를 주거나 받지 않을 것
③ 송신용의 경우 절연내력이 작을 것
④ 급전선의 파동 임피던스가 적당할 것

> • 급전선의 필요조건
> ① 손실이 적고 전송효율이 좋아야 한다.
> ② 송신용 급접선은 누설이 적고 절연내력이 커야한다.
> ③ 유도 방해가 없어야 한다.
> ④ 급접선의 특성 임피던스가 적당해야 한다.
> ⑤ 가격이 저렴하고 유지, 보수가 용이해야한다.
>
> [정답] ③

55. 안테나의 실효고를 바르게 설명한 것은?

① 전류분포가 일정한 안테나 높이
② 복사전력이 가장 작은 안테나 높이
③ 공전잡음이 가장 작은 안테나 높이
④ 전압분포가 0이 되는 안테나 높이

• 실효고(Effective Height)의 정의
전류분포가 일정하다고 가정할 수 있는 안테나 높이를 말한다.

수직접지안테나 실효고	다이폴 안테나 실효고
$\frac{\lambda}{2\pi}$	$\frac{\lambda}{\pi}$

[정답] ①

56. 안테나 실효고 측정방법중 하나인 표준 안테나에 의한 방법에서 표준 안테나로 주로 사용되는 안테나는?

① 롬빅 안테나
② 야기 안테나
③ 루프 안테나
④ 브라운 안테나

• 안테나의 실효고 측정방법

① 전계강도 측정방법
$V = E \cdot h_e$ 이므로 $h_e = \frac{V}{E}$ 로부터 h_e(실효고)를 구할 수 있다.

② 표준안테나에 의한 방법
피측정 안테나의 실효고 $h_e = \frac{I_s R_s}{I_l R_l} h_l$ 이다.

I_l = 루프안테나에 흐른 전류
R_l = 루프안테나의 실효저항
I_s = 피측정 안테나에 흐른 전류
R_s = 피측정 안테나의 실효저항
h_l = 루프안테나의 실효고

③ 표준안테나 와 전계강도를 이용하는 방법 두 가지를 모두 이용하여 측정함

[정답] ③

57. 기준 안테나로 무손실 반파장 다이폴 안테나와 등방성 안테나를 사용하여 피측정 안테나의 이득을 측정한 경우 각각의 이득을 무엇이라고 하는가?

① 상대이득, 절대이득
② 상대이득, 지상이득
③ 절대이득, 지상이득
④ 절대이득, 상대이득

안테나이득은 기준안테나를 기준으로 실제안테나의 상대적인 이득으로 계산하는 것임

	절대이득	상대이득	지상이득
기준	등방성 안테나	다이폴 안테나	수직접지 안테나
기호	Gh	Ga	Gv
관계	Gh = Ga + 2.15[dB]		

[정답] ①

58. 무선통신망의 측정 단위로 등방성 안테나(전 방향에 균등한 전파를 방사하는 가상의 안테나)를 기준으로 한 안테나의 상대적 이득 특성 단위를 표시한 것은?

① dBm
② dBi
③ dBd
④ dBc

① 등방성 안테나를 기준으로 상대이득 특성단위표시 : dBi
② 반파장 다이폴 안테나를 기준으로 이득 특성단위표시 : dBd

[정답] ②

59. 전계강도 측정기를 이용하여 큰 전계강도를 측정할 때 오차가 발생하는 가장 큰 이유는?

① 전계강도 측정기의 직선성이 나쁠 때
② 전계강도 측정기의 감도가 나쁠 때
③ 전계강도 측정기의 이득이 나쁠 때
④ 전계강도 측정기의 주파수 특성이 나쁠 때

전계강도 측정기의 직선성이란 Dynamic Range를 말하며, DR이 클수록 큰 신호부터 작은 신호까지 측정이 가능함

[정답] ①

60. 공중선의 실효 인덕턴스가 $2[\mu H]$, 실효 정전용량이 $2[pF]$일 때 이 공중선의 고유 주파수는 약 몇 [MHz]인가?

① 60[MHz] ② 80[MHz]
③ 100[MHz] ④ 120[MHz]

- **공중선의 고유주파수**

$f = \dfrac{1}{2\pi\sqrt{LC}}$ 이므로

$\therefore f = \dfrac{1}{2\pi\sqrt{LC}} = \dfrac{1}{2 \times 3.14 \sqrt{(2\times 10^{-6}) \times (2\times 10^{-9})}}$

$\fallingdotseq 80[MHz]$

[정답] ②

61. 실효높이가 10[m]인 안테나 0.08[V]의 전압이 수신 되었을 때 이 지점의 전계강도는 약 몇 [dB]인가? (단, $1[\mu V/m]$를 0[dB]로 한다.)

① 78[dB] ② 88[dB]
③ 98[dB] ④ 108[dB]

- **전계강도**

$E = \dfrac{V}{h_e} = \dfrac{0.08}{10} = 0.008\,[V/m]$

$= 8\,[mV/m]$

따라서 $dB = 20\log\dfrac{8mV}{1uV} = 20\log\dfrac{8\times 10^{-3}}{1\times 10^{-6}}$

$= 78 dB$

[정답] ①

62. 접지저항이 큰 순서로 올바르게 나열한 것은?

> ㄱ. 심글접지 방식 ㄴ. 다중접지 방식
> ㄷ. 방사상접지방식

① ㄱ > ㄴ > ㄷ ② ㄷ > ㄱ > ㄴ
③ ㄴ > ㄱ > ㄷ ④ ㄱ > ㄷ > ㄴ

장·중파대 안테나 접지의 종류

종류	특징	접지저항
심굴접지	목탄을 사용(소전력)	10[Ω]
방사상접지	동선을 사용 (중전력)	5[Ω]
다중접지	병렬 접지 (대전력)	1[Ω]
카운터포이즈	암반, 건조지 사용	수[Ω]

[정답] ④

63. 접지저항에 대한 다음 설명 중 틀린 것은?

① 공중선을 대지에 접지시킬 때 공중선과 대지 사이에 존재하게 되는 접촉저항이다.
② 접지저항을 크게 하기 위해 다점 접지를 사용한다.
③ 접지 공중선의 효율을 결정하는 중요한 요소이다.
④ 코올라우시 브리지를 이용하여 측정할 수 있다.

접지저항을 낮게 하기위해서 다점(Multi Point)접지를 사용한다.

[정답] ②

64. 다음 중 안테나의 접지저항을 측정하는 방법으로 적합하지 않은 것은?

① Q메터법 ② 비헤르트법
③ 코올라우시 브리지법 ④ 휘스톤 브리지법

- **안테나 접지저항 측정**
① 콜라우시 브리지 법
② 비헤르트법
③ 휘스톤 브리지법
④ 접지저항계법

[정답] ①

③ 안테나 공학

1. 전자파이론
2. 안테나이론
3. 급전선이론
4. 전파전파

······· **136**
······· **141**
······· **159**
······· **175**

무선설비기사 필기
영역별 기출문제풀이

1 전자파이론

01
18/10, 18/6, 13/3, 11/10

다음 중 전파의 성질에 관한 설명으로 적합하지 않은 것은?

① 전파는 횡파이다.
② 균일한 매질 중에 전파하는 전파는 직진한다.
③ 반사와 굴절 작용이 있다.
④ 주파수가 높을수록 회절 작용이 심하다.

> 전파법에서 전파는 3000[GHz]이하의 주파수를 전파로 정의하고 있음. 주파수가 낮을수록 회절현상이 심하다. 즉, 주파수가 높을수록 직진성이 강하다.
>
> [정답] ④

02
17/3

다음 중 전자파의 성질에 대한 설명으로 틀린 것은?

① 전자파는 횡파이다.
② 전자파는 편파성이 없다.
③ 전계나 자계의 진동방향과 직각인 방향으로 진행하는 파이다.
④ 전계와 자계가 서로 얽혀 도와가며 고리모양으로 진행하는 파이다.

> 전자파는 전계의 방향과 모양에 따라 선형 편파, 원형 편파, 타원편파가 있으며 선형편파는 다시 수직편파, 수평편파로 나뉜다.
>
> [정답] ②

03
14/6

다음 중 전자계 현상에 대한 설명으로 틀린 것은?

① 유전율이 커지면 파장은 길어진다.
② 전계 벡터가 X축과 Y축으로 구성되어 크기가 같은 경우를 원형 편파라고 한다.
③ 복사 전계의 크기는 거리에 반비례한다.
④ 전파의 주파수가 높을수록 직진성이 강하다.

> • 전자계 현상
> ① 파장 $\lambda = \frac{v}{f}$, 전파속도 $v = \frac{c}{\sqrt{\varepsilon_s \cdot \mu_s}}$
> ② 원형편파(X축 Y축이 크기 같음) 선형편파가 있음
> ③ 전계의 크기는 거리에 반비례 함
> ④ 주파수가 높으면 직진성, 낮으면 회절성 우수
>
> [정답] ①

04
16/3, 14/10, 10/6

다음 중 전자파의 설명으로 옳지 않은 것은?

① 전계와 자계가 이루는 평면에 수직으로 진행하는 파
② 진동 방향에 평행인 방향으로 진행하는 파
③ 전계와 자계가 서로 얽혀 도와가며 고리 모양으로 진행하는 파
④ TE(횡전파), TM(횡자파), TEM(횡전자파)의 합성파

> • 전자파의 성질
> ① 전자파는 횡파
> ② 전자파의 속도는 ε, μ가 클수록 v가 늦어지고 λ는 짧아진다. ($v = \frac{1}{\sqrt{\varepsilon\mu}}$)
> ③ $V_p V_g = c^2$ (일정) (V_p (위상속도), V_g (군속도))
> ④ 전자파는 편파성을 갖는데 수직 및 수평 편파, 원형 및 타원형 편파 등으로 구분한다.
> ⑤ 통상 TEM(진행방향에 전계/자계모두 수직)파를 전자파라 한다.
>
> [정답] ②

05
14.3, 11/3

다음 중 전파에 관한 설명으로 맞는 것은?

① 진행 방향에는 전계와 자계가 없고 직각인 방향에만 전계와 자계 성분이 있는 경우를 구면파라고 한다.
② 매질의 종류에 관계없이 속도는 광속과 같다.
③ 전파는 종파이다.
④ 군속도 × 위상속도 = (광속도)^2

> • 전파의 특징
> ① 진행방향에 전계 와 자계가 없고 수직방향에 전계와 자계가 존재하는 경우는 TEM파이다.
> ② 전파는 매질에 따라 속도가 변화된다.
> $v = \frac{1}{\sqrt{\mu\varepsilon}}$ (μ : 투자율, ε : 유전율)
> ③ 전파는 횡파, 음파는 종파이다.
> ④ 군속도 × 위상속도 = c^2
>
> [정답] ④

06
16/3, 13/10

자유공간에서, 전파가 20[μs] 동안 전파되었을 때 진행한 거리는 어느 정도인가?

① 2[km]   ② 6[km]
③ 20[km]   ④ 60[km]

> $d = c \times t = (3 \times 10^8) \times (20 \times 10^{-6}) = 6000[m]$
>
> [정답] ②

07

평면파의 설명으로 잘못된 것은? (단, ε_o: 진공의 유전율, μ_o: 진공의 투자율, ε_s: 비유전율, μ_s: 비투자율, c: 빛의 속도)

① 공중선으로부터 방사된 전파는 공중선 부근에서는 구형파이지만 상당히 먼거리에서는 평면파로 된다.
② 전파속도는 $v = \frac{c}{\sqrt{\mu_s \varepsilon_s}} [\text{m/sec}]$이다.
③ 자유공간 임피던스는 $Z_o = \sqrt{\frac{\mu_o}{\varepsilon_o}} = 120\pi [\Omega]$이다.
④ 진행방향에 대해서 전계와 자계가 서로 180[°]를 이룬다.

- 평면파

정 의	공중선에서 방사된 전파는 공중선 부근에서 구형파, 원거리에서 평면파
전파속도	$v = \frac{c}{\sqrt{\mu_s \varepsilon_s}} [\text{m/sec}]$
자유공간 임피던스	$Z_o = \sqrt{\frac{\mu_o}{\varepsilon_o}} = 120\pi [\Omega]$
전계와 자계관계	진행방향에서 전계와 자계는 수직[90도]

[정답] ④

08

다음 중 전파의 성질에 대한 설명으로 옳지 않은 것은?

① 송신측에서 수직 다이폴을 사용하면 수신측에서도 수직편파 안테나를 사용하여야 한다.
② Snell의 법칙은 매질의 경계면에서 일어나는 회절현상을 분석할 때 사용한다.
③ 도체에 전파가 진입할 때의 감쇠되는 정도는 표피작용의 깊이(Skin Depth)로 알 수 있다.
④ 주파수가 높을수록 직진성이 강하고 낮을수록 회절이 잘 된다.

Snell의 법칙은 매질의 경계면에서 일어나는 굴절현상을 분석할 때 사용한다.

[정답] ②

09

다음 중 포인팅 벡터의 단위는?

① J/m^2 ② W/m^2
③ J/m^3 ④ W/m^3

$P = E \times H$

[정답] ②

10

다음 중 파장이 가장 짧은 주파수대는 어느 것인가?

① UHF   ② VHF
③ SHF   ④ EHF

- 파장과 주파수는 반비례함

기호	주파수	파장
LF	30KHz ~ 300KHz	100m
MF	300KHz ~ 3MHz	10m
HF	3MHz ~ 30MHz	1m
VHF	30MHz ~ 300MHz	10cm
UHF	300MHz ~ 3GHz	1cm
SHF	3GHz ~ 30GHz	1mm
EHF	30GHz ~ 300GHz	0.1mm

[정답] ④

11

극초단파(UHF) 주파수 범위에 대한 것 중 맞는 것은?

① 30~300[MHz]   ② 300~3000[MHz]
③ 3~30[GHz]   ④ 30~300[GHz]

- 주파수대역

주파수대	주파수대역
MF	300[KHz] ~ 3[MHz]
HF	3[MHz] ~ 30[MHz]
VHF	30[MHz] ~ 300[MHz]
UHF	300[MHz] ~ 3[GHz]
SHF	3[GHz] ~ 30[GHz]
EHF	30[GHz] ~ 300[GHz]

[정답] ②

12

변화하고 있는 자계는 전계를 발생시키고 또 반대로 변화하고 있는 전계는 자계를 발생시키는 사실을 나타내고 있는 것은?

① Maxwell 방정식   ② Lentz 방정식
③ Poynting 정리   ④ Laplace 방정식

맥스웰 방정식은 페러데이 전자유도법칙, 암페어법칙, 가우스 법칙으로 전자기파의 현상을 방정식으로 표현한 것이다.

① 암페어 주회 법칙 ($\nabla \times H = J + \frac{\partial D}{\partial t}$) 시간적으로 변화되는 전계는 자계를 발생시킴
② 페러데이 전자유도 법칙 ($\nabla \times E = -\frac{\partial B}{\partial t}$) 시간적으로 변화되는 자계는 전계를 발생시킴

[정답] ①

13. 밀리미터파에 해당되는 주파수는?

① 3[GHz] – 30[GHz]
② 30[GHz] – 300[GHz]
③ 300[MHz] – 3000[MHz]
④ 1[GHz] – 15[GHz]

파 장	주파수대역
VHF	30[MHz] ~ 300[MHz]
UHF	300[MHz] ~ 3[GHz]
SHF	3[GHz] ~ 30[GHz]
EHF	30[GHz] ~ 300[GHz]

[정답] ②

14. 다음 중 TEM파(Transverse Electromagnetic Wave)에 대한 설명으로 옳은 것은?

① 전파 진행방향에 전계성분만 존재하고 자계성분은 존재하지 않는다.
② 전파 진행방향에 자계성분만 존재하고 전계성분은 존재하지 않는다.
③ 전파 진행방향에 전계, 자계 성분이 모두 존재하지 않는다.
④ 전파 진행방향에 전계, 자계 성분이 모두 존재한다.

전자파는 횡파 이며 TEM (진행방향에 전계/자계 수직인 파)모드로 동작함.

TEM	TE	TM
진행방향에 대해서 전계, 자계가 수직	진행방향에 대해서 전계가 수직	진행방향에 대해서 자계가 수직

• [TEM 파형]

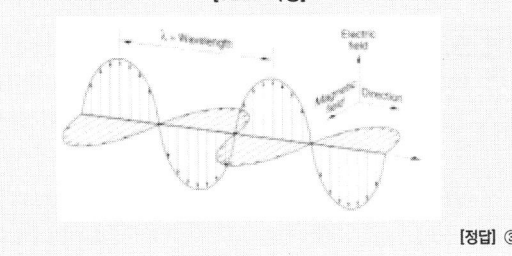

[정답] ③

15. 자유 공간의 특성 임피던스는 근사치로 약 얼마인가?

① 60[Ω]
② 75[Ω]
③ 377[Ω]
④ 600[Ω]

• 자유 공간 임피던스
$$Z_0 = \sqrt{\frac{\mu_0}{\epsilon_0}} = 120\pi = 377[\Omega]$$

[정답] ③

16. 전파의 속도는 매질의 어떤 양에 따라 변화하는가?

① 점도와 밀도
② 밀도와 도전율
③ 도전율과 유전율
④ 유전율과 투자율

• 전파의 속도
$$v = f\lambda = \frac{\omega}{\beta} = \frac{1}{\sqrt{\epsilon\mu}}$$
① 파장과 속도는 비례함
② 파장이 길어지면 회절이 우수함

[정답] ④

17. 다음 중 포인팅(Poynting) 벡터 P를 옳게 표현한 식은? (단, E는 전계의 세기, H는 자계의 세기이다.)

① $P = \frac{H}{G}$
② $P = \frac{E}{H}$
③ $P = \frac{1}{2}EH^2$
④ $P = E \times H$

$P = E \times H = EH\sin\theta$ 로 표시하며 단위는 $[W/m^2]$

[정답] ④

18. 다음 중 포인팅 벡터의 크기를 나타내는 것은?(단, E : 전계의 세기, H : 자계의 세기, μ : 투자율, ϵ : 유전율)

① EH
② $\mu\epsilon$
③ H/E
④ $\sqrt{\mu/\epsilon}$

$P = EH\sin\theta$, $\theta = 0$인 경우 $P = EH$
포인팅 벡터는 단위면적당 전력 밀도[W/㎡]의 크기 및 방향을 나타낸다.

[정답] ①

19. 비유전율(ϵ_s)이 1이고 비투자율(μ_s)이 9인 매질 내를 전파하는 전자파의 속도는 자유공간을 전파할 때와 비교해서 몇 배의 속도가 될까?

① 2배
② 1/2배
③ 3배
④ 1/3배

• 전파속도
$$v = \frac{c}{\sqrt{\mu_s \epsilon_s}} = \frac{c}{\sqrt{1 \times 9}} = \frac{c}{3}$$

[정답] ④

20
17/10, 15/3

비유전율이 9이고 비투자율이 1인 매질을 전파하는 전자파의 속도는 자유공간을 전파할 때와 비교하여 약 몇 배의 속도인가?

① 3.33배 ② 2.33배
③ 1.33배 ④ 0.33배

- 전파속도

$$v = \frac{c}{\sqrt{\mu_s \epsilon_s}} = \frac{c}{\sqrt{9 \times 1}} = \frac{c}{3}$$

[정답] ④

21
14/10, 11/10

다음 지문에서 설명하는 두 개의 법칙으로 맞는 것은?

> 자계의 세기를 변화시키면 그 주위에 전류가 발생되고, 발생된 전류는 자계의 변화를 방해하는 방향으로 흐른다.

① 옴의 법칙, 나이퀘스트 정의
② 델린저 현상, 페이딩
③ 패러데이 법칙, 렌츠의 법칙
④ 암페어의 오른나사 법칙, 렌츠의 법칙

페러데이 법칙	렌츠의 법칙
$E = -\frac{\partial B}{\partial t}$ 시간적으로 변화 ($-\frac{\partial B}{\partial t}$) 되는 자계에 의해 전계(E,전류)발생	발생되는 전류는 자계의 변화를 방해 하는 방향 (렌츠의 법칙)

렌츠의 법칙은 발생된 전류는 자계의 변화를 방해하는 방향으로 흐름을 나타냄.

[정답] ③

22
12/10

어떤 전자파의 전계의 세기는 $E = 10\cos(10^9 t + 30z)$와 같다. 이 전자파의 위상속도는 얼마인가?

① $\frac{1}{9} \times 10^8 [\text{m/sec}]$ ② $\frac{1}{3} \times 10^8 [\text{m/sec}]$
③ $3 \times 10^8 [\text{m/sec}]$ ④ $9 \times 10^8 [\text{m/sec}]$

- 전파의 위상속도

$v = \frac{w}{\beta}$ 이므로 $E = 10\cos(10^9 t + 30z)$에서
$w = 10^9$, $\beta = 30$
$\therefore \frac{10^9}{30} = \frac{1}{3} \times 10^8 [\text{m/s}]$

[정답] ②

23
13/6

자유공간의 파동 임피던스를 나타내는 것 중에서 틀린 것은? (단, ϵ_0은 유전율, μ_0는 투자율, E는 전계, H는 자계로서 모두 자유 공간에서의 값이다.)

① $120\pi [\Omega]$ ② $\sqrt{\frac{\mu_0}{\epsilon_0}} [\Omega]$
③ $\frac{E}{H} [\Omega]$ ④ $\mu_0 H^2 [\Omega]$

전계와 자계와의 관계를 전압과 전류의 관계와 유사하게 전기회로의 임피던스 개념을 전자파에 적용한 것을 "파동임피던스"라 함.
파동임피던스는 $\sqrt{\frac{\mu_0}{\epsilon_0}} [\Omega]$, $\frac{E}{H} [\Omega]$ 이고, 자유공간

[정답] ④

24
12/6

전자계에서 전계의 세기를 E, 자계의 세기를 H, 전계와 자계 사이의 값을 $\theta(\theta < 90°)$라고 할 때 포인팅(Poynting) 벡터의 크기는 어떻게 표시되는가?

① $EH\sin\theta$ ② $EH\cos\theta$
③ $EH\tan\theta$ ④ EH

$P = EH\sin\theta$ ($\theta < 90°$), 단, $\theta = 0$인경우 $P = EH$

[정답] ①

25
18/3,16/10, 12/3

다음 중 자유공간에서 전력밀도 P를 옳게 표현한 식은? (단, E는 전계의 세기, H는 자계의 세기이다.)

① $P = \frac{H}{E}$ ② $P = \frac{E}{H}$
③ $P = \frac{1}{2}EH^2$ ④ $P = \frac{E^2}{120\pi}$

폐곡면의 단위면적당 출력을 측정하면 그 값은 포인팅 벡터(Poynting Vector) 또는 포인팅 전력(Poynting Power)P로 표시되는 값을 전력밀도라 한다.

$Z_0 = \frac{E}{H}$ 관계에서 $H = \frac{E}{Z_0} = \frac{E}{120\pi}$ 이므로
$P = EH = E\frac{E}{120\pi} = \frac{E^2}{120\pi}$ 로 나타낼 수 있다.

[정답] ④

26

간격 d인 두 개의 평행 전극판 사이에 유전율 ϵ의 유전체가 있을 때, 전극 사이에 전압 $V_m \cos wt$ 를 가한 경우의 변위 전류밀도는?

① $\dfrac{\epsilon}{d} V_m \cos wt$
② $-\dfrac{\epsilon}{d} V_m w \sin wt$
③ $\dfrac{\epsilon}{d} w V_m \sin wt$
④ $-\dfrac{\epsilon}{d} V_m w \cos wt$

- **변위전류(Displacement Current)**
  ① 공간을 통해 흐르는 전류: 공기, 진공, 절연체 등으로 이루어진 공간을 흐르는 전류 (例) 전기 회로 일부에 진공, 유전체 등으로 채워진 콘덴서가 삽입되는 경우에 나타남
  ② 시간에 따라 변화하는 장(場)에서 흐르는 전류 (例) 이때의 변위전류는 공간에서 송신 안테나와 수신 안테나를 결합시켜줌
  ③ 변위 전류밀도: 전속밀도(전기변위 밀도)의 시간적 변화

  [정답] ②

27

비유전율이 25이고, 비투자율이 1인 매질 내를 전파하는 전자파의 속도는 자유공간을 전파할 때와 비교하여 약 몇 배의 속도인가?

① 0.1배
② 0.2배
③ 0.3배
④ 0.5배

- **전파속도**

  $v = \dfrac{c}{\sqrt{\mu_s \epsilon_s}} = \dfrac{c}{\sqrt{25 \times 1}} = \dfrac{c}{5}$

  [정답] ②

28

자유공간에서 단위 면적당 단위 시간에 통과하는 전자파 에너지가 3[W/m^2]일 경우 전계강도는 약 얼마인가?

① 8.45[V/m]
② 16.81[V/m]
③ 33.63[V/m]
④ 45.65[V/m]

- **포인팅 전력 밀도**

  $P = \dfrac{E^2}{120\pi}$ 이므로

  $E = \sqrt{P \times 120\pi} = \sqrt{3 \times 120\pi}$

  [정답] ③

29

유전체에서 변위전류를 발생하는 것은?

① 분극 전하밀도의 시간적 변화
② 분극 전하밀도의 공간적 변화
③ 전속밀도의 시간적 변화
④ 전속밀도의 공간적 변화

- **변위전류**
  도선에 흐르는 전류를 전도전류(Conduction current : i_c)라 하고 캐패시터의 단위면적당 유입되는 전도전류에 의해 유전체에 흐르는 전류를 변위전류(displacement current; i_d)라 한다. 변위전류란 유전체를 통해 흐르는 전류로 i= $\dfrac{dQ}{dt} = S \dfrac{dD}{dt}$ 로 표시되면 전속밀도 D의 시간적 변화에 의해 흐르는 전류이다.

  [정답] ③

30

두 개의 금속판을 마주보게 놓고 전압을 인가했을 때 극판 사이의 전속밀도 (D)는 얼마인가? (단, 극판에 축적된 전하를 Q[C], 극판 연적을 S[m^2], 극판 사이의 유전율을 ε이라 한다.)

① $\dfrac{Q}{S}$ [C/m^2]
② $\dfrac{D}{\varepsilon}$ [V/m]
③ $\dfrac{dQ}{dt}$ [A]
④ $\varepsilon \dfrac{dE}{dt}$ [A/m^2]

전속밀도는 단위면적당 전속수을 나타낸다.
전속이란 전기력선의 다발로 1[C]에서 하나의 전속이 나오므로, 전속과 전하 는 같다

전속밀도 = $\dfrac{전속}{면적} = \dfrac{전하}{면적} = \dfrac{Q}{S}$ [C/m^2]

[정답] ①

② 안테나이론

1 안테나의 복사이론

01
17/6,16/6,14/6,10/10
다음 중 거리에 따라 가장 감쇠가 급격하게 발생하는 것은 어느 것인가?
① 정전계 ② 정자계
③ 복사전계 ④ 복사자계

구분	감쇠 특성
정전계	$\frac{1}{r_3}$ (r = 거리)
유도계	$\frac{1}{r^2}$ (r = 거리)
복사계	$\frac{1}{r}$ (r = 거리)

정전계, 유도전계, 복사전계가 같아지는 지점 0.16λ

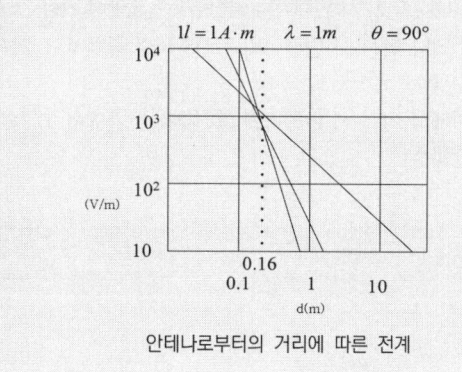
안테나로부터의 거리에 따른 전계

[정답] ①

02
16/10
미소다이폴로부터 발생하는 전자계 중 근거리에서 주가 되는 성분은?
① 복사계 ② 유도계
③ 정전계 ④ 전류계

• 미소다이폴로부터 발생하는 전자계

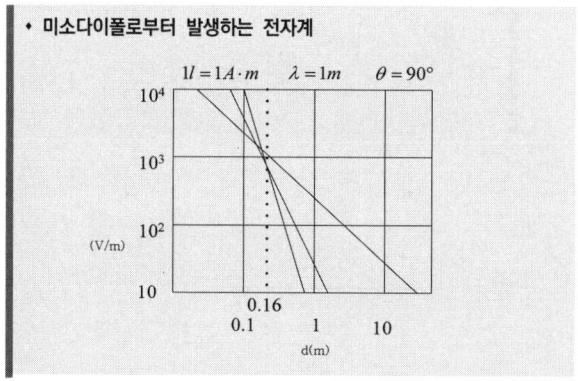

① 복사계 : $\frac{1}{d}$ 에 비례, 원거리의 주성분
② 유도계 : $\frac{1}{d^2}$ 에 비례, 근거리의 주성분
③ 정전계 : $\frac{1}{d^3}$ 에 비례, 안테나 부근의 주성분

근거리에서는 정전계의 영향이 미미하므로, 유도계의 영향이 크다.
[정답] ②

03
13/6
정전계와 방사계의 크기가 같아지는 지점은?(단, λ는 파장이다.)
① λ ② 3.14λ
③ λ/2 ④ 0.16λ

정전계와 방사계의 크기가 같아지는 지점은 0.16λ 지점임.
[정답] ④

04
16/3
자유공간에서 주파수 15[MHz]의 전파를 방사하는 미소 다이폴안테나로부터 거리 d[m]인 곳의 복사전계와 유도전계의 세기가 같아졌다면, 이때의 거리 d는 몇 [m]인가?
① 0.6[m] ② 1.6[m]
③ 3.2[m] ④ 6.4[m]

정전계와 방사계의 크기가 같아지는 지점은 0.16λ 지점임.
$\lambda = \frac{c}{f} = \frac{3 \times 10^8}{15 \times 10^6} = 20[m]$, 0.16λ = 0.16 × 20 = 3.2[m]
[정답] ③

05
12/3
주파수가 15[MHz]인 전기적 미소다이폴의 복사전계가 그 정전계보다 이론상 커지는 것은 송신안테나에서 대략 얼마만큼 떨어진 곳에서부터 인가?
① 3.2[m] ② 2.2[m]
③ 1.2[m] ④ 0.2[m]

$\lambda = \frac{c}{f} = \frac{3 \times 10^8}{15 \times 10^6} = 20[m]$, 0.16λ = 0.16 × 20 = 3.2[m]
송신안테나에서 거리가 0.16λ보다 멀 때 복사전계가 정전계보다 커진다.
[정답] ①

06
17/10

다음 중 설명이 틀린 것은?
① 정전계와 유도전계가 같아지는 거리는 약 0.16λ이다.
② UHF(Ultra High Frequency)란 파장이 $0.1~1[m]$인 범위를 말한다.
③ 복사전계의 크기는 파장에 비례한다.
④ 정전계에 수반하는 자계 성분은 없다.

복사전계의 크기는 $E = \dfrac{60\pi Il}{\lambda d}\sin\theta \ [V/m]$이므로 파장에 반비례한다.

[정답] ③

07
17/3

길이가 0.4[m]이고, 사용 주파수가 50[MHz]인 미소다이폴 안테나에 전류 9[A]를 흘렸을 때 복사전력은 약 얼마인가?
① 355
② 255
③ 455
④ 555

$R = 80\pi^2(\dfrac{l}{\lambda})^2$. $\lambda = \dfrac{c}{f} = \dfrac{3\times10^8}{50\times10^6} = 6$ 이므로

$R = 80\pi^2(\dfrac{0.4}{6})^2 = 80\times3.14^2\times4\times10^{-3} = 3.501$

미소다이폴 복사전력
$\therefore P_r = I^2R = 9^2\times3.501 = 284[W]$

[정답] ②

08
14/3,10/6

길이 30[m]인 수직 공중선의 고유파장과 고유주파수는 얼마인가?
① λ: 120[m], f : 2,500[MHz]
② λ: 80[m], f : 3,750[MHz]
③ λ: 120[m], f : 2,500[kHz]
④ λ: 80[m], f : 3,750[kHz]

수직 접지 안테나의 고유 파장 λ는
$l = \dfrac{\lambda}{4}$, $30 = \dfrac{\lambda}{4}$ 따라서, $\lambda = 120[m]$

고유주파수 f 는
$\therefore f = \dfrac{c}{\lambda} = \dfrac{3\times10^8}{120[m]} = 2500[KHz]$

[정답] ③

09
11/10

길이 20[m]의 $\lambda/4$ 수직 공중선의 고유파장과 고유주파수는 얼마인가?
① λ : 40[m], f : 12[MHz]
② λ : 80[m], f : 3,750[kHz]
③ λ : 40[m], f : 7,500[kHz]
④ λ : 80[m], f : 20[MHz]

수직 접지 안테나의 고유 파장 λ는
$l = \dfrac{\lambda}{4}$, $20 = \dfrac{\lambda}{4}$ 따라서, $\lambda = 80[m]$

고유주파수 f 는
$\therefore f = \dfrac{c}{\lambda} = \dfrac{3\times10^8}{80[m]} = 3750[KHz]$

[정답] ②

10
13/3

공진에서의 고유주파수란 무엇인가?
① 안테나 여진 시 안테나의 공진주파수 중에서 가장 낮은 주파수
② 안테나 여진 시 안테나의 공진주파수 중에서 가장 높은 주파수
③ 안테나 여진 시 안테나의 공진주파수 중에서 1/2보다 낮은 주파수
④ 안테나 여진 시 안테나의 공진주파수 중에서 1/2보다 높은 주파수

공진주파수란 안테나 여진 시 안테나의 공진주파수 중에서 가장 낮은 주파수임

[정답] ①

11
18/10,18/6,17/3

1/4파장 수직접지 안테나에 있어서 실제 안테나 길이가 13[m]일 경우 이 안테나의 실효 높이는 약 얼마인가?
① 10.3[m]
② 9.3[m]
③ 8.3[m]
④ 7.3[m]

$\dfrac{\lambda}{4}$ 수직접지안테나 실효고는
$h_e = \dfrac{\lambda}{2\pi}$ 이며, $l = \dfrac{\lambda}{4}$ 로부터 $\lambda = 4l = 52[m]$이므로
실효고는 $h_e = \dfrac{\lambda}{2\pi} = \dfrac{52}{6.28} = 8.3[m]$이다.

[정답] ③

12

수직접지 안테나의 높이가 λ/4보다 높다. 이 경우 안테나의 방사저항은 어떻게 될까?

① λ/4인 경우보다 커진다.
② λ/4인 경우보다 작아진다.
③ λ/4와 같다.
④ 0

• 수직접지안테나의 방사(복사저항)은
$R_r = 160\pi^2 \left(\dfrac{l}{\lambda}\right)^2$ (l : 안테나 길이)

[정답] ①

13

중파 방송국의 안테나 전력을 10[KW]에서 40[KW]로 증가하면 동일지점의 전계강도는 몇 배로 되는가?

① 변화가 없다.
② $\sqrt{2}$배 증가한다.
③ 2배 증가한다.
④ 4배 증가한다.

전계강도 E 와 안테나전력 P_r 의 관계: $E \propto \sqrt{P_r}$
∴ 4배 증가시키면 $\sqrt{4} = 2$배 증가됨

[정답] ③

14

지표면으로부터 높이 10[m]에 수평편파 송수신 안테나가 놓여 있다. 대지면을 완전도체라고 가정하는 경우, 송신 안테나에서 30[MHz]의 신호를 10[kW]에서 40[kW]로 증가시켜 송신할 때 20[km] 떨어진 수신 안테나 위치에서 전계강도의 변화는?

① 변화가 없다.
② 3배 증가한다.
③ 2배 증가한다.
④ 4배 증가한다.

• 전계강도
$E = \dfrac{k\sqrt{P}}{d}$, 즉, $E \propto \sqrt{P}$ 관계를 가진다.
송신전력을 4배 증가시키면, 전계강도는 2배 증가한다.

[정답] ③

15

λ/4 수직 접지식 안테나의 복사전계강도를 나타내는 식으로 올바른 것은? (단, P_r : 복사전력, r : 안테나로부터의 거리)

① $6.7\dfrac{\sqrt{P_r}}{r}$
② $\dfrac{\sqrt{9.9P_r}}{r}$
③ $\dfrac{\sqrt{6.7P_r}}{r}$
④ $9.9\dfrac{\sqrt{P_r}}{r}$

• 안테나에 따른 복사강도

헤르츠 안테나	반파장안테나	수직접지안테나
$\dfrac{6.7\sqrt{P_r}}{d}$[V/m]	$\dfrac{7\sqrt{P_r}}{d}$[V/m]	$\dfrac{9.9\sqrt{P_r}}{d}$[V/m]

[정답] ④

16

주파수 1[MHz] 안테나 전류 10[A]의 수직접지 안테나를 세웠다고 하면 안테나에서 300[km]의 거리의 지점의 전계강도 3[mV/m]를 얻으려면 안테나의 실효고는 얼마가 필요한가?

① 71.7[m]
② 84.7[m]
③ 95[m]
④ 100[m]

복사전계강도	실효고
$E = \dfrac{120\pi I h_e}{\lambda d}$	$h_e = \dfrac{E\lambda d}{120\pi I}$

∴ $E = \dfrac{3 \times 10^{-3} \times 300 \times 300 \times 10^3}{120\pi \times 10} = \dfrac{270000}{120\pi \times 10} ≒ 71.7$[m]

[정답] ①

17

전계강도가 100[mV/m]인 지점에 길이 75[m]의 수직접지 안테나를 설치하였을 때 안테나에 유기되는 최대 유기 기전력은 약 얼마인가? (단, 사용주파수는 1[MHz]이다.)

① 9.5[V]
② 4.8[V]
③ 3.7[V]
④ 2.4[V]

$\dfrac{\lambda}{4}$ 수직접지 안테나의 실효고 $h_e = \dfrac{\lambda}{2\pi}$
$\lambda = 4l = 4 \times 75 = 300$[m]으로부터 $h_e = \dfrac{300}{2\pi}$
최대 유기 기전력 $V = E \cdot h_e = 100 \times 10^{-3} \times \dfrac{300}{2\pi} = \dfrac{30}{2\pi} = 4.77$

[정답] ②

18

자유공간에 있는 반파장 다이폴 안테나의 최대복사방향으로 5[km]인 지점에서의 전계강도가 5[mV/m]일 때 안테나의 방사 전력은?

① 7.50[W]　　② 10.25[W]
③ 12.75[W]　　④ 17.25[W]

• 안테나에 따른 복사강도

헤르쯔 안테나	반파장안테나	수직접지 안테나
$\dfrac{6.7\sqrt{Pr}}{d}$ [V/m]	$\dfrac{7\sqrt{Pr}}{d}$ [V/m]	$\dfrac{9.9\sqrt{Pr}}{d}$ [V/m]

반파장 다이폴안테나의 전계강도는

$\dfrac{7\sqrt{Pr}}{d}$ [V/m] 에서 $5m[V/m] = \dfrac{7\sqrt{P_r}}{5Km}$ 이므로,

$\sqrt{P_r} = \dfrac{5mV \times 5Km}{7} = 3.57$

∴ $P_r = 3.57^2 = 12.75[W]$

[정답] ③

19

사용주파수가 20[MHz]이고, 복사저항이 73.13[Ω]인 반파장 다이폴 안테나의 실효길이는 약 얼마인가?

① 2.4[m]　　② 3.6[m]
③ 4.8[m]　　④ 5.2[m]

• 반파장 다이폴안테나의 실효길이

실효고 $h_e = \dfrac{\lambda}{\pi}[m]$ 이므로, 약 4.8[m]

파장 $\lambda = \dfrac{c}{f} = \dfrac{3 \times 10^8}{20 \times 10^6} = 15[m]$

[정답] ③

20

반파장 안테나에 10[A]전류가 흐를 때 500[km] 지점에서 최대 복사 방향에서의 전계강도는 약 얼마인가?

① 10[mV/m]　　② 4.3[mV/m]
③ 2.1[mV/m]　　④ 1.2[mV/m]

$E = \dfrac{60I}{d} = \dfrac{1.2}{1000} = 1.2[mV/m]$

[정답] ④

21

자유공간에 반파장 더블렛 안테나가 있다. 이 안테나의 복사전력이 900[W]일 때 최대복사 방향으로 5[km] 떨어진 점의 전계강도는 몇 [V/m]인가?

① 0.04　　② 0.05
③ 0.5　　④ 0.4

• 안테나의 전계강도

$E = \dfrac{7\sqrt{Pr}}{d}$ (반파장다이폴안테나)

$= \dfrac{7\sqrt{900}}{5 \times 10^3} = \dfrac{7 \times 30}{5000} = 0.042[V/m]$

[정답] ①

22

같은 전력을 급전할 때 λ/4수직 접지 안테나에서 발생되는 전계는 λ/2다이폴 안테나에 비하여 약 몇 배인가?

① 0.4　　② 1.4
③ 1.9　　④ 2.5

수직접지 안테나 복사 강도 = $\dfrac{9.9\sqrt{Pr}}{d}$ [V/m]

반파장 안테나 복사 강도 = $\dfrac{7\sqrt{Pr}}{d}$ [V/m]

$\dfrac{9.9}{7} ≒ 1.4$배

[정답] ②

23

수평 반파장 다이폴 안테나를 만들어 20[MHz]인 전파를 발사 하고자 할 때 안테나의 한쪽(급전점을 중심으로 좌측 또는 우측) 길이는 약 몇 [m]로 하면 좋겠는가?(단, 단축률은 5[%]로 한다.)

① 3.6[m]　　② 3.8[m]
③ 7.1[m]　　④ 7.5[m]

• 주파수와 파장의 관계

$\lambda = \dfrac{c}{f} = \dfrac{3 \times 10^8}{20 \times 10^6} = 15[m]$

$l = \dfrac{\lambda}{4} = \dfrac{15}{4} = 3.75[m]$

$l' = 3.75 \times (1 - 0.05) ≒ 3.6[m]$

[정답] ①

24

자유공간에서, 어떤 안테나가 200[W]의 전력을 방사할 때, 최대 방사방향의 송신점으로부터 50[km] 점에서 전기장 세기가 4[mV/m]이다. 이 안테나의 상대이득은 얼마인가? (단, log2 = 0.3으로 계산한다.)

① 3[dB] ② 4[dB]
③ 5[dB] ④ 6[dB]

$4 \times 10^{-3} = \dfrac{7\sqrt{Gh \cdot P}}{50 \times 10^3}$ 에서 Gh(상대이득)

$(200)^2 = 49 Gh \times 200$, $Gh = \dfrac{4 \times 10^4}{49 \times 200} ≒ 4$

Gh(상대이득)을 dB로 변환하면
10Log4=10log2²=20log2=20x0.3=6[dB]

안테나 전계강도(전계의세기)
$E = \dfrac{7\sqrt{Gh \cdot P}}{d[m]}$ [mV/m]

[정답] ④

25

자유공간에서, 전파가 20 마이크로초 동안 전파되었을 때 진행한 거리는 어느 정도인가?

① 2[km] ② 6[km]
③ 20[km] ④ 60[km]

$v = \dfrac{d}{s}[m/s]$

$\therefore d = c \times t = 3 \times 10^8 \times 20 \times 10^{-6} = 60[km]$

[정답] ②

26

다음 로딩(Loading) 다이폴안테나의 설명에서 괄호 안에 맞는 말을 순서대로 배열한 것은?

로딩의 종류에는 (　)를(을) 로딩하여 다이폴안테나의 광대역 특성을 얻는 것과 (　)를(을) 로딩하여 길이가 1/2파장보다 짧아져 용량성으로 되는 다이폴안테나를 공진시켜 정합하는 것과 (　)를(을) 로딩하여 다이폴안테나를 소형화하는 것이 있다.

① 저항-인덕터-커패시터   ② 인덕터-커패시터-저항
③ 커패시터-저항-인덕터   ④ 커패시터-인덕터-저항

로딩이란 인덕터나 커패시터를 이용해 안테나의 공진주파수를 조절할 수 있는 장치를 말함.

	인덕터	캐패시터
특 징	안테나대형화	안테나소형화
고유파장	길어짐	짧아짐

① 연장코일
안테나의 기저부에 인덕턴스를 삽입하면 다음의 공진 주파수 공식에서 합성인덕턴스 L이 증가하므로 주파수는 낮아지고 파장은 길어져 안테나의 길이가 연장된 것과 같은 효과를 얻을 수 있다. 이러한 인덕턴스 성분을 연장선륜이라고 한다.

② 단축 캐패시턴스
안테나의 기저부에 캐패시턴스를 삽입하면 합성 캐패시턴스 C가 감소하므로 주파수는 높아지고 파장은 짧아져 안테나의 길이가 단축된 것과 같은 효과를 얻을 수 있는데 이러한 캐패시턴스 성분을 단축용량 이라고 한

③ 저항
안테나의 특성이 주파수에 따르지 않으므로 광대역 특성을 가짐.

[정답] ①

27

기저부에 콘덴서를 삽입하는 이유는?

① 고유 주파수 보다 높은 주파수에 공진시킨다.
② 고유 주파수 보다 낮은 주파수에 공진시킨다.
③ 접지저항을 감소시키기 위하여 사용한다.
④ 접지저항을 증가시키기 위하여 사용한다.

• 단축용량
기저부에 콘덴서를 삽입하면 고유주파수보다 높은 주파수에 공진이 되므로 등가적으로는 안테나가 단축된다.

$f = \dfrac{1}{2\pi \sqrt{L_e \left(\dfrac{C_e \cdot C_b}{C_e + C_b}\right)}}$ [Hz]

Loading	연장선륜(Coil)	단축용량(Condenser)
공진 주파수	$f = \dfrac{1}{2\pi\sqrt{(L_e + L)C}}$	$f = \dfrac{1}{2\pi\sqrt{L\dfrac{Ce \cdot C}{Ce + C}}}$
고유 주파수	낮아짐	높아짐
안테나 파장	길어짐	짧아짐

[정답] ①

28

다음 중 사용파장이 λ이고 공진파장을 $λ_o$라고 할 경우, $λ > λ_o$ 조건이라면 최적의 안테나 공진을 위하여 안테나에 삽입해야 할 것으로 적합한 것은?

① 저항 ② 절연체
③ 연장코일 ④ 압축콘덴서

• 안테나로딩(Loading)

단축 콘덴서	연장코일	Top loading
안테나 길이를 단축	안테나 길이를 연장	실효길이를 증대.

[정답] ③

29
다음 중 안테나 파라미터와 관계없는 것은? 15/3
① 편파
② 방사패턴
③ 이득
④ 반사손실

> • 안테나 파라미터
> ① 고유주파수와 고유파장
> ② 안테나 효율
> ③ 실효고와 복사저항, 이득
> ④ 지향성 패턴과 복사 패턴
> ⑤ 반치각과 전후방비
>
> [정답] ④

30
다음 중 안테나 파라미터와 관계 없는 것은? 17/10, 12/6
① 고유주파수
② 안테나 효율
③ 실효고 및 복사저항
④ 수신전력

> • 안테나 파라미터
> ① 고유주파수와 고유파장
> ② 안테나 효율
> ③ 실효고와 복사저항, 이득
> ④ 지향성 패턴과 복사 패턴
> ⑤ 반치각과 전후방비
>
> [정답] ④

31
다음 중 안테나정수에 해당되지 않는 것은? 14/3
① 지향성
② 복사저항
③ 복사전압
④ 이득

> 안테나정수(파라미터)는 지향성, 복사저항, 이득, 효율, 임피던스, 지향성이 있음
>
> [정답] ③

32
다음 설명 중 옳지 않은 것은? 17/10, 11/6
① 주엽- 최대복사 방향 빔패턴
② 부엽-주엽외의 작은 빔패턴
③ 전계패턴- 최대 전계 복사각도 1/2되는 두 점 사이 각도
④ 전후방비- 주엽전계강도의 최대값도 후방부엽 전계강도의 최대값의 비

> • 안테나 복사파라미터의 특징
>
> | 파라미터 | 특징 |
> |---|---|
> | 주엽 | 최대 복사방향의 빔패턴 |
> | 부엽 | 주 복사방향 이외의 패턴 |
> | 전계패턴 | 최대 전계 복사각도 $\frac{1}{\sqrt{2}}$ 되는 두 점 사이 각도 |
> | 전후방비 | $\frac{전방복사전계}{후방복사전계}$ (클수록 좋음) |
>
> [정답] ③

33
미소다이폴을 수직으로 놓았을 때 수평면의 지향성 계수는? 17/6, 13/10
① 1
② 2
③ 1.5
④ 2.5

> • 안테나 지향성 계수
>
> | 구분 | 수직면 향성계수 | 수평면 향성계수 ø |
> |---|---|---|
> | 미소 다이폴 | sin | 1 |
> | 반파 다이폴 | $\frac{\cos(\frac{\pi}{2}\cos\theta)}{\sin\theta}$ | 1 |
>
> [정답] ①

34
반치각이란 주엽의 최대 복사 강도(방향)에 대해 몇 [dB]가 되는 두 방향 사이의 각을 말하는가? 16/10, 15/3, 10/3
① 0[dB]
② -3[dB]
③ -6[dB]
④ -12[dB]

> 반치각이란 안테나 주엽(Main Lobe)에서 전계강도가 $\frac{1}{\sqrt{2}}$ 인 지점, 전력이 $\frac{1}{2}$(즉, -3[dB])로 떨어지는 두 점간의 각을 말한다.
>
> [정답] ②

35
접지안테나의 손실저항 종류가 아닌 것은? 11/10
① 접지저항
② 도체저항
③ 유전체손실
④ 부하저항

> | 손실저항 | 특징 |
> |---|---|
> | 접지저항 | 대지와 안테나의 접촉저항 |
> | 도체저항 | 안테나 도체 자신의 고주파저항 |
> | 유전체손실 | 안테나주변의 유도체에 의한 손실 |
> | 와전류손실 | 안테나주변의 도체내에 유기되는 고주파와 전류에 의한 손실 |
>
> [정답] ④

36
다음 중 접지 안테나의 손실저항에 해당되지 않는 것은?

① 와전류저항　　② 코로나 누설저항
③ 유전체손실　　④ 표피저항

접지안테나(수직접지안테나)의 손실저항은 와전류, 코로나, 유전체손실 등이 있으며, 표피저항은 도선의 표피효과에 의한 손실저항임.

[정답] ④

37
다음 중 접지안테나 손실의 대부분을 차지하는 것은?

① 도체저항　　② 유전체 손실
③ 접지저항　　④ 코로나 손실

• 안테나 효율

$$\frac{복사저항}{복사저항 + 손실저항} \times 100[\%] \fallingdotseq 60[\%]$$

손실저항은 대부분 접지저항이 차지하며, 따라서 대지면 선택이 중요함.

[정답] ③

38
안테나 손실저항 중 코로나손실에 대한 설명으로 맞는 것은?

① 코로나 방전 등에 의해 생기는 손실
② 안테나 지시물이나 안테나 주변의 유도체에 의한 고주파 손실
③ 대지와 안테나와의 접촉저항
④ 안테나 주변의 도체내에 유기되는 고주파와 전류에 의한 손실

• 안테나의 코로나손실 저항

코로나 방전에 의한 전력손실. 안테나표면의 전위 기울기가 대체로 30kV/cm가 되면 안테나표면의 공기가 이온화되어 코로나 방전이 되고, 송신전력이 소리, 빛, 열 등으로 변환되어 전력 손실을 일으킴③ 외경이 굵은 안테나나 다도체를 사용하여 방지한다.

[정답] ①

39
다이폴의 길이가 λ/10이고, 손실저항이 10[Ω]인 안테나의 효율[%]은 약 얼마인가?

① 40[%]　　② 50[%]
③ 60[%]　　④ 70[%]

반파장($\frac{\lambda}{2}$) 다이폴의 복사저항 = 73.13[Ω]

$\frac{\lambda}{10}$ 일 때 복사저항 = $\frac{73.13}{5} = 14.63[\Omega]$

안테나 효율 = $\frac{복사저항}{복사저항 + 손실저항} \times 100[\%]$

$= \frac{14.63}{14.63 + 10} \times 100[\%] \fallingdotseq 60[\%]$

[정답] ③

40
복사저항이 200[Ω]이고, 손실저항이 35[Ω]이라고 할 때 안테나의 복사효율은?

① 65[%]　　② 75[%]
③ 85[%]　　④ 95[%]

복사효율은 복사저항과 손실저항에 의해 외부로 방사되는 실제 효율을 나타냄.

안테나효율 = $\frac{200}{200+35} \times 100[\%] = 85[\%]$

[정답] ③

41
접지안테나 복사저항이 36.6[Ω]고, 접지저항이 7[Ω]이며, 그 외의 손실저항이 4[Ω]이다. 안테나 효율은?

① 75.4[%]　　② 76.8[%]
③ 78.6[%]　　④ 79.2[%]

안테나효율 = $\frac{복사저항}{복사저항 + 손실저항} \times 100[\%]$
$= \frac{36.6}{36.6+(7+4)} \times 100[\%] = 76.8[\%]$

[정답] ②

42
방사효율이 0.7 인 안테나에서 손실전력이 3[W] 일 때, 이 안테나에서 방사되는 전력은?

① 4[W]　　② 7[W]
③ 10[W]　　④ 12[W]

방사효율은 입력전력 대 방사전력의 비로 나타냄
효율이 0.7이고 손실이 3[W] 이므로 출력은 7[W]

[정답] ②

43
13/10.10/10

안테나 Q(Quality Factor)의 파라미터에 해당하지 않는 것은?

① 선택도
나. 첨예도
③ 양호도
④ 안정도

- **안테나의 Q Factor**
  ① 공진곡선의 첨예도(Sharping)를 나타낸다.
  ② 특정주파수에 대한 선택도 또는 양호도를 나타낸다.

$$Q = \frac{wL_e}{R_e} = \frac{1}{R}\sqrt{\frac{L}{C}} = \frac{1}{R}Z_o$$

[정답] ④

44
16/3, 14/10

$10[\mu V/m]$의 전계강도를 dB 단위로 변환한 값은 얼마인가? (단, $1[\mu V/m]$를 0[dB]로 한다.)

① 10[dB]
② 20[dB]
③ 30[dB]
④ 40[dB]

$$20\log\frac{10[\mu V/m]}{1[\mu V/m]} = 20[dB]$$

단위	설 명
dBm	dBm = $10\log_{10}\frac{[x]W}{1mW}$
dBuV/m	dBuV/m = $20\log_{10}\frac{E[\mu V/m]}{1uV/m}$

[정답] ②

45
18/6, 15/3, 10/10

다음 중 절대이득의 기준 안테나는 무엇인가?

① 무손실 등방성 안테나
② 무손실 반파 다이폴 안테나
③ 무손실 혼(Horn) 안테나
④ $\lambda/4$ 보다 극히 짧은 수직접지 안테나

① 절대이득(G_a): 무 손실 등방성 안테나에 대한 전력이득으로 마이크로파용 입체안테나에 사용한다.
② 상대이득(G_h): 무 손실 반파 다이폴 안테나에 대한 전력이득으로 초단파 이하의 선형 안테나에 사용한다.
③ 지상이득(G_v): $\frac{\lambda}{4}$ 보다 극히 짧은 수직접지안테나에 대한 전력이득으로 접지 안테나에 사용한다.
④ 절대이득(G_a), 상대이득(G_h), 지상이득(G_v)의 관계
$G_a = 1.64 \times G_h = 3 \times G_v$

[정답] ①

46
17/10, 16/10, 13/10, 10/3

다음 중 절대이득을 측정 할 수 있는 표준형 안테나로 사용할 수 있는 안테나는?

① 혼(Horn) 안테나
② 웨이브(Wave) 안테나
③ 루프 안테나
④ 롬빅 안테나

- **안테나이득**
  ① 절대이득 (등방성안테나 기준안테나, dBi)
  ② 상대이득 (다이폴안테나 기준안테나, dBd)
  ③ 지상이득 (수직접지안테나 기준안테나)
  혼(Horn)안테나의 특징
  ① 지향성이 예민하다.
  ② 부엽(Side Lobe)가 적다.
  ③ 이득은 파장의 제곱에 반비례, 개구면이 클수록 이득도 커진다.
  ④ 등방성 안테나 대신 절대이득 측정의 표준 안테나로 사용이 가능하다.
  ⑤ 광대역특성을 가진다.

[정답] ①

47
18/3, 14/3, 12/10

등방성안테나를 기준 안테나로 하는 이득은?

① 절대이득
② 상대이득
③ 지상이득
④ 최대이득

안테나이득은 기준안테나를 기준으로 실제안테나의 상대적인 이득으로 계산하는 것임

	절대이득	상대이득	지상이득
기준	등방성 안테나	다이폴 안테나	수직접지 안테나
기호	Gh	Ga	Gv
관계	Gh = Ga + 2.15[dB]		

[정답] ①

48
18/6, 16/10, 12/6

다음 중 절대이득과 상대이득, 지상이득과의 관계를 옳게 표현한 것은?

① 절대이득 = 상대이득 × 1.64
② 절대이득 = 상대이득 × 2.56
③ 절대이득 = 지상이득 × 3.68
④ 절대이득 = 지상이득 × 5.15

절대이득 = 상대이득 × 1.64 배
절대이득[dB] = 상대이득[dB] +2.15[dB]

[정답] ①

49

다음 중 Friis의 전달공식을 바르게 표현한 것은? (단, Pt:송신전력, Pr:수신전력, Gt:송신 안테나의 이득, Gr:수신 안테나의 이득, Ls:자유공간손실이다.)

① Pr[dB]=Pt[dB]+Gt[dB]+Gr[dB]-Ls[dB]
② Pr[dB]=Pt[dB]-Gt[dB]-Gr[dB]-Ls[dB]
③ Pr[dB]=Pt[dB]+Gt[dB]-Gr[dB]-Ls[dB]
④ Pr[dB]=Pt[dB]-Gt[dB]+Gr[dB]-Ls[dB]

> 프리스(Friss)의 전달공식은 송신과 수신점 사이에서 손실을 계산할 수 있는 공식임.
> 자유공간손실 $L = 20\log\frac{4\pi d}{\lambda}$ [dB]
>
> [정답] ①

50

Friis의 전달공식에서 송신기와 수신기 안테나 간의 거리가 2배 증가 할수록 수신전력은 어떻게 되는가?

① 2[dB]로 증가한다.   ② 3[dB]로 증가한다.
③ 4[dB]로 감소한다.   ④ 6[dB]로 감소한다.

> Friis 전송방정식은 수신안테나의 전력과 송신안테나의 전력비로 나타내며 아래 식과 같다.
> $$\frac{P_R}{P_T} = G_T G_R \left(\frac{\lambda}{4\pi d}\right)^2$$
> 거리가 2배 증가하면 수신전력은 6dB 감소함.
>
> [정답] ④

51

100[MHz]의 신호를 송신 안테나를 통해 100[km] 떨어진 수신 안테나로 전송할 때 자유 공간 전파 손실은 얼마인가?

① 92.45[dB]   ② 102.45[dB]
③ 112.45[dB] ④ 122.45[dB]

> 자유공간상의 전송손실은 송신 과 수신 안테나사이에서 발생하는 손실을 말한다.
> $L = 32.45 + 20\log(100) + 20\log(100) ≒ 112.45$[dB]
>
> | 자유공간손실공식 |
> | --- |
> | $L = 20\log\frac{4\pi d}{\lambda}$[dB] |
> | 주파수 MHz,거리[km] 단위 |
> | $L = 32.45 + 20\log(f) + 20\log(d)$[dB] |
> | 주파수 GHz, 거리[km] 단위 |
> | $L = 92.45 + 20\log(f) + 20\log(d)$[dB] |
>
> [정답] ③

52

마이크로파 송신전력이 1[W](+30[dBm]), 송·수신 안테나 이득이 각각 40[dB], 수신입력 레벨이 -27[dBm]일 때 자유공간 손실은 얼마인가? (단, 도파관 손실 및 기타 손실은 무시한다.)

① -140[dB]   ② -130[dB]
③ -137[dB]   ④ -160[dB]

> $P_r[\text{dBm}] = P_t[\text{dBm}] + G_t[\text{dBi}] + G_r[\text{dBi}] - L[dB]$
> $-27[\text{dBm}] = 30[\text{dBm}] + 40[\text{dBi}] + 40[\text{dBi}] - L[\text{dB}]$
> $\therefore L[\text{dB}] = 137[\text{dB}]$
>
> [정답] ③

53

송신출력이 1[W], 송수신 안테나 이득이 각각 20[dBi]이고 수신입력 레벨이 -30[dBm]일 경우 자유공간손실은 몇 [dB]인가? (단, 전송선로 손실 및 기타 손실은 무시한다.)

① 30[dB]   ② 70[dB]
③ 100[dB]   ④ 120[dB]

> • 프리스(Friss)전력전달 공식
> $P_r[\text{dBm}] = P_t[\text{dBm}] + G_t[\text{dBi}] + G_r[\text{dBi}] - L[dB]$
> $-30[\text{dBm}] = 30[\text{dBm}] + 20[\text{dBi}] + 20[\text{dBi}] - L[\text{dB}]$
> $\therefore L[\text{dB}] = 100[\text{dB}]$
>
> [정답] ③

54

개구 면적이 2.5[m^2]인 파라볼라 안테나를 2[GHz] 주파수에서 사용할 때 절대 이득이 30[dB]이면 이 안테나의 개구효율은 약 얼마인가?

① 0.65   ② 0.72
③ 0.82   ④ 0.91

> $\eta = \frac{G\lambda^2}{4\pi A} = \frac{1000 \times (0.15)^2}{4 \times 3.14 \times 2.5} = \frac{22.5}{31.4} = 0.716 ≒ 0.72$
>
> ($\lambda = \frac{c}{f}$, 절대이득(G) 30[dB]=10logG=1000)
>
> | 파라볼라 안테나이득 | 개구효율 |
> | --- | --- |
> | $G = \eta\frac{4\pi A}{\lambda^2}$ | $\eta = \frac{G\lambda^2}{4\pi A}$ |
>
> [정답] ②

55

기준 안테나의 실효면적이 Ae[m^2]이고 어떤 안테나의 실효면적이 Aes[m^2]일 때, 이 안테나의 상대이득은 어느 것인가?

① Aes / Ae
② Ae / Aes
③ Aes × Ae
④ Aes − Ae

> 안테나 상대이득이란, 기준 안테나에 대한 상대적 이득을 말하는 것으로, 안테나이득은 실효면적에 비례하므로, 2개의 실효면적비가 상대이득이 된다.
>
> $$안테나이득 = 10\log\frac{임의의 안테나의 이득}{기준안테나의 이득} [dB]$$
> $$= 10\log\frac{임의의 안테나의 실효면적(A_{es})}{기준안테나의 실효면적(A_e)} [dB]$$
>
> **[정답] ①**

56

레이다의 안테나에서 송신된 펄스가 $6[\mu s]$ 후에 목표물로부터 반사되어 수신되었다면 목표물까지의 거리는?

① 450[m]
② 900[m]
③ 1,800[m]
④ 3,600[m]

> $v = \frac{2s}{t}$ 이므로
>
> $s = \frac{1}{2} \times 3 \times 10^8 \times 6 \times 10^{-6} = 900[m]$
>
> **[정답] ②**

2 안테나의 접지방식

57

다음 중 대지와 안테나와의 접촉저항을 무엇이라 하는가?

① 접지저항
② 도체저항
③ 유전체손실
④ 코로나손실

> 접지저항은 대지와 안테나를 접촉시킨 저항이다.
>
> **[정답] ①**

58

접지저항이 큰 순서로 올바르게 나열한 것은?

```
ㄱ. 심굴접지 방식      ㄴ. 다중접지 방식
ㄷ. 방사상 접지방식
```

① ㄱ > ㄴ > ㄷ
② ㄷ > ㄱ > ㄴ
③ ㄴ > ㄱ > ㄷ
④ ㄱ > ㄷ > ㄴ

> **• 장·중파대 안테나 접지의 종류**
>
> | 종류 | 특징 | 접지저항 |
> |---|---|---|
> | 심굴접지 | 목탄을 사용 (소전력) | 10[Ω] |
> | 방사상접지 | 동선을 사용 (중전력) | 5[Ω] |
> | 다중접지 | 병렬 접지 (대전력) | 1[Ω] |
> | 카운터포이즈 | 암반, 건조지 사용 | 수[Ω] |
>
> **[정답] ④**

59

다음 중 심굴접지에 대한 설명으로 틀린 것은?

① 대지의 도전율이 좋은 경우에 사용한다.
② 수분을 잘 흡수하는 목탄을 사용하여 접지저항을 줄인다.
③ 고주파에 대한 큰 효과가 없으므로 가접지 또는 보조접지에 이용된다.
④ 접지저항을 1[Ω] 이하로 하려면 접지를 3개~30개 정도의 개수로 적당한 위치에서 접속한다.

> **• 다중접지**
> 공중선 전류를 지선망의 각 분구에 똑같이 흘려서 공중선 전류가 기저부에 밀집하는 것을 피하여 접지 저항을 감소시키는 방식
>
> **[정답] ④**

60

장·중파대의 송신안테나 중 수분이 많고 대지의 도전율이 양호한 경우에 사용하고 소전력의 송신 안테나에 사용되는 가장 적합한 접지방식은?

① 다중 접지
② 심굴 접지
③ 가상 접지
④ 방사상 접지

> **• 심굴 접지(지중 동판식)**
> ① 안테나에서 가까운 지점에서 지하수가 나올 정도의 깊이에 동판을 매설하고 그 주위에 수분을 잘 흡수하는 목탄을 넣어 접촉저항을 감소 시킨다.
> ② 접지 저항은 10[Ω] 전후이다.
> ③ 고주파에 큰 효과가 없으므로 보조접지용으로 이용된다.
> ④ 소전력국의 송신용 안테나 접지에 이용한다.
>
> **[정답] ②**

61

장·중파대의 송신 안테나의 접지방식 중 접지저항이 약 5[Ω] 정도이고 중파 방송용 안테나에 주로 사용되는 접지방식으로 가장 적합한 것은?

① 다중 접지
② 가상 접지
③ 방사상 접지
④ 어스 스크린 접지

- **방사상 접지(지선망 접지)**
  ① radial earth 라고 하며 지하 50-100[mm] 정도에 2.9 [mm] 정도의 동선을 안테나를 중심으로 최소한 공중선의 높이와 같은 정도의 길이로 120줄 정도를 매설하는 접지 방식이다.
  ② 접지 저항은 약 5[Ω]외 정도이다.
  ③ 중전력국의 송신용 안테나 접지에 이용한다.
  ④ 안테나에서 대지로 흐르는 전류의 측로를 효율적으로 형성하여 접지 저항을 낮춘다.

[정답] ③

62

다음 중 방사상 접지에 대한 설명으로 틀린 것은?

① 지중 동관식이라고도 한다.
② 접지 저항은 약 5[Ω] 정도이다.
③ 중파 방송용 안테나에 주로 사용된다.
④ 여러 동선을 안테나를 중심으로 방사형으로 땅속에 매설한다.

심굴 접지를 지중 동판식이라고도 한다.

- **방사상 접지(지선망 접지)**
  ① radial earth 라고 하며 지하 50-100[mm] 정도에 2.9 [mm] 정도의 동선을 안테나를 중심으로 최소한 공중선의 높이와 같은 정도의 길이로 120줄 정도를 매설하는 접지 방식이다.
  ② 접지 저항은 약 5[Ω]외 정도이다.
  ③ 중전력국의 송신용 안테나 접지에 이용한다.
  ④ 안테나에서 대지로 흐르는 전류의 측로를 효율적으로 형성하여 접지 저항을 낮춘다.

[정답] ①

63

다음 중 방사상 접지의 접지저항과 용도로 각각 옳은 것은?

① 약 1~2[Ω] 정도, 단파 방송용
② 약 5[Ω] 정도, 중전력국용
③ 약 10[Ω] 정도, 소전력용
④ 약 20[Ω] 정도, 대전력용

① 접지 저항은 약 5[Ω]외 정도이다.
② 중전력국의 송신용 안테나 접지에 이용한다.

[정답] ②

64

다중 접지의 접지 저항과 용도로 각각 옳은 것은?

① 약 1~2[Ω] 정도, 대전력용
② 약 5[Ω] 정도, 소전력용
③ 약 10[Ω] 정도, 중파 방송용
④ 약 20[Ω] 정도, 단파 방송용

(1) 심굴접지
  ① 공중선에 가까운 지점에 지하수가 나올 정도의 깊이에 동판을 매설하여 그 주위에 수분을 잘 흡수하는 목탄을 넣어 접촉 저항을 작게 한 방식
  ② 접지 저항은 10[Ω]전후
  ③ 소전력 송신기에 사용
(2) 방사상 접지(Radial earth)
  ① 지하 50~100[cm] 정도에 2.9[mm]정도의 동선을 공중선 높이와 같은 정도의 길이로 수십 중 (보통 120줄 정도)을 방사상으로 매설하는 방식. 지선망 방식이라고도 한다.
  ② 접지저항은 5[Ω] 전후
  ③ 중파 방송용으로 사용
(3) 다중접지
  ① 공중선 전류를 지선망의 각 분구에 똑같이 흘려서 공중선 전류가 기저부에 밀집하는 것을 피하여 접지 저항을 감소시키는 방식
  ② 접지 저항은 1~2[Ω] 정도
  ③ 대전력 방송국에 사용
(4) 카운터 포이즈(counter poise)
  ① 대지의 도전율이 나쁜 경우 방사상의 지선망을 공중선 높이의 약 5[%] (1~2m 정도)의 지상에 대지와 절연하여 설치하는 용량 접지 방식
  ② 접지저항은 1~2[Ω] 정도
  ③ 건조지, 암산, 수목이 많은 곳, 건물의 옥상등에 사용
(5) 어스 스크린(Earth screen)
  ① 동선을 방사상으로 치는 대신 공중선 투영 면적 아래에 대략 실효 높이 정도의 면적에 Screen을 묻어 접지하는 방식
  ② 눈금 간격은 실효고의 $\frac{1}{10}$보다 작게 한다.

[정답] ①

65

다음 중 다중 접지방식에 대한 설명으로 틀린 것은?

① 한 점의 접지만으로는 불충분한 경우, 여러 점을 직렬로 접속하여 접지 저항을 줄이는 방식이다.
② 안테나 전류가 기저부 부근에 밀집하는 것을 피하고 접지저항을 감소시키기 위해 사용한다.
③ 접지 저항은 1~2[Ω]정도 이다.
④ 대전력 방송국의 안테나 접지에 이용한다.

다중접지는 병렬로 연결하여 접지저항을 줄이는 방식을 말하며, 1~2옴 정도 접지저항을 가진다.(대전력용)

[정답] ①

66. (18/3)
안테나 전류를 지선망의 각 분구(分區)에 똑같이 흘려서 안테나 전류가 기저부 근처에 밀집하는 것을 피하여 접지저항의 감소를 도모하는 접지방식은?

① 가상 접지
② 다중 접지
③ 심굴 접지
④ 방사상 접지

> **• 다중접지**
> ① 공중선 전류를 지선망의 각 분구에 똑같이 흘려서 공중선 전류가 기저부에 밀집하는 것을 피하여 접지 저항을 감소시키는 방식
> ② 접지 저항은 1~2[Ω] 정도
> ③ 대전력 방송국에 사용

67. (17/3)
안테나에서 가까운 지점에 지하수가 나올 정도의 깊이에 동판(동봉)을 매설하고 그 주위에 수분 흡수를 위해 목탄을 묻어서 접촉저항을 감소시키는 접지방식은?

① 다중 접지
② 심굴 접지
③ 가상접지
④ 어스 스크린 접지

> **• 심굴접지**
> ① 공중선에 가까운 지점에 지하수가 나올 정도의 깊이에 동판을 매설하여 그 주위에 수분을 잘 흡수하는 목탄을 넣어 접촉 저항을 작게한 방식
> ② 접지 저항은 10[Ω] 전후
> ③ 소전력 송신기에 사용
>
> [정답] ③

68. (16/3)
다음 중 가상접지에 대한 설명으로 틀린 것은?

① 대지의 도전율이 나쁜 곳에서 사용된다.
② 지상고 2.5[m] 이상에 도체망을 설치하는 방식이다.
③ 도체망과 대지사이에 변위전위가 흐르게 하여 접지한다.
④ 도체망의 가설 면적을 작게 해야 좋은 효과를 얻을 수 있다.

> **• 카운터 포이즈(가상접지)**
> ① 대지의 도전율이 나쁜 경우 방사상의 지선망을 공중선 높이의 약 5[%] (1~2m 정도)의 지상에 대지와 절연하여 설치하는 용량 접지 방식
> ② 접지저항은 1~2[Ω] 정도
> ③ 건조지, 암산, 수목이 많은 곳, 건물의 옥상등에 사용
> ④ 도체망의 가설 면적을 크게 해야 좋은 효과를 얻을 수 있다.
>
> [정답] ④

69. (15/3)
제1종 접지는 몇 옴[Ω] 이하를 요구하는가?

① 10[Ω]
② 20[Ω]
③ 30[Ω]
④ 40[Ω]

> 통신기기는 1종 접지 (10옴 이하)와 3종 접지 (100옴 이하)를 주로 사용함.
>
> [정답] ①

3 안테나의 종류 및 특성

70. (18/10, 18/6)
다음 중 수직안테나의 정부에 역 L형 안테나와 같이 수평도선을 설치하거나 정관안테나와 같이 용량환을 설치하는 경우에 틀린 것은?

① 안테나 수직부의 전류분포를 증대하고 실효고를 높이는 역할을 한다.
② 방사저항의 감소로 효율이 증가한다.
③ 고유주파수가 저하된다.
④ 비교적 낮은 안테나로 고각도 방사를 억제하며 수평이득이 크다.

> 방사저항이 증가해야 방사효율이 증가한다.
>
> [정답] ②

71. (16/10, 15/10)
다음 중 철탑의 높이가 같은 경우에 일반적으로 방사 효율이 가장 낮은 안테나는?

① 연장코일을 사용하는 안테나
② 역 L형 안테나
③ 우산형 안테나
④ 원정관(Top Ring) 안테나

> 연장코일을 사용하는 부분에 해당하는 전류분포 면적은 무효전력으로 작용하여 효율이 떨어진다.
>
> [정답] ①

72. Top Loading의 효과로 적절한 것은?
① 실효길이의 증가
② 고유주파수의 증가
③ 방사저항의 감소
④ 방사효율의 감소

> Top Loading을 하게 되면 공진(고유) 주파수가 낮아지게 된다. 공진(고유) 주파수가 낮아지면 공진 따장이 길어지고, 공진 파장이 길어지면 실효고가 증가하게 된다. 또한 정관 부하는 고각도 방사를 억제함으로서 그 전파가 안테나의 수직면 쪽으로 나아가게 되므로 방사 저항 및 방사효율이 증가하고 수직면 내 지향성도 더 예리해진다.
>
> [정답] ①

73. 다음 중 야간에 방향 탐지 시 발생되는 야간오차를 경감시키는 안테나는?
① 야가 안테나
② 빔 안테나
③ 애드콕 안테나
④ 루우프 안테나

> adcock 안테나는 다음과 같은 특성을 갖는다.
> ① 야간 방향탐지 오차 방지용 안테나로 사용된다.
> ② 완전한 방탐용 안테나로 사용하기 위해서는 수직 안테나와 조합해서 사용한다.
> ③ 수평면내 지향성은 8자 특성이다.
>
> [정답] ③

74. 다음 중 애드콕(Adcock) 안테나의 특징이 아닌 것은?
① 야간오차 방지효과가 있다.
② 수평면내 8자형 지향성을 갖는다.
③ 방향탐지용 안테나이다.
④ 수직편파 성분은 결합코일에서 서로 상쇄된다.

> 애드콕 안테나에서 수평편파 성분이 결합 코일 1차측에서 크기가 같고 방향이 반대인 전류가 서로 상쇄되어 2차측에 출력이 나타나지 않는다.
>
> [정답] ④

75. 다음 중 단파대에서 주로 사용되는 안테나는?
① 롬빅 안테나
② T형 안테나
③ 우산형 안테나
④ 역L형 안테나

> T형 안테나, 우산형 안테나, 역L형 안테나는 중.장파대에서 주로 사용하는 안테나이다.
>
> [정답] ①

76. 다음 중 수직 접지 안테나의 일반적인 특징으로 틀린 것은?
① 수직편파
② 수직면내 쌍반구형 지향특성
③ 방송용
④ 수평면내 8자 지향 특성

> • 수직접지안테나 특징
> ① $\frac{\lambda}{4}$ 길이를 사용하며, 수직편파발생
> ② 수직면에서 쌍반구형 지향성
> ③ 수평면에서 원형 지향성
> ④ 주로 방송용으로 사용됨
>
> [정답] ④

77. 장중파 안테나에 대한 단파 안테나의 일반적인 특징에 대한 설명으로 틀린 것은?
① 광대역성의 예민한 지향특성을 갖는다.
② 파장이 짧으므로 고유파장의 안테나를 얻기 쉽다.
③ 주로 수직편파를 이용하므로, 접지가 불필요 하다.
④ 복사 효율이 좋고, 반사기 등을 사용할 수 있다.

> • 장중파 안테나 와 단파 안테나
>
> | 요소 | 장중파 안테나 | 단파 안테나 |
> |---|---|---|
> | 이 득 | 낮 음 | 높 음 |
> | 고유파장 | 파장이 길다 | 파장이 짧다 |
> | 편파 | 수직편파 | 수평편파 |
> | 대역성 | 협대역 | 광대역 |
> | 복사효율 | 나쁨 | 좋음 |
> | 주 전파 | 지표파 | 전리층반사파 |
> | 사용주파수 | 3KHz~300[KHz] | 3MHz~30[MHz] |
>
> [정답] ③

78. 다음 중 Loop안테나의 설명으로 틀린 것은?
① 급전선과 정합이 어렵다.
② 효율이 나쁘다.
③ 수평면내 8자형 지향특성을 갖는다.
④ 대형으로 이동이 어렵다.

> Loop안테나는 소형화가 가능한 수평면내에서 8자 지향성을 가진 안테나임. 방향성을 나타낼 수 있음.
>
> [정답] ④

79

수평면내 지향특성은 단향성이며, 광대역이고, 수신주파수가 변화되어도 지향성은 변화하지 않으며, 주로 수신용으로 사용하는 안테나는?

① 야기 안테나
② 수평 Dipole 안테나
③ 빔안테나
④ 웨이브안테나

웨이브 안테나는 장중파, 광대역 지향성 수신 안테나로서 진행파 안테나의 일종이다.
① 하나의 안테나 여러 주파수 사용가능(광대역)
② 단방향성 이고 효율이 낮음
③ 구조가 간단하고 이득이 큼.
④ 도선의 길이가 사용파장에 비해 짧을수록 빔폭이 넓어짐

[정답] ④

80

단파대에서 주로 사용되는 안테나는?

① 롬빅안테나
② 원정관형안테나
③ 우산형안테나
④ 역L형안테나

단파대 안테나 : 롬빅안테나, 진행파 V형, 반파장다이폴
장/중파대 안테나 : 수직접지, 역 L형, T형, 우산형
초단파 안테나 : 폴디드 다이폴, 야기안테나, Whip

[정답] ①

81

단파대역의 기본안테나는?

① 역L형 안테나
② T형 안테나
③ λ/4수직접지 안테나
④ λ/2 Dipole 안테나

• 주파수대역별 기본안테나의 종류

장·중파 안테나 (30K ~ 3MHz)	단파대 안테나 (3M ~ 30MHz)
• 역L형 안테나 • $\frac{\lambda}{4}$ 수직접지 안테나	• $\frac{\lambda}{2}$ 다이폴 안테나 • 고조파 안테나 • 광대역 다이폴 안테나 • 제펠린 안테나 • 롬빅 안테나

[정답] ④

82

다음 중 진행파형 안테나로서 전리층 반사를 이용해 원거리 통신에 적합한 단파용 안테나는?

① 루프(Loop) 안테나
② 더블렛(Doublet) 안테나
③ 디스콘(Discone) 안테나
④ 롬빅(Rhombic) 안테나

• 단파용 안테나 (롬빅안테나)

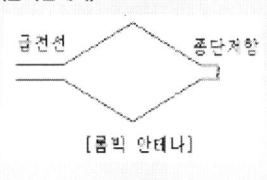

[롬빅 안테나]

[정답] ④

83

다음 중 수평편파 dipole안테나와 수직편파 dipole안테나의 비교 항목에서 틀린 항목은 어느 것인가?

항목	수평편파 dipole	수직편파 dipole
① 공중선의 높이	낮게 설치	높게설치
② 수평면내 지향특성	8자형	무지향성
③ 잡음방해	작다	크다
④ 정합방법	불편	편리

• 반파장 다이폴안테나의 편파 특징

특징	수직편파 안테나	수평편파 안테나
정합	불편	편리
수평지향성	무지향성	8 자형
수직지향성	8 자형	무지향성

[정답] ④

84

다음 중 Beam 안테나의 특징이 아닌 것은?

① 지향성이 예민하다.
② 단파 및 초단파대에서 저이득이다.
③ 송신출력이 적어도 되고 전력이 경제적이다.
④ 반파장안테나 소자를 규칙적으로 배열한다.

빔안테나는 단파용 안테나로, 지향성이 예민하고, 고이득을 가지고 있어 적은 송신출력으로 송신이 가능함. 반파장다이폴안테나를 Array해서 제작함

• 빔(Beam)안테나의 장점
① 안테나소자의 배열간격을 $\frac{\lambda}{2}$로 배열 함
② 고이득 과 지향성을 얻을 수 있음
③ 사용주파수 범위를 광대역화
④ 지향성이 우수하여 혼신/잡음에도 우수

[정답] ②

85
진행파형 안테나에 속하지 않는 것은 어느 것인가?
① Fish bone 안테나
② Rhombic 안테나
③ Beverage 안테나
④ Beam 안테나

> • 진행파 안테나의 종류
> ① 장중파 안테나 : 베버리지 안테나 또는 WAVE안테나
> ② 단파대 안테나 : 롬빅안테나, 진행파 V형 안테나, 어골형(Fish Bone) 안테나
> ③ 초단파대 안테나 : 헬리컬 안테나
>
> [정답] ④

86
다음 중 진행파형 안테나로서 예리한 지향특성을 가지며 주로 단파 고정국 또는 해안국의 송·수신용으로 사용되는 안테나는?
① 루프(Loop) 안테나
② 더블렛(Doublet) 안테나
③ 디스콘(Discone) 안테나
④ 롬빅(Rhombic) 안테나

> 롬빅(Rhombic) 안테나는 4개의 도선을 다이아몬드형으로 배치하고, 종단에 도선의 특성저항과 같은 종단저항을 삽입하여 진행파만 존재하도록 한 안테나로 단파 고정 송수신용으로 많이 사용된다.
>
> [정답] ④

87
다음 중 진행파 안테나의 특징으로 옳은 것은?
① 임피던스 부정합 상태
② 양방향성
③ 진행파와 반사파의 합성파
④ 단일 지향성

> 진행파 안테나란 파가 한쪽 방향으로만 진행하는 안테나로 다음과 같은 특징을 갖는다
> ① 광대역성
> ② 단향성(단일 지향성)
> ③ 부엽(Sidelobe)이 많다.
> ④ 구조가 간단함에 비해 이득이 크다.
> ⑤ 효율이 낮다.
>
> [정답] ④

88
다음 중 빔(Beam) 안테나에 대한 설명으로 틀린 것은?
① 마르코니형, 텔레푼켄형 및 스텔바형 등이 있다.
② 지향성이 예리하다.
③ 큰 복사전력을 얻을 수 있다.
④ 주로 낮은 주파수(LF 대역 이하)에서 사용된다.

> [정답] ④

89
다음 중 초단파 방송 송신용 안테나가 아닌 것은 어느 것인가?
① Top loading
② Turn stile
③ Super Gain
④ Super turn stile

> • 텔레비전 방송의 송신용 안테나
> ① 슈퍼턴 스타일 안테나
> ② 슈퍼게인 안테나
> ③ 쌍루프 안테나
> Top loading 은 장중파 안테나에 쓰이는 방식으로 대지와 정관사이에 병렬 캐패시턴스 효과를 이용하여 장중파 안테나가 길어지게 하는 효과를 내는 AM 라디오 안테나 이다.
>
> [정답] ①

90
초단파대 이상 통신에 사용되는 안테나로 부적합한 것은?
① Rhombic Ant
② Horn Reflector Ant
③ Parabola Ant
④ Helical Ant

> • 안테나별 특징
>
> | 안테나 종류 | 특 징 |
> | --- | --- |
> | Rhombic ANT | 단파대의 진행파 안테나 |
> | Horn Reflector ANT | 극초단파 이상 안테나 |
> | Parabola ANT | 극초단파 이상 안테나 |
> | Helical ANT | 초단파대 진행파 안테나 |
>
> [정답] ①

91
다음 중 브라운(Brown) 안테나의 특징에 대한 설명으로 틀린 것은?
① $\lambda/4$ 수직접지 안테나와 등가이다.
② GP(Grorund Plane) 안테나의 일종이다.
③ 수평면내 지향성은 8자형 특성을 갖는다.
④ VHF대 기지국용 안테나로 많이 사용한다.

> ① 4분의 1파장 길이의 수직 안테나 소자를 동축 급전선의 내부 도체에 접속하고, 다른 4분의 1파장 길이의 도체 막대를 2~3개 수평으로 설치하여 동축 급전선의 외부 도체에 접속한 수평면 내 무지향성의 초단파용 단극 안테다.
> ② 수평의 도체 막대를 지선 또는 접지선이라고 한다.
> ③ 지선을 아래쪽으로 향하면 급전선의 임피던스는 증가한다.
>
> [정답] ③

92
야기안테나의 소자 중 가장 긴 소자의 역할과 리액턴스 성분은 무엇인가?
① 복사기, 용량성
② 지향기, 유도성
③ 반사기, 유도성
④ 도파기, 용량성

- **야기 안테나 각 소자의 길이**
  ① 반사기 : $\frac{\lambda}{2}$ 보다 길고 투사기 보다 길다. (유도성)
  ② 투사기 : 약 $\frac{\lambda}{2}$
  ③ 도파기 : $\frac{\lambda}{2}$ 보다 짧고 투사기 보다 짧다. (용량성)

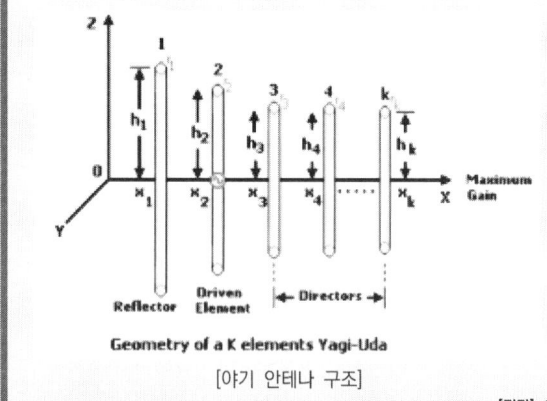

[야기 안테나 구조]

[정답] ③

93
다음 중 TV 수신용 광대역 야기 안테나의 종류로 적합하지 않은 것은?
① 슬롯(Slot)형 안테나
② 코니컬(Conical)형 안테나
③ U라인(U-line)형 안테나
④ 인라인(In-line)형 안테나

- **TV 수신용 안테나 종류**
  ① U라인 안테나
  ② Inline형 안테나
  ③ Conical형 안테나
  ④ 복합형 안테나

[정답] ①

94
다음 중 수직편파 안테나가 아닌 것은?
① 휩(Whip) 안테나
② 브라운 안테나
③ 슈퍼 게인(Gain) 안테나
④ 원판 슬롯 안테나

- **슈퍼 게인(Super Gain)안테나**
  TV송신용 안테나로 수평편파용 무지향성 안테나

[정답] ③

95
수직편파 수평면내 무지향성 안테나로서 이득이 좋아서 이동통신 기지국용 안테나로 많이 사용하는 안테나는?
① Alford 안테나
② Braun 안테나
③ 환상 Slot 안테나
④ Collinear array 안테나

- **Collinear Array 안테나**
  다이폴안테나를 수직으로 array한 안테나 구조이다.
  ① 동진폭, 동위상으로 여진함
  ② 지향특성

수직면내 지향성	수평면내 지향성
8자 특성	무지향성

  ③ 안테나의 지향성을 예민하게 할 수 있음
  ④ 협대역 특성을 가짐
  ⑤ VHF대역 기지국 및 중계국용 안테나로 사용함

[정답] ④

96
야기안테나 소자 중 가장 긴 소자의 역할과 리액턴스 성분은 무엇인가?
① 반사기, 용량성
② 복사기, 유도성
③ 반사기, 유도성
④ 도파기, 용량성

- **야기 안테나 각 소자의 길이**
  ① 반사기 : $\frac{\lambda}{2}$ 보다 길고 투사기 보다 길다. (유도성)
  ② 투사기 : 약 $\frac{\lambda}{2}$
  ③ 도파기 : $\frac{\lambda}{2}$ 보다 짧고 투사기 보다 짧다. (용량성)

[정답] ③

97
다음 중 안테나 특성을 광대역으로 하기 위한 방법으로 적합하지 않은 것은?
① 안테나의 Q를 적게 한다.
② 진행파 안테나로 한다.
③ 안테나 도선의 직경이 가늘어야 한다.
④ 자기상사형으로 한다.

- **안테나 광대역화 방안**
  ① 안테나의 Q 값을 낮추는 방법
  $BW = \frac{f_0}{Q}$ (f_0 = 공진주파수)
  ② 진행파 안테나로 만드는 방법
  ③ 보상회로를 이용한 방법
  ④ 자기상사 원리를 이용하는 방법
  ⑤ 상호 임피던스특성을 이용하는 방법

[정답] ③

98
안테나에 광대역성을 갖게 하는 방법으로 틀린 것은?
① 보상회로를 사용하는 방법이 있다.
② 자기 상사형으로 하는 방법이 있다.
③ 안테나의 Q를 높이는 방법을 사용한다.
④ 상호 임피던스 특성을 이용하는 방법이다.

- 안테나 광대화 방안
  ① 안테나의 Q 값을 낮추는 방법
  $BW = \dfrac{f_0}{Q}$ (f_0 = 공진주파수)
  ② 진행파 안테나로 만드는 방법
  ③ 보상회로를 이용한 방법
  ④ 자기상사 원리를 이용하는 방법
  ⑤ 상호 임피던스특성을 이용하는 방법

[정답] ③

99
안테나의 구조에 의한 분류 중 극초단파(UHF)용 판상안테나에 속하지 않는 것은?
① 슈퍼 턴 스타일(Super Turn Style) 안테나
② 슬롯(Slot) 안테나
③ 빔(Beam) 안테나
④ 코너 리플렉터(Corner Reflector) 안테나

- 안테나 종류

파장	안테나 종류
중파	주상안테나, 루프안테나
단파	반파장다이폴, 진행파, 빔 안테나
초단파	휩, 브라운, 야기, 턴스타일
극초단	슈퍼턴스타일, 슬롯, 코너리플렉트, 파라볼라, 혼

[정답] ③

100
다음 중 극초단파대용 안테나는?
① Whip안테나　② Slot안테나
③ Adcock안테나　④ Beam안테나

- 안테나 종류

파장	안테나 종류
중파	주상안테나, 루프안테나
단파	반파장다이폴, 진행파, 빔 안테나
초단파	휩, 브라운, 야기, 턴스타일
극초단	슈퍼턴스타일, 슬롯, 코너리플렉트, 파라볼라, 혼

[정답] ②

101
안테나 지향성을 높이는 방법이 아닌 것은?
① 도파기 사용
② 반사기 사용
③ 반파장 다이폴을 평면상에 배열한다.
④ 연장 선륜은 고유주파수 보다 높은 주파수로 공진시킨다.

지향성은 특정한 방향으로 기준안테나 대비 이득이 높은 것을 말하며, 도파기, 반사기, 어레이안테나 등을 이용해서 향상시킬 수 있음

[정답] ④

102
Phased Array 안테나의 각 안테나 소자에 공급하는 전류의 위상을 조정하면 어떤 특성을 얻을 수 있는가?
① 복사전력이 증가한다.
② 급전선의 VSWR이 낮아진다.
③ 복사패턴의 방향을 바꿀 수 있다.
④ 위상을 바꾸지 않을 때 보다 임피던스 정합이 용이하다.

Phased array 안테나는 안테나 배열 소자의 위상차를 조절하여 최대 복사 방향의 각을 0°~180°사이에서 변화시킬 수 있는 안테나이다.

[정답] ③

103
다음 중 소형·경량으로 부엽이 적고 이득이 높아 선박용 레이더 안테나로 가장 적합한 것은?
① 헤리컬 안테나　② 슬롯 어레이 안테나
③ 혼 리플렉터 안테나　④ 전자나팔 안테나

- Slot Array 안테나 특성
  ① 소형, 경량, 풍압에 강하고 회전 중심에 대해 평형 유지가 용이하다.
  ② 부엽이 작고 고이득
  ③ 효율이 높다.
  ④ 전기적 특성이 좋음
  ⑤ 선박용 레이더, 항공기용 레이더로 사용됨

[정답] ②

104
안테나의 구조에 의한 분류 중 극초단파(UHF)용 판상안테나에 속하지 않는 것은 어느 것인가?
① 슈퍼 턴 스타일(super turn style) 안테나
② 슈퍼게인(super gain) 안테나
③ 빔(Beam) 안테나
④ 코너 리플렉터(corner reflector) 안테나

- 극초단파용(300MHz ~ 3GHz) 안테나
  ① 슈퍼 턴 스타일 안테나
  ② 슬롯 안테나
  ③ 코너 리플렉터 안테나

[정답] ③

105

다음은 파라볼라 안테나의 이득에 대한 설명이다. 틀린 것은?

① 이득은 개구면에 비례한다.
② 개구면적과 이득과는 전혀 관계가 없다.
③ 파장이 짧을수록 이득은 커진다.
④ 개구효율이 클수록 이득도 커진다.

> 파라볼라안테나는 마이크로파 안테나로 접시형 안테나 이다.
> ① 이득은 개구면에 비례함
> ② 파장이 짧을수록 이득은 상승
> ③ 개구효율이 커지면 이득도 상승
>
> | 파라볼라 안테나이득 | 개구효율 |
> |---|---|
> | $G = \eta \dfrac{4\pi A}{\lambda^2}$ | $\eta = \dfrac{G\lambda^2}{4\pi A}$ |
>
> **[정답]** ②

106

다음 중 슬롯 어레이(Slot array)안테나에 대한 설명으로 적합하지 않은 것은?

① 소형 경량이다.
② 전기적 특성이 좋다.
③ 고이득이지만 부엽이 많다.
④ UHF TV방송, 선박용 레이더 안테나 등에 사용된다.

> • 슬롯어레이 안테나 특성
> ① 수평편파를 복사하며 수평면내 예리한 빔을 얻을 수 있어 선박용 레이다 안테나로 사용됨
> ② 소형, 경량이며 평형을 유지하기 용이함
> ③ 전기적 특성이 좋으며 고이득 가능
> ④ 부엽이 적고, 효율이 좋음
> ⑤ 급전은 안테나의 중앙부 또는 Edge
>
> **[정답]** ③

107

다음 중 텔레비전 방송의 송신용으로 적당하지 않은 안테나는?

① 슈퍼 턴스타일(Super Turn stile) 안테나
② 쌍루프 안테나
③ 슈퍼게인(Super gain) 안테나
④ U라인 안테나

> U라인 안테나는 광대역 안테나수신용 안테나로 사용됨
>
> **[정답]** ④

108

배열안테나에서 안테나간의 위상차를 주기 위한 소자는?

① 이상기(Phase Shifter)   ② 아이솔레이터(Isolator)
③ 감쇄기(Attenuator)   ④ 마그네트론(Magnetron)

> • 배열안테나(Array ANT)
> 여러 개의 안테나 소자를 나열하여 하나의 안테나로 하는 것을 Array라고 하며, 여러 개의 소자에서 복사되는 전파가 방향에 따라서 합성되거나 상쇄되기 때문에 예리한 지향성을 갖게 된다. 배열 안테나에서 안테나간의 위상차를 주기 위하여 이상기(Phase shifter)가 사용된다.
>
> **[정답]** ①

③ 급전선이론

1 급전선의 기초이론

01 　　　　　　　　　　　　　13/6.10/10

다음 중 급전선에 요구되는 사항으로 틀린 것은?

① 전송효율이 높을 것
② 특성 임피던스가 높을 것
③ 절연내력이 클 것
④ 유도방해를 받거나 주지 말 것

- 급전선의 요구사항
① 전송효율이 높을 것
② 절연내력이 클 것
③ 유도방해를 받거나 주지 말 것
④ 가격이 저렴하고, 보수가 간편할 것
⑤ 공중선의 입력임피던스 와 송신기 출력임피던스가 같아야 함

[정답] ②

02 　　　　　　　　　　　　　13/10

다음 중 급전선의 필요조건이 아닌 것은?

① 송신용일 때는 절연내력이 클 것
② 급전선의 파동 임피던스가 높을 것
③ 전송효율이 좋을 것
④ 유도방해를 주거나 받지 않을 것

- 급전선의 필요조건
① 전송효율이 우수할 것
② 유도방해를 주거나 받지 않을 것
③ 임피던스는 송신출력 = 안테나입력 되어야 함
④ 절연내력이 클 것

[정답] ②

03 　　　　　　　　　　　　18/3 13/6

무손실 선로의 특성 임피던스 (Z_0) 식을 옳게 표시한 것은?

① $Z_0 = \sqrt{\dfrac{L}{C}}$ ② $Z_0 = \sqrt{\dfrac{C}{L}}$

③ $Z_0 = \sqrt{\dfrac{2L}{C}}$ ④ $Z_0 = \sqrt{\dfrac{C}{2L}}$

전송선로의 특성임피던스 $Z_0 = \sqrt{\dfrac{R+jwL}{G+jwC}}$
- R=G=0 일때 무손실 특성을 가짐.
따라서, 무손실선로의 특성임피던스 $Z_0 = \sqrt{\dfrac{L}{C}}$

[정답] ①

04 　　　　　　　　　　　　　13/6

무손실 급전선로 상에서 입사파 전압의 실효치가 150[V]이고, 전압정재파비가 2일 때, 반사파 전압의 실효치는 얼마인가?

① 50[V]   ② 60[V]
③ 70[V]   ④ 80[V]

- 정재파비와 전압의 관계
$$S = \dfrac{V_{max}}{V_{min}} = \dfrac{I_{max}}{I_{min}} = \dfrac{V_f + V_r}{V_f - V_r}$$

[정답] ①

05 　　　　　　　　　　　　　18/03

임피던스가 50[Ω]인 급전선의 입력전력 및 반사전력이 각각 50[W]와 8[W]일 때의 전압 반사계수는?

① 0.86   ② 0.40
③ 0.16   ④ 0.14

- 반사계수
$$m_f = \sqrt{\dfrac{P_R}{P_F}} = \dfrac{V_r}{V_f} = \sqrt{\dfrac{8}{50}} = 0.4$$

[정답] ②

06 　　　　　　　　　　　　　10/6

급전선에서 진행파 전압을 V_f, 반사파 전압을 V_r라고 하면 전압정재파비 S는?(단, 반사계수 $\rho = \dfrac{V_r}{V_f}$)

① $S = \dfrac{1+\rho^2}{1-\rho^2}$ ② $S = \dfrac{1-\rho^2}{1+\rho^2}$

③ $S = \sqrt{\dfrac{1+\rho}{1-\rho}}$ ④ $S = \dfrac{1+|\rho|}{1-|\rho|}$

- 전압 정재파비

$$S = \dfrac{\text{전압 최대치}(V_{max})}{\text{전압 최소치}(V_{min})} = \dfrac{\text{입사파 전압} + \text{반사파 전압}}{\text{입사파 전압} - \text{반사파 전압}}$$

$$= \dfrac{V_f + V_r}{V_f - V_r} = \dfrac{|\rho|+1}{|\rho|-1}$$

반사계수 : $|\rho| = \left|\dfrac{Z_0 - Z_L}{Z_0 + Z_L}\right| = \dfrac{S-1}{S+1}$

[정답] ④

07

그림과 같은 무손실 급전선에서 정재파 전압의 최대치가 300[V]라면 최소치 전압은 얼마인가?

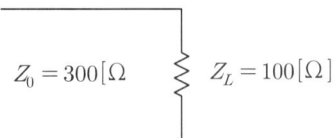

① 10[V] ② 50[V]
③ 100[V] ④ 200[V]

- 반사계수
$$\Gamma = \left|\frac{Z_L - Z_o}{Z_L + Z_o}\right| = \left|\frac{100-300}{100+300}\right| = \frac{1}{2} = 0.5$$

- 정재파비(반사계수비)
$$S = \frac{1+|\Gamma|}{1-|\Gamma|} = \frac{1+0.5}{1-0.5} = 3$$

정재파비(전압비) $S = \frac{V_{max}}{V_{min}}$ 이므로,

$$V_{min} = \frac{300}{3} = 100[V]$$

따라서, 최소전압(VMIN)은 100[V] 이다.

[정답] ③

08

전송선로의 인덕턴스가 $2[\mu H/m]$, 커패시턴스가 $50[pF/m]$ 일 때 이 선로에 대한 위상속도는?

① $0.1 \times 10^8 [m/sec]$ ② $1 \times 10^8 [m/sec]$
③ $10 \times 10^8 [m/sec]$ ④ $100 \times 10^8 [m/sec]$

위상속도는 실제 에너지가 전달되는 속도를 말한다.

위상속도 = $\frac{1}{\sqrt{LC}}$ = $1 \times 10^8 [m/sec]$

[정답] ②

09

다음 중 선로를 분포정수로 해석하였을 경우 전파정수와 특성 임피던스의 관계를 설명한 것으로 틀린 것은?

① 특성 임피던스는 길이와 관계없이 일정하다.
② 전파속도는 주파수와 반비례한다.
③ 감쇠정수는 주파수와 무관하다.
④ 위상정수는 주파수에 비례한다.

- 분포정수 파라미터 (무손실 선로, R=G=0)

파라미터	설 명
특성임피던스	$Z_o = \sqrt{\frac{L}{C}}$
전파속도(위상)	$v = \frac{1}{\sqrt{LC}}$
감쇠정수	$\alpha = 0$
위상정수	$\beta = \omega\sqrt{LC}$

[정답] ②

10

가장 이상적인 VSWR(정재파비)의 값은 얼마인가?

① 0 ② ∞
③ 1 ④ 10

전압정재파비 $VSWR = \frac{1+|\Gamma|}{1-|\Gamma|}$

∴ 반사계수 $\Gamma = 0$이면, 완전정합은 $VSWR = 1$

[정답] ③

11

정재파비가 1일 때 선로에는 어떤 성분의 신호가 존재하는가?

① 정재파 ② 반사파
③ 진행파 ④ 원편파

진행파와 반사파가 존재하는 파는 정재파라 함.
정재파가 존재한다는 의미는 반사파가 존재(임피던스매칭이 안됨)함을 말함. 가장 이상적인(정합)조건은 정재파비 = 1 , 반사계수 = ∞로 진행파만 존재함.

[정답] ③

12

다음 중 진행파와 반사파가 모두 존재하는 급전선은?

① 반사계수가 1인 급전선
② 정규화 부하 임피던스가 1인 급전선
③ VSWR=1인 급전선
④ 무한장 급전선

반사계수 = 0 일 때 정합이며, 이때, 정재파비는 1 이다. 반사계수=1 로 존재한다는 의미는 정재파 (진행파 + 반사파)가 존재함을 나타낸다.
반사계수가 1 의 값을 가지면, 정합이 되지 않은 것으로 반사계수는 0 , 정재파비 1 일 때 정합이다.
정합이 되지 않으면 진행파와 반사파가 존재한다.

$$m = \frac{I_r}{I_f} = \frac{V_r}{V_f} = \sqrt{\frac{P_r}{P_f}} = \frac{Z_e - Z_o}{Z_e + Z_o} = \frac{S-1}{S+1}$$

[정답] ①

13

진행파에 관한 특징으로 옳지 않은 것은?

① 선로의 특성 임피던스와 부하가 정합되어 있을 때 진행파가 발생한다.
② 전송손실이 매우 적다.
③ 전류, 전압의 분포는 선로상의 어느 위치에서나 대체로 동일하다.
④ 전류, 전압의 위상은 선로상의 어느 위치에서나 대체로 동일하다.

> • 진행파의 특징
> ① 선로 특성임피던스와 부하임피던스가 정합시 발생
> ② 정합이 되어 전송손실이 매우적음
> ③ 진행파는 반사파가 존재하지 않음
> ④ 전류, 전압의 분포는 선로상의 어느 위치에서나 대체로 동일함
>
> [정답] ④

14

부하의 정규화 임피던스가 $Z_n = 1.5 + j0$인 무손실 급전선의 전압 정재파비를 구하면 얼마인가?

① 1.0
② 1.5
③ 2.0
④ 3.0

> 정재파비 $S = \dfrac{1+|\Gamma|}{1-|\Gamma|}$ 이고,
>
> 반사계수 $\Gamma = \left|\dfrac{Z_L - Z_o}{Z_L + Z_o}\right| = \left|\dfrac{정규화임피던스 - 1}{정규화임피던스 + 1}\right|$
>
> $\therefore \Gamma = \left|\dfrac{Z_n - 1}{Z_n + 1}\right| = \left|\dfrac{1.5 + j0 - 1}{1.5 + j0 + 1}\right| = \dfrac{0.5}{2.5} = \dfrac{1}{5} = 0.2$
>
> $S = \dfrac{1+0.2}{1-0.2} = \dfrac{1.2}{0.8} = 1.5$
>
> [정답] ②

15

다음 중 전압정재파비(VSWR)와 반사계수에 대한 설명으로 옳은 것은?

① 임피던스 정합의 정도를 알 수 있다.
② 동조급전방식에서 동조점을 찾는데 꼭 필요하다.
③ 반사계수는 ∞에 가까울수록 양호한 것이다.
④ 전압정재파비가 1에 가까울수록 반사손실이 크다.

> 전압정재파비(VSWR)는 임피던스 정합의 정도를 나타내는 지표이다.
> 전압정재파비 $VSWR = \dfrac{1+|\Gamma|}{1-|\Gamma|}$
> $\therefore$ 반사계수 $\Gamma = 0$ 이면, 완전정합이므로 $VSWR = 1$임.
>
> [정답] ①

16

다음 중 정재파에 대한 설명으로 맞지 않는 것은?

① 한 방향으로 진행하는 파이다.
② 정합이 되어 있지 않았을 때 생긴다.
③ 정재파가 크면 클수록 전송 손실이 크다.
④ 전류 전압의 위상은 선로 상 어느 점에서도 동일하다.

> ① 정재파 = 진행파 + 반사파
> ② 진행파 - 한 방향으로 진행하는 파
> ③ 반사파 - 반사되어 나오는 파
> ④ 정합 시에는 진행파만 존재함
>
> [정답] ①

17

다음 중 정재파에 대한 설명으로 틀린 것은?

① 진행파와 반사파가 합성된 파를 말한다.
② 전압 분포상태가 (λ/2)거리마다 최대치가 있다.
③ 전압·전류의 위상은 선로상의 각 점에 따라 서로 다르다.
④ 진행파와 비교할 때 전송손실이 크다.

> • 정재파와 진행파
> ① 정재파의 전류, 전압 분포는 $\dfrac{\lambda}{2}$ 마다 최대와 최소가 있으며 전류, 전압의 위상은 선로 어디서나 같다.
> ② 진행파의 전류, 전압의 분포는 선로상 어디서나 같으며, 전류, 전압의 위상은 선로의 각 점에 따라 다르다.
>
> [정답] ③

18

전송선로의 특성임피던스 Z_0=50-j15[Ω]이고, 이 전송선로에 부하 임피던스 Z_L=30+j60[Ω]가 연결되었을 때 선로의 전압 정재파비(VSWR)는 약 얼마인가?

① 12
② 14
③ 16
④ 18

> • 반사계수
> $\Gamma = \left|\dfrac{Z_L - Z_0}{Z_L + Z_0}\right| = \left|\dfrac{30+j60-50+j15}{30+j60+50-j15}\right| = \left|\dfrac{-20+j75}{80+j45}\right|$
>
> $= \dfrac{\sqrt{(20^2+75^2)}}{\sqrt{(80^2+45^2)}} = \dfrac{77.620}{91.788} \simeq 0.845$
>
> • 정재파비
> $S = \dfrac{1+|\Gamma|}{1-|\Gamma|} = \dfrac{1+0.845}{1-0.845} = 11.9 ≒ 12$
>
> [정답] ①

19

공기로 채운 슬롯(slot)선로에서 정재파비(VSWR)가 4이고, 연속적인 전압의 최대값 사이가 15[cm]의 간격이다. 최초의 전압의 최대값은 부하로부터 7.5[cm] 앞에서 존재한다. 선로의 임피던스가 300[Ω]일 때 부하 임피던스는?

① 60[Ω] ② 65[Ω]
③ 70[Ω] ④ 75[Ω]

반사계수 $\Gamma = \dfrac{S-1}{S+1} = \dfrac{4-1}{4+1} = 0.6$

$\Gamma = \left|\dfrac{Z_L - Z_0}{Z_L + Z_0}\right|$ 로부터, $0.6 = \left|\dfrac{Z_L - 300}{Z_L + 300}\right| \to Z_L = 75[\Omega]$

[정답] ④

20

50[Ω]의 무손실 전송선로에서 부하 임피던스가 $Z_L = 50 - j65[\Omega]$일 경우 입력전력이 100[mW]이면 부하에 의해 소모되는 전력은 얼마인가?

① 67[mW] ② 70[mW]
③ 73[mW] ④ 77[mW]

선로의 저항을 구하면
$Z = 50 + (50 - j65) = \sqrt{100^2 + 65^2} \fallingdotseq 119$

따라서, 회로에 흐르는 전류 $I = \sqrt{\dfrac{P}{Z_L}}$

$= \sqrt{\dfrac{100 \times 10^{-3}}{119}} = 2.9 \times 10^{-2}[A]$

부하의 저항을 구하면
$Z_L = 50 - j65 = \sqrt{50^2 + 65^2} \fallingdotseq 82$

∴ 부하에서 소비되는 전력은
$P = I^2 R_L = (2.9 \times 10^{-2})^2 \times 82[\Omega] \fallingdotseq 70[mW]$

[정답] ②

2 급전선의 종류

21

전송선로의 특성에 의한 분류 중 전자계모드의 분류로 옳지 않은 것은?

① 평형형 ② 동조형
③ 도파관형 ④ 불평형형

전송선로의 전자계모드는 평형, 불평형, 도파관형으로 분류되며, 급전선과 안테나 연결방식에 따라 동조급전, 비동조 급전방식으로 분류한다.

[정답] ②

22

다음 중 VHF(Very High Frequency)대에서 가장 많이 사용되는 급전선은?

① 평행 4선식 ② 동축케이블
③ 도파관 ④ 평행 3선식

동축케이블은 다음과 같은 특징을 갖는다.
① 외부도체는 접지해서 사용하므로, 외부잡음의 영향이 적고 또한 외부도체가 차폐역할을 하므로 방사손실이 거의 없다.
② 불평형 급전선이다.
③ UHF이하의 고정국의 수신용 급전선으로 사용한다.(VHF 급전선으로 가장 많이 사용한다)
④ TEM 모드의 전송이 가능하다.

[정답] ②

23

다음 평행 2선식 급전선 중 특성 임피던스가 가장 높은 것은 어느 것인가?

① 선직경 1.2[mm], 선간격 20[cm]
② 선직경 1.2[mm], 선간격 30[cm]
③ 선직경 2.4[mm], 선간격 30[cm]
④ 선직경 2.4[mm], 선간격 20[cm]

• 동축급전선의 특성임피던스
$Z_0 = \dfrac{277}{\sqrt{\varepsilon_s}} \log \dfrac{2D}{d}$

(D : 선간거리, d : 선 직경, ε_s = 유전율)

[정답] ②

24

다음 중 전송효율이 낮고 전송거리가 짧아 일반적으로 매우 낮은 주파수대역이나 전화선 등에 사용하기 적합한 급전선은 무엇인가?

① 도파관 급전선 ② 비동조 급전선
③ 동축 케이블형 급전선 ④ 평행이선식 급전선

• 평행 2선식 급전선

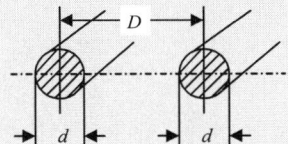

① 특성임피던스 (Z_o)

$$Z_o = \sqrt{\frac{L}{C}} = \frac{277}{\sqrt{\epsilon_s}} \log_{10} \frac{2D}{d} [\Omega]$$

② 동축급전선에 비해 특성 임피던스가 높다.
③ 나선 상태로 공기 중에 설치하므로 외부로 부터의 유도방해가 있다.
④ 동일 전력을 전송시 동축 급전선보다 선간전압이 높아야 한다.
⑤ 내압이 높아 대전력에서도 사용할 수 있다.
⑥ 건설비가 싸고 유지보수가 용이하다.

[정답] ④

25

다음 중 동축 급전선의 특징으로 옳은 것은?

① SHF 대역에서는 유전체 손실이 감소한다.
② TEM 모드의 전송이 가능하다.
③ Stub에 의해 정합이 이루어진다.
④ 평형형 급전선이다.

① 특성임피던스가 50Ω, 75Ω 등으로 낮다.
② 평행2선식 급전선에 비해 특성 임피던스가 낮다.
③ 외부도체를 접지에서 사용하므로 외부에서의 유도방해는 거의 없다.
④ 동일전력인 경우 특성임피던스가 낮아 선간 전압이 낮아도 된다.
⑤ 대전력용으로 사용시 내압을 높게 하기 위해 외경 및 내경이 크게 되어 값이 비싸며 접속도 곤란하게 되어 특수하게 만들어야 한다.
⑥ 자유롭게 굴곡할 수 있으므로 설치에 편리하다.
참고: Stub에 의해 정합은 도파관 정합시 사용.

[정답] ②

26

지름 3[mm], 선 간격 30[cm]의 평행 2선식 급전선의 특성 임피던스는 얼마인가?(단, 비유전율은 1이다.)

① 약 300[Ω] ② 약 530[Ω]
③ 약 637[Ω] ④ 약 723[Ω]

• 평형 2선식 급전선의 특성임피던스

$$Z_o = \frac{277}{\sqrt{\epsilon_s}} \log \frac{2D}{d} = 277 \log \frac{2D}{d} = 277 \log \frac{2 \times 30 \times 10^{-2}}{3 \times 10^{-3}}$$

$$= 277 \log 200 = 277 \times 2.3 = 637 [\Omega]$$

(D : 도체 사이의 간격, d : 도체 직경)

[정답] ③

27

다음 중 동축급전선에 대한 설명으로 잘못된 것은?(단, f : 주파수, D : 외부도체 직경, d : 내부도체 직경)

① 전송손실은 f^2에 비례하여 커진다.
② 전송손실이 최소로 되는 내경과 외경의 비(D/d)가 존재한다.
③ 내부도체 직경과 외부도체 직경의 비(D/d)가 같으면 특성 임피던스는 내경과 외경에 의해 결정된다.
④ 특성 임피던스가 같은 경우에 케이블이 굵으면 손실이 적다.

감쇠정수 α 는 $\sqrt{f}$ 에 비례함

[정답] ①

28

다음은 동축케이블에 관한 설명으로 틀린 것은?

① 외부도체가 차폐역할을 하므로 방사손실이 거의 없다.
② 평형상태는 불평형이다.
③ UHF대 이하의 고정국의 수신용 급전선으로 사용된다.
④ 감쇠정수(α)는 주파수(f)에 반비례한다.

• 동축케이블의 특징

① 특성임피던스 $Z_0 = \frac{138}{\sqrt{\epsilon_s}} \log_{10} \frac{D}{d}$
(D : 선간거리, d : 선 직경, ϵ_s = 유전율)
② UHF 이하의 고정국의 수신용 급전선으로 사용
③ 감쇠정수 α 는 $\sqrt{f}$ 에 비례함
④ 불평형 급전선
⑤ 외부도체는 접지로 사용하여 외부잡음영향 없고 방사손실도 적음

[정답] ④

29
다음 중 급전선에 관한 설명으로 틀린 것은?
① 사용 주파수에 따라 무손실 급전선의 특성 임피던스는 달라진다.
② 급전선의 길이가 길면 손실도 커진다.
③ 도선의 굵기와 간격의 비율이 같으면 임피던스도 같다.
④ 급전선에서의 손실은 $\sqrt{f}$에 비례하여 커진다.

> 무손실 급전선 (R=G=0)인 조건일 때 특성임피던스= $\sqrt{\dfrac{L}{C}}$ 로 사용주파수, 무한장선로 일 때에서도 임피던스는 변화되지 않음
> [정답] ①

30
다음 중 급전선에 관한 설명으로 잘못된 것은?
① 동축 케이블은 불평형이다.
② 평행 2선식은 Folded 다이폴과 직접 연결하여 많이 사용한다.
③ 동축 케이블이 굵으면 손실도 적다.
④ 평행 2선식 급전선의 특성 임피던스는
$Z_0 = \dfrac{277}{\sqrt{\varepsilon_s}} \log_{10} \dfrac{D}{2d}[\Omega]$ 이다.
(단, ε_s : 비유전율, D : 선의 간격, d : 선지름)

> ① 평행 2선식의 특성임피던스
> $Z_0 = \dfrac{277}{\sqrt{\epsilon_s}} \log_{10} \dfrac{2D}{d} (\Omega)$
> ② 동축케이블의 특성임피던스
> $Z_0 = \dfrac{138}{\sqrt{\epsilon_s}} \log_{10} \dfrac{D}{d} (\Omega)$
> [정답] ④

3 임피던스 정합

31
급전선의 임피던스 $Z_0 = R_0 + jX_0$와 부하의 임피던스 $Z_L = R_L + jX_L$에서 R_0, R_L, X_0, X_L이 어떤 관계에 있을 때 임피던스 정합이 됐다고 하는가?
① $R_0 = R_L, X_0 = X_L$
② $R_0 = R_L, X_0 = -X_L$
③ $R_0 = -R_L, X_0 = X_L$
④ $R_0 = -R_L, X_0 = -X_L$

> • 임피던스 정합
> 선로가 가지는 특성임피던스와 부하임피던스를 같게 하는 것이 임피던스 정합이다. 이때, 최대 전력전송이 가능하게 된다. 특성임피던스 $Z_0 = R_0 + jX_0$ 와 부하임피던스 $Z_L = R_L + jX_L$ 에서 임피던스 정합 조건 = $R_0 = R_L, X_0 = -X_L$ 이다.
> [정답] ②

32
손실을 가진 전송선로의 전파정수 $r = 1 + j3$이고, 각속도 $\omega = 1[\text{Mrad/s}]$이다. 선로의 특성 임피던스 $Z_0 = 30 + j0[\Omega]$이었을 때, 저항 R과 인덕턴스 L의 값을 계산하면?
① $R = 20[\Omega/\text{m}], L = 80[\mu/\text{m}]$
② $R = 20[\Omega/\text{m}], L = 90[\mu/\text{m}]$
③ $R = 30[\Omega/\text{m}], L = 80[\mu/\text{m}]$
④ $R = 30[\Omega/\text{m}], L = 90[\mu/\text{m}]$

> $Z_o = \dfrac{Z}{\gamma}$ 로부터 (Z_o : 특성임피던스, γ : 전파정수)
> $Z = Z_o \cdot \gamma = 30(1+j3) = 30 + j90$
> 또한, $Z = R + jwL$ 이므로, $30 + j90 = R + jwL$로부터
> $R = 30[\Omega]$, $90 = wL$
> $L = \dfrac{90}{w} = \dfrac{90}{1 \times 10^6} = 90 \times 10^{-6} = 90[\mu H]$
> [정답] ④

33
다음 중 급전선과 안테나 사이에 임피던스 정합을 하는 이유로 적합하지 않은 것은?
① 최대 전력을 전송한다.
② 급전선에서의 손실 증가를 방지한다.
③ 정재파비를 크게 한다.
④ 부정합 손실이 적다.

> 임피던스 정합의 목표는 반사파를 0으로 만들어서 정재파를 없애고 진행파만 만들게 하기 위함이다.
> [정답] ③

34
다음 중 안테나 정합회로가 아닌 것은?
① 테이퍼 정합 회로
② ∅형 정합회로
③ T형 정합회로
④ Y형 정합회로

> ① Q변성기($\dfrac{\lambda}{4}$임피던스 변환기)에 의한 정합
> ② Stub에 의한 정합
> ③ Y형 정합
> ④ 테이퍼 선로에 의한 정합
> ⑤ T형 정합
> [정답] ②

35
다음 중 임피던스 정합회로가 아닌 것은?
① 테이퍼 선로
② Y형 정합
③ T형 정합
④ 슈퍼토프(Sperrtopf)

> 슈페르토프는 평형2선식 과 동축선로를 접속한 경우, 접속점에서 불평형 전류가 흐르므로 평형 2선 쪽에서 복사가 일어난다. 이것을 저지하기 위한 것임
>
> [정답] ④

36
다음 중 안테나의 급전선에 스터브(Stub)를 부착하는 이유는?
① 안테나의 서셉턴스 성분을 제거하여 대역폭을 증가시키기 위하여
② 복사전력을 증폭시키기 위하여
③ 안테나의 지향성을 높이기 위하여
④ 안테나 리액턴스 성분을 제거하여 임피던스를 정합시키기 위하여

> 선단을 단락한 길이의 급전선을 stub 또는 단락 trap이라 하며, 이것을 부하로부터 0~λ/2떨어진 어떤 곳에 연결시켜 급전선과 부하를 정합시키는 방법으로 평행 2선식 급전선과 안테나 정합시에 주로 이용된다. stub는 선단이 단락되어 리액턴스 성분만을 가지고 있어 유도성 또는 용량성으로 만들 수 있다. 급전선이 유도성을 가지면 stub는 용량성을 갖도록 하고 반대로 용량성을 가지면 유도성을 갖게 하여 리액턴스 성분을 제거한다.
>
> [정답] ④

37
특성 임피던스가 Z_0인 선로에 부하 임피던스 Z_L이 연결되었을 때 부하단에서 1/4 떨어진 선로상의 점에서 부하를 바라본 임피던스는?
① Z_L/Z_0
② Z_0/Z_L
③ Z_0^2/Z_L
④ Z_L^2/Z_0

> 2개의 급전선을 연결했을 때 특성 임피던스는,
> $Z_o = \sqrt{Z_S Z_L}$ 이므로 $Z_o^2 = Z_S Z_L. \to Z_S = \dfrac{Z_o^2}{Z_L}$
>
> [정답] ③

38
그림과 같이 도선의 길이가 λ/4인 선단을 단락 할 경우 ab점에서 본 임피던스는? (단, l는 전류의 파장이다.)

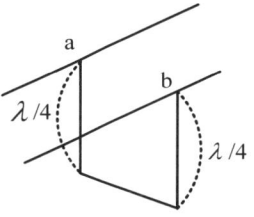

① 0
② 유도성
③ 용량성
④ ∞

> λ/4위치에서 전압은 최대이고, 전류는 최소가 되며, 이때 임피던스는
> $R = \dfrac{v_{max}}{i_{min}} = \infty$ 따라서 야기안테나 경우, λ/4 간격으로 소자를 배열하면 전기적으로는 분리된 것과 같은 효과를 가짐.
>
> [정답] ④

39
Trap 정합회로(stub 정합)가 잘 사용되는 급전선은?
① 동축케이블 방식
② 차폐 2선식
③ 평행 2선식
④ 평행 4선식

> Trap(Stub)정합을 사용하는 급전선은 평형2선식을 주로 사용한다.
>
> [정답] ③

40
안테나의 급전점 임피던스가 75[Ω]인 반파장 안테나와 특성 임피던스가 600[Ω]인 평행2선식 선로를 λ/4 임피던스 변환기로서 정합시키고자 할 때, 이 변환기의 특성 임피던스는 약 얼마인가?
① 112[Ω]
② 212[Ω]
③ 312[Ω]
④ 412[Ω]

> Q변성기($\dfrac{\lambda}{4}$ 임피던스 변환기)에 의한 정합
> ① 급전선과 부하사이에 $\dfrac{\lambda}{4}$ 길이의 도선을 삽입하여 임피던스를 정합시키는 방법으로 평행 2선식, 동축 급전선 모두 사용
> ② 급전선과 부하의 정합일 경우
> $Z_o' = \sqrt{Z_\ell R} = \sqrt{600 \times 75} = 212[\Omega]$
>
> [정답] ②

41

특성임피던스가 600[Ω] 및 150[Ω]인 선로를 임피던스 변성기로 정합시키고자 한다. 파장이 λ일 때 삽입해야 할 선로의 특성 임피던스와 길이는?

① 75[Ω], λ/2 ② 300[Ω], λ/2
③ 300[Ω], λ/4 ④ 377[Ω], λ/4

① 임피던스 변성기 길이 $l = \dfrac{\lambda}{4}$
② 임피던스 변성기 임피던스
$Z_0 = \sqrt{Z_1 \cdot Z_2} = \sqrt{600 \times 150} = 300[\Omega]$

[정답] ③

42

특성임피던스가 각각 200[Ω]과 800[Ω]인 선로를 λ/4 임피던스 변환기를 이용하여 정합하고자 할 경우 삽입선로의 특성임피던스 값은?

① 600[Ω] ② 500[Ω]
③ 400[Ω] ④ 300[Ω]

Q변성기($\dfrac{\lambda}{4}$ 임피던스 변환기)에 의한 정합

① 급전선과 부하사이에 $\dfrac{\lambda}{4}$ 길이의 도선을 삽입하여 임피던스를 정합시키는 방법으로 평행 2선식, 동축 급전선 모두 사용

② 급전선과 부하의 정합일 경우
$Z_o' = \sqrt{Z_o R} = \sqrt{800 \times 200} = 400[\Omega]$

(참고) 급전선과 급전선의 정합일 경우
$Z_o' = \sqrt{Z_o \dfrac{Z_o^2}{R}} = Z_o\sqrt{\dfrac{Z_o}{R}}$

[정답] ③

43

복사저항 450[Ω]인 폴디드다이폴 안테나 두 개를 λ/4 임피던스 변환기를 사용하여 100[Ω]의 평행 2선식 급전선에 정합시키고자 한다. 이 때 변환기의 임피던스 값은?

① 212[Ω] ② 275[Ω]
③ 300[Ω] ④ 425[Ω]

폴디드 다이폴 안테나 2개를 직렬 연결한 저항 값 = 900[Ω]
평행 2선식 급전선의 임피던스 = 100[Ω]
λ/4 임피던스 변환기의 임피던스
$Z_0 = \sqrt{Z_1 \times Z_2} = \sqrt{2 \times 450 \times 100} = 300$

[정답] ③

44

그림은 λ/4결합기를 나타낸 것이다. 알맞은 조건식은?

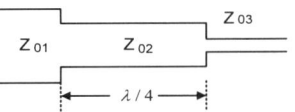

① $Z_{03} = \sqrt{Z_{02} \cdot Z_{01}}$ ② $Z_{02} = \sqrt{Z_{01} \cdot Z_{03}}$
③ $Z_{01} = \sqrt{Z_{02} \cdot Z_{03}}$ ④ $Z_{01} = \sqrt{Z_{01} \cdot Z_{03}}$

• λ/4결합기를 이용한 정합 조건식
$Z_{02} = \sqrt{Z_{01} \cdot Z_{03}}$

[정답] ②

45

복사저항 450[Ω]인 두 개의 안테나를 λ/4 임피던스 변환기를 사용하여 100[Ω]의 평행 2선식 급전선에 정합시키고자 한다. 이 때 변환기의 임피던스 값은?

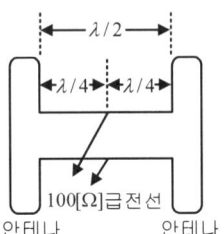

① 212[Ω] ② 424[Ω]
③ 300[Ω] ④ 600[Ω]

• λ/4임피던스 변환기의 임피던스
$Z = \sqrt{Z_1 \cdot Z_2}$ (Z_1 : 안테나임피던스, Z_2 = 급전임피던스)
$= \sqrt{900 \times 100} = 300[\Omega]$

[정답] ③

46

다음 중 λ/2 다이폴과 동축케이블 사이의 정합회로에 사용되는 것은?

① Trap 회로 ② T형 정합
③ Gamma 정합 ④ Y형 정합

다이폴안테나와의 정합에 감마정합을 사용한다.

[정답] ③

47

다음 설명의 괄호 안에 맞는 말을 순서대로 배열한 것은?

> 동축 급전선로와 같은 ( ) 회로와 다이폴안테나와 같은 ( ) 회로를 직접 연결하면, ( ) 전류가 흘러 송수신 성능이 떨어진다. 이를 방지하기 위해 두 회로 사이에 ( )를(을) 삽입하여 정합시킨다.

① 불평형 – 평형 – 평형 – 결합기(Stub)
② 불평형 – 평형 – 불평형 – 발룬(Balun)
③ 평형 – 불평형 – 평형 – 결합기(Stub)
④ 평형 – 불평형 – 불평형 – 발룬(Balun)

- **BALUN(Balance and Unbalance)**
두 개의 전기회로를 연결하여 최대전력전달과 전자계분포를 일정하게 하기 위한 임피던스 정합 소자를 BALUN(Balance and Unbalance)이라 한다. 이는 불평형형 선로와 평형형 선로를 접속하고 정합시키는데 사용된다.

[정답] ②

48

다음 중 Balun을 사용하는 이유로 알맞은 것은?

① 불평형 전류를 흐르지 못하도록 하고 평형형 전류만 흐르도록 하기 위해서이다.
② 안테나의 임피던스를 부정합시키기 위해서이다.
③ 안테나의 손실을 줄이고 정재파비를 크게 하기 위해서이다.
④ 안테나의 대역폭을 크게 하기 위해서이다.

두 개의 전기회로를 연결하여 최대전력전달과 전자계분포를 일정하게 하기 위한 임피던스 정합 소자를 BALUN(Balance and Unbalance)이라 한다. 이는 불평형형 선로와 평형형 선로를 접속하고 정합시키는데 사용된다.

[정답] ①

49

Balun에 대한 설명으로 옳지 않은 것은?

① $\lambda/2$ 다이폴을 동축 급전선으로 급전할 때 사용하면 좋다.
② 안테나와 급전선의 전자계 모드가 다른 경우에 사용한다.
③ 집중 정수형과 분포정수형이 있다.
④ $\lambda/2$ 다이폴을 평행 2선식으로 급전할 때 필요하다.

- **평형·불평형 변환회로(Balun)**
평형형(Balanced)인 평행2선식 급전선과 불평형형(Unbalanced)인 동축 급전선을 정합시키는 장치를 Balun (Balanced to Unbalanced)이라 한다.

[정답] ④

50

다음 중 분포 정수형 Balun의 종류가 아닌 것은?

① 스페르토프(Sperrtopf) Balun
② 분기 도체에 의한 Balun
③ U자형 Balun
④ Taper에 의한 Balun

분포정수란 R, L, C, G 의 4가지 성분이 도체에 퍼져있는 상태를 말하며, 집중정수란 R, L, C, G 가 한곳에 집중되어 있는 상태, 즉 부품을 말한다.

- **급전선과 분포정수회로(도선, Microsrtip)정합방법**
① $\frac{\lambda}{4}$ 임피던스 변환기
② Stub
③ 테이퍼 선로
④ T형, 감마, 오메가 정합
⑤ Y형 정합

[정답] ④

51

분포정수형 평형-불평형 변환회로가 아닌 것은?

① 위상변환형   ② 분기도체
③ 반파장 우회선로   ④ 스페르토프(sperrtopf)

두 개의 전기회로를 연결하여 최대전력전달과 전자계분포를 일정하게 하기 위한 임피던스 정합 소자를 BALUN(Balance and Unbalance)이라 한다. 이는 불평형형 선로와 평형형 선로를 접속하고 정합시키는데 사용된다.

집중정수형 Balun	분포정수형 Balun
L 과 C를 이용	스페르토프 분기도체 반파장우회선로(U자형)

[정답] ①

52

U자형 Balun을 이용한 정합시 동축 급전선과 평행 2선식 급전선간의 임피던스 변환비로 올바른 것은?

① 1:1   ② 1:2
③ 1:4   ④ 1:8

발룬(Balun)은 임피던스변환기로 서로다른 전송매체를 연결할 때 사용함. 동축 급전선의 전송매체는 1선, 평형2선식의 전송매체는 2선으로 1:4 변환비.

[정답] ③

53
18/10, 18/06

잡음온도가 160[K]인 안테나에 급전회로를 연결할 때, 200[K]의 잡음온도가 측정되었다. 이 급전회로의 손실 값은 얼마인가? (단, 대역폭과 저항은 일정하다)

① 0.9
② 1.1
③ 1.3
④ 1.5

열잡음전압 $V = \sqrt{4KTBR}$
(K는 볼츠만 상수, 조건에서 대역폭과 저항은 동일)
∴ $V \propto \sqrt{T}$이므로
160[K]일 때 $V_1 = \sqrt{160} = 12.64$
200[K]일 때 $V_2 = \sqrt{200} = 14.14$
$V_2 - V_1 = 14.14 - 12.64 = 1.5$

[정답] ④

54
10/6

선로1과 선로2의 결합부분에서 반사계수가 0.25이다. 이때 선로1의 길이는 15[m]이고 0.3[dB/m]의 손실을 가지며, 선로2의 길이는 10[m]이고 0.2[dB/m]의 손실을 가진다고 하면 총 손실은 약 몇 [dB] 인가?

① 3[dB]
② 6.4[dB]
③ 9.6[dB]
④ 18.5[dB]

선로1 손실 = 15[m] × 0.3[dB/m] = 4.5[dB]
선로2 손실 = 10[m] × 0.2[dB/m] = 2[dB]
반사계수 = 0.25이므로
반사손실 = $20\log_{10}|0.25|^2 = 12[dB]$
∴ 총손실 = 4.5[dB] + 2[dB] + 12[dB] = 18.5[dB]

[정답] ④

4 산란계수

55
16/3

다음 중 N개의 Port가 있는 N-Port 소자의 입출력 특성을 알고자 할 때 고주파 파라미터로 사용되는 것은?

① Impedance Matrix
② Admittance Matrix
③ Scattering Matrix
④ Trasmission(ABCD) Matrix

• **S-파라미터(Scattering Matrix)**
: 고주파 회로망 전력 또는 전류 또는 전압의 비에 관련시켜서 입출력 다단자 N-포트 회로망 해석을 S 파라미터(Scattering coefficient)로 쉽게 할 수 있다.

파라미터	설 명
S11	입력 반사계수
S21	순방향 전송계수(삽입손실)
S12	역방향 전송계수(삽입손실)
S22	출력 반사계수

[정답] ③

56
14/10

다음 중 S-파라미터(Scattering parameter)의 물리적 의미로 틀린 것은? (단, Zo는 전송선로의 특성 임피던스이다.)

① S_{11}는 Zo에 정합된 출력을 갖는 입력 반사 계수이다.
② S_{21}는 순방향 전송 계수이다.
③ S_{12}는 역방향 전송 계수이다.
④ S_{22}는 Z_0에 정합된 입력을 갖는 출력 전파 계수이다.

• **S-파라미터**

파라미터	설 명
S11	입력 반사계수
S21	순방향 전송계수(삽입손실)
S12	역방향 전송계수(삽입손실)
S22	출력 반사계수

[정답] ④

57
17/6

다음 중 산란행렬(Scattering Matrix)의 구성요소인 S-파라미터의 설명으로 옳은 것은?

① 반사 계수와 전송 계수를 나타낸다.
② 전압과 전류의 관계로 4단자 회로의 특성을 나타낼 수 있다.
③ 입·출력 단자를 개방하거나 단락해서 파라미터를 정의한다.
④ 고주파 회로에서 사용할 수 없다.

• **산란행렬(Scattering Matrix)**
① 입·출력 전압(또는 전류)의 관계로 반사계수 및 투과계수를 나타낼 수 있다.
② 4단자 포트 회로망에서 파라미터를 정의한다.
③ 고주파 회로에서 사용한다.

[정답] ①

58

RF 및 마이크로웨이브에서 사용되는 s-파라미터에 대한 설명으로 틀린 것은?

① 2-단자 회로망의 완전한 특성을 제공할 수 있다.
② 단락 및 개방 회로 종단을 넓은 범위의 주파수에는 구현하기 쉽다.
③ 입출력 단자에서 정합된 부하 사용을 요구한다.
④ 회로망 전압(또는 전류)은 둘 또는 그 이상의 진행파들의 전압(또는 전류)의 조합이 된다.

입·출력 전압의 관계로 4단자 포트 회로망에서 파라미터를 정의한다.

[정답] ①

5 스미스챠트

59

다음 중 스미스 차트를 이용하여 구할 수 있는 것은?
① 의율 계산
② 데시벨 계산
③ 증폭도 계산
④ 어드미턴스 계산

Smith Chart를 사용하여 구할 수 있는 것은 반사계수, 전압정재파비, 정규화 임피던스 이다.
* 어드미턴스 = 임피던스의 역수

[정답] ④

60

그림에서 정규화 임피던스 1-j1[Ω]에 해당하는 지점은 어느 곳인가?

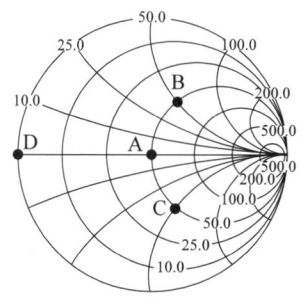

① 점 A
② 점 B
③ 점 C
④ 점 D

50[Ω]으로 정규화되어 정규화 임피던스 1-j1은 50-j50 에 해당되므로 점C가 이에 해당된다.

점A	점B	점C	점D
1	1+j1	1-j1	0

[정답] ③

61

스미스도표에서 굵게 표시된 원이 의미하는 것은 무엇인가?

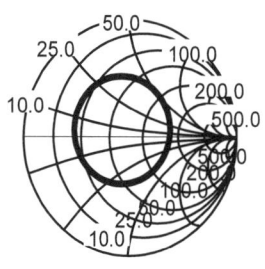

① 동일한 전류값
② 동일한 정재파비
③ 동일한 어드미턴스
④ 동일한 전압값

• 스미스 차트
저항이 일정한 원(Circle)과 리액턴스가 일정한 원(Circle)을 하나의 반사계수 평면에 중첩한 것이다. 반사계수, 정재파비, 입력임피던스, 부하임피던스, 임피던스 정합 등에 이용된다.
굵게 표시된 원은 1.0(정합)을 중심으로 그려진 것으로 동일한 정재파비를 의미한다. 원이 작아지면 정재파비가 작아진다.

[정답] ②

62

다음 중 스미스 차트에 대한 설명으로 틀린 것은?

① 스미스 차트상의 용량성, 유도성 리액턴스 값은 표시할 수 있지만 저항성 임피던스는 표시할 수 없다.
② 전송선로 상의 한 점에서의 임피던스를 알면 스미스 차트를 이용하여 임의의 지점에서의 선로 임피던스를 계산할 수 있다.
③ 스미스 차트의 정 중앙은 순수한 저항성 임피던스값을 나타낸다.
④ 스미스 차트상의 한 점에 의해 반사계수와 임피던스 값을 확인할 수 있다.

스미스 차트의 기본식 $\Gamma = \dfrac{z_n - 1}{z_n + 1}$

(Γ 는 복소반사계수 (산란계수S 또는 S11), z_n 은 정규화임피던스 라 함)

① Smith chart의 구성
저항이 일정한 원(Circle) 과 리액턴스가 일정한 원(Circle)을 합쳐놓은 chart임

저항이 일정한 원	리액턴스가 일정한 원
중심=1.0(Ω)_정합 우측=Open(∞ Ω) 좌측=Short(0 Ω)	상단 = Inductive 하단 = Capacitive

② Smith chart의 용도
반사계수,정재파비,입력임피던스,부하임피던스, 임피던스정합회로 계산에 사용

③ 원둘레는 선로상의 거리를 파장으로 나눈 값
(시계방향 : 전원측, 반시계방향 : 부하측)

[정답] ①

63

스미스 도표에서 그림과 같이 동심원 A에서 동심원 B로 원의 반지름이 커졌을 때 설명이 옳지 않은 것은?

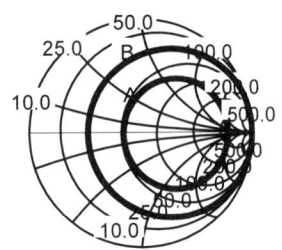

① 반사 계수의 크기가 커진다.
② 전송전력이 작아진다.
③ 반사파의 크기가 작아진다.
④ 부하 임피던스와 소스 임피던스 차이값이

> 스미스 차트의 기본식 $\Gamma = \dfrac{z_n - 1}{z_n + 1}$
>
> (Γ는 복소반사계수(산란계수S 또는 S11), z_n은 정규화임피던스 라 함)
>
> ① Smith chart의 구성
> 저항이 일정한 원(Circle)과 리액턴스가 일정한 원(Circle)을 합쳐놓은 chart임
>
> | 저항이 일정한 원 | 리액턴스가 일정한 원 |
> |---|---|
> | 중심=1.0(Ω)_정합
우측=Open(∞ Ω)
좌측=Short(0 Ω) | 상단 = Inductive
하단 = Capacitive |
>
> ② Smith chart의 용도
> 반사계수,정재파비,입력임피던스,부하임피던스, 임피던스정합회로 계산에 사용
>
> ③ 원둘레는 선로상의 거리를 파장으로 나눈 값
> (시계방향 : 전원측, 반시계방향 : 부하측)

[정답] ③

64

다음 중 스미스 선도(Smith chart)로서 구할 수 있는 것은?

① 증폭도 계산
② 데시벨 계산
③ 직선성 계산
④ 임피던스 정합회로 계산

> **• 스미스 차트**
> 저항이 일정한 원(Circle)과 리액턴스가 일정한 원(Circle)을 하나의 반사계수 평면에 중첩한 것이다.
> 반사계수, 정재파비, 입력임피던스, 부하임피던스, 임피던스 정합 등에 이용된다.

[정답] ④

6 동조 비동조 급전선

65

다음 중 동조 급전선에 대한 설명으로 틀린 것은?

① 급전선상에 정재파가 존재한다.
② 급전선의 길이가 길 때 사용한다.
③ 임피던스 정합장치가 불필요하다.
④ 전송효율이 비동조 급전선보다 낮다.

> **• 동조급전선 과 비동조급전선**
>
> | | 동조급전선 | 비동조급전선 |
> |---|---|---|
> | 매칭 | 불필요 | 필요 |
> | 전파 | 정재파 | 진행파 |
> | 효율 | 낮음 | 우수 |
> | 거리 | 거리가 가까울 때 | 거리가 멀 때 |

[정답] ②

66

비동조 급전선의 급전점에 정합회로를 설정하는 이유는?

① 급전선의 파동 임피던스를 감소시키기 위하여
② 급전선의 파동 임피던스를 일정하게 하기 위하여
③ 급전선에 정재파가 실리지 않게 하기 위하여
④ 안테나의 고유파장을 조절하기 위하여

> 비동조 급전방식은 급전선상에 진행파만 있고 정재파는 생기지 않도록 한 급전방식이다.

[정답] ③

67

다음 중 비동조 급전선에 관한 설명으로 틀린 것은?

① 비동조급전선의 예로는 도파관, 동축케이블 등이다.
② 송신부와 안테나의 거리가 가까울 때 사용한다.
③ 급전선상에 진행파만 존재하도록 정합장치가 필요하다.
④ 동조급전선에 비해 효율이 양호하고 외부방해가 없다.

> **• 동조급전선 과 비동조급전선**
>
> | | 동조급전선 | 비동조급전선 |
> |---|---|---|
> | 매칭 | 불필요 | 필요 |
> | 전파 | 정재파 | 진행파 |
> | 효율 | 낮음 | 우수 |
> | 거리 | 거리가 가까울 때 | 거리가 멀 때 |

[정답] ②

68. 비동조 급전선의 특징이 아닌 것은?

① 송신기와 안테나의 거리가 가까울 경우에 사용한다.
② 평형형이나 불평형형 급전선 모두 사용할 수 있다.
③ 급전선상에 진행파를 실어서 급전한다.
④ 정합장치가 필요하고 전송효율이 좋다.

- **비동조 급전선**
  ① 급전선이 길이가 길 때 사용된다.
  ② 급전선상에 정재파가 생기지 않도록 급전한다.
  ③ 정합장치를 필요로 한다.
  ④ 진행파만 존재하므로 손실이 적고 전송효율은 양호하다.

[정답] ①

69. 비동조급전의 특징으로 옳지 않은 것은?

① 급전선상에 진행파만 존재하도록 한다.
② 장거리 전송에도 손실이 적고 전송 효율이 높다.
③ 송신기와 안테나와 거리가 멀 때 사용된다.
④ 정합장치가 필요 없다.

- **동조 급전선과 비동조 급전선의 비교**

동조 급전선 : 정재파가 분포되어 있는 급전선
  ① 급전선이 짧을 때 사용된다.
  ② 급전선상에 정재파를 발생시켜서 급전
  ③ 정합장치를 필요로 하지 않는다.
  ④ 전송효율은 급전선이 길어지면 나빠진다.

비동조 급전선 : 진행파로 여진되는 급전선
  ① 급전선이 길이가 길 때 사용된다.
  ② 급전선 상에 정재파가 생기지 않도록 급전
  ③ 정합장치를 필요로 한다.
  ④ 정재파가 없어 손실 적고, 전송효율 양호

[정답] ④

70. 다음 중 비동조 급전선의 설명으로 옳지 않은 것은?

① 급전선의 길이에는 사용파장과 무관하다.
② 급전선상에 정재파가 없고 진행파만 존재한다.
③ 정합장치가 필요하다.
④ 전송효율이 동조 급전선보다 나쁘다.

- **비동조급전 과 동조급전 비교**

	비동조급전	동조 급전
정합회로	필요함	필요 없음
급 전 선	파장과 상관없음	파장과 상관
전송효율	우수	낮음
전파특성	진행파	정재파(진행+반사)
응 용	원거리 전송	근거리 전송

[정답] ④

71. 다음 중 비동조 급전선의 특징에 대한 설명으로 옳은 것은?

① 동조 급전선에 비해 전송효율이 나쁘다.
② 정합장치가 불필요하다.
③ 급전선 상의 전송파는 정재파이다.
④ 급전선의 길이와 파장은 관계가 없다.

- **비동조급전 과 동조급전 비교**

항목	비동조	동조
정합회로	필요	필요없음
급전선	파장과 관계없음.	파장과 관계
전송효율	우수	낮음
전파특성	진행파	정재파
응용	원거리용	근거리

[정답] ④

72. 동조 급전선과 비동조 급전선의 설명 중 옳지 않은 것은?

① 정재파가 분포되어 있는 급전선을 동조 급전선이라 한다.
② 비동조 급전선은 동조 급전선보다 전력의 손실이 적다.
③ 동조 급전선은 거리가 짧을 때, 비동조 급전선은 길 때 사용한다.
④ 비동조 급전선은 정합장치가 불필요하다.

- **비동조급전 과 동조급전 비교**

	비동조급전	동조 급전
정합회로	필요함	필요없음
급 전 선	파장과 상관없음	파장과 상관
전송효율	우수	낮음
전파특성	진행파	정재파(진행+반사)
응 용	원거리 전송	근거리 전송

[정답] ④

73. 공중선계에 대한 설명으로 적합하지 않은 것은?

① 공중선 전류의 파복에서 급전하는 것은 전류급전 이라 한다.
② 같은 길이의 안테나에서도 전압급전인① 전류급전인가에 따라 특성 임피던스가 달라진다.
③ 동조 급전선인 때에만 전압급전과 전류급전의 구별이 있다.
④ 안테나의 길이가 λ/2이더라도 중앙에서 급전하면 전류급전이고, 끝단에서 급전하면 전압급전이다.

동조급전 이든 비동조 급전이든 전류급전과 전압 급전의 구별이 있다. 반파장 다이폴안테나는 중앙에서 급전하는 전류급전이고, 제펠린 안테나는 끝단에서 급전하는 전압급전이다.

[정답] ③

7 도파관

74. 다음 중 도파관이 마이크로파 전송로로서 갖는 특징에 대한 설명으로 틀린 것은?

① 방사 손실이 없다.
② 유전체 손실이 적다.
③ 저역 통과 여파기로서 작용을 한다.
④ 표피작용에 의한 도체의 저항손실이 매우 적다.

- **도파관의 특징**
  ① 외부 전자기파의 영향이 없음
  ② 도파관 내부에서 전파가 반사되며 TE, TM모드를 형성함
  ③ 저항손실이 매우 적음
  ④ 도파관은 차단주파수 이상을 통과시킴(HPF)
  ⑤ TE모드 와 TM모드

[정답] ③

75. 마이크로파의 전송선로로서 도파관을 사용하는 이유로 가장 적절한 것은?

① 취급전력이 작고 방사손실이 없다.
② 유전체 손실이 적다.
③ 부하와의 정합상태가 불량하여도 정재파가 발생하지 않는다.
④ 외부전자계와 완전하게 격리가 불가능하다.

- **도파관의 특징**
  ① 저항손실이 적다.
  ② 유전체 손실이 적다.
  ③ 대전력을 취급할 수 있다.
  ④ 외부 전자계와 완전차폐
  ⑤ 차단파장 이하만 전송(HPF 구조)
  ⑥ 복사손실이 없다.

[정답] ②

76. 다음 중 도파관에 대한 설명으로 틀린 것은?

① 도파관내의 전파속도에는 위상속도와 군속도가 있다.
② 고역통과 필터의 일종이다.
③ 도파관에 전송할 수 있는 파장은 모드에 따라 다르다.
④ 주파수가 높을수록 저항손실과 유전체 손실이 커진다.

- **도파관이 마이크로파 전송로로서 우수한 점**
  ① 저항(Ohm) 손실이 적다.
  ② 유전체 손실이 적다.
  ③ 방사손실이 없다.
  ④ 고역 Filter로서 작용한다.
  ⑤ 취급할 수 있는 전력이 크다.
  ⑥ 외부 전자계와 완전히 격리할 수가 있다.

[정답] ④

77. 다음 중 도파관의 특징으로 틀린 것은?

① 방사 손실이 없다.
② 유전체 손실이 적다.
③ 저역 통과 여파기로서 작용을 한다.
④ 표피작용에 의한 도체의 저항손실이 매우 적다.

- **도파관의 특징**
  ① 외부 전자기파의 영향이 없음
  ② 도파관 내부에서 전파가 반사되며 TE, TM모드를 형성함
  ③ 저항손실이 매우 적음
  ④ 도파관은 차단주파수 이상을 통과시킴(HPF)
  ⑤ TE모드 와 TM모드

[정답] ③

78. 다음 중 도파관의 종류가 아닌 것은?

① 구형 도파관
② 원형 도파관
③ 타원형 도파관
④ 루프형 도파관

도파관의 종류에는 구형도파관, 원형도파관, 타원형도파관이 있다.

[정답] ④

79. 다음 중 도파관에 대한 설명으로 틀린 것은?

① 도파관은 차단주파수 이하의 주파수는 통과시키지 않는다.
② 저항손실이 적다.
③ TE mode는 진행방향에 대해 전계 E는 나란하고 자계 H는 직각인파를 말한다.
④ 도파관에서는 변위전류의 흐름이 관내에서만 발생하므로 전자파를 외부에 방사하거나 수신하는 일이 없다.

- **도파관의 특징**
  ① 외부 전자기파의 영향이 없음
  ② 도파관 내부에서 전파가 반사되며 TE, TM모드를 형성함
  ③ 저항손실이 매우 적음
  ④ 도파관은 차단주파수 이상을 통과시킴(HPF)
  ⑤ TE모드 와 TM모드

	TE모드	TM모드
진행방향	자계(H)	전계(E)
직각방향	전계(E)	자계(H)

[정답] ③

80

다음 중 도파관에 대한 설명으로 옳은 것은?

① 차단파장이 가장 짧은 모드를 기본자태(Dominant Mode)라고 한다.
② 도파관내에서의 파장(관내파장)은 자유공간에서의 파장보다 길다.
③ 기본적으로 TEM 자태(TEM Mode)를 사용한다.
④ 관벽전류에 의한 감쇠가 크다.

- **관내파장**

$$\lambda_g = \frac{\lambda}{\sqrt{1-(\frac{\lambda}{\lambda_c})^2}}$$

① 차단파장이 가장 긴 모드 즉 차단 주파수가 가장 낮은 모드를 기본모드(또는 기본자태)라고 한다.
② 도파관내에서의 파장 즉 관내파장은 자유공간에서의 파장보다 길다.
③ 도파관내에는 TE 모드와 TM 모드만 존재한다.
④ 관벽은 금이나 은과 같이 도전율이 좋은 재료로 코팅되어 있어 관벽에 흐르는 전류에 의한 감쇠는 크지 않다.

[정답] ②

81

다음 중 도파관에 대한 설명으로 옳지 않은 것은?

① 유전체 손실이 적다
② 저항손실이 적다.
③ TE mode는 진행방향에 대해 전계 E는 나란하고 자계 H는 직각인파를 말한다.
④ 대전력을 위급할 수 있다.

- **도파관의 특징**
① 유전체손실 및 저항손실이 작음
② 복사손실이 없고, 외부의 전자계영향이 없음
④ 대전력을 취급할 수 있음
⑤ HPF로 동작되어, 차단주파수를 이하를 통과시키지 않음
⑥ TE Mode와 TM Mode가 존재함

TE Mode	TM Mode
진행방향 E(전계)수직	진행방향 H(자계) 수직

* TEM Mode는 진행방향에 E(전계), H(자계) 수직

[정답] ③

82

다음 중 도파관은 어떠한 특성을 가진 여파기(Filter)로 볼 수 있는가?

① 대역소거여파기(Band Rejection Filter)
② 저역통과여파기(Low Pass Filter)
③ 고역통과여파기(High Pass Filter)
④ 대역통과여파기(Band Pass Filter)

도파관은 주어진 전송 모드에 대하여 관을 통해서 전송할 수 있는 최저 주파수 (차단 주파수 f_c)를 갖는 일종의 고역 필터이다.

[정답] ③

83

다음 중 도파관 임피던스 정합방법의 종류가 아닌 것은?

① 도체봉에 의한 정합
② 아이솔레이터에 의한 정합
③ 창에 의한 정합
④ 다이플렉서에 의한 정합

- **도파관의 임피던스 정합**
① λ/4 임피던스 변환기[Q 변성기]에 의한 정합
② Stub에 의한 정합
③ 도파관 창에 의한 정합
④ 도체봉에 의한 정합
⑤ 무반사 종단회로
⑥ 테이퍼(Taper)에 의한 정합
⑦ 아이솔레이터(Isolator)

[정답] ④

84

도파관의 임피던스 정합방법으로 적합하지 않은 것은?

① Stub에 의한 정합
② 도파관 창에 의한 정합
③ 커플러에 의한 정합
④ Q 변성기에 의한 정합

- **도파관의 임피던스 정합**
① λ/4 임피던스 변환기[Q 변성기]에 의한 정합
② Stub에 의한 정합
③ 도파관 창에 의한 정합
④ 도체봉에 의한 정합
⑤ 무반사 종단회로
⑥ 테이퍼(Taper)에 의한 정합
⑦ 아이솔레이터(Isolator)

[정답] ③

85

도파관의 임피던스 정합 방법에 해당하지 않는 것은?

① Stub에 의한 정합
② 무반사 종단회로에 의한 정합
③ 도체 봉(post)에 의한 정합
④ 방향성 결합기에 의한 정합

- **도파관의 임피던스 정합**
① λ/4 임피던스 변환기[Q 변성기]에 의한 정합
② Stub에 의한 정합
③ 도파관 창에 의한 정합
④ 도체봉에 의한 정합
⑤ 무반사 종단회로
⑥ 테이퍼(Taper)에 의한 정합
⑦ 아이솔레이터(Isolator)

[정답] ④

86
도파관의 임피던스 정합방법으로 맞지 않는 것은?

① 스터브에 의한 방법
② 창에 의한 방법
③ 1/2 파장 변성기에 의한 방법
④ 도체봉에 의한 방법

• **도파관의 임피던스 정합**
① $\lambda/4$ 임피던스 변환기[Q 변성기]에 의한 정합
② Stub에 의한 정합
③ 도파관 창에 의한 정합
④ 도체봉에 의한 정합
⑤ 무반사 종단회로
⑥ 테이퍼(Taper)에 의한 정합
⑦ 아이솔레이터(Isolator)

[정답] ③

87
도파관의 임피던스 정합방법 중 반사파를 흡수하는 방법은?

① 무반사 종단기   ② 아이솔레이터
③ 테이퍼형 변성기   ④ 도체봉에 의한 정합

무반사 종단회로(저항접속법)에 의한 방법은 도파관의 특성임피던스 와 같은 값을 가지는 부하 저항을 도파관내에 삽입하여 반사파가 생기지 않게(반사파를 흡수)임피던스 정합을 한다.

[정답] ①

88
다음 중 도파관창의 용도로 틀린 것은?

① 도파관의 여진용으로는 동축케이블을 사용한다.
② 공동 공진기에서 입력을 얻는데 사용한다.
③ 도파관용 필터로 사용한다.
④ 임피던스 정합용 소자로서 사용한다.

① 도파관의 여진용으로는 동축케이블과 작은 loop 안테나가 사용 된다.
② 공동공진기(cavity resonator)는 도파관을 이용해 만든 마이크로파대 공진기로 Q가 아주 높으며 마이크로파대의 공진주파수나 공진파장을 측정하는데 사용한다.
③ 도파관창은 도파관의 임피던스 정합을 위해 사용되며 도파관창 (slot)을 수직으로 사용하면 유도성을, 수평으로 사용하면 용량성을, 가운데에만 작은슬롯을 사용하면 LC병렬공진창의 성질을 가진다. 따라서 도파관용 필터로 사용할 수 있다.
④ 도파관의 임피던스 정합방법 (정합용 소자)으로 많이 사용된다.

[정답] ②

89
다음 중 도파관의 여진의 종류가 아닌 것은?

① 정전적 결합에 의한 여진
② 분기적 결합에 의한 여진
③ 작은 루프 안테나에 의한 여진
④ 전자적 결합에 의한 여진

도파관의 여진 방법은 다음과 같다
① 정전적 결합에 의한 여진(전계에 의한 여진 방법이다.)
② 전자적 결합에 의한 여진(전자계에 의한 여진 방법이다.)
③ 작은 루프 안테나에 의한 여진(자계에 의한 여진 방법이다')

[정답] ②

90
다음 중 구형 도파관에 대한 설명으로 틀린것은?

① TE_{10} 모드인 경우 차단파장(λ_c)는 4a(a는 장변의 길이)이다.
② 전계는 Y방향 성분만 존재한다.
③ 자계는 XZ방향 성분만 존재한다.
④ 구형 도파관의 기본 모드는 TE_{10} 모드이다.

TE mode일 경우 TE_{10}, TM mode 일 경우 TM_{11}

• **구형 도파관의 차단 파장**
$$\lambda_c = \frac{2\sqrt{\epsilon_s \mu_s}}{\sqrt{(\frac{m}{a})^2 + (\frac{n}{b})^2}}$$

• **도파관의 특징**
① 저항손실이 적다.
② 유전체 손실이 적다.
③ 복사(방사)손실이 적다.
④ 외부 전자계와 완전히 격리할 수 있다.
⑤ HPF(고역통과필터)로 동작 된다.

[정답] ①

91
마이크로파 송신기의 전력 측정에 사용되는 방향성 결합기로 측정할 수 없는 것은?

① 정재파비   ② 위상차
③ 반사계수   ④ 방향성

방향성결합기(Directional Coupler)는 반사계수, 방향성, Insertion Loss(삽입 손실)등을 측정할 수 있음. 위상차는 오실로스코프 나 네트워크 애널라이저로 측정할 수 있음

[정답] ②

92. 위상속도에 대한 설명으로 맞지 않은 것은?

① 일정 위상자리가 이동하는 속도를 말한다.
② 위상 속도와 군속도의 곱은 광속의 자승이 된다.
③ 도파관 내에서 위상속도는 광속도보다 빠르다.
④ 매질의 굴절률이 커지면 위상속도는 빨라진다.

> 위상속도 = $\dfrac{광속}{매질의\ 굴절률}$ 이므로
> 매질의 굴절률이 커지면 위상속도는 느려진다.
>
> [정답] ④

93. 다음 중 도파관 내부에 빗물이 침투하였을 때 발생하는 손실은?

① 도체 손실
② 유전체 손실
③ 저항 손실
④ 유도 손실

> 유전체손실은 도파관 내부에 빗물 등이 침투하여 유전체 쌍극자의 변위에 의해 고주파 손실이 발생 되는 손실을 말한다.
>
> [정답] ②

94. 구형도파관 내에 전파에너지가 전송 시 나타나는 현상 중 틀린 것은?

① 신호 에너지는 관벽에서 위상 반전된다.
② 2회 반사로 원 위치되므로 위상 반전은 별 문제 되지 않는다.
③ 차단파장 λc는 장변 a의 2배 즉, λc=2a로 표시된다.
④ 차단파장보다 신호파장이 클 때 도파관은 에너지를 전송한다.

> • 도파관의 특징
> 도파관 단면의 치수로 결정되는 차단주파수가 있어 그 이하의 주파수 성분은 전송되지 않으므로 고역 Filter로서 역할을 한다.
>
> [정답] ④

95. 차단파장 λ_c=10[cm] 인 구형 도파관에 5[GHz]의 전파를 전송할 때 관내파장 λ_g는 몇 [cm]인가?

① 5.0[cm]
② 6.0[cm]
③ 7.5[cm]
④ 10.0[cm]

> 도파관내의 파장과 속도
>
> [정답] ③

④ 전파전파

1. 지상파의 전파

01. 다음 중 지표파의 대지에 대한 영향으로 틀린 것은?

① 지표파의 전계강도 감쇠가 커지는 순서는 "해상 → 해안 → 평야 → 구릉 → 산악 → 시가지"이다.
② 주파수가 낮을수록 멀리 전파된다.
③ 대지의 비유전율이 클수록 멀리 전파된다.
④ 수평편파보다 수직편파 쪽이 감쇠가 작다.

> • 지표파의 특성
> ① 대지의 도전율이 클수록 감쇠가 적어진다.
> ② 유전율이 작을수록 감쇠가 적어진다.
> ③ 전파는 해상에서 가장 잘 전파하여 평지, 구릉, 산악, 시가지, 사막 순으로 감쇠가 커진다.
> ④ 지표파는 장·중파대에서 감쇠가 적다.
> ⑤ 수평편파는 대지에서 단락되기 때문에 큰 감쇠를 받는다.(지표파에서 전파해가는 것은 거의 수직 성분이다.)
>
> [정답] ③

02. 지표파에 대한 설명으로 틀린 것은?

① 장·중파대에서는 지표파가 직접파에 비해 우세하다.
② 지표파의 전파속도는 공간파보다 늦다.
③ 수평편파의 지표파가 수직편파에 비해 감쇠가 적다.
④ 초단파대에서는 지표파에 비해 직접파가 유용하다.

> • 지표파의 특징
> ① 장·중파대의 주전파임
> ② 대지의 도전율이 클수록 유전율이 낮을수록 감쇠가 적음
> ③ 전계강도의 감쇠는 해수, 습지, 건지 순임
> ④ 주파수가 낮을수록 감쇠가 적음
> ⑤ 수평편파보다 수직편파가 감쇠 적음
>
> [정답] ③

03

지표파 전파의 특징과 관계없는 것은?

① 지표면 요철에 별로 영향을 받지 않는다.
② 대지의 도전율이 클수록 멀리 전파한다.
③ 주파수가 높을수록 멀리 전파한다.
④ 수직편파가 잘 전파한다.

◆ 지표파의 특징
① 장·중파대의 주전파임
② 대지의 도전율이 클수록 유전율이 낮을수록 감쇠가 적음
③ 전계강도의 감쇠는 해수, 습지, 건지 순임
④ 주파수가 낮을수록 감쇠가 적음
⑤ 수평편파보다 수직편파가 감쇠 적음

[정답] ③

04

다음 중 지표파에 대한 설명으로 적합하지 않은 것은?

① 대지의 도전율과 유전율이 작을수록 감쇠가 적다.
② 주파수가 낮을수록 멀리 전파한다.
③ 사막지대보다 해안지역에서 멀리 전파한다.
④ 수평편파보다 수직편파에서 감쇠가 적다.

◆ 지표파의 특징
① 장·중파대의 주전파임
② 대지의 도전율이 클수록 유전율이 낮을수록 감쇠가 적음
③ 전계강도의 감쇠는 해수, 습지, 건지 순임
④ 주파수가 낮을수록 감쇠가 적음
⑤ 수평편파보다 수직편파가 감쇠 적음

[정답] ①

05

다음 중 지상파에 대한 설명으로 틀린 것은?

① 수평 및 수직편파에 따라 대지 반사계수가 달라진다.
② 안테나가 충분히 높으면 직접파와 대지 반사파의 합성파가 지표파보다 크다.
③ 장파 또는 중파대 이하 지상파에서는 지표파가 주요 전파로 사용된다.
④ 지표파는 대지 도전율이 작을수록 감쇠가 적다.

지상파의 주전파는 지표파로 도전율이 클수록 감쇠가 적어짐.

[정답] ④

06

대지면에 설치된 수직 접지 안테나로부터 지표면을 따라 전파가 진행할 때 감쇠가 적은 순서대로 바르게 배열한 것은?

① 해면, 평지, 산악, 사막
② 사막, 산악, 평지, 해면
③ 해면, 사막, 평지, 산악
④ 사막, 평지, 산악, 해면

지표파는 대지의 도전율이 클수록 유전율이 낮을수록 감쇠가 적음전계강도가 큰 순서대로(감쇠가 적은 순서대로) 나열하면 해상, 해안, 평야, 구릉, 산악, 시가지 순이다.

[정답] ①

07

지구등가 반경계수에 대한 설명 중 틀린 것은?

① 전파투시도를 그릴 때 고려되는 요소이다.
② 지구상의 어느 위치에서나 일정한 값을 갖는다.
③ 실제 지구 반경에 대한 등가지구 반경의 비로 정의된다.
④ 전파 가시거리에 영향을 미친다.

등가 지구 반경 계수 K

$$K = \frac{\text{등가 지구 반경}(R)}{\text{실제 지구 반경}(r)}$$

여기서 K값은 계절이나 기상에 따라 다르며, 따라서 지구 위도에 따라 다르다.

온대 지방 : $\frac{4}{3}$ (우리나라의 경우)

열대 지방 : $\frac{4}{3} \sim \frac{3}{2}$, 한대 지방 : $\frac{5}{6} \sim \frac{4}{3}$ 정도

[정답] ②

08

다음 중 전파투시도(Profile map)에 대한 설명으로 틀린 것은?

① 전파투시도에서 전파 통로는 곡선으로 나타낸다.
② 송수신점을 포함하여 대지와 수직인 지형의 단면도를 나타낸다.
③ 전파투시도를 그릴 때 등가지구 반경계수를 고려한다.
④ 전파경로상의 수직 장애물의 효과를 연구하는데 유용하다.

전파투시도는 곡선의 전파면을 평면으로 나타낸 map형태의 지도임.

[정답] ①

09

송수신 안테나 높이가 9[m]로 동일하게 놓여 있는 경우 직접파 통신이 가능한 전파 가시거리는 약 얼마인가?

① 8.22[km]   ② 12.44[km]
③ 24.66[km] ④ 32.88[km]

- 전파가시거리
$$d = 4.11(\sqrt{h_1} + \sqrt{h_2})\,[km]$$
$$= 4.11(\sqrt{9} + \sqrt{9}) = 24.66\,[km]$$

[정답] ③

10

등가지구 반경계수가 K일 때 송수신 안테나간의 기하학적 가시거리 (d_1)와 전파 가시거리 (d_2)의 관계를 바르게 나타낸 것은?

① $d_2 = Kd_1$ ② $d_2 = \sqrt{K}d_1$
③ $d_2 = (1/K)d_1$ ④ $d_2(1/\sqrt{K})d_1$

기하학적 가시거리 $d_1 = 3.57(\sqrt{h_1} + \sqrt{h_2})\,[km]$
전파 가시거리 $d_2 = 3.57\sqrt{k}(\sqrt{h_1} + \sqrt{h_2})\,[km]$
$$\frac{d_2}{d_1} = \sqrt{k}$$
여기서 K는 표준대기에서의 등가지구 반경계수

[정답] ②

11

초단파대 통신에서 전파 가시거리에 영향을 미치지 않는 요소는?

① 등가 지구 반경계수   ② 송신 안테나 높이
③ 수신 안테나 높이   ④ 사용 주파수

전파가시거리 $d_2 = 4.11(\sqrt{h_1} + \sqrt{h_2})\,[km]$이며 이는 기하학적 가시거리에 등가 지구반경계수의 0.5승을 곱하여 구할 수 있다.

[정답] ④

12

다음 중 VHF 대역에서, 통신 가능 거리를 증가시키기 위한 방법으로 적합하지 않은 것은?

① 안테나 높이를 높인다.
② 이득이 높은 안테나를 사용한다.
③ 지향성이 예리한 안테나를 사용한다.
④ 안테나의 방사각도를 크게 한다.

VHF대역(30MHz~300MHz)에서 통신거리증가
① 안테나의 높이
 (가시거리 $d = 4.11(\sqrt{h_1} + \sqrt{h_2})\,[km]$)
② 이득이 높은 안테나 사용
③ 지향성이 예민한 안테나 사용
④ 안테나의 방사각도를 작게 함

[정답] ④

13

다음 중 지상에 수직으로 설치된 송수신 안테나간의 거리가 충분히 멀고, 낮은 초단파대 주파수를 사용하는 경우에 수신 전계에 대한 설명으로 틀린 것은?

① 안테나에 흐르는 전류에 비례한다.
② 안테나의 실효고에 비례한다.
③ 송수신 안테나 간의 거리에 반비례한다.
④ 송신 안테나의 높이에 비례한다.

초단파대의 먼거리에서의 전계강도는 $E = \frac{120\pi Ih_e}{\lambda d}$로 안테나에 흐르는 전류, 안테나의 실효고에 비례하고 송수신 안테나간의 거리에 반비례한다.

[정답] ④

14

대지면을 완전 도체라고 가정하고, 송수신 안테나의 거리가 충분히 멀리 떨어져 있는 경우 수직 편파 송수신 안테나의 높이를 모두 2배로 증가시키면 수신 전계강도의 변화는?

① 변화가 없다.   ② 1.14배 증가한다.
③ 2배 증가한다.   ④ 4배 증가한다.

안테나의 전계강도 $E = \frac{7\sqrt{P_r}\,h_1 h_2}{d}$
h_1 송신안테나높이 h_2 수신안테나높이
∴ 송수신 안테나의 높이가 2배씩 증가되어 수신 전계강도는 4배 증가된다.

[정답] ④

15

다음 중 극초단파(UHF)의 통달거리에 그다지 많은 영향을 주지 않는 것은?

① 공전   ② 지형
③ 복사전력   ④ 안테나 높이

극초단파(UHF)는 300[MHz] ~ 3[GHz] 대역을 말하며 지형, 복사전력, 안테나 높이에 따라 거리에 영향을 미친다.
공전은 낙뢰 시 발생하는 잡음으로 장파에 영향을 미친다.

[정답] ①

16

다음 중 회절파에 대한 설명으로 틀린 것은?

① 산악회절파는 페이딩이 적다.
② 산악회절파는 지리적 제한을 받는다.
③ 송·수신점의 정중앙에 산악이 있을 때에 산악회절 이득이 최대가 된다.
④ 회절계수가 커지면 회절손실도 크게 된다.

회절계수 = $\dfrac{\text{회절이 발생할때 전계강도}(E_d)}{\text{회절이 발생하지 않을때 전계강도}(E_0)}$

• 회절파 특징
① 페이딩이 적고 안정하다.
② 지리적 제한을 받는다.(산악회절파는 송수신점 사이에 산악이 있어야 성립하므로)
③ 시설도 간단하고 운용비도 적게 소요된다.
④ 송수신점 중간에 산악이 존재할 때 산악에 의한 회절이득이 가장 크다.

[정답] ④

17

산악주위에서 AM방송이 FM방송보다 수신 상태가 좋은 것은 전파의 어떤 현상 때문인가?

① 직진   ② 회절
③ 산란   ④ 반사

회절현상은 파장이 긴 장중파에서 심하나 파장이 짧은 초단파에서도 볼 수 있다. 전파는 그 통로상의 장애물에 의해서 회절작용을 받아 수신전계는 그 장애물의 크기와 파장에 의해 강약을 나타낸다. 이런 영향을 미치는 장애물 구간의 거리를 Fresnel zone이라고 한다. 회절파는 직접파보다 전계강도가 작다.
AM방송 (625KHz~1605KHz) 은 FM방송(88MHz~ 108MHz) 보다 낮은 주파수를 사용함

[정답] ②

18

다음 중 산악회절파의 특성으로 적합하지 않은 것은?

① 조건에 맞도록 설계하면 전파손실이 적은 강한 수신전계를 얻을 수 있다.
② 페이딩의 영향을 많이 받는다.
③ 초단파대 초가시거리 통신의 수행 할 수 있다.
④ 지리적 제한을 받는다.

• 산악회절파의 특징
① 페이딩이 적고 안정함
② 지리적 제한을 받음 (송수신점 사이 지리적요건)
③ 시설이 간단하고 운용비가 작음
④ 송수신점 사이에 산악이 존재할 때 이득이 큼

[정답] ②

19

회절이 발생하지 않았을 때의 수신 전계강도를 E_0, 회절이 발생했을 때의 수신 전계강도를 E_d라 하면, 회절계수는?

① E_0/E_d ② E_d/E_0
③ $(E_0/E_d)^2$ ④ $(E_d/E_0)^2$

• 회절현상
① 전파는 빛과 같이 전송로상에서 다른 매질을 만나면 회절, 반사, 굴절하는 특징이 있음.
② 회절현상은 호이겐스의 원리에 의해 장애물을 넘어서 수신점에 도달하거나, 산악회절과 초단파대역에서도 회절이득을 얻기도 한다.
③ 회절현상은 주파수가 낮을수록(파장이 길수록) 많이 발생된다.
④ 회절계수
$S = \dfrac{\text{회절이 발생할때 전계강도}(E_d)}{\text{회절이 발생하지 않을때 전계강도}(E_0)}$

[정답] ②

2 대류권파의 전파

20 12/3

굴절률이 서로 다른 인접한 두 전리층간을 아래 그림과 같이 전파가 진행할 때 옳은 것은?

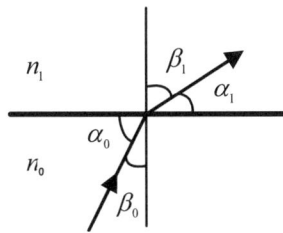

① $n_0 \sin \alpha_0 = n_1 \sin \alpha_1$
② $n_0 \sin \beta_0 = n_1 \sin \beta_1$
③ $n_1 \sin \alpha_0 = n_0 \sin \alpha_1$
④ $n_1 \sin \beta_0 = n_0 \sin \beta_1$

> 스넬의 법칙
> $n_0 \sin \beta_0 = n_1 \sin \beta_1$ (n_0, n_1 : 전리층굴절율)
>
> [정답] ②

21 13/3

대기 굴절률에 대한 설명 중 틀린 것은?

① 대기의 온도, 기압 및 습도에 따라 굴절률이 달라진다.
② 일반적으로 높이 올라갈수록 대기의 굴절률이 작아진다.
③ 전자파의 전파 속도는 상층부에 비해 대지면에 가까워질수록 빨라진다.
④ 대기 굴절률은 대기의 유전율에 비례한다.

> 대지에서 전파속도는 느리고, 상층부에서는 빠르다.
>
> [정답] ③

22 17/6,15/10,12/3

다음 중 수정 굴절률에 대한 설명으로 틀린 것은?

① 수정 굴절률을 사용하면 구면 대기층에 대해서도 평면 대기층에 대한 스넬의 법칙을 적용할 수 있다.
② 표준대기에서 높이 h에 대한 M단위 수정 굴절률이 비 dm/dh는 음수이다.
③ 수정 굴절률의 값은 높이와 비례 관계에 있다.
④ 수정 굴절률의 값은 굴절률과 비례 관계에 있다.

> 수정굴절 특징율
> ① 구면 대기층에서의 스넬의 법칙이 평면대기층에서의 스넬의 법칙으로 간단하게 표현
> ② 표준대기에서 높이 h에 대한 M단위 굴절율의 비 $\dfrac{dM}{dh}$은 양수 이다.
> (단, 굴절율이 역전되는 역전층에서 $\dfrac{dM}{dh}$은 음수)
> ③ 수정굴절율은 굴절율 n 과 높이 h 에 비례함
> (수정굴절율 $m = n + \dfrac{h}{ro}$ (ro : 지구반경))
>
> [정답] ②

23 16/10

다음 중 대류권전파에서 라디오덕트가 생성되는 조건에 대한 표현으로 옳은 것은? (단, M:수정굴절율, h:송신안테나 높이)

① $\dfrac{dM}{dh} < 1$ ② $\dfrac{dM}{dh} < 0$
③ $\dfrac{dM}{dh} > 1$ ④ $\dfrac{dM}{dh} > 0$

> $\dfrac{dM}{dh} < 0$이 되는 영역을 (굴절률의) 역전층이라고 한다. 역전층에서는 VHF 이상의 전파가 강하게 굴절되어 먼 거리 까지 전파될 수 있는 대기층의 통로가 만들어 지는데 이것을 라디오 덕트(radio duct)라고 한다.
>
> [정답] ②

24 18/10,18/6,15/3,13/10,11/6

다음 중 라디오 덕트를 발생시키는 원인으로 볼 수 없는 것은?

① 육상의 건조한 공기가 해상으로 흘러 들어갈 때
② 야간에 지표면 쪽의 공기가 상층부의 공기보다 빨리 냉각될 때
③ 고기압권에서 발생한 하강기류가 해면으로 내려 올 때
④ 온난기단이 한랭기단 아래쪽으로 끼어 들어갈 때

> • 라디오 덕트 생성원인
> ① 전선에 의한 덕트 : S형 덕트 발생 (한랭전선이 온난전선 밑에 끼어 들어가 온도의 역전층이 생기고 굴절률의 역전층이 생겨 발생)
> ② 대양상 덕트 (또는 건조 덕트)
> ③ 이류성 덕트 : 해안선에 많이 발생
> ④ 야간 냉각에 의한 덕트 : 접지 덕트 발생
>
> [정답] ④

25. 라디오 덕트에 대한 설명으로 틀린 것은?

① 덕트 내에서 초굴절 현상이 생긴다.
② 가시거리보다 훨씬 먼 거리를 전파할 수 있다.
③ 도파관과 같이 차단 주파수 이하의 주파수만 통과시킨다.
④ 역전층에 의해 발생한다.

- 라디오덕트(Radio Duct) 특징
  ① 대류권 상공에서 역전층이 생길 때 존재함
  ② 도파관과 같이 차단주파수 이상만 통과
  ③ 초가시거리 통신 가능
  ④ 기상상태에 따라 변화됨

[정답] ③

26. 대류권 산란파에 대한 설명으로 틀린 것은?

① 전파경로 상의 지형에 대한 영향을 별로 받지 않는다.
② 공간 다이버시티를 이용하면 대류권 산란에 의한 페이딩을 방지 할 수 있다.
③ 짧은 주기를 갖는 페이딩이 발생한다.
④ 전파손실이 자유공간 손실과 유사한 값을 갖는다.

- 대류권 산란파 통신방식의 특징
  ① 초단파대 초가시거리 광대역 통신에 적합하다.
  ② 시간적, 공간적, 지리적 제한을 받지 않는다.
  ③ 기본 전파손실이 크기 때문에 대출력 송신기가 필요하다.
  ④ 너무 예민한 지향성 공중선을 사용해서는 안된다.
  ⑤ Fading이 발생하며, Space diversity를 이용하여 방지할 수 있다.
  ⑥ 대류권 산란파 통신을 하기에 적당한 주파수는 $200 \sim 3,000[MHz]$
  ⑦ 대류권 산란파 통신을 하기에 적당한 거리는 $200 \sim 1,500[km]$

[정답] ④

27. 극초단파 대역의 신호를 사용하여 200~1,500 [km]정도 떨어져 있는 두 지점간에 통신을 할 때 주로 사용하는 전파는?

① 대류권 산란파   ② 지표파
③ 전리층 산란파   ④ 회절파

- 대류권 산란파 통신방식의 특징
  ① 초단파대 초가시거리 광대역 통신에 적합하다.
  ② 시간적, 공간적, 지리적 제한을 받지 않는다.
  ③ 기본 전파손실이 크기 때문에 대출력 송신기가 필요하다.
  ④ 너무 예민한 지향성 공중선을 사용해서는 안된다.
  ⑤ Fading이 발생하며, Space diversity를 이용하여 방지할 수 있다.
  ⑥ 대류권 산란파 통신을 하기에 적당한 주파수는 $200 \sim 3,000[MHz]$
  ⑦ 대류권 산란파 통신을 하기에 적당한 거리는 $200 \sim 1,500[km]$
  ⑧ 대류권 산란파 통신은 200[MHz]~3000[MHz], 200[km] ~ 1500[km] 통신에 적합함.

[정답] ①

28. 초가시거리 전파의 종류로 옳지 않은 것은?

① Radio duct전파   ② 전리층 산란파 전파
③ 산악 회절 전파   ④ 이상파

초가시거리전파의 종류에는 Radio Duct파, 전리층 산란파, 산악회절파, Sporadic E층 파, 대류권 산란파 등 이 있다.

[정답] ④

29. 초단파 및 극초단파가 가시거리 이상까지 전파하는 원인에 해당되지 않는 것은?

① 산악회절 현상에 의한 원거리 전파
② 전리층 투과에 의한 원거리 전파
③ 라디오 덕트에 의한 원거리 전파
④ 스포라딕 E층에 의한 원거리 전파

- 초가시거리 전파의 종류
  ① 산악회절 전파
  ② Radio Duct 전파
  ③ 대류권 산란파 전파
  ④ 전리층 산란파 전파
  ⑤ 산재 E층 (E_s)에 의한 전파

[정답] ②

30. 대류권에서의 페이딩(fading)은?

① 도약성 페이딩   ② 편파성 페이딩
③ 산란성 페이딩   ④ 흡수성 페이딩

- 대류권 페이딩 과 전리층 페이딩

대류권 페이딩	전리층 페이딩
• K형 페이딩	• 선택성 페이딩
• 덕트형 페이딩	• 도약성 페이딩
• 신틸레이션 페이딩	• 간섭성 페이딩
• 감쇠형 페이딩	• 편파성 페이딩
• 산란형 페이딩	• 흡수성 페이딩

[정답] ③

31. 대류권파의 페이딩 생성원인에 의한 분류에 속하는 것으로 옳은 것은?

① 신틸레이션 페이딩   ② 동기성 페이딩
③ 선택성 페이딩   ④ 근거리 페이딩

- 대류권에서 생기는 페이딩 종류
  ① K형 페이딩
  ② 덕트형 페이딩
  ③ 신틸레이션 페이딩
  ④ 감쇠형 페이딩
  ⑤ 산란형 페이딩

[정답] ①

32

신틸레이션 페이딩에 대한 설명 중 틀린 것은?

① 대기 중의 산란파와 직접파의 간섭에 의해 발생되는 페이딩이다.
② 전계변동 폭은 파장이 짧을수록 크게 된다.
③ 여름보다 겨울에 많이 발생한다.
④ 방지대책으로 AGC(자동이득조절회로)를 사용한다.

> 대류권에서 생기는 페이딩에는 신틸레이션, 덕트형, K형, 감쇠형 페이딩이 있음. 신틸레이션 페이딩은 대기굴절율이 미세하게 변동하여 굴절파와 직접파가 간섭하여 발생된다. 대기가 불안정한 여름에 많이 발생된다.
>
> [정답] ③

33

다음 중 신틸레이션(Scintillation) 페이딩에 대한 설명으로 틀린 것은?

① 대기 중 공기의 와류에 의한 직접파와 산란파의 간섭으로 발생한다.
② 수신 전계강도의 평균 레벨은 페이딩에 의해 변동이 심하다.
③ 겨울보다 여름에 많이 발생한다.
④ AGC(Automatic Gain Control)를 이용하여 방지할 수 있다.

> • 신틸레이션(Scintillation) 페이딩
> ① 전계강도의 변화폭 2-3[dB]
> ② 주기가 빠르고 불규칙하다.
> ③ 송수신점간의 거리가 클수록 변동주기는 느려진다.(길어진다).
> ④ 실제 통신에 있어서는 큰 문제가 되지 않는다
> ⑤ 동계보다 하계에 더 많이 발생한다.
> ⑥ AGC,AVC를 이용하여 방지할 수 있다.
>
> [정답] ②

34

대기 중에서 비, 구름, 안개 등에 의한 전자파의 흡수 또는 산란 상태가 변화하기 때문에 발생하는 페이딩은?

① 신틸레이션 페이딩
② K형 페이딩
③ 감쇠형 페이딩
④ 산란형 페이딩

> • 대류권 페이딩의 종류
>
> | 페이딩 종류 | 특 징 |
> |---|---|
> | K형 페이딩 | 대기높이의 굴절율 원인 |
> | 덕트형 페이딩 | 전송로 상에 라디오덕트 형성 |
> | 신틸레이션 | 와류에 의한 공기뭉치 원인 |
> | 감쇠형 페이딩 | 비, 구름, 안개 및 대기의 흡수 |
> | 산란형 페이딩 | 전파의 퍼짐(Scattering) |
>
> [정답] ③

35

다음 중 전파의 성질에 대한 설명으로 적합하지 않은 것은?

① 송신측에서 수직 다이폴을 사용하면 수신측에서도 수직편파 안테나를 사용하여야 한다.
② Snell의 법칙은 매질의 경계면에서 일어나는 회절현상을 분석할 때 사용한다.
③ 도체에 전파가 진입할 때의 감쇠정도는 표피작용의 깊이 (skin depth)로 알 수 있다.
④ 주파수가 높을수록 직진성이 강하고 낮을수록 회절이 잘 된다.

> 스넬의 법칙은 $(n_1 \cdot Sin\theta_1 = n_2 \cdot Sin\theta_2)$,
> 매질의 경계면에서 일어나는 전파의 굴절을 해석할 때 사용함.
>
> [정답] ②

3 전리층파의 전파

36

전리층의 높이를 측정할 때 주로 사용되는 파형은?

① 정현파
② 삼각파
③ 변측파
④ 펄스파

> 전리층은 태양의 복사에너지가 대기를 이온화시켜 층을 형성하는 것으로, 전리층을 이용하여 단파대 장거리 통신을 할 수 있다. 전리층 높이는 통신거리에 비례하기 때문에 정확한 높이측정이 요구된다.
> * 전리층 높이는 펄스파를 이용해 반사된 신호와의 차이(Δt)에 의해서 구할 수 있다.
>
> [정답] ④

37

전파를 상공에 수직으로 발사하여 0.004초 후에 그 전파가 수신되었다면 전리층의 높이는 약 얼마인가?

① 100 [km]
② 300 [km]
③ 600 [km]
④ 900 [km]

> • 전리층 높이
>
> $$h = \frac{속도(v) \times 시간(t)}{2} = \frac{3 \times 10^8 \times 4 \times 10^{-3}}{2} = 6 \times 10^5$$
>
> [정답] ③

38
지표면에서 전리층을 향해 수직으로 펄스파를 발사한 후 2[ms]후에 생기는 반사파는 어느 전리층에서 반사한 것인가?

① D층 ② E층
③ E_s층 ④ F층

> 높이 $= \dfrac{속도 \times 시간}{2} = \dfrac{3 \times 10^8 \times 2 \times 10^{-3}}{2} = 3 \times 10^5$ [m]
> 전리층은 태양복사에너지와 공기중입자가 이온화되어 층을 형성한다.
> ① D층: 50km ~ 90km
> ② E층: 90km ~ 120km
> ③ F층: 200km ~ 400km
>
> [정답] ④

39
주간에 20[MHz]의 신호로 원양에서 조업 중인 선박과 통신을 하고자 할 때 이용되는 전리층은?

① D층 ② Es층
③ E층 ④ F층

> 단파(3MHz~30MHz)는 파장이 짧으므로 지표파는 감쇠가 심해 거의 실용성이 없다. 그러나 전리층 반사파는 F층 반사로 전파되는데 제1종 감쇠가 적으므로 소전력으로 원거리 통신이 가능하다. 편의상 도약거리 이내를 근거리, 그 밖을 원거리라고 한다.
>
> [정답] ④

40
전리층의 높이가 지상 약 100[km] 정도이며 발생지역과 장소가 불규칙한 전리층은?

① D층 ② E_s층
③ F_1층 ④ F_2층

> Es(Sporadic(산재) E층)은 태양의 흑점주기와 관계가 없지만, 시간/공간적으로 전리층이 불균일하여 초단파대역(30[MHz] ~ 300[MHz])도 반사한다.
>
> [정답] ②

41
스포라딕(E_s) 전리층에 대한 설명으로 틀린 것은?

① E층보다 전자밀도가 높다.
② E층과 거의 같은 높이에 형성된다.
③ 발생지역이 광범위하며, 발생 주기는 불규칙하다.
④ 발생 원인이 명백하게 밝혀지지 않고 있다.

> Sporatic(산재) E층은 태양의 흑점주기와 관계가 없지만, 시간/공간적으로 전리층이 불균일하여 초단파대역(30[MHz] ~ 300[MHz])도 반사한다.
> ① E층과 동일한 100[km] 상공에 위치함
> ② E층보다 전자밀도가 높음
> ③ 발생지역이 국부적이며 발생 주기도 불규칙함
> ④ 발생 원인이 명확치 않음.
>
> [정답] ③

42
다음 중 전리층에 대한 설명으로 틀린 것은?

① 임계주파수보다 낮은 주파수는 단파의 근거리 통신에 사용할 수 있다.
② 야간에는 D층이 높아지고 E층 반사파가 강해진다.
③ 단파통신은 주간과 야간의 주파수를 다르게 사용하는 것이 좋다.
④ MUF(Maximum Usable Frequency)는 임계주파수보다 낮고 입사각과 관계가 있다.

> D층은 야간에 소멸한다.
> MUF는 송수신점간의 거리가 정해졌을 때, 전리층 반사파를 이용하여 통신할 수 있는 가장 높은 주파수로 최고 사용주파수라고 한다.
>
> [정답] ②

43
다음 중 임계 주파수에 대한 설명으로 틀린 것은?

① 전리층에 수직으로 입사하는 전자파의 반사와 투과의 경계가 되는 주파수 이다.
② 전리층의 임계주파수를 알면 최대 전자밀도를 알 수 있다.
③ 전리층의 전자밀도가 높아지면 임계 주파수는 낮아진다.
④ 전리층의 굴절률이 0일 때의 주파수이다.

> ① 전리층에서의 최대 전자밀도를 $N_{\max}$ 이라 할 때 전리층에 수직입사한 파의 임계주파수
> ② $f_c = 9\sqrt{N_{\max}}$ 의 관계가 있으므로 전자밀도가 가장 작은 D층이 임계주파수가 가장 낮다.
>
> [정답] ③

44
임계 주파수는 전자밀도가 2배 증가할 경우 어떻게 변화하는가?

① 2배 감소한다. ② 2배 증가한다.
③ $\sqrt{2}$배 증가한다. ④ $\sqrt{2}$배 감소한다.

> 전리층 반사파 통신은 전리층의 전자밀도가 매우 중요한 파라미터이다..
> 임계주파수는 전자밀도에 따라 통신이 가능한 최적의 주파수를 말한다.
> 임계주파수 $f_o = 9\sqrt{N}$ (N: 전리층의 전자밀도)
>
> [정답] ③

45

다음 중 전리층의 종류에 대한 설명으로 틀린 것은?

① D층의 전자밀도는 다른 전리층에 비해 낮다.
② E층은 야간에 장파를 반사시킨다.
③ F층은 다른 전리층보다 높은 곳에 위치한다.
④ E_S층은 E층보다 전자밀도가 낮다.

E_S층의 전자밀도는 E층과 같은 높이에 생성되지만 전자밀도가 높아 VHF대역의 전파도 반사시킨다.

[정답] ④

46

다음 중 전리층에 대한 설명으로 틀린 것은?

① D층은 야간에 장파대의 전파를 반사시킬 수 있다.
② E층은 주간에 약 10[MHz]의 단파를 반사시킬 수 있다.
③ F층은 단파대의 전파를 반사시킬 수 있다.
④ Es층은 80[MHz] 정도의 초단파를 반사시킬 수 있다.

• 전리층특징

	D층	E층	F층	Es층
높이	<90km	<200km	<400km	<200km
반사	장파	중파	단파	초단파
생성	주간	주야	주야	랜덤

[정답] ①

47

다음 중 전파예보 곡선으로부터 알 수 없는 정보는?

① MUF(Maximum Usable Frequency)
② 주파수의 사용 가능 시간
③ 사용 가능 주파수
④ 임계 주파수

전파 예보도(전파 예보 곡선)란 전리층 반사파를 이용하여 두 점간의 통신을 가장 효율적으로 할 수 있도록 시간별 최적 사용주파수를 예보하는 곡선으로, 방송통신위원회가 전리층의 상태를 예측하여 매 월 발표한다. 이 전파예보 (전파 예보 곡선)에는 서울과 세계 주요 30개 도시 사이의 MUF와 LUF 곡선의 일 변화가 나타나 있으며 횡 축은 시간, 종축은 주파수[MHz]로 되어 있다. MUF와 LUF를 예보해 사용가능 주파수를 알 수 있다.

[정답] ④

48

MUF가 5[MHz]일 때 전리층 반사를 사용하여 통신을 수행하기에 가장 적합한 주파수는?

① 2.125[MHz]　② 4.25[MHz]
③ 8.5[MHz]　④ 17[MHz]

• 전리층 반사파의 최적주파수
FOT = MUF × 0.85 = 4.25[MHz]

[정답] ②

49

수직 안테나에서 방사되는 수직 편파가 지구 자계의 영향을 받는 전리층에서 반사되면 어떠한 편파가 되는가?

① 수직 편파　② 수평 편파
③ 원 편파　④ 타원 편파

전리층에서 전파가 발사될 때 지구자계의 영향으로 타원 편파가 됨.

[정답] ④

50

다음 중 전파예보에서 알아낼 수 없는 것은?

① 전리층 반사파로 통신할 수 있는 가장 높은 주파수를 알 수 있다.
② 조건을 대입하여 LUF를 구할 수 있다.
③ 송·수신점과 통신 시각에 따른 최적운용주파수를 구할 수 있다.
④ 전리층과 대기권의 M곡선을 구할 수 있다.

전파예보란 전리층 반사파를 이용한 통신에서 두 점간의 통신을 효율적으로 할 수 있도록 최적운용주파수를 예보하는 곡선이다.

전파예보의 종류	특 징
MUF (Maximum Usable Frequency)	사용가능한 최대 주파수
LUF (Lowest Usable Frequency)	사용가능한 최저 주파수
FOT (Frequency of Optimum Traffic)	MUF × 0.85 최적운용주파수

[정답] ④

51
겉보기 높이가 2배가 될 때 도약거리의 변화는?

① 불변 ② 0.5배
③ 2배 ④ 4배

• 전리층 반사파의 도약 거리
$$d = 2h'\sqrt{(\frac{f}{f_0})^2 - 1}$$ (h' : 전리층 겉보기 높이)
(f_0 : 임계주파수, f : 발사주파수)
① 전리층의 겉보기 높이에 비례한다.
② 사용주파수가 임계주파수보다 높을 때 발생한다.
③ 사용주파수에 비례한다.

[정답] ③

52
다음 중 MUF(최고사용주파수)를 결정하는 요소에 해당되지 않는 것은?

① 입사각 ② 송신전력
③ 전리층의 높이 ④ 송수신점 간의 거리

전리층 반사파을 이용한 통신은 전리층 밀도에 따라 FOT(최적주파수) =0.85 × MUF를 결정하는 것이 매우 중요함. 송신전력은 중요 변수가 아님.
$$MUF = f_0\sqrt{1 + (\frac{d}{2h'})^2}$$
d : 송수신점 사이의 거리
h' : 전리층의 이론상 높이

[정답] ②

53
다음 중 어느 지점의 임계주파수가 5[MHz]일 때 사용 주파수가 8[MHz]에 대한 도약거리는 어느 것인가? (단, F층의 높이를 400[Km], 대지는 평면으로 본다.)

① 약 999[Km] ② 약 900[Km]
③ 약 899[Km] ④ 약 799[Km]

• 도약거리
전리층의 1회 반사파가 지표면에 도달된 점과 송신점과의 거리를 도약거리라 한다.
$$d = 2h'\sqrt{(\frac{f}{f_c})^2 - 1} = 2 \times 400 \times 10^3 \times \sqrt{(\frac{8}{5})^2 - 1}$$
$$= 800 \times 10^3 \times 1.248 = 999[Km]$$

[정답] ①

54
전리층의 임계주파수가 4[MHz]이고 송수신점 간의 거리가 500[km]이며, 전리층의 겉보기 높이가 250[km] 일 때 MUF는 대략 얼마인가?

① 4.3 [MHz] ② 5.6[MHz]
③ 8.4[MHz] ④ 10.8[MHz]

• MUF(Maximum Usable Frequency)
$$MF = f_0\sqrt{1 + (\frac{d}{2h})^2}$$
(h : 겉보기 높이, f_0 : 임계주파수, d : 거리)
$$MUF = f_0\sqrt{1 + (\frac{d}{2h})^2} = 4 \times 10^6 \sqrt{1 + (\frac{500 \times 10^3}{2 \times 250 \times 10^3})^2}$$
$$= 5.6[MHz]$$

[정답] ②

55
다음 중 송·수신점간의 거리가 정해졌을 때 LUF를 결정하는 요인이 아닌 것은?

① 전리층의 높이 ② 송수신 안테나 이득
③ 수신점에서의 잡음 강도 ④ 통신 전송 형태

LUF(Lowset Useable Frequency)최저사용주파수 임.
송수신 안테나이득, 송신전력, 수신점 잡음강도, 통신방식 등이 LUF를 결정하는 요소임

[정답] ①

56
제1종 전리층 감쇠에 대한 설명 중 틀린 것은?

① 전자밀도에 비례한다.
② 굴절률에 비례한다.
③ 평균 충돌 횟수에 비례한다.
④ 주파수의 제곱에 반비례한다.

• 1종 전리층 감쇠
전리층 반사파가 전리층을 통과(위에서 아래)하면서 생기는 감쇠이다.
① 전자밀도에 비례함
② 사용주파수의 제곱에 반비례함
③ 평균충돌 횟수에 비례함
④ 전리층을 비스듬히 통과할수록 큼

[정답] ②

57
다음 중 전리층 전파에 관한 제1종 감쇠와 제2종 감쇠의 설명으로 틀린 것은?

① 제1종 감쇠는 전파가 전리층(D층 및 E층)을 통과할 때 받는 감쇠이다.
② 제1종 감쇠의 감쇠량은 주파수의 제곱에 비례한다.
③ 제2종 감쇠는 전파가 전리층(E층 및 F층)에서 반사할 때 받는 감쇠이다.
④ 제2종 감쇠의 감쇠량은 주파수가 높아질수록 커진다.

- **1종 전리층 감쇠**
  전리층 반사파가 전리층을 통과(위에서 아래)하면서 생기는 감쇠이다.
  ① 전자밀도에 비례함
  ② 사용주파수의 제곱에 반비례함
  ③ 평균충돌 횟수에 비례함
  ④ 전리층을 비스듬히 통과할수록 큼

  [정답] ②

58
지상파와 공간파가 간섭을 일으키면 어떤 현상이 일어나는가?

① 델린저 현상　② 에코우 현상
③ 소실 현상　④ 페이딩 현상

지상파(지표파, 직접파, 반사파, 회절파) 와 공간파(대류권파, 전리층파) 간 상호 간섭으로 Fading 현상이 발생된다.

[정답] ④

59
다음 중 도약성 페이딩에 대한 설명으로 틀린 것은?

① 도약거리 부근에서 일어나는 페이딩이다.
② 일출, 일몰시 많이 발생한다.
③ 전파가 전리층을 따라 반사하거나 투과함으로서 발생한다.
④ 공간 다이버시티로 방지할 수 있다.

- **도약성 페이딩**
  ① 일출, 일몰시의 급격한 전자밀도 변동으로 도약 거리 부근에서 도약성 fading이 발생된다.
  ② 도약성 페이딩을 방지하기 위해서 주파수 다이버시티 기법을 사용함

  [정답] ④

60
다음 중 페이딩(Fading) 현상에 대한 설명으로 틀린 것은?

① 두 개 이상의 전파가 서로 간섭을 일으켜 진폭 및 위상이 불규칙해지는 현상이다.
② 단시간 내에서 일어나는 전하의 감쇠로 여러 가지 요인에 의해 발생된다.
③ 간섭파만 존재할 경우 레일리(Rayleigh) 페이딩으로 모델링한다.
④ 전파의 반사, 산란 등으로 인해 전파의 경로가 여러 경로로 흩어지는 것을 간섭성(Interference) 페이딩이라고 한다.

페이딩이란 수신신호가 여러 방향에서 도달하여 전계가 시간적으로 흔들리는 현상을 말함. 페이딩방지를 위한 다이버시티기법에는 공간, 주파수, 시간, 편파, 각도 다이버시티 기법이 있음.
① 간섭성 페이딩
　동일 송신 전파를 수신하는 경우에 전파의 통로가 둘 이상인 경우 이들 전파가 간섭하여 일으키는 페이딩 이다.
② 편파성 페이딩
　전리층 반사에 의해 도래한 전파가 지구자계의 영향으로 정상파와 이상파로 되고 이에 의해 타원 편파가 된다. 이 페이딩은 단파대에서 심하며, 그 주기가 빠르다.
③ 도약성 페이딩
　도약성 페이딩은 일출, 일몰시의 급격한 전자밀도 변동으로 도약거리 부근에서 발생된다.
④ 흡수성 페이딩
　전파가 전리층을 통과하거나 반사될 때에 전자와 공기분자와의 충돌 때문에 그 세력의 일부가 흡수되므로 전파의 에너지는 감쇠를 받는다.
⑤ 선택성 페이딩
　전리층을 통과하는(1종감쇠) 주파수마다 감쇠 량이 달라서 생기는 페이딩임

[정답] ④

61
다음 중 전리층의 급격한 이동으로 반송파와 측파대가 받는 감쇠의 정도가 달라져서 생기는 페이딩에 대한 설명으로 틀린 것은?

① 선택성 페이딩이다.
② 주파수 다이버시티를 사용하여 방지할 수 있다.
③ SSB(Single Side Band) 통신 방식을 사용하면 발생하지 않는다.
④ AGC(Automatic Gain Control) 장치를 사용하여 방지할 수 있다.

선택성 페이딩: 각 주파수 성분마다(반송파과 측파대가 받는) 감쇠의 정도가 다름으로써 생기는 페이딩으로 주파수 다이버시티 또는 SSB 방식을 사용하여 방지할 수 있다.

[정답] ④

62
17/6, 13/6
전리층을 이용한 통신에서 자동이득 조절장치(AGC)를 활용하여 방지할 수 있는 페이딩으로 가장 적합한 것은?

① 도약성 페이딩　② 선택성 페이딩
③ 간섭성 페이딩　④ 흡수성 페이딩

- **전리층페이딩과 방지대책**
  ① 간섭성페이딩 - 주파수/공간 다이버시티
  ② 편파성페이딩 - 주파수 다이버시티
  ③ 선택성페이딩 - 주파수다이버시티, SSB
  ④ 도약성페이딩 - 주파수 다이버시티
  ⑤ 흡수성페이딩 - AGC

[정답] ④

63
12/3, 10/10
페이딩과 이에 대한 방지대책으로 적절하지 못한 것은?

① 원거리 간섭성페이딩은 공간 다이버시티를 사용하여 줄일 수 있다.
② 흡수성 페이딩은 수신기에 AGC를 사용하여 줄일 수 있다.
③ 선택성 페이딩은 주파수 다이버시티를 사용하여 줄일 수 있다.
④ 도약성 페이딩은 MUSA 방식을 사용 줄일 수 있다.

페이딩이란 수신전계가 다양한 원인(산란, 반사, 굴절)에 의해 주파수 및 시간에 따라 변동되는 현상을 말한다.

- **페이딩방지대책**
  ① 간섭성 페이딩 : 공간 다이버시티
  ② 선택성 페이딩 : 주파수 다이버시티
  ③ 편파성 페이딩 : 편파 다이버시티
  ④ 흡수성 페이딩 : AVC 또는 AGC 회로 부착
  * MUSA : 일정한 입사각의 전파만을 수신할 수 있게 하여 페이딩 방지하는 기법

[정답] ④

64
12/10
전리층의 불균일성 및 시간적인 변동 등으로 전리층 반사파의 위상이 변하게 되어 전리층 반사파 상호간의 간섭을 일으켜서 페이딩이 일어나는 경우가 있다. 이것에 대한 설명으로 틀린 것은?

① 간섭성 페이딩의 일종이다.
② 공간 다이버시티를 사용하여 줄일 수 있다.
③ 원거리 페이딩이라고도 한다.
④ AGC를 사용하여 줄일 수 있다.

- **페이딩(Fading)**
  수신신호가 시간적으로 흔들리는 현상을 페이딩이라고 한다. 전리층의 불균일성 및 시간적인 변동 등으로 전리층 반사파의 위상이 변하게 되어 상호간섭을 일으키는 페이딩을 간섭성페이딩 또는 원거리 페이딩이라 한다. 전리층페이딩의 종류 및 방지대책

페이딩종류	방지대책
간섭성페이딩	공간다이버시티
흡수성페이딩	AGC(Auto Gain Control)
선택성페이딩	주파수다이버시티, SSB
도약성페이딩	주파수다이버시티
편파성페이딩	편파다이버시티

[정답] ④

65
18/10, 18/6, 15/10, 13/3, 11/6
페이딩을 방지하기 위해 둘 이상의 수신 안테나를 서로 다른 장소에 설치하여 두 수신 안테나의 출력을 합성하거나 양호한 출력을 선택하여 수신하는 방법이 사용되는 페이딩은?

① 간섭성 페이딩　② 편파성 페이딩
③ 흡수성 페이딩　④ 선택성 페이딩

둘이상의 안테나를 이용한 공간다이버시티 기술은 간섭성페이딩을 극복하기 위한 방법임

[정답] ①

66
17/3
지향성이 예민한 빔 안테나를 사용하여 최대 전계강도가 도래하는 방향으로 안테나를 지향하도록 하여 페이딩을 줄이는 방식으로 방지할 수 있는 페이딩은?

① 선택성 페이딩　② 도약성 페이딩
③ 간섭성 페이딩　④ 편파성 페이딩

- **전리층페이딩과 방지대책**
  ① 간섭성페이딩 - 주파수/공간 다이버시티
  ② 편파성페이딩 - 주파수 다이버시티
  ③ 선택성페이딩 - 주파수다이버시티, SSB
  ④ 도약성페이딩 - 주파수 다이버시티
  ⑤ 흡수성페이딩 - AGC

[정답] ③

67
17/10, 11/10
전자파가 전리층을 통과하게 되면 지구 자계의 영향으로 편파면이 회전을 하게 되는데 이러한 현상을 무엇이라 하는가?

① 도플러(Doppler) 효과
② 패러데이(Faraday)회전
③ 델린저(Dellinger)
④ 룩셈부르크(Luxembourg) 효과

- **패러데이 회전**
  전자파가 전리층을 통과할 때 지구 자계의 영향으로 편파(수직, 수평, 우선, 좌선)면이 회전하는 현상을 말한다.
  지상에서 수평/수직 편파를 발사하면 전리층을 통과하면서 타원편파로 변형됨(편파성페이딩)

[정답] ②

68. 다음 중 델린저 현상에 대한 설명으로 틀린 것은?

① 태양의 흑점 폭발 시 발생된 다량의 자외선에 의해 야기된다.
② 주로 저위도 지방에서 주간에 발생한다.
③ 1.5~20[MHz]의 단파통신에 영향을 준다.
④ F층의 전자밀도가 순간적으로 증가하게 된다.

> 태양폭발에 의한 현상은 델린저 현상, 자기람 현상이 있음. 델린저는 다량의 자외선에 의해 E층, D층의 전리층 전자밀도가 증가되어 저위도 지방에서 20MHz이하 단파통신에 영향을 줌. 단기간에 발생되어 예측이 어려움. F층의 전자밀도는 변화 없다.
>
> [정답] ④

69. 태양 표면의 폭발로 인하여 20[MHz] 이상의 높은 주파수에서 전파 장해가 심하게 나타나며 위도가 높은 지방일수록 영향이 더 큰 것은 어떤 현상 때문인가?

① 자기 폭풍(Magnetic Storm)
② 델린저 현상(Delinger Phenomenon)
③ 코로나 손실(Corona Loss)
④ 룩셈부르크 효과(Luxemburg Effect)

> • 자기람현상
> 태양활동에 따라 방출된 하전미립자가 지구로 날아와 지구의 자계에 현저한 혼란을 일으키는 것을 자기폭풍(자기람) 이라 한다.
> ① 주야구분 없이 지구 전역에서 발생 (고위도)
> ② 느린 하전미립자 영향으로 수일동안 지속
> ③ 20[MHz] 이상의 주파수에 큰 영향
> ④ 전리층 층의 임계주파수를 낮추고, 흡수도 증가하게 됨
> ⑤ 태양폭발이 선행되므로 예측이 가능함
>
> [정답] ①

70. 자기람 현상에 대한 설명으로 틀린 것은?

① F_2층의 임계 주파수에 영향을 미친다.
② 극지방에서부터 발생하여 저위도 지방으로 서서히 퍼진다.
③ 10~20[MHz]의 단파통신에 영향을 준다.
④ 주야간 구분 없이 나타난다.

> • 자기람현상
> 태양활동에 따라 방출된 하전미립자가 지구로 날아와 지구의 자계에 현저한 혼란을 일으키는 것을 자기폭풍(자기람) 이라 한다.
> ① 주야구분 없이 지구 전역에서 발생 (고위도)
> ② 느린 하전미립자 영향으로 수일동안 지속
> ③ 20[MHz] 이상의 주파수에 큰 영향
> ④ 전리층 층의 임계주파수를 낮추고, 흡수도 증가하게 됨
> ⑤ 태양폭발이 선행되므로 예측이 가능함
>
> [정답] ③

71. 자기람 현상에 대한 설명으로 틀린 것은?

① 고위도 지방이 심하게 나타난다.
② 야간 보다 주간에 많이 나타난다.
③ 지자계의 급격한 변동을 발생시킨다.
④ 태양표면의 폭발에 의해 방출된 다량의 대전입자가 지구에 도달하기 때문에 야기된다.

> • 자기람현상
> ① 고위도지방에서 발생(오로라현상)
> ② 태양폭발로 인한 대전입자영향으로 발생
> ③ 태양 폭발 후 수일 후에 발생됨(예측가능)
> ④ 주야간 구분 없이 발생
> ⑤ 20MHz이상의 높은 주파수에서 영향 받음
>
> [정답\] ②

72. 다음 중 전파의 수신율이 매질의 상태에 따라 변화하는 전파 전파(電波傳播)현상이 아닌 것은?

① 야간 오차에 의한 현상
② 델린저 현상
③ 전파의 회절 현상
④ 자기람(Magnetic Storm)

> 공기매질의 온도변화(야간오차등) -> 라디오 덕트 태양폭팔로 전리층매질변화 -> 델린저, 자기람
> * 직진, 회절, 반사, 굴절은 전파와 빛의 성질임
>
> [정답] ③

4. 마이크로파 전파

73. 마이크로파 대역에서 주로 사용하는 지상파는?

① 지표파
② 직접파
③ 대직 반사파
④ 회절파

> • 지상파의 종류
> ① 지표파 : 장·중파대에서는 지표파가 주요 전파
> ② 회절파 : 전파의 통로에 장애물이 있을 경우 가시거리보다 먼 곳의 기하학적 음영부분까지 도달되는 전자파
> ③ 대지 반사파 : 초단파 통신에 있어서 대지 반사파의 영향이 크다.
> ④ 직접파 : VHF대의 이상에서 주로 사용된다.
>
> [정답\] ②

74. 다음 중 선박용 레이더에서 마이크로파를 사용하는 이유로 틀린 것은?

① 광의 특성과 유사하게 직진하기 때문이다.
② 파장이 짧아 안테나를 소형으로 만들 수 있기 때문이다.
③ 파장이 짧아 적은 표적에서도 반사가 되기 때문이다.
④ 비나 눈에 의한 영향이 적기 때문이다.

> 마이크로파는 직진성이 매우 우수해 선박용 레이더 주파수로 많이 사용됨.
> • 선박용 레이더(Radar)의 특징
> ① 파장이 짧아 안테나를 소형화 할 수 있음
> ② 분해능이 좋으며, 전파반사가 잘되어 정확한 거리측정이 가능
> ③ 비나 눈에 의한 전파손실의 우려가 있음

[정답] ④

75. 다음 중 전파의 창(Radio window)의 범위를 결정하는 주요 요소에 해당하지 않는 것은?

① 전파 잡음의 영향
② 대류권의 영향
③ 전리층의 영향
④ 도플러 효과의 영향

> • 전파의 창(1GHz ~ 10GHz) 결정요인
> ① 우주잡음 영향
> ② 대류권 영향
> ③ 전리층의 영향
> ④ 송수신계의 문제(이득, 손실)

[정답] ④

5 전파전파에 관한 제현상

76. 다음 중 우주잡음에 대한 설명으로 틀린 것은?

① 태양잡음은 태양의 흑점폭발 등과 같은 열교란에 의해 발생한다.
② 은하 잡음은 200[MHz] 이상의 주파수를 사용하는 통신에 문제가 된다.
③ 태양잡음을 관측하여 자기폭풍이나 델린저 현상의 예보에 이용할 수 있다.
④ 우주잡음은 태양잡음과 은하잡음으로 분류할 수 있다.

> 우주잡음 중 은하잡음은 빛으로 보이는 은하에서 발생되는 잡음으로 30MHz ~ 수 GHz에 이르는 대역에 영향을 줌.
> * 태양잡음 - 장파에서 밀리미터파 까지 모두 영향

[정답] ②

77. 공전잡음의 종류가 아닌 것은?

① 클릭(click) 잡음
② 그라인더(grinder) 잡음
③ 히싱(hissing) 잡음
④ 산탄(shot) 잡음

> • 공전잡음의 종류
>
> | 잡음 | 특성 |
> |---|---|
> | 클릭 잡음 | 짧고 날카로운 소리(충격성잡음) |
> | 글라인더 잡음 | 긴 연속음 (큰 수신 장애) |
> | 히싱 잡음 | 연속적인 잡음 ("Shu~Shu") |

[정답] ④

78. 다음 중 잡음에 대한 설명으로 틀린 것은?

① 장중파대에서는 공전 잡음이 우주 잡음에 비해 문제가 된다.
② 마이크로파대에서는 자연잡음은 수신기의 내부 잡음에 비해 작다.
③ 인공잡음은 시외지역보다 시내지역에서 많이 발생한다.
④ 공전잡음은 접지 안테나를 사용하여 줄일 수 있다.

> 공전잡음은 낙뢰에 의해 발생되는 잡음으로 비접지, 지향성안테나, 대전력송신 등으로 개선할 수 있음

[정답] ④

79. 다음 중 전자파 잡음 방해의 개선방법으로 적합하지 않은 것은?

① 인공잡음을 경감시킨다.
② 내부잡음 전력을 감소시킨다.
③ 수신기의 대역폭을 넓힌다.
④ 지향성 안테나의 사용 등에 의한 수신 신호전력을 크게 한다.

> • 전자파 잡음방해 개선방법
> ① 인공잡음/우주잡음을 경감
> ② 내부잡음전력을 감소
> ③ 수신기의 대역폭을 좁게 함
> ④ 안테나 지향성을 크게 함
> ⑤ 송신전력을 크게 함

[정답] ③

80. 무선 수신기의 잡음 개선방법으로 틀린 것은?

① 수신 전력의 감소
② 내부 잡음전력의 억제
③ 수신기의 실효 대역폭의 축소
④ 통신방식의 적당한 선택

> 수신전력이 감소되면 신호의 크기 작아져 잡음이 증가될 수 있음.

[정답] ①

81
공전잡음을 줄이기 위한 방법으로 적절하지 않은 것은?
① 지향성 안테나를 사용한다.
② 접지 안테나를 사용한다.
③ 초단파 이상의 높은 주파수를 사용한다.
④ 수신기의 선택도를 높인다.

- **공전잡음 경감대책**
  ① 비접지 안테나 / 지향성 안테나 를 사용함
  ② 송신기의 대역폭을 줄이고 선택도 향상
  ③ 수신기에 억제회로를 적용
  ④ 송신전력을 크게 함
  ⑤ 높은 주파수를 사용 함

[정답] ②

82
다음 중 자연잡음인 공전 잡음을 효과적으로 방지하기 위한 대책이 아닌 것은?
① 지향성 공중선 사용
② 수신기의 수신대역폭을 넓히고 선택도를 개선
③ 송신 출력을 높여 수신 S/N비 증대
④ 비접지 공중선 사용

- **공전잡음 경감대책**
  ① 비접지 안테나 / 지향성 안테나 를 사용함
  ② 송신기의 대역폭을 줄이고 선택도 향상
  ③ 수신기에 억제회로를 적용
  ④ 송신전력을 크게 함
  ⑤ 높은 주파수를 사용 함

[정답] ②

83
다음 중 잡음 방해개선 방법으로 틀린 것은?
① 전원측에 필터를 삽입하거나, 수신기에 진폭제한기를 설치한다.
② 수신기에 실효대역폭을 좁힌다.
③ 수신 전력을 감소시킨다.
④ 내부 잡음 전력을 감소시킨다.

- **잡음 방해개선 방법**
  ① 송진전력을 크게한다.
  ② 수신전력을 크게 하여 S/N비를 개선시킨다.
  ③ 수신기의 실효대역폭을 좁히고 선택도를 높인다.
  ④ 수신기에 잡음 억제회로를 사용한다.
  ⑤ 동축급전을 사용하거나 수신기를 완전히 차폐시킨다.
  ⑥ 전원측에 필터를 삽입한다.
  ⑦ 적절한 통신방식을 사용한다.
  ⑧ 인공잡음 발생을 경감시킨다.

[정답] ③

84
다음 중 잡음 방해의 개선방법으로 적합하지 않은 것은?
① 수신 전력을 크게 한다.
② 수신기의 실효대역을 넓힌다.
③ 인공잡음 발생을 경감시킨다.
④ 적절한 통신방식을 선택한다.

- **잡음방해의 일반적인 개선 방법**
  ① 송신전력을 크게 하거나 안테나의 지향성을 예민하게 하여 수신안테나의 이득을 높인다.
  ② 내부잡음이 적도록 수신기의 설계
  ③ 수신기의 실효대역폭을 좁게 한다.
  ④ 전원회로에 필터를 삽입하거나 차폐를 잘한다.
  ⑤ 적절한 통신방식을 선택한다.

[정답] ②

85
무선통신 시스템에서 공전으로 인한 잡음을 경감시키기 위한 대책으로 적합하지 못한 것은?
① 지향성이 예민한 안테나를 사용한다.
② 다이버시티 수신기법을 이용한다.
③ 수신기의 선택도를 높이도록 한다.
④ 진폭제한회로가 부가된 수신기를 설치한다.

- **공전잡음(낙뢰, 뇌우의 의한 잡음) 경감대책의 종류**
  ① 지향성 공중선이나 비접지 공중선 사용
  ② 수신기의 선택도를 높인다.
  ③ 송신출력을 증대시켜 수신점의 S/N비 향상
  ④ 수신기에 적당한 억제 회로를 넣는다.
  ⑤ 공전이 적은 지역에 수신소 설치
  ⑥ 사용주파수를 높인다(사용파장을 짧게 한다.)

[정답] ②

86
인공잡음의 설명으로 틀린 것은?
① 자동차에서 발생하는 잡음은 점화장치로부터의 잡음이 가장 강하며, 잡음 스펙트럼은 장파(LF)에서부터 극초단파(UHF)까지 광대역상에 존재한다.
② 소형 정류자 모터를 사용하는 기기로부터 발생하는 잡음 스펙트럼은 장파(LF)에서 부터 초단파(VHF)까지 광대역상에 존재함.
③ 컴퓨터의 클럭 펄스에 의한 잡음 스펙트럼은 기본파만 있고 고주파 성분은 포함하지 않는다.
④ 고압 송배전선로에서의 코로나 방전으로 발생한 잡음에 수신 장해를 받는 것은 주로 중파(MF) 대역의 라디오방송이며 TV 및 FM 방송은 거의 방해를 받지 않는다.

컴퓨터의 클럭 펄스에 의한 잡음스팩트럼은 기본파와 고주파 성분을 포함하고 있다. 클럭펄스는 구형파 형태이기 때문이다.

[정답] ③

87

모든 스펙트럼 영역에 균일하게 퍼져있는 연속성 잡음을 무엇이라 하는가?

① 인공잡음
② 대기잡음
③ 백색잡음
④ 우주잡음

> 백색잡음(AWGN)은 모든 스펙트럼 영역(주파수영역)에서 스펙트럼밀도가 균일한 잡음을 말함. 이는 무선채널의 잡음을 해석할 때 사용됨.
>
> [정답] ③

88

다음 중 백색잡음에 대한 설명으로 적합하지 않은 것은?

① 레일리 분포특성을 보인다.
② 열잡음이 대표적인 예이다.
③ 백색잡음은 신호에 더해지는 형태이다.
④ 주파수 전 대역에 걸쳐 전력스펙트럼밀도가 거의 일정하다.

> ◆ 백색잡음
> 잡음 전력스펙트럼 밀도[W/Hz]가 전주파수에 걸쳐 균일하게 분포하는 잡음을 백색잡음이라 한다. 백색잡음의 대표적인 예는 AWGN(열잡음)으로 신호에 더 해지는 잡음이다.
> * 레일리분포 특성은 다중경로페이딩의 특성임
>
> [정답] ①

89

잡음온도가 160[°K]인 안테나에 급전회로를 연결할 때, 200[°K]의 잡음온도가 측정되었다. 이 급전회로의 손실 값은 얼마인가? (단, 대역폭과 저항은 일정하다.)

① 0.9
② 1.1
③ 1.3
④ 1.5

> 잡음온도 200[°K] 일 때 $V = (200)^{\frac{1}{2}} = 14.14$
> 잡음온도 160[°K] 일 때 $V = (160)^{\frac{1}{2}} = 12.64$
> 이므로 손실값은 14.14-12.64 = 1.5
>
> | 열잡음전압(V) |
> |---|
> | $V = \sqrt{KTBR}$ |
> | (K : 열잡음전압, T : 잡음온도, B : 대역폭, R : 저항) |
>
> [정답] ④

6 전자파 장해 및 대책

90

다음 중 전자파적합(EMC)에 대한 설명으로 가장 적합한 것은?

① 전자파 양립성이라고도 한다.
② 전자파내성(EMS) 분야와 전자파기록(EMR) 분야로 구분할 수 있다.
③ 전기·전자기기가 외부로부터 전자파 간섭을 받을 때 영향 받는 정도를 나타낸다.
④ 발생 원인으로는 자연적인 발생원인(대기잡음, 우주잡음, 태양방사 등)과 인공적인 발생원인(의도적인 잡음, 비의도적인 잡음)으로 크게 구분한다.

> ◆ EMC (전자파 양립성, Electro-Magnetic Compatibility)
> : 전자기기는 다른 전자기기에 영향을 주지 말아야하며, 그 자신도 전자파 내성(정상동작능력)을 갖추어야 한다는 것
> ◆ EMC의 구분
> ① EMI(Electro Magnetic Interference, 전자파 장해)
> : 각종 전기 전자 장비로부터 발생되는 불요 전자파가 통신이나 다른 기기에 전자기적 장해를 유발시키는 현상
> ② EMS(Electro Magnetic Susceptibility, 전자파 내성/전자파 감응성): 외부 전자파 환경에 대하여 특정기기의 전자기적 민감성
>
> [정답] ①

91

전자파 인체보호 관련 용어 설명 중 전자파흡수율(SAR)에 대한 설명으로 가장 적합한 것은?

① 전기장 내의 한 점에 있는 단위 양전하에 작용하는 힘
② 생체조직의 단위 질량당 흡수되는 에너지의 비율(W/kg)
③ 전자파의 진행 방향에 수직인 단위 면적을 통과하는 전력
④ 전자파 인체보호기준에서 정한 전기장의 세기(V/m), 자기장의 세기(A/m), 전력밀도(W/평방미터) 등을 실제 측정

> 전자파흡수율(SAR : Specific Absorption Rate)이란 생체조직의 단위 질량당 흡수되는 에너지의 비율로, 생체조직에 전자파가 얼마나 흡수되는지 비율을 측정하는 값이다.
>
> [정답] ②

92
18/10, 18/6

무선설비, 전기·전자기기 등에서 발생하는 전자파가 인체에 미치는 영향을 고려하여 고시되는 사항 중 가장 우선순위가 되는 것은?

① 전자파 등급기준 ② 전자파 인체보호기준
③ 전자파 강도 측정기준 ④ 전자파 흡수율 측정기준

전자파 인체보호기준은 전자파가 인체에 미치는 영향을 고려하여 고시되는 사항 중 가장 우선순위가 높다. 그 다음으로는 전자파 강도 측정기준, 전자파 흡수율 측정기준이 있다.

[정답] ②

7 이동통신 전파전파

93
10/3

빠른 속도로 움직이는 물체에서 발사하는 전파를 수신하면 원래 발사된 주파수와 다른 주파수의 신호가 수신된다. 이러한 현상을 무엇이라 하는가?

① 도플러 효과 ② 패러데이 회전
③ 룩셈부르크 효과 ④ 델린져 현상

• 도플러 효과
주파수를 발생시키는 이동체의 움직임에 따라 주파수가 변화되는 현상을 도플러 효과라 한다. 이때 천이된 주파수의 편차를 도플러편이라 한다.

$$f_r = f_t \pm \frac{v}{\lambda} \cos\theta$$

[정답] ①

94
11/10

이동체 움직임에 따라 수신신호 주파수가 변화하는 현상을 무엇이라 하는가?

① 도플러현상 ② 채널간섭현상
③ 지역확산현상 ④ 음영현상

• 도플러 효과
이동체의 움직임에 따라 주파수가 변화되는 현상을 도플러 효과라 한다. 이때 천이된 주파수의 편차를 도플러편이라 한다.

[정답] ①

95
13/3, 10/6

페이딩 현상과 관련된 설명 중 틀린 것은?

① 두 개 이상의 전파가 서로 간섭을 일으켜 진폭 및 위상이 불규칙해지는 현상이다.
② 다중 경로 페이딩에 대한 대책으로 다이버시티가 활용된다.
③ 직접파 보다 간섭파가 우세할 경우 Rayleigh 페이딩으로 모델링한다.
④ 다중 경로 페이딩 환경에서는 레이크 수신기는 적절하지 않다.

CDMA방식에서 다중경로 페이딩에 의한 ISI를 최소화하기 위해서 레이크수신기(Rake Receiver)를 사용함.

[정답] ④

96
17/6

이동통신 채널의 특징은 반사, 회절, 산란에 의한 다경로 페이딩채널의 특징을 지닌③ 이 다경로 페이딩 상황 하에서 수신 성능을 개선하기 위한 방법이 아닌 것은?

① RAKE Receiver ② Transmit Diversity
③ Quick Paging ④ Adaptive Equalizer

• 긴급 호출 채널 (Quick Paging Channel)
: 슬롯 모드로 동작하고 있는 이동 단말기에게 호출 메시지의 변경 여부를 알려주는 채널로, 단말기의 소모 전력을 절약하는 효과가 있다. 다중 경로 페이딩을 경감시키는 방법으로는 다음과 같은 것이 있다.

① 적응형 등화기(adaptive equalizer : 탭 계수를 상황에 따라 가변시켜 ISI를 감소시키는 등화기)
② 다이버시티기술
③ 간섭제거기술
④ 오류정정부호기술
⑤ rake receiver(다양한 다중경로 전파 가운데 원하는 신호만을 선별하여 수신할 수 있게 구성된 수신기)
⑥ 대역확산(spread spectrum)기술

[정답] ④

97
14/6, 12/3

다중경로 페이딩에 의한 에러와 왜곡을 보정하기 위한 방법이 아닌 것은?

① 순방향 에러정정 ② 적응 등화
③ 다이버시티 ④ 도플러 확산

다중경로페이딩(Multipath Fading)은 이통통신 시스템에서 주로 발생되며 짧은 주기(Short Term) 페이딩의 대표적임.

• 다중경로페이딩의 경감방법
① 적응형 등화기 (Adaptive Equalizer)
② 다이버시티 기술
③ 순방향 오류정정기술 (FEC)
④ 적응형 오류정정기술 (H-ARQ)
⑤ Rake Receiver

[정답] ④

❹ 무선 시스템

1. 무선시스템 기초
2. 고정통신시스템
3. 위성통신시스템
4. 이동통신시스템
5. 방송통신시스템
6. 무선 프로토콜
7. 무선시스템 계획과 관리

··········· 194
··········· 204
··········· 214
··········· 218
··········· 231
··········· 233
··········· 245

무선설비기사 필기
영역별 기출문제풀이

1 무선시스템 기초

01
다음은 변조(modulation)에 관련된 설명들이다. 잘못된 것은?

① 변조란 정보(변조)신호에 따라 반송파의 진폭 또는 주파수 또는 위상을 변화시켜 전송하는 것을 말한다.
② 변조는 장거리 통신을 수행하기 위해 실시한다.
③ 변조란 정보(변조)신호의 스펙트럼을 낮은 주파수 쪽으로 옮기는 조작을 말한다.
④ 변조가 끝난 파를 피변조파라 하며 이를 증폭하기 위해 전력 증폭기를 사용한다.

변조란 정보신호의 스펙트럼을 높은 주파수 쪽으로 옮기는 주파수천이과정을 말한다.

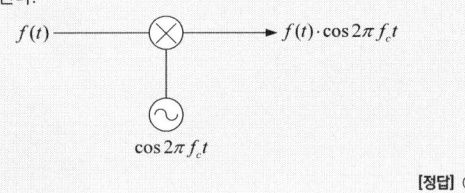

[정답] ③

02
다음 중 변조의 기능으로 틀린 것은?

① 신호파를 반송파에 실어 보낸다.
② 여러 신호를 다중화해서 전송한다.
③ 신호의 교류 성분을 직류 성분으로 변환한다.
④ 전송매체에 따라 전송에 알맞도록 신호의 형태를 변환한다.

• 변조의 기능
① 신호파를 반송파에 싣는 과정
② 높은 반송파로 천이되어 다중화 가능
③ 전송매체에 알맞도록 신호를 변환
④ 높은 반송파 사용으로 RF부품 소형화
⑤ 높은 반송파 사용으로 잡음에 강인

[정답] ③

03
정현파 신호를 반송파를 이용하여 $60[\%]$ 진폭변조(AM) 한 경우 반송파 전력이 $1,000[W]$라면, 이때의 피변조파 전력은 얼마인가?

① $1,180[W]$ ② $1,036[W]$
③ $936[W]$ ④ $890[W]$

• AM변조의 피변조파 전력
$$P_m = (1+\frac{m^2}{2})P_c = (1+\frac{0.6^2}{2})1000 = 1,180[W]$$
(m : 변조도, P_c : 반송파전력)

[정답] ①

04
다음 중 주로 SSB(Single Side Band) 통신방식을 사용하는 기기는 어떤 것인가?

① AM 송신기 ② FM 송신기
③ PSK 송신기 ④ FSK 송신기

• SSB통신
① AM(DSB-SC)변조에서 필터를 사용하여 한쪽 측파대만을 사용하는 변조방식이다
② SSB신호 방식에는 억압반송파 SSB방식(J3E), 저감반송파 SSB방식(R3E), 전반송파 SSB방식(H3E)방식이 있다.

[정답] ①

05
다음 중 무선통신 송신시스템이 갖추어야 할 요건이 아닌 것은?

① 송신되는 주파수의 안정도가 높을 것
② 송신되는 주파수의 영상혼신이 적을 것
③ 송신되는 주파수 외의 불요파 방사가 적을 것
④ 송신되는 전자파의 점유주파수 대역폭이 가능한 좁을 것

높은 주파수 안정도, 적은 불요파 방사, 좁은 대역폭 등은 송신시스템 요건이나 적은 영상혼신은 수신시스템 요건이다.

[정답] ②

06
무선송신기의 발진부와 완충증폭기의 결합은 어떤 방식이 적합 한가?

① 소결합 방식 ② 임계결합 방식
③ 밀결합 방식 ④ 공진결합 방식

• 완충 증폭기(Buffer Amp)
발진기 다음 단의 부하 변동의 영향을 받지 않고 안정된 발진을 할 수 있도록 소결합 시키며, 왜곡이 없는 A급 증폭방식이 사용된다. ($A_v \fallingdotseq 1$ 정도)

[정답] ①

07

다음 중 무선 송신기에서 발생하는 스퓨리어스의 발사 방지 방법이 아닌 것은?

① 전력 증폭단의 바이어스를 취한다.
② 급전선에 트랩(Trap)을 삽입한다.
③ 증폭단과 공중선 결합회로에 π형 회로를 사용한다.
④ 전력 증폭단을 Push-Pull로 접속한다.

> ◆ 스퓨리어스 분류
> ① 고조파 (Higher Harmonic)
>   · 원 인 : 증폭기의 비선형성
>   · 대 책 : Push-Pull 증폭기, 출력에 π형 결합회로 사용
> ② 저조파 (Sub-Harmonics)
>   · 원 인 : 주파수 체배
>   · 대 책 : 출력의 결합회로 Q를 높이거나 또는 BPF(Band Pass Filter), Trap사용
> ③ 기생진동 (Parasitic Oscillation)
>   · 원 인 : 발진기나 증폭기 부분에서 송신주파수 이외의 주파수가 발생하는 현상
>   · 대 책 : 불필요한 발진회로가 생성되지 않도록 부품선정, 배선 등을 짧게 함.
> ④ 상호변조 (Inter-Modulation)
>   · 원 인 : 비선형성을 가진 소자(증폭기,Mixer)에 입력된 주파수 상호간 변조현상
>   · 대 책 : 소자의 선형성 유지
>
> [정답] ①

08

송신기에서 발사되는 고조파의 방사를 적게 하기 위한 방법이 아닌 것은?

① 송신기 종단 동조회로의 Q를 될 수 있는 대로 낮게 한다.
② 종단과 공중선 사이에 결합회로(π)를 사용 한다.
③ 급전선에 고조파에 대한 Trap 회로를 설치한다.
④ 여진 전압을 크게 하지 않는다.

> ◆ 고조파의 방지책
> ① 종단과 공중선계와의 결합회로는 고조파에 대하여 결합도가 떨어지도록 한다.
> ② 동조회로의 Q를 될 수 있는 대로 크게 한다.
> ③ LPF, Trap회로 사용
> ④ P-P 증폭회로 사용
> ⑤ 여진(Bias)전압을 크게 하지 않는다.
> ⑥ π형 안테나 결합회로를 사용한다.
>
> [정답] ①

09

스퓨리어스 방사의 종류 중에서 전도성이 의미하는 것은?

① 기지국의 RF 출력단에서 측정한 것
② RF 출력단을 종단시키고 전자파 무반사실 내에서 측정한 것
③ 단말기의 RF 입력단에 측정한 것
④ RF 출력단을 종단시키고 전자파 반사실 내에서 측정한 것

> 스퓨리어스 방사란 기지국 또는 무선단말기에서 RF출력단에서 측정한 값을 말한다. 전도성은 선을 따라 진행하는 스퓨리어스 방사를 의미한다. 복사성은 RF 출력단을 종단시키고 전자파 무반사실 내에서 측정하는 스퓨리어스이다.
>
> [정답] ①

10

송신기의 결합회로 중 π형 결합회로의 특징이 아닌 것은?

① 조정과 설계가 용이하다.
② 고주파 신호의 제거가 용이하다.
③ 공중선과의 증폭도 조정이 용이하다.
④ 임피던스 정합이 용이하다.

> 송신기 결합회로는 종단 증폭기와 안테나 사이에 사용되며 π형 결합회로가 널리 사용된다.
>
> | π형 결합회로의 특징 |
> |---|
> | · 임피던스 정합이 용이함 |
> | · 회로의 조정과 설계가 용이함 |
> | · 대역통과필터(π형 결합회로) |
>
> [정답] ③

11

AM송신기에서 부궤환 방식을 채용하여 얻어지는 특성이 아닌 것은?

① 이득 향상   ② 잡음감소
③ 주파수특성 개선   ④ 발진주파수 개선

> ◆ AM송신기 부궤환방식
> ① 이득향상
> ② 송신기 출력의 잡음을 경감시키는 방법
> ③ 주파수특성 개선
>
> [정답] ④

12

무선 수신기의 특성 중 변조 내용을 수신기의 출력 측에서 어느 정도 재현 할 수 있는가의 능력을 나타 내는 것은?

① 충실도(Fidelity)
② 안정도(Stability)
③ 선택도(Selectivity)
④ 감도(Sensitivity)

• 수신기 4대 특성

	특징
충실도	수신기 원음 재현능력
안정도	일정 출력 유지능력
선택도	혼신분리 능력
감 도	미약전파 수신능력

[정답] ①

13

다음 중 슈퍼 헤테로다인(Super Heterodyne)수신 방식의 장점이 아닌 것은?

① 특정한 주파수에 대한 선택도를 크게 할 수 있다.
② 주파수 변환에 따른 혼신 방해와 잡음이 적다.
③ 수신 주파수와 관계없이 수신기 감도와 선택도는 거의 일정하다.
④ 수신기의 이득을 크게 할 수 있고 출력 변동이 적다.

① 장점 : 고감도, 높은 선택도, 높은 충실도
② 단점 : 영상혼신, 구성 복잡

[정답] ②

14

RF 수신단에서 수신된 신호가 감쇄 및 잡음의 영향으로 인해 매우 낮은 전력레벨을 갖을 경우 잡음을 억제하면서 신호가 증폭될수 있도록 해주는 RF 부품은?

① 대역 선택 필터(Band Select Filter)
② 아이솔레이터(Isolator)
③ 저잡음증폭기(Low Noise Amplifier)
④ 믹서(Mixer)

저잡음증폭기는 수신단에서 잡음을 억제해 주고 신호를 증폭시켜 주는 역할을 하며 안테나와 수신기 사이에 사용해 잡음지수를 최소화하는 역할을 한다.

[정답] ③

15

3단 증폭 회로에서 각 단위 증폭도를 각각 G_1, G_2, G_3라 하고 잡음지수를 F_1, F_2, F_3라 하면 종합잡음지수(F)의 식은?

① $F = F_1 + G_1 + F_2 G_2 + F_3 G_3$

② $F = F_1 + \dfrac{F_2 - 1}{G_1} + \dfrac{F_3 - 1}{G_1 G_2}$

③ $F = F_1 + \dfrac{F_2 - 1}{G_2} + \dfrac{F_3 - 1}{G_3}$

④ $F = F_1 + \dfrac{F_2 + 1}{G_1} + \dfrac{F_3 + 1}{G_3}$

• 종합잡음지수

$$F = F_1 + \frac{F_2 - 1}{G1} + \frac{F_3 - 1}{G1 \cdot G2} \cdots$$

(F_1 = 초단잡음지수, G_1 = 초단의 이득)

[정답] ②

16

이득지수가 10 이고 잡음지수가 8 인 증폭기 후단에 잡음지수가 12 인 증폭기가 있는 경우 종합잡음지수는 얼마인가?

① 8.5
② 8.7
③ 9.1
④ 9.5

종합잡음지수 $= 8 + \dfrac{12-1}{10} = 8 + 1.1 = 9.1$

$$F = F_1 + \frac{F_2 - 1}{G1} + \frac{F_3 - 1}{G1 \cdot G2} \cdots$$

(F_1 = 초단잡음지수, G_1 = 초단의 이득)

[정답] ③

17

이득이 12[dB]이고 잡음지수가 14[dB]인 증폭기의 후단에 잡음지수가 16[dB]인 증폭기를 연결할 경우 종합잡음지수는 약 얼마인가?

① 15.25[dB]
② 16.25[dB]
③ 17.25[dB]
④ 18.25[dB]

• 종합잡음지수

$$F = F_1 + \frac{F_2 - 1}{G1} + \frac{F_3 - 1}{G1 \cdot G2} \cdots$$

(F_1 = 초단잡음지수, G_1 = 초단의 이득)

[정답] ①

18
다단 증폭시스템에서 종합 잡음지수를 가장 효과적으로 개선할 수 있는 시스템 구성요소로 적합한 것은?

① 전치 증폭기
② 자동 이득 조절기
③ 대역 통과 필터
④ 검파기

- 종합잡음지수
$$NF = NF_1 + \frac{NF_2 - 1}{G_1} + \frac{NF_3 - 1}{G_1 \cdot G_2} \cdots$$
초단의 잡음지수가 전체 종합잡음지수를 결정하는 중요한 요소이다. 이를 위해 전치 증폭기(LNA, 저잡음 증폭기)를 사용한다.

[정답] ①

19
다음 중 슈퍼헤테로다인(Superheterodyne) 수신기에서 영상 주파수 방해를 경감하는 방법으로 적합하지 않은 것은?

① 동조 회로의 Q를 높인다.
② Trap회로를 사용한다.
③ 고주파 증폭기를 부가한다.
④ 중간 주파수를 낮게 선정한다.

영상주파수(Image Frequency)는 중간 주파수를 높게 설정하면 영향이 작아진다.

[정답] ④

20
슈퍼헤테로다인 수신기에서 수신하고자 하는 주파수가 612[kHz]이고, 중간주파수가 455[kHz]일 경우 영상주파수(Image Frequency)는? (단, 상측 헤테로다인 방식으로 동작한다.)

① 1,067[kHz]
② 1,224[kHz]
③ 1,522[kHz]
④ 1,679[kHz]

$f_{영상} = f_{수신} + 2 \times f_{중간} = 612 + 2 \times 455 = 1522[kHz]$

[정답] ③

21
슈퍼헤테로다인 수신기에서 중간 주파수를 낮게 선정할 때의 장점에 해당되지 않는 것은?

① 충실도가 좋아진다.
② 근접 주파수 선택도가 개선된다.
③ 단일 조정이 쉬워진다.
④ 감도 및 안정도가 향상된다.

중간주파수 높은때	중간주파수 낮을때
• 충실도 향상 • 영상주파수영향 개선 • 인입현상 개선	• 선택도 향상 • 단일조정이 쉬움 • 감도 및 안정도 향상

[정답] ①

22
다음 중 입력되는 신호의 주파수가 3.5[GHz], 4.5[GHz]일 때, 제곱의 비선형항만이 고려되는 비선형 소자에서 출력 가능한 신호의 주파수가 아닌 것은?

① 1[GHz]
② 7[GHz]
③ 8[GHz]
④ 10[GHz]

제곱의 비선형항만이 고려되는 비선형 소자에서 출력 가능한 신호의 주파수는 $f_2 \pm f_1$, $2f_1$, $2f_2$ 등의 주파수가 출력된다.
$f_2 - f_1 = 4.5 - 3.5 = 1[GHz]$, $f_2 + f_1 = 4.5 + 3.5 = 8[GHz]$
$2f_1 = 2 \times 3.5 = 7[GHz]$, $2f_2 = 2 \times 4.5 = 9[GHz]$

[정답] ④

23
이득 40[dB]의 저주파 증폭기가 10[%]의 찌그러짐 율을 가지고 있을 때 이를 1[%] 이내로 하기 위해 필요한 조치는?

① 20[dB]의 정궤환을 걸어 준다.
② 전압변동률을 10[%]로 조절한다.
③ 40[dB]의 이득을 낮춘다.
④ 20[dB]의 부궤환을 걸어 준다.

$40dB = 20\log A$ 이므로 $A = 100$
왜율
$\frac{1}{10} = \frac{1}{1 + A\beta}$
$1\% = \frac{1}{1 + 100 \times \beta} \times 100\%$, $\beta = 0.1$
$\therefore 20\log 0.1 = -20dB$
즉, $20dB$ 부궤환이 필요

[정답] ④

24
어떤 증폭기의 증폭도가 80일 때 왜율이 3[%]이다. 궤환율 β=0.05의 부궤환을 할 때 왜율은?

① 0.2[%]
② 0.4[%]
③ 0.6[%]
④ 0.8[%]

$D_f = \frac{D}{1 + \beta A} = \frac{0.03}{1 + (0.05)(80)} = 0.006\,(0.6\%)$

[정답] ③

25

저주파 전력증폭기의 출력 측 기본파 전압이 80[V], 제2, 제3고조파 전압이 각각 8[V], 6[V]라면 왜율은 얼마인가?

① 12.5[%]　　② 16.5[%]
③ 25.0[%]　　④ 33.0[%]

왜율(Distortion)은 증폭기 특성이 비선형적일 때 나타나는 일그러짐 정도를 나타낸다.

$$K = \frac{\text{고조파 실효값}}{\text{기본파 실효값}} = \frac{\sqrt{V_2^2 + V_3^2}}{V_1} = \frac{\sqrt{8^2 + 6^2}}{80} \times 100 = 12.5\%$$

[정답] ①

26

다음 중 증폭기를 광대역폭(성)으로 하는 방법이 아닌 것은?

① 증폭기의 다단 접속
② 스태거(Stagger)의 동조 방식 설계
③ 보상 회로 첨가
④ 부궤환 방식 응용

다단 증폭기의 대역폭 $B = \sqrt{\frac{1}{2^n} - 1}$
증폭기 다단접속은 증폭기의 '이득(증폭도)'를 증가시키지만, 대역은 감소한다.

[정답] ①

27

다음 중 수신전계의 변동에 따른 손실 보상을 하기 위한 것은?

① AGC회로　　② Pre-emphasis
③ Pre-distorter　　④ Limiter

수신전계 변동 현상을 페이딩(Fading)이라 하며, 방지대책으로는 AGC(Auto Gain Control), 다이버시티기법 등이 있다.

[정답] ①

28

50[MHz]의 반송파가 10[kHz]의 정현파에 FM 변조되어 최대주파수 편이가 50[kHz]일 경우에 FM신호의 대역폭은?

① 60[kHz]　　② 80[kHz]
③ 120[kHz]　　④ 240[kHz]

• FM신호 대역폭
$B = 2(f_m + \Delta f) = 2(10 + 50) = 120[kHz]$

[정답] ③

29

FM 통신방식이 AM방식에 비해 S/N비가 좋은 이유는?

① 리미터(Limiter)를 사용한다.
② 점유 주파수대폭이 좁다.
③ 깊은 변조를 할 수 있다.
④ 클래리파이어(Clarifier)를 사용한다.

• FM통신방식의 특징
① 리미터를 사용하여 S/N를 향상시킴
② FM신호는 Capture Effect로 하나의 신호만 수신
③ 수신 S/N이 9[dB] 이상에서는 SNR이 급격히 향상(AM대비)
④ FM변조는 각도 변조를 통해 주파수대역이 넓어짐

[정답] ①

30

FM 수신기에서 반송파가 없으면 잡음이 증가하는데, 이때 잡음 전압을 이용하여 저주파 증폭기의 동작을 정지시켜 출력을 차단하는 회로를 무엇이라 하는가?

① 스켈치 회로　　② 프리 엠퍼시스 회로
③ 디 엠퍼시스 회로　　④ 주파수 변별기

• FM송수신회로의 기능별 특징

회로	위치	특징
IDC	송신	주파수편이제한
스켈치	수신	잡음 출력 OFF
프리엠파시스	송신	고역강조
디-엠파시스	수신	원음재생
변별기	수신	FM신호 복소

[정답] ①

31

다음 중 통신분야의 표준화 기구가 아닌 것은?

① ETSI　　② 3GPP
③ ANSI　　④ ATIS

• 표준화 기구

영문	기구명칭
ETSI	유럽 전기통신 표준협회
3GPP	이동통신 관련 국제표준화기구
ATIS	통신 및 관련 정보기술 표준개발기구
ANSI	미국의 산업 분야 표준화기구

[정답] ③

32
다음 중 디지털 통신시스템의 성능 평가에 가장 적합한 것은?

① 왜율 ② C/I
③ BER ④ S/N

> 디지털 통신시스템의 성능평가는 BER(Bit Error Rate)을 사용한다.
> $$BER = \frac{총 Error\ Bit}{총\ 전송\ Bit}$$
>
> [정답] ③

33
다음 디지털변조방식 중 진폭과 위상을 모두 이용하여 변조하는 방식은?

① 8-PSK ② 16-QAM
③ OQPSK ④ ASK

> • 변조방식의 종류
> ① ASK(진폭편이변조): 디지털 정보신호 0과 1에 따라 진폭을 변화시켜 전송하는 방식
> ② FSK(주파수 편이변조): 디지털 정보신호 0과 1에 따라 반송파의 주파수를 변화시켜 전송하는 방식
> ③ PSK(위상 편이변조): 디지털 정보신호 0과 1에 따라 반송파의 위상을 변화시켜 전송하는 방식
> ④ QAM(직교진폭변조): 디지털 정보신호 0과 1에 따라 반송파의 진폭과 위상을 변화시켜 전송하는 방식
>
> [정답] ②

34
비트율(Bit Rate)이 일정한 경우 16진 PSK의 전송 대역폭은 2진 PSK(BPSK) 전송 대역폭의 몇 배인가?

① 1/4배 ② 1/2배
③ 2배   ④ 4배

> • M진 변조방식의 대역폭효율(스펙트럼효율)
> $n = \log_2 M$ (M : 진수)
>
> [정답] ①

35
64진 QAM(Quadrature Amplitude Modulation)의 대역폭 효율은 얼마인가?

① 2[bps/Hz] ② 4[bps/Hz]
③ 6[bps/Hz] ④ 8[bps/Hz]

> • 대역폭 효율
> $n = \frac{r}{B} = \log_2 M = \log_2 64 = 6[bps/Hz]$
>
> [정답] ③

36
다음 중 FEC(Forward Error Correction)에 대한 설명으로 옳지 않은 것은?

① 데이터 비트 프레임에 잉여 비트를 추가해 에러를 검출, 수정하는 방식이다.
② 연속적인 데이터 흐름 외에 역채널이 필요하다.
③ 에러율이 낮은 경우 효과적이다.
④ 잉여 비트를 첨가하므로 전송 효율이 떨어진다.

> • 오류제어의 종류
>
> | BEC | FEC |
> | --- | --- |
> | Backward Error Correction | Forward Error Correction |
> | CRC 오류체크 + 재전송 | 에러제어 비트추가 +수신측에서 에러정정 |
> | ARQ | 컨벌루션코드, 터보코드 |
>
> [정답] ②

37
다음 중 디지털 통신에서 사용하는 채널코딩(Channel Coding)에 대한 설명으로 옳은 것은?

① 공간영역에서의 중복성을 제거하여 영상신호를 압축하는 것이다.
② 정보신호에 따라 반송파의 진폭 또는 주파수를 변화시키는 것이다.
③ 데이터 전송 중에 발생하는 다양한 채널오류를 방지하여 통신능률을 향상시키는 것이다.
④ 수신된 정보를 송신측에 되돌려주어 송신측에서 착오발생을 점검하는 것이다.

> ① 채널코딩 : 여분의 비트를 추가해 전송 중의 다양한 채널오류 방지
> ② 소스코딩 : 데이터 압축, redundancy를 감소시킴
>
> [정답] ③

38
다음 무선통신 채널코딩 방식 중 일정한 정도까지의 Burst Error를 정정하는 능력이 있는 채널코딩 방식은?

① LDPC(Low Density Parity Check)
② Convolution Code
③ Read Solomon Code
④ Turbo Code

> Read Solomon Code는 Burst Error 정정 능력이 우수해 D-TV방송에 사용하고 있다.
>
> [정답] ③

39
다음 중 송신측에서 콘볼루션 채널 코딩률을 결정할 때, 수신자의 전파 상태가 좋은 경우 가장 많은 정보 비트를 보낼 수 있는 코딩률은? (단, CC : Convolution Code)

① 4/5 CC
② 3/5 CC
③ 2/5 CC
④ 1/5 CC

채널 코딩률(r) = 순수한 정보비트수(k)/전체전송비트수(n) 이므로 채널 코딩률 4/5가 가장 많은 정보 비트를 보낼 수 있다.

[정답] ①

40
다음 중 디지털통신에서 펄스성형(pulse shaping)을 하는 주된 이유로 가장 적합한 것은?

① 노이즈를 줄이기 위함
② 다중접속을 용이하게 하기 위함
③ 심볼간 간섭(ISI)를 줄이기 위함
④ 채널 대역폭을 증가시키기 위함

• **펄스성형(Pulse Shaping)**
디지털 펄스(구형파)를 Shaping(필터링)하여 고주파성분을 제거함으로써, 수신시 심볼간 간섭 ISI를 줄일 수 있다. 대표적인 펄스성형 필터로는 Raised Cosine필터가 있다.

[정답] ③

41
다음 중 다중경로 페이딩 등에 의해 수신된 신호가 ISI(Inter Symbol Interference) 현상이 발생될 경우 이를 보정하기 위해 필요한 것은?

① SAW 필터
② 등화기
③ Expander
④ Diversity 컴바이너

ISI(부호간 간섭)을 보정하는 장비는 등화기(equalizer)이다.

[정답] ②

42
PLL에 대한 설명으로 잘못된 것은?

① AM 및 ASK의 복조에 이용된다.
② 위상비교기의 출력신호가 0일 때 위상이 lock되었다고 한다.
③ 루프필터는 위상비교기의 출력을 평활하여 직류전압으로 바꾼다.
④ PLL은 위상비교기, 루프필터, VCO로 구성된다.

• **PLL의 구성**
위상검출기, 전압제어발진기, Loop Filter로 구성되는 궤환 회로로 주파수합성기, 주파수 체배기, FM 및 FSK 복조 등에 사용된다.

[정답] ①

43
무선통신시스템에서 PLL(Phase Lock Loop) 없이는 구현이 불가할 만큼 많이 사용되고 있는데 Digital PLL의 구성 요소가 아닌 것은?

① TDC(Time Digital Convertor)
② DCO(Digital Controlled Osc)
③ Digital Filter
④ Charge Pump

• **Digital PLL의 구성 요소**
① TDC(Time Digital Convertor):PD
② DCO(Digital Controlled Osc):VCO
③ Digital Filter:LPF

[정답] ④

44
장파대용 무선 시스템에서 지표파의 전계강도가 가장 큰 곳은?

① 평야
② 산악
③ 시가지
④ 해상

장·중파의 주 전파는 지표파이다. 도전율이 낮을수록, 유전율이 클수록 전계강도가 낮아진다.(감쇠가 많다.)
사막 > 시가지 > 평야 > 습지대 > 해안 > 해상

[정답] ④

45
중·장파 대역이 지표파에 의해 전파되는 과정에서 다음 중 어디에서 가장 감쇠가 많이 일어나는가?

① 강, 호수
② 바다
③ 습지
④ 사막

중·장파 대역의 주요 전파는 지표파이다. 지표하는 도전율이 클수록, 유전율이 작을수록 감쇠가 작다. 수평편파보다는 수직편파가 감쇠가 적고, 주파수가 낮을수록 감쇠가 적다.
감쇠크기는 사막 > 습지 > 해수(바다) 등으로 크다.

[정답] ④

46
다음 중 지표파에서 가장 중요한 전파 전파특성을 가지는 주파수 대역은 어느 대역인가?
① 극초단파대
② 초단파대
③ 단파대
④ 장파, 중파대

• 전파의 전파특성

전 파	주 전파
장파·중파	지표파
단 파	전리층 반사파
초단파	직접파
극초단파	직접파

[정답] ④

47
전파의 성질 중 지구 등가 반경과 가장 관계가 깊은 것은?
① 반사
② 굴절
③ 감쇠
④ 회절

등가지구반경은 원형인 지구를 평면으로 도식화 할 때 사용하는 Factor로 전파는 굴절한다는 성질을 이용한다.

[정답] ②

48
전파의 회절 현상에 대한 다음 설명 중에서 잘못된 것은?
① 파장이 길수록 적게 일어난다.
② 주파수가 낮을수록 많이 일어난다.
③ 중/장파 대역에서 많이 일어난다.
④ 초단파 대역에서도 발생할 수 있다.

전파는 빛과 같이 전송로 상에서 다른 매질을 만나면 회절, 반사, 굴절하는 특징이 있음. 회절현상은 호이겐스의 원리에 의해 장애물을 넘어서 수신점에 도달하거나, 산악회절과 초단파대역에서도 회절이득을 얻기도 한다. 회절현상은 주파수가 낮을수록(파장이 길수록) 많이 발생된다.

[정답] ①

49
방송국의 공중선 전력이 5[kW]에서 20[kW]로 증가되면 전계 강도는 몇 배가 되는가?
① 16배
② $\frac{1}{16}$배
③ 2배
④ $\frac{1}{4}$배

전계강도 E 와 전력 P 의 관계는 $E \propto \sqrt{P}$
$$\frac{E_2}{E_1} = \frac{\sqrt{P_2}}{\sqrt{P_1}} = \frac{\sqrt{20}}{\sqrt{5}} = \sqrt{4} = 2배$$

[정답] ③

50
전파가 자유공간에서 전파할 때 거리가 2배로 증가하면 손실은 약 얼마나 증가하는가?
① 2[dB]
② 3[dB]
③ 6[dB]
④ 9[dB]

자유공간손실 $L = (\frac{4\pi d}{\lambda})^2$

[정답] ③

51
한 지점에서 송신한 신호의 전력이 수신 지역에서 6[dB] 감소되어 수신 되었다면 전력이 몇 배 감소한 것인가?
① 4배 감소
② 6배 감소
③ 8배 감소
④ 64배 감소

전력으로 3[dB]감소는 2배 감소함을 6[dB]감소는 4배의 수신전력이 감소됨을 나타낸다.

[정답] ①

52
안테나 이득을 절대이득(dBi)으로 표시할 때 기준으로 하는 안테나는 어느 것인가?
① 등방성 안테나
② 반파장다이폴안테나
③ 야기안테나
④ 파라볼라안테나

• 안테나 이득별 기준 안테나

안테나 이득	기준안테나
절대이득 (dBi)	무손실 등방성 안테나
상대이득 (dBd)	반파장 다이폴 안테나
지상이득	$\frac{\lambda}{4}$ 수직접지 안테나

[정답] ①

53

다음 설명은 어떤 다이버시티에 대해 설명하고 있는가?

> 다이버시티는 2개의 수신안테나를 공간상으로 이격시키는 방법으로 이격 거리는 보통 10 ~ 20λ 정도이다. 서로 이격된 안테나로부터 수신되는 신호들은 서로 다른 위상 변화를 겪기 때문에 각각 서로에 대해 낮은 상관 특성을 가지게 된다.

① 사이트 다이버시티 기법(Site Diversity)
② 공간 다이버시티 기법(Space Diversity)
③ 시간 다이버시티 기법(Time Diversity)
④ 편파 다이버시티 기법(Polarization Diversity)

다이버시티는 페이딩에 대한 대책으로 공간, 시간, 주파수, 편파, 사이트 다이버시티 기술이 있다.

[정답] ②

54

다음 중 전리층 높이를 측정할 때 주로 사용되는 파형은?

① 정현파   ② 삼각파
③ 구형파   ④ 펄스파

전리층 높이는 수직 상공으로 펄스파를 발사해 펄스파가 돌아오는 시간을 측정해 구한다.

[정답] ④

55

무선통신시스템 설계 시 단파가 중장파보다 불리한 점은 어느 것인가?

① 복사 능률이 더 낮다.   ② 페이딩의 영향이 더 크다.
③ 안테나 설치가 어렵다.   ④ 원거리 통신에 불리하다.

◆ 단파의 특징
① 원거리 소출력 통신 가능
② 복사능률 양호
③ 페이딩 영향이 크다
④ 불감지대가 생김

[정답] ②

56

단파통신에서 전파의 페이딩 방지책이 아닌 것은?

① 주파수 합성법을 사용한다.
② 공간 다이버시티를 사용한다.
③ 지향성이 날카로운 안테나를 사용한다.
④ 송신 주파수를 높인다.

◆ 단파통신의 페이딩 및 대책

페이딩 원인	대 책
간섭성 페이딩	공간합성법 또는 주파수합성법
편파성 페이딩	편파 합성법
흡수성 페이딩	수신기 AGC사용
선택성 페이딩	SSB변조 또는 주파수합성법
도약성 페이딩	주파수합성법

[정답] ④

57

다음 중 무선통신 안테나 선정 시 검토사항으로 틀린 것은?

① 전후방비가 커야 한다.
② 정재파비가 커야 한다.
③ 급전선 계통의 손실이 작아야 한다.
④ 안테나 결합손실이 작고 직진성이 좋아야 한다.

정재파비가 크면 반사파가 많이 발생함을 의미한다.
가장 이상적인 정재파비는 1이다.

[정답] ②

58

백색 가우시안 잡음의 특징으로 틀린 것은?

① 전대역에 걸쳐 전력 스펙트럼 밀도가 일정한 크기를 가진다.
② 백색가우시안 잡음은 신호에 더해지는 형태다.
③ 열잡음(thermal noise)이 대표적인 백색 가우시안 잡음이다.
④ 레일리 분포 특성을 보인다.

◆ 백색잡음(AWGN)
① Additive : 다른 잡음과 더해지는 잡음
② White : 전 대역에 걸쳐 스펙트럼이 밀도가 균일한 잡음
③ Gaussian : 가우시안분포를 가지는 잡음

[정답] ④

59

다음 중 도체 내 자유전자의 랜덤 운동에 의해 발생하며, 전 주파수 대역에 걸쳐 나타나므로 백색잡음이라고 불리는 잡음은?

① 충격성 잡음(Impulse Noise)
② 열 잡음(Thermal Noise)
③ 누화(Crosstalk)
④ 상호변조왜곡(Inter-Modulation Distortion)

> 가장 대표적인 백색잡음으로 열잡음이 있다.
>
> [정답] ②

60

대역폭이 1[MHz]이고 실내온도가 17[℃]일 때, 잡음전력은 몇 [dBm] 인가?(단, k=1.38×10-23 [J/deg]이다.)

① -104[dBm]   ② -114[dBm]
③ -124[dBm]   ④ -134[dBm]

> ◆ 잡음전력
> $P_n = kTB[W]$
> $= 1.38 \times 10^{-23} \times (273+17) \times (1 \times 10^6)$
> $= 4 \times 10^{-15} [W]$
>
> 전력을 rm `dBm으로`변환하면,
> $dB_m = 10\log\frac{4 \times 10^{-15}[W]}{1[mW]} = -114[dBm]$
>
> [정답] ②

61

다음 중 무선통신 시스템에 가장 영향을 미치는 요소는?

① 변조방식   ② 회선용량
③ 설치비용   ④ 외부잡음

> 무선통신시스템영향을 미치는 요소로는 잡음(Noise)이 있다.
> 잡음은 내부잡음(산탄잡음,열잡음)과 외부잡음(우주잡음, 인공잡음)으로 분류 할 수 있다.
>
> [정답] ④

62

다음 중 잡음방해의 개선 방법으로 적합하지 않은 것은?

① 수신 전력을 크게 한다.
② 수신기의 실효대역폭을 넓게 한다.
③ 적절한 통신방식을 선택한다.
④ 송신전력을 크게 하고 수신기를 차폐한다.

> ◆ 잡음방해 개선방법
> ① 수신전력을 크게 함
> ② 수신기의 실효대역폭을 좁게 함
> ③ 적절한 통신방식을 선택(FM)
> ④ 잡음 차폐
>
> [정답] ②

63

다음 중 무선통신시스템에서 보안에 위협이 되는 요소의 종류가 아닌 것은?

① 피상적 공격(Superficial Attack)
② 수동적 공격(Passive Attack)
③ 능동적 공격(Active Attack)
④ 비인가 사용(Unauthorized Usage)

> ◆ 보안 위협의 종류
> ① 해킹: 외부로부터 내부를 침입하는 행위.
> ② 스푸핑: IP 등을 도용하여 내부로 침입 (능동적 공격)
> ③ 스니핑: IP 등을 알아내기 위해 탐색하는 행위 (수동적 공격)
> ④ 비인가 공격: 인증되지 않은 사용자가 접속하는 공격.
>
> [정답] ①

64

전기 전자장비로부터 불요전자파가 최소화 되도록 함과 동시에 어느 정도의 외부 불요전자파에 대해서는 정상동작을 유지할 수 있는 능력을 갖고 있는지 설명하는 용어는?

① EMI   ② EMP
③ EMC   ④ EMS

> ◆ EMC(양립성) = EMI(전자파 방해)+EMS(전자파 내성)
> EMC는 전기 전자장비로부터 불요전자파가 최소화 되도록 함과 동시에 어느 정도의 외부 불요전자파에 대해서는 정상동작을 유지할 수 있는 능력을 갖고 있는지 설명하는 용어이다.
>
> [정답] ③

② 고정통신시스템

1 M/W 다중통신

01
15/10, 10/6

다음 중 마이크로 웨이브(Microwave) 통신에 대한 설명으로 틀린 것은?

① 사용주파수의 범위가 넓다.
② PTP(Point to Point) 통신이 가능하다.
③ 중계 없이 원거리 통신이 가능하다.
④ 외부잡음의 영향이 적다.

장점
① 가시거리 통신(장거리 시 중계통신)
② 안정된 전파 특성(손실, 간섭, 잡음 등 감소)
   (전파손실이 적어 1[W] 정도의 작은 출력으로 통신이 가능함)
③ 외부잡음 영향을 덜 받으므로 S/N비 개선도 향상
④ 예민한 지향성과 고이득 안테나를 (소형으로) 얻을 수 있음.
⑤ 광대역성 가능(초다중 통신, TV 중계, 고속 Data 전송 등)
⑥ 전리층을 통과하여 전파(우주통신 가능)
⑦ 회선건설이 짧고, 그 경비가 저렴하며 재해 등의 영향이 적음.
⑧ PTP(점 대 점) 통신이 가능

단점
① 유지보수 곤란
② 보안성 취약
③ 기상 상태(비, 구름, 안개 등)에 따라 전송품질 변동
④ 송·수신 간 연결 직선상의 높고 큰 건축물 등으로 통신 장애 현상 등

[정답] ③

02
18/3

마이크로웨이브를 이용하는 고정 통신 방식의 시스템에서 송신 안테나는 수평 편파용을 이용하고 수신 안테나는 수직 편파용을 이용한 경우 일어나는 현상은?

① 간헐적으로 이득이 크게 증가한다.
② 잡음이 감소한다.
③ 이득에 전혀 영향을 받지 않아 통신하는데 영향이 없다.
④ 이득이 현저히 줄게 되어 통신에 지장을 받는 경우도 있다.

편파방향이 안맞는 경우 통신에 지장이 생긴다.

[정답] ④

03
16/10, 15/3

다음 중 마이크로파 통신 방식의 일반적인 특성이 아닌 것은?

① 가시거리 통신이며 원거리 통신이 가능하다.
② 광대역 통신이 가능하다.
③ 외부 잡음의 영향이 적다.
④ 전리층 반사파를 이용하여 전파한다.

• 마이크로파 통신의 특징
1) 장점
  ① 광대역성
  ② 고이득, 예민한 지향성
  ③ 1W 이하의 적은 전력 통신 가능
  ④ 열잡음, 혼변조 잡음과 같은 외부잡음 등에 강하다.
  ⑤ S/N 개선도가 크다
  ⑥ 가시거리 내 통신방식이다
  ⑦ 전리층을 통과해서 전파
  ⑧ 천재지변 등의 재해에 강하다
  ⑨ 회선건설기간이 짧고 경제적이다
2) 단점
  ① 무선통신이기 때문에 보안에 취약
  ② 기상 상태에 따라 전송 품질이 변화 한다.

[정답] ④

04
10/3

다음은 IEEE권장 마이크로웨이브 주파수밴드 구분을 열거한 것이다. 주파수가 낮은 것에서 높은 순서대로 열거된 것은?

① C-L-S-K
② C-K-L-S
③ L-S-K-C
④ L-S-C-K

• 각 밴드의 주파수

밴드	주파수 대역
L Band	1[GHz] ~ 2[GHz]
S Band	2[GHz] ~ 4[GHz]
C Band	4[GHz] ~ 8[GHz]
X Band	8[GHz] ~ 12.5[GHz]
Ku Band (under)	12.5[GHz] ~ 18[GHz]
K Band	18[GHz] ~ 26.5[GHz]
Ka Band (above)	26.5[GHz] ~ 40[GHz]

[정답] ④

05
10/6

마이크로파 통신 시스템의 중계방식에서 수신한 마이크로파를 중간 주파수로 변환하여 증폭을 행한 후 다시 마이크로파로 송신하는 방식은?

① 검파중계 방식
② 직접중계 방식
③ 무급전 중계 방식
④ 헤테로다인 중계 방식

• 헤테로다인 중계방식
수신 마이크로파를 중간 주파수(IF)로 변환하여 증폭한 후 다시 마이크로파(RF)로 변환하여 송신하는 방식이다.

[정답] ④

06
다음 마이크로파 중계방식 중 송수신기의 중간주파수가 동일하기 때문에 회선의 상호접속과 분기가 용이가 방식은?

① 직접 중계방식
② 무급전 중계방식
③ 헤테로다인 중계방식
④ 검파중계방식

- **헤테로다인 중계방식 특징**
  ① 장거리중계에 이용
  ② 변복조를 부가하지 않아 장치가 비교적 간단
  ③ 변복조를 반복하지 않으므로 열화 특성이 더해지지 않음
  ④ 통화로의 분기, 삽입이 곤란
  ⑤ 중간주파수를 동일하게 하면 주파수가 다른 무선회선 사이의 상호접속가능

[정답] ③

07
다음 중 마이크로파 중계방식에 대한 설명으로 옳지 않은 것은?

① 직접 중계 방식은 통화로의 삽입 및 분기가 곤란하다.
② 검파 중계 방식은 변복조장치가 부가되어 있어 장치가 복잡하다.
③ 무급전 중계 방식에 있어서는 반사판의 크기가 클수록 손실이 크다.
④ 헤테로다인 중계방식은 장거리 중계 방식에 적당하다.

마이크로웨이브에서 사용하는 중계방식의 종류이다. 트랜스폰더(중계기)에서는 직접중계방식을 주로 사용함.

헤테로다인 중계	. 가장 효율적임
재생 중계	. 가장 비싼방식(성능 최우수)
무급전 중계	. 가장 저렴함(성능 최하) . 반사판이 클수록 손실최소
직접 중계	. 트랜스폰더에서 주로 사용

[정답] ③

08
검파 중계방식에 대한 설명으로 잘못된 것은?

① 다른 중계방식에 비해 통화로의 삽입 및 분기가 간단하다.
② 장거리 중계방식으로 적당하다.
③ 변복조장치가 부가되어 있어 장치가 복잡하다.
④ 변복조장치의 비직선성으로 인한 특성의 열화가 생긴다.

- **검파중계방식의 특징**
  ① 마이크로웨이브 중계방식의 하나임
  ② 근거리 중계에 이용
  ③ 변복조 장치가 있어 복잡하고, 특성열화가 있음

[정답] ②

09
다음 마이크로웨이브 중계 방식 중 펄스부호변조(Pulse Code Modulation)통신 시 S/N비가 가장 좋은 중계 방식은?

① 헤테로다인 중계 방식
② 검파 중계 방식
③ 무급전 중계 방식
④ 직접 중계 방식

검파중계방식은 펄스부호변조 통신 시 S/N비가 가장 좋다.

[정답] ②

10
M/W 통신에서 송신출력이 1[w], 송수신 안테나 이득이 각각 30[dBi], 수신 입력 레벨이 −30[dBm] 일 때 자유공간 손실은 몇 [dB]인가? (단, 전송선로 손실 및 기타손실은 무시한다.)

① 112[dB]
② 117[dB]
③ 120[dB]
④ 123[dB]

- **리스(Friis) 전력전달 공식**

$P_r[dBm] = P_t[dBm] + G_t[dBi] + G_r[dBi] - F_{Loss}[dB]$
$-30[dBm] = 30[dBm] + 30[dBi] + 30[dBi] - F_{Loss}[dB]$
$\therefore F_{Loss}[dB] = 120[dB]$

$(1[W] = 30[dBm],\ 10\log\frac{1[W]}{1[mW]} = 30[dB])$

- **자유공간손실**

$= 20\log\frac{4\pi d}{\lambda}$ 로 나타내며, 수치로 환산하면
$92.45 + 20\log f[GHz] + 20\log d[km]\ [dB]$
$30[dBm]=1[W]+30[dB]+30[dB]+자유공간손실이므로,$
자유공간손실은 120[dB]임.

여기서 1[W] = 30[dBm]임. ($30[dBm] = 10\log\frac{1[W]}{1[mW]}$)

[정답] ③

11
다음 중 마이크로웨이브 링크에서 전방향 송신빔을 간섭으로부터 격리 또는 보호하기 위해 통상 중계기 안테나의 전후방비(Front-To-Back Ratio)로 가장 적합한 구간은?

① 5[dB] 이하
② 10 ~ 15[dB]
③ 15 ~ 20[dB]
④ 20 ~ 30[dB]

전후방비 = $20\log\frac{전방전계세기}{후방전계세기}$

마이크로웨이브 링크에서 전방향 송신빔을 간섭으로부터 격리 또는 보호하기 위해 통상 중계기 안테나의 전후방비(Front-To-Back Ratio) 20~30dB로 해야 한다.

[정답] ④

12
다음 중 마이크로파 중계 회선의 주파수 배치 방법은?
① 5주파 방식
② 3주파 방식
③ 6주파 방식
④ 4주파 방식

> 마이크로파 주파수 배치 방법으로 2주파방식과 4주파 방식이 있다.
> **[정답]** ④

13
마이크로파 중계국소의 올바른 설치 계획에 해당되지 않는 것은?
① 산 정상에 설치
② 원격감시제어장비 구비
③ 비가시권 확보
④ 정전압장치구비

> 마이크로파 중계국은 LOS (Line Of Site)환경에서 구축해야 하므로 가시권 보장이 중요한 Factor임
> **[정답]** ③

14
다음 중 마이크로웨이브 중계 전송로 설계 시 고려 사항이 아닌 것은?
① Fresnel Zone의 계산
② 안테나 높이의 결정
③ 반사파 고려
④ 수신 입력단의 소요 C/N비

> • 마이크로웨이브 중계설계 시 고려사항
> ① 프레즈넬존 계산
> ② 반사파를 고려한 설계
> ③ 수신입력단의 C/N비
> ④ 중계방식에는 검파중계, 헤테로다인중계, 직접중계, 무급전 중계방식이 있음
> **[정답]** ②

15
다음 중 밀리미터파(mm Wave)에 대한 설명으로 틀린 것은?
① 광대역 초고속 정보전송이 가능하다.
② 지향성이 예민해 장거리 통신에 적합하다.
③ 30[GHz]~300[GHz]의 주파수 대역을 사용한다.
④ 주파수 재이용의 효율성과 통신 보안성이 높다.

> 밀리미터파는 직진성이 강해 감쇄가 크므로 장거리 통신에 부적합하다.
> **[정답]** ②

16
음성 신호(최대 주파수는 $3.3[\text{kHz}]$)를 표본화할 경우, 표본 주파수가 $f_s = 8[\text{kHz}]$일 경우 보호대역은 얼마인가?
① $4.7[\text{kHz}]$
② $3.3[\text{kHz}]$
③ $1.4[\text{kHz}]$
④ $0.7[\text{kHz}]$

> 음성신호(3.3KHz)의 표본화주파는 6.6KHz, 실제 표본화 주파수는 8KHz이므로 보호대역은 8KHz - 6.6KHz = 1.4KHz
> **[정답]** ③

17
18[kHz]까지 전송할 수 있는 PCM 시스템에서 요구되는 표본화 주파수는?
① 9[kHz]
② 18[kHz]
③ 36[kHz]
④ 72[kHz]

> • 표본화주파수
> $f_s = 2f_m = 2 \times 18 = 36[kHz]$
> **[정답]** ③

18
다음 중 PCM에서 발생되는 엘리어싱(Aliasing)에 대한 설명으로 옳은 것은?
① 시간영역에서 파형이 빠르게 변화하는 현상
② 주파수영역에서 스펙트럼의 위상반전이 반복되는 현상
③ 시간영역에서 파형의 지연이 심해지는 현상
④ 주파수영역에서 스펙트럼이 겹쳐서 나타나는 현상

> 엘리어싱(Aliasing)은 표본화 주파수를 $f_s < 2f_m$ 선정 시 주파수영역에서 스펙트럼이 겹쳐서 나타나는 현상이다.
> **[정답]** ④

19
PCM에서 양자화 시 계단의 크기(step size)를 작게 하는 경우 양자화 잡음과 경사(구배)과부하 잡음은 각각 어떻게 되는가?
① 양자화 잡음과 경사(구배)과부하 잡음 모두 작아진다.
② 양자화 잡음과 경사(구배)과부하 잡음 모두 커진다.
③ 양자화 잡음은 작아지고 경사(구배)과부하 잡음은 커진다.
④ 양자화 잡음은 커지고 경사(구배)과부하 잡음은 작다.

> • 양자화 잡음과 양자화 Step크기의 관계
> 양자화 Step의 크기(Step Size)를 작게 할수록 양자화잡음은 작아지고, 경사과 부하 잡음은 커진다.
> **[정답]** ③

20
어느 ADC(Analog-to Digital Converter)가 $-5 \sim +5[V]$의 입력을 가지며 한 샘플은 4비트로 양자화 된다. 이 경우 발생한 양자화잡음전력은 얼마인가?

① $\frac{1}{12}(\frac{12}{4})^2$ ② $\frac{1}{12}(\frac{10}{2^4})$
③ $\frac{1}{12}(\frac{10}{2^4})^2$ ④ $\frac{1}{12}(\frac{10}{4})$

- 양자화잡음전력(N_q)

$$N_q = (\frac{\frac{\Delta}{2}}{\sqrt{3}})^2 = \frac{\Delta^2}{12}$$

여기서 Δ는 양자화의 1개 Step임

$$\Delta = \frac{V_{p-p}}{M} = \frac{V_{p-p}}{2^n} = \frac{5-(-5)}{2^4} = \frac{10}{2^4}$$

$$\therefore N_q = \frac{\Delta^2}{12} = \frac{1}{12}(\frac{10}{2^4})^2$$

[정답] ③

21
디지털 중계 전송에서 재생 펄스의 흔들림 현상을 무엇이라고 하는가?

① Distortion   ② Bit error
③ jitter   ④ timing

- 지터(Jitter)
① 펄스열이 왜곡되어 타이밍 펄스가 흔들려서 발생한다.
② 타이밍 회로의 동조가 부정확하여 발생한다.
③ 타이밍 편차 또는 지터 잡음이라 한다.

[정답] ③

22
PCM 다중통신에서 발생하는 지터(Jitter)현상에 대한 설명으로 잘못된 것은?

① 펄스열이 왜곡되어 타이밍 펄스가 흔들려서 발생한다.
② 타이밍 회로의 동조가 부정확하여 발생한다.
③ 타이밍 편차 또는 지터 잡음이라 한다.
④ 양자화 오차에서 발생되는 잡음이다.

양자화오차에서 생기는 잡음은 양자화 잡음이다.

[정답] ④

23
다음 중 재생 중계기의 기능에 해당하지 않는 것은?

① 등화증폭(Reshaping)
② 리타이밍(Retiming)
③ 식별재생(Regeneration)
④ 신호재생(Reaction)

- 재생(3R)중계기의 기능
① 등화증폭 (Re-shaping)
② 리타이밍 (Re-timing)
③ 식별재생 (Re-generation)

[정답] ④

24
PCM 32채널 방식 설명 중 옳은 것은?

① 각 채널은 4개의 비트로 구성된다.
② 프레임 당 비트 수는 256개다.
③ 전송속도는 $1,024[Mbit/s]$이다.
④ 멀티 프레임 수(주기)는 $8(4.0ms)$이다.

PCM-32채널 방식은 E1 전송방식임
① 전송속도는 2.048Mbps
② 프레임당 Bit수는 256bit

[정답] ②

25
다음 중 PCM(Pulse Code Modulation) 다중통신의 특징이 아닌 것은?

① 전송로의 잡음이나 누화 등의 방해에 강하다.
② 중계시마다 잡음이 누적되지 않는다.
③ 경로(Route) 변경이나 회선 변환이 쉽다.
④ 협대역 전송로가 필요하다.

PCM 다중통신은 주파수 대역폭이 넓어 광대역 전송로가 필요하다.

[정답] ④

26 다른 주파수에서 다수의 반송파 신호를 사용하여 각 채널상에 비트를 실어 보내는 방식은?

① 위상분할 다중화 ② 시분할 다중화
③ 파장분할 다중화 ④ 직교주파수 분할 다중화

다중화방식에는 시분할다중화, 파장분할다중화, 직교주파수 분할 다중화 방식이 있다.

	시분할 다중화	파장분할 다중화	직교주파수분할다중화
방식	TDM	WDM	OFDM
다중화	시간	파장	다수의 반송파
특징	비대칭 서비스	초고속 광대역	주파수효율 우수

[정답] ④

27 대역폭이 20[kHz]인 5개의 신호를 SSB(single side band) 변조 후 FDM(frequency division multiplexing)으로 다중화하였다. 이 때 다중화된 신호를 전송하기 위한 최소 대역폭은?

① 75[kHz] ② 100[kHz]
③ 125[kHz] ④ 150[kHz]

B = $20 \times 5 = 100$[kHz]

[정답] ②

2 LAN

28 다음 LAN 전송방식 중 베이스밴드(Base Band) 방식의 특징에 해당되는 것은?

① 주파수분할다중화(FDM) 방식을 이용한다.
② 한 회선에 여러 개의 신호를 보낼 수 있다.
③ 원래의 신호를 변조하지 않고 그대로 전송하는 방식이다.
④ 통신경로를 여러 개의 주파수 대역으로 나누어 쓰는 방식이다.

• **베이스밴드 전송방식**
디지털신호를 그대로 보내거나 전송로의 특성에 알맞은 전송부호로 변환하여 전송하는 방식이다.

[정답] ③

29 다음 중 브로드밴드(Broad Band) 전송 방식의 특징이 아닌 것은?

① 통신경로를 여러 개의 주파수 대역으로 나누어 이용한다.
② 한 회선으로 하나의 신호만 전송한다.
③ Audio/Video 등에 대한 전송도 가능하다.
④ 주파수 분할 다중화 방식을 이용한다.

브로드밴드 전송방식은 반송파를 이용해 정보를 변조시켜 전송하는 방식으로 다중화가 용이해 하나의 회선에 다수의 신호를 전송할 수 있다.

[정답] ②

30 30개의 구간을 망형으로 연결하기 위해 필요한 회선 수는 몇 개인가?

① 435개 ② 400개
③ 380개 ④ 200개

$L = \dfrac{n(n+1)}{2}$

[정답] ①

31 50개의 국간을 성형으로 연결하기 위하여 필요한 회선 수는?

① 49개 ② 50개
③ 51개 ④ 52개

$L = n - 1$

[정답] ①

32

다음 중 무선 LAN의 특징이 아닌 것은?

① 설치, 유지보수, 재배치가 간편하다.
② 긴급, 임시 네트워크 구축 필요 시 효율적으로 설치 가능하다.
③ 단말의 이동성 보장, 네트워크 구축 필요 시 효율적으로 설치 가능하다.
④ 주파수 자원이 한정되어 신뢰성과 보안성이 우수하다.

> 무선랜 (WiFi)의 가장 큰 단점은 보안에 취약한 구조를 가지고 있다는 것임.
>
> [정답] ④

33

다음 중 무선 LAN의 특징으로 적합하지 않은 것은?

① 복잡한 배선이 필요 없다.
② 단말기의 재배치가 용이하다.
③ 일반적으로 유선 LAN에 비하여 상대적으로 높은 전송속도를 낸다.
④ 신호간섭이 발생할 수 있다.

> • 무선랜(WLAN)의 특성
> ① 무선이므로 외부잡음영향 이나 신호간섭에 민감
> ② 복잡한 배선이 요구되지 않음(망구성 용이)
> ③ 매체접근제어는 CSMA/CA 방식을 사용함
> ④ DSSS(직접확산)방식(IEEE802.11b)과 OFDM(IEEE802.11b,g,n)을 사용
>
> [정답] ③

34

무선 LAN의 특성에 해당하지 않는 것은?

① 전파를 이용해 데이터를 송수신
② 배선으로부터 해방
③ 단말기 설치의 자유도 향상
④ 공간을 초월한 통신 방식

> • 무선랜(WLAN)의 특성
> ① 무선이므로 외부잡음영향 이나 신호간섭에 민감
> ② 복잡한 배선이 요구되지 않음(망구성 용이)
> ③ 매체접근제어는 CSMA/CA 방식을 사용함
> ④ DSSS(직접확산)방식(IEEE802.11b)과 OFDM(IEEE802.11b,g,n)을 사용
>
> [정답] ④

35

무선 근거리통신망의 ISM 대역에 대한 설명으로 적합하지 않은 것은?

① ISM 대역은 ITU에서 국제적으로 지정하였다.
② 산업·과학·의료 대역이라 불리는 주파수 대역
③ ISM 대역을 사용하기 위해서는 별도 무선국 허가절차가 필요하다.
④ 우리나라가 해당하는 제3지역에서는 2.4 ~ 2.5[GHz]등 10여개 대역이 지정되어 있다.

> ISM대역은 별도의 허가없이 사용 가능한 소출력 무선 주파수 대역을 말한다. 주요 ISM 대역은 13.56MHz, 433MHz, 900MHz, 2.4GHz, 60GHz 등이 있다.
>
> [정답] ③

36

다음 중 근거리 통신망(LAN)을 사용한 시스템을 정량적으로 평가하는 요소가 아닌 것은?

① 턴 어라운드 타임(Turn-Around Time)
② 응답 시간(Response Time)
③ 전송 효율(Throughput)
④ 인터네트워킹(Inter-Networking)

> LAN을 사용한 시스템을 정량적으로 평가하는 요소는 턴 어라운드 타임, 응답시간, 전송효율이 있다.
>
> [정답] ④

37

다음 중 링크를 경유하는 통신에서 MAC(Media Access Control) 프로토콜이 필요한 이유가 아닌 것은?

① 매체를 공유하여 사용하는 경우에 여러 단말 사이의 경합이 불가피 하여 조정이 필요하다.
② 매체에서 문제가 발생하여 전송에서 오류가 발생하였을 때 이를 극복하기 위한 방안이 필요하다.
③ 매체의 특성에 적합한 경로로 정보가 전달 될 수 있도록 하는 방안이 필요하다.
④ 매체에서 문제가 발생하여 전송에서 오류가 발생하는 것을 예방하기 위한 방안이 필요하다.

> • MAC(Media Access Control)
> ① 물리적 주소를 결정하고 1계층 간에 연결을 도와주는 역할
> ② 네트워크 매체에 접근 통제
> ③ 매체 접근 제어 CSMA/CD
>
> [정답] ③

38

무선랜 단말기 상호간 무선 구간에서의 충돌 방지를 위해 사용하는 IEEE 802.11의 방식은?

① CSMA/CD
② CSMA/CA
③ TDMA/TDD
④ Token Passing

• 매체접근기술에 따른 서비스방식

CSMA/CD	CSMA/CA	TDMA/TDD	Token Passing
IEEE802.3	WLAN	DECT	IEEE802.4

[정답] ②

39

무선랜에서 사용하는 다중 접속 프로토콜로서 한 노드가 보낼 패킷이 발생하면 작은 제어 패킷을 보내 채널 상황을 체크한 후 채널이 사용 가능하면 패킷을 보내고 가능하지 않은 상황이면 임의로 정해진 시간 후 다시 체크함으로써 기기 간 전송 충돌을 회피하는 방식은 무엇인가?

① Token ring
② TDMA(Time Division Multiplexing Access)
③ CSMA/CD(Carrier Sense Multiple Access/Collision Detection)
④ CSMA/CA(Carrier Sense Multiple Access/Collision Avoidance)

[정답] ④

40

다음 중 무선 LAN 시스템에서 채널을 예약하고 확인하는 등의 과정을 거치기 위해서 사용하는 기법은 무엇인가?

① RTS/CTS
② FHSS
③ Back-off
④ DFS(Dynamic Frequency Selection)

[정답] ①

41

CSMA/CD 기술과 CSMA/CA 기술에 대한 다음 설명 중 맞지 않는 것은?

① CSMA/CD는 IEEE802.3의 MAC에 적용된 기법이다.
② CSMA/CA는 IEEE802.11의 MAC에 적용된 기법이다.
③ CSMA/CD와 CSMA/CA 모두 송신 전에 매체를 확인한다.
④ CSMA/CD에서는 명시적인 ACK 패킷을 이용해 충돌회피를 시도한다.

• CSMA/CD와 CSMA/CA 비교

	CSMA/CD	CSMA/CA
접속표준	IEEE802.3	IEEE802.11
충돌방식	충돌검출	충돌회피
사용계층	MAC	MAC
Hidden Node	문제발생	발생하지 않음

[정답] ④

42

무선랜 단말기 상호간 무선 구간에서의 충돌 방지를 위해 사용하는 IEEE 802.11의 방식은?

① CSMA/CD
② CSMA/CA
③ TDMA/TDD
④ Token Passing

• 매체접근기술에 따른 서비스방식

CSMA/CD	CSMA/CA	TDMA/TDD	Token Passing
IEEE802.3	WLAN	DECT	IEEE802.4

[정답] ②

43

다음 중 무선랜의 전송방식에 해당하지 않는 것은?

① 적외선 방식
② 확산 스펙트럼 방식
③ 초 광대역 무선통신 방식
④ 협대역 마이크로웨이브 방식

초광대역 무선통신 방식은 UWB(Ultra Wide Band)로 500MHz 이상 또는 중심 주파수의 25%이상 대역폭을 가지는 시스템을 말함.

[정답] ③

44

데이터 전송률을 54[Mbps]까지 올리는 802.11a 무선랜의 물리계층에서 사용하는 전송방식은?

① DSSS
② FHSS
③ OFDM
④ Infra-Red

IEEE802.11a는 OFDM방식 과 5GHz대역을 사용하여 최대전송률을 54Mbps까지 올릴 수 있음.

[정답] ③

45

다음 중 IEEE 802.11a기술에 대한 설명으로 적절한 것은 무엇인가?

① 2.4[GHz] ISM (Industrial Scientific and Medical) 대역을 사용한다.
② OFDM 기술을 사용한다.
③ TDMA/TDD기술을 사용한다.
④ 최대 22[Mbps] 전송속도를 지원한다.

- IEEE 802.11a의 접속규격
  ① 스펙트럼 : 5[GHz]
  ② 최대전송속도 : 54[Mbps]
  ③ 전송범위 : 100[m]
  ④ 전송방식 : OFDM
  ⑤ MAC : CSMA/CA
  ⑥ 핸드오버 : 제한적 가능
  ⑦ 비연결성

[정답] ②

46

다음 중 무선 LAN 보안에 대한 설명으로 옳지 않은 것은?

① IEEE802.11b의 원래의 보안 메커니즘은 Static WEP이다.
② Static WEP은 40 또는 104비트 암호키를 사용한다.
③ Static WEP은 802.1X를 이용한 상호인증을 포함한다.
④ IEEE 무선 보안 표준은 Static WEP외에 IV, Dynamic WEP, WPA 까지 포함한다.

Static WEP과 802.1x는 별개의 암호인증 방법임. 802.1x는 송수신 사이에 인증키 교환 등을 이용해 좀 더 강화된 인증을 제공함.

[정답] ③

47

다음 중 WPA(Wi-Fi Protected Access)의 요소가 아닌 것은?

① TKIP
② MIC
③ 802.1X
④ WEP

- WPA와 WEP의 비교

WPA	WEP
WiFi Protected Access	Wired Equivalent Privacy
TKIP를 사용해 WEP의 약점 해결	암호화에 취약 (비밀키암호화 사용)
128Bit 암호키	40bit 암호키
802.1x + EAP 보안강화	
MIC를 이용 무결성 강화	

무선랜 보안기술 발전단계: WEP -> WPA -> WPA2
WPA = TKIP+MIC+Radius+802.1x+EAP로 구성

[정답] ④

48

다음 중 WPA(Wi-Fi Protected)가 등장하게 된 이유를 맞게 설명한 것은?

① 802.1X 프레임워크가 일부이기 때문이다.
② WEP가 심각하게 취약한 보안성을 지녔기 때문이다.
③ 애초부터 IEEE 802.11의 보안 메커니즘이기 때문이다.
④ LAN카드에 내장되어 누구나 사용하기 때문이다.

① WPA = TKIP+ MIC + Radious + 802.1x + EAP로 구성
② TKIP를 사용해 WEP의 암호키 약점 해결

[정답] ②

49

다음 중 802.1X 인증프레임워크와 관련이 없는 것은?

① RADIUS
② EAP
③ AAA
④ WEP

WEP 는 무선랜의 비밀키암호화 기법임
IEEE802.1x 의 인증 프레임워크
1. AAA(인증, 권한, 과금)프로토콜 인 Radius 서버를 경유하는 방법
2. EAP(Extensible Authentication Protocol)을 이용 하는 방법 (RFC3748)

[정답] ④

3 PAN

50 RFID기술의 기본구성이 아닌 것은?
① Tag
② Reader
③ Antenna
④ Sensor

> RFID(Radio Frequency ID)로 무선으로 다수의 Tag를 인식하는 기술임. Tag-안테나-Reader 구성됨.
> Sensor는 WSN(Wireless Sensor Network)에서 사용되는 최하위 노드임.
>
> [정답] ④

51 다음 중 RFID(Radio Frequency Identification) 기술에 대한 설명으로 틀린 것은?
① 주파수 대역에 따른 인식성능과 응용범위가 다르다.
② 태그(Tag)내 배터리 유무에 따라 액티브 태그 및 패시브 태그로 나눈다.
③ 저주파일 경우의 태그 인식속도와 고주파일 경우의 태그 인식속도는 같다.
④ 태그 크기는 저주파에서보다 고주파일수록 적은 편이다.

> ① RFID는 RF(Radio Frequency) 기술을 이용하여 개개의 아이템을 자동으로 식별해주는 기술이다.
> ② RFID 태그는 메모리칩이 내장되어 태그의 정보를 읽거나 쓸 수 있으며, 비가시적으로 인식이 가능하고 동시에 여러 개를 인식할 수 있어 물류, 택배 시스템 등에 활용이 가능하다.
> ③ RFID의 가장 큰 장점은 태그라고 불리는 아주 작고 가벼운 전자 방식의 '쓰기읽기' 기록 저장장치에 비교적 많은 양의 데이터를 저장할 수 있다는 점이다.
>
> [정답] ③

52 다음 중 RFID에 대한 설명으로 틀린 것은 무엇인가?
① Electro Magnetic Wave 방식은 근거리용 RFID에 사용된다.
② Inductive Coupled 방식은 저주파 RFID에 사용된다.
③ 저주파 RFID태그는 수동형이다.
④ Load Modulation 방식은 리더와 태그 사이의 거리가 근접하여야 인식한다.

> RFID방식중 Electro Magnetic Wave방식은 마이크로파 RFID시스템으로 장거리용에 사용된다.
>
> [정답] ①

53 다음 중 RFID에서 자체에 전원은 없지만 피에조 전기(Piezo Electric)효과를 이용하여 태그를 동작시키는 것을 무엇인가?
① Close Coupling
② Inductive Coupling
② Load Modulation
④ Surface Acoustic Wave

> 압전효과(피에조효과)는 어느 축을 따라 인장력을 가하면 전하 유도되는 현상. SAW필터가 이를 이용함
>
> [정답] ④

54 저전력 근거리 무선통신 방식 중에서 초 광대역 전파(GHz대)를 이용하여 10[m]~20[m]의 거리에서 수 100[Mbps]를 전송하는 방식은?
① ZigBee
② W-LAN(Wireless Local Area Network)
③ Bluetooth
④ UWB(Ultra Wide Band)

> • WPAN(근거리 무선통신)규격(IEEE 802.15)
>
> | 규격 | 특징 |
> | --- | --- |
> | Zigbee(802.15.4) | 저속, 센서제어규격 |
> | Bluetooth(802.15.1) | 저속,저가격,음성,데이타규격 |
> | UWB(802.15.3) | 광대역특성의 고속전송규격 |
>
> [정답] ④

55 다음 근거리 무선기술 중 최대전송속도를 제공해 줄 수 있는 것은?
① ZigBee
② W-LAN
③ BlueTooth
④ UWB

> WPAN(IEEE802.15.x)계열에서 최대전송속도를 제공하는 기술은 IEEE802.3의 UWB기술임.
>
> [정답] ④

56 다음 중 국내에서 UWB(Ultra Wide Band)용도로 사용할 수 없는 주파수는?
① 4.1[GHz]
② 6.1[GHz]
③ 8.1[GHz]
④ 10.1[GHz]

> UWB 용도로 사용할수 있는 주파수는 3.1~4.8GHz, 7.2~10.2GHz이며 4.2~4.8GHz에서는 간접회피기술을 사용해야한다. (최근 6.1[GHz] 대역도 UWB사용대역으로 지정되었다)
>
> [정답] ②

57
다음 중 Bluetooth에 대한 설명으로 틀린 것은 무엇인가?

① ISM (Industrial Scientific Medical)대역에서 사용한다.
② 간섭과 페이딩에 저항하기 위하여 Direct Sequence 기술을 사용한다.
③ TDD (Time Division Duplex) 기술을 사용한다.
④ 비동기 데이터 채널과 동기음성채널을 동시에 제공 가능하다.

> Bluetooth(IEEE802.15.1)은 근거리 무선통신기술임
> ① ISM밴드를 사용함
> ② 간섭과 비화성유지를 위해서 FHSS방식 사용
> ③ TDD방식을 사용함
> ④ 비동기 데이터채널, 동기 음성채널을 모두 제공
> ⑤ 다양한 기능(음성, 데이터, 멀티미디어)제공
> [정답] ②

58
다음 중 Bluetooth 기술에 대한 설명으로 틀린 것은?

① 근거리 무선통신 기술로 양방향 통신이 가능하다.
② 2.4[GHz]의 ISM (Industrial Scientific Medical)대역에서 통신한다.
③ IEEE 802.11b와의 주파수 충돌 영향을 줄이기 위해 AFH(Adaptive Frequency Hopping)방식을 사용할 수 있다.
④ 프로토콜 스택의 물리계층에서 사용되는 변조 방식은 16 QAM(Quadrature Amplitude Modulation)이다.

> 프로토콜 스택의 물리계층에서 Msk변조 사용
> [정답] ④

59
다음 중 블루투스(Bluetooth)의 특징이 아닌 것은?

① 데이터 전송 거리는 10[m] 정도이며 최대 100[m]까지 가능하지만 이 경우 파워의 소모가 크다.
② 전송방식은 주파수 이동 대역 확산 방식을 사용하였으며 간섭과 페이딩에 강인하도록 설계되었다.
③ 유선 네트워크를 구성할 수 있다.
④ 사용주파수 대역은 2.4[GHz]의 ISM (Industrial Scientific Medical) 대역을 사용한다.

> • 블루투스(Bluetooth)의 특징
> ① 사용주파수 대역은 ISM(2.4GHz)밴드를 사용함
> ② 다양한 Profile(OBEX, FTP, A2DP)을 제공함
> ③ 네트워크 구성은 피코넷과 스캐터넷으로 구성
> ④ 전송방식은 TDD/FDMA를 사용하며, 변조방식은 GFSK를 사용함
> ⑤ 비동기식 데이터 채널 과 동기식 음성채널 제공함
> ⑥ 최대 100m 이내 통신
> ⑦ FHSS 방식사용.
> [정답] ③

60
무선랜인 IEEE 802.11b와 Bluetooth는 동일한 대역인 2.4[GHz] ISM(Industrial Scientific Medical) 대역에서 통신을 하고 있다. 두 시스템 간의 충돌 영향을 완화하기 위해 Bluetooth가 채택한 방식은?

① CSMA/CA(Carrier Sense Multiple Access with Collision Avoidance)
② AFH(Adaptive Frequency Hopping)
③ CDM(Code Division Multiplexing)
④ CSMA/CD(Carrier Sense Multiple Access with Collision Detection)

> AFH(Adaptive Frequency Hopping)는 주변 전파에 적응하여 자동적으로 호핑 채널수를 줄여서 사용되지 않는 주파수를 사용하여 통신하는 방식으로 전파의 혼신 및 간섭을 줄인 기술이다.
> [정답] ②

61
다음 중 소비 전력이 가장 작은 무선통신 시스템은?

① Wi-Fi ② Wibro
③ Bluetooth ④ Wimax

> Bluetooth 는 단거리 무선통신기술로 다른 무선통신시스템에 비하여 소비전력이 작다.
> [정답] ③

62
다음 기술 중 2.4[GHz] 대역폭을 사용하며, 50m 거리 내에 있는 최대 127개까지의 기기 간을 연결하는 홈 RF 네트워크 기술은?

① IEEE1394 ② IEEE 802.3
③ Bluetooth ④ SWAP

> SWAP(shared wireless access protocol) 는 2.4GHz 주파수 대역을 사용해 가정의 개인용 컴퓨터 나 전화를 연결하기 위한 무선전송용 프로토콜임.
> [정답] ④

63
노트북 컴퓨터와 PDA, 디지털 카메라, 휴대폰 등의 대중화에 따라 주로 짧은 거리에서 적외선을 이용하는 무선 데이터 통신 시스템으로 홈네트워킹 무선기술에서 중요한 역할을 하는 것은?

① bluetooth ② Home-RF
③ IrDA ④ VoIP

> 적외선을 이용한 근거리 통신기술 : IrDA(Infrared Data Association)
> [정답] ③

5 위성통신시스템

01   11/6
정지 위성 통신 시스템의 특징이 아닌 것은?
① 고품질, 광대역 통신에 적합하다.
② 극지방을 포함한 전 세계 서비스 가능하다.
③ 에러율이 작아 안정된 대용량 통신이 가능
④ 24시간 연속 통신이 가능하다.

- **정지위성통신의 특징**
① 광역 통신에 적합하다.
② 고품질 광대역 통신에 적합하다.
③ 다원 접속이 가능하다.
④ 전파손실이 크다 (단점)
⑤ 전파 지연 시간이 문제가 된다.(단점) [0.25(sec)]
⑥ 극지방을 제외한 전 세계 서비스가 가능하다.

[정답] ②

02   12/10
위성 통신에서 정지 위성 궤도에 대한 설명으로 적합하지 않은 것은?
① 지구 적도 상공 약 $35,789[km]$에 존재하는 궤도이다.
② 하나의 위성은 궤도상에서 지구표면의 약 $50[\%]$ 시각성을 갖는다.
③ 지구의 자전주기와 위성의 회전주기가 같은 궤도이다.
④ 궤도 1주기는 약 24시간이다.

정지위성은 지구표면의 1/3 약 40[%]의 통신범위를 커버한다.

[정답] ②

03   12/3, 10/6
전파의 창(Radio Window)의 범위를 결정하는 요소가 아닌 것은?
① 우주(대기) 잡음의 영향   ② 대류권의 영향
③ 도플러 효과의 영향   ④ 전리층의 영향

전파의 창(Radio Window)은 1GHz ~ 10GHz 대역으로 잡음 및 대류권이나 전리층의 영향이 최소화되는 상한주파수 와 하한주파수를 말한다.

- **전파의 창의 결정요인**
① 대류권의 영향
② 전리층의 영향
③ 송수신계의 문제
④ 정보전송량의 문제
⑤ 우주잡음의 영향.

[정답] ③

04   16/3
다음 주파수 밴드 중 주파수가 낮은 것에서 높은 순서로 바르게 나열한 것은?
① C-I-X-Ka   ② S-X-Ka-Ku
③ L-C-K-Ka   ④ X-L-K-Ku

주파수밴드 순서 L- S- C- X- Ku- K- Ka

[정답] ③

05   16/3
지상에서 통신위성으로 통신하는 경우 통화지연은 약 얼마인가? (단, 위성고도는 $35,863[km]$이다.)
① 0.12초   ② 0.24초
③ 0.36초   ④ 0.48초

$$t = \frac{s}{v} = \frac{2 \times 35863 \times 10^3}{3 \times 10^8} = 0.24$$

[정답] ②

06   16/10
다음 중 위성통신 주파수를 업 링크와 다운 링크로 다른 주파수를 사용하는 주된 이유는?
① 주파수 충돌   ② 주파수 간섭
③ 주파수 잡음   ④ 주파수 반사

위성통신 주파수는 주파수 간섭 문제 때문에 업, 다운 링크는 서로 다른 주파수를 사용한다.

[정답] ②

07   10/6
위성통신에서 지구국의 앙각에 대한 설명으로 잘못된 것은?
① 실제 지구국의 최소 앙각은 $0°$보다 크다.
② 앙각이 작을수록 우주에서의 대기감쇠는 더 커지게 된다.
③ 앙각이 $0°$이면 신호가 미치는 범위는 넓어지게 된다.
④ 하향링크를 위해서 FCC는 $5°$의 최소 앙각을 요구하고 있다.

- **앙각(Elevation)**
수평선을 기준으로 지구국 안테나가 위성을 바라보는 각도를 말한다. 앙각이 작을수록 전파가 대기층을 많이 통과해야 하므로 대기에 의한 오차가 커지게 된다. 반대로 위성의 신호가 미치는 범위는 넓어지게 된다. C Band(4GHz~8GHz)의 경우 5도 이상, Ku Band(12.5GHz ~ 18GHz)는 10도 이상 되어야 한다. 연방통신위원회(FCC)에서는 최소 10도 이상의 앙각을 요구하고 있다.

[정답] ④

08
위성통신시스템의 구성 중 지구국 장비에 해당하지 않는 것은?

① 변복조기
② 저잡음 증폭기
③ 주파수 변환기
④ 페이로드 시스템

• 위성통신의 시스템 구성

지구국 장비	위성체 장비	
	BUS부	Payload 부
추미계(위성추적)	전력제어계	안테나 계
송·수신계	구체계/추진계	중계부
통신관제 서브시스템	열제어계	
지상 인터페이스	자세제어계	
안테나계	텔레메트리계	

[정답] ④

09
다음 중 위성체의 트랜스폰더(transponder)를 구성하는 요소가 아닌 것은?

① 입력필터
② 추미장치
③ 저잡음증폭기
④ 고전력증폭기

위성의 트랜스폰더의 기능(Payload부)는 위성에 탑재되는 중계 장치를 말한다.
① 수신부 (지구국으로부터 수신)
② 신호증폭부 (변환신호 증폭)
③ 주파수 변환부 (수신신호 주파수 변환)
④ 송신부 (지구국으로 송신)
추미장치는 위성의 지구국의 구성요소이다.

[정답] ②

10
위성체의 구성요소로는 "Payload system"과 "Bus sub-system"이 있다. 다음 중 Bus sub-system의 구성요소가 아닌 것은?

① 트랜스폰더
② 텔레메트리계
③ 자세제어계
④ 추진계

• 위성체의 장비구성

지구국 장비	위성체 장비	
	BUS부	Payload 부
추미계 (위성추적)	전력제어계	안테나계
송·수신계	구체계/추진계	중계기계
통신관제 서브시스템	열제어계	
지상 인터페이스	자세제어계	
안테나계	텔레메트리계	

[정답] ①

11
다음 중 위성체에 사용되는 무지향성 안테나의 용도로 가장 적합한 것은?

① 11[GHz]대역에서 무선측위용으로 주로 사용된다.
② Pencil Beam을 얻을 수 있어서 중계용으로 사용된다.
③ 위성체의 명령이나 원격제어에 관한 데이터 전송을 위한 것이다.
④ 차세대 위성 안테나 기술 중의 하나로 Multi Beam용으로 사용된다.

• 위성안테나의 종류

안테나종류	특징
혼 안테나	넓은 지역을 커버함
파라볼라 안테나	좁은 지역을 커버함
무지향성 안테나	위성체 명령이나 원격제어
헬리컬 안테나	UHF통신을 위한 특수목적용

[정답] ③

12
다음 중 안테나의 적절한 분리도를 성취할 수 있는 방법인 것은?

① 낮은 전후방비를 갖는 저 이득 안테나 사용
② 중계기의 도너 및 커버리지 안테나 사이의 이격거리를 작게 한다.
③ 안테나 사이(도너 안테나와 커버리지 안테나)에 외부 차폐를 시킨다.
④ 중계기 수신레벨보다 3[dB] 이하로 안테나 분리도를 유지시킨다.

중계기에서 발진이 문제가 되므로, 안테나 간 분리도(Isolation)는 중요한 Factor이다.
도너안테나(기지국 to 중계기)와 커버리지 안테나(셀 확장) 사이를 차폐시켜 분리도를 향상 시킬 수 있다.

[정답] ③

13
다음 중 멀티빔(Multi Beam) 위성 통신 방식에 대한 설명으로 틀린 것은?

① 전송용량을 증대시킬 수 있다.
② Single Beam 방식에 비해 위성 안테나의 제어가 쉽다.
③ 주파수를 유효하게 이용할 수 있다.
④ 지구국 수신 안테나를 소형으로 할 수 있다.

멀티빔은 작은 빔폭을 여러개 사용하여 원하는 방향으로 통신을 하므로 Single Beam 방식에 비해 위성 안테나의 제어가 어렵다.

[정답] ②

14

위성통신시스템을 설계하는데 고려하여야 할 사항이 아닌 것은?

① 위성월식 상황을 고려하여야 한다.
② 먼 거리이므로 전송지연을 고려하여야한다.
③ 잡음 및 간섭상태를 고려하여야 한다.
④ 전파의 손실상태를 고려하여야 한다.

- 위성통신시스템 설계 시 고려사항
① 위성일식(위성이 태양의 빛을 못 받는 경우)고려
② 전송지연(0.24[s]-정지위성(36,000[km]))
③ 잡음 및 간섭 상태를 고려
④ 지구국과 위성체 사이의 전파손실

[정답] ①

15

위성의 다원 접속 방식이 아닌 것은?

① FDMA
② TDMA
③ CDMA
④ WDMA

- 위성회선의 다원 접속 방법
① FDMA : 주파수분할 다원접속
② TDMA : 시간분할 다원접속
③ CDMA : 코드분할 다원접속
④ SDMA : 공간분할 다원접속

[정답] ④

16

위성 통신에서 여러개의 Time Slot으로 하나의 프레임이 구성되며 각 Time Slot에 대해 채널을 할당하여 여러 지구국이 위성을 공유하는 다원접속 방식은?

① FDMA
② TDMA
③ CDMA
④ SDMA

- 위성회선의 다원 접속 방법
① FDMA : 주파수분할 다원접속
② TDMA : 시간분할 다원접속
③ CDMA : 코드분할 다원접속
④ SDMA : 공간분할 다원접속

[정답] ②

17

위성 통신에서 하나의 트랜스폰더를 여러 지구국이 공용할 수 있도록 트랜스폰더의 주파수 대역폭을 분할하여 지구국이 서로 다른 주파수 채널을 사용하도록 하여 여러 지구국이 위성을 공유하는 방식의 다원 접속 방식은?

① FDMA
② TDMA
③ CDMA
④ SDMA

- 위성통신 다원접속방식

다원접속방식	특 징
Frequency Division Multiple Access	주파수분할
Time Division Multiple Access	시간분할
Code Division Multiple Access	부호분할
Spatial Division Multiple Access	공간분할

[정답] ①

18

위성 통신의 다중 접속 방식 중 간섭 및 방해에 가장 강한 방식은?

① 부호분할 다중접속(CDMA)
② 주파수분할 다중접속(FDMA)
③ 시분할 다중접속(TDMA)
④ 임의 접속 방식(RDMA)

- CDMA(코드분할 다중접속)
각 사용자가 고유의 확산부호를 할당받아 송신 신호를 스펙트럼 확산 부호화 하여 전송하면, 사용자 확산부호를 알고 있는 수신기에서 이를 복원하는 방식으로 확산대역 다중접속(SSMA : Spread Spectrum Multiple Access)이라고도 한다.

[정답] ①

19

다음 위성통신의 다원접속 방식 중 CDMA 방식의 간섭 방지 방법으로 옳은 것은?

① Guard Band 할당
② Guard Time 할당
③ 직교 Code 사용
④ Guard Space 사용

- 다원접속 방식의 간섭방지 기술
① FDMA : 가드밴드
② TDMA : 가드타임
③ CDMA : PN 직교성
④ OFDMA : 가드 인터벌

[정답] ③

20
위성통신에서 각 지구국에 채널을 할당하는 방식이 아닌 것은?
① 고정(사전) 할당 방식
② 요구(동적) 할당 방식
③ 임의 할당 방식
④ 적응 할당 방식

> 위성통신에서 각 지구국에 채널을 할당하는 방식에는 고정할당(FAMA) 방식과 요구할당(DAMA), 임의할당(RAMA)방식이 있다.
>
> [정답] ④

21
위성과 지구국의 위치를 이용해 궤도 역학으로부터 지연(Delay)을 계산하여 동기(Sync)를 맞추는 망동기 방식은?
① Local Loop Control 방식
② Remote Loop Control 방식
③ Open Loop Control 방식
④ Close Loop Control 방식

> • 위성의 동기제어 방식
>
> | Open Loop Control | Close Loop Control |
> | --- | --- |
> | 위성 과 지구국의 위치를 이용해 궤도역학으로 Delay계산 | 지구국에서 전파를 발사하여 되돌아오는 반사파로 Delay계산 |
>
> [정답] ③

22
위성의 위치 및 속도를 이용하여 사용자의 위치 속도 및 시간을 계산할 수 있도록 해주는 무선 항법 시스템은?
① GPS(Global Positioning System)
② VSAT(Very Small Aperture Terminal)
③ INMARSAT(International Marine Satellite)
④ DBS(Direct Broadcasting System)

> • GPS(Global positioning system)시스템
> 4개 이상의 인공위성에서 발사된 전파를 수신하면자기 자신의 위치분만 아니라 고도, 속도, 시간 계산이 가능한 위성항법장치이다.
>
> [정답] ①

23
다음 중 GPS의 정확도에 미치는 영향이 가장 큰 요인은?
① 대류권
② 전리층
③ 수신기 잡음
④ 다중경로 페이딩 및 섀도잉 효과

> • GPS의 오차
> ① 전리층의 영향: ± 5 미터
> ② 천체력 오차: ± 2.5 미터
> ③ 위성의 시계 오차: ± 2 미터
> ④ 전파 경로에 따른 오차: ± 1 미터
> ⑤ 대류권의 영향: ± 0.5 미터
> ⑥ 수치 오차: ± 1 미터 이하
>
> [정답] ②

24
다음 중 GPS 측위 오차가 아닌 것은?
① 구조적인 요인에 의한 거리 오차 (Range Error)
② 위성의 배치상황에 따른 기하학적 오차
③ C/A 코드(Coarse Acquisition) 오차
④ 선택적 이용성에 의한 오차(SA : Selective Availability)

> GPS 측위오차에는 구조적인 요인에 의한 오차, 위성의 배치상황에 따른 기하학적오차, 선택적 이용성에 의한 오차가 있다.
>
> [정답] ③

④ 이동통신시스템

01
다음 설명은 어떤 다이버시티에 대해 설명하고 있는가?

> 다이버시티는 2개의 수신안테나를 공간상으로 이격시키는 방법으로 이격 거리는 보통 10 ~ 20λ 정도이다. 서로 이격된 안테나로부터 수신되는 신호들은 서로 다른 위상 변화를 겪기 때문에 각각 서로에 대해 낮은 상관 특성을 가지게 된다.

① 사이트 다이버시티 기법(Site Diversity)
② 공간 다이버시티 기법(Space Diversity)
③ 시간 다이버시티 기법(Time Diversity)
④ 편파 다이버시티 기법(Polarization Diversity)

다이버시티는 페이딩에 대한 대책으로 공간, 시간, 주파수, 편파, 사이트 다이버시티 기술이 있다.

[정답] ②

02
수신측에 두 개 이상의 안테나를 설치해서 수신 안테나에 유기된 신호 가운데 가장 양호한 신호를 선택하거나, 수신신호들을 적절하게 합성하여 수신기에 제공함으로써 페이딩을 감소 또는 방지하는 방법은?

① 공간 다이버시티   ② 주파수 다이버시티
③ 각도 다이버시티   ④ 루트 다이버시티

• 공간다이버시티
공간 다이버시티는 10λ 이상 떨어진 둘이상의 서로 다른 공중선으로 수신 후 합성 또는 양호한 출력을 선택 수신하는 방법으로 국내 장거리 마이크로파 통신망에서 가장 많이 사용하는 다이버시티방식이다.

[정답] ①

03
다음 중 이동통신용 단말기와 기지국사이의 무선 채널에 발생하는 다중경로 페이딩(Multi Path Fading)현상의 감소 기법이 아닌 것은?

① MIMO(Multiple Input Muliple Output) 기술
② 적응 등화기(Adaptive Equalizer) 기술
③ 확산 대역(Spread Spectrum) 기술
④ 전력제어(Power Control) 기술

다중경로페이딩 감소기법으로 적응형등화기, 다이버시티기술, 간섭제거 기술, rake receiver, 대역확산 등이 있다.

[정답] ④

04
다음 중 무선채널 파라미터 종류 중 안테나의 위치, 간격 및 이동국의 이동방향 등 주로 공간정보에 따라 그 특성이 변화하는 무선채널은 무엇인가?

① 전파채널(Propagational Channel)
② 공간채널(Spatial Channel)
③ 주파수채널(Frequency Channel)
④ 이동채널(Mobile Channel)

안테나의 위치, 간격 및 이동국의 이동방향 등 주로 공간정보에 따라 그 특성이 변화하는 무선채널을 공간채널이라 한다.

[정답] ②

05
이동통신에서의 상관대역폭 (coherence bandwidth)과 가장 관련이 깊은 것은?

① 음영효과   ② 지연확산
③ 안테나 이득   ④ 도플러 효과

• 상관대역폭(coherence bandwidth)
신호 각각의 주파수 성분이 다른 지연시간을 가지고 수신단에 도달되었을 때 신호가 상관성이 있다고 여길 수 있는 주파수 간격을 말한다.
$B_c = \dfrac{1}{2\pi D}$ (B_c는 상관 대역폭, D는 지연확산 시간)

[정답] ②

06
이동통신 환경에서 다중경로 페이딩을 경감시키는 방법이 아닌 것은?

① 적응 등화기   ② 간섭제거 기술
③ 도플러 확산   ④ 오류정정부호 기술

• 도플러 확산(Doppler Spread)
이동체에서 발사하는 주파수를 고정된 위치에서 수신하는 경우, 수신주파수가 shift 현상을 일으키는 것을 도플러 확산이라 한다. 도플러확산은 이동체의 속도에 비례하여 커진다.

[정답] ③

07
이동체의 움직임에 따라 수신신호의 주파수가 변화하게 되는 것은?

① 지연확산   ② 다이버시티
③ 음영효과   ④ 도플러효과

• 도플러효과
주파수를 발생시키는 이동체의 움직임에 따라 수신신호 주파수가 변하는 현상을 도플러 현상이라고 한다. 이때, 도플러 주파수천이(f_d)는 속도에 비례한다.
$f_d = \dfrac{v}{\lambda}\cos\theta \quad \therefore f_r(\text{수신주파수}) = f_c \pm \dfrac{v}{\lambda}\cos\theta$

[정답] ④

08
이동통신시스템에서 캐리어주파수가 900[MHz], 차량속도가 80[km/h]라 할 때 최대 Doppler Spread는 약 몇 [Hz]인가?

① 63　　② 65
③ 67　　④ 69

- **도플러효과**
  이동체의 움직임에 따라 수신신호 주파수가 변하는 현상을 도플러 현상 이라고 한다.
  $$\lambda = \frac{c(3 \times 10^8)}{f(900[\text{MHz}])} \approx 0.33$$

- **도플러'천이**
  $$f_d = \frac{v}{\lambda}\cos\theta = \frac{80 \times 10^3 [\text{m/h}]}{0.33}$$
  $$= \frac{2.424 \times 10^5 [\text{m/s}]}{3600[\text{초}]}$$

  [정답] ③

09
무선통신의 다중 엑세스(다중접속) 방식에 대한 설명으로 잘못된 것은?

① 다중 엑세스는 여러 사용자들이 동시에 통화할 수 있도록 하기 위해 공용 자원을 공유하는 것을 말하고, 이 공용 자원은 무선주파수이다.
② 전통적인 FDMA방식에서 각각의 사용자는 신호를 전송할 수 있는 특정 주파수 대역을 할당 받는다.
③ TDMA방식에서 각 사용자는 전송하기 위한 서로 다른 타임 슬롯을 할당 받는데, 사용자 구분은 시간영역에서 이루어진다.
④ CDMA방식에서 각 사용자의 협대역 신호는 보다 넓은 대역 폭으로 확산 되며, 넓은 대역폭은 정보를 전송하기 위해 요구되는 최소 대역폭보다 좁다.

① 다중접속방식에는 FDMA, CDMA, TDMA방식이 있음.
② CDMA는 협대역신호를 광대역신호로 직접확산하는 방식으로 정보전송 최소대역보다 광대역특성을 가짐.
③ 직접확산에 사용되는 확산코드는 PN코드 또는 Walsh코드를 이용함.

[정답] ④

10
이동통신시스템의 다원접속방식 중 다수의 가입자가 하나의 반송파를 공유하여 사용하면서, 시간 축을 여러 개의 시간간격(대역)으로 구분하여 여러 가입자가 자기에게 할당된 시간의 대역을 사용하여 다른 가입자와 겹치지 않도록 하는 다중접속방식은?

① FDMA　　② TDMA
③ CDMA　　④ CSMA

TDMA 방식은 동일한 주파수대역을 여러 개의 시간구간(time slot)으로 나누어 다원접속하는 방식으로 유럽의 GSM, 북미 표준방식(IS-54, IS-136), 일본의 PDC(Personal Digital Cordless phone) 방식 등이 있다.

[정답] ②

11
다음 중 시분할 다원접속(TDMA) 방식의 장점이 아닌 것은?

① 듀플렉서가 필요 없다.
② 상호변조가 줄어든다.
③ 기지국 및 이동국을 소형화할 수 있다.
④ 채널을 사용하지 않을 때는 신호를 송신하지 않는다.

TDMA방식에서 각 사용자는 전송하기 위한 서로 다른 타임 슬롯을 할당 받는데, 사용자 구분은 시간영역에서 이루어진다.

- **TDMA 장점**
① 듀플렉서없이 사용가능 (시분할 스위치는 필요)
② 가드밴드 불필요 (주파수 효율성 증대)
③ 시간슬롯 할당이 용이하여 데이터 통신망에 유리.

[정답] ④

12
다음 중 우리나라의 디지털 이동전화에서 대역확산 통신방식을 사용하는 방식은?

① CDMA(Code Division Multiple Access)
② TDMA(Time Division Multiple Access)
③ FDMA(Frequency Division Multiple Access)
④ AMPS(Advanced Mobile Phone System)

대역확산방식에는 Direct Sequence(직접 확산), Frequency Hopping(주파수도약), Time Hopping(시간도약) 방식이 있다. 국내에서는 DS방식의 CDMA 방식을 사용하고 있다.

[정답] ①

13
우리나라의 3세대 디지털 이동전화에서 사용하는 다원 접속 방식은?

① CDMA(Code Division Multiple Access)
② TDMA(Time Division Multiple Access)
③ FDMA(Frequency Division Multiple Access)
④ AMPS(Advanced Mobile Phone System)

- **세대별 기술 및 다원접속방식**
2세대 CDMA : CDMA
3세대 WCDMA(UMTS) : CDMA
4세대 LTE : OFDM

[정답] ①

14
2세대 CDMA 이동통신 시스템 및 W-CDMA 시스템에서 주파수 확산된 채널의 대역폭은 각각 얼마인가?

① 2.5[MHz], 3[MHz]　② 2.5[MHz], 2.5[MHz]
③ 1.25[MHz], 5[MHz]　④ 1.25[MHz], 4[MHz]

CDMA: 1.2288Mcps로 확산 -> 1.25MHz대역폭 사용
WCDMA: 3.84Mcps로 확산 -> 5MHz대역폭 사용
이동통신 세대가 증가할수록 고속데이터를 제공하기 위해 주파수 대역폭은 계속 넓어져 왔다. (1세대-30KHz, 2세대- 1.25MHz, 3세대-5MHz, 4세대-20MHz 등)

[정답] ③

15
다음 중 대역확산을 사용하는 다중화 방식은 무엇인가?

① FDMA　② TDMA
③ CDMA　④ SDMA

대역확산방식에는 Direct Sequence(직접 확산), Frequency Hopping(주파수도약), Time Hopping(시간도약) 방식이 있다. 국내에서는 DS방식의 CDMA 방식을 사용하고 있다.

[정답] ③

16
다음 스펙트럼 확산(spread spectrum) 변조방식에 관한 설명 중 틀린 것은?

① 혼신, 방해, 페이딩 등에 강하다.
② 복조는 일반적으로 비동기 방식을 사용한다.
③ 확산계수가 클수록 비화성이 우수하다.
④ 확산된 신호의 전력밀도가 낮다.

• 스펙트럼 확산기술의 특징
① 혼신, 방해 및 잡음 등에 강함
② 확산된 신호의 전력밀도가 낮음
③ 확산계수가 클수록 비화성이 우수함
④ 주로 이동통신 CDMA방식에서 사용됨

[정답] ②

17
다음의 대역확산 방식 중 PN코드에 의해 확산이 용이하여 변복조 과정이 다른 방식에 비해 우수하며 페이딩에 의한 수신신호의 판별력이 좋은 것은?

① 직접 확산(DS)　② 주파수 도약(FH)
③ 시간 도약(TH)　④ 간접 도약(IS)

대역확산방식에는 직접확산(DS),주파수도약(FH),시간도약(TH) 방식이 있으며 이들 방식 중 DS방식이 페이딩에 의한 수신신호 판별 능력이 우수해 널리 사용되고 있다.

[정답] ①

18
스펙트럼 확산통신 시스템 중 직접 확산 DS(Direct Sequence) 방식의 특징이 아닌 것은?

① 간섭(재밍)에 강하다.
② 신호 검출이 용이하다.
③ 다중경로에 강하다.
④ PN부호 발생기가 필요하다.

• DS(Direct Sequence) 방식의 특징
① 잡음레벨 이하통신으로 간섭(재밍)에 강함
② 동기가 정확히 맞아야 신호검출이 가능함
③ PN부호발생기를 이용하여 확산코드를 생성함
④ Rake수신기를 이용해 다중경로에 강함

[정답] ②

19
다음 중 CDMA 시스템의 특징이 아닌 것은?

① 혼신 및 페이딩에 강하다.
② 주파수 및 시간 계획이 필요치 않아 동일 주파수 및 동일 시간에 여러 채널을 전송할 수 있다.
③ 고도의 전력 제어 및 에러 정정 부호를 사용하므로 전송 품질이 좋다.
④ 동기가 필요하지 않아 채널 할당이 간단하고 용이하다.

CDMA 방식은 동기가 정확히 맞아야한다.

[정답] ④

20
다음 중 CDMA(Code Division Multiple Access) 방식의 장점은?

① 전력효과과 회선효율이 타 방식에 비해 가장 양호하다.
② 접속국의 수가 증가하여도 전송용량은 감소하지 않는다.
③ 신호의 전송속도가 달라도 회선 설정과 변경이 용이하다.
④ 전파의 간섭이나 변동 , 혼신방해에 강하며 비화성이 있다.

CDMA는 접속국 수가 늘면 전송용량이 줄어들고, OFDM보다는 효율이 낮다.

[정답] ④

21

다음 중 주파수 확산 기법을 사용하는 CDMA방식의 특징으로 틀린 것은 무엇인가?

① TDMA 혹은 FDMA 보다 낮은 C/N에서도 동작한다.
② 통화 채널당 통화자수에 대한 이론적인 제한은 없다.
③ 채널 상호간의 간섭이 한정되어 주파수 재 사용률이 좋다.
④ 가입자가 증가하여도 서비스 품질이 떨어지지 않는다.

> CDMA방식은 가입자 증가에 따라 서비스품질이 저하된다.
> [정답] ④

22

다음 중 셀(Cell) 방식 이동통신의 문제점이 아닌 것은?

① 다중경로 페이딩(Multipath Fading)
② 동일채널 간섭(Co-Channel Interference)
③ 채널간 간섭(Inter Channel Interference)
④ 대류권 산란(Tropospheric Scatter)

> ① 이동통신의 환경에서는 수신된 신호의 세기가 시간에 따라 변화하는 현상인 페이딩(fading)이 발생한다.
> ② 페이딩은 수신측에서 받는 신호가 직접파 이외에 주변 장애물에 의하여 시간 지연된 반사파들이 합쳐져서 수신되기 때문에 발생한다.
> ③ 페이딩은 이동국과 기지국 사이에서 건물 등의 차폐물에 의해 일어나는 음영효과(shadowing)와 다중경로파에 의하여 발생하는 다중경로 페이딩(multipath fading), 직접파와 반사파가 동시에 존재할 때 발생하는 Racian fading로 분류할 수 있다.
> ④ 인접셀에 의한 동일채널 간섭(Co-Channel Interference), 채널간 간섭(Inter Channel Inter-ference)이 발생
> [정답] ④

23

CDMA 시스템에서 발생하는 근거리/원거리 문제(Near-far problem)에 대한 설명으로 옳은 것은?

① 페이딩 현상이 주원인이다.
② 단말기의 송신전력 제어로 해결할 수 있다.
③ 도플러 효과에 의해 발생한다.
④ 확산이득을 증가시키면 근거리/원거리 문제는 경감된다.

> • CDMA 근거리/원거리 문제
> CDMA통신은 전력제한시스템으로 사용자간 전력제어가 중요한 요소이다. 통신용량을 균일하게 사용하기 위해서는 기지국을 기준으로 근거리와 원거리의 전력이 동일해야 한다. 이를 해결하기 위하여 전력제어(순방향/역방향)를 실시한다.
> [정답] ②

24

다음 중 CDMA이동전화 시스템의 전력제어 종류가 아닌 것은?

① 폐루프 전력제어
② 순방향 전력제어
③ 외부 루프 전력제어
④ 기지국 통화 셀 전력제어

> 전력제어는 CDMA시스템에서 Near Far Problem을 해결하기 위한 핵심기술임. 그 종류에는 순방향전력제어, 역방향전력제어, Outer Loop 전력제어, Inner Loop전력제어가 있다.
> [정답] ④

25

다음 중 CDMA(Code Division Multiple Access) 이동통신 시스템에서 전력제어 기술에 대한 설명으로 틀린 것은?

① 원근문제(Near-Far Problem)을 해결하여 시스템 용량을 증대시킨다.
② Closed Loop 전력제어 기술은 빠른 레일리 페이딩을 보상하기 위하여 사용한다.
③ Closed Loop 전력제어 기술은 기지국이 상향링크의 PER(Packet Error Rate)을 측정한다.
④ Closed Loop 전력제어 기술은 기지국과 단말기 모두가 개입하여 동작한다.

> outer loop 전력제어 기술에서 PER측정한다.
> [정답] ③

26

다음 중 IS-95 CDMA 기술을 사용하는 이동전화 시스템에 대한 설명으로 틀린 것은?

① 확산코드로 사용되는 Walsh 코드는 코드 간 직교성을 갖는다.
② 레이크 수신기의 사용으로 페이딩에 대한 영향을 줄일 수 있다.
③ 주파수 도약 방식으로 인해 암호화 기능이 있어 감청이 쉽지 않다.
④ 전력 제어를 통해 셀 내의 사용자로부터 기지국에 수신되는 신호 강도를 균일하게 유지한다.

	IS-95 CDMA	Bluetooth
대역확산	DSSS	FHSS
전력제어	사 용(지능적)	사 용
특 징	.레이크수신기 .왈쉬코드사용 .PSK변조	.Scatter-Net .GMSK변조

> [정답] ③

27

다음 중 PN(Pseudo-Noise) 코드의 특성이 아닌 것은?

① 평형(Balanced) 특성
② 런(Run) 특성
③ 천이(Shift) 특성
④ 최소길이(Minimal length) 특성

> PN코드는 CDMA시스템에서 사용되는 확산코드로서 Long PN(단말기 암호화), Short PN(기지국 암호화)로 구분됨. PN코드는 불규칙하지만 정형화된 잡음으로 다수의 Shift Resister를 이용해서 만든다.
>
> • PN(Pseudo-Noise) 코드의 특성
> ① 평형 특성
> ② RUN 특성
> ③ 천이와 가산성
> ④ 발생의 용이성
> ⑤ 낮은 상호상관 특성, 높은 자기상관 특성
>
> [정답] ④

28

의사잡음부호(PN부호)의 기본 성질이 아닌 것은?

① 2레벨 자기상관함수 특성 ② 균형성
③ 편이와 가산성   ④ 보안성

> • PN 코드의 특징
> ① Shift register의 단수를 N이라 할 때 PN sequence 주기는 $2^N - 1$이다.
> ② PN 코드는 상호상관이 0인 코드로 code와 code 사이에 아무런 연관이 없다. 즉 code 사이에 아무런 연관이 없다. (CDMA 시스템에서는 상호상관이 일정값 이하이고, 0에 가까울수록 좋다.)
> ③ Maximum length code(최장길이부호)라 함
> ④ 자기상관이란 송신부 및 수신부의 PN코드의 일치여부 및 두 코드의 시작점이 시간적으로 일치하는지를 확인하는 과정으로 CDMA에서는 자기상관특성이 우수한 PN코드 사용한다.
>
> [정답] ④

29

다음 중 DSSS(Direct Sequence Spread Spectrum)에서 사용하는 직교 코드 부호의 특징으로 틀린 것은 무엇인가?

① 각 부호 사이의 상호 상관관계는 1이 되어야 한다.
② 직교 부호 집합 내의 각 부호는 1과 -1의 수가 같아야 한다.
③ 부호는 랜덤한 특성을 가져야 한다.
④ 각 부호에 대하여 각 부호의 차수로 나눈 내적(dot product)은 1이 되어야 한다.

> • 직교코드부호의 특징
> ① 각 부호사이의 상호상관관계 = 0
> ② 직교부호내의 (+1)과 (-1)부호 수는 같다.
> ③ 부호는 랜덤한 특성을 가져야한다.(PN코드)
> ④ 각 부호의 차수로 나눈 내적(dot Product)=1
>
> [정답] ①

30

대역확산통신에서 처리이득이 30[dB]라면 전송 시 확산된 신호의 대역폭이 원래 신호의 대역폭보다 몇 배 넓어졌음을 의미하는가?

① 10배   ② 100배
③ 1,000배   ④ 10,000배

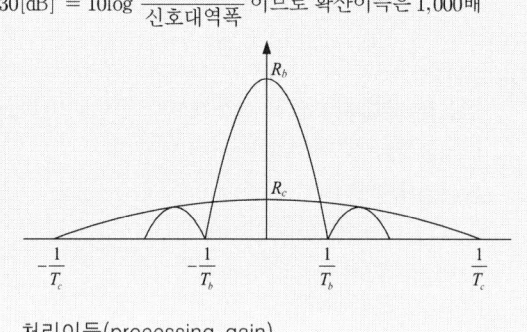

> • 대역확산시스템
> 처리이득(Processing Gain) = $\frac{확산 대역폭}{신호 대역폭}$
>
> $30[dB] = 10\log \frac{확산대역폭}{신호대역폭}$ 이므로 확산이득은 1,000배
>
> 처리이득(processing gain)
>
> [정답] ③

31

이동통신에서 사용되는 대역확산 변조 방식의 DS-CDMA에서는 확산코드로 정보 비트를 확산한다. 전송 정보 비트와 확산코드가 아래 그림과 같다면 확산이득은 얼마인가?

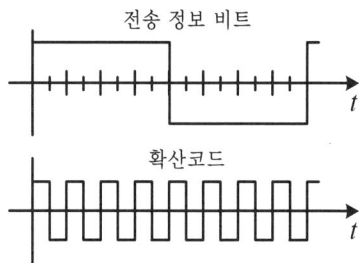

① 1   ② 2
③ 4   ④ 8

> • 확산이득(Processing Gain)
> $= \frac{확산코드(칩\ Rate)}{정보코드(Bit\ Rate)} = \frac{8}{1} = 8$
>
> (원래의 대역폭 보다 8배 대역폭이 증가됨)
>
> [정답] ④

32
18/3, 15/6

DSSS(Direct Sequence Spread Spectrum) 시스템에서 (Processing Gain)으로 가장 근사한 값은 얼마인가?

① 2[dB] ② 5[dB]
③ 9[dB] ④ 12[dB]

> 처리이득 $= 10\log \dfrac{\text{확산된 신호}}{\text{원래신호}} = 10\log \dfrac{8}{1}$
> $= 9[dB]$
>
> **[정답]** ③

33
17/3

DS(Direct Sequence)대역확산 통신방식에서 정보율(Bit Rate)과 PN부호율(Chip Rate)이 같다면 처리이득은 몇 [dB]인가?

① 0 [dB] ② 1 [dB]
③ 10 [dB] ④ 20 [dB]

> 처리이득 $= 10\log \dfrac{\text{확산된 신호}}{\text{원래신호}} = 10\log \dfrac{1}{1}$
> $= 0[dB]$
>
> **[정답]** ①

34
17/6, 12/10

DS(Direct Sequence)는 코드분할다중접속(CDMA)을 구현하기위해 사용되는 대역확산통신방식 중의 하나이다. 다음 중 DS방식을 수행하기 위해 필요한 구성요소가 아닌 것은?

① BPSK(Binary Phase Shift Keying) 변조기
② 상관검파기
③ 주파수합성기
④ PN(Pseudo Noise)부호 발생기

> **• 대역확산통신**
> 전송정보를 변조 후 피변조파의 스펙트럼을 확산부호(Spreading Code)를 이용하여 확산시켜 전송하는 방식이다. 복조 시에는 역확산 과정을 거쳐 전송정보를 취할 수 있다. 대역확산통신의 종류에는 DS(직접확산), FH(주파수 도약), TH(시간도약), Chirp 방식이 있다.
>
> **[정답]** ③

35
18/6, 14/3, 12/6

다음 중 CDMA 시스템 용량에 대한 설명으로 틀린 것은 무엇인가?

① 동시 사용자 수는 시스템 처리 이득에 비례한다.
② 적절한 품질을 유지하기 위한 통신로의 E_b/N_0 기준값이 증가할수록 시스템 용량은 증가한다.
③ 인접 셀의 사용자의 부하를 줄일수록 시스템 용량은 증가한다.
④ 음성활성화 계수가 작을수록 시스템 용량은 증가한다.

> **• CDMA의 가입자 수용용량**
> $N = \dfrac{1}{\frac{E_b}{N_o}} \cdot \dfrac{B_c}{\gamma_b} \cdot \dfrac{1}{D_v} \cdot G_s \cdot F$ 의 관계를 갖음
>
> $\dfrac{E_b}{N_o} \propto BER$ 개념 (낮을수록 채널용량 증가)
>
> $\dfrac{B_c}{\gamma_b} = \dfrac{\text{확산대역폭}}{\text{시스템대역폭}}$
>
> $D_v =$ 음성활성화 계수 (0.5)
>
> $G_s = Sector$ 이득
>
> $F =$ 주파수 재사용 효율
>
> **[정답]** ②

36
15/6

다음 중 CDMA 시스템의 기지국 용량 증대 방법으로 맞는 것은?

① 기지국의 다중 섹터화
② 기지국 안테나의 높이 조절
③ 기지국 위치 변경
④ 셀(Cell) 내의 중계기 추가 설치

> **• CDMA 시스템의 기지국 용량 증대 방법**
> ① 협대역화: 점유대역을 가능한 좁게 하여 주파수 이용효율을 높이는 기술
> ② 주파수 공용: 무선 존 내에서 다수의 이동체가 서로 같은 무선 채널을 공용하는 기술
> ③ 주파수 재이용: 한 기지국이 사용한 주파수를 일정 거리 이상 떨어진 다른 기지국에서 재이용하는 기술
> ④ 소셀화 (다중 섹터화): 각 기지국의 셀 반경을 작게 하여 통화용량을 증대시키는 기술
> ⑤ 대역 확산: 광대역에 데이터를 확산하여 잡음레벨처럼 낮은 스펙트럼으로 주파수 대역을 공유하는 기술(UWB 기술)
>
> **[정답]** ①

37
15/10

다음 중 CDMA 시스템의 용량을 결정하는 주요 파라미터가 아닌 것은?

① 채널간 간섭 ② 음성 활성화율
③ 주파수 재사용 효율 ④ 낮은 호 손실률

> **• CDMA의 가입자 수용용량**
> $N = \dfrac{1}{\frac{E_b}{N_o}} \cdot \dfrac{B_c}{\gamma_b} \cdot \dfrac{1}{D_b} \cdot G_s \cdot F$ 의 관계를 갖음
>
> **[정답]** ④

38
다음 중 현재 운영되고 있는 셀에 늘어나는 가입자 수와 사용자의 고속 데이터 요구사항이 증대되었을 경우 시스템의 용량을 증대하는 방법으로 적절하지 않은 것은?

① 중계기 설치 ② 섹터 증설
③ 셀 분리 ④ 주파수 증설

중계기는 셀의 크기를 크게 하거나 음영지역을 해소할 목적으로 사용됨.

[정답] ①

39
이동통신 시스템에서 단말기의 전원을 켰을 때 단말기가 가장 먼저 수행하는 일은 무엇인가?

① 위치 등록 ② 시스템 동기 획득
③ 호출 감시 ④ 접속 시도

• **이동단말의 초기화**
휴대전화 사용자가 이동단말기 전원을 켤때 등의 경우에 이동통신 망에 접속하는 절차를 실행하고 대기상태(Idle State)로 들어가는 동작

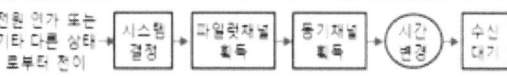

[정답] ②

40
이동통신에서 원래 등록한 서비스 관리지역을 벗어나 다른 서비스 지역에 들어가서도 통화할 수 있도록 해주는 서비스를 무엇이라 하는가?

① 주파수 재사용 ② 로밍(Roaming)
③ 핸드오프(Hand-off) ④ 번호이동

• **이동통신 용어정리**

용어	특징
주파수 재사용	간섭이 없도록 동일주파수를 재사용 (CDMA = 1)
로밍	서비스지역이 다른 지역에서도 통화 가능토록 해주는 서비스 (국제로밍)
핸드오프	주파수, Sector로 구분된 Cell을 이동하면서 Seamless한 서비스 제공
번호이동	동일한 번호로 다른 사업자로 이동하는 서비스

[정답] ②

41
이동전화망에서 단말기가 한 셀에서 다른 셀로 이동할 때 통신하던 기지국과의 통신을 끊고 새로운 기지국과 통신을 시작하게 되는데, 이런 상황을 무엇이라고 하는가?

① 전력제어 ② 핸드오프
③ 페이딩 현상 ④ 도플러 현상

• **핸드오프(Hand Off)**
일반적으로 도심의 기지국은 3섹터로 구성되는데 섹터간 전파가 겹치는 지역에서 통화가 이루어지면 한 기지국의 두 섹터를 통해 통화가 이루어지는데 이를 소프터 핸드오프라고 한다.

[정답] ②

42
이동전화 시스템에서 핸드오프(hand-off)의 기능이란?

① 이동전화 단말기와 기지국간의 통화종료를 의미한다.
② 이동전화 교환국과 기지국간의 정보전송 속도의 변경을 의미한다.
③ 이동전화 단말기가 통화 중에 이동시 통화채널이 인접기지국에 자동 전환되는 것을 의미한다.
④ 발신과 착신의 신호 송출 기능을 의미한다.

• **핸드오프(Hand Off)**
이동전화 단말기가 이동하면서 통화중에 통화채널이 인접 기지국으로 자동전환되는 것을 말한다. 셀간 이동시에 소프트 핸드오프, 셀 내의 섹터간 이동시에 소프터 핸드오프, 주파수 등 물리적 신호가 끊어졌다가 연결되는 하드 핸드오프가 있다.

[정답] ③

43
다음 중 하드 핸드오프의 종류가 아닌 것은?

① 교환기간 하드 핸드오프
② 프레임 offset 간 핸드오프
③ Dummy 파이롯 핸드오프
④ Softer 핸드오프

• **핸드오프의 종류**
① 하드 핸드오프 - 셀 간 주파수변환(FDMA, CDMA)
② 소프트 핸드오프 - 셀 간 핸드오프(CDMA)
③ 소프터 핸드오프 - 섹터 간 핸드오프(CDMA)

[정답] ④

44
이동통신에서 "단말이 현재 셀에서 다른 셀로 이동할 때, 현재 셀의 채널 연결을 해제한 후에 이동할 셀과 채널 연결하는 기술"을 무엇이라고 하는가?

① 소프트 핸드오버 ② 소프터 핸드오버
③ 하드 핸드오버 ④ 로밍

핸드오버(오프)는 이동통신 단말기의 통화의 연속성을 보장하기 위한 기술이다. 다음과 같은 종류가 있다.
① 소프트 핸드오프 : 셀 간 통화연속
② 소프터 핸드오프 : 섹터 간 통화연속
③ 하드 핸드오프 : 주파수 이동간 통화연속.

하드 핸드오프는 주로 아날로그 이동통신에서 나타나며, 셀 변경시 FDMA 특성상 주파수도 변환해야 하므로 음 단절현상이 나타남. 로밍은 자신이 속한 홈 교환기를 벗어나 다른 교환기의 서비스 영역으로 넘어가더라도 통화를 지속시켜주는 기능이다.

[정답] ③

45

이동 통신 시스템에서 무선 교환국의 기능으로 볼 수 없는 것은?

① 통화 절체(Hand-off) 기능
② 과금과 관련된 정보 저장 기능
③ 위치 검출 및 등록 기능
④ 발착신 신호 송출 기능

무선교환국(MSC)는 핸드오프, 과금정보, 위치검출 및 등록(HLR, VLR) 등의 기능을 수행하고, 발착신되는 신호를 처리한다.

- **이동통신시스템 구성**

단말기 → BTS → BSC → MSC → 타 교환기
단말기 위치추적은 MSC(교환기)에서 수행함

[정답] ④

46

이동무선전화 시스템의 기지국(BTS)이 수행하는 기능이 아닌 것은?

① 단말기의 무선접속 기능 수행
② 단말기의 동기 유지
③ 통화채널 할당/해제
④ 단말기의 위치 추적

BTS(Base Tranceiver Sunsystem)와 BSC(Base Station Controllor)의 기능

BTS	BSC
이동통신 송수신 기지국(안테나)	이동통신 기지국(BTS) 제어기. BSC가 모여서 MSC가 됨.
• 단말의 무선접속 • 단말의 동기유지 • 통화채널 할당/해제 • 시스템 유지보수 • RF신호의 품질 측정	• 이동통신 호처리 • 통화채널 할당/해제 • 위치갱신 • 위치추적(VLR/HLR) • 페이징, 인증 및 과금

위치추적은 이동단말기의 위치를 파악하는 기능으로 VLR과 HRL을 이용하여 수행한다. VLR은 MSC에서 연동되고, HLR은 홈서버와 연동된다.

[정답] ④

47

다음 중 이동통신시스템 기지국의 VLR(Visitor Location Register)기능으로 틀린 것은?

① 가입자 번호 및 식별자 관리
② 호처리 기능(루팅 정보 제공)
③ 위치 등록 및 삭제(Registration Notification/Cancellation)
④ 신호음 및 Ring 기능

VLR은 방문자 위치 등록기이다. VLR의 기능은 다음과같다. 가입자 번호, 단말기 번호, 루팅번호 등 가입자에 대한 각종 식별 자료 관리, 호처리 기능, 입증 및 암호화 기능, 위치등록 및 삭제기능 단말기 탐색기능, 가입자 추적 기능

[정답] ④

48

기지국 장치로부터의 RF신호 입력을 Slave장치로 공급하기 위해 RF신호를 분기하는 유니트는 어느 것인가?

① COME(Combiner : 결합기)
② SPLT(Splitter : 분배기)
③ NMS(Network Management System : 망 관리 시스템)
④ Duplex(방향성 결합기)

명 칭	특 징
결합기	두 개의 신호를 하나로 결합
분배기	하나의 신호를 여러 개로 분기
NMS	네트워크 관리 시스템
Duplex	입력에 대해 출력, 커플링출력, Isolate출력을 만듬.

[정답] ②

49

기지국 전력증폭기에 두 개의 주파수 신호를 입력하였을 경우, 입력 신호가 커질수록 제3의 주파수성분이 크게 출력된다면 무엇 때문인가?

① 증폭기 내 열잡음
② 기기 내 간섭 증가
③ 회로의 전력 손실
④ 증폭기의 비선형성

- **상호 변조 (Inter modulation)특성**

동시에 2개 이상의 강력한 방해신호를 수신기에 가했을 때 수신기의 증폭기 비선형 특성 때문에 두 주파수의 합 또는 차의 주파수가 희망 신호의 주파수 또는 중간 주파수와 같게 되면 제 3의 방해신호 출력이 나타나는 현상을 말한다.

[정답] ④

50

이동통신에서 사용하는 중계기 중에서 주파수 발진 가능성이 있는 중계기는 무엇인가?

① 광 중계기
② RF 중계기
③ LASER 중계기
④ 주파수변환 중계기

발진은 출력신호가 입력으로 FeedBack되어 출력신호가 급격히 커지는 현상으로 이동통신 중계기 중 RF중계기에서 발생한다.

[정답] ②

51.
다음 중 다중경로 페이딩 등에 의해 수신된 신호가 ISI(Inter Symbol Interference) 현상이 발생될 경우 이를 보정하기 위해 필요한 것은?

① SAW 필터
② 등화기
③ Expander
④ Diversity 컴바이너

> 디지털 송신기는 2가지로 구분된 필터역할 수행한다.
> 하나는 부가 잡음영향을 감소시켜 S/N비 증대시키는 정현필터이고, 다른하나는 ISI영향 감소시키는 등화기이다.
>
> [정답] ②

52.
다중경로에 의한 시간 지연을 갖고 도달하는 각 반사파를 독립적으로 분리하여 복조할 수 있게 구성된 수신기는?

① 헤테로다인 수신기
② 호모다인 수신기
③ 레이크 수신기
④ 린 콤팩스 수신기

> 이동통신시스템에서 다중경로에 의해 수신된 신호를 완벽히 분리할 수 있는 수신기를 레이크수신기(Rake Receiver)라 한다.
> 레이크수신기의 특징은,
> ① Finger(상관기)를 이용 수신신호의 완벽한 분리(이동국은 3개, 기지국은 4개의 Finger를 가짐)
> ② 시간다이버시티 효과를 얻을 수 있다
> ③ 최대비 합성법을 이용하여 수신신호를 합성한다.
>
> [정답] ③

53.
다음 중 이동통신에서 사용되는 코딩기술에 대한 설명으로 틀린 것은?

① 이동통신 코딩의 분류는 전송구간에서 오류를 극복하거나 효율을 증대시키는 채널 코딩과 소스 코딩이 있다.
② 소스 코딩은 전송대상 데이터의 양을 축소하여 전송효율을 증대시키는 것으로 이것은 한정된 자원을 최대한 사용하기 위한 것이다.
③ 일반적인 소스 코딩은 메시지의 리던던시를 증대시키는 역할을 한다.
④ 채널 코딩방식인 콘볼루션 코딩방식은 원래 데이터를 이용하여 중간중간에 오류를 정정하거나 검색하기 위하여 추가하는 방식이다.

> **• 코딩기술의 종류**
>
> | 코딩기술 | 특징 |
> |---|---|
> | 소스코딩 | 데이터 압축용
데이터량이 줄어듬
PCM, DPCM 등 |
> | 채널코딩 | 데이터 에러제어용
데이터량 커짐(리던던시 추가)
컨볼루션, CRC코딩 등 |
> | 암호코딩 | 데이터 암호용
데이터량이 커짐
인터리빙, PN코딩 등 |
>
> [정답] ③

54.
다음 중 이동통신 고속데이터 전송을 위해 사용되는 터보코드에 대해 잘못 설명한 것은?

① 터보코드는 콘볼루션 코드를 병렬형태로 구현한 것으로 성능이 매우 좋은 편이다.
② 별도의 터보 인터리버가 필요하며, 이것은 입력데이터를 랜덤하게 하는 특성이 있어서 좋은 점이 된다.
③ 별도의 터보 인터리빙 수행으로 처리 지연시간이 짧아지는 장점이 있다.
④ 터보코드는 콘볼루션 코드보다 구현 및 처리면에서 복잡하나 특성면에서는 우수하다

> 터보코드는 콘볼루션 코드를 병렬로 구성하여 고속처리가 가능하지만 회로구성이 복잡하여 지연시간이 발생되는 단점이 있다.
>
> [정답] ③

55.
다음 중 이동통신 시스템에서 셀의 크기를 결정하는 요인으로 관련이 가장 적은 것은?

① 기지국 송신 전력
② 사용자 밀집도
③ 주변 기지국으로부터의 전파 간섭
④ 평균적인 통화시간

> 이동통신시스템에서 셀의 크기를 결정하는 요인은 기지국 송신출력전력, 사용자 밀집도, 기지국 안테나 높이, 주변 기지국으로 부터의 전파간섭, 기지국의 위치 등이 있다.
>
> [정답] ④

56.
다음 중 최적의 무선 환경을 구축하기 위한 기지국 통화량 분산 방법이 아닌 것은?

① 섹터간 커버리지 조정
② 인접 셀간 커버리지 조정
③ 기지국 이설 및 추가
④ 안테나의 각도 조정

> **• 기지국 통화량 분산 방법**
> ① 셀 커버리지 조정
> ② 섹터 커버리지 조정
> ③ 기지국 출력조정
> ④ 기지국 추가 (이동 기지국, 펨토셀 등)
> 참고: 안테나 각도조정: 셀 영역을 넓히거나 좁힐 때 사용(틸트 기술)하며, 셀의 용량은 정해져 있으므로 안테나 각도로 통화량 분산을 할 수 없음.
>
> [정답] ④

57

CDMA 이동통신 시스템이 주파수 재사용 계수가 1이고, 25[MHz]의 대역폭, 1.25[MHz]의 채널 대역폭, RF 채널당 38개의 호 등이 주어졌을 때 셀당 허용 가능한 최대 호(call) 수는?

① 380 　② 570
③ 760 　④ 950

채널수 = $\dfrac{\text{사용 대역폭}}{\text{채널 대역폭}} = \dfrac{25[\text{MHz}]}{1.25[\text{MHz}]} = 20[\text{채널}]$

최대호수 = 채널수 × 채널당호수 × 주파수 재사용 계수
= 20 × 38 × 1 = 760[호]

[정답] ③

58

이동통신시스템 기지국의 최번 시(Busy Hour Traffic) 1시간 동안 총 통화 호수가 1,650호이고 평균 통화 시간이 2분일 때 통화량은?

① 42[Erl] 　② 55[Erl]
③ 68[Erl] 　④ 74[Erl]

얼 량 = Call 수 × (점유시간/3600초)
= 1650 × (120/3600)
= 55 [Erl]

[정답] ②

59

어떤 셀(Cell) 내의 통화량이 39.5[Erl], 1호당 평균점유시간은 100초일 때 이 Cell에 1시간당 발생하는 호(Call)의 수는 몇 호인가?

① 711[호/시간] 　② 1,422[호/시간]
③ 2,133[호/시간] 　④ 2,844[호/시간]

얼 량 = Call 수 × (점유시간/3600초)이므로
Call 수 = 39.5 × 36 = 1,422 call

[정답] ②

60

FDMA로 구성된 이동통신 시스템에서 총 33[MHz]의 대역이 할당되고, 하나의 쌍방향 이동전화 서비스를 위하여 25[kHz]의 단신 채널 2개를 할당하고 있는 경우, 셀당 동시에 제공할 수 있는 최대 호(Cell) 수를 계산하면?

① 330 　② 660
③ 990 　④ 1,320

총 대역폭 = 33[MHz]
채널 대역폭 = 25[KHz] × 2 = 50[KHz]
최대 호수 = 33MHz / 50KHz = 660호

[정답] ②

61

어떤 지역에 200개의 기지국이 시설되어 운용 중에 있다고 가정한다면 1.8[Ghz]대의 트래픽 수용용량은? (단, 1FA당 트래픽 수용용량은 2,294이다)

① 4,129 　② 45,850
③ 458,800 　④ 1,032,300

트래픽 수용용량 = 기지국 수 × 1FA당 수용용량
= 200 × 2,294 = 458,800명

[정답] ③

62

무선통신 시스템에서 기지국과 이동국과의 다중 경로로 인하여 신호가 통달되는 거리의 차가 2[Km]이고 전송속도가 512[Kbps]일 때 최소 보호 비트는 얼마인가?

① 2 비트 　② 4 비트
③ 6 비트 　④ 8 비트

1bit 시간 = 1/512Kbps = 약 1.95us
1bit 당 최대거리 = 시간 × 속도
= $1.95 \times 10^{-6} \times 3 \times 10^8 = 585m$
신호가 통달되는 거리의 차가 2[Km]이므로 최소보호비트는 4bit(2.3Km)가 필요하다. 최소보호비트(Guard Time)은 TDD방식에서 송신과 수신사이의 시간간격으로 셀 크기 결정의 중요요소이다.

[정답] ②

63

GSM(Global System for Mobile Communication) 시스템에서 한 멀티 프레임(Multi frame)은 26개의 프레임으로 구성되어 있고 한 프레임은 8개의 슬롯(Slot)으로 구성되어 있다. 한 슬롯이 150비트를 전송하는 경우 멀티 프레임 전송 시간이 150[ms]라면 전송률은 얼마인가?

① 208[kbps] 　② 912[kbps]
③ 1,200[kbps] 　④ 3,900[kbps]

전송률 = $\dfrac{\text{프레임수} \times \text{프레임당슬롯수} \times \text{하나의슬롯을구성하는비트수}}{\text{멀티프레임 전송시간}}$
= $\dfrac{26 \times 8 \times 150}{150 \times 10^{-1}}$ = 208kbps

[정답] ①

64

다음 중 이동통신 시스템에서 중계기 발진을 방지하기 위한 기지국 수신 레벨과 중계기 수신 레벨간 최소한의 편차로 적합한 것은?

① 3[dB] 이상   ② 5[dB] 이상
③ 9[dB] 이상   ④ 13[dB] 이상

> 이동통신시스템에서 중계기 발진을 방지하기위한 기지국 수신레벨과 수신레벨간 최소한의 편차는 13dB이다

[정답] ④

65

다음 중 이동통신시스템에서 순방향 채널에 해당되지 않는 것은?

① Sync channel   ② Paging Channel
③ Traffic Channel   ④ Access Channel

> * 순방향 링크(기지국에서 이동 단말기로의 접속)에서 사용되는 채널
> ① 1개의 파일롯 채널(Pilot Channel)
> ② 1개의 동기 채널(Sync Channel)
> ③ 7개의 호출 채널(Paging Channel)
> ④ 55개의 통화 채널(Traffic Channel)
>
> * 역방향 링크(이동 단말기에서 기지국으로의 접속)에서 사용되는 채널
> ① 접속 채널(Access Channel)
> ② 통화 채널(Traffic Channel)

[정답] ④

66

CDMA 통신에서의 순방향 채널 구성 요소로 맞게 나열된 것은?

① 파일럿 채널, 동기 채널, 액세스 채널, 트래픽 채널
② 파일럿 채널, 비동기 채널, 페이징 채널, 트래픽 채널
③ 파일럿 채널, 동기 채널, 페이징 채널, 데이터 채널
④ 파일럿 채널, 동기 채널, 페이징 채널, 트래픽 채널

* CDMA이동통신 채널의 구분

순방향채널	역방향채널
기지국 -> 이동국	이동국 -> 기지국
. Pilot 채널 . Sync 채널 . Paging 채널 . Traffic 채널	. Access 채널 . Traffic 채널

[정답] ④

67

IS-95 CDMA 이동통신 시스템에서 역방향에서의 변조방식은?

① FSK   ② GMSK
③ QPSK   ④ OQPSK

* CDMA의 역방향과 순방향 변조방식

특 징	역방향	순방향
방 향	단말기 → 기지국	기지국 → 단말기
변 조	OQPSK	QPSK

[정답] ④

68

IS-95 CDMA 이동통신 시스템에서 기지국이 단말기 방향으로 음성을 보낼 때 채널을 구분하는 방법은?

① 시간슬롯을 할당해서 구분
② Walsh 코드를 사용해서 구분
③ PN시퀀스를 사용해서 구분
④ 주파수를 분할해서 구분

> IS-95 CDMA의 순방향에서 왈시코드 채널번호(64채널)을 사용하여 채널을 구분한다.

왈시코드	용 도
Pilot 채널	0번 채널
Paging 채널	1번~7번 채널
Sync 채널	32번 채널
Traffic채널	나머지 채널

[정답] ②

69

IS-95 CDMA 이동통신 시스템에서 왈시 코드(Walsh code) W_o를 사용하는 채널은?

① Pilot(파일롯) 채널   ② Paging(호출) 채널
③ Synch(동기) 채널   ④ Traffic(통화) 채널

* IS-95 CDMA의 순방향 왈시코드 채널번호(64채널)

왈시코드	용 도
Pilot 채널	0번 채널
Paging 채널	1번~7번 채널
Sync 채널	32번 채널
Traffic채널	나머지 채널

[정답] ①

70
다음 중 이동통신 방식을 동기식과 비동기식으로 구분할 때 동기식 방식은?

① HSUPA(High Speed Uplink Packet Access)
② EV-DV(Evolution Data & Voice)
③ GPRS(General Packet Radio Service)
④ UMTS(Universal Mobile Telecommunications System)

• EV-DV(Evolution Data & Voice)
3세대 이동통신 기술인 IMT-2000 서비스 중의 하나로 음성통화, 영상통화와 같은 실시간 서비스나 주문형 비디오 서비스가 가능하며 패킷전송을 최적화하여 데이터 전송효율을 높이는 대표적인 동기식 방식이다.

[정답] ②

71
다음 중 W-CDMA 시스템에서 사용하지 않는 방법은?

① TDD   ② FDD
③ FDMA   ④ CDMA

W-CDMA방식은 3G방식으로 동기식+비동기식을 융합한 기술이다. 5[MHz]을 1FA로 사용하는 FDD방식에 5[MHz]이내는 10[ms] 단위로 TDD다중화 기술을 적용하고 있다. 완전한 FDMA 방식은 Analog AMPS방식 등이 이에 속한다.

[정답] ③

74
다음 중 WCDMA의 USIM에 대한 설명으로 틀린 것은?

① 가입자 인증 기능
② 고정사용번호 서비스
③ ESN(Electronic Serial Number) 내장
④ 개인 고유번호 서비스

USIM은 가입자정보를 담은 플라스틱 카드를 말하며, 휴대폰에 장착하는 방식으로 사용된다. ESN은 휴대폰 제조 시에 생성되는 번호로 제조사에서 관리하는 번호이다.

[정답] ③

73
다음 중 비동기 다중화 접속방식인 WCDMA(Wideband Code Division Multiple Access) 방식에 대한 설명으로 옳은 것은?

① Spreading Factor는 심볼의 대역폭을 몇 배의 타임슬롯으로 할당시키는가를 나타내는 인자이다.
② OVSF WCDMA(Orthogonal Variable Spreading Factor) 트리 구조의 기본적인 원리와 특징은 동기식 CDMA와 동일하다.
③ 길이가 같은 OVSF 코드들 간에 이론적으로 서로 간섭이 없으며, 모든 OFDM(Orthogonal Frequency Division Multiplexing)방식 시스템의 하향링크 다중화의 기본 원리가 된다.
④ 같은 주파수를 사용하는 신호라도 길이가 같은 다른 직교코드가 시작점을 일치하여 각각 곱하여졌다면 직교코드의 상호간에 상관도가 1인 특성에 의하여 서로 간섭이 발생하지 않는다.

OVSF 코드발생은 동기식에서와 같이 길이가 가장 짧은 코드로부터 트리 구조를 통하여 길이가 다른 직교코드의 집합을 만들어 내는 방법을 사용

[정답] ②

74
WCDMA 시스템에서 기지국은 핸드오버를 위하여 인접 셀의 정보를 단말에게 통지한다. 이 경우 통지 가능한 최대 셀의 개수는 몇 개인가?

① 15개   ② 20개
③ 31개   ④ 63개

WCDMA 시스템에서 기지국은 핸드오버를 위해 인접 셀의 정보를 단말에 통지하는데, 이때 통지 가능한 셀의 수는 최대 31개이다.

[정답] ③

75
4세대 이동통신 시스템이 효율성과 차별성을 위해 고려하고 있지 않은 것은?

① 셀 커버리지 증대   ② 주파수 효율성
③ 전송율 최적화   ④ 좁은 대역폭 추구

• 4G시스템의 특징
① 정지시 1Gbps, 이동시 100Mbps를 지향한다.
② 셀 커버리지 증대기술
③ 주파수효율성 증대기술
④ 전송율 최적화 기술
⑤ 다중안테나 기술

[정답] ④

76

OFDM(Orthogonal Frequency Division Mutiplexing) 방식의 장점에 해당하지 않는 것은?

① 혼신에 대해 강하다.
② 낮은 속도의 다중 채널에 정보를 전송할 수 있다.
③ 송·수신단간 반송파 주파수의 오프셋이 존재할 경우에도 신호 대 잡음비가 크게 감소하지 않는다.
④ 스펙트럼 대역의 사용 효율을 최대한 높일 수 있다.

- **OFDM의 장점**
  ① GI(Guard Interval)/CP(Cyclic Prefix) 기술을 이용해 혼신에 매우 강함
  ② 다수의 채널(서브캐리어)를 통해 병렬 전송함
  ③ 스펙트럼 사용효율이 FDM대비 매우 좋음
  ④ PAR(Peak Average Ratio)가 높은 단점이 있음
  ⑤ 주파수 옵셋(offset)이 틀어지면 동기확보가 되지 않아 SNR이 매우 나빠짐

[정답] ③

77

OFDM(Orthogonal Frequency Division Multiplexing) 방식의 설명으로 틀린 것은?

① 다중 반송파 변조라고도 한다.
② 다중경로 환경에서 심볼간 간섭(ISI)의 영향을 받는다.
③ 일반적으로 직교위상편이변조(QPSK)가 사용된다.
④ 다른 주파수에서 다수의 반송파 신호를 사용하여 각 채널상에 비트를 실어 보낸다.

OFDM(Orthogonal Frequency Division Multiplex)로 직교주파수다중화 방식이다. 서로 완전히 직교하는 다수의 부반송파(Sub Carrier)로 데이터가 나뉘어져 병렬로 전송되어 고속화가 가능하다. 이는, 일종의 FSK 계열로 볼 수 있다.

① 혼신에 강하고, 지역 확산의 영향이 감소됨
② 스펙트럼 이용효율을 높일 수 있음
③ 전송율을 적응적으로 조절할 수 있음
④ 송·수신단에 FFT(Fast Fourier Transform)을 이용하여 고속의 신호처리가 가능
⑤ 송·수신단에 주파수 Offset이 존재하는 경우 S/N비가 크게 감소됨
⑥ PAPR(Peak to Average Power Ratio)가 커서 전력증폭기의 효율이 떨어짐

[정답] ②

78

우리나라의 LTE 이동통신시스템에서 한정된 주파수 자원을 주어진 시간에 여러 사용자들에 할당하여 기지국과 단말기간의 무선 구간을 연결하는 다중접속방식으로 사용되는 것은 무엇인가?

① FDMA(Frequency Division Multiple Access)
② TDMA(Time Division Multiple Access)
③ CDMA(Code Division Multiple Access)
④ OFDMA(Orthogonal Frequency Division Multiple Access)

시스템	다중접속방식
LTE	OFDMA
CDMA	DSSS
Bluetooth	FHSS
AMPS	FDMA
GSM	TDMA

[정답] ④

79

다음 중 LTE 상향링크 전송방식 DFT-Spread OFDM 방식의 특징이 아닌 것은?

① 송신신호의 순시 전력이 크게 변동하지 않는다.
② 주파수 영역 상에서의 복잡도가 낮고 성능이 좋은 이퀄라이저의 사용이 가능하다.
③ 유연한 대역폭 할당을 위한 FDMA방식이 가능하다.
④ 순시 송신전력의 변동이 높아서 전력증폭기의 효율을 높일 수 있다.

- **OFDM의 단점**
  ① PAPR(Peak to Average Power Ratio)이 높아 전력증폭기 효율이 떨어짐
  ② 위상잡음에 매우 민감
  ③ 주파수 Offset에 매우 민감

[정답] ④

⑤ 방송통신시스템

01
다음 중 우리나라에서 사용하고 있는 지상파 디지털TV 전송 표준은?
① NTSC ② ATSC
③ DVB-T ④ ISDB-T

NTSC : 아날로그 TV 표준(북미, 한국)
ATSC : 디지털 TV 표준(북미, 한국)
DVB-T : 이동형 디지털TV 표준(유럽)
ISDB-T : 이동형 디지털TV 표준(일본)
[정답] ②

02
대한민국 지상파 디지털TV 전송방식의 한 채널당 대역폭은?
① 3[MHz] ② 4[MHz]
③ 5[MHz] ④ 6[MHz]

• 주요 시스템별 대역폭 정리

시스템	대역폭	특징
CDMA	1.5MHz	이동통신
WCDMA	5MHz	이동통신
LTE	5MHz	데이타통신
아날로그 TV	6MHz	NTSC
디지털 TV	6MHz	ATSC

국내 텔레비전방송을 하는 방송국의 무선설비의 점유주파수 대역폭은 6[MHz]이다.
[정답] ④

03
SDTV에서 HDTV로 발전하면서 해상도가 우수해짐으로 인해 가장 많은 영향을 받는 무선 전송 변수는?
① 전송 주파수 ② 다중화 방식
③ 안테나 크기 ④ 대역폭

HDTV는 19.39Mbps의 전송량이 요구되며, 6MHz대역폭에 전송하기 위해 MPEG-2(영상)압축을 사용하고 있다.
[정답] ④

04
국내 지상파 HDTV 표준방식인 ATSC(Advanced Television System Committee)의 변조 방식은?
① VSB(Vestigial Side Band Modulation)
② 8-VSB(8-Vestigial Side Band Modulation)
③ QAM(Quadrature Amplitude Modulation)
④ OFDM (Orthogonal Frequency Division Multiplexing)

우리나라 지상파 디지털 TV 변조는 8VSB 방식을 사용하고 있다.
[정답] ②

05
다음 중 디지털TV 변조방식인 8VSB의 성상도(Constellation)으로 맞는 것은?

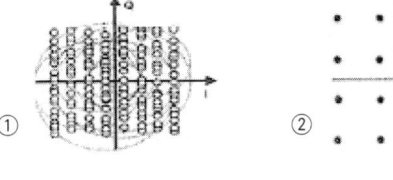

②, ③, ④ 는 QAM 변조에 대한 성상도임.
[정답] ①

06
우리나라 지상파 DMB의 데이터 다중화 기술로 사용되고 있는 방식은?
① CDMA ② CSMA-CD
③ OFDM ④ TDMA

Eureka-147 DAB 전송 규격(DMB)은 서비스 목적에 따라 선택 가능한 채널 부호화 기술, 시간 및 주파수 영역의 인터리빙 기술, 그리고 다중경로에 강한 OFDM 전송 기술 및 1/5에 해당하는 심벌간 보호구간 등의 사용으로 뛰어난 이동 수신 성능을 가지고 있다.
[정답] ③

07
우리나라에서 사용하고 있는 지상파 DMB 전송모드의 시스템 대역폭은 얼마인가?
① 1.25[MHz] ② 1.536[MHz]
③ 3.84[MHz] ④ 6[MHz]

① 지상파 DMB 대역폭 : 1.536MHz,
② 사용주파수대역 : 174~216MHz(VHF CH7~13)
[정답] ②

08
DMB(Digital Multimedia Broadcast) 시스템에 대한 설명으로 적합하지 않은 것은?

① DMB는 전송수단에 따라 지상파 DMB와 위성 DMB로 구분한다.
② CD 수준의 음질과 데이터 또는 영상서비스가 가능하다.
③ 다양한 디지털콘텐츠를 이동중인 휴대단말기 가입자에게만 서비스가 가능하다.
④ 고정수신자 및 이동수신자에게 고품질로 제공되는 디지털 멀티미디어 방송서비스를 의미한다.

> DMB는 고정수신자 및 이동수신자에게 고품질로 제공되는 디지털 멀티미디어 방송서비스로 다양한 이동 단말기에서 서비스 되고 있다.
>
> **[정답]** ③

09
VHF(Very High Frequency)대역 2개 채널을 사용하여 국내 지상파DMB(Digital Multimedia Broadcasting)를 송출할 때 사용할 수 있는 채널 블록의 수는?

① 2블록   ② 4블록
③ 6블록   ④ 12블록

> DMB는 VHF 한 채널당 3블록 사용하므로 2개 채널을 사용하면 6블록을 송출할 수 있다.
>
> **[정답]** ③

10
우리나라의 지상파 DMB에 할당된 주파수 대역과, 한 채널당 사용가능한 주파수 블록 개수가 맞게 짝지어진 것은?

① VHF, 2개   ② VHF, 3개
③ UHF, 4개   ④ UHF, 5개

> 현재 DMB 사용채널은 VHF 대역에서 3개 채널을 사용하고 있다.
>
> **[정답]** ②

11
지상파 UHD(Ultra High Definition) TV(4K)는 지상파 HD(High Definition) TV(Full HD)보다 몇 배의 해상도인가?

① 2배   ② 4배
② 8배   ③ 16배

> HD 해상도 : 1920×1080
> 4K UHD 해상도 : 3840×2160
> UHD 해상도 : HD 대비, 가로 2배×세로 2배 = 총 4배
>
> **[정답]** ②

12
방송미디어로 초고속인터넷을 통해 통신과 방송이 융합된 형태로 서비스를 제공하는 것은?

① DMB   ② IPTV
③ BcN   ④ D-TV

> IPTV는 인터넷기반 TV로, 실시간 방송과 VOD를 볼 수 있는 서비스이다.
>
> **[정답]** ②

6 무선 프로토콜

01
사람과 사람 사이의 대화도 음파를 통한 일종의 통신이라고 볼 수 있다. 통신 프로토콜의 관점에서 잘못된 것은?

① 두 사람이 사용하는 언어가 서로 다르면 통신이 불가능하다.
② 두 사람이 사용하는 언어를 일종의 프로토콜로 볼 수 있다.
③ 두 사람이 대화하는 음성의 주파수가 일치되어야 한다
④ 두사람 모두 음파를 사용하여 의사를 전달한다.

두 사람이 대화를 하기 위해서는 일종의 프로토콜인 언어가 같아야 하고, 두 사람 모두 음파를 사용해야 하지만 음성의 주파수는 달라도 된다. (사람마다 음성의 주파수는 다르다.

[정답] ③

02
다음 중 무선통신시스템의 통신 프로토콜(Protocol) 이 수행하는 임무가 아닌 것은?

① 송신 시스템에서 통신경로를 활성화시키거나 통신하기를 원하는 목표 시스템의 정보를 통신망으로 알려준다.
② 수신 시스템이 데이터를 수신 할 준비가 되었는지 송신 시스템이 확인한다.
③ 송신 시스템이 파일전달 어플리케이션이 수신 시스템의 파일 관리 프로그램의 특정 사용자 파일 관리를 확인한다.
④ 송신 시스템과 수신 시스템 사이의 상호 운용성을 확인한다.

프로토콜(Protocol)의 정의
통신 회선을 이용하여 컴퓨터 와 컴퓨터 , 컴퓨터와 단말 사이 (통신하는 두 점 사이)에서 데이터를 주고받기위해 정한 통신규약이다.
* 송신시스템 과 수신시스템 사이의 상호 운용성을 확인하는 시스템은 시스템 운영자 또는 시스템 관리자이다.

[정답] ④

03
프로토콜에 대한 아래의 설명 중에서 잘못된 것은?

① 통신하려는 상대방과 미리 정해진 약속을 프로토콜이라고 한다.
② 통신이 이루어지기 위해서는 상위와 하위 레벨 사이의 프로토콜이 일치되어야 한다.
③ 통신규약이라고도 한다.
④ 프로토콜은 자신과 상대방의 동일한 레벨 사이에 적용된다.

프로토콜(Protocol)이란 통신 회선을 이용하여 컴퓨터와 컴퓨터, 컴퓨터와 단말 사이 (통신 하는 두점 사이)에서 데이터를 주고받기위해 정한 통신 규약이다.

[정답] ②

04
프로토콜에 관련된 다음의 설명들 중 올바르게 기술된 것은?

① 통신하는 두 지점 사이에 적용되는 규칙이다.
② 통신 연결에서 상하위 레벨사이에만 적용된다.
③ 소프트웨어 레벨에서만 프로토콜이 적용된다.
④ 주로 기술문서 형태로 작성된다.

프로토콜(Protocol)이란 통신 회선을 이용하여 컴퓨터와 컴퓨터, 컴퓨터와 단말 사이(통신하는 두 점 사이)에서 데이터를 주고받기위해 정한 통신 규약이다.

[정답] ①

05
다음 중 통신 프로토콜에 대한 개념으로 가장 옳은 것은?

① 두 통신시스템상의 개체(entity)간에 정확하고 효율적인 정보전송을 위한 일련의 규약이다.
② 하나의 통신로를 다수의 가입자들이 동시에 사용 가능하게 하는 기능이다.
③ 전송도중에 발생 다능한 오류들을 검출하고 정정하는 기능이다.
④ IP주소를 할당 및 분배하는 기능이다.

프로토콜(Protocol)이란 통신 회선을 이용하여 컴퓨터와 컴퓨터 , 컴퓨터와 단말 사이 (통신 하는 두 점 사이)에서 데이터를 주고받기 위해 정한 통신 규약이다.

[정답] ①

06
다음 중 프로토콜에 대한 설명으로 틀린 것은?

① 효율적이고 정확한 정보전송을 위한 정보 기기간의 필요한 규약들의 집합이다.
② 두 지점간의 통신을 원활히 수행할 수 있도록 하는 통신상의 규약 내용을 포함한다.
③ 데이터통신에서 사용되는 프로토콜은 같은 계층으로 구분되고 있다.
④ 컴퓨터 시스템 사이의 정보교환을 관리하는 규약(규칙, 절차, 약속) 들의 집합이다.

데이터통신에서 사용되는 프로토콜은 서로 다른 계층으로 구분됨.

[정답] ③

07
다음 중 프로토콜 표준화에 대한 설명으로 틀린 것은?

① 표준화대상에 있어 대폭적인 개방성을 추구하고 있다.
② 광범위한 통신망과의 적응성을 확보하고 있다.
③ ITU-T에서도 권고안(X-200 계열)에 OSI 참조 모델과 동일한 내용을 권고하고 있다.)
④ 부분적, 개별적 프로토콜 표준화에 역점을 두고 있다.

> 프로토콜 표준화에 있어서는 안전성1 개방성, 적응성, 통합성, 호환 성에 역점을 두고 있다.

[정답] ④

08
다음 통신 프로토콜 특징 중 상호 연결성이 없는 것은?

① 직렬/병렬(Serial/Parallel)
② 단일체/구조적(Monolithic/Structured)
③ 대칭/비대칭(Symmetric/Asymmetric)
④ 표준/비표준(Standard/Nonstandard)

> 직렬/병렬은 전송방식에 해당

[정답] ①

09
프로토콜에 대한 다음 설명 중 빈 칸에 적당한 것은?

> 프로토콜은 두 지점 간의 통신을 원활히 수행할 수 있도록 하는 통신상의 (　)들의 집합이다.

① 규약　　　　② 링크
③ 요소　　　　④ 기능

> **• 프로토콜(Protocol)의 정의**
> 통신 회선을 이용하여 컴퓨터 와 컴퓨터 사이에서 데이터를 주고받기 위해 정한 통신규약이다.
>
> | 주요요소 | 특 징 |
> |---|---|
> | 구문
(Syntax) | 데이터의 구조나 형식, 부호화의 방법 등 정의한다. |
> | 의미
(Semantics) | 오류제어, 동기제어, 흐름제어 같은 제어절차를 정의한다. |
> | 타이밍
(Timing) | 양단(end to end)의 통신 속도나 순서 등을 정의한다. |

[정답] ①

10
다음의 설명에 해당되는 프로토콜 요소는 어느 것인가?

> 효율적이고 정확한 전송을 위한 개체간 제어와 오류 복원을 위한 제어 정보 등을 규정한다.

① 의미(semantics)　　② 구문(syntax)
③ 순서(timing)　　　④ 연결(connection)

> **• 프로토콜(Protocol)의 정의**
> 통신 회선을 이용하여 컴퓨터 와 컴퓨터 사이에서 데이터를 주고받기 위해 정한 통신규약이다.
>
> | 주요요소 | 특 징 |
> |---|---|
> | 구문
(Syntax) | 데이터의 구조나 형식, 부호화의 방법 등 정의한다. |
> | 의미
(Semantics) | 오류제어, 동기제어, 흐름제어 같은 제어절차를 정의한다. |
> | 타이밍
(Timing) | 양단(end to end)의 통신 속도나 순서 등을 정의한다. |

[정답] ①

11
다음 중 오류제어, 동기제어, 흐름제어 등의 각종 제어 절차에 관한 제어 정보에 대해 정의하는 프로토콜의 기본 요소는?

① 포맷(Format)　　　② 구문(Syntax)
③ 의미(Semantics)　　④ 타이밍(Timing)

[정답] ③

12
다음 중 통신 프로토콜의 주요 특징에 대한 설명으로 틀린 것은?

① Syntax: 데이터 블록의 형식 규정
② Semantics: 에러처리를 위한 제어 정보의 규정
③ Timing: 전송속도의 동기나 순서 등의 규정
④ Format : 프로토콜의 각 상태의 동작 규정

> 프로토콜이란 송수신간의 약속을 말하며, 프로토콜의 기능은 구문, 의미, 타이밍으로 나타낼 수 있음

[정답] ④

13
다음 중 프로토콜의 주요 요소가 아닌 것은?

① 개체(entity) ② 구문(syntax)
③ 의미(semantics) ④ 타이밍(timing)

- **프로토콜의 주요요소**

주요요소	특징
구문(Syntax)	데이터의 구조나 형식, 부호화의 방법 등 정의한다.
의미(Semantics)	오류제어, 동기제어, 흐름제어 같은 제어절차를 정의한다.
타이밍(Timing)	양단(end to end)의 통신 속도나 순서 등을 정의한다.

[정답] ①

14
다음 중 통신 프로토콜의 일반적 기능과 관계가 없는 것은?

① 연결 제어 ② 흐름 제어
③ 상태 제어 ④ 다중화

- **통신프로토콜의 기능**
① 정보의 분할 및 조립(Fragmentation)
  : 단편화(Segmentation)와 조립(Reassembly)
② 정보의 캡슐화(Encapsulation)
  : 데이터의 앞/뒤에 헤더와 트레일러를 첨가
③ 연결제어(Connection Control)
  : 노드간의 연결확립, 데이터전송, 연결해제
④ 흐름제어(Flow Control)
  : 수신지에서 발송데이타의 양과 속도를 제한
⑤ 오류제어(Error Control)
  : 오류검출 및 정정하는 기능(FEC, ARQ)
⑥ 동기화(Synchronization)
  : 송수신기 사이에 같은 상태를 유지
⑦ 순서지정(Sequencing)
  : 패킷망에서 패킷단위로 분할/전송
⑧ 주소지정(Addressing)
  : 네트워크가 인식가능한 주소부여
⑨ 다중화(Multiplexing)
  : 한정된 링크를 다수의 사용자가 공유하도록 함

[정답] ③

15
다음의 설명에 해당되는 프로토콜 기능은 어느 것인가?

긴 메시지 블록을 전송에 용이하도록 작은 블록으로 나누는 과정과 분리된 데이터 블록을 원래 메시지로 변환시키는 기능을 한다.

① 분리(Separation)와 캡슐화(Encapsulation)
② 세분화(Segmentation)와 재합성(Reassembly)
③ 분할(Division)과 재결합(Recombination)
④ 분리(Separation)와 연결(Connection)

네트워크가 한 번에 통과시킬 수 있는 데이터의 최대 크기를 MTU(Maximum Transfer Unit)라 한다. 데이터의 크기가 MTU보다 큰 경우에는 프로토콜이 데이터를 작은 블록으로 나누어 전송하고 수신측에서는 이들 블록을 결합해 원래의 데이터를 얻게 되는데 이를 분할과 조립 즉 세분화와 재합성이라 한다.

[정답] ②

16
다음 중 전송할 데이터를 같은 크기의 작은 블록(block)으로 잘라주고 분리된 데이터를 원래 메시지로 복원하는 프로토콜 기능은 어느 것인가?

① 순서결정(sequencing)
② 세분화와 재합성(segmentation and reassembly)
③ 구분과 결합(delineation and combination)
④ 전송 서비스(transmission service)

전송할 데이터를 같은 크기의 작은 Block으로 잘라주고 분리된 데이터를 원래의 메시지로 복원 하는 기능을 세분화와 재결합(재합성)이라 한다.

[정답] ②

17
다음의 문제가 발생하는 것을 막아주는 프로토콜 기능은 어느 것인가?

PDU마다 중간에 거쳐오는 경로가 다를 경우에는 소스에서 먼저 송출되었던 PDU 보다 나중에 송출된 PDU가 먼저 목적지에 도착 할 수 있다.

① 동기화 ② 순서결정
③ 주소기능 ④ 다중화

- **순서 결정(Sequencing)**
통신 개시에 앞서 논리적인 통신 경로인 데이터 링크를 설정하고 순서에 맞는 전달 흐름 제어 및 에러 제어를 결정한다.

[정답] ②

18
다음 중 무선 프로토콜의 계층관점에서 캡슐화(Encapsulation)에 대한 설명으로 옳은 것은?

① 상위 계층으로 정보를 올려 보내기 전에 캡슐화를 수행한다.
② 하위 계층으로 정보를 내려 보내기 전에 캡슐화를 수행한다.
③ 상위나 하위 계층으로 정보를 보내기 전에 캡슐화를 수행한다.
④ 상대방의 동일 계층으로 정보를 보내기 전에 캡슐화를 수행한다.

캡슐화(Encapsulation)과정이란 데이터가 상위계층에서 하위계층으로 내려가면서 데이터에 제어정보를 덧붙이는 과정이다.

[정답] ②

19

통신 프로토콜의 계층화 개념에서 데이터가 상위계층에서 하위계층으로 내려가면서 데이터에 제어정보를 덧붙이게 되는데 이를 무엇이라 하는가?

① framing
② flow control
③ encapsulation
④ transmission control

• 통신프로토콜의 기능
① 정보의 분할 및 조립(Fragmentation)
  : 단편화(Segmentation)와 조립(Reassembly)
② 정보의 캡슐화(Encapsulation)
  : 데이터의 앞/뒤에 헤더와 트레일러를 첨가
③ 연결제어(Connection Control)
  : 노드간의 연결확립, 데이터전송, 연결해제
④ 흐름제어(Flow Control)
  : 수신지에서 발송데이타의 양 과 속도를 제한
⑤ 오류제어(Error Control)
  : 오류검출 및 정정하는 기능(FEC , ARQ)
⑥ 동기화(Synchronization)
  : 송수신기 사이에 같은 상태를 유지
⑦ 순서지정(Sequencing)
  : 패킷망에서 패킷단위로 분할/전송
⑧ 주소지정(Addressing)
  : 네트워크가 인식가능한 주소부여
⑨ 다중화(Multiplexing)
  : 한정된 링크를 다수의 사용자가 공유하도록 함

[정답] ③

20

통신 프로토콜의 일반적인 기능 중 각 계층의 프로토콜에 적합한 데이터블록으로 만들고, 통신국의 주소 등을 담고 있는 헤더를 부착하는 기능은?

① 캡슐화
② 다중화
③ 세분화
④ 동기화

• 캡슐화(Encapsulation)
각 계층의 프로토콜에 적합한 데이터 블록으로 만들고 주소, 에러 검출 부호 등을 담고 있는 헤더(Header)를 부착하는 기능을 말한다.

[정답] ①

21

다음 중 하나의 통신 경로를 다수의 사용자들이 동시에 사용할 수 있게 해주는 프로토콜 기능은?

① 주소 결정
② 캡슐화
③ 흐름 제어
④ 다중화

다중화에 대한 설명으로 다중화 기술에는 FDM,CDM, TDM, WDM이 있음.

[정답] ④

22

다음 중 2개의 프로토콜 개체(Entity)가 초기의 시작, 중간의 체크포인트 기능, 통신 종료 등을 수행할 수 있도록 두 개체를 같은 상태로 유지시키는 프로토콜 기능은?

① 동기화(Synchronization)
② 순서결정(Sequencing)
③ 주소지정(Addressing)
④ 다중화(Timing)

동기화(Synchronization)는 2개 프로토콜 개체의 타이밍을 맞추는 것이다.

[정답] ①

23

다음 중 OSI 참조모델에서 컴퓨터 네트워크의 요소가 아닌 것은?

① 개방형 시스템
② 물리매체
③ 응용 프로세스
④ 접속매체

• OSI 구성 기본 요소
: System간의 접속을 논리적으로 모델화 하는 것
① 개방형 시스템(Open systm): OSI에서 규정하는 프로토콜에 따라 서로 통신할 수 있는 시스템
② 응용개체(Application entity): 각 계층의 통신 기능을 실행하는 기능 모듈로, 각각의 물리적 시스템상에서 동작하는 업무 프로그램과 시스템 운영 관리 프로그램, 단말기 운용자등의 응용프로세서를 개방형 시스템상의 요소로써 모델화한 것
③ 접속(Connection): 같은 계층의 엔티티 사이에서 이용자 정보를 교환하기 위한 논리적인 통신 회선
④ 물리 매체(Physical media): 시스템간에 정보를 교환할 수 있도록 해주는 전기통신 매체로, 통신회선, 통신채널 등이 이에 해당된다.

[정답] ④

24

다음 중 OSI(Open System Interconnection) 참조모델의 계층과 프로토콜에 대한 설명으로 적합하지 않은 것은?

① 임의의 계층은 바로 아래 계층의 사용자이다.
② 임의의 계층은 바로 위 계층에게 서비스를 제공한다.
③ 프로토콜은 상대 시스템의 피어(Peer) 계층과의 통신에 대한 규약이다.
④ 상대 시스템의 피어(Peer) 계층으로 프로토콜 정보를 직접 전달한다.

• OSI(Open System Interconnection) 참조모델
① 시스템 상호 접속을 위한 개념을 규정
② OSI 규격을 개발하기 위한 범위를 규정
③ 관련 규격의 적합성을 조정하기 위한 공동적인 기반을 제공

[정답] ④

25

다음 중 인접 계층간 통신을 위한 인터페이스는?

① SAP(Service Access Point)
② PDU(Protocol Data Unit)
③ SDU(Service Data Unit)
④ PCI(Programmable Communication Interface)

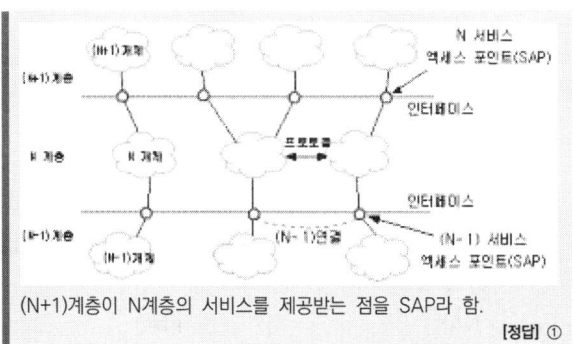

(N+1)계층이 N계층의 서비스를 제공받는 점을 SAP라 함.

[정답] ①

26

다음 중 통신망 구조를 나타낼 때 통신망의 기능들을 계층으로 나누는 이유가 아닌 것은?

① 각 계층들이 모듈러 구조로 정의되어 호환성이 잘 유지될 수 있다.
② 상위계층 기능을 하위계층의 기능이 지원하는 경우를 잘 나타낼 수 있다.
③ 상위계층의 정보가 하위계층에서는 내용으로 전달되는 경우를 잘 나타낼 수 있다.
④ 상위계층일수록 더 실제의 정보전달 기능을 제시할 수 있다.

통신망 구조를 계층으로 나누는 이유는 각 계층의 역할을 분류하고 상하 계층 간의 데이터 흐름을 정의하기 위해서다.
또한 유사한 장비, 프로토콜의 집합으로 분류함으로써 네트워크 구조에 대한 이해가 높아진다.
상위계층일수록 응용SW구조를 가지고 있고, 하위계층으로 갈수록 물리적 개념을 가진다.

[정답] ④

27

다음 중 통신망의 계층구조에 대한 설명으로 옳지 않은 것은?

① 하나의 계층은 소프트웨어 관점에서 하나의 모듈에 해당되며 계층 사이에 적용되는 규칙이나 절차를 최대화한다.
② 계층은 물리적인 단위가 아니다.
③ 통신이 성립하려면 대상 시스템의 같은 계층끼리 프로토콜이 준수되어야 한다.
④ ISO에서 일곱 계층으로 나누어진 참조모델을 제안했다.

하나의 계층은 소프트웨어 관점에서 하나의 모듈에 해당되며 계층 사이에 적용되는 규칙이나 절차를 최적화 한다.

[정답] ①

28

OSI 7계층 중 하나인 데이터링크계층에서 사용되는 데이터 전송단위는?

① bit   ② frame
③ packet   ④ message

◆ 계층별 데이터 전송형태

계층	명 칭	기 능
4	TCP계층	세그먼트 (Segment)전송
3	IP계층	패킷 (Packet) 전송
2	데이타링크계층	프레임 (Frame) 전송
1	물리계층	전기적 신호(1, 0)

[정답] ②

29

다음 중 OSI 7계층에서 데이터링크 계층의 역할(기능)이 아닌 것은?

① 오류제어   ② 흐름제어
③ 경로설정   ④ 데이터의 노드 대 노드 전달

단말기는 전송기능을 수행해야 하므로, 전송제어 기능을 가져야 한다. 전송제어란 입출력장치제어, 회선제어, 동기제어, 오류제어를 총칭하는 용어로 전송제어를 수행하기 위해서는 BASIC이나 HDLC 프로토콜과 같은 전송제어 프로토콜이 있어야 한다. 전송제어를 수행하는 계층이 데이터링크층(data link layer)이다.

[정답] ③

30

OSI 참조모델에서 전송제어, 흐름제어, 오류제어 등의 역할을 수행하는 계층은?

① 세션 계층   ② 네트워크 계층
③ 물리 계층   ④ 데이터링크 계층

◆ OSI 7Layer의 구조

계 층	명 칭	기 능
7	응용계층	응용프로그램
6	프리젠테이션계층	데이터압축 및 암호화
5	세션계층	세션 설정, 해제
4	전달계층	End to End 제어
3	네트워크계층	패킷전송, 경로제어
2	데이타링크계층	동기, 에러, 흐름제어 Node to Node
1	물리계층	물리적 인터페이스

[정답] ④

31
다음 프로토콜 기능 중 오류제어에 대한 설명으로 틀린 것은?

① 프로토콜 기능 중의 하나이다.
② 전송 중에서 발생한 오류를 검출하는 기능이다.
③ 전송 이전에 예측하여 오류를 방지하는 기능이다.
④ 전송 시 발생한 오류를 복원하는 기능이다.

> • 오류제어
> 데이터 전송 중 발생되는 에러를 검출(에러검출), 보정(에러정정)하는 메커니즘
>
> [정답] ③

32
다음 중 동작을 위해 Sliding Window 기법이 사용되는 프로토콜 기능은?

① 흐름제어(Flow Control)
② 세분화(Segmentation)
③ 오류제어(Error Control)
④ 동기제어(Synchronization)

> • 흐름제어(flow control)
> 송신측에서의 데이터 전송속도나 양을 수신측에서 제어할 수 있는 기능을 말하는 것으로 일정 개수의 PDU를 보낸 다음 수신측으로부터의 응답을 받아 다음 PDU 전송을 결정하는 가변창(sliding window)방식을 많이 이용한다. 흔히 흐름제어는 연결 형 서비스를 제공하는 시스템에서 사용된다.
>
> [정답] ①

33
다음 중 BASIC 프로토콜의 특성이 아닌 것은?

① 루프 형태의 데이터링크에 사용할 수 있다.
② 사용 코드에 제한이 있다.
③ 연속적 ARQ 방식은 사용할 수 없다.
④ 전이중은 불가능하다.

> BSC와 같은 문자방식 프로토콜은 에러제어 방식으로 정지대기 ARQ(stop-and-wait ARQ) 방식을 사용한다. HDLC 프로토콜의 경우 연속적 ARQ(Automatic Repeat Request) 방식을 사용한다.
>
> [정답] ①

34
다음 중 BSC(Binary Synchronous Communi cation) 프로토콜 특성에 대한 설명으로 틀린 것은?

① 문자 방식의 프로토콜이다.
② 연속적 ARQ(Automatic Repeat Request) 방식에 사용할 수 있다.
③ 전이중은 불가능하다.
④ 사용 코드에 제한이 있다.

> [정답] ②

35
다음의 ASCII 제어문자 중에서 수신기로부터 송신기로 긍정적인 응답을 보내기 위한 것은?

① NAK   ② ENQ
③ ACK   ④ EOT

> • 문자방식 프로토콜의 전송제어문자
>
> | 부호 | 명칭 | 기능 |
> |---|---|---|
> | SYN | Synchronous Idle | 문자동기 |
> | SOH | Start Of Heading | 시작 |
> | STX | Start of Text | 종료 |
> | ETX | End of Text | Text 끝 |
> | ETB | End of Transmission Block | Block 끝 |
> | EOT | End Of Transmission | 전송 끝 |
> | ENQ | Enquiry | 회선사용요구 |
> | DLE | Data Link Escape | Option 제어 |
> | ACK | Acknowledge | 긍정응답 |
> | NAK | Negative Acknowledge | 부정응답 |
>
> [정답] ③

36
마스터 스테이션으로부터 슬레이브 스테이션에게 전송할 데이터가 있는지 물어보는 방식은 다음 중 어느 것인가?

① Contention   ② Polling
③ Selection   ④ Detection

> • Polling 방식
> 터미널로부터 컴퓨터(중앙국)로 데이터를 전송하는데 필요한 절차로, 주로 멀티포인터 방식에 사용한다.
> ① Roll-call Polling : 하나의 중앙국이 정해진 순서에 따라 각 터미널에게 전송할 데이터가 있는지 없는지를 물어보는 방식
> ② Hub go-ahead Polling : 중앙국이 가장 멀리 떨어져 있는 터미널로 Poll을 Poll cycle을 진행시키고 모든 터미널이 Polling 동작에 능동적으로 참여하게 하는 방식
>
> [정답] ②

37. 17/3, 15/10

다음 중 HDLC(High-Level Data Lick Control)에 대한 설명으로 틀린 것은?

① CRC 방식의 오류 검출을 수행한다.
② 임의의 비트 패턴 전송이 불가능하다.
③ 신뢰성이 높은 전송이 가능하다.
④ 수신측의 응답을 기다리지 않고 연속으로 데이터를 전송할 수 있다.

• HDLC 특징
① 비트 방식 프로토콜
② 단방향, 반이중, 전이중 통신방식 모두 가능해 전송효율 향상
③ 포인 투 포인트, 멀티 포인트, 루프 방식이 모두 가능
④ Go-back-N ARQ 방식을 사용
⑤ HDLC는 전송제어상의 제한을 받지 않고 자유롭게 정보를 전송
⑥ 통신을 위한 명령과 응답 모든 정보에 대하여 오류검출(신뢰성)

[정답] ②

38. 18/6

데이터 통신 시스템의 HDLC(High-Level Data Link Control) 프로토콜에 대한 설명으로 틀린것은?

① 에러제어방식은 연속적 ARQ(Automatic Request for repetition) 방식을 사용한다.
② 모든 정보에 대하여 오류검출을 수행하므로 신뢰성을 높일 수 있다.
③ 전송제어상의 제한을 받지 않고 자유로이 비트정보를 전송할 수 있다.
④ 포인트-투-포인트 방식이며 멀티포인트 방식에만 적용할 수 있다.

[정답] ④

41. 16/6

다음 중 데이터링크 계층에서 기기를 식별할 때 사용하는 것은?

① IP 주소
② MAC 주소
③ 포트번호
④ 시리얼번호

[정답] ②

39. 15/6, 12/3

다음 중 HDLC(High Level Data Link Control) 프로토콜에 대한 설명으로 옳은 것은?

① 전달 계층의 정보 전달을 위한 프로토콜이다.
② 문자 방식의 프로토콜이다.
③ Point-To-Point 방식만 사용 가능하다.
④ Go-Back-N ARQ 방식의 에러 제어를 사용한다.

• HDLC(High Level Data Link control)의 특징
① 비트방식 프로토콜임
② 데이터링크계층(2계층) 프로토콜임
③ Simplex, Half-Duplex, Full-Duplex 가능
④ Point to Point, MultiPoint, Loop 방식가능
⑤ 에러제어방식은 GO-Back-N-ARQ 사용

[정답] ④

40. 12/10

데이터통신에서 바이트 방식 프로토콜로 적합한 것은?

① ADCCP
② HDLC
③ DDCMP
④ SDLC

• 전송제어 프로토콜의 종류

프로토콜	종류
문자방식 프로토콜	BSC, BASIC
바이트방식 프로토콜	DDCMP
비트방식 프로토콜	SDLC, HDLC, ADCCP, LAP-B

[정답] ③

42. 17/10, 15/10

다음 중 링크를 경유하는 통신에서 MAC(Media Access Control) 프로토콜이 필요한 이유가 아닌 것은?

① 매체를 공유하여 사용하는 경우에 여러 단말 사이의 경합이 불가피 하여 조정이 필요하다.
② 매체에서 문제가 발생하여 전송에서 오류가 발생하였을 때 이를 극복하기 위한 방안이 필요하다.
③ 매체의 특성에 적합한 경로로 정보가 전달 될 수 있도록 하는 방안이 필요하다.
④ 매체에서 문제가 발생하여 전송에서 오류가 발생하는 것을 예방하기 위한 방안이 필요하다.

• MAC(Media Access Control)
① 물리적 주소를 결정하고 1계층 간에 연결을 도와주는 역할
② 네트워크 매체에 접근 통제

[정답] ③

43. 14/6

다음 중 MAC 계층에서 ACK 신호를 만들어 내는 경우에 해당하지 않는 것은?

① 유용한 프레임을 수신할 경우
② 송신 단말이 프레임이 깨지지 않았거나 충돌상태가 아닌 경우
③ 정해진 시간 주기 내에서 수신되어지거나 재전송이 발생될 경우
④ 정보를 재전송 할 경우

ACK는 긍정응답으로 정보수신이 정상적일 때 사용하는 신호이고, NAK은 부정응답으로 재전송, 에러발생 등일 때 사용하는 신호임.

[정답] ④

44 다음 규격 중 OSI 참조모델의 네트워크 계층과 관계가 가장 적은 것은?
① IP
② MTP
③ X.21
④ Q.931

• 서비스별 계층구조

서비스	특 징	계 층
IP	인터넷 프로토콜	네트워크 계층
MTP	공통선 신호방식	네트워크 계층
X.21	전송방식	물리계층
Q.931	ISDN신호방식	네트워크 계층

[정답] ③

45 다음 중 근거리 통신망 시스템 구축계획 설계시 요구되는 네트워크 서비스의 종류가 아닌 것은?
① 데이터그램 서비스 (Datagram Service)
② 가상회선 서비스 (Connection Oriented Service)
③ 패킷 전달 서비스 (Packet Translation Service)
④ 회선 연결 서비스 (Circuit Connection Service)

• 회선설계 시 교환(Switching)방법
① 회선교환
② 메시지교환
③ 패킷교환(데이타그램 방식, 가상회선 방식)

[정답] ③

46 다음 중 하위 계층의 기능을 이용하여 종단점간(End-To-End)에 신뢰성있는 데이터 전송을 수행하기 위해 종단점간의 오류 복원과 흐름 제어를 수행하는 계층은?
① 데이터링크 계층
② 전달 계층
③ 네트워크 계층
④ 세션 계층

• 트랜스포트 계층의 역할
① 종단간(end-to-end) 메시지 전달
  한 컴퓨터의 응용 프로그램(프로세스)에서 다른 컴퓨터의 응용 프로그램(프로세스)으로의 전달을 의미
② 서비스 포트 주소 지정
  응용 프로그램을 실행 중인 컴퓨터에서 하위 계층으로부터 수신된 메시지를 해당되는 응용으로 전달하는 것을 보장
③ 분할과 재조합
  전송 가능한 크기로 나누고(Segmentation) 각 세그먼트에 순서 번호(Sequence Number)를 표시

[정답] ②

47 다음 중 OSI 7계층 중 전송 계층(Transport Layer)의 기능에 해당되지 않는 것은?
① 연결제어 수행
② 종단 대 종단에 대해 흐름제어와 오류제어 수행
③ 메시지의 분할과 재조립
④ 응용 프로세스간의 대화단위 및 대화방식 결정

응용 프로세스간의 대화단위 및 대화방식을 결정하는 계층은 세션 계층(Session Layer)이다.

[정답] ④

48 다음 중 하위 계층을 사용하여 응용 프로그램간의 통신에 대한 제어 기능을 수행하며, 상호 대응하는 응용 프로그램간의 연결의 개시, 관리, 종결을 담당하는 계층은?
① 응용 계층
② 표현 계층
③ 세션 계층
④ 전달 계층

세션 계층에서 응용 프로그램간의 log-in & out을 담당한다.

[정답] ③

49 OSI 7계층 중 응용 프로세스 간 통신을 관장하는 역할을 하는 계층은?
① 응용계층
② 표현계층
③ 세션계층
④ 전달계층

• OSI 7Layer의 구조

계층	명 칭	기 능
7	응용계층	응용프로그램
6	프리젠테이션계층	데이터압축 및 암호화
5	세션계층	프로세스간 통신
4	전달계층	End to End 제어
3	네트워크계층	패킷전송, 경로제어
2	데이타링크계층	동기, 에러, 흐름제어 Node to Node
1	물리계층	물리적 인터페이스

[정답] ③

50
다음 중 상위의 계층에서 주어진 정보를 공통으로 이해할 수 있는 표현 형식으로 변환하는 기능을 제공하는 기능을 제공하는 계층은?
① 네트워크 계층 ② 세션 계층
③ 표현 계층 ④ 응용 계층

- **표현계층(Presentation)**
  정보의 Format 및 Syntax(데이터 구조 나 형식)의 변환기능을 수행하거나 정보의 압축 및 암호화를 수행한다.

[정답] ③

51
OSI 참조모델에서 번역, 암호화, 압축을 담당하는 계층은?
① 세션계층 ② 응용계층
③ 프리젠테이션계층 ④ 물리계층

OSI 참조모델에서 프리젠테이션계층(6계층)은 암호화, 번역, 압축 등의 기능을 담당한다.

[정답] ③

52
다음 중 OSI 7계층에서 메시지 형식 변환, 암호화, 텍스트 압축 등의 역할을 하는 계층은?
① 표현 계층 ② 세션 계층
③ 네트워크 계층 ④ 데이터링크 계층

- **OSI 7Layer의 구조**

계층	명칭	기능
7	응용계층	응용프로그램
6	프리젠테이션계층	데이터 압축 및 암호화
5	세션계층	응용프로세스 간 통신
4	전달계층	End to End 제어
3	네트워크계층	패킷전송, 경로제어
2	데이타링크계층	동기, 에러, 흐름제어 Node to Node
1	물리계층	물리적 인터페이스

[정답] ①

53
OSI 참조 모델의 각 계층과 그에 해당하는 역할을 잘못 짝지은 것은?
① 물리계층 - 안테나의 모양 규정
② 링크계층 - 데이터 링크 오류 제어
③ 네트워크계층 - 네트워크 구성 정보 전달
④ 응용계층 - 사용자 인터페이스 규정

- **물리계층 (Physical)**
  통신장비간의 물리적인 인터페이스 규격을 정의하고, 전압레벨, 타이밍, 물리매체의 종속적인 규칙을 제공한다.

[정답] ①

54
다음 중 OSI(Open System Interconnection) 참조 모델의 각 계층에서 수행하는 기능들에 대한 설명으로 틀린 것은?
① 데이터 링크 계층 : 물리적 전송오류 감지
② 네트워크 계층 : 경로 선택
③ 전송계층 : 송신 프로세스와 수신 프로세스간의 연결
④ 응용계층 : 암호화 압축

데이터의 압축 및 암호화와 같은 데이터 변환규칙을 제공하는 계층은 표현계층이다.

[정답] ④

55
OSI 참조 모델의 계층과 이에 관련된 프로토콜이나 기술을 잘못 짝지은 것은?
① 데이터링크 계층 - LLC ② 전달계층 - FTP
③ 물리계층 - IrDA ④ 네트워크 계층 - OSPF

FTP는 파일전송 프로토콜로 전송계층에서는 20번 21번 포트를 사용하며, 네트워크계층에서는 TCP를 사용함. FTP는 응용프로그램 형태로 응용계층 프로토콜임.

[정답] ②

56
다음 중 계층과 관련기술을 잘못 짝지은 것은?
① 물리 계층 - DTE/DCE
② 데이터링크 계층 - HDLC
③ 네트워크 계층 - LDAP
④ 전달계층 - TCP

LDAP(Lightweighr Directory Access Protocol)은 응용계층 프로토콜로 디렉토리 서비스를 조회하고 수정하는 프로토콜이다.

[정답] ③

57

통신 프로토콜은 ISO/OSI 7 계층 중 전달 계층(Transport Layer)을 중심으로 상위계층과 하위계층 프로토콜로 구분한다. 다음 중 하위계층의 프로토콜이 아닌 것은?

① 무 순서 프로토콜
② 문자 방식 프로토콜
③ 문자 계수식 프로토콜
④ XNS(Xerox Network System) 프로토콜

• XNS(Xerox Network System) 프로토콜
: Xereo사가 자사제품의 사무기기 및 컴퓨터를 하나로 연결하기위해 1970년대 말에 개발한 망구조로 IDP, RIP, PEP, SEP와 같은 프로토콜이 있다.

[정답] ④

58

인터넷이 전세계의 컴퓨터를 접속된 망이 될 수 있게 된 이유로 가장 적당한 것은?

① Windows 운영체제가 전세계에 걸쳐 사용되고 있어서 컴퓨터를 사용하는 인구가 증대되었기 때문
② 국제간 협력에 의해 전세계를 연결해주는 네트워크를 일괄로 구축하였기 때문
③ 전화망의 수요가 포화되어 새로운 시장 개척을 위해 통신사업자들이 인터넷 구축에 적극적으로 참여했기 때문
④ 인터넷이 Host-to-Host 프로토콜인 TCP/IP를 이용하고 있어서 호스트간에 접속된 네트워크의 종류에 무관하게 호스트간 통신이 가능하기 때문

ALL-IP의 기반기술인 TCP/IP Protocol의 확산으로 인터넷의 급격한 발전이 이뤄지고 있음. 다만, TCP/IP의 보안문제가 최근에 화두가 되고 있음.

[정답] ④

59

다음 중 인터넷에 접속 할 수 있는 새로운 단말기기를 개발하는 경우 단말기 특성을 반영해서 반드시 개발해야 하는 최소한의 프로토콜(Protocol) 계층은 무엇인가?

① 트랜스포트층
② 데이터링크층
③ 네트워크층
④ 애플리케이션층

• 데이터 링크 계층의 개념
데이터 링크 계층은 물리 계층이 제공하는 '비트열의 전송 기능'을 이용하여 인접한 개방형 시스템 사이에서 원활한 데이터 전송을 수행하도록 하는 것이 데이터링크 계층의 역할이다.
무선접속을 위한 WiFi, Wibro, OFDM 등 기술이 필요.

[정답] ②

60

다음 중 TCP over Wireless 기술에 해당되지 않는 것은?

① End-to End Solutions
② Dynamic Host Configuration
③ Link Layer Protocols
④ Split TCP Approach

Dynamic Host Configuration Protocol은 IP주소와 같은 TCP/IP 통신을 수행하기 위한 네트워크 구성 마라미터들을 동적으로 설정하기 위해 사용되는 표준 네트워크 프로토콜이다. DHCP 프로토콜은 UDP 패킷을 이용하는 비연결형 서비스 모델을 기반으로 한다. 컴퓨터 통신망이 도입된 이후로 TCP는 인터넷 표준 통신 규약으로 가장 널리 사용되고 있다' 초기 TCP는 전송오류율이 낮은 유선 통 신망을 고려하여 고안되었기 때문에 무선통신망에 적용할 경우 여러 가지 문제점이 발생한다. 즉 무선 통신망은 유선 통신망에 비해 대역폭이 작으며 전송 오류율 이 높고 전송지연이 길고 변동이 심하다.

[정답] ②

61

다음 중 TCP/IP 계층이 아닌 것은?

① 네트워크계층
② 전송계층
③ 표현계층
④ 응용계층

TCP/IP 프로토콜 슈트의 응용계층에 대응되는 OSI계층은 세션계층, 표현계층 응용계층이다.

[정답] ③

62

다음 중 TCP/IP 프로토콜의 네트워크 계층과 관련이 없는 것은?

① DNS
② OSPF
③ ICMP
④ RIP

DNS(Domain Name System)으로 IP주소와 URL을 Mapping시킨 테이블을 저장하는 서버임.

• 네트워크계층 프로토콜
① 데이터 링크 계층의 기능을 이용하여 하나 또는 여러 개의 통신망(전화 교환망, 패킷 교환망, 회선 교환망)을 통하여 컴퓨터와 터미널 등 시스템 상호간의 데이터를 전송할 수 있도록 통신망내 및 통신망 사이의 경로선택(routing)과 중계기능(relay)을 수행함.
② 주요 프로토콜: IP, RIP, OSPF 등

[정답] ①

63
다음 중 TCP/IP 프로토콜의 응용계층에 대응하지 않는 OSI (Open System Interconnection) 계층은?
① 전송계층(Transport Layer)
② 세션계층(Session Layer)
③ 표현계층(Presentation Layer)
④ 응용계층(Application Layer)

[정답] ①

64
다음 중 TCP/IP 프로토콜의 계층별 기능을 옳게 연결한 것은?
① IP 계층 - 통신전담 프로세서간의 네트워크를 통한 패킷교환
② 응용 프로세스 계층 - 호스트간의 정보교환 및 관리
③ 전달계층(TCP/UDP) - 응용 프로세스간의 응용 서비스 제공
④ 네트워크 접속 계층 - 논리적인 계층 연결

• TCP/IP 와 OSI모델의 비교

TCP/IP	OSI 7Layer
응용계층	응용계층
	표현계층
	세션계층
전달(TCP)계층	전달계층
네트워크(IP)계층	네트워크계층
데이터링크(접속)계층	데이터링크계층
물리계층	물리계층

[정답] ①

65
TCP/IP 프로토콜의 계층구조는 OSI모델의 계층구조와 정확하게 일치하지 않는③ TCP/IP 프로토콜의 5개 계층구조에 속하지 않는 것은?
① 물리 계층
② 데이터링크 계층
③ 세션계층
④ 응용계층

• TCP/IP 와 OSI모델의 비교

TCP/IP	OSI 7Layer
응용계층	응용계층
	표현계층
	세션계층
전달(TCP)계층	전달계층
네트워크(IP)계층	네트워크계층
데이터링크(접속)계층	데이터링크계층
물리계층	물리계층

[정답] ③

66
어떤 컴퓨터가 203.241.250.11의 IP 주소를 가진다고 할 때, 이 IP 주소의 클래스는?
① 클래스A
② 클래스B
③ 클래스C
④ 클래스D

• IPv4의 Class
① A클래스 : 최초 첫단위 IP 고정
  0.0.0.0 ~127.255.255.255 대형 네트워크
② B클래스 : 2단위IP 까지 고정
  : 128.0.0.0~191.255.255.255 중대형 네트워크
③ C클래스 : 3단위IP 까지 고정
  : 192.0.0.0~223.255.255.255 소형 네트워크
④ D클래스 : 멀티캐스트 주소
  : 224.0.0.0~239.255.255.255

[정답] ③

67
다음 중 모바일 IP의 구성요소가 아닌 것은?
① 모바일 노드
② 홈 에이전트
③ 외부 에이전트
④ 무선 랜카드

Mobile IP는 TCP/IP 프로토콜을 사용하는 이동단말 간의 이동성 제어 기능을 함.

[정답] ④

68
다음 중 Mobile IP가 가지는 기본적인 능력이 아닌 것은?
① Discovery
② Forwarding
③ Registration
④ Tunneling

Mobile IP는 TCP/IP기반의 무선이동단말의 이동성을 보장하기 위한 기술임. Discovery(탐색), Registration (등록), Tunneling (암호화)등의 기술이 요구됨.

[정답] ②

69

MIP(Mobile IP)를 사용하는 경우 이동노드들이 어떤 Foreign Agent에 접속되어 있을 때 그 이동노드들을 관리하기 위하여 배정하는 임시 주소를 무엇이라 하는가?

① Tunneling
② Binding
③ COA(Change of Address)
④ Home Agent

> 현재 인터넷에서 사용하고 있는 IP(Internet Protocol)은 IPv4이다. 이러한 IP는 주소체계가 "netid + hostid"로 되어 있기 때문에 호스트가 인터넷을 이용하기 위해 접속되는 위치가 반드시 고정적으로 지정되어 있어야 했다. 만약 호스트의 위치가 바뀌게 되면 IP 주소는 매번 바뀌어야 하는데 이러한 문제점을 해결한 IP가 MIP(Mobile IP)이다.
> COA(Care-of-Address) COA란 어떤 이동노드가 어떤 foreign 링크에 접속되어 있을 때 그 이동노드를 관리하기 위하여 배정되는 주소를 말하며 이 주소는 이동노드가 다른 foreign 링크로 이동하면 다시 바뀌게 된다. COA를 달리 표현하면 HA가 이동노드로 패킷을 전달할 때 필요한 주소로서 터널링 시 터널 끝부분의 주소라 고 할 수 있으며 이 COA를 경유해서 패킷이 최종 이동노드로 전달되는 것이다.

[정답] ③

70

다음 중 Mobile IP의 Discovery 능력을 지원해 주는 프로토콜은?

① ICMP
② BGP
③ OSPF
④ UDP

> • Mobile IP
> Discovery는 이동성이 제공되는 Agent(Node)를 탐색하는 기능을 말하며, 이때 ICMP Protocol을 이용하여 탐색을 지원해 준다.

[정답] ①

71

IPv6에 대하여 바르게 설명되지 않은 것은?

① 패킷 형식은 40[Bytes]로 고정된다.
② 주소체계는 16[Bytes]이다.
③ 사용가능한 주소수는 약 43억 개이다.
④ flow label을 이용하여 QoS를 보장한다.

> • IPv6와 IPv4의 비교

	IPv6	IPV4
패킷형식	40byte	40byte
	확장헤더	고정헤더
주소체계	16byte(128bit)	4byte(32bit)
주소수	43억×43억×43억×43억개	43억개
Qos	보장	Option
이동성	보장	미흡
IPsec	보장	Option
Casting Mode	Unicast Multicast Anycast	Unicast Multicast Broadcast

[정답] ③

72

다음 프로토콜 중 사용되는 기술(HomeRF, Bluetooth)이 다른 1개의 프로토콜은?

① LMP(Link Manager Protocol)
② L2CAP(Logical Link Control and Adaptation Protocol)
③ SDP(Service Delivery Protocol)
④ SWAP(Shared Wireless Access Protocol)

> SWAP(Shared Wirelsess Access Protocol)은 2.4[GHz] 대역을 사용하며 50[m] 거리 내에 있는 최대 127개 까지의 기기간을 연결하는 홈 Rf 네트워크 기술이다. LMP 및 L2CAP는 OSI계층 1 및 2 블루투스 프로토콜(데이터 패킷을 교환)이고 SDP는 블루투스 Service Discove이 Protocol(블루투스 디바이스에 있는 서비스를 찾거나 보여주는 프로토콜)이다.

[정답] ④

7 무선시스템 계획과 관리

01
17/6. 15/6. 15/3. 12/6. 11/3

통신시스템이 고장이 난 시점부터 그 다음 고장이 나는 시점까지의 평균 시간을 무엇이라고 하는가?
① MTTC
② MTTR
③ MTBF
④ MTAF

① MTBF (Mean Time Between Failure)
  고장난 시점부터 다음 고장이 나는 시점까지의 평균시간 (평균동작시간)
② MTTR (Mean Time To Repair)
  고장난 상태에서 수리된 시간까지의 평균시간 (평균 수리시간)

[정답] ③

02
17/3

다음 중 무선통신시스템 구축 계획 시 종합적인 신뢰도를 높이기 위한 사항이 아닌 것은?
① MTTR(Mean Time To Repair)
② MTBF(Mean Time Between Failures)
③ TWTA(Travelling Wave Tube Amplifier)
④ Redundancy

TWTA는 HPA(High Power Amplifier)임.

[정답] ③

03
16/6. 10/3

통신 시스템의 장애(Fault)에 대처하는 단계 중 다음 괄호 안에 적합한 것은?

(1) 장애의 탐지   (2) 장애 위치 파악
(3) (   )   (4) 시스템 재구성
(5) 장애 상황으로부터 복구   (6) 수리 및 재구축

① 장애의 제거
② 장애의 보류
③ 장애의 격리
④ 장애의 분류

• 시스템 장애시 대처단계
① 장애의 탐지
② 장애 위치 파악
③ 장애의 격리
④ 시스템 재구성
⑤ 장애 상황으로부터 복구
⑥ 수리 및 재구축

[정답] ③

04
16/10. 15/10. 11/10

통신시스템의 장애를 극복하기 위한 H/W redundancy 방안이 아닌 것은?
① duplex
② active/standby
③ N-version program
④ spare redundancy

• H/W Redundancy 방안

H/W Redundancy	S/W Redundancy
Duplex	N-Version Programming
Active/Standby 전환	Recovery Block
Active/Active 전환	
Spare Redundancy	

[정답] ③

05
16/3. 14/10

다음 중 시스템의 고장(Malfunction) 유형이 아닌 것은?
① 영구적인(Permanent) 고장
② 간헐적인(Intermittent) 고장
③ 빈번한(Frequent) 고장
④ 일시적인(Transient) 고장

시스템 고장 유형 : 영구적, 간헐적, 일시적 고장

[정답] ③

06
12/10. 11/6

통신망관리(NMS) 기능에 해당하지 않는 것은?
① 장애관리기능
② 성능관리기능
③ 구성관리기능
④ 인사관리기능

• 통신망 관리(NMS)의 기능
장애관리, 성능관리, 구성관리, 보안관리, 과금관리

[정답] ④

07
13/10. 13/6. 10/6

다음 중 무선통신시스템의 유지보수 기능이 아닌 것은?
① 무선통신망 보안관리 기능
② 무선통신망 상태관리 기능
③ 무선통신망 고장관리 기능
④ 무선통신망 고객관리 기능

• 통신시스템의 유지보수(시스템관리) 목표
① 구성관리
② 성능관리 (고장관리)
③ 장애관리
④ 보안관리
⑤ 장치관리 (상태관리)

[정답] ④

08
다음 중 무선망 최적화 수행사항이 아닌 것은?
① 커버리지 확보
② 절단율 개선
③ 기지국 용량 증대
④ 통화량 균등 분배

> • 무선망 최적화
> ① 커버리지 확보
> ② 절단률 개선(Call Drop)
> ③ 통화량 균등 분배
> ④ 핸드오버 최적화
> ⑤ Pilot신호(3~4개) 최적화
>
> [정답] ③

09
다음 중 최적의 무선 환경을 구축하기 위한 기지국 통화량 분산 방법이 아닌 것은?
① 섹터간 커버리지 조정
② 인접 셀간 커버리지 조정
③ 기지국 이설 및 추가
④ 출력신호를 감소시킨다.

> 출력신호를 감소시키면 통달거리만 줄어들 뿐 통화량 분산과는 관계없음.
>
> [정답] ④

10
다음 무선망 설계 시 필요한 품질목표 중 사용자가 서비스 접속가능 지역에서 호시도를 하여 호가 완료될 때까지 통화 중단 없이 호가 유지될 수 있는 신뢰성에 대한 확률을 표현하는 것은?
① 통화 커버리지(Call Coverage)
② 서비스 등급(Grade of Service)
③ 통화 품질(Quality of Telephone Call)
④ 수신감도(Receiving Sensitivity)

> 서비스 등급 : 신뢰성에 대한 확률, 서비스의 좋고나쁨을 표시하는 일반적 총칭(서비스 정도)
>
> [정답] ②

11
무선통신망 유지보수 시 시행하는 점검의 종류가 아닌 것은?
① 정기점검
② 공정점검
③ 수시점검
④ 예방점검

> 유지보수 점검 종류 : 정기, 수시, 예방 점검
>
> [정답] ②

12
다음 중 무선통신 네트워크의 유지보수에서 쓰이는 용어인 SINAD와 거리가 먼 것은?
① Signal to Noise And Distortion의 약어이다.
② 무선통신 기지국의 기본적인 측정항목이다.
③ SINAD를 측정하기 위해서 별도의 신호 발생기와 SINAD 계측기가 있어야 한다.
④ 음성의 압축률을 측정할 때 이용되는 방법이다.

> 무선통신 기지국에서 음성통화의 품질을 측정하기 위해서 사용되는 방법이다. SINAD는 신호와 노이즈(harmonics distortion 포함) 비를 말한다.
>
> $$SINAD = \frac{신호 + 잡음 + 왜곡}{잡음 + 왜곡}[dB]$$
>
> 주로 무선 수신기의 감도측정으로 많이 사용
>
> [정답] ④

13
다음 중 시스템 운용계획의 보안설계에 해당하지 않는 것은?
① 우발적 사고 대책으로 원격지 보관
② 두 시스템에서의 상호 백업 설치
③ 액세스 컨트롤(Access Control)
④ 데이터 베이스의 분산화

> 시스템 보안설계 정의: 외부로부터의 침입을 방지하거나 재해/재난으로부터 시스템을 보호하기 위한 설계. 주요 방안.
> ① 방화벽, IDS, IPS 등 네트워크 보안.
> ② 웹방화벽, 안티 바이러스 등 탑재.
> ③ 백업센터 구축.
> ④ 데이터베이스 이중화.
>
> [정답] ④

14
다음 중 무선통신시스템의 설계 계획 시 요구되는 시스템의 암호화 도입 방식이 아닌 것은?
① 링크 대 링크(Link - by - Link) 방식
② 트리 대 트리(Tree - by - Tree) 방식
③ 엔드 대 엔드(End - by - End) 방식
④ 노드 대 노드(Node - by - Node) 방식

> 암호화 도입 방식 : 링크간, 노드간, 엔드간(E2E) 암호화
>
> [정답] ②

15

다음 표에서 정의하는 것은 무엇인가? 18/10, 17/6

- 계약상대자는 계약된 공사에 적격하고 관계법령에 의하여 기술자로 인정하는 자를 지명하여 계약담당공무원에게 통지하여야 한다.
- 공사현장에 상주하여 계약문서와 공사감독관의 지시에 따라 공사현장의 단속 및 공사에 관한 모든 사항을 처리한다.

① 공사감독 ② 공사안전관리자
③ 공사현장소장 ④ 공사현장대리인

[정답] ④

16

다음 문장의 괄호 안에 공통으로 들어갈 말은? 18/6

- ( )은(는) 시설공사의 대표적이고 보편적인 공종, 공법을 기준으로 작업당 소요되는 노무량, 장비 사용 시간 등을 수치로 표시한 표준적인 가준
- 정보통신 ( )은(는) 과학기술정보통신부와 한국정보통신산업연구원에서 관리한다.

① 산재보험료 ② 일반관리비
③ 일위대가표 ④ 표준품셈

[정답] ④

17

17/10

다음 중 무선 통신시스템 설치 구축공사의 착공 전 검토 사항이 아닌 것은?

① 감리원의 공정별 입회에 대한 확인
② 시공하기 전에 설계도서와 현장의 일치 여부 검토
③ 설계도서에 맞게 장비의 입고 일정과 일치 여부 검토
④ 이동통신시스템 장비를 작동하는데 필요한 전원설비 및 냉방기 시설 검토

[정답] ①

18

18/6, 17/3

다음 중 무선통신설비의 동작계통, 시스템의 연결 및 단말기의 접속에 관련된 내용을 표시하는 설계도서는?

① 계통도 ② 배관도
③ 배선도 ④ 상세도

[정답] ①

19

18/10, 17/3

다음 중 무선통신 실시설계의 산출물로 적합하지 않은 것은?

① 공사비 산출서 ② 설계 계획서
③ 실시설계 설계도서 ④ 전송용량 계산서

[정답] ②

20

14/10, 12/10

다음 중 통신망 설계 시 기본 설계 내용에 포함되지 않는 것은?

① 공사기간 ② 설계기준
③ 시공방법 ④ 감리방법

기본설계는 타당성조사를 기준으로 개략적인 설계기준, 공사기간, 시공방법 등을 정의하는 것을 말함.
- **기본설계의 산출물**
① 자재명세서 / 공사의 목적
② 설계기준
③ 개략공사비
④ 공사기간 및 방법

[정답] ④

21

17/10

다음 중 상세 설계에 포함되어야 할 사항이 아닌 것은?

① 표지 및 목차 ② 예산서
③ 예정 공정표 ④ 타당성 조사

타당성 조사는 착공전 실시해야 한다.

[정답] ④

22

12/10

마이크로파 시설 설계 시 작성해야 할 도면으로 적합하지 않은 것은?

① 철탑시설 단면도 ② 공조시설 배치도
③ 접지선 포설도 ④ 케이블 포설도

- **마이크로웨이브 무선설비공사**

기계시설 설계 시	공중선시설 설계 시
· 기초 철가도	· 부지 평면도
· 기기 배치도	· 철탑 시설도
· 케이블 배선도	· 철탑 응력도
· 케이블 포설도	· 철탑 블록도
· 실장도	· 안테나 취부도
· 공조시설 배치도	· 접지도 및 피뢰침도
· 접지선 포설도	· 실장도

[정답] ①

23
마이크로파 중계국소의 올바른 설치 계획에 해당되지 않는 것은?
① 산 정상에 설치
② 원격감시제어장비 구비
③ 비가시권 확보
④ 정전압장치구비

> 마이크로파 중계국은 LOS (Line Of Site)환경에서 구축해야 하므로 가시권 보장이 중요한 Factor임
>
> [정답] ③

24
다음 중 마이크로웨이브 중계 전송로 설계 시 고려 사항이 아닌 것은?
① Fresnel Zone의 계산
② 안테나 높이의 결정
③ 반사파 고려
④ 수신 입력단의 소요 C/N비

> • 마이크로웨이브 중계설계 시 고려사항
> ① 프레즈넬 존 계산
> ② 반사파를 고려한 설계
> ③ 수신입력단의 C/N비
> ④ 중계방식에는 검파중계, 헤테로다인중계, 직접중계, 무급전중계방식 이 있음
>
> [정답] ②

25
다음 중 안테나의 적절한 분리도를 성취할 수 있는 방법인 것은?
① 낮은 전후방비를 갖는 저 이득 안테나 사용
② 중계기의 도너 및 커버리지 안테나 사이의 이격거리를 작게 한다.
③ 안테나 사이(도너 안테나와 커버리지 안테나)에 외부 차폐를 시킨다.
④ 중계기 수신레벨보다 3[dB]이하로 안테나 분리도를 유지시킨다.

> 중계기에서 발진이 문제가 되므로, 안테나 간 분리도(Isolation)는 중요한 Factor임. 도너안테나(기지국 to 중계기)와 커버리지 안테나(셀 확장) 사이를 차폐시켜 분리도를 향상 시킬 수 있음.
>
> [정답] ③

26
무선국 허가증에 등가등방복사전력(EIRP)이 3.28[dB]로 기재되어 있을 때 실효복사전력(ERP)은 몇 [dB]인가? (단, 반파장 다이폴안테나를 기준으로 한다.)
① 2.0[dB]
② 3.28[dB]
③ 5.43[dB]
④ 6.56[dB]

> $ERP[dB] = EIRP[dB] + 2.15[dB]$
> $= 3.28 + 2.15 = 5.43[dB]$
>
> [정답] ③

27
다음 중 주파수대, 무선국 종류, 허용편차를 잘못 짝지은 것은?
① 4[MHz]초과 29.7[MHz]이하 – 지구국 – 백만분의 30
② 9[MHz]초과 535[MHz]이하 – 무선측위국 – 백만분의 100
③ 29.7[MHz]초과 100[MHz]이하 – 육상국 – 백만분의 20
④ 1606.5[kHz]초과 4.0[kHz]이하 – 아마추어국 백만분의 500

> ① 허용편차 백만분의 20
> ② 9kHz 초과 535kHz 미만
> ④ 1606.5kHz 초과 4.0Mhz 미만
>
> [정답] ③

28
전력선 방송 및 유도식 통신설비에서 발사되는 주파수의 허용편차는?
① 1[%]
② 0.5[%]
③ 0.1[%]
④ 0.05[%]

> 전력선 반송, 유도식 통신설비의 주파수 허용편차는 0.1% 고조파,저조파,기생발사 강도는 기본파 대비 30dB 이하
>
> [정답] ③

29
다음 중 무선국의 무선설비에 비치하여야 할 예비품이 아닌 것은?
① 브레이크인 릴레이
② 고정측정기
③ 공중선용 단자
④ 가변저항기

> • 무선국 무선설비에 비치할 항목
> (무선설비규칙, 10[W] 이상의 무선설비에 적용)
> ① 브레이크인 릴레이
> ② 고정측정기
> ③ 가변저항기
> ④ 퓨즈
> ⑤ 증류수
> ⑥ 송신용 진공관과 정류관
> ⑦ 송신용 수정발진자
> ⑧ 공중선용 선조
> ⑨ 공중선용 애자
>
> [정답] ③

30

지정된 공중선 전력을 400[W]로 하고 허용편차를 상한 10[%], 하한 5[%]로 하면 전파를 발사할 경우에 허용되는 공중선전력의 범위는?

① 380[W] ~ 440[W] ② 360[W] ~ 420[W]
③ 380[W] ~ 420[W] ④ 360[W] ~ 440[W]

> 상한 10[%] 하한 5[%] 이면 공중전력 범위는 380[W] ~ 440[W] 범위이다.
> **[정답] ①**

31

전위강하법으로 접지를 측정하여 전류가 2[A]이고, 전압계의 지시치가 7[V]라면 접지저항은 몇 [Ω]인가?

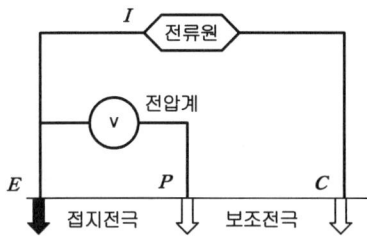

① 3.5[Ω] ② 4.0[Ω]
③ 7.0[Ω] ④ 21.0[Ω]

> 접지저항 = 전압/전류 = 7V/2A = 3.5[Ω]
> **[정답] ①**

32

다음 중 송신장비의 주파수 안정을 위한 조건으로 맞지 않은 것은?

① 무선국의 송신장치는 실제 야기될 수 있는 충격이 없는 상태를 기준으로 주파수를 허용편차 내로 유지한다.
② 발진회로의 방식은 될 수 있는 한 주위 온도의 영향을 받지 않아야 한다.
③ 가능한 한 전원 전압 또는 부하의 변화에 의해 발진 주파수에 영향을 받지 않아야 한다.
④ 송신장치의 발진 주파수는 미리 시험하여 결정한다.

> 주파수 안정을 위한 발진회로는 다양한 충격, 온도변화, 부하변화에 대비하여 항상 일정한 범위내의 허용편차를 가져야 함.
> 송신장치의 발진주파수는 실제 사용환경에서 측정해야 한다.
> **[정답] ④**

33

전기 전자장비로부터 불요전자파가 최소화 되도록 함과 동시에 어느 정도의 외부 불요전자파에 대해서는 정상동작을 유지할 수 있는 능력을 갖고 있는지 설명하는 용어는?

① EMI ② EMP
③ EMC ④ EMS

> **EMC(전자파양립성)**
> 전기 전자장비로부터 불요전자파가 최소화 되도록 함과 동시에 어느 정도의 외부 불요전자파에 대해서는 정상동작을 유지할 수 있는 능력을 갖고 있는지 설명하는 용어
> ① EMI(전자파방해정도)
> ② EMS(전자파내성정도)
> **[정답] ③**

34

스펙트럼 분석기(spectrum analyzer)의 용도로서 맞지 않는 것은?

① 변조의 직선성 측정 ② 안테나의 pattern 측정
③ RF 간섭 시험 ④ FM 편차 측정

> **측정 장비의 특징**
>
> | 오실로스코프 | 스펙트럼 아날라이져 | 네트워크 아날라이져 |
> |---|---|---|
> | 주파수 및 주기 파형측정 | 주파수 및 진폭 스펙트럼 분석 | S-Parameter 및 방사패턴 측정 |
>
> **스펙트럼 분석기의 주요기능**
> ① RF간섭 시험
> ② FM주파수 편차 측정
> ③ 안테나의 pattern 측정
> ④ 펄스폭 및 반복률 측정
> **[정답] ①**

35

다음 중 선박국의 디지털 선택 호출장치의 기술적 조건으로 틀린 것은?

① 송신하는 통신 내용을 표시할 수 있을 것
② 정상적으로 작동 중임을 알리는 기능이 있을 것
③ 점검 및 보수를 쉽게 할 수 있을 것
④ 식별 부호를 쉽게 변경할 수 있을 것

> 식별 부호는 매우 중요한 것으로 쉽게 변경할 수 없어야 함.
> **[정답] ④**

36

주파수 145[MHz]용 트랜시버에 있는 HIGH/LOW 스위치는 어느 경우에 사용하는 것인가?

① 송신시에 톤 주파수를 부가할 때 사용한다.
② 메모리를 이동시킬 때 사용한다.
③ 주파수를 메모리 시킬 때 사용한다.
④ 인근에 있는 아마추어국과 교신 할 때 사용한다.

> 주파수 145[MHz]용 트랜시버에 있는 High/Low 스위치 중 인근에 있는 아마추어국과 교신할 때 Low 스위치가 작동된다.
> **[정답] ④**

[1] ❺ 전자계산기 일반

1. 자료의 구성과 표현
2. 컴퓨터의 기본구조와 기능
3. 운영체제
4. 소프트웨어 일반
5. 마이크로프로세서의 구조와 기능

········ **252**
········ **263**
········ **267**
········ **273**

········ **278**

무선설비기사 필기
영역별 기출문제풀이

① 자료의 구성과 표현

01
10진수 $(38)_{10}$을 2진수로 올바르게 변환한 것은?

① $(100100)_2$ ② $(100101)_2$
③ $(100110)_2$ ④ $(100111)_2$

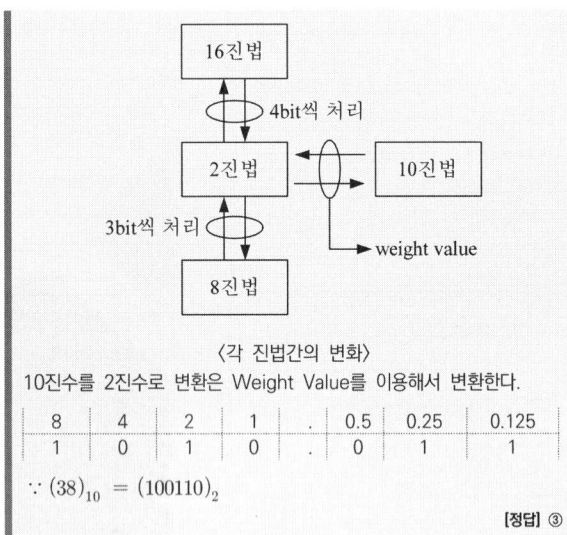

〈각 진법간의 변화〉
10진수를 2진수로 변환은 Weight Value를 이용해서 변환한다.

8	4	2	1	.	0.5	0.25	0.125
1	0	1	1	.	0	1	1

∴ $(38)_{10} = (100110)_2$

[정답] ③

02
다음 중 10진수 47.625를 2진수로 변환한 것으로 옳은 것은?

① 101111.111 ② 101111.010
③ 101111.001 ④ 101111.101

10진수를 2진수로 변환은 Weight Value를 이용해서 변환한다.

8	4	2	1	.	0.5	0.25	0.125
1	0	1	1	.	0	1	1

∴ $(47.625)_{10} = (10111.101)_2$

[정답] ④

03
다음 진수 표현 중 가장 큰 수는?

① EE(16) ② 257(10)
③ 11111111(2) ④ 377(8)

	2진수로 변환	10진수
EE(16)	11101110	238
257(10)	-	257
11111111(2)	11111111	255
377(8)	011111111	255

[정답] ②

04
8진수 1234는 십진수로 얼마인가?

① 278 ② 565
③ 668 ④ 1234

8진수를 10진수로 변환하면
$(1234)_8 = 1 \times 8^3 + 2 \times 8^2 + 3 \times 8^1 + 4 \times 8^0 = (668)_{10}$

[정답] ③

05
2진수 1100101을 8진수로 변환하면 다음 중 어느 것에 해당하는가?

① $(102)_8$ ② $(107)_8$
③ $(141)_8$ ④ $(145)_8$

2진수를 8진수로 변환할 때는 왼쪽부터 3자리씩, 16진수는 4자리씩 계산한다.

[정답] ④

06
16진수 BEAD에서 숫자 E자리의 가중치(weighted value)는 얼마인가?

① 10 ② 16
③ 32 ④ 256

- 16진수(Hexadecimal Numbers) 변환
$(BEAD)_{16} = B \times 16^3 + E \times 16^2 + A \times 16^1 + D \times 16^0$
즉, E의 가중치는 $16^2 = 256$이다.

[정답] ④

07
전자계산기에서 보수(Complement number)를 쓰는 이유 중 옳은 것은?

① 음의 소수를 나타내기 위하여
② 소수의 표현이 가능하도록 하기 위하여
③ 복소수의 허수부분을 표현하기 위하여
④ 가산기에 의해 뺄셈을 할 수 있도록 하기 위하여

뺄셈 알고리즘인 감산기가 별도로 존재할 경우 컴퓨터의 구성은 매우 복잡해진다.

[정답] ④

08
2진수 1001의 1의 보수에 해당하는 것은?

① 0001　　② 0110
③ 0111　　④ 0101

1의 보수는 0을 1로 1을 0으로 변경해준다.

[정답] ②

09
2진수 000000001111100의 2의 보수 값은 얼마인가?

① 1111111110000100　　② 111111111000001
③ 1111111110000110　　④ 1111111110000010

- 보수(Complement)
① 2진수의 1의 보수는 "0"을 "1"로 변경하고, "1"은 "0"으로 바꿈으로써 구함
② 2진수의 2의 보수는 1의 보수에다 $(1)_2$를 더함으로써 구할 수 있다.
∴ $(0000000001111100)_2$의 1의 보수 = $(1111111110000011)_2$
∴ $(0000000001111100)_2$의 2의 보수
　= $(1111111110000011)_2 + (1)_2$ = $(1111111110000100)_2$

[정답] ①

10
다음 중 2진수 $(100011)_2$ 의 2의 보수는 얼마인가?

① 100011　　② 011100
③ 011101　　④ 011110

2의 보수는 1의 보수를 구한 뒤 결과값에 1을 더함.
$(100011)_2$ 의 1의 보수는 011100 + 1 = 011101

[정답] ③

11
2진수 0.111의 2의 보수는 얼마인가?

① 0.001　　② 0.010
③ 0.011　　④ 1.001

소수 이하의 수는 1보다 작은 수이므로 2의 보수는 1 - 0.111 = 0.001 이 된다.

[정답] ①

12
다음 중 2의 보수를 사용하여 "A-B" 연산을 수행하는 것은?

① $A + 1$　　② $\overline{A} - 1$
③ $A - \overline{B} + 1$　　④ $A + \overline{B} + 1$

A에서 B를 빼는 의미는 A에서 B의 2의 보수를 더하는 의미와 같다.
B에 대한 2의 보수는 $\overline{B} + 1$ 이다.

[정답] ④

13
두 2진수 A, B에 대하여, 'A - B'는 다음의 어느 연산과정과 같은가? (단, 2진수는 2의 보수로 표현한다.)

① 각 A의 비트 값들에 NOT 연산을 한 후 B를 더한다.
② 각 B의 비트 값들에 NOT 연산을 한 후 A를 더한다.
③ 각 A의 비트 값들에 NOT 연산을 한 후 B를 더하고 1을 더한다.
④ 각 B의 비트 값들에 NOT 연산을 한 후 A를 더하고 1을 더한다.

A-B는 2진 뺄셈기로 [A + (B에 대한 2의 보수)]
* 1의 보수에 의한 뺄셈을 할 때, Carrier가 발생되면 +1 을 더해 줌.

[정답] ④

14
두 개의 레지스터에 십진수의 1과 -1에 해당하는 이진수가 저장되어 있다. 이 두 레지스터에 덧셈 연산을 수행한 결과는 다음의 어느 것인가?

① 결과 값은 0이고, 캐리(carry)가 발생하지 않는다.
② 결과 값은 0이고, 캐리가 발생한다.
③ 오버플로우(overflow)와 캐리가 발생한다.
④ 오버플로우는 발생하나 캐리는 발생하지 않는다.

- 2진수 연산
① "1" 과 "-1"의 덧셈은 보수를 이용하여 연산함
② "1"의 2진수(01)- 〉 1의 보수 : 10 -〉 2의 보수 : 11
③ '01 + 11 = 100' 이 되어 맨앞의 "1"은 자리올림수(캐리) 임
④ 캐리 "1"을 버리면 결과값은 "0"임

[정답] ②

15
시프트 레지스터(shift register)의 내용을 오른쪽으로 2비트 이동시키면 원래 저장되었던 값은 어떻게 변화되는가?

① 원래 값의 2배　　② 원래 값의 4배
③ 원래 값의 1/2배　　④ 원래 값의 1/4배

- Shift
① 우측이동에 의한 나눗셈, 좌측이동에 의한 곱셈을 수행하는 결과가 되어 곱셈 과 나눗셈의 보조역할
② 우측이동 : 원래값 $\div 2^n$ 이동되어 1/4 가 됨
③ 좌측이동 : 원래값 $\times 2^n$

[정답] ④

16 다음 연산 중 일부분의 비트 또는 문자를 지울 때 사용하는 것은?
① MOVE
② AND
③ OR
④ COMPLEMENT

> AND 연산은 Mask Bit를 이용해 특정 비트의 정보를 삭제하는데 이용
> [정답] ②

17 두 이진수 01101101 과 11100110을 연산하여 결과가 100110011이 나왔다. 다음의 어떤 연산을 한 것인가?
① AND 연산
② OR 연산
③ XOR 연산
④ NAND연산

> 0,1이 만나서 1이 되는 것은 OR과 NAND가 있는데 1,1이 만나서 0이 되는 것도 있으므로 NAND연산이다.
> [정답] ④

18 이진수를 1의 보수로 표현하는 컴퓨터가 있다. 연산 중 negate (피연산자의 부호변경) 연산과 같은 것은 무엇인가?
① NOT 연산
② SKIP 연산
③ SHIFT 연산
④ ROTATE 연산

> • Not연산
> ① 인버터(Inverter)를 사용하여 1의 보수를 취할 수 있음
> ② Not연산은 "1"을 "0"으로, "0"을 "1"로 변환하는 것을 말함.
> [정답] ①

19 다음 중 자료의 논리적 구성에 대한 설명으로 틀린 것은?
① 필드(Field) : 자료처리의 최소단위이다.
② 파일(File) : 동일한 성질이나 유형을 지닌 레코드들의 집합이다.
③ 레코드(Record) : 하나 이상의 필드가 모여 구성된다.
④ 데이터베이스(Database) : 조직내의 응용프로그램들이 공동으로 사용하기 위한 공동의 파일집합이다.

> ① Field(항목) : 이름으로 표현되는 의미를 갖는 자료값
> ② Record(레코드) : 관련이 있는 항목들의 집합
> ③ File(파일): 동일한 성질이나 유형을 지닌 레코드들의 집합
> ④ Data Base(데이타베이스) : 조직내의 응용 프로그램들이 공통으로 사용하기 위한 데이터의 집합
> [정답] ④

20 데이터의 표현단위를 비트 수의 크기의 순서로 나열한 것은?
① 비트 - 니블 - 바이트 - 워드 - 필드 - 레코드 - 파일
② 비트 - 니블 - 바이트 - 워드 - 레코드 - 필드 - 파일
③ 비트 - 니블 - 바이트 - 워드 - 레코드 - 파일 - 필드
④ 비트 - 니블 - 바이트 - 레코드 - 워드 - 필드 - 파일

> • 자료의 논리적 표현 단위
> Character → Field (Item) → Record → File → Data Base
> [정답] ①

21 다음 중 파일(File)의 개념을 바르게 표현한 것은?
① Code의 집합을 말한다.
② Character의 수를 말한다.
③ Database의 수를 말한다.
④ Record의 집합을 말한다.

> [정답] ④

22 정보의 표현 단위 중 문자를 표현하기 위한 것은 무엇인가?
① 비트(bit)
② 바이트(byte)
③ 워드(word)
④ 레코드(record)

> 정보표현 단위 중 문자를 표현하기 위한 최소 단위는 "Byte" 이다.
> [정답] ②

23 500가지의 색상을 나타낼 정보를 저장하고자 할 경우, 최소 몇 비트가 필요한가?
① 6비트
② 7비트
③ 8비트
④ 9비트

> $N \leq 2^n$, $500 \leq 2^9$ 최소 비트는 9비트이어야 한다.
> [정답] ④

24
각 자료형 중에서 가장 적은 비트의 수를 필요로 하는 것은?

① 실수형 자료(Real Type)
② 정수형 자료(Integer Type)
③ 문자형 자료(Character Type)
④ 논리형 자료(Boolean Type)

- **자료형의 bit수**
  ① 실수형 자료(Real Type) : 4byte~8byte
  ② 정수형 자료(Integer Type) : 2byte
  ③ 문자형 자료(Character Type) : 1byte
  ④ 논리형 자료(Boolean Typ) : 1bit

[정답] ④

25
10진수에 관한 다음 설명 중 틀린 것은?

① 컴퓨터 내부에서 10진수를 표현하는 방법에는 존(zone)형식과 팩(pack)형식이 있다.
② 존 형식은 1바이트에 1자리 숫자를 표현한다.
③ 존 형식은 기억장소의 사용효율이 나쁘다.
④ 팩 형식은 연산이 불가능하다.

- **10진수 표현방식**
  ① 팩 10진 형식(Packed Decimal)
    정수의 각 자릿수를 4비트로 표현, 연산을 위한 형식,
    1바이트에 2자리씩 표현. 마지막 부호니블에 양수이면 C(1100), 음수이면 D(1101)로 표기
    예) 342→0011 0100 0010 1100
  ② 언팩 10진 형식(Unpacked Decimal = Zoned Decimal)
    1바이트에 한문자씩 표현, 8비트는 4비트의 존비트와 4비트의 디지트로 구성, 숫자표현시 존부분은 "F"로 채움, 마지막 존부분에 부호표시를 하며 양수이면 C, 음수이면 D.
    예) 342→F3 F4 C2

[정답] ④

26
2진수의 음수(Negative number)를 표시하는 방법과 관계가 먼 것은?

① 부호화 절대값 표시
② 부호화된 1의 보수 표시
③ 부호화된 2의 보수 표시
④ 부호화된 10의 보수 표시

① 부호화절대치
  음수이면 1, 양수이면 0으로 첫 비트를 구성
  나머지 7개 비트에는 2진 바이너리로 구성
② 부호화1의 보수
  음수이면 1, 양수이면 0으로 첫 비트를 구성
  나머지 7개 비트에는 2진 바이너리값을 1은 0으로, 0은 1로 대입
③ 부호화2의보수
  음수이면 1, 양수이면 0으로 첫 비트를 구성
  부호화1의보수값에 +1 연산

[정답] ④

27
컴퓨터가 8비트 정수 표현을 사용할 경우 -25를 부호와 2의 보수로 올바르게 표현한 것은?

① 11100111
② 11100011
③ 01100111
④ 01100011

- **부호와 2의 보수(Signed 2's complement) 표현법**
  ① 부호와 절대치 표현방법
    첫 번째 비트(MSB)는 부호(sign)비트로 양수(+)는 '0', 음수(-)는 '1'로 표시한다.
  ② 부호와 1의 보수 표현법
    부호비트를 제외한 데이터에서 0은 1로, 1은 0으로 변환하는 방법이다.
  ③ 부호와 2의보수 표현법
    부호비트를 제외한 데이터에서 1의보수를 구한 다음 1을 더해 2의 보수로 표현하는 방법이다.
  8[bit]로 표현한 10진수 -25 표현법
  $(25)_{10} = (11001)_2$이므로 $(-25)_{10} = (10011001)_2$로 표현된다.

부호와 절대치 표현법	1의 보수 표현법	2의 보수 표현법
$(10011001)_2$	$(11100110)_2$	$(11100111)_2$

[정답] ①

28
2진수 7비트로 표현하는 경우 -9에 대해 부호화 절댓값, 부호화 1의 보수 및 부호화 2의 보수로 변환한 것으로 옳은 것은?

① 0001001, 0110110, 0110111
② 1001001, 0110110, 1110111
③ 1001001, 1110110, 1110111
④ 1001001, 0110110, 0110111

- **고정 소수점(fixed point number) 표현 방식**
  ① 부호 절댓값(signed-magnitude) 표시 방법
    MSB(최상위비트)를 부호비트(0이면 양수, 1LAUS 음수)로 사용하고, 나머지 절댓값을 표현한다.
    ∴ (-9)→(1001001)
  ② 부호화된 1의 보수(signed one's complement) 표시 방법
    양의 2진수($x=(+9)_{10}=(0001001)_2$)를 $[11111111-x]$의 형태로 저장하는 방식이다. 실제 계산결과는 각각의 비트를 반전(0→1, 1→0)한 것과 같은 결과이다.
    ∴ (1111111)-(0001001)=(1110110)
  ③ 부호화된 2의 보수(signed two's complement)표시 방법 부호화된 1의 보수 표시 방법에 $(1)_2$을 더한 결과와 같다.
    ∴ (1110110)+(0000001)=(1110111)

[정답] ③

29
8비트로 된 레지스터에서 첫째 비트는 부호비트로 0,1로 양, 음을 나타낸다고 할 때 2의 보수(2's Complement)로 숫자를 표시한다면 이 레지스터로 표현할 수 있는 10진수의 범위로 올바른 것은?

① $-256 \sim +256$　　② $-128 \sim +127$
③ $-128 \sim +128$　　④ $-256 \sim +127$

$2^8 = 256$ 이므로
2의보수로 표현할 때 10진수범위는 $-128 \sim +127$ 임.

[정답] ②

30
8비트에 저장된 값 10010111을 16비트로 확장한 결과 값은? (단, 가장 왼쪽의 비트는 부호(Sign)를 나타낸다.)

① 0000000010010111　　② 1000000010010111
③ 1001011100000000　　④ 1111111110010111

- **부호 확장(Sign extension)**
부호 확장은 이진수의 bit 개수를 증가시키는 컴퓨터 산술연산자이다. 최상위 비트인 부호비트를 왼쪽방향으로 채움으로서 원래의 음수값이 유지되어야 한다.
10010111 -)1111111110010111 (음수 151)
00010111 -)0000000000010111 (양수 151)
즉, 확장된 bit로 표현 시 부호비트를 유지하여 값을 유지해야 한다.

[정답] ④

31
부동소수점 표현방식의 특징에 해당하지 않은 것은?

① 연산이 복잡하고 시간이 오래 걸린다.
② 대단히 큰 수치와 적은 수치의 표현이 용이하다.
③ 부동소수점 수치를 계산할 수 없는 컴퓨터는 서브루틴으로 처리한다.
④ 고정소수점 표현에 비해 bit 열이 적게 필요하다.

부동 소수점 표현방식은 고정소수점 표현에 비해 bit열이 많이 필요하다.
- **고정 소수점 표현방식**

부호	정수부(2진수)크기

- **부동 소수점 표현방식**

부호	지수부	소수부

[정답] ④

32
부동 소수점 표현의 수들 사이에서 곱셈 알고리즘 과정에 해당하지 않은 것은?

① 0(zero)인지의 여부를 조사한다.
② 가수의 위치를 조정한다.
③ 가수를 곱한다.
④ 결과를 정규화 한다.

- **부동 소수점 연산(Floating-point operation)곱셈 알고리즘**
$(0.1011 \times 2^3) \times (0.1001 \times 2^5)$
① 수가 0인지 여부를 조사한다.
② 가수 곱하기 : $1011 \times 1001 = 01100011$
③ 지수 더하기 : $3+5=8$
④ 정규화 : $0.01100011 \times 2^8 = 0.1100011 \times 2^7$

[정답] ②

33
10진수 56789에 대한 BCD코드(Binary Coded Decimal)은 어느 것인가?

① 0101 0110 0111 1000 1001
② 0011 0110 0111 1000 1001
③ 0111 0110 0111 1000 1001
④ 1001 0110 0111 1000 1001

- **8421코드(BCD코드)**

5	6	7	8	9
0101	0110	0111	1000	1001

[정답] ①

34

2진수 10111011에 대해 BCD 코드로 변환되고, 이를 3-초과 코드와 그레이 코드로 표현한 것으로 옳은 것은? [BCD 코드 : 3-초과 코드 : 그레이 코드]

① 0001 1000 0111 : 0100 1011 1010 : 0001 1010 0100
② 0001 1000 0111 : 0100 1011 1100 : 0001 1010 0100
③ 0001 1000 0111 : 0100 1011 1010 : 0001 1100 0100
④ 0001 1000 0111 : 0100 1011 1100 : 0001 1100 1001

- BCD코드 : 8421코드

2진수 : 10111011 :   1   8   7
sol1〉 BCD코드 : 0001 1000 0111
sol2〉 3초과코드 : 0100 1011 1010
sol3〉 gray코드 : 0001 1100 0100

2진 코드 0 ⊕ 1 ⊕ 1 ⊕ 1
           ↓   ↓   ↓   ↓
그레이 코드 0   1   0   0

[정답] ③

35

다음 중 그레이 코드(Gray code)의 특징이 아닌 것은?

① 2비트 변환되는 코드이다.
② 4칙 연산에 사용되는 것은 적합하지 않다.
③ A/D변환기에 사용한다.
④ 입출력 코드와 주변장치용으로 이용한다.

그레이 부호는 이진법 부호의 일종으로, 연속된 수가 1개의 비트만 다른 특징을 가짐.
연산에는 쓰이지 않고 주로 데이터 전송, 입출력 장치, 아날로그-디지털 간 변환과 주변장치에 쓰임.

[정답] ①

36

2진수 0111을 그레이 코드(Gray code)로 바꾸면 무엇인가?

① 1010   ② 0100
③ 0000   ④ 1111

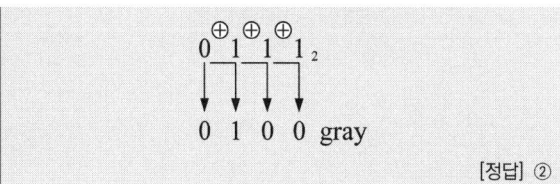

[정답] ②

37

다음 중 그레이 코드 10110110을 2진수로 변환한 것으로 맞는 것은?

① 11011011   ② 10101101
③ 01001100   ④ 01101011

그레이 코드를 2진수로 변환
① Gray Code에서 2진수의 변환 (EX-OR 동작)

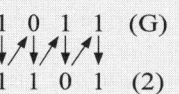

[정답] ①

38

다음의 데이터 코드 중 가중치 코드가 아닌 것은?

① 8421 코드
② 바이쿼너리(Biquinary) 코드
③ 그레이(Gray) 코드
④ 링 카운터(Ring Counter) 코드

[정답] ③

39

다음 10진수 코드 중 자체보수화(self complementing)가 가능한 코드가 아닌 것은?

① 2 4 2 1 코드   ② 8 4 2 1 코드
③ 8 4 2 $\overline{1}$ 코드   ④ Excess-3 코드

- 자기보수코드
① 각 자리 2진수 "0"을 "1"로 변환, "1"을 "0"으로 바꿈으로써 보수를 간단히 얻을 수 있는 코드이다.
② 3초과코드(Excess-3code), 2421코드, 8 4 $\overline{2}$ $\overline{1}$ 코드, 51111 코드 등이 있다.

[정답] ②

40

다음 중 오류검출과 오류교정까지도 가능한 코드는?

① Hamming Code   ② Biquinary Code
③ 2-out of-5 Code   ④ EBCDIC Code

- 코드
① Gray Code : A/D 변환기에 사용
② Hamming Code : 에러의 판단과 교정
③ ASCII Code : 데이터 통신과 마이크로 컴퓨터에 많이 사용
④ 8421 Code : 8421 BCD 코드, 2진 표현에 가장 가깝다.

[정답] ①

41

14/6.10/6

32비트의 데이터에서 단일 비트 오류를 정정하려고 한다. 해밍 오류 정정 코드(Hamming error correction code)를 사용한다면 몇 개의 검사 비트들이 필요한가?

① 4비트 ② 5비트
③ 6비트 ④ 7비트

- **해밍코드**
  ① 단일비트 에러정정 코드로, 1bit 에러정정을 할 수 있는 비블럭 코드의 일종이다.
  ② 정보비트수가 m개 일 때 패리티비트의 수 P
  $2^p \geq m+p+1$ 의 관계식 성립
  $\therefore 2^p - p - 1 \geq 32$ 이므로 p값은 6임.

[정답] ③

42

13/6.09/5.08/5

다음 중 BCD 코드 1001에 대한 해밍 코드를 구하면? (단, 짝수 패리티 체크를 수행한다.)

① 0011001 ② 1000011
③ 0100101 ④ 0110010

- **해밍비트 길이**
  $2^p \geq n+p+1$ (n 정보비트, p 해밍비트)
  데이터bit가 4bit이므로, 해밍비트(H)는 3bit.

1	2	3	4	5	6	7
H1	H2	1	H3	0	0	1

```
          7   ->    1    1    1
          3   ->    0    1    1
         ─────────────────────────
         짝수패리티      1    0    0
          (XOR)       (H3) (H2) (H1)
```

따라서 [0011001]이 해밍코드가 된다.

[정답] ①

43

16/6

다음 중 ASCII 코드에 대한 설명으로 틀린 것은?

① 미국표준협회에서 만든 미국 표준 코드이다.
② 7비트의 데이터 비트에 패리티 비트 1비트를 추가한다.
③ 7비트의 데이터 비트 중 앞의 7, 6, 5, 4비트는 존비트로 사용된다.
④ 데이터 통신용 문자 코드로 많이 사용되고 128문자를 표시한다.

존비트 : 3, 디지트 비트 : 4
* 부울대수

[정답] ③

44

06/3.00/3.98/5(산업)

다음의 time chart에 해당하는 것은 어느 Gate인가?

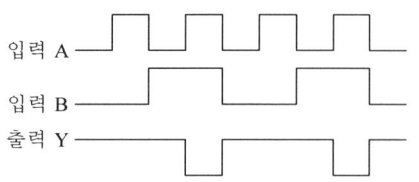

① AND ② OR
③ NAND ④ NOR

A,B는 입력비트이며 Y는 출력비트로서 AND 출력의 반대임을 알 수 있다.

[정답] ③

45

16/3

다음 중 논리회로의 출력은?

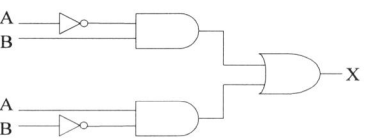

① $A \cdot B$ ② $\overline{A} \oplus \overline{B}$
③ $A \oplus B$ ④ $\overline{A \oplus B}$

위쪽 AND게이트에서는 A'B, 아래쪽 AND게이트에서는 AB'이고 이것을 합치면 A'B+AB'인데, A⊕B라고 쓸 수 있다.

[정답] ③

46

16/6. 15/3

다음 스위칭 회로의 논리식으로 옳은 것은?

① F = A + B ② F = A· B
③ F = A + B ④ F = A / (B + A)

스위치 A 와 B 가 동시에 닫혀져야 F 의 결과가 1이 된다. 즉, AND 회로이다.

[정답] ②

47 다음 논리회로에 의해 계산된 결과 X는?

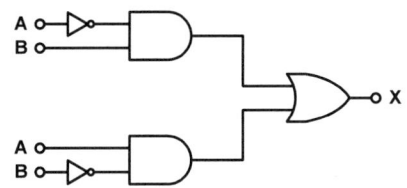

① $\overline{A \oplus B}$ ② $\overline{A} \oplus \overline{B}$
③ $A \oplus B$ ④ $A \cdot B$

위쪽 AND게이트에서는 A`B, 아래쪽 AND게이트에서는 AB`이고 이것을 합치면 A`B+AB`인데, A⊕B라고 쓸 수 있다.
[정답] ③

48 그림에서 출력 X를 입력 A, B의 함수로 바르게 표시한 것은?

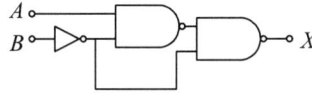

① X = AB ② X = A+B
③ X = A′B + AB′ ④ X = AB + A′B′

앞에 NAND게이트의 결과는 (AB')` =A`+B이고, 뒤에 NAND게이트는 ((A`+B)B`)` =(A`B`)`=A+B가 된다.
[정답] ②

49 아래 그림과 같은 카르노맵(Karnaugh map)이 있을 때 이를 간략화하여 얻은 논리식으로 옳은 것은?

A\BC	00	01	11	10
0	1	0	0	1
1	1	1	X	1

① Y = A ② Y = BC + AC
③ Y = A + $\overline{C}$ ④ Y = C + AB

A\BC	00	01	11	10
0	1	0	0	1
1	1	1	X	1

[정답] ③

1 조합논리회로

50 출력되는 부울함수의 값이 입력값에 의해서만 정해지는 논리회로는?

① 조합회로 ② 순서회로
③ 집적회로 ④ 혼합회로

조합회로는 입력에 의해서만 출력이 결정되는 반면에 기억기능이 있는 순서회로는 기억장치를 가지고 있어 이전의 출력 값이 현재의 입력에 반영된다.
[정답] ①

51 그림과 같이 병렬가산기의 입력에 데이터를 인가하였을 때 이 회로의 출력 F에 대한 설명으로 옳은 것은?

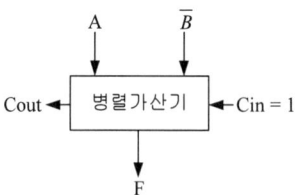

① 가산 ② 감산
③ A를 전송 ④ A를 1증가

[정답] ②

52

다음은 전감산기의 진리표이다. 이 진리표를 이용하여 두 개의 차 D의 불 함수에 대한 표현으로 옳은 것은?

입력(Input)			출력(Output)	
X	Y	B_0	D	B_1
0	0	0	0	0
0	0	1	1	1
0	1	0	1	1
0	1	1	0	1
1	0	0	1	0
1	0	1	0	0
1	1	0	0	0
1	1	1	1	1

① $D = X + Y \oplus B_0$
② $D = X \oplus Y + B_0$
③ $D = X \oplus Y \oplus B_0$
④ $D = \overline{X} \oplus Y \oplus B_0$

- EX-OR 회로
① $Y = (A+B)(\overline{A}+\overline{B}) = A\overline{B} + \overline{A}B = A \oplus B$
② 입력 1의 개수가 홀수이면 1, 짝수이면 0이 출력
③ EX-OR 진리표

A	B	출력
0	0	0
0	1	1
1	0	1
1	1	0

[정답] ③

53

전자 계산기의 기본 논리 회로는 조합 논리 회로와 순서 논리 회로로 구분된다. 이중 조합 논리 회로에 해당 되는 것은?

① RAM
② 2진 다운 카운터
③ 반 가산기
④ 2진 업 카운터

조합회로는 순수한 논리게이트들의 조합으로 이루어진 회로이다.

[정답] ③

54

다음과 같은 진리표를 갖는 회로는?

x	y	D_0	D_1	D_2	D_3
0	0	1	0	0	0
0	1	0	1	0	0
1	0	0	0	1	0
1	1	0	0	0	1

① 비교기(Comparator)
② 멀티플렉서(Multiplexer)
③ 디코더(Decoder)
④ 인코더(Encoder)

디코더: 2진수->10진수,
입력단자수가 N개라면 출력 단자수는 2^N개

[정답] ③

55

단일채널로 복수개의 입·출력 장치를 연결할 수 있는 것은?

① Multiplexer
② Demultiplexer
③ Encoder
④ Decoder

① 앤코더(Encoder) : 부호기 - 입력이 가해지는 2진 조합 신호에 대응되는 신호가 출력 단자에 나타남.
② 레지스터(Register) : CPU 내부에 있는 기억 장치로서 n 비트의 정보를 일시적으로 기억하기 위해 플립플롭 n 개를 병렬로 접속한 장치
③ 카운터(Counter) : 일련의 순차적인 수를 세는 회로

[정답] ①

56

다음 회로의 명칭은?

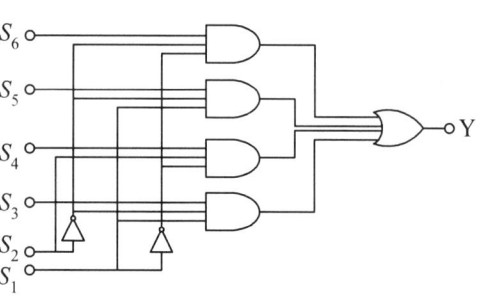

① Multiplexer
② Decoder
③ Adder
④ Encoder

데이터 선택기능을 갖는 MUX 회로이다

[정답] ①

2 자료구조

57 92/5(산업)

스택(STACK)의 설명 중 틀린 것은?
① Return Address를 저장하기 위한 메모리이다.
② PUSH 명령에 의해서 데이터를 저장한다.
③ FIFO의 구조를 갖고 있다.
④ RAM의 일부분이다.

> 스택(STACK) : Top이라 불리우는 한 쪽 끝에서만 입출력 발생 LIFO(후입선출)의 논리 부프로그램 사용할 때 복귀 번지의 위치저장, 수식연산, 인터럽트 발생시 PC의 위치 저장용으로 사용
> [정답] ③

58 08/5

컴퓨터에서 인터럽트(interrupt) 발생시 return address를 기억시키는 장소는?
① stack   ② program counter
③ accumulator   ④ data bus

> • 스택(STACK)
> 한 프로그램에서 서브프로그램(Subprogram)을 부를(Call)때 되돌아 올 주소를 기억시켜 놓기 위해 쓰인다.
> [정답] ①

59 04/3.03/5.01/6.00/7.93/9(산업)

서브루틴의 호출에 이용되는 자료구조는?
① 배열(array)   ② 스택(stack)
③ 레코드(record)   ④ 큐(queue)

> • 스택(STACK)
> 한 프로그램에서 서브프로그램(Subprogram)을 부를(Call)때 되돌아 올 주소를 기억시켜 놓기 위해 쓰인다.
> [정답] ②

60 15/3.13/3.10/3

프로그램에서 함수들을 호출하였을 때 복귀주소(return address)들을 보관하는데 사용하는 자료구조는 어느 것인가?
① 스택(stack)   ② 큐(queue)
③ 트리(tree)   ④ 그래프(graph)

> 스택(stack)은 프로그램에서 함수들을 호출할 때 복귀주소를 보관하는 자료구조를 말함. 함수를 연속적으로 호출을 할 경우 되돌아가는 순서는 호출의 역순이므로 스택에 보관하여 운영하면 편리하다.
> 스택 = LIFO(Last In First Out) 구조
> 큐 = FIFO(First In First Out) 구조
> 트리 = 1 : n 구조
> 그래프 = m : n 구조
> [정답] ①

61 07/5(산업)

다음 선형 리스트 중에서 데이터의 입력순서와 출력순서가 바뀌는 것은?
① QUEUE   ② STACK
③ FIFO   ④ HEAP

> 스택 = LIFO(Last In First Out) 구조
> [정답] ②

62 09/7.06/3.02/9.02/5(산업)

선형 리스트 중 마지막으로 입력한 자료가 제일 먼저 출력되는 LIFO(Last in first out)구조는?
① 트리   ② 스택
③ 큐   ④ 섹터

> 자료구조는 자료를 기억장치 내에 저장하는 방법임
> ① 선형구조 : 스택, 큐, 데크, 배열
> ② 비선형구조 : Tree, Graph
> [정답] ②

63 94/8(산업)

자료가 리스트에 첨가되는 순서대로만 처리할 수 있는 것을 FIFO 구조라 하는데 다른 말로 표현한 것은?
① STACK   ② DEQUE
③ QUEUE   ④ SPREAD SHEET

> • 제한조건 리스트
> ① Queue : FIFO(First-In-First-Out) 구조로 한쪽 끝으로 삽입되고 다른 반대쪽에서 삭제 되는 리스트 구조
> ② Stack : LIFO(Last-In-First-Out) 구조로 동적이며 순차적인 자료 목록을 삽입, 삭제가 가능한 구조
> ③ Deque : LIFO(Last-In-First-Out) 구조로 스택과 큐를 복합하여 삽입, 삭제가 어느 쪽에서도 가능한 구조
> [정답] ③

64. Queue의 구조 중 오른쪽과 왼쪽에서 삽입연산이 가능하도록 만들어진 Queue의 변형된 구조를 무엇이라 하는가?
① Stack   ② Point
③ Deque   ④ Buffer

enqueue-> ☐☐☐☐☐☐ ->dequeue

[정답] ③

65. 링크드 리스트(Linked list)의 특징이 아닌 것은?
① 자료들은 연속된 공간에 제공할 필요가 없다.
② 기억장치내의 다른 자료들을 움직일 필요가 없다.
③ 포인터를 위한 기억장소가 필요하다.
④ 임의의 자료를 읽는데 걸리는 시간이 선형리스트보다 짧다.

링크드 리스트는 각 자료마다 주소값인 포인터를 가지고 있어 다른 자료를 이동하지 않고도 자료를 꺼낼 수 있으나 포인터의 인식문제로 걸리는 시간은 큐나 스택보다 느리다.

[정답] ④

66. 다음 중 제일 먼저 삽입된 데이터가 제일 먼저 출력되는 파일 구조는?
① 스텍(Stack)   ② 큐(Queue)
③ 리스트(List)   ④ 트리(Tree)

큐(Queue)는 FIFO(First In First Out)파일구조를 갖는다.

[정답] ②

67. 다음 중 큐(queue)의 구조에 해당하지 않는 것은 무엇인가?
① 줄서기에 의한 화장실 사용 순서
② 자동판매기의 종이컵의 배출순서
③ 은행에서의 대기 순서표 뽑기 및 이용순서
④ 주방에서의 씻어 놓은 접시 사용하는 순서

큐(Queue): 한쪽으로 삽입하고 다른 쪽 끝에서 제거가 이루어지는 구조로 선입선출(FIFO)의 논리를 가진다.

[정답] ④

68. 다음 중 후입선출(LIFO) 처리제어 방식은?
① 스택   ② 선형리스트
③ 큐   ④ 원형 연결 리스트

① 스택(stack) : LIFO
  (Last In First Out : 후입 선출)
② 큐(Queue) : FIFO
  (First In First Out : 선입 선출)

[정답] ①

69. 운영체제에서 폴더와 파일들은 어떤 구조로 구성되어 있는가?
① 트리(Tree)   ② 큐(Queue)
③ 스택(Stack)   ④ 배열(Array)

운영체제의 폴더와 파일은 Tree구조로 구성됨.

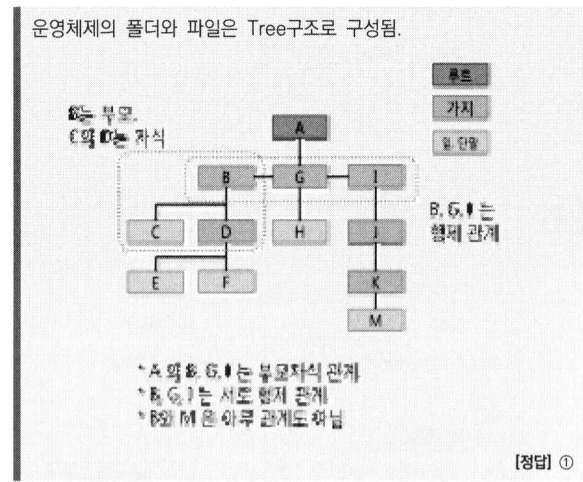

[정답] ①

70. 다음 중 선형 자료구조가 아닌 것은?
① 배열   ② 스택
③ 그래프   ④ 큐

자료구조는 자료를 기억장치 내에 저장하는 방법임
① 선형구조 : 스택, 큐, 데크, 배열
② 비선형구조 : Tree, Graph

[정답] ③

2 컴퓨터의 기본구조와 기능

01

다음 지문에 들어갈 내용으로 알맞은 용어끼리 짝지어진 것을 고르시오?

> 마이크로 컴퓨터는 연산 및 처리기능을 갖는 (㉠)부분과 연산 처리의 대상이 되며, 목적 기능을 갖는 (㉡)부분으로 나누어 볼 수 있다. (㉠)의 운영을 위해서는 반드시 (㉡)의 지원이 필요하다.

① ㉠ 하드웨어, ㉡ 소프트웨어
② ㉠ CPU, ㉡ Memory
③ ㉠ ALU, ㉡ DATA
④ ㉠ CPU, ㉡ 소프트웨어

- **컴퓨터 시스템의 구성**
  마이크로컴퓨터는 연산 및 처리기능을 갖는[하드웨어] 부분과 연산처리의 대상이 되며, 목적 기능을 갖는 [소프트웨어] 부분으로 나누어 볼 수 있다. [하드웨어] 운용을 위해서는 반드시 [소프트웨어]의 지원이 필요하다.

[정답] ①

02

다음의 그림을 CPU의 기능 블록도를 나타낸 것이다. 빈칸에 들어갈 용어는?

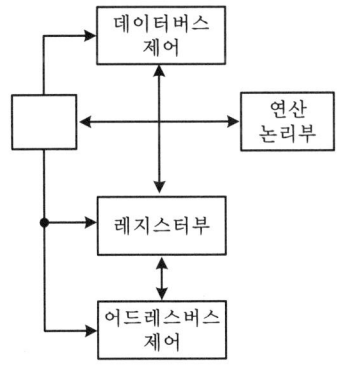

① 제어부
② 프로그램 카운터
③ 메모리 주소부
④ 명령어 해석부

- **CPU는 제어부, 연산부, 레지스터로 구성**
  ① 연산부 : Data의 산술 및 논리 처리
  ② 제어부 : 명령 수행을 위한 제어신호 생성
  ③ 레지스터부 : 자료를 일시 기억하는 임시 기억장치

[정답] ①

03

다음 중 중앙처리장치 (CPU)의 기능이 아닌 것은?

① 명령어 생성(Instruction Create)
② 명령어 인출(Instruction Fetch)
② 명령어 해독(Instruction Deecode)
④ 데이타 인출(Data Fetch)

- **CPU(중앙처리장치)의 기능**
  ① 명령어 인출   ② 명령어 해독
  ③ 데이타 인출   ④ 데이터 처리
  ⑤ 데이터 쓰기

[정답] ①

04

다음 중 CPU의 하드웨어(Hardware) 요소들을 기능별로 분류할 경우 포함되지 않는 것은?

① 연산 기능   ② 제어 기능
③ 입출력 기능   ④ 전달 기능

- **중앙처리장치(CPU:Central Processing Unit)**
  ① CPU는 컴퓨터 시스템 전체의 작동을 통제하고 프로그램의 모든 연산을 수행하는 가장 핵심적인 장치이다.
  ② CPU의 기능 : 제어기능, 연산기능, 기억기능, 전달기능,
  ③ CPU의 구성 : 제어장치, 연산장치 그리고 이들을 연결하여 데이터를 주고받는 버스(내부버스)

[정답] ③

05

다음 중 누산기(Accumulator)에 대한 설명으로 옳은 것은?

① 연산장치에 있는 레지스터의 하나로서 연산결과를 기억하는 장치이다.
② 기억장치 주변에 있는 회로인데 가감승제 계산 논리 연산을 행하는 장치이다
③ 일정한 입력 숫자들을 더하여 그 누계를 항상 보존하는 장치이다
④ 정밀 계산을 위해 특별히 만들어 두어 유효 숫자 개수를 늘리기 위한 것이다.

- **누산기(Accumulator)**
  ① 산술 및 논리연산의 결과를 일시적으로 기억하는 레지스터이다.
  ② 누산기는 기억장치의 일부로서 계산 속도가 빨라질 수 있도록 도와주는 역할을 한다.
  ③ 연산을 할 때는 누산기에 있는 데이터와 주기억 장소에 있는 데이터가 근본이 되어 연산회로에서 처리된 다음, 그 결과가 다시 누산기에 저장된다.

[정답] ①

06
다음 중 자료의 병렬전송을 직렬전송으로 변경하는 레지스터는?

① 명령 레지스터(IR)
② 메모리 주소 레지스터(MAR)
③ 메모리 버퍼 레지스터(MBR)
④ 쉬프트 레지스터(Shift Register)

쉬프트 레지스터(shift Register)는 클럭 펄스에 의해 저장된 데이터를 왼쪽 또는 오른쪽으로 한 비트씩 쉬프트하는 레지스터로서 승산, 제산에 이용한다.

[정답] ④

07
다음 지문이 설명하고 있는 것은?

인출할 명령어의 주소를 가지고 있는 레지스터로 명령어가 인출된 후 내용이 자동적으로 1 또는 명령어 길이만큼 증가하며, 분기 명령어가 실행될 경우 목적지 주소로 갱신한다.

① 기억장치 버퍼 레지스터   ② 누산기
③ 프로그램 카운터   ④ 명령 레지스터

• 레지스터
① 명령레지스터 : 현재 수행중인 명령의 내용을 보관
② 프로그램 카운터 : 다음에 실행하게 될 명령어가 기억되어 있는 주기억 장치의 번지를 기억
③ 메모리 버퍼 레지스터 : 기억장치에 기억될 자료나 기억장치에서 읽어올 자료 보관
④ 누산기 : 연사 시 피가수 및 연산의 결과를 일시적으로 보관하는 레지스터명령 레지스터 : 명령어를 기억하고 있는 레지스터

[정답] ③

08
다음 중 중앙처리장치에서 사용하고 있는 버스(BUS)의 형태에 속하지 않는 것은?

① Address Bus   ② Control Bus
③ Data Bus   ④ System Bus

• 버스의 종류
① Data Bus : Word 크기를 가진다.(양방향 버스)
② Address Bus : 메모리 용량과 관계있는 크기를 갖는다. (단방향 버스)
③ Control Bus(단방향 버스)

[정답] ④

09
다음 보기의 기억장치 중 속도가 가장 빠른 것에서 느린 순서대로 나열한 것으로 맞는 것은?

(1) 캐 쉬   (2) 보조 기억장치
(3) 주 기억장치 (4) 레지스터
(5) 디스크 캐쉬

① (4)-(3)-(1)-(5)-(2)
② (4)-(5)-(3)-(1)-(2)
③ (4)-(1)-(3)-(5)-(2)
④ (4)-(5)-(1)-(3)-(2)

• 기억장치 속도

순서	이름	특징 또는 종류
1	레지스터	연산장치(고속)
2	캐쉬	임시 저장장치
3	주기억장치	ROM, RAM저장
4	디스크 캐쉬	디스크 임시저장
5	보조기억장치	HDD 저장(저속)

[정답] ③

10
자외선을 이용하여 지울 수 있는 메모리로 맞는 것은?

① PROM
② EPROM
③ EEPROM
④ 플래쉬 메모리(Flash Memory)

• ROM (Read Only Memory)

기능	특징
PROM	1회에 한해 지울 수 있음
EPROM	자외선을 이용해 지울 수 있음
EEPROM	전기를 이용해 지울 수 있음 (Electrically Erasable Programmable Rom)

[정답] ②

11
다음 중 동적 RAM(Dynamic RAM)의 특징에 대한 설명으로 틀린 것은?

① 전하의 양을 측정하여 저장 논리 값을 판단한다.
② 전하의 방전 때문에 주기적으로 재충전(Refresh)해야 한다.
③ 1비트를 구성하는 소자가 적어서 단위 면적에 많은 저장장소를 만들 수 있다.
④ 1비트를 구성하는 소자가 적어서 메모리 액세스 속도가 정적 RAM(Static RAM)보다 빠르다.

• **DRAM과 SRAM**

DRAM	SRAM
휘발성 임	휘발성 임
집적도가 높음	집적도가 낮음
제조가 간편하고 대용량	제조가 어렵고 소용량
Refresh가 필요함	Refresh가 필요치 없음
처리 속도가 빠름	처리 속도가 느림

• **RAM(Random Access Memory)**
① RAM은 사용자가 자유롭게 내용을 읽고 쓰고 지울 수 있는 반도체 기억장치이다.
② RAM에 기억된 내용은 전원이 끊기면 지워지는 휘발성 기억장치이다. 이런 특성 때문에 속도는 느리지만 전원이 끊어져도 정보를 저장할 수 있는 자기테이프, 플로피디스크, 하드디스크 등의 보조기억장치에 사용된다.
③ RAM에는 정적 램(Static RAM)과 동적 램(Dynamic RAM)이 있다.

[정답] ④

12. 다음 중 플립플롭(Flip-Flop) 회로를 사용하여 만들어진 메모리는?

① Dram(Dynamic Random Access Memory)
② SRAM(Static Random Access Memory)
③ ROM(Read Only Memory)
④ BIOS(Basic Input Output System)

SRAM은 플립플롭으로 제작
DRAM은 전하 충전을 이용하는 콘덴서로 제작

[정답] ②

13. 다음 내용은 어떤 용어에 대한 설명인가?

가상기억장치 시스템에서, 프로그램이 접근한 페이지나 세그먼트를 디스크에서 주기억 장치로 로드(Load)하기 위한 과정에서 페이지 부재(Page Fault)가 빈번히 발생하여 프로그램의 처리 속도가 급격히 떨어지는 상태를 말하며, 이러한 상태는 시스템이 처리할 수 있는 것보다 더 많은 작업을 실행시킬 경우 발생한다.

① 오버레이(Overlay)   ② 스래싱(Thrashing)
③ 데드락(Deadlocks)   ④ 덤프(Dump)

• **스래싱(Thrashing)현상**
프로세스들이 진행되는 과정에서 페이지 부재가 너무 빈번하게 발생되어 실제로 프로세스들을 처리하는 시간보다 페이지 교체시간이 더 많아 CPU의 효율이 떨어지는 현상

[정답] ②

14. 메모리 인터리빙(Memory Interleaving)의 사용 목적은?

① 메모리의 저장 공간을 높이기 위해서
② CPU의 Idle Time을 없애기 위해서
③ 메모리의 Access 횟수를 줄이기 위해서
④ 명령들의 Memory Access 충돌을 막기 위해서

메모리 인터리빙이란 명령들의 Memory Access 충돌을 막기 위해서 사용된다.

[정답] ④

15. 다음 중 자기 디스크의 특징이 아닌 것은?

① 자기 드럼보다 Access Time이 빠르다
② 자기 드럼보다 기억용량이 매우 크다.
③ 각각의 트랙에는 데이터가 고정 크기의 블록 단위로 저장된다.
④ 고속, 대용량의 보조기억장치로 널리 이용된다.

• **자기디스크**
① 고정길이 블록으로 트랙에 저장
② 고속, 대용량 보조기억장치임
③ 자기드럼 보다 기억용량이 큼
④ 단, 자기드럼은 Access Time이 매우 빠름

[정답] ①

16. 디스크를 사용하려면 최초에 반드시 해야 할 사항은 무엇인가?

① 내용을 지우고 잠근다.   ② 파티션을 만들고 포맷한다.
③ 폴더와 파일들로 채운다.   ④ 시분할(time slice)한다.

• **파티션(Partition) 과 포맷(Format)**
하드디스크를 처음 사용하기 위해 부팅디스크의 파티션을 나눈 뒤, Format을 해야만 사용가능함

[정답] ②

17. 디스크 오류가 발생하였을 때, 디스크를 재구성하지 않고 복사된 것을 대체함으로써 데이터를 복구할 수 있는 RAID 레벨(Level)은?

① RAID 0   나.RAID 1
③ RAID 3   ④ RAID 5

[정답] ②

18
다음 출력 장치들 중 인쇄활자를 이용하는 것은 무엇인가?

① 라인 프린터(line printer)
② 도트 매트릭스 프린터(dot matrix printer)
③ 레이저 프린터(laser printer)
④ 잉크젯 프린터(inkjet printer)

• 프린터

프린터	특 징
라인 프린터	활자식 라인프린터
도트 매트릭스 프린터	충격식 프린터
레이저 프린터	비충격식 프린터
잉크젯 프린터	비충격식 프린터

[정답] ①

19
다음 중 입력 장치에 사용되는 매체가 아닌 것은?

① 천공 카드(punch card)
② 사운드 카드(sound card)
③ OMR 카드
④ 바 코드(bar code)

• 입력장치(Input Device)
문자, 기호, 그림들을 컴퓨터에 입력할 수 있는 외부 장치임
사운드 카드는 오디오 출력장치임

[정답] ②

20
다음 중 콘솔(Console)에 대한 설명으로 옳은 것은?

① 컴퓨터의 상태를 감시하고, 운용자의 필요에 의해서 동작에 개입할 수 있도록 설치된 단말기이다.
② 주 기억 장치의 용량 부족을 보충하기 위해 외부에 부착하는 저장용 단말기이다.
③ 타자기와 비슷한 형태의 입력 장치로서, 문자나 숫자의 키(Key)를 눌러서 컴퓨터에 입력시키는 단말기이다.
④ 컴퓨터에서 처리된 결과를 인쇄하는 데 사용되는 단말기이다.

콘솔(Console) = 표준 입출력 장치 = Keyboard + Monitor
키보드와 모니터로 구성되어 오퍼레이터가 컴퓨터의 작동을 통제하는 장치로 다음과 같은 일을 수행한다.
① 작업의 시동과 정지를 명한다.
② 레지스터나 카운터의 값을 결정
③ 컴퓨터의 작동 정지시 작업의 재개
④ 입출력 장치의 선택과 변경

[정답] ①

21
I/O 채널(channel)의 설명 중 맞지 않는 것은?

① CPU는 일련의 I/O동작을 지시하고 그 동작 전체가 완료된 시점에서만 인터럽트를 받는다.
② 입출력 동작을 위한 명령문 세트를 가진 프로세서를 포함하고 있다.
③ 선택기 채널(selector channel)은 여러 개의 고속 장치들을 제어한다.
④ 멀티플렉서 채널(multiplex channel)에는 보통 하드디스크 장치들을 연결한다.

• I/O Channel
입출력 채널은 입출력장치 와 주기억장치 사이에서 데이터 전송을 담당하는 전용처리기임.

종 류	특 징
셀렉터 채널	고속 입출력장치 채널
멀티 플렉서 채널	저속 입출력장치 채널
블록 멀티 플렉서 채널	여러 대의 고속장치 채널

[정답] ④

22
다음 중 비동기 인터페이스(Asynchronous Interface)에 대한 설명으로 틀린 것은?

① 컴퓨터와 입출력 장치가 데이터를 주고받을 때 일정한 클록 신호의 속도에 맞추어 약정된 신호에 의해 동기를 맞추는 방식이다.
② 동기를 맞추는 약정된 신호는 시작(Start),종료(Stop) 비트 신호이다.
③ 컴퓨터 내에 있는 입출력 시스템의 전송 속도와 입출력 장치의 속도가 현저하게 다를 때 사용한다.
④ 일반적으로 컴퓨터 본체와 주변 장치 간에 직렬 데이터 전송을 하기 위해 사용된다.

비동기 처리 방법은 독립적인 처리 방법을 의미한다. 클럭 신호에 맞춰서 처리하는 하는 방법은 동기 방법을 의미한다.

[정답] ①

③ 운영체제

23 17/3

다음 중 병렬 입출력 방식(Parallel Input Output)에 대한 설명이 아닌 것은?

① 입·출력 제어장치와 입·출력 장치 사이에 데이터 1~N 바이트(byte)씩 병렬로 전송하는 방식이다.
② 고속 데이터 전송에 적합하다
③ 단거리 전송에 이용된다.
④ 데이터 각 byte의 시작과 끝을 인식하도록 시작과 정지 비트를 사용한다.

- **병렬 입출력(PIPO : Parallel Input Parallel Output)**
  ① PIPO는 병렬 인터페이스를 통해 중앙처리장치와 주변장치 사이에서 데이터를 주고받는 것을 말한다.
  ② PIPO는 하나의 데이터를 구성하는 여러 개의 비트를 동시에 입출력하는 방식이다.

[정답] ④

25 15/10, 13/10.10/10

시스템 내에 여러 프로세서를 통해 처리 작업을 분담하여 동시에 처리할 수 있다. 따라서 많은 양의 데이터를 처리하고, 빠르게 작업을 완료할 수 있으며, 많은 입출력 장치의 요구를 수용할 수 있다. 이와 같은 시스템은?

① 다중 처리 시스템   ② 혼합 시스템
③ 병렬 인터페이스   ④ 직렬 시스템

- **다중처리시스템(Multi Processing)시스템**
  ① 하나의 컴퓨터 시스템 내에서 여러개의 CPU가 존재하여 CPU들이 각각 작업을 분담하는 것이다.
  ② 각각의 자료가 병렬처리 되어 결과가 합쳐진다.
  ③ 작업속도와 신뢰성이 향상된다.

[정답] ①

01 12/3

운영체제는 컴퓨터 시스템을 구성하는 요소 중의 하나로 시스템에 제공되는 기능(또는 목적)으로 올바르게 짝지어진 것은?

① 편의성-효율성   ② 청각성-정확성
③ 시각성-편의성   ④ 청각성-신속성

- **운영체제(OS Opertating System)**
  ① 컴퓨터와 하드웨어, 사용자 간의 Interface를 위 통합 소프트웨어 개념임
  ② 컴퓨터를 구성하는 각종자원을 효율적으로 관리 할 수 있고, 운영하여 시스템 자원을 향상시키는 시스템프로그램임

[정답] ①

02 11/6

운영체제가 추구하는 목적의 짝이 제대로 지어진 것은?

① 사용자의 독점성과 자원의 효율적 이용
② 사용자의 편리성과 자원의 독점적 이용
③ 사용자의 독점성과 자원의 독점적 이용
④ 사용자의 편리성과 자원의 효율적 이용

- **OS(Operation System) 운영체제**

사용자의 편의성	시스템의 성능향상
다양한 자원을 효율적으로 관리할 수 있음	• 처리능력의 향상 • 응답시간의 단축 • 신뢰성의 향상 • 사용가능도의 향상

[정답] ④

03 11/6

다음 지문은 운영체제의 4가지 목적 중 한 가지를 설명한 것이다. 어떠한 것에 대한 설명인가?

> 컴퓨터 시스템 사용 시 어느 정도로 빨리 이용할 수 있는지를 나타내는 것으로서, 시스템 자체에 이상이 생겼을 경우, 즉시 회복하여 사용할 수 있는지를 알 수 있다.

① 응답시간의 단축   ② 처리 능력 향상
③ 사용가능성   ④ 자원 스케줄링 기능

- **운영체제의 목적**

사용자의 편의성	시스템의 성능향상
처리시간의 향상	단위시간당 처리량 많음
응답시간의 단축	결과의 응답시간 단축
신뢰성의 향상	올바른 결과를 낼 수 있음
사용가능도의 향상	컴퓨터의 재이용성 향상

[정답] ③

04

다음 중 운영체제(Operating System)의 성능을 극대화하기 위한 조건이 아닌 것은?

① 사용 가능도 증대
② 신뢰도성 향상
③ 처리능력 증대
④ 응답시간(Turn Around Time) 연장

- **운영체제의 성능평가기준**
  ① 처리능력(Throughput)
  ② 응답시간(Turn Around Time)
  ③ 신뢰도(Reliability)
  ④ 사용가능도(Availability)

[정답] ④

05

다음 중 운영체제에 대한 특징으로 틀린 것은?

① 유닉스(Unix) : 네트워크 기능이 강력하며, 다중 사용자 지원이 가능하고, PC에서도 설치 및 운용이 가능한 버전이 있다
② 리눅스(Linux) : 무료로 다운받아 모든 분야에 무료로 널리 사용할 수 있으며, 윈도우즈와 동일한 환경을 제공한다.
③ 윈도우즈(Windows) : 소스가 공개되어 있지 않으며, 많은 사용자들이 보편적으로 사용하고 있다. 서버급 보다는 클라이언트 용으로 주로 사용되고 있다.
④ 도스(DOS) : 명령어를 입력방식으로 불편하며, DOS지원을 위해 메모리와 디스크의 용량에 한계가 있다. 여러 사람이 작업을 할 수 없다.

- **Linux와 Windows와의 차이점**
  ① 리눅스의 커널은 사용자 환경과 커널을 분리하고 있지만, 윈도우의 경우 사용자 인터페이스와 커널이 결합되어 있다.
  ② 리눅스는 여러 사용자가 동시에 서버에 접속하여 사용하도록 고안된 운영체제이지만 윈도우는 개발 당시부터 개인 PC 사용하는 단일 사용자 환경을 고려하여 만들어진 운영체제이다.
  ③ 리눅스의 경우 OS 및 응용프로그램들의 환경 설정 파일을 대부분 텍스트 파일 형식으로 저장하여 사용하는 것이 대부분이지만, 윈도우의 경우 레지스트리라는 특별한 데이터베이스에 설정 정보를 저장한다.

[정답] ②

06

다음 중 운영체제에 대한 설명으로 틀린 것은?

① 시스템을 관리하고 제어하는 기능을 가진다.
② 윈도우나 유닉스는 명령어 실행과 수행방법이 같다.
③ 대표적인 운영체제는 윈도우 XP, 윈도우 7, 리눅스 등이 있다.
④ 컴퓨터와 사용자 간에 중재적인 역할을 한다.

Windows, Linux는 서로 다른 운영체제이기 때문에 명령어 실행과 수행방법이 다르다. 윈도우는 GUI형태이지만 리눅스는 Commend형태로 사용된다. (리눅스도 GUI 버전이 있음)

[정답] ②

07

다음 지문에서 설명하고 있는 운영체제의 종류는?

> 서버급 운영체제이면서도 무료 버전이며, 소스가 공개되어 있어 사용자들이 원하는 기능을 추가하거나 변경할 수 있다. 또한 서버용 프로그램들이 기본으로 갖고 있으며, 임베디드에도 널리 응용되고 있다.

① 유닉스(Unix)   ② 리눅스(Linux)
③ 윈도우즈(Windows)   ④ 맥(Mac) O/S

- **리눅스**
  ① 유닉스 기반의 모델로 다중작업, 다중사용자 시스템으로 설계되었다. 리눅스는 워크스테이션이나 개인용 컴퓨터에서 주요 활용된다.
  ② 공개된 OPEN Source OS로 사용자가 사용하고 쉽고 무료이다.
  ③ 사용자 스스로 프로그램에 대한 책임을 져야하며, 사후관리가 어려운 문제 등이 있다.

[정답] ②

08

다음 문장에서 설명하는 운영체제의 유형은?

> 부분적으로 일어나는 장애를 시스템이 즉시 찾아내어 순간적으로 복구함으로써 시스템의 처리중단이나 데이터의 유실과 훼손을 막을 수 있는 시스템 방식으로 특히 자원의 중복성에도 불구하고 특별한 관리가 필요한 정보처리에 매우 유용하다.

① 시분할 시스템(Time-sharing System)
② 다중 처리(Multi-processing)
③ 다중 프로그램(Multi-programming)
④ 결함허용 시스템(Fault-tolerant System)

- **운영체제의 운영방식**
  ① 다중프로그래밍(Multiprogramming)
     한대의 컴퓨터에 여러 프로그램을 동시에 실행
  ② 다중처리(Multiprocessing,멀티프로세싱)
     한대의 컴퓨터에 두개이상의 CPU가 설치 실행
  ③ 실시간처리(Real Time Processing)
     즉시 처리하는 시스템
  ④ 일괄처리(Batch Processing)
     데이터가 일정양 모이거나 일정시간이 되면 한꺼번에 처리
  ⑤ 시분할시스템(TSS: Time Sharing System)
     시간을 분할하여 다수의 작업을 실행하는 시스템

[정답] ④

09

하나의 컴퓨터에서 한 시점에 한 개 이상의 프로세스들을 효율적으로 지원하는 운영체제의 기능은 무엇인가?

① 다중프로그래밍(multiprogramming)
② 다중프로세싱(multiprocessing)
③ 다중태스킹(multitasking)
④ 다중스레딩(multithreading)

• **다중태스킹(Multi Tasking)**
여러 개의 작업을 동시에 수행 할 수 있다는 뜻으로, 다수의 프로그램을 동시에 실행함을 말한다.

	특 징
멀티프로그래밍	하나의 프로세스에서 다수의 프로세스를 교대로 수행
멀티프로세싱	하나이상의 프로세서가 서로 협력하여 일을 처리함
멀티스레딩	같은 프로그램 여러 개를 동시에 사용하도록 관리하는 것

[정답] ③

10

다음 중 사용자가 단말기에서 여러 프로그램을 동시에 실행시키는 기법은?

① 스풀링(Spooling)
② 다중 프로그래밍(Multi-programming)
③ 다중 처리기(Multi-processor)
④ 다중 태스킹(Multi-tasking)

• **다중태스킹(Multi Tasking)**
여러 개의 작업을 동시에 수행 할 수 있다는 뜻으로, 다수의 프로그램을 동시에 실행함을 말한다.

[정답] ④

11

다중프로그래밍(multi programming)을 위하여 시스템이 갖추어야 할 것 중 관계가 가장 적은 것은?

① 인터럽트(interrupt)
② 가상메모리(virtual memory)
③ 시분할(time slicing)
④ 스풀링(spooling)

• **다중프로그래밍 (Multi Programming)**
① 두 개 이상의 프로그램이 주기억장치에 탑재되어 있어 동시에 시행되는 것을 말함
② 처리능력을 향상시킬 수 있으며, 시스템은 인터럽트, 가상메모리, 스풀링 등의 기능을 요구함
* 시분할은 중앙컴퓨터에 접속할 때 시간적으로 분할(slot)하여 전송하는 방식임

[정답] ③

12

다음 체제에서 설명하는 운영체제 유형은?

> 여러 사용자들이 직접 컴퓨터를 사용하면서 처리하는 방식으로 사용자 위주의 처리방식이다. 중앙의 대형 컴퓨터에 여러 개의 단말기를 연결하여 여러 사용자들의 요구를 처리한다. 예를 들면 은행의 현금 자동 출납기로서 통상 실시간(온라인)처리 시스템이 있다.

① 시분할 시스템 (Time-Sharing System)
② 다중 처리 (Multi-Processing)
③ 대화 처리 (Interactive Processing)
④ 분산 시스템 (Distributed System)

대화식/온라인 시스템 : 사용자와 컴퓨터 간에 온라인으로 연결되어 직접 명령 을 주고 바로 응답을 받을 수 있는 시스템

[정답] ③

13

일정시간 모여진 변동 자료를 어느 시기에 일괄적으로 처리하는 방법은?

① 리얼 타임 프로세싱(Real Time Process-ing) 방식
② 배치 프로세싱(Batch Processing) 방식
③ 타임 세어링 시스템(Time Sharing Sys-tem) 방식
④ 멀티 프로그래밍(Multi Programming) 방식

• **배치 프로세싱(Batch Processing) 방식**
데이터가 일정량 모이거나 일정시간이 되면 한꺼번에 일괄처리하는 방식

[정답] ②

14

다음 중 분산 처리 시스템에 대한 설명으로 틀린 것은?

① 중앙 집중형 시스템 개념과는 반대되는 시스템이다.
② 한 업무를 여러 컴퓨터로 작업을 분담시킴으로써 처리량을 높일 수 있다.
③ 보안성이 매우 높다.
④ 업무량 증가에 따른 점진적인 확장이 용이하다.

• **분산 처리 시스템의 장점**
① 여러 사용자들 사용 가능
② 중앙 컴퓨터의 시스템 부하 감소
③ 연산속도,신뢰도, 사용가능도 향상

• **분산 처리 시스템의 단점**
① 구현 어려움
② 보안 문제 및 시스템의 통일성 저하
③ 설계가 복잡

[정답] ③

15
다음 중 오퍼레이팅 시스템에서 제어프로그램에 속하는 것은?
① 데이터관리 프로그램 ② 언어처리 프로그램
③ 서비스 프로그램 ④ 컴파일러

- 운영체제
  ① 제어프로그램
   - 감시프로그램(Supervisor Program)
   - 작업관리 프로그램(Job Management Program)
   - 자료관리 프로그램(Data Management Program)
   - 통신제어 프로그램(Communication Control Program)
  ② 처리프로그램
   - 언어번역 프로그램(Language Translator)
   - 서비스 프로그램(Service Program)
   - 사용자 작성 문제 처리 프로그램

[정답] ①

16
다음 중 운영체제의 기능이 아닌 것은?
① 파일 관리 ② 장치 관리
③ 메모리 관리 ④ 자료 관리

- 운영체제의 기능
  ① 파일관리
  ② 장치관리
  ③ 메모리관리
  ④ 시스템관리
  ⑤ 메모리 및 저장장치 관리

[정답] ④

17
OS(Operating System) 기능 중 자원 관리에 속하지 않는 것은?
① 기억장치 관리 ② 프로세스 관리
③ 파일 관리 ④ 시스템 관리

OS(Operating System) 기능 중 자원 관리
① Hardware : CPU, Memory, 주변 장치
② Software : Process, Program, File

[정답] ④

18
다음 중 운영체제의 프로세스 관리기능에 속하지 않는 것은?
① 사용자 및 시스템 프로세스의 생성과 제거
② 프로그램내 명령어 형식의 변경
③ 프로세스 동기화를 위한 기법 제공
④ 교착상태 방지를 위한 기법 제공

프로세스(Process)란 현재 CPU에 의해 실행 중인 프로그램으로 프로그램 내의 명령어 형식을 변경하는 기능은 없다.

[정답] ②

19
운영체제는 동일하지 않은 시스템 구조를 지원하기 위해 여러 시스템의 구성요소들을 제공한다. 이러한 시스템의 구성요소 중 지문에 해당하는 용어로 맞는 것은?

> 운영체제의 구성에서 가장 많이 사용되는 요소 중 하나로 일반적인 저장 형태로 정보를 저장할 수 있고, 이를 대용량 저장장치들에 저장 및 관리함으로써 쉽게 사용할 수 있도록 한다.

① 파일 관리 ② 프로세스 관리
③ 주변장치 관리 ④ 레지스터 관리

- 운영체제의 기능

기능	특징
파일 관리	정보의 저장방법에 대한 기능
프로세스 관리	인터럽트등에 대한 대응
주변장치 관리	프런터, HDD등 주변장치 대응
레지스터 관리	연산장치에 대한 대응

[정답] ①

20
자원을 효율적으로 관리하기 위한 운영체제의 추가관리기능들로 올바르게 나열 된 것은?
① 프로세스관리기능-명령해석기시스템- 보호시스템
② 명령해석기시스템-보호시스템-네트워킹
③ 주기억장치관리-네트워킹 -명령해석기시스템
④ 주변장치관리기능-보호시스템-네트워킹

- 운영체제의 구성

시스템구성요소	추가구성요소
• 메모리 및 프로세스 • 장치 및 파일	• 보호시스템 • 네트워킹 • 명령해석기 시스템

[정답] ②

21
최근 운영체제들은 다양한 기능과 사용자의 편의성을 개선한 GUI가 개발되고 있으며 컴퓨터 시스템의 운영에 필요한 자원관리기능을 향상시키기 위한 연구도 진행되고 있다. 이와 같은 운영체제의 지원관리기능에 속하지 않는 것은?
① 메모리 ② 컴파일러
③ 주변장치 ④ 데이터

컴파일러는 기계어를 응용프로그램으로 변환시켜주는 일종의 언어 변환기로 원시 프로그램을 실제 사용 할 수 있도록 목적 프로그램으로 변환시켜 주는 기능을 수행한다.
원시프로그램-〉 컴파일러-〉 목적프로그램"

[정답] ②

22

운영체제에서 컴퓨터 시스템 내의 물리적인 장치인 CPU, 메모리, 입출력장치 등과 논리적 자원인 파일들이 효율적으로 고유의 기능을 수행하도록 관리하고 제어하는 부분은 다음 중 무엇인가?

① 메모리 ② GUI
③ 커널 ④ I/O

> 커널은 하드웨어와 운영체제 사이에서 핵심자원들을(메모리, Processor) 관리해 주는 핵심적인 역할을 수행한다.
>
> [정답] ③

23

가상기억장치 구현방법의 한 가지로, 기억 장치를 동일한 크기의 페이지 단위로 나누고 페이지 단위로 주소 변환 및 대체를 하는 방식은??

① 논리 메모리 분할 기법 ② 페이징 기법
③ 스케줄링 기법 ④ 세그먼테이션 기법

> • 가상기억장치 관리기법
> ① 페이징 기법
> 　가상기억장치를 모두 같은 크기의 블록으로 편성하여 운용하는 기법이다. 이때의 일정한 크기를 가진 블록을 페이지(page)라고 한다
> ② 세그먼테이션 기법
> 　세그먼테이션(블록크기 다름)로 기억장치를 구성하는 방식
>
> [정답] ②

24

효율적인 입·출력을 위하여 고속의 CPU와 저속의 입·출력장치가 동시에 독립적으로 동작하게 하여 높은 효율로 여러 작업을 병행 수행할 수 있도록 해줌으로써 다중 프로그래밍 시스템의 성능 향상을 가져올 수 있게 하는 방법은?

① 페이징(Paging) ② 버퍼링(Buffering)
③ 스풀링(Spooling) ④ 인터럽트(Interrupt)

> • 스풀링(spooling)
> ① 스풀링은 버퍼링의 일종으로, 주변장치와 중앙처리장치의 처리 속도 차이에 의한 대기시간을 줄이기 위해 사용하는 기법이다.
> ② 스풀링이란 병행 처리라고 하며 프린터와 같은 저속의 입출력장치를 중앙처리장치와 병행하여 작동시켜 컴퓨터 전체의 처리 효율을 높이는 기능을 한다.
> ③ CPU나 사용자는 저속의 주변 장치의 처리를 기다리지 않고 처리를 계속하기 때문에, 작업 효율이 대폭 향상되므로 복수의 프로그램이나 작업을 병행 처리할 수 있다.
>
> [정답] ③

25

대기 중인 프로세서가 요청한 자원들이 다른 대기 중인 프로세스에 의해서 점유되어 다시 프로세스 상태를 변경시킬 수 없는 경우가 발생하게 되는데 이러한 상황을 무엇이라 하는가?

① 한계 버퍼 문제 ② 교착상태
③ 페이지 부재상태 ④ 스레싱(Thrashing)

> • 교착상태(Deadlock)
> ① 프로세스가 작업을 계속할 수 없는 상태를 말함
> ② 다중프로그램 상에서 자원을 공유할 때, 프로세스간의 충돌 또는 지연되는 현상을 말함
> ③ 교착상태를 해결하기 위해 교착상태예방, 교착상태 회피 방법을 사용함
>
> [정답] ②

26

다음 중 교착상태(Deadlock)의 필요조건이 아닌것은?

① 상호배제 ② 점유와 대기
③ 자원할당 ④ 비선점

> • 교착상태 발생의 4가지 필요충분조건
> ① 상호배제 : 필요한 자원에 대한 각 프로세서가 배타적 통제권을 요구할 때
> ② 점유와 대기 : 자원을 할당받은 상태에서 다른 자원을 요구할 때
> ③ 비선점: 프로세서의 자원을 강제로 빼앗을 수 없을 때
> ④ 환형대기 : 여러 프로세서가 연속적으로 자원요구 사슬을 구성할 때
>
> [정답] ③

27

다음 중 순차파일(sequential file)의 특징이 아닌 것은?

① 새로운 레코드를 삽입하는데 효율적이다.
② 레코드 탐색시 선형탐색을 해야 한다.
③ 이전의 레코드를 탐색하려면 파일을 되돌리면 된다.
④ 레코드를 삭제하려면 새로운 파일을 작성해야 한다.

> • 순차파일(Sequential Access Method File)
> ① 파일이 만들어 지거나 파일을 검색할 때, 처음부터 끝까지 순서대로 기록되고 검색되어지는 파일접근 형식을 말함
> ② 기억장소의 낭비가 없고, 순서대로 자료가 기억되어 취급이 용이함
> ③ 레코드 삽입/삭제 시 시간이 오래 걸림
>
> [정답] ③

28. 파일 관리자는 파일 구조에 따라 각기 다른 접근 방법으로 관리한다. 다음 중 저장공간의 효율성이 가장 높은 파일 구조는 어느 것인가?

① 직접 파일(Direct File)
② 순차 파일(Sequential File)
③ 색인 순차 파일(Indexed Sequential File)
④ 분할 파일(Partitioned File)

- **순차파일(Sequential Access Method File)**
  ① 파일이 만들어 지거나 파일을 검색할 때, 처음부터 끝까지 순서대로 기록되고 검색되어지는 파일접근 형식을 말함
  ② 기억장소의 낭비가 없고, 순서대로 자료가 기억되어 취급이 용이함
  ③ 레코드 삽입/삭제 시 시간이 오래 걸림

[정답] ②

29. 순차탐색(sequential search)에서 n개의 자료에 대해 평균 키 비교 횟수는 얼마인가?

① $n/2$
② n
③ $(n+1)/2$
④ $n+1$

일렬로 된 자료를 처음부터 마지막까지 순서대로 검색하는 방법을 순차검색이라 함. 순차검색의 평균 비교횟수는 $(n+1)/2$ 임.

- **탐색(Search)**
  ① 기억장치에 저장된 파일에서 주어진 조건에 맞는 자료를 찾는 작업이다.
  ② 순차탐색 또는 선형탐색은 탐색대상이 되는 파일에서 특정 레코드를 탐색할 때 처음부터 하나씩 탐색하여 찾는 방법이다.
  ③ 파일이 크면 탐색시간이 증가된다.
  ∴ 평균 비교 횟수 = $(n+1)/2$

[정답] ③

30. 다음 중 선점형 스케줄링 (Preemptive Process Scheduling)에 해당하지 않는 것은?

① SJF(Shortest Job First) 스케줄링
② RR(Round Robin) 스케줄링
③ SRT(Shortest Remaining Time) 스케줄링
④ MFQ(Multi-level Feedback Queue) 스케줄링

- **선점형 스케줄링(Preemptive Process Scheduling)**
  어떤 프로세스가 CPU를 할당받아 실행중에 있어도, 다른프로세서가 CPU를 강제로 점유 할 수 있는 방식
  ① 라운드로빈(Round-robin):시분할시스템에서 사용
  ② SRT(Shortest Remaining Time): 남은 작업시간이 짧은 것부터
  ③ MFQ(Multi-level Feedback Queue)
     SJF(Shortest Job First) 스케줄링은 비선점형이다

[정답] ①

31. 다음 지문의 내용에 해당하는 프로세스 스케줄링기법은?

실행중인 프로세서로부터 프로세서를 선점할 수 있게 하는 선점 스케줄링 기법 중에 하나이다. 각각의 프로세서에게 시간할당을 신중히 해야 하며, 시스템 성능이 많이 달라질 수 있으며, 대화형 시스템이나 시분할 시스템에 적합하다. 만약 할당된 시간 내에 작업을 처리하지 못하면 준비 큐의 맨 뒤로 가게 되고 준비 중인 다음 프로세서에게 프로세서를 할당하는 기법이다.

① HRN(High Response ratio Next Scheduling)
② SRT(Shortest Remanining Time Scheduling)
③ SPN(Shortest Process Next Scheduling)
④ RR(Round Robin Scheduling)

- **스케줄링**
  ① 다중 프로그래밍 운영체제에서 자원의 성능을 향상하고, 효율적인 프로세스의 관리를 위해 작업순서를 결정하는 것을 말한다.
  ② 라운드로빈 스케줄링
     - FIFO(First Input First Output)으로 동작
     - 타임 슬라이스에 의해 시간적 제한이 있다.
     - 시분할 시스템에 효과적인 방식이다.

[정답] ④

32. 다음 중 스케줄링에 대한 설명으로 틀린 것은?

① 스케줄링이란 프로세스들의 자원 사용 순서를 결정하는 것을 말한다.
② 선점 기법은 프로세스가 점유하고 있는 자원을 다른 프로세스가 빼앗을 수 있는 기법을 말한다.
③ 선점 기법은 우선순위가 높은 프로세스가 급히 수행되어야 할 경우 사용된다.
④ 비선점 기법은 실시간 대화식 시스템에서 주로 사용된다.

실시간 대화식 시스템에서는 선점 기법이 사용된다.

[정답] ④

34. 다음 보기에 해당하는 디스크 스케줄링 기법은?

어떠한 디스크 요청을 처리하기 위해 헤드가 먼 곳까지 이동하기 전에 헤드위치에 가까운 요구를 먼저 처리한다.

① 선입 선처리 스케줄링(First Come First Served)
② 최소 탐색 우선 스케줄링(Shortest Seek Time First)
③ 주사(Scan) 스케줄링
④ 순환주사(Circular Scan) 스케줄링

- **디스크 스케줄링**

운영체제가 프로세스들이 디스크를 읽거나 쓰려는 요청을 받았을 때 우선순위를 정해주고 관리하는 것을 말한다.

스케줄링	특 징
FCFS	요청이 들어온 순서대로 처리
SSTF	가까운 실린더에 대한 요청부터 처리
SCAN	디스크 한쪽 끝에서 반대쪽이동 처리 마지막도착 후 반대방향으로 Scan
C-SCAN	디스크 한쪽 끝에서 반대쪽이동 처리 마지막도착 후 처음부터 Scan
C-LOOK	C-SCAN에서 첫 단계 까지만 실행
SLTF	회전지연시간을 측정하여 적응적 처리

[정답] ②

35

메모리관리에서 빈 공간을 관리하는 free 리스트를 끝까지 탐색하여 요구되는 크기보다 더 크며 그 차이가 제일 작은 노드를 찾아 할당해주는 방법은 어느 것인가?

① 최초적합(first-fit)   ② 최적적합(best-fit)
③ 최악적합(worst-fit)   ④ 최후적합(last-fit)

- **Fit의 종류**

하드디스크를 할당할 때 빈공간을 찾아주고 할당해 주는 기능을 말함

종 류	특 징
First Fit	가장 첫 번째 만나는 영역을 할당
Best Fit	메모리 크기에 적응적으로 할당
Worst Fit	최대 가용 공간을 할당

[정답] ②

36

SJF(Shortest-Job-First)정책으로 관리하는 시스템에 프로세스 p1, p2, p3, p4, p5가 동시에 도착했③ 다음 표와 같이 프로세스가 정의되었을 때 p3의 반환시간(Turn-Around Time)은 얼마인가?

프로세스	CPU 사용시간	우선순위
p1	2 [ms]	3
p2	1 [ms]	1
p3	8 [ms]	3
p4	5 [ms]	2
p5	1 [ms]	4

① 11[ms]   ② 14[ms]
③ 16[ms]   ④ 17[ms]

- **SJF(Shortest-Job-First)정책**

우선순위의 숫자가 낮은 것부터 시작
우선순위가 같을 때는 CPU사용시간이 작은 것부터 시작

P2	P4	P1	P3	P5
0 1	6	8	16	17

반환시간은 작업완료시간-도착시간이므로 16-0, 따라서 16[ms]

[정답] ③

④ 소프트웨어 일반

01

마이크로컴퓨터의 기본 정보는 '0'과 '1'로만 표현되며, 이러한 부호의 조합을 명령(instruction) 이라고 한다. 그리고 명령들은 어떤 목적과 규칙에 따라 나열되고, 메모리에 저장되는데 이것을 무엇이라 하는가?

① 데이터(DATA)   ② 소프트웨어(Software)
③ 신호(Signal)   ④ 2진 코드

소프트웨어에 대한 설명임.

[정답] ②

02

다음 중 소프트웨어의 유형과 특징이 올바른 것은?

① 베타버전 : 개발 중인 하드웨어/소프트웨어에 붙는 제품 버전으로 개발 초기 단계에서 개발 기업 내 또는 일반의 사용자에게 배포하여 시험하는 초기 버전
② 알파버전 : 소프트웨어를 정식으로 발표하기 전에 발견하지 못한 오류를 찾아내기 위해 회사가 특정 사용자들에게 배포하는 시험용 소프트웨어
③ 프리웨어 : 별도로 판매되는 제품들을 묶어 하나의 패키지로 만들어 판매하는 형태로, 컴퓨터 시스템을 구입할 때 컴퓨터 시스템을 구성하는 하드웨어 장치와 프로그램 등을 모두 하나로 묶어 구입하는 방법
④ 공개소프트웨어 : 누구나 자유롭게 사용하고 수정하거나 재배포 할 수 있도록 공개하는 소프트웨어로, 누구에게나 이용과 복제, 배포가 자유롭다는 뜻의 소프트웨어

① 베타버전: 정식 출시전에 유저에게 시험 사용
② 알파버전: 개발 초기에 성능이나 사용성 평가를 위해 테스터나 개발자를 위한 버전
③ 프리웨어: 제작자가 무료로 쓰도록 제작한 소프트웨어

[정답] ④

03
15/3, 12/6
다음 중 프로그램의 종류에 대한 설명으로 틀린 것은?
① 베타버전이랑 개발자가 사용화하기 전에 테스트용으로 배포하는 것을 말한다.
② 쉐어웨어란 기간이나 기능 제한 없이 무료로 사용하는 것을 말한다.
③ 데모버전이란 기간이나 기능을 제한을 두고 무료로 사용하는 것을 말한다.
③ 테스트버전이란 데모버전이나 오류를 찾기 위해 배포하는 것을 말한다.

① 쉐어 웨어 : 일정 기간 동안 사용해 본 후 필요시 구매하여 사용하는 소프트웨어이다.
② 프리 웨어 : 기간이나 기능 제한 없이 무료로 사용하는 소프트웨어이다.
[정답] ②

04
10/3
저작자(개발자)에 의해 무상으로 배포되는 컴퓨터 프로그램으로 개인이나 열광자(enthusiast)가 자기의 작품에 대해 동호인들의 평가를 받기 위해서 또는 개인적 만족감을 얻기 위해서 사용자 집단(user group), PC 통신망의 전자 게시판이나 공개 자료실, 인터넷의 유즈넷(Usenet)등을 통해 배포하는 소프트웨어는?
① 프리웨어　② 공개소프트웨어(PDS)
③ 쉐어웨어　④ 번들

◆ 프리웨어
① 웹상에서 사용할 수 있는 프로그램으로, 무료로 사용할 수 있지만 기능은 제한적이다.
② 쉐어웨어 : 일정기간 동안만 무료로 사용
[정답] ①

05
14/6
다음 중 공개 소프트웨어에 대한 설명으로 틀린 것은?
① 무료의 의미보다는 개방의 의미가 있다.
② 라이센스(License) 정책을 만들어 유지하도록 한다.
③ 모든 상업적인 목적에 사용은 불가하다.
④ 공개 소스 소프트웨어와 같은 의미로 사용한다.

공개소프트웨어는 누구나 사용 할 수 있도록 배포되는 소프트웨어를 말함. 상업 및 비상업용으로 사용할 수 있음.
[정답] ③

06
10/10
컴퓨터에 글이나 그림을 그리는 작업을 위해 사용되는 소프트웨어를 무엇이라 하는가?
① 운영체제　② 유틸리티
③ 응용소프트웨어　④ 시스템소프트웨어

컴퓨터에서 사용되는 모든 프로그램을 응용소프트웨어라 한다.
[정답] ③

07
18/10, 16/6, 01/3, 96/5
다음 중 소프트웨어 프로그램이 아닌 것은?
① 스택　② 컴파일러
③ 로더　④ 응용패키지

스택은 소프트웨어 프로그램이 아니라 레지스터의 일종이다.
[정답] ①

08
18/10, 16/10
몇 개의 관련 있는 데이터 파일을 조직적으로 작성하여 중복된 데이터 항목을 제거한 구조를 무엇이라 하는가?
① Data File　② Data Base
③ Data Program　④ Data Link

Data Base는 몇 개의 관련 있는 데이터 파일을 조직적으로 작성하여 중복된 데이터 항목을 제거한 구조를 말한다.
[정답] ②

09
17/10, 11/3
다음 지문에서 설명하고 있는 소프트웨어의 종류는?

컴퓨터의 작업처리 과정 동안에 동적으로 변경이 불가능한 기억장치에 적재된 프로그램 또는 자료를 말하며, 이를 사용자가 변경할 수 없다. 이러한 프로그램 또는 자료를 소프트웨어로 분류하고, 프로그램 또는 자료가 들어 있는 전기 회로를 하드웨어로 분류한다.

① 펌웨어　② 시스템 소프트웨어
③ 응용 소프트웨어　④ 디바이스 드라이버

◆ Firmware (펌웨어)
① 하드웨어 + 소프트웨어의 기능을 가진 것으로 최소한의 동작(기능)을 할 수 있도록 제작한 모듈임
② 펌웨어는 시스템의 효율을 향상시키기 위해 기억장치(ROM)에 적재된 프로그램을 말함.
[정답] ①

10

16/3,14/10,12/10,11/10

다음 내용이 의미하는 소프트웨어는 무엇인가?

상하 관계나 동종 관계로 구분할 수 있는 프로그램들 사이에서 매개 역할을 하거나 프레임워크 역할을 하는 일련의 중간 계층 프로그램을 말하며, 일반적으로 응용 프로그램과 운영체제의 중간에 위치하여 사용자에게 시스템 하부에 존재하는 하드웨어, 운영체제, 네트워크에 상관없이 서비스를 제공한다.

① 유틸리티 ② 디바이스 드라이버
③ 응용소프트웨어 ④ 미들웨어

◆ **미들웨어(middleware)**
① 미들웨어는 여러 운영 체제(Unix, Windows등)에서 응용 프로그램들 사이에 위치한 소프트웨어를 말한다.
② 미들웨어는 각기 분리된 두 개의 프로그램 사이에서, 매개 역할을 하거나 연합시켜주는 프로그램을 지칭하는 용어임.
③ 미들웨어의 종류에는 TP monitors, DCE, RPC, Database access systems, Message Passing 등

[정답] ④

11

17/10 ,10/3

다음 지문의 괄호 안에 들어갈 용어를 올바르게 나열한 것은?

소프트웨어는 (㉠)와/과 (㉡)으로 나누어 볼 수 있으며, (㉠)에는 (㉢)와/과 운영체제가 있고, (㉡)에는 (㉣)와/과 주문형 소프트웨어가 있다.

① ㉠ 응용소프트웨어 ㉡ 시스템소프트웨어
  ㉢ 유틸리티 ㉣ 패키지
② ㉠ 시스템소프트웨어 ㉡ 응용소프트웨어
  ㉢ 유틸리티 ㉣ 패키지
③ ㉠ 시스템소프트웨어 ㉡ 유틸리티
  ㉢ 응용소프트웨어 ㉣ 패키지
④ ㉠ 응용소프트웨어 ㉡ 시스템소프트웨어
  ㉢ 패키지 ㉣ 유틸리티

[정답] ②

12

13/3,10/10

다음 괄호 안에 들어갈 알맞은 것은?

소프트웨어는 프로그래밍 언어를 통해 개발되는데, 여기에는 소스코드를 모두 기계코드로 변환하고, 하나의 실행파일을 만들어 목적코드를 출력하는 (ⓐ)와(과) 한 번에 한 라인씩 그 프로그램의 각 라인을 번역하고 나서 실행하는 (ⓑ)이(가) 있다.

① ⓐ 컴파일러 ⓑ 인터프리터
② ⓐ 인터프리터 ⓑ 컴파일러
③ ⓐ 어셈블리어 ⓑ 컴파일러
④ ⓐ 인터프리터 ⓑ 어셈블리어

컴파일러와 인터프리터에 대한 설명임.

[정답] ①

13

17/3

다음 중 시스템 소프트웨어에 대한 설명으로 틀린것은?

① 시스템 소프트웨어와 응용 소프트웨어로 구별할 수 있다.
② 시스템 소프트웨어는 관리, 지원, 개발 등으로 분류할 수 있다.
③ 스프레드시트, 데이터베이스 등은 대표적인 시스템 소프트웨어이다.
④ 운영체제는 대표적인 시스템 소프트웨어이다.

응용 소프트웨어는 어떤 목적을 달성하기 위해서 만들어진 프로그램으로 워드 프로세서, 스프레드시트 등이 있다.

[정답] ③

14

18/10

전자계산기 소프트웨어는 시스템 소프트웨어와 응용 소프트웨어의 두 가지 종류로 구분될 수 있다. 다음 중 시스템 소프트웨어가 아닌 것은?

① 과학용 프로그램 ② 운영 시스템
③ 데이터베이스 관리 시스템 ④ 통신 제어 프로그램

용 소프트웨어는 어떤 목적을 달성하기 위해서 만들어진 프로그램으로 과학용 프로그램은 이에 해당한다고 볼 수 있다.

[정답] ①

15

13/10

다음 중 설명이 틀린 것은?

① 하드웨어가 이해할 수 있는 언어를 기계어라고 부른다.
② 기계어에 대응되어 만들어지는 어셈블리어는 각각 다르다.
③ C,PASCAL,FORTRAN 등은 고급언어이다.
④ 어셈블리어는 기계어라고 부른다.

① 기계어는 0과 1로 표현되는 언어(Low Level)임.
② 어셈블리어는 명령어를 가진 프로그래밍언어임.
③ 프로그래밍 언어를 좀더 쉽고 간편하게 만든 것이 C, PASCAL, FORTRAN 등이 있음.

[정답] ④

16
다음 중 기계어로 번역된 프로그램은?

① 목적 프로그램(Object Program)
② 원시 프로그램(Source Program)
③ 컴파일러(Compiler)
④ 로더(Loader)

> 원시 프로그램을 컴파일러나 어셈블러에 의해 번역하면 목적 프로그램이 만들어 진다. 목적 프로그램은 링커에 의해 실행 가능한 프로그램을 만들어진다.
> ① 컴파일러 : 고급언어로 작성된 원시 프로그램을 번역해주는 번역기이다.
> ② 로더 : 실행 가능한 프로그램을 메모리에 적재시키는 소프트웨어이다.
>
> **[정답] ①**

17
다음 문장의 결과 값은?

| mov cx, 4 | mov dx, 7 | sub dx, cx |

① 3 ② 4
③ 5 ④ 2

> • **어셈블리어(Assembly Language)**
> 어셈블리어는 기계어를 인간이 기억하기 쉬운 기호로 바꾸어 놓은 기호식 언어
>
> | 명령어 | 의 미 |
> |---|---|
> | mov cx, 4 | cx 레지스터에 4를 저장 |
> | mov dx, 7 | dx 레지스터에 7을 저장 |
> | sub dx, cx | dx에서 cx를 뺀 후 내용을 dx에 저장한다. ∴ 7−4=3 |
>
> **[정답] ①**

18
다음 중 컴파일러(Compiler)에 대한 설명으로 옳은 것은?

① 고급(High Level) 언어를 기계어로 번역하는 언어번역 프로그램이다.
② 일정한 기호형태를 기계어와 일대일로 대응시키는 언어번역 프로그램이다.
③ 시스템이 취급하는 여러 가지의 데이터를 표준적인 방법으로 총괄 관리하는 프로그램이다.
④ 프로그램과 프로그램 간에 주어진 요소(Factor)들을 서로 연계시켜 하나로 결합하는 기능을 수행하는 프로그램이다.

> 컴파일러(Compiler)는 고급(High Level) 언어를 기계어로 번역하는 언어번역 프로그램이다.
>
> **[정답] ①**

19
다음 중 컴파일러(Compiler) 언어에 대한 설명으로 틀린 것은?

① 문제 중심의 고급언어
② 프로그램 작성과 수정이 용이
③ 기계중심의 언어
④ 컴퓨터 기종에 관계없이 공통사용

> 기계 중심의 언어는 기계어나 어셈블리어가 있다.
>
> **[정답] ③**

20
다음 중 자바(java) 언어의 특징으로 옳지 않은 것은?

① 객체지향언어의 장점을 가지고 있다.
② 컴파일러 언어이다.
③ 분산 환경에 알맞은 네트워크 언어이다.
④ 플랫폼에 무관한 이식이 가능한 언어이다.

> 자바는 객체 지향적이며, 분산 환경을 지원함. 이식성이 매우 높으며, 웹을 기본환경으로 하고 있음. 자바는 인터프리터 언어이다.
>
> **[정답] ②**

21
다음 중 언어번역 프로그램에 속하지 않는 것은?

① Assembler ② Compiler
③ Generator ④ Supervisor

> Supervisor는 OS의 제어 프로그램에 속한다.
>
> **[정답] ④**

22
프로그램 구현 시 목적파일(Object File)을 실행 파일(Execute File)로 변환해 주는 프로그램은?

① 링커(Linker)
② 프리프로세서(Preprocessor)
③ 인터프리터(Interpreter)
④ 컴파일러(Compiler)

> 프리프로세서, 인터프리터, 컴파일러는 언어 번역기 프로그램이다.
>
> **[정답] ①**

23
컴퓨터의 운영체제에서 로더(loader)란 실행 프로그램 혹은 데이터를 주기억 장치내의 일정한 번지에 저장하는 작업을 말하는 것이다. 다음 중 로더의 주요 기능이 아닌 것은?
① 프로그램과 프로그램 간의 연결(Linking)을 수행한다.
② 출력 데이터에 대해 일시 저장(spooling) 기능을 수행한다.
③ 프로그램이 실행될 수 있도록 번지수를 재배치(relocation) 한다.
④ 프로그램 또는 데이터가 저장된 번지수를 계산하고 할당(allocation)한다.

* 로더의 주요기능
① 컴퓨터 운영체제의 일부분임
② 하드디스크에 저장되어있는 특정 프로그램을 찾아 주기억장치에 적재하고, 실행하도록 하는 역할
③ 컴퓨터 시스템 소프트웨어는 운영체제, 컴파일러, 어셈블러, 로더 등으로 구성됨.

[정답] ②

24
다음중 C언어의 특징으로 틀린것은?
① C언어자체는 입출력 기능이 없다.
② C언어는 포인터의 주소를 계산할 수 있다.
③ C언어는 연산자가 풍부하지 못하다.
④ 데이터에는 반드시 형(type)선언을 해야 한다.

* C언어(시스템 프로그래밍)
① 다양한 자료형과 풍부한 연산자를 제공하는 언어로 고급언어이면서도 하드웨어 특성을 제어할 수 있다.
② 구조화 프로그램이 가능하며, 확장성과 범용성이 뛰어나다.

[정답] ③

25
객체지향 언어의 세 가지 언어적 주요 특징이 아닌 것은?
① 추상 데이터 타입   ② 상속
③ 동적 바인딩   ④ 로더(Loader)

* 객체지향 언어의 특징
① 상속성 : 재사용의 의미
② 캡슐화 : 정보 숨김의 의미
③ 다형성 : 오버로딩과 오버라이딩 동적 바인딩의 의미
  로더는 보조기억장치에 저장된 파일을 메모리에 적재시키는 기능이다.

[정답] ④

26
다음 중 인터넷 응용에 적합한 객체지향 언어는?
① Fortran   ② Ada
③ Java   ④ Lisp

인터넷 응용프로그램 개발에 가장 많이 사용되고 있는 언어는 JAVA, PHP, JSP, C# 등이 있다.

[정답] ③

5 마이크로프로세서의 구조와 기능

01
다음 중 마이크로컴퓨터의 구성요소가 아닌 것은?
① 마이크로프로세서 ② 운영체제
③ 입출력 인터페이스 ④ 입출력기기

- **마이크로컴퓨터(MicroComputer)**
① 프로그램 메모리, 데이터 메모리, 입출력 포트 등으로 구성된 작은 규모의 컴퓨터 시스템이다.
② 기본시스템의 구성
  • 마이크로프로세서 • I/O인터페이스
  • 메모리   • BUS

[정답] ②

02
다음 지문에 해당하는 것은?

> 이것은 연산과 제어 기능을 갖고 있으며, 소형 컴퓨터나 전자제품 등에 활용된다. 또한 중앙장치의 한 개의 칩으로 구현하였고, 내부에 소형 기억장치를 포함하고 있다.

① 마이크로프로세서 ② 마이크로컴퓨터
③ 연산장치   ④ 마더보드

- **마이크로프로세서**
① CPU(중앙처리장치)를 단일 Chip와 시킨 반도체 소자임
② 주기억장치를 제외한 연산장치, 제어장치, 레지스터를 집적한 것으로 기본적인 연산, 제어, 판단, 기억 의 처리기능을 가짐

[정답] ①

03
다음 그림은 마이크로컴퓨터의 동작 원리를 나타내는 것이다. 빈칸에 들어갈 알맞은 용어는?

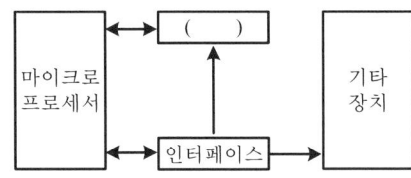

① RAM   ② 중앙처리장치
③ 플로피 디스크 드라이버 ④ 하드디스크

중앙처리장치는 마이크로프로세서, 하드디스크 와 플로피 디스크는 기타 장치 이며, RAM은 저장장치로 하드디스크의 처리속도를 향상시키기 위해 사용되는 임시저장장치임.

[정답] ①

04
마이크로프로세서를 구성하는 요소 장치로 데이터 처리과정에서 필수적으로 요구되는 것들로 올바르게 짝지어진 것은?
① 제어장치, 저장장치 ② 연산장치, 제어장치
③ 저장장치, 산술장치 ④ 논리장치, 산술장치

- **마이크로프로세서의 구성**

제어장치	연산장치
• 시스템의 동작 및 감독 • 컴퓨터의 제반사항 제어	• 수치연산 및 논리연산

[정답] ②

05
다음 중 마이크로프로세서에 대한 설명으로 틀린 것은?
① 마이크로프로세서는 데이터를 시스템 메모리에 쓰거나 시스템 메모리로부터 읽어 들일 수 있다.
② 마이크로프로세서는 데이터를 입출력장치에 쓰거나 입출력 장치로부터 읽어 들일 수 있다.
③ 마이크로프로세서는 시스템 메모리로부터 명령어를 읽어 들일 수 없다.
④ 마이크로프로세서는 데이터를 가공할 수 있다.

마이크로프로세서는 메모리에서 명령을 읽고 이를 수행함으로써, 계산을 하고 논리연산을 수행하고 데이터 흐름을 관리한다.

[정답] ③

06
마이크로프로세서의 구성요소 중에 하나로, CPU와 각 장치들 간에 정보를 교환하기 위한 전송로로서 사용되는 이것을 부르는 용어는?
① 회로 ② 전송선
③ 전선 ④ 버스

- **버스(Bus)**
컴퓨터 신호는 공통된 통신 채널(Communication Channel)을 통해 전송이 이루어지고, 이때 각종 신호들을 운반하는 채널을 'bus'라고 한다.

버스	특징
Data Bus	CPU 와 메모리 사이에서 자료전달
Address Bus	메모리 주소를 지정하는 신호선
Control Bus	CPU내부요소에 제어신호 전달

[정답] ④

07

다음 중 16비트 마이크로프로세서에 속하지 않은 것은?

① 인텔(Intel) 8088
② Zilog Z-8000
③ Motorola 68020
④ 인텔(Intel) 80286

• 마이크로프로세서(Micro-processor)
마이크로프로세서는 컴퓨터의 중앙처리장치(CPU)를 단일 IC칩에 집적시켜 만든 반도체 소자임

프로세서	종 류	용 도
16 − bit	Intel 8088, 80286, Zilog Z8000, Motorola M6800	개인컴퓨터용
32 − bit	Zilog Z80000, Motorola 68020	속도향상 (33[MHz])
64 − bit	IBM686, ALPHA CHIP	워크스테이션, 서버용

[정답] ③

08

마이크로프로세서로 구성된 중앙처리장치는 명령어의 구성방식에 따라 2가지로 나누어 볼 수 있는데 이중 연산 속도를 높이기 위해 처리할 수 있는 명령어의 수를 줄였으며, 단순화된 명령구조로 속도를 최대한 높일 수 있도록 한 것은?

① SCSI
② MISC
③ CISC
④ RISC

• RISC와 CISC
① RISC(Reduced Instruction Set Computer)로 단순한 고정길이의 명령어 집합을 제공하여 속도향상을 목표로한 CPU 임
② CISC(Complex Instruction Set Computer)로 가변 길이의 다양한 명령어를 갖는 CPU종류임

[정답] ④

09

다음 중 RISC의 특징이 아닌 것은?

① 고정된 길이의 명령어 형식으로 디코딩이 간단하다.
② 단일 사이클의 명령어 실행
③ 마이크로프로그램 된 제어보다는 하드와이어된 제어를 채택한다.
④ CISC보다 다양한 어드레싱 모드

RISC(Reduced Instruction Set Computer)로 단순한 고정길이의 명령어 집합을 제공하여 속도향상을 목표로 한 CPU임

[정답] ④

10

다음 문장의 괄호 안에 들어갈 용어로 올바른 것은?

PC에서 사용되는 대부분의 프로세서는 (ⓐ) 기술에 기반을 둔다. (ⓑ) 프로세서와 다른 종류의 컴퓨터에 사용되는 프로세서는 (ⓒ) 기술에 기반을 둔다. (ⓒ) 프로세서는 더 적은 수의 명령을 가지고 있으며, (ⓐ) 프로세서 보다 더 빠르게 수행된다.

① ⓐ CISC   ⓑ PowerPC   ⓒ RISC
② ⓐ PowerPC ⓑ CISC   ⓒ RISC
③ ⓐ RISC   ⓑ PowerPC   ⓒ CISC
④ ⓐ CISC   ⓑ RISC   ⓒ PowerPC

PC에서 사용되는 대부분의 프로세서는 CISC 기술에 기반을 둔다. PowerP C프로세서와 다른 종류의 컴퓨터에 사용되는 프로세서는 RISC 기술에 기반을 둔다. RISC 프로세서는 더 적은 수의 명령을 가지고 있으며, CISC 프로세서 보다 더 빠르게 수행된다.

[정답] ①

11

다음중 마이크로컴퓨터에서 주소(Address) 설계 시 고려사항이 아닌 것은?

① 주소와 기억공간을 독립한다.
② 가상기억방식만 채택한다.
③ 번지는 효율적으로 표현한다.
④ 사용하기 편해야 한다.

마이크로컴퓨터에서 주소 설계 시 고려사항은 독립성, 효율성, 편리성이 있다.

[정답] ②

12

제어장치를 마이크로프로그래밍(Microprogramming)으로 구현하였을 때 하드와이어(Hardwired) 제어장치에 비하여 장점이 되지 않는 것은?

① 제어 속도가 빠르다.
② 제어 장치의 설계를 단순화할 수 있다.
③ 오류 발생률이 낮다.
④ 구현 비용이 적게 든다.

제어장치를 구현하는 방법으로는 논리회로 기법을 이용하는 와이어기법과 마이크로프로그래밍 기법이 있음

고정배선방식	마이크로프로그램방식
• 게이트, 플립플롭 등의 디지털회로를 이용함	• 제어 메모리에 저장된 제어정보를 이용함
• 속도가 빠름	• 속도가 느림
• 구조변경이 어려움	• 구조변경이 간단함

[정답] ①

13

접근시간(Access Time)과 사이클시간(Cycle Time)에 관한 설명으로 틀린 것은?

① 사이클시간이 접근시간보다 대개 시간이 더 걸린다.
② 접근시간은 메모리로부터 정보를 거쳐 오는데 걸리는 시간이다.
③ 접근시간은 주기억장치에만 관계되며 보조기억장치와 상관이 없다.
④ 접근시간은 메모리로부터 정보를 가지고 나와서 다시 재 기억시키는데 걸리는 시간이다.

① 메모리 접근 시간 (access time) ∴ 메모리에 읽기/쓰기 요청이 있은 후 실제 읽기/쓰기 동작이 완료될 때까지 걸리는 시간
② 메모리 사이클 시간 (cycle time)
  - 한번 액세스를 시작한 시각으로부터 다음 액세스가 시작될 때 까지의 시간
  - 메모리 접근 시간 + 다음 접근을 위해 준비에 걸리는 시간

[정답] ③

14

다음 중 컴퓨터 프로그램의 명령에서 연산자의 기능이 아닌 것은?

① 함수연산 기능   ② 전달 기능
③ 제어 기능   ④ 인터럽트 기능

기능	특징
전송기능	레지스터와 레지스터간의 데이타전송
연산기능	레지스터의 정보가 연산장치에 전달
제어기능	제어기능에 의해 정보전달

[정답] ④

15

다음 중 지문에 있는 명령어와 종류가 다른 것은?

마이크로소프트세서를 구동하는 명령어에는 데이터전송 명령어, 처리명령어 및 제어 명령어로 나누어 볼 수 있다.

① Move   ② Store
③ Push   ④ Add

Add는 데이터 처리 명령어중 산술 연산 명령어이고 Move, Store, Push는 데이터 전송 명령어이다.

[정답] ④

16

주소영역(address space)이 1[GB]인 컴퓨터가 있다. 이 컴퓨터의 MAR(memory address register)의 크기는 얼마인가?

① 30 비트   ② 30 바이트
③ 32 비트   ④ 32 바이트

- 메모리 주소 레지스터
① MAR은 실행에 필요한 프로그램이나 데이터가 저장되어 있는 주기억장치의 주소를 기억한다.
② 주소선이 N개(MAR = N[bit])라면 기억용량,
  $M[bit] = 2^{(MAR\,bit\,수)} \times (word 길이)$
  Giga byte = 2^{30}[byte] = $2^{30} \times 8$[bit]
  ∴ MAR의 크기는 30[bit]이다.

[정답] ①

17

CPU가 무엇인가를 하고 있는가를 나타내는 상태를 메이저 상태라고 하는데 다음 중 메이저 상태의 종류에 해당되지 않는 것은?

① Fetch 상태   ② Indirect 상태
③ Timing 상태   ④ Interrupt 상태

Major State는 현재 CPU의 상태를 나타낸다.

명령사이클	역 할
호출(Fitch)	명령을 기억장치에서 읽음
간접(Indirect)	주소를 기억장치에서 읽음
실행(Execute)	데이터를 기억장치에서 읽음
인터럽트(Interrupt)	프로그램내용을 스택에 저장

[정답] ③

18

다음 중앙처리장치의 명령어 사이클 중 (가)에 알맞은 것은?

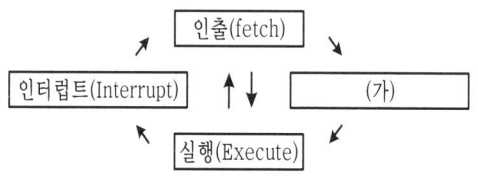

① Instruction   ② Indirect
③ Counter   ④ Control

- 메이저 상태(Major State)
현재 CPU의 상태를 나타냄

명령 사이클	역 할
호출(Fitch)	명령을 기억장치에서 읽음
간접(Indirect)	주소를 기억장치에서 읽음
실행(Execute)	데이터를 기억장치에서 읽음
인터럽트(Interrupt)	프로그램 내용을 스택에 저장

[정답] ②

19
마이크로프로세서의 명령어 실행과정 중, 데이터가 기억장치에 저장되어 있다면, 명령어는 데이터가 저장된 기억장치 주소를 포함한다. 그러나 명령어에 포함되는 주소가 데이터의 주소를 저장하고 있는 기억장치 주소라고 한다면 실행되기 전에 주소를 기억장치로부터 읽어 와야 한다. 이러한 과정을 무엇이라고 하는가?

① 인출 사이클
② 실행 사이클
③ 간접 사이클
④ 직접 사이클

- **간접 사이클**
  ① 명령사이클은 간접사이클(Indirect Cycle)과 인터럽트 사이클(Interrupt Cycle)이 있다.
  ② 간접 사이클은 주기억장치에서 판독한 명령어가 간접 주소지정방식일 때 유효 주소를 주기억장치에서 읽어내는 기능을 수행한다.
  ③ 인터럽트 사이클은 명령어를 실행 도중에 인터럽트가 발생하면 그에 합당하는 인터럽트 처리를 수행한다

  [정답] ③.

20
다음 마이크로프로세서의 명령인출 과정을 올바르게 나열한 것은?

| ㉠ 기억장치 버퍼레지스터(MBR) |
| ㉡ 기억장치 주소 레지스터(MAR) |
| ㉢ 프로그램 카운터(PC) |
| ㉣ 명령 레지스터(IR) |

① IR→ MBR→ MAR→ PC
② PC→ MBR→ MAR→ IR
③ PC→ MAR→ MBR→ IR
④ IR→ MAR→ MBR→ PC

- **명령인출(Fetch Cycle)**
  기억장치내의 지정된 주소에서 명령어가 제어장치에 호출되어 해독되는 과정임
  ① PC → MAR : PC의 내용을 MAR로 전송
  ② MAR → MBR (PC+1 → PC) : 주소가 지정하는 기억장치로부터 읽혀진 명령어가 MBR에 적재
  ③ MBR → IR : MBR의 명령어가 레지스터(IR)로 이동

  [정답] ③

21
다음 지문의 괄호 안에 들어갈 용어는?

| 컴퓨터는 (　) 요청신호가 입력되면 프로그램 실행 중에 있는 CPU가 정상적인 처리를 멈추고, (　)에 대한 처리를 마친 후, 정상적인 처리를 다시 수행하게 된다. |

① Recursive
② DUMP
③ DMA
④ Interrupt

- **인터럽트(Interrupt)**
  시스템의 예기치 않은 상황이 발생한 것을 인터럽트라고 하며 인터럽트 복귀 주소 저장은 스택포인터에 한다.

  [정답] ④

22
다음 중 인터럽트의 발생 원인에 대한 설명으로 틀린 것은?

① 컴퓨터 구성품의 물리적 결함
② 주변 장치들의 동작에 따른 중앙처리장치에 대한 기능 요청
③ 프로그램 내 A 루틴에서 B 루틴으로의 연결
④ 긴급 정전사태 발생으로 인한 컴퓨터 전원 OFF

인터럽트란 물리적, 논리적인 문제로 인해 컴퓨터가 일시적으로 이상 동작하는 현상을 말함. 인터럽트가 발생되면 중앙처리장치에 현재까지의 기능이 저장되며 재사용 시 중앙처리장치로부터 Reload 함.

[정답] ③

23
다음 지문은 인터럽트 처리과정을 나타낸 것이다. 처리과정의 순서를 올바르게 나열한 것은?

| ⓐ 주변장치로부터 인터럽트 요구가 들어옴 |
| ⓑ PC 내용을 스택에서 꺼냄 |
| ⓒ 본 프로그램으로 복귀 |
| ⓓ 인터럽트 서비스 루틴의 시작번지로 점프해서 프로그램 수행 |
| ⓔ PC 내용을 스택에서 저장 |
| ⓕ 중단했던 원래의 프로그램반지로부터 수행 |

① ⓐ → ⓓ → ⓑ → ⓒ → ⓕ → ⓔ
② ⓐ → ⓔ → ⓓ → ⓑ → ⓒ → ⓕ
③ ⓔ → ⓐ → ⓓ → ⓑ → ⓒ → ⓕ
④ ⓔ → ⓐ → ⓑ → ⓓ → ⓒ → ⓕ

- **인터럽트 처리과정**
  ① 인터럽트 발생
  ② Program Counter값을 제어스택에 저장
  ③ 서브루틴의 시작주소 값을 PC에 적재
  ④ 인터럽트 처리
  ⑤ 스택에 저장했던 정보 로드
  ⑥ 저장했던 Program counter값 복구

  [정답] ②

24
다음 중 인터럽트의 우선순위가 가장 높은 것은?

① 기계착오
② 외부신호
③ SVC
④ 전원이상

- **인터럽트 우선순위**
  둘 이상의 외부 장치가 끼어들기 요구 신호를 동시에 보낼 때, 어느 외부 장치가 끼어들기 명령 (IACK : interrupt acknowledge) 을 얻는가를 결정하는 순위. 전원이상이 우선순위가 가장 높음.

  [정답] ④

25
18/6, 14/10, 12/6, 11/6

인터럽트의 처리과정에서 인터럽트 처리 프로그램(interrupt handling program)으로 이전하기 전에 시스템 제어 스택(system control stack)에 저장해야 할 정보는 무엇인가?

① 현재의 프로그램 계수기(program counter)의 값
② 이전에 수행하던 프로그램의 명칭
③ 인터럽트를 발생시킨 장치의 명칭
④ 인터럽트 처리 프로그램의 시작주소

• **인터럽트 처리과정**
① 인터럽트 발생
② Program Counter값을 제어스택에 저장
③ 서브루틴의 시작주소 값을 PC에 적재
④ 인터럽트 처리
⑤ 스택에 저장했던 정보 로드
⑥ 저장했던 Program counter값 복구

[정답] ①

26
16/10

인터럽트의 우선 순위를 바르게 나열한 것은?

① 전원이상 → 기계착오 → 외부신호 → 입·출력 → 명령의 잘못 사용 → 슈퍼바이저 호출(SVC)
② 슈퍼바이저 호출(SVC) → 전원이상 → 기계착오 → 외부신호 → 입·출력 → 명령의 잘못 사용
③ 슈퍼바이저 호출(SVC) → 입·출력 → 외부신호 → 기계착오 → 전원 이상 → 명령의 잘못 사용
④ 기계착오 → 외부신호 → 입·출력 → 명령의 잘못 사용 → 전원 이상 → 슈퍼바이저 호출(SVC)

Interrupt 우선순위 : 정전 전원 이상 인터럽트 〉 기계고장 인터럽트 〉 외부(신호) 인터럽트 〉 입 출력 인터럽트 〉 프로그램 인터럽트 〉 SVC 인터럽트

[정답] ①

27
15/10, 13/3, 10/10

CPU가 어떤 프로그램을 순차적으로 수행하는 도중에 외부로부터 인터럽트 요구가 들어오면, 원래의 프로그램을 중단하고, 인터럽트를 위한 프로그램을 먼저 수행하게 되는데 이와 같은 프로그램을 무엇이라 하는가?

① 명령 실행 사이클   ② 인터럽트 서비스 루틴
③ 인터럽트 사이클   ④ 인터럽트 플래그

인터럽트란 시스템의 예기치 않은 상황이 발생한 것을 인터럽트라고 하며 인터럽트 복귀주소 저장은 스택포인터에 한다. 인터럽트 발생 시 인터럽트를 위한 프로그램을 먼저 수행하는 것을 인터럽트서비스루틴이라 함.

[정답] ②

28
18/6

다음은 인터러스 서비스 루틴에 해당하는 연산을 나타낸 것이다. 괄호 안에 들어갈 연산과정은?

```
t0 : MBR ← PC
t1 : MAR ← SP , (      )
t2 : M[MAR] ← MBR , SP ← SP -1
```

① AC ← ISR의 시작주소
② SP ← ISR의 시작주소
③ PC ← ISR의 시작주소
④ MBR ← ISR의 시작주소

t1 : MAR ← SP , PC ← ISR의 시작주소
t1에서 PC 내용을 인터럽트 서비스 루틴(ISR)의 시작주소로 변경

[정답] ③

29
15/6

다음 중 여러 I/O 모듈들이 인터럽트를 발생시켰을 때 CPU가 확인하는 시간이 가장 긴 것은?

① 다수 인터럽트 선(Multiple Interrupt Lines)
② 소프트웨어 폴(Software Poll)
③ 데이지 체인(Daisy Chain)
④ 버스 중재(Bus Arbitration)

하드웨어적인 우선순위보다 소프트웨어적인 우선순위 방법이 느리다.

[정답] ②

30
17/10, 12/6

다음 중 마이크로프로그램에 의한 마이크로 오퍼레이션의 동작으로 틀린 것은?

① 주기억 장치에서 명령어 인출하는 동작
② 오퍼랜드의 유효 주소를 계산하는 동작
③ 지정된 연산을 수행하는 동작
④ 다음 단계의 주소를 결정하는 동작

세부적인 동작을 하는 것을 마이크로 오퍼레이션이라 하고 4개의 사이클이 있는데 다음 단계의 주소를 결정하는 동작을 하는 사이클은 없다.
① Fetch cycle : 주기억장소로부터 명령을 읽어 CPU로 가져오는 주기
② Indirect cycle : operand가 간접주소일 때 operand가 지정하는 곳으로부터 유효주소를 읽기 위해 기억장치에 접근하는 주기
③ Execute cycle : 기억장치에 접근하여 자료를 읽어 연산을 실행 하는주기
④ I nterrupt cycle : 현재 수행 중인 명령이 중단되는 상태

[정답] ④

31
다음 중 마이크로 명령어에 대한 설명으로 틀린 것은?
① OP코드와 오퍼랜드로 구분한다.
② 오퍼랜드에는 주소, 데이터 등이 저장된다.
③ 오퍼랜드는 오직 한 개의 주소만 존재한다.
④ 컴퓨터 기계어 명령을 실행하기 위해 수행되는 낮은 수준의 명령어이다.

- **명령어**
  ① 명령어는 크게 명령코드(Operation code)와 오퍼랜드(Operand)의 2부분으로 구성된다.
  ② 명령어는 하나의 명령코드(OP code) 부분과 몇 개의 address 부분으로 구성되는데 이 address가 몇 개인가에 따라 1번지 명령, 2번지 명령 등으로 나뉜다.

[정답] ③

32
16비트 명령어 형식에서 연산코드 5비트, 오퍼랜드 1은 3비트, 오퍼랜드 2는 8비트일 경우, ⓐ 연산종류와 사용할 수 있는 ⓑ 래지스터의 수를 올바르게 나열한 것은?
① ⓐ 32가지 ⓑ 512
② ⓐ 31가지 ⓑ 8
③ ⓐ 32가지 ⓑ 8
④ ⓐ 8가지 ⓑ 511

- **명령어 형식(Instruction format)**
  ① 명령어 내 필드들의 수 와 배치방식 및 각 필드의 비트 수를 나타냄
  ② 명령어의 구성은
    연산코드(5[bit])+오퍼랜드1(3[bit])+오퍼랜드2(8[bit]) = 16-bit 명령어이다.
  ③ 연산코드= 5[bit]이므로 2^5 = 32 연산종류 가능
  ④ 오퍼랜드1= 3[bit]이므로 2^3 = 8 래지스터를 사용
  ⑤ 오퍼랜드2= 8[bit]이므로, 기억장치 주소범위는 0~255번지 임

[정답] ③

33
0-주소 명령어(zero-address insturction)에서 사용하는 특정한 기억장치 조직은 무엇인가?
① 그래프(graph)   ② 스택(stack)
③ 큐(queue)   ④ 트리(tree)

- **명령어 형식**
  ① 명령어는 다음과 같이 크게 2부분으로 구성된다.

연산자부분	주소부분
명령코드 (operation code)	오퍼랜드 (operand)

  ② 명령어는 하나의 명령코드(OP code) 부분과 몇 개의 address 부분으로 구성되는데 이 address가 몇 개 인가에 따라 0, 1, 2, 3-번지 명령 등으로 나눌 수 있다.
  ③ 0-주소 명령어 형식의 경우, 모든 연산은 피연산자를 이용하여 수행하고 그 결과를 스택에 저장한다.

[정답] ②

34
주소 지정방식 중 명령어 내에 오퍼랜드 필드의 내용이 데이터의 유효주소가 되는 주소지정방식은?
① 직접 주소지정방식
② 간접 주소지정방식
③ 레지스터 주소지정방식
④ 레지스터 간접 주소지정방식

직접주소방식은 오퍼랜드의 내용으로 실제 Data의 주소가 들어 있는 방식으로 실제 Data에 접근하기 위해 주기억장치를 참조해야 하는 횟수는 1번 뿐임.

- **주소지정방식 (Addressing Mode)의 종류**

지정방식	특 징
즉시 주소지정방식	오퍼랜드(주소)가 실제 데이터값을 지정함
직접 주소지정방식	주소필드가 오퍼랜드의 실제 주소값을 포함함
간접 주소지정방식	오퍼랜드 필드가 메모리의 주소를 참조하여 접근함
레지스터 주소지정방식	직접주소 방식과 유사함(오퍼랜드는 레지스터 참조)
레지스터 간접 소지정방식	간접주소 방식과 유사함

[정답] ①

35
다음 중 주소지정방식에 대한 설명으로 틀린 것은?
① 직접주소지정방식에서 오퍼랜드는 실제 주소 값이다.
② 간접주소지정방식은 최소 두 번 메모리에 접속해야 실제 데이터를 가져온③
③ 즉시주소지정방식에서 오퍼랜드는 실제 데이터 값이다.
④ 레지스터주소지정방식은 프로그램카운터(PC)와 관련이 있다.

- **주소지정방식(Addressing Mode)의 종류**

방 식	특 징
직접(Direct)주소지정	실제 Data의 주소가 있음
간접(Indirect)주소지정	Pointer의 주소가 있음
즉시(Immediate)주소지정	실제 Data가 기록되어 있음
레지스터(Register)주소지정	주소부의 레지스터를 지정 * PC와는 관련 없음

[정답] ④

❺ 무선설비 기준 [2]

1. 무선설비기준 1편
2. 무선설비기준 2편
3. 무선설비기준 3편
4. 무선설비기준 4편

······· **286**
······· **302**
······· **311**
······· **323**

무선설비기사 필기
영역별 기출문제풀이

① 무선설비기준 1편

01 [16/10]
주어진 발사에서 용이하게 식별되고, 측정할 수 있는 주파수를 무엇이라 하는가?
① 기준주파수 ② 지정주파수
③ 특성주파수 ④ 필요주파수

- **무선설비 규칙 제2조(정의)**
  ③ "특성주파수"란 송신설비에서 발사된 전파에서 용이하게 식별되고 측정되는 주파수를 말한다.

[정답] ③

02 [16/10]
무선설비 등에서 발생하는 전자파가 인체에 미치는 영향을 고려하여 제정한 기준이 아닌 것은?
① 전자파 장애검정기준 ② 전자파 인체보호기준
③ 전자파 강도 측정기준 ④ 전자파 흡수율 측정기준

- **전파법 47조의2(전자파 인체보호기준 등)**
  ① 과학기술정보통신부장관은 무선설비, 전기·전자기기 등(이하 "무선설비등"이라 한다)에서 발생하는 전자파가 인체에 미치는 영향을 고려하여 다음 각 호의 사항을 정하여 고시하여야 한다.
  ① 전자파 인체보호기준
  ② 전자파 등급기준
  ③ 전자파 강도 측정기준
  ④ 전자파 흡수율 측정기준
  ⑤ 전자파 측정대상 기자재와 측정방법
  ⑥ 전자파 등급 표시대상과 표시방법
  ⑦ 그 밖에 전자파로부터 인체를 보호하기 위하여 필요한 사항

[정답] ①

03 [16/10]
무선설비의 공동사용 시 무선국 검사수수료 20퍼센트 감면 대상 무선국에 해당하지 않는 것은?
① 고정국 ② 기지국
③ 육상국 ④ 이동중계국

- **전파법 시행령 제101조(수수료의 감면)**
  ③ 제69조제1항제1호·제2호에 해당하는 무선설비를 둘 이상의 기간통신사업자나 방송사업자가 공동으로 설치하여 사용하는 다음 각 호의 무선국에 대하여는 제96조에 따른 검사수수료의 20퍼센트를 감경한다.
  1. 고정국
  2. 기지국
  3. 이동중계국
  4. 방송국

[정답] ③

04 [16/10]
다음 중 적합성평가의 전부가 면제되는 기자재가 아닌 것은?
① 외국에 납품할 목적으로 주문제작하는 선박에 설치하기 위해 수입되는 기자재
② 외국으로부터 도입, 임대, 용선 계약한 선박 또는 항공기에 설치된 기자재
③ 전시회 경기대회 등 행사에서 판매를 하기 위한 정보통신기자재
④ 판매를 목적으로 하지 아니하고 본인 자신이 사용하기 위하여 제작하는 아마추어무선국용 무선설비

적합성평가에 관한 고시제18조 (적합성평가 면제의 세부범위 등)
제18조 (적합성평가 면제의 세부범위 등) 영 제77조의7제1항 별표 6의2 제1호 차목에 따른 전파환경 및 방송통신환경에 미치는 영향 등을 고려하여 적합성평가의 전부가 면제되는 기자재의 범위와 수량은 다음 각 호와 같다.
① 외국에 납품할 목적으로 주문제작하는 선박에 설치하기 위해 수입되는 기자재와 외국으로부터 도입, 임대, 용선 계약한 선박 또는 항공기에 설치된 기자재등 또는 이를 대치하기 위한 동일기종의 기자재 : 과학기술정보통신부장관이 인정하는 수량
② 판매를 목적으로 하지 아니하고 본인 자신이 사용하기 위하여 제작 또는 조립하거나 반입하는 아마추어무선국용 무선설비 : 과학기술정보통신부장관이 인정하는 수량
③ 적합성평가를 받은 컴퓨터 내장구성품(별표 2 제6호 다목)으로 조립한 컴퓨터(다만, 별표 6의 소비자 안내문을 표시한 것에 한한다) : 수량제한 없음

[정답] ③

05 [16/10]
다음 중 적합인증 대상기자제에 해당되지 않는 것은?
① 디지털선택호출장치의 기기
② 자동음성처리 시스템
③ 키폰시스템
④ 전기가열기

적합성평가에 관한 고시 제3조 (적합성평가 대상기자재의 분류 등)
제3조(적합성평가 대상기자재의 분류 등) ① 영 제77조의2제1항 각 호에 따른 적합인증 대상기자재는 별표 1과 같다.

※대상기기: 디지털선택호출장치의 기기, 자동음성처리 시스템, 키폰시스템
② 영 제77조의3제1항에 따른 적합등록(이하 '지정시험기관 적합등록'이라 한다) 대상기자재는 별표 2와 같다.
③ 영 제77조의3제2항에 따른 적합등록(이하 '자기시험 적합등록'이라 한다) 대상기자재는 별표 3과 같다.

[정답] ④

06 [16/10]
다음 중 송신설비의 전력을 규격전력으로 표시하지 않는 것은?
① 아마츄어국의 송신설비
② 방송을 행하는 실험국의 송신설비
③ 생존정에 사용되는 비상위치지시용 무선표지설비
④ 500㎒ 이하의 주파수 전파를 사용하는 송신설비로서 정격출력 1와트 이하의 진공단을 사용하는 것

- **무선설비규칙 제9조(안테나공급전력 등)**
  ② 송신설비의 전력은 안테나공급전력으로 표시한다. 다만, 다음 각 호의 어느 하나에 해당하는 송신설비의 전력은 규격전력으로 표시한다.
  1. 500메가헤르츠(㎒) 이하의 주파수의 전파를 사용하는 송신설비로서 정격출력 1와트(W) 이하의 전력을 사용하는 것
  2. 생존정(生存艇)에 사용되는 비상용 무선설비와 비상위치지시용 무선표지설비(라디오부이의 송신설비 및 항공이동업무 또는 항공무선항행업무용 무선설비의 송신설비는 제외한다)
  3. 아마추어국 및 실험국의 송신설비(방송을 하는 실험국의 송신설비는 제외한다)
  4. 그 밖에 미래창조과학부장관이 첨두포락선전력, 평균전력 또는 반송파전력을 측정하기 어렵거나 측정할 필요가 없다고 인정하는 송신설비

  [정답] ②

07 [16/10]
안테나공급전력이 얼마를 초과하는 무선설비에 사용하는 전원회로는 퓨즈 또는 자동차단기를 갖추어야 하는가?
① 5W ② 10W
③ 30W ④ 50W

- **무선설비규칙 제13조(보호장치 및 특수장치)**
  안테나공급전력이 10W를 초과하는 무선설비에 사용하는 전원회로는 퓨즈 또는 자동차단기를 갖추어야 한다.

  [정답] ②

08 [16/10]
다음 중 무선설비의 안전시설과 관계 없는 것은?
① 절연차폐체
② 금속차폐체
③ 안테나계의 낙뢰 보호장치 및 접지시설
④ 피뢰침 보호장치

- **무선설비규칙 제18조(안테나 등의 안전시설)**
  ① 무선설비의 안테나계는 낙뢰로부터 무선설비를 보호할 수 있도록 하는 낙뢰보호장치(피뢰침은 제외한다) 및 접지시설을 하여야 한다. 다만, 휴대용 무선설비, 육상이동국, 간이무선국의 안테나계 및 실내에 설치되는 안테나계의 경우는 예외로 한다.

  [정답] ④

09 [16/6]
중파방송의 경우 블랑켓에어리어는 지상파 전계강도가 미터마다 몇 볼트 이상인 지역을 말하는가?
① 10볼트 ② 5볼트
③ 3볼트 ④ 1볼트

- **전파법시행령 제2조(정의)**
  ⑭ "블랭킷에어리어"란 방송국의 송신공중선으로부터 발사되는 강한 전파로 다른 전파와의 간섭이 일어나는 지역을 말한다. 이 경우 중파방송의 경우에는 지상파의 전계강도가 미터마다 1볼트 이상인 지역을 말한다.

  [정답] ④

10 [16/6]
다음 중 무선국을 개설한자가 무선설비를 위탁운용하거나 공동사용하는 경우에 대한 조건으로 적합하지 않는 것은?
① 전파가 능률적으로 발사될 수 있는 곳에 설치할 것
② 고주파응용기기와 같이 사용할 경우 차단벽을 설치할 것
③ 이미 시설된 무선국의 운용에 지장을 주지 아니할 것
④ 무선설비로부터 발사되는 전파가 인근 주택가의 방송수신에 장애를 주지 아니할 것

- **전파법시행령 제69조(무선설비의 위탁운용 및 공동사용 설비)**
  ② 제1항에 따른 무선설비를 위탁운용하거나 공동사용하는 경우에는 다음 각 호의 조건에 적합하여야 한다.
  1. 전파가 능률적으로 발사될 수 있는 곳에 설치할 것
  2. 이미 시설된 무선국의 운용에 지장을 주지 아니할 것
  3. 무선설비로부터 발사되는 전파가 인근 주택가의 방송수신에 장애를 주지 아니할 것
  4. 그 밖에 미래창조과학부장관이 필요하다고 인정하여 정하는 기준에 적합할 것

  [정답] ②

11 [16/6]
방송통신기자재 등의 적합성평가에 관한 고시에 의한 용어 정의 중에서 기본모델과 전기적인 회로·구조·기능이 유사한 제품군으로 기본모델과 동일한 적합성평가번호를 사용하는 기자재를 무엇이라 하는가?
① 기본모델 ② 변경모델
③ 동일모델 ④ 파생모델

- **방송통신기자재 등의 적합성평가에 관한 고시 제2조(정의)**
  ④ '파생모델'이란 기본모델과 전기적인 회로·구조·기능이 유사한 제품군으로 기본모델과 동일한 적합성평가번호를 사용하는 기자재를 말한다.

  [정답] ④

12

적합성평가에 받은 사항을 변경하고자 할 때 변경신고서에 대한 처리기간으로 옳은 것은?

① 5일
② 7일
③ 10일
④ 15일

- **방송통신기자재 등의 적합성평가에 관한 고시 26조(처리기간)**
  ① 원장은 적합성평가를 신청 받은 때에는 다음 각 호에서 정한 기일 이내에 이를 처리하여야 한다.
  ③ 5일 이내 처리
   가. 제5조에 따른 적합인증 신청
   나. 제16조제1항에 따른 적합인증 변경신고
   다. 제16조제1항에 따른 적합등록 변경신고(제15조제2항 제3호에 해당하는 경우)

[정답] ①

13

거짓이나 그 밖의 부정한 방법으로 적합성평가를 받은 경우에 해당하는 법령처분 기준은?

① 적합성평가 취소
② 업무정지 6개월
③ 생산 중지
④ 수입중지

- **전파법 제58조의4(적합성평가의 취소 등)**
  ① 해당 방송통신기자재등이 적합성평가기준에 적합하지 아니하게 된 경우
  ② 적합성평가표시를 하지 아니하거나 거짓으로 표시한 경우
  ③ 적합성평가의 변경신고를 하지 아니한 경우
  ④ 관련 서류를 비치하지 아니한 경우

[정답] ①

14

DSC(Digital Selective Calling)의 수신메세지는 정보를 읽기전까지 저장되고, 수신후 몇 시간이 지난후에 삭제될 수 있어야 하는가?

① 12시간
② 24시간
③ 48시간
④ 72시간

- **디지털 선택 호출 장치, Digital Selective Calling, DSC**
  중파·단파·중단파 또는 초단파대의 무선전화설비 등에 부가하여 선박국과 해안국 또는 선박국 상호 간 일반 호출·조난 호출·그룹 호출·개별호출 등 각종 호출을 자동으로 수행하는 기능을 가진 장치 수신후 48 시간이 지난후에 삭제될 수 있다.

[정답] ③

15

다음 문장의 괄호 안에 적합한 것은?

"반송파전력"이란 ( )에서 송신장치로부터 송신안테나계의 급전선에 공급되는 전력으로 무선주파수의 1주기 동안의 평균값을 말하며 PZ로 표시한다.

① 정상동작 상태
② 무변조 상태
③ 송신장치의 급전 상태
④ 정격 출력 상태

- **무선설비 규칙 제2조(정의)**
  ⑱ "반송파전력"이란 무변조 상태에서 송신장치로부터 송신안테나계의 급전선에 공급되는 전력으로 무선주파수의 1주기 동안의 평균값을 말하며 PZ로 표시한다.

[정답] ②

16

전력선통신설비 및 유도식통신설비에서 발사되는 고조파·저조파 또는 기생발사강도는 기본파에 대하여 몇 데시벨 이하이어야 하는가?

① 10데시벨
② 30데시벨
③ 50데시벨
④ 60데시벨

- **전파응용설비의 기술기준 제6조(누설전계강도의 허용치)**
  ③ 전력선통신설비 및 유도식통신설비에서 발사되는 고조파·저조파 또는 기생발사강도는 기본파에 대하여 30 dB이하 이어야 한다

[정답] ②

17

다음 문장의 괄호 안에 들어갈 용어들로 맞게 짝지어진 것은?

(가)란 공사의 조사계획 및 설계가 관련법의 기술기준에 따라 품질 및 안전을 확보하여 시행될 수 있도록 관리하는 것을 말하며, (나)란 공사의 설계감리를 위탁하는 자를 말한다

① 가. 설계감리 나. 시공자
② 가. 설계감리 나. 발주자
③ 가. 시공감리 나. 발주자
④ 가. 시공감리 나. 시공자

- **정보통신공사업법 제2조(정의)**
  ⑧ "설계"란 공사(「건축사법」 제4조에 따른 건축물의 건축등은 제외한다)에 관한 계획서, 설계도면, 시방서(示方書), 공사비명세서, 기술계산서 및 이와 관련된 서류(이하 "설계도서"라 한다)를 작성하는 행위를 말한다.
  ⑨ "감리"란 공사(「건축사법」 제4조에 따른 건축물의 건축등은 제외한다)에 대하여 발주자의 위탁을 받은 용역업자가 설계도서 및 관련 규정의 내용대로 시공되는지를 감독하고, 품질관리·시공관리 및 안전관리에 대한 지도 등에 관한 발주자의 권한을 대행하는 것을 말한다.
  ⑪ "발주자"란 공사(용역을 포함한다. 이하 이 조에서 같다)를 공사업자(용역업자를 포함한다. 이하 이 조에서 같다)에게 도급하는 자를 말한다. 다만, 수급인(受給人)으로서 도급받은 공사를 하도급(下都給)하는 자는 제외한다.

[정답] ①

18 [16/6]
다음 중 무선설비 설계업무 수행절차의 수행업무 내용으로 틀린 것은?

① 착수단계의 활동내용은 설계목적과 목표, 추진방안, 설계개요, 및 법령 등 각종 기준을 검토한다.
② 준비단계의 활동내용은 예비타당성조사, 기술적 대안 비교 검토, 기본 공정표 작성을 행한다.
③ 설계단계는 기본설계와 실시설계로 분류하며, 실시설계 활동내용으로는 기본설계 결과의 검토, 설계요강의 결정 및 설계지침을 작성한다.
④ 설계심의단계의 활동내용은 설계목적 적합성 여부 심의, 자문단 의견 수렴 및 반영을 행한다.

[정답] ②

19
무선설비 기성 및 준공검사 처리절차가 순서대로 바르게 나열된 것은?

① 검사원 및 감리조서 - 검사원 임명 - 검사실시 - 검사결과 통보 및 검사 조사 - 발주자 결재 - 대가 지급
② 검사원 임명 - 검사원 및 감리조서 - 검사실시 - 검사결과 통보 및 검사 조사 - 발주자 결재 - 대가 지급
③ 검사원 임명 - 검사원 및 감리조서 - 발주자 결재 - 검사실시 - 검사결과 통보 및 검사 조사 - 대가 지급
④ 검사원 및 감리조서 - 검사원 임명 - 발주자 결재 - 검사실시 - 검사결과 통보 및 검사 조사 - 대가 지급

※ 감리조서: 감리자가 공사에 대한 감리업무를 수행하고 그 결과에 대해 보고하기 위해 작성하는 서식이다

[정답] ①

20 [16/3]
470[MHz] 초과 24,500[MHz] 이하의 지상파 디지털 텔레비전 방송국의 무선설비의 주파수 허용편차(백분율)?

① 1
② 10
③ 100
④ 1000

• 무선설비 규칙 제5조(주파수 허용편차)
① 송신설비에서 발사되는 전파의 주파수 허용편차는 별표 1과 같다.
※ 디지털 텔레비전 방송국: 1ppm

[정답] ①

21 [16/3]
다음 중 용어의 정의에 대한 설명으로 틀리는 것은?

① 우주국이라 함은 우주에 개설한 무선국을 말한다
② 주파수 분배라 함은 특정한 주파수의 용도를 정하는 것을 말한다.
③ 무선국이라 함은 무선설비와 무선설비를 조작하는 자의 총체를 말한다.
④ 실효복사전력이라 함은 공중선 전력에 주어진 방향에서의 반파장 다이폴 안테나의 상대이득을 곱한 것을 말한다

• 전파법 제2조(정의), 전파법 시행령 제2조(정의)
[전파법 제2조(정의)]
② "주파수분배"란 특정한 주파수의 용도를 정하는 것을 말한다.
⑥ "무선국(無線局)"이란 무선설비와 무선설비를 조작하는 자의 총체를 말한다. 다만, 방송수신만을 목적으로 하는 것은 제외한다.
⑩ "우주국(宇宙局)"이란 인공위성에 개설한 무선국을 말한다.
[전파법 시행령 제2조(정의)]
⑦ "실효복사전력(實效輻射電力)"이란 안테나공급전력에 주어진 방향에서의 반파다이폴의 상대이득(相對利得)을 곱한 것을 말한다.

[정답] ①

22 [16/3]
방송통신기자재의 지정시험기관으로 지정신청을 받은 때, 국립전파연구원장은 며칠 이내에 지정 여부를 결정하여야 하는가?

① 10일
② 30일
③ 60일
④ 90일

방송통신기자재등 시험기관의 지정 및 관리에 관한 고시 제4조(시험기관의 지정신청 등)
③ 원장은 제1항의 규정에 의하여 지정신청을 받은 때에는 접수일로부터 60일 이내에 지정 여부를 결정하여야 한다. 다만, 부득이한 사유가 있는 때에는 1회에 한하여 30일의 범위 내에서 기간을 정하여 연장할 수 있다.

[정답] ③

23 [16/3]
무선설비 공사가 품질확보 상 미흡 또는 중대한 위해를 발생시킬 수 있다고 판단될 때 공사 중지를 지시할 수 있으며, 공사중지에는 부분중지와 전면중지로 구분되는데 전면중지에 해당되는 경우는?

① 재시공 지시가 이행되지 않은 상태에서는 다음 단계의 공정이 진행됨으로써 하자 발생이 될 수 있다고 판단될 때
② 안전시공 상 중대한 위험이 예상되어 물적, 인적 중대한 피해가 예견될 때
③ 동일 공정에서 3회 이상 시정지시가 이행되지 않을 때
④ 천재지변 등 불가항력적인 사태가 발생하여 공사를 계속할 수 없다고 판단될 때

[정답] ④

24 [16/3]

적합성평가 취소처분을 받은 자는 취소처분을 받은 날로부터 얼마의 범위에서 해당 기자재에 대한 적합성평가를 받을 수 없는가?

① 6개월　　② 1년
③ 1년6개월　④ 2년

- **전파법 제58조의4(적합성평가의 취소 등)**
  ③ 적합성평가의 취소처분을 받은 자는 그 취소된 날부터 1년의 범위에서 대통령령으로 정하는 기간 내에는 해당 기자재에 대하여 적합성평가를 받을 수 없다.

　　　　　　　　　　　　　　　　　　　　　[정답] ②

25 [16/3]

전자파 장애을 주거나 전자파로부터 영향을 받는 기자재를 제조 또는 판매하거나 수입하려는 자가 받아야하는 절차가 아닌 것은?

① 적합등록　② 적합인증
③ 잠정인증　④ 형식등록

- **전파법 제58조의2(방송통신기자재등의 적합성평가)**
  ① 방송통신기자재와 전자파장해를 주거나 전자파로부터 영향을 받는 기자재를 제조 또는 판매하거나 수입하려는 자는 해당 기자재에 대하여 다음 각 호의 기준에 따라 제2항에 따른 적합인증, 제3항 및 제4항에 따른 적합등록 또는 제7항에 따른 잠정인증(이하 "적합성평가"라 한다)을 받아야 한다.

　　　　　　　　　　　　　　　　　　　　　[정답] ④

26 [16/3]

미래창조과학부장관이 주파수 회수 또는 주파수 재배치를 함에 있어 당해 시설자에게 통상적으로 발생하는 손실을 보상해야 하는 경우는?

① 시설자의 요청에 의한 경우
② 전자파 장애로 인한 혼신을 받는 경우
③ ITU에서 모든 국가가 공통적으로 수용하여야할 주파수 국제분배 변경에 따라 주파수 분배를 변경한 경우
④ 주파수 용도가 제2순위 업무인 주파수를 사용하는 경우

- **전파법 제7조(주파수회수 또는 주파수재배치에 따른 손실보상 등)**
  ① 미래창조과학부장관은 제6조의2에 따라 주파수회수 또는 주파수재배치를 할 때에 해당 시설자와 제18조의2제3항에 따라 주파수의 사용승인을 받은 자(이하 "시설자등"이라 한다)에게 통상적으로 발생하는 손실을 보상하여야 한다. 다만, 다음 각 호의 경우에는 그러하지 아니하다.
  1. 시설자등의 요청에 따른 경우
  2. 국제전기통신연합이 모든 국가가 공통적으로 수용하여야 할 주파수 국제분배를 변경함에 따라 주파수분배를 변경한 경우
  3. 주파수의 용도가 제2순위 업무(해당 주파수를 운용할 때에 제1순위 업무를 보호하여야고, 제1순위 업무로부터 보호받을 수 없는 업무를 말한다. 이하 같다)인 주파수를 사용하는 경우

　　　　　　　　　　　　　　　　　　　　　[정답] ②

27 [16/3]

다음 중 고시대상 무선국을 허가한 경우에 고시하여야 하는 사항으로 틀린 것은?

① 허가연월일 및 허가번호
② 시설자의 성명 또는 명칭
③ 무선국의 명칭 및 종별과 무선설비의 설치장소
④ 운용 허용 시간

- **전파법 시행령 제35조(무선국의 고시사항)**
  ① 고시대상무선국을 허가한 경우에 고시하여야 하는 사항은 다음 각 호와 같다.
  1. 허가연월일 및 허가번호
  2. 시설자의 성명 또는 명칭
  3. 무선국의 명칭 및 종별과 무선설비의 설치장소
  4. 호출부호 또는 호출명칭
  5. 주파수, 전파의 형식, 점유주파수대폭 및 안테나공급전력

　　　　　　　　　　　　　　　　　　　　　[정답] ④

28 [16/3]

다음 중 무선국의 시설자나 무선설비 기기를 제작 수입하고자 하는 자는 방출되는 전자파 강도가 어떤 기준을 초과하지 말아야 하는가?

① 전자파 인체보호기준
② 전자파 강도측정기준
③ 전자파 흡수율측정기준
④ 전자파 등급기준

- **전파법 제47조의2(전자파 인체보호기준 등)**
① 미래창조과학부장관은 무선설비, 전기·전자기기 등에서 발생하는 전자파가 인체에 미치는 영향을 고려하여 다음 각 호의 사항을 정하여 고시하여야 한다.
1. 전자파 인체보호기준
2. 전자파 등급기준
3. 전자파 강도 측정기준
4. 전자파 흡수율 측정기준
5. 전자파 측정대상 기자재와 측정방법
6. 전자파 등급 표시대상과 표시방법
7. 그 밖에 전자파로부터 인체를 보호하기 위하여 필요한 사항
② 무선국의 시설자나 무선설비등을 제작하거나 수입하려는 자는 무선설비등으로부터 방출되는 전자파 강도가 전자파 인체보호기준을 초과하지 아니하도록 하여야 하며, 그 기준을 초과하는 장소에는 취급자 외의 자가 출입할 수 없도록 안전시설을 설치하여야 한다.
③ 안테나공급전력 및 설치장소 등이 대통령령으로 정하는 기준에 해당하는 무선국의 시설자는 제1항에 따라 고시한 전자파 인체보호기준 및 전자파 강도 측정기준에 따라 전자파 강도를 측정하여 그 결과를 미래창조과학부장관에게 보고하여야 한다.
④ 제3항에 따라 전자파 강도를 보고하여야 하는 무선국의 시설자는 제24조에 따라 무선국을 검사할 때에 미래창조과학부장관에게 전자파 강도를 측정하도록 요청할 수 있다. 이 경우 무선국의 시설자는 제3항에 따른 전자파 강도의 보고의무를 이행한 것으로 본다.
⑤ 미래창조과학부장관은 무선국에서 방출되는 전자파 강도가 제1항에 따라 고시한 전자파 인체보호기준을 초과할 가능성이 있다고 판단하거나 제3항에 따라 무선국의 시설자가 보고한 측정 결과의 거짓 여부를 확인할 필요성이 있다고 판단하면 무선국의 전자파 강도를 측정하거나 조사할 수 있다.
⑥ 미래창조과학부장관은 제3항부터 제5항까지의 규정에 따라 보고·측정·조사된 전자파 강도가 전자파 인체보호기준을 초과하면 안전시설의 설치, 운용제한 및 운용정지 등 필요한 조치를 명할 수 있다.
⑦ 제3항에 따른 전자파 강도의 보고 시기 및 방법, 제4항에 따른 전자파 강도의 측정 요청 시기 및 방법 등에 필요한 사항은 대통령령으로 정한다.
⑧ 무선국의 시설자나 무선설비를 제작하거나 수입한 자는 제1항제2호 및 제6호에 따라 전자파 등급을 표시하여야 한다.

[정답] ①

29 [16/3]

다음 중 지정시험기간 적합등록 대상기자재가 아닌 것은?

① 방송수신 기기류
② 형광등 및 조명 기기류
③ 전기철도 기기류
④ 의료용 고주파이용 기기류

방송통신기자재등의 적합성평가에 관한 고시 제3조(적합성평가 대상기자재의 분류)
[적합등록 대상기자재]
① 산업·과학 또는 의료용 등으로 사용되는 고주파 이용 기기류
② 자동차 및 불꽃점화 엔진구동 기기류
③ 방송수신기 및 오디오·비디오 관련 기기류
④ 가정용 전기기기 및 진동 기기류
⑤ 형광등 등 조명기기류
⑥ 정보·사무 기기류
⑦ 디지털 장치류
⑧ 전선로에 주파수 9㎑ 이상의 전류가 통하는 통신설비의 기기
⑨ 미약전계강도 무선기기
⑩ 전기기기용 스위치 및 개폐기(삭제)
⑪ 전기설비용 부속품 및 연결부품(삭제)
⑫ 전기용품 보호용 부품(삭제)
⑬ 절연변압기(삭제)
⑭ 단말기기류
⑮ 승강기
⑯ 소방기기류
⑰ 전원공급장치 및 휴대전화 충전기
⑱ 그밖에 제1호부터 15호에 준하는 기기류

[정답] ③

30 [16/3]

전자파적합기기로서 주로 가정에서 사용하는 것을 목적으로 하는 기종은?

① A급 기기
② B급 기기
③ C급 기기
④ D급 기기

방송통신기자재등의 적합성평가에 관한 고시 별표4(사용자안내문)
A급 기기: 업무용 방송통신기기
B급 기기: 가정용 방송통신기기

[정답] ②

31 [16/3]

전파의 반송전력을 나타낸 표시는 어느 것인가

① PZ
② PR
③ PX
④ PY

- **무선설비 규칙 제2조(정의)**
⑱ "반송파전력"이란 무변조 상태에서 송신장치로부터 송신안테나계의 급전선에 공급되는 전력으로 무선주파수의 1주기 동안의 평균값을 말하며 PZ로 표시한다

[정답] ①

32 [16/3]

다음 내용은 무선설비규칙에서 어떤 용어로 정의하였는가?

> '송신장치의 종단증폭기 정격 출력'

① 규격전력 ② 평균전력
③ 첨두포락선 전력 ④ 반송파 전력

- **무선설비 규칙 제2조(정의)**
  ⑬ "규격전력"이란 송신장치 종단증폭기의 정격출력을 말한다.

[정답] ①

33 [15/10]

정부가 전파자원의 이용촉진에 필요한 시책을 수립하고 시행하여야 하는 목적은?

① 한정된 전파자원을 공공복리의 증진에 최대한 활용하기 위함이다
② 무한한 전파자원을 개발하고 전파통신을 비롯한 과학기술 발전을 촉진하기 위함이다.
③ 새로운 전파자원의 이용기술을 개발하여 국제간 주파수 할당 분배를 확보하기 위함이다
④ 전파자원에 대한 이용기술을 원활히 개발하고 효율적으로 이용하기 위함이다

- **전파법 제1조(목적)**
  이 법은 전파의 효율적이고 안전한 이용 및 관리에 관한 사항을 정하여 전파이용과 전파에 관한 기술의 개발을 촉진함으로써 전파 관련 분야의 진흥과 공공복리의 증진에 이바지함을 목적으로 한다

[정답] ①

34 [15/10]

다음 중 준공검사를 받은 후 운용하여야 하는 무선국은?

① 국가안보 또는 대통령 경호를 위하여 개설하는 무선국
② 공해 또는 극지역에 개설한 무선국
③ 외국에서 운용할 목적으로 개설한 육상이동지구국
④ 도로관리를 위하여 개설하는 기지국

- **전파법 시행령 제45조 2(준공검사의 면제 등)**
  ① 법 제24조의 2 제1항 제1호에서 "대통령령으로 정하는 무선국"이란 다음 각 호의 무선국을 말한다.
  1. 30와트 미만의 무선설비를 시설하는 어선의 선박국
  2. 아마추어국으로서 다음 각 목의 어느 하나에 해당하는 무선국
     가. 적합성평가를 받은 무선기기를 사용하는 무선국
     나. 법 제20조제2항제6호나목에 해당하는 자가 1개월 이내의 국내 체류기간 동안 개설·운용하는 무선국
  3. 국가안보 또는 대통령 경호를 위하여 개설하는 무선국
     정부 또는 「전기통신사업법」에 따른 기간통신사업자(이하 "기간통신사업자"라 한다)가 비상통신을 위하여 개설한 무선국으로서 상시 운용하지 아니하는 무선국
  5. 공해 또는 극지역에 개설한 무선국
  6. 외국에서 운용할 목적으로 개설한 육상이동지구국
  7. 소규모의 무선국으로서 사용지역·용도 등에 관하여 미래창조과학부장관이 정하여 고시하는 요건을 갖춘 실험국 또는 실용화시험국

[정답] ④

35 [15/10]

의료용 전파응용설비는 몇 와트를 초과하는 경우 허가를 받아야 하는가?

① 30와트 ② 50와트
③ 80와트 ④ 100와트

- **전파법 시행령 제74조(통신설비 외의 전파응용설비)**
  법 제58조제1항제1호에서 "대통령령이 정하는 기준에 해당하는 설비"란 주파수가 9킬로헤르츠(㎑) 이상인 고주파 전류를 발생시키는 설비로서 50와트를 초과하는 고주파 출력을 사용하는 다음 각 호의 어느 하나에 해당하는 설비를 말한다. 다만, 가사용 전자제품 등으로서 미래창조과학부장관이 정하여 고시하는 것은 제외한다.
  ① 산업용 전파응용설비(고주파의 에너지를 발생시켜 그 에너지를 목재와 합판의 건조, 금속의 용융 또는 가열, 진공관의 배기 등 산업생산을 위하여 사용하는 것)
  ② 의료용 전파응용설비(고주파의 에너지를 발생시켜 그 에너지를 의료용으로 사용하는 것)
  ③ 그 밖의 전파응용설비(제1호 및 제2호 외의 설비로서 고주파의 에너지를 직접 부하(負荷)에 가하여 가열 또는 전리 등의 목적에 이용하는 것)

[정답] ②

36 [15/10]

다음 중 적합인증 대상기자재에 해당되지 않는 것은?

① PCM 단국장치
② 위성비상위치지시용 무선표지설비의 기기
③ 레벨조정기(전송망 기자재)
④ 자동차 장착 디지털기기

- **방송통신기자재 등의 적합성평가에 관한 고시**
  제3조(적합성평가 대상기자재의 분류 등) ① 영 제77조의2제1항 각 호에 따른 적합인증 대상기자재는 별표 1과 같다.
  대상기기: PCM 단국장치, 위성비상위치지시용 무선표지설비의 기기, 레벨조정기
  ② 영 제77조의3제1항에 따른 적합등록(이하 '지정시험기관 적합등록'이라 한다) 대상기자재는 별표 2와 같다.
  ③ 영 제77조의3제2항에 따른 적합등록(이하 '자기시험 적합등록'이라 한다) 대상기자재는 별표 3과 같다

[정답] ④

37 [15/10]
송신장치의 종단증폭기의 정격출력을 의미하는 것은?

① 평균전력(PY)   ② 첨두포락선전력(PX)
③ 반송파전력(PZ)   ④ 규격전력(PR)

- **무선설비 규칙 제2조(정의)**
  ⑬ "규격전력"이란 송신장치 종단증폭기의 정격출력을 말한다.
  ⑯ "첨두포락선전력"이란 정상동작 상태에서 송신장치로부터 송신안테나계의 급전선에 공급되는 전력으로서 변조포락선의 첨두에서 무선주파수 1주기 동안의 평균값을 말하며 PX로 표시한다
  ⑰ "평균전력"이란 정상동작 상태에서 송신장치로부터 송신안테나계의 급전선에 공급되는 전력으로 변조에 사용되는 최저주파수의 1주기와 비교하여 충분히 긴 시간 동안의 평균값을 말하며 PY로 표시한다.
  ⑱ "반송파전력"이란 무변조 상태에서 송신장치로부터 송신안테나계의 급전선에 공급되는 전력으로 무선주파수의 1주기 동안의 평균값을 말하며 PZ로 표시한다.

[정답] ④

38 [15/10]
무선설비에 전원을 공급하는 고압전기용 전기설비에는 안전시설을 하도록 하고 있다. 여기에서 고압전기란?

① 600[V]를 조과하는 고주파 및 교류전압과 750[V]를 초과하는 직류전압
② 750[V]를 조과하는 고주파 및 교류전압과 750[V]를 초과하는 직류전압
③ 100[V]를 조과하는 고주파 및 교류전압과 직류전압
④ 200[V]를 조과하는 고주파 및 교류전압과 직류전압

- **무선설비 규칙 제17조(무선설비의 안전시설)**
  ① 무선설비에 전원의 공급을 위하여 고압전기(600볼트를 초과하는 고주파 및 교류전압과 750볼트를 초과하는 직류전압을 말한다. 이하 같다)를 발생시키는 발전기나 고압전기가 인입되는 변압기, 정류기 등을 이용할 경우에는 해당 기기들은 외부에서 쉽게 닿지 아니하도록 절연차폐체 또는 접지된 금속차폐체 안에 있어야 한다. 다만, 취급자 외의 자가 출입하지 못하도록 된 장소에 설치되는 경우는 예외로 한다.

[정답] ①

39 [15/10]
무선설비의 주요 기자재를 검수하는 방법 중 시험에 의한 방법의 검수내용으로 틀린 것은?

① 검수방법은 감리사가 입회하여 재료제작자의 시험설비나 공장시험장에서 시험을 실시하고 그 결과로 얻은 성적표로 검수한다
② 감리사가 공공시험기관에 시험을 의뢰 요청하여 실시하고 그 시험 성적 결과에 의하여 검수한다.
③ 규격을 검증하는 KS 등의 마크가 표시되어 있는 규격품이나 적절하다고 인정할 수 있는 품질증명이 첨부되어 있는 제품을 대상으로 한다
④ 대상기자재의 범위는 공사상 중요한 기자재 또는 또는 특별주문품, 신제품 등으로써 품질 성능을 판정할 필요가 있는 기자재로 한다.

[정답] ③

40 [15/10]
다음 정의를 가리키는 용어는?

> 주어진 발사에서 용이하게 식별되고 측정되는 주파수를 말한다.

① 지정주파수   ② 기준주파수
③ 특성주파수   ④ 분배주파수

- **무선설비 규칙 제2조(정의)**
  ① 이 규칙에서 사용하는 용어의 뜻은 다음과 같다.
  ② "지정주파수"란 무선국에서 사용하는 주파수마다의 중심주파수를 말한다.
  ③ "특성주파수"란 송신설비에서 발사된 전파에서 용이하게 식별되고 측정되는 주파수를 말한다.
  ④ "기준주파수"란 지정주파수에 대하여 특정한 위치에 고정되어 있는 주파수를 말한다. 이 경우 기준주파수가 지정주파수에 대하여 가지는 변위는 특성주파수가 발사에 의하여 점유하는 주파수대의 중심주파수에 대하여 가지는 변위와 동일한 절대치와 부호를 가지는 것으로 한다

[정답] ③

41 [15/10]
다음 중 무선국을 고시하는 경우 고시하는 사항이 아닌 것은?

① 무선국의 명칭 및 종별과 무선설비의 설치장소
② 무선설비의 발주자 성명 및 명칭
③ 허가연월일 및 허가번호
④ 주파수, 전파의 형식, 점유주파수대폭 및 안테나공급전력

- **무선설비 규칙 제35조(무선국의 고시사항)**
  ① 법 제21조제5항에 따라 제34조에 따른 고시대상무선국을 허가한 경우에 고시하여야 하는 사항은 다음 각 호와 같다.
  1. 허가연월일 및 허가번호
  2. 시설자의 성명 또는 명칭
  3. 무선국의 명칭 및 종별과 무선설비의 설치장소
  4. 호출부호 또는 호출명칭
  5. 주파수, 전파의 형식, 점유주파수대폭 및 안테나공급전력

[정답] ②

42 [15/10]

다음 중 방송통신기자재 등의 적합인증을 신청시 구비서류가 아닌 것은?

① 사용자설명서 ② 외관도
③ 회로도 ④ 주요부품명세서

> **방송통신기자재 등의 적합성평가에 관한 고시 제5조(적합인증의 신청 등)**
> ① 제3조제1항에 따른 대상기자재에 대하여 적합인증을 신청하고자 하는 자는 다음 각 호의 신청서와 첨부서류(전자문서를 포함한다)를 작성하여 원장에게 제출하여야 한다.
> 1. 별지 제1호서식의 적합인증신청서
> 2. 사용자설명서(한글본) : 제품개요, 사양, 구성 및 조작방법 등이 포함되어야 한다.
> 3. 다음 각 목 중 어느 하나의 시험성적서
>   가. 지정시험기관의 장이 발행하는 시험성적서
>   나. 원장이 발행하는 시험성적서
>   다. 국가 간 상호 인정협정을 체결한 국가의 시험기관 중 원장이 인정한 시험기관의 장이 발행한 시험성적서
> 4. 외관도 : 제품의 전면·후면 및 타 기기와의 연결부분과 적합성평가표시 사항의 식별이 가능한 사진을 제출하여야 한다.
> 5. 부품 배치 또는 사진 : 부품의 번호, 사양 등의 식별이 가능하여야 한다.
> 6. 회로도
>   가. 적합성평가를 받은 '무선 송·수신용 부품'을 기자재의구성품으로 사용하는 경우에는 해당 부분을 생략할 수 있다.
>   나. 적합성평가기준 적용분야가 유선분야에 해당하는 기자재인 경우에는 전원 및 기간통신망과 직접 접속되는 부분의 회로도를 제출한다.
> 7. 대리인 지정서 : 제27조에 따른 별지 제4호서식의 대리인 지정(위임)서
>
> [정답] ④

43 [15/10]

비상국의 전원의 조건 중 축전지를 사용하는 경우 상시 몇 시간 이상을 운용할 수 있어야 하는가?

① 8시간 ② 12시간
③ 16시간 ④ 24시간

> **무선설비 규칙 제14조(전원)**
> ③ 비상국의 전원은 다음 각 호의 요건을 모두 갖추어야 한다.
> 1. 수동 발전기, 원동 발전기, 무정전 전원설비 또는 축전지로서 24시간 이상 상시 운용할 수 있을 것
> 2. 즉각 최대성능으로 사용할 수 있을 것
>
> [정답] ④

44 [15/10]

전력선통신설비 및 유도식통신설비에서 발사되는 고조파·저조파 또는 기생발사강도는 기본파에 대하여 몇 [dB] 이하이어야 한다.

① 20[dB] ② 30[dB]
③ 40[dB] ④ 50[dB]

> **전파응용설비 기술기준 제6조(누설전계강도의 허용치)**
> ① 전력선통신설비의 전력선에 통하는 고주파전류의 기본파에 의한 누설전계강도는 그 송신장치로부터 1 km 이상 떨어지고, 전력선으로부터의 거리가 기본주파수의 파장을 2π로 나눈 지점에서 500 μV/m 이하이어야 한다.
> ② 유도식통신설비의 선로에 통하는 고주파전류의 기본파에 의한 누설전계강도는 그 송신장치로부터 1 km 이상 떨어지고, 선로로부터의 거리가 기본주파수의 파장을 2π로 나눈 지점에서 200 μV/m 이하이어야 한다. 다만, 탄광의 갱내 등 지형사정으로 인하여 측정이 불가능한 경우에는 그러하지 아니한다.
> ③ 전력선통신설비 및 유도식통신설비에서 발사되는 고조파·저조파 또는 기생발사강도는 기본파에 대하여 30 dB 이하이어야 한다.
>
> [정답] ②

45 [15/6]

무선설비규칙에서 정의한 안테나계 충족조건이 아닌 것은?

① 선택도가 작을 것
② 안테나의 이득이 높을 것
③ 정합(整合)은 신호의 반사손실이 최소화되도록 할 것
④ 지향성은 복사전력이 목표하는 방향을 벗어나지 아니하도록 안정적일 것

> **무선설비 규칙 제11조(안테나계)**
> 안테나계는 다음 각 호의 요건을 모두 갖추어야 한다.
> ① 안테나는 무선설비를 작동할 수 있는 최소 안테나이득을 가질 것
> ② 정합(整合)은 신호의 반사손실이 최소화되도록 할 것
> ③ 지향성은 복사전력이 목표하는 방향을 벗어나지 아니하도록 안정적일 것
>
> [정답] ①

46 [15/6]

무선설비는 전원이 정격전압의 얼마 이내의 범위에서 안정적으로 동작할 수 있어야 하는가?

① ±5% ② ±10%
③ ±15% ④ ±20%

> **무선설비 규칙14조(전원)**
> ① 무선설비의 운용을 위한 전원은 전압변동률이 정격전압을 기준으로 상하 오차범위 10퍼센트 이내에서 유지할 수 있어야 한다.
>
> [정답] ②

47 [15/6]

무선설비 설계변경 및 계약금의 조정관련 감리업무 내용으로 잘못된 것은?

① 감리사는 설계변경 지시내용의 이행가능 여부를 당시의 공정, 자재수급 상황 등을 검토하여 확정하고, 만약 이행이 불가능 하다고 판달될 경우에는 그 사유와 근거자료를 첨부하여 시공자에게 보고하여야 한다.
② 발주자가 설계변경 도서를 작성할 수 없을 경우에는 설계변경 개요서만 첨부하여 설계변경지시를 할 수 있다.
③ 설계변경 도서작성에 소요되는 비용은 원칙적으로 발주자가 부담하여야 한다.
④ 감리자는 설계변경 등으로 인한 계약금액의 조정을 위한 각종서류를 시공자로부터 제출받아 검토한 후 감리업자 대표에게 보고하여야 한다.

[정답] ①

48 [15/6]

다음중 적합인증 대상기기에 해당되지 않는 것은?

① 디지털선택호출장치의 기기
② 자동음성처리시스템
③ 키폰시스템
④ 전기가열기

> • **방송통신기자재 등의 적합성평가에 관한 고시**
> 제3조(적합성평가 대상기자재의 분류 등)
> ① 영 제77조의2제1항 각 호에 따른 적합인증 대상기자재는 별표 1과 같다.
> 대상기기 : 디지털선택호출장치의 기기, 자동음성처리시스템, 키폰시스템
> ② 영 제77조의3제1항에 따른 적합등록(이하 '지정시험기관 적합등록'이라 한다) 대상기자재는 별표 2와 같다.
> ③ 영 제77조의3제2항에 따른 적합등록(이하 '자기시험 적합등록'이라 한다) 대상기자재는 별표 3과 같다

[정답] ④

49 [15/6]

방송통신기자재 등의 적합인증의 대상, 절차 및 방법 등에 관하여 필요한 세부사항은 누가 고시하는가?

① 관할 우체국장
② 중앙전파관리소장
③ 한국방송통신전파진흥원장
④ 국립전파연구원장

> • **전파법 시행령 제123조(권한의 위임·위탁)**
> ① 미래창조과학부장관은 법 제78조제1항에 따라 다음 각 호의 권한을 국립전파연구원장에게 위임한다.
> 1. 주파수의 국제등록
> 1의2. 주파수 사용승인 여부 심사 또는 주파수 지정 가능 여부 심사를 위한 전파혼신 분석
> 1의3. 주파수 사용의 재승인 절차 등의 통지에 관한 사항
> 1의4. 위성운용계획의 제출 요청 등에 관한 사항
> 1의5. 전자파가 인체에 미치는 영향에 관한 정보 전달과 방송통신기자재 등의 안전한 사용등에 관한 교육 및 홍보
> 1의6. 기술기준 중 다음 각 목에 대한 기술기준의 고시
> 가. 해상업무용 무선설비
> 나. 항공업무용 무선설비
> 다. 전기통신사업용 무선설비
> 라. 간이무선국·우주국·지구국의 무선설비, 전파탐지용 무선설비, 그 밖의 업무용 무선설비(신고하지 아니하고 개설할 수 있는 무선국의 무선설비는 제외한다)
> 마. 전파응용설비
> 바. 무선설비의 안테나공급전력과 전파응용설비의 고주파 출력측정방법 및 산출방법
> 1의7. 무선설비의 안전시설기준
> 2. 전자파 강도·전자파 흡수율 측정기준 및 측정방법의 고시
> 3. 전자파적합성기준에 관한 사항 중 제67조의2제2항에 따른 세부적인 기준의 고시
> 4. 전자파적합성 여부에 관한 측정·조사 및 전자파 저감·차폐를 위한 조치 권고
> 5. 전파의 탐지 및 분석
> 6. 전파환경의 보호를 위하여 필요한 조치에 관한 사항
> 7. 전파환경 측정 등에 관한 고시
> 7의2. 고출력·누설 전자파 안전성 평가에 관한 사항
> 7의3. 고출력·누설 전자파 안전성 평가기준 및 방법 등에 관한 고시
> 8. 적합인증, 적합등록, 적합성평가의 변경신고 및 잠정인증 등에 관한 사항
> 9. 적합성평가의 면제에 관한 사항
> 10. 적합성평가의 취소 및 개선·시정 등의 조치명령에 관한 사항
> 11. 시험기관의 지정, 지정사항의 변경, 지정시험업무의 폐지, 양수·합병의 승인 및 전문심사기구에 의한 심사에 관한 사항
> 12. 지정시험기관에 대한 자료제출 요구 및 검사에 관한 사항
> 13. 지정시험기관에 대한 시정명령, 업무정지명령 및 지정취소에 관한 사항
> 14. 국제적 적합성평가체계의 구축 에 관한 사항
> 15. 부적합보고의 접수에 관한 사항
> 16. 전파연구에 관한 사항
> 17. 조사시험 및 조치 등에 관한 사항(법 제71조의2제1항제2호만 해당한다)
> 18. 청문
> 19. 과태료의 부과·징수

[정답] ④

50 [15/6]
중파방송을 행하는 방송국의 개설조건으로 맞는 것은?

① 블랭킷에어리어 내의 가구 수는 그 방송국의 방송구역 내 가구 수의 0.30% 이하일 것
② 블랭킷에어리어 내의 가구 수는 그 방송국의 방송구역 내 가구 수의 0.35% 이하일 것
③ b블랭킷에어리어 내의 가구 수는 그 방송국의 방송구역 내 가구 수의 0.45% 이하일 것
④ 블랭킷에어리어 내의 가구 수는 그 방송국의 방송구역 내 가구 수의 0.035% 이하일 것

• 전파법 시행령 제56조(중파방송을 행하는 방송국의 개설조건)
① 중파방송을 행하는 방송국의 송신안테나의 설치장소는 다음 각 호의 개설조건에 적합하여야 한다.
1. 개설하려는 방송국의 블랭킷에어리어 내의 가구 수는 그 방송국의 방송구역 내 가구 수의 0.35퍼센트 이하일 것

[정답] ②

51 [15/6]
156[MHz] ~ 174[MHz] 주파수대를 사용하는 선박국 및 생존정의 송신설비 주파수 허용편차는 백만분의 얼마인가?

① 10
② 30
③ 50
④ 100

• 무선설비규칙 제5조(주파수 허용편차)
① 송신설비에서 발사되는 전파의 주파수 허용편차는 별표 1과 같다. 다만, 미래창조과학부장관은 무선설비의 용도에 따라 주파수 허용편차를 별도로 정하여 고시할 수 있다.
156[MHz]-174[MHz] 주파수대 선박국 및 생존정의 송신설비 주파수 허용편차: 10ppm

[정답] ①

52 [15/6]
무선설비 각 공사에 있어서 기술적 공법, 작업방법 등 공사특별사항을 작성하는 시방서를 무엇이라고 하는가?

① 공사시방서
② 표준시방서
③ 전문시방소
④ 특별시방서

특별시방서: 특별한 공법이나 재료가 필요한 공사에 대해 설명하는 문서

[정답] ④

53 [15/6]
다음 중 고시대상 무선국을 허가한 경우 고시하여야 하는 사항이 아닌 것은?

① 시설자의 성명 또는 명칭
② 허가의 유효기간
③ 무선국의 명칭 및 종별과 무선설비의 설치장소
④ 주파수, 전파의 형식, 점유주파수대폭 및 안테나공급전력

• 전파법 시행령 제35조(무선국의 고시사항)
① 법 제21조제5항에 따라 제34조에 따른 고시대상무선국을 허가한 경우에 고시하여야 하는 사항은 다음 각 호와 같다.
1. 허가연월일 및 허가번호
2. 시설자의 성명 또는 명칭
3. 무선국의 명칭 및 종별과 무선설비의 설치장소
4. 호출부호 또는 호출명칭
5. 주파수, 전파의 형식, 점유주파수대폭 및 안테나공급전력

[정답] ②

54 [15/6]
무선방위측정장치 보호구역에 전파를 방해할 우려가 있는 건축물 등을 건설하려는 경우 승인을 얻어야 할 건조물 또는 공작물에 해당하는 것은?

① 무선방위측정장치의 설치장소로부터 500미터 이내의 지역에 매설하는 수도관
② 무선방위측정장치의 설치장소로부터 500미터 이내의 지역에 매설하는 가스관
③ 무선방위측정장치의 설치장소로부터 1킬로미터 이내의 지역에 건설하고자 하는 송신 안테나
④ 무선방위측정장치의 설치장소로부터 1킬로미터 이내의 지역에 매설하는 통신용 케이블

• 전파법 시행령 제71조(승인을 받아야 할 건축물 등)
① 법 제52조제1항에 따라 미래창조과학부장관의 승인을 얻어야 할 건축물 또는 공작물(이하 "건축물등"이라 한다)은 다음 각 호와 같다.
1. 무선방위측정장치(無線方位測定裝置)의 설치장소로부터 1킬로미터 이내의 지역에 건설하려는 다음의 것
가. 송신안테나와 수신안테나. 다만, 방송수신용인 소형의 것과 이에 준하는 것은 제외한다.
나. 가공선과 고가 케이블(전력용·통신용·전기철도용, 그 밖에 이에 준하는 것을 포함한다)
다. 건물(목조·석조·콘크리트조, 그 밖에 구조의 것을 포함한다). 다만, 높이가 무선방위측 정장치의 설치장소로부터 앙각(仰角) 3도 미만의 것은 제외한다.
라. 철조·석조 또는 목조의 탑주와 이의 지지 물건·연통·피뢰침. 다만, 높이가 무선방위측 정장치의 설치장소로부터 앙각 3도 미만의 것은 제외한다.
마. 철도 및 궤도

[정답] ③

55 [15/6]

다음 중 무선국의 개설허가에서 미래창조과학부장관의 심사사항에 해당하지 않는 것은?

① 주파수지정이 가능한지의 여부
② 설치하거나 운용할 무선설비가 기술기준에 적합한지의 여부
③ 무선종사자의 배치계획이 자격·정원배치기준에 적합한지의 여부
④ 안테나 설치장소가 기준에 적합한지의 여부

• **전파법 제21조(무선국 개설허가 등의 절차)**
① 무선국의 개설허가 또는 허가받은 사항을 변경하기 위한 허가(이하 "변경허가"라 한다)를 받으려는 자는 대통령령으로 정하는 바에 따라 미래창조과학부장관에게 신청하여야 한다.
② 미래창조과학부장관은 제1항에 따른 신청을 받은 때에는 다음 각 호의 사항을 심사하여야 한다.
1. 주파수지정이 가능한지의 여부
2. 설치하거나 운용할 무선설비가 제45조에 따른 기술기준에 적합한지의 여부
3. 무선종사자의 배치계획이 제71조에 따른 자격·정원배치기준에 적합한지의 여부
4. 제20조의2에 따른 무선국의 개설조건에 적합한지의 여부

[정답] ④

56 [15/6]

다음 중 전파법에서 규정한 심사에 의한 주파수 할당 시 고려할 사항이 아닌 것은?

① 전파자원 이용의 효율성
② 신청자의 주파수 이용실적
③ 신청자의 기술적 능력
④ 할당하려는 주파수의 특성

• **전파법 제12조(심사에 의한 주파수할당)**
미래창조과학부장관은 공고된 주파수에 대하여 주파수할당을 하지 아니하는 경우에는 다음 각 호의 사항을 심사하여 주파수할당을 한다.
① 전파자원 이용의 효율성
② 신청자의 재정적 능력
③ 신청자의 기술적 능력
④ 할당하려는 주파수의 특성이나 그 밖에 주파수 이용에 필요한 사항

[정답] ②

57 [15/6]

다음 중 무선국 개설허가 유효기간으로 틀린 것은?

① 기지국: 5년
② 실험국: 1년
③ 공동체라디오방송국: 3년
④ 비상국: 3년

• **전파법 시행령 제36조(무선국개설허가의 유효기간)**
① 법 제22조제1항에 따른 무선국 개설허가의 유효기간은 다음 각 호와 같다.
1. 실험국 및 실용화시험국: 1년
2. 이동국·육상국·육상이동국·기지국·이동중계국·선박국[「선박안전법」, 「어선법」 또는 「수상레저안전법」에 따라 선박에 의무적으로 개설하여야 하는 무선국(이하 "의무선박국"이라 한다)은 제외한다]·선상통신국·무선표지국·무선측위국·우주국·일반지구국·해안지구국·항공기지구국·육상지구국·이동지구국·기지지구국·육상이동지구국·아마추어국·간이무선국·항공국·고정국·무선항행육상국·무선항행이동국·무선탐지육상국·무선탐지이동국·비상국·기상원조국·항공기지구국·무선조정국·무선조정이동국·무선조정중계국·전파천문국·선박지구국·항공기국[「항공법」에 따라 항공기 또는 경량항공기에 의무적으로 개설하여야 하는 무선국(이하 "의무항공기국"이라 한다)은 제외한다]·비상위치지시용무선표지국·비상위치지시용위성무선표지국·해안국 및 무선방향탐지국: 5년
2의2. 방송국: 5년. 다만, 초단파방송을 하는 방송국으로서 「방송법」 제2조제3호마목에 따른 공동체라디오방송사업자가 개설하는 방송국(이하 "공동체라디오방송"이라 한다)은 3년(2016년 7월 1일부터 2018년 6월 30일까지 개설하는 무선국의 경우에는 5년)으로 한다.
3. 제1호·제2호 및 제2호의2 외의 무선국: 3년

[정답] ④

58 [15/6]

다음 중 적합성평가를 받은 자에 대한 행정처분 기준에서 1차 위반시 시정명령인 위반사항은?

① 거짓이나 그 밖의 부정한 방법으로 적합성평가를 받은 경우
② 적합성평가표시를 거짓으로 표시한 경우
③ 적합성평가표시를 하지 않은 경우
④ 적합성평가의 변경신고 개선명령의 조치명령을 이행하지 않은 경우

• **전파법 제58조의4(적합성평가의 취소 등)**
① 미래창조과학부장관은 적합성평가를 받은 자가 다음 각 호의 어느 하나에 해당하는 경우에는 대통령령으로 정하는 바에 따라 해당 기자재에 대한 적합성평가를 취소하거나 개선, 시정, 수거, 철거, 파기 또는 생산중지, 수입중지, 판매중지, 사용중지 등 필요한 조치를 명할 수 있다.
1. 해당 방송통신기자재등이 적합성평가기준에 적합하지 아니하게 된 경우
2. 적합성평가표시를 하지 아니하거나 거짓으로 표시한 경우
3. 적합성평가의 변경신고를 하지 아니한 경우
4. 제58조의2제4항을 위반하여 관련 서류를 비치하지 아니한 경우

[정답] ④

59 [15/6]
다음 중 국립전파연구원장의 지정시험기관 검사시 확인사항으로 잘못된 것은?

① 조직 및 인력현황
② 비교숙련도 시험참여 실적 및 시정조치 결과
③ 시험환경 및 시험시설의 적합성 유지 여부
④ 관리규정 및 시험수수료

- **전파법 58조의5(시험기관의 지정 등)**
① 미래창조과학부장관은 다음 각 호의 요건을 갖춘 법인을 적합성평가 시험 업무를 하는 기관으로 지정할 수 있다.
1. 적합성평가 시험에 필요한 설비 및 인력을 확보할 것
2. 국제기준에 적합한 품질관리규정을 확보할 것
3. 그 밖에 미래창조과학부장관이 시험 업무의 객관성 및 공정성을 위하여 필요하다고 인정하는 사항을 갖출 것

[정답] ②

60 [15/6]
지정시험기관 업무를 휴지 또는 폐지하고자 하는 때에는 신고를 예정일로부터 며칠 이내에 제출해야 하는가?

① 30일   ② 35일
③ 40일   ④ 45일

방송통신기자재등 시험기관 지정 및 관리에 관한 고시 제9조(업무의 중지 및 폐지신청 등)
① 지정시험기관의 장이 시험업무를 1월 이상 중지하거나 일부 또는 전부를 폐지하고자 하는 때에는 중지 또는 폐지예정일 30일전까지 별지 제3호서식의 변경신청서를 원장에게 제출하여야 한다.

[정답] ①

61 [15/6]
변조신호에 따라 송신장치가 반송파가 진폭변조되는 송신장치는 변조도가 몇[%]를 초과하지 말아야 하는가?

① 80[%]   ② 85[%]
③ 90[%]   ④ 100[%]

- **무선설비 규칙 제10조(변조특성 등)**
① 변조신호에 따라 송신장치가 반송파를 진폭변조할 때에는 변조도가 100퍼센트를 초과하지 아니하여야 하고, 반송파를 주파수변조할 때에는 최대주파수편이의 범위를 초과하지 아니하여야 한다.

[정답] ④

62 [15/6]
다음 문장의 괄호안에 들어갈 알맞은 것은

전계강도 허용치가 의료용 무선설비인 경우 ( )의 거리에서 100 μV/m 이하일 것

① 100[m]   ② 80[m]
③ 50[m]   ④ 30[m]

- **전파응용설비 기술기준 제4조(전계강도의 허용치)**
① 영 제74조에 따른 통신설비외의 전파응용설비에서 발사되는 기본파 및 불요발사에 의한 전계강도의 최대허용치는 다음과 같다.

구분		전계강도 허용치	비고
산업용 전파응용설비		100m 거리에서 100μV/m이하 일 것	해당 설비가 설치되어 있는 주위의 구역이 시설자의 소유로서 구역의 경계와 설비와의 거리가 측정 기준거리를 초과할 때에는 그 구역의 경계선에서 측정한다.
의료용 전파응용설비		30m 거리에서 100μV/m이하 일 것	
기타 전파 응용 설비	고주파출력 500W 이하	30m 거리에서 100μV/m이하 일 것	
	고주파출력 500W 초과	100m 거리에서 100μV/m이하이고, 30m 거리에서 $\times \sqrt{P/500}$ (P는 고주파출력을 와트(W)로 표시한 수로 한다) μV/m 이하일 것	

[정답] ④

63 [15/3]
방송통신기자재등 지정시험기관의 장이 시험업무를 1월 이상 중지하고자 할 경우 변경신청서를 국립전파연구원장에게 제출하여 승인을 받아야 한다. 이 경우 최대 중지기간으로 맞는 것은?

① 6개월   ② 1년
③ 2년   ④ 3년

방송통신기자재등 시험기관의 지정 및 관리에 관한 고시 제9조(업무의 중지 및 폐지신청 등)
① 지정시험기관의 장이 시험업무를 1월 이상 중지하거나 일부 또는 전부를 폐지하고자 하는 때에는 중지 또는 폐지예정일 30일전까지 별지 제3호서식의 변경신청서를 원장에게 제출하여야 한다.
② 제1항에 따른 중지기간은 1년을 초과할 수 없으며, 지정시험기관의 장은 그 업무를 전부폐지한 때에는 지정서를 지체 없이 반납하여야 한다.
③ 원장은 제1항의 규정에 의하여 지정시험기관의 업무의 중지 또는 폐지의 신청을 받은 때에는 이를 관보에 공고하여야 한다.

[정답] ②

64 [15/3]
다음 중 주파수분배의 고려사항이 아닌 것은?
① 국방·치안 및 조난구조 등 국가안보·질서유지 또는 인명안전의 필요성
② 주파수의 이용현황 등 국내의 주파수 이용여건
③ 전파를 이용하는 서비스에 대한 수요
④ 과거의 주파수 이용 동향

- **전파법 제9조(주파수분배)**
  ① 미래창조과학부장관은 다음 각 호의 사항을 고려하여 주파수분배를 하여야 한다.
  1. 국방·치안 및 조난구조 등 국가안보·질서유지 또는 인명안전의 필요성
  2. 주파수의 이용현황 등 국내의 주파수 이용여건
  3. 국제적인 주파수 사용동향
  4. 전파이용 기술의 발전추세
  5. 전파를 이용하는 서비스에 대한 수요

  [정답] ④

65 [15/3]
의료용 전파응용설비에서 전계강도의 최대 허용치는?
① 10미터 거리에서 50[μV/m] 이하일 것
② 10미터 거리에서 100[μV/m] 이하일 것
③ 10미터 거리에서 50[μV/m] 이하일 것
④ 30미터 거리에서 100[μV/m] 이하일 것

- **전파응용설비의 기술기준 제4조(전계강도의 허용치)**
  ① 전파법 시행령(이하 "영"이라 한다) 제74조에 따른 통신설비외의 전파응용설비에서 발사되는 기본파 및 불요발사에 의한 전계강도의 최대허용치는 다음 각 호와 같다.
  1. 산업용 전파응용설비: 100 m 거리(해당 설비가 설치되어 있는 주위의 구역이 시설자의 소유인 경우에는 그 구역의 경계선)에서 100 μV/m 이하일 것
  2. 의료용 전파응용설비: 30 m 거리(해당 설비가 설치되어 있는 주위의 구역이 시설자의 소유인 경우에는 그 구역의 경계선)에서 100 μV/m 이하일 것
  3. 기타 전파응용설비
  가. 고주파출력이 500 W 이하인 것: 30 m 거리(해당 설비가 설치되어 있는 주위의 구역이 시설자의 소유인 경우에는 그 구역의 경계선)에서 100 μV/m 이하일 것
  나. 고주파출력 500 W를 초과하는 것: 100 m 거리(해당 설비가 설치되어 있는 주위의 구역이 시설자의 소유인 경우에는 그 구역의 경계선)에서 100 μV/m 이하이고, 30 m 거리(해당 설비가 설치되어 있는 주위의 구역이 시설자의 소유인 경우에는 그 구역의 경계선)에서 $100 \times \sqrt{P/500}$(P는 고주파출력을 와트(W)로 표시한 수로 한다) μV/m 이하일 것

  [정답] ④

66 [15/3]
다음 중 전파법의 규정에 의한 적합인증 대상기기가 아닌 것은?
① 네비텍스수신기
② 무선호출용 무선설비의 기기
③ 주파수공용 무선전화
④ 영상전송기

- **방송통신기자재 등의 적합성평가에 관한 고시**
  제3조(적합성평가 대상기자재의 분류 등) ① 영 제77조의2제1항 각 호에 따른 적합인증 대상기자재는 별표 1과 같다.
  대상기기:네비텍스수신기, 무선호출용 무선설비의 기기, 주파수공용 무선전화 영상전송기는 법 개정으로 삭제

  [정답] ④

67 [15/3]
일반적인 경우 무선통신업무에 종사하는 자는 몇 년마다 1회의 통신 보안교육을 받아야 하는가.
① 2년   ② 3년
③ 4년   ④ 5년

- **전파법 제30조(통신보안의 준수)**
  5년마다 1회 통신 보안교육을 받아야 한다.

  [정답] ④

68 [15/3]
무선설비의 운용을 위한 전원의 전압변동률은 정격전압의 몇[%] 이내로 유지해야 하는가?
① ±1%   ② ±5%
③ ±10%   ④ ±15%

- **무선설비 규칙14조(전원)**
  ① 무선설비의 운용을 위한 전원은 전압변동률이 정격전압을 기준으로 상하 오차범위 10퍼센트 이내에서 유지할 수 있어야 한다.

  [정답] ③

69

무선설비의 안전시설기준에서 정의한 고압전기의 범위로 맞는 것은?

① 550[V]를 초과하는 고주파 및 교류전압과 770[V]를 초과하는 직류전압
② 600[V]를 초과하는 고주파 및 교류전압과 750[V]를 초과하는 직류전압
③ 650[V]를 초과하는 고주파 및 교류전압과 800[V]를 초과하는 직류전압
④ 700[V]를 초과하는 고주파 및 교류전압과 850[V]를 초과하는 직류전압

- **무선설비 규칙 제17조(무선설비의 안전시설)**
  ① 무선설비에 전원의 공급을 위하여 고압전기(600볼트를 초과하는 고주파 및 교류전압과 750볼트를 초과하는 직류전압을 말한다. 이하 같다)를 발생시키는 발전기나 고압전기가 인입되는 변압기, 정류기 등을 이용할 경우에는 해당 기기들은 외부에서 쉽게 닿지 아니하도록 절연차폐체 또는 접지된 금속차폐체 안에 있어야 한다. 다만, 취급자 외의 자가 출입하지 못하도록 된 장소에 설치되는 경우는 예외로 한다.

[정답] ②

70

주파수 허용편차가 100이라면 500[kHz]를 사용하는 경우 이 무선국의 주파수 허용범위는?

① 499.9[kHz] ~ 500.1[kHz]
② 499.95[kHz] ~ 500.05[kHz]
③ 499.95[kHz] ~ 501.5[kHz]
④ 499.9[kHz] ~ 501.5[kHz]

500×1000×100/1,000,000=50Hz
따라서 허용편차는 499.95[kHz] ~ 500.05[kHz]이다.

[정답] ②

71

허가나 신고로 개설하는 무선국에서 이용할 특정한 주파수를 지정하는 것을 무엇이라 하는가?

① 주파수 할당
② 주파수 분배
③ 주파수 지정
④ 주파수 용도

- **전파법 제2조(정의)**
  ② "주파수분배"란 특정한 주파수의 용도를 정하는 것을 말한다.
  ③ "주파수할당"이란 특정한주파수를 이용할 수 있는 권리를 특정인에게 주는 것을 말한다.
  ④ "주파수지정"이란 허가나 신고로 개설하는 무선국에서 이용할 특정한 주파수를 지정하는 것을 말한다.

[정답] ③

72

다음 중 무선설비산업기사의 기술운용에 의한 종사범위에 해당하지 않는 것은?

① 3[kW] 이하의 무선전신
② 3[kW] 이하의 팩시밀리
③ 3[kW] 이하의 무선전화
④ 규정된 무선설비외에 1.5[kW] 이하의 무선설비

- **무선설비산업기사의 기술운용에 의한 종사범위**
  가. 안테나전력 3[kW] 이하의 무선전신 및 팩시밀리
  나. 안테나전력 1.5[kW] 이하의 무선전화
  다. 레이더
  라. 다목부터 다목까지 규정된 무선설비외의 무선설비로서 안테나전력에 1.5[kW] 이하의 것

[정답] ③

73

다음 중 해당 방송통신기자재 등이 적합성평가기준에 적합하지 않게 된 경우 1차 위반시 행정처분은 무엇인가?

① 파기 명령
② 수입중지
③ 시정 명령
④ 생산 중지

- **전파법 제58조 4(적합성평가의 취소 등)**
  1차위반: 시정명령, 2차위반: 생산 수입 판매 중지(2개월)
  3차위반: 취소

[정답] ③

74 다음 중 해당 방송통신기자재 등이 적합성평가에 관한 고시에서 규정한 용어의 정의로 틀린 것은?

① "사후관리"라 함은 적합성평가를 받은 기자재가 적합성평가기준대로 제조·수입 또는 판매되고 있는지 관련법에 따라 조사 또는 시험하는 것을 말한다.
② "기본모델"이란 전기적인 회로·구조·성능이 동일하고 기능이 유사한 제품군 중 표본이 되는 기자재를 말한다.
③ "파생모델"이란 기본모델과 전기적인 회로·구조·기능이 유사한 제품군으로 기본모델과 동일한 적합성평가번호를 사용하는 기자재를 말한다.
④ "무선 송·수신용 부품"이란 차폐된 함체 또는 칩에 내장된 무선주파수의 발진, 변조 또는 복조, 증폭부 등과 안테나로 구성된 것으로 시스템에 하나의 부품으로 내장되거나 장착될 수 있고 소비자가 최종으로 사용할 수 없는 물품을 말한다.

- **방송통신기자재 등이 적합성평가에 관한 고시 제2조(정의)**
  ② "사후관리"라 함은 적합성평가를 받은 기자재가 적합성평가기준대로 제조·수입 또는 판매되고 있는지 법 제71조의2에 따라 조사 또는 시험하는 것을 말한다.
  ③ "기본모델"이란 전기적인 회로·구조·성능이 동일하고 기능이 유사한 제품군 중 표본이 되는 기자재를 말한다.
  ④ "파생모델"이란 기본모델과 전기적인 회로·구조·기능이 유사한 제품군으로 기본모델과 동일한 적합성평가번호를 사용하는 기자재를 말한다.
  ⑤ '무선 송·수신용 부품'이란 차폐된 함체 또는 칩에 내장된 무선주파수의 발진, 변조 또는 복조, 증폭부 등과 안테나(안테나 단자 포함)로 구성된 것으로 시스템에 하나의 부품으로 내장되거나 장착될 수 있는 것을 말한다.

[정답] ④

75 무선설비는 사용 상태에서 통상 접하는 환경 변화의 경우에도 지장없이 동작할 수 있어야 한다. 다음 중 무선설비의 통상 접하는 환경변화에 해당하지 않는 것은?

① 온도 및 습도   ② 주간 및 야간
③ 진동   ④ 충격

- **무선설비 규칙 제15조(무선설비의 작동 기준)**
  ① 무선설비는 전원이 정격전압을 기준으로 상하 오차범위 10퍼센트 이내의 범위에서 변동된 경우에도 안정적으로 작동할 수 있어야 한다. 다만, 축전지를 사용하는 무선설비 중에서 저전압에 따라 자동으로 전원이 차단되는 기능을 가진 무선설비는 저전압에 따라 무선설비의 전원이 자동으로 차단되는 전압과 해당 무선설비에 사용되는 축전지의 최고 전압의 범위에서 안정적으로 작동할 수 있어야 한다.
  ② 무선설비는 사용상태에서 통상 접하는 온도 및 습도의 변화, 진동 또는 충격 등의 경우에도 안정적으로 작동할 수 있어야 한다.
  ③ 무선설비는 외부의 기계적 잡음 등에 방해를 받지 아니하는 안전한 장소에 설치하여야 한다

[정답] ②

76 다음 괄호안에 들어갈 내용으로 맞는 것은?

전력선통신설비의 전력선에 통하는 고주파전류의 기본파에 의한 누설전계강도는 그 송신장치로부터 1 km 이상 떨어지고, 전력선으로부터의 거리가 기본주파수의 파장을 2π로 나눈 지점에서 ( )이하이어야 한다.

① 100 [㎶/m] 이하   ② 300 [㎶/m] 이하
③ 500 [㎶/m] 이하   ④ 700 [㎶/m] 이하

- **전파응용설비 기술기준 제6조(누설전계강도의 허용치)**
  ① 전력선통신설비의 전력선에 통하는 고주파전류의 기본파에 의한 누설전계강도는 그 송신장치로부터 1 km 이상 떨어지고, 전력선으로부터의 거리가 기본주파수의 파장을 2π로 나눈 지점에서 500 ㎶/m 이하이어야 한다.

[정답] ③

77 통신공사의 감리업무에서 무선설비 주요 기자재를 검수하는 방법 중 조회에 의한 검수내용으로 맞는 것은?

① 검수방법은 감리사 입회하에 재료 제작자의 시험설비나 공장 시험장에서 시험을 실시하고 그 결과로 얻은 성적표로 검수한다.
② 감리사가 공공시험기관에 시험을 의뢰 요청하여 실시하고 그 시험성적 결과에 의하여 검수한다.
③ 대상 기자재의 범위는 공사상 중요한 기자재 또는 특별 주문품, 설계품 등으로써 품질성능을 판정할 필요가 있는 기자재로 한다.
④ 규격을 증명하는 KS 등의 마크가 표시되어 있는 규격품이나 적절하다고 인정할 수 있는 품질증명이 첨부되어 있는 제품을 대상으로 한다.

[정답] ④

② 무선설비기준 2편

01 [14/10]
무선설비의 변조특성등에 대한 기술기준으로 적합하지 않은 것은?

① 변조신호에 따라 반송파가 진폭변조되는 송신장치는 변조도가 100%를 초과하지 아니하여야 한다.
② 반송파가 주파수변조되는 송신장치는 최대주파수편이의 범위를 초과하지 아니하여야 한다.
③ 무선설비는 최고 변조주파수에서 안정적으로 동작해야 한다.
④ 편향변조에 의하여 점유주파수대폭이 충분하여야 한다.

- **무선설비 규칙 제10조(변조특성 등)**
  ① 변조신호에 따라 송신장치가 반송파를 진폭변조할 때에는 변조도가 100퍼센트를 초과하지 아니하여야 하고, 반송파를 주파수변조할 때에는 최대주파수편이의 범위를 초과하지 아니하여야 한다.
  ② 무선설비는 최고 통신속도 또는 최고 변조주파수에서 안정적으로 작동하여야 한다.

[정답] ④

02 [14/10]
미래창조과학부장관이 전파자원의 공평하고 효율적인 이용을 촉진하기 위하여 시행하는 내용이 아닌 것은?

① 주파수 분배의 변경   ② 주파수의 공동사용
③ 주파수 이용권의 양도 임대 ④ 주파수 회수 재배치

- **전파법 제6조(전파자원 이용효율의 개선)**
  ① 미래창조과학부장관은 전파자원의 공평하고 효율적인 이용을 촉진하기 위하여 필요하면 다음 각 호의 사항을 시행하여야 한다.
  1. 주파수분배의 변경
  2. 주파수회수 또는 주파수재배치
  3. 새로운 기술방식으로의 전환
  4. 주파수의 공동사용

[정답] ③

03 [14/10]
다음 중 "인체, 기자재, 무선설비 등을 둘러싸고 있는 전파의 세기, 잡음 등 전자파의 총체적인 분포 상황"으로 정의되는 것은?

① 전파환경   ② 전자파분포
③ 전파자원   ④ 전자파환경

- **전파법 제2조(정의)**
  ⑰ "전파환경"이란 인체, 기자재, 무선설비 등을 둘러싸고 있는 전파의 세기, 잡음 등 전자파의 총체적인 분포 상황을 말한다.

[정답] ①

04 [14/10]
데이터 또는 방송통신메세지의 입력, 저장, 출력, 검색, 전송, 처리, 스위칭, 제어 중 어느 하나(또는 이들의 조합)의 기능을 가지거나, 정보전송을 위해 사용되는 하나 이상의 포트를 갖춘 기자재로서 600 볼트 이하의 공급 전압을 가진 기기를 무엇이라 하는가?

① 정보기기   ② 전송기기
③ 통신기기   ④ 방송통신기기

- **방송통신기자재 등의 적합성평가에 관한 고시 제2조(정의)**
  ⑥ "정보기기"라 함은 데이터 또는 방송통신메세지의 입력,저장,출력,검색,전송,처리,스위칭, 제어 중 어느 하나(또는 이들의 조합)의 기능을 가지거나, 정보전송을 위해 사용되는 하나 이상의 포트를 갖춘 기자재로서 600V를 초과하지 않는 정격전원전압을 사용하는 기자재를 말한다.

[정답] ①

05 [14/10]
다음 중 준공검사를 받지 아니하고 운용할 수 있는 무선국에 속하지 않는 것은

① 적도 지역에 개설한 무선국
② 대통령 경호를 위하여 개설하는 무선국
③ 30와트 미만의 무선설비를 시설하는 어선의 선박국
④ 외국에서 운용할 목적으로 개설한 육상이동 지구국

- **제45조의2(준공검사의 면제 등)**
  ① 법 제24조의2제1항제1호에서 "대통령령으로 정하는 무선국"이란 다음 각 호의 무선국을 말한다.
  1. 30와트 미만의 무선설비를 시설하는 어선의 선박국
  2. 아마추어국으로서 다음 각 목의 어느 하나에 해당하는 무선국
     가. 적합성평가를 받은 무선기기를 사용하는 무선국
     나. 법 제20조제2항제6호나목에 해당하는 자가 1개월 이내의 국내 체류기간 동안 개설·운용하는 무선국
  3. 국가안보 또는 대통령 경호를 위하여 개설하는 무선국
  4. 정부 또는 「전기통신사업법」에 따른 기간통신사업자(이하 "기간통신사업자"라 한다)가 비상통신을 위하여 개설한 무선국으로서 상시 운용하지 아니하는 무선국
  5. 공해 또는 극지역에 개설한 무선국
  6. 외국에서 운용할 목적으로 개설한 육상이동지구국
  7. 소규모의 무선국으로서 사용지역·용도 등에 관하여 미래창조과학부장관이 정하여 고시하는 요건을 갖춘 실험국 또는 실용화시험국

[정답] ①

06 [14/10]
전력선 통신설비 및 유도식통신설비의 주파수 허용편차로 맞는 것은?

① 0.1%   ② 0.3%
③ 0.5%   ④ 1%

- **전파응용설비의 기술기준 제5조(주파수허용편차)**
  영 제75조제1항제1호에 따른 전력선통신설비 및 영 제75조제1항제2호에 따른 유도식통신설비에서 발사되는 주파수허용편차는 0.1 %로 한다.

[정답] ①

07 [14/10]

다음 중 산업용 전파응용설비의 안전시설 설치조건으로 틀린 것은?

① 충전되는 기구와 전선은 외부와 닿지 않도록 절연 차폐체 또는 접지된 금속차폐체 내에 수용할 것
② 설비의 조작시 인체와 전기적 양도체에 고주파전력을 유발할 우려가 있는 경우에는 그 위험을 방지하기 위하여 필요한 설비를 할 것
③ 인체의 안전을 위하여 접지장치를 설치할 것
④ 설비와 대지 간 접지저항 값을 무한대로 설치할 것

- **전파응용설비의 기술기준 제8조(안전시설)**
  ① 영 제74조제1호에 따른 산업용 전파응용설비는 그 설비의 운용에 따라 인체에 위해를 주거나 물건에 손상을 주지 아니하도록 다음 각 호의 조건에 적합하여야 한다.
  1. 고압전기에 의하여 충전되는 기구와 전선은 외부에서 용이하게 닿지 아니하도록 절연차폐체 또는 접지된 금속차폐체내에 수용할 것. 다만, 고주파용접장치·진공관전극·가열용장치 등과 같이 전극을 직접 노출하지 아니하면 사용목적을 달성할 수 없는 것을 제외한다.
  2. 설비의 조작에 의하여 설비에 접근하는 인체와 전기적 양도체에 고주파전력을 유발할 우려가 있을 경우에는 그 위험을 방지하기 위하여 필요한 설비를 할 것
  3. 인체의 안전을 위하여 접지장치를 설치할 것
  ② 영 제74조제2호에 따른 의료용 전파응용설비는 그 설비의 운용에 따라 인체에 위해를 주거나 손상을 주지 아니하도록 다음 각 호의 조건에 적합하여야 한다.
  1. 고압전기에 의하여 충전되는 기구와 전선은 외부에서 용이하게 닿지 아니하도록 절연차폐체 또는 접지된 금속차폐체내에 수용할 것
  2. 의료전극 및 그 도선과 발진기·출력회로·전력선 등 사이에서의 절연저항은 500 V용 절연저항시험기에 따라 측정하여 50 MΩ 이상일 것
  3. 의료전극과 그 도선은 직접 인체에 닿지 아니하도록 양호한 절연체로 덮을 것. 다만, 전기수술장치 등으로써 전극을 직접 노출하여 인체에 닿게 하여 사용하는 부분은 예외로 한다.
  4. 인체의 안전을 위하여 접지장치를 설치할 것

[정답] ④

08 [14/10]

다음 중 전파법의 목적으로 옳지 않는 것은?

① 공공복리의 증진에 이바지
② 전파진흥을 위한 기술전수
③ 전파이용 및 전파에 관한 기술개발을 촉진
④ 전파의 효율적인 이용에 관한 사항을 정함

- **전파법 제1조(목적)**
  이 법은 전파의 효율적이고 안전한 이용 및 관리에 관한 사항을 정하여 전파이용과 전파에 관한 기술의 개발을 촉진함으로써 전파 관련 분야의 진흥과 공공복리의 증진에 이바지함을 목적으로 한다

[정답] ②

09 [14/10]

다음 중 적합성평가 시험기관의 지정취소가 되는 경우가 아닌 것은?

① 적당한 사유는 있으나 실험업무를 수행하지 아니한 경우
② 거짓이나 그 밖의 부정한 방법으로 지정을 받은 경우
③ 업무 정지명령을 받은후 그 업부정지 기간에 시험업무를 수행한 경우
④ 2회이상 업무정지 명령을 받은 지정시험기관이 다시 같은 항을 위반하 업무정지 사유에 해당하는 경우

- **전파법 제58조의7(지정시험기관의 지정 취소 등)**
  ③ 미래창조과학부장관은 지정시험기관이 다음 각 호의 어느 하나에 해당하는 경우에는 그 지정을 취소하여야 한다.
  1. 거짓이나 그 밖의 부정한 방법으로 지정을 받은 경우
  2. 업무정지 명령을 받은 후 그 업무정지 기간에 시험 업무를 수행한 경우
  3. 제2항을 위반하여 2회 이상 업무정지 명령을 받은 지정시험기관이 다시 같은 항을 위반하여 업무정지 사유에 해당한 경우

[정답] ①

10 [14/10]

고압전기의 정의로 옳은 것은?

① 600V초과하는 고주파 및 교류전압 750V 초과하는 직류전압
② 650V초과하는 고주파 및 교류전압 750V 초과하는 직류전압
③ 750V초과하는 고주파 및 교류전압 600V 초과하는 직류전압
④ 750V초과하는 고주파 및 교류전압 650V 초과하는 직류전압

- **무선설비 규칙 제17조(무선설비의 안전시설)**
  ① 무선설비에 전원의 공급을 위하여 고압전기(600볼트를 초과하는 고주파 및 교류전압과 750볼트를 초과하는 직류전압을 말한다. 이하 같다)

[정답] ①

11 [14/10]

미래창조과학부장관은 주파수 이용실적이 낮은 경우 해당 주파수 회수 또는 재배치를 할 수 있다. 다음 중 주파수 이용 실적의 판단 기준으로 해당하지 않는 것은?

① 해당 주파수의 이용 현황 및 전망
② 전파이용기술의 발전추세
③ 국제적인 주파수 사용동향
④ 주파수 양도와 임대 상태

- **전파법 시행령 제6조(주파수 이용실적의 판단기준)**
  법 제6조의2제1항 및 제2항에 따른 주파수 이용실적의 판단기준은 다음 각 호와 같다.
  ① 해당주파수의 이용현황 및 수요전망
  ② 전파이용기술의 발전추세
  ③ 국제적인 주파수의 사용동향
  ④ 국가안보 또는 인명안전 등의 공익적 필요성

[정답] ④

12
다음 중 시험국 개설조건으로 틀린 것은?

① 과학지식의 보급에 공헌할 합리적인 가능성이 있을 것
② 신청인이 그 실험을 수행할 인적자원이 풍부할 것
③ 실험의 목적과 내용이 공공복리를 해하지 아니할 것
④ 합리적인 실험의 계획과 이를 실행하기위한 적당한 설비를 갖추고 있을 것

• **전파법 시행령 제27조(무선국의 개설조건)**
① 실험국은 법 제20조의2제1항에 따른 개설조건 외에 다음 각 호의 개설조건을 갖추어야 한다.
1. 신청인이 그 실험을 수행할 적정한 능력을 가지고 있을 것
2. 실험의 목적과 내용이 과학기술의 진보·발전 또는 과학지식의 보급에 공헌할 합리적인 가능성이 있을 것
3. 실험의 목적과 내용이 공공복리를 해하지 아니할 것
4. 신청인이 그 실험의 목적을 달성하기 위하여 전파의 발사를 필요로 하고, 합리적인 실험의 계획과 이를 실행하기 위한 적당한 설비를 갖추고 있을 것

[정답] ②

13
다음 중 무선설비 기술기준에서 요구하는 변조 특성 및 공중선계의 조건으로 옳지 않은 것은?

① 반송파가 주파수 변조되는 송신장치는 최대주파수편이의 범위를 초과하지 아니할 것
② 공중선은 이득이 높을 것
③ 정합은 신호의 반사손실이 최대가 되도록 할 것
④ 지향성은 복사되는 전력이 목표하는 방향을 벗어나지 아니하도록 안정적일 것

무선설비 규칙 제10조(변조특성 등), 제11조(안테나계)
[제10조(변조특성 등)]
① 변조신호에 따라 송신장치가 반송파를 진폭변조할 때에는 변조도가 100퍼센트를 초과하지 아니하여야 하고, 반송파를 주파수변조할 때에는 최대주파수편이의 범위를 초과하지 아니하여야 한다.
② 무선설비는 최고 통신속도 또는 최고 변조주파수에서 안정적으로 작동하여야 한다.
[제11조(안테나계)]
안테나계는 다음 각 호의 요건을 모두 갖추어야 한다.
① 안테나는 무선설비를 작동할 수 있는 최소 안테나이득을 가질 것
② 정합(整合)은 신호의 반사손실이 최소화되도록 할 것
③ 지향성은 복사전력이 목표하는 방향을 벗어나지 아니하도록 안정적일 것

[정답] ③

14
다음중 무선국 개설허가의 유효기간이 5년이 아닌 것은?

① 실험국 ② 기지국
③ 간이무선국 ④ 아마추어국

• **전파법 시행령 제36조(무선국개설허가의 유효기간)**
① 법 제22조제1항에 따른 무선국 개설허가의 유효기간은 다음 각 호와 같다.
1. 실험국 및 실용화 시험국: 1년

[정답] ①

15
주파수 회수 및 재배치시 판단기준이 아닌 것은?

① 해당 주파수의 이용현황 및 수요전망
② 새로운 서비스 도입동향
③ 국제적인 주파수 사용 현황
④ 국가안보 또는 인명안전 등의 공익적 필요성

• **전파법 시행령 제6조(주파수 이용실적의 판단기준)**
법 제6조의2제1항 및 제2항에 따른 주파수 이용실적의 판단기준은 다음 각 호와 같다.
① 해당주파수의 이용현황 및 수요전망
② 전파이용기술의 발전추세
③ 국제적인 주파수의 사용동향
④ 국가안보 또는 인명안전 등의 공익적 필요성

[정답] ②

16
전파법령에서 정의하는 '지구국'에 대한 설명으로 맞는 것은?

① 인공위성을 개설하기 위해 필요한 무선국
② 우주국 및 지구국으로 구성된 통신망 총체
③ 우주국과 통신을 위하여 지구에 개설한 무선국
④ 지구를 둘러싼 전리층에서 지구표면으로 전파를 발사하는 무선국

• **전파법 제2조(정의)**
⑪ "지구국(地球局)"이란 우주국과 통신을 하기 위하여 지구에 개설한 무선국을 말한다.

[정답] ③

17
무선설비의 안전시설기준에서 정하는 발전기나 정류기 등에 인입되는 고압전기는 절연차폐체 안에 있어야 한다. 다음중 고압전기에 포함되는 것은?

① 220볼트를 초과하는 교류전압
② 220볼트를 초과하는 직류전압
③ 500볼트를 초과하는 교류전압
④ 750볼트를 초과하는 직류전압

• **무선설비 규칙 제17조(무선설비의 안전시설)**
① 무선설비에 전원의 공급을 위하여 고압전기(600볼트를 초과하는 고주파 및 교류전압과 750볼트를 초과하는 직류전압을 말한다. 이하 같다)를 발생시키는 발전기나 고압전기가 인입되는 변압기, 정류기 등을 이용할 경우에는 해당 기기들은 외부에서 쉽게 닿지 아니하도록 절연차폐체 또는 접지된 금속차폐체 안에 있어야 한다. 다만, 취급자 외의 자가 출입하지 못하도록 된 장소에 설치되는 경우는 예외로 한다.

[정답] ④

18
다음 중 주파수 분배 시 미래창조과학부장관이 고려해야할 사항이 아닌 것은?

① 주파수 이용현황 등 국내의 주파수 이용 여건
② 전파를 이용하는 서비스에 대한 수요
③ 국제적인 주파수 사용동향
④ 혼신 혼선 등 주파수의 조사 분석

- **전파법 시행령 제6조(주파수 이용실적의 판단기준)**
  법 제6조의2제1항 및 제2항에 따른 주파수 이용실적의 판단기준은 다음 각 호와 같다.
  ① 해당주파수의 이용현황 및 수요전망
  ② 전파이용기술의 발전추세
  ③ 국제적인 주파수의 사용동향
  ④ 국가안보 또는 인명안전 등의 공익적 필요성

  [정답] ④

19
무선설비규칙에서 규정한 변조특성의 경우 변조신호에 따라 반송파가 진폭변조되는 송신장치는 변조가 몇 퍼센트를 초과하지 말아야 하는가?

① 80%   ② 85%
③ 90%   ④ 100%

- **무선설비 규칙 제10조(변조특성 등)**
  ① 변조신호에 따라 송신장치가 반송파를 진폭변조할 때에는 변조도가 100퍼센트를 초과하지 아니하여야 하고, 반송파를 주파수변조할 때에는 최대주파수편이의 범위를 초과하지 아니하여야 한다.

  [정답] ④

20
송신설비의 공중선 급전선 등 고압전기를 통하는 장치는 사람이 보행하거나 기거하는 평면으로 얼마 이상의 높이에 설치되어야 하는가?

① 1.5미터   ② 2.5미터
③ 3.5미터   ④ 4.5미터

- **무선설비 규칙 제17조(무선설비의 안전시설)**
  ④ 송신설비의 안테나·급전선 등 고압전기가 통과하는 장치는 사람이 보행하거나 생활하는 평면으로부터 2.5미터 이상의 높이에 설치하여야 한다.

  [정답] ②

21
다음 중 국립전파연구원장이 통신기기인증서를 신청인에게 교부 한 후 관보에 고시할 내용으로 틀린 것은?

① 인증번호
② 인증 받은 자의 상호 또는 성명
③ 기기의 명칭 모델명
④ 유효기간

- 방송통신기자재등의 적합성평가에 관한 고시 제7조(적합인증서의 교부)
  원장은 제6조에 따른 심사결과가 적합한 경우에는 별지 제3호서식의 적합인증서를 신청인에게 교부(전자적 방식을 포함한다)하고, 다음 각 호의 사항을 관보에 공고하여야 한다.
  ① 인증 받은 자의 상호 또는 성명
  ② 기자재의 명칭·모델명
  ③ 인증번호
  ④ 제조자 및 제조국가
  ⑤ 인증연월일

  [정답] ④

22
다음 문장의 괄호 안에 들어갈 용어로 적합한 것은?

> '전자파 장애'란 전자파를 발생시키는 기자재로부터 전자파가 ( ) 또는 ( )되어 다른 기자재의 성능에 장애를 주는 것을 말한다.

① 방사, 간섭   ② 방사, 흡수
③ 흡수, 전도   ④ 방사, 전도

- **전파법 제2조(정의)**
  ⑭ "전자파장해"란 전파파를 발생시키는 기자재로부터 전자파가 방사(放射: 전자파에너지가 공간으로 퍼져나가는 것을 말한다) 또는 전도[전도: 전자파에너지가 전원선(電源線)을 통하여 흐르는 것을 말한다]되어 다른 기자재의 성능에 장해를 주는 것을 말한다.

  [정답] ④

23
무선설비규칙에서 정의한 '불요발사'로서 적합한 것은?

① 대역외발사 및 스퓨리어스 발사
② 대역내 발사
③ 필용주파수대폭의 바로 안쪽 발사 에너지
④ 스퓨리어스 발사 및 저감반송파

- **무선설비규칙 제2조(정의)**
  ⑩ "불요발사"(不要發射)란 대역외발사 및 스퓨리어스 발사를 말한다.
  ⑧ "대역외발사"(帶域外發射)란 변조과정에서 발생하는 필요주파수대역폭의 바로 바깥쪽에 위치한 하나 이상의 주파수에서 발생하는 발사(스퓨리어스 발사는 제외한다)를 말한다.
  ⑨ "스퓨리어스 발사"(Spurious 發射)란 필요주파수대역폭 바깥쪽에 위치한 하나 이상의 주파수에서 발생하는 발사(대역외발사는 제외한다)로서 정보전송에 영향을 미치지 아니하고 그 강도를 저감시킬 수 있는 것으로 고조파발사, 기생발사, 상호변조 및 주파수 변환 등에 의한 발사를 포함한 발사를 말한다.

  [정답] ①

24. 수신설비가 충족하여야 하는 조건이 아닌 것은

① 수신주파수 운용범위 이내일 것
② 내부잡음이 적을것
③ 감도가 높은 신호입력에도 양호할 것
④ 선택도가 크고 명료도가 충분할 것

- **무선설비규칙 제12조(수신설비)**
  ② 수신설비는 다음 각 호의 요건을 모두 갖추어야 한다.
  1. 수신주파수는 운용범위 이내일 것
  2. 선택도가 클 것
  3. 내부잡음이 적을 것
  4. 감도는 낮은 신호입력에서도 양호할 것

[정답] ③

25. 다음 중 특정한 주파수의 용도를 정하는 것으로 정의되는 것?

① 주파수 분배   ② 주파수할당
③ 주파수지정   ④ 주파수재배치

- **전파법 제2조(정의)**
  ② "주파수분배"란 특정한 주파수의 용도를 정하는 것을 말한다.

[정답] ①

26. 다음 중 방송통신기자재 지정시험기관이 발행한 시험성적서의 기재사항이 아닌 것은?

① 시험신청인의 성명 및 주소
② 성적서 발급번호 및 페이지 일련번호
③ 시험결과에 대한 담당 시험원의 의견
④ 품질책임자의 의견 및 서명

방송통신기자재등 시험기관의 지정 및 관리에 관한 고시 제13조(시험성적서 등)
③ 지정시험기관의 장이 발급하는 시험성적서에는 다음 각 호의 사항이 포함되어야 한다.
1. 시험신청 기자재명
2. 시험신청인의 성명 및 주소
3. 지정시험기관의 명칭 및 주소(시험을 행한 장소가 다를 경우는 그 소재지)
4. 시험성적서 발급번호 및 페이지 일련번호
5. 시험신청기자재에 대한 개요 및 형식명 또는 모델명·모델번호, 기자재 일련번호(해당되는 경우에 한함)
6. 시험신청기자재 접수일, 시험기간 및 시험성적서 발행일
7. 사용한 시험방법(품질관리규정에서 제시한 시험방법이 아닌 경우에는 그에 대한 명확한 설명)
8. 시험결과(필요시 도표, 그래프, 사진 등 첨부)
9. 시험결과에 대한 담당시험원의 의견
10. 시험업무 수행 중 회로 및 구조를 보완함으로써 적합성평가기준에 만족하게 된 경우 보완 전후의 모습, 부위, 재질, 사유, 보완전의 부적합 사항 등의 보완내용
11. 지정시험기관의 장, 기술책임자 및 담당시험원의 직위·서명
12. 그 밖에 필요한 사항

[정답] ④

27. 다음 중 변경허가를 받아야 할 사항이 아닌 것은?

① 무선설비의 설치장소 변경
② 공중선 전력 변경
③ 공중선의 형식 구성 및 이득 변경
④ 무선국 폐지

- **전파법 시행령 제31조(허가의 신청)**
  ④ 법 제19조제1항 후단 및 제21조제1항에 따라 다음 각 호의 사항에 대하여 변경허가를 받으려는 자는 변경허가 신청서(전자문서로 된 신청서를 포함한다)에 무선설비의 공사설계서(제1호·제2호·제4호 및 제8호를 변경하는 경우는 제외한다) 및 무선국 변경내역서(전자문서를 포함한다)를 첨부하여 미래창조과학부장관에게 제출하여야 한다.
  ① 무선국의 목적
  ② 통신의 상대방 및 통신사항(방송국의 경우에는 방송사항 및 방송구역을 말한다)
  ③ 무선설비의 설치 장소(무선설비가 설치된 차량을 교체하는 경우는 제외한다)
  ④ 호출부호 또는 호출명칭
  ⑤ 전파의 형식, 점유주파수대폭 및 주파수(간이무선국이 같은 주파수대역 내에서 주파수를 변경하는 경우는 제외한다)
  ⑥ 안테나공급전력
  ⑦ 안테나의 형식·구성 및 이득(아마추어국의 경우에는 안테나 형식만 해당한다)
  ⑧ 운용허용시간
  ⑨ 송신장치의 증설(아마추어국으로서 안테나공급전력 10와트 이하의 송신장치는 제외한다)
  ⑩ 무선기기의 대치(미래창조과학부장관 고시로 정하는 무선기기는 제외한다)

[정답] ④

28. 필요주파수대역폭 바깥쪽에 위치한 하나 이상의 주파수에서 발생하는 발사로서 정보전송에 영향을 미치지 아니하고 그 강도를 저감시킬 수 있는 것으로 고조파발사, 기생발사, 상호변조 및 주파수 변환 등에 의한 발사를 무엇이라 하는가?

① 스퓨리어스 발사   ② 대역 외 발사
③ 점유주파수 발사   ④ 혼변조 발사

- **무선설비 규칙 제2조(정의)**
  ⑨ "스퓨리어스 발사"(Spurious 發射)란 필요주파수대역폭 바깥쪽에 위치한 하나 이상의 주파수에서 발생하는 발사(대역외발사는 제외한다)로서 정보전송에 영향을 미치지 아니하고 그 강도를 저감시킬 수 있는 것으로 고조파발사, 기생발사, 상호변조 및 주파수 변환 등에 의한 발사를 포함한 발사를 말한다.

[정답] ①

29 [14/3]

다음 중 허가를 받은 것으로 보는 무선국은 어느 것인가?

① 생활무선국용 무선기기를 사용하는 무선국
② 수신전용 무선기기를 사용하는 무선국
③ 미래창조과학부가 할당한 주파수를 이용하는 휴대용 무선국
④ 국방부장관이 관리 운영하는 무선국

- **전파법 시행령 제21조(허가받은 것으로 보는 무선국)**
법 제19조제2항 전단에서 "대통령령으로 정하는 무선국"이란 다음 각 호의 어느 하나에 해당하는 무선국을 말한다.
① 미래창조과학부장관이 할당한 주파수를 이용하는 휴대용 무선국
② 승인을 받은 협정에 의하여 이용하는 위성휴대통신용 무선국

[정답] ③

30 [14/3]

다음 중 미래창조과학부가 주파수배치를 할 때 관보,인터넷 홈페이지 또는 일간신문 등을 통하여 공고하여야 하는 사항이 아닌 것은?

① 주파수재배치의 목적
② 주파수재배치의 대상
③ 주파수재배치의 사유
④ 손실보상금의 산정기준

- **전파법 시행령 제5조(주파수회수 또는 주파수재배치의 공고 등)**
① 미래창조과학부장관은 주파수회수 또는 주파수재배치를 하려는 때에는 다음 각 호의 사항을 관보, 인터넷 홈페이지 또는 일간신문 등을 통하여 공고하여야 한다.
① 주파수회수 또는 주파수재배치의 목적
② 주파수회수 또는 주파수재배치의 대상
③ 주파수회수 또는 주파수재배치의 시행시기
④ 손실보상금의 산정기준
⑤ 손실보상금의 청구 및 지급방법
⑥ 그 밖에 주파수회수 또는 주파수재배치의 시행에 필요한 사항

[정답] ③

31 [14/3]

다음은 미래창조과학부가 주파수이용기간 만료후 당시의 주파수 이용자에게 재할당을 할 수 없는 조건이다. 잘못된 것은?

① 주파수 이용자가 재할당을 원하지 아니하는 경우
② 당해 주파수를 국방 치안 및 조난구조용으로 사용할 필요가 있는 경우
③ ITU이 해당 주파수를 다른 업무 또는 용도로 분배할 경우
④ 해당 주파수를 이용하여 다른 업무의 유효기간에 있는 경우

- **전파법 제16조(재할당)**
① 미래창조과학부장관은 이용기간이 끝난 주파수를 이용기간이 끝날 당시의 주파수 이용자에게 재할당할 수 있다. 다만, 다음 각 호의 어느 하나에 해당하는 경우에는 그러하지 아니하다.
① 주파수 이용자가 재할당을 원하지 아니하는 경우
② 해당 주파수를 국방·치안 및 조난구조용으로 사용할 필요가 있는 경우
③ 국제전기통신연합이 해당 주파수를 다른 업무 또는 용도로 분배한 경우
④ 제10조제4항에 따른 조건을 위반한 경우

[정답] ④

32 [14/3]

실험국의 정기검사 시기는 유효기간 만료일 전 후 몇 개월 이내에 실시하여야 하는가?

① 1개월
② 2개월
③ 3개월
④ 4개월

전파법 시행령 제44조(정기검사의 유효기간),제45조(검사의 시기·방법 등)
① 법 제24조제4항 각 호 외의 부분에서 "대통령령으로 정하는 기간"이란 다음 각 호의 구분에 따른 기간을 말한다. 〈개정 2009.9.9., 2010.7.26., 2010.12.31., 2013.3.23.〉
1. 다음 각 목에 따른 무선국: 1년
  가. 의무선박국(제2호가목 및 나목에 따른 의무선박국은 제외한다)
  나. 의무항공기국(제2호다목에 따른 의무항공기국은 제외한다)
  다. 실험국
  라. 실용화시험국
2. 다음 각 목에 따른 무선국: 2년
  가. 총톤수 40톤 미만인 어선의 의무선박국
  나. 「선박안전법 시행령」 제2조제1항제3호가목에 따른 평수구역 안에서만 운항하는 선박(여객선 및 어선은 제외한다)의 의무선박국
  다. 「항공법」 제2조제1호 및 제26호에 따른 회전익항공기 및 경량항공기의 의무항공기국
3. 제36조제1항제2호의2 및 제3호에 따른 무선국: 3년
4. 제36조제1항제2호에 따른 무선국: 5년. 다만, 인명구조 및 재난 관련 무선국으로서 미래창조과학부장관이 정하여 고시하는 무선국은 2년으로 한다.
[제45조(검사의 시기·방법 등)]
① 법 제24조제4항에 따른 정기검사의 시기는 다음 각 호의 구분에 따르며, 이 시기에 정기검사에 합격한 경우에는 정기검사 유효기간의 만료일에 정기검사를 받은 것으로 본다.
1. 제44조제1항제1호에 따른 무선국: 해당 무선국의 정기검사 유효기간의 만료일 전후 2개월 이내
2. 제44조제1항제2호·제3호 및 같은 항 제4호 단서에 따른 무선국: 해당 무선국의 정기검사 유효기간의 만료일 전후 3개월 이내
3. 제44조제1항제4호에 따른 무선국: 해당 무선국의 정기검사 유효기간의 만료일 전후 6개월 이내

[정답] ②

33 [14/3]

무선국 정기검사시의 성능검사 항목이 아닌 것은?

① 점유주파수대폭
② 무선종사자 정원
③ 주파수
④ 안테나 전력

- **전파법 시행령 제45조(검사의 시기·방법 등)**
③ 정기검사, 수시검사 및 법 제24조제8항에 따른 검사는 다음 각 호의 구분에 따라 실시하며, 구체적인 검사항목 등 검사에 필요한 세부사항은 미래창조과학부장관이 정하여 고시한다.
① 성능검사: 안테나공급전력·주파수·불요발사·점유주파수대폭,·등가등방복사전력,·실효복사전력·변조도 등 무선설비의 성능에 대하여 행하는 검사

[정답] ②

34 [14/3]
'주파수 할당'에 관한 정의로 맞는 것은?

① 특정인에게 특정한 주파수를 이용할 수 있는 권리를 부여하는 것을 말한다.
② 특정인에게 특정한 주파수의 용도를 지정하는 것을 말한다.
③ 개설하는 무선국이 이용할 특정한 주파수를 지정하는 것을 말한다.
④ 무선설비를 조작하고자 하는 종사자에게 주파수 사용을 승인하는 것을 말한다.

◆ 전파법 제2조(정의)
② "주파수분배"란 특정한 주파수의 용도를 정하는 것을 말한다.
③ "주파수할당"이란 특정한 주파수를 이용할 수 있는 권리를 특정인에게 주는 것을 말한다.
④ "주파수지정"이란 허가나 신고로 개설하는 무선국에서 이용할 특정한 주파수를 지정하는 것을 말한다.

[정답] ①

35 [14/3]
다음 중 미래창조과학부에서 전파자원의 공평하고 효율적인 이용을 촉진하기 위하여 시행하여야 할 사항이라 볼 수 없는 것은?

① 주파수 회수
② 주파수 재배치
③ 주파수 공동사용
④ 주파수 국제 등록

◆ 전파법 제6조(전파자원 이용효율의 개선)
① 미래창조과학부장관은 전파자원의 공평하고 효율적인 이용을 촉진하기 위하여 필요하면 다음 각 호의 사항을 시행하여야 한다.
① 주파수분배의 변경
② 주파수회수 또는 주파수재배치
③ 새로운 기술방식으로의 전환
④ 주파수의 공동사용

[정답] ④

36 [14/3]
'무선국 개설허가 등의 절차'에 따른 심사기준으로 잘못된 것은?

① 무선설비가 기술기준에 적합할 것
② 주파수 분배 및 할당의 회수 또는 재배치가 가능할 것
③ 무선종사자의 배치계획이 자격 정원배치기준에 적합할 것
④ 무선국 개설조건에 적합할 것

◆ 전파법 제21조(무선국 개설허가 등의 절차)
② 미래창조과학부장관은 제1항에 따른 신청을 받은 때에는 다음 각 호의 사항을 심사하여야 한다.
① 주파수지정이 가능한지의 여부
② 설치하거나 운용할 무선설비가 제45조에 따른 기술기준에 적합한지의 여부
③ 무선종사자의 배치계획이 제71조에 따른 자격·정원배치기준에 적합한지의 여부
④ 제20조의2에 따른 무선국의 개설조건에 적합한지의 여부

[정답] ②

37 [14/3]
다음 중 방송통신기자재 등의 적합인증 신청시 구비서류가 아닌 것은?

① 사용자 설명서
② 외관도
③ 회로도
④ 주요부품명세서

방송통신기자재등의 적합성평가에 관한 고시 제5조(적합인증의 신청 등)
① 제3조제1항에 따른 대상기자재에 대하여 적합인증을 신청하고자 하는 자는 다음 각 호의 신청서와 첨부서류(전자문서를 포함한다)를 작성하여 원장에게 제출하여야 한다.
1. 별지 제1호서식의 적합인증신청서
2. 사용자설명서(한글본) : 제품개요, 사양, 구성 및 조작방법 등이 포함되어야 한다.
3. 다음 각 목 중 어느 하나의 시험성적서
  가. 지정시험기관의 장이 발행하는 시험성적서
  나. 원장이 발행하는 시험성적서
  다. 국가 간 상호 인정협정을 체결한 국가의 시험기관 중 원장이 인정한 시험기관의 장이 발행한 시험성적서
4. 외관도 : 제품의 전면·후면 및 타 기기와의 연결부분과 적합성평가표시 사항의 식별이 가능한 사진을 제출하여야 한다.
5. 부품 배치도 또는 사진 : 부품의 번호, 사양 등의 식별이 가능하여야 한다.
6. 회로도
  가. 적합성평가를 받은 '무선 송·수신용 부품'을 기자재의구성품으로 사용하는 경우에는 해당 부분을 생략할 수 있다.
  나. 적합성평가기준 적용분야가 유선분야에 해당하는 기자재인 경우에는 전원 및 기간통신망과 직접 접속되는 부분의 회로도를 제출한다.
7. 대리인 지정서 : 제27조에 따른 별지 제4호서식의 대리인 지정(위임)서

[정답] ①

38 [13/10]
심사에 의한 주파수 할당시 고려사항과 거리가 먼것은?

① 전파자원 이용의 효율성
② 전파자원 이용의 편리성
③ 신청자의 재정적 능력
④ 신청자의 기술적 능력

◆ 전파법 제12조(심사에 의한 주파수할당)
미래창조과학부장관은 공고된 주파수에 대하여 다음 각 호의 사항을 심사하여 주파수할당을 한다.
① 전파자원 이용의 효율성
② 신청자의 재정적 능력
③ 신청자의 기술적 능력
④ 할당하려는 주파수의 특성이나 그 밖에 주파수 이용에 필요한 사항

[정답] ②

39 [13/10]
특정한 주파수를 이용할 수 있는 권리를 특정인에게 부여하는 것은 무엇인가?

① 주파수 분배　② 주파수 할당
③ 주파수 지정　④ 주파수 부여

- **전파법 제2조(정의)**
  ② "주파수분배"란 특정한 주파수의 용도를 정하는 것을 말한다.
  ③ "주파수할당"이란 특정한 주파수를 이용할 수 있는 권리를 특정인에게 주는 것을 말한다.
  ④ "주파수지정"이란 허가나 신고로 개설하는 무선국에서 이용할 특정한 주파수를 지정하는 것을 말한다

  [정답] ②

40 [13/10]
다음 중 무선국이 갖추어야할 개설조건에 속하지 않는 것은?

① 통신사항이 개설목적에 적합할 것
② 개설목적의 달성에 필요한 최소한의 주파수 및 안테나공급전력을 사용할 것
③ 무선설비는 선박의 항행에 지장을 주지 아니하는 장소에 설치할 것
④ 이미 개설되어 있는 다른 무선국의 운용에 지장을 주지 아니할 것

- **전파법 제20조의 2 (무선국의 개설조건)**
  가. 통신사항이 개설목적에 적합할 것
  나. 시설자가 아닌 타인에게 그 무선설비를 제공하는 것이 아닐 것.
  다. 개설목적·통신사항 및 통신상대방의 선정이 법령에 위반되지 아니할 것
  라. 개설목적의 달성에 필요한 최소한의 주파수 및 안테나공급전력을 사용할 것
  마. 무선설비는 인명·재산 및 항공의 안전에 지장을 주지 아니하는 장소에 설치할 것
  바. 이미 개설되어 있는 다른 무선국의 운용에 지장을 주지 아니할 것

  [정답] ③

41 [13/10]
적합성평가를 받은 기자재를 적합성평가 기준대로 조사 또는 시험하는 행위는 다음 중 어느것에 해당하는가?

① 사전관리　② 사후관리
③ 인증관리　④ 기기관리

- 방송통신기자재등의 적합성평가에 관한 고시 제2조(정의)
  ② "사후관리"라 함은 적합성평가를 받은 기자재가 적합성평가기준대로 제조·수입 또는 판매되고 있는지 법 제71조의2에 따라 조사 또는 시험하는 것을 말한다.

  [정답] ②

42 [13/10]
무선설비 각 공사에 있어서 기술적 공법, 작업방법 등 공사 특별사항을 작성한 시방서를 무엇이라 하는가?

① 공사시방서　② 표준시방서
③ 전문시방서　④ 특별시방서

시방서에는 일반시방서와 특별시방서가 있다.

[정답] ④

43 [13/10]
전자파 장애를 일으키는 기자재가 전자파 적합 판정을 받으려면 어느 기준에 적합해야 하는가?

① 전기통신설비에 관한 기술기준
② 정보통신기기 인증기준
③ 전자파장애 방지기준
④ 전자파강도 측정기준

- **전자파장해방지기준 제2조(적용범위)**
  ① 전자파장애 방지기준은 방송통신기자재등의 적합성평가에 관한 고시 제3조에 따른 대상 기자재에 적용한다.

  [정답] ③

44 [13/10]
주파수 허용편차에 대하여 올바르게 설명한 것은?

① 일반적으로 백분율로 표시한다
② 전파를 발사하는 발사전력의 99%를 포함하는 주파수
③ 주어진 발사에서 용이하게 식별되고 측정할 수 있는 주파수
④ 발사에 의하여 점유하는 주파수대의 중심주파수와 지정주파수 사이에 허용될 수 있는 최대편차

- **무선설비 규칙 제2조(정의)**
  ⑤ "주파수 허용편차"란 발사에 의하여 점유하는 주파수대의 중심주파수와 지정주파수 사이에 허용될 수 있는 최대편차 또는 발사의 특성주파수와 기준주파수 사이에서 허용될 수 있는 최대편차를 말하며 백만분율 또는 헤르츠(이하 "Hz"로 한다)로 표시한다.

  [정답] ④

45 [13/10]

적합성평가를 받은 사실을 표시하지 않고 판매·대여한 자나 판매·대여할 목적으로 진열·보관·운송하거나 무선국·방송통신망에 설치한 경우로서 1차 위반한 경우 과태료 부가기준은 얼마인가.?

① 100만원 ② 200만원
③ 300만원 ④ 500만원

- **전파법 제92조(과태료)**
  다음 각 호의 어느 하나에 해당하는 자에게는 100만원 이하의 과태료를 부과한다.
  ④ 제58조의2제5항을 위반하여 변경신고를 하지 아니한 자
  ⑤ 제58조의2제7항에 따른 잠정인증의 조건을 이행하지 아니한 자

[정답] ①

46 [13/10]

다음중 전파법에서 정의한 주파수 할당을 옳게 설명한 것은?

① 특정한 주파수를 이용할 수 있는 권리를 특정인에게 주는 것을 말한다.
② 무선국을 허가함에 있어 당해 무선국이 이용할 특정한 주파수를 지정하는 것을 말한다.
③ 무선국을 운용할 때 불요파 발사를 억제하기 위한 주파수를 지정하는 것을 말한다.
④ 설치된 무선설비가 반응할 수 있도록 필요한 주파수를 지정하는 것을 말한다.

- **전파법 제2조(정의)**
  "주파수할당"이란 특정한 주파수를 이용할 수 있는 권리를 특정인에게 주는 것을 말한다.

[정답] ①

47 [13/10]

다음 중 무선국을 고시하는 경우 고시하는 사항이 아닌 것은?

① 무선국의 명칭 및 종별과 무선설비의 설치장소
② 무선설비의 발주자의 성명 또는 명칭
③ 허가연월일 및 허가번호
④ 전파의 형식·점유주파수대폭 및 주파수

- **전파법 시행령 제33조(허가증의 기재사항)**
  ① 허가연월일 및 허가번호
  ② 시설자의 성명 또는 명칭
  ③ 무선국의 종별 및 명칭
  ④ 무선국의 목적
  ⑤ 통신의 상대방 및 통신사항(방송국의 경우에는 방송사항 및 방송구역을 말한다)
  ⑥ 무선설비의 설치장소
  ⑦ 허가의 유효기간
  ⑧ 호출부호 또는 호출명칭
  ⑨ 전파의 형식·점유주파수대폭 및 주파수(아마추어국 등 주파수 대역으로 표시가 가능한 무선국의 경우에는 주파수 대역으로 표시할 수 있다)
  ⑩ 안테나공급전력
  ⑪ 안테나의 형식·구성 및 이득(아마추어국의 경우에는 안테나 형식만 해당한다)
  ⑫ 운용허용시간
  ⑬ 무선종사자의 자격 및 정원
  ⑭ 무선국의 준공기한
  ⑮ 시험전파의 발사기간 및 내용(시험전파의 발사를 신청한 경우만 해당된다)
  ⑯ 무선기기의 명칭 및 기기일련번호(아마추어국의 경우에는 무선기기의 명칭만 해당한다)

[정답] ②

48 [13/10]

다음 중 방송통신기자재 등의 적합성에 관한 고시에서 규정하는 용어의 정의로 적합하지 않는 것은?

① "사후관리"라 함은 적합성평가를 받은 기자재가 적합성평가기준대로 제조·수입 또는 판매되고 있는지 관련법에 따라 조사 또는 시험하는 것을 말한다.
② "기본모델"이란 전기적인 회로·구조·성능이 동일하고 기능이 유사한 제품군 중 표본이 되는 기자재를 말한다.
③ "파생모델"이란 기본모델과 전기적인 회로·구조·성능만 다르고 그 부가적인 기능은 동일한 기기를 말한다.
④ "무선 송·수신용 부품"이란 차폐된 함체 또는 칩에 내장된 무선주파수의 발진, 변조 또는 복조, 증폭부 등과 안테나로 구성된 것으로 시스템에 하나의 부품으로 내장되거나 장착될 수 있고 소비자가 최종으로 사용할 수 없는 물품을 말한다.

- **방송통신기자재 등의 적합성에 관한 고시 제2조(정의)**
  ② "사후관리"라 함은 적합성평가를 받은 기자재가 적합성평가기준대로 제조·수입 또는 판매되고 있는지 법 제71조의2에 따라 조사 또는 시험하는 것을 말한다.
  ③ "기본모델"이란 전기적인 회로·구조·성능이 동일하고 기능이 유사한 제품군 중 표본이 되는 기자재를 말한다.
  ④ "파생모델"이란 기본모델과 전기적인 회로·구조·기능이 유사한 제품군으로 기본모델과 동일한 적합성평가번호를 사용하는 기자재를 말한다.
  ⑤ "무선 송·수신용 부품"이란 차폐된 함체 또는 칩에 내장된 무선주파수의 발진, 변조 또는 복조, 증폭부 등과 안테나(안테나 단자 포함)로 구성된 것으로 시스템에 하나의 부품으로 내장되거나 장착될 수 있고 소비자가 최종으로 사용할 수 없는 물품을 말한다.

[정답] ③

49 [13/10]

다음 중 지정시험기간 적합등록을 해야 하는 기기는?

① 디지털선택호출전용수신기
② 간이무선국용 무선설비의 기기
③ 자동차 및 불꽃점화 엔진구동기기류
④ 생활무선국용 무선설비의 기기

- **방송통신기자재 등의 적합성에 관한 고시 별표 2**
  ① 산업·과학 또는 의료용 등으로 사용되는 고주파이용 기기류
  ② 자동차 및 불꽃점화 엔진구동 기기류
  ③ 방송수신기 및 관련 기기류
  ④ 가정용 전기기기 및 전동 기기류

[정답] ④

3 무선설비기준 3편

50 [13/10]

다음 중 공중선계에 접지장치를 설치하지 않아도 되는 무선국은?

① 육상이동국 ② 기지국
③ 방송국 ④ 고정국

• **무선설비규칙 제18조(안테나 등의 안전시설)**
제18조(안테나 등의 안전시설) ① 무선설비의 안테나계는 낙뢰로부터 무선설비를 보호할 수 있도록 하는 낙뢰보호장치(피뢰침은 제외한다) 및 접지시설을 하여야 한다. 다만, 휴대용 무선설비, 육상이동국, 간이무선국의 안테나계 및 실내에 설치되는 안테나계의 경우는 예외로 한다.

[정답] ①

51 [13/10]

무선설비의 시설물별 표준시방서를 기본으로 모든 공정을 대상으로 하여 특정한 공사의 시공 또는 공사시방서의 작성에 활용하기 위한 종합적인 시공기준을 무엇이라 하는가?

① 일반시방서 ② 전문시방서
③ 특별시방서 ④ 표준시방서

특별시방서는 특별한 공법이나 재료가 필요한 공사에 대해 설명하는 문서. 라디오 부이 – 해상에서, 조난을 당하였을 때 일정한 전파를 보내어 그 위치를 알리는 자동 무선 발신기

[정답] ③

01 [13/6]

방송국의 허가를 받은자는 방송국의 운용개시 후 3개월 이내에 방송국의 전계강도를 실측하여 누구에게 제출해야 하는가?

① 문화관광부장관 ② 미래창조과학부장관
③ 국립전파연구원장 ④ 중앙전파관리소장

• **전파법 시행령 제58조(방송구역)**
③ 방송국의 허가를 받은 자는 방송국 운용개시 후 3개월 이내에 방송구역 전계강도 실측자료를 미래창조과학부장관에게 제출하여야 한다.
품질평가: 객관적평가:전계강도, 주관적 평가:시청자가 보고 들을 수 있는가를 5단계로 평가

[정답] ②

02 [13/6]

무선설비 등에서 발생하는 전자파가 인체에 미치는 영향을 고려하여 제정한 기준이 아닌 것은?

① 전자파 장해 검정기준 ② 전자파 인체보호 기준
③ 전자파 강도 측정기준 ④ 전자파 흡수율 측정기준

• **전파법 제47조의2(전자파 인체보호기준 등)**
① 미래창조과학부장관은 무선설비, 전기·전자기기 등에서 발생하는 전자파가 인체에 미치는 영향을 고려하여 다음 각 호의 사항을 정하여 고시하여야 한다.
1. 전자파 인체보호기준
2. 전자파 등급기준
3. 전자파 강도 측정기준
4. 전자파 흡수율 측정기준
5. 전자파 측정대상 기자재와 측정방법
6. 전자파 등급 표시대상과 표시방법
7. 그 밖에 전자파로부터 인체를 보호하기 위하여 필요한 사항

[정답] ①

03 [13/6]
다음 중 준공검사를 받은 후 운용하여야 하는 무선국은?

① 국가안보 또는 대통령 경호를 위하여 개설하는 무선국
② 공해 또는 극지역에 개설한 무선국
③ 외국에서 운용할 목적으로 개설한 육상이동지구국
④ 도로관리를 위하여 개설하는 무선국

> • 전파법 시행령 제45조의 2
> [준공검사를 받지 않고 운용할 수 있는 무선국]
> 가. 30와트 미만의 무선설비를 시설하는 어선의 선박국
> 나. 아마추어국(적합성평가를 받은 무선기기를 사용하는 경우만 해당한다)
> 다. 국가안보 또는 대통령 경호를 위하여 개설하는 무선국
> 라. 정부 또는 「전기통신사업법」에 따른 기간통신사업자(이하 "기간통신사업자"라 한다)가 비상통신을 위하여 개설한 무선국으로서 상시 운용하지 아니하는 무선국
> 마. 공해 또는 극지역에 개설한 무선국
> 바. 외국에서 운용할 목적으로 개설한 육상이동지구국
>
> [정답] ④

04 [13/6]
다음 중 무선국 검사에 있어서 성능검사 항목에 포함되지 않는 것은?

① 공중선 전력 ② 변조도
③ 무선종사자 배치 ④ 실효복사전력

> • 전파법 시행령 제45조(제45조(검사의 시기·방법 등))
> ③ 정기검사, 수시검사 및 법 제24조제8항에 따른 검사는 다음 각 호의 구분에 따라 실시하며,
> 1. 성능검사: 안테나공급전력·주파수·불요발사(不要發射)·점유주파수대폭·등가등방복사전력(等價等方輻射電力)·실효복사전력(實效輻射電力)·변조도 등 무선설비의 성능에 대하여 행하는 검사
> 2. 대조검사: 시설자·무선설비·설치장소 및 무선종사자의 배치 등이 무선국허가·신고사항 등과 일치하는지 여부를 대조·확인하는 검사
>
> [정답] ①

05 [13/6]
신고로 무선국 개설이 가능한 경우가 아닌 것은?

① 간이무선국용 무선설비 중 휴대용 무선기기. 다만, 차량·선박 등 이동체에 설치하는 경우는 제외한다.
② 전파천문업무를 하는 수신전용 무선기기
③ 육상국·기지국 또는 이동중계국을 설치하는 자가 해당 무선국과 통신하기 위하여 개설하는 이동국·육상이동국용 무선설비 중 휴대용 무선기기. 다만, 차량·선박 등 이동체에 설치하는 경우는 제외한다.
④ 다른 일반지구국으로부터 주파수, 출력, 전파형식 등 송신의 제어를 받는 일반지구국의 무선기기

> • 전파법 시행령 제24조(신고하고 개설할 수 있는 무선국)
> ① 신고하고 개설할 수 있는 무선국은 다음 각 호의 어느 하나에 해당하는 무선기기를 사용하는 무선국으로 한다.
> 1. 간이무선국용 무선설비 중 휴대용 무선기기. 다만, 차량·선박 등 이동체에 설치하는 경우는 제외한다.
> 2. 전파천문업무를 하는 수신전용 무선기기
> 3. 이동국·육상이동국용 무선설비 중 휴대용 무선기기. 다만, 차량·선박 등 이동체에 설치하는 경우는 제외한다.
> 4. 다른 일반지구국으로부터 주파수, 출력, 전파형식 등 송신의 제어를 받는 일반지구국의 무선기기
> ② 법 제19조의2제1항제3호에 따라 신고하고 개설할 수 있는 무선국은 다음 각 호의 어느 하나에 해당하는 무선국을 말한다.
> 1. 기간통신역무를 제공하기 위한 무선국 중 다음 각 목의 어느 하나에 해당하는 무선국
>   가. 이동통신(4G,5G)
>   나. 휴대인터넷(WiBro)
>   다. 위치기반서비스(LBS)
>   라. 무선데이터통신
>   마. 서비스제공지역이 전국인 주파수공용통신 및 무선호출(TRS)
>   바. 그 밖에 국가간·지역간 전파혼신 방지 등을 위하여 미래창조과학부장관이 무선국의 설치장소, 운영시간, 주파수 또는 안테나공급전력 등을 제한할 필요가 없다고 인정하여 고시하는 무선국
> 2. 「방송법」 제2조제2호나목에 따른 종합유선방송사업을 하기 위한 무선국 또는 같은 조제13호에 따른 전송망사업을 하기 위한 무선국
> ③ 법 제19조의2제1항제4호에 따라 신고하고 개설할 수 있는 무선국은 다음 각 호의 어느 하나에 해당하는 무선국을 말한다.
> 1. 위성방송보조국
> 2. 지하·터널내에 개설하는 지상파방송보조국
>
> [정답] ③

06 [13/6]
다음 중 고시대상 무선국을 허가한 경우 고시하여야 할 사항이 아닌 것은?

① 시설자의 성명 또는 명칭
② 허가의 유효기간
③ 무선국의 명칭 및 종별과 무선설비의 설치장소
④ 주파수, 전파의 형식, 점유주파수대폭 및 공중선전력

> • 전파법 시행령 제35조(무선국의 고시사항)
> [무선국 고시사항]
> ① 허가연월일 및 허가번호
> ② 시설자의 성명 또는 명칭
> ③ 무선국의 명칭 및 종별과 무선설비의 설치장소
> ④ 호출부호 또는 호출명칭
> ⑤ 주파수, 전파의 형식, 점유주파수대폭 및 안테나공급전력
>
> [정답] ②

07 [13/6]
긴급통신 안전통신 또는 비상통신에 관한 의무를 이행하지 아니한 자에 대한 처분으로 가장 적합한 것은?

① 200만원 이하의 과태료
② 300만원 이하의 과태료
③ 1년이하의 징역 또는 500만원 이하의 벌금
④ 3년이하의 징역 또는 2000만원 이하의 벌금

• 전파법 91조(과태료)
다음 각 호의 어느 하나에 해당하는 자에게는 200만원 이하의 과태료를 부과한다.
① 제28조제2항을 위반하여 긴급통신·안전통신 또는 비상통신에 관한 의무를 이행하지 아니한 자

[정답] ①

08 [13/6]
미래창조과학부장관이 주파수 회수 또는 주파수 재배치를 시행할 경우 이의 가장 주된 목적은?

① 전파자원의 공평하고 효율적인 이용을 촉진하기 위하여
② 전파이용 및 전파에 관한 기술의 개발을 촉진하기 위하여
③ 전파의 진흥을 도모하고 공공복리의 증진을 도모하기 위하여
④ 무선국 개설의 결격사유가 발견되어 무선국의 허가를 취소하기 위하여

• 전파법 제6조(전파자원 이용효율의 개선)
① 미래창조과학부장관은 전파자원의 공평하고 효율적인 이용을 촉진하기 위하여 필요하면 다음 각 호의 사항을 시행하여야 한다.
1. 주파수분배의 변경
2. 주파수회수 또는 주파수재배치
3. 새로운 기술방식으로의 전환
4. 주파수의 공동사용

[정답] ①

09 [13/6]
방송통신기자재 등의 적합성에 관한 고시에 의한 용어 정의 중에서 기본모델과 전기적인 회로·구조·기능이 유사한 제품군으로 기본모델과 동일한 적합성평가번호를 사용하는 기자재를 무엇이라 하는가?

① 기본모델 ② 변경모델
③ 동일 모델 ④ 파생모델

• 방송통신기자재 등의 적합성에 관한 고시 제2조(정의)
④ "파생모델"이란 기본모델과 전기적인 회로·구조·기능이 유사한 제품군으로 기본모델과 동일한 적합성평가번호를 사용하는 기자재를 말한다.

[정답] ④

10 [13/6]
다음 중 국립전파연구원장이 시험기관 검사시 확인사항으로 틀린 것은?

① 조직 및 인력현황
② 품질관리규정의 이행 여부
③ 시험환경 및 적합성평가시험에 필요한 설비의 적합성 유지 여부
④ ISO14001 요건에 따른 적합성 여부

방송통신기자재 등 시험기관 지정 및 관리에 관한 고시 제11조(지정시험기관의 정기검사 등)
② A원장은 제1항에 따른 지정시험기관 검사를 함에 있어 다음 각 호의 사항을 확인하여야 한다.
1. 조직 및 인력현황
2. 품질관리규정의 국제표준(ISO/IEC17025) 요건 적합성 및 이행 여부
3. 시험환경 및 적합성평가시험에 필요한 설비의 적합성 유지 여부
4. 비교숙련도 시험 참여 실적 및 시정조치 결과

[정답] ④

11 [13/6]
아마추어국의 개설조건 중 이동하는 아마추어국의 경우에는 공중선전력은 몇 와트 이하 이어야 하는가

① 500와트 ② 300와트
③ 100와트 ④ 50와트

• 전파법 시행령 제27조(무선국의 개설조건)
② 아마추어국은 개설조건 외에 다음 각 호의 개설조건을 갖추어야 한다.
2. 무선설비의 안테나공급전력이 1킬로와트(이동하는 아마추어국의 경우에는 50와트) 이하 일 것

[정답] ④

12 [13/6]
통신보안의 교육에 관한 필요한 사항을 지정하고 있는 것은?

① 전파법 ② 전파법시행령
③ 미래창조과학부 고시 ④ 무선설비규칙

• 전파법 제30조(통신보안의 준수)
① 시설자, 무선통신 업무에 종사하는 자 및 무선설비를 이용하는 자는 통신보안 책임자의 지정, 통신보안 교육의 이수 등 미래창조과학부장관이 정하여 고시하는 통신보안에 관한 사항을 지켜야 한다.
② 제1항에 따른 통신보안의 교육 등에 필요한 사항은 미래창조과학부장관이 정하여 고시한다.

[정답] ③

13 [13/6]

다음 중 전파자원을 확보하기 위하여 수립 시행하는 사항이 아닌 것은?

① 새로운 주파수의 이용기술 개발
② 이용 중인 주파수의 이용효율 향상
③ 주파수의 국제등록
④ 국가 간 전파의 잡음을 없애고 방지하기 위한 협의 및 조정

> 전파법 제5조(전파자원의 확보) ① 미래창조과학부장관은 전파자원을 확보하기 위하여 다음 각 호의 시책을 마련하여 시행하여야 하며, 그 시행에 필요한 지원방안을 마련하여야 한다.
> 1. 새로운 주파수의 이용기술 개발
> 2. 이용 중인 주파수의 이용효율 향상
> 2의2. 주파수 공동사용기술 개발
> 3. 주파수의 국제등록
> 4. 국가간 전파의 혼신(混信)을 없애고 방지하기 위한 협의·조정
>
> [정답] ④

14 [13/6]

미래창조과학부장관이 주파수할당을 하고자 하는 경우, 주파수할당을 하는 날부터 얼마 할당관련 공고를 하여야 하는가?

① 15일 전   ② 1개월 전
③ 3개월 전   ④ 6개월 전

> 전파법 시행령 제11조(주파수할당의 공고)
> ③ 제1항 및 제2항에 따른 공고는 주파수할당을 하는 날부터 1월전까지 하여야 한다.
>
> [정답] ②

15 [13/6]

다음 중 미래창조과학부에서 주파수할당을 취소할 수 있는 경우가 아닌 것은

① 기간통신사업의 허가가 취소된 경우
② 종합유선방송사업의 허가가 취소된 경우
③ 전송망사업의 등록이 취소된 경우
④ 정보통신사업의 등록이 취소된 경우

> 전파법 제15조의2(주파수할당의 취소)
> ① 미래창조과학부장관은 주파수할당을 받은 자가 다음 각 호의 어느 하나에 해당하는 경우에는 주파수할당을 취소할 수 있다.
> 1. 거짓이나 그 밖의 부정한 방법으로 주파수할당을 받은 경우
> 2. 주파수할당을 받은 자가 기간통신사업의 허가가 취소되거나, 종합유선방송사업의 허가나 전송망사업의 등록이 취소된 경우
> 3. 공고한 주파수 용도나 기술방식을 위반한 경우
> 4. 제10조제4항에 따른 조건을 이행하지 아니한 경우
> 5. 주파수할당을 받은 자가 그 대가를 내지 아니한 경우
>
> [정답] ④

16 [13/6]

미래창조과학부가 수행하는 전파감시의 목적으로 볼 수 없는 것은?

① 전파의 효율적 이용을 촉진을 위하여
② 혼신의 신속한 제거하기 위하여
③ 전파이용 질서를 유지하고 보호하기 위하여
④ 주파수에 대한 사용료를 부과, 징수하기 위하여

> 전파법 제49조(전파감시)
> ① 미래창조과학부장관은 전파의 효율적 이용을 촉진하고, 혼신의 신속한 제거 등 전파이용 질서를 유지하고 보호하기 위하여 전파감시 업무를 수행하여야 한다.
>
> [정답] ④

17 [13/6]

무선설비의 적합성평가 처리 방법 중 연속동작 시험 조건으로 틀린 것은?

① 통상의 사용조건으로 8시간 동작시켰을 때
② 통상의 사용조건으로 24시간 동작시켰을 때
③ 통상의 사용조건으로 48시간 동작시켰을 때
④ 통상의 사용조건으로 500시간 동작시켰을 때

> 연속동작시험 조건의 구분
>
> | 구분기호 | 환경적 조건 및 적용방법 |
> |---|---|
> | ⓐ | 통산의 사용조건으로 8시간 동작시켰을 때 |
> | ⓑ | 통산의 사용조건으로 24시간 동작시켰을때 |
> | ⓒ | 통상의 사용조건으로 500시간 동작시켰을 때 |
> | ⓓ | 기타(대상기기별로 별도 구분) |
>
> [정답] ③

18 [13/6]

무선국의 시설자는 통신상 보안을 요하는 사항에 대하여 통신보안용 약호를 정한 후 누구의 승인을 얻어 사용하여야 하는가?

① 전파진흥협회장   ② 국립전파연구원장
③ 중앙전파관리소장   ④ 한국방송통신전파연구원장

> 무선국의 통신보안 준수 및 약호자재 승인 등에 관한 사항(중앙전파관리소 고시)
> '약호자재 제작기관'이라함은 중앙전파관리소장으로부터 자재 사용승인을 얻어 자재를 제작·운영하는 주체를 말한다.
>
> [정답] ③

19
전파형식의 표시에 있어서 등급을 표시하는 셋째기호 중 텔레비전을 나타내는 기호는?
① N ② E
③ W ④ F

- **[전파형식]**
  ① 전파형식 개요
   - 필요주파수대폭과 그 등급에 따라 표시하되 앞의 4자리는 필요주파수대폭을 뒤 5자리는 신호의 등급(특성)을 표시
  ② 필요주파수대폭
   - 3개의 숫자와 1개의 문자로 표시, 문자는 소수점 자리에 두어 필요주파수대역 단위 표시
     . 0.001 ~ 999 Hz =〉 H, 1.00 ~ 999 kHz =〉 K, 1.00 ~ 999 MHz =〉 M,1.00 ~ 999 GHz =〉 G
   - 영(0),K,M,G의 문자는 필요주파수대폭 표시 첫머리에 둘 수 없음
  ③ 등급
   - 발사전파에 대한 기본 특성에 따른 등급 및 기호 표시 앞 3자리는 기본특성, 뒤 2자리는 취사형 추가특성 표시 다만,추가특성 생략시에 그냥 하이픈(-)으로 만 표시
   - 변조형식: 진폭변조(A,H,R,J,B,C),F,G,D),주파수변조(F),위상변조(G) 등
   - 신호특성: 디지털(1),아날로그(3) 등
   - 정보형태: 전화(E),영상(F) 등
   - 신호항목: 음성방송(G),상용음성(J) 등
   - 다중화특성:부호-분할다중(C),시-분할다중(F) 등
  ④ 전파형식 표시 예 12K5G3EJN
    (①12K5 ②G ③3 ④E ⑤J ⑥N)
    ① 필요주파수대폭: 12K5 =〉 12.5 kHz
    ② 주반송파의 변조형식 : G =〉 위상변조
    ③ 주반송파를 변조시키는 신호의 특성 : 3 =〉 아날로그 정보를 포함하는 단일채널
    ④ 송신될 정보의 형식 : E =〉 전화(음성방송포함)
    ⑤ 신호항목 : J =〉 상용음성
    ⑥ 다중화 특성 : N =〉 다중화가 아닌 것
  ※ SSB:J3E, DMB:G7W

[정답] ④

20
'무선통신의 송신을 위한 고주파 에너지를 발생하는 장치와 이에 부가되는 장치'는 무엇을 설명한 내용인가?
① 송신장치 ② 송신설비
③ 송신안테나계 라 무선통신

- **전파법 시행령 제2조(정의)**
  ② "송신설비"란 전파를 보내는 설비로서 송신장치와 송신안테나계로 구성되는 설비
  ③ "수신설비"란 전파를 받는 설비로서 수신장치와 수신안테나계로 구성되는 설비
  ④ "송신장치"란 무선통신의 송신을 위한 고주파 에너지를 발생하는 장치와 이에 부가되는 장치

[정답] ①

21
무선국은 허가증에 기재된 사항의 범위 내에서 운용하여야 한다. 다음 중 예외적으로 허용되는 통신이 아닌 것은?
① 조난통신 ② 긴급통신
③ 안전통신 ④ 제3자에 의한 통신

- **전파법 제25조(무선국의 운용)**
  ② 무선국은 사용승인서, 허가증 또는 무선국 신고증명서에 적힌 사항의 범위에서 운용하여야 한다. 다만, 다음 각 호의 어느 하나에 해당하는 통신을 하는 경우에는 그러하지 아니하다.
  1. 조난통신
  2. 긴급통신
  3. 안전통신
  4. 비상통신
  5. 그 밖에 대통령령으로 정하는 통신

[정답] ④

22
지상디지털 텔레비전용 무선설비의 변조방식은?
① 8-VSB 방식 ② QPSK 방식
③ QPSK 및 BPSK ④ BPSK

- ※ 8-VSB 개념도

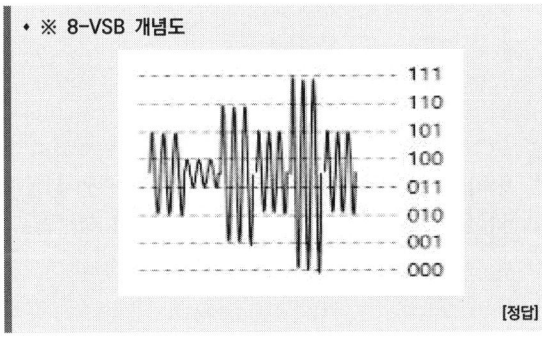

[정답] ①

23
공중선전력에 주어진 방향에서의 반파장다이폴의 상대득을 곱한 것'으로 정의되는 것은?
① 규격전력 ② 실효복사전력
③ 첨두포락선전력 ④ 등가등방복사전력

- **전파법 시행령 제2조(정의)**
  ⑦ "실효복사전력(實效輻射電力)"이란 안테나공급전력에 주어진 방향에서의 반파다이폴의 상대이득(相對利得)을 곱한 것을 말한다.

[정답] ②

24 [13/3]

주파수할당을 받은 자가 주파수이용기간이 만료되어 주파수 재할당을 받으려면 주파수 이용기간 만료 몇 개월 전에 신청을 하여야 하는가?

① 12개월 전 ② 6개월 전
③ 4개월 전 ④ 3개월 전

• **전파법 시행령 제18조(재할당)**
① 법 제16조제1항 본문에 따라 주파수할당을 받은 자가 주파수이용기간이 만료되어 주파수재할당을 받으려면 주파수이용기간 만료 6개월 전에 재할당신청을 하여야 한다.

[정답] ②

25 [13/3]

무선종사자 시험 후 한국방송통신전파진흥원은 며칠 이내에 합격자의 명단을 게시하거나 합격자에게 개별 통지해야 하는가?

① 7일 ② 10일
③ 15일 ④ 30일

• **전파법 시행령 제111조(합격자의 공고방법)**
진흥원은 시험 종료 후 30일 이내에 원서접수처에 합격자의 명단을 게시하거나 합격자에게 개별 통지를 하여야 한다.

[정답] ④

26 [13/3]

전파를 이용하여 모든 종류의 기호·신호·문언·영상·음향 등의 정보를 보내거나 받는 것을 무엇이라 하는가?

① 유무선통신 ② 유선설비
③ 무선통신 ④ 유선통신

• **전파법 2조(정의)**
- "무선통신"이란 전파를 이용하여 모든 종류의 기호·신호·문언·영상·음향 등의 정보를 보내거나 받는 것을 말한다.

[정답] ③

27 [13/3]

다음중 평균전력을 나타내는 기호는?

① PX ② PY
③ PZ ④ PR

• **무선설비규칙 제2조(정의)**
⑰ "평균전력"이란 정상동작 상태에서 송신장치로부터 송신안테나계의 급전선에 공급되는 전력으로 변조에 사용되는 최저주파수의 1주기와 비교하여 충분히 긴 시간 동안의 평균값을 말하며 PY로 표시한다

[정답] ②

28 [13/3]

무선국의 안테나계는 낙뢰보호장치 및 접지시설을 하여야 하는 무선국은?

① 휴대용 무선설비 ② 육상이동국
③ 간이무선국 ④ 이동중계국

• **무선설비규칙 제18조(안테나 등의 안전시설)**
① 무선설비의 안테나계는 낙뢰로부터 무선설비를 보호할 수 있도록 하는 낙뢰보호장치(피뢰침은 제외한다) 및 접지시설을 하여야 한다. 다만, 휴대용 무선설비, 육상이동국, 간이무선국의 안테나계 및 실내에 설치되는 안테나계의 경우는 예외로 한다.

[정답] ④

29 [13/3]

다음 중 방송통신기기 지정시험기관이 행하는 시험분야로 틀린 것은?

① 유선 시험분야 ② 무선 시험분야
③ 전자파내성 시험분야 ④ 전류흡수율 분야

• **전파법 시행령 제77조의9(시험기관의 지정 등)**
① 법 제58조의5제1항에 따라 적합성평가의 시험업무를 하는 기관(이하 "시험기관"이라 한다)으로 지정받으려는 법인은 다음 각 호의 구분에 따라 시험기관 지정신청서(전자문서로 된 신청서를 포함한다)에 미래창조과학부장관이 정하는 서류(전자문서를 포함한다)를 첨부하여 미래창조과학부장관에게 신청하여야 한다.
1. 유선 분야
2. 무선 분야
3. 전자파적합성 분야
4. 전자파 강도 분야
5. 전자파흡수율 분야

[정답] ④

30 [13/3]

다음 중 주파수할당을 하려는 때에 공고할 사항으로 잘못된 것은?

① 할당대상 주파수 및 대역폭
② 주파수할당 대가의 산출기준
③ 주파수용도 및 기술방식
④ 무선국 개설허가의 유효기간

• **전파법 시행령 제11조(주파수할당의 공고)**
① 미래창조과학부장관은 법 제10조제1항에 따라 주파수할당을 하려는 때에는 다음 각 호의 사항을 공고하여야 한다. 다만, 제3호는 법 제11조제1항 단서에 따른 대가산정 주파수할당의 경우에만 해당하고, 제6호의2 및 제6호의3은 법 제11조제1항 본문에 따른 가격경쟁 주파수할당(이하 "가격경쟁주파수할당"이라 한다)에만 해당한다.
1. 할당대상 주파수 및 대역폭
2. 할당방법 및 시기
3. 주파수할당 대가
4. 주파수 이용기간
5. 주파수용도 및 기술방식에 관한 사항

[정답] ②

31

다음 ( )안에 들어 갈 내용으로 적합한 것은?

> "정격전압"이라 함은 기기의 정상적인 동작에 필요한 전원전압으로서 신청된 설계전압의 ( )% 이내의 전압을 말한다.

① ±2　　② ±4
③ ±6　　④ ±8

- 무선설비의 적합성평가 처리방법 공고 제3조(정의)
  ② "정격전압"이라 함은 기기의 정상적인 동작에 필요한 전원전압으로서 신청된 설계전압의 (±)2% 이내의 전압을 말한다.

[정답] ①

32

다음 중 무선국의 개설조건으로 틀린 것은?

① 무선설비는 인명·재산 및 항공의 안전에 지장을 주지 아니하는 장소에 설치할 것
② 개설목적·통신사항 및 통신상대방의 선정이 법령에 위반되지 아니할 것
③ 개설목적의 달성에 필요한 최소한의 주파수 및 안테나공급전력을 사용할 것
④ 이미 개설되어 있는 다른 무선국의 주파수를 공용할 수 있을 것

- 전파법 제20조의2(무선국의 개설조건)
  ① 무선국은 다음 각 호의 개설조건을 갖추어야 한다.
  1. 통신사항이 개설목적에 적합할 것
  2. 시설자가 아닌 타인에게 그 무선설비(다음 각 목의 어느 하나에 해당하는 경우는 제외한다)를 제공하는 것이 아닐 것
     가. 제25조제2항제4호에 따른 비상통신을 하는 무선국 무선설비
     나. 제42조의2제1항에 따라 타인에게 양도하거나 임대하는 우주국 무선설비
     다. 제48조제1항에 따라 타인에게 임대하는 무선국 무선설비
     라. 업무상 긴밀한 관계가 있는 자 간의 원활한 통신을 위하여 개설하는 무선국으로서 미래창조과학부장관이 인정하는 무선국 무선설비
  3. 개설목적·통신사항 및 통신상대방의 선정이 법령에 위반되지 아니할 것
  4. 개설목적의 달성에 필요한 최소한의 주파수 및 안테나공급전력을 사용할 것
  5. 무선설비는 인명·재산 및 항공의 안전에 지장을 주지 아니하는 장소에 설치할 것
  6. 이미 개설되어 있는 다른 무선국의 운용에 지장을 주지 아니할 것

[정답] ④

33

미래창조과학부장관은 전파산업 등의 기술개발의 촉진하기 위하여 추진하여야 할 사항이 아닌 것은?

① 기술수준의 조사·연구개발 및 개발기술의 평가·활용
② 기술의 협력·지도 및 이전
③ 국제기술표준과의 연계 공유 개발
④ 기술정보의 원활한 유통

- 전파법 제62조(기술개발의 촉진)
  미래창조과학부장관은 전파산업과 방송기기산업의 기반 조성에 필요한 기술의 연구·개발 및 활용을 촉진하기 위하여 다음 각 호의 사항을 추진하여야 한다.
  ① 기술수준의 조사·연구개발 및 개발기술의 평가·활용
  ② 기술의 협력·지도 및 이전
  ③ 기술정보의 원활한 유통
  ④ 산업계·학계 및 연구계의 공동 연구·개발
  ⑤ 그 밖에 기술개발을 위하여 필요한 사항

[정답] ③

34

다음 중 주파수 분배시 고려하여야 할 사항이 아닌 것은?

① 전파이용 기술의 발전추세
② 국내의 주파수 사용동향
③ 주파수의 이용현황 등 국내의 주파수 이용여건
④ 전파를 이용하는 서비스에 대한 수요

- 전파법 제9조(주파수분배)
  ① 미래창조과학부장관은 다음 각 호의 사항을 고려하여 주파수분배를 하여야 한다.
  1. 국방·치안 및 조난구조 등 국가안보·질서유지 또는 인명안전의 필요성
  2. 주파수의 이용현황 등 국내의 주파수 이용여건
  3. 국제적인 주파수 사용동향
  4. 전파이용 기술의 발전추세
  5. 전파를 이용하는 서비스에 대한 수요

[정답] ②

35

다음 중 통신보안에 대한 정의로 알맞은 것은?

① 통신 중 도청당한 정보의 분석 지연책을 강구하는 것
② 무선통신망은 풍부한 정보의 원천이므로 사용을 최소화 하는 방책
③ 통신수단에 의한 국가기밀, 산업정보 및 개인비밀 통화를 최소화 하거나 약화하는 방책
④ 통신수단에 의하여 비밀이 직접 또는 간접으로 누설되는 것을 미리 방지하거나 지연시키는 방책을 말한다

무선국 운용 등에 관한 규정(전파관리소장 규정) 제2조 (정의)
'통신보안'이라함은 통신수단에 의하여 비밀이 직접 또는 간접으로 누설되는 것을 미리 방지하거나 지연시키는 방책을 말한다

[정답] ④

36
무선국에서 사용하는 주파수마다의 중심주파수를 무엇이라 하는가?
① 기준주파수
② 지정주파수
③ 특성주파수
④ 필요주파수

- **무선설비규칙 제2조(정의)**
  ② "지정주파수"란 무선국에서 사용하는 주파수마다의 중심주파수를 말한다.

  [정답] ②

37
무선설비의 안전시설기준에서 정하는 발전기나 정류기 등에 인입되는 고압전기는 절연차폐체 내에 수용 하여야 한다. 다음 중 고압전기에 포함 되는 것은?
① 220 볼트를 초과하는 교류전압
② 220 볼트를 초과하는 직류전압
③ 500 볼트를 초과하는 교류전압
④ 750 볼트를 초과하는 직류전압

- **무선설비규칙 제17조(무선설비의 안전시설)**
  ① 무선설비에 전원의 공급을 위하여 고압전기(600볼트를 초과하는 고주파 및 교류전압과 750볼트를 초과하는 직류전압을 말한다. 이하 같다)를 발생시키는 발전기나 고압전기가 인입되는 변압기, 정류기 등을 이용할 경우에는 해당 기기들은 외부에서 쉽게 닿지 아니하도록 절연차폐체 또는 접지된 금속차폐체 안에 있어야 한다. 다만, 취급자 외의 자가 출입하지 못하도록 된 장소에 설치되는 경우는 예외로 한다.

  [정답] ④

38
무선설비규칙에서 정의한 '불요발사'로서 적합한 것은?
① 대역외 발사와 스퓨리어스 발사
② 대역내 발사를 말한다
③ 필요주파수대폭의 바로 안쪽 발사 에너지
④ 스퓨리어스 발사 및 저감반송파

무선설비규칙 제2조(정의)
⑩ "불요발사"(不要發射)란 대역외발사 및 스퓨리어스 발사를 말한다.

[정답] ①

39
전파응용설비의 고주파출력측정 및 산출방법은 누가 정하여 고시하는 바에 의하는가?
① 미래창조과학부장관
② 한국전자통신연구원장
③ 중앙전파관리소장
④ 한국방송통신전파진흥원장

- **전파법 제58조(산업·과학·의료용 전파응용설비 등)**
  ① 다음 각 호의 어느 하나에 해당하는 설비를 운용하려는 자는 미래창조과학부장관의 허가를 받아야 한다. 허가받은 사항 중 대통령령으로 정하는 사항을 변경하려는 경우에도 또한 같다.
  1. 전파에너지를 발생시켜 한정된 장소에서 산업·과학·의료·가사, 그 밖에 이와 비슷한 목적에 사용하도록 설계된 설비로서 대통령령으로 정하는 기준에 해당하는 설비
  2. 전선로에 주파수가 9킬로헤르츠 이상인 전류가 흐르는 통신설비 중 전계강도(電界强度) 등이 대통령령으로 정하는 기준에 해당하는 설비

  [정답] ①

40
한국방송통신전파진흥원이 수행하는 사업과 거리가 먼것은?
① 전파이용 촉진에 관한 연구
② 전파관련 산업의 실태조사
③ 방송·통신·전파 관련 국내외 기술에 관한 정보의 수집·조사 및 분석
④ 방송·통신·전파에 관한 연구지원 및 교육

- **전파법 제66조(한국방송통신전파진흥원)**
  ① 전파의 효율적 관리 및 방송·통신·전파의 진흥을 위한 사업과 정부로부터 위탁받은 업무를 수행하기 위하여 한국방송통신전파진흥원(이하 "진흥원"이라 한다)을 설립한다.
  ④ 진흥원은 다음 각 호의 사업을 한다.
  1. 전파이용 촉진에 관한 연구
  2. 방송·통신·전파 관련 국내외 기술에 관한 정보의 수집·조사 및 분석
  3. 방송·통신·전파에 관한 연구지원 및 교육
  4. 제1호부터 제3호까지의 사업에 부수되는 사업
  5. 그 밖에 이 법 또는 다른 법령에서 진흥원의 업무로 정하거나 위탁한 사업 또는 미래창조과학부장관이 위탁한 사업

  [정답] ②

41
무선설비의 운용을 위한 전원의 전압변동률은 정격전압의 몇[%] 이내로 유지하여야 하는가?
① ±5%
② ±10%
③ ±15%
④ ±20%

- **무선설비규칙 제14조(전원)**
  ① 무선설비의 운용을 위한 전원은 전압변동률이 정격전압을 기준으로 상하 오차범위 10퍼센트 이내에서 유지할 수 있어야 한다.

  [정답] ②

42 [12/10]
적합성 평가 대상기자재에 대하여 적합인증을 신청 시 제출할 서류가 아닌 것은?

① 기본모델의 개요, 사양, 구성, 조작방법 등이 포함된 설명서
② 외관도 및 부품의 배치도
③ 기본모델의 기기의 제작공정
④ 회로도

- **방송통신기자재등의 적합성 평가에 관한 고시 제5조(적합인증의 신청 등)**
① 제3조제1항에 따른 대상기자재에 대하여 적합인증을 신청하고자 하는 자는 다음 각 호의 신청서와 첨부서류(전자문서를 포함한다)를 작성하여 원장에게 제출하여야 한다.
1. 적합인증신청서
2. 사용자설명서(한글본) : 제품개요, 사양, 구성 및 조작방법 등이 포함되어야 한다.
3. 다음 각 목 중 어느 하나의 시험성적서
  가. 지정시험기관의 장이 발행하는 시험성적서
  나. 원장이 발행하는 시험성적서
  다. 국가 간 상호 인정협정을 체결한 국가의 시험기관 중 원장이 인정한 시험기관의 장이 발행한 시험성적서
4. 외관도 : 제품의 전면·후면 및 타 기기와의 연결부분과 적합성평가표시 사항의 식별이 가능한 사진을 제출하여야 한다.
5. 부품 배치도 또는 사진 : 부품의 번호, 사양 등의 식별이 가능하여야 한다.
6. 회로도
  가. 적합성평가를 받은 '무선 송·수신용 부품'을 기자재의구성품으로 사용하는 경우에는 해당 부분을 생략할 수 있다.
  나. 적합성평가기준 적용분야가 유선분야에 해당하는 기자재인 경우에는 전원 및 기간통신망과 직접 접속되는 부분의 회로도를 제출한다.
7. 대리인 지정서 : 제27조에 따른 별지 제4호서식의 대리인 지정(위임)서
[정답] ③

43 [12/10]
전파의 반송파 전력을 나타낸 표시는 어느 것인가?

① PZ ② PR
③ PX ④ PY

- **무선설비 규칙 제2조(정의)**
⑱ "반송파전력"이란 무변조 상태에서 송신장치로부터 송신안테나계의 급전선에 공급되는 전력으로 무선주파수의 1주기 동안의 평균값을 말하며 PZ로 표시한다
[정답] ①

44 [12/10]
다음 중 산업용 전파응용설비의 안전시설 설치기준으로 틀린 것은?

① 충전되는 기구와 전선은 외부에서 용이하게 닿지 아니하도록 절연차폐체 또는 접지된 금속차폐체내에 수용할 것
② 설비의 조작에 의하여 설비에 접근하는 인체와 전기적 양도체에 고주파전력을 유발할 우려가 있을 경우에는 그 위험을 방지하기 위하여 필요한 설비를 할 것
③ 인체의 안전을 위하여 접지장치를 설치할 것
④ 설비와 대지 간 접지 저항값을 무한대로 설치할 것

접지저항 : 접지 전극과 대지와의 접속 양호성 척도로 그 값이 작을수록 대지와의 전기적 접촉이 양호함(제1종 접지:10Ω)

- **전파응용설비의 기술기준 제8조(안전시설)**
① 영 제74조제1호에 따른 산업용 전파응용설비는 그 설비의 운용에 따라 인체에 위해를 주거나 물건에 손상을 주지 아니하도록 다음 각 호의 조건에 적합하여야 한다.
1. 고압전기에 의하여 충전되는 기구와 전선은 외부에서 용이하게 닿지 아니하도록 절연차폐체 또는 접지된 금속차폐체내에 수용할 것. 다만, 고주파용접장치·진공관전극·가열용장치 등과 같이 전극을 직접 노출하지 아니하면 사용목적을 달성할 수 없는 것을 제외한다.
2. 설비의 조작에 의하여 설비에 접근하는 인체와 전기적 양도체에 고주파전력을 유발할 우려가 있을 경우에는 그 위험을 방지하기 위하여 필요한 설비를 할 것
3. 인체의 안전을 위하여 접지장치를 설치할 것
[정답] ④

45 [12/10]
다음 중 송신설비의 안테나·급전선 등 고압전기가 통과하는 장치는 사람이 보행하거나 생활하는 평면으로부터 몇[m] 이상의 높이에 설치되어야 하는가?

① 2.5[m] 이상 ② 3[m] 이상
③ 3.5[m] 이상 ④ 4[m] 이상

- **무선설비규칙 제17조(무선설비의 안전시설)**
④ 송신설비의 안테나·급전선 등 고압전기가 통과하는 장치는 사람이 보행하거나 생활하는 평면으로부터 2.5미터 이상의 높이에 설치하여야 한다.
[정답] ①

46 [12/10]
안테나계가 충족하여야 하는 조건이 아닌 것은?

① 안테나는 이득이 높을 것
② 정합은 신호의 반사손실이 최소화되도록 할 것
③ 지향성은 복사전력이 목표하는 방향을 벗어나지 아니하도록 안정적일 것
④ 급전선에 공급되는 전력을 규격전력 이상이 되도록 할 것

- **무선설비규칙 제11조(안테나계)**
안테나계는 다음 각 호의 요건을 모두 갖추어야 한다.
① 안테나는 무선설비를 작동할 수 있는 최소 안테나이득을 가질 것
② 정합(整合)은 신호의 반사손실이 최소화되도록 할 것
③ 지향성은 복사전력이 목표하는 방향을 벗어나지 아니하도록 안정적일 것
[정답] ④

47 [12/10]
다음 중 안테나계에 접지장치를 설치하지 않아도 되는 무선국은?
① 육상이동국 ② 기지국
③ 방송국 ④ 고정국

• **무선설비규칙 제18조(안테나 등의 안전시설)**
① 무선설비의 안테나계는 낙뢰로부터 무선설비를 보호할 수 있도록 하는 낙뢰보호장치(피뢰침은 제외한다) 및 접지시설을 하여야 한다. 다만, 휴대용 무선설비, 육상이동국, 간이무선국의 안테나계 및 실내에 설치되는 안테나계의 경우는 예외로 한다.

[정답] ①

48 [12/5]
다음 ( )안에 들어갈 내용으로 가장 적합한 것은?

'무선설비(방송수신만을 목적으로하는 것은 제외한다)는 주파수 허용편차와 안테나전력 등 ( ) 고시로 정하는 기술기준에 적합하여야 한다'

① 교육과학기술부장관 ② 한국방송통신전파진흥원장
③ 미래창조과학부장관 ④ 지식경제부장관

무선설비 규칙 제5조(주파수 허용편차), 제6조(점유주파수대역폭의 허용치)
[무선설비 규칙 제5조(주파수 허용편차)]
① 송신설비에서 발사되는 전파의 주파수 허용편차는 별표 1과 같다. 다만, 미래창조과학부장관은 무선설비의 용도에 따라 주파수 허용편차를 별도로 정하여 고시할 수 있다.
[제6조(점유주파수대역폭의 허용치)]
① 송신설비에서 발사되는 전파의 점유주파수대역폭의 허용치는 별표 2와 같다. 다만, 미래창조과학부장관은 무선설비의 용도에 따라 점유주파수대역폭의 허용치를 별도로 정하여 고시할 수 있다.

[정답] ③

49 [12/5]
심사에 의한 주파수 할당시 고려사항과 거리가 먼 것은?
① 전파자원 이용의 효율성 ② 전파자원 이용의 편리성
③ 신청자의 재정적 능력 ④ 신청자의 기술적 능력

• **고려사항**
 가. 전파자원 이용의 효율성
 나. 전파자원 이용의 공평성
 다. 신청자의 당해 주파수에 대한 필요성
 라. 신청자의 기술적 재정적 능력

[정답] ②

50 [12/5]
'30[GHz]를 초과하고 300[GHz]이하'인 주파수대를 미터법에 의해 구분하면 무엇인가?
① 데시미터파 ② 센티미터파
③ 밀리미터파 ④ 데시밀리미터파

• **주파수 명칭**
 - VHF(30~300MHz) : 미터파,
 - UHF(300MHz~3GHz) : 데시미터파
 - SHF(3~30GHz) : 센티미터파
 - EHF(30~300GHz) : 밀리미터파

[정답] ③

51 [12/5]
주파수를 회수하고 이를 대체하여 주파수를 할당, 주파수 지정, 또는 주파수 사용 승인을 것을 무엇이라 하는가?
① 주파수 사용승인 ② 주파수 재배치
③ 주파수 회수 ④ 주파수 분배

• **전파법 제2조(정의)**
4의4. "주파수재배치"란 주파수회수를 하고 이를 대체하여 주파수할당, 주파수지정 또는 주파수 사용승인을 하는 것을 말한다.

[정답] ②

52 [12/5]
미래창조과학부장관이 전파자원을 확보하기 위하여 시책의 마련 및 시행하는 사항과 가장 거리가 먼것은?
① 주파수의 국제등록
② 이용 중인 주파수의 이용효율 향상
③ 국가간 전파의 혼신을 없애고 방지하기 위한 협의·조정
④ 국가 간 무선국 현황 파악 및 통계조사

• **전파법 제5조(전파자원의 확보)**
① 미래창조과학부장관은 전파자원을 확보하기 위하여 다음 각 호의 시책을 마련하고 시행하여야 하며, 그 시행에 필요한 지원방안을 마련하여야 한다.
1. 새로운 주파수의 이용기술 개발
2. 이용 중인 주파수의 이용효율 향상
2의2. 주파수 공동사용기술 개발
3. 주파수의 국제등록
4. 국가간 전파의 혼신(混信)을 없애고 방지하기 위한 협의·조정

[정답] ④

53
무선국 정기검사시 대조검사 사항이 아닌 것은?
① 시설자
② 설치장소
③ 무선종사자의 배치
④ 점유주파수대폭

- **전파법 시행령 제45조(제45조(검사의 시기·방법 등)**
  ③ 정기검사, 수시검사 및 법 제24조제8항에 따른 검사는 다음 각 호의 구분에 따라 실시하며,
  1. 성능검사: 안테나공급전력·주파수·불요발사(不要發射)·점유주파수대폭·등가등방복사전력(等價等方輻射電力)·실효복사전력(實效輻射電力)·변조도 등 무선설비의 성능에 대하여 행하는 검사
  2. 대조검사: 시설자·무선설비·설치장소 및 무선종사자의 배치 등이 무선국허가·신고사항 등과 일치하는지 여부를 대조·확인하는 검사

[정답] ④

54
무선설비의 운용을 위한 전원의 전압변동률은 정격전압의 몇[%] 이내로 유지하여야 하는가?
① ±5%
② ±10%
③ ±15%
④ ±20%

- **무선설비규칙 제14조(전원)**
  ① 무선설비의 운용을 위한 전원은 전압변동률이 정격전압을 기준으로 상하 오차범위 10퍼센트 이내에서 유지할 수 있어야 한다.

[정답] ②

55
다음 중 전력선의 고주파전류로 인한 인접 통신설비에 혼신을 방지하기 위한 조건으로 맞는 것은?
① 고주파전류를 통하는 전력선의 분기점에는 전송특성의 필요에 따라 쵸크코일을 넣을 것
② 고주파전류를 통하는 전력선의 경우는 그 부근에 다른 각종 선로와 무선설비가 많은 곳을 택할 것
③ 고주파전류를 통하는 유도식 통신설비의 선로는 다른 통신설비에 주는 혼신을 방지하기 위하여 가능한 한 다른 전선로와 결합되어야 한다.
④ 고주파전류를 통하는 전력선의 경로를 통신선로 설비와 가능한 한 평행하게 설치되어야 한다.

- **전파응용설비의 기술기준 제7조(혼신방지)**
  ① 전력선의 전송은 전력선에 통하는 고주파전류에 따라 다른 통신설비에 혼신을 주지 아니하도록 다음 각 호의 조건에 적합하여야 한다.
  1. 고주파전류를 통하는 전력선의 분기점에는 전송특성의 필요에 따라 쵸크코일을 넣을 것
  2. 고주파전류를 통하는 전력선의 경로는 그 부근에 다른 각종 선로와 무선설비가 적은 곳을 택할 것
  ② 고주파전류를 통하는 유도식 통신설비의 선로는 다른 통신설비에 주는 혼신을 방지하기 위하여 가능한 한 다른 전선로와 결합되지 아니하여야 한다.

[정답] ①

56
무선설비의 안전시설 기준에서 고압전기란?
① 600볼트를 초과하는 고주파 및 교류전압과 750볼트를 초과하는 직류전압
② 650볼트를 초과하는 고주파 및 교류전압과 750볼트를 초과하는 직류전압
③ 750볼트를 초과하는 고주파 및 교류전압과 750볼트를 초과하는 직류전압
④ 750볼트를 초과하는 고주파 및 교류전압과 600볼트를 초과하는 직류전압

- **무선설비 규칙 제17조(무선설비의 안전시설)**
  ① 무선설비에 전원의 공급을 위하여 고압전기(600볼트를 초과하는 고주파 및 교류전압과 750볼트를 초과하는 직류전압을 말한다.

[정답] ①

57
무선설비의 효율적 이용에 관한 규정을 설명한 것으로 잘못된 것은?
① 타인에게 임대할 수 있다.
② 타인에게 위탁 운영할 수 있다.
③ 타인과 공동 사용할 수 있다.
④ 타인에게 판매할 수 있다.

- **전파법 제48조(무선설비의 효율적 이용)**
  ① 시설자는 무선국 무선설비(우주국 무선설비는 제외한다)를 효율적으로 이용하기 위하여 필요하면 대통령령으로 정하는 바에 따라 미래창조과학부장관의 승인을 받아 무선국 무선설비의 전부나 일부를 다른 사람에게 임대·위탁운용하거나 다른 사람과 공동으로 사용할 수 있다.

[정답] ④

58
미래창조과학부가 전파이용기술의 표준화를 추진하는 목적으로 볼 수 없는 것은?
① 전파의 효율적인 이용 촉진
② 전파이용 질서의 유지
③ 전파 이용자 보호
④ 전파 이용 중·장기 계획 수립

- **전파법 제63조(표준화)**
  ① 미래창조과학부장관은 전파의 효율적인 이용 촉진, 전파이용 질서의 유지 및 이용자 보호 등을 위하여 전파이용 기술의 표준화에 관한 다음 각 호의 사항을 추진하여야 한다. 다만, 「산업표준화법」 제12조에 따른 한국산업표준이 제정되어 있는 사항에 대하여는 그 표준에 따른다.
  1. 전파 관련 표준의 제정 및 보급
  2. 전파 관련 표준의 적합인증
  3. 그 밖의 표준화에 필요한 사항

[정답] ④

59 [12/5]
산업용 전파응용설비의 전계강도 최대 허용치로서 맞는 것은?
① 100[m]에서 100[μV/m] 이하일 것
② 30[m]에서 100[μV/m] 이하일 것
③ 50[m]에서 100[μV/m] 이하일 것
④ 100[m]에서 50[μV/m] 이하일 것

• **전파응용설비의 기술기준 제4조(전계강도의 허용치)**
① 영 제74조에 따른 통신설비외의 전파응용설비에서 발사되는 기본파 및 불요발사에 의한 전계강도의 최대허용치는 다음과 같다.

구 분	전계강도 허용치	비 고
산업용 전파응용설비	100 m 거리에서 100 μV/m 이하일 것	해당 설비가 설치되어 있는 주위의 구역이 시설자의 소유로서 구역의 경계와 설비와의 거리가 측정 기준 거리를 초과할 때에는 그 구역의 경계선에서 측정한다.
의료용 전파응용설비	30 m 거리에서 100 μV/m 이하일 것	
기타 전파응용설비	고주파출력 500W 이하: 30 m 거리에서 100 μV/m 이하일 것	
	고주파출력 500W 초과: 100 m 거리에서 100 μV/m 이하이고, 30 m 거리에서 100·√(P/500)[P는 고주파출력을 와트(W)로 표시한 수로 한다] μV/m 이하일 것	

[정답] ①

60 [12/5]
다음 중 무선국의 개설허가의 유효기간이 1년인 무선국은?
① 실험국   ② 기지국
③ 간이무선국   ④ 선상통신국

• **전파법 시행령 제36조(무선국개설허가의 유효기간)**
① 법 제22조제1항에 따른 무선국 개설허가의 유효기간은 다음 각 호와 같다.
1. 실험국 및 실용화시험국: 1년
2. 이동국·육상국·육상이동국·기지국·이동중계국·선박국(「선박안전법」, 「어선법」 또는 「수상레저안전법」에 따라 선박에 의무적으로 개설하여야 하는 무선국(이하 "의무선박국"이라 한다)은 제외한다)·선상통신국·무선표지국·무선측위국·우주국·일반지구국·해안지구국·항공지구국·육상지구국·이동지구국·기지지구국·육상이동지구국·아마추어국·간이무선국·항공국·고정국·무선항행육상국·무선항행이동국·무선탐지육상국·무선탐지이동국·비상국·기상원조국·항공기지구국·무선조정국·무선조정이동국·무선조정중계국·전파천문국·선박지구국·항공기국(「항공법」에 따라 항공기 또는 경량항공기에 의무적으로 개설하여야 하는 무선국(이하 "의무항공기국"이라 한다)은 제외한다)·비상위치지시용무선표지국·비상위치지시용위성무선표지국·해안국 및 무선방향탐지국: 5년
2의2. 방송국: 5년. 다만, 초단파방송을 하는 방송국으로서 「방송법」제2조제3호마목에 따른 공동체라디오방송사업자가 개설하는 방송국(이하 "공동체라디오방송국"이라 한다)은 3년(2016년 7월 1일부터 2018년 6월 30일까지 개설하는 무선국의 경우에는 5년)으로 한다.
3. 제1호·제2호 및 제2호의2 외의 무선국: 3년

[정답] ①

61 [12/5]
안테나공급전력이 몇 와트를 초과하는 무선설비에 사용하는 전원회로는 퓨즈 또는 자동차단기를 갖추어야 하는가?
① 70와트   ② 50와트
③ 30와트   ④ 10와트

• **무선설비 규칙 제13조(보호장치 및 특수장치)**
① 안테나공급전력이 10와트(W)를 초과하는 무선설비에 사용하는 전원회로는 퓨즈 또는 자동차단기를 갖추어야 한다.

[정답] ④

4 무선설비기준 4편

01 [12/3]
무선설비규칙에 규정되어 있지 않는 사항은 어떤 것을 적용하는가

① 방송통신위원회 별도 지침에 따른다
② 국제전기통신연합(ITU)에서 정하는 바에 따른다.
③ 실제 측정하여 자체 공시 후 적용한다.
④ 전파지정기준에 따른다.

- **무선설비 규칙 제6조(점유주파수대역폭의 허용치)**
  ① 송신설비에서 발사되는 전파의 점유주파수대역폭의 허용치는 별표 2와 같다. 다만, 과학기술정통부장관은 무선설비의 용도에 따라 점유주파수대역폭의 허용치를 별도로 정하여 고시할 수 있다.
  ② 제1항을 적용하기 어려운 경우에는 국제전기통신연합에서 정하는 필요주파수대역폭을 적용한다.

[정답] ②

02 [12/3]
과학기술정통부장관이 전파자원의 공평하고 효율적인 이용을 촉진하기 위하여 필요한 경우에 시행하여야 할 사항으로 적합하지 않는 것은?

① 주파수 회수
② 주파수 분배 변경
③ 주파수의 단독 사용
④ 새로운 기술방식으로 전환

- **전파법 제6조(전파자원 이용효율의 개선)**
  ① 과학기술정통부장관은 전파자원의 공평하고 효율적인 이용을 촉진하기 위하여 필요하면 다음 각 호의 사항을 시행하여야 한다.
  1. 주파수분배의 변경
  2. 주파수회수 또는 주파수재배치
  3. 새로운 기술방식으로의 전환
  4. 주파수의 공동사용

[정답] ③

03 [12/3]
다음 중 방송국의 개설허가 심사사항이 아닌 것은?

① 당해 법인 설립이 확실한 지 여부
② 송신소 시설의 보유여부
③ 연주소 시설의 보유여부
④ 운용할 수 있는 기술적 능력의 보유여부

- **전파법 시행령 제55조(방송국 개설허가 심사사항 등)**
  ① 신청인이 설립 중인 법인인 경우에는 해당 법인의 설립이 확실한지 여부
  ② 연주소 시설의 보유 여부. 다만, 다른 방송국의 방송사항을 중계하는 것을 전담으로 하는 경우에는 그러하지 아니하다.
  ③ 방송국의 시설설치계획이 합리적인지 여부
  ④ 방송국을 운용할 수 있는 기술적 능력의 보유 여부
  ⑤ 중파방송을 하는 방송국인 경우에는 안테나공급전력이 50킬로와트 이하인지 여부. 다만, 과학기술정통부장관이 특히 필요하다고 인정하는 경우에는 그러하지 아니하다.

[정답] ②

04 [12/3]
통신설비인 전파응용설비 중 유도식 통신설비에서 발사되는 주파수 범위는?

① 9~450㎑
② 9~350㎑
③ 9~250㎑
④ 9~150㎑

- 전파법 시행령 제75조(통신설비인 전파응용설비)
  ③ 유도식통신설비는 그 설비에서 발사되는 주파수가 9킬로헤르츠(㎑)부터 250킬로헤르츠(㎑)까지의 것이어야 한다.

[정답] ③

05 [12/3]
허가를 받아야하는 전력선통신설비의 주파수대역 및 고주파 출력이 맞게 짝지어진 것은?

① 9㎑ 이상 30㎒까지 10와트이하
② 3㎑ 이상 60㎒까지 50와트이하
③ 9㎒ 이상 30㎒까지 10와트이하
④ 3㎒ 이상 60㎒까지 10와트이하

- **전파법 시행령 제75조(통신설비인 전파응용설비)**
  ② 전력선통신설비는 그 설비에서 발사되는 주파수와 사용하는 출력이 다음 각 호에 적합하여야 한다.
  1. 9킬로헤르츠(㎑)이상 30메가헤르츠(㎒)까지의 범위의 주파수
  2. 송신설비의 고주파 출력이 10와트 이하일 것

[정답] ①

06 [12/3]
무선설비 변조특성은?

① 변조신호에 따라 반송파가 진폭변조되는 송신장치는 변조도가 100를 초과하지 아니하여야 한다.
② 반송파가 주파수변조되는 송신장치는 최대주파수편이의 범위를 초과하지 아니하여야한다.
③ 무선설비는 최고 통신속도 또는 최고 변조주파수에서 안정적으로 작동하여야 한다.
④ 편향변조에 의하여 점유주파수대폭이 충분하여야 한다.

• **무선설비 규칙 제10조(변조특성 등)**
① 변조신호에 따라 송신장치가 반송파를 진폭변조할 때에는 변조도가 100퍼센트를 초과하지 아니하여야 하고, 반송파를 주파수변조할 때에는 최대주파수편이의 범위를 초과하지 아니하여야 한다.
② 무선설비는 최고 통신속도 또는 최고 변조주파수에서 안정적으로 작동하여야 한다.

[정답] ④

07 [12/3]
미약 전계강도 무선기기의 기술기준에서 322㎒미만의 주파수를 사용하는 무선기기는 3m 거리에서 측정한 전계강도가 얼마이하여야 하는가?

① 100㎶/m 이하 ② 500㎶/m 이하
③ 1㎶/m 이하   ④ 10㎶/m 이하.

과학기술정보부고시 제2014-93호 2조(정의), 3조(미약 전계강도 무선기기)
① "미약 전계강도 무선기기"라 함은 당해 무선기기로부터 3미터 거리에서 측정한 전계강도 허용치를 만족하는 무선기기를 말한다.
제3조(미약 전계강도 무선기기) 미약 전계강도 무선기기는 다음의 조건을 만족하여야 한다.

주파수	전계강도
322㎒ 미만	500㎶/m 이하. 다만, 15㎒ 이하에서는 측정값에 6π/λ를 곱하여 적용한다.(λ는 측정주파수의 파장임)
322㎒ 이상 10㎓ 미만	35㎶/m 이하
10㎓ 이상 150㎓ 미만	3.5f㎶/m 이하(다만, 500㎶/m를 초과하는 경우에는 500㎶/m로 한다). 이 경우 f는 ㎓를 단위로 한 주파수로 한다.
150㎓ 이상	500㎶/m 이하

[정답] ②

08 [12/3]
과학기술정통부장관이 전파자원의 공평하고 효율적인 이용을 촉진하기 위하여 시행하여야 할 사항과 다른 것은?

① 주파수분배의 변경
② 이용실적이 저조한 주파수의 활용촉구
③ 새로운 기술방식으로의 전환
④ 주파수의 공동사용

• **전파법 제6조(전파자원 이용효율의 개선)**
① 과학기술정통부장관은 전파자원의 공평하고 효율적인 이용을 촉진하기 위하여 필요하면 다음 각 호의 사항을 시행하여야 한다.
1. 주파수분배의 변경
2. 주파수회수 또는 주파수재배치
3. 새로운 기술방식으로의 전환
4. 주파수의 공동사용

[정답] ②

09 [12/3]
과학기술정통부장관이 무선설비 등에서 발생하는 전자파가 인체에 미치는 영향을 고려하여 고시하는 기준이 아닌 것은?

① 전자파 인체보호 기준   ② 전자파 강도 측정기준
③ 전자파 흡수율 측정 기준 ④ 전자파 자원 개발기준

• **전파법 제47조의2(전자파 인체보호기준 등)**
① 과학기술정통부장관은 무선설비, 전기·전자기기 등에서 발생하는 전자파가 인체에 미치는 영향을 고려하여 다음 각 호의 사항을 정하여 고시하여야 한다.
1. 전자파 인체보호기준
2. 전자파 등급기준
3. 전자파 강도 측정기준
4. 전자파 흡수율 측정기준
5. 전자파 측정대상 기자재와 측정방법
6. 전자파 등급 표시대상과 표시방법
7. 그 밖에 전자파로부터 인체를 보호하기 위하여 필요한 사항

[정답] ④

10 [12/3]
무선국 정기검사에서 성능검사 항목에 해당되지 않는 것은?

① 점유주파수대폭   ② 혼신 및 잡음대역폭
③ 주파수   ④ 안테나공급전력

• **전파법 시행령 제45조(검사의 시기·방법 등)**
③ 정기검사, 수시검사 및 검사는 다음 각 호의 구분에 따라 실시하며, 구체적인 검사항목 등 검사에 필요한 세부사항은 과학기술정통부장관이 정하여 고시한다.
1. 성능검사: 안테나공급전력·주파수·불요발사(不要發射)·점유주파수대폭·등가등방복사전력(等價等方輻射電力)·실효복사전력(實效輻射電力)·변조도 등 무선설비의 성능에 대하여 행하는 검사
2. 대조검사: 시설자·무선설비·설치장소 및 무선종사자의 배치 등이 무선국허가·신고사항 등과 일치하는지 여부를 대조·확인하는 검사

[정답] ②

11 [12/3]

중파방송을 하는 방송국인 경우에는 안테나공급전력은 원칙적으로 얼마 이하여야 하는가?

① 20킬로와트
② 30킬로와트
③ 50킬로와트
④ 100킬로와트

• **전파법 시행령 제55조(방송국 개설허가 심사사항 등)**
① 신청인이 설립 중인 법인인 경우에는 해당 법인의 설립이 확실한지 여부
② 연주소 시설의 보유 여부. 다만, 다른 방송국의 방송사항을 중계하는 것을 전담으로 하는 경우에는 그러하지 아니하다.
③ 방송국의 시설설치계획이 합리적인지 여부
④ 방송국을 운용할 수 있는 기술적 능력의 보유 여부
⑤ 중파방송을 하는 방송국인 경우에는 안테나공급전력이 50킬로와트 이하인지 여부. 다만, 과학기술정보통신부장관이 특히 필요하다고 인정하는 경우에는 그러하지 아니하다.

[정답] ③

12 [12/3]

다음 중 전파환경측정의 종류에 해당되지 않는 것은?

① 전파환경 조사
② 전파응용설비의 조사
③ 전자파차폐 성능 측정
④ 전자파흡수율 측정

• **전파법 시행령 제44조의3(안전한 전파환경 기반 조성)**
과학기술정보통신부장관은 전자파가 인체, 기자재, 무선설비 등에 미치는 영향을 최소화하고 안전한 전파환경을 조성하기 위하여 다음 각 호의 시책을 마련하여야 한다.
① 전파 이용과 관련된 역기능 방지 및 안전한 전파환경 조성대책의 수립·추진
② 전자파가 인체에 미치는 영향 등에 관한 종합적인 보호대책의 수립·추진
③ 기자재의 전자파장해를 방지하고 전자파로부터 기자재를 보호하기 위한 전자파적합성에 관한 정책의 수립·추진
④ 전자파 인체흡수율, 전자파강도 및 전파환경 등에 대한 관련 기준 마련 및 측정·조사
⑤ 전자파 차폐·차단 및 저감(低減) 기술 등 전자파 역기능 해소를 위한 기반기술 연구
⑥ 안전한 전파환경 기반 조성을 위한 교육 및 홍보계획의 수립·시행

[정답] ②

13 [12/3]

다음 중 무선설비 안테나 등의 안전시설기준으로 잘못 된 것은?

① 안테나에는 피뢰기 및 접지장치를 설치하여야 한다.
② 송신설비의 안테나·급전선 등 고압전기가 통과하는 장치는 사람이 보행하거나 생활하는 평면으로부터 2미터 이상의 높이에 설치하여야 한다.
③ 간이무선국의 안테나계에는 피뢰치기를 설치하지 않아도 된다.
④ 무선설비의 안테나는 안테나설치대의 움직임에 따라 절단되지 아니하도록 보호되어 있어야 한다.

• **무선설비 규칙 제17조(무선설비의 안전시설),제18조(안테나 등의 안전시설)**
[제17조(무선설비의 안전시설)]
④ 송신설비의 안테나·급전선 등 고압전기가 통과하는 장치는 사람이 보행하거나 생활하는 평면으로부터 2.5미터 이상의 높이에 설치하여야 한다.
[제18조(안테나 등의 안전시설)]
① 무선설비의 안테나계는 낙뢰로부터 무선설비를 보호할 수 있도록 하는 낙뢰보호장치(피뢰침은 제외한다) 및 접지시설을 하여야 한다. 다만, 휴대용 무선설비, 육상이동국, 간이무선국의 안테나계 및 실내에 설치되는 안테나계의 경우는 예외로 한다.
② 무선설비의 안테나는 안테나설치대의 움직임에 따라 절단되지 아니하도록 보호되어 있어야 한다.

[정답] ②

14 [11/9]

준공검사를 받지 아니하고 운용할 수 있는 무선국이 아닌 것은?

① 50W 미만의 무선설비를 갖추고 있는 어선의 선박국
② 적합성 평가를 받은 무선기기를 사용하는 아마추어국
③ 국가안보 또는 대통령 경호를 위하여 개설하는 무선국
④ 공해 또는 극지역에 개설한 무선국

• **전파법 시행령 제45조의2(준공검사의 면제 등)**
1. 30와트 미만의 무선설비를 시설하는 어선의 선박국
2. 아마추어국으로서 다음 각 목의 어느 하나에 해당하는 무선국
  가. 적합성평가를 받은 무선기기를 사용하는 무선국
  나. 법 제20조제2항제6호나목에 해당하는 자가 1개월 이내의 국내 체류기간 동안 개설·운용하는 무선국
3. 국가안보 또는 대통령 경호를 위하여 개설하는 무선국
4. 기간통신사업자가 비상통신을 위하여 개설한 무선국으로서 상시 운용하지 아니하는 무선국
5. 공해 또는 극지역에 개설한 무선국
6. 외국에서 운용할 목적으로 개설한 육상이동지구국
7. 소규모의 무선국으로서 사용지역·용도 등에 관하여 과학기술정보통신부장관이 정하여 고시하는 요건을 갖춘 실험국 또는 실용화시험국

[정답] ①

15 [11/9]
무선국 정기검사의 유효기간에 대한 설명이다 맞지않는 것은?

① 실험국: 1년
② 총톤수 40톤인 어선의 의무선박국: 2년
③ 기지국: 5년
④ 육상이동국: 5년

• **전파법 시행령 제44조(정기검사의 유효기간)**

유효기간	무선국 종별
1년	실험국 및 실용화 시험국
3년	기타 무선국
5년	이동국,육상국,육상이동국,지구국,이동중계국,선박국,선상통신국,무선표지국,우주국,일반지구국,해안지구국,항공지구국,육상지구국,이동지구국,기지지구국,육상이동지구국,아마츄어국,간이무선 및 항공국,방송국
무기한	의무 선박국, 의무항공기국

[정답] ②

16 [11/9]
'과학기술정통부장관은「외기권에 발사된 물체의 등록에 관한 협약」에 따라 대한민국 국민이 발사한 인공위성을 (   )에 등록하여야 한다' 괄호안에 들어갈 말은?

① INTERSAT
② 국제연합
③ 국제방송통신연합
④ 국제인공위성협회

전파법 제44조(인공위성의 국제연합 등록)
① 과학기술정통부장관은「외기권에 발사된 물체의 등록에 관한 협약」에 따라 대한민국 국민이 발사한 인공위성을 국제연합에 등록하여야 한다.

[정답] ②

17 [11/9]
다음 중 무선국의 개설허가를 받고자 제출하는 허가신청서에 첨부하여야 하는 서류는?

① 무선국의 운영 상태를 나타내는 재정관련 서류
② 무선설비의 주파수 대역별 주파수 이용허가 서류
③ 무선설비의 시설개요와 공사 설계서
④ 무선설비의 전파자원이용 중 장기 계획

• **전파법 시행령 제31조(허가의 신청)**
① 무선국의 개설허가를 받으려는 자는 허가신청서를 첨부하여 과학기술정통부장관에게 제출하여야 한다.
1. 무선설비의 시설개요서와 공사설계서
2. 여권의 사본
3.3.「수상레저안전법」제31조에 따른 수상레저기구 등록증 사본 등 무선국의 시설자에게 무선설비가 설치되는 이동체에 대한 소유권 또는 점유권이 있는지를 확인할 수 있는 서류

[정답] ③

18 [11/9]
긴급통신·안전통신 또는 비상통신에 관한 의무를 이행하지 아니한 자에 대한 처분으로 가장 적합한 것은?

① 200만원 이하의 과태료
② 300만원 이하의 과태료
③ 1년 이하의 징역 500만원이하의 벌금
④ 3년 이하의 징역 2,000만원 이하의 벌금

• **전파법 제91조(과태료)**
다음 각 호의 어느 하나에 해당하는 자에게는 200만원 이하의 과태료를 부과한다.
1. 긴급통신·안전통신 또는 비상통신에 관한 의무를 이행하지 아니한 자

[정답] ①

19 [11/9]
중대한 전자파장해를 주거나 전자파로부터 정상적인 동작을 방해받을 정도의 영향을 받는 방송통신기자재 등에 대하여 인증하는 행위는?

① 적합등록
② 적합인증
③ 잠정인증
④ 전자파적합인증

• **전파법 제58조의2(방송통신기자재등의 적합성평가)**
② 전파환경 및 방송통신망 등에 위해를 줄 우려가 있는 기자재와 중대한 전자파장해를 주거나 전자파로부터 정상적인 동작을 방해받을 정도의 영향을 받는 기자재를 제조 또는 판매하거나 수입하려는 자는 해당 기자재에 대하여 제58조의5에 따른 지정시험기관의 적합성평가기준에 관한 시험을 거쳐 과학기술정통부장관의 적합인증을 받아야 한다.

[정답] ②

20 [11/9]
R3E, H3E, J3E 전파형식을 사용하는 모든 무선국의 무선설비 점유주파수대폭의 허용치로 맞는 것은?

① 1[kHz]
② 3[kHz]
③ 6[kHz]
④ 10[kHz]

• **무선설비 규칙 제6조(점유주파수대역폭의 허용치)**
① 송신설비에서 발사되는 전파의 점유주파수대역폭의 허용치는 별표 2와 같다.
1. 단파(R3E,H3E,J3E): 3kHz
2. TV(C3F,C9F,F3E,G3E,C2W,C7W): 6MHz
3. FM(F8E,F9W,F9E): 260kHz
4. 800MHz 휴대전화(F7W,G7W): 1.32MHz

[정답] ②

21
무선설비의 안테나계는 어떤 안전시설을 설치하여야 하는가?
① 절연체와 절연차폐체
② 절연저항 시험기
③ 충전기구와 방전기구
④ 피뢰기 및 접지장치 설치

- **무선설비 규칙 제18조(안테나 등의 안전시설)**
  ① 무선설비의 안테나계는 낙뢰로부터 무선설비를 보호할 수 있도록 하는 낙뢰보호장치 및 접지시설을 하여야 한다. 다만, 휴대용 무선설비, 육상이동국, 간이무선국의 안테나계 및 실내에 설치되는 안테나계의 경우는 예외로 한다.

[정답] ④

22
전파법의 용어 중 틀리게 설명된 것은?
① 주파수분배란 특정한 주파수의 용도를 정하는 것을 말한다.
② 우주국이란 인공위성에 개설한 무선국을 말한다.
③ 무선국이란 방송 수신만을 목적으로 하는 것도 포함한다
④ 위성궤도란 우주국의 위치나 궤적을 말한다.

- **전파법 제2조(정의)**
  ② "주파수분배"란 특정한 주파수의 용도를 정하는 것을 말한다.
  ⑩ "우주국(宇宙局)"이란 인공위성에 개설한 무선국을 말한다.
  ⑥ "무선국(無線局)"이란 무선설비와 무선설비를 조작하는 자의 총체를 말한다. 다만, 방송수신만을 목적으로 하는 것은 제외한다.
  ⑬ "위성궤도"란 우주국의 위치나 궤적(軌跡)을 말한다.

[정답] ③

23
다음 중 준공검사를 받지 아니하고 운용할 수 있는 무선국으로 틀린 것은?
① 30W 미만의 무선설비를 갖추고 있는 어선의 선박국
② 국가안보 또는 대통령 경호를 위하여 개설하는 무선국
③ 공해 또는 극지역에 개설한 무선국
④ 기간통신사업자가 비상통신을 위하여 개설한 무선국으로서 상시 사용하는 무선국

- **전파법 시행령 제45조의2(준공검사의 면제 등)**
  1. 30와트 미만의 무선설비를 시설하는 어선의 선박국
  2. 아마추어국으로서 다음 각 목의 어느 하나에 해당하는 무선국
     가. 적합성평가를 받은 무선기기를 사용하는 무선국
     나. 법 제20조제2항제6호나목에 해당하는 자가 1개월 이내의 국내 체류기간 동안 개설·운용하는 무선국
  3. 국가안보 또는 대통령 경호를 위하여 개설하는 무선국
  4. 기간통신사업자가 비상통신을 위하여 개설한 무선국으로서 상시 운용하지 아니하는 무선국
  5. 공해 또는 극지역에 개설한 무선국
  6. 외국에서 운용할 목적으로 개설한 육상이동지구국
  7. 소규모의 무선국으로서 사용지역·용도 등에 관하여 과학기술정통부장관이 정하여 고시하는 요건을 갖춘 실험국 또는 실용화시험국

[정답] ④

24
40톤 이상의 어선인 의무선박국의 정기검사 시기는 유효기간 만료일 전후 몇 개월 이내에 실시하여야 하는가?
① 1개월
② 2개월
③ 3개월
④ 6개월

- **전파법 시행령 제44조(정기검사의 유효기간), 제45조(검사의 시기·방법 등)**
  [제44조(정기검사의 유효기간)]
  ① 법 제24조제4항 각 호 외의 부분에서 "대통령령으로 정하는 기간"이란 다음 각 호의 구분에 따른 기간을 말한다.
  1. 다음 각 목에 따른 무선국: 1년
     가. 의무선박국(제2호가목 및 나목에 따른 의무선박국은 제외한다)
     나. 의무항공기국(제2호다목에 따른 의무항공기국은 제외한다)
     다. 실험국
     라. 실용화시험국
  2. 다음 각 목에 따른 무선국: 2년
     가. 총톤수 40톤 미만인 어선의 의무선박국
     나. 평수구역 안에서만 운항하는 선박(여객선 및 어선은 제외한다)의 의무선박국
     다. 회전익항공기 및 경량항공기의 의무항공기국
  3. 제36조제1항제2호의2 및 제3호에 따른 무선국: 3년
  4. 제36조제1항제2호에 따른 무선국: 5년. 다만, 인명구조 및 재난 관련 무선국으로서 과학기술정통부장관이 정하여 고시하는 무선국은 2년으로 한다.
  [제45조(검사의 시기·방법 등)]
  ① 법 제24조제4항에 따른 정기검사의 시기는 다음 각 호의 구분에 따르며, 이 시기에 정기검사에 합격한 경우에는 정기검사 유효기간의 만료일에 정기검사를 받은 것으로 본다.
  1. 제44조제1항제1호에 따른 무선국: 해당 무선국의 정기검사 유효기간의 만료일 전후 2개월 이내
  2. 제44조제1항제2호·제3호 및 같은 항 제4호 단서에 따른 무선국: 해당 무선국의 정기검사 유효기간의 만료일 전후 3개월 이내
  3. 제44조제1항제4호에 따른 무선국: 해당 무선국의 정기검사 유효기간의 만료일 전후 6개월 이내

[정답] ②

25
미래창조과학부가 수행하는 전파 감시의 목적으로 볼 수 없는 것은?
① 전파의 효율적 이용 촉진을 위하여
② 혼신의 신속한 제거를 위하여
③ 전파 이용질서의 유지 및 보호를 위하여
④ 주파수에 대한 사용료를 부과, 징수하기 위하여

- **전파법 시행령 제70조(전파감시)**
  법 제49조제2항제6호에서 "대통령령으로 정하는 사항"이란 다음 각 호의 사항을 말한다.
  1. 가전제품 및 공장자동화설비 등으로부터 발사되는 불요파(不要波)의 탐지
  2. 대기권으로부터 유입되는 전파의 탐지·분석
  2의2. 태양흑점폭발 등 우주전파 교란으로 인한 전파의 변화 탐지·분석
  3. 전파통신에 지장을 초래하는 혼신방해통신, 불요통신, 허위통신의 감시 및 조치
  4. 전파의 이동감시
  5. 그 밖에 전파이용질서의 유지 및 보호에 필요한 자료조사·조치 및 홍보에 관한 사항

[정답] ④

26 [11/9]
무선설비를 보호하기 위한 보호장치로서 전원회로의 퓨즈 또는 차단기는 안테나공급전력이 얼마 이상일 때 갖추어야 하는가?

① 5와트 이상
② 7.5와트 이상
③ 10와트 이상
④ 12.5와트 이상

- **무선설비 규칙 제13조(보호장치 및 특수장치)**
  ① 안테나공급전력이 10와트(W)를 초과하는 무선설비에 사용하는 전원회로는 퓨즈 또는 자동차단기를 갖추어야 한다.

[정답] ③

27 [11/5]
전파를 이용하여 모든 종류의 기호·신호·문언·영상·음향 등의 정보를 보내거나 받는 것을 무엇이라 하는가?

① 유무선 통신
② 무선설비
③ 무선통신
④ 유선통신

- **전파법 제2조(정의)**
  5의2. "무선통신"이란 전파를 이용하여 모든 종류의 기호·신호·문언·영상·음향 등의 정보를 보내거나 받는 것을 말한다.

[정답] ③

28 [11/5]
안테나에 공급되는 전력과 등방성(等方性) 안테나에 대한 임의의 방향에서의 안테나이득의 곱을 의미하는 전력은?

① 반송파전력(PZ)
② 등가등방복사전력
③ 규격전력(PR)
④ 평균전력(PY)

- **무선설비 규칙 제2조(정의)**
  ⑳ "등가등방복사전력"이란 안테나에 공급되는 전력과 등방성(等方性) 안테나에 대한 임의의 방향에서의 안테나이득(절대이득 또는 등방이득)의 곱을 말한다.

[정답] ②

29 [11/5]
다음 중 무선국의 개설 허가 시 심사하는 사항이 아닌 것은?

① 주파수지정이 가능한지 여부
② 무선설비가 기술기준에 적합한지 여부
③ 재허가가 가능한지 여부
④ 무선종사자 배치계획이 자격 정원배치에 적합한지 여부

- **전파법 제21조(무선국 개설허가 등의 절차)**
  ② 과학기술정보통신부장관은 제1항에 따른 신청을 받은 때에는 다음 각 호의 사항을 심사하여야 한다.
  1. 주파수지정이 가능한지의 여부
  2. 설치하거나 운용할 무선설비가 제45조에 따른 기술기준에 적합한지의 여부
  3. 무선종사자의 배치계획이 제71조에 따른 자격·정원배치기준에 적합한지의 여부
  4. 제20조의2에 따른 무선국의 개설조건에 적합한지의 여부

[정답] ③

30 [11/5]
다음 사항 중 위탁운영 또는 공동사용할 수 있는 무선설비에 해당되지 않는 것은?

① 송신설비 및 수신설비
② 과학기술정통부장관이 정하는 실험국의 무선설비
③ 무선국의 안테나설치대
④ 시설자가 동일한 무선국의 무선설비

전파법시행령 제69조(무선설비의 위탁운용 및 공동사용) ① 법 제48조 제1항에 따라 위탁운용 또는 공동사용할 수 있는 무선설비(우주국 무선설비는 제외한다)는 다음 각 호와 같다.
1. 무선국의 안테나설치대
2. 송신설비 및 수신설비
3. 시설자가 동일한 무선국의 무선설비
4. 과학기술정보통신부장관이 정하는 아마추어국의 무선설비
5. 그 밖에 공공의 안전을 위한 무선국으로서 과학기술정보통신부장관이 특히 필요하다고 인정하여 고시하는 무선설비

[정답] ②

31 [11/5]
우주국과 통신하기 위하여 지국에 개설한 무선국은?

① 우주국
② 위성국
③ 지구국
④ 지구우주국

- **전파법 제2조(정의)**
  ⑪ "지구국(地球局)"이란 우주국과 통신을 하기 위하여 지구에 개설한 무선국을 말한다.

[정답] ③

32 [11/5]
적합성평가를 받은 기자재가 적합성평가기준대로 조사 또는 시험하는 행위는 다음 중 어느 것에 해당하는가?

① 사전관리
② 사후관리
③ 인증관리
④ 기기관리

방송통신기자재등의 적합성평가에 관한 고시 제2조(정의)
② "사후관리"라 함은 적합성평가를 받은 기자재가 적합성평가기준대로 제조·수입 또는 판매되고 있는지 법 제71조의2에 따라 조사 또는 시험하는 것을 말한다.

[정답] ②

33 [11/5]
무선설비 기술기준에 있어서 안테나계가 충족하지 않아도 되는 것은?

① 안테나는 무선설비를 작동할 수 있는 최소 안테나이득을 가질 것
② 신호의 반사손실이 최소화되도록 할 것
③ 신호의 흡수손실이 최소화되도록 할 것
④ 지향성은 복사되는 전력이 목표하는 방향을 벗어나지 아니하도록 안정적일 것

- **무선설비 규칙 제11조(안테나계)**
  안테나계는 다음 각 호의 요건을 모두 갖추어야 한다.
  ① 안테나는 무선설비를 작동할 수 있는 최소 안테나이득을 가질 것
  ② 정합(整合)은 신호의 반사손실이 최소화되도록 할 것
  ③ 지향성은 복사전력이 목표하는 방향을 벗어나지 아니하도록 안정적일 것

  [정답] ③

34 [11/5]
다음 중 안테나계의 충족조건으로 틀린 것은?

① 안테나는 무선설비를 작동할 수 있는 최소 안테나이득을 가질 것
② 정합은 신호의 반사손실이 최소화되도록 할 것
③ 지향성은 복사전력이 목표하는 방향을 벗어나지 아니하도록 안정적일 것
④ 고조파 및 기생발사가 적을 것

- **무선설비 규칙 제11조(안테나계)**
  안테나계는 다음 각 호의 요건을 모두 갖추어야 한다.
  ① 안테나는 무선설비를 작동할 수 있는 최소 안테나이득을 가질 것
  ② 정합(整合)은 신호의 반사손실이 최소화되도록 할 것
  ③ 지향성은 복사전력이 목표하는 방향을 벗어나지 아니하도록 안정적일 것

  [정답] ④

35 [11/5]
다음 중 전파진흥 기본계획에 포함되지 않는 것은?

① 전파방송산업육성의 기본방향
② 중·장기 주파수 이용계획
③ 새로운 전파자원의 개발
④ 국제적인 주파수 사용 동향

- **전파법 제8조(전파진흥기본계획)**
  ① 과학기술정보통신부장관은 전파이용의 촉진과 전파와 관련된 새로운 기술의 개발과 전파방송기기 산업의 발전 등을 위하여 전파진흥기본계획을 5년마다 세워야 한다.
  ③ 기본계획에는 다음 각 호의 사항이 포함되어야 한다.
  1. 전파방송산업육성의 기본방향
  2. 중·장기 주파수 이용계획
  3. 새로운 전파자원의 개발
  4. 전파이용 기술 및 시설의 고도화 지원
  5. 전파매체의 개발 및 보급
  6. 우주통신의 개발
  7. 전파이용질서의 확립
  8. 전파 관련 표준화에 관한 사항
  9. 전파환경의 개선
  10. 그 밖에 전파방송진흥에 필요한 사항

  [정답] ④

36 [11/5]
다음 중 수신설비의 충족조건으로 틀린 것은?

① 수신주파수는 운용범위 이내일 것
② 안테나 이득이 높을 것
③ 내부잡음이 적을 것
④ 감도는 낮은 신호입력에서도 양호할 것

- **무선설비 규칙 제12조(수신설비)**
  ② 수신설비는 다음 각 호의 요건을 모두 갖추어야 한다.
  1. 수신주파수는 운용범위 이내일 것
  2. 선택도가 클 것
  3. 내부잡음이 적을 것
  4. 감도는 낮은 신호입력에서도 양호할 것

  [정답] ②

37 [11/5]
고압전기 정의로 옳은 것은?

① 교류전압 600[V] 또는 직류전압 750[V]를 초과하는 전압을 말한다.
② 교류전압 500[V] 또는 직류전압 650[V]를 초과하는 전압을 말한다.
③ 교류전압 500[V] 또는 직류전압 750[V]를 초과하는 전압을 말한다.
④ 교류전압 600[V] 또는 직류전압 650[V]를 초과하는 전압을 말한다.

- **무선설비 규칙 제17조(무선설비의 안전시설)**
  ① 무선설비에 전원의 공급을 위하여 고압전기(600볼트를 초과하는 고주파 및 교류전압과 750볼트를 초과하는 직류전압을 말한다. 이하 같다)를 발생시키는 발전기나 고압전기가 인입되는 변압기, 정류기 등을 이용할 경우에는 해당 기기들은 외부에서 쉽게 닿지 아니하도록 절연차폐체 또는 접지된 금속차폐체 안에 있어야 한다. 다만, 취급자 외의 자가 출입하지 못하도록 된 장소에 설치되는 경우는 예외로 한다.

  [정답] ①

38. 다음 중 무선국의 개설허가의 유효기간이 1년인 무선국은?

① 실험국
② 기지국
③ 간이무선국
④ 선상통신국

• **전파법 시행령 제44조(정기검사의 유효기간)**

유효기간	무선국 종별
1년	실험국 및 실용화 시험국
년	기타 무선국
5년	이동국,육상국,육상이동국,지구국,이동중계국,선박국,선상통신국,무선표지국,우주국,일반지구국,해안지구국,항공지구국,육상지구국,이동지구국,기지지구국,육상이동지구국,아마추어국,간이무선 및 항공국,방송국
무기한	의무 선박국,의무항공기국

[정답] ①

39. 다음 중 적합성평가를 받아야 하는 기기는?

① 전파환경 및 방송통신망 등에 위해를 줄 우려가 있는 기자재
② 의료기기법에 의한 품목허가를 받은 의료기기
③ 자동차관리법에 따라 자기인증을 한 자동차
④ 산업표준화법 제15조에 따라 인증을 받은 품목

• **전파법 제58조의2(방송통신기자재등의 적합성평가)**
② 전파환경 및 방송통신망 등에 위해를 줄 우려가 있는 기자재와 중대한 전자파장해를 주거나 전자파로부터 정상적인 동작을 방해받을 정도의 영향을 받는 기자재를 제조 또는 판매하거나 수입하려는 자는 해당 기자재에 대하여 제58조의5에 따른 지정시험기관의 적합성평가기준에 관한 시험을 거쳐 과학기술정통부장관의 적합인증을 받아야 한다.

[정답] ①

40. 전파법에서 R3E, H3E, J3E 전파형식을 사용하는 모든 무선국의 무선설비 점유주파수대 폭의 허용치는 얼마인가?

① 1[kHz]
② 3[kHz]
③ 6[kHz]
④ 10[kHz]

• **무선설비 규칙 제6조(점유주파수대역폭의 허용치)**
① 송신설비에서 발사되는 전파의 점유주파수대역폭의 허용치는 별표2와 같다.
1. 단파(R3E,H3E,J3E): 3kHz
2. TV(C3F,C9F,F3E,G3E,C2W,C7W): 6MHz
3. FM(F8E,F9W,F9E): 260kHz
4. 800MHz 휴대전화(F7W,G7W): 1.32MHz

[정답] ②

41. 송신설비의 전력은 주로 무엇으로 표시하는가?

① 안테나 이득
② 반송파 전력
③ 안테나 전력
④ 평균전력

• **무선설비 규칙 제9조(안테나공급전력 등)**
② 송신설비의 전력은 안테나공급전력으로 표시한다. 다만, 다음 각 호의 어느 하나에 해당하는 송신설비의 전력은 규격전력으로 표시한다.
1. 500메가헤르츠(MHz) 이하의 주파수의 전파를 사용하는 송신설비로서 정격출력 1와트(W) 이하의 전력을 사용하는 것
2. 생존정(生存艇)에 사용되는 비상용 무선설비와 비상위치지시용 무선표지설비(라디오부이의 송신설비 및 항공이동업무 또는 항공무선항행업무용 무선설비의 송신설비는 제외한다)
3. 아마추어국 및 실험국의 송신설비(방송을 하는 실험국의 송신설비는 제외한다)
4. 그 밖에 과학기술정통부장관이 첨두포락선전력, 평균전력 또는 반송파 전력을 측정하기 어렵거나 측정할 필요가 없다고 인정하는 송신설비

[정답] ③

42. 무선국의 허가 신청 단위는?

① 무선국의 분류에 따라 송신설비의 설치장소 별
② 주파수의 분류에 따라 사용 주파수 대역 별
③ 무선국이 행하는 업무에 따라 무선통신 업무 별
④ 무선국의 개설 조건에 따라 무선국의 공중선 전력 별

• **전파법 시행령 제30조(허가신청의 단위)**
① 무선국의 허가신청은 제29조의 무선국의 분류에 따라 송신설비의 설치장소(휴대용 무선기기를 이용한 무선국의 경우에는 송신장치)별로 하여야 한다

[정답] ①

43. 다음 중 평균 전력을 나타내는 기호는?

① Px
② Py
③ Pz
④ Pr

• **무선설비 규칙 제2조(정의)**
⑰ "평균전력"이란 정상동작 상태에서 송신장치로부터 송신안테나계의 급전선에 공급되는 전력으로 변조에 사용되는 최저주파수의 1주기와 비교하여 충분히 긴 시간 동안의 평균값을 말하며 PY로 표시한다

[정답] ②

44 [11/3]
모노포닉 방송을 하는 AM방송용 무선설비의 송신장치는 몇%까지 직선적으로 변조할 수 있어야 하는가?

① 80[%] ② 90[%]
③ 95[%] ④ 100[%]

무선설비 규칙 제10조(변조의 특성 등)
제10조(변조특성 등)
① 변조신호에 따라 송신장치가 반송파를 진폭변조할 때에는 변조도가 100퍼센트를 초과하지 아니하여야 하고, 반송파를 주파수변조할 때에는 최대주파수편이의 범위를 초과하지 아니하여야 한다.

[정답] ④

45 [11/3]
적합성평가를 받는 자에게 사후관리 대상기기의 제출을 요구할 경우에 반입수량은 몇 대까지로 하는가?

① 2대이하 ② 3대이하
③ 5대이하 ④ 10대이하

• 방송통신기자재등의 적합성평가에 관한 고시 제21조(사후관리 등)
④ 원장은 적합성평가를 받은 자에게 사후관리 대상기자재의 제출을 요구할 경우에는 다음 각 호의 요구사항을 서면으로 통보하여야 하며 이 경우 반입수량은 3대 이하로 한다.

[정답] ②

46 [11/3]
전파법상 무선국의 분류에 있어서 방송국으로 분류하고 있지 않은 것은?

① 지상파방송국 ② 위성방송국
③ 지상파방송보조국 ④ 종합유선방송국

전파법 시행령 제29조(무선국의 분류)
① 법 제20조의2제3항에 따라 무선국은 다음 각 호와 같이 분류한다.
2. 방송국
 가. 지상파방송국: 지상파방송업무를 하는 무선국
 나. 위성방송국: 위성방송업무를 하는 무선국
 다. 지상파방송보조국: 지상파방송보조업무를 하는 무선국
 라. 위성방송보조국: 위성방송보조업무를 하는 무선국

[정답] ④

47 [11/3]
데이터 또는 방송통신메세지의 입력, 저장, 출력, 검색, 전송, 처리, 스위칭, 제어 등의 주요기능과 정보전송용으로 작동되는 1개 이상의 터미널 포트를 갖춘 기기로서 600V 이하의 공급 전압을 가진 기기의 정의로 가장 가까운 것은?

① 정보기기 ② 전송기기
③ 통신기기 ④ 방송통신기기

• 방송통신기자재등의 적합성평가에 관한 고시 제2조(정의)
⑥ "정보기기"라 함은 데이터 또는 방송통신메세지의 입력, 저장, 출력, 검색, 전송, 처리, 스위칭, 제어 중 어느 하나(또는 이들의 조합)의 기능을 가지거나, 정보전송을 위해 사용되는 하나 이상의 포트를 갖춘 기자재로서 600V를 초과하지 않는 정격전원전압을 사용하는 기자재를 말한다.

[정답] ①

48 [11/3]
허가나 신고로 개설하는 무선국에서 이용할 특정 주파수를 지정하는 것을 무엇이라 하는가?

① 주파수 할당 ② 주파수 분배
③ 주파수 지정 ④ 주파수 용도

• 전파법 제2조(정의)
② "주파수분배"란 특정한 주파수의 용도를 정하는 것을 말한다.
③ "주파수할당"이란 특정한 주파수를 이용할 수 있는 권리를 특정인에게 주는것을 말한다.
④ "주파수지정"이란 허가나 신고로 개설하는 무선국에서 이용할 특정한 주파수를 지정하는 것을 말한다

[정답] ③

49 [11/3]
주파수의 이용현황의 조사 확인은 얼마의 기간마다 실시하는가?

① 매년 ② 2년
③ 3년 ④ 5년

• 전파법 시행령 제4조(주파수 이용 현황의 조사·확인)
① 법 제6조제2항에 따른 주파수 이용 현황의 조사·확인은 다음 각 호의 사항을 대상으로 하여 매년 실시한다

[정답] ①

50 [11/3]
과학기술정통부장관은 전파자원의 공평하고 효율적인 이용을 촉진하기 위하여 시행하여야 할 사항과 다른 것은?

① 주파수분배의 변경
② 이용실적이 저조한 주파수의 활용 촉구
③ 새로운 기술방식으로의 전환
④ 주파수의 공동사용

• 전파법 제6조(전파자원 이용효율의 개선)
① 과학기술정통부장관은 전파자원의 공평하고 효율적인 이용을 촉진하기 위하여 필요하면 다음 각 호의 사항을 시행하여야 한다.
1. 주파수분배의 변경
2. 주파수회수 또는 주파수재배치
3. 새로운 기술방식으로의 전환
4. 주파수의 공동사용
② 과학기술정통부장관은 제1항 각 호의 사항을 시행하기 위하여 필요하면 대통령령으로 정하는 바에 따라 주파수의 이용 현황을 조사하거나 확인할 수 있다.

[정답] ②

51 [11/3]

무선국 허가신청시의 심사기준과 틀린 것은?

① 무선설비가 기술기준에 적합한지의 여부
② 주파수 분배 및 할당의 회수 또는 재배치가 가능할 것
③ 무선종사자의 배치계획이 자격·정원배치기준에 적합한지의 여부
④ 무선국의 개설조건에 적합한지의 여부

• **전파법 제21조(무선국 개설허가 등의 절차)**
① 무선국의 개설허가 또는 허가받은 사항을 변경하기 위한 허가를 받으려는 자는 대통령령으로 정하는 바에 따라 과학기술정통부장관에게 신청하여야 한다.
② 과학기술정통부장관은 제1항에 따른 신청을 받은 때에는 다음 각 호의 사항을 심사하여야 한다.
1. 주파수지정이 가능한지의 여부
2. 설치하거나 운용할 무선설비가 기술기준에 적합한지의 여부
3. 무선종사자의 배치계획이 자격·정원배치기준에 적합한지의 여부
4. 무선국의 개설조건에 적합한지의 여부

[정답] ②

52 [11/3]

다음 중 전자파 인체보호 기준에 관한 용어의 정의가 틀린 것은?

① "전자기장"이라 함은 전기장과 자기장의 총칭을 말한다.
② "전기장"이라 함은 전하에 의해 변화된 그 주위의 공간상태를 말한다.
③ "전기장강도"라 함은 전기장 내의 한 점에 있는 단위 음전하에 작용하는 힘을 말한다.
④ "전력밀도"라 함은 전자파의 진행방향에 수직인 단위면적을 통과하는 전력을 말한다.

• **전자파 인체보호기준 제2조(정의)**
① "전자기장"이라 함은 전기장과 자기장의 총칭을 말한다.
② "전기장"이라 함은 전하(電荷)에 의해 변화된 그 주위의 공간상태를 말한다.
③ "자기장"이라 함은 자석상호간, 전류상호간, 또는 자석과 전류사이에 힘이 작용하는 공간상태를 말한다.
④ "전기장강도"라 함은 전기장 내의 한 점에 있는 단위 양전하에 작용하는 힘을 말한다.
⑦ "전력밀도"라 함은 전자파의 진행방향에 수직인 단위면적을 통과하는 전력을 말한다.

[정답] ③

53 [12/10]

다음 중 적합성평가를 받아야 하는 선박국용 양방향무선전화장치의 전파형식 기호로 맞는 것은?

① F3E 및 G3E
② R3E 및 J3E
③ A3E 및 R3E
④ G3E 및 A3E

• **무선설비규칙 별표 2(점유주파수대역폭의 허용치)**

F3E G3E	① 29.7㎒ 이상 50㎒ 이하, 138㎒ 이상 174㎒ 이하, 216㎒ 이상 223㎒이하, 335.4㎒ 이상 470㎒ 이하, 457.5㎒ 이상 467.6㎒ 이하(선상통신국만 해당한다)의 주파수의 전파를 사용하는 무선국의 무선설비(방송중계를 하는 것, 아마추어국 및 해상이동업무를 하는 무선국은 제외한다)	8.5㎑
	② 25.11㎒ 이상 27.5㎒ 이하, 29.7㎒ 이상 50㎒ 이하, 72㎒ 이상 76㎒ 이하, 146㎒ 이상 174㎒ 이하(아마추어국, 해상이동업무를 하는 무선국만 해당한다), 450㎒ 이상 467.58㎒ 이하(선상통신국만 해당하며 방송중계를 하는 것은 제외한다)의 주파수의 전파를 사용하는 무선국의 무선설비	16㎑
	③ 200㎒ 이하의 주파수의 전파를 사용하는 무선국으로서 제1호 또는 제2호의 무선설비에 해당하지 않는 무선국의 무선설비	40㎑
	④ 초단파 방송국의 무선설비	180㎑
	⑤ 174㎒에서 585㎒까지의 주파수의 전파를 사용하며 방송중계를 하는 이동업무 무선국의 무선설비	100㎑
	⑥ 1) 방송국 2) 72㎒에서 585㎒까지의 주파수의 전파를 사용하여 방송중계를 하는 고정국의 무선설비	200㎑
	⑦ 942㎒에서 960㎒까지의 주파수의 전파를 사용하는 무선국의 무선설비	400㎑

[정답] ①

6 최근년도 기출문제풀이

1. 2019년 1회
2. 2019년 2회
3. 2019년 4회
4. 2020년 1회
5. 2020년 2회
6. 2020년 4회
7. 2021년 1회
8. 2021년 2회
9. 2021년 4회

········ 336
········ 354
········ 371
········ 388
········ 407
········ 425
········ 444
········ 462
········ 481

무선설비기사 필기
영역별 기출문제풀이

① 2019년 1회

1 디지털 전자회로

01 다음 중 정전압 회로에 대한 설명으로 옳은 것은?

① 입력신호의 에너지를 증가시켜 출력 측에 큰 에너지의 변화로 출력하는 회로
② 교류전압을 사용하기 적당한 직류전압으로 변환하여 주는 회로
③ 출력 내에 포함되어있는 리플성분을 제거시켜 일정한 크기의 전압을 유지시키는 회로
④ 입력전압, 출력부하 전류 및 온도에 상관없이 일정한 직류 출력전압을 제공하는 회로

정전압회로는 부하조건이나 온도변화에 대하여 직류출력전압을 일정하게 만들어 주는 회로이다.

[정답] ④

02 바이어스 전압에 따라 정전 용량이 달라지는 다이오드는?

① 제너(Zener) 다이오드
② 포토(Photo) 다이오드
③ 바렉터(Varactor) 다이오드
④ 터널(Tunnel) 다이오드

• 바렉터 (Varactor) 다이오드
전압에 따라 커패시턴스를 가변 할 수 있는 가변용량 다이오드

[정답] ③

03 다음 정전압 회로에서 출력전압(V_o)으로 맞는 것은? (단, $V_Z = V_f$이다.)

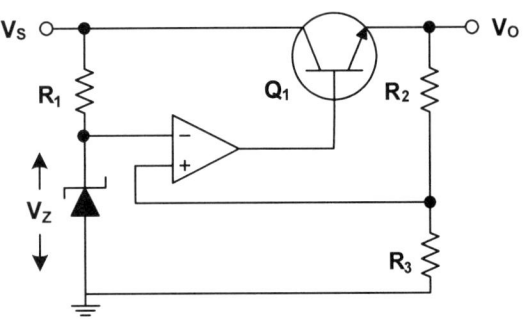

① $\left(1+\dfrac{R_2}{R_3}\right)^2 \cdot V_f$
② $\left(1+\dfrac{R_2}{R_3}\right) \cdot V_f^{\,2}$
③ $\sqrt{\left(1+\dfrac{R_2}{R_3}\right) \cdot V_f}$
④ $\left(1+\dfrac{R_2}{R_3}\right) \cdot V_f$

• 정전압 회로에서 출력전압(V_o)

$V_i = \dfrac{R_3}{R_3+R_2} V_o$

$A_v = \dfrac{V_o}{V_i} = \dfrac{R_3+R_2}{R_3} = 1+\dfrac{R_2}{R_3}$

이때, $V_0 = A_v V_i = \left(1+\dfrac{R_2}{R_3}\right) V_i$ ($V_i = V_f$)

[정답] ④

04 궤환을 걸지 않았을 때 전압이득이 30이고 고역 차단 주파수가 20[kHz]인 증폭기에 궤환을 걸어 전압이득이 20으로 되었다면, 궤환 시의 고역 차단 주파수는?

① 10[kHz]
② 20[kHz]
③ 30[kHz]
④ 40[kHz]

증폭기의 대역폭은 일정하므로 전압이득이 감소하면 대역폭은 증가하게 된다.
즉, G·B=constant이므로 $30 \times 20[kHz] = 20 \times x$
∴ $x = 30[kHz]$

[정답] ③

05
다음 회로에서의 출력 파형으로 옳은 것은?

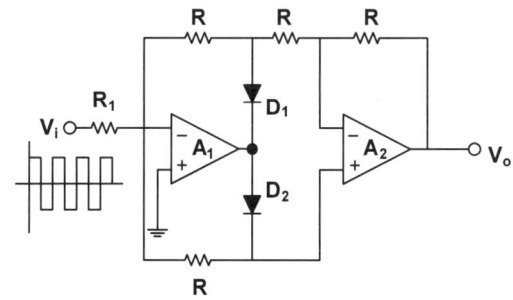

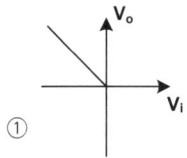
①

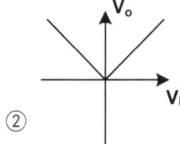
②

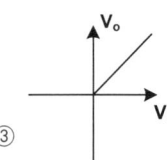
③

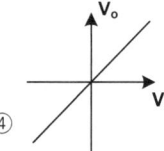
④

- 정밀 전파 정류회로
① 입력전압이 플러스일 때 $D_1 - ON$
  $V_0 = V_i$
② 입력전압이 마이너스일 때 $D_2 - ON$
  $V_0 = V_i$

[정답] ②

06
다음 연산증폭기에서 $R_1 = R_2 = 100[k\Omega]$, $R_f = 25[k\Omega]$이고, $V_1 = 2[V]$, $V_2 = 4[V]$일 때 출력전압 V_o는?

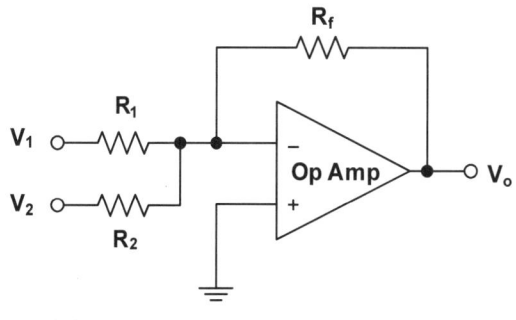

① $-1.3[V]$
② $-1.5[V]$
③ $-1.7[V]$
④ $-2.0[V]$

- 덧셈 연산증폭기(Adder)의 출력전압
$$V_0 = -\left(\frac{R_f}{R_i}\right)V_1 - \left(\frac{R_f}{R_2}\right)V_2$$
$$= -\left(\frac{25[k]}{100[k]}\right)\times 2 - \left(\frac{25[k]}{100[k]}\right)\times 4 = -1.5[V]$$

[정답] ②

07
다음의 BJT 증폭기 회로를 나타내었다. 커패시터 C_E를 사용할 목적으로 적절한 것은?

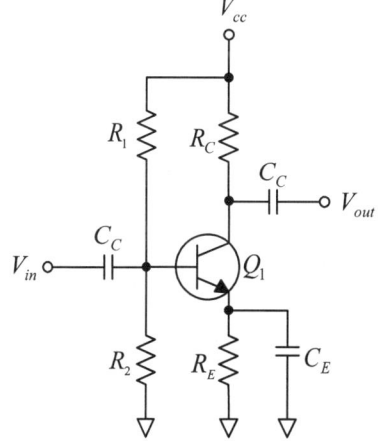

① 증폭기의 이득을 증가시킨다.
② 리플성분을 감소시킨다.
③ 직류성분을 통과시킨다.
④ 병렬궤환을 발생한다.

Emitter측의 By-Pass 콘덴서 C_E는 Emitter 저항에 나타난 전압에 의해 일어나는 부궤환으로 전압이득 저하가 발생하는 것을 방지하는데 있다. 이 콘덴서를 제거하면 부궤환이 걸려 전압 이득 저하를 가져오지만 일그러짐이 적어 충실도가 양호해지고, 잡음이 감소하게 된다.

[정답] ①

08
다음그림과 같은 회로에서 결합계수가 0.5이고 발진주파수가 200[kHz]일 경우 C의 값은 얼마인가? (단, $\pi = 3.14$이고, $L_1 = L_2 = 1[mH]$로 가정)

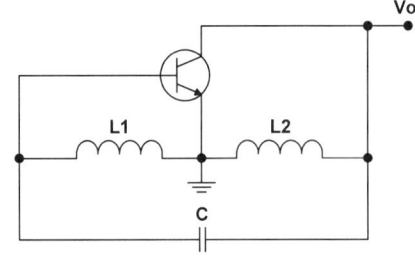

① 211.3[uF] ② 211.3[pF]
③ 422.6[uF] ④ 422.6[pF]

- **결합계수와 상호 인덕턴스**

$k = \dfrac{M}{\sqrt{L_1 L_2}}$,

$M = k\sqrt{L_1 L_2} = 0.5\sqrt{(1 \times 10^{-3})^2} = 0.5 \times 10^{-3}$

- **하틀리 발진회로의 발진 주파수**

$f = \dfrac{1}{2\pi\sqrt{(L_1 + L_2 + 2M)C}}$

$C = \dfrac{1}{4\pi^2 f^2 (L_1 + L_2 + 2M)}$

$= \dfrac{1}{4\pi^2 (200 \times 10^3)^2 \times (2 \times 10^{-3} + 1 \times 10^{-3})}$

$= 211.3\,[\text{pF}]$

[정답] ②

09
다음 중 RC 궤환 발진기의 종류 중 빈 브리지 발진기에 대한 설명으로 옳은 것은?

① 3단으로 구성된 위상 선행회로를 궤환하고 기본증폭기로는 폐루프 전압이득이 29인 반전증폭기를 사용하는 발진기이다.
② 발진기에서 발생되는 발진주파수는 $\dfrac{1}{2\pi\sqrt{6}\,RC}$ 이다.
③ 회로에서 발진이 일어나기 위해서는 정궤환 루프의 위상천이가 0도 이고 루프이득이 0이어야 한다.
④ 사인파 발진기의 일종으로 지상-진상회로로 구성되며, 발진에 필요한 증폭기의 이득은 3이다.

회로가 연속적으로 사인파를 출력하기 위해서는(발진하기 위해서는) 정귀환 루프의 위상편이는 '0'이어야 하며 루프의 이득은 적어도 1이어야 한다.
- 위상편이가 '0'이어야 하므로 지상-진상회로의 구성은 적절치 않다.

[정답] ④

10
발진회로와 증폭회로의 설명으로 틀린 것은?

① 발진회로와 증폭회로는 적절한 직류전원이 공급되어야 한다.
② 발진회로와 증폭회로는 모두 적절한 궤환회로가 공급되어야 한다.
③ 발진회로와 증폭회로는 출력파형에 왜곡이 발생할수 있다.
④ 발진회로와 증폭회로는 외부에서 입력되는 교류신호가 필요하다.

- **발진회로와 증폭회로**
① 발진회로는 정궤환을 이용하며, 증폭회로는 부궤환을 이용하여 특성을 개선한다.
② 발진회로는 외부에서 입력신호 없이 자체적으로 발진하지만 증폭회로는 외부 입력신호가 있어야 증폭이 된다.

[정답] ④

11
다음 중 정보전송에서 반송파로 사용되는 정현파의 위상에 정보를 싣는 변조 방식은?

① PSK ② FSK
③ PCM ④ ASK

- **PSK(Phase Shift Keying)**
디지털 신호의 정보 값에 따라 반송파 위상을 변화시키는 편이변조 방식

[정답] ①

12
다음 중 AM방식에 대한 설명으로 틀린 것은?

① 단파 대역에 적당하지 않다.
② 수신의 충실도를 향상시킬 수 있다.
③ 잡음을 보다 감소시킬 수 있다.
④ 피변조파의 점유주파수대역이 좁아진다.

- **AM방식의 피변조파의 대역폭**
$B = 2f_s$ (신호파 f_s의 2배)

[정답] ④

13
다음 중 아날로그 신호로부터 디지털 부호를 얻는 방법이 아닌 것은?

① PM ② DM
③ PCM ④ DPCM

PM (Phase Modulation)은 신호파의 진폭(0,1)에 따라 아날로그 반송파 위상을 변화(위상 편이)시키는 변조방식이다

[정답] ①

14
일정시간 동안 200개의 비트가 전송되고 전송된 비트 중 15개의 비트에 오류가 발생하면 비트 에러율(BER)은?

① 7.5[%] ② 15[%]
③ 30[%]   ④ 40.5[%]

- BER(Bit Error Rate)
BER = 에러비트수/총전송비트수 = $\frac{15}{200} \times 100 = 7.5[\%]$

[정답] ①

15
다음 중 주파수 성분에 공진하기 때문에 생기는 펄스 상승부분의 진동 정도를 무엇이라 하는가?

① 새그(Sag)   ② 링잉(Ringing)
③ 언더슈트(Undershoot) ④ 오버슈트(Overshoot)

링깅(Ringing)은 펄스의 상승 부분에서 진동의 정도를 말하며, 높은 주파수 성분에 공진하기 때문에 생긴다.

[정답] ②

16
그림과 같은 회로의 전달특징은?
(단, $V_B = V_{R1} < V_A = V_{R2}$)

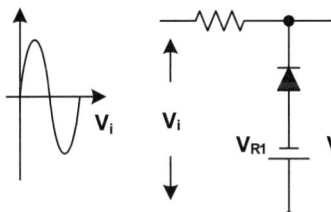

① 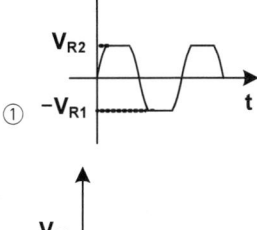   ②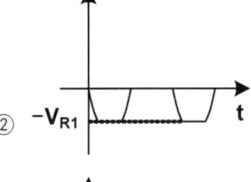
③ 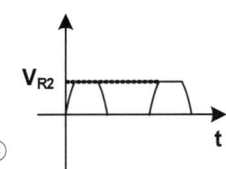   ④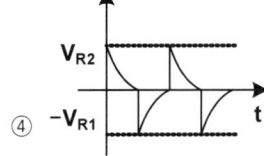

- 리미터(Limiter)회로
파형의 진폭을 일정하게 제한하는 회로

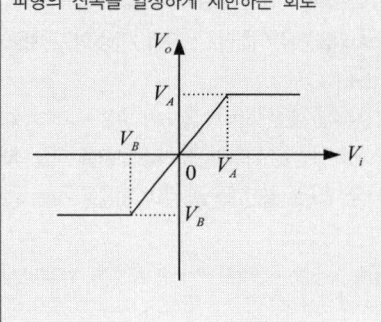

[정답] ①

17
다음의 회로에서 정논리의 경우 게이트 명칭은?

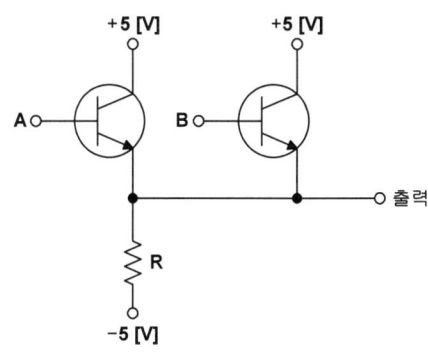

① AND 게이트   ② OR 게이트
③ NAND 게이트 ④ NOR 게이트

OR 게이트는 하나 이상의 입력만 1이면 출력이 1이 된다.

[정답] ②

18
2진수 1110을 2의 보수로 변환한 것으로 맞는 것은?

① 1010   ② 1110
③ 0001   ④ 0010

2의 보수는 1의 보수를 구한 다음 1을 더하면 된다. 1110의 1의 보수는 0001이다. 1을 더하면 0010이 된다.

[정답] ④

19 다음 중 전가산기에 대한 설명으로 옳은 것은?

① 아랫자리의 자리올림을 더하여 그 자리 2진수의 덧셈을 완전하게 하는 회로이다.
② 아랫자리의 자리올림을 더하여 홀수의 덧셈을 하는 회로이다.
③ 아랫자리의 자리올림을 더하여 짝수의 덧셈을 하는 회로이다.
④ 자리올림을 무시하고 일반계산과 같이 덧셈을 하는 회로이다.

올림 수(Carry)를 고려한 가산기를 전가산기라 하며, 2개의 반가산기와 1개의 OR Gate로 구성된다.

[정답] ①

20 다음 그림과 같은 회로의 명칭은?

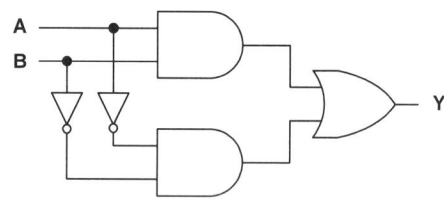

① 일치 회로
② 시프트 회로
③ 카운트 회로
④ 다수결 회로

EX-NOR 회로의 입력 A, B가 서로 같을 때 출력이 나오는 일치회로이다. $Y = \overline{A \oplus B} = \overline{A} \cdot \overline{B} + A \cdot B$

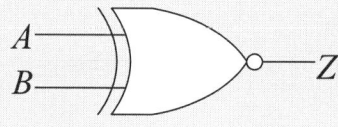

진리표

A	B	출력
0	0	1
0	1	0
1	0	0
1	1	1

[정답] ①

2 무선통신기기

21 수신기의 전기적 성능 중 수신기에 일정 주파수 및 일정 진폭의 희망파를 가할 때, 재조정하지 않고 오랜 시간동안 일정 출력을 얻을 수 있는가를 나타내는 지수는?

① 감도
② 안정도
③ 충실도
④ 선택도

수신기 4대 성능은 감도, 선택도, 충실도, 안정도 이다.

감도	미약한 전파를 잘 수신할 수 있는 능력
선택도	혼신, 잡음 등을 분리하여 원하는 신호만 선택할 수 있는 능력
충실도	원신호를 정확하게 재생할 수 있는 능력
안정도	오랜 시간동안 일정출력을 유지하는 능력

[정답] ②

22 다음 중 DSB(Double Side Band) 방식에 비하여 SSB(Single Side Band) 방식의 장점으로 틀린 것은?

① 송신기의 소비전력이 약 30[%] 정도 줄어든다.
② 선택성 페이딩의 영향이 6[dB] 정도 개선된다.
③ SNR 개선이 첨두 전력과 같을 때 약 12[dB] 정도 개선된다.
④ 대역폭이 축소되어 주파수 이용률이 개선된다.

• **SSB 통신의 장점.**
① 점유 주파수대 폭이 1/2로 축소된다.(주파수 이용 효율이 높다.)
② 적은 송신전력으로 양질의 통신이 가능하다.
 (평균 전력 대비 1/6, 공칭 전력 대비 1/4)
③ 송신기의 소비전력이 적다.
 (변조시에만 송신하므로 DSB의 30%)
④ 선택성 페이딩의 영향이 적다.(3[dB]개선)
⑤ S/N비가 개선된다.(첨두 전력이 같다고 했을 때 전체 12 [dB]개선)
⑥ 비화성을 유지할 수 있다. (DSB수신기로 수신 불가)

[정답] ②

23 진폭변조로 인해 반송파 양쪽에 생기는 주파수 성분 중 반송파보다 낮은 주파수 성분을 무엇이라고 하는가?

① 상측파
② 하측파
③ 우측파
④ 좌측파

• **하측파 (Lower side-band)**
변조된 주파수의 스펙트럼 중 반송 주파수보다 낮은 부분에 퍼진 측파대

[정답] ②

24
다음 중 고조파의 방지 대책이 아닌 것은?
① 출력 증폭기로 Push-Pull 증폭기를 사용한다.
② 양극 동조 회로의 실효 Q를 높게 한다.
③ 여진(Bias) 전압을 깊게 걸지 않는다.
④ 고조파에 대해 밀결합한다.

- 고조파는 출력증폭기의 하모닉 성분으로, 출력증폭기의 성능파라미터
- 고조파 방지 대책
1. push-pull증폭기 사용
2. 동조회로에 Q값을 높게
3. bias전압을 얕게
4. 트랩(Trap)설치 (중화회로)

[정답] ④

25
다음 변조신호 스펙트럼 중 전력효율이 가장 좋은 SSB 신호에 해당하는 것은?

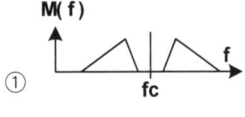
①
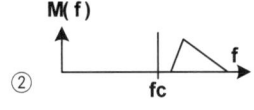
②
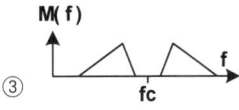
③
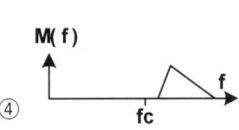
④

- SSB (Single Side Band) 신호 방식 전력효율
1) 송신기의 소비전력이 적다.
   (변조시에만 송신하므로 DSB의 30%)
2) 적은 송신전력으로 양질의 통신이 가능
   (평균 전력 대비 1/6, 공칭 전력 대비 1/4)

[정답] ④

26
페이딩을 방지하기 위하여 동일한 통신정보를 여러 개의 주파수에 실어서 전송하는 다이버시티 방식은 무엇인가?
① 공간 다이버시티
② 편파 다이버시티
③ 주파수 다이버시티
④ 시간 다이버시티

페이딩(Fading)의 정의: 두 신호의 간섭에 의해 수신신호가 시간적으로 흔들리는 현상을 페이딩이라고 한다.
① 공간 다이버시티: 2개의 수신안테나를 이격.
② 편파 다이버시티: 편파가 다른 안테나를 설치.
③ 주파수 다이버시티: 2개 이상의 주파수를 이용한 방식.
④ 시간 다이버시티: 시간상 간격을 두고 송수신하는 방식.

[정답] ③

27
다음 중 슈퍼헤테로다인 수신기에서 주파수 변환부의 구성 부분이 아닌 것은?
① 주파수혼합기
② 국부발진기
③ 검파기
④ BPF

- 주파수 변환부
국부발진기와 주파수혼합기(Mixer)를 이용해 수신채널을 선택할 수 있도록 해주는 장치임. 수신신호를 받을 수 있도록 대역통과필터가 필요함

[정답] ③

28
다음 중 FM 수신기의 특징으로 틀린 것은?
① 진폭제한 회로가 있어 S/N 비가 개선된다.
② 주파수 변별기로 변조한다.
③ 소비전력이 적고 선택도가 우수하다.
④ 수신 전계의 변동이 심한 이동 무선에 적합하다.

FM 수신기의 구성 중 주파수변별기는 주파수의 변화에 따른 출력전압의 변화를 검출하는 역할을 한다.

[정답] ②

29
다음 중 수신기에서 고주파 증폭회로의 역할로 적합하지 않은 것은?
① 수신기의 감도 개선
② 불필요한 전파발사 억제
③ 근접주파수 선택도 개선
④ 안테나와의 정합 용이

- 고주파 증폭부 역할
① 수신기의 감도향상
② S/N 개선
③ 영상 주파수 선택도 개선
④ 불요 방사의 억제
⑤ 공중선회로와의 정합

[정답] ③

30

다음 중 레이더 기술에 대한 설명으로 틀린 것은?

① 야간이나 시계가 불량한 경우 레이다를 사용하면 안전한 항해를 할 수 있다.
② 거리와 방위를 구할 수 있으므로 목표물의 위치 및 상대속도 등을 구할 수 있다.
③ 특수레이다의 경우 열대성 폭풍(태풍)의 위치와 강우의 이동 파악 등 다양한 용도로 사용할 수 있다.
④ 기상조건에 영향을 많이 받으므로 주로 가시거리 내에서 사용된다.

> 레이다(Radar)는 초고주파를 이용해 직진성이 우수해 기상조건에 큰 영향을 받지 않으며, 송신기 출력, 수신기 안테나 이득에 따라 원거리 측정도 가능하다.
>
> [정답] ④

31

다음 중 펄스식 레이다를 널리 사용하는 이유가 아닌 것은?

① 출력의 능률을 올릴 수 있다.
② 저주파로 이용할 수 있기 때문이다.
③ 예민한 빔을 얻을 수 있어 방위 분해능을 높게 할 수 있다.
④ 송신 펄스의 유지 시간 애에 반사 펄스를 수신할 수 있어 상호 간섭이 없다.

> • 펄스식 레이다와 지속파 레이다의 비교
>
> | 특 징 | 펄스식 레이다 | 지속파 레이다 |
> |---|---|---|
> | 안 테 나 | 1개 | 2개 |
> | 사용밴드 | X Band | X Band |
> | 탐지거리 | 펄스폭 | 송신출력 |
> | 출력능률 | 향상가능 | 검출거리향상 |
> | 지 향 성 | 분해능향상 | 검출거리향상 |
> | 상호간섭 | 없 음 | 안테나와 상관 |
> | 이동체검출 | 어렵다 | 가능 |
>
> [정답] ②

32

다음 중 납 축전지의 용량이 감소하는 원인이 아닌 것은?

① 전해액 비중 과소
② 극판의 만곡 및 균열
③ 충방전 전류의 과다
④ 백색 황산연의 제거

> • 축전지의 용량감퇴 원인
> ① 전해액의 부족
> ② 전해액 비중의 과소
> ③ 극판의 만곡 및 그에 따른 단락
> ④ 극판의 부식 및 균열
> ⑤ 충방전 전류의 과대
> ⑥ 백색 황산납의 발생
> ⑦ 충전의 불충분
>
> [정답] ④

33

정류회로의 맥동률을 나타낸 식으로 옳은 것은?

① γ = (리플성분의 실효값) / 직류전압
② γ = (리플성분의 평균값) / 직류전압
③ γ = (리플성분의 실효값) / 교류전압
④ γ = (리플성분의 평균값) / 교류전압

> • 맥동률(Ripple Factor)
> 정류된 직류출력에 포함되어 있는 교류분의 정도이다
>
> $$\text{리플률} = \frac{\text{맥동신호의 실효전압}}{\text{출력신호의 평균전압}} \times 100$$
>
> [정답] ①

34

다음 중 UPS(Uninterruptible Power Supply)의 구성요소에 속하지 않는 것은?

① 출력 필터부
② 증폭부
③ 비상 바이패스부
④ Static 스위치부

> UPS(Uninterruptible Power Supply): 무정전장치로써 불시에 정전되었을 때도 안정적으로 전기를 공급해주는 역할을 한다.
> UPS의 구성요소
> 1. Static 스위치부
> 2. 비상 By-Pass부
> 3. 출력필터부
>
> [정답] ②

35

전원회로에서 일반적으로 최대 출력 전류를 얻기 위한 방법으로 적합한 것은?

① 전원 내부 저항보다 부하 저항이 커야 한다.
② 전원 내부 저항보다 부하 저항이 작아야 한다.
③ 전원 내부 저항과 부하 저항이 같아야 한다.
④ 전원 내부 저항이 0 이어야 한다.

> 전원회로에서 최대 출력전류를 얻어 부하에 전달하기 위해서는 전원의 내부 저항과 부하저항이 같아야 임피던스 정합이 이루어진다.
>
> [정답] ③

36
송신전력 10[W]는 몇 [dBm]인가? (단, 송신전력이 1[mW]일 때 0[dBm]이다.)

① 40[dBm]　　② 60[dBm]
③ 80[dBm]　　④ 100[dBm]

> dBm 의 정의, $dBm = 10\log\dfrac{P}{1mW}$
> 송신전력 10W 는,
> $10\log\dfrac{X[W]}{1[mW]} = 10\log\dfrac{10[W]}{1[mW]} = 10\log 10^4 = 40[dBm]$
>
> [정답] ①

37
송신기에 안테나 대신 16[Ω]의 무유도 저항을 연결한 후, 측정한 전류값이 5[A]일 경우 송신기의 출력 값은 얼마인가?

① 300[W]　　② 400[W]
③ 500[W]　　④ 600[W]

> 송신출력 $P = I^2R = 5^2 \times 16 = 25 \times 16 = 400[W]$
>
> [정답] ②

38
무선 수신기에 수신되는 신호 중 원하는 신호를 골라내는 능력에 해당하는 것은?

① 선택도　　② 이득
③ 잡음　　　④ 감도

> • 무선수신기 4대 특성
>
> | 감도 | 미약한 전파를 잘 수신할 수 있는 능력 |
> |---|---|
> | 선택도 | 혼신, 잡음 등을 분리하여 원하는 신호만 선택할 수 있는 능력 |
> | 충실도 | 원신호를 정확하게 재생할 수 있는 능력 |
> | 안정도 | 오랜 시간 동안 일정한 출력을 유지할 수 있는 능력 |
>
> [정답] ①

39
어떤 선로의 출력을 개방시키고 입력 임피던스를 측정하였더니 Z_1이고, 출력을 단락시키고 입력 임피던스를 측정하였더니 Z_2일 때 이 선로의 특성 임피던스는?

① $Z_1 Z_2$　　② Z_2/Z_1
③ Z_1/Z_2　　④ $(Z_1 Z_2)^{1/2}$

> 특성임피던스 = $\sqrt{Z_1 \times Z_2}$
>
> [정답] ④

40
기전력이 2[V]인 2차 전지 60개를 직렬로 접속한 전원에서 20[A]의 방전전류를 얻고자 한다. 전원단자의 전압은 몇 [V]가 되는가? (단, 2차 전지 1개당 내부저항은 0.01[Ω]이다.)

① 108[V]　　② 110[V]
③ 112[V]　　④ 114[V]

> $V = rI + V_0$로부터 전원단자의 전압은
> $V_0 = V - rI = 60 \times 2 - 60 \times 0.01 \times 20 = 120 - 12 = 108$
>
> [정답] ①

3 안테나공학

41
다음 중 거리에 따라 감쇠가 가장 급격하게 발생하는 것은?

① 정전계　　② 유도계
③ 복사전계　④ 복사자계

> | 전 계 | 감쇠특성 |
> |---|---|
> | 정전계 | $\dfrac{1}{r^3}$ (r = 거리) |
> | 유도계 | $\dfrac{1}{r^2}$ (r = 거리) |
> | 복사계 | $\dfrac{1}{r}$ (r = 거리) |
>
> * 정전계, 유도전계, 복사전계가 같아지는 지점 0.16λ

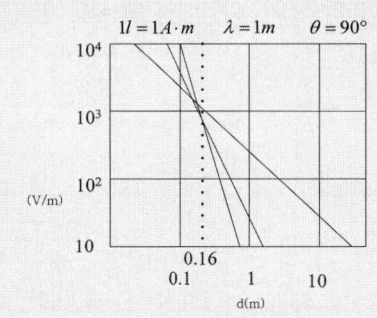

안테나로부터의 거리에 따른 E_θ

[정답] ①

42
비유전율이 25이고, 비투자율이 1인 매질 내를 전파하는 전자파의 속도는 자유공간을 전파할 때와 비교하여 약 몇 배의 속도인가?

① 0.1배　　② 0.2배
③ 0.3배　　④ 0.5배

전파속도
$$v = \frac{c}{\sqrt{\mu_s \epsilon_s}} = \frac{c}{\sqrt{25 \times 1}} = \frac{c}{5}$$

[정답] ②

43
자유공간에서 단위 면적당 단위 시간에 통과하는 전자파 에너지가 $3[W/m^2]$일 경우 전계강도는 약 얼마인가?

① 8.45[V/m]　　② 16.81[V/m]
③ 33.63[V/m]　　④ 45.65[V/m]

포인팅 전력 밀도식에 의하면
$$P = \frac{E^2}{120\pi}, \quad E = \sqrt{P \times 120\pi} \approx 33.63[V/m]$$

[정답] ③

44
공기로 채운 슬롯(Slot)선로에서 정재파비(VSWR)가 4이고, 연속적인 전압의 최대값 사이가 15[cm]의 간격이다. 최초의 전압 최대값은 부하로부터 7.5[cm] 앞에서 존재한다. 선로의 임피던스가 300[Ω]일 때 부하 임피던스는?

① 60[Ω]　　② 65[Ω]
③ 70[Ω]　　④ 75[Ω]

1. 반사계수 $\Gamma = \dfrac{S-1}{S+1} = \dfrac{4-1}{4+1} = 0.6$

2. $\Gamma = \left|\dfrac{Z_L - Z_0}{Z_L + Z_0}\right|$ 로부터, $0.6 = \left|\dfrac{Z_L - 300}{Z_L + 300}\right| \rightarrow Z_L = 75[\Omega]$

[정답] ④

45
전송선로의 특성 임피던스 $Z_0 = 50 - j15[\Omega]$이고, 이 전송선로에 부하 임피던스 $Z_L = 30 + j60[\Omega]$가 연결되었을 때, 선로의 전압 정재파비(VSWR)는 얼마인가?

① 12　　② 14
③ 16　　④ 18

- 반사계수
$$\Gamma = \left|\frac{Z_L - Z_0}{Z_L + Z_0}\right| = \left|\frac{30 + j60 - 50 + j15}{30 + j60 + 50 - j15}\right| = \left|\frac{-20 + j75}{80 + j45}\right|$$
$$= \frac{\sqrt{20^2 + 75^2}}{\sqrt{80^2 + 45^2}} = \frac{77.620}{91.788} \approx 0.845$$

- 정재파비
$$S = \frac{1 + |\Gamma|}{1 - |\Gamma|} = \frac{1 + 0.845}{1 - 0.845} = 11.9 \approx 12$$

[정답] ①

46
안테나의 급전점 임피던스가 75[Ω]인 반파장 안테나와 특성 임피던스가 600[Ω] 평행2선식 선로를 $\lambda/4$ 임피던스 변환기로서 정합시키고자 할 때, 이 변환기의 특성 임피던스는 약 얼마인가?

① 112[Ω]　　② 212[Ω]
③ 312[Ω]　　④ 412[Ω]

- Q변성기($\dfrac{\lambda}{4}$ 임피던스 변환기)에 의한 정합

① 급전선과 부하사이에 $\dfrac{\lambda}{4}$ 길이의 도선을 삽입하여 임피던스를 정합시키는 방법으로 평행 2선식, 동축 급전선 모두 사용

② 급전선과 부하의 정합일 경우
$$Z_o' = \sqrt{Z_o R}$$
$$= \sqrt{600 \times 75} = 212[\Omega]$$

[정답] ②

47

다음 그림과 같은 부하 임피던스가 Z_L인 선로에 소자를 연결하였더니 임피던스가 점 A에서 점 B로 이동하였다. 이 소자의 연결을 올바르게 나타낸 것은?

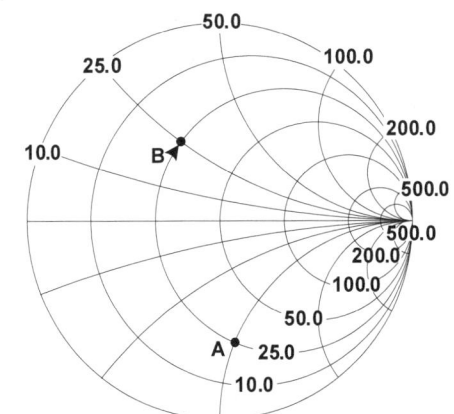

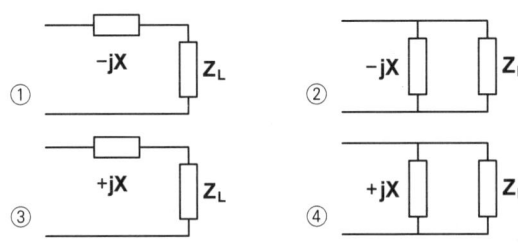

$Z(Impedance) = R(Resistance) \pm X(Reactance)$
그림에서는 스미스차트의 Impedance Chart 부분이므로 리액턴스와 직렬로 연결된 회로가 알맞고, 점 A에서 B로의 이동은 임피던스의 리액턴스 값을 양(+)으로 변화시킨다는 의미이므로 원래의 소자에서 인덕터(-)성분을 띄는 $-jX$ 리액턴스 값이 적절하다.

[정답] ①

48

선로1과 선로 2의 결합부분에서 반사계수가 0.25이다. 이 EO 선로 1의 길이는 15[m]이고 0.3[dB/m]의 손실을 가지며, 선로 2의 길이는 10[m]이고 0.2[dB/m]의 손실을 가진다고 하면 결합부분에서의 총 손실은 약 [dB]인가?

① 6.2[dB/m] ② 6.4[dB/m]
③ 6.6[dB/m] ④ 6.8[dB/m]

선로1 손실, 15[m] × 0.3[dB/m] = 4.5[dB]
선로2 손실, 10[m] × 0.2[dB/m] = 2[dB]
반사계수 = 0.25 (즉, $\frac{1}{4}$) [dB]로 나타내면
$-\log\frac{1}{4} = -\log 1 + \log 4 = 0.6[dB]$
(이때, 양방향이므로 $\frac{0.6}{2} = 0.3[dB]$)
∴ 4.5[dB] + 2[dB] + 0.3[dB] = 6.8[dB]

[정답] ④

49

다음 로딩(Loading) 다이폴안테나에 대한 설명에서 괄호안에 맞는 말을 순서대로 배열한 것은?

로딩의 종류에 ( )를(을) 로딩하여 다이폴안테나의 광대역 특성을 얻는 것과 길이가 1/2 파장보다 짧아져 용량성으로 되는 다이폴안테나에 ( )를(을) 로딩하여 공진시켜 정합하는 것이 있으며, ( )를(을) 로딩하여 다이폴안테나를 소형화하는 것이 있다.

① 저항-인덕터-커패시터   ② 인덕터-커패시터-저항
③ 커패시터-저항-인덕터   ④ 커패시터-인덕터-저항

로딩이란 인덕터나 커패시터를 이용해 안테나의 공진주파수를 조절할 수 있는 장치를 말함.

	인덕터	커패시터
특 징	안테나대형화	안테나소형화
고유파장	길어짐	짧아짐

1) 연장코일
   안테나의 기저부에 인덕턴스를 삽입하면 다음의 공진 주파수 공식에서 합성인덕턴스 L이 증가하므로 주파수는 낮아지고 파장은 길어져 안테나의 길이가 연장된 것과 같은 효과를 얻을 수 있다. 이러한 인덕턴스 성분을 연장선륜이라고 한다.
2) 단축 캐패시턴스
   안테나의 기저부에 캐패시턴스를 삽입하면 합성 캐패시턴스 C가 감소하므로 주파수는 높아지고 파장은 짧아져 안테나의 길이가 단축된 것과 같은 효과를 얻을 수 있는데 이러한 캐패시턴스 성분을 단축용량 이라고 한
3) 저항
   안테나의 특성이 주파수에 따르지 않으므로 광대역 특성을 가짐.

[정답] ①

50

다음 중 마이크로파 대역에서 안테나의 복사패턴 측정 시 주로 이용되는 패턴은?

① 전계 패턴   ② 위상 패턴
③ 자계 패턴   ④ 전력 패턴

안테나의 복사 패턴을 파악하기 위해 반치각 (HPBW)을 측정하게 되는데, 이때 전력 패턴을 이용한다.

* 전력 패턴에서의 반치각 : Main lobe의 최대 전력 값의 $\frac{1}{2}$이 되는 두 점 사이의 각도

[정답] ④

51
다음 중 극초단파대용 안테나는?
① Whip안테나 ② Slot안테나
③ Adcock안테나 ④ Beam안테나

안테나 종류	
파장	안테나 종류
중파	주상안테나, 루프안테나
단파	반파장다이폴, 진행파 V형, 빔 안테나
초단파	휩, 브라운, 야기, 턴스타일
극초단	슈퍼턴스타일, 단일 슬롯(slot), 코너리플렉트, 파라볼라, 혼

[정답] ②

52
다음 중 Corner Reflector 안테나에 대한 설명으로 틀린 것은?
① 지향성은 반사기 면적, 다이폴의 위치에 따라 다르다.
② 각도 θ와 영상수 N의 관계는 $N=\dfrac{360°}{\theta}$가 되고, 반치각은 약 60°이다.
③ 구조가 간단하고 이득이 높아 전후방비가 좋으며, 병렬접속이 용이하다.
④ 100[MHz] ~ 1,000[MHz] 대의 고정통신용으로 주로 사용된다.

Corner Reflector 안테나의 각도 θ와 영상수 N의 관계는 $N=\dfrac{360°}{\theta}-1$[개]이다.

[정답] ②

53
장·중파대의 송신안테나 중 수분이 많고 대지의 도전율이 양호한 경우에 사용하고 소전력의 송신 안테나에 사용되는 가장 적합한 접지방식은?
① 대중 접지 ② 심굴 접지
③ 가상 접지 ④ 방사상 접지

• 심굴접지
① 공중선에 가까운 지점에 지하수가 나올 정도의 깊이에 동판을 매설하여 그 주위에 수분을 잘 흡수하는 목탄을 넣어 접촉 저항을 작게한 방식
② 접지 저항은 10[Ω]전후
③ 소전력 송신기에 사용

[정답] ②

54
다음 중 방사상 접지에 대한 설명으로 틀린 것은?
① 지중 동판식이로고도 한다.
② 접지 저장은 약 5[Ω] 정도이다.
③ 중파 방송용 안테나에 주로 사용된다.
④ 여러 동선을 안테나를 중심으로 방사형으로 땅속에 매설한다.

지중에 동판을 매설하여 그 주위에 수분을 잘 흡수하는 목탄을 넣어 접촉 저항을 줄인 방식은 심굴 접지방식에 해당되는 내용이다.

[정답] ①

55
다음 중 지표파에서 가장 손실이 적어 원거리까지 도달할 수 있는 경우는?
① 수직편파를 사용하여 해상 전파할 때
② 수평편파를 사용하여 해상 전파할 때
③ 수직편파를 사용하여 평야 전파할 때
④ 수평편파를 사용하여 평야 전파할 때

수평편파보다 수직편파가 감쇠가 적고, 전파는 해상에서 가장 잘 전파된다. (전계강도의 감쇠는 해수, 습지, 건지 순임)

[정답] ①

56
다음 중 전리층의 주간 및 야간의 변화에 대한 설명으로 틀린 것은?
① D층은 야간에 장파대의 전파를 반사시킬 수 있다.
② E층은 주간에 약 10[MHz]의 단파를 반사시킬 수 있다.
③ F층은 단파대의 전파를 반사시킬 수 있다.
④ Es층은 80[MHz] 정도의 초단파를 반사시킬 수 있다.

전리층특징				
	D층	E층	F층	Es층
높이	<90km	<200km	<400km	<200km
반사	장파	중파	단파	초단파
생성	주간	주야	주야	랜덤

[정답] ①

57
지구 표면에서 상공으로 펄스파를 발사한 후, 0.8[ms] 후에 그 반사파를 수신하였다. 어느 전리층일까?

① D층　　② E층
③ F_1층　　④ F_2층

> 지구 표면에서 상공을 거쳐, 다시 지구 표면까지의 왕복시간=0.8[ms]
> ∴ 지구표면에서 상공까지의 시간=0.4[ms]
> $f = \dfrac{1}{t} = 2.5[kHz]$,
> $\lambda = \dfrac{c}{f} = \dfrac{3 \times 10^8}{2.5 \times 10^3} = 120[km]$ (90km⟨E층⟨200km)
>
> [정답] ②

58
태양 표면은 폭발로 인하여 20[MHz] 이상의 높은 주파수에서 전파장해가 심하게 나타나며 위도가 높은 지방일수록 영향이 더 큰 것은 어떤 현상 때문인가?

① 자기 폭풍　　② 델린저 현상
③ 코로나 손실　　④ 룩셈부르크 효과

> **• 자기람현상의 정의**
> 태양활동에 따라 방출된 하전미립자가 지구로 날아와 지구의 자계에 현저한 혼란을 일으키는 것을 자기폭풍(자기람)이라 한다.
> 1. 주야구분 없이 지구 전역에서 발생 (고위도)
> 2. 느린 하전미립자 영향으로 수일동안 지속
> 3. 20[MHz] 이상의 주파수에 큰 영향
> 4. 전리층 층의 임계주파수를 낮추고, 흡수도 증가하게 됨
> 5. 태양폭발이 선행되므로 예측이 가능함
>
> [정답] ①

59
다음 중 자연잡음인 공전 잡음을 효과적으로 방지하기 위한 대책이 아닌 것은?

① 지향성 안테나 사용
② 수신기의 수신대역폭을 넓히고 선택도를 개선
③ 송신 출력을 높여 수신 S/N비를 증대
④ 비접지 안테나 사용

> **• 공전잡음 경감대책**
> 1. 비접지 안테나 / 지향성 안테나 를 사용함
> 2. 송신기의 대역폭을 줄이고 선택도 향상
> 3. 수신기에 억제회로를 적용
> 4. 송신전력을 크게 함
> 5. 높은 주파수를 사용 함
>
> [정답] ②

60
다음 중 EMS(Electro Magnetic Susceptibility) 용어에 대한 설명으로 가장 적합한 것은?

① 인체, 기자재, 무선설비 등을 둘러싸고 있는 전파의 세기, 잡음 등 전자파의 총체적인 분포 상황이다.
② 어떤 기기에 대해 전자파 상사 또는 전자파 전도에 의한 영향으로부터 정상적으로 동작할 수 있는 능력으로 전자파로부터의 보호라고도 한다.
③ 전자파장해를 일으키는 기자재나 전자파로부터 영향을 받는 기자재가 전자파장해 방지기준 및 보호기준에 적합한 것으로 전자파를 주는 측과 받는 측 양쪽에 적용하여 성능을 확보할 수 있는 기기의 능력이다.
④ 전자파를 발생시키는 기자재로부터 전자파가 방사(放射: 전자파 에너지가 공간으로 퍼져나가는 것을 말한다) 또는 전도[전도:전자파에너지가 전원선(電源線)을 통하여 흐르는 것을 말한다]되어 다른 기자재의 성능에 장해를 주는 것이다.

> **• EMS(Electro Magnetic Susceptibility)**
> 자신의 기기가 타인의 전자파 방해에 견디는 정도 (높을수록 좋음)
>
> [정답] ②

4 무선통신시스템

61
다음의 변조방식 중 디지털 변조 방식이 아닌 것은?

① FSK　　② PSK
③ AM/FM　　④ DPSK

> AM/FM 변조방식은 진폭·주파수를 이용한 아날로그 변조방식이다.
>
> [정답] ③

62
다음 보기는 무엇에 대한 설명인가?

> 다이버시티수신에 있어서 주어진 시간에 서로 다른 Branch에서 수신된 모든 신호를 비교하여 가장 좋은 신호를 선택하는 방식으로 여러 개의 수신기가 필요하다. (단, 약 2.2[dB] 이득 개선 효과 있다.)

① 최대비 합성법 (Maximum Ratio Combining)
② 선택 합성법 (Selective Combining)
③ 동 이득 합성법 (Equal Gain Combining)
④ CSMA/CD (Carrier Sense Multiple Access with Collision Detection)

> **• 선택 합성법 (Selective Combining)**
> 복수의 안테나로 들어온 신호 중 제일 좋은 신호를 취하는 선택형 다이버시티
>
> [정답] ②

63
다음 중 대역 확산 통신의 정의를 맞게 설명한 것은?

① 정보 데이터 신호의 주파수 대역폭보다 넓은 대역폭을 갖는 코드를 사용해서 대역 확산 후 전송하는 방식
② 정보 데이터 신호의 주파수 대역폭보다 좁은 대역폭을 갖는 코드를 사용해서 대역 확산 전 전송하는 방식
③ 정보데이터 신호의 주파수 대역폭보다 넓은 대역폭을 갖는 코드를 사용해서 대역 확산 전 전송하는 방시
④ 정보 데이터 신호의 주파수 대역폭보다 좁은 대역폭을 갖는 코드를 사용해서 대역 확산 후 전송하는 방식

- **대역확산통신의 정의**
  전송정보를 변조 후 피변조파의 스펙트럼을 확산부호(Spreading Code)를 이용하여 확산시켜 전송하는 방식이다. 복조 시에는 역확산 과정을 거쳐 전송정보를 취할 수 있다. 대역확산통신의 종류에는 DS(직접확산), FH(주파수 도약), TH(시간도약), Chirp 방식이 있다.

  [정답] ①

64
DS(Direct Sequence)대역확산 통신방식에서 정보율(Bit Rate)과 PN부호율(Chip Rate)이 같다면 처리이득은 몇 [dB]인가?

① 0[dB]   ② 1[dB]
③ 10[dB]   ④ 20[dB]

처리이득 $= 10\log\dfrac{확산된 신호}{원래신호} = 10\log\dfrac{1}{1} = 0[dB]$

[정답] ①

65
다음 중 마이크로파 통신 방식의 일반적인 특성이 아닌 것은?

① 가시거리 통신이다.
② 광대역 통신이 가능하다.
③ 외부 잡음의 영향이 적다.
④ 전리층 반사파를 이용하여 전파한다.

- **마이크로파 통신의 특징**
  1) 장점
     ① 광대역성
     ② 고이득, 예민한 지향성
     ③ 1W 이하의 적은 전력 통신 가능
     ④ 열잡음, 혼변조 잡음과 같은 외부잡음 등에 강하다.
     ⑤ S/N 개선도가 크다
     ⑥ 가시거리 내 통신방식이다
     ⑦ 전리층을 통과해서 전파
     ⑧ 천재지변 등의 재해에 강하다
     ⑨ 회선건설기간이 짧고 경제적이다
  2) 단점
     ① 무선통신이기 때문에 보안에 취약
     ② 기상 상태에 따라 전송 품질이 변화 한다.

  [정답] ④

66
다음 중 레이다의 탐지 거리를 결정하는 요인이 아닌 것은?

① 유효 반사 면적이 큰 목표일수록 멀리 탐지된다.
② 레이다 송신기 출력의 2승근에 비례하여 멀리 탐지된다.
③ 출력 및 수신감도를 올리면 탐지거리가 증대된다.
④ 이득이 큰 안테나를 사용하고 짧은 파장을 사용한다.

최대 탐지거리 결정요인	최소 탐지거리 결정요인
목표물의 반사면적 비례 안테나 높이비례 송신기 출력에 비례	· 펄스파 방식에서 펄스폭과 반비례함 (분해능은 향상)

레이다 송신기 출력에 '비례'하여 멀리 탐지된다.

[정답] ②

67
다음 중 마이크로파 다중 통신시스템의 중계방식이 아닌 것은?

① 직접 중계 방식   ② 간접 중계 방식
③ 검파 중계 방식   ④ 헤테로다인 중계 방식

마이크로파 중계방식에는 검파중계, 헤테로다인중계, 직접중계, 무급전 중계 방식이 있음

[정답] ②

68
다음 중 위성 통신의 특성이 아닌 것은?

① 지상 재해의 영향을 받지 않는다.
② 전송 지연이 없고 반향 효과가 적은 장점이 있다.
③ 원거리 멀티포인트 통신이 가능하다.
④ 대용량 전송 및 고속 통신이 가능하다.

위성에서 먼 거리로 통신하므로 전송지연을 고려하여야하며, 반향효과가 적지 않기 때문에 반향억제장치를 개발·연구하고 있다.

[정답] ②

69
이동전화망에서 단말기가 한 셀에서 다른 셀로 이동할 때 통신하던 기지국과의 통신을 끊고 새로운 기지국과 통신을 시작하게 되는데, 이런 항황을 무엇이라고 하는가?

① 전력제어   ② 핸드오프
③ 페이딩 현상   ④ 도플러 현상

- **핸드오프(Hand Off)**
  일반적으로 도심의 기지국은 3섹터로 구성되는데 섹터간 전파가 겹치는 지역에서 통화가 이루어지면 한 기지국의 두 섹터를 통해 통화가 이루어지는데 이를 소프터 핸드오프라고 한다.

  [정답] ②

70
건물의 뒤편 또는 산 뒤에서와 같이 기지국 안테나로부터 가려진 곳까지 전파가 도달하여 통화가 가능한 것은 전파의 어떤 성질 때문인가?

① 회절
② 투과
③ 굴절
④ 산란

- **회절현상**
  호이겐스의 원리에 의해 장애물을 넘어서 수신점에 도달하거나, 산악회절과 초단파대역에서도 회절이득을 얻기도 한다. 또한 주파수가 낮을수록(파장이 길수록) 많이 발생된다.

[정답] ①

71
대역확산 통신시스템에서 기준 신호와 입력신호의 시간 차이가 일정 수준 이상일 경우, Correlation 진폭이 0(Zero)이 되어 동기추적을 할 수 없다. 이때 동기추적이 불가능한 최소한의 값은 얼마인가?

① 5Chip
② 2Chip
③ 1Chip
④ 0.5Chip

- **칩 (Chip)**
  일반적으로, 빠르게 변화되는 파형 변화의 한 부분을 의미함
  * 1Chip은 파형 변화의 한 부분만을 의미하는 최소의 단위이므로 동기추적이 불가하다.

[정답] ③

72
프로토콜에 대한 다음 설명 중 빈칸( )에 적합한 것은?

프로토콜은 두 지점 간의 통신을 원활히 수행할 수 있도록 하는 통신상의 ( )들의 집합이다.

① 규약
② 링크
③ 요소
④ 기능

프로토콜(Protocol)이란 통신 회선을 이용하여 컴퓨터와 컴퓨터, 컴퓨터와 단말 사이(통신하는 두 점 사이)에서 데이터를 주고받기위해 정한 통신 '규약' 이다.

[정답] ①

73
다음 설명의 빈 칸에 들어갈 적당한 말은 무엇인가?

DDCMP(Digital Data Communications Message Protocol)는 ( ) 방식의 대표적인 프로토콜이다.

① 문자
② 비트
③ 부호
④ 바이트

- **전송제어 프로토콜의 종류**

프로토콜	종류
문자방식 프로토콜	BSC, BASIC
바이트방식 프로토콜	DDCMP
비트방식 프로토콜	SDLC, HDLC, ADCCP, LAP-B

[정답] ④

74
다음 중 인터넷에 접속할 수 있는 새로운 단말기기를 개발하는 경우 단말기 특성을 반영해서 반드시 개발해야 하는 최소한의 프로토콜(Protocol) 계층은 무엇인가?

① 트랜스포트층
② 데이터링크층
③ 네트워크층
④ 애플리케이션층

- **데이터 링크 계층**
  물리 계층이 제공하는 '비트열의 전송 기능'을 이용하여 인접한 개방형 시스템 사이에서 원활한 데이터 전송을 수행하도록 하는 역할을 한다.
  -무선접속을 위한 WiFi, Wibro, OFDM등의 기술이 필요.

[정답] ②

75
통신 프로토콜이란 통신을 위하여 약속된 절차의 집합이다. 다음 중 계층과 기능이 다른 것은?

① 물리계층-통신회선의 종류
② 네트워크-통신 경로 결정
③ 응용계층-시스템의 관리
④ 세션-데이터의 변환

데이터의 변환, 압축 및 암호화 기능은 표현 계층에서 제공하며, 세션 계층은 종단 호스트 프로세스 간에 세션을 생성, 유지, 종료하는데 필요한 여러 기능을 제공한다.

[정답] ④

76
우리나라의 LTE 이동통신시스템에서 기지국과 단말국간의 상향/하향 신호 전송 방식과 Duplex 방식으로 각각 옳은 것은?

① TDD-Half Duplex
② FDD-Half Duplex
③ TDD-Full Duplex
④ FDD-Full Duplex

LTE 이동통신시스템에서는 업링크(UL)와 다운링크(DL)에 다른 주파수를 사용하는 FDD 신호 전송 방식을 채택했고, 같은 시간대, Duplex 방식으로는 같은 주파수에서 데이터를 송·수신하는 전이중 통신(Full Duplex)방식을 채택하고 있다.

[정답] ④

77 다음 중 무선통신시스템의 설계 계획 시 요구되는 시스템의 암호화 도입 방식이 아닌 것은?

① 링크 대 링크(Link-by-Link) 방식
② 트리 대 트리(Tree-by-Tree) 방식
③ 엔드 대 엔드(End-by-End) 방식
④ 노드 대 노드(Node-by-Node) 방식

> 암호화 도입 방식 : 링크간, 노드간, 엔드간(E2E) 암호화
>
> [정답] ②

78 전파가 자유공간에서 전파할 때 거리가 2배로 증가하면 손실은 약 얼마나 증가하는가?

① 2[dB]   ② 3[dB]
③ 6[dB]   ④ 9[dB]

> 자유공간손실 $L = (\frac{4\pi d}{\lambda})^2$
>
> $L[dB] = 20\log d + 20\log f + 92.45$
>
> 이때, 거리가 2배 증가하면 $20\log d$에 의거하여 손실이 약 6[dB]정도 증가한다.
>
> [정답] ③

79 다음 설명에서 정의하는 전자파 장해는?

> 전자파장해를 일으키는 기자재나 전자파로부터 영향을 받는 기자재가 전자파장해 방지기준 및 보호기준에 적합한 것으로 전자파를 주는 측과 받는 측의 양쪽에 적용하여 성능을 확보할 수 있는 기기의 능력

① 전자파적합(EMC)   ② 전자파장해(EMI)
③ 전자파내성(EMS)   ④ 전자파 흡수율(SAR)

> • EMC(전자파양립성)
> ① EMI(전자파방해정도)
> ② EMS(전자파내성정도)
> * EMC : 외부의 불요전자파에 대한 내성과, 불요전자파가 최소가 되도록 하는 전자파 양립성
>
> [정답] ①

80 통신망시스템이 고장난 시점부터 수리가 완료되는 시점까지의 평균시간을 의미하는 것을 무엇이라 하는가?

① MTTF(Meam Time To Failure)
② MTTR(Meam Time To Repair)
③ MTBF(Meam Time Between Failure)
④ MTBSI(Mean Time Between System Incident)

> ① MTBF (Mean Time Between Failure)
>   고장난 시점부터 다음 고장이 나는 시점까지의 평균시간
>   (평균동작시간)
> ② MTTR (Mean Time To Repair)
>   고장난 상태에서 수리된 시간까지의 평균시간 (평균 수리시간)
>
> [정답] ②

5 전자계산기 일반 및 무선설비기준

81 다음 운영체제의 방식 중 가장 먼저 사용된 방식은?

① Batch Processing   ② Time Slicing
③ Multi-Threading   ④ Multi-Tasking

> 일괄처리(Batch Processing)방식은 데이터의 일정한 양이 모이거나 일정시간이 되면 한꺼번에 처리하는 방식으로 운영체제의 방식 중 가장 먼저 사용된 방식이다.
>
> [정답] ①

82 32비트의 데이터에서 단일 비트 오류를 정정하려고 한다. 해밍 오류 정정 코드(Hamming Error Correction Code)를 사용한다면 몇 개의 검사 비트들이 필요한가?

① 4비트   ② 5비트
③ 6비트   ④ 7비트

> • 해밍코드
> ① 단일비트 에러정정 코드로, 1bit 에러정정만을 할 수 있는 비블럭 코드의 일종이다.
> ② 정보비트수 가 m개 일 때 패리티비트의 수 P이면
> $2^p \geq m+p+1$ 의 관계식 성립한다.
> $\therefore 2^p - p - 1 \geq 32$ 이므로 P값은 6이 된다.
>
> [정답] ③

83 다음의 데이터 코드 중 가중치 코드가 아닌 것은?

① 8421 코드
② 바이쿼너리(Biquinary) 코드
③ 그레이(Gray) 코드
④ 링 카운터(Ring Counter) 코드

> 그레이 코드(Gray code)는 현재 상태에서 다음 상태로 코드의 그룹이 변화할 때 단지 1 비트만 변화되는 최소 변화 코드의 일종이며, 비트의 위치가 특별한 가중치를 갖지 않는 비가중치 코드이다.
>
> [정답] ③

84
다음 중 운영체제에 대한 설명으로 틀린 것은?
① 유닉스(Unix) : 네트워크 기능이 강력하며, 다중 사용자 지원이 가능하고, PC에서도 설치 및 운용이 가능한 버전이 있다.
② 리눅스(Linux) : 무료로 다운받아 모든 분야에 무료로 널리 사용할 수 있으며 윈도우즈와 동일한 환경을 제공한다.
③ 윈도우즈(Windows) : 소스가 공개되어 있지 않으며, 많은 사용자들이 보편적으로 사용하고 있다. 서버급 보다는 클라이언트용으로 주로 사용되고 있다.
④ 도스(DOS) : 명령어 입력방식으로 불편하며, DOS지원을 위해 메모리와 디스크의 용량에 한계가 있다. 여러 사람이 작업을 할 수 없다.

리눅스는 기본적인 소스 코드가 무료로 공개된 오픈소스로, 소스가 공개되어 있지 않은 윈도우즈와는 동일한 환경이라고 볼 수 없다.

[정답] ②

85
유일 키를 갖는 자료 1,000개가 키에 의해 오름차순으로 정렬되어 있다. 이진탐색(Binary Search) 방법으로 원하는 자료를 찾고자 할 경우 최대 몇 번의 키 비교를 해야 하는가?
① 5번　　　　　　　② 10번
③ 500번　　　　　　④ 1,000번

이진탐색(Binary Search)은 자료들이 순서대로 정리되어 있을 때 원하는 값을 찾기 위해 자료를 반씩 나누어 살펴보는 방법이다. 1000개의 자료를 2^x로 나누었을 때 원하는 하나의 자료를 찾기 위해서 1이하가 되어야하는데 이를 만족하는 x는 10이다.

[정답] ②

86
다음 중 선택된 트랙(Track)에서 데이터(Data)를 Read 또는 Write 하는데 걸리는 시간은?
① Seek Time　　　　② Search Time
③ Transfer Time　　　④ Latency Time

회전지연시간(Latency Time)이란 자기 디스크와 같은 회전형 기억 장치의 섹터의 하나에 포함되어 있는 레코드에 대하여 이것이 R/W(기록/판독)헤드 바로 밑에 회전해 오기까지의 소요시간이다.

[정답] ③

87
다음 보기의 기억장치 중 속도가 가장 빠른 것에서 느린 순서대로 나열한 것으로 맞는 것은?

(1) 캐쉬　　(2) 보조기억장치　　(3) 주기억장치
(4) 레지스터　(5) 디스크 캐쉬

① (4)-(3)-(1)-(5)-(2)　　② (4)-(5)-(3)-(1)-(2)
③ (4)-(1)-(3)-(5)-(2)　　④ (4)-(5)-(1)-(3)-(2)

◆ 기억장치 속도

순서	이름	특징 또는 종류
1	레지스터	연산장치(고속)
2	캐쉬	임시 고속 저장장치
3	주기억장치	ROM, RAM저장
4	디스크 캐쉬	디스크 임시저장
5	보조기억장치	HDD 저장(저속)

[정답] ③

88
다음 중 자기 보수코드(Self Complement Code)인 것은?
① 3초과 코드　　　　② BCD 코드
③ 그레이 코드　　　　④ 해밍 코드

3초과 코드 (Excess 3 Code)는 BCD 코드에 3(0011)을 더하여 구할 수 있다. 또한 각 비트를 반전하면 쉽게 9의 보수를 얻을 수 있으므로 자기 보수 코드라고도 한다.

[정답] ①

89
메모리에 접근하지 않아 실행 사이클이 짧아지고, 명령어에 사용될 데이터가 오퍼랜드(Operand) 자체로 연산 대상이 되는 주소 지정방식은?
① 베이스 레지스터 주소지정 방식(Base Register Addressing Mode)
② 인덱스 주소지정 방식(Index Addressing Mode)
③ 즉시 주소지정 방식(Immediate Addressing Mode)
④ 묵시적 주소지정 방식(Implied Addressing Mode)

◆ 주소지정방식(Addressing Mode)

지정방식	특 징
즉시 주소지정방식	오퍼랜드(주소)가 실제 데이터 값을 지정함
직접 주소지정방식	주소필드가 오퍼랜드의 실제 주소값을 포함함
간접 주소지정방식	오퍼랜드 필드가 메모리의 주소를 참조하여 접근함

지정방식	특 징
레지스터 주소지정방식	직접주소 방식과 유사함 (오퍼랜드는 레지스터 참조)
레지스터 간접 주소지정방식	간접주소 방식과 유사함

[정답] ③

90
2진수 7비트로 표현하는 경우 -9에 대해 부호화 절댓값, 부호화 1의 보수 및 부호화 2의 보수로 변환한 것으로 옳은 것은?

① 0001001, 0110110, 0110111
② 1001001, 0110110, 1110111
③ 1001001, 1110110, 1110111
④ 1001001, 0110110, 0110111

부호가 음수이므로 첫 번째 bit(MSB)는 1이고
$9_{(10)} = 1001_{(2)}$ 이므로 조건에 의해 7bit로 표현하면
부호화 절댓값 = $1001001_{(2)}$
1의 보수 = $1110110_{(2)}$ ($9_{(10)} = 0001001_{(2)}$에서 0,1을 변경)
2의 보수 = 1의 보수+1 = $1110111_{(2)}$

[정답] ③

91
"무선설비"라 함은 전파를 보내거나 받는 (　)을(를) 말한다. 괄호 안에 들어갈 적합한 말은?

① 송수신설비
② 무선전신 무선전화 설비
③ 통신시설
④ 전기적 시설

I. 전파법 / 제1장 총칙 / 제2조(정의) / 5항
"무선설비"란 전파를 보내거나 받는 전기적 시설을 말한다.

[정답] ④

92
전파형식의 표시 "16K0G3EJN"에서 기호 및 문자의 설명으로 틀린 것은?

① 16K0은 필요주파수대역폭을 나타냄.
② G는 주반송파가 위상변조될 발사전파를 나타냄.
③ 3은 주반송파를 변조시키는 신호특성이 아날로그정보를 포함하는 단일채널을 나타냄.
④ E는 송신할 정보의 전신 형태를 나타냄.

"16K0G3EJN"
① 필요주파수대폭 : 16K0 => 16.0 kHz
② 주반송파의 변조형식 : G => 위상변조
③ 주반송파를 변조시키는 신호의 특성 : 3 => 아날로그 정보를 포함하는 단일채널
④ 송신될 정보의 형식 : E => 전화(음성방송포함)
⑤ 신호항목 : J => 상용음성
⑥ 다중화 특성 : N => 다중화가 아닌 것
※ 전파법 시행령 제29조의2(전파형식의 표시 등)

[정답] ④

93
다음 중 무선국 시설자 등이 준수하여야 할 통신보안에 관한 사항으로 틀린 것은?

① 통신보안교육 등에 관한 사항
② 통신보안책임자의 지정에 관한 사항
③ 통신 시 기록할 통신내용에 관한 사항
④ 무선국 허가 시 통신보안 조치에 관한 사항

① 제76조(무선종사자의 기술자격의 취소 등) / 8항
　통신보안사항을 지키지 아니하거나 같은 조 제2항에 따른 통신보안 교육을 받지 아니한 경우
② 제30조(통신보안의 준수)
　시설자, 무선통신 업무에 종사하는 자 및 무선설비를 이용하는 자는 통신보안 책임자의 지정, 통신보안 교육의 이수 등 과학기술정보통신부장관이 정하여 고시하는 통신보안에 관한 사항을 지켜야 한다.
④ 제72조(무선국의 개설허가 취소 등) / 11항
　통신보안에 관한 사항을 지키지 아니한 경우

[정답] ③

94
적합인증, 적합등록, 적합성평가의 변경신고 업무를 과학기술정보통신부 장관으로부터 업무 권한을 위임 받은 자는?

① 한국방송통신전파진흥원장
② 중앙전파관리소장
③ 국립전파연구원장
④ 기술표준원장

[정답] ③

95
해상이동업무 또는 해상무선항행업무에서 R3E전파를 사용하는 경우에 할당주파수 표시는?

① 반송주파수보다 1,400[Hz] 높은 주파수
② 반송주파수보다 1,100[Hz] 높은 주파수
③ 반송주파수보다 1,000[Hz] 높은 주파수
④ 반송주파수보다 500[Hz] 높은 주파수

• 전파법 시행령/ 해상이동업무 또는 해상무선항행업무 전파의 할당 주파수

구분		할당주파수
H2A H2B	선택호출장치 또는 비상위치지시용 무선표시 설비	반송주파수 보다 1,100Hz가 높은 주파수
	제1호이외의 것	반송주파수 보다 500Hz가 높은 주파수
R3E/ H3E/ J3E		반송주파수 보다 1,400Hz가 높은 주파수

[정답] ①

96
수신설비로부터 부차적으로 발사되는 전파의 세기는 몇 [dBmW] 이하이어야 하는가? (단, 수신안테나와 전기적 상수가 같은 시험용 안테나회로를 사용하여 측정한 경우이다.)

① -24[dBmW] ② -34[dBmW]
③ -44[dBmW] ④ -54[dBmW]

- **제12조(수신설비) / 1항**
  수신설비로부터 부차적으로 발사되는 전파의 세기는 수신안테나와 전기적 상수(常數)가 같은 시험용 안테나회로를 사용하여 측정한 경우에 -54데시벨밀리와트(dBmW) 이하이어야 한다. 다만, 과학기술정보통신부장관은 무선설비의 용도에 따라 전파의 세기를 별도로 정하여 고시할 수 있다.

[정답] ④

97
송신설비의 전력은 주로 무엇으로 표시하는가?

① 안테나이득 ② 반송파전력
③ 안테나공급전력 ④ 평균전력

- **무선설비 규칙 제9조(안테나공급전력 등)**
  ② 송신설비의 전력은 안테나공급전력으로 표시한다. 다만, 다음 각 호의 어느 하나에 해당하는 송신설비의 전력은 규격전력으로 표시한다.
  1. 500메가헤르츠(㎒) 이하의 주파수의 전파를 사용하는 송신설비로서 정격출력 1와트(W) 이하의 전력을 사용하는 것
  2. 생존정(生存艇)에 사용되는 비상용 무선설비와 비상위치지시용 무선표지설비(라디오부이의 송신설비 및 항공이동업무 또는 항공무선항행업무용 무선설비의 송신설비는 제외한다)
  3. 아마추어국 및 실험국의 송신설비(방송을 하는 실험국의 송신설비는 제외한다)
  4. 그 밖에 과학기술정통부장관이 첨두포락선전력, 평균전력 또는 반송파전력을 측정하기 어렵거나 측정할 필요가 없다고 인정하는 송신설비

[정답] ③

98
선박 운항 해역을 4가지로 구분하는데 다음 중 A2 해역이라 함은 어떤 것을 의미하는가?

① 디지털선택호출경보를 이용할 수 있는 최소한 하나의 초단파대 해안국의 무선전화 통신범위안의 해역
② 디지털선택호출정보를 이용할 수 있는 최소한 하나의 중단파대 해안국의 무선전화 통신범위안의 해역으로 A1해역을 제외한 해역
③ 국제이동위성기구의 위성통신권 범위안의 해역
④ A1해역을 포함한 해역

- **선박 운항 해역**
  1. A1 해역: 육상의 VHF해안국의 통신범위(20~30해리)내의 구역
  2. A2 해역: 육상의 MF해안국의 통신범위(A1 해역을 제외하고 100해리)내의 구역
  3. A3 해역: 정지 궤도 위성의 유효범위(A1,A2 해역을 제외하고 70도N와 70도S 사이)내의 구역
  4. A4 해역: A1,A2,A3 해역 이외의 구역(극지역)

[정답] ②

99
다음 문장의 괄호 안에 들어갈 내용으로 가장 적합한 것은?

> 무선설비(방송수신만을 목적으로 하는 것은 제외한다)는 ( )허용편차와 안테나공급전력 등 과학기술정보통신부령으로 정하는 기술기준에 적합하여야 한다.

① 전압 ② 주파수
③ 전류 ④ 저항

- **전파법/ 제5장 전파자원의 보호/ 제45조(기술기준)**
  무선설비(방송수신만을 목적으로 하는 것은 제외한다)는 주파수 허용편차와 안테나공급전력등 과학기술정보통신부령으로 정하는 기술기준에 적합하여야 한다

[정답] ②

100
송신설비의 전력을 규격전력으로 표시하는 경우가 아닌 것은?

① 생존정에 사용되는 비상용의 무선설비
② 아마추어국의 송신설비
③ 실험국의 송신설비
④ 라디오부이의 송신설비

- **무선설비규칙 제9조(안테나공급전력 등)**
  ② 송신설비의 전력은 안테나공급전력으로 표시한다. 다만, 다음 각 호의 어느 하나에 해당하는 송신설비의 전력은 규격전력으로 표시한다.
  1. 500메가헤르츠(㎒) 이하의 주파수의 전파를 사용하는 송신설비로서 정격출력 1와트(W) 이하의 전력을 사용하는 것
  2. 생존정(生存艇)에 사용되는 비상용 무선설비와 비상위치지시용 무선표지설비(라디오부이의 송신설비 및 항공이동업무 또는 항공무선항행업무용 무선설비의 송신설비는 제외한다)
  3. 아마추어국 및 실험국의 송신설비(방송을 하는 실험국의 송신설비는 제외한다)
  4. 그 밖에 과학기술정보통신부장관이 첨두포락선전력, 평균전력 또는 반송파전력을 측정하기 어렵거나 측정할 필요가 없다고 인정하는 송신설비

[정답] ④

② 2019년 2회

1 디지털 전자회로

01 다음 정류회로에 대한 설명으로 틀린 것은?
① 반파정류회로는 입력신호의 주기와 출력신호의 주기가 동일하다.
② 중간탭 전파정류회로는 브릿지 전파정류회로보다 높은 출력전압을 얻을 수 있다.
③ 브릿지 전파정류회로의 PIV(Peak Inverse Voltage) 정격은 출력 전압과 동일히다.
④ 용량성 필터를 사용하여 맥동률을 감소시킬 수 있다.

• 전파정류회로 출력전압은
$E_{dc} = \dfrac{2E_m}{\pi} = \dfrac{2\sqrt{2}E}{\pi} = 0.9E$ 로 동일하다.

[정답] ②

02 다음의 브리지 정류 회로에서 부하(R_L)10[Ω]에 평균 직류 출력전압이 10[V]일 때, 각 Diode에 흐르는 피크전류값(I_m)은 약 얼마인가?

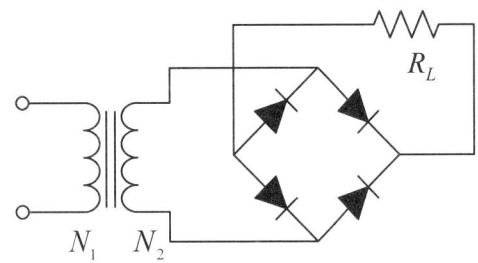

① 0.79 [A] ② 1.57 [A]
③ 1.79 [A] ④ 3.14 [A]

• 첨두 전압값
$V_{dc} = \dfrac{2V_m}{\pi}$ 이므로
$V_m = \dfrac{\pi}{2}V_{dc} = \dfrac{\pi}{2} \times 10 = 5\pi [V]$

• 첨두 전류값
$I_m = \dfrac{V_m}{R_L} = \dfrac{5\pi}{10} = 0.5\pi = 1.57[V]$

[정답] ②

03 교류입력전압의 변동이나 부하전류의 변동에 의해 직류출력전압이 변해도 항상 일정한 직류전압을 얻을 수 있는 회로는?
① 반파정류회로   ② 전파정류회로
③ 정전류회로   ④ 정전압회로

정전압회로는 부하조건이나 온도변화에 대하여 직류출력전압을 일정하게 만들어 주는 회로이다.

[정답] ④

04 다음과 같은 증폭기의 교류 입력전압의 크기가 20 [mV]일 때 교류 출력전압의 크기는 약 얼마인가?

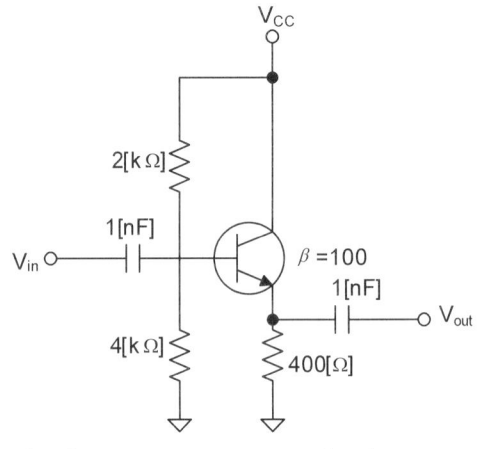

① 20 [mV]   ② 30 [mV]
③ 40 [mV]   ④ 50 [mV]

에미터 플로워는 전압이득이 약 1배이며, 완충증폭기(Buffer)로 널리 사용된다.

[정답] ①

05

다음 연산증폭기 회로에서 $R_1=50[k\Omega]$, $R_2=100[k\Omega]$, $R_3=10[k\Omega]$, $R'=10[k\Omega]$이고, $V_1=3[V]$, $V_2=2[V]$, $V_3=8[V]$일 때 출력전압 V_0는?

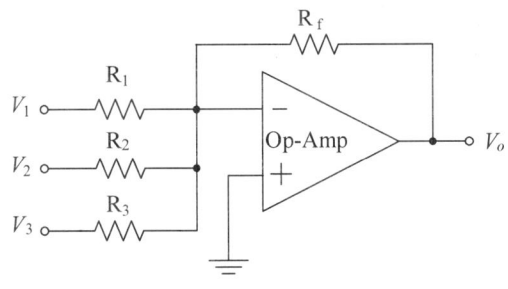

① -8.2[V] ② -8.4[V]
③ -8.6[V] ④ -8.8[V]

- **반전 가산기 회로 출력전압**

$$\therefore V_0 = -(\frac{10k}{50k}\times 3 + \frac{10k}{100k}\times 2 + \frac{10k}{10k}\times 8) = -8.8[V]$$

[정답] ④

06

다음 중 A급 전력 증폭회로에 대한 설명으로 틀린 것은?

① 입력 신호의 전 주기에 대하여 항상 비활성영역에서 증폭 동작을 한다.
② 입력 출력 파형은 일그러짐이 없이 똑같은 형태를 유지한다.
③ 종단의 대신호 증폭에는 전력 손실이 크게 발생되므로 효율이 좋지 않다.
④ 직접 부하를 출력에 접속하는 직접 결합방식과 변압기를 경유하여 접속하는 변압기 결합방식으로 구분된다.

A급 전력 증폭회로는 입력 신호의 전 주기에 대하여 항상 활성영역에서 증폭 동작을 한다.

[정답] ①

07

다음 중 B급 SEPP 증폭기의 특징에 대한 설명으로 틀린 것은?

① IPT와 OPT 변압기가 필요없다.
② DEPP에 비해 TR의 출력전압이 작다.
③ 특성이 동일한 pnp 트랜지스터 또는 npn 트랜지스터를 사용한다.
④ 동일 출력을 낼 수 있는 부하의 크기는 DEPP의 2배이다.

DEPP는 부하에 대해서 직렬로 동작하는 반면, SEPP는 부하에 대해서 병렬로 동작하므로 DEPP보다 출력 부하의 크기가 작다.

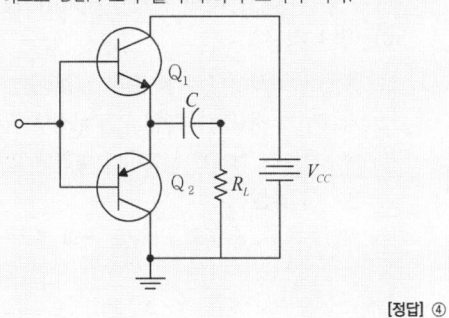

[정답] ④

08

인가되는 역전압의 직류전압에 의해 커패시턴스가 가변되는 소자를 이용하여 발진주파수를 가변하는 발진회로는?

① 윈-브리지 발진회로   ② 위상천이 발진회로
③ 전압제어 발진회로   ④ 비안정 멀티바이브레이터

전압제어 발진회로(VCO:Voltage Control Oscillator)는 외부에서 인가되는 전압에 따라 가변용량이 변화되어, 발진 주파수가 가변되는 발진기이다.

[정답] ③

09

다음 그림과 같은 발진회로의 명칭은 무엇인가?

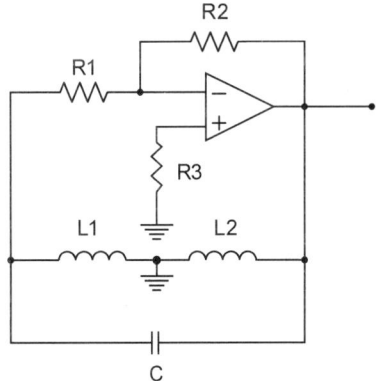

① 콜피츠 발진회로   ② LC 발진회로
③ 하틀리 발진회로   ④ 클랩 발진회로

- **하틀리 발진회로**

하틀리 발진회로는 발진 출력이 크고 주파수 조정이 용이해 10[MHz] 이하의 비교적 낮은 주파수 발진(중파,단파의 발진회로)에 많이 이용된다.

[정답] ③

10
다음 중 수정진동자의 지지기(Holder)가 갖추어야 할 조건이 아닌 것은?

① 진동 에너지에 손실을 주지 않을 것
② 지지기 및 전극과 수정편 사이에 상대 위치 변화가 원활할 것
③ 외부로부터 기계적 진동이나 충격에 의해서 발진에 지장이 생기지 않을 것
④ 기압, 온도, 습도의 영향을 거의 받지 않는 구조일 것

> 수정 진동자는 기계적으로나 물리적으로나 안정한 특징이 있다. 이러한 수정 진동자의 안정된 발진 작용을 위해서 수정 진동자의 지지기 또한 위치의 변화없이 안정적이어야 한다.
>
> [정답] ②

11
다음 중 복수의 위상에 각각 특정의 데이터 신호를 할당함으로 동일 주파수에서 고능률의 전송을 할 수 있는 변조방식은?

① 진폭 위상 변조 방식
② 다중 위상 변조 방식
③ 차분 위상 변조 방식
④ 잔류 측파대 진폭 변조 방식

> • 다중 위상 변조 방식(multi-phase modulation)
> 복수의 위상에 특정 데이터 신호를 할당하는 방식으로 M진 PSK와 같은 방식이 있다.
>
> [정답] ②

12
AM 변조 시에 반송파의 주파수가 600[kHz], 변조파의 주파수가 7[kHz]라고 할 때 점유주파수대역폭은?

① 7[kHz]
② 14[kHz]
③ 70[kHz]
④ 140[kHz]

> • AM 변조 대역
> $B_{AM} = 2f_m = 2 \times 7[kHz] = 14[kHz]$
>
> [정답] ②

13
다음 그림과 같은 AM변조 회로는 어떤 변조인가?

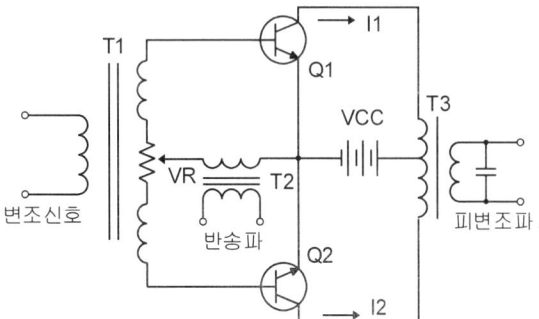

① 베이스 변조회로
② 에미터 변조회로
③ 트랜지스터 평형 변조회로
④ 컬렉터 변조회로

> • 트랜지스터 평형 변조회로
> 반송파 억압 변조기의 일종으로, 반송파를 변성기(트랜스)의 중간 단자와 접지간에 가하고, 신호파를 변성기 1차측에 가하여 변조하고, 출력측에서는 반송파를 상쇄하여 측파(側波)만을 꺼내도록 한 회로
>
> [정답] ③

14
다음 중 변조방식과 복조방식의 조합이 잘못된 것은?

① FSK-포락선검파
② DPSK-동기검파
③ QAM-동기검파
④ QPSK-동기검파

> DPSK의 복조방식은 비동기검파이다.
>
> [정답] ②

15
다음 회로 중 결합 상태가 직류로 구성된 멀티바이브레이터 회로는?

① 비안정 멀티바이브레이터
② 단안정 멀티바이브레이터
③ 쌍안정 멀티바이브레이터
④ 비쌍안정 멀티바이브레이터

> • 멀티 바이브레이터(Multivibrator)
> 멀티바이브레이터는 결합회로의 구조에 따라 다음 3가지로 구분된다.
>
>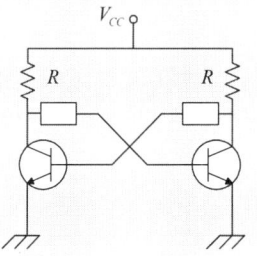
>
> | 구분 | 결합소자 | 결합상태 | 안정 |
> |---|---|---|---|
> | 쌍안정 MV | R+R | DC적+DC적 | 2개 |
> | 단안정 MV | R+C | DC적+AC적 | 1개 |
> | 비안정 MV | C+C | AC적+AC적 | 없음 |
>
> [정답] ③

16
다음 회로 중 Flip-Flop 회로를 쓰지 않는 것은?
① 리미터 회로   ② 분주 회로
③ 기억 회로   ④ 2진 계수 회로

> 리미터 회로는 입력 전압에서 임의 전압 레벨의 위,아래 영역을 제한하거나 자르는 회로이다.
> Flip-Flop 회로는 1bit 기억 소자 회로로, 이전 상태를 계속 유지하여 저장하는 역할을 한다.
>
> [정답] ①

17
다음 논리 함수 $Y = AB + A\overline{B} + \overline{A}B$를 간소화한 것으로 옳은 것은?
① A+B   ② $\overline{A} + \overline{B}$
③ $(A+\overline{A})(B+\overline{B})$ ④ $(AB+A\overline{B})(AB+\overline{A}B)$

A \ B	0	1
0		1
1	1	1

카르노 맵에 각 항을 표시한 후 간략화하면
$Y = AB + A\overline{B} + \overline{A}B = A + B$

[정답] ①

18
J-K 플립플롭을 그림과 같이 결선하였을 때 클록 펄스가 인가될 때마다 출력 Q의 동작 상태는?

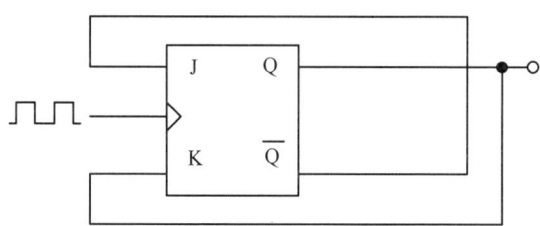

① Reset   ② Toggle
③ Set   ④ ∞

> RS 플립플롭에서는 세트 펄스와 리셋 펄스가 동시에 오면 불안정 상태를 나타내지만, JK 플립플롭에서는 출력이 반전(Toggle) 된다.
>
>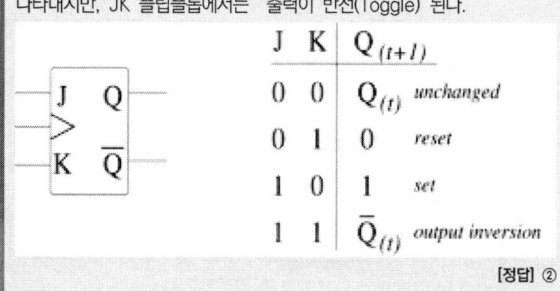
>
> [정답] ②

19
다음 그림은 T F/F을 이용한 비동기 10진 상향계수기이다. 계수값이 10이 되었을 때 계수기를 0으로 하기 위해서는 전체 F/F을 clear시켜야 하는데 이렇게 하기 위해 빈칸에 알맞은 게이트는?

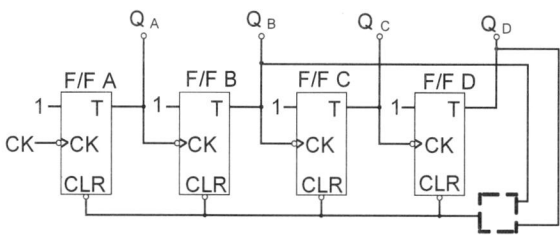

① OR   ② AND
③ NOR   ④ NAND

> 플리플롭 A,B,C,D에 8,4,2,1의 가중치가 부여되고 계수값이 10이므로 A B C D = 1(8) 0(4) 1(2) 0(1)이다.
> 이때, 전체 F/F을 clear시키기 위해 B와 D가 각각 1이 들어갔을 때 그 결과값이 0이 되어야 하므로 NAND게이트가 적절하다.
>
> [정답] ④

20
계산기에서 뺄셈을 보수 덧셈으로 하기위해서 최종적으로 필요한 보수는?
① 1의 보수   ② 2의 보수
③ 7의 보수   ④ 9의 보수

> 2의 보수를 사용하면 -0 문제와 자리올림 발생을 처리해야 하는 문제를 해결할 수 있다. 또한 하드웨어적으로 뺄셈을 효율적으로 구현할 수 있기 때문에 일반적으로 컴퓨터에서는 음수를 2의 보수를 이용해 표현한다.
> 예) 0011의 2의 보수 = 1100+1 = 1101
> 4bit의 2진수를 10진수로 표현했을 때 3은 0011이며, -3은 1101인 13이다. (4bit에서 가장 큰수는 15이므로) 이렇듯 뺄셈은 2의 보수로 표현된다.
>
> [정답] ②

2 무선통신기기

21

정보신호가 $m(t) = \cos(2\pi f_m t)$인 정현파를 반송파 f_c를 사용하여 DSB-SC 변조하는 경우 변조된 신호의 스펙트럼으로 옳은 것은?

① f_m, f_{-m}, f_c, f_{-c}
② $f_c + f_m, -f_c - f_m$
③ $f_c + f_m, f_c - f_m, -f_c + f_m, -f_c - f_m$
④ $f_c + f_m, f_c, f_c - f_m, -f_c + f_m, -f_c, -f_c - f_m$

> DSB-SC(AM)변조방식은 반송파를 제외한 모든측파대(상측파 또는 하측파)를 취하는 변조방식이다.
> $v(t) = \cos 2\pi f_c t \cdot \cos 2\pi f_m t$
> $= \frac{1}{2}[\cos 2\pi(f_c + f_m)t + \cos 2\pi(f_c - f_m)t]$

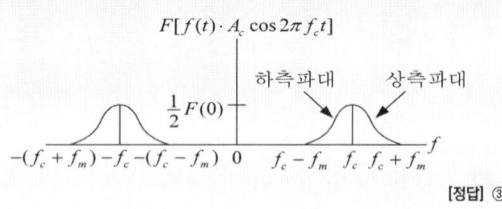

[정답] ③

22

다음 중 AM 송신기에서 기생진동의 방지 방법에 대한 설명으로 틀린 것은?

① 스켈치 회로를 사용하고 발진기를 A급으로 동작시킨③
② 성능이 우수한 발진기를 사용한다.
③ 무선주파 회로의 배선을 짧게 한다.
④ 증폭단 사이의 차폐를 완전히 하고 접지를 한다.

> 스켈치 회로는 FM에 쓰이는 부속회로이며 잡음 전압을 이용하여 저주파 증폭기의 동작을 정지시켜 출력을 차단하는 회로이다.

[정답] ①

23

3[kHz]대역폭을 갖는 음성신호를 협대역 FM변조한 결과 신호의 중심주파수가 50[kHz]이고, 최대주파수 편이가 20[Hz]라 하자. 이 신호를 2,000배 주파수 체배(Frequency Multiplier)해서 광대역 FM 신호를 만들었을 때, 이 신호의 대역폭을 Carson의 법칙에 의해 구한 값은?

① 24[kHz]   ② 1[kHz]
③ 43[kHz]   라.86[kHz]

$B_{fm} = 2f_m(1 + m_f)\big|_{m_f = \frac{\Delta f}{f_m}}$
$= 2(f_m + \Delta f)$
$= 2(3[kHz] + 20 \times 2000[Hz]) = 86[kHz]$

[정답] ④

24

아래 그림과 같이 FM 변조기를 이용하여 FM 변조를 하고자 한다. 괄호에 들어갈 내용으로 적합한 것을 고르시오.

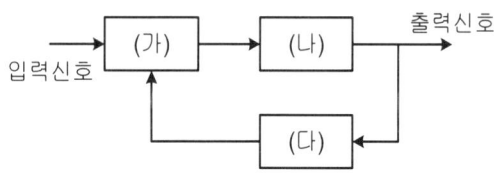

① (가) 없음   (나) 적분기
② (가) 적분기   (나) 없음
③ (가) 없음   (나) 미분기
④ (가) 미분기   (나) 없음

• 간접 FM방식의 종류
① FM변조기 사용 : 미분기 → FM변조기 → PM파
② PM변조기 사용 : 적분기 → PM변조기 → FM파

[정답] ④

25

다음 그림은 입력신호에서 주파수와 위상을 추출하는 위상동기루프(PLL)를 나타낸다. 괄호에 들어가는 내용의 조합으로 적절한 것은?

① (가) : 위상검출기   (나) : 저역통과필터
   (다) : 전압제어발진기
② (가) : 위상검출기   (나) : 전압제어발진기
   (다) : 저역통과필터
③ (가) : 전압비교기   (나) : 고역통과필터
   (다) : 전압제어발진기
④ (가) : 전압비교기   (나) : 전압제어발진기
   (다) : 저역통과필터

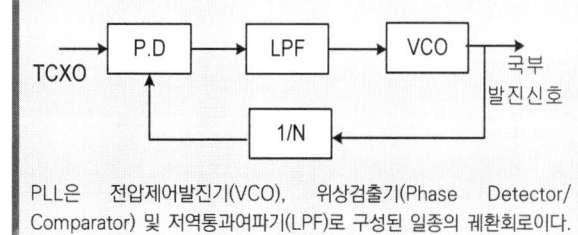

PLL은 전압제어발진기(VCO), 위상검출기(Phase Detector/Comparator) 및 저역통과여파기(LPF)로 구성된 일종의 궤환회로이다.

[정답] ①

26
다음 중 등화기(Equalizer)의 역할로 알맞은 것은?
① 누화를 방지하기 위한 장치이다.
② 송신측과 수신측에서 서로의 신호 레벨을 같게 하는 것이다.
③ 잡음의 발생유무를 감지하기 위한 장치이다.
④ 감쇠량을 보상하여 주파수 특성을 평탄하게 한다.

• 등화기(Equalizer)
신호의 증폭이나 전송 과정에서 생기는 변형에 의하여 균일하지 않은 주파수 특성을 가진 신호를 원래의 주파수 특성으로 균일화하는 기능을 갖게 하는 장치

[정답] ④

27
다음의 신호 처리 기술 중 디지털 변조 방법을 옳게 연결한 것은?
① ASK - 두 개의 비트 값에 각기 다른 주파수 신호를 대응하여 사용한다.
② FSK - 비트 값을 나타내기 위해 위상을 변화시킨③
③ PSK - 두 개의 비트 값에 각기 다른 진폭을 대응하여 사용한다.
④ 16QAM - 비트를 나타내기 위해 위상과 진폭을 모두 변화시킨다.

①.- FSK, ②.- PSK, ③.- AS에 관한 설명이며
16QAM은 진폭과 위상을 동시에 변조할 수 있는 변조 방법이다.

[정답] ④

28
다음 중 k비트로 구성된 심볼의 $M=2^k$개 심볼 상태를 표현하는데 MFSK에 대한 설명으로 틀린 것은?
① MFSK는 동기식 복조만이 가능하다.
② 직교하는 M개의 주파수 정현파를 사용한다.
③ k가 커지면 사용되는 주파수 개수가 지수적으로 증가한다.
④ M이 커짐에 따라 사용되는 대역폭이 증가한다.

다중 주파수 편이 방식 (MFSK, Multiple Frequency Shift Keying)
다수의 반송파 주파수를 가지고 디지털 신호로 변조되는 방식
- MFSK는 동기식 복조만이 아니라 포락선 검파도 가능하다.

[정답] ①

29
다음 중 FSK 방식에 대한 설명으로 옳은 것은?
① 2진 정보를 AM 변조한 것
② 2진 정보를 FM 변조한 것
③ 2진 정보를 PM 변조한 것
④ 2진 정보를 PCM 변조한 것

• FSK(Frequency Shift Keying)
주파수 변조(FM) 방식 중 변조 신호가 디지털 신호로 변조되는 방식

[정답] ②

30
채널 간 간섭 등 급격한 위상 변화에 의한 문제들을 해결하기 위해 QPSK의 위상을 연속적으로 변하도록 하는 변조방식은?
① BPSK   ② PSK
③ MPSK   ④ MSK

• FSK(Frequency Shift Keying)변조방식의 변화
FSK의 위상불연속성(주파수 Switching) 을 개선하기 위하여
CPFSK(Continuous Phase FSK) → MSK → GMSK 방식으로 변화되었다.
- MSK는 Sine Filterd OQPSK와 같은 방식으로, MSK는 FSK 또는 PSK 계열로 볼 수 있다.

[정답] ④

31
다음 중 GPS 코드에 대한 설명으로 틀린 것은?
① P코드는 처음에는 군용이었지만 민간에서도 이용하고 있다.
② 민간용으로는 C/A 코드를 사용한다.
③ 군용으로는 P코드를 사용한다.
④ C/A 코드의 정밀도는 10[m] 내외의 정밀도를 갖는③

• GPS에서 사용되는 코드

P Code	C/A Code
Precise Code	Coarse/Acquisition
군 용	민간에 공개됨
10.23Mbps	1.023Mbps

* 반송파 L1 주파수 1575.42MHz에 실림
- P코드는 군용에서만 사용된다.

[정답] ①

32
다음 중 납 축전지의 단자 전압 변화 원인은?
① 외부 충격   ② 단자 접촉 불량
③ 전해액의 비중   ④ 양극판 재질

• 납 축전지의 특징
1. 기전력은 전해액의 비중과 온도에 비례
2. 내부저항은 온도가 높을 때 작아짐
3. 방전이 되면 내부저항이 증가됨

구성요소	특징
양극판	납축전지의 수명결정
음극판	순납(Pb)를 사용함
전해액	묽은 황산(H_2SO_4)을 사용

[정답] ③

33
다음 중 UPS의 구성 방식에 대한 설명으로 틀린 것은?

① ON-LINE 방식 : 상용전원을 컨버터회로에 의해 직류로 바꾸고 이를 축전지에 충전하고 인버터 회로를 통해 교류전원으로 바꾼다.
② Hybrid 방식 : 상용전원은 그대로 출력으로 내보내며 축전지는 충전회로를 통해 충전한다.
③ LINE 인터랙티브 방식 : 축전지와 인버터 부분이 항상 접속되어 서로 전력을 변환하고 있다.
④ OFF-LINE 방식 : 입력 측의 변동된 전원이 부하 측의 출력으로 공급되어 출력에 영향을 줄 수 있다.

- **PS(Uninterruptible Power Supply)의 종류**

On-Line	• 정상 전원시에 상시인버터 방식 • 신뢰성을 요구하는 중용량 이상
Off-Line	• 정전시에 인버터를 동작하는 방식 • 서버전용 (소용량)
Line Interactive	• 축전지와 인버터 부분이 항상 접속

[정답] ②

34
다음 중 전력장치인 수전설비에 해당하지 않는 것은?
① 비교기　　② 유입개폐기
③ 단로기　　④ 자동 전압 조정기

- **수전설비**
1. 전기를 받는데 필요한 설비를 수전설비라 함
2. 전력차단설비, 보호설비, 측정설비, 변압설비 등이 필수적으로 요구됨

[정답] ①

35
브리지형 정류회로에서 직류 출력전압이 $10[V]$이고, 부하가 $10[\Omega]$이라고 하면 각 정류소자에 흐르는 첨두 전류값은?
① $\pi/2[A]$　　② $\pi[A]$
③ $2\pi[A]$　　④ $4\pi[A]$

- **브리지형 정류회로**
1. 전파정류방식에 비해 2배 가까운 전압을 얻음
2. $E_{dc}=10[V]$, $R=10[\Omega]$ 일 때 $E_{dc}=\dfrac{2E_m}{\pi}$

$$I_m = \frac{E_m}{R} = \frac{\frac{\pi}{2}E_{dc}}{R} = \frac{\pi}{2}$$

[정답] ①

36
다음 내용을 나타내는 용어는?

"통과대역 밖에 존재하는 강력한 방해파가 통과대역내의 희망파에 방해를 미쳐 통과대역 밖의 방해파에 의해 통과대역내의 희망파가 영향을 받게 되는 현상"

① 스퓨리어스 레스폰스　　② 혼변조
③ 잡음감도　　④ 감도 억압효과

- **혼변조(Cross Modulation)의 정의**
통과대역 밖에 존재하는 강력한 방해파가 통과대역내의 희망파에 대해 간섭으로 작용하여 상호변조되는 변조를 혼변조라 한다. (상호변조(IM)도 있음)

[정답] ②

37
LC회로에서 공진 주파수가 1,000[kHz]일 때, 고주파 1[A]가 흐르고, 980[kHz]와 1,020[kHz]에서 $1\sqrt{2}$[A]의 전류가 흘렀을 경우, 코일의 Q값은?
① 30　　② 40
③ 50　　④ 60

$$Q = \frac{f_o}{B} = \frac{f_o}{f_2 - f_1} = \frac{1000}{1020-980} = 25$$

[정답] ①

38
변조지수가 60[%]인 AM변조에서 반송파의 평균전력이 300[W]일 때, 하측파대 전력은 얼마인가?
① 9[W]　　② 18[W]
③ 27[W]　　④ 54[W]

하측파대 전력 $P_l = \dfrac{m^2}{4}P_c = \dfrac{0.36}{4} \times 300 = 27[W]$

[정답] ③

39
실효높이가 10[m]인 안테나 0.08[V]의 전압이 수신 되었을 때 이 지점의 전계강도는 약 몇 [dB]인가? (단, $1[\mu V/m]$를 0[dB]로 한다.)

① 78[dB]   ② 88[dB]
③ 98[dB]   ④ 108[dB]

- **전계강도**

$$E = \frac{V}{h_e} = \frac{0.08}{10} = 0.008 \,[V/m]$$

$$= 8\,[mV/m]$$

따라서 $dB = 20\log\frac{8mV}{1uV} = 20\log\frac{8\times 10^{-3}}{1\times 10^{-6}}$

$$= 78\,dB$$

[정답] ①

40
전원에서 발생되는 전압변동 및 주파수변동 등의 각종 장애로부터 기기를 보호하고 양질의 전원으로 바꿔서 중요 부하에 정전 없이 전기를 공급하는 무정전 전원설비를 무엇이라 하는가?

① inverter   ② rectifier
③ SCR   ④ UPS

- **UPS(Uninterruptible Power Supply)의 정의**
전압변동 및 주파수 변동 등 각종 장애로부터 기기를 보호하고 양질의 전기를 공급하는 전원설비이다.

[정답] ④

3 안테나공학

41
다음 중 전파의 성질에 관한 설명 중 잘못된 것은?
① 전파는 횡파이다.
② 균일 매질 중을 전파하는 전파는 직진한다.
③ 굴절률이 다른 매질의 경계면에서는 빛과 같이 굴절과 반사 작용이 있다.
④ 주파수가 높을수록 회절 작용이 심하다.

전파법에서 전파는 3000[GHz]이하의 주파수를 전파로 정의하고 있음. 주파수가 낮을수록 회절현상이 심하다.

[정답] ④

42
자유 공간의 특성 임피던스는 약 얼마인가?
① 50[Ω]   ② 75[Ω]
③ 377[Ω] ④ 600[Ω]

- **자유 공간 임피던스**

$$Z_0 = \sqrt{\frac{\mu_0}{\epsilon_0}} = 120\pi = 377[\Omega]$$

[정답] ③

43
간격 d인 두 개의 평행 전극판 사이에 유전율 ϵ의 유전체가 있을 때, 전극 사이에 전압 $V_m \cos wt$ 를 가한 경우의 변위 전류밀도는?

① $\frac{\epsilon}{d} V_m \cos wt$ ② $-\frac{\epsilon}{d} V_m w \sin wt$

③ $\frac{\epsilon}{d} w V_m \sin wt$ ④ $-\frac{\epsilon}{d} V_m w \cos wt$

- **변위전류(Displacement Current)**
① 공간을 통해 흐르는 전류: 공기, 진공, 절연체 등으로 이루어진 공간을 흐르는 전류 (예) 전기 회로 일부에 진공, 유전체 등으로 채워진 콘덴서가 삽입되는 경우에 나타남
② 시간에 따라 변화하는 장(場)에서 흐르는 전류(예) 이때의 변위전류는 공간에서 송신 안테나와 수신 안테나를 결합시켜줌
③ 변위 전류밀도: 전속밀도(전기변위 밀도)의 시간적 변화

[정답] ②

44
특성 임피던스가 Z_0인 선로에 부하 임피던스 Z_L이 연결되었을 때 부하단에서 1/4 떨어진 선로상의 점에서 부하를 바라본 임피던스는?

① Z_L/Z_0 ② Z_0/Z_L
③ Z_0^2/Z_L ④ Z_L^2/Z_0

2개의 급전선을 연결했을 때 특성 임피던스는,
$Z_o = \sqrt{Z_S Z_L}$ 이므로 $Z_o^2 = Z_S Z_L \rightarrow Z_S = \frac{Z_o^2}{Z_L}$

[정답] ③

45 특성임피던스가 600[Ω] 및 150[Ω]인 선로를 임피던스 변성기로 정합시키고자 한다. 파장이 λ일 때 삽입해야 할 선로의 특성 임피던스와 길이는?

① 75[Ω], λ/2
② 300[Ω], λ/2
③ 300[Ω], λ/4
④ 377[Ω], λ/4

임피던스 변성기 길이 = $\frac{\lambda}{4}$ 가 사용되며,
임피던스 변성기 임피던스 =
$Z_0 = \sqrt{Z_1 \cdot Z_2} = \sqrt{600 \times 150} = 300[\Omega]$

[정답] ③

46 다음은 동축케이블에 관한 설명으로 틀린 것은?

① 외부도체가 차폐역할을 하므로 방사손실이 거의 없다.
② 평형상태는 불평형이다.
③ UHF대 이하의 고정국의 수신용 급전선으로 사용된다.
④ 감쇠정수(α)는 주파수(f)에 반비례한다.

• **동축케이블의 특징**
① 특성임피던스 $Z_0 = \frac{138}{\sqrt{\varepsilon_s}} \log_{10} \frac{D}{d}$
  (D : 선간 거리, d : 선 직경, ε_s : 유전율)
② UHF 이하의 고정국의 수신용 급전선으로 사용
③ 감쇠정수 α 는 $\sqrt{f}$ 에 비례함
④ 불평형 급전선
⑤ 외부도체는 접지로 사용하여 외부잡음영향 없고 방사손실도 적음

[정답] ④

47 다음 중 급전선의 필요조건이 아닌 것은?

① 송신용일 때는 절연내력이 클 것
② 급전선의 파동 임피던스가 높을 것
③ 전송효율이 좋을 것
④ 유도방해를 주거나 받지 않을 것

• **급전선의 필요조건**
① 전송효율이 우수할 것
② 유도방해를 주거나 받지 않을 것
③ 임피던스는 송신출력 = 안테나입력 되어야 함
④ 절연내력이 클 것

[정답] ②

48 다음 중 안테나의 급전선에 스터브(Stub)를 부착하는 이유는?

① 안테나의 서셉턴스 성분을 제거하여 대역폭을 증가시키기 위하여
② 복사전력을 증폭시키기 위하여
③ 안테나의 지향성을 높이기 위하여
④ 안테나 리액턴스 성분을 제거하여 임피던스를 정합시키기 위하여

stub는 선단이 단락되어 리액턴스 성분만을 가지고 있어 유도성 또는 용량성으로 만들 수 있다.
- 급전선이 유도성을 가지면 stub는 용량성을 갖도록 하고 반대로 용량성을 가지면 유도성을 갖게 하여 리액턴스 성분을 제거한다.

[정답] ④

49 다음 중 안테나의 Top Loading 효과에 대한 설명으로 옳은 것은?

① 실효길이의 증가
② 고유주파수의 증가
③ 방사저항의 감소
④ 방사효율의 감소

수평도체와 대지사이에는 포유용량(C)이 병렬로 존재하게 되므로 공진주파수($f = \frac{1}{2\pi\sqrt{L_e(C_e+C)}}$)가 낮아지고 방사저항과 방사효율이 증가하며 상부 정전용량이 증가하여 λ이 커지게 되고 실효길이가 증가한다.
* $h_e = \frac{2\pi}{\lambda}$

[정답] ①

50 자유공간에서 송수신 안테나간의 거리 2[km]에 10[GHz]의 주파수로 통신링크를 구성하고자 한다. 송신전력이 1[W](+30[dBm]), 송수신 안테나 이득이 각각 30[dBi]일 때, 수신전력은 약 얼마인가?

① −14.2[dBm]
② −28.4[dBm]
③ −42.6[dBm]
④ −68.8[dBm]

• **송 · 수신 안테나 간 전력구하기**
$L[dB] = 92.45 + 20\log d[km] + 20\log f[GHz]$
$\quad\quad 92.45 + 6 + 20 = 118.45$
$\therefore P_r[dBm] = P_t[dBm] + G_t[dB] - L[dB] + G_r[dB]$
$\quad\quad = 30[dBm] + 30[dB] - 118.45[dB] + 30[dB]$

[정답] ②

51
다음 중 빔(Beam) 안테나에 대한 설명으로 틀린 것은?
① 마르코니형, 텔레푼켄형 및 스텔바형 등이 있다.
② 지향성이 예리하다.
③ 큰 복사전력을 얻을 수 있다.
④ 주로 낮은 주파수(LF 대역 이하)에서 사용된다.

beam 안테나는 단파용(HF) 안테나이다.
[정답] ④

52
야기안테나의 소자 중 가장 긴 소자의 역할과 리액턴스 성분은 무엇인가?
① 복사기, 용량성
② 지향기, 유도성
③ 반사기, 유도성
④ 도파기, 용량성

- 야기 안테나 각 소자의 길이
① 반사기 : $\frac{\lambda}{2}$ 보다 길고 투사기 보다 길다. (유도성)
② 투사기 : 약 $\frac{\lambda}{2}$
③ 도파기 : $\frac{\lambda}{2}$ 보다 짧고 투사기 보다 짧다. (용량성)

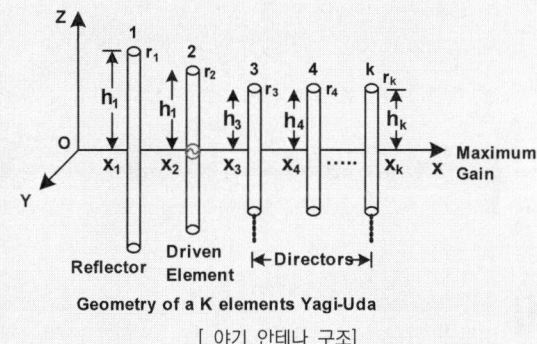

[야기 안테나 구조]
[정답] ③

53
다음 중 심굴접지에 대한 설명으로 틀린 것은?
① 대지의 도전율이 좋은 경우에 사용한다.
② 수분을 잘 흡수하는 목탄을 사용하여 접지저항을 줄인다.
③ 고주파에 대한 큰 효과가 없으므로 가접지 또는 보조접지에 이용된다.
④ 접지저항을 1[Ω] 이하로 하려면 접지를 3개~30개 정도의 개수로 적당한 위치에서 접속한다.

- 장중파 안테나의 종류와 특징

	특 징
심굴 접지	도전율 낮을 때 목탄 사용 접지저항은 10옴 이하
방사상 접지	방사형으로 접지 접지저항은 5옴 이하
다중 접지	다수의 접지봉으로 접지 접지저항은 1옴 이하
카운터포이즈	대지가 불균일할 때 사용

[정답] ④

54
다음 중 다중 접지 방식에 대한 설명으로 틀린 것은?
① 한 점의 접지만으로는 불충분한 경우, 여러 점을 직렬로 접속하여 접지 저항을 줄이는 방식이다.
② 안테나 전류가 기저부 부근에 밀집하는 것을 피하고 접지저항을 감소시키기 위해 사용한다.
③ 접지 저항은 1~2[Ω] 정도이다.
④ 대전력 방송국의 안테나 접지에 이용한다.

다중접지는 병렬로 연결하여 접지저항을 줄이는 방식을 말하며, 1~2옴 정도 접지저항을 가짐.(대전력용)
[정답] ①

55
송신안테나와 수신안테나의 높이가 각각 9[m]로 동일하게 놓여 있는 경우 직접파 통신이 가능한 전파 가시거리는 약 얼마인가?
① 8.22[km]
② 12.44[km]
③ 24.66[km]
④ 32.88[km]

- 전파가시거리
$$d = 4.11(\sqrt{h_1} + \sqrt{h_2})\,[km]$$
$$= 4.11(\sqrt{9} + \sqrt{9}) = 24.66[km]$$

[정답] ③

56
대지면을 완전도체라고 가정하고, 송수신 안테나의 거리가 충분히 멀리 떨어져 있는 경우 수평 편파의 송수신 안테나의 높이를 각각 2배 증가시키면 수신 전계강도의 변화는?

① 변화가 없다.
② 약 1.414배 증가한다.
③ 2배 증가한다.
④ 4배 증가한다.

> Height Pattern : 높이에 따라서 전계강도가 달라짐
> $$E = 2E_o \left(E_0 = \frac{7\sqrt{GP}}{d}\right)$$
> $$= 2E_o \sin\frac{2\pi h_1 h_2}{\lambda d} = 2\frac{7\sqrt{GP}}{d}\sin\frac{2\pi h_1 h_2}{\lambda d}$$
> 이때 원래의 송신안테나가 h라고 하면
> $h_1 = 2h, h_2 = 2h$
> $h_1 h_2 = 4h$ 이므로 4배 증가한다.
>
> [정답] ④

57
다음 중 도약거리에 대한 설명으로 틀린 것은?

① 단파에서의 불감지대와 연계된다.
② 사용주파수가 높을수록 크게 된다.
③ 전리층의 이론상 높이에 반비례한다.
④ 사용주파수가 임계 주파수보다 높을 때 생긴다.

> • 전리층 반사파의 도약 거리
> $$d = 2h'\sqrt{\left(\frac{f}{f_c}\right)^2 - 1}$$ (h' : 전리층 겉보기 높이)
> f는 사용 주파수, f_c는 임계 주파수 ($f > f_c$)
> ∴ 도약거리는 이론상 높이에 비례한다.
>
> [정답] ③

58
다음 중 전파예보 곡선으로부터 알 수 없는 정보는?

① MUF(Maximum Usable Frequency)
② 주파수의 사용 가능 시간
③ 사용 가능 주파수
④ 임계 주파수

> 전파예보란 전리층 반사파를 이용한 통신에서 두 점간의 통신을 효율적으로 할 수 있도록 최적운용주파수를 예보하는 곡선이다.
>
> | 전파예보의 종류 | 특 징 |
> |---|---|
> | MUF (Maximum Usable Frequency) | 사용가능한 최대주파수 |
> | LUF (Lowest Usable Frequency) | 사용가능한 최저주파수 |
> | FOT (Frequency of Optimum Traffic) | MUF × 0.85 최적운용주파수 |
>
> - 임계 주파수 : 지구 표면에서 수직으로 발사된 전파의 주파수 중에서 전리층으로 인하여 반사되는 상한의 주파수
>
> [정답] ④

59
무선 수신기의 잡음 개선방법으로 틀린 것은?

① 수신 전력의 감소
② 내부 잡음전력의 억제
③ 수신기의 실효 대역폭의 축소
④ 적정한 통신방식의 선택

> 수신전력이 감소되면 신호의 크기 작아져 잡음이 증가될 수 있음.
>
> [정답] ①

60
이득과 잡음지수가 각각 $G_1, F_1, G_2, F_2, G_3, F_3$인 3개의 증폭기를 종속 접속하였을 때, 종합잡음지수 F는?

① $F = F_1 + \frac{F_2 - 1}{G_1} + \frac{F_3 - 1}{G_2 \cdot G_3}$
② $F = F_1 + F_2 + F_3$
③ $F = F_1 + G_1(F_2 - 1) + G_3(F_3 - 1)$
④ $F = G_1 \times G_2 \times G_3(F_1 + F_2 + F_3)$

> • 종합잡음지수
> $$F = F_1 + \frac{F_2 - 1}{G1} + \frac{F_3 - 1}{G1 \cdot G2} \cdots$$
> (F_1 = 초단잡음지수, G_1 = 초단의 이득)
>
> [정답] ①

4. 무선통신시스템

61. 정합필터(Matched Filter)의 최적 임계값을 바르게 나타낸 것은?

① 입력신호 에너지의 1/8배 ② 입력신호 에너지의 1/2배
③ 입력신호 에너지의 1배   ④ 입력신호 에너지의 4배

- 정합필터(Matched Filter)
  필요한 신호를 최대로 강조하고 잡음을 억압시켜 에러 가능성을 줄이고, 펄스 유무를 정확히 판단할 수 있는 기능을 가진 필터
  - 정합 필터를 거쳐 1 또는 0으로 판정. ($0 < \frac{E_s}{2} < 1$)
  - 최적의 임계값은 입력 신호에너지(E_s)의 $\frac{1}{2}$배.

  [정답] ③

62. 다음 무선 수신기의 특성 중 변조 내용을 수신기의 출력 측에서 어느 정도 재현할 수 있는가의 능력을 나타내는 것은?

① 충실도(Fidelity)   ② 감도(Sensitivity)
③ 선택도(Selectivity) ④ 안정도(Stability)

- 수신기 4대 특성

	특 징
충실도	수신기의 데이터 재현능력
안정도	온도, 습도 등 외부에 안정한 능력
선택도	원하는 채널만 수신할 수 있는 능력
감 도	낮은 레벨까지 수신할 수 있는 능력

[정답] ①

63. 장파대용 무선 시스템에서 지표파의 전계 강도가 가장 큰 곳은?

① 평야   ② 산악
③ 시가지 ④ 해상

도전율이 클수록, 유전율이 작을수록 감쇠가 적어 전계 강도가 커지는데 해상은 도전율이 좋다.
전계강도의 순서 : 해상>해안>평야>구릉>산악

[정답] ④

64. ITS는 무엇을 의미하는가?

① 지능형 교통 정보 시스템 ② 위치 기반 시스템
③ 무선 측위 시스템   ④ 지리 정보 시스템

- 지능형 교통 체계 (ITS, Intelligent Transport Systems)
  전자, 정보, 통신, 제어 등의 기술을 교통체계에 접목시킨 지능형 교통시스템

[정답] ①

65. 다음 중 위성체에 사용되는 무지향성 안테나의 용도로 적합한 것은?

① 11[GHz] 대역에서 무선측위용으로 사용된다.
② Pencil Beam을 얻을 수 있어 중계용으로 사용된다.
③ 위성체의 명령이나 원격제어에 관한 데이터 전송용으로 사용된다.
④ Multi Beam용으로 사용된다.

전 방위로 신호를 출력하는 무지향성 안테나는 위성체의 명령(Command계)이나 원격제어(Telemetry계)에 관한 데이터 전송용으로 적합하다.

[정답] ③

66. 다음 중 위성통신에서 빗방울에 의한 감쇠되는 흡수성페이딩을 방지하는데 사용되는 회로는?

① AGC 회로   ② AFC 회로
③ 디스크램블러 회로 ④ 편파 보상회로

흡수성 페이딩은 전파가 전리층 또는 대류권을 전파 할 때 흡수 작용으로 인하여 짧은 시간 사이에 변동하기 때문에 생기는 페이딩이다. 이는 입력 레벨 변동에도 출력 레벨이 상대적으로 일정한 값을 유지하게 하는 자동 이득 제어(AGC, Automatic Gain Control)회로가 사용된다.

[정답] ①

67. 위성시스템을 구성하는 구성부와 기능 설명의 연결이 틀린 것은?

① 안테나계 - 위성 신호를 송신, 수신
② 자세 제어계 - 위성의 궤도상 위치 및 자세 제어
③ 전력계 - 위성 발사 시 또는 자세 변동 시 궤도 위치 수정
④ 중계기계 - 신호를 수신한 후 주파수를 변환하여 재송신

- 위성통신의 장비구성

지구국 장비	위성체 장비	
	BUS부	Payload 부
추미계(위성추적)	전력제어계	안테나 계
송·수신계	구체계/추진계	중계부
통신관제 서브시스템	열제어계	
지상 인터페이스	자세제어계	
안테나계	텔레메트리계	

- 위성 발사 또는 자세 변동 시 궤도 위치를 수정하는 구성부는 자세제어계이다.

[정답] ③

68
다음 중 펨토셀이라 불리는 소형 저전력 실내 이동통신 기지국을 도입함으로써 얻을 수 있는 효과가 아닌 것은?

① 트래픽의 분산
② 음영지역 해소를 통한 커버리지 증대
③ 핫스팟에서의 데이터 전송 속도 증대
④ 매크로 기지국과의 간섭 감소

> • **펨토셀(Femto cell)**
> 전파가 제대로 닿지 않는 가정이나 기업 건물 안에 설치해 안정적인 통신 환경을 확립하는 데 쓴다. 10^{-15}를 뜻하는 '펨토(femto)'처럼 빈틈 없는 통신 환경을 구현한다는 뜻이 있다.
> -외부 기지국인 매크로 기지국과의 간섭은 증가된다.
>
> [정답] ④

69
CDMA 시스템의 호 처리과정으로 맞는 것은?

① 초기상태 - 유휴상태 - 접속상태 - 통화상태
② 초기상태 - 접속상태 - 유휴상태 - 통화상태
③ 유휴상태 - 초기상태 - 접속상태 - 통화상태
④ 초기상태 - 접속상태 - 통화상태 - 유휴상태

> • **CDMA 시스템의 호 처리과정**
> 전원 인가 → 초기화 → 시스템 획득 → 유휴상태 → 접속상태 → 포화상태
>
> [정답] ①

70
SDTV(Standard-Definition Television)에서 HDTV(High Definition Television)로 발전하면서 해상도가 우수해짐으로 인해 가장 많은 영향을 받는 무선 전송변수는?

① 전송 주파수
② 다중화 방식
③ 안테나 크기
④ 대역폭

> 해상도가 우수해짐으로서 보내야 될 정보는 많아지고, 이러한 데이터의 양에 가장 많은 영향을 받는 변수는 대역폭이다.
>
> [정답] ④

71
지상파 UHD(Ultra High Definition) TV(4K)는 지상파 HD(High Definition) TV(Full HD)보다 몇 배의 해상도인가?

① 2배
② 4배
③ 8배
④ 16배

> HD TV의 해상도: 1,920×1,080
> 4K UHDTV의 해상도: 3840×2160
> ∴ 4K UHDTV는 HDTV의 약 4배의 높은 해상도를 가지고 있다.
>
> [정답] ②

72
다음의 설명에 해당되는 프로토콜 기능은 어느 것인가?

> 긴 메시지 블록을 전송에 용이하도록 작은 블록으로 나누는 과정과 분리된 데이터 블록을 원래 메시지로 변화시키는 기능을 한다.

① 분리(Separation)와 캡슐화(Encapsulation)
② 세분화(Segmentation)와 재합성(Reassembly)
③ 분할(Division)과 재결합(Recombination)
④ 분리(Separation)와 연결(Connection)

> 네트워크가 한 번에 통과시킬 수 있는 데이터의 최대 크기를 MTU(Maximum Transfer Unit)라 한다. 데이터의 크기가 MTU보다 큰 경우에는 프로토콜이 데이터를 작은 블록으로 나누어 전송하고 수신측에서는 이들 블록을 결합해 원래의 데이터를 얻게 되는데 이를 분할과 조립 즉 세분화와 재합성이라 한다.
>
> [정답] ②

73
다음 중 통신망 구조를 나타낼 때 통신망의 기능들을 계층으로 나누는 이유가 아닌 것은?

① 각 계층들이 모듈러 구조로 정의되어 호환성이 잘 유지될 수 있다.
② 상위 계층 기능을 하위 계층의 기능이 지원하는 경우를 잘 나타낼 수 있다.
③ 상위 계층의 정보가 하위 계층에서는 내용으로 전달되는 경우를 잘 나타낼 수 있다.
④ 상위 계층일수록 더욱 물리적이고 실제의 정보 전달 기능을 제시할 수 있다.

> 하위 계층일수록 더욱 물리적이다.
>
> [정답] ④

74
다음 중 통신분야의 표준화 기구가 아닌 것은?

① ETSI
② 3GPP
③ ANSI
④ ATIS

> • **표준화 기구**
>
> | 영문 | 기구명칭 |
> |---|---|
> | ETSI | 유럽 전기통신 표준협회 |
> | 3GPP | 이동통신 관련 국제표준화기구 |
> | ATIS | 통신 및 관련 정보기술 표준개발기구 |
> | ANSI | 미국의 산업 분야 표준화기구 |
>
> [정답] ③

75
다음 중 하위 계층을 사용하여 응용 프로그램간이 통신에 대한 제어 기능을 후행하며, 상호 대응하는 응용 프로그램 간의 연결의 개시, 관리, 종결을 담당하는 계층은?

① 응용 계층 ② 표현 계층
③ 세션 계층 ④ 전달 계층

• OSI 7Layer의 구조

계층	명칭	기능
7	응용계층	응용프로그램
6	프리젠테이션계층	데이터 압축 및 암호화
5	세션계층	응용프로세스 간 통신
4	전달계층	End to End 제어
3	네트워크계층	패킷전송, 경로제어
2	데이터링크계층	동기, 에러, 흐름제어 Node to Node
1	물리계층	물리적 인터페이스

[정답] ③

76
다음의 IEEE 802.11 MAC 프레임 구성에서 ㉮, ㉯, ㉰에 해당하는 것은?

| Frame control | ㉮ | 주소 | 주소 | 주소 | ㉯ | 주소 | ㉰ | FCS |

① ㉮ : D/I(Duration/Connection ID)
   ㉯ : 패리티
   ㉰ : 데이터
② ㉮ : SC(Sequence Control),
   ㉯ : D/I(Duration/Connection ID)
   ㉰ : 데이터
③ ㉮ : SC(Sequence Control)
   ㉯ : 패리티
   ㉰ : 데이터
④ ㉮ : D/I(Duration/Connection ID)
   ㉯ : SC(Sequence Control)
   ㉰ : 데이터

• IEEE 802.11 MAC 프레임 구성

| Frame control | D/I | 주소 | 주소 | 주소 | SC | 주소 | 데이터 | FCS |

1) D/I(Duration/Connection ID)-주소부
2) SC(Sequence Control)-제어부
3) 데이터

[정답] ④

77
방송국의 안테나공급전력이 5[kW]에서 20[kW]로 증가되면 전계 강도는 몇 배가 되는가?

① 16배 ② $\frac{1}{16}$배
③ 2배   ④ $\frac{1}{4}$배

안테나의 전계강도 공식에 따르면
$E = \frac{k\sqrt{P}}{d}$ 으로 인해 전력이 4배로 증가 했을 때 전계강도는 2배 증가한다.

[정답] ③

78
다음 중 최적의 무선 환경을 구축하기 위한 기지국 통화량 분산 방법이 아닌 것은?

① 섹터 간 커버리지 조정 ② 인접 셀간 커버리지 조정
③ 기지국 이설 및 추가   ④ 출력신호를 감소시킨다.

출력신호를 감소시키면 통달거리가 줄어들뿐 기지국 통화량 분산과는 관계가 없다.

[정답] ④

79
다음 중 시스템 고장에 대한 설명으로 틀린 것은?

① Failure : 하드웨어의 물리적 변화
② Down : 시스템의 근본적 문제로 발생
③ Fault : 부품 결함, 환경 변화, 운용자의 실수, 부적절한 설계로 발생
④ Error : 다양한 Fault에 따른 잘못된 결과

• Down
시스템을 구성하는 기기의 고장 또는 기기 상호를 접속하는 회로의 이상으로 시스템 전체가 그 기능을 정지하는 것

[정답] ②

80
다음 중 이동통신망 안테나부의 유지보수 시 점검 대상으로 틀린 것은?

① 철탑의 종류와 구조에 따른 용도 파악
② 안테나의 종류와 사용 용도 파악
③ 도파관의 종류와 사용되는 용도 파악
④ 통신망 관제센터 내 장비의 용도 파악

통신망 관제센터 내 장비 용도 파악은 안테나부 유지보수와 관련이 멀다.

[정답] ④

5 전자계산기 일반 및 무선설비기준

81 다음 중 CPU(Central Processing Unit)의 내부 구성요소로 올바르게 짝지어진 것은?

① ALU, Address Unit, Control Unit
② Instruction, Register, Control Unit
③ ALU, Register, Control Unit
④ Instruction, Address Unit, Control Unit

- **중앙처리장치(CPU, Central Processing Unit)**
  명령어 사이클(instruction cycle)을 반복하여 수행함으로써 프로그램을 실행하며 각 구성요소는 내부 버스에 의해 연결되어 있다.
  CPU(Central Processing Unit)의 내부 구성요소

	특징
ALU	산술과 논리에 관한 연산 처리
Register Set	엑세스 속도가 가장 빠른 메모리
Control Unit	CPU 내 전체적인 하드웨어 모듈 제어

  [정답] ③

82 기억된 내용의 일부를 이용하여 기억되어 있는 데이터에 직접 접근하여 정보를 읽어내는 장치는?

① 가상기억장치(Virtual Memory)
② 연관기억장치(Associative Memory)
③ 캐시 메모리(Cache Memory)
④ 보조기억장치(Auxiliary Memory)

- **연관기억장치(Associative Memory)**
  저장된 내용을 이용해 접근하는 기억장치로, 저장된 내용을 비교할 수 있는 논리회로가 필요하지만 속도가 빨라 많은 양의 정보 검색이 가능하다.

  [정답] ②

83 수식 "$(011100)_2 + (100011)_2$"를 계산한 후, 8진수로 올바르게 변환한 것은?

① $(77)_8$
② $(66)_8$
③ $(14)_8$
④ $(49)_8$

2진수를 8진수로 변환하면 3비트씩 끊어서 표현하므로
$(011100)_2 \rightarrow (011)_2 (100)_2 = (3)_8 (4)_8$
$(100110)_2 \rightarrow (100)_2 (011)_2 = (4)_8 (3)_8$
두 식을 더하면 $(77)_8$

[정답] ①

84 다음 중 문자의 표시와 관계없는 코드는?

① BCD 코드
② ASCII 코드
③ EBCDIC 코드
④ Gray 코드

- **Gray 코드**
  가중치가 없는 코드로 최소한의 비트의 변화로 두 개의 수를 구분할 수 있지만 수의 연산이나 문자의 표시에는 부적합하다. 이러한 이유로 아날로그와 디지털 상호 변환기계의 코드로 쓰인다.

  [정답] ④

85 다음 중 페이징(Paging) 기법에 대한 설명으로 틀린 것은?

① 가상 기억장치 관리 기법의 하나이다.
② 기억장소를 일정한 블록 크기의 단위로 분할하여 사용하는 방법이다.
③ 페이지의 크기가 클수록 기억 공간의 낭비가 적어진다.
④ 페이지의 크기가 작을수록 페이지 관리테이블의 공간이 더 많이 필요하다.

① 페이지는 가상 메모리를 일정한 고정 크기로 분할하는 단위
② 프레임(frame)은 실제 물리 메모리를 고정 크기로 분할하는 단위
③ 페이지의 크기는 프로세서나 운영체제에 따라 달라지며 일반적으로 프레임과 페이지의 크기는 동일하다
④ 메모리 크기의 차이가 클 경우 공간의 낭비가 커지게 된다.

[정답] ③

86 대기하고 있는 프로세스 P1, P2, P3, P4의 처리시간은 24[ms], 9[ms], 15[ms], 10[ms]일 때, 최단 작업 우선(SJJF, Shortest-Job-First) 스케쥴링으로 처리했을 때 평균 대기 시간은 얼마인가?

① 8.5[ms]
② 14.5[ms]
③ 15.5[ms]
④ 25.25[ms]

	처리시간	대기시간
P1	24[ms]	9+10+15[ms]=34[ms]
P2	9[ms]	0
P3	15[ms]	9+10[ms]=19[ms]
P4	10[ms]	9[ms]

$$\therefore 평균대기시간 = \frac{34+19+9[ms]}{4} = 15.5[ms]$$

[정답] ③

87 Job Scheduling에서 우선순위에 밀려서 작업처리가 지연될 경우, 지연되는 정도에 따라서 우선순위를 높여주는 것을 무엇이라 하는가?

① Changing ② Aging
③ Controling ③ Deleting

- **Aging 기법**
  프로세스의 우선 순위를 프로세스가 자원을 기다린 시간에 비례하여 부여하는 기법으로, SJF(Shortest Job First)나 우선순위 스케쥴링 방식에서 발생할 수 있는 무한 연기 상태, 기아 상태를 방지할 수 있다.

  [정답] ②

88 다음 중 모바일 기기용 운영체제가 아닌 것은?

① Android ② IBM AIX
③ BlackBerry ④ Tizen

- **AIX(Advanced Interactive eXecutive)**
  BM 자체의 특정 분야에 사용하는 것을 목적으로 만들어진 워크스테이션 IBM RTPC를 위해 개발된 유닉스 운영체제

  [정답] ②

89 다음 중 오퍼레이팅 시스템에서 제어 프로그램에 속하는 것은?

① 데이터 관리프로그램 ② 어셈블러
③ 컴파일러 ④ 서브루틴

데이터 관리프로그램은 컴퓨터 시스템에서 취급하는 여러 가지 파일과 데이터가 표준적인 방법으로 처리될 수 있도록 관리하는 프로그램으로, 데이터의 전송 또는 갱신과 유지를 담당하며 입·출력을 제어하는 역할을 한다.

[정답] ①

90 다음 상대 주소지정방식을 사용하는 점프(Jump)명령어가 300번지에 저장되어있다고 가정할 때, 오퍼랜드가 A=20이라면, 몇 번지로 점프할 것인가?

① 20 ② 300
③ 320 ④ 321

- **상대 주소 지정방식 (Relative Addressing Mode)**
  ① 어느 지정된 주소를 기준으로 하여 프로그램에서 사용하는 임의의 주소를 나타낸다.
  ② 상대주소지정방식의 유효번지
  = 명령어의 오퍼랜드 + 프로그램 카운터의 내용
  점프 명령어까지 포함하여 300+20+1=321이다.

  [정답] ④

91 "주파수를 회수하고 이를 대체하여 주파수 할당, 주파수 지정 또는 주파수 사용승인을 하는 것"을 무엇이라 하는가?

① 주파수 사용승인 ② 주파수 재배치
③ 주파수 회수 ④ 주파수 분배

- **전파법/ 2조(정의)**
  4의4. "주파수재배치"란 주파수회수를 하고 이를 대체하여 주파수할당, 주파수지정 또는 주파수 사용승인을 하는 것을 말한다.

  [정답] ②

92 전파를 이용하여 모든 종류의 기호·신호·문언·영상·음향 등의 정보를 보내거나 받는 것을 무엇이라 하는가?

① 유무선 통신 ② 무선설비
③ 무선통신 ④ 유선통신

- **전파법/ 2조(정의)**
  5의2. "무선통신"이란 전파를 이용하여 모든 종류의 기호·신호·문언·영상·음향 등의 정보를 보내거나 받는 것을 말한다.

  [정답] ③

93 주파수 할당을 받은 자가 주파수 할당을 받은 날부터 몇 년 후에 주파수 이용권을 양도하거나 임대할 수 있는가?

① 1년 ② 2년
③ 3년 ④ 5년

- **제41조(위성주파수이용권의 양도·임대 등)**
  ② 위성주파수등을 제10조제2항에 따라 할당받거나 제18조의4에 따라 지정받은 자는 3년 이상의 범위에서 대통령령으로 정하는 기간이 지난 후에는 위성주파수이용권을 양도·임대하거나 위성주파수등의 이용을 중단할 수 있다.

  [정답] ③

94 과학기술정보통신부장관이 전파자원의 공평하고 효율적인 이용을 촉진하기 위하여 시행하는 내용이 아닌 것은?

① 주파수 분배의 변경
② 주파수의 공동사용
③ 주파수 이용권의 양도·임대
④ 주파수 회수 또는 재배치

- **제6조(전파자원 이용효율의 개선)**
  ① 과학기술정보통신부장관은 전파자원의 공평하고 효율적인 이용을 촉진하기 위하여 필요하면 다음 각 호의 사항을 시행하여야 한다.
  1. 주파수분배의 변경
  2. 주파수회수 또는 주파수재배치
  3. 새로운 기술방식으로의 전환
  4. 주파수의 공동사용

  [정답] ③

95
의료용 전파응용설비는 몇 와트를 초과하는 경우 허가를 받아야 하는가?

① 30와트　　② 50와트
③ 80와트　　④ 100와트

- **전파법 시행령 제74조(통신설비 외의 전파응용설비)**
  법 제58조제1항제1호에서 "대통령령이 정하는 기준에 해당하는 설비"란 주파수가 9킬로헤르츠(㎑) 이상인 고주파 전류를 발생시키는 설비로서 50와트를 초과하는 고주파 출력을 사용하는 다음 각 호의 어느 하나에 해당하는 설비를 말한다. 다만, 가사용 전자제품 등으로서 과학기술정보통신부장관이 정하여 고시하는 것은 제외한다.
  1. 산업용 전파응용설비(고주파의 에너지를 발생시켜 그 에너지를 목재와 합판의 건조, 금속의 용융 또는 가열, 진공관의 배기 등 산업생산을 위하여 사용하는 것)
  2. 의료용 전파응용설비(고주파의 에너지를 발생시켜 그 에너지를 의료용으로 사용하는 것)
  3. 그 밖의 전파응용설비(제1호 및 제2호 외의 설비로서 고주파의 에너지를 직접 부하(負荷)에 가하여 가열 또는 전리 등의 목적에 이용하는 것)

  [정답] ②

96
〈전파법〉에서 전파진흥기본계획에 따른 세부시행계획을 시행하는 자는?

① 국립전파연구원장
② 한국방송통신전파진흥원장
③ 한국전파진흥협회장
④ 과학기술정보통신부장관

- **전파법/ 제8조(전파진흥기본계획)**
  ① 과학기술정보통신부장관은 전파이용의 촉진과 전파와 관련된 새로운 기술의 개발과 전파방송기기 산업의 발전 등을 위하여 전파진흥기본계획(이하 "기본계획"이라 한다)을 5년마다 세워야 한다.

  [정답] ④

97
조난통신의 조치를 방해한 자의 벌칙으로 맞는 것은?

① 1년 이상의 유기징역
② 3년 이하의 징역 또는 5천만원 이하의 벌금
③ 5년 이하의 징역 또는 7천만원 이하의 벌금
④ 10년 이하의 징역 또는 1억원 이하의 벌금

- **제81조(벌칙)**
  ① 다음 각 호의 어느 하나에 해당하는 자는 10년 이하의 징역 또는 1억원 이하의 벌금에 처한다.
  1. 조난통신·긴급통신 또는 안전통신을 발신하여야 할 사태에 이르렀는데도 그 선장이나 기장이 필요한 명령을 하지 아니하거나 무선통신 업무에 종사하는 자로서 그 명령을 받고 지체 없이 이를 발신하지 아니한 자
  2. 무선통신 업무에 종사하는 자로서 제28조제2항에 따른 조난통신의 조치를 하지 아니하거나 지연시킨 자
  3. 조난통신의 조치를 방해한 자

  [정답] ④

98
방송통신기자재와 전파장해를 주거나 전자파로부터 영향을 받는 기자재에 대하여 적합성 인증을 받아야 하는 대상이 아닌 자는?

① 방송통신기자재 제조사
② 방송통신기자재 사용자
③ 방송통신기자재 판매자
④ 방송통신기자재 수입하려는 자

- **전파법/ 제5장의2/ 제58조의2(방송통신기자재등의 적합성평가)**
  ① 방송통신기자재와 전자파장해를 주거나 전자파로부터 영향을 받는 기자재(이하 "방송통신기자재등"이라 한다)를 제조 또는 판매하거나 수입하려는 자는 해당 기자재에 대하여 다음 각 호의 기준(이하 "적합성평가기준"이라 한다)에 따라 제2항에 따른 적합인증, 제3항 및 제4항에 따른 적합등록 또는 제7항에 따른 잠정인증(이하 "적합성평가"라 한다)을 받아야 한다.

  [정답] ②

99
다음 중 평균전력을 나타내는 기호는?

① PX　　② PY
③ PZ　　④ PR

- **무선설비규칙/ 제1장/ 제2조(정의)**
  17. "평균전력"이란 정상동작 상태에서 송신장치로부터 송신안테나계의 급전선에 공급되는 전력으로 변조에 사용되는 최저주파수의 1주기와 비교하여 충분히 긴 시간 동안의 평균값을 말하며 PY로 표시한다.

  [정답] ②

100
무선설비 기술기준에서 수신설비가 갖추어야 하는 요건이 아닌 것은?

① 선택도가 클 것
② 감도가 클 것
③ 내부잡음이 적을 것
④ 수신주파수는 운용범위 이내일 것

- **무선설비규칙 제12조(수신설비)**
  ② 수신설비는 다음 각 호의 요건을 모두 갖추어야 한다.
  1. 수신주파수는 운용범위 이내일 것
  2. 선택도가 클 것
  3. 내부잡음이 적을 것
  4. 감도는 낮은 신호입력에서도 양호할 것

  [정답] ②

③ 2019년 4회

1 디지털 전자회로

01 다음 평활회로에서 직류출력전압은 약 얼마인가?

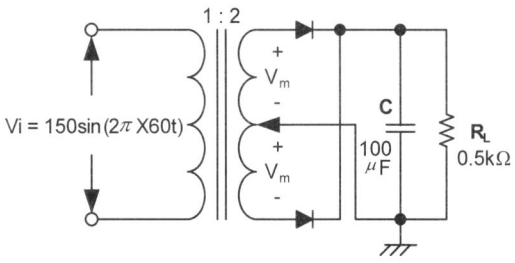

① 48 [V] ② 72 [V]
③ 138 [V] ④ 192 [V]

$$V_{dc} = \frac{2V_m}{\pi} = \frac{2\times 150}{\pi} \fallingdotseq 95[V]$$ 이지만 CR 평활회로 작용에 의해 이보다 상승된 138[V]가 출력된다.

[정답] ③

02 제너다이오드의 양단 전압이 12[V], 제너 다이오드에 흐르는 전류가 10[mA]일 때 제너 다이오드측의 소비전력은?

① 120 [mW] ② 130 [mW]
③ 140 [mW] ④ 150 [mW]

다이오드의 양단의 전압 V=12[V]
제너 다이오드에 흐르는 전류 I =10[mA]이므로
제너 다이오드 측의 소비전력
$P = V \times I = 12[V] \times 10[mA] = 120[mW]$

[정답] ①

03 다음 중 정류회로에서 다이오드를 병렬로 여러개를 접속시킬 경우에 나타나는 특성으로 옳은 것은?

① 과전압으로부터 보호한다.
② 정류회로의 전류용량이 커진다.
③ 정류기의 역방향 전류가 감소한다.
④ 부하출력에서 맥동률을 감소시킨다.

정류회로에서 다이오드를 병렬로 여러개 접속시키면 정류회로의 전류용량이 커진다.
정류회로에서 다이오드를 직렬로 여러개 접속시키면 과전압으로부터 보호할 수 있다.

[정답] ②

04 다음 중 트랜지스터 증폭 특성에 대한 설명으로 틀린 것은?

① 공통 베이스 회로의 입력 임피던스는 작고 출력 임피던스는 크다.
② 공통 베이스 회로의 전류 이득과 공통 컬렉터 회로의 전압 이득은 모두 1보다 크다.
③ 공통 컬렉터 회로의 입력 임피던스는 크고 출력 임피던스는 작아 임피던스 매칭 회로로 사용된다.
④ 증폭 회로의 입출력 위상관계는 공통 베이스 및 컬렉터 회로의 경우 동일 위상이고 공통 이미터의 경우 반전된 위상이다.

• 트랜지스터 증폭회로 특성

구 분	베이스 접지	에미터 접지	콜렉터 접지 (에미터 플로어)
전류이득 A_i	약 1	중간	최대
전압이득 A_v	최대	중간	최소
입력저항 R_i	최소	중간	최대
출력저항 R_o	최대	중간	최소
입·출력 위상	동상	역상	동상

[정답] ②

05 다음 부궤환 방식 중 입력 임피던스는 감소하고 출력임피던스가 증가하는 방식은?

① 병렬 전류 궤환회로 ② 병렬 전압 궤환회로
③ 직렬 전류 궤환회로 ④ 직렬 전압 궤환회로

• 부궤환 방식의 임피던스 변화

입력 임피던스	출력 임피던스
직렬 → 증가	전압 → 감소
병렬 → 감소	전류 → 증가

[정답] ①

06
다음 그림에서 입력전압 V_i는?(단, $R_1 = 2R_2$)

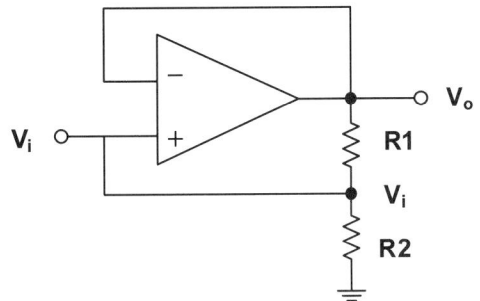

① $V_i = V_o$
② $V_i = 2V_o$
③ $V_i = \dfrac{V_o}{3}$
④ $V_i = 3V_o$

> • V_i에 걸리는 전압(입력전압)
> $$V_i = \frac{R_2}{R_1 + R_2} V_o = \frac{R_2}{2R_2 + R_2} V_o = \frac{R_2}{3R_2} V_o$$
> $$= \frac{1}{3} V_o$$
>
> [정답] ③

07
다음 중 OP-AMP 성능을 판단하는 파라미터로 관련이 없는 것은?

① V_i(입력 오프셋 전압)
② CMRR(동상 신호 제거비)
③ I_B(입력 바이어스 전류)
④ PIV(최대 역 전압)

> 최대 역방향 접압(PIV)는 다이오드에 걸리는 역방향 전압의 최댓값으로 정류회로의 파라미터이다.
>
> [정답] ④

08
그림과 같은 회로에 대한 설명 중 옳은 것은?

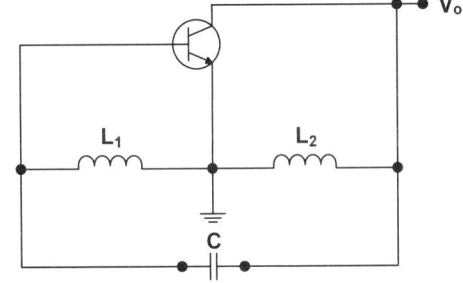

① 콜피츠 발진회로이다.
② VHF대나 UHF대에서 많이 사용된다.
③ 부궤환을 적용하였다.
④ 하틀리 발진회로이다.

> 궤환회로가 L_2, L_3 나 C_2로 구성된 하틀리 발진회로로 장중파, 단파 대역에서 주로 사용된다.
>
> [정답] ④

09
발진회로의 출력이 직접 부하와 결합되면 부하의 변동으로 인하여 발진주파수가 변동된다. 이에 대한 대책이 아닌 것은?

① 정전압 회로를 사용한다.
② 발진회로와 부하 사이에 완충증폭기를 접속한다.
③ 발진회로를 온도가 일정한 곳에 둔다.
④ 다음 단과의 결합을 밀 결합으로 한다.

> • 발진 주파수 변동에 대한 대책
> ① 발진부 후단에 완충 증폭단 설치
> ② 소결합 차폐를 충실히 한다.
> ③ 항온조 사용
> ④ 정전압 회로 사용
>
> [정답] ④

10
다음 중 수정발진기에서 발진주파수가 안정된 이유가 아닌 것은?

① 발진 조건을 만족하는 유도성 주파수 범위가 넓다.
② 주위 온도의 영향이 적다.
③ 전원이나 부하의 변동에 대하여 안정도가 좋다.
④ 수정진동자의 Q가 높다.

> • 수정 진동자의 사용 범위
> 직렬 공진 주파수 f_s와 병렬 공진 주파수 f_p의 두 주파수 사이에서만 유도성이 되며 그 범위가 매우 좁아서 안정된 발진이 가능하다. ($f_s < f < f_p$)
>
> [정답] ①

11
FM변조에서 최대 주파수 편이가 $80\,[\text{kHz}]$일 때 주파수 변조파의 대역폭은 약 얼마인가?

① 40[kHz]
② 60[kHz]
③ 80[kHz]
④ 160[kHz]

> • FM방식의 근사 주파수 대역
> $$B ≒ 2\triangle f = 2 \times 80\,kHz = 160[\text{kHz}]$$
>
> [정답] ④

12
FM수신기에 사용되는 주파수변별기의 역할은?

① 주파수 변화를 진폭 변화로 바꾸어준다.
② 진폭 변화를 위상 변화로 바꾸어준다.
③ 주파수체배를 행한다.
④ 최대주파수편이를 증가시킨다.

> 주파수 변별기(frequency discriminator)는 수신된 FM 신호를 미분하여 입력 신호의 순시 주파수에 비례하는 전압을 출력하는 복조회로이다.
> [정답] ①

13
주파수변조(FM)에서 변조지수를 나타낸 것 중에 대역폭이 가장 넓은 것은?

① 0.5 ② 1
③ 1.5 ④ 2

> • FM 신호의 대역폭
> $B[Hz] = 2(\triangle f + f_s) = 2(m_f + 1)f_s$
> FM방식에서 대역폭은 변조지수 m_f에 비례한다.
> [정답] ④

14
다음 중 PM피변조파에 대한 설명으로 옳은 것은?

① 순시위상은 변조신호의 미분값에 비례하고, 순시주파수는 변조 신호에 비례한다.
② 순시위상은 변조신호에 비례하고, 순시주파수는 변조신호의 미분값에 비례한다.
③ 순시위상은 변조신호의 적분값에 비례하고, 순시주파수는 변조 신호에 비례한다.
④ 순시위상은 변조신호에 비례하고, 순시주파수는 변조신호의 적분값에 비례한다.

> • PM의 순시위상과 주파수
> 1) 순시 위상
> $\theta_{PM} = \omega t + \triangle\theta\cos\omega_s t$ → 변조신호에 비례
> 2) 순시 각주파수
> $\omega_{PM} = \dfrac{d}{dt}\theta\cos\omega_s t$ → 변조신호의 미분값에 비례
> [정답] ②

15
다음 그린은 이상적인 펄스를 나타낸 것이다. 펄스의 듀티 싸이클(Duty Cycle) D의 식으로 옳은 것은?

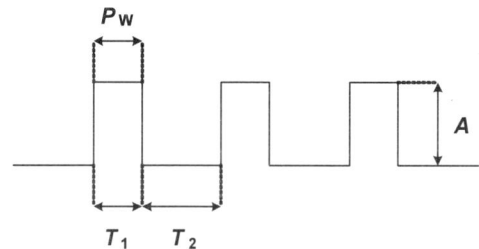

① $D = \dfrac{P_w}{T_2} \times 100\,[\%]$ ② $D = \dfrac{P_w}{T_1 + T_2} \times 100\,[\%]$

③ $D = \dfrac{A}{T_1} \times 100\,[\%]$ ④ $D = \dfrac{A}{T_1 + T_2} \times 100\,[\%]$

> 듀티사이클은 펄스 주기와 펄스폭이 점유하는 시간의 비이다.
> $D = \dfrac{P_w}{T} \times 100\,[\%] = \dfrac{P_w}{T_1 + T_2} \times 100\,[\%]$
> [정답] ②

16
다음 그림과 같은 클램핑 회로의 출력 파형은?

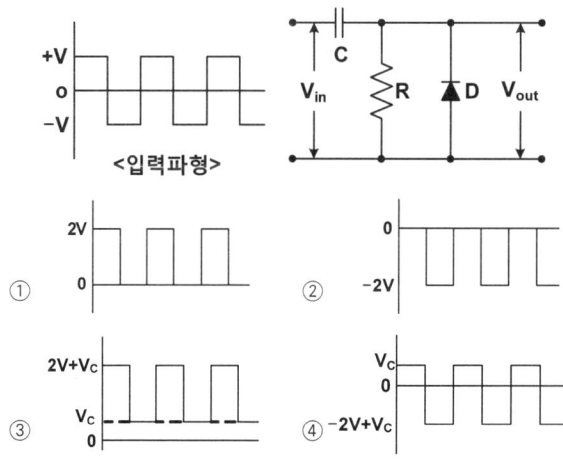

> • 정(+)의 클램프 회로
> 입력에 -V입력 시, 다이오드는 "온", 커패시터는 V로 충전
> 입력에 +V입력 시, 다이오드는 "오프" 출력에 $V_o = 2V$ 출력
> [정답] ①

17

다음 진리표를 부울 대수식으로 표시하면?

A	B	Y
0	0	1
0	1	0
1	0	1
1	1	1

① $Y = \overline{A} + \overline{B}$
② $Y = \overline{A} + B$
③ $Y = A * B$
④ $Y = A + \overline{B}$

출력 Y에 1이 나오는 입력변수를 최소항의 곱으로 표현하면 다음과 같다.
$Y = \overline{AB} + A\overline{B} + AB = \overline{B}(\overline{A}+A) + AB$
$= \overline{B} + AB = (\overline{B}+A)(\overline{B}+B) = \overline{B}+A$

[정답] ④

18

다음 논리식을 간단히 하면?

$$AB + AC + B\overline{C}$$

① $AB + C$
② $AC + B$
③ $AC + B\overline{C}$
④ A

• 카르노맵을 이용 간략화

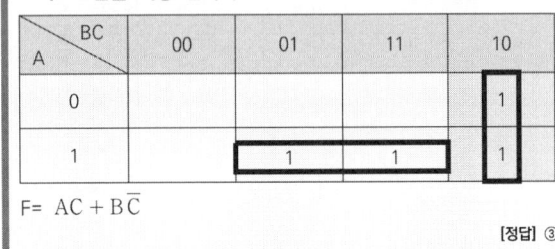

F= $AC + B\overline{C}$

[정답] ③

19

그림의 코드 변화회로의 명칭은?

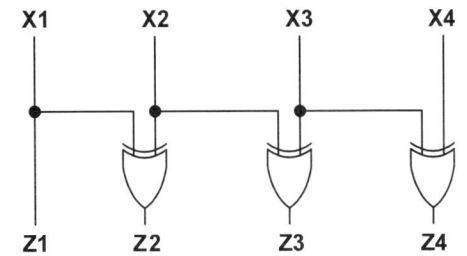

① BCD-GRAY 코드변환기
② BCD-2421 코드변환기
③ BCD-3초과 코드변환기
④ BCD-9의 보수 변환기

두 입력을 EX-OR과정을 거쳐 그레이 코드로 변환하는 회로이다.

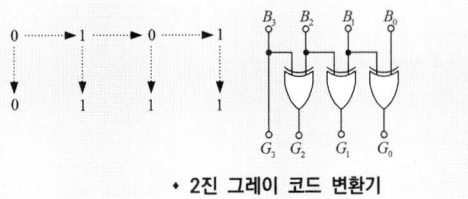

• 2진 그레이 코드 변환기

[정답] ①

20

다음 중 리플 카운터(Ripple Counter)에 대한 설명으로 틀린 것은?

① 비동기 카운터이다.
② 카운트 속도가 동기식 카운터에 비해 느리다.
③ 최대 동작 주파수에 제한을 받지 않는다.
④ 회로 구성이 간단하다.

• **비동기식 계수기(Ripple Counter)**

비동기식 카운터는 리플 카운터라 하며, 이 카운터는 전단에 있는 플립플롭(F/F)의 출력을 받아 다음 단 플립플롭을 동작시키도록 연결되어 있다. 회로는 간단하나 동작속도는 느린 단점이 있다. 최대 동작 주파수는 다음과 같이 구해진다.

$$f_{max} = \frac{1}{F/F 개수 \times 각 F/F의 전파지연}$$

[정답] ③

2 무선통신기기

21

다음 중 스펙트럼 확산(Spread Spectrum) 변조 방식에 대한 설명으로 틀린 것은?

① 복조는 비동기 검파방식만 사용한다.
② 전송 중의 신호전력 스펙트럼 밀도가 낮다.
③ 확산계수가 클수록 비화성이 우수하다.
④ 혼신이나 페이딩 등에 강하다.

• **스팩트럼 확산방식의 특징**
① 전송신호의 신호전력 스펙트럼 밀도가 낮아짐
② 확산계수가 클수록 비화성이 우수
③ 혼신이나 페이딩에 강함
④ 동기방식을 사용하므로 송/수신기의 구성이 복잡함
⑤ CDMA통신방식에서 사용되고 있음

[정답] ①

22
주파수 90[MHz]에 반송파를 6[kHz] 정현파 신호로 FM(Frequency Modulation) 변조했을 때 최대주파수 편이가 ±76[kHz]일 경우, 점유주파수대폭은 몇 [kHz]인가?

① 12[kHz] ② 82[kHz]
③ 152[kHz] ④ 164[kHz]

- **FM 신호의 대역폭**
$B = 2(f_m + \triangle f) = 2(6[\text{KHz}] + 76[\text{KHz}]) = 164[\text{KHz}]$

[정답] ④

23
다음 중 전송속도와 보[Baud]속도가 항상 같은 변조방식은 무엇인가?

① FSK(Frequency Shift Keying)
② QPSK(Quadrature Phase Shift Keying)
③ QAM(Quadrature Amplitude Modulation)
④ OQPSK(Offset Quadrature Phase Shift Keying)

$\text{Baud} = \frac{r}{n} = \log_2 M$

M=2인 2진 FSK방식이 전송속도와 보속도가 같다.

[정답] ①

24
웨버법에 의한 SSB파 발생 회로의 구성 요소가 아닌 것은?

① 평형 변조기 ② 90[°] 이상 회로
③ 합성 회로 ④ 고역 필터

- **SSB(Sigle Side Band)의 구성**
SSB발생은 Filter법, 위상천이법(이상기법), 웨버법이 있다.
웨버법은 필터법과 이상기법을 조합한 구조로 되어 있다.

[정답] ④

25
단일 리액턴스관(Reactance tube) 방식으로서 최대 주파수편이 30[kHz]를 얻으려면 얼마로 체배하여야 하는가?(단, 음성주파수 범위는 30[Hz] ~ 3,000[Hz]이고, 이 리액턴스관의 직선범위는 0.33[rad]이다.)

① 약 10체배 ② 약 20체배
③ 약 30체배 ④ 약 40체배

단일 리액턴스관의 $\triangle f = \triangle \theta \times f_m = 0.33 \times 3kHz \fallingdotseq 1kHz$ 이므로
최대 주파수 편이 30[kHz]를 얻으려면 30체배를 해야 한다.

[정답] ③

26
다음 중 FM송신기에 사용되는 IDC회로의 기능을 바르게 나타낸 것은?

① 변조신호의 진폭 강화
② 임계현상 억제
③ 최대 주파수편이의 규정치 유지
④ 도래전파가 없을 때 잡음 출력 억제

- **IDC회로**
FM 무선 송신기에서 마이크로폰 입력이 과대해지는 경우 변조기 입력의 변화가 과대해져서 발사 전파의 주파수 대폭이 규정 값을 넘어 다른 통신에 방해를 줄 염려가 있다. 이것을 방지할 목적의 회로이며, 일종의 진폭 제한기이다.

[정답] ③

27
16진 QAM(Quadrature Amplitude Modulation)의 대역폭 효율은 몇 [bps/Hz] 인가?

① 1[bps/Hz] ② 2[bps/Hz]
③ 4[bps/Hz] ④ 8[bps/Hz]

- **16진 QAM 대역폭 효율**
$n = \log_2 M = \log_2 16 = 4$

[정답] ③

28
다음 중 16QAM 시스템의 신호에 대한 설명으로 옳은 것은?

① 16개의 위상과 진폭의 조합으로 구성된다.
② 16개의 위상과 주파수의 조합으로 구성된다.
③ 16개의 주파수와 진폭의 조합으로 구성된다.
④ 16개의 주파수와 반송파의 조합으로 구성된다.

QAM(Quadrature Amplitude Modulation)은 반송파의 진폭과 위상을 동시에 변조하는 것으로 ASK와 PSK가 결합된 방식으로, 16-QAM은 피변조파 1파당 4값의 진폭, 4값의 위상을 각각 판별할 수 있어 16개의 정보를 전달할 수 있다.

[정답] ①

29
다음 항법 장치 중 무선 항법 장치가 아닌 것은?
① SSR
② DME
③ VOR
④ TACAN

무선항법장치는 비행기에서 사용되는 네비게이션(항법)이라 생각할 수 있다.
- SSR(Secondary Surveillance Radar)은 현대의 비행기는 반사하기 어려운 재질로 구성되어 있고 각종 기후 환경에 의해서 항공기의 위치를 측정하기가 어려워져, 이러한 문제를 극복하기 위해 도입된 보조감시 레이더이다.

[정답] ①

30
그림과 같이 PM 변조기를 이용하여 FM변조 신호를 발생하고자 한다. 괄호 안에 들어갈 내용으로 적합한 것은?

① (가) 미분기   (나) 없음
② (가) 적분기   (나) 없음
③ (가) 없음   (나) 미분기
④ (가) 없음   (나) 적분기

• FM파의 변복조
• PM파의 변복조

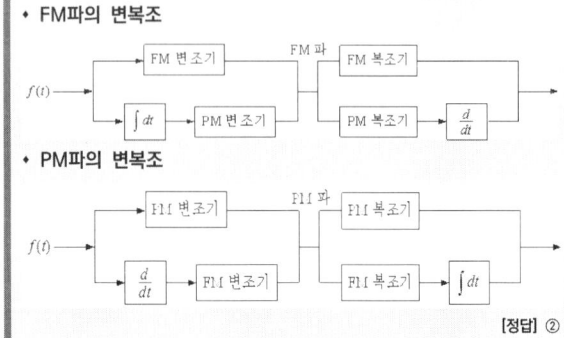

[정답] ②

31
AM(Amplitude Modulation)에서 반송파 전압이 10[V], 변조도가 80[%]일 때 상측파대 전압은 몇 [V]인가?
① 2[V]
② 4[V]
③ 6[V]
④ 8[V]

AM 변조에서 반송파의 진폭 = V_c

상·하측파의 진폭 = $\dfrac{mV_c}{2}$

(V_c는 반송파 전압, m은 변조도)

∴ 상측파대 전압 = $\dfrac{0.8 \times 10}{2} = 4[V]$

[정답] ②

32
태양광 발전시스템에서 DC전기를 사용할 때 필요치 않은 자재는?
① 태양전지모듈
② 밧데리(축전지)
③ 인버터
④ 브리지 발진기

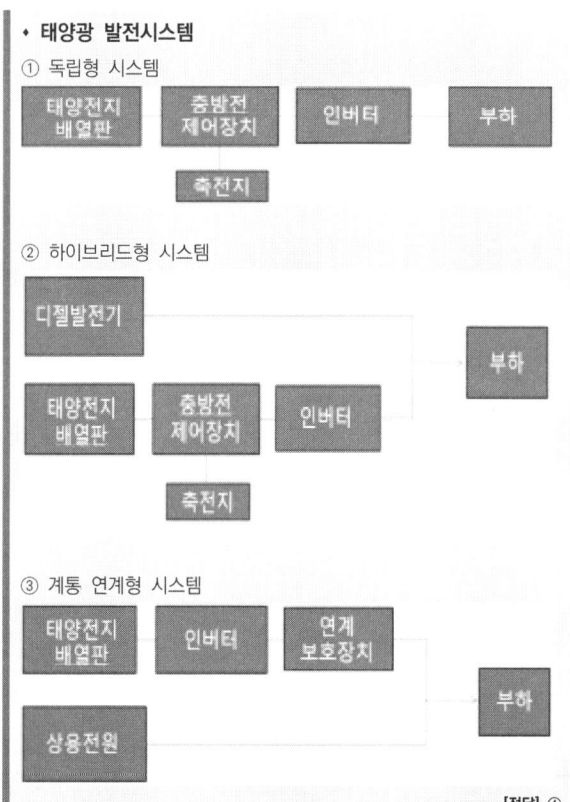

[정답] ④

33
다음 중 축전지의 백색 황산납 발생의 원인이 아닌 것은?
① 극판에 불순물이 혼합되었을 때
② 과도하게 충전할 때
③ 방전한 대로 방치할 때
④ 전해액의 비중이 너무 클 때

• 축전지의 백색 황산납 발생원인
① 방전상태로 장기간 방치할 때
② 과대한 전류로 단기간 방전할 때
③ 소전류로 장기간 방전할 때
④ 불충분한 충전을 할 때
⑤ 전해액의 비중이 너무 클 때
⑥ 충전 후 오랫동안 방치할 때
⑦ 전해액의 온도상승과 하강이 자주 일어 날 때

[정답] ①

34. 전원회로에 관한 설명 중 서로 관계가 먼 것은?

① 평활회로 : 저역통과 여파기
② 전원 변압기 내압 : 코일의 굵기, 횟수
③ 교류 전원 상수 : 리플
④ 정전압 회로 : 증폭도

> 평활용 콘덴서의 용량은 "출력전압의 파형" 과 관계가 된다.

[정답] ④

35. 무부하시 직류 출력전압이 10[V]인 정류회로의 전압 변동률이 10[%]일 경우, 부하시 직류 출력전압은 약 얼마인가?

① 7.09[V]　　② 8.09[V]
③ 9.09[V]　　④ 10.09[V]

> 전압변동률 = $\dfrac{V_0 - V_L}{V_L} \times 100[\%]$
> (V_0은 무부하시 직류 출력전압, V_L은 부하시 직류 출력전압)
> $\dfrac{1}{10} = \dfrac{10 - V_L}{V_L}$
> $V_L = \dfrac{100}{11} = 9.09[V]$

[정답] ③

36. 수신기 특성 중 1신호 선택도에 해당되지 않는 것은?

① 감도 억압 효과　　② 근접 주파수 선택도
③ 영상 주파수 선택도　　④ 스퓨리어스 레스폰스

> 선택도는 무선 수신기에서 희망 신호와 불필요한 신호를 주파수의 차로 분리하는 능력의 정도이며, 하나의 신호 발생기를 이용하여 측정하는 선택도를 1신호 선택도라고 한다.
> 감도 억압 효과
> 무선 통신에서 목적으로 하는 전파를 수신할 때 주파수가 접근한 방해파가 있으면 목적 전파의 수신 감도가 억압되는 현상

[정답] ①

37. 다음 중 수신기의 전기적 성능을 나타내는 지표로서 가장 적합한 것은?

① 변조도, 왜율, 안정도
② 감도, 선택도, 충실도
③ 감도, 변조도, 점유주파수대폭
④ 변조도, 왜율, 점유주파수대폭

감 도	미약한 전파를 잘 수신할 수 있는 능력
선택도	혼신, 잡음 등을 분리하여 원하는 신호만 선택할 수 있는 능력
충실도	원신호를 정확하게 재생할 수 있는 능력
안정도	오랜 시간 동안 일정한 출력을 유지할 수 있는 능력

[정답] ②

38. 다음 중 축전지 용량이 감소하는 원인으로 적합하지 않는 것은?

① 전해액의 부족　　② 전해액 비중의 감소
③ 극판의 부식 및 균열　　④ 백색 황산연의 제거

> • **축전지의 용량감퇴 원인**
> ① 전해액의 부족
> ② 전해액 비중의 과소
> ③ 극판의 만곡 및 그에 따른 단락
> ④ 극판의 부식 및 균열
> ⑤ 충·방전 전류의 과대
> ⑥ 백색 황산납의 발생
> ⑦ 충전의 불충분

[정답] ④

39. 안테나의 실효 인덕턴스가 $2[\mu H]$, 실효 정전용량이 $2[pF]$일 때 이 안테나의 고유 주파수는 약 얼마인가?

① 60[MHz]　　② 80[MHz]
③ 100[MHz]　　④ 120[MHz]

> • **안테나의 고유주파수**
> $f_r = \dfrac{1}{2\pi\sqrt{L_e C_e}} = \dfrac{1}{2\pi\sqrt{2 \times 10^{-6} \times 2 \times 10^{-12}}}$
> 79.58[MHz] = 약 80[MHz]

[정답] ②

40. 기본단위인 길이, 질량, 시간 등을 측정하여 피 측정량을 알아내는 측정을 무엇이라 하는가?

① 절대 측정　　② 직접 측정
③ 간접 측정　　④ 비교 측정

> ① 직접측정 : 측정량을 같은 종류의 기준량과 직접 비교하여 그양의 크기를 결정하는 방식이다.
> ② 간접측정 : 측정량과 관계가 있는 것을 직접측정으로 구하여 계산에 의해 구하는 방식이다.
> ③ 절대측정 : 길이와 질량과 시간을 측정하여 구하는 방법으로 정확한 값이 구해진다.

[정답] ①

3 안테나공학

41 비유전율(ε_s)이 1이고 비투자율(μ_s)이 9인 매질 내를 전파하는 전자파의 속도는 자유공간을 전파할 때와 비교해서 몇 배의 속도가 되는가?

① 2배   ② 1/2배
③ 3배   ④ 1/3배

- 전파속도
$$v = \frac{c}{\sqrt{\mu_s \varepsilon_s}} = \frac{c}{\sqrt{1 \times 9}} = \frac{c}{3}$$

[정답] ④

42 자유공간에서 전파가 20[μs]동안 전파되었을 때 진행한 거리는?

① 2[km]   ② 6[km]
③ 20[km] ④ 60[km]

$d = c \times t = (3 \times 10^8) \times (20 \times 10^{-6}) = 6000$[m]

[정답] ②

43 다음 중 포인팅 벡터의 크기를 나타내는 것은?(단, E : 전계의 세기, H : 자계의 세기, μ : 투자율, ε : 유전율)

① EH ② $\mu\varepsilon$
③ H/E ④ $\sqrt{\mu/\varepsilon}$

$P = EH\sin\theta$, $\theta = 0$인 경우 $P = EH$

[정답] ①

44 다음 중 급전점이 전류 정재파의 파복이 되는 것은?

① 전압급전   ② 전류급전
③ 동조급전   ④ 비동조급전

공중선 전류의 파복에서 급전하는 것은 전류급전 이라 한다.
(*파복: 정상파(定常波)의 가장 진동이 심한 곳)

[정답] ②

45 복사저항 450[Ω]인 폴디드다이폴 안테나 두 개를 $\lambda/4$ 임피던스 변환기를 사용하여 100[Ω]의 평행 2선식 급전선에 정합시키고자 한다. 이 때 변환기의 임피던스 값은?

① 212[Ω]   ② 275[Ω]
③ 300[Ω]   ④ 424[Ω]

폴디드 다이폴 안테나 2개를 직렬 연결한 저항 값 = 900[Ω]
평행 2선식 급전선의 임피던스 = 100[Ω]
$\lambda/4$ 임피던스 변환기의 임피던스 $Z = \sqrt{Z_1 \cdot Z_2} = \sqrt{900 \cdot 100} = 300$[$\Omega$]

[정답] ③

46 다음 중 도파관 임피던스 정합방법의 종류가 아닌 것은?

① 도체봉에 의한 정합   ② 아이솔레이터에 의한 정합
③ 창에 의한 정합   ④ 다이플렉서에 의한 정합

- 다이플렉서(diplexer)
낮은 주파수 신호가 통과되는 저역 필터(LPF: Low-Pass Filter)와 높은 주파수 신호가 통과되는 고역 필터(HPF: High-Pass Filter)를 결합시킨 구조로 되어 있다. 도파관은 일종의 고역필터이다.

[정답] ④

47 다음 중 도파관은 어떠한 특성을 가진 여파기(Filter)로 볼 수 있는가?

① 대역소거여파기(Band Rejection Filter)
② 저역통과여파기(Low Pass Filter)
③ 고역통과여파기(High Pass Filter)
④ 대역통과여파기(Band Pass Filter)

도파관은 주어진 전송 모드에 대하여 관을 통해서 전송할 수 있는 최저 주파수 (차단 주파수 f_c)를 갖는 일종의 고역 필터이다.

[정답] ③

48

그림과 같이 600[MHz]의 반파장 안테나의 끝에서 전압 급전을 하고자한다. 급전선(l)의 최소 길이는?

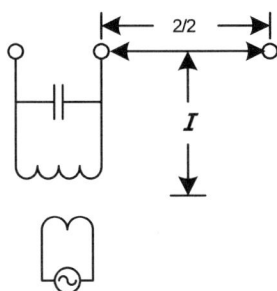

① 0.25[m]   ② 2.5[m]
③ 25[m]   ④ 250[m]

병렬공진 회로이므로 급전선의 길이를 $\frac{\lambda}{4}$의 우수배로 맞추어야 한다.
따라서 2.5[m]가 급전선의 최소길이가 된다.
[정답] ①

49

Friis의 전달공식에서 송신기와 수신기 안테나 간의 거리가 2배 증가 할수록 수신전력은 어떻게 되는가?

① 2[dB]로 증가한다.   ② 3[dB]로 증가한다.
③ 4[dB]로 감소한다.   ④ 6[dB]로 감소한다.

Friis 전송방정식은 수신안테나의 전력과 송신안테나의 전력비로 나타내며 아래 식과 같다.
$\frac{P_R}{P_T} = G_T G_R \left(\frac{\lambda}{4\pi d}\right)^2$
거리가 2배 증가하면 수신전력은 6dB 감소함.
[정답] ④

50

다음 중 애드콕(Adcock) 안테나의 특징이 아닌 것은?

① 야간오차 방지효과가 있다.
② 수평면내 8자형 지향성을 갖는다.
③ 방향탐지용 안테나이다.
④ 수직편파 성분은 결합코일에서 서로 상쇄된다.

애드콕 안테나에서 수평편파 성분이 결합 코일 1차측에서 크기가 같고 방향이 반대인 전류가 서로 상쇄되어 2차측에 출력이 나타나지 않는다.
[정답] ④

51

다음 중 제펠린(Zeppeline) 안테나에 대한 특성으로 맞는 것은?

① 전류 급전방식이다.
② 수평면내 지향특성은 수평 다이폴과 같이 8자형이다.
③ 효율이 나쁘다.
④ 진행파형 안테나이다.

제펠린(Zeppeline) 안테나는 반파장 다이폴 안테나를 한쪽 끝에서 급전하는 방식으로, 전압 급전방식이며, 지향특성은 수평 다이폴과 같다.
[정답] ②

52

접지저항이 $10[\Omega]$인 $\lambda/4$ 수직접지안테나의 복사 능률은 약 얼마인가?

① 78[%]   ② 94[%]
③ 80[%]   ④ 75[%]

$\lambda/4$ 수직접지안테나의 복사 능률 = $\frac{R_r}{R_r + R_g} \times 100[\%]$
(R_r은 복사저항, R_g는 접지저항)
이때, $R_r = 36.56[\Omega]$, $R_g = 10[\Omega]$
$\therefore \frac{36.56}{36.56+10} \times 100[\%] = 78.25[\%]$
[정답] ①

53

다음 중 등방성 안테나의 상대 이득은?

① 0[dBd]   ② 1[dBd]
③ 1.64[dBd]   ④ 1/1.64[dBd]

절대이득(GA)은 크기가 작고 모든 방향에 균일하게 방사하는 등방성 안테나를 기준으로 한다. 이때, 절대이득 = 상대이득 × 1.64 배이므로
등방성 안테나의 상대이득 = 절대이득 × $\frac{1}{1.64}[dBd]$이다.
[정답] ④

54
장·중파대의 송신 안테나의 접지방식 중 대규모(대전력용) 방송국에 가장 적합한 것은?

① 심굴 접지
② 다중 접지
③ 가상 접지
④ 방사상 접지

- **다중접지**
  ① 공중선 전류를 지선망의 각 분구에 똑같이 흘려서 공중선 전류가 기저부에 밀집하는 것을 피하여 접지 저항을 감소시키는 방식
  ② 접지 저항은 1~2[Ω] 정도
  ③ 대전력 방송국에 사용

[정답] ②

55
다음 중 EMI(Electro Magnetic Interference) 용어에 대한 설명으로 옳은 것은?

① 인체, 기자재, 무선설비 등을 둘러싸고 있는 전파의 세기, 잡음 등 전자파의 총체적인 분포 상황이다.
② 어떤 기기의 대해 전자파 방사 또는 전자파 전도에 의한 영향으로부터 정상적으로 동작할 수 있는 능력으로 전자파로부터의 보호라고도 한다.
③ 전자파장해를 일으키는 기자재나 전자파로부터 영향을 받는 기자재가 전자파장해 방지기준 및 보호기준에 적합한 것으로 전자파를 주는 측과 받는 측의 양쪽에 적용하여 성능을 확보할 수 있는 기기의 능력이다.
④ 전자파를 발생시키는 기자재로부터 전자파가 방사 또는 전도되어 다른 기자재의 성능에 장해를 주는 것이다.

- **EMI(Electro Magnetic Interference, 전자파 장해)**
  각종 전기 전자 장비로부터 발생되는 불요 전자파가 통신이나 다른 기기에 전자기적 장해를 유발시키는 현상

[정답] ④

56
다음 중 양청구역에 대한 설명으로 틀린 것은?

① 전리층 반사파와 지표파간의 간섭이 약한 지역으로 통신품질이 양호한 지역이다.
② 전리층 반사파 전계가 지표파의 전계강도보다 강한 지역이다.
③ 송신 안테나에서부터 전리층 반사파와 지표파의 전계강도가 같아지는 지점까지의 영역이다.
④ 수신점의 잡음온도, 송신전력, 대지의 전기적 특성에 따라 달라진다.

- **양청구역(Service Area)**
  라디오·텔레비전 방송을 실질적으로 수신할 수 있는 범위의 지역으로, 지표파에 의한 전계강도와 전리층 반사파에 의한 전계강도가 같은 이내의 구역이다.

[정답] ②

57
스포라딕(Es) 전리층에 대한 설명으로 틀린 것은?

① E층보다 전자밀도가 높다.
② E층과 거의 같은 높이에 형성된다.
③ 발생지역이 광범위하며, 발생 주기는 불규칙하다.
④ 발생 원인이 명백하게 밝혀지지 않고 있다.

Es(Sporatic(산재) E층)은 태양의 흑점주기와 관계가 없지만, 시간/공간적으로 전리층이 불균일하여 초단파대역(30[MHz] ~ 300[MHz])도 반사한다.
1. E층과 동일한 100[km] 상공에 위치함
2. E층보다 전자밀도가 높음
3. 초단파대 초가시거리 통신용으로 사용
4. 발생 원인이 명확치 않음(태양활동과 무관)

[정답] ③

58
극초단파 대역의 신호를 사용하여 200[km] ~ 1,500[km]정도 떨어져 있는 두 지점 간에 통신을 할 때 주로 사용하는 전파는?

① 대류권 산란파
② 지표파
③ 전리층 산란파
④ 회절파

- **대류권산란파의 특징**
1. 초단파대 초가시거리 통신에 적합
2. 시간적, 공간적, 지리적 제한이 없음
3. 전파손실이 커서 대출력 송신기가 요구됨
4. 짧은 주기를 갖는 Fading(Short Term) 발생됨
5. 대류권 산란파 통신은 200[MHz]~3000[MHz], 200[km] ~ 1500[km] 통신에 적합함.

[정답] ①

59
다음 중 회절파에 대한 설명으로 틀린 것은?

① 산악회절파는 페이딩이 적다.
② 산악회절파는 지리적 제한을 받는다.
③ 송·수신점의 정중앙에 산악이 있을 때에 산악회절 이득이 최대가 된다.
④ 회절계수가 커지면 회절손실도 크게 된다.

회절계수 = $\dfrac{\text{회절이 발생할때 전계강도}(E_d)}{\text{회절이 발생하지 않을때 전계강도}(E_0)}$

회절손실 : 회절로 인해 나타나는 전계 강도의 세기가 변하는 현상

[정답] ④

60
다음 중 델린저 현상에 대한 설명으로 틀린 것은?
① 태양의 흑점 폭발 시 발생된 다량의 자외선에 의해 야기된다.
② 주로 저위도 지방에서 주간에 발생한다.
③ 1.5[MHz] ~ 20[MHz]의 단파통신에 영향을 준다.
④ F층의 전자밀도가 순간적으로 증가하게 된다.

> 태양폭발에 의한 현상은 델린져 현상, 자기람 현상이 있음. 델린져는 다량의 자외선에 의해 E층, D층의 전리층 전자밀도가 증가되어 저위도 지방에서 20MHz이하 단파통신에 영향을 줌. 단기간에 발생되어 예측이 어려움. F층의 전자밀도는 변화 없다.
>
> [정답] ④

4 무선통신시스템

61
무선통신시스템에서 PLL(Phase Lock Loop) 없이는 구현이 불가할 만큼 많이 사용되고 있는데 Digital PLL의 구성요소가 아닌 것은?
① TDC(Time Digital Converter)
② DCO(Digital Controlled Osc)
③ Digital Filter
④ Charge Pump

> • Digital PLL의 구성 요소
> ① TDC(Time Digital Convertor):PD
> ② DCO(Digital Controlled Osc):VCO
> ③ Digital Filter:LPF
>
> [정답] ④

62
랜덤변수 X_1과 X_2의 평균이 각각 2, $-\frac{1}{2}$일 때, $Y = 2X_1 + 3X_1X_2$의 평균은 얼마인가?(단, X_1과 X_2는 서로 독립이다.)
① 2
② -1
③ 0
④ 1

> $E[X_1] = 2, E[X_2] = -\frac{1}{2}$
> 이 때, 두 이산 랜덤변수가 독립이면 $E[X_1X_2]=E[X_1]E[X_2]$
> $E[Y] = 2E[X_1] + 3E[X_1X_2] = 2E[X_1] + 3(E[X_1] \times E[X_2])$
> $\therefore E[Y] = 4 - 3 = 1$
>
> [정답] ④

63
다음 중 증폭기를 광대역폭(성)으로 하는 방법이 아닌 것은?
① 증폭기의 다단 접속
② 스태거(Stagger)의 동조 방식 설계
③ 보상 회로 첨가
④ 부궤환 방식 응용

> • 다단 증폭기의 대역폭
> $B = \sqrt{\frac{1}{2^n - 1}}$
> 증폭기 다단접속은 증폭기의 '이득(증폭도)'를 증가시키지만, 대역은 감소한다.
>
> [정답] ①

64
다음 중 디지털 통신시스템의 성능 평가에 가장 적합한 것은?
① 왜율
② SINAD
③ BER
④ S/N

> 디지털 통신시스템의 성능평가는 BER(Bit Error Rate)을 사용한다.
> BER = $\frac{\text{총 } Error\ Bit}{\text{총 전송 } Bit}$
>
> [정답] ③

65
다음 중 이동통신의 무선망 설계 시 고려사항이 아닌 것은?
① 채널할당
② 트래픽 분석
③ 전계강도 분석
④ 저가장비 채택율

> 가격에 따른 장비의 채택율은 설계 시 고려사항이 아니다.
>
> [정답] ④

66
다음 중 마이크로파 전송 구간의 페이딩 억제 방안으로 맞는 것은?
① 구형 도파관 이용
② 위상 증폭기 사용
③ 공간 다이버시티 이용
④ 채널 분파기 이용

> 마이크로파 통신 등에서는 수신 전력의 시간적인 변동으로 페이딩을 수반한다.
> 이를 위한 억제 방안으로 다이버시티를 이용할 수 있다. 그 중 공간 다이버시티는 2가지 이상의 수신 안테나를 어느 정도 떨어진 장소에 설치하는 방식이다.
>
> [정답] ③

67
WCDMA 시스템에서 기지국은 핸드오버를 위하여 인접 셀의 정보를 단말에게 통지한다. 이 경우 통지 가능한 최대 셀의 개수는 몇 개인가?

① 15개　　② 20개
③ 31개　　④ 63개

> WCDMA 시스템에서 기지국은 핸드오버를 위해 인접 셀의 정보를 단말에 통지하는데, 이때 통지 가능한 셀의 수는 최대 31개이다.
>
> [정답] ③

68
다음 중 대역확산 방식의 장점이 아닌 것은?

① 방해파 억압　　② 에너지 밀도 증가
③ 우수한 시간 해상도　　④ 다중접속

> • 대역확산 방식
> 대역폭 관점에서 보면, 원래의 송신 데이터의 대역폭이 확산 코드에 의해 확산 신호의 대역폭만큼 넓어진 것이므로 이 과정을 '확산'이라고 한다. 이때 송신 데이터가 가지고 있는 에너지는 일정하므로, 확산 과정 후에는 데이터에 해당하는 크기가 대역폭만큼 반비례하여 작아진다.
>
> [정답] ②

69
다음 보기는 무엇에 대한 설명인가?

> 기지국사에 위치하여 원격의 RHU를 광링크시켜 주는 장비로서 디지털부, IF 모듈과 광모듈, CPU, PSU, 셀프 기구물로 구성된다. RHU와의 광링크를 위하여 2파장 광모듈을 사용하는데 DL은 1,550[nm], UL은 1,310[nm] 파장을 사용하고, 이들 각각의 Path는 WDM 방식을 적용하여 1개의 광선로를 통하여 연결된다.

① MHU(Master Hub Unit)
② RHU(Remote Hub Unit)
③ RU(Remote Unit)
④ RPU(Remote Pack Unit)

> MHU(Master Hub Unit)는 기지국사에 위치하여 원격의 RHU를 광링크시켜 주는 장비이다.
>
> [정답] ①

70
단위 면적당 기지국 밀도를 일정하게 한 경우에 얻을 수 있는 최저 수신 레벨은 어느 모양 일 때 가장 우수한가?

① 사각형　　② 육각형
③ 삼각형　　④ 원형

> 단위 면적당 기지국 밀도를 일정하게 한 경우는 겹치는 부분이 없도록 기지국을 배치한 것이고, 이때 빈 공간이 최소화 되는 모양은 육각형이다.
>
> [정답] ②

71
다음 중 IS-95 CDMA 시스템에서 이동국이 PILOT 신호의 세기를 기반으로 전력제어를 하는 방식은?

① 개방루프 전력제어(Open-Loop Power Control)
② 폐 루프 전력 제어(Closed-Loop Power Control)
③ 교환국 전력제어 방식
④ 기지국 전력제어 방식

> • 개방루프 전력제어(Open Loop Power Control)
> Pilot 신호 세기를 가지고 이동국은 신호세기가 임계값보다 작으면 출력을 높이고, 임계값보다 크면 출력을 낮추는 전력제어방식
>
> [정답] ①

72
OSI 참조모델에서 전송제어, 흐름제어, 오류제어 등의 역할을 수행하는 계층은?

① 세션 계층　　② 네트워크 계층
③ 물리 계층　　④ 데이터링크 계층

> • 데이터링크층(data link layer)
> 전송제어를 수행하는 계층으로, 입·출력 장치제어, 회선제어, 동기제어, 오류제어 역할을 수행하며, 이러한 전송제어를 수행하기 위해 BASIC이나 HDLC 프로토콜과 같은 전송제어 프로토콜이 있어야 한다.
>
> [정답] ④

73
무선 LAN의 특성으로 틀린 것은?

① 전파를 이용해 데이터를 송수신
② 배선으로부터 해방
③ 단말기 설치의 자유도 향상
④ 장거리 무선 통신 방식

> LAN(Local Area Network)은 비교적 가까운 거리에 위치한 소수의 장치들을 서로 연결한 네트워크이므로, 장거리 무선 통신 방식은 적합하지 않다.
>
> [정답] ④

74
다음 중 마스터 스테이션으로부터 슬레이브 스테이션에게 전송할 데이터가 있는지 물어보는 방식은?

① Contention ② Polling
③ Selection   ④ Detection

• 폴링(Polling)
주국(마스터 스테이션)으로부터 종국(슬레이브 스테이션)에게 전송할 데이터가 있는지 물어보는 방식으로, 종국으로부터 가능하다는 응답이 오면 주국이 데이터를 수신.

[정답] ②

75
다음 중 상위의 계층에서 주어진 정보를 공통으로 이해할 수 있는 표현 형식으로 변환하는 기능을 제공하는 계층은?

① 네트워크 계층 ② 세션 계층
③ 표현 계층   ④ 응용 계층

• 표현계층(Presentation)
정보의 Format 및 Syntax(데이터 구조 나 형식)의 변환기능을 수행하거나 정보의 압축 및 암호화를 수행한다.

[정답] ③

76
다음 중 TCP over Wireless 기술에 해당되지 않는 것은?

① End-to-End Solutions
② Dynamic Host Configuration
③ Link Layer Protocols
④ Split TCP Approach

Dynamic Host Configuration Protocol은 IP주소와 같은 TCP/IP 통신을 수행하기 위한 네트워크 구성 파라미터들을 동적으로 설정하기 위해 사용되는 표준 네트워크 프로토콜이다. DHCP 프로토콜은 UDP 패킷을 이용하는 비연결형 서비스 모델을 기반으로 한다. 컴퓨터 통신망이 도입된 이후로 TCP는 인터넷 표준 통신 규약으로 가장 널리 사용되고 있다. 초기 TCP는 전송오류율이 낮은 유선 통신망을 고려하여 고안되었기 때문에 무선통신망에 적용할 경우 여러 가지 문제점이 발생한다. 즉 무선 통신망은 유선 통신망에 비해 대역폭이 작으며 전송 오류율이 높고 전송지연이 길고 변동이 심하다.

[정답] ②

77
다음 중 잡음방해의 개선 방법으로 틀린 것은?

① 수신 전력을 크게 한다.
② 수신기의 실효대역폭을 넓게 한다.
③ 적절한 통신방식을 선택한다.
④ 송신전력을 크게 하고 수신기를 차폐한다.

• 잡음방해 개선방법
① 수신전력을 크게 함
② 수신기의 실효대역폭을 좁게 함
③ 적절한 통신방식을 선택
④ 송신전력을 크게 하고 수신기를 차폐

[정답] ②

78
다음 중 무선망 최적화 수행사항이 아닌 것은?

① 커버리지 확보   ② 절단율 개선
③ 기지국 용량 감소 ④ 통화량 균등 분배

트래픽이 많아질수록 무선망의 최적화를 위해 기지국은 큰 용량을 갖추어야 한다.

[정답] ③

79
다음 중 유지보수 장애처리 종료 후 업무로 적합하지 않은 것은?

① 장애 해결 상황을 담당자에게 통보
② 장애 조치 결과 보고서를 작성
③ 장애 발생 접수 및 보고
④ 장애 근본 원인분석을 판단하여 재발 방지 위한 대책 강구

'장애 발생 접수 및 보고'는 장애 발생 시 업무로 적합하다.

[정답] ③

80
스퓨리어스 방사의 종류는 전동성과 방사성으로 나누어지는데 이 중 전도성이 의미하는 것은?

① 기지국의 RF 출력단에서 측정한 것
② RF 출력단을 종단시키고 전자파 무반사실 내에서 측정한 것
③ 단말기의 RF 입력단에 측정한 것
④ RF 출력단을 종단시키고 전자파 반사실 내에서 측정한 것

스퓨리어스 방사란 기지국 또는 무선단말기에서 RF출력단에서 측정한 값을 말함. 스퓨리어스 방사는 낮을 수록 좋으며 증폭기의 비선형성에 의해 발생됨.

[정답] ①

5 전자계산기 일반 및 무선설비기준

81 16진수 값 '1234567'을 기억장치에 저장하려고 한다. Little Endian 방식으로 저장된 것은 어느 것인가?

①
주소	0	1	2	3
내용	12	34	56	78

②
주소	0	1	2	3
내용	21	43	65	87

③
주소	0	1	2	3
내용	78	56	34	12

④
주소	0	1	2	3
내용	87	65	43	21

Little Endian 방식이란 메모리 시작 주소가 하위 바이트로부터 상위 바이트 방향으로 기록되는 바이트 오더 방식이다.
일상적인 문자 또는 숫자 표현 순서와는 반대 순서이다.

[정답] ③

82 액정 디스플레이(LCD)에 대한 설명 중 틀린 것은?
① 네온 전구와 아르곤 가스를 이용한 플라즈마 현상에 의해 정보를 표시한다.
② 디지털 계산기나 노트북, 컴퓨터 등의 표시장치에 사용된다.
③ 비발광체이기 때문에 CRT보다 눈의 피로가 적고 전력소모가 적다.
④ 보는 각도에 따라 선명도가 달라진다.

네온전구와 아르곤가스를 이용한 플라즈마 현상에 의해 정보를 표시하는 것은 LED에 대한 설명이다.

[정답] ①

83 다음 중 입력장치와 출력장치가 순서대로 짝지어진 것은?
① 마우스-트랙볼
② 디지철 카메아-스캐너
③ 트랙볼-LCD
④ CRT-PDP

입력장치 : 마우스, 트랙볼, 스캐너, 디지털카메라
출력장치: LCD, CRT, PDP

[정답] ③

84 10진수 46을 2진화 10진수(BCD)로 표현하면?
① 01000110
② 01010010
③ 01010011
④ 00100110

• BCD 표기법 (2진화 10진수)
각 자리의 10진 숫자를 동등한 2진수(보통, 4비트 2진수)로 표기
$(0100)_2 / (0110)_2 = 4 / 6$

[정답] ①

85 두 개의 레지스터에 십진수를 1과 -1에 해당하는 이진수가 저장되어 있다. 이 두 레지스터에 덧셈 연산을 수행하는 결과로 옳은 것은?
① 결과값은 0이고, 캐리(Carry)가 발생하지 않는다.
② 결과값은 0이고, 캐리(Carry)가 발생한다.
③ 오버플로우(Overflow)와 캐리(Carry)가 발생한다.
④ 오버플로우(Overflow)는 발생하나 캐리(Carry)가 발생하지 않는다.

• 레지스터에 덧셈 연산
① "1" 과 "-1"의 덧셈은 보수를 이용하여 연산함
② "1"의 2진수(01) 〉 1의 보수 : 10 〉 2의 보수 : 11
③ "01 + 11 = 100" 이 되어 맨앞의 "1"은 자리올림(캐리)
④ 캐리 "1"을 버리면 결과값은 "0"임

[정답] ②

86 정보표현의 단위가 작은 것부터 큰 순으로 올바르게 나열된 것은?

> ㉠ 바이트   ㉡ 레코드
> ㉢ 파일   ㉣ 비트
> ㉤ 데이터베이스

① ㉠ ㉡ ㉢ ㉣ ㉤
② ㉣ ㉠ ㉡ ㉢ ㉤
③ ㉣ ㉢ ㉠ ㉤ ㉡
④ ㉠ ㉣ ㉢ ㉡ ㉤

• 정보표현의 단위
비트 -〉 바이트 -〉 레코드 -〉 파일 -〉 데이터베이스
(1byte = 8bit)

[정답] ②

87
다음 중 가중치 코드에 해당하지 않는 것은?
① BCD 코드
② 2421코드
③ Gray 코드
④ 5211 코드

- 그레이 코드(Gray code)
현 상태에서 다음 상태로 코드의 그룹이 변화할 때 단지 하나의 비트만이 변화되는 최소 변화 코드의 일종이며, 비트의 위치가 특별한 가중치를 갖지 않는 비가중치 코드

[정답] ③

88
OS(Operating Ststem)기능 중 자원관리에 속하지 않는 것은?
① 기억장치 관리
② 주변장치 관리
③ 파일 관리
④ 보안관리

- OS(Operation System) 운영체제

사용자의 편의성	시스템의 성능향상
• 다양한 자원을 효율적으로 관리할 수 있다.	• 처리능력의 향상 • 응답시간의 단축 • 신뢰성의 향상 • 사용가능도의 향상

- 운영체제 자원 관리의 종류
Process 관리, 기억장치 관리, 입출력장치 및 주변장치 관리, 파일 및 디스크 관리

[정답] ④

89
4개의 중앙처리장치(CPU)를 두고 하나의 주기억장치(Main Memory)로 구성된 컴퓨터시스템이 있다. 이 컴퓨터에서 하나의 작업을 4개의 중앙처리장치에서 동시에 수행하기 위하여 가장 적합한 운영체제 시스템은?
① 분산 처리(Distributed Processing) 시스템
② 다중 처리(Multi Processing) 시스템
③ 다중 프로그래밍(Multi Programming) 시스템
④ 실시간 처리(Realtime Processing) 시스템

① 다중처리(Multi Processing) 시스템
2개 이상의 프로세서를 사용하여 프로그램을 동시에 수행시키는 방식

② 다중프로그래밍(Multi Programming) 시스템
하나의 프로세서에 두 개 이상의 프로그램을 실행하는 방식으로 시분할 기법을 주로 사용

[정답] ②

90
저작자(개발자)에 의해 무상으로 배포되는 컴퓨터 프로그램으로 개인이나 열광자(Enthusiast)가. 자기의 작품에 대해 동호인들의 평가를 받기 위해서 또는 개인적 만족감을 얻기 위해서 사용자 집단(User Group), PC 통신망의 전자 게시판이나 공개 자료실, 인터넷의 유즈넷(USENET) 등을 통해 배포하는 소프트웨어는?
① 프리웨어
② 소셜 소프트웨어
③ 멀웨어
④ 번들

① 프리웨어(Freeware)
원저작자가 금전적인 권리를 보류하여 누구나 무료로 사용하는 것을 허가하는 공개 소프트웨어

② 셰어웨어(Shareware)
제작자가 프로그램을 광고하기 위해서 일정기간만 사용가능하게 재 프로그래밍 하여서 내놓는 프로그램

[정답] ①

91
거짓이나 그 밖의 부정한 방법으로 적합성평가를 받았을 때 행정처분의 내용이 아닌 것은?
① 시정명령
② 개선명령
③ 수입품 대체
④ 판매중지

행정처분은 행정청이 행하는 구체적 사실에 관한 법집행으로서의 공권력의 행사 또는 그 거부와 그밖에 이에 준하는 행정작용으로, '수입품 대체'는 해당되지 않는다.

[정답] ③

92
무선설비에 전원을 공급하는 고압전기용 전기설비에는 안전시설물을 하도록 하고 있다. 여기에서 고압전기란?

① 600[V]를 초과하는 고주파 및 교류전압과 750[V]를 초과하는 직류전압
② 750[V]를 초과하는 고주파 및 교류전압과 750[V]를 초과하는 직류전압
③ 1,000[V]를 초과하는 고주파 및 교류전압과 직류전압
④ 20[V]를 초과하는 고주파 및 교류전압

• 설비규칙/ 제4장 (무선설비 안전시설기준)/
17조(무선설비의 안전시설)
① 무선설비에 전원의 공급을 위하여 고압전기(600볼트를 초과하는 고주파 및 교류전압과 750볼트를 초과하는 직류전압을 말한다. 이하 같다)를 발생시키는 발전기나 고압전기가 인입되는 변압기, 정류기 등을 이용할 경우에는 해당 기기들은 외부에서 쉽게 닿지 아니하도록 절연차폐체 또는 접지된 금속차폐체 안에 있어야 한다. 다만, 취급자 외의 자가 출입하지 못하도록 된 장소에 설치되는 경우는 예외로 한다.

[정답] ①

93
다음 중 무선설비 등에서 발생하는 전자파가 인체에 미치는 영향을 고려하여 고시하여야 할 항목이 아닌 것은?

① 전자파 기기의 보호기준과 등급
② 전자파 흡수율 측정기준
③ 전자파 강도 측정기준
④ 전자파 측정대상 기자재와 측정방법

• 전파법 시행령/ 제123조(권한의 위임·위탁)
[국립전파연구원장에게 위임한 사항]
2. 전자파강도·전자파흡수율 측정기준 및 측정방법의 고시

[정답] ①

94
필요주파수대 바깥쪽에 위치한 하나 이상의 주파수에서 발생하는 발사로서 정보전송에 영향을 미치지 아니하고 그 강도를 저감시킬 수 있는 것으로 고조파발사, 기생발사, 상호변조 및 주파수 변환 등에 의한 발사를 무엇이라 하는가?

① 스퓨리어스 발사
② 대역외 발사
③ 점유주파수 발사
④ 혼변조 발사

• 설비규칙/ 제2조(정의))
9. "스퓨리어스 발사"(Spurious 發射)란 필요주파수대역폭 바깥쪽에 위치한 하나 이상의 주파수에서 발생하는 발사(대역외발사는 제외한다)로서 정보전송에 영향을 미치지 아니하고 그 강도를 저감시킬 수 있는 것으로 고조파발사, 기생발사, 상호변조 및 주파수 변환 등에 의한 발사를 포함한 발사를 말한다.

[정답] ①

95
무선종사자가 2차 이상 통신보안교육을 받지 않거나 통신보안사항을 준수하지 아니한 경우 벌칙은?

① 3개월 이내의 업무정지
② 6개월 이내의 업무정지
③ 1년 이내의 업무정지
④ 2년 이내의 업무정지

• 전파법 시행령 별표26
통신 보안에 관한 사항을 준수하지 아니한 경우 혹은
통신 보안 교육을 받지 아니한 자
위반 횟수별
- 1차 이상 : 업무 종사 정지(6개월)
- 2차 이상 : 업무 종사 정지(1년)
- 3차 이상 : 기술 자격 취소

[정답] ③

96
다음 중 무선국이 갖추어야 할 개설조건에 속하지 않는 것은?

① 통신사항이 개설목적에 적합할 것.
② 개설목적의 달성에 필요한 최소한의 안테나공급전력을 사용할 것.
③ 무선설비는 선박의 항행에 지장을 주지 아니하는 장소에 설치할 것.
④ 이미 개설되어 있는 다른 무선국의 운용에 지장을 주지 아니할 것

• 전파법 시행령/ 제32조(무선국의 개설조건)
1. 통신사항이 개설목적에 적합할 것
2. 시설자가 아닌 타인에게 그 무선설비를 제공하는 것이 아닐 것
3. 개설목적·통신사항 및 통신상대방의 선정이 법령에 위반되지 아니할 것
4. 개설목적을 달성하는 데 필요한 최소한의 주파수 및 공중선전력을 사용할 것
5. 무선설비는 인명·재산 및 항공의 안전에 지장을 주지 아니하는 장소에 설치할 것
6. 개설하려는 무선국이 이미 개설되어 있는 다른 무선국의 운용에 지장을 주지 아니할 것

[정답] ③

97
의무항공기국의 예비전원은 항공기의 항행안전을 위하여 무선설비를 최소한 얼마 이상 동작시킬 수 있어야 하는가?

① 10분   ② 20분
③ 30분   ④ 1시간

설비규칙/ 제16조(예비전원 및 예비품 등)
의무항공기국의 예비전원은 해당 항공기의 항행안전을 위하여 필요한 무선설비를 30분 이상 작동할 수 있는 성능을 갖추어야 한다.

[정답] ③

98
다음 중 필요주파수대폭 202[MHz]를 바르게 표시한 것은?

① M202   ② 2M02
③ 202M   ④ 20M2

전파법 시행령/ 제29조의2(전파형식의 표시 등)
필요주파수대폭
  - 3개의 숫자와 1개의 문자로 표시, 문자는 소수점 자리에 두어 필요주파수대역 단위 표시
0.001 ~ 999 Hz => H
1.00 ~ 999 kHz => K
1.00 ~ 999 MHz => M
1.00 ~ 999 GHz => G
  - 영(0),K,M,G의 문자는 필요주파수대폭 표시 첫머리에 둘 수 없음
  - 필요주파수대폭의 단위표시는 해당 자릿수에 표시
예) 12K5 => 12.5 [kHz]
    202M => 202[MHz]

[정답] ③

99
거짓으로 적합성평가를 받은 후 그 적합성평가의 취소처분을 받은 경우에 해당 기자재는 얼마 이내의 기간 동안 적합성평가를 받을 수 없는가?

① 1년   ② 2년
③ 3년   ④ 5년

• 전파법 시행령/ 제77조의8(적합성평가의 취소)
[적합성 평가 취소 기간]
1. 해당 방송통신기자재등이 적합성평가기준에 적합하지 아니하게 된 경우나 적합성평가표시를 하지 아니하거나 거짓으로 표시한 경우 사유로 취소처분을 받은 경우: 6개월
2. 거짓이나 그 밖의 부정한 방법으로 적합성평가를 받은 경우: 1년

[정답] ①

100
적합성평가를 받은 자에게 사후관리 대상기자재의 제출을 요구할 경우에 반입 수량은 몇 대까지로 하는가?

① 2대 이하   ② 3대 이하
③ 5대 이하   ④ 10대 이하

• 전파법 / 제7장 조사 및 조치/ 제21조(사후관리 등)
④ 원장은 적합성평가를 받은 자에게 사후관리 대상기자재의 제출을 요구할 경우에는 다음 각 호의 요구사항을 서면으로 통보하여야 하며 이 경우 반입수량은 3대 이하로 한다.

[정답] ②

4 2020년 1회

1 디지털 전자회로

01
다음 그림은 정류회로의 입력파형과 출력파형을 나타내었다. 주어진 입출력 특성을 만족시키는 정류회로는? (단, 다이오드의 문턱전압은 0.7[V]이고, 변압기의 권선비는 1:1이라 가정한다.)

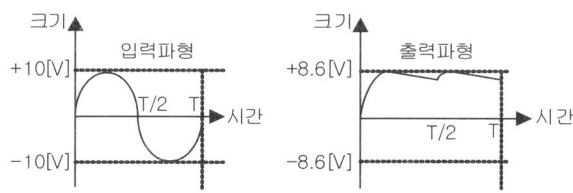

① 반파정류회로
② 중간탭 전파정류회로
③ 2배압 정류회로
④ 용량성 필터를 갖는 브리지 전파정류회로

> 입력전압 10[V]가 인가되어 출력에 2개의 다이오드에서 문턱전압 1.4[V]가 전압강하되어 8.6[V]가 나타나는 용량성 필터를 갖는 브리지 전파 정류회로이다.

[정답] ④

02
다음 정전압 회로에 대한 설명으로 틀린 것은?

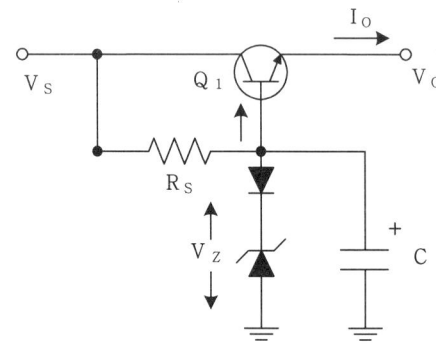

① 다이오드를 통하여 온도변화에 대해 안정하다.
② 캐패시터를 통하여 리플성분을 제거해 준다.
③ 출력 전압(V_0)은 제너전압(V_Z)에 순방향 전압을 더한 값이다.
④ 동전위 정전압 회로이다.

> 주어진 정전압회로의 출력 전압은 제너전압에 트랜지스터의 순방향 전압을 빼준 값이다.
> ∴ $V_o = V_Z - V_{BE}$

[정답] ③

03
다음 정류회로에 대한 설명으로 옳은 것은?

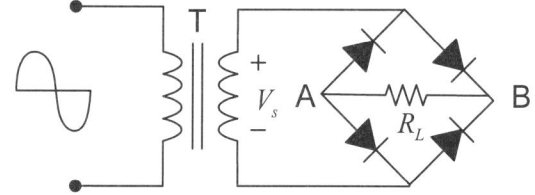

① 저전압 정류할 때 적합하다.
② V_s가 양의 전압일 때 R_L양단에 전류가 흐르지 않는다.
③ R_L에 걸리는 전압의 최대치는 T의 2차 전압의 최대치에 가깝다.
④ 다이오드에 걸리는 역방향 전압의 최대치는 T의 2차 전압의 최대치에 2배에 가깝다.

> 브리지 전파 정류회로는 PIV(Peak Inverse Voltage)가 2차 전압의 최대치와 같아 고전압 정류회로에 사용된다.

[정답] ③

04
공통 베이스(Common Base) 증폭기 회로에서 컬렉터 전류가 4.9[mA]이고, 이미터 전류가 5[mA]이었을 때 직류전류 증폭률은?

① 0.98
② 1.02
③ 1.27
④ 1.31

> • 공통베이스 증폭기 직류 전류증폭률
> $\alpha = \left|\dfrac{\Delta I_C}{\Delta I_E}\right| = \dfrac{4.9[\text{mA}]}{5[\text{mA}]} = 0.98$

[정답] ①

05

다음 궤환회로에 대한 설명으로 틀린 것은?

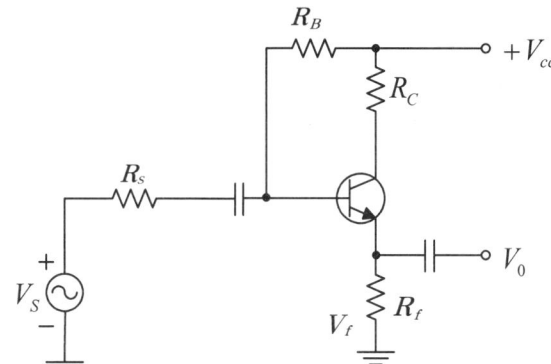

① 궤환으로 입력 임피던스는 감소한다.
② 궤환으로 전체 이득은 감소한다.
③ 궤환으로 주파수 일그러짐이 감소한다.
④ 궤환으로 출력 임피던스는 감소한다.

직렬 전압 궤환증폭회로이다.

• 부궤환 증폭기의 입출력 임피던스 변화

궤환	직렬전압	직렬전류	병렬전압	병렬전류
입력임피던스	증가	증가	감소	감소
출력임피던스	감소	증가	감소	증가

[정답] ①

06

전력증폭회로의 동작등급에서 가장 선형적인 동작이 가능한 것은?

① A급   ② AB급
③ B급   ④ C급

A급 증폭기는 선형성이 우수해 일그러짐이 적고, 안정된 증폭이 가능해 완충증폭기에 사용된다.

• 전력증폭방식 비교

구분	A급	B급	C급
동작점	특성곡선의 중앙	특성곡선의 차단점	특성곡선의 차단점 이하
유통각	$\theta = 2\pi$	$\theta = \pi$	$\theta < \pi$
선형성	우수	중간	나쁘다.
효율	낮음	중간	높음
용도	완충 증폭	저주파 전력증폭	고주파 전력증폭

[정답] ①

07

다음 B급 SEPP(Single-Ended Push-Pull) 증폭기에서 트랜지스터 1개당 최대 전력 손실은 약 몇 [W]인가?

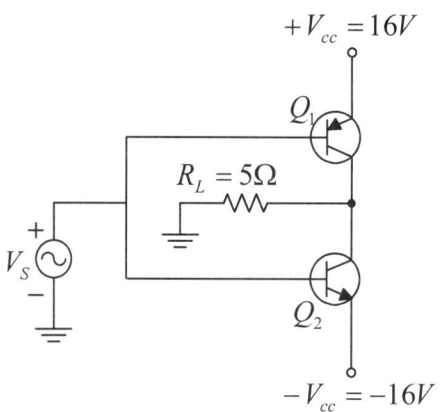

① 1.5[W]   ② 2.5[W]
③ 3.5[W]   ④ 4.5[W]

• B급 OCL(Output Condensor Less) SEPP 증폭회로

공급전력 $P_{dc} = \dfrac{2V_{cc}^2}{\pi R_L} = \dfrac{2 \times 16^2}{\pi \times 5} \cong 32.61[W]$

출력전력 $P_0 = \dfrac{V_{cc}^2}{2R_L} = \dfrac{16^2}{2 \times 5} \cong 25.6[W]$

손실전력 $P_l = \dfrac{P_{dc} - P_0}{2}$

$= \dfrac{32.61 - 25.6}{2} \cong 3.505[W]$

[정답] ③

08

다음과 같은 궤환 증폭회로(부궤환)의 궤환 증폭도(A_r)는?

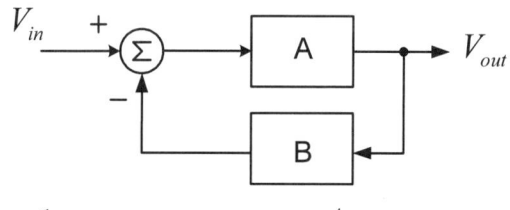

① $\dfrac{1}{1-A\beta}$ ② $\dfrac{A}{A+\beta}$

③ $\dfrac{1}{1+A\beta}$ ④ $\dfrac{1}{A+A\beta}$

• 궤환 증폭회로(부궤환)의 궤환 증폭도

∴ $A_f = \dfrac{V_0}{V_s} = \dfrac{V_0}{V_i + \beta v_0} = \dfrac{A}{1+\beta A}$

A_f: 전체이득, A: 개방루프이득
β: 귀환율, $A\beta$: 루프이득, $1+A\beta$: 귀환량

[정답] ③

09

다음은 윈-브리지 발진회로를 나타내었다. 발진주파수를 구하는 식은 어느 것인가? (여기서, $R_1 = R_2 = R$, $C_2 = C_1 = C$이다)

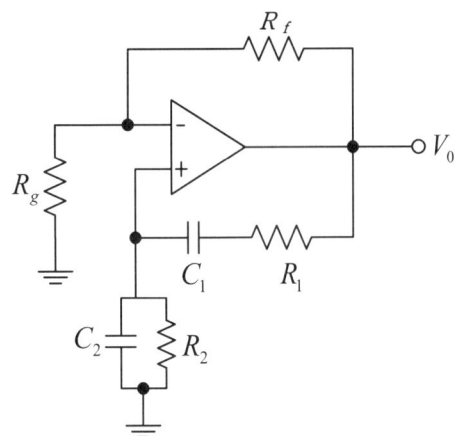

① $f_r = \dfrac{1}{2\pi RC}$ ② $f_r = \dfrac{1}{2\pi\sqrt{RC}}$

③ $f_r = \dfrac{1}{2\pi\sqrt{2RC}}$ ④ $f_r = \dfrac{1}{4\pi RC}$

- **윈 브리지 RC발진회로 발진주파수**

$$\therefore f_o = \dfrac{1}{2\pi\sqrt{R_1 R_2 C_1 C_2}} = \dfrac{1}{2\pi RC}[H_Z]$$

$(R_1 = R_2 = R,\ C_2 = C_1 = C)$

[정답] ①

10

다음 중 LC발진회로에서 발진주파수의 변동요인과 대책이 틀린 것은?

① 전원전압의 변동 : 직류안정화 바이어스 회로를 사용
② 부하의 변동 : Q가 낮은 수정편을 사용
③ 온도의 변화 : 항온조를 사용
④ 습도에 의한 영향 : 화로의 방습 조치

- **LC발진회로에서 발진주파수의 변동요인과 대책**
① 발진부 후단에 완충 증폭단을 설치
② 전원전압 안정화 회로
③ 다음단과 소결합
④ 항온조, 방습장치 사용

[정답] ②

11

그림과 같은 수정편의 등가회로에서 $L_0 = 25[mH]$, $C_0 = 1.6[pF]$, $R_0 = 5[\Omega]$, $C_1 = 4[pF]$일 때 직렬 공진 주파수는 약 얼마인가? (단, $\pi = 3.14$)

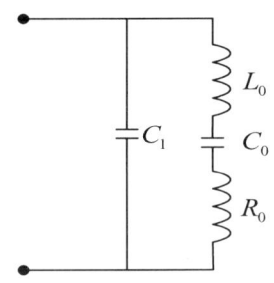

① 766.2[kHZ]   ② 776.2[kHZ]
③ 786.2[kHZ]   ④ 796.2[kHZ]

- **수정발진기 공진주파수**

직렬공진주파수	병렬공진주파수
$f_s = \dfrac{1}{2\pi\sqrt{LC}}$	$f_p = \dfrac{1}{2\pi\sqrt{L\left(\dfrac{C_0 C}{C_0 + C}\right)}}$

- **직렬공진주파수**

$$f_s = \dfrac{1}{2\pi\sqrt{L_0 C_0}} = \dfrac{1}{2\pi\sqrt{(25\times 10^{-3})(1.6\times 10^{-12})}}$$

$= 796.2[KHz]$

[정답] ④

12

진폭변조(Amplitude Modulation)에서 반송파 전력이 15[kW]일 때, 변조도를 100[%]로 변조하면 피변조파 전력은 얼마인가?

① 12.5[kW]   ② 15[kW]
③ 20[kW]   ④ 22.5[kW]

- **AM피변조파 전력**

$$P_m = P_C\left(1 + \dfrac{m^2}{2}\right) = 15[kW] \times \left(1 + \dfrac{1}{2}\right) = 22.5[kW]$$

[정답] ④

13
다음 중 주파수 변조에 대한 설명으로 틀린 것은?
① 직접 FM과 간접 FM방식이 있다.
② 입력신호에 따라 반송파의 주파수를 변화시킨다.
③ 선형 변조방식이다.
④ 반송파로는 cos 함수 또는 sin 함수와 같은 연속함수를 사용한다.

FM변조방식은 정보를 주파수 변황에 실어 전송하는 비선형 변조방식이다.
[정답] ③

14
9,600[bps]의비트열을 16진 PSK로 변조하여 전송하면 변조속도는?
① 1,200[Baud] ② 2,400[Baud]
③ 3,200[Baud] ④ 4,600[Baud]

- 16진 PSK 변조속도
$R[bps] = n[\frac{bit}{symbol}] \times B[\frac{symbol}{\sec}]$
$9600[bps] = \log_2 16 \times B$
$\therefore B = 2400[Baud]$
[정답] ②

15
다음은 FM복조(검파) 회로의 일부이다. 이 회로의 설명으로 옳은 것은?

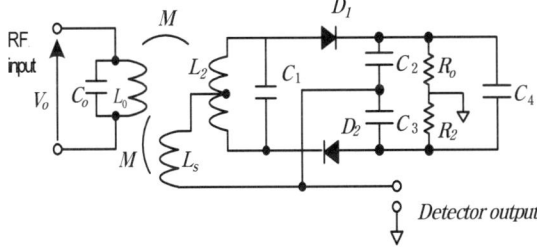

① 주로 FM복조, AM복조, 주파수 합성, 전화기의 톤(Tone) 검출 주파수 추이 그리고 모터 속도 제어 등에 이용한다.
② 입력신호의 진폭에 비례하여 출력전압 신호를 만들어 내는 장치이다.
③ 진폭제한기(Limitter)의 기능을 겸하고 있는 주파수 변별기이다.
④ 변별기 자체에 진폭제한 작용이 없으므로 앞단에 반드시 진폭제한기를 달아주어야한다.

주어진 회로는 진폭제한기(Limitter)의 기능을 겸하고 있는 Ratio형 주파수 변별기회로이다.
[정답] ③

16
다음 중 입력 전압이 일정한 값 이상이 되면 출력 펄스가 상승하고, 입력 전압이 일정한 값 이하가 되면 출력 펄스가 하강하는 특성을 이용하여 주파수 변환회로로 사용하는 회로는?
① 슈미트 트리거 회로 ② 클리프 회로
③ 리미터 회로   ④ 클램핑 회로

슈미트 트리거회로는 구형파(방형파)출력을 얻기 위해 사용되는 회로이다.
[정답] ①

17
다음 중 파형 조작 회로에서 클리퍼(Clipper)회로에 대한 설명으로 옳은 것은?
① 입력 파형에서 특정한 기준 레벨의 윗부분 또는 아랫부분을 제거하는 것
② 입역 파형에 직류분을 가하여 출력 레벨을 일정하게 유지하는 것
③ 입력 파형중에 어떤 특정 시간의 파형만 도출하는 것
④ 입력의 Step전압을 인가하는 것

임의의 입력파형에 대하여 다이오드의 스위칭 상태에 따라 특정한 기준 전압 레벨의 윗부분 또는 아래 부분을 절단하는 회로를 클리퍼라 한다.
[정답] ①

18
다음 중 논리방정식이 잘못된 것은?
① $A + 1 = A$ ② $A \cdot 0 = 0$
③ $A + A \cdot B = A$ ④ $A \cdot (A+B) = A$

$A + 1 = 1$
[정답] ①

19
다음의 진리표에 해당하는 논리회로도는?

입력 (A)	입력 (B)	출력 (F)
0	0	1
0	1	1
1	0	1
1	1	0

①  ②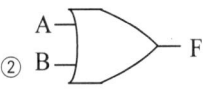
③ 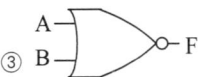 ④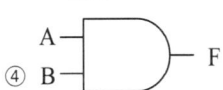

주어진 진리표는 NAND에 해당하는 진리표이다.
[정답] ①

20
다음 그림과 같은 회로의 명칭은?

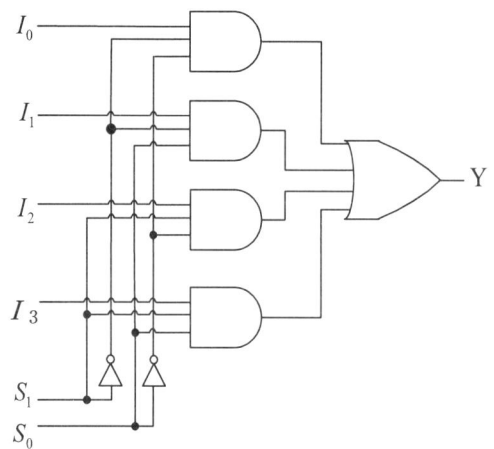

① 병렬가산기
② 멀티플렉서
③ 디멀티플렉서
④ 디코더

멀티플렉서는 복수개의 입력선으로부터 필요한 데이터를 선택하여 하나의 출력선으로 내보내는 회로이다.

[정답] ②

2 무선통신 기기

21
다음 중 레이다의 기능에 의한 오차에 속하지 않는 것은?

① 해면반사
② 거리오차
③ 방위오차
④ 선박 경사에 의한 오차

레이더는 마이크로웨이브 주파수를 이용해 직진성이 매우 우수하고, 송신안테나를 이용해 발사된 신호가 반사판을 맞고 반사된 신호를 수신안테나로 수신해 시간차를 계산하여 거리를 측정한다.
(거리[m] = 속도[m/s] × 시간[s])
속도(전파속도) = $3 \times 10^8 [m/s]$
* 송수신안테나를 하나로 사용하는 방식도 있다.

[정답] ①

22
다음 중 UHF 대역의 주파수를 사용하는 항법장치는

① DME
② VOR
③ ILS
④ NDB

① DME(Distance Measuring Equipment)는 거리측정장비로 UHF 밴드(1000MHz)를 사용한다.
② VOR : 비행하는 항공기에게 VHF대역에서 방위각 정보를 제공하는 지상시설이다.
③ ILS : 착륙을 위한 진행방향, 자세, 활강각도 등을 정확하게 제공한다. (HF, VHF사용)
④ NDB : 무지향성의 전파를 공간에 발사해서 항공기에 NDB국의 위치·방향을 알리는 무지향성 무선표지이다.
*참고
ADF : 지상으로부터 송신된 전파를 이용 항공기에서 수신하여 자동으로 방향탐지
RMI : 자국방향에 대해 VOR상호 방향과의 각도 및 항공기의 방위각을 표시

[정답] ①

23
광대역 FM의 변조지수가 10인 경우 AM에 비해 SNR이 몇 배나 증가하는가?

① 200
② 300
③ 400
④ 500

• FM과 AM의 SNR비
: $SNR_{FM} = 3 \times \beta_f^2 \cdot SNR_{AM}$ 이므로,
$\beta_f = 10$ 이므로 300배 증가한다.

[정답] ②

24
QPSK(Quadrature Phase Shift Keying) 신호의 보(Baud)가 400[bps]이면 데이터 전송속도는 얼마인가?

① 100[bps]
② 400[bps]
③ 800[bps]
④ 1,600[bps]

$r[bps] = n[\frac{bit}{symbol}] \times B[baud]$
$= \log_2 M \times B$
$= \log_2 4 \times 400 = 800[bps]$

[정답] ③

25
다음 중 SSB 신호에 대한 설명으로 틀린 것은?

① SSB 신호는 DSB-SC와 같이 동기검파를 수행하여 원래의 변조 신호를 얻을 수 있다.
② SSB 신호는 DSB의 두 개 측파를 모두 전송하는 것이 아니고 한쪽만 전송하는 것이므로 신호의 분리에 날카로운 차단 특성을 가진 필터를 사용해야 한다.
③ 변조하는 신호에 DC성분이 있는 경우 SSB를 사용할 수 없다.
④ SSB 신호는 복조기에서의 주파수 및 위상의 오차에 대한 영향이 DSB에 영향을 미치는 정도와 유사하다.

- **SSB통신 방식의 특징**
(1) SSB통신 방식의 장점
 ① 점유 주파수대 폭이 1/2로 축소된다.
  (주파수 이용 효율이 높다.)
 ② 적은 송신전력으로 양질의 통신이 가능하다.
  (평균전력 대비 1/6, 공칭 전력 대비 1/4)
 ③ 송신기의 소비전력이 적다.
  (변조시에만 송신하므로 DSB의 30%)
 ④ 선택성 페이딩의 영향이 적다.(3[dB] 개선)
 ⑤ S/N비가 개선된다.(평균전력이 같다고 했을 때 전체 10.8 [dB] 개선, 첨두 전력이 같다고 했을 때 전체 12 [dB] 개선)
 ⑥ 비화성을 유지할 수 있다. (DSB수신기로 수신 불가)
(2) SSB통신 방식의 단점
 ① 송수신기 회로구성이 복잡하며 가격이 비싸다.
 ② 높은 주파수 안정도를 필요로 한다.
 ③ 수신부에 국부발진기가 필요하며 동기장치(Speech clarifier)가 있어야 한다.
 ④ 반송파가 없어 AGC회로 부가가 어렵다.

[정답] ④

26
수신된 펄스열의 눈 형태(Eye Pattern)를 관찰하면 수신기의 오류확률을 짐작할 수 있다. 수신된 신호를 표본화하는 최적 시간은 언제인가?

① 눈의 형태(Eye Pattern)가 가장 크게 열리는 순간
② 눈의 형태(Eye Pattern)가 닫히는 순간
③ 눈의 형태(Eye Pattern)가 중간 크기인 순간
④ 눈의 형태(Eye Pattern)가 여러 개 겹치는 순간

오류없이 1과 0을 판정하기 위하여 눈의 형태(Eye Pattern)가 가장 크게 열리는 순간에 표본화해야 한다.

[정답] ①

27
다음 중 FM 수신기에 대한 설명으로 틀린 것은?

① 점유주파수대역폭이 AM 방식보다 넓다.
② 잡음에 의한 일그러짐이 AM 방식보다 많다.
③ 신호대 잡음비가 AM 방식에 비해 양호하다.
④ 진폭 제한기에 의해 진폭성분의 잡음을 감소시킬 수 있다.

- **FM과 AM방식 비교**

구분	진폭 변조(AM)	각변조(FM, PM)
주파수 대역폭	협대역	광대역(단점)
송신기의 회로 구성	간단하다.	약간 복잡하다.
S/N 비	S/N을 좋게 하기 위해서는 송신 전력을 크게 해야 한다.	변조지수를 크게 할수록 커진다.
외부 잡음의 유해	약하다.	강하다.

[정답] ②

28
위성 통신에 사용되는 주파수 대역 중 12.5[GHz] ~ 18[GHz] 대역을 무엇이라고 하는가?

① C 밴드 ② Ku 밴드
③ Ka 밴드 ④ X 밴드

- **각 밴드의 주파수**

밴드	주파수 대역
L Band	1[GHz] ~ 2[GHz]
S Band	2[GHz] ~ 4[GHz]
C Band	4[GHz] ~ 8[GHz]
X Band	8[GHz] ~ 12.5[GHz]
Ku Band (under)	12.5[GHz] ~ 18[GHz]
K Band	18[GHz] ~ 26.5[GHz]
Ka Band (above)	26.5[GHz] ~ 40[GHz]

[정답] ②

29
다음 중 SSB 송신기에 해당하는 전파 형식으로 적합한 것은?

① J3E ② A3E
③ A1A ④ A2A

- **전파형식**

전파형식	형 식 명 칭
A1A	모르스 전신부호 (Continuous)
A3E	AM (Amplitude Modulation)
J3E	억압반송파 SSB방식
F3E	Frequency Modulation
H3E	전반송파 SSB방식
R3B	저감반송파 SSB방식

[정답] ①

30

통신위성이나 방송위성의 중계기(트랜스폰더)에 사용되는 중계방식은?

① 헤테로다인 중계방식   ② 재생 중계방식
③ 무급전 중계방식   ④ 직접 중계방식

마이크로웨이브에서 사용하는 중계방식의 종류이다. 트랜스폰더(중계기)에서는 직접중계방식을 주로 사용한다.

헤테로다인 중계	가장 효율적임
재생 중계	가장 비싼방식(성능 최우수)
무급전 중계	가장 저렴함(성능 최하)
직접 중계	트랜스폰더에서 주로 사용

[정답] ④

31

정보신호가 $m(t)=\cos(2\pi f_m t)$인 정현파를 반송파 f_c를 사용하여 DSB-TC 변조하는 경우 변조된 신호의 스펙트럼을 모두 나타낸 것은?

① $f_m,\ f_{-m},\ f_c,\ f_{-c}$
② $f_c+f_m,\ -f_c-f_m$
③ $f_c+f_m,\ f_c-f_m,\ -f_c+f_m,\ -f_c-f_m$
④ $f_c+f_m,\ f_c,\ f_c-f_m,\ -f_c+f_m,\ -f_c,\ -f_c-f_m$

DSB-TC/LC(AM)변조방식은 반송파를 포함한 모든 측파대(상측파 또는 하측파)를 취하는 변조방식이다.
상측파 : $f_c+f_m,\ f_c,\ f_c-f_m$
하측파: $-f_c+f_m,\ -f_c,\ -f_c-f_m$

[정답] ④

32

다음 그림에 나타난 VSB의 변조과정을 보면 정보신호 $m(t)$에 주파수가 f_c인 반송파를 곱하여 DSB 신호를 만든다. 이를 VSB 필터 $H_v(f)$를 통과시켜서 전송신호를 만든다. 이 과정에서 사용되는 VSB 필터의 주파수응답으로 적절한 것은?

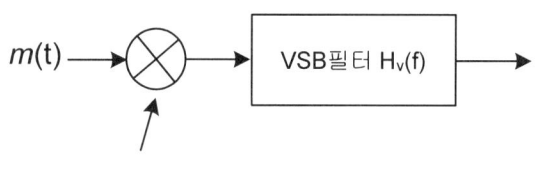

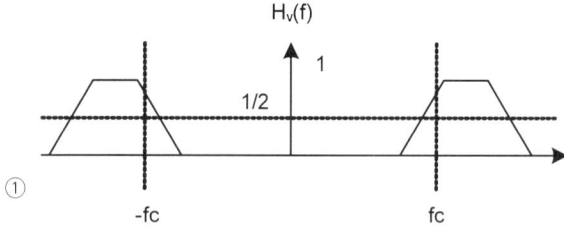

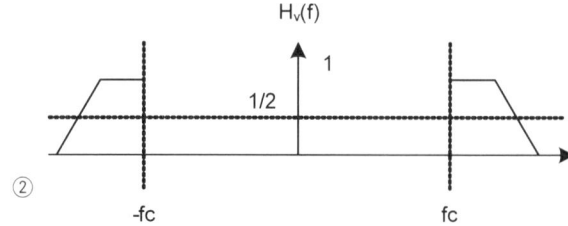

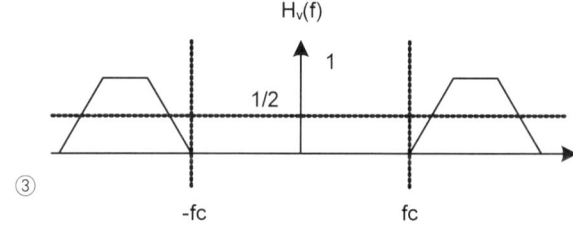

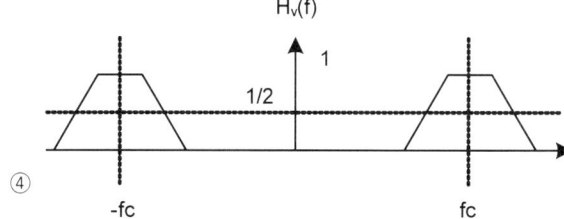

[정답] ①

33
다음 중 슈퍼헤테로다인 수신기의 특징으로 옳은 것은?
① 수신기의 이득이 낮다.
② 회로가 간단하고 조정이 쉽다.
③ 국부 발전기의 안정도가 저주파에서 저하된다.
④ 영상신호의 방해를 받을 수 있다.

> 슈퍼 헤테로다인 수신기는 영상주파수(Image Frequency)혼신방해의 영향을 받을 수 있다.
>
> [정답] ④

34
다음 중 가정용 태양전지 시스템의 구성 요소가 아닌 것은?
① PV(Photovoltaic) Array ② Converter
③ 발전계량 ④ 접지

> 인버터는 태양전지에서 발전된 DC를 AC로 변환시켜주는 장치이다.
>
> [정답] ②

35
다음 중 정류회로의 특성을 나타내는 주요 요소가 아닌 것은?
① 맥동율(리플 함유율) ② 정류 효율
③ 전압 변동률 ④ 최대 전압

> 정류회로의 특성을 나타내는 요소는 정류회로에 나타나는 정류 효율, 평활회로에 나타나는 맥동률, 전압 변동률이 있다.
>
> [정답] ④

36
다음 중 UPS의 구성요소가 아닌 것은?
① 증폭부 ② 정류부
③ 인버터부 ④ 축전지

> • UPS(Uninterruptible Power Supply)의 정의
> 전압변동 및 주파수 변동 등 각종 장애로부터 기기를 보호하고 양질의 전기를 공급하는 전원설비이다. 정류부, 인버터부, 축전지로 구성된다.
>
> [정답] ①

37
반파장 다이폴 안테나에 공급되는 전력을 10[kW]에서 40[kW]로 증가시키면 복사전계강도는 몇 배가 증가하는가?
① 1배 ② 2배
③ 3배 ④ 4배

> 전계강도 E 와 안테나전력 P_r의 관계: $E \propto \sqrt{P_r}$
> ∴ 4배 증가시키면 $\sqrt{4} = 2$배 증가된다.
>
> • 안테나에 따른 복사강도
>
> | 헤르츠 안테나 | 반파장안테나 | 수직접지안테나 |
> |---|---|---|
> | $\frac{6.7\sqrt{P_r}}{d}$[V/m] | $\frac{7\sqrt{P_r}}{d}$[V/m] | $\frac{9.9\sqrt{P_r}}{d}$[V/m] |
>
> [정답] ②

38
전압 변동률을 d, 부하시 직류 출력전압을 V_n, 무부하시 직류 출력 전압을 V_0라 할 때 V_0를 바르게 나타낸 것은?
① $V_0 = V_n(1+d)$ ② $V_0 = V_n(1-d)$
③ $V_0 = V_n/(1+d)$ ④ $V_0 = V_n/(1-d)$

> $\delta = \frac{V_o - V_n}{V_n}$
> $V_o = V_n \times \delta + V_n = V_n(1+\delta)$
>
> [정답] ①

39
다음 회로에서 스위치 off시 전압계의 지시치를 $V_1 = 22[V]$, 스위치 on시 전압계의 지시치를 $V_2 = 20[V]$이라 하고, R은 $10[\Omega]$이라 할 때 전지의 내부저항은 몇 $[\Omega]$인가? (단, 전압계의 내부저항은 아주 크고, 전류계의 내부저항은 아주 작다.)

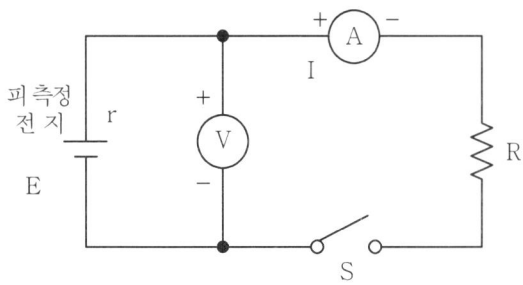

① $0.1[\Omega]$
② $0.5[\Omega]$
③ $1[\Omega]$
④ $2[\Omega]$

내부저항(r)을 고려하면, 내부저항 r 과 외부저항 R이 직렬로 구성되어있고, 스위치 S 에 의해 외부저항이 달라진다.
Off 시 전압계 $E = I \times r = V_1 = 22V$
On시 전압계 $E = I \cdot r + I \cdot R$
여기서 $V_2 = I \cdot R$이므로
∴ $E = I \cdot r + I \cdot R$ 로부터 $V_1 = I \cdot r + V_2$
∴ $r = \dfrac{V_1 - V_2}{I} = \dfrac{R}{V_2}(V_1 - V_2)$
∴ ($I = \dfrac{V}{R} = \dfrac{V2}{10}$, R측에 흐르는전류)
$= \dfrac{10}{20}(22-20) = 1[\Omega]$

[정답] ③

40
다음 중 필터법을 이용한 송신기의 왜율 측정에 필요하지 않는 것은?

① LPF(Low Pass Filter) ② BPF(Band Pass Filter)
③ HPF(High Pass Filter) ④ 감쇠기

• 송신기의 왜율 측정시 필요한 것
① 저주파 발진기
② LPF(저역필터)
③ 직선 검파기
④ 전력계
⑤ HPF(고역필터)
⑥ ATT(가변저항 감쇠기)

[정답] ②

3 안테나 공학

41
다음 중 전자파의 성질에 대한 설명으로 틀린 것은?
① 전자파는 횡파이다.
② 전자파는 편파성이 없다.
③ 전계나 자계의 진동방향과 직각인 방향으로 진행하는 파이다.
④ 전계와 자계가 서로 얽혀 도와가며 고리모양으로 진행하는 파이다.

전자파는 편파성을 가지며 수직 및 수평 편파, 원형 및 타원형 편파 등으로 구분한다.

[정답] ②

42
어떤 전자파의 전계의 세기는 $E = 10\cos(10^9 t + 30z)$와 같다. 이 전자파의 위상속도는 얼마인가?

① $1/9 \times 10^8 [m/\sec]$ ② $1/3 \times 10^8 [m/\sec]$
③ $3 \times 10^8 [m/\sec]$ ④ $9 \times 10^8 [m/\sec]$

• 전파의 위상속도
$v = \dfrac{w}{\beta}$ 이므로
$E = 10\cos(10^9 t + 30z)$ 에서
$w = 10^9, \beta = 30$
∴ $\dfrac{10^9}{30} = \dfrac{1}{3} \times 10^8 \,[m/s]$

[정답] ②

43
다음 중 포인팅 벡터의 단위는?
① J/m^2 ② W/m^2
③ J/m^3 ④ W/m^3

• 포인팅 벡터
단위면적당 전력밀도$[W/m^2]$ 또는 에너지 흐름률$[J/m^2 s]$의 크기 및 방향을 나타낸다.

[정답] ②

44
선로의 전파정수가 r=0.1+j1.2로 주어졌을 때 전압파(Voltage Wave)가 15[m]의 선로를 따라 진행하면 이동된 위상각은 약 몇 [°]인가?

① 932[°]
② 1,032[°]
③ 1,132[°]
④ 1,232[°]

- 전파정수
$r = \alpha + j\beta$
$r = 0.1 + j1.2$에서 $\beta = 1.2$
$\beta \times \lambda = 2\pi$
λ는 위상각이 2π 변하는 점의 길이이므로
$\lambda = \dfrac{2\pi}{\beta} = \dfrac{2\pi}{1.2} \cong 5.23$
전압파(Voltage Wave)가 15[m]의 선로를 따라 진행
$\therefore \dfrac{15}{5.23} \times 360[°] \cong 1032[°]$ ($2\pi = 360[°]$)

[정답] ②

45
다음 중 산란행렬(Scattering Matrix)의 구성요소인 S-파라미터의 설명으로 옳은 것은?

① 반사 계수와 전송 계수를 나타낸다.
② 전압과 전류의 관계로 4단자 회로의 특성을 나타낼 수 있다.
③ 입·출력 단자를 개방하거나 단락해서 파라미터를 정의한다.
④ 고주파 회로에서 사용할 수 없다.

- 산란행렬(Scattering Matrix)
① 입·출력 전압(또는 전류)의 관계로 반사계수 및 투과계수를 나타낼 수 있다.
② 4단자 포트 회로망에서 파라미터를 정의한다.
③ 고주파 회로에서 사용한다.

[정답] ①

46
손실을 가진 전송선로의 전파정수 r=1+j30이고, 각속도 w=1[Mrad/s]이다. 선로의 특성 임피던스가 $Z_0 = 30 + j0[\Omega]$이었을 때, 저항 R과 인덕턴스 L의 값을 계산하면?

① $R = 20[\Omega/m]$, $L = 80[\mu H/m]$
② $R = 20[\Omega/m]$, $L = 90[\mu H/m]$
③ $R = 30[\Omega/m]$, $L = 80[\mu H/m]$
④ $R = 30[\Omega/m]$, $L = 90[\mu H/m]$

$Z_o = \dfrac{Z}{\gamma}$ 로부터 (Z_o : 특성임피던스, γ : 전파정수)
$Z = Z_o \cdot \gamma = 30(1+j3) = 30 + j90$
또한, $Z = R + jwL$ 이므로, $30 + j90 = R + jwL$로부터
$R = 30[\Omega]$, $90 = wL$
$L = \dfrac{90}{w} = \dfrac{90}{1 \times 10^6} = 90 \times 10^{-6} = 90[\mu H]$

[정답] ④

47
다음 중 급전선에 관한 설명으로 틀린 것은?

① 동축케이블은 불평형형이다.
② 평행 2선식은 Folded 다이폴과 직접 연결하여 많이 사용한다.
③ 동축케이블이 굵으면 손실도 적다.
④ 평행 2선식 급전선의 특성 임피던스는 $\left(Z_0 = \dfrac{277}{\sqrt{\epsilon_s}} \log_{10} \dfrac{D}{2d}[\Omega] \right)$이다. (단, ϵ_s: 비유전율, D : 선의 간격, d : 선의 지름)

① 평행 2선식의 특성임피던스
$Z_0 = \dfrac{277}{\sqrt{\epsilon_s}} \log_{10} \dfrac{2D}{d} (\Omega)$
② 동축케이블의 특성임피던스
$Z_0 = \dfrac{138}{\sqrt{\epsilon_s}} \log_{10} \dfrac{D}{d} (\Omega)$

[정답] ④

48
다음 중 N개의 Port가 있는 N-Port 소자의 입출력 특성을 알고자 할 때 고주파 파라미터로 사용되는 것은?

① Impedance Matrix
② Admittance Matrix
③ Scattering Matrix
④ Transmission(ABCD) Matrix

- S-파라미터(Scattering Matrix)
: 고주파 회로망 전력 또는 전류 또는 전압의 비에 관련시켜서 입출력 다단자 N-포트 회로망 해석을 S 파라미터(Scattering coefficient)로 쉽게 할 수 있다.

파라미터	설 명
S11	입력 반사계수
S21	순방향 전송계수(삽입손실)
S12	역방향 전송계수(삽입손실)
S22	출력 반사계수

[정답] ③

49
길이가 반파장인 2선식 폴디드 다이폴 안테나의 급전점 임피던스는 약 얼마인가? (단, 도선의 굵기가 같고, 두 도선은 충분히 접근해 있는 것으로 한다.)

① 293[Ω]   ② 193[Ω]
③ 73[Ω]   ④ 37[Ω]

- **폴디드 안테나:**
  $\frac{\lambda}{2}$ 다이폴안테나를 구부려 $\frac{\lambda}{2}$ 다이폴에 근접시켜 설치하고 양단을 접속하면 복사하는 부분이 이중이 되어 실효고와 전류분포를 2배로 할 수 있다.
  - 급전점 임피던스 $R = n^2 \times 73.13 [\Omega]$
    n : 소자수 n=2인 경우 급전점 임피던스는 약 293[Ω]
  - 반파 다이폴 안테나에 비해서 광대역성

[정답] ①

50
다음 중 역L형 안테나의 수평부 역할에 대한 설명으로 틀린 것은?

① 수평부에서는 수직편파가 복사되어 수신전압을 유기시킨다.
② 지향성을 주어 전계강도를 크게 한다.
③ 상부의 정전용량이 증가하므로, 실효고를 증대시킨다.
④ Top Loading의 일종으로 대지와 정전용량을 갖게 된다.

- **역L형 안테나**
  수직 안테나의 선단부를 접어서 수평부를 둔 안테나이다.
  또한 상단에 안테나 로딩이 삽입되는 Top Loading의 일종으로 수직접지 안테나의 고각도 지향성을 개선하여 간섭성 페이딩에 강한 특성을 가지게 된다.
  *수신전압을 유기(발생)시키지 것과는 관련이 없다.

[정답] ①

51
다음 중 이동통신시스템에서 주로 사용되는 안테나는?

① 카세그레인 안테나   ② 롬빅 안테나
③ 그레고리 안테나   ④ 무지향성 안테나

- **무지향성 안테나**
  360° 방향으로 도넛 모양의 방사 패턴을 제공하며 이득이 높은 고성능 안테나는 수직 빔폭이 작은 방사 패턴을 제공하여 장거리 통신을 가능하게 한다.

[정답] ④

52
안테나의 구조에 의한 분류 중 극초단파(UHF)용 판상안테나에 속하지 않는 것은?

① 슈퍼 턴 스타일(Super Turn Stile) 안테나
② 슬롯(Slot) 안테나
③ 빔(Beam) 안테나
④ 코너 리플렉터(Corner Reflector) 안테나

- **안테나 종류**

파장	안테나 종류
중파	주상안테나, 루프안테나
단파	반파장다이폴, 진행파, 빔 안테나
초단파	휩, 브라운, 야기, 턴스타일
극초단	슈퍼턴스타일, 슬롯, 코너리플렉트, 파라볼라, 혼

[정답] ③

53
다음 중 텔레비전 방송의 송신용으로 적당하지 않은 안테나는?

① 슈퍼턴 스타일 (Super Turn Stile) 안테나
② 쌍루프 안테나
③ 슈퍼게인(Super Gain) 안테나
④ U라인 안테나

- **텔레비전 방송의 송신용 안테나**
  1. 슈퍼턴 스타일 안테나
  2. 슈퍼게인 안테나
  3. 쌍루프 안테나
  * U라인 안테나는 광대역 안테나수신용 안테나임

[정답] ④

54
다음 중 수직편파 안테나가 아닌 것은?

① 휩 안테나   ② 브라운 안테나
③ 슈퍼게인 안테나   ④ 원판슬롯 안테나

- **슈퍼 게인(Super Gain)안테나**
  TV송신용 안테나로 수평편파용 무지향성 안테나

[정답] ③

55

다음 중 전파의 도약거리에 대한 설명으로 틀린 것은?

① 사용 주파수가 클수록 크다.
② 송신기의 출력이 클수록 크다.
③ 전리층의 겉보기 높이에 비례한다.
④ 사용 주파수가 임계 주파수보다 높을 때에 생긴다.

- **도약거리**
  전리층의 1회 반사파가 지표면에 도달된 점과 송신점과의 거리를 도약거리라 한다.
  $$d = 2h'\sqrt{\left(\frac{f}{f_c}\right)^2 - 1}$$
  f: 사용 주파수
  f_c: 임계 주파수
  h: 전리층 겉보기 높이

  [정답] ②

56

페이딩과 이에 대한 방지 대책이 아닌 것은?

① 원거리 간섭성 페이딩은 공간 다이버시티를 사용하여 줄일 수 있다.
② 흡수성 페이딩은 수신기에 AGC를 사용하여 줄일 수 있다.
③ 선택성 페이딩은 주파수 다이버시티를 사용하여 줄일 수 있다.
④ 도약성 페이딩은 MUSA 방식을 사용하여 줄일 수 있다.

페이딩이란 수신전계가 다양한 원인(산란, 반사, 굴절)에 의해 주파수 및 시간에 따라 변동되는 현상을 말한다.
- **페이딩방지대책**
  ① 간섭성 페이딩 : 공간 다이버시티
  ② 선택성 페이딩 : 주파수 다이버시티
  ③ 편파성 페이딩 : 편파 다이버시티
  ④ 흡수성 페이딩 : AVC 또는 AGC 회로 부착
  * MUSA : 일정한 입사각의 전파만을 수신할 수 있게 하여 페이딩 방지하는 기법

  [정답] ④

57

다음 중 EMC(ElectroMagnetic Compatibility) 용어에 대한 설명으로 가장 적합한 것은?

① 인체, 기자재, 무선설비 등을 둘러싸고 있는 전파의 세기, 잡음 등 전자파의 총체적인 분포 상황이다.
② 어떤 기기에 대해 전자파 방사 또는 전자파 전도에 의한 영향으로부터 정상적으로 동작 할 수 있는 능력으로 전자파로부터의 보호라고도 한다.
③ 전자파장해를 일으키는 기자재나 전자파로부터 영향을 받는 기자재나 전자파장해 방지기준 및 보호기준에 적합한 것으로 전자파를 주는 측과 받는 측의 양쪽에 적용하여 성능을 확보할 수 있는 기기의 능력이다.
④ 전자파를 발생시키는 기자재로부터 전자파가 방사(放射: 전자파 에너지가 공간으로 퍼져나가는 것을 말한다.) 또는 전도(전도: 전자파에너지가 전원선(電源線)을 통하여 흐르는 것을 말한다)되어 다른 기자재의 성능에 장해를 주는 것이다.

- **EMC(전자파양립성)**
  전기 전자장비로부터 불요전자파가 최소화 되도록 함과 동시에 어느 정도의 외부 불요전자파에 대해서는 정상동작을 유지할 수 있는 능력을 갖고 있는지 설명하는 용어

  [정답] ③

58

다음 중 덕트형 페이딩에 대한 설명으로 틀린 것은?

① 대류권 페이딩 중에서 가장 문제가 되는 페이딩이다.
② 대부분의 경우 신호의 변동 주기가 수 초 정도로 매우 짧다.
③ 전파가 진행하는 경로상에 라디오 덕트가 발생하여 생기는 페이딩이다.
④ 갑자기 발생하며 신호의 변동폭이 크고, 간섭형과 감쇠형의 두 종류가 있다.

- **덕트형 페이딩**
  ① 대류권에 생기는 이류, 침강, 야간냉각 때문에 Radio Duct가 생성된다. 이로 인해 마이크로파 대역에서 페이딩 현상으로 나타날 수 있어 실용상 문제가 된다.
  ② 덕트내 에서는 높은 전계강도를 유지할 수 있지만 그 외에서는 전계강도가 매우 낮다.
  ③ 감쇠형 페이딩 과 간섭성 페이딩으로 나타난다.

  [정답] ②

59 다음 중 전자파내성(EMS)에 대한 설명으로 옳은 것은?
① 전자파 양립성이라고도 한다.
② 전자파장해(EMI) 분야의 전자파적합(EMC) 분야로 구분할 수 있다.
③ 전기·전자기기가 외부로부터 전자파 간섭을 받을 때 영향 받는 정도를 나타낸다.
④ 발생 원인으로는 자연적인 발생 원인(대기잡음, 우주잡음, 태양방사 등)과 인공적인 발생원인(의도적인 잡음, 비의도적인 잡음)으로 크게 구분한다.

- EMS(Electro Magnetic Susceptibility)
 -전자파 내성/전자파 감응성
 -외부 전자파 환경에 대하여 특정기기의 전자기적 민감한 정도를 나타낸다.

[정답] ③

60 중파 방송국의 안테나 전력을 10[kW]에서 40[kW]로 증가시키면 동일지점의 전계강도는 몇 배로 되는가?
① 변화가 없다. ② $\sqrt{2}$ 배 증가한다.
③ 2배 증가한다. ④ 4배 증가한다.

전계강도 E 와 안테나전력 P_r의 관계: $E \propto \sqrt{P_r}$
∴ 4배 증가시키면 $\sqrt{4} = 2$ 배 증가된다.

[정답] ③

4 무선통신 시스템

61 다음 중 자유공간의 고유 임피던스 값이 아닌 것은?
① $377[\Omega]$ ② $120\pi[\Omega]$
③ $\varepsilon/\mu[\Omega]$ ④ $\left(\sqrt{\dfrac{\mu_0}{\epsilon_0}}[\Omega]\right)$

- 자유공간 임피던스
$$Z_o = \frac{E}{H} = \sqrt{\frac{\mu_o}{\varepsilon_o}} = 120\pi = 377[\Omega]$$

[정답] ③

62 다음 중 AM송신기의 잡음 감소, 안정도 개선 등의 효과를 얻는 방법으로 적당한 것은?
① Limiter 회로를 사용한다.
② Squelch 회로를 사용한다.
③ 부궤환 방식을 사용한다.
④ Pre-Distorter를 사용한다.

- AM송신기 부궤환방식
① 이득향상
② 송신기 출력의 잡음을 경감
③ 주파수특성 개선

[정답] ③

63 증폭기의 증폭도(A)가 80, 왜율이 3[%]일 때, 궤환율 β=0.05의 부궤환을 한다면 왜율은 얼마인가?
① 0.2[%] ② 0.4[%]
③ 0.6[%] ④ 0.8[%]

$$D_f = \frac{D}{1+\beta A} = \frac{0.03}{1+(0.05)(80)} = 0.006\,(0.6\%)$$

[정답] ③

64 송신기의 결합회로(Coupler)는 C급으로 동작하는 종단 전력 증폭기에서 발생되는 고조파 성분을 억제하는 기능이 있어야 하는데, 다음 중 고조파 성분 억제 시 고려사항이 아닌 것은?
① 사용 주파수 ② 전력증폭기 증폭도
③ 스퓨리어스 발사 허용치 ④ 점유 주파수 대역폭

[정답] ②

65 다음 중 무선 LAN(Local Area Network)의 특징이 아닌 것은?
① 설치, 유지보수, 재배치가 간편하다.
② 긴급, 임시 Network 구축 필요 시 효율적으로 설치 가능하다.
③ 단말의 이동성 보장, Network 구축 필요 시 효율적으로 설치 가능하다.
④ 주파수 자원이 한정되어 신뢰성과 보안성이 우수하다.

무선 LAN은 유선 LAN에 비해 망 구성이 용이하고 복잡한 배선이 필요 없는 장점이 있으나 유선 LAN에 비해 전송속도가 느리고 보안에 취약하며 잡음의 영향을 더 받을 수 있다.

[정답] ④

66
HSDPA 시스템에서 HARQ(Hybrid ARQ) - ACK(Acknowledgement)정보와 CQI(Channel Quality Indicator) 정보를 전송하는 채널은?

① F-DCH(Fractional DCH)
② HS-DPCCH(High Speed-Dedicated Physical Control Channel)
③ HS-PDSCH(High Speed-Physical Downlink Shared Channel)
④ HS-SCCH(High Speed-Sharded Control Channel)

> HARQ와 CQI는 에러제어에 사용되는 시그날로 빠른 전송이 요구된다. HSDPA 채널 중 핸드오버, 전력제어 등의 시그날은 HS-DPCCH 채널로 전송된다.
>
> [정답] ②

67
다음 중 이동전화 시스템에서 사용하고 있는 하드 핸드오프와 종류가 아닌 것은?

① 교환기 간 핸드오프
② 프레임 Offset 간 핸드오프
③ Dummy 파이롯 핸드오프
④ Softer 핸드오프

> ◆ 핸드오프의 종류
> ① 하드 핸드오프 - 셀 간 주파수변환(FDMA, CDMA)
> ② 소프트 핸드오프 - 셀 간 핸드오프(CDMA)
> ③ 소프터 핸드오프 - 섹터 간 핸드오프(CDMA)
>
> [정답] ④

68
이동체의 움직임에 따라 수신신호의 주파수가 변화하게 되는 것은?

① 지연확산
② 다이버시티
③ 음영효과
④ 도플러효과

> ◆ 도플러효과
> 주파수를 발생시키는 이동체의 움직임에 따라 수신신호 주파수가 변하는 현상을 도플러 현상이라고 한다. 이때, 도플러 주파수천이(f_d)는 속도에 비례한다.
> $$f_d = \frac{v}{\lambda}\cos\theta \quad \therefore f_r(\text{수신주파수}) = f_c \pm \frac{v}{\lambda}\cos\theta$$
>
> [정답] ④

69
다음 중 CDMA(Code Division Multiple Access) 시스템 용량에 대한 설명으로 틀린 것은?

① 동시 사용자수는 시스템 처리 이득에 비례한다.
② 적절한 품질을 유지하기 위한 통신로의 Eb/No가 증가할수록 시스템 용량은 증가한다.
③ 인접 셀의 사용자 부하를 줄일수록 시스템 용량은 증가한다.
④ 음성활성화 계수가 작을수록 시스템 용량은 증가한다.

> ◆ CDMA의 가입자 수용용량
> $$N = \frac{1}{\frac{E_b}{N_o}} \cdot \frac{B_c}{\gamma_b} \cdot \frac{1}{D_v} \cdot G_s \cdot F$$ 의 관계를 갖음
>
> $\frac{E_b}{N_o} \propto BER$ 개념 (낮을수록 채널용량증가)
>
> $\frac{B_c}{\gamma_b} = \frac{\text{확산대역폭}}{\text{시스템대역폭}}$
>
> D_v = 음성활성화 계수 (0.5)
>
> G_s = Sector 이득
>
> F = 주파수 재사용 효율
>
> [정답] ②

70
다음 중 근거리/원거리 문제(Near-far Problem)에 대한 설명으로 틀린 것은?

① CDMA 시스템에서 주로 발생한다.
② 단말기의 송신전력 제어로 해결한다.
③ 데이터 스크램블링 기술로 해결한다.
④ 기지국과 각 단말기 사이의 거리가 일정하지 않기 때문에 발생한다.

> ◆ CDMA 근거리/원거리 문제
> CDMA통신은 DSSS대역확산 통신시스템으로 사용 자간 전력제어가 중요한 요소이다. 통신용량을 균일하게 사용하기 위해서는 기지국을 기준으로 근거리와 원거리의 전력이 동일해야 한다. 이를 해결하기 위하여 전력제어(순방향/역방향)를 실시한다.
>
> [정답] ③

71
다음 중 다원접속 방식에서 전파의 간섭, 혼신 방해에 강하고 통신 보안성이 가장 우수한 방식은?
① FDMA
② TDMA
③ CDMA
④ SDMA

- 코드분할다원접속(CDMA)
① 장점
- 가입자 수용 용량이 크다.
  (주파수분할 다원 접속에 비해 20배 정도)
- 채널 불용시에 방사하지 않는다.
- 다경로 페이딩을 극복할 수 있다.
- 통신 보안성이 우수
② 단점
- 넓은 주파수 대역폭을 필요로 한다.
- 고속 코드 처리를 요한다.
- 전력 제어 및 동기 기술이 필요 하다.
- 장치가 복잡하다.

[정답] ③

72
다음 중 동일 채널 간섭을 경감시키기 위한 방법으로 적당하지 않은 것은?
① 이동국 송신출력을 증가시킨다.
② 섹터 수를 증가시킨다.
③ 주파수 재사용 패턴을 증가시킨다.
④ 기지국 안테나 높이를 낮게 한다.

이동통신의 환경에서는 수신된 신호의 세기가 시간에 따라 변화하는 현상인 페이딩(fading)이 발생한다. 하지만 이동국 송신출력을 증가시킨다면 신호의 세기 변화가 더욱 커질 것이기에 채널간의 간섭이 더욱 악화될 것이다.

[정답] ①

73
다음 중 TCP/IP 프로토콜의 네트워크 계층과 관련이 없는 것은?
① DNS
② OSPF
③ ICMP
④ RIP

DNS(Domain Name System)으로 IP주소와 URL을 Mapping시킨 테이블을 저장하는 서버다.
- 네트워크계층 프로토콜
① 데이터 링크 계층의 기능을 이용하여 하나 또는 여러 개의 통신망(전화 교환망, 패킷 교환망, 회선 교환망)을 통하여 컴퓨터와 터미널 등 시스템 상호간의 데이터를 전송할 수 있도록 통신망내 및 통신망 사이의 경로선택(routing)과 중계기능(relay)을 수행한다.
② 주요 프로토콜: IP, RIP, OSPF 등

[정답] ①

74
다음 중 네트워크 계층에서 동작하는 프로토콜이 아닌 것은?
① IP
② SIP
③ BGP
④ OSPF

- SIP(Session Initiation Protocol)
VoIP 또는 멀티미디어 통신용 신호 프로토콜
*SIP은 전송계층 프로토콜 중에 UDP를 기본으로 사용한다.

[정답] ②

75
다음 중 인터넷에 접속할 수 있는 새로운 단말기기를 개발하는 경우 단말기 특성을 반영해서 반드시 개발해야 하는 최소한의 프로토콜 계층은 무엇인가?
① 트랜스포트 계층
② 데이터링크 계층
③ 네트워크 계층
④ 애플리케이션 계층

- 데이터 링크 계층의 개념
데이터 링크 계층은 물리 계층이 제공하는 '비트열의 전송 기능'을 이용하여 인접한 개방형 시스템 사이에서 원활한 데이터 전송을 수행하도록 하는 것이 데이터링크 계층의 역할이다.
무선접속을 위한 WiFi, Wibro, OFDM 등 기술이 필요하다.

[정답] ②

76
다른 프로토콜을 사용하는 임의의 두 네트워크를 상호 연결하는 프로토콜 용어는 무엇인가?
① 라우터(Router)
② 링크(link)
③ 게이트웨이(Gateway)
④ 엔티티(Entity)

- 게이트웨이(Gateway)
프로토콜이 서로 다른 통신망이 접속할 수 있게 해주는 OSI 7계층 장치이다.

[정답] ③

77
마이크로파 중계국의 올바른 설치 계획에 해당되지 않는 것은?
① 산정상에 설치
② 원격감시제어장비 구비
③ 비가시권 확보
④ 정전압장치 구비

마이크로파 중계국은 LOS (Line Of Site)환경에서 구축해야 하므로 가시권 보장이 중요한 요소다.

[정답] ③

78 다음 중 WPA(Wi-Fi Protected Access)의 요소가 아닌 것은?

① TKIP(Temporal Key Integrity Protocol)
② EAP(Extensible Authentication Protocol)
③ 802.1X
④ WEP(Wire Equivalent Privacy)

- **WPA와 WEP의 비교**

WPA	WEP
WiFi Protected Access	Wired Equivalent Privacy
TKIP를 사용해 WEP의 약점 해결	암호화에 취약 (비밀키암호화 사용)
128Bit 암호키	40bit 암호키
802.1x + EAP 보안강화	
MIC를 이용 무결성 강화	

무선랜 보안기술 발전단계: WEP -> WPA -> WPA2
WPA = TKIP+MIC+Radius+802.1x+EAP로 구성

[정답] ④

79 다음 통신시스템의 가용률(Availability)은 몇 [%]인가?

MTBF = 120분, MTTR = 10분

① 91.7[%]   ② 92.3[%]
③ 96.0[%]   ④ 109.1[%]

- **가동률**
어느 특정의 시점에서 소정의 기능을 완수하고 있는 비율
$$= \frac{평균\ 고장\ 간격}{평균\ 고장\ 간격 + 평균\ 수리\ 소요시간}$$
$$= \frac{MTBF}{MTBF+MTTR} = \frac{120}{130} \times 100[\%] = 92.3[\%]$$
* MTBF : 장치나 시스템이 고장에서 다음 고장까지의 평균시간 즉, 고장없이 기능이 정상운영된 평균시간이다.
* MTTR : 평균장해시간(=장치장해시간/장해건수)

[정답] ②

80 중·장파 대역이 지표파에 의해 전파되는 과정에서 다음 중 어디에서 가장 감쇠가 많이 일어나는가?

① 강, 호수   ② 바다
③ 습지   ④ 사막

중·장파 대역의 주요 전파는 지표파이다. 지표파는 도전율이 클수록, 유전율이 작을수록 감쇠가 작다. 수평편파보다는 수직편파가 감쇠가 적고, 주파수가 낮을수록 감쇠가 적다.
감쇠크기는 사막 > 습지 > 해수(바다) 등으로 크다.

[정답] ④

5 전자계산기 일반 및 무선설비기준

81 주기억장치의 크기가 64[Mbyte], 캐쉬 크기가 64[kbyte]이고 주기억장치와 캐쉬 사이에 4[byte]블록 단위로 데이터 전송이 이루지는 시스템에서 연관사상(Associative Mapping)으로 관리된다. 이 때 캐쉬 1 라인(Line)에 필요한 태그(Tag)의 크기는?

① 8비트   ② 10비트
③ 22비트   ④ 24비트

① 주기억장치 용량 = 2^{26}바이트
② 캐시 용량 = 2^{16}바이트
③ 캐시 라인의 크기 = 2^2바이트
④ 태크의 크기 = $\frac{2^{26}}{2^2} = 2^{24}$

캐쉬 1 라인(Line)에 필요한 태그(Tag)의 크기는 24비트이다.

[정답] ④

82 다음 중 컴퓨터에서 수를 표현하는 방식이 아닌 것은?

① 양자화 표현   ② 1의 보수 표현
③ 2의 보수 표현   ④ 부호화 - 절대치 표현

PCM방식에서 사용하는 양자화는 연속 PAM신호를 이산적인 PA_신호로 변환하는 과정을 말한다. 컴퓨터가 인식하는 0 과 1 의 신호라고 볼 수 없다

[정답] ①

83 다음 중 비동기 인터페이스(Asynchronous Interface)에 대한 설명으로 틀린 것은?

① 컴퓨터와 입출력 장치가 데이터를 주고받을 때 일정한 클록 신호의 속도에 맞추어 약정된 신호에 의해 동기를 맞추는 방식이다.
② 동기를 맞추는 약정된 신호는 시작(Start), 종료(Stop) 비트 신호이다.
③ 컴퓨터 내에 있는 입출력 시스템의 전송 속도와 입출력 장치의 속도가 현저하게 다를 때 사용한다.
④ 일반적으로 컴퓨터 본체와 주변 장치 간에 직렬 데이터 전송을 하기 위해 사용된다.

비동기 처리 방법은 독립적인 처리 방법을 의미한다. 클록 신호에 맞춰서 처리하는 하는 방법은 동기식 인터페이스 방식이다.

[정답] ①

84
다음 중 자기보수 코드(Self Complement Code)인 것은?
① 3초과 코드
② BCD 코드
③ 그레이 코드
④ 해밍 코드

- **자기보수코드**
각 자리의 2진수 0을 1로, 1을 0으로 바꾸는 2진수의 상호 교환으로 보수를 얻을 수 있는 코드

분류	코드종류
가중치 코드	BCD(8421), ring counter
비가중치 코드	3초과(excess-3), Gray
자기보수 코드	3초과(excess-3), 2421
오류검출용 코드	해밍코드, 패리티검사코드

[정답] ①

85
다음 중 예약 또는 증권 서비스 등에 적합한 처리 시스템 방식은?
① 시분할 처리 시스템
② 실시간 처리 시스템
③ 그레이 코드
④ 해밍 코드

실시간 처리 시스템은 처리를 요구하는 자료가 발생할 때마다 즉시 처리하는 방식이다.

[정답] ②

86
컴퓨터가 8비트 정수 표현을 사용할 경우 -25를 부호와 2의 보수로 올바르게 표현한 것은?
① 11100111
② 11100011
③ 01100111
④ 01100011

- **보수(Complement)**
① 2진수의 1의 보수는 "0"을 "1"로 변경하고, "1"은 "0"으로 바꿈으로써 구함
② 2진수의 2의 보수는 1의 보수에다 (1)2를 더함으로써 구할 수 있다.

먼저, 양수 +25를 8비트의 2진수로 나타내면,
$(00011001)_2$ 이고, 보수를 취하여 음수 값으로 표현할 수 있다.
① $(00011001)_2$의 1의 보수 $=(11100110)_2$
② $(00011001)_2$의 2의 보수
 $=(11100110)_2+(1)_2$
 $=(11100111)_2$

[정답] ①

87
병렬 프로세서의 한 종류로 여러 개의 프로세서들이 서로 다른 명령어와 데이터를 처리하는 진정한 의미의 병렬 프로세서로 대부분의 다중 프로세서 시스템과 다중 컴퓨터 시스템이 이 분류에 속하는 구조는?
① SISD(Single Instruction stream Single Data stream)
② SIMD(Single Instruction stream Multiple Data stream)
③ MISD(Multiple Instruction stream Single Data stream)
④ MIMD(Multiple Instruction stream Multiple Data stream)

- **프로세서 시스템**
① MIMD(Multiple Instruction Multiple Data)는 Flynn의 분류방법에 따라 병렬프로세서를 구분한 것 중의 하나이다.
② 여러 개의 프로세서를 사용하며 각 처리는 나름대로의 명령어 셋을 이용하여 다른 것들과는 독립적으로 동시에 수행되는 컴퓨터 아키텍쳐를 말한다.

[정답] ④

88
하나의 프린터를 여러 프로그램이 동시에 사용할 수 없으므로 논리 장치에 저장하였다가 프로그램이 완료 시 개별 출력할 수 있도록 하는 방식은?
① Channel
② DMA
③ Spooling
④ Virtual Machine

- **스풀링(spooling)**
① 병행처리라 하며 프린터와 같은 저속의 입·출력 장치를 중앙처리와 병행하여 작동시켜 컴퓨터 전체의 처리 효율을 높이는 기능을 한다.
② 작업 효율이 대폭 향상되므로 복수의 프로그램이나 작업을 병행 처리할 수 있다.

[정답] ③

89
8진수 $(735.56)_8$을 16진수로 전환한 것은 어느 것인가?
① $(1DD.B8)_{16}$
② $(1DD.B1)_{16}$
③ $(EE1.B1)_{16}$
④ $(EE1.B8)_{16}$

- **16진수 변환**
$(111/011/101.101/110)_2$
$\rightarrow (0001/1101/1101.1011/1000)_2 = (1DD.B8)_{16}$

[정답] ①

90
Open Source로 개방되어 사용자가 변경이 가능한 운영체제는?

① Mac OS ② MS-DOS
③ OS/2   ④ Linux

- **리눅스**
① 무료로 사용되는 것으로써 PC환경에 적합한 Open Source시스템이다.
② 리눅스와 윈도우는 커널, 다중사용자환경, 응용 프로그램의 환경등 차이가 있다.

[정답] ④

91
다음 중 준공검사를 받지 아니하고 운용할 수 있는 무선국이 아닌 것은?

① 육상이동국
② 공해 또는 극지역에 개설한 무선국
③ 적합성 평가를 받은 무선기기를 사용하는 아마추어국
④ 국가안보를 위하여 개설하는 무선국

- **전파법 시행령**
제45조의2(준공검사의 면제 등) ① 법 제24조의2 제1항 제1호에서 "대통령령으로 정하는 무선국"이란 다음 각 호의 무선국을 말한다. 〈개정 2016. 6. 21., 2017. 7. 26., 2017. 12. 12., 2020. 6. 23.〉
1. 30와트 미만의 무선설비를 시설하는 어선의 선박국
2. 아마추어국으로서 다음 각 목의 어느 하나에 해당하는 무선국
 가. 적합성평가를 받은 무선기기를 사용하는 무선국
 나. 외국에서 아마추어무선기사 자격을 취득하고 과학기술정보통신부장관이 지정하는 단체의 추천을 받은 자가 1개월 이내의 국내 체류기간 동안 개설·운용하는 무선국
3. 국가안보 또는 대통령 경호를 위하여 개설하는 무선국
4. 정부 또는 기간통신사업자가 비상통신을 위하여 개설한 무선국으로서 상시 운용하지 않는 무선국
5. 공해 또는 극지역에 개설한 무선국
6. 외국에서 운용할 목적으로 개설한 육상이동지구국
7. 소규모의 무선국으로서 사용지역·용도 등에 관하여 과학기술정보통신부장관이 정하여 고시하는 요건을 갖춘 실험국 또는 실용화시험국

[정답] ①

92
전파법에서 위임된 사항과 그 시행에 필요한 사항을 규정한 것은 어느 것인가?

① 무선설비규칙
② 전파법 시행령
③ 위임전결에 대한 규칙
④ 방송통신기기 시험기관의 지정 및 관리에 관한 고시

- **전파법 시행령**
제1조(목적) 이 영은 「전파법」에서 위임된 사항과 그 시행에 필요한 사항을 규정함을 목적으로 한다.

[정답] ②

93
다음 중 "선박국용 기타 송신설비"의 기술기준으로 틀린 것은?

① A3E/H3E 전파 변조도는 90[%] 이상이어야 한다.
② VHF대 무선전화장치로서 국제통신을 하는 것은 안테나공급전력을 1와트 이하까지 저하할 수 있어야 한다.
③ VHF설비의 주파수 전환은 가능한 한 5초 내에 할 수 있어야 한다.
④ 선반국의 무선전화 송신설비는 J3E전파 2,182[kHz]에서 주간 280[Km] 이상의 유효통달거리를 가져야 한다.

- **해상업무용 무선설비의 기술기준**
제15조(선박국용 기타 송신설비)
① 해상이동업무 또는 해상무선항행업무의 무선국이 사용하는 A3E전파 또는 H3E전파의 변조도는 마이크로폰(microphone)에의 통상 음성강도(50폰(phon)을 기준으로 한다. 이하 같다)에서 70% 이상이어야 한다.

[정답] ①

94
다음 중 과학기술정보통신부장관이 전파자원을 확보하기 위해 수립 시행하여야 하는 시책과 거리가 먼 것은?

① 새로운 주파수의 이용기술 개발
② 이용중인 주파수의 이용효율 향상
③ 주파수의 국제등록
④ 전파자원의 개발현황

- **전파법**
제5조(전파자원의 확보)
① 과학기술정보통신부장관은 전파자원을 확보하기 위하여 다음 각 호의 시책을 마련하고 시행하여야 하며, 그 시행에 필요한 지원방안을 마련하여야 한다. 〈개정 2013. 3. 23., 2015. 1. 20., 2015. 12. 22., 2017. 7. 26.〉
1. 새로운 주파수의 이용기술 개발
2. 이용 중인 주파수의 이용효율 향상
2의2. 주파수 공동사용기술 개발
3. 주파수의 국제등록
4. 국가간 전파의 혼신(混信)을 없애고 방지하기 위한 협의·조정

[정답] ④

95
무선설비의 변조특성 등에 대한 기술기준으로 적합하지 않은 것은?

① 진폭 변조되는 송신장치는 변조도가 100[%] 초과하지 아니하여야 한다.
② 주파수 변조되는 송신장치는 최대주파수편이의 범위를 초과하지 아니하여야 한다.
③ 무선설비는 최고 변조주파수에서 안정적으로 동작하여야 한다.
④ 편향변조에 의하여 점유주파수대폭이 충분하여야 한다.

- **무선설비규칙**
제10조(변조특성 등)
① 변조신호에 따라 송신장치가 반송파를 진폭 변조할 때에는 변조도가 100퍼센트를 초과하지 아니하여야 하고, 반송파를 주파수 변조할 때에는 최대주파수편이의 범위를 초과하지 아니하여야 한다.
② 무선설비는 최고 통신속도 또는 최고 변조주파수에서 안정적으로 작동하여야 한다.

[정답] ④

96 다음 중 전파이용을 촉진하고 중 보호하기 위하여 과학기술정보통신부장관이 수행하여야하는 연구와 거리가 먼 것은?

① 기술기준의 연구
② 위성망의 혼신조정기준에 관한 연구
③ 전자파 흡수율의 측정에 관한 연구
④ 수정 발진자에 대한 연구

- **전파법**
제61조(전파 연구) ① 과학기술정보통신부장관은 전파이용을 촉진하고 보호하기 위하여 필요한 연구를 수행하여야 한다. 〈개정 2013. 3. 23., 2017. 7. 26.〉
② 제1항에 따라 수행하는 연구는 다음 각 호와 같다.
1. 기술기준의 연구
2. 전파의 전파(傳播) 분석 및 주파수할당 기법의 연구
3. 위성망의 혼신조정 기준에 관한 연구
4. 전자파장해 및 전파가 인체에 미치는 위해에 관한 연구
5. 전자파 흡수율의 측정에 관한 연구
6. 전파기기의 측정방법 및 측정기술에 관한 연구
7. 우주전파 수신기술 연구 및 수신자료 분석
8. 지자기(地磁氣) 및 전리층(電離層)의 관측
9. 태양 흑점의 관측
10. 제8호와 제9호에 따른 관측결과의 분석 및 예보·경보

[정답] ④

97 의무항공기국의 예비전원은 항공기의 항행안전을 위하여 필요한 무선설비를 얼마 이상 동작시킬 수 있는 성능을 가져야 하는가?

① 10분
② 30분
③ 1시간
④ 2시간

- **항공업무용 무선설비의 기술기준**
제4조(항공기국 무선설비의 일반조건)
③ 전원설비는 그 항공기국의 항행안전을 위하여 필요한 최소한의 무선설비를 30분 이상 연속 동작시킬 수 있는 성능을 가진 축전지를 비치하여야 한다.

[정답] ②

98 디지털 선택호출장치(DSC), DSC전용수신기 및 고기능 그룹호출 수신기(EGC)를 설치한 의무선박국은 항해 중 얼마마다 그 기능을 확인하여야 하는가?

① 항해준비 중 1회
② 매일 1회 이상
③ 매주 1회 이상
④ 매 항해 중 1회 이상

- **무선국의 운용 등에 관한 규정**
제24조(디지털선택호출장치 등의 기능 확인) 디지털선택호출장치, 디지털선택호출 전용수신기를 설치한 의무선박국은 그 선박의 항행중 매일 1회 이상 그 기능을 확인하여야 한다.

[정답] ②

99 다음 중 무선국 허가 유효기간이 잘못 짝지어진 것은?

① 이동지구국-5년
② 우주국-5년
③ 육상이동국-5년
④ 방송국-2년

* 방송국, 유선방송, 항공고정국, 표준주파수국- 3년
* 실험국 및 실용화 시험국 – 1년
* 고정국, 해안국, 육상이동국, 선상통신국, 간이무선국, 항공국, 비상국, 무선표지국, 무선방향탐지육상국, 무선방향탐지국, 무선측위국, 우주국, 기지국, 이동중계국, 육상국, 이동국, 선박국(의무선박국 제외), 아마추어국, 지구국(일반지구국, 해안지구국, 항공기지구국, 육상지구국, 이동지구국, 기지지구국, 육상이동지구국) – 5년
※ 다만, 인명구조 및 재난 관련 무선국으로서 과학기술정보통신부장관이 정하여 고시하는 무선국은 2년으로 한다.

[정답] ④

100 적합성평가의 취소처분을 받은 자는 취소처분을 받은 날로부터 얼마의 범위에서 해당 기자재에 대한 적합성평가를 받을 수 없는가?

① 6개월
② 1년
③ 1년 6개월
④ 2년

- **전파법**
제58조의4(적합성평가의 취소 등)
③ 적합성평가의 취소처분을 받은 자는 그 취소된 날부터 1년의 범위에서 대통령으로 정하는 기간 내에는 해당 기자재에 대하여 적합성평가를 받을 수 없다.

[정답] ②

⑤ 2020년 2회

1 디지털 전자회로

01 정류회로에서 부하 양단의 평균 직류전압이 15[V]이고, 맥동률이 2[%]일 때 교류분은 얼마나 포함되어 있는가?

① 0.2[V] ② 2[V]
③ 0.3[V] ④ 3[V]

- **맥동률(Ripple Factor)**
정류된 직류출력에 포함되어 있는 교류분의 정도이다

리플률 = $\dfrac{\text{맥동신호의 실효전압}}{\text{출력신호의 평균전압}} \times 100$

$0.02 = \dfrac{x}{15}$

$\therefore x = 0.03$

[정답] ③

02 다음과 같은 회로의 입력에 120[Vrms], 60[Hz] 정현파 신호가 인가 되었을 때, 출력에서 리플전압의 피크-피크값은 약 몇 [V]인가? (단, 다이오드에 걸리는 전압강하는 무시한다.)

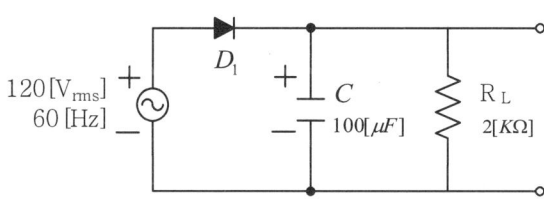

① 11.57[V] ② 12.57[V]
③ 13.57[V] ④ 14.57[V]

- **반파 정류회로 리플전압의 피크-피크값**

$V_{r(p-p)} = \dfrac{V_p}{CRf}$

$= \dfrac{\sqrt{2} \times 120}{100 \times 10^{-6} \times 2 \times 10^3 \times 60} \fallingdotseq 14$

[정답] ③

03 다음 정전압 회로에서 출력전압(V_0)으로 알맞은 것은? (단, $V_Z = V_f$이다.)

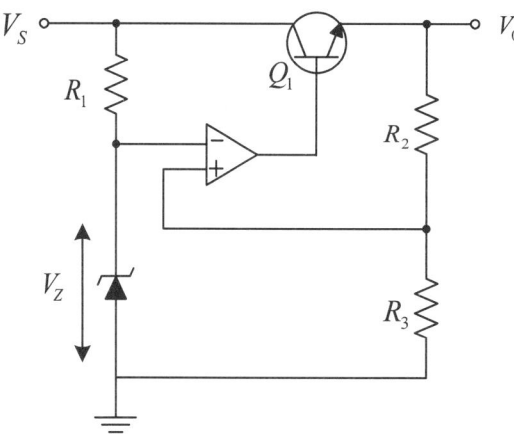

① $\left(1 + \dfrac{R_2}{R_3}\right) \cdot V_f$ ② $\left(1 + \dfrac{R_2}{R_3}\right) \cdot V_{f^2}$

③ $\sqrt{\left(1 + \dfrac{R_2}{R_3}\right) \cdot V_f}$ ④ $\left(1 + \dfrac{R_2}{R_3}\right) \cdot V_f$

- **정전압 회로 출력전압(V_0)**
연산 증폭기는 제너 다이오드에 의해 결정되는 기준 전압 V_Z와 표본전압을 비교하여 부궤한 시킴으로써 출력전압이 항상 일정한 전압으로 유지되도록 한다. 따라서 출력 전압 V_0은

$V_0 = \left(1 + \dfrac{R_2}{R_3}\right) V_Z$

[정답] ④

04 50[kHz]의 2 decade 높은 주파수는 얼마인가?

① 50[kHz] ② 100[kHz]
③ 500[kHz] ④ 5[kHz]

1 데케이드 (Decade)는 10배의 주파수 비율을 나타내는 척도이므로 50[kHz]의 2 decade 높은 주파수는 5[kHz]이다
(50[Hz]×100=5000[Hz]=5[kHz])

[정답] ④

05
다음 중 증폭기에 대한 설명으로 옳은 것은?

① 입력신호의 에너지를 증가시켜 출력 측에 큰 에너지의 변화로 출력하는 회로이다.
② 출력 내에 포함되어 있는 리플성분을 제거시켜 일정한 크기의 전압을 유지시키는 회로이다.
③ 교류전압을 사용하기 적당한 직류전압으로 변환하여 주는 회로이다.
④ 출력부하전류 및 온도에 상관없이 일정한 직류 출력전압을 제공하는 회로이다.

> 증폭기는 입력신호를 증폭시키는 역할을 한다.
> **[정답]** ①

06
이미터 접지형 증폭기에서 부하 저항 $10[k\Omega]$이고, $h_{fe}=50$, $h_{ie}=2[k\Omega]$, $h_{ce}=100[\mu A/V]$일 때 전류 이득의 크기는 얼마인가?

① 10　　② 15
③ 20　　④ 25

> • 이미터 접지형 증폭기 전류 이득
> $$A_i = -\frac{h_{fe}}{1+h_{oe}R_L}$$
> $$= -\frac{50}{1+100\times 10^{-6}\times 10\times 10^3}$$
> $$= -\frac{50}{1+1} = -25$$
> **[정답]** ④

07
다음과 같은 전력증폭회로에서 대기온도 상승으로 최대 전력소비 정격이 절반으로 감소될 경우, 증폭회로의 안정적인 동작을 위한 저항 R_c값은 얼마로 변경되어야 하는가?

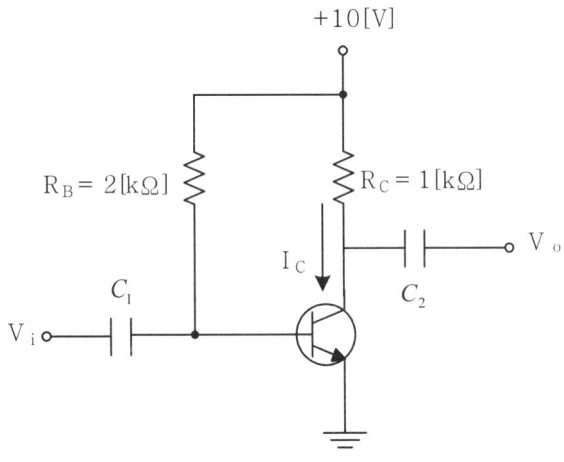

① $2.0[k\Omega]$　　② $0.5[k\Omega]$
③ $1.0[k\Omega]$　　④ $4.0[k\Omega]$

> $P = \frac{V_{cc}^2}{R_c} = 100[W]$, $R_c = 1[k\Omega]$
>
> 대기온도 상승으로 최대 전력소비 정격이 절반인 $50[k\Omega]$으로 감소될 경우, 증폭회로의 안정적인 동작을 위한 저항 R_c값은 $2[k\Omega]$이 되어야 한다.
> **[정답]** ①

08
수정발진기는 임피던스가 어떤 조건일 때 가장 안정된 발진을 하는가?

① 저항성　　② 용량성
③ 유도성　　④ 유도성과 용량성 결합

> 수정발진기는 리액턴스가 유도성인 $f_s < f < f_p$ 범위에서 안정된 발진을 한다.
> **[정답]** ③

09
RC 발진회로에서 RC 시정수를 높게 할 경우 발진주파수는 어떻게 변하는가?

① 발진주파수가 높아진다.
② 발진주파수가 낮아진다.
③ 무한대가 된다.
④ 아무런 변화가 없다.

> • RC 발진회로의 발진 주파수
>
> | 병렬 R형 발진주파수 | 병렬 C형 발진주파수 |
> |---|---|
> | $f = \dfrac{1}{2\pi\sqrt{6}\,CR}$ [Hz] | $f = \dfrac{\sqrt{6}}{2\pi\,CR}$ [Hz] |
>
> RC 시정수가 커질수록 발진주파수는 낮아진다.
> **[정답]** ②

10
다음 중 발진회로의 주파수 변동 요인이 아닌 것은?

① 전원 전압의 변동 ② 부하의 변동
③ 온도의 변동 ④ Q값의 변화

- **수정발진기의 주파수 변동원인과 그 대책**
1) 주파수 변동 원인
① 부하 변동
   대책 : 발진부 후단에 완충 증폭단 설치
   소결합 차폐를 충실히 한다.
② 온도변화
   대책 : 항온조 사용
   온도 계수가 작은 수정 공진자를 사용
   온도 계수가 작은 부품 사용
   온도 영향을 보상하는 소자사용
③ 전원 전압의 변동
   대책 : 정전압 회로 사용
   발진 회로 부분을 독립 전원으로 한다.
④ 외부의 기계적 진동
   대책 : 방진 장치(보안 장치를 한다.)
⑤ 부품의 불량
   대책 : 부품 교환 또는 접속 불량 등이 생기는 일이 없도록 한다.
⑥ 동조점의 불안정
   대책 : 동조점에서 약간 벗어난 곳에 조정 사용

[정답] ④

11
다음의 FM 변조지수 중 대역폭이 가장 넓은 것은?

① 1 ② 2
③ 3 ④ 4

- **FM 신호의 대역폭**
$B[Hz] = 2(\triangle f + f_s) = 2(m_f + 1)f_s$
FM방식에서 대역폭은 변조지수에 비례한다.

[정답] ④

12
FM 검파 방식 중 주파수 변화에 의한 전압 제어 발진기의 제어 신호를 이용하여 복조하는 방식은?

① 계수형 검파기 ② PLL형 검파기
③ 포스터-실리 검파기 ④ 비 검파기

PLL FM 검파기는 위상비교기, 루프필터, 전압제어발진기로 구성되며, 전압제어발진기의 출력이 복조 신호 출력이 된다.

[정답] ②

13
다음 중 주파수변조를 진폭변조와 비교한 설명으로 틀린 것은?

① 점유주파수대폭이 넓다.
② 초단파대의 통신에 적합하다.
③ S/N비가 좋아진다.
④ Echo의 영향이 많아진다.

- **FM의 특징**
① 진폭 제한기를 사용하므로 안정된 저주파 출력을 얻을 수 있다.
② AM 방식에 비하여 신호대 잡음비(S/N)비가 좋다.
③ 점유 주파수 대역폭이 넓다.(단점)
④ 초단파이상의 주파수대에서 많이 사용된다.
⑤ C급 전력 증폭방식을 사용하기 때문에 송신기의 효율이 좋다.
⑥ 페이딩(fading), Echo 등의 혼신 방해가 적다.

[정답] ④

14
다음 중 그림과 같은 변조파형을 얻을 수 있는 변조방식에 대한 설명으로 옳은 것은?

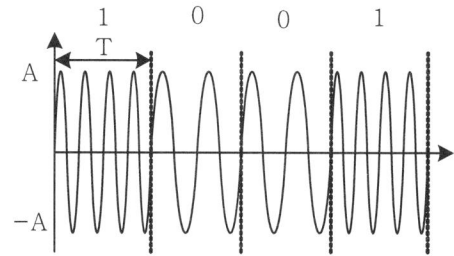

① 정현파의 주파수에 정보를 싣는 FSK 방식으로 2가지 주파수를 이용한다.
② 정현파의 주파수에 정보를 싣는 ASK 방식으로 2가지 진폭을 이용한다.
③ 정현파의 주파수에 정보를 싣는 QSK 방식으로 2가지 진폭을 이용한다.
④ 정현파의 위상에 정보를 싣는 2위상 편이변조방식이다.

FSK변조방식은 입력신호에 따라 반송파의 주파수를 변화시키는 디지털 변조방식이다.

[정답] ①

15
다음 중 슈미트 트리거(Schmitt Trigger)의 응용 분야가 아닌 것은?

① 쌍안정 회로 ② 구형파 발생 회로
③ 전압 비교 회로 ④ 정현파 발생 회로

- **슈미트 트리거 응용**
① 펄스 구형파 발생회로
② 전압 비교회로(Voltage Comparator)
③ 쌍안정 멀티바이브레이터 회로
④ A/D 변환 회로

[정답] ④

16
다음 그림과 같은 회로에 대한 설명으로 옳은 것은?

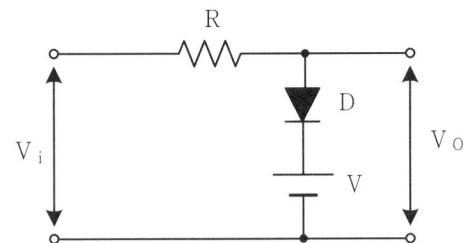

① 입력 파형의 아랫부분을 잘라내는 베이스 클리퍼 회로이다.
② 입력 파형의 윗부분을 잘라내는 피크 클리퍼 회로이다.
③ 직렬형 베이스 클러퍼 회로이다.
④ 입력 파형의 위, 아래 부분을 일정하게 잘라내는 클리퍼 회로이다.

> • **피크 클리퍼(Peak Clipper)**
>
> $$\begin{cases} V_i < V_{ref}, & D \to off, \quad V_o = V_i \\ V_i > V_{ref}, & D \to on, \quad V_o = V_{ref} \end{cases}$$
>
>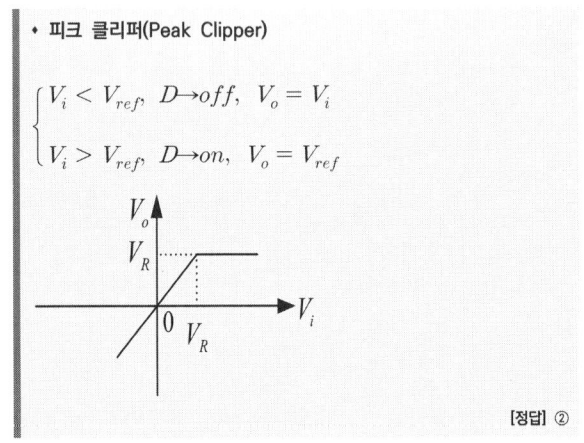

[정답] ②

17
다음 그림의 논리 회로에 대한 논리식은?

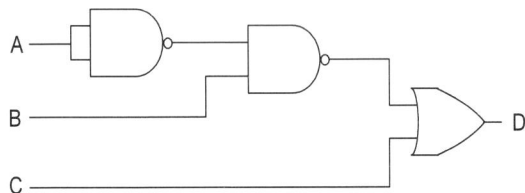

① $D = (\overline{A} + B) \cdot C$ ② $D = (A + \overline{B}) + C$
③ $D = (\overline{A} + \overline{B}) + C$ ④ $D = (A + B) + \overline{C}$

> $D = (\overline{AB}) + C = (\overline{A} + \overline{B}) + C$

[정답] ②

18
J-K 플립플롭을 사용하여 D형 플립플롭을 만들기 위한 외부 결선방법으로 맞는 것은?

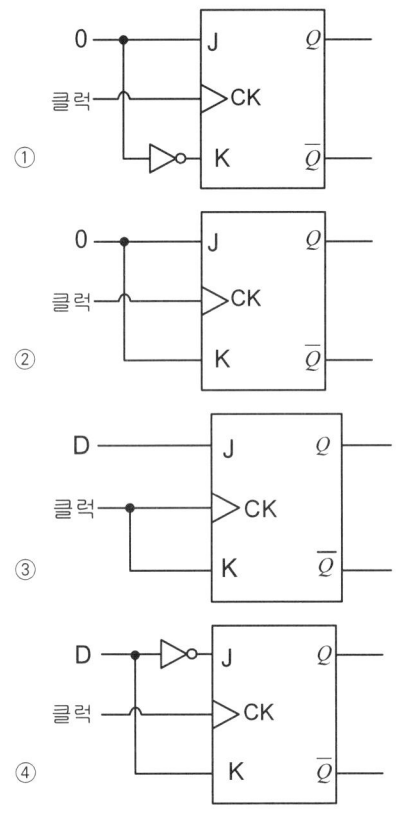

> D형 플립플롭은 JK-F/F와 NOT 게이트로 구성된다.
> D(Delay) 플립플롭은 JK 플립플롭의 J 및 K 중 한 개 입력을 인버터로 연결한 플립플롭으로 한 개의 클럭 입력과 한 개의 데이터 입력을 갖는 F/F 회로이다.

[정답] ①

19
다음 디코더의 설명 중 옳은 것은?

① 2진수로 표시된 입력 조합에 따라 출력이 하나만 동작하도록 하는 회로
② 특정한 입력을 몇 개의 코드화된 신호의 조합으로 바꾸는 장치
③ 연산회로의 일종으로 보수 합산을 행한다.
④ N개의 입력데이터에서 1개의 입력씩만 선택하여 송신하는 회로

> 디코더는 2진 코드나 BCD 코드를 입력으로 하여 우리가 사용하기 쉬운 10진수로 변환해 주는 장치로 해독기라고도 한다. 이는 n 개의 2진 코드로 받아 최대 2^n 개의 출력을 갖는 조합 논리회로이다.
>
>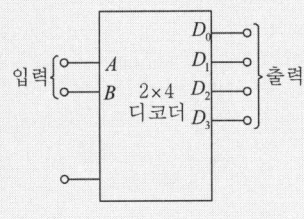
>
> [정답] ①

20
다음 그림과 같이 2^n개(0~7)의 입력을 넣었을 때 출력이 2진수(000~111)로 나오는 회로의 명칭은?

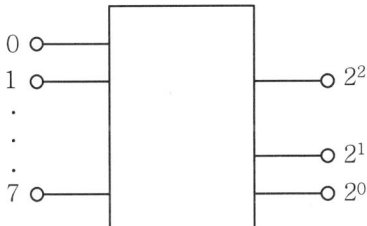

① 디코더(Decoder) 회로
② A-D 변환회로
③ D-A 변환회로
④ 인코더(Encoder) 회로

> 인코더는 2^n의 서로 다른 정보를 입력받아 n bit의 2진 코드 값으로 변경해 주는 회로이다.
> 인코더는 디코더의 역기능을 수행하는 것으로 10진수나 8진수를 입력으로 받아들여 2진수 BCD와 같은 코드로 변환해주는 장치로 부호기라고도 하며 이는 2^n 개의 입력선과 n 개의 출력선을 가지며 OR게이트로 구성된다.
>
> [정답] ④

2. 무선통신 기기

21
다음 중 PM(Phase Modulation) 신호의 복조에 대한 설명으로 틀린 것은?

① FM(Frequency Modulation) 신호와 같이 복조한 후 메시지 신호를 복구하기 위해서 적분기를 통과시킨다.
② PM(Phase Modulation) 신호 최종 출력의 잡음 전력스펙트럼은 주파수에 따라 일정한 값을 가진다.
③ PM(Phase Modulation) 신호의 신호 대 잡음비는 FM에 비해서 주파수가 높을수록 크다.
④ PM(Phase Modulation) 변조기에서 사전강세(Preemhasis) 필터, 복조기에 사후복세(Deemphasis) 필터를 설치하여 잡음의 영향을 줄인다.

> • 프리엠파시스(Pre-emphasis)회로
> FM송신기의 사용, 고역 S/N 개선 미분회로
>
> • 디엠파시스(수신기 부속회로)
> FM수신기에 사용, 원음 재생 적분회로
>
> [정답] ④

22
다음 중 주파수 효율이 가장 높은 변조방식은 무엇인가?

① BPSK ② OOK
③ FSK   ④ QPSK

> 대역효율은 심볼율이 높을수록 좋다.
> - BPSK - 1bit 1symbol
> - QPSK - 2bit 1symbol
> * OOK, On-Off Keying = 2진 ASK - 1bit 1symbol
>
> [정답] ④

23
상업용 FM 방송에서는 기저대역 신호의 대역을 15[kHz]~30[kHz]로 하고, 최대 주파수 편이를 $\triangle f = 75[kHz]$로 제한하고 있다. 전송대역폭을 각 채널당 200[kHz]로 할당하는 경우 FM 방송에서의 신호 대역폭은 얼마인가?

① 150[kHz] ② 160[kHz]
③ 180[kHz] ④ 200[kHz]

> • 카슨의 대역폭
> : $B = 2(f_m + \triangle f) = 2(15 + 75) = 180[kHz]$
>
> [정답] ③

24
다음 중 고조파의 방지 대책이 아닌 것은?
① 출력 증폭기로 Push-Pull 증폭기를 사용한다.
② 양극 동조 회로의 실효 Q를 높게한다.
③ 여진(Bias) 전압을 깊게 걸지않는다.
④ 고조파에 대해 밀결합한다.

> 고조파는 출력증폭기의 하모닉 성분으로, 출력증폭기의 성능파라미터로 고조파 방지 대책으로는,
> 1. push-pull증폭기 사용
> 2. 동조회로에 Q값을 높게
> 3. bias전압을 얕게
> 4. 트랩(Trap)설치 (중화회로)
>
> [정답] ④

25
다음 중 GPS에 대한 설명으로 틀린 것은?
① 반송파는 1575.72[MHz]를 사용한다.
② 지구 궤도면에 있는 24개 이상의 위성을 이용한다.
③ WGS-84 좌표계를 사용한다.
④ 지상제어국이 분산되어 있다.

> • GPS의 특징
> ① WGS-84(UTM)좌표계를 사용함
> ② 24개의 위성을 6궤도에서 사용함
> ③ 20,200[km] 고도 사용
> ④ 반송파는 1574.42MHz (L1) 사용
> ⑤ 삼각측량법을 이용해 위치계산
>
> [정답] ①

26
다음 중 수신기의 동작상태가 얼마나 안정한가를 나타내는 안정도에 미치는 영향이 아닌 것은?
① 국부발진 주파수의 변동
② 증폭도의 변동
③ 부품의 경년변화에 의한 성능열화
④ 변조도의 변동

> 안정도는 국부발진기 및 회로의 안정도에 의해 결정된다. 그 외에 부품의 노후화 및 증폭회로의 특성에 따라 안정도가 변한다.
>
> [정답] ④

27
다음 중 DSB(Double Side Band) 방식에 비하여 SSB(Single Side Band) 방식의 장점으로 틀린 것은?
① 송신기의 소비전력이 약 30[%] 정도 줄어든다.
② 선택성 페이딩의 영향이 약 6[dB] 정도 개선된다.
③ SNR 개선이 첨두 전력이 같을 때 약 12[dB] 정도 개선된다.
④ 대역폭이 축소되어 주파수 이용률이 개선된다.

> • SSB통신 방식의 특징
> (1) SSB통신 방식의 장점
>   ① 점유 주파수대 폭이 1/2로 축소된다.
>   (주파수 이용 효율이 높다.)
>   ② 적은 송신전력으로 양질의 통신이 가능하다.
>   (평균전력 대비 1/6, 공칭 전력 대비 1/4)
>   ③ 송신기의 소비전력이 적다.
>   (변조시에만 송신하므로 DSB의 30%)
>   ④ 선택성 페이딩의 영향이 적다.(3[dB] 개선)
>   ⑤ S/N비가 개선된다.(평균전력이 같다고 했을 대 전체 10.8 [dB] 개선, 첨두 전력이 같다고 했을 때 전체 12 [dB] 개선)
>   ⑥ 비화성을 유지할 수 있다. (DSB수신기로 수신 불가)
> (2) SSB통신 방식의 단점
>   ① 송수신기 회로구성이 복잡하며 가격이 비싸다.
>   ② 높은 주파수 안정도를 필요로 한다.
>   ③ 수신부에 국부발진기가 필요하며 동기장치(Speech clarifier)가 있어야 한다.
>   ④ 반송파가 없어 AGC회로 부가가 어렵다.
>
> [정답] ②

28
다음 중 수신기에서 고주파 증폭회로의 역할로 적합하지 않은 것은?
① 수신기의 감도 개선
② 불필요한 전파발사 억제
③ 근접주파수 선택도 개선
④ 안테나와의 정합 용이

> • 고주파 증폭부 역할
> ① 수신기의 감도향상
> ② S/N 개선
> ③ 영상 주파수 선택도 개선
> ④ 불요 방사의 억제
> ⑤ 공중선회로와의 정합
>
> [정답] ③

29
무선 항행 보안 장비인 선박 장거리 식별 추적 장치(LRIT) 정보에 적합하지 않은 것은?
① 선박 식별부호
② 선박안전 경보부호
③ 방송일시(날짜와 시간)
④ 선박의 위치(위도/경도)

> • 장거리 식별 추적 장치(LRIT)
> 자국 항만(최대 1,000 마일 범위)이나 연안에 입·출항하는 외국적 선박과 국제항해를 운항하는 국적선박의 위치를 추적토록 하는 시스템
>
> [정답] ②

30
진폭 12[V], 주파수 10[MHz]의 반송파를 진폭 6[V], 1[kHz]의 변조파 신호로 진폭 변조할 때 변조율은?

① 25[%]　　　② 50[%]
③ 75[%]　　　④ 100[%]

변조도 $m_a = \dfrac{A_m}{A_c} = \dfrac{6}{12} * 100\% = 50\%$

[정답] ②

31
다음 중 BPSK(Binary Phase Shift Keying) 변조방식에 대한 설명으로 틀린 것은?

① 정보 데이터의 심볼값에 따라 반송파의 위상이 변경되는 변조방법이다.
② 동기검파 방식만 사용이 가능해 구성이 비교적 복잡하다.
③ 점유대역폭은 ASK(Amplitude Shift Keying)와 같으나 심볼 오류 확률은 낮다.
④ M진 PSK 방식의 대역폭 효율은 변조방식의 영향을 받는다.

◆ BPSK의 특징
① 점유대역폭은 ASK와 같으나 전송로 등의 잡음, 레벨 변동 영향에 강해 심볼 오류확률이 적다.
② 비동기식 포락선 검파방식은 사용이 불가능하며 동기 검파 방식만 사용이 가능해 구성이 비교적 복잡하다
③ M진 PSK의 경우 M의 증가에 따라 스펙트럼 효율 증가해 고속 데이터 전송이 가능하다
④ BPSK 심볼 오류 확률은 QPSK 심볼 오류 확률의 $\dfrac{1}{2}$ 이지만 비트 오류 확률(P_b)은 동일하다.

[정답] ④

32
FSK 신호의 전송속도가 1,200[bps]이면 보(baud)속도는 얼마인가?

① 300[baud]　　　② 400[baud]
③ 600[baud]　　　④ 1,200[baud]

◆ Baud 속도
$baud = \dfrac{r_b(\text{데이타전송속도})}{n(\text{전송Bit수})} = \dfrac{1200}{1}$
$= 1200[\text{Baud}]$

[정답] ④

33
PM변조에서 주파수 편이(K_p)의 값이 매우 작다면 협대역 PM 변조라 한다. 정보신호의 대역폭을 B라 할 때, PM 변조한 신호의 대역폭을 근사화한 값은 얼마인가?

① B　　　② 2B
③ 3B　　　④ 4B

나이키스트의 최소대역폭에 의해 위상변조는 기저대역신호 대역폭의 2배가 요구된다.
$f_s \geq 2f_m$
(f_s: 변조한 신호 대역폭, f_m: 정보신호 대역폭)

[정답] ②

34
다음 중 충전의 종류가 아닌 것은?

① 중충전　　　② 초충전
③ 평상충전　　④ 과충전

◆ 충전의 종류
① 부동충전 : 자기방전을 보충, 충전기 + 축전지 동시 부담하여 충전
② 세류충전 : 자기방전량 만 충전
③ 급속충전 : 충전전류의 2~3배 로 충전
④ 초기충전 : 축전지에 전해액 주입 후 처음으로 충전하는 것

[정답] ①

35
다음 중 무정전 전원공급장치(UPS)의 On-Line 방식에 대한 설명으로 틀린 것은?

① 상용전원을 그대로 출력으로 내보내며 축전지는 충전회로를 통해 충전한다.
② 상시 인버터 방식이라고도 한다.
③ 항상 인버터 회로를 경유하여 출력으로 내보낸다.
④ 출력이 안정되며 높은 정밀도를 가진다.

◆ UPS의 종류

On-Line 방식	· 정상 전원시에 상시인버터 방식 · 신뢰성을 요구하는 중용량 이상
Off-Line 방식	· 정전 에 인버터를 동작하는 방식 · 서버전용 (소용량)
Line Interactive 방식	· 축전지와 인버터 부분이 항상 접속

[정답] ①

36
다음 중 전력변환장치가 아닌 것은?
① 인버터(Inverter) ② 컨버터(Converter)
③ 정류기(Rectifer) ④ 어레스터(Arrester)

• 전력변환장치

장치	특징
인버터	직류(DC)를 교류(AC)로 변환
컨버터	직류(DC)를 직류(DC)로 변환
UPS	무정전 전원공급장치 임
정류기	교류(AC)를 직류(DC)로 변환

[정답] ④

37
다음 중 접지저항에 대한 설명으로 틀린 것은?
① 안테나를 대지에 접지시킬 때 안테나와 대지 사이에 존재하게 되는 접촉저항이다.
② 접지저항을 크게 하기 위해 다점접지를 사용한다.
③ 접지 안테나의 효율을 결정하는 중요한 요소이다.
④ 코올라우시 브리지를 이용하여 측정할 수 있다.

접지저항을 낮게 하기위해서는 다점(Multi Point) 접지를 사용한다.
* 접지저항은 0[Ω]이 가장 이상적인 값임

[정답] ②

38
기본파 전압이 10[V], 제 2고조파 전압이 4[V], 제3고조파 전압이 3[V]일 때 전압 왜율은 몇 [%]인가?
① 10[%] ② 25[%]
③ 50[%] ④ 80[%]

$$왜율 = \frac{\sqrt{V_2^2 + V_2^2}}{V_1} = \frac{5}{10} = 50\%$$

[정답] ③

39
무선통신망의 측정 단위로 등방성 안테나(전 방향에 균등한 전파를 방사하는 기상의 안테나)를 기준으로 한 안테나의 상대적 이득 특성단위를 표시한 것은?
① dBm ② dBi
③ dBd ④ dBc

안테나이득은 기준 안테나에 따라 절대이득, 상대이득으로 표현함.

단위	절대이득	상대이득
	dBi	dBd
기준 안테나	등방성안테나	다이폴안테나

[정답] ②

40
인버터의 스위칭 주파수가 2[kHz]가 되려면 주기는 몇 [ms]로 해야 하는가?
① 0.1[ms] ② 0.5[ms]
③ 1[ms] ④ 10[ms]

$$주파수\ f = \frac{1}{T}$$
$$T = \frac{1}{2000} = 0.5\,mS$$

[정답] ②

3 안테나 공학

41
다음 중 전자계 현상에 대한 설명으로 틀린 것은?
① 유전율이 커지면 파장은 길어진다.
② 전계 벡터가 X축과 Y축 방향으로 구성되어 그 크기가 같은 경우를 원형 편파라고 한다.
③ 복사 전계의 크기는 거리에 반비례한다.
④ 전파의 주파수가 높을수록 직진성이 강하다.

• 전자계 현상
① 파장 $\lambda = \frac{v}{f}$, 전파속도 $v = \frac{c}{\sqrt{\varepsilon_s \cdot \mu_s}}$
② 원형편파(X축 Y축이 크기 같음) 선형편파가 있음
③ 전계의 크기는 거리에 반비례 함
④ 주파수가 높으면 직진성, 낮으면 회절성 우수

[정답] ①

42
비유전율 50, 비투자율 1이며 도전율 20[mho/m]인 증류수에 15.9[GHz]의 파가 진행할 때 고유 임피던스가 $44.27 + j9.96[\Omega]$이었다. 이 때 전계와 자계의 위상차는?
① 전계가 자계보다 $12.6[°]$ 앞선다.
② 전계가 자계보다 $22.5[°]$ 앞선다.
③ 자계가 전계보다 $12.6[°]$ 앞선다.
④ 자계가 전계보다 $22.5[°]$ 앞선다.

[정답] ①

43

다음 중 파장이 가장 짧은 주파수대는 어느 것인가?

① UHF ② VHF
③ SHF ④ EHF

- **파장과 주파수는 반비례함**

기호	주파수	파장
LF	30KHz ~ 300KHz	100m
MF	300KHz ~ 3MHz	10m
HF	3MHz ~ 30MHz	1m
VHF	30MHz ~ 300MHz	10cm
UHF	300MHz ~ 3GHz	1cm
SHF	3GHz ~ 30GHz	1mm
EHF	30GHz ~ 300GHz	0.1mm

[정답] ④

44

다음 중 동축케이블 급전선에 관한 설명으로 옳은 것은?

① 유전체 손실을 무시하면 감쇠정수는 $\alpha = \dfrac{R}{2Z_0}$ 이다.(단, R은 도선의 저항, Z_0는 특성임피던스)
② 감쇠정수는 주파수와 무관하므로 SHF대에서 유전체 손실이 감소한다.
③ 외부도체는 접지하지 않고 사용하므로 외부로부터 유도방해를 많이 받는다.
④ 특성임피던스는 평행 2선식보다 높다.

- **동축케이블 급전선**
① 특성임피던스가 50Ω, 75Ω 등으로 낮다.
② 평행2선식 급전선에 비해 특성 임피던스가 낮다.
③ 외부도체를 접지에서 사용하므로 외부에서의 유도방해는 거의 없다.
④ 동일전력인 경우 특성임피던스가 낮아 선간 전압이 낮아도 된다.
⑤ 대전력용으로 사용시 내압을 높게 하기 위해 외경 및 내경이 크게 되어 값이 비싸지며 접속도 곤란하게 되어 특수하게 만들어야 한다.
⑥ 자유롭게 굴곡할 수 있으므로 설치에 편리하다.

[정답] ①

45

다음 중 도파관창의 기능으로 올바른 것은?

① 도파관의 임피던스를 정합시킨다.
② 도파관내의 반사파를 감쇠시킨다.
③ 도파관의 비틀림을 용이하게 한다.
④ 도파관에 이물질이 들어가지 않도록 한다.

- **도파관창**
① 도파관의 여진용으로는 동축케이블과 작은 loop 안테나가 사용 된다.
② 공동공진기(cavity resonator)는 도파관을 이용해 만든 마이크로파대 공진기로 Q가 아주 높으며 마이크로파대의 공진주파수나 공진파장을 측정하는데 사용한다.
③ 도파관창은 도파관의 임피던스 정합을 위해 사용되며 도파관창(slot)을 수직으로 사용하면 유도성을, 수평으로 사용하면 용량성을, 가운데에만 작은슬롯을 사용하면 LC병렬공진창의 성질을 가진다. 따라서 도파관용 필터로 사용할 수 있다.
④ 도파관의 임피던스 정합방법 (정합용 소자)으로 많이 사용된다.

[정답] ①

46

그림과 같이 도선의 길이가 $\lambda/4$인 선단을 단락할 경우 ab점에서 본 임피던스는?

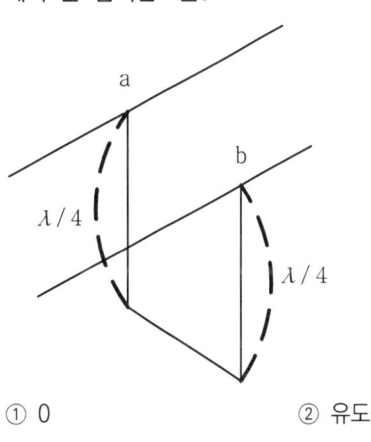

① 0 ② 유도성
③ 용량성 ④ ∞

$\lambda/4$위치에서 전압은 최대이고, 전류는 최소가 되며, 이때 임피던스는 $R = \dfrac{v_{max}}{i_{min}} = \infty$ 따라서 야기안테나 경우, $\lambda/4$ 간격으로 소자를 배열하면 전기적으로는 분리된 것과 같은 효과를 가진다.

[정답] ④

47

다음 중 동조 급전선과 비동조 급전선에 대한 설명으로 틀린 것은?

① 정재파가 분포되어 있는 급전선을 동조 급전선이라 한다.
② 비동조 급전선은 동조 급전선보다 전력의 손실이 적다.
③ 동조 급전선은 거리가 짧을 때, 비동조 급전선은 길 때 주로 사용한다.
④ 비동조 급전선은 정합장치가 불필요하다.

> • **동조 급전선과 비동조 급전선의 비교**
>
> 동조 급전선 : 정재파가 분포되어 있는 급전선
> ① 급전선이 짧을 때 사용된다.
> ② 급전선상에 정재파를 발생시켜서 급전
> ③ 정합장치를 필요로 하지 않는다.
> ④ 전송효율은 급전선이 길어지면 나빠진다.
>
> 비동조 급전선 : 진행파로 여진되는 급전선
> ① 급전선이 길이가 길 때 사용된다.
> ② 급전선 상에 정재파가 생기지 않도록 급전
> ③ 정합장치를 필요로 한다.
> ④ 정재파가 없어 손실 적고, 전송효율 양호
>
> [정답] ④

48

특성 임피던스 $Z_n = 50[W]$인 무한장 선로에 부하 $Z_L = 40 + j80[W]$을 접속하였을 때 부하의 정규화 임피던스는 얼마인가?

① 0.4 + j0.8[W]   ② 0.8 + j1.2[W]
③ 0.8 + j1.6[W]   ④ 0.2 + j0.4[W]

> 특성 임피던스 Z_n을 기준으로 Z_L을 정규화
> $$\frac{Z_L}{Z_n} = \frac{40+j80}{50} = 0.8 + j1.6$$
>
> [정답] ③

49

안테나 전류를 지선망의 각 분구에 똑같게 흘려서 안테나 전류가 기저부 근처에 밀집하는 것을 피하여 접지저항의 감소를 도모하는 접지방식은?

① 방사상 접지   ② 심굴 접지
③ 다중 접지   ④ 가상 접지

> • **다중접지**
> ① 공중선 전류를 지선망의 각 분구에 똑같이 흘려서 공중선 전류가 기저부에 밀집하는 것을 피하여 접지 저항을 감소시키는 방식
> ② 접지 저항은 1~2[Ω] 정도
> ③ 대전력 방송국에 사용
>
> [정답] ③

50

길이가 0.4[m]이고, 사용주파수가 50[MHz]인 미소다이폴 안테나에 전류 9[A]가 흘렀을 때 복사전력은 약 얼마인가?

① 855   ② 255
③ 455   ④ 555

> $P_r = I^2 R$
> 복사저항 $R = 80\pi^2(\frac{l}{\lambda})^2$이고
> $\lambda = \frac{c}{f} = \frac{3\times10^8}{50\times10^6} = 6$, $l = 0.4[m]$를 대입하면
> $R = 3.5[\Omega]$
> $\therefore P_r = I^2R = 9^2 \times 3.5 \cong 284[W]$
>
> [정답] ②

51

다음 중 진행파형 안테나로서 예리한 지향특성을 가지며 주로 단파고정국 또는 해안국의 송·수신용으로 사용되는 안테나는?

① 루프(Loop) 안테나   ② 더블렛(Doublet) 안테나
③ 디스콘(Discone) 안테나   ④ 롬빅(Rhombic) 안테나

> 롬빅(Rhombic) 안테나는 4개의 도선을 다이아몬드형으로 배치하고, 종단에 도선의 특성저항과 같은 종단저항을 삽입하여 진행파만 존재하도록 한 안테나로 단파 고정 송수신용으로 많이 사용된다.
>
> [정답] ④

52

주파수가 1[MHz]인 $\lambda/4$ 수직접지 안테나의 실효길이는 약 얼마인가?

① 38[m]   ② 48[m]
③ 58[m]   ④ 68[m]

> $\frac{\lambda}{4}$ 수직접지 안테나의 실효고 $h_e = \frac{\lambda}{2\pi}$
> $\lambda = \frac{c}{f} = \frac{3\times10^8}{10^6} = 300[m]$
> $h_e = \frac{\lambda}{2\pi} = \frac{300}{2\pi} = 47.75 \fallingdotseq 48[m]$
>
> [정답] ②

53
다음 중 소형·경량으로 부엽이 적고 이득이 높아 선박용 레이다 안테나로 가장 적합한 것은?

① 헤리컬 안테나
② 슬롯 어레이 안테나
③ 혼 리플렉터 안테나
④ 전자나팔 안테나

> • Slot Array 안테나 특성
> ① 소형, 경량, 풍압에 강하고 회전 중심에 대해 평형 유지가 용이하다.
> ② 부엽이 작고 고이득
> ③ 효율이 높다.
> ④ 전기적 특성이 좋음
> ⑤ 선박용 레이더, 항공기용 레이더로 사용됨
>
> [정답] ②

54
수평 반파장 다이폴 안테나를 만들어 20[MHz]인 전파를 발사하고자 할 때 안테나의 한쪽(급전점을 중심으로 좌측 또는 우측) 길이는 약 몇 [m]로 하면 좋겠는가? (단, 단축률은 5[%]로 한다.)

① 3.6[m]
② 3.8[m]
③ 7.1[m]
④ 7.5[m]

> • 주파수와 파장의 관계
> $$\lambda = \frac{c}{f} = \frac{3 \times 10^8}{20 \times 10^6} = 15[m]$$
> $$l = \frac{\lambda}{4} = \frac{15}{4} = 3.75[m]$$
> $$l = 3.75 \times (1-0.05) ≒ 3.6[m]$$
>
> [정답] ①

55
대류권파의 페이딩 생성원인에 의한 분류에 속하는 것으로 옳은 것은?

① 신틸레이션 페이딩
② 동기성 페이딩
③ 선택성 페이딩
④ 근거리 페이딩

> • 대류권에서 생기는 페이딩 종류
> ① K형 페이딩
> ② 덕트형 페이딩
> ③ 신틸레이션 페이딩
> ④ 감쇠형 페이딩
> ⑤ 산란형 페이딩
>
> [정답] ①

56
다음 중 안테나의 Top Loading 효과에 대한 설명으로 틀린 것은?

① Top Loading을 설치하면, 수평이득이 커진다.
② Top Loading을 설치하면, 복사저항이 감소한다.
③ Top Loading을 설치하면, 낮은 안테나로 고각도 복사가 적다.
④ Top Loading을 설치하면, 안테나 높이는 등가적으로 높게 된다.

> Top Loading을 하게 되면 공진(고유) 주파수가 낮아지게 된다. 공진(고유) 주파수가 낮아지면 공진 파장이 길어지고, 공진 파장이 길어지면 실효고가 증가하게 된다. 또한 정관 부하는 고각도 방사를 억제함으로서 그 전파가 안테나의 수직면 쪽으로 나아가게 되므로 방사 저항 및 방사효율이 증가하고 수직면 내 지향성도 더 예리해진다.
>
> [정답] ②

57
전리층의 높이가 지상 약 100[Km] 정도이며, 발생지역과 장소가 불규칙한 전리층은?

① D층
② E_s층
③ F_1층
④ F_2층

> Es(Sporadic(산재) E층)은 태양의 흑점주기와 관계가 없지만, 시간/공간적으로 전리층이 불균일하여 초단파대역(30[MHz] ~ 300[MHz])도 반사한다.
>
> [정답] ②

58
다음 중 임계 주파수에 대한 설명으로 틀린 것은?

① MUF는 임계 주파수보다 낮다.
② 전리층의 전자밀도에 따라 달라진다.
③ D층의 임계 주파수가 F층의 임계 주파수가 낮다.
④ 전리층을 통과하는 주파수 중 가장 낮은 주파수이다.

> • 임계주파수
> ① 전리층에서의 최대 전자밀도를 N_{max} 이라 할 때 전리층에 수직입사한 파의 임계주파수
> ② f_c 는 $f_c = 9\sqrt{N_{max}}$ 의 관계가 있으므로 전자밀도가 가장 작은 D층이 임계주파수가 가장 낮다.
> * 최고사용주파수 (MUF: Maximum Usable Frequency)
> 일정한 거리가 정해진 송, 수신소 사이에서 사용할 수 있는 최고 높은 주파수로서 입사각이 항상 90도보다 작기 때문에 임계주파수보다는 높다
>
> [정답] ①

59
다음 중 자기람 현상에 대한 설명으로 틀린 것은?
① 고위도 지방이 심하게 나타난다.
② 야간보다 주간에 많이 나타난다.
③ 지자계의 급격한 변동을 발생시킨다.
④ 태양 표면의 폭발에 의해 방출된 다량의 대전입자가 지구에 도달하기 때문에 야기된다.

• **자기람현상의 정의**
태양활동에 따라 방출된 하전미립자가 지구로 날아와 지구의 자계에 현저한 혼란을 일으키는 것을 자기폭풍(자기람)이라 한다.
1. 주야구분 없이 지구 전역에서 발생 (고위도)
2. 느린 하전미립자 영향으로 수일동안 지속
3. 20[MHz] 이상의 주파수에 큰 영향
4. 전리층 층의 임계주파수를 낮추고, 흡수도 증가하게 됨
5. 태양폭발이 선행되므로 예측이 가능함

[정답] ②

60
다음 중 브루스터각(Brewster Angle)에 대한 설명으로 틀린 것은?
① 반사가 일어나지 않는 각이다.
② 수직편파인 경우에만 존재한다.
③ 공기에 대한 굴절률을 n이라 할 때 브루스터각은 $\theta = \tan^{-1} n$이다.
④ 브루스터각 보다 큰 각으로 입사하는 전파는 전(Total)투과가 일어난다.

[정답] ④

4 무선통신 시스템

61
다음의 변조방식 중 디지털 변조 방식이 아닌 것은?
① FSK
② PSK
③ AM/FM
④ DPSK

• **정현파 변조방식의 종류**

구분	아날로그 변조	디지털 변조
진폭변조	DSB(양측파대 변조) SSB(단측파대 변조) VSB(잔류측파대 변조)	ASK(진폭편이 변조)
각도변조	FM(주파수 변조)	FSK(주파수 편이 변조)
	PM(위상 변조)	PSK(위상 편이 변조) DPSK(차동 위상 편이 변조) MSK(Minimum Shift Mode)
복합변조	AM-PM (진폭 위상 변조) SCFM(진폭 주파수 2중 변조)	QAM(직교 진폭 변조) APSK(진폭 위상편이 변조)

[정답] ③

62
다음 중 PCM(Pulse Code Modulation) 다중통신의 특징이 아닌 것은?
① 전송로의 잡음이나 누화 등의 방해에 강하다.
② 중계시마다 잡음이 누적되지 않는다.
③ 경로(Route) 변경이나 회선 변환이 쉽다.
④ 협대역 전송로가 필요하다.

PCM 다중통신은 주파수 대역폭이 넓어 광대역 전송로가 필요하다.
[정답] ④

63
다음 중 FSK의 동기 검파기로 사용되지 않는 것은?
① 정합필터
② 상관기
③ PLL
④ 포락선 검파기

• **비동기검파**
수신기에 들어온 신호를 반송파를 사용하지 않고 검파하여 2진 출력을 얻는 방식
* 포락선 검파기는 비동기검파에 사용된다.

[정답] ④

64
FM 통신방식이 AM방식에 비해 S/N비가 좋은 이유는?
① 리미터(Limiter)를 사용한다.
② 점유주파수대폭이 좁다.
③ 깊은 변조를 할 수 있다.
④ 클래리파이어(Clarifier)를 사용한다.

- **FM통신방식의 특징**
① 리미터를 사용하여 S/N를 향상시킴
② FM신호는 Capture Effect로 하나의 신호만 수신
③ 수신 S/N이 9[dB] 이상에서는 SNR이 급격히 향상(AM대비)
④ FM변조는 각도 변조를 통해 주파수대역이 넓어짐

[정답] ①

65
다음은 위성 위치 정보 시스템의 특징이 아닌 것은?
① 각종 이동체에 탑재가 가능하며, 3차원의 위치 및 고도 등을 정확히 알 수 있다.
② 측정된 자료는 온라인 처리가 가능하다.
③ 각 나라마다 각각의 규격을 갖는 좌표계를 사용한다.
④ 두 지점간의 거리 측정 및 신속한 측량이 가능하다.

[정답] ③

66
S-95 CDMA 시스템에서 하향(순방향)링크 채널의 종류가 아닌 것은?
① 파일럿 채널
② 엑세스 채널
③ 페이징 채널
④ 동기 채널

- **IS-95 CDMA의 순방향 왈시코드 채널번호(64채널)**

왈시코드	용도
Pilot 채널	0번 채널
Paging 채널	1번~7번 채널
Sync 채널	32번 채널
Traffic채널	나머지 채널

[정답] ②

67
다음 중 이동통신 기지국 설비 운용 시 주요 점검사항으로 적합하지 않은 것은?
① 안테나의 지향성 확인
② 전송선로(급전부) 확인
③ 주변 전파환경 변동 확인
④ 홈 위치등록장치(HLR)의 운용상태

BTS(Base Tranceiver Sunsystem)
BSC(Base Station Controllor) 의 기능비교

BTS	BSC
이동통신 송수신 기지국 (안테나)	이동통신 기지국(BTS) 제어기. BSC가 모여서 MSC가 됨.
• 단말의 무선접속 • 단말의 동기유지 • 시스템 유지보수 • RF신호의 품질 측정	• 이동통신 호처리 • 통화채널 할당/해제 • 위치갱신 • 위치추적(VLR/HLR) • 페이징, 인증 및 과금

* 위치추적은 이동단말기의 위치를 파악하는 기능으로 VLR과 HRL을 이용하여 수행한다.
VLR은 MSC에서 연동되고, HLR은 홈서버와 연동된다.

[정답] ④

68
다음 중 ASTC 3.0과 DVB-T2에 대한 비교 중 연결이 잘못된 것은?

	항목	ARSC 3.0	DVB-T2
①	전송방식	OFDM 기반	OFDM 기반
②	비디오 압축	HEVC	HEVC
③	오디오 압축	MPEG-H	AC-3, AAC-LC
④	전송 포맷	MPEG-2 TS	MPEG-2 TS

① ㄱ
② ㄴ
③ ㄷ
④ ㄹ

구분	ATSC 3.0	DVB=T2
영상압축	HEVC, SHVC	HEVC
음성압축	AC-4, MPEG-H	HE AAC
입력포맷	IP	MPEG2-TS, GSE(IP 기반)
전송방식	OFDM 기반	OFDM 기반

[정답] ④

69 다음 중 CDMA 시스템의 용량을 결정하는 주요 파라미터가 아닌 것은?

① 채널간 간섭 ② 음성 활성화음
③ 주파수 재사용 효율 ④ 낮은 호 손실률

- **CDMA의 가입자 수용용량**

$$N = \frac{1}{\frac{E_b}{N_o}} \cdot \frac{B_c}{\gamma_b} \cdot \frac{1}{D_b} \cdot G_s \cdot F \text{ 의 관계를 갖음}$$

[정답] ④

70 인공위성 통신망을 이용하여 가장 넓은 지역을 커버하는 광대역 서비스는?

① Mega cell ② Macro Cell
③ Micro Cell ④ Pico cell

- **셀 크기 와 용도**

명칭	셀 크기	용도
Mega	100km 이상	위성통신
Macro	10Km 이하	TRS통신
Micro	1Km 이하	이동통신
Pico	30m 이하	중계통신
Femto	10m 이하	초소형 Cell

[정답] ①

71 다음 중 위성통신에서 사용하는 CDMA 다원접속 방식의 특징이 아닌 것은?

① 협대역 잡음 신호에 강하다.
② TDMA방식에 비해 가입자 수용 용량이 적다.
③ 사용자 신호에 대한 비밀이 보장된다.
④ 강력한 에러 정정으로 링크 품질이 좋다.

[정답] ②

72 다음 Mobile WiMAX 시스템 표준 중 채널대역폭의 10[MHz]와 8.75[MHz] 요구 기준이 같은 것은?

① TTG(Transmit Transition Gap) + RTG(Receive Transition Gap)시간
② OFDMA Symbol Duration 시간
③ Tone Spacing
④ 프레임당 OFDMA Symbol 개수

[정답] ①

73 기지국 장치로부터의 RF신호 입력을 Slave장치로 공급하기 위해 RF신호를 분기하는 유니트는 어느 것인가?

① COME(Combiner : 결합기)
② SPLT(Splitter : 분배기)
③ NMS(Network Management System : 망 관리 시스템)
④ Directional Coupler(방향성 결함기)

명칭	특징
결합기	두 개의 신호를 하나로 결합
분배기	하나의 신호를 여러 개로 분기
NMS	네트워크 관리 시스템
Duplex	입력에 대해 출력, 커플링출력, Isolate출력을 만듬.

[정답] ②

74 OSI 7계층 중 하나인 데이터링크계층에서 사용되는 데이터 전송단위는?

① Bit ② Frame
③ Packet ④ Message

- **계층별 데이터 전송형태**

계층	명칭	기능
4	TCP계층	세그먼트 (Segment)전송
3	IP계층	패킷 (Packet) 전송
2	데이터링크계층	프레임 (Frame) 전송
1	물리계층	전기적 신호(1, 0)

[정답] ②

75 다음 중 OSI 창조모델에서 컴퓨터 네트워크의 요소가 아닌 것은?

① 개방형 시스템 ② 물리매체
③ 응용프로세스 ④ 접속매체

- **OSI 구성 기본 요소**

System간의 접속을 논리적으로 모델화 하는 것
1) 개방형 시스템(Open systm): OSI에서 규정하는 프로토콜에 따라 서로 통신할 수 있는 시스템
2) 응용개체(Application entity): 각 계층의 통신 기능을 실행하는 기능 모듈로, 각각의 물리적 시스템상에서 동작하는 업무 프로그램과 시스템 운영 관리 프로그램, 단말기 운용자등의 응용프로세서를 개방형 시스템상의 요소로써 모델화한 것
3) 접속(Connection): 같은 계층의 엔티티 사이에서 이용자 정보를 교환하기 위한 논리적인 통신 회선
4) 물리 매체(Physical media): 시스템간에 정보를 교환할 수 있도록 해주는 전기통신 매체로, 통신회선, 통신채널 등이 이에 해당된다.

[정답] ④

76
다음의 문제가 발생하는 것을 막아주는 프로토콜 기능은 어느 것인가?

> PDU마다 중간에 거쳐오는 경로가 다를 경우에는 소스에서 먼저 송출되었던 PDU 보다 나중에 송출된 PDU가 먼저 목적지에 도착 할 수 있다.

① 동기화　　② 순서결정
③ 주소기능　④ 다중화

- **순서 결정(Sequencing)**
  통신 개시에 앞서 논리적인 통신 경로인 데이터 링크를 설정하고 순서에 맞는 전달 흐름 제어 및 에러 제어를 결정한다.

[정답] ②

77
무선국 허가증에 등가등방복사전력(EIRP)이 3.28[dB]로 기재되어 있을 때 실효복사전력(ERP)은 몇 [dB]인가? (단, 반파장 다이폴안테나를 기준으로 한다.)

① 2.0[dB]　　② 3.28[dB]
③ 5.43[dB]　④ 6.56[dB]

$$ERP[dB] = EIRP[dB] + 2.15[dB]$$
$$= 3.28 + 2.15 = 5.43[dB]$$

[정답] ③

78
FM 수신기에서 반송파가 없으면 잡음이 증가하는데, 이때 잡음 전압을 이용하여 저주파 증폭이의 동작을 정지시켜 출력을 차단하는 회로를 무엇이라 하는가?

① 스켈치 회로　　② 프리 엠퍼시스 회로
③ 디 엠퍼시스 회로　④ 주파수 변별기

- **FM송수신회로의 기능별 특징**

회로	위치	특징
IDC	송신	주파수편이제한
스켈치	수신	잡음 출력 OFF
프리엠파시스	송신	고역강조
디-엠파시스	수신	원음재생
변별기	수신	FM신호 복조

[정답] ①

79
위성통신시스템을 설계하는데 고려하여야 할 사항이 아닌 것은?

① 위성월식 상황을 고려하여야 한다.
② 먼 거리이므로 전송지연을 고려하여야 한다.
③ 잡음 및 간섭상태를 고려하여야 한다.
④ 전파의 손실상태를 고려하여야 한다.

- **위성통신시스템 설계 시 고려사항**
  ① 위성일식(위성이 태양의 빛을 못 받는 경우)고려
  ② 전송지연(0.24[s]-정지위성(36,000[km]))
  ③ 잡음 및 간섭 상태를 고려
  ④ 지구국과 위성체 사이의 전파손실

[정답] ①

80
다음 중 무선통신 시스템의 로그 데이터 분석을 통해 얻은 정보의 활용 방안으로 적합하지 않은 것은?

① 시스템 취약점 분석
② 시스템의 장애 원인 분석
③ 사용자의 서비스 사용 형태 분석
④ 외부로부터의 침입감지 및 추적

- **로그 데이터**
  가동중인 컴퓨터 시스템 내에서 발생하는 장애에 대처하기 위해 데이터 장애 발생 직전의 상태로 복원하기 위한 필요한 정보가 들어있다.

[정답] ③

5 전자계산기 일반 및 무선설비기준

81
주소영역(address space)이 1[GB]인 컴퓨터가 있다. 이 컴퓨터의 MAR(memory address register)의 크기는 얼마인가?

① 30[bit]　　② 30[bit]
③ 32[bit]　　④ 32[bit]

- **메모리 위치의 주소 공간**
  ① MAR이 n 비트인 경우 주소공간은 2^n
  ② 주소공간이 1[GB]이면 2^{30}[Byte]

[정답] ①

82

바이트(8bit) 단위로 주소지정을 하는 컴퓨터에서 MAR(Memory Adress Register)과 MDR(Memory Data Register)의 크기가 각각 32비트이다. 512Mb(Megabit) 용량의 반도체 메모리 칩으로 이 컴퓨터의 최대 용량으로 주기억장치의 메모리 배열을 구성하고자 한다. 필요한 칩의 개수는?

① 8개   ② 16개
③ 32개 ④ 64개

① 칩 하나의 용량 =512Mb =64MB (8bit=1Byte)
② MAR의 크기= 32bit
③ 32bit로 표현가능한 메모리 용량 = 2^{32} =4×10^8 =4GB
④ 칩의 개수 구하기 = $\dfrac{\text{메모리 용량}}{\text{칩 하나의 용량}} = \dfrac{4GB}{64MB} = 62.5$
∴ (보기에서) 필요한 칩의 개수 = 64개

[정답] ④

83

프로세서, 주기억장치, I/O 모듈이 한 개의 버스를 공유할 때 사용하는 주소지정 방식 중 격리형 또는 분리형 I/O(Isolated I/O) 방식에 관한 사항은 어느 것인가?

① 많은 종류의 I/O 명령어들을 사용할 수 있다.
② 귀주한 주기억자이 주소영역이 I/O 장치들을 위하여 사용된다.
③ 프로그래밍을 더 효율적으로 할 수 있다.
④ 특정 I/O 명령들에 의해서만 I/O 포트들을 엑세스할 수 있다.

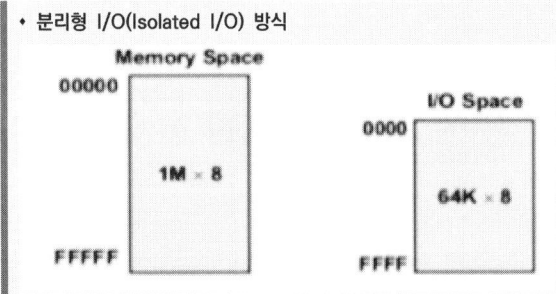

① I/O장치와 기억장치가 별도의 주소 공간 보유
② I/O와 기억장치는 별도의 선택 신호 필요
③ I/O를 위한 별도의 명령어 필요(사용할 수 있는 명령어 종류 제한)

[정답] ④

84

다음 중 2진수 $(110010)_2$를 8진수로 올바르게 변환한 것은?

① $(60)_8$ ② $(61)_8$
③ $(62)_8$ ④ $(63)_8$

$(110010)_2 = (110/010)_2 = (62)_8$

[정답] ③

85

다음 중 중앙처리장치(CPU)의 스케줄링 기법을 비교하는 성능 기준으로 옳지 않은 것은?

① CPU 활용률 : CPU가 작동한 총시간 대비 프로세스들이 실제 사용시간
② 처리율(Throughput) : 단위 시간당 처리 중인 프로세스의 수
③ 대기시간(Waiting Time) : 프로세스가 준비 큐(Ready Queue)에서 스케줄링될 때까지 기다리는 시간
④ 응답시간 : 대화형 시스템에서 입력한 명령의 처리결과가 나올때까지 소요되는 시간

처리율(Throughput) : 송신자와 수신자 사이에 전송되는 비트의 속도

[정답] ②

86

특정한 짧은 시간 내에 이벤트나 데이터의 처리를 보증하고, 정해진 기간 안에 수행이 끝나야 하는 응용 프로그램을 위하여 만들어진 운영 체제는?

① 임베디드 운영 체제   ② 분산 운영 체제
③ 실시간 운영 체제   ④ 라이브러리 운영 체제

실시간 운영 체제(Real-Time Operating System)는 지정된 제한 시간 내에 확실한 출력을 보장하는 운영체제이다.

[정답] ③

87

다음 중 컴퓨터의 운영체제에서 로더(Loader)의 주요 기능이 아닌 것은?

① 프로그램과 프로그램 간의 연결(Linking)을 수행한다.
② 출력 데이터에 대해 일시 저장(Spooling) 기능을 수행한다.
③ 프로그램이 실행될 수 있도록 번지수를 재배치(Relocation)한다.
④ 프로그램 또는 데이터가 저장될 번지수를 계산하고 할당(Allocation)한다.

로더는 컴퓨터에 프로그램을 읽어 넣기 위한 프로그램루틴이다. 보조기억장치에 저장된 파일을 메모리에 적재시키는 기능이다.

[정답] ②

88

다음 중 자료가 발생할 때 마다 즉시 처리하여 응답하는 방식은?

① 일괄 처리 시스템   ② 실시간 처리 시스템
③ 시분할 시스템   ④ 병렬 처리 시스템

실시간 처리 시스템은 처리를 요구하는 자료가 발생할 때마다 즉시 처리하는 정보처리방식이다

[정답] ②

89
다음의 소프트웨어에 대한 설명으로 틀린 것은?
① 명령어의 집합을 의미한다.
② 소프트웨어는 크게 시스템소프트웨어와 응용소프트웨어로 나뉜다.
③ 응용소프트웨어에는 백신, 워드프로세서 등의 응용프로그램이 있다.
④ 시스템소프트웨어에는 운영체제가 있다.

> 응용소프트웨어는 컴퓨터에 글이나 그림을 그리는 작업을 위해 사용되는 소프트웨어이다. 백신은 응용소프트웨어가 아닌 시스템 소프트웨어이다.
> [정답] ③

90
다음 중 인터럽트에 대한 설명으로 틀린 것은?
① 인터럽트 수행 중에는 다른 인터럽트가 발생하지 못한다.
② 인터럽트 발생 후에는 복귀하기 위해서는 스텍(Stack)이 필요하다.
③ 인터럽트 발생은 인터럽트 플래그에 의해 결정된다.
④ 인터럽트 발생하면 주프로그램은 중단이 되고 인터럽트 서비스 루틴으로 이동한다.

> 인터럽트 수행 중에는 다른 인터럽트가 발생할 수 있다. 인터럽트 처리를 위한 루틴으로 들어가면서 다른 인터럽트 처리는 대기 상태로 되는 경우가 일반적이다.
> [정답] ①

91
다음 중 무선국의 개설허가 시 심사하는 사항이 아닌 것은?
① 주파수지정이 가능한지 여부
② 무선설비가 기술기준에 적합한지 여부
③ 재허가가 가능한지 여부
④ 무선종사자의 배치계획이 자격·정원배치기준에 적합한지 여부

> • 무선설비규칙 제21조
> 1. 주파수지정이 가능한지의 여부
> 2. 설치하거나 운용할 무선설비가 제45조에 따른 기술기준에 적합한지의 여부
> 3. 무선종사자의 배치계획이 제71조에 따른 자격·정원배치기준에 적합한지의 여부
> [정답] ③

92
"거짓이나 그 밖의 부정한 방법으로 적합성평가를 받은 경우"에 해당되는 법령 처분기준은?
① 적합성 평가 취소   ② 업무중지 6개월
③ 생산중지   ④ 수업중지

> • 전파법
> 제58조의4(적합성평가의 취소 등)
> ② 과학기술정보통신부장관은 적합성평가를 받은 자가 다음 각 호의 어느 하나에 해당하는 경우에는 대통령령으로 정하는 바에 따라 해당 기자재에 대한 적합성평가를 취소하여야 한다. 〈개정 2013. 3. 23., 2017. 7. 26.〉
> 1. 거짓이나 그 밖의 부정한 방법으로 적합성평가를 받은 경우
> 2. 제1항에 따른 개선명령 등 조치명령을 이행하지 아니한 경우
> [정답] ①

93
초단파방송을 하는 공동체 라디오사업자가 개설하는 방송국의 개설허가의 유효기간은?
① 1년   ② 2년
③ 3년   ④ 5년

> • 전파법 시행령
> 제36조(무선국 개설허가의 유효기간)
> 2의2. 방송국: 5년
> [정답] ④

94
자연환경 보호 등을 위하여 시설자에게 무선국의 무선설비 중 공동으로 사용하게 할 수 있는 대상설비가 아닌 것은?
① 무선국의 안테나 설치대   ② 송신설비
③ 수신설비   ④ 전원설비

> 무선설비 공동사용 및 환경친화적 설치 명령의 기준과 절차
> 제2조(정의)
> 2. "환경친화형 무선국"이라 함은 자연환경에 대한 영향을 최소화하고 주변경관과 조화를 이루도록 안테나설치대 및 송·수신설비를 위장하거나 은폐하여 설치하는 다음 각 목의 무선국을 말한다.
> 나. 환경친화형 공동사용 무선국: 환경친화적으로 설치한 안테나설치대 및 송·수신설비를 기간통신사업자 상호간에 공동으로 사용하는 무선국
> [정답] ④

95
다음 중 과학기술정보통신부장관이 전파감시 업무를 수행하는 이유로 타당하지 않은 것은?
① 전파의 효율적 이용촉진
② 혼선의 신속한 제거
③ 무선국의 원활한 검사
④ 전파이용질서의 유지 및 보호

> • 전파법
> 제49조(전파감시)
> ① 과학기술정보통신부장관은 전파의 효율적 이용을 촉진하고 혼신의 신속한 제거 등 전파이용 질서를 유지하고 보호하기 위하여 전파감시 업무를 수행하여야 한다. 〈개정 2013. 3. 23., 2017. 7. 26.〉
> [정답] ③

96
점유주파수대역폭의 허용치에 있어서 무선설비규칙에 규정되어 있지 않은 사항에 대하여는 어떠한 것을 적용하는가?

① 방송통신위원회 별도 지침에 따른다.
② 국제전기통신연합(ITU)에서 정하는 바에 따른다.
③ 실제 측정하여 자체 공시 후 적용한다.
④ 전파지정기준에 따른다.

• **무선설비규칙**
제6조(점유주파수대역폭의 허용치)
① 송신설비에서 발사되는 전파의 점유주파수대역폭의 허용치는 별표 2와 같다. 다만, 과학기술정보통신부장관은 무선설비의 용도에 따라 점유주파수대역폭의 허용치를 별도로 정하여 고시할 수 있다. 〈개정 2017. 7. 26.〉
② 제1항을 적용하기 어려운 경우에는 국제전기통신연합에서 정하는 필요주파수대역폭을 적용한다.

[정답] ②

97
정부가 주파수 회수 또는 재배치를 함으로 인하여 발생하는 손실을 보상하여야 할 경우는 어느 것인가?

① 시설자의 요청이 있는 경우
② 이용실적이 저조한 주파수를 회수 또는 재배치하는 경우
③ ITU에 의하여 주파수 국제분배가 변경된 경우
④ 주파수의 용도가 제2순위 임무인 주파수를 사용하는 경우

제7조(주파수회수 또는 주파수재배치에 따른 손실보상 등)
① 미래창조과학부장관은 제6조의2에 따라 주파수회수 또는 주파수재배치를 할 때에 해당 시설자와 제18조의2제3항에 따라 주파수의 사용승인을 받은 자(이하 "시설자등"이라 한다)에게 통상적으로 발생하는 손실을 보상하여야 한다. 다만, 다음 각 호의 경우에는 그러하지 아니하다. 〈개정 2013. 3. 23., 2014. 6. 3.〉
1. 시설자등의 요청에 따른 경우
2. 국제전기통신연합이 모든 국가가 공통적으로 수용하여야 할 주파수 국제분배를 변경함에 따라 주파수분배를 변경한 경우
3. 주파수의 용도가 제2순위 업무(해당 주파수를 운용할 때에 제1순위 업무를 보호하여야 하고, 제1순위 업무로부터 보호받을 수 없는 업무를 말한다. 이하 같다)인 주파수를 사용하는 경우

[정답] ②

98
무선국 분류 중 육상의 일정한 고정지점에 개설하여 항공위성업무를 행하는 지구국은?

① 항공국
② 항공기국
③ 항공지구국
④ 항공기지구국

• **전파법 시행령**
제29조(무선국의 분류)
33. 항공지구국: 육상의 일정한 고정 지점에 개설하여 항공이동위성업무를 하는 지구국

[정답] ③

99
다음 중 준공검사를 받지 아니하고 운용할 수 있는 무선국에 속하지 않는 것은?

① 적도 지역에 개설한 무선국
② 대통령 경호를 위하여 개설하는 무선국
③ 30와트 미만의 무선설비를 시설하는 어선의 선박국
④ 외국에서 운용할 목적으로 개설한 육상이동지구국

• **전파법 시행령**
제45조의2(준공검사의 면제 등) ① 법 제24조의2제1항제1호에서 "대통령령으로 정하는 무선국"이란 다음 각 호의 무선국을 말한다. 〈개정 2016. 6. 21., 2017. 7. 26., 2017. 12. 12., 2020. 6. 23.〉
1. 30와트 미만의 무선설비를 시설하는 어선의 선박국
2. 아마추어국으로서 다음 각 목의 어느 하나에 해당하는 무선국
 가. 적합성평가를 받은 무선기기를 사용하는 무선국
 나. 외국에서 아마추어무선기사 자격을 취득하고 과학기술정보통신부장관이 지정하는 단체의 추천을 받은 자가 1개월 이내의 국내 체류기간 동안 개설·운용하는 무선국
3. 국가안보 또는 대통령 경호를 위하여 개설하는 무선국
4. 정부 또는 기간통신사업자가 비상통신을 위하여 개설한 무선국으로서 상시 운용하지 않는 무선국
5. 공해 또는 극지역에 개설한 무선국
6. 외국에서 운용할 목적으로 개설한 육상이동지구국
7. 소규모의 무선국으로서 사용지역·용도 등에 관하여 과학기술정보통신부장관이 정하여 고시하는 요건을 갖춘 실험국 또는 실용화시험국

[정답] ①

100
주어진 방향의 동일한 거리에서 동일한 전계 또는 전력밀도를 발생시키기 위하여 주어진 안테나와 손실이 없는 기준안테나의 입력단에서 각각 필요로 하는 전력의 비"를 무엇이라고 하는가?

① 규격전력
② 안테나이득
③ 안테나공급전력
④ 등가등방복사전력비

• **무선설비규칙**
제2조(정의)
19. "안테나이득"이란 주어진 방향의 동일한 거리에서 동일한 전계 또는 전력밀도를 발생시키기 위하여 주어진 안테나와 손실이 없는 기준안테나의 입력단에서 각각 필요로 하는 전력의 비를 말한다. 이 경우 따로 규정한 것이 없는 때에는 최대복사방향에서의 이득을 통상 데시벨로 표시한다.

[정답] ②

6 2020년 4회

1 디지털 전자회로

01 직류 출력전압이 무부하일 때 250[V]이고 부하일 때 220[V]이다. 이때 정류회로의 전압변동률은?
① 12.6[%] ② 13.6[%]
③ 25.2[%] ④ 27.2[%]

- 전압변동률
$$= \frac{무부하시 직류 출력전압 - 부하시 직류출력전압}{부하시 직류출력전압} \times 100[\%]$$
$$= \frac{250-220}{220} \times 100[\%] = 13.6[\%]$$

[정답] ②

02 다음과 같은 정류회로에 사용된 다이오드의 최대 역전압(PIV)는 10[V]이다. 100[V], 60[Hz]의 피크 정현파가 입력될 때, 정상적인 회로 동작을 보장하기 위한 최대 권선비는? (여기서, n은 1차측 권선비이고 m은 2차측 권선비이다.)

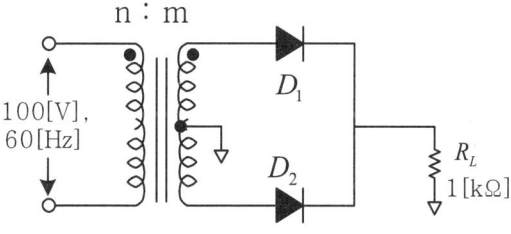

① 10 : 1 ② 1 : 10
③ 1 : 20 ④ 20 : 1

전파브리지 정류회로의 다이오드에 걸리는 역전압(PIV)은 2차측 전압(V_2)의 최대치인 V_m 이다.
$\frac{n_1}{n_2} = \frac{V_1}{V_2}$ 이므로, $\frac{n_1}{n_2} = \frac{100}{10}$
$\therefore n_1 : n_2 = 10 : 1$

[정답] ①

03 제너 다이오드의 항복전압이 10[V], 내부저항이 8.5[Ω]이다. 제너전류가 20[mA]일 때 부하전압은 얼마인가?
① 10.11[V] ② 10.13[V]
③ 10.15[V] ④ 10.17[V]

- 부하전압
$= 10[V] + (8.5[\Omega] \times 20[mA])$
$= 10[V] + 170[mV] = 10.17[V]$

[정답] ④

04 다음 중 증폭기에 대한 설명으로 옳은 것은?
① 교류성분을 직류성분으로 변환하기 위한 전기회로다.
② 다이오드를 사용하여 교류 전압원의 (+) 또는 (-)의 반사이클을 정류하고, 부하에 직류 전압을 흘리도록 한다.
③ 교류(AC)를 직류(DC)로 바꾸는 여러 과정 가운데 맥류를 완전한 직류로 바꾸어 준다.
④ 입력의 신호변화 형상이 출력단에 확대되어 복사된다.

증폭기는 입력신호를 증폭시키는 역할을 한다.

[정답] ④

05 다음 중 부궤환 증폭회로의 특징이 아닌 것은?
① 이득 증가 ② 비직선 일그러짐 감소
③ 잡음 감소 ④ 안정도 향상

- 부궤환 증폭기의 특성
① 이득이 감소한다
② 안정도가 개선된다.
③ 증폭기의 주파수 대역폭이 증대된다.
④ 일그러짐과 잡음이 감소한다.
⑤ 주파수 특성이 개선된다.
⑥ 입출력 임피던스가 변화된다.

[정답] ①

06
다음 증폭기에 대한 설명으로 틀린 것은?

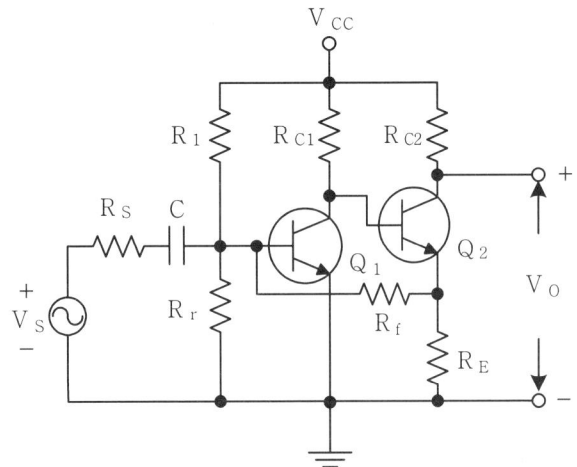

① 병렬전류부궤환 회로이다.
② 입력임피던스는 감소하며 출력임피던스는 증가한다.
③ 궤환율(β)는 $-\dfrac{R_E}{R_f}$이다.
④ R_E, R_f, R_s, R_{c1}이 안정화 되면 TR의 파라미터 변화와 관계없이 안정한 출력이 나온다.

* **병렬 전류 부궤환증폭기(Shunt current negative feedback)**
① 병렬 전류 부궤환을 갖는 2단 공통 이미터(CE) 증폭기이다.
② 두 번째 TR의 이미터로부터 저항(R_f)을 통해 첫 번째 TR의 베이스로 궤환되고 있는데, 출력 전류에 비례하는 전류가 병렬로 입력으로 궤환된다.
③ 낮은 입력 임피던스와 높은 출력 임피던스를 얻을 수 있다.

[정답] ④

07
다음 중 이상적인 연산증폭기의 특성이 아닌 것은?

① 전압증폭도가 무한대
② 입력 임피던스가 무한대
③ 출력 임피던스가 무한대
④ 주파수 대역폭이 무한대

* **이상적인 연산증폭기 특성**
① 전압증폭도 = 무한대
② 대역폭 = 무한대
③ 입력임피던스 = 무한대
④ 출력임피던스 = 0
⑤ CMRR(공통 모드 제거비) = 무한대
⑥ 전원 전압 제거비 = 무한대

[정답] ③

08
증폭기와 정궤환 회로를 이용한 발진회로에서 증폭기의 이득을 A, 궤환율을 β라고 할 때, $\beta A > 1$이면 출력되는 파형은 어떤 현상이 발생하는가?

① 출력되는 파형의 진동이 서서히 사라진다.
② 출력되는 파형은 진폭에 클리핑이 일어난다.
③ 지속적으로 안정적인 파형이 발생한다.
④ 출력되는 파형은 서서히 진폭이 작아진다.

궤환 발진기에서 $\beta A = 1$을 만족하면 지속적으로 발진이 되는데 이를 바크하우젠의 발진 조건이라 한다.
$\beta A > 1$이면 출력파형에 클리핑이 일어난다.

[정답] ②

09
다음 중 온도 특성이 좋고, 전원이나 부하의 변동에 대하여 비교적 안정도가 좋기 때문에 안정한 주파수의 발생원으로 많이 쓰이는 발진회로는?

① 빈 브리지형 발진회로
② 수정 발진회로
③ RC 발진회로
④ 이상형 발진회로

* **수정 진동자의 사용 범위**
직렬 공진 주파수 f_s와 병렬 공진 주파수 f_p의 두 주파수 사이에서만 유도성이 되며 그 범위가 매우 좁아서 안정된 발진이 가능하다.
($f_s < f < f_p$)

[정답] ②

10
다음 중 RC발진회로에 대한 설명으로 옳은 것은?

① 콘덴서와 저항만으로 궤환회로를 구성한다.
② 압전기 효과를 이용한 발진기이다.
③ 종류로는 콜피츠 발진회로와 하틀리 발진회로가 있다.
④ 부궤환 시키면 발진 주파수가 증가한다.

* **RC 발진회로**
– 커패시터(C)와 저항기(R)를 이용한 충전/방전 회로의 충전/방전 주기 조절에 의해 주기적인 파형(정현파)을 만듬

* **주요 종류**
– 윈 브리지 발진기 (Wien bridge)
– 위상천이 발진기
– Twin-T 발진기
  Bridge-T 발진기 등

* **RC 발진회로의 발진 주파수**

병렬 R형 발진주파수	병렬 C형 발진주파수
$f = \dfrac{1}{2\pi\sqrt{6}\,CR}$ [Hz]	$f = \dfrac{\sqrt{6}}{2\pi\,CR}$ [Hz]

RC 시정수가 커질수록 발진주파수는 낮아진다.

[정답] ①

11
다음 그림과 같은 AM변조 회로는 어떤 변조인가?

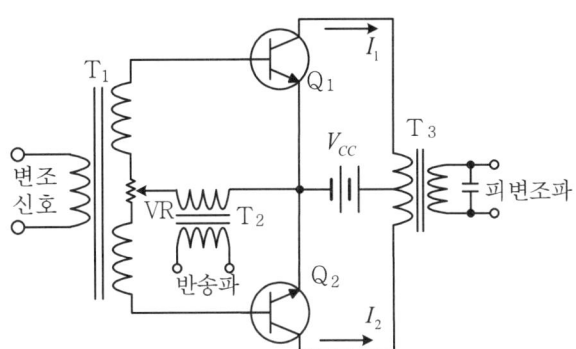

① 베이스 변조회로
② 에미터 변조회로
③ 트랜지스터 평형 변조회로
④ 컬렉터 변조회로

• 트랜지스터 평형 변조회로
반송파 억압 변조기의 일종으로, 반송파를 변성기(트랜스)의 중간 단자와 접지간에 가하고, 신호파를 변성기 1차측에 가하여 변조하고, 출력측에서는 반송파를 상쇄하여 측파(側波)만을 꺼내도록 한 회로

[정답] ③

12
다음 중 주파수 변조에서 S/N비를 높이기 위한 방법이 아닌 것은?

① 주파수 대역폭을 크게 한다.
② 변조지수를 크게 한다.
③ 프리엠퍼시스 회로를 사용한다.
④ 주파수 변별회로를 사용한다.

• FM방식 S/N비 개선방법
① 변조 지수 m_f를 크게 한다.
② 최대 주파수 편이를 크게 한다.
③ 변조 신호의 주파수를 작게 한다.
④ 변조 신호의 진폭을 크게 한다.
⑤ 주파수 감도 계수를 크게 한다.
⑥ 반송파의 진폭을 크게 한다.
⑦ pre-emphasis 회로를 사용한다.

[정답] ④

13
진폭변조에서 신호파의 진폭이 70, 반송파의 진폭이 100일 때의 변조도는 몇 [%]인가?

① 20[%]   ② 30[%]
③ 70[%]   ④ 100[%]

• AM 변조도
$$m[\%] = \frac{A_m}{A_C} \times 100[\%] = \frac{70}{100} \times 100[\%] = 70[\%]$$

[정답] ③

14
다음 중 아날로그 신호를 디지털 신호로 변환할 때 양자화 잡음의 경감 대책이 아닌 것은?

① 압신기를 사용한다.
② 양자화 스텝수를 감소시킨다.
③ 양자화 비트수를 증가시킨다.
④ 비선형화 한다.

• 양자화 잡음 경감책
① 양자화레벨 수를 늘린다(양자화 비트수 증가)
② 압신기를 사용한다.
③ 비선형 양자화방식을 사용한다.

[정답] ②

15
펄스파에서 낮은 주파수 성분이나 직류분이 잘 통하지 않기 때문에 생기는 것으로 펄스 하강 부분이 낮아진 크기를 무엇이라 하는가?

① 새그(Sag)   ② 링킹(Ringing)
③ 언더슈트(Undershoot) ④ 오버슈트(Overshoot)

새그(Sag)는 구형파 파형의 뒤쪽 부분의 진폭이 감소하는 현상으로 낮은 주파수 성분 또는 직류성분이 잘 통하지 않아서 발생한다.

[정답] ①

16
다음 회로의 입력에 정현파를 가했을 때 출력 파형은?

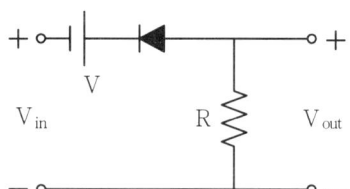

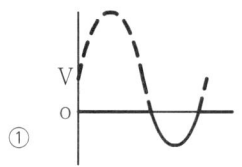
①

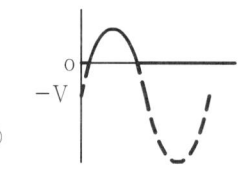
②

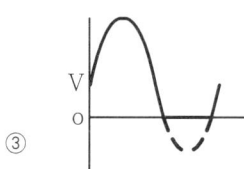
③

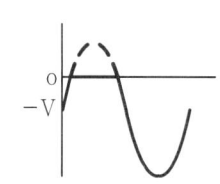
④

입력파형을 적절한 Level로 잘라내는 파형변환 회로이다.
회로의 첫단에 전압원이 있으므로 전체 입력파형이 V만큼 올라가고, 음의 전압이 들어올때만 다이오드가 on상태가 된다.

[정답] ①

17
다음 회로에서 A, B, C를 입력, X를 출력이라고 하면 회로는 어떤 논리 게이트인가? (단, 정논리 회로이다.)

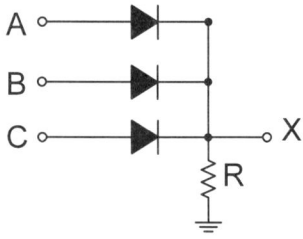

① NAND 게이트 ② OR 게이트
③ AND 게이트   ④ NOR 게이트

OR 게이트는 하나 이상의 입력만 1이면 출력이 1이 된다.

[정답] ②

18
입력 주파수 512[kHz]를 T형 플립플롭 7개 종속 접속한 회로에 인가했을 때 출력 주파수는 얼마인가?

① 256[kHz]   ② 8[kHz]
③ 4[kHz]   ④ 2[kHz]

7개의 플립플롭을 사용했으므로 출력에는
$2^7 = 128$ 분주된 출력 주파수가 나온다.
$$f = \frac{512[KHz]}{128} = 4[KHz]$$

[정답] ③

19
비동기식 5진 카운터(Counter) 회로는 최소 몇 개의 플립플롭(Flip-Flop)이 필요한가?

① 4   ② 3
③ 2   ④ 1

필요한 플립플롭의 개수를 n 이라고 하면,
$2^{n-1} \leq N \leq 2^n$ 이어야 한다.
문제에서 $2^{n-1} \leq 5 \leq 2^n$ 이므로 $n = 3$, 즉 3개의 플립플롭이 필요하다.

[정답] ②

20
조합 논리 회로 중 0과 1의 조합으로 부호화를 행하는 회로로 2^n 개의 입력선과 n개의 출력 선으로 구성된 것은?

① 디코더(Decoder)   ② DEMUX
③ MUX   ④ 인코더(Encoder)

인코더는 2^n 개의 서로 다른 정보를 입력받아 n bit의 2진 코드 값으로 변경해 주는 회로이다.
인코더는 디코더의 역기능을 수행하는 것으로 10진수나 8진수를 입력으로 받아들여 2진수 BCD와 같은 코드로 변환해주는 장치로 부호기라고도 하며 이는 2^n 개의 입력선과 n 개의 출력선을 가지며 OR게이트로 구성된다.

[정답] ④

2 무선통신 기기

21
정보신호가 $m(t) = \cos(2\pi f_m t)$인 정현파를 반송파 f_c를 사용하여 DSB-SC 변조하는 경우 변조된 신호의 스펙트럼으로 옳은 것은?

① fm, f-m, fc, f-c
② fc + fm, -fc, -fm
③ fc + fm, fc - fm, -fc + fm, -fc-fm
④ fc + fm, fc, fc - fm, -fc + fm, -fc, -fc -fm

> DSB-SC(AM)변조방식은 반송파를 제외한 모든 측파대(상측파 또는 하측파)를 취하는 변조방식이다.
> $v(t) = \cos 2\pi f_c t \cdot \cos 2\pi f_m t$
> $= \frac{1}{2}[\cos 2\pi (f_c + f_m)t + \cos 2\pi (f_c - f_m)t]$
>
> [정답] ③

22
수신 주파수가 850[kHz]이고 국부발진주파수가 1,305[kHz]일 때 영상 주파수는 몇 [kHz]인가?

① 790[kHz]   ② 1,020[kHz]
③ 1,760[kHz]   ④ 2,155[kHz]

> 영상주파수 = 수신주파수 + (2×중간주파수)
> ∴ 영상주파수 = 850+(2×455) = 1,760[KHz]
>
> [정답] ③

23
진폭변조파의 변조도(m)에 대한 설명 중 틀린 것은?

① 변조도 m=1이면 피변조파(신호파) 전력은 반송파 전력의 1.5배가 된다.
② 변조도 m이 낮을수록 측파대 전력은 감소한다.
③ 변조도 m<1이면 타 통신에 혼신을 준다.
④ 변조도 m>1이면 신호파의 진폭이 찌그러진다.

- **AM 변조도**
$$m = \frac{V_S(신호파)}{V_C(반송파)}$$

m > 1	m = 1	m < 1
과변조(찌그러짐)	100%변조	정상변조

- **AM 변조전력의 구성**

반송파 전력	상측파 전력	하측파 전력
P_c	$(\frac{m^2}{4})P_c$	$(\frac{m^2}{4})P_c$

[정답] ③

24
변조도 m=1(100[%])인 경우 SSB(Single Side Band) 송신기의 평균 전력은 DSB-LC(Double Side Band – Large Carrier) 송신기 평균 전력에 비해 어느 정도 소요되는가?

① 1/2배   ② 1/3배
③ 1/4배   ④ 1/6배

- **SSB 통신의 장점.**
  ① 점유 주파수대 폭이 1/2로 축소된다.
  (주파수 이용 효율이 높다.)
  ② 적은 송신전력으로 양질의 통신이 가능하다.
  (평균 전력 대비 1/6, 공칭 전력 대비 1/4)
  ③ 송신기의 소비전력이 적다.
  (변조시에만 송신하므로 DSB의 30%)
  ④ 선택성 페이딩의 영향이 적다.(3[dB] 개선)
  ⑤ S/N비가 개선된다.
  (첨두 전력이 같다고 했을 때 전체 12 [dB] 개선)
  ⑥ 비화성을 유지할 수 있다. (DSB수신기로 수신 불가)

[정답] ④

25
주파수가 50[kHz]인 정현파 신호를 100[MHz]의 반송파로 주파수 변조하여 최대 주파수 편이가 500[kHz]로 되었을 경우, 발생된 FM 신호의 대역폭과 FM 변조지수는 각각 얼마인가?

① 1,100[kHz], 10   ② 1,200[kHz], 15
③ 1,500[kHz], 20   ④ 1,800[kHz], 20

- **FM 변조지수**
$$\beta_f = \frac{\triangle f}{f_m} = \frac{500[\text{kHz}]}{50[\text{kHz}]} = 10$$

- **FM 신호의 대역폭 (카슨의 대역폭)**
$$B = 2(f_m + \triangle f) = 2(50 + 500) = 1,100[\text{kHz}]$$

[정답] ①

26
FM변조에서 주파수 편이 k_f의 값이 매우 작다면 협대역 FM 변조라 한다. 정보신호의 대역폭을 B라 할 때, 협대역 FM 변조한 신호의 대역폭을 근사화한 값은 얼마인가?

① B ② 2B
③ 3B ④ 4B

> 협대역 FM 변조인 경우 신호의 대역폭은 양측파대 진폭 변조와 같이 2B가 된다.

[정답] ②

27
아래 그림과 같이 FM 변조기를 이용하여 PM 변조를 하고자 한다. 괄호에 들어갈 내용으로 적합한 것을 고르시오.

① (가) 없음 (나) 적분기
② (가) 적분기 (나) 없음
③ (가) 없음 (나) 미분기
④ (가) 미분기 (나) 없음

- **FM파의 변복조**
- **PM파의 변복조**

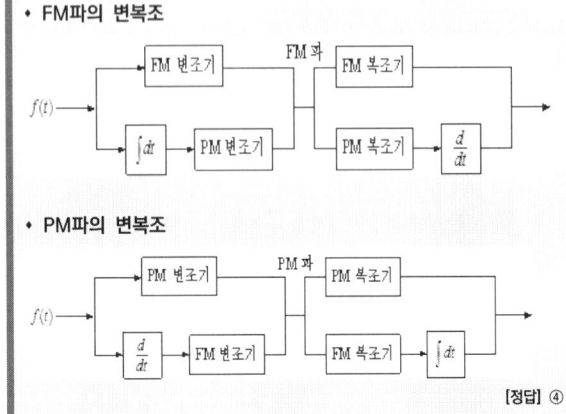

[정답] ④

28
2진 ASK(Amplitude Shift Keying) 신호의 전송속도가 1,200[bps]이면 보[baud]속도는 얼마인가?

① 300[baud/초] ② 400[baud/초]
③ 600[baud/초] ④ 1,200[baud/초]

> 2진 ASK는 Symbol 당 전송 비트수가 1비트이다.
> $r[bps] = n[\frac{bit}{symbol}] \times B[baud]$
> $B[baud] = \frac{r}{n} = \frac{1200}{1} = 1200[baud]$

[정답] ④

29
CPFSK에 대한 설명으로 부적절한 것은?

① 위상이 연속적인 FSK 변조방식이다.
② 1과 0에 각기 다른 주파수를 할당하여 두 개의 신호를 발생시키고, 스위치를 통해 데이터에 따라 신호를 선택하는 방법이다.
③ VCO를 사용하여 신호의 주파수를 변경하는 방식으로 신호를 생성할 수 있다.
④ CPFSK 신호는 일반 FSK 신호와 비교하여 부대엽(Side Lobe)이 적어지는 장점이 있다.

> **Continuous Phase FSK (CPFSK)**
> 비트 전환 시간 동안에 FSK 심볼 간 위상이 급격히 변환되지 않고, 가급적 연속적으로 변화하도록 반송파 주파수를 변조하는 방식
> 기존 FSK 방식의 가장 큰 문제는 반송파 주파수가 한 주파수에서 다른 주파수로 급변하는 switching으로 인해 위상의 불연속이 발생하여 대역이 넓어짐.
> CPFSK를 사용하면 연속적인 위상 변화를 하는 주파수 변조파를 얻게 되어 대역폭이 감소.

[정답] ②

30
PSK 변조신호는 정보데이터에 따라 반송파의 무엇을 변경하여 얻는가?

① 주파수 ② 위상
③ 진폭 ④ 위상과 진폭

[정답] ②

31
심볼간격이 T인 펄스신호를 Nyquist 기저대역(Baseband) 채널을 통해 전송하고자 한다. 이때 요구되는 기저대역 채널 대역폭은?

① $\frac{1}{2T}$ ② $\frac{2}{T}$
③ $\frac{1}{T}$ ④ $\frac{3}{2T}$

> Nyquist 채널대역폭은 $\frac{1}{2T}$로 (1/주기)로 나타낼 수 있음.
> Nyquist 채널대역폭 이상의 대역폭을 확보해야만 전송에러 없이 전송할 수 있다.

[정답] ①

32
24채널의 음성신호를 다중화하는 PCM/TDM이 있다. 각 채널은 6[kHz]로 대역제한 되었다고 한다. 10비트 PCM 부호어를 사용한 경우, 필요한 대역폭은 얼마인가?

① 1.44[MHz] ② 2.88[MHz]
③ 3.44[MHz] ④ 4.88[MHz]

$B = 24[ch] \times 6[kHz] \times 10[bits] \times 2 = 2.88[MHz]$

[정답] ②

33
다음 중 눈다이어그램(Eye Diagram)에 대한 설명으로 틀린 것은?

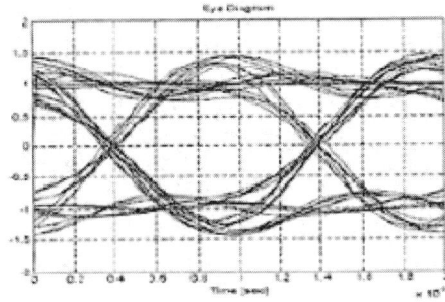

① 데이터 전송과정에서 발생하는 신호의 손상을 그림으로 살펴볼 수 있다.
② 부호 간 간섭 또는 잡음이 증가할수록 눈 모양이 더욱 열려진다.
③ 수신된 펄스열을 비트주기 동안 계속 중첩하여 그린 파형이다.
④ 수신기에서 1과 0을 판정하기 위하여 신호를 표본화하는 최적의 시간은 바로 눈이 가장 크게 열리는 순간이다.

- 아이패턴(Eye pattern)
간섭 및 잡음이 증가할수록 눈 모양이 감기게 된다.

[정답] ②

34
다음 중 충전 종료시 축전지의 상태로 옳은 것은?

① 전해액의 비중이 낮아진다.
② 단자 전압이 하강한다.
③ 가스(물거품)가 발생한다.
④ 전해액의 온도가 낮아진다.

- 충전 종료시 축전지의 상태
① 전해액의 비중이 높아진다.
② 단자 전압이 매전지당 2.4~2.8[V] 정도까지 상승
③ 가스(물거품)가 발생한다.
④ 극판의 색이 변한다.
⑤ 전해액의 온도가 높아진다.

[정답] ③

35
다음 중 교류성분인 맥동(리플)을 제거함으로써 직류성분만을 얻게 하기 위해 사용하는 회로는 무엇인가?

① 정류회로 ② 중계회로
③ 평활회로 ④ 정전압회로

평활회로 : 교류성분인 맥동을 제거함으로써 직류성분만을 얻는 회로

[정답] ③

36
다음 중 전압 변동 요인으로 보기 어려운 것은?

① 오랜 사용 시간 ② 부하 변동
③ 교류 입력전압 변동 ④ 온도에 따른 소자 특성 변화

- 전압변동요인
① 부하의 변동
② 교류 입력전압의 변동
③ 온도특성변화로 인한 변동

[정답] ①

37
다음 중 AM 송신기의 전력측정 방법이 아닌 것은?

① 안테나의 실효 저항에 의한 측정
② 볼로미터 브리지에 의한 전력측정
③ 의사안테나를 사용하는 방법
④ 전구 부하에 의한 방법

- AM송신기 전력측정방법
① 실효저항 이용
② 의사공중선 이용
③ 전구의 조도비교법
④ 열량계법 (양극손실 측정법)
⑤ 수부하법
⑥ C-C형 전력계 법

[정답] ②

38
수신기의 전기적 특성 중 일정 출력을 어느 정도 시간까지 유지할 수 있는가의 성능을 나타내는 것으로 맞는 것은?

① 감도   ② 안정도
③ 충실도   ④ 선택도

- **무선수신기의 성능지표**
  ① 감도(Sensitivity) : 얼마만큼 미약한 전파까지 수신할 수 있는가의 능력을 나타내는 지표
  ② 선택도(Selectivity) : 희망하는 신호 이외의 불요파를 얼마만큼 제거할 수 있는가의 능력을 나타내는 지표
  ③ 충실도(Fidelity) : 수신하였을 때 본래의 신호를 어느 정도 정확하게 재생시키느냐 하는 능력을 나타내는 지표
  ④ 안정도(Stability) : 일정 출력을 어느 정도 시간까지 유지할수 있는가의 능력을 나타내는 지표

[정답] ②

39
축전지 극판에 백색 황산연이 생겼을 때 실시하는 충전방식으로 옳은 것은?

① 초충전   ② 속충전
③ 부동충전   ④ 과충전

- **과충전(Over Charge)의 조건**
  ① 규정용량 이상으로 방전시
  ② 방전 후 즉시 충전하지 않았을 경우
  ③ 축전지를 오랫동안 사용치 않을 경우
  ④ 측판에 백색 황산연이 생겼을 경우

[정답] ④

40
다음 중 UPS(Uninterruptible Power Supply)의 구성요소가 아닌 것은?

① 인버터부   ② 축전지
③ 쵸퍼부   ④ 동기절체 스위치부

- **UPS(Uninterruptible Power Supply)의 정의**
  전압변동 및 주파수 변동 등 각종 장애로부터 기기를 보호하고 양질의 전기를 공급하는 전원설비이다. 정류부, 인버터부, 축전지로 구성된다.

[정답] ③

3 안테나 공학

41
다음 중 전파의 성질에 관한 설명으로 틀린 것은?

① 전파는 횡파이다.
② 균일 매질 층을 전파하는 전파는 직진한다.
③ 굴절률이 다른 매질의 경계면에서는 빛과 같이 굴절과 반사 작용이 있다.
④ 주파수가 높을수록 회절 작용이 심하다.

전파법에서 전파는 3000[GHz]이하의 주파수를 전파로 정의하고 있음. 주파수가 낮을수록 회절현상이 심하다. 즉, 주파수가 높을수록 직진성이 강하다.

[정답] ④

42
자유공간에서 단위 면적당 단위 시간에 통과하는 전자파 에너지가 $3[W/m^2]$일 경우 전계강도는 약 얼마인가?

① 8.45[V/m]   ② 16.81[V/m]
③ 33.63[V/m]   ④ 45.65[V/m]

- **포인팅 전력 밀도**

$$P = \frac{E^2}{120\pi} \text{ 이므로}$$

$$E = \sqrt{P \times 120\pi} = \sqrt{3 \times 120\pi} = 33.63$$

[정답] ③

43
다음 중 전파에 관한 설명으로 옳은 것은?

① 진행 방향에는 전계와 자계가 없고 직각인 방향에만 전계와 자계 성분이 있는 경우를 구면파라고 한다.
② 매질의 종류에 관계없이 속도는 광속과 같다.
③ 전파는 종파이다.
④ 군속도 × 위상속도 = 광속도^2

- **전파의 특징**
  ① 진행방향에 전계 와 자계가 없고 수직방향에 전계와 자계가 존재하는 경우는 TEM파이다.
  ② 전파는 매질에 따라 속도가 변화된다.
  $v = \frac{1}{\sqrt{\mu\varepsilon}}$ (μ : 투자율, ε : 유전율)
  ③ 전파는 횡파, 음파는 종파이다.
  ④ 군속도 × 위상속도 = c^2

[정답] ④

44
다음 중 급전점의 위치에서 전류의 최대치가 나타나도록 급전하는 방식으로 반파장 다이폴의 중심에서 급전하는 방식은?

① 비동조 급전 ② 동조 급전
③ 전류 급전 ④ 전압 급전

> 공중선 전류의 파복에서 급전하는 것은 전류급전 이라 한다.
> (* 파복 : 정상파(定常波)의 가장 진동이 심한 곳)
>
> [정답] ③

45
특성 임피던스가 Z_0인 선로에 부하 임피던스 Z_L이 연결되었을 때 부하단에서 1/4떨어진 선로상의 점에서 부하를 바라본 임피던스는?

① $\dfrac{Z_L}{Z_0}$ ② $\dfrac{Z_0}{Z_L}$
③ $\dfrac{Z_0^2}{Z_L}$ ④ $\dfrac{Z_L^2}{Z_0}$

> 2개의 급전선을 연결했을 때 특성 임피던스는,
> $Z_o = \sqrt{Z_S Z_L}$ 이므로 $Z_o^2 = Z_S Z_L \rightarrow Z_S = \dfrac{Z_o^2}{Z_L}$
>
> [정답] ③

46
무손실 전송선로의 특성 임피던스(Z_0)는?

① $Z_0 = \sqrt{\dfrac{L}{C}}$ ② $Z_0 = \dfrac{L}{C}$
③ $Z_0 = \dfrac{C}{L}$ ④ $Z_0 = \sqrt{\dfrac{C}{L}}$

> 무손실선로의 특성임피던스 = $\sqrt{\dfrac{L}{C}}$ 이고,
> 무왜곡 전송조건은 RC = LG 일 때를 말함.
>
> [정답] ①

47
다음 중 정재파에 대한 설명으로 틀린 것은?

① 진행파와 반사파가 합성된 파를 말한다.
② 전압 분포상태가 (λ/2)거리마다 최대치가 있다.
③ 전압·전류의 위상은 선로상의 각 점에 따라 서로 다르다.
④ 진행파와 비교할 때 전송손실이 크다.

> 진행파와 반사파가 존재하는 파를 정재파라 함.
> 정재파가 존재한다는 의미는 반사파가 존재(임피던스매칭이 안됨)함.
>
> 일반적으로 급전선의 특성 임피던스가 급전선의 종단에 접속된 부하의 임피던스와 같지 않으므로 급전선상에는 진행파와 반사파가 공존한다.
> 이때, 정재파의 전류, 전압의 분포는 $\dfrac{\lambda}{2}$ 마다 최대와 최소가 존재하고 위상은 모든 선로에서 같다.
>
> [정답] ③

48
다음 중 급전선과 안테나 사이에 임피던스 정합을 하는 이유로 적합하지 않은 것은?

① 최대 전력을 전송한다.
② 급전선에서의 손실 증가를 방지한다.
③ 정재파비를 크게 한다.
④ 부정합 손실이 적다.

> 임피던스 정합의 목표는 반사파를 0으로 만들어서 정재파를 없애고 진행파만 만들게 하기 위함이다.
>
> [정답] ③

49
미소다이폴을 수직으로 놓았을 때 수평면의 지향성 계수는?

① 1 ② 1.5
③ 2 ④ 2.5

> • 안테나 지향성 계수
>
> | 구분 | 수직면 항성계수 | 수평면 항성계수 ∅ |
> |---|---|---|
> | 미소 다이폴 | sin | 1 |
> | 반파 다이폴 | $\dfrac{\cos(\dfrac{\pi}{2}\cos\theta)}{\sin\theta}$ | 1 |
>
> [정답] ①

50

소형 단일 권선 원형 루프 안테나의 반경이 0.2[m]인 구리선으로 만들어져 있으며, 구리선의 반경은 4×10^{-4}[m], 구리선의 도전율은 5.7×10^7[S/m]이다. 안테나가 주파수 1[MHz]에서 동작할 때 안테나의 인덕턴스를 계산하면?

① 약 1.645[μH] ② 약 1.845[μH]
③ 약 2.045[μH] ④ 약 2.245[μH]

원형루프 안테나의 반경을 a, 구리선의 반경을 r이라 할 때, $a \gg r$인 경우 소형 루프 안테나의 리액턴스는 유도성이 되며 이때 인덕턴스는 $L = \mu a [\ln(\frac{8a}{r}) - 1.75]$이 된다.

(μ는 투자율, μ_0는 진공에서의 투자율, $\mu_0 = 4\pi \times 10^{-7}$)

$L = \mu_0 a[\ln(\frac{8a}{r}) - 1.75]$
$= 4\pi \times 10^{-7} \times 0.2 [\ln(\frac{8 \times 0.2}{4 \times 10^{-4}}) - 1.75]$
$= 0.8 \times 3.14 \times 10^{-7} [\ln(4000) - 1.75]$
$= 2.512 \times 10^{-7} [8.294 - 1.75]$
$= 2.512 \times 10^{-7} \times 6.544$
$= 16.438 \times 10^{-7} = 1.644 \times 10^{-6} ≒ 1.645[\mu H]$

[정답] ①

51

전송선로의 특성에 의한 분류 중 전자계모드의 분류로 틀린 것은?

① 평형형 ② 동조형
③ 도파관형 ④ 불평형형

전송선로의 전자계모드는 평형, 불평형, 도파관형으로 분류되며, 급전선과 안테나 연결방식에 따라 동조급전, 비동조 급전방식으로 분류한다.

[정답] ②

52

다음 중 원정관에 의해 얻는 효과로 옳은 것은?

① 정상 부근 전류가 감소하므로 실효고 증대
② 고유주파수의 저하 즉, 고유파장의 증가
③ 복사 저항의 감소로 효율 증가
④ 비교적 높은 안테나로 수평면내 예민한 지향특성

• 정관형 안테나의 특징
① 페이딩 방지 중파대 안테나
② 정관(원정관 또는 용량환)을 설치함으로써 고각도 복사 억제, 수직면내 지향성이 예민해짐
③ 정관과 대지 사이에는 표유 용량이 병렬로 존재, 고유주파수 감소
④ 고유주파수가 낮아지므로 긴파장에 공진
⑤ 고유파장이 증가하므로 실효고의 증가 효과
⑥ 복사저항 및 효율 증가

[정답] ②

53

다음 중 주로 초단파대역에서 사용되는 안테나는 무엇인가?

① Whip 안테나 ② 전자나팔 안테나
③ 파라볼라 안테나 ④ 빔 안테나

• 안테나 종류

파장	안테나 종류
중파	주상안테나, 루프안테나
단파	반파장다이폴, 진행파 V형, 빔 안테나
초단파	휩, 브라운, 야기, 턴스타일
극초단파	슈퍼턴스타일, 단일 슬롯(slot), 코너리플렉트, 파라볼라, 혼

[정답] ①

54

다음 중 평형형 동조 급전선을 사용하는 안테나는?

① 제펠린(Zeppeline) 안테나
② 롬빅(Rhombic) 안테나
③ 빔(Beam) 안테나
④ 웨이브(Wave) 안테나

제펠린(Zeppeline) 안테나는 반파장 다이폴 안테나를 한쪽 끝에서 급전하는 방식으로, 전압 급전방식이며, 지향특성은 수평 다이폴과 같다.

[정답] ①

55

마이크로파 대역에서 주로 사용하는 지상파는?

① 지표파 ② 직접파
③ 대지 반사파 ④ 회절파

• 지상파의 종류
① 지표파 : 장·중파대에서는 지표파가 주요 전파
② 회절파 : 전파의 통로에 장애물이 있을 경우 가시거리보다 먼 곳의 기하학적 음영부분까지 도달되는 전자파
③ 대지 반사파 : 초단파 통신에 있어서 대지 반사파의 영향이 크다.
④ 직접파 : VHF대의 이상에서 주로 사용된다.

[정답] ②

56
등가지구 반경계수가 K일 때 송수신 안테나간의 기하학적 가시거리(d_1)와 전파 가시거리(d_2)의 관계를 바르게 나타낸 것은?

① $d_2 = Kd_1$
② $d_2 = \sqrt{K}d_1$
③ $d_2 = (1/K)d_1$
④ $d_2(1/\sqrt{K})d_1$

> 기하학적 가시거리 $d_1 = 3.57(\sqrt{h_1} + \sqrt{h_2})$ [km]
> 전파 가시거리 $d_2 = 3.57\sqrt{k}(\sqrt{h_1} + \sqrt{h_2})$ [km]
> $\dfrac{d_2}{d_1} = \sqrt{k}$
> 여기서 K는 표준대기에서의 등가지구 반경계수
>
> [정답] ②

57
다음 중 대류권전파에서 라디오덕트가 생성되는 조건에 대한 표현으로 옳은 것은? (단, M: 수정굴절율, h:송신안테나 높이)

① $\dfrac{dM}{dh} < 1$
② $\dfrac{dM}{dh} < 0$
③ $\dfrac{dM}{dh} > 1$
④ $\dfrac{dM}{dh} > 0$

> $\dfrac{dM}{dh} < 0$이 되는 영역을 (굴절률의) 역전층이라고 한다.
> 역전층에서는 VHF 이상의 전파가 강하게 굴절되어 먼 거리 까지 전파될 수 있는 대기층의 통로가 만들어 지는데 이것을 라디오 덕트(radio duct) 라고 한다.
>
> [정답] ②

58
다음 중 극초단파(UHF) 신호의 통달거리에 큰 영향을 주지 않는 것은?

① 공전잡음
② 지형
③ 복사전력
④ 안테나 높이

> 극초단파(UHF)는 300[MHz] ~ 3[GHz] 대역을 말하며 지형, 복사전력, 안테나 높이에 따라 거리에 영향을 미친다.
> 공전은 낙뢰 시 발생하는 잡음으로 장파에 영향을 미친다.
>
> [정답] ①

59
다음 중 전파 잡음에 대한 설명으로 틀린 것은?

① 자연계에서 발생하는 잡음은 우주잡음과 공전잡음이 있다.
② 번개에 의한 뇌방전 잡음은 공전잡음에 해당한다.
③ 고주파 가열장치에서 나오는 잡음은 자연잡음이다.
④ 태양의 흑점 폭발에 의해서도 잡음이 발생한다.

> 고주파 가열장치에서 나오는 잡음은 인공잡음이다.
>
> [정답] ③

60
다음 중 전자파장해(EMI)에 대한 설명으로 틀린 것은?

① 전자파장해 또는 전자파간섭이라고 하며 전자기기로부터 부수적으로 발생되는 불필요한 전자파가 공간으로 방사된다.
② 전원선을 통해 전도되어 해당기기 자체나 통신망 및 다른 전기 전자기기에 전자기적 장해를 유발시킨다.
③ 전자파를 발생시키는 기기가 다른 기기의 성능에 영향을 주지 않도록 전자파가 방사 또는 전도되는 것을 제한한다.
④ 전자파보호, 전자파내성 또는 전자파 민감성이라 하며 전자파 방해가 존재하는 환경에서 기기, 장치 또는 시스템이 성능의 저하 없이 동작할 수 있다.

> • EMI(Electro Magnetic Interference, 전자파 장해)
> - 각종 전기 전자 장비로부터 발생되는 불요 전자파가 통신이나 다른 기기에 전자기적 장해를 유발시키는 현상
>
> • EMS(Electro Magnetic Susceptibility)
> - 전자파 내성/전자파 감응성
> - 외부 전자파 환경에 대하여 특정기기의 전자기적 민감한 정도를 나타낸다.
>
> [정답] ④

4 무선통신 시스템

61 다음 중 FM 송신기에서 사용되는 순시주파수편이제어(IDC) 회로에 대한 설명으로 옳은 것은?

① FM 변조하기 전에 신호파의 높은 주파수 성분을 강조시키는 회로이다.
② 위상변조를 등가주파수 변조로 만들기 위하여 사용되는 회로로서 적분회로의 일종이다.
③ 최대주파수 편이를 제한하기 위하여 사용되는 회로이다.
④ 적분회로, 클리퍼 및 저역 통과 필터로 구성된다.

- **IDC회로**
FM 무선 송신기에서 마이크로폰 입력이 과대해지는 경우 변조기 입력의 변화가 과대해져서 발사 전파의 주파수 대폭이 규정 값을 넘어 다른 통신에 방해를 줄 염려가 있다. 이것을 방지할 목적의 회로이며, 일종의 진폭 제한기이다.

[정답] ③

62 데이터 속도 4800[bps]인 모뎀에서 4진 PSK를 사용할 때 심볼속도는?

① 2400[bps] ② 2400[baud]
③ 4800[bps] ④ 4800[baud]

$r[bps] = n[bit] \times B[baud] = \log_2 M \times B[baud]$
$4800[bps] = \log_2 4[bit] \times B[baud]$
$\therefore B = 2400[baud]$

[정답] ②

63 다음 중 무선 통신 방식에 해당되지 않는 것은?

① 고정 통신 ② 이동 통신
③ 부가 통신 ④ 위성 통신

- **부가통신사업(VAN)**
기간통신사업자로부터 전기통신회선 설비를 임차하여 기간통신사업으로 규정된 전기통신역무 외의 부가통신역무를 제공하는 사업

[정답] ③

64 다음 중 송신측에서 콘볼루션 채널 코딩률을 결정할 때, 수신자의 전파 상태가 좋은 경우 가장 많은 정보 비트를 보낼 수 있는 코딩률은? (단, CC:Convolution Code)

① 4/5 CC ② 3/5 CC
③ 2/5 CC ④ 1/5 CC

분모 : 총 전송 비트수
분자 : 정보 비트수

[정답] ①

65 다음 중 위성 통신의 특성이 아닌 것은?

① 지상 재해의 영향을 받지 않는다.
② 전송 지연이 없고 반향 효과가 적은 장점이 있다.
③ 원거리 멀티포인트 통신이 가능하다.
④ 대용량 전송 및 고속 통신이 가능하다.

- **위성통신의 특징**
① 광역 통신에 적합하다.
② 고품질 광대역 통신에 적합하다.
③ 다원 접속이 가능하다.
④ 전파손실이 크다. (단점)
⑤ 전파 지연 시간이 문제가 된다.(단점) [0.25(sec)]
⑥ 극지방을 제외한 전 세계 서비스가 가능하다.

[정답] ②

66 정지 위성을 중계국으로 하는 지구국의 설비는 안테나와 통신 장치가 필요하다. 이때 이들 기기들을 배치하는 방식은 신호의 전송 형식으로부터 분류되는데 사용되는 전송 방식이 아닌 것은?

① 마이크로파 전송 방식 ② 간접 결합 방식
③ 베이스밴드 전송 방식 ④ 중간주파수(IF) 전송 방식

정지위성과 지구국 설비는 마이크로파를 사용하며 기기에서 사용하는 마이크로파 중계(전송)방식은 다음과 같다.
① 직접 중계방식(마이크로파 전송 방식)
    수신한 M/W를 증폭하여 다시 M/W로 송신하는 중계방식으로 통화로의 삽입 및 분기가 곤란하다.
② 헤테로다인 중계방식(중간주파수 전송 방식)
    수신한 M/W를 증폭한 후 IF로 바꾸어 증폭하고 다시 M/W로 송신하는중계방식으로 장거리 중계방식으로 적당하다.
③ 검파 중계방식(베이스밴드 전송 방식)
    수신한 M/W를 복조해 얻은 baseband 신호를 증폭한 후 다시 M/W로 바꾸어 송신하는 중계방식으로, 통화로의 삽입 및 분기가 간단하나 변복조장치각 부가되어 있어 장치가 복잡하다.

[정답] ②

67
다음 중 셀룰러 방식에서 기지국의 서비스 지역을 확대시키는 방법이 아닌 것은?

① 다이버시티 수신기 사용
② 송신 출력의 증가
③ 기지국 안테나 높이의 증가
④ 수신기의 수신 한계 레벨을 높게 조정

> 서비스 지역을 확대시키기 위해서는 수신기의 수신 한계 레벨을 낮게 조정해야 한다.
>
> [정답] ④

68
다음 표에서 정의하는 기술은 무엇인가?

> 특정 단말에 대해 복수 Sector 또는 Cell이 협력하여 타 셀간 간섭 완화 및 희망신호의 전력을 증대시키는 기술
> LTE-Advanced Release 11의 Item 기술

① CoMP   ② Carrier Aggregation
③ MIMO   ④ VoLTE

> [정답] ①

69
다음 중 국가재난안전통신망인 PS-LTE의 기능 요구사항으로 틀린 것은?

① 그룹간 통신기술   ② 단말간 직접통신기술
③ 단독기지국 운용기술   ④ 전국 단일셀 지원기술

PS-LTE를 위한 기능적 요구 사항(37가지)	
1. 직접 통화/ 단말기 중계	20. 인증
2. 단말 이동성	21. 보안 규격
3. 호 폭주 대처	22. 통합 보안 관제
4. 단독 기지국 운용 모드	23. 개방형/표준준수
5. 이중화 모드/전송 매체 운영	24. 호 연결
6. 통화 품질	25. 망 연동
7. 백업·복원	26. 상황 전파 메시지
8. 개별 통화	27. 가입자 용량 확보
9. 그룹 통화	28. 다자간 전이중 통화
10. 지역 선택 호출	29. 데이터 통신
11. 통화 그룹 편성	30. 통화 내용 녹음/녹화
12. 가로채기	31. 발신번호(ID) 표시
13. 비상 통화	32. 원격 망 관리
14. 단말기 위치 확인	33. 망 관리 시스템
15. 영상 통화	34. 보고서 생성
16. 주변음 청취	35. 통화 용량 확장
17. 복수 통화 그룹 수신	36. 광역 통화권 확보/광대역 전송기술 확보
18. 단말기 사용허가 및 금지	
19. 암호화	37. 주파수 다중화

> [정답] ④

70
DS(Direct Sequence)는 코드분할다중접속(CDMA)을 구현하기 위해 사용되는 대역확산 통신방식 중의 하나이다. 다음 중 DS방식을 수행하기 위해 필요한 구성요소가 아닌 것은?

① PSK(Phase Shift Keying) 변조기
② 상관검파기
③ 주파수합성기
④ PN(Pseudo Noise)부호 발생기

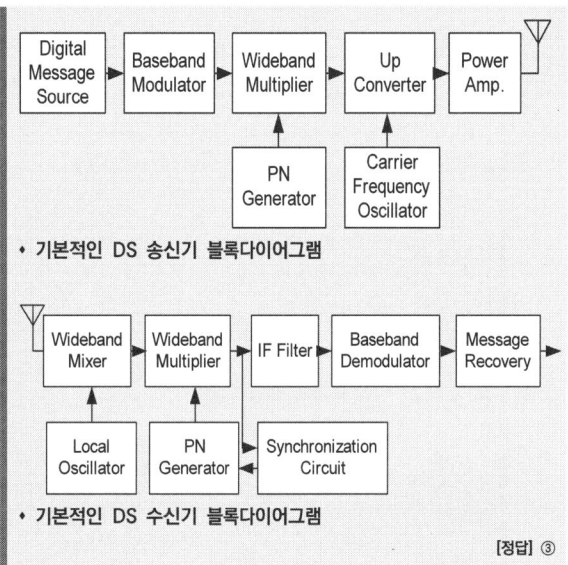

- 기본적인 DS 송신기 블록다이어그램
- 기본적인 DS 수신기 블록다이어그램

> [정답] ③

71
우리나라의 지상파 DMB에 할당된 주파수 대역과, 한 채널당 사용가능한 주파수 블록 개수가 맞게 짝지어진 것은?

① VHF, 2개   ② VHF, 3개
③ UHF, 4개   ④ UHF, 5개

> 사용주파수대역 : 174~216MHz(VHF CH7~13)
> 지상파 DMB 대역폭 : 1.536MHz,
> 현재 DMB 사용채널은 VHF 대역에서 3개 채널을 사용하고 있다.
>
> [정답] ②

72
다음 중 무선 LAN의 특징으로 틀린 것은?

① 복잡한 배선이 필요 없다.
② 단말기의 재배치가 용이하다.
③ 일반적으로 유선 LAN에 비하여 상대적으로 높은 전송속도를 낸다.
④ 신호간섭이 발생할 수 있다.

> 무선 LAN은 유선 LAN에 비해 망 구성이 용이하고 복잡한 배선이 필요 없는 장점이 있으나 유선 LAN에 비해 전송속도가 느리고 보안에 취약하며 잡음의 영향을 더 받을 수 있다.
>
> [정답] ③

73
다음 중 프로토콜 스택 기능으로서 통신프로토콜 S/W에서 필요로 하는 기본 기능을 Library로 제공하며 프로세스 상호간의 통신을 지원하는 것은 무엇인가?

① Micro Controller ② RTOS
③ Protocol Stack ④ Middle Ware

[정답] ②

74
다음 중 통신상의 목적으로 다른 전송제어 문자와 조합하여 의미를 다양화 하는 투명문자는?

① EOT ② DLE
③ SYN ④ NAK

부호	명칭	기능
SYN	Synchronous Idle	문자동기
SOH	Start Of Heading	시작
STX	Start of Text	종료
ETX	End of Text	Text 끝
ETB	End of Transmission Block	Block 끝
EOT	End Of Transmission	전송 끝
ENQ	Enquiry	회선사용요구
DLE	Data Link Escape	Option 제어
ACK	Acknowledge	긍정응답
NAK	Negative Acknowledge	부정응답

[정답] ②

75
다음 중 통신망의 계층구조에 대한 설명으로 틀린 것은?

① 하나의 계층은 소프트웨어 관점에서 하나의 모듈에만 해당된다.
② 계층은 물리적인 단위가 아니다.
③ 통신이 성립하려면 대상 시스템의 같은 계층끼리 프로토콜이 준수되어야 한다.
④ ISO에서 일곱 계층으로 나누어진 참조모델을 제안했다.

하나의 계층은 소프트웨어 관점에서 하나의 모듈에 해당되며 계층 사이에 적용되는 규칙이나 절차를 최적화 한다.

[정답] ①

76
다음 기술 중 2.4[GHz] 대역폭을 사용하며, 50m 거리 내에 있는 최대 127개까지의 기기간을 연결하는 홈 RF 네트워크 기술은?

① IEEE 1394 ② IEEE 802.3
③ Bluetooth ④ SWAP

SWAP(Shared Wirelsess Access Protocol)은 2.4[GHz] 대역을 사용하며 50[m] 거리 내에 있는 최대 127개 까지의 기기간을 연결하는 홈 Rf 네트워크 기술이다. LMP 및 L2CAP는 OSI계층 1 및 2 블루투스 프로토콜(데이터 패킷을 교환)이고 SDP는 블루투스 Service Discove이 Protocol(블루투스 디바이스에 있는 서비스를 찾거나 보여주는 프로토콜)이다.

[정답] ④

77
다음 중 전파의 회절 현상에 대한 설명으로 틀린 것은?

① 파장이 길수록 적게 일어난다.
② 주파수가 낮을수록 많이 일어난다.
③ 중/장파 대역에서 많이 일어난다.
④ 초단파 대역에서도 발생할 수 있다.

전파는 빛과 같이 전송로 상에서 다른 매질을 만나면 회절, 반사, 굴절하는 특징이 있음. 회절현상은 호이겐스의 원리에 의해 장애물을 넘어서 수신점에 도달하거나, 산악회절과 초단파대역에서도 회절이득을 얻기도 한다. 회절현상은 주파수가 낮을수록(파장이 길수록) 많이 발생된다.

[정답] ①

78
다음 표에서 정의하는 것은 무엇인가?

계획수립을 구체화하여 현장을 실사하고 관련 부서의 협의 및 사용 자재 소요량 등 내역서를 실제 공사에 맞도록 작성하여 정확한 공사비를 산출하고, 현장에 맞도록 장비배치와 전송루트 등 공사에 필요한 내용을 설계도서에 상세히 표기하여 시공 도면화하는 단계

① 계획설계 ② 기본설계
③ 실시설계 ④ 사전설계

실시설계란 기본설계의 결과를 토대로 시설물의 규모, 배치, 형태, 공사방법과 기간, 필요한 설계도서, 도면, 시방서, 내역서, 구조 및 수리계산서(공사비 산출서), 전송용량 계산서 등을 작성하는 것을 말한다.

[정답] ③

79
다음 중 무선통신시스템 설치 구축공사의 착공 전 검토 사항이 아닌 것은?

① 감리원의 공정별 입회에 대한 확인
② 시공하기 전에 설계도서와 현장의 일치 여부를 확인
③ 설계도서에 맞게 장비의 입고 일정과 일치 여부 검토
④ 이동통신시스템 장비를 작동하는데 필요한 전원설비 및 냉방기 시설 검토

> 무선통신시스템 설치 구축공사의 착공 전 검토사항은 다음과 같다.
> ① 시공하기 전에 설계도서와 현장의 일치 여부를 확인 (현장조건에 부합 여부, 시공의 실제 가능 여부)
> ② 설계도서에 맞게 장비의 입고 일정과 일치 여부 검토
> ③ 이동통신시스템 장비를 작동하는 데 필요한 전원설비 및 냉방기 시설 검토
> ④ 다른 사업 또는 다른 공정과의 상호 부합 여부
> ⑤ 설계도면, 설계설명서, 기술계산서, 산출내역서 등의 내용에 대한 상호일치 여부
> ⑥ 설계도서의 누락, 오류 등 불분명한 부분의 존재 여부
> ⑦ 시공상의 예상 문제점 및 대책 등
>
> [정답] ①

80
다음 중 Redundancy Architecture에 대한 설명으로 틀린 것은?

① Active Redundancy는 결함 발견 후 H/W, S/W를 새로 교체하는 것이다.
② H/W Redundancy는 S/W가 단순하고, 빠른 결함 탐지와 복구가 가능하다.
③ S/W Redundancy는 복구에 시간이 걸리지만 비용이 저렴하여 주된 복구 수단으로 사용된다.
④ Passive Redundancy는 여러 Redundant Elements에 의해 제공된다.

> • Redundancy Architecture
> 통신시스템의 장애를 극복하기 위한 방안
>
> | H/W Redundancy | S/W Redundancy |
> |---|---|
> | Duplex | N-Version Programming |
> | Active/Standby 전환 | Recovery Block |
> | Active/Active 전환 | |
> | Spare Redundancy | |
>
> [정답] ③

5 전자계산일반 및 무선설비기준

81
다음 중 입출력 프로세서(I/O Processor)의 기능으로 틀린 것은?

① 컴퓨터 내부에 설치된 입출력 시스템은 중앙처리장치의 제어에 의하여 동작이 수행된다.
② 중앙처리장치의 입출력에 대한 접속 업무를 대신 전담하는 장치이다.
③ 중앙처리장치와 인터페이스 사이에 전용 입출력 프로세서(IOP;I/O Processor)를 설치하여 많은 입출력장치를 관리한다.
④ 중앙처리장치와 버스(Bus)를 통하여 접속되므로 속도가 매우 느리다.

> 입출력장치는 중앙처리장치와 직접 연결되지 않는다.
>
> [정답] ④

82
입력장치에서 대량의 데이터를 전송하기 위해, 중앙처리장치(CPU)가 직접 기억장치 액세스(DMA, Direct Memory Access) 장치에 전달하는 정보로 틀린 것은?

① 전송할 워드(Word) 수
② 입력장치의 주소
③ 작동할 연산(Operation) 수
④ 데이터를 저장할 주기억장치의 시작 주소

> • 일반적으로 CPU가 DMA로 보내는 정보
> I/O 장치의 주소
> 연산(쓰기 혹은 읽기) 지정자
> 데이터가 있는 주기억장치 주소
> 전송될 데이터 단어의 수
>
> [정답] ③

83
중앙 연산 처리 장치에서 마이크로 동작(Micro-Operation)이 순서적으로 일어나게 하려면 무엇이 필요한가?

① 스위치(Switch)
② 레지스터(Register)
③ 누산기(Accumulator)
④ 제어신호(Control Signal)

> 마이크로 동작(Micro-Operation)이 순서적으로 일어나게 하는 신호를 제어신호(Control Signal)라고 함
>
> [정답] ④

84
10진수 56789에 대한 BCD코드(Binary Coded Decimal)는 어느 것인가?

① 0101 0110 0111 1000 1001
② 0011 0110 0111 1000 1001
③ 0111 0110 0111 1000 1001
④ 1001 0110 0111 1000 1001

- BCD code
각 자리의 10진수 수를 2진수 수로 바꾼 것

[정답] ①

85
다음 중 제일 먼저 삽입된 데이터가 제일 먼저 출력되는 파일 구조는?

① 스택(Stack)   ② 큐(Queue)
③ 리스트(List)   ④ 트리(Tree)

- FIFO(First In First Out)
제일 먼저 삽입된 데이터가 제일 먼저 출력되는 파일구조
큐(Queue)가 여기에 해당된다.

- LIFO(Last In First Out)
나중에 입력된 데이터가 먼저 출력되는 파일구조
스택(Stack)이 여기에 해당된다.

[정답] ②

86
다음 보기의 기억장치 중 속도가 가장 빠른 것에서 느린 순서대로 나열한 것으로 맞는 것은?

(1) 캐쉬   (2) 보조기억장치   (3) 주기억장치
(4) 레지스터   (5) 디스크 캐쉬

① (4)-(3)-(1)-(5)-(2)
② (4)-(5)-(3)-(1)-(2)
③ (4)-(1)-(3)-(5)-(2)
④ (4)-(5)-(1)-(3)-(2)

[정답] ③

87
다음 중 분산 처리 시스템에 대한 설명으로 틀린 것은?

① 사용자들이 여러 지역의 자원과 정보를 마치 자신의 시스템 내부자원처럼 편리하게 사용한다.
② 지역적으로 분산된 여러 대의 컴퓨터가 프로세서 사이의 특별한 데이터 링크를 통하여 교신하면서 동일한 업무를 수행한다.
③ 접속된 모든 단말 장치에 CPU의 사용시간을 일정한 간격으로 차례로 할당한다.
④ 자원의 공유, 신뢰성 향상, 계산속도 증가 등의 특징을 가진다.

- 분산 처리 시스템
중앙 집중식 처리 시스템과 상반된 개념
분산되어 있는 컴퓨터들에 의해 작업들을 처리함으로써 그 내용이나 결과를 상호교환 하도록 연결되어 있는 시스템

- 분산 처리 시스템의 특징
① 자원의 공유
② 연산속도 향상
③ 신뢰성 향상(고장 및 회복에 따른 시스템 통합 기법의 제공)
④ 구성 노드들의 자율성
⑤ 특정 자원의 위치 투명성
⑥ 통합적인 제어 기능

[정답] ③

88
다음 중 프로그램의 종류에 대한 설명으로 틀린 것은?

① 베타버전이란 개발자가 상용화하기 전에 테스트용으로 배포하는 것을 말한다.
② 쉐어웨어란 기간이나 기능 제한 없이 무료로 사용하는 것을 말한다.
③ 데모버전이란 기간이나 기능의 제한을 두고 무료로 사용하는 것을 말한다.
④ 테스트버전이란 데모버전이전에 오류를 찾기 위해 배포하는 것을 말한다.

① 쉐어 웨어 : 일정 기간 동안 사용해 본 후 필요시 구매하여 사용하는 소프트웨어이다.
② 프리 웨어 : 기간이나 기능 제한 없이 무료로 사용하는 소프트웨어이다.

[정답] ②

89
다음 중 JAVA 언어의 특징이 아닌 것은?
① 범용 프로그램
② 비독립적 플랫폼
③ 분산자원에 접근 용이
④ 객체 지향적 언어

- **JAVA 언어 특징**
① 이식성이 높다.
② 객체 지향적 언어이다.
③ 메모리를 자동으로 관리한다.
④ 다양한 운영체제에서 사용가능하다.
⑤ 멀티쓰레드를 쉽게 구현 가능하다.
⑥ 동적로딩(Dynamic Loading)을 지원한다.
⑦ 운영체제에 독립적이다.

[정답] ②

90
다음 중 프로그램 카운터와 명령의 번지부분을 더해 유효번지로 결정하는 주소 지정 방식은?
① 즉각 주소 지정 방식(Immediate Addressing Mode)
② 간접 지정 주소 방식(Indirect Addressing Mode)
③ 직접 주소 지정 방식(Direct Addressing Mode)
④ 상대 주소 지정 방식(Relative Addressing Mode)

- **상대 주소 지정방식 (Relative Addressing Mode)**
① 어느 지정된 주소를 기준으로 하여 프로그램에서 사용하는 임의의 주소를 나타낸다.
② 상대주소지정방식의 유효번지
= 명령어의 오퍼랜드 + 프로그램 카운터의 내용

[정답] ④

91
항공법에서 규정한 경량항공기의 의무 항공기국은 정기검사 유효기간이 얼마인가?
① 1년
② 2년
③ 3년
④ 4년

전파법 시행령 제44조(정기검사의 유효기간),제45조(검사의 시기 · 방법 등)
① 법 제24조제4항 각 호 외의 부분에서 "대통령령으로 정하는 기간"이란 다음 각 호의 구분에 따른 기간을 말한다. 〈개정 2009.9.9., 2010.7.26., 2010.12.31., 2013.3.23.〉
02. 다음 각 목에 따른 무선국: 2년
가. 총톤수 40톤 미만인 어선의 의무선박국
나. 「선박안전법 시행령」 제2조제1항제3호가목에 따른 평수구역 안에서만 운항하는 선박(여객선 및 어선은 제외한다)의 의무선박국
다. 「항공법」 제2조제1호 및 제26호에 따른 회전익항공기 및 경량항공기의 의무항공기국

[정답] ②

92
VHF대의 주파수범위는?
① 3[MHz] 초과 30[MHz]이하
② 30[MHz] 초과 300[MHz]이하
③ 3[GHz] 초과 30[GHz]이하
④ 3[GHz] 초과 30[GHz]이하

주파수대	주파수대역
MF	300[KHz] ~ 3[MHz]
HF	3[MHz] ~ 30[MHz]
VHF	30[MHz] ~ 300[MHz]
UHF	300[MHz] ~ 3[GHz]
SHF	3[GHz] ~ 30[GHz]
EHF	30[GHz] ~ 300[GHz]

[정답] ③

93
다음 중 적합인증대상 기자재는?
① 자동차 및 불꽃점화 엔진구동 기기류
② 방송수신기기 및 관련 기기류
③ 고주파전류를 이용하는 의료용설비의 기기
④ 형광등 등 조명기기류

자동차 및 불꽃점화 엔진구동 기기류, 방송수신기기 및 관련 기기류, 형광등 등 조명기기류는 적합등록 대상 기자재(지정시험기관 시험 후 적합등록 하는 기자재)에 속한다.

[정답] ③

94

다음 중 방송통신기자재 지정시험기관이 발생한 시험성적서의 기재사항이 아닌 것은?

① 시험신청인의 성명 및 주소
② 시험성적서 발급번호 및 페이지 일련번호
③ 시험결과에 대한 담당 시험원의 의견
④ 품질책임자의 의견 및 서명

> • 방송통신기자재등 시험기관의 지정 및 관리에 관한 고시 제13조(시험성적서 등)
> ③ 지정시험기관의 장이 발급하는 시험성적서에는 다음 각 호의 사항이 포함되어야 한다.
> 1. 시험신청 기자재명
> 2. 시험신청인의 성명 및 주소
> 3. 지정시험기관의 명칭 및 주소(시험을 행한 장소가 다를 경우는 그 소재지)
> 4. 시험성적서 발급번호 및 페이지 일련번호
> 5. 시험신청기자재에 대한 개요 및 형식명 또는 모델명·모델번호, 기자재 일련번호(해당되는 경우에 한함)
> 6. 시험신청기자재 접수일, 시험기간 및 시험성적서 발행일
> 7. 사용한 시험방법(품질관리규정에서 제시한 시험방법이 아닌 경우에는 그에 대한 명확한 설명)
> 8. 시험결과(필요시 도표, 그래프, 사진 등 첨부)
> 9. 시험결과에 대한 담당시험원의 의견
> 10. 시험업무 수행 중 회로 및 구조를 보완함으로써 적합성평가기준에 만족하게 된 경우 보완 전후의 모습, 부위, 재질, 사유, 보완전의 부적합 사항 등의 보완내용
> 11. 지정시험기관의 장, 기술책임자 및 담당시험원의 직위·서명
> 12. 그 밖에 필요한 사항
>
> [정답] ④

95

다음 중 안테나계가 갖추어야 할 조건이 아닌 것은?

① 안테나는 무선설비를 작동할 수 있는 최소 안테나이득을 가질 것
② 내부잡음이 클 것
③ 정합은 신호의 반사손실이 최소화되도록 할 것
④ 지향성은 복사되는 전력이 목표하는 방향을 벗어나지 아니하도록 안정적일 것

> • 무선설비규칙 제11조(안테나계)
> 안테나계는 다음 각 호의 요건을 모두 갖추어야 한다.
> ① 안테나는 무선설비를 작동할 수 있는 최소 안테나이득을 가질 것
> ② 정합(整合)은 신호의 반사손실이 최소화되도록 할 것
> ③ 지향성은 복사전력이 목표하는 방향을 벗어나지 아니하도록 안정적일 것
>
> [정답] ②

96

다음 중 송신설비의 전력을 규격전력으로 표시하지 않는 무선설비는?

① 아마추어국의 송신설비
② 실험국의 송신설비
③ 생존정에 사용되는 비상위치지시용 무선표지설비
④ 항공이동업무 무선설비의 송신설비

> • 무선설비 규칙 제9조(안테나공급전력 등)
> ② 송신설비의 전력은 안테나공급전력으로 표시한다. 다만, 다음 각 호의 어느 하나에 해당하는 송신설비의 전력은 규격전력으로 표시한다.
> 1. 500메가헤르츠(㎒) 이하의 주파수의 전파를 사용하는 송신설비로서 정격출력 1와트(W) 이하의 전력을 사용하는 것
> 2. 생존정(生存艇)에 사용되는 비상용 무선설비와 비상위치지시용 무선표지설비(라디오부이의 송신설비 및 항공이동업무 또는 항공무선항행업무용 무선설비의 송신설비는 제외한다)
> 3. 아마추어국 및 실험국의 송신설비(방송을 하는 실험국의 송신설비는 제외한다)
> 4. 그 밖에 과학기술정보통신부장관이 첨두포락선전력, 평균전력 또는 반송파전력을 측정하기 어렵거나 측정할 필요가 없다고 인정하는 송신설비
>
> [정답] ④

97

전파형식이 R3E, H3E, J3E인 무선국의 무선설비 점유주파수대역폭 허용치는?

① 500[Hz]
② 1[kHz]
③ 3[kHz]
④ 6[kHz]

> • 무선설비 규칙 제6조(점유주파수대역폭의 허용치)
> ① 송신설비에서 발사되는 전파의 점유주파수대역폭의 허용치는 별표 2와 같다.
> 1. 단파(R3E,H3E,J3E): 3㎑
> 2. TV(C3F,C9F,F3E,G3E,C2W,C7W): 6㎒
> 3. FM(F8E,F9W,F9E): 260㎑
> 4. 800㎒ 휴대전화(F7W,G7W): 1.32㎒
>
> [정답] ③

98

간이 무선국의 무선 설비에서 송신 안테나의 높이는 수평면 지향성이 없는 경우 지상과 얼마 이하가 되어야 하는가?

① 70[m] ② 60[m]
③ 40[m] ④ 30[m]

> 간이무선국·우주국·지구국의 무선설비 및 전파탐지용 무선설비 등 그 밖의 업무용 무선설비의 기술기준 제4조(간이무선국의 무선설비)
> ① 146 ㎒ 주파수대역, 222 ㎒ 주파수대역, 422 ㎒ 주파수대역(마을 공지사항 안내용 간이무선국 제외), 423 ㎒ 주파수대역 및 444 ㎒ 주파수대역의 간이무선국의 무선설비 기술기준은 다음 각 호와 같다.
> 1. 공통조건
> 가. 통신방식이 단신방식 또는 단향통신방식일 것
> 나. 안테나공급전력은 5 W 이하일 것
> 다. 송신안테나(수평면이 지향성을 가지고 있는 것을 제외한다)의 높이가 지상으로부터 30 m를 초과하지 아니할 것
> 라. 주파수, 전파형식 및 안테나공급전력은 별표 1과 같을 것
>
> [정답] ④

99

전력선통신설비와 유도식통신설비의 주파수허용편차는?

① 0.1[%] ② 0.3[%]
③ 0.5[%] ④ 1[%]

> 전력선 반송, 유도식 통신설비의 주파수 허용편차는 0.1%
> 고조파, 저조파, 기생발사 강도는 기본파 대비 30dB 이하
>
> [정답] ①

100

다음 무선설비의 안전시설에 대한 설명으로 가장 적합한 것은?

> 송신설비의 안테나·급전선 등 고압전기가 통과하는 장치는 사람이 보행 하거나 생활하는 평면으로부터 ( )미터 이상의 높이에 설치하여야 한다.

① 1.5 ② 2
③ 2.5 ④ 3

> • 무선설비규칙 제17조(무선설비의 안전시설)
> ④ 송신설비의 안테나·급전선 등 고압전기가 통과하는 장치는 사람이 보행 하거나 생활하는 평면으로부터 2.5미터 이상의 높이에 설치하여야 한다.
>
> [정답] ③

⑦ 2021년 1회

1 디지털 전자회로

01 반도체 다이오드의 두 가지 바이어스(Bias) 조건으로 맞는 것은?

① 발진과 증폭 ② 블록과 비블록
③ 유도와 비유도 ④ 순방향과 역방향

> 다이오드는 전기적 스위치 소자로 사용 시 순방향바이어스는 ON, 역방향바이어스는 Off로 사용된다.
> [정답] ④

02 다음 그림과 같은 평활회로에서 출력 맥동률을 최소화하기 위한 방법으로 틀린 것은?

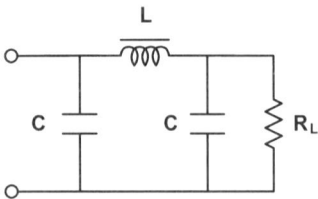

① 정류파형의 주파수를 높인다.
② L값을 크게 한다.
③ C값을 크게 한다.
④ R_L값을 작게 한다.

> 맥동률 $r \propto \dfrac{1}{L, C, R_L, fm}$
> [정답] ④

03 다음 회로에서 RL 양단에 나타나는 정류출력전압은? (단, 입력에는 최대치 Vm인 사인파가 인가된다.)

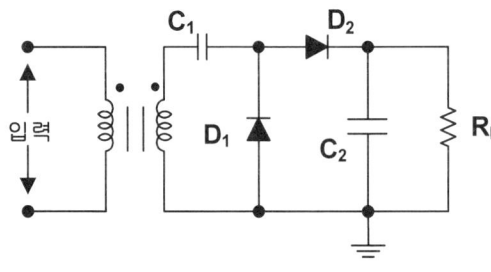

① -Vm ② Vm
③ -2Vm ④ 2Vm

> 반파 배전압 정류회로이므로 R_L양단에는 2Vm이 걸린다.
> [정답] ④

04 다음 중 드레인 접지형 FET 증폭기에 대한 특성으로 틀린 것은? (단, FET의 파라미터 A_m은 상호 전도도이다.)

① 입력 임피던스는 매우 크다.
② 전압 이득은 약 1이다.
③ 출력은 입력과 역위상이다.
④ 출력 임피던스는 약 $\dfrac{1}{A_m}$이다.

> ◆ FET 증폭회로 비교
>
> | | 게이트 접지 | 소스 접지 | 드레인 접지 |
> |---|---|---|---|
> | 입출력 위상 | 동상 | 역상 | 동상 |
> | 출력 임피던스 | 약 r_d | r_d | 약 $1/A_m$ |
> | 전압이득 | 약 $A_m R_L$ | 약 $A_m R_L$ | 약 1 |
> | 용도 | 주로 고주파용 | 증폭용 | 임피던스 변환용 |
>
> 여기서 $R_T = R_d // r_d$
> [정답] ③

05 다음 바이어스로 회로에서 전류 궤환 회로로 변경하려 한다. 어느 부분이 추가 또는 수정되어야 하나?

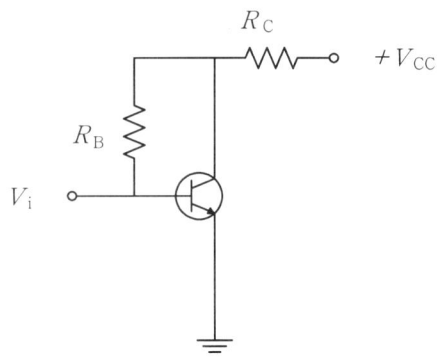

① R_C ② R_E
③ R_B ④ R_C, R_E

> 전류궤환바이어스회로로 수정하려면 R_C는 컬렉터 바로 위로 이동시키고 이미터에 R_E가 새롭게 추가되어야 한다.
> [정답] ④

06

계단(Step)입력에 대한 연산증폭기의 출력파형이 아래 그림과 같다. 슬루율(Slew Rate)은?

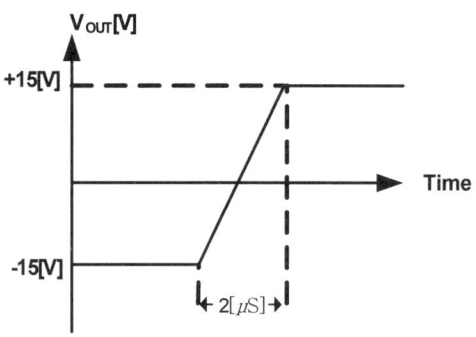

① 15[V/μS] ② 7.5[V/μS]
③ 10[V/μS] ④ 30[V/μS]

• 슬루율(Slew Rate)
Slew Rate란 연산증폭기(OP Amp)의 동작 속도를 나타내는 파라미터
$SR = \dfrac{\Delta V}{\Delta t} = \dfrac{15-(-15)[V]}{2[\mu s]} = 15[V/\mu s]$

[정답] ①

07

다음 회로의 종류는?

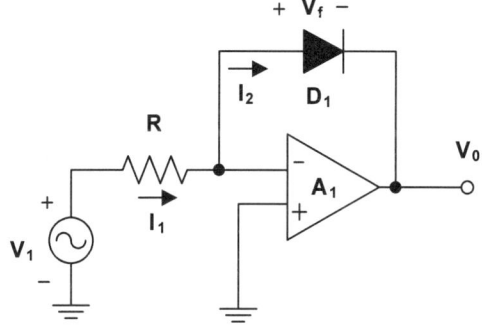

① 반파정류회로 ② 전파정류회로
③ 피크검출기 ④ 대수 증폭기회로

대수 증폭기회로 출력전압은 입력전압의 자연대수(ln)의 값으로 출력되는 대수 증폭 회로이다.

[정답] ④

08

다음 콜피츠 발진회로가 발진하는 조건은?

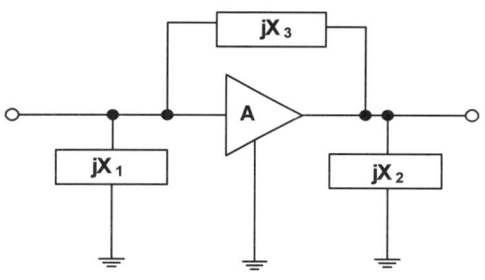

① $jX_1 < 0,\ jX_2 > 0,\ jX_3 > 0$
② $jX_1 < 0,\ jX_2 < 0,\ jX_3 < 0$
③ $jX_1 > 0,\ jX_2 < 0,\ jX_3 > 0$
④ $jX_1 < 0,\ jX_2 < 0,\ jX_3 > 0$

• 3소자 LC 발진회로 리액턴스 조건
콜피츠 발진회로 $jX_1 < 0,\ jX_2 < 0,\ jX_3 > 0$
하틀리 발진회로 $jX_1 > 0,\ jX_2 > 0,\ jX_3 < 0$

[정답] ④

09

병렬저항 이상형 RC발진회로에서 C=0.01[μF]일 때 1500[Hz]의 발진주파수를 얻기 위한 R값은 약 얼마인가?

① 1.51[kΩ] ② 2.52[kΩ]
③ 3.23[kΩ] ④ 4.33[kΩ]

병렬 R형 발진주파수 $f = \dfrac{1}{2\pi\sqrt{6}\,CR}$ [Hz]

$1500 = \dfrac{1}{2\pi \times \sqrt{6} \times 0.01 \times 10^{-6} \times R}$

$R = \dfrac{1}{2\pi \times \sqrt{6} \times 0.01 \times 10^{-6} \times 1500} ≒ 4.33[k\Omega]$

[정답] ④

10

증폭기와 정궤환 회로를 이용한 발진회로에서 증폭기의 이득을 A, 궤환율을 β라고 할 때, $\beta A < 1$이면 출력되는 파형은?

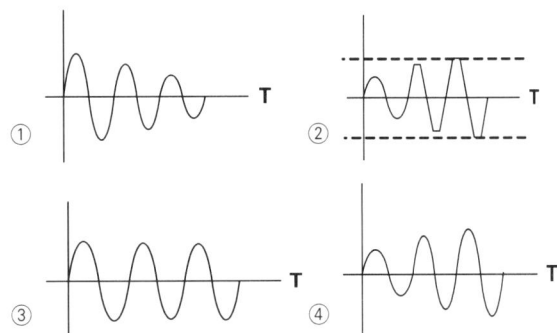

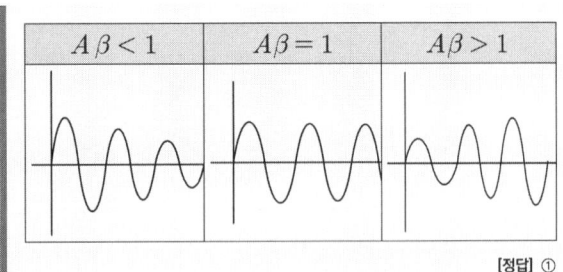

[정답] ①

11

다음 중 단측파대 변조 방식의 특징으로 틀린 것은?

① 점유주파수대역폭이 매우 작다.
② 변복조기 사이에 반송파의 동기가 필요하다.
③ 송신출력이 비교적 작게 된다.
④ 전송 도중에 복조되는 경우가 있다.

• **단측파대 변조(SSB : Single-Side Band Modulation)**

단측파대 변조방식은 양측파대(AM, DSB)방식과 달리 한쪽의 측대파만을 가지고 통신하는 방식으로, DSB에 비해 송신기의 전력 소모 및 대역폭 사용을 절감하도록 한 방식이다.

단측파대 변조 방식의 특징
① 주파수 대역이 좁아(DSB의 1/2) 다중통신에 적합하다.
② 반송파가 제거되므로 송신기의 전력소비가 적다.
③ 수신시 수신기의 복조는 동기 검파를 해야 하므로 수신회로가 복잡해진다.
④ 양측파대에서 일어나는 선택성 페이딩에 의한 일그러짐이 적어 주로 유선 방송 전파, 단파 무선 통신 등에 이용한다.

[정답] ④

12

AM 복조(검파) 회로에서 직선 검파회로의 RC(시정수)가 반송파의 주기보다 짧은 경우에 일어나는 현상은?

① 충방전 특성이 늦어진다.
② 출력은 입력 전압의 반송파 진폭의 제곱에 비례하게 되며, 감도가 높아지게 된다.
③ 방전이 빨리 일어나서 저항 R의 단자 전압변동이 크게 일어난다.
④ 포락선의 변화에 추종하지 못한다.

• **직선검파(포락선검파)**

AM파의 입력 전압(v_i)이 가해지면 검파 전류가 흐르면 방전 시정수 CR을 이용해 피변조파의 포락선을 재현하게 된다.

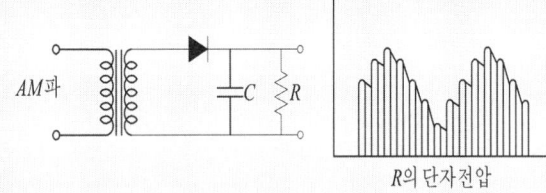

• **R의 단자전압파형**

저항 R의 단자에는 충전과 방전의 결과 점선과 같은 포락선의 출력파형이 나타난다.

CR(시정수)가 반송파의 주기보다 짧은 경우에 방전이 빨리 일어나서 저항 R의 단자 전압 변동이 크게 일어난다.

[정답] ③

13

변조도 80%로 진폭 변조한 피변조파에서 반송파의 전력 P_c와 상측파대 또는 하측파대의 전력 P_s와의 비율은?

① 1 : 0.8
② 1 : 0.55
③ 1 : 0.33
④ 1 : 0.16

• **AM 피변조파 전력**(m : 변조도, P_c : 반송파 전력)

신호	신호전력
상측파, 하측파	$\dfrac{m^2}{4}P_c$
반송파	P_c
피변조파 (상측파+하측파+반송파)	$\left(1 + \dfrac{m^2}{2}\right)P_c$

$P_s = \dfrac{m^2}{4}P_c = \dfrac{(0.8^2)}{4}P_c = 0.16 P_c$

[정답] ④

14

정보 전송에서 800[Baud]의 변조 속도로 4상 차분 위상 변조된 데이터 신호 속도는 얼마인가?

① 600[bps] ② 1200[bps]
③ 1600[bps] ④ 3200[bps]

$r[bps] = \log_2 M[bit] \times B[baud]$

$r = \log_2 4 \times 800 = 2 \times 800 = 1600[bps]$

[정답] ③

15

다음 회로에서 기전력 E를 가하고 S/W를 ON하였을 때 저항 양단의 전압 V_R은 t초 후 어떻게 표시되는가?

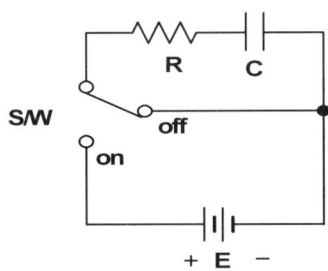

① $E \cdot e^{-\frac{t}{RC}}$
② $E(1 - e^{-\frac{t}{RC}})$
③ $-E \cdot e^{-\frac{t}{RC}}$
④ $\frac{E}{e}$

S/W를 ON하면 C는 서서히 정상상태에 도달한다.
$v_C = E(1 - e^{-\frac{1}{RC}t})[V]$
C에 흐르는 전류 $i_C = C\frac{dv_C}{dt} = \frac{E}{R}e^{-\frac{1}{RC}t}[A]$
$i_R = i_C$이므로 $v_R = i_R \cdot R = Ee^{-\frac{1}{RC}t}[V]$

[정답] ①

16

다음 중 Flip-Flop 회로를 쓰지 않는 것은?

① 리미터 회로 ② 분주 회로
③ 기억 회로 ④ 진 계수 회로

리미터 회로는 입력 전압에서 임의 전압 레벨의 위,아래 영역을 제한하거나 자르는 회로이다.
Flip-Flop 회로는 1bit 기억 소자 회로로, 이전 상태를 계속 유지하여 저장하는 역할을 한다.

[정답] ①

17

다음 중 BCD 코드란?

① byte ② bit
③ 2진화 10진 코드 ④ 10진화 2진 코드

• BCD코드(Binary Coded Decimal)
- 십진수를 이진코드로 표기한 것

[정답] ③

18

다음 회로와 등가인 회로는 어느 것인가?

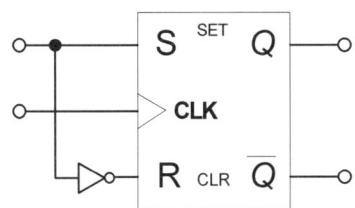

① RS 플립플롭 ② JK 플립플롭
③ D 플립플롭 ④ T 플립플롭

D형 플립플롭은 RS F/F와 NOT 게이트로 구성된다.

[정답] ③

19

다음 그림은 T F/F을 이용한 비동기 10진 상향계수기이다. 계수값이 10이 되었을 때 계수기를 0으로 하기 위해서는 전체 F/F을 clear시켜야 하는데 이렇게 하기 위해 (가)에 알맞은 게이트는?

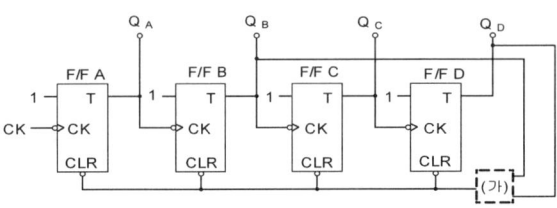

① OR ② AND
③ NOR ④ NAND

플리플롭 A,B,C,D에 8,4,2,1의 가중치가 부여되고 계수값이 10이므로 A B C D = 1(8) 0(4) 1(2) 0(1)이다.
이때, 전체 F/F을 clear시키기 위해 B와 D가 각각 1이 들어갔을 때, 그 결과값이 0이 되어야 하므로 NAND게이트가 적절하다.

[정답] ④

20
멀티플렉서의 설명이 아닌 것은?
① 특정한 입력을 몇 개의 코드화된 신호의 조합으로 바꾼다.
② N개의 입력데이터에서 1개의 입력만 선택하여 단일 통로로 송신하는 장치이다.
③ 멀티플렉서는 전환 스위치의 기능을 갖는다.
④ 데이터 선택기라고도 한다.

> 멀티플렉서란 많은 수의 정보를 적은 수의 채널이나 출력선을 통하여 전송하는 것을 의미하며, 일반적으로 멀티플렉서는 2^n 개의 데이터 입력선과 n 개의 선택선,
> 1개의 출력선으로 구성되며($n = 1, 2, 3, \ldots\ldots$)
> 데이터가 여러 개의 입력선으로부터 선택(Selector) 신호에 따라 출력단에 보내지는 장치로 데이터 선택기(Data selector)라고도 한다.
>
> [정답] ①

2 무선통신기기

21
다음 중 높은 주파수에서도 발진이 가장 안정적인 것은?
① 수정 발진기   ② 콜피츠 발진기
③ 하틀리 발진기   ④ 동조형 발진기

> • **수정발진기(Crystal Oscillator)**
> 수정 결정의 압전현상을 이용한 수정진동자를 발진주파수의 제어소자로 사용하여 안정도가 높은 발진주파수를 얻는 발진기
>
> [정답] ①

22
AM(Ampltude Modulation)에서 반송파 전압이 10[V], 변조도가 80[%]일 때 상측파대 전압은 몇 [V]인가?
① 2[V]   ② 4[V]
③ 6[V]   ④ 8[V]

> AM 변조에서
> 반송파의 진폭 = V_c
> 상·하측파의 진폭 = $\dfrac{mV_c}{2}$
> (V_c는 반송파 전압, m은 변조도)
> ∴ 상측파대 전압 = $\dfrac{0.8 \times 10}{2} = 4[V]$
>
> [정답] ④

23
페이딩(Fading)에 의한 수신전계강도 변화에 대해 수신기 출력을 일정하게 하기 위한 회로는?
① 자동주파수제어회로(AFC)
② 자동이득조정회로(AGC)
③ 자동잡음제어회로(ANL)
④ 자동전력제어회로(APC)

> AGC(Automatic Gain Control) 자동이득조정회로는 수신신호의 시간적변화(Fading)에 의한 수신신호의 흔들림을 일정하게 유지시키기 위한 수신기 보조회로이다.
>
> [정답] ②

24
L 입력형 필터 정류기를 사용하다가 이보다 높은 출력전압을 얻기 위해 π형 정류기로 변환하였다. 이때 리플 함유율을 개선하기 위한 방법이 아닌 것은?
① L 값을 크게 한다.
② 입력측 C값을 크게 한다.
③ RL값을 크게 한다.
④ 출력측 C값을 작게 한다.

> 맥동률 $r \propto \dfrac{1}{L, R_L, f}$
>
> [정답] ④

25
다중접속 기술 방식 중 OFDMA 방식의 단점으로 가장 적합한 것은?
① 운용 유연성이 부족하다.
② 복잡한 수신기가 필요하다.
③ 다중경로 페이딩에 의한 보호구간이 필요하다.
④ 전송된 신호의 평균전력과 최대전력과의 비율을 나타내는 PAR 값이 높다.

> • **OFDM방식의 단점**
> ① PAR 값이 높다.
> ② 주파수 오프셋에 민감하다.
>
> [정답] ④

26
CPFSK에 대한 설명으로 부적절한 것은?

① 위상이 연속적인 FSK 변조방식이다.
② 1과 0에 각기 다른 주파수를 할당하여 두 개의 신호를 발생시키고, 스위치를 통해 데이터에 따라 신호를 선택하는 방법이다.
③ VCO를 사용하여 신호의 주파수를 변경하는 방식으로 신호를 생성할 수 있다.
④ CPFSK 신호는 일반 FSK 신호와 비교하여 부대엽(Sidelobe)이 적어지는 장점이 있다.

• Continuous Phase FSK (CPFSK)
비트 전환 시간 동안에 FSK 심볼 간 위상이 급격히 변환되지 않고, 가급적 연속적으로 변화하도록 반송파 주파수를 변조하는 방식
기존 FSK 방식의 가장 큰 문제는 반송파 주파수가 한 주파수에서 다른 주파수로 급변하는 switching으로 인해 위상의 불연속이 발생하여 대역이 넓어짐.
CPFSK를 사용하면 연속적인 위상 변화를 하는 주파수 변조파를 얻게되어 대역폭이 감소.

[정답] ②

27
다음의 변조방식 중 복조시에 반송파의 위상정보를 정확히 알아야만 하는 변조방식은?

① BPSK
② FSK
③ DPSK
④ OOK 혹은 ASK

PSK는 정보신호에 따라 반송파의 위상을 변화시켜 전송하는 변조방식이므로 복조시에 반송파의 위상정보를 정확히 알아야만 정확히 복조할 수 있다. BPSK는 한 번에 하나의 비트를 PSK 방식으로 전송하는 2진 PSK를 말한다.
※ DPSK는 PSK의 동기검파 문제를 해결하기 위해 정보신호를 차동부호화한 다음 PSK 변조하여 전송하고 수신측에서는 차동위상검파를 사용하는 변조방식이다.

[정답] ①

28
다음 중 무선통신 시스템의 수신신호 전력에 대한 설명으로 틀린 것은?

① 송신전력의 크기에 비례한다.
② 안테나 유효 개구면(Aperture)에 비례한다.
③ 자유공간에서 송신부까지의 거리 제곱에 반비례한다.
④ 신호 파장에 비례한다.

• Friss 전력전송방정식
① $Pr[w] = (\lambda/4\pi d)^2 P_t G_t G_r$
② $Pr[dB] = P_t + G_t + G_r - 20\log\dfrac{4\pi d}{\lambda}$
수신전력은 송신전력, 안테나 개구면적에 비례하고, 파장의 제곱에 비례한다.

[정답] ④

29
QAM(Quadrature Amplitude Modulation) 복조기에서 In-Phase 기준신호가 I 성분을 뽑아내는데 사용되는 것은?

① 동조회로
② 위상검출기
③ 저역통과필터
④ 전압제어 발진기

QAM복조기는 위상 검출기를 이용하여 반송파를 복구한다.

[정답] ②

30
무선항행 운용 장비로 사용되는 레이더의 구조 중 스캐너에 대한 설명으로 가장 적합한 것은?

① 펄스 전파를 송신하고 물표의 반사 신호를 수신하는 장비이다.
② 일정한 반복 주기를 가진 직류펄스(Trigger Pulse)를 발생시키는 장치이다.
③ 트리거(Trigger) 신호에 의하여 짧고 강력한 펄스 형태의 전파를 발생시키는 장치이다.
④ 수신기로부터 온 영상 신호를 브라운관 또는 LCD 창에 영상으로 나타내어 물표의 거리와 방위를 측정하는 장치이다.

②: 송신기
③: 펄스발생기
④: 지시기
스캐너는 펄스 전파를 송신하고 물체(물표)로부터의 반사신호를 수신하는 장비이다. 스캐너는 송신장치로부터 전달되어온 전파를 고지향성을 가진 빔의 형태로 송신하고 물체(물표)로부터 부딪혀 되돌아온 모든 반사파를 수신하여 수신장치로 보내는 장치이다. 물표의 방향은 스캐너의 방향에 의해 알 수 있다.

[정답] ①

31
다음 중 GPS에 대한 설명으로 틀린 것은?

① 여러 개의 위성으로부터 시간 정보를 받는다.
② GPS 수신기는 위성의 거리에 대한 데이터를 받는다.
③ 삼각 측량법에 의해 자신의 위치를 계산하는 원리이다.
④ GPS 서비스는 다수의 위성 중 4개 이상의 위성으로부터 정보를 받는다.

• GPS의 특징
① WGS-84(UTM)좌표계를 사용함
② 24개의 위성을 6궤도에서 사용함
③ 20,200[km] 고도 사용
④ 반송파는 1574.42MHz (L1) 사용
⑤ 삼각측량법을 이용해 위치계산

[정답] ②

32
다음 중 계기 착륙방식인 ILS(Instrument Landing System)의 구성 요소가 아닌 것은?
① Localizer(방위각 제공 시설)
② Glide Path(활공각 제공 시설)
③ MLS(초고주파 착륙 시설)
④ Marker Beacon(마커 비콘)

> ILS(계기착륙시설)는 공항진입 및 착륙유도시설이다
> ① Localizer (방위각 제공장치)
> ② Glide Path (활공각 표시장치)
> ③ 마커(Marker)
>
> [정답] ③

33
무선 항행 장비 중 자동식별 장치(AIS: Automatic Identification System)의 정보에 적합하지 않은 것은?
① 정적 정보
② 동적 정보
③ 입선 정보
④ 항행 관련 정보

> • 선박자동식별시스템(AIS : Automatic Identification System)
> 선박의 제원, 운항정보를 선속에 따라 정해진 주기로 선박-선박/선박-육상 간 자동 송수신 하는 장치
>
> • 송수신 정보
> ① 정적 정보
> IMO 번호, 호출부호 및 선명, 선박의 종류/길이/폭/너비, 안테나의 위치
> ② 동적 정보
> 선박의 위치, 항해상태, 대지침로/대지속력, 선수방위 등
> ③ 항해 정보
> 선박의 흘수, 위험화물, 목적지 및 도착예정시간, 항로계획
> ④ 문자통신
> 중요한 항해 또는 기상경보 포함
>
> [정답4] ③

34
브리지형 정류회로에서 직류 출력전압이 10[V]이고, 부하가 10[Ω]이라고 하면 각 정류소자에 흐르는 첨두 전류값은?
① $\pi/2$ [A]
② π [A]
③ 2π [A]
④ 4π [A]

> • 첨두 전압값
> $V_{dc} = \dfrac{2V_m}{\pi}$ 이므로
> $V_m = \dfrac{\pi}{2} V_{dc} = \dfrac{\pi}{2} \times 10 = 5\pi [V]$
>
> • 첨두 전류값
> $I_m = \dfrac{V_m}{R_L} = \dfrac{5\pi}{10} = \dfrac{\pi}{2}$
>
> [정답] ①

35
다음 중 납 축전지의 성분을 맞게 짝지은 것은?
① (납 + 이산화납)을 묽은 황산과 결합 시킨 것을 납 축전지라 한다.
② (납 + 묽은 황산)을 이산화납에 결합 시킨 것을 납 축전지라 한다.
③ 이산화납을 묽은 황산에 결합 시킨 것을 납 축전지라 한다.
④ (납 + 이산화납)을 증류수에 결합 시킨 것을 납 축전지라 한다.

> • 납 축전지의 구성
> ① 양극 : 과산화납층(PbO_2) :양극판의 수명이 축전지의 수명결정
> ② 음극 : 순수납(Pb), 회색
> ③ 격리판 : 양극과 음극간의 전기적인 단락을 방지하는 역할을 하며 다공질의 페놀수지 사용
> ④ 전해액 : 양극과 음극의 도체역할을 하는 묽은 황산용액
>
> [정답] ①

36
무선 수신기에 수신되는 신호 중 원하는 신호를 골라내는 능력에 해당하는 것은?
① 선택도
② 이득
③ 잡음
④ 감도

> • 수신기 4대 특성
>
> | | 특 징 |
> |---|---|
> | 충실도 | 수신기 원음 재현능력 |
> | 안정도 | 일정 출력 유지능력 |
> | 선택도 | 혼신분리 능력 |
> | 감 도 | 미약전파 수신능력 |
>
> [정답] ①

37
다음 중 AM(Amplitude Modulation) 송신기의 신호대 잡음비 측정에 필요하지 않는 것은?
① 저주파 발진기
② 감쇠기
③ 전력계
④ 직선 검파기

> AM송신기의 신호대 잡음비 측정에는 저주파 발진기, 감쇠기, AM송신기, 변조도계, 직선 검파기 등이 필요하다.
>
> [정답] ③

38
오실로스코프의 수직축에는 피변조파, 수평축에는 이상기를 거친 변조신호를 인가하면 사다리꼴의 출력 파형이 나타난다. A가 B의 3배일 때 변조도는 몇[%]인가?

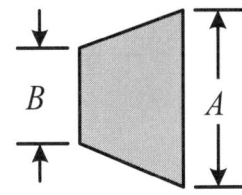

① 50[%]　　② 60[%]
③ 80[%]　　④ 100[%]

변조도 = $\dfrac{A-B}{A+B} = \dfrac{3B-B}{3B+B} = \dfrac{2B}{4B} = \dfrac{1}{2} = 0.5$

[정답] ①

39
다음 중 계수형 주파수계에 대한 설명으로 잘못된 것은?
① ±1 Count 오차는 계수시간과 피측정 신호의 상대 위상 관계 때문에 발생한다.
② ±1 Count 오차를 작게 하기 위해 게이트 시간을 짧게 한다.
③ 매초당 반복되는 파의 수를 펄스로 변환하여 계수한 후 표시하는 방식이다.
④ 측정범위를 확대하기 위해서는 비트다운(Beat Down)방식을 사용한다.

계수형 주파수계 : 매 초당 반복되는 파를 펄스로 변환하여 계수한 후 표시하는 방식이다. ±1 Count 오차를 작게 하기 위해 게이트 시간을 길게 해야 한다.
측정범위를 확대하기 위해서는 비트다운(Beat Down)방식을 사용한다.

[정답] ②

40
무선통신망의 전파품질 특성시험에서 물리적 특성시험으로 가장 적합한 것은?
① TSE(Tramitter Spurious Emissions)
② OBUE(Operation Band Unwanted Emissions)
③ ACLR(Adjacent Channel Leakage Power Ratio)
④ VSWR/DTF 안테나, 급전선 정재파비 측정

① TSE(Tramitter Spurious Emissions) : 송신기의 스퓨리어스 발사
② OBUE(Operation Band Unwanted Emissions) : 대역내 불요발사
③ ACLR(Adjacent Channel Leakage Power Ratio) : 인접 채널 누설 전력비
④ VSWR(Voltage Standing Wave Ratio) : 전압정재파비

[정답] ④

3 안테나기기

41
주간에 20[MHz]의 신호로 원양에서 조업 중인 선박과 통신을 하고자 할 때 이용되는 전리층은?
① D층　　② Es층
③ E층　　④ F층

단파(3MHz~30MHz)는 파장이 짧으므로 지표파는 감쇄가 심해 거의 실용성이 없다. 그러나 전리층 반사파는 F 층 반사로 전파되는데 제1종 감쇄가 적으므로 소전력으로 원거리 통신이 가능하다. 편의상 도약거리 이내를 근거리, 그 밖을 원거리라고 한다.

[정답] ④

42
다음 중 무선 전송에서 페이딩의 영향을 최소화 하기 위한 기법으로 적합하지 않은 것은?
① 상관기　　② 편파 다이버시티
③ 시간 다이버시티　　④ 주파수 다이버시티

페이딩이란 수신전계가 다양한 원인(산란, 반사, 굴절)에 의해 주파수 및 시간에 따라 변동되는 현상을 말한다.
• 페이딩방지대책
① 간섭성 페이딩 : 공간 다이버시티
② 선택성 페이딩 : 주파수 다이버시티
③ 편파성 페이딩 : 편파 다이버시티
④ 흡수성 페이딩 : AVC 또는 AGC 회로 부착
* MUSA : 일정한 입사각의 전파만을 수신할 수 있게 하여 페이딩 방지 하는 기법

[정답] ①

43
다음 중 전자파 잡음 방해의 개선방법으로 적합하지 않은 것은?
① 인공잡음을 경감 시킨다.
② 내부잡음 전력을 감소시킨다.
③ 수신기의 대역폭을 넓힌다.
④ 지향성 안테나의 사용 등에 의한 수신 신호전력을 크게 한다.

• 전자파 잡음방해 개선방법
① 인공잡음/우주잡음을 경감
② 내부잡음전력을 감소
③ 수신기의 대역폭을 좁게 함
④ 안테나 지향성을 크게 함
⑤ 송신전력을 크게 함

[정답] ③

44

다음 중 델린저 현상에 대한 특징으로 맞는 것은?

① 소실현상이라고 한다.
② 저위도보다 고위도 지방이 심하다.
③ 지속 시간은 2일에 5일간 계속된다.
④ 15일 주기로 발생하고 전자밀도가 증가한다.

• 델린저 현상
- 소실현상 또는 SWF(Short Wave Fade-out)라고도 한다.
- 단파 통신에 있어서 수신 전계가 갑자기 저하하여 수신 불능 상태로 되었다가 수 분~수 시간에 점차적으로 회복되는 현상이다.
- 원인 : 태양 표면의 폭발로 방출된 다량의 자외선이 E층 또는 D층의 전자밀도를 증가시켜 임계주파수의 상승, 전리층 내의 감쇠가 증가
- 발생구역과 시간 : 주간의 구역에 한하고 저위도 지방에서 발생한다.
- 상황 : 돌발적으로 발생하여 10분 혹은 수십분 계속되다가 차차 고위도 지방부터 회복
- 통신에 주는 영향 : 1.5 ~ 20MHz 정도의 단파 통신에 영향을 주며 이보다 낮거나 높은 주파수는 영향이 없고 낮은 주파수 쪽이 영향을 많이 받는다.
- 전리층에 주는 변화 : D층, E층 전자밀도는 증가하나 F층의 전자밀도는 거의 증가하지 않는다.
- 출현주기 : 빈발성이 있으며 태양 폭발이 선행되는 수도 있으나 불확실하다

[정답] ①

45

다음 중 전파예보 곡선으로부터 알 수 없는 정보는?

① MUF(Maximum Usable Frequency)
② 주파수의 사용 가능 시간
③ 사용 가능 주파수
④ 임계 주파수

• 전파 예보도(전파 예보 곡선)
- 전리층 반사파를 이용하여 두 지점의 통신을 가장 효율적으로 할 수 있도록 시간별 최적 사용주파수를 예보하는 곡선
- 방송통신위원회가 전리층의 상태를 예측하여 매 월 발표한다.
- 이 전파예보 (전파 예보 곡선)에는 서울과 세계 주요 30개 도시 사이의 MUF와 LUF 곡선의 일변화가 나타나 있으며 횡 축은 시간, 종축은 주파수[MHz]로 되어 있다. MUF와 LUF를 예보해 사용가능 주파수를 알 수 있다.

[정답] ④

46

다음 중 제1종 전리층 감쇠에 대한 설명으로 틀린 것은?

① 감쇠량은 주파수에 비례한다.
② 야간 보다는 주간에 감쇠가 크다.
③ E층 반사파는 주간에 D층에서 감쇠를 겪는다.
④ 전리층에서 반사된 파가 지상으로 돌아오면서 전리층을 통과할 때 생기는 손실이다.

• 1종 전리층 감쇠
전리층 반사파가 전리층을 통과(위에서 아래)하면서 생기는 감쇠이다.
① 전자밀도에 비례함
② 사용주파수의 제곱에 반비례함
③ 평균충돌 횟수에 비례함
④ 전리층을 비스듬히 통과할수록 큼

[정답] ①

47

송수신점 사이의 거리가 37.62[km]이고 사용주파수가 6[GHz]일 때 두 점 사이에서의 자유공간 손실은 약 얼마인가?

① 125.5[dB]
② 139.5[dB]
③ 200.7[dB]
④ 225.7[dB]

자유공간손실 $L = (\frac{4\pi d}{\lambda})^2$

dB값으로 환산하면
$L[dB] = 92.45 + 20\log f[GHz] + 20\log d[km]$

[정답] ②

48

$E = \frac{\sqrt{30P}}{d}$ 는 어떤 안테나의 전계강도를 구하는 공식인가?

① 등방성 안테나
② 반파장 다이폴 안테나
③ λ/4 비접지 안테나
④ λ/4 수직접지 안테나

• 안테나에 따른 복사강도

헤르쯔 안테나	반파장안테나	수직접지 안테나
$\frac{6.7\sqrt{Pr}}{d}$ [V/m]	$\frac{7\sqrt{Pr}}{d}$ [V/m]	$\frac{9.9\sqrt{Pr}}{d}$ [V/m]

[정답] ①

49
다음 중 무선 시스템 링크에서 수신 안테나의 수신전력을 나타내는 Friis의 전달공식에 대한 설명으로 틀린 것은?

① 수신전력을 송신전력, 안테나 이득, 거리, 주파수로 표현한 것으로 모든 무선 시스템 설계를 위한 기본식이다.
② 송신기와 수신기 간의 거리가 멀어질수록 수신전력은 거리의 제곱근으로 비례하여 감소한다.
③ 실제 무선 시스템에서 수신전력을 감소시키는 여러 가지 요소가 있는 것을 고려할 때 최대 수신전력이라 볼 수 있다.
④ 수신전력을 감소시키는 요소는 송수신 안테나 임피던스 부정합, 송수신 안테나 간의 편파 부정합 등이 있다.

> Friis 전송방정식은 수신안테나의 전력과 송신안테나의 전력비로 나타내며 아래 식과 같다.
> $$\frac{P_R}{P_T} = G_T G_R \left(\frac{\lambda}{4\pi d}\right)^2$$
> [정답] ②

50
전압정재파비(VSWR)와 반사계수에 대한 설명으로 옳은 것은?

① 임피던스 정합의 정도를 알 수 있다.
② 동조급전방식에서 동조점을 찾는데 꼭 필요하다.
③ 반사계수는 ∞에 가까울수록 양호한 것이다.
④ 전압정재파비가 1에 가까울수록 반사손실이 크다.

> 전압정재파비(VSWR)는 임피던스 정합의 정도를 나타내는 지표이다.
> 전압정재파비 $VSWR = \frac{1+|\Gamma|}{1-|\Gamma|}$
> ∴ 반사계수 $\Gamma = 0$ 이면, 완전정합이므로 $VSWR = 1$ 임.
> [정답] ①

51
다음 중 안테나의 급전선에 스터브(Stub)를 부착하는 이유는?

① 안테나의 서셉턴스 성분을 제거하여 대역폭을 증가시키기 위하여
② 복사전력을 증폭시키기 위하여
③ 안테나의 지향성을 높이기 위하여
④ 안테나 리액턴스 성분을 제거하여 임피던스를 정합시키기 위하여

> 선단을 단락한 길이의 급전선을 stub 또는 단락 trap이라 하며, 이것을 부하로부터 0~λ/2떨어진 어떤 곳에 연결시켜 급전선과 부하를 정합시키는 방법으로 평행 2선식 급전선과 안테나 정합시에 주로 이용된다. stub는 선단이 단락되어 리액턴스 성분만을 가지고 있어 유도성 또는 용량성으로 만들 수 있다. 급전선이 유도성을 가지면 stub는 용량성을 갖도록 하고 반대로 용량성을 가지면 유도성을 갖게 하여 리액턴스 성분을 제거한다.
> [정답] ④

52
특성임피던스가 각각 200[Ω]과 800[Ω]인 선로를 λ/4 임피던스 변환기를 이용하여 정합하고자 할 경우 삽입선로의 특성임피던스 값은?

① 600[Ω] ② 500[Ω]
③ 400[Ω] ④ 300[Ω]

> Q변성기($\frac{\lambda}{4}$ 임피던스 변환기)에 의한 정합
> ① 급전선과 부하사이에 $\frac{\lambda}{4}$ 길이의 도선을 삽입하여 임피던스를 정합시키는 방법으로 평행 2선식, 동축 급전선 모두 사용
> ② 급전선과 부하의 정합일 경우
> $$Z_o' = \sqrt{Z_o R} = \sqrt{800 \times 200} = 400[\Omega]$$
> (참고) 급전선과 급전선의 정합일 경우
> $$Z_o' = \sqrt{Z_o \frac{Z_o^2}{R}} = Z_o \sqrt{\frac{Z_o}{R}}$$
> [정답] ③

53
다음 중 도파관의 종류가 아닌 것은?

① 구형 도파관 ② 원형 도파관
③ 타원형 도파관 ④ 루프형 도파관

> 도파관의 종류에는 구형도파관, 원형도파관, 타원형도파관이 있다.
> [정답] ④

54
다음 도파관의 정합방법 중 비가역성 회로를 사용하여 정합시키는 방법은?

① 아이솔레이터 ② 도파관의 창
③ 테이퍼 변성기 ④ 무반사종단기

> • 도파관의 임피던스 정합
> ① λ/4 임피던스 변환기[Q 변성기]에 의한 정합
> ② Stub에 의한 정합
> ③ 도파관 창에 의한 정합
> ④ 도체봉에 의한 정합
> ⑤ 무반사 종단회로
> ⑥ 테이퍼(Taper)에 의한 정합
> ⑦ 아이솔레이터(Isolator)
>
> * 아이솔레이터(isolator : 비가역성 회로소자)
> [정답] ①

55

전자파 흡수율(SAR)의 적합성 평가시험 수치와 실생활 통화 시 수치의 차이점에 대한 설명으로 틀린 것은?

① 적합성평가를 위한 SAR시험 시에는 휴대폰 출력이 최소인 상태에 측정하나, 실제 통화 시에는 기지국과의 통신에 필요한 최대한의 출력만 사용하도록 설계되어 있다.
② 실생활에서 휴대폰 통화 시에는 전화기를 잡는 방법과 기지국과의 거리 및 특성에 따라 SAR값이 달라질 수 있다.
③ 일상적인 통화시의 SAR값은 휴대폰 적합성평가 시험시의 SAR값에 비해 매우 적다.
④ 한국은 국제권고기준(2W/kg)보다 엄격한 1.6W/kg으로 정하고 있다.

> 적합성평가를 위한 SAR시험 시에는 휴대전화 출력이 최대인 상태에서 측정하나, 실제 통화 시에는 기지국과의 통신에 필요한 최소한의 출력만 사용하도록 설계되어 있어 시험시 보다 훨씬 낮은 출력 상태가 되므로 일상적인 통화시의 SAR 값은 휴대전화 적합성평가 시험시의 SAR 값에 비해 매우 적다.
> 실생활에서 휴대전화 통화 시에는 전화기를 잡는 방법과 기지국과의 거리 및 특성에 따라 SAR 값이 달라질 수 있다.
> 이러한 일상의 통화 시에 발생하는 SAR 값의 차이는 서로 다른 휴대전화 제조회사 모델들 간의 측정 SAR 값의 차이보다 훨씬 크다.
>
> **[정답] ①**

56

장해전자파 한계치에 대한 설명으로 틀린 것은?

① 장해전자파의 한계치를 결정하기 위해서는 장해전자파의 파형과 주파수 스펙트럼, 전파특성 및 장해를 받는 통신 및 방송시스템의 내성을 고려해야 한다.
② 가정용 전기, 전자기기와 자동차 등에서 발생하는 장해전자파는 주파수 스펙트럼이 광대역이며 파형도 불규칙한 펄스 형태의 장해전자파가 많다.
③ 전자기기에서 발생되는 장해전자파의 형태를 구별하여 펄스 형태는 정현파 형태보다 엄격한 한계치를 적용해야 한다.
④ 전기, 전자, 정보처리 장치 등의 장해전자파 한계치는 통신 및 방송시스템에 장해를 주지 않도록 정해져 있다.

> 전자기기에서 발생되는 장해전자파(EMI)의 형태를 구별하여 정현파 형태는 펄스 형태보다 엄격한 한계치를 적용해야 한다. 정현파 형태의 장해전자파는 지속적이고 펄스 형태의 장해전자파는 단속적이기 때문이다.
>
> **[정답] ③**

57

전자파장해 수신기는 전송선로의 부하에 나타나는 전압을 측정하게 되는데, 우리가 필요로 하는 측정량은 피측정기기로부터 방출되는 전기장의 세기이다. 아래 측정 환경조건에서 전기장의 세기(E)는 얼마인가? (조건: 안테나에 연결된 전송선로를 거쳐서 전자파장해 수신기에 나타난 전압(VL)=20[dBμV], 안테나인자(K)=5[dB/m])

① 15[dBμV/m] ② 20[dBμV/m]
③ 25[dBμV/m] ④ 30[dBμV/m]

> 안테나인자(Antenna factor)란 안테나가 놓인 곳의 전계(전기장)의 세기 E와 안테나에 연결된 부하 양단에 걸리는 출력전압 V의 비로 안테나 인자 $K = \dfrac{E}{V}$의 관계를 갖는다.
>
> $E = KV$로부터 데시벨로 나타내면
> $E[\mathrm{dB}\mu\mathrm{V/m}] = K[\mathrm{dB/m}] + V[\mathrm{dB}\mu\mathrm{V}]$
> $= 5[\mathrm{dB/m}] + 20[\mathrm{dB}\mu\mathrm{V}]$
> $= 25[\mathrm{dB}\mu\mathrm{V/m}]$
>
> **[정답] ③**

58

다음 중 전자파장해(EMI)에 대한 설명으로 가장 적합한 것은?

① 전자파 양립성이라고도 한다.
② 전자파내성(EMS) 분야와 전자파적합(EMC) 분야로 구분할 수 있다.
③ 전기·전자기기가 외부로부터 전자파 간섭을 받을 때 영향 받는 정도를 나타낸다.
④ 발생 원인으로는 자연적인 발생 원인(대기잡음, 우주잡음, 태양방사 등)과 인공적인 발생원인(의도적인 잡음, 비의도적인 잡음)으로 크게 구분한다.

> **• EMC의 구분**
> ① EMI(Electro Magnetic Interference, 전자파 장해)
> 각종 전기 전자 장비로부터 발생되는 불요 전자파가 통신이나 다른 기기에 전자기적 장해를 유발시키는 현상
> ② EMS(Electro Magnetic Susceptibility, 전자파 내성/전자파 감응성): 외부 전자파 환경에 대하여 특정기기의 전자기적 민감성
>
> **[정답] ④**

59 다음 중 단파용 안테나의 특징으로 적합하지 않은 것은?

① 수직편파를 이용한다.
② 설치비가 비교적 저렴하다.
③ 고유파장의 안테나를 얻기 쉽다.
④ 안테나의 이득을 높게 할 수 있다.

장·중파대 및 단파대 안테나의 일반적 특성은 다음과 같다.

주파수 요소	장·중파대	단파대
설치비 및 대역성	설치비가 비싸고 광대역성을 얻기 어려움	설치비가 싸고 광대역성을 얻기 쉬움
이득	낮음	높음
고유파장의 안테나	파장이 길어 고유파장의 안테나를 얻기 어려움	파장이 짧아 고유파장의 안테나를 얻기 쉬움
편파 및 접지	수직편파에 의한 지표파를 이용하므로 접지필요	수평편파를 이용하므로 접지불필요
복사 효율	나쁨	좋음

[정답] ①

60 다음 중 가상접지에 대한 설명으로 틀린 것은?

① 대지의 도전율이 나쁜 곳에서 사용된다.
② 지상고 2.5[m] 이상에 도체망을 설치하는 방식이다.
③ 도체망과 대지사이에 변위전위가 흐르게 하여 접지한다.
④ 도체망의 가설 면적을 작게 해야 좋은 효과를 얻을 수 있다.

• 카운터 포이즈(가상접지)
① 대지의 도전율이 나쁜 경우 방사상의 지선망을 공중선 높이의 약 5[%] (1~2m 정도)의 지상에 대지와 절연하여 설치하는 용량 접지 방식
② 접지저항은 1~2[Ω] 정도
③ 건조지, 암산, 수목이 많은 곳, 건물의 옥상등에 사용
④ 도체망의 가설 면적을 크게 해야 좋은 효과를 얻을 수 있다.

[정답] ④

4 무선통신시스템

61 다음 중 FM 수신기에서 수신신호가 없거나 약한 경우 발생하는 잡음을 자동으로 억제하는 기능은?

① 진폭제한기능   ② 주파수변별기능
③ 디엠퍼시스기능 ③ 스켈치회로

• FM송수신회로의 기능별 특징

회로	위치	특징
IDC	송신	주파수편이제한
스켈치	수신	잡음 출력 OFF
프리엠파시스	송신	고역강조
디-엠파시스	수신	원음재생
변별기	수신	FM신호 복조

[정답] ④

62 입력 신호 대 잡음비가 10[dB]이고 시스템의 잡음지수가 1.65일 경우의 출력 신호 대 잡음비는 약 얼마인가?

① 7.8[dB]   ② 8.8[dB]
③ 9.5[dB]   ④ 10[dB]

시스템의 잡음지수가 1.65라는 것을 dB로 나타내면 $10\log 1.65 ≒ 2.2$
출력 신호 대 잡음비 = $10[dB] - 2.2[dB] = 7.8[dB]$

[정답] ①

63 이동통신시스템의 다원접속방식 중 주파수 스펙트럼을 여러 개의 구간으로 구분하여 다수의 사용자가 또 다른 사용자와 겹치지 않도록 각기 주어진 주파수의 대역을 사용하는 방식은 무엇인가?

① CDMA   ② CSMNA
③ FDMA   ④ TDMA

• 다원 접속 방법
① FDMA : 주파수분할 다원접속
② TDMA : 시간분할 다원접속
③ CDMA : 코드분할 다원접속
④ SDMA : 공간분할 다원접속

[정답] ③

64
다음 중 GPS의 측위 오차가 아닌 것은?
① 구조적인 요인에 의한 거리 오차(Range Error)
② 위성의 배치상황에 따른 기하학적 오차
③ C/A 코드(Coarse Acquisition) 오차
④ 선택적 이용성에 의한 오차(SA: Selective Availability)

> GPS 측위오차에는 구조적인 요인에 의한 오차, 위성의 배치상황에 따른 기하학적오차, 선택적 이용성에 의한 오차가 있다.
>
> [정답] ③

65
다음 중 이동통신시스템에서 전파음영지역을 해소하기 위한 방법이 아닌 것은?
① 안테나 수를 줄인다.
② 반사기를 사용한다.
③ 우산형 복사패턴을 갖는 Discone 안테나를 사용한다.
④ 누설 급전선을 사용한다.

> 전파음영지역이란 이동국이 서비스 지역내에 위치하고 있더라도 전파가 수신되지 않는 지역을 말한다. 산이나 언덕, 고층건물의 아래, 땅속 등이 그 예이다.
> 전파음영지역의 해소 방안은 다음과 같다.
> ① 리피터와 같은 중계기를 사용한다.
> ② 반사기를 사용한다.
> ③ 우산형 복사패턴을 갖는 Discone 안테나를 사용한다.
> ④ 누설 급전선을 사용한다.
>
> [정답] ①

66
통합공공망 주파수 700[MHz] 대역을 공동으로 사용하는 공공망(재난안전통신망, 초고속해상무선통신망 및 철도통합무선망 등)간 무선망 중첩 지역에서의 간섭 해소를 위한 기지국 공유 기술은?
① RAN Sharing
② GCSE(Group Call System Enabler)
③ MCPTT(Mission Critical Push To Talk)
④ IOPS(Isolated E-UTRAN Operation for Public Safety)

> ② GCSE : LTE 기반의 동시 멀티미디어 전송 기술(eMBMS: enhanced Multimedia Broadcast Multicast Service) 등을 이용하여 특정 지역 내 다수의 사람들에게 그룹 통신을 제공하는 기술. 하나의 공용 방송 채널을 통해 대규모 그룹 통신이 가능하다.
> ③ MCPTT : LTE 통신을 기반으로 무전기와 같은 푸시투토크(PTT) 기능을 이용해 긴급 통신할 수 있는 기술
> ④ IOPS : 기지국이 핵심망과 접속장애(백홀장애, 트래픽폭중 등)로 인해 EPC와 정상적 통신이 어려운 상황에서 임시적으로 커버리지 확보 및 용량 증설을 위해 이동 기지국을 사용하는 기술
>
> [정답] ①

67
공공안전통신망의 국가 재난안전통신망과 상호연계를 위한 철도통신망은 다음 중 어느 것인가?
① LTE-PS
② LTE-M
③ LTE-T
④ LTE-R

> ① PS-LTE : 재난안전통신망(재난망)
> ② LTE-M : 해상무선통신망
>
> [정답] ④

68
지상파 UHD(Ultra High Definition) TV(4K)는 지상파 HD(High Definition) TV(Full HD)보다 몇 배의 해상도인가?
① 2배
② 4배
③ 8배
④ 16배

> HD 해상도 : 1920×1080
> 4K UHD 해상도 : 3840×2160
> UHD 해상도 : HD 대비, 가로 2배×세로 2배 = 총 4배
>
> [정답] ②

69
WPAN(Wireless Personal Area Network)을 위한 전송 기술이 아닌 것은?
① Zigbee
② Bluetooth
③ UWB
④ PLC

> **WPAN(근거리 무선통신)규격(IEEE 802.15)**
>
> | 규격 | 특징 |
> |---|---|
> | Zigbee(802.15.4) | 저속, 센서제어규격 |
> | Bluetooth(802.15.1) | 저속, 저가격, 음성, 데이타규격 |
> | UWB(802.15.3) | 광대역특성의 고속전송규격 |
>
> [정답] ④

70
다음 중 NFC에 대한 설명으로 틀린 것은?
① 사용 주파수는 13.56[MHz]이다.
② 보안성이 우수하여 결재와 인증에 사용된다.
③ 사용 거리가 10[cm] 이내인 근거리무선통신 기술이다.
④ Bluetooth, Wi-Fi, RFID 등과 호환이 안된다.

> **NFC(Near Field Communication)**
> ① 비접촉식 통신 기술
> ② 13.56MHz 대역의 주파수 사용
> ③ 약 10cm 이내의 근거리에서 무선통신기술
> ④ 양방향 통신 가능
> ⑤ 보안성이 우수
> ⑥ 다양한 응용서비스
>
> [정답] ④

71
다음 중 Wi-Fi 세대별 해당하는 기술 규칙이 틀린 것은?
① Wi-Fi 3: 802.11g
② Wi-Fi 4: 802.11n
③ Wi-Fi 5: 802.11a
④ Wi-Fi 6: 802.11ax

> Wi-Fi 5 : 802.11ac
>
> [정답] ③

72
무선랜의 장점이 아닌 것은?
① 효율성
② 확장성
③ 이동성
④ 보안성

> 무선랜의 가장 큰 단점은 보안에 취약한 구조를 가지고 있다는 것임.
>
> [정답] ④

73
다음 중 IEEE802.11 무선랜에서 사용하는 보안기술이 아닌 것은?
① WEP
② WPA1
③ WPA2
④ IPSec

> 무선랜 보안기술 발전단계: WEP -> WPA -> WPA2
>
> [정답] ④

74
다음 중 SGW(Signaling Gateway) 기능에 대해 맞게 설명한 것은?
① IMS와 PSTN 간의 호 제어 시그널링에 의해서 생성되는 호의 실질적인 베어러의 연결을 위해서 MGW를 제어한다.
② 주요한 기능으로는 멀티미디어 메시지 재생, 음성메일 서비스, 미디어 변환/믹싱 서비스, Transcoding 서비스를 한다. 또한 기존의 MSC가 가지고 있던 Tone 생성 및 안내방송 기능도 담당한다.
③ 망내에 HSS가 두 개 이상 운영되고 각각 별도의 주소로 인식될 때 CSCF에게 적절한 HSS의 주소를 제공한다.
④ 시그널링 프로토콜의 전송계층을 변환하는 기능을 수행한다. 즉, ISUP나 MAP과 같은 프로토콜 자체는 변환하지 않고 IP망과 PSTN, IP망과 기존망(2G 및 2.5G)의 전송계층을 변환하는 기능을 한다.

> • SGW(Signaling Gateway)
> IP 네트워크의 가장자리에 위치하여 회선교환망(PSTN)의 시그널링 신호(SS7 또는 ISDN 등의 신호 프로토콜)를 종단하는 등의 역할을 한다. VoP(Voice over Packet, 또는 IP 네트워크) 및 PSTN 간에 신호의 상호연결을 담당한다.
>
> [정답] ④

75
통신 프로토콜은 ISO/OSI 7 계층 중 전달 계층(Transport Layer)을 중심으로 상위계층과 하위계층 프로토콜로 구분한다. 다음 중 하위계층의 프로토콜이 아닌 것은?
① 무 순서 프로토콜
② 문자 방식 프로토콜
③ 문자 계수식 프로토콜
④ XNS (Xerox Network System) 프로토콜

> • XNS(Xerox Network System) 프로토콜
> Xereo사가 자사제품의 사무기기 및 컴퓨터를 하나로 연결하기위해 1970년대 말에 개발한 망구조로 IDP, RIP, PEP, SEP와 같은 프로토콜이 있다.
>
> [정답] ④

76
다음 중 안테나 시설 설계 시 작성하여야 할 도면에 해당되지 않는 것은?
① 부지 평면도
② 운용실 배치도
③ 철탑 시설도
④ 접지도 및 피뢰침도

> • 마이크로웨이브 무선설비공사
>
> | 기계시설 설계 시 | 공중선시설 설계 시 |
> |---|---|
> | · 기초 철가도 | · 부지 평면도 |
> | · 기기 배치도 | · 철탑 시설도 |
> | · 케이블 배선도 | · 철탑 응력도 |
> | · 케이블 포설도 | · 철탑 블록도 |
> | · 실장도 | · 안테나 취부도 |
> | · 공조시설 배치도 | · 접지도 및 피뢰침도 |
> | · 접지선 포설도 | · 실장도 |
>
> [정답] ②

77
다음 중 무선통신 전송시스템이 설치될 건물(국사)의 부대설비로 적합하지 않은 것은?
① 비상발전기
② 항온항습기
③ NMS(Network Management System)
④ UPS(Uninterruptible Power Supply)

> NMS(Network Management System): 네트워크 관리 시스템
>
> [정답] ③

78
계측기와 측정 항목의 연결로 틀린 것은?
① Power Meter - 송신출력 측정
② 스펙트럼분석기 - Channel Power
③ 절연저항계 - DC 루프저항
④ 네트워크 분석기 - 안테나 VSWR

> 절연저항계로는 절연재료의 고유저항 측정, 전선, 전기기기, 옥내배선 등의 절연저항을 측정한다.

[정답] ③

79
절연저항의 측정에 대한 설명으로 가장 거리가 먼 것은?
① 직류 전압을 인가한 1분 후의 전류 값에 의해, 전기적 절연저항 측정
② 주로 광케이블 선로에서 사용
③ 측정계측기는 절연저항계 또는 메거(Megger)를 사용
④ 측정 단위는 통상[MΩ] 단위를 사용

> • **절연저항(Insulation Resistance)**
> 절연물이 가지는 전기 저항을 말한다.
> 전기가 흐르는 선로/전로, 혹은 절연물에 직류 저압을 인가하여 누설되는 누설전류값으로 인가한 직류전압을 나누면 절연저항값을 알 수 있다.
> 절연저항 측정은 절연저항계 또는 메거(Megger)를 사용하며, 측정단위는 통상 [MΩ]을 사용한다.

[정답] ②

80
다음 중 이동통신 모바일 DM(Diagnostic Monitor)장비 기반으로 시행하는 품질 시험 항목이 아닌 것은?
① Cell Throughut 시험
② 호 접속 성공률
③ Handover 시험
④ 교환시스템에 대한 모니터링

> DM(Diagnostic Monitor)이란 차량 또는 휴대 이동하면서 이동통신 셀룰러망을 평가하고 최적화시키고자 하는 측정, 분석용 장비로 무선 전파의 세기를 측정 저장하고 이 측정값을 토대로 해당 셀 내 용량 및 성능을 평가하고 셀 매칭 최적화를 지원하거나 기지국 또는 이동통신 중계기의 추가 여부를 결정할 수 있다. DM장비 기반으로 시행하는 품질 시험 항목은 다음과 같다.
> ① Cell Throughut 시험
> ② 호 접속 성공률
> ③ Handover 시험

[정답] ④

5. 전자계산일반 및 무선설비기준

81
메모리 인터리빙(Memory Interleaving)의 사용 목적은?
① 메모리의 저장 공간을 높이기 위해서
② CPU의 Idle Time을 없애기 위해서
③ 메모리의 Access 횟수를 줄이기 위해서
④ 명령들의 Memory Access 충돌을 막기 위해서

> 메모리 인터리빙이란 명령들의 Memory Access 충돌을 막기 위해서 사용된다.

[정답] ④

82
다음 내용이 의미하는 소프트웨어는 무엇인가?

> 상하 관계나 동종 관계로 구분할 수 있는 프로그램들 사이에서 매개 역할을 하거나 프레임 워크역할을 하는 일련의 중간 계층 프로그램을 말하며, 일반적으로 응용 프로그램과 운영체제의 중간에 위치하여 사용자에게 시스템 하부에 존재하는 하드웨어, 운영체제, 네트워크에 상관없이 서비스를 제공한다.

① 유틸리티
② 디바이스 드라이버
③ 응용소프트웨어
④ 미들웨어

> • **미들웨어(Middleware)**
> ① 여러 운영 체제(유닉스, 윈도우 등)에서 응용 프로그램들 사이에 위치한 소프트웨어를 말한다.
> ② 각기 분리된 두 개의 프로그램 사이에서, 매개 역할을 하거나 연합시켜주는 소프트웨어이다.
> ③ 분산 컴퓨팅 환경에서 서로 다른 기종의 하드웨어나 프로토콜, 통신 환경 등을 연결하여 응용프로그램과 프로그램이 운영되는 환경 간에 원만한 통신이 이루어질 수 있게 하는 소프트웨어를 말한다.
> ④ 종류 : TP monitors, Database access systems, Message Passing 등

[정답] ④

83
다음 중 네트워크 계층에서 전달되는 데이터 전송 단위로 옳은 것은?
① 비트(Bit)
② 프레임(Frame)
③ 패킷(Packet)
④ 데이터그램(Datagram)

> • **계층별 데이터 전송형태**
>
> | 계층 | 명 칭 | 기 능 |
> |---|---|---|
> | 4 | TCP계층 | 세그먼트 (Segment)전송 |
> | 3 | IP계층 | 패킷 (Packet) 전송 |
> | 2 | 데이터링크계층 | 프레임 (Frame) 전송 |
> | 1 | 물리계층 | 비트 (bit) 전송 |

[정답] ③

84
다음 중 OSI 참조모델의 네트워크 계층과 같은 역할을 하는 TCP/IP의 계층은?

① 인터넷 계층
② 전송 계층
③ 응용 계층
④ 표현 계층

• TCP/IP 와 OSI모델의 비교

TCP/IP	OSI 7Layer
응용계층	응용계층
	표현계층
	세션계층
전달(TCP)계층	전달계층
인터넷(IP)계층	네트워크계층
링크(Network Access) 계층	데이터링크계층
	물리계층

[정답] ①

85
송신측에서 만들지 않은 메시지를 수신측으로 전송하는 문제가 발생하는 네트워크 보안 위협 요소는?

① 전송 차단
② 가로채기
③ 변조
④ 위조

① 전송 차단 : 송신측에서 수신측에 메시지 전송 시 제 3자가 데이터의 전송을 차단
② 가로채기 : 송신측에서 수신측에 메시지 전송 시 제 3자가 도청
③ 변조 : 송신측에서 수신측으로 전송할 데이터를 제 3자가 가로채서 데이터의 일부 또는 전부를 변경하여 잘못된 데이터를 수신측에 전송

[정답] ④

86
C 클래스의 네트워크 주소가 '192.168.1.0'이고, 서브넷 마스크가 '255.255.255.248'일 때, 최대 사용 가능한 호스트 수는? (단, 네트워크 주소와 브로드캐스트 호스트는 제외한다.)

① 6개
② 10개
③ 14개
④ 30개

서브넷 마스크가 255.255.255.248이면 호스트 비트 수가 3이므로 호스트 수는 $2^3 = 8$
사용 가능한 호스트 수는 $8 - 2 = 6$

[정답] ①

87
2진수 (100110.100101)를 8진수로 맞게 변환한 값은?

① 26.91
② 26.45
③ 46.91
④ 46.45

2진수→8진수 변환 방법 : 2진수 수를 뒤에서부터 3자리씩 묶는다
100 110 . 100 101(2) → 46.45(8)

[정답] ④

88
10진수 45를 2진수로 맞게 변환한 값은?

① 100110
② 100101
③ 101101
④ 011001

```
2 | 45
2 | 22 … 1
2 | 11 … 0
2 |  5 … 1
2 |  2 … 1
       1 … 0
```
밑에서부터 나타내면 101101(2)

[정답] ③

89
클라우드 컴퓨팅 기술에 대한 설명으로 틀린 것은?

① 아마존은 2005년에 자사의 웹 서비스를 통해 유틸리티 컴퓨팅을 기반으로 하는 클라우드컴퓨팅 서비스를 시작
② 2005년부터 2007년까지 클라우드컴퓨팅은 SaaS 서비스로 대세를 이루다가 2008년부터는 IaaS, PaaS 등의 서비스 기법으로 영역을 넓혀나감
③ 1960년대 미국의 컴퓨터 학자인 존 맥카시(John McCarthy)가 "컴퓨팅 환경은 공공시설을 사용하는 것과 동일한 것"이라고 한 데에서 시작
④ 클라우드로 옮겨간 형태의 네트워크라는 뜻으로 모든 사물에 칩을 넣어 언제 어디서나 사물에 대한 인식 및 제어를 할 수 있도록 구현한 컴퓨팅 환경

클라우드 컴퓨팅(Cloud Computing)은 서버, 스토리지, 데이터베이스 및 광범위한 애플리케이션 서비스를 인터넷을 통해 간단하게 액세스 할 수 있는 방법을 제공한다.
※ 유비쿼터스 컴퓨팅은 주변의 모든 사물에 칩을 넣어 언제 어디서나 사용이 가능한 컴퓨팅 환경이다.

[정답] ④

90
클라우드 컴퓨팅의 서비스 유형과 적용 서비스가 맞지 않게 연결된 것은?

① IaaS : AWS(AmazonWeb Service)
② SaaS : 전자메일서비스, CRM, ERP
③ PaaS : Google AppEngine, Microsoft Asure
④ BPaaS : 컴퓨팅 리소스, 서버, 데이터센터 패브릭, 스토리지

• BPaaS(Business PaaS)
클라우드 서비스 모델을 기반으로 제공되는 수평 또는 수직 비즈니스 프로세스의 모든 유형
기본 클라우드 서비스(SaaS, PaaS, IaaS)위에 위치

[정답] ④

91 무선국 정기검사 시 대조검사 사항이 아닌 것은?

① 시설자　　　　　　② 설치장소
③ 무선종사자의 배치　④ 점유주파수대폭

> • 전파법 시행령 제45조(제45조(검사의 시기·방법 등))
> ③ 정기검사, 수시검사 및 법 제24조제8항에 따른 검사는 다음 각 호의 구분에 따라 실시하며,
> 1. 성능검사: 안테나공급전력·주파수·불요발사(不要發射)·점유주파수대폭·등가등방복사전력(等價等方輻射電力)·실효복사전력(實效輻射電力)·변조도 등 무선설비의 성능에 대하여 행하는 검사
> 2. 대조검사: 시설자·무선설비·설치장소 및 무선종사자의 배치 등이 무선국허가·신고사항 등과 일치하는지 여부를 대조·확인하는 검사
>
> [정답] ④

92 과학기술정보통부장관 허가를 받아야 하는 전력선통신설비의 주파수 대역과 고주파출력이 맞게 짝지어진 것은?

① 9[kHz]이상 30[MHz]까지, 10와트 이하
② 3[kHz]이상 60[MHz]까지, 50와트 이상
③ 9[kHz]이상 30[MHz]까지, 10와트 이상
④ 3[MHz]이상 60[MHz]까지, 50와트 이하

> • 전파법 시행령 제75조(통신설비인 전파응용설비)
> ② 전력선통신설비는 그 설비에서 발사되는 주파수와 사용하는 출력이 다음 각 호에 적합하여야 한다.
> 1. 9킬로헤르츠(㎑)이상 30메가헤르츠(㎒)까지의 범위의 주파수
> 2. 송신설비의 고주파 출력이 10와트 이하일 것
>
> [정답] ①

93 산업용 전파응용설비는 고주파출력이 몇 와트를 초과하는 경우 과학 기술정보통신부장관의 허가를 받아야 하는가?

① 10[W] 초과　② 20[W] 초과
③ 30[W] 초과　④ 50[W] 초과

> • 전파법 시행령 제74조(통신설비 외의 전파응용설비)
> 법 제58조제1항제1호에서 "대통령령이 정하는 기준에 해당하는 설비"란 주파수가 9킬로헤르츠(㎑) 이상인 고주파 전류를 발생시키는 설비로서 50와트를 초과하는 고주파 출력을 사용하는 다음 각 호의 어느 하나에 해당하는 설비를 말한다. 다만, 가사용 전자제품 등으로서 과학기술정보통신부장관이 정하여 고시하는 것은 제외한다.
> 1. 산업용 전파응용설비(고주파의 에너지를 발생시켜 그 에너지를 목재와 합판의 건조, 금속의 용융 또는 가열, 진공관의 배기 등 산업생산을 위하여 사용하는 것)
> 2. 의료용 전파응용설비(고주파의 에너지를 발생시켜 그 에너지를 의료용으로 사용하는 것)
> 3. 그 밖의 전파응용설비(제1호 및 제2호 외의 설비로서 고주파의 에너지를 직접 부하(負荷)에 가하여 가열 또는 건조 등의 목적에 이용하는 것)
>
> [정답] ④

94 다음 사항 중 위탁운용 또는 공동사용할 수 있는 무선설비에 해당되지 않는 것은?

① 송신설비 및 수신설비
② 방송통신위원회가 정하는 실험국의 무선설비
③ 무선국의 안테나설치대
④ 시설자가 동일한 무선국의 무선설비

> 전파법시행령 제69조(무선설비의 위탁운용 및 공동사용) ① 법 제48조제1항에 따라 위탁운용 또는 공동사용할 수 있는 무선설비(우주국 무선설비는 제외한다)는 다음 각 호와 같다.
> 1. 무선국의 안테나설치대
> 2. 송신설비 및 수신설비
> 3. 시설자가 동일한 무선국의 무선설비
> 4. 과학기술정보통신부장관이 정하는 아마추어국의 무선설비
> 5. 그 밖에 공공의 안전을 위한 무선국으로서 과학기술정보통신부장관이 특히 필요하다고 인정하여 고시하는 무선설비
>
> [정답] ②

95 무선국의 분류에 의한 방송국의 종류에 해당되지 않는 것은?

① 지상파방송국　　② 위성방송국
③ 지상파방송보조국　④ 이동방송국

> 전파법시행령 제28조(업무의 분류) ①법 제20조의2제3항에 따라 무선국이 하는 업무는 다음 각 호와 같이 분류한다.
> 2. 방송업무
> 가. 지상파방송업무: 공중이 직접 수신하도록 할 목적으로 지상의 송신설비를 이용하여 송신하는 무선통신업무
> 나. 위성방송업무: 공중이 직접 수신하도록 할 목적으로 인공위성의 송신설비를 이용하여 송신하는 무선통신업무
> 다. 지상파방송보조업무: 지상파방송의 난시청을 해소할 목적으로 지상의 송신설비를 이용하여 지상파방송신호를 중계하는 무선통신업무
> 라. 위성방송보조업무: 위성방송의 난시청을 해소할 목적으로 지상의 송신설비를 이용하여 위성방송신호를 중계하는 무선통신업무
>
> [정답] ④

96 중파방송을 행하는 방송국의 개설조건 중 블랭킷에어리어 내의 가구수는 그 방송국의 방송구역 내 가구 수의 몇 퍼센트 이하여야 하는가?

① 0.15　② 0.25
③ 0.35　④ 0.5

> • 전파법 시행령 제56조(중파방송을 행하는 방송국의 개설조건)
> ① 중파방송을 행하는 방송국의 송신안테나의 설치장소는 다음 각 호의 개설조건에 적합하여야 한다.
> 1. 개설하려는 방송국의 블랭킷에어리어 내의 가구 수는 그 방송국의 방송구역 내 가구 수의 0.35퍼센트 이하일 것
>
> [정답] ③

97
다음 괄호 안에 들어갈 내용으로 가장 적합한 것은?

> 비상국의 전원은 수동발전기, 원동발전기, 무정전전원설비 또는 축전지로서 (　)시간 이상 상시 운용할 수 있을 것.

① 6
② 12
③ 24
④ 48

- 무선설비 규칙 제14조(전원)
  ③ 비상국의 전원은 다음 각 호의 요건을 모두 갖추어야 한다.
  1. 수동 발전기, 원동 발전기, 무정전 전원설비 또는 축전지로서 24시간 이상 상시 운용할 수 있을 것
  2. 즉각 최대성능으로 사용할 수 있을 것

[정답] ③

98
아마추어국의 송신설비의 전력은 무엇으로 표시하는가?

① 첨두전력
② 평균전력
③ 규격전력
④ 반송파전력

- 무선설비 규칙 제9조(안테나공급전력 등)
  ② 송신설비의 전력은 안테나공급전력으로 표시한다. 다만, 다음 각 호의 어느 하나에 해당하는 송신설비의 전력은 규격전력으로 표시한다.
  1. 500메가헤르츠(㎒) 이하의 주파수의 전파를 사용하는 송신설비로서 정격출력 1와트(W) 이하의 전력을 사용하는 것
  2. 생존정(生存艇)에 사용되는 비상용 무선설비와 비상위치지시용 무선표지설비(라디오부이의 송신설비 및 항공이동업무 또는 항공무선항행업무용 무선설비의 송신설비는 제외한다)
  3. 아마추어국 및 실험국의 송신설비(방송을 하는 실험국의 송신설비는 제외한다)
  4. 그 밖에 과학기술정보통신부장관이 첨두포락선전력, 평균전력 또는 반송파전력을 측정하기 어렵거나 측정할 필요가 없다고 인정하는 송신설비

[정답] ③

99
전파응용설비의 고주파출력측정 및 산출방법은 누가 정하여 고시하는 바에 의하는가?

① 과학기술정보통신부장관
② 한국전자통신연구원장
③ 중앙전파관리소장
④ 한국방송통신전파진흥원장

- 전파법 시행령 제123조(권한의 위임·위탁)
  ① 미래창조과학부장관은 법 제78조제1항에 따라 다음 각 호의 권한을 국립전파연구원장에게 위임한다.
  1. 주파수의 국제등록
  1의2. 주파수 사용승인 여부 심사 또는 주파수 지정 가능 여부 심사를 위한 전파혼신 분석
  1의3. 주파수 사용의 재승인 절차 등의 통지에 관한 사항
  1의4. 위성운용계획의 제출 요청 등에 관한 사항
  1의5. 전자파가 인체에 미치는 영향에 관한 정보 전달과 방송통신기자재 등의 안전한 사용등에 관한 교육 및 홍보
  1의6. 기술기준 중 다음 각 목에 대한 기술기준의 고시
  　가. 해상업무용 무선설비
  　나. 항공업무용 무선설비
  　다. 전기통신사업용 무선설비
  　라. 간이무선국·우주국·지구국의 무선설비, 전파탐지용 무선설비, 그 밖의 업무용 무선설비(신고하지 아니하고 개설할 수 있는 무선국의 무선설비는 제외한다)
  　마. 전파응용설비
  　바. 무선설비의 안테나공급전력과 전파응용설비의 고주파 출력측정방법 및 산출방법
  1의7. 무선설비의 안전시설기준
  2. 전자파 강도·전자파 흡수율 측정기준 및 측정방법의 고시
  3. 전자파적합성기준에 관한 사항 중 제67조의2제2항에 따른 세부적인 기준의 고시
  4. 전자파적합성 여부에 관한 측정·조사 및 전자파 저감·차폐를 위한 조치 권고
  5. 전파의 탐지 및 분석
  6. 전파환경의 보호를 위하여 필요한 조치에 관한 사항
  7. 전파환경 측정 등에 관한 고시
  7의2. 고출력·누설 전자파 안전성 평가에 관한 사항
  7의3. 고출력·누설 전자파 안전성 평가기준 및 방법 등에 관한 고시
  8. 적합인증, 적합등록, 적합성평가의 변경신고 및 잠정인증 등에 관한 사항
  9. 적합성평가의 면제에 관한 사항
  10. 적합성평가의 취소 및 개선·시정 등의 조치명령에 관한 사항
  11. 시험기관의 지정, 지정사항의 변경, 지정시험업무의 폐지, 양수·합병의 승인 및 전문심사기구에 의한 심사에 관한 사항
  12. 지정시험기관에 대한 자료제출 요구 및 검사에 관한 사항
  13. 지정시험기관에 대한 시정명령, 업무정지명령 및 지정취소에 관한 사항
  14. 국제적 적합성평가체계의 구축 에 관한 사항
  15. 부적합보고의 접수에 관한 사항
  16. 전파연구에 관한 사항
  17. 조사시험 및 조치 등에 관한 사항(법 제71조의2제1항제2호만 해당된다)
  18. 청문
  19. 과태료의 부과·징수

[정답] ①

100
무선설비의 안전시설기준에서 정하는 발전기, 정류기 등에 인입되는 고압전기는 절연차폐체 내에 수용하여야 한다. 다음 중 고압전기에 포함되는 것은?

① 220 볼트를 초과하는 교류전압
② 220 볼트를 초과하는 직류전압
③ 500 볼트를 초과하는 교류전압
④ 750 볼트를 초과하는 직류전압

- 무선설비 규칙 제17조(무선설비의 안전시설)
  ① 무선설비에 전원의 공급을 위하여 고압전기(600볼트를 초과하는 고주파 및 교류전압과 750볼트를 초과하는 직류전압을 말한다. 이하 같다)를 발생시키는 발전기나 고압전기가 인입되는 변압기, 정류기 등을 이용할 경우에는 해당 기기들은 외부에서 쉽게 닿지 아니하도록 절연차폐체 또는 접지된 금속차폐체 안에 있어야 한다. 다만, 취급자 외의 자가 출입하지 못하도록 된 장소에 설치되는 경우는 예외로 한다.

[정답] ④

⑧ 2021년 2회

1 디지털 전자회로

01 다음 그림과 같이 2[kΩ]의 저항과 실리콘(Si)다이오드의 직렬 회로에서 다이오드 양단의 전압 크기는 얼마인가?

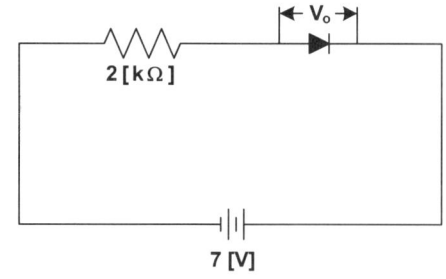

① 0[V]   ② 1[V]
③ 5[V]   ④ 7[V]

회로에서 전원전압이 다이오드에 역방향 바이어스되어 걸리므로 다이오드 양단이 개방되어 V_o에 7[V]의 전압이 걸린다.

[정답] ④

02 콘덴서를 이용한 필터의 출력에 리플전압이 발생하는 이유는?

① 콘덴서의 인덕턴스
② 콘덴서의 개방
③ 콘덴서의 충전과 방전
④ 콘덴서의 단락

콘덴서의 충·방전 때문에 리플이 발생한다.

[정답] ③

03 다음 정류회로에 대한 설명으로 옳은 것은?

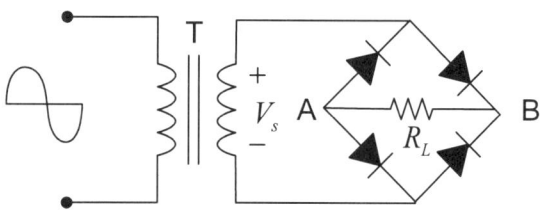

① 저전압 정류할 때 적합하다.
② V_S가 양의 전압일 때 R_L양단에 전류가 흐르지 않는다.
③ R_L에 걸리는 전압의 최대치는 T의 2차 전압의 최대치에 가깝다.
④ 다이오드에 걸리는 역방향 전압의 최대치는 T의 2차 전압의 최대치에 2배에 가깝다.

회로는 브리지형 전파 정류회로이다.

◆ 브리지형 전파정류회로
① 브리지형 정류회로는 2차측 중간탭이 필요 없음
 (중간탭형 정류회로는 2차측 중간탭이 요구됨)
② 전압 변동률이 비교적 큼
③ 다수(4개)의 다이오드 사용
④ 고압정류회로에 적합
⑤ 다이오드에 걸리는 역전압(PIV)은 2차측 전압의 최대치이다.

[정답] ③

04 병렬저항형 이상형 발진회로에서 1.6[kHz]의 주파수를 발진하는데 필요한 저항 값은 약 얼마인가? (단, C = 0.01[μF])

① 2[kΩ]   ② 4[kΩ]
③ 6[kΩ]   ④ 8[kΩ]

병렬 R형 발진주파수 $f = \dfrac{1}{2\pi\sqrt{6}\,CR}$ [Hz]

$1600 = \dfrac{1}{2\pi \times \sqrt{6} \times 0.01 \times 10^{-6} \times R}$

$R = \dfrac{1}{2\pi \times \sqrt{6} \times 0.01 \times 10^{-6} \times 1600} \fallingdotseq 4.06[k\Omega]$

$\therefore R \fallingdotseq 4[k\Omega]$

[정답] ②

05
다음 바이어스 회로에서 트랜지스터의 DC 이득 β=100이고, V_{BE} = 0.7[V] 이다. V_{CC} = 10[V] 일 때 컬렉터에 흐르는 DC 전류 I_C = 10[mA] 가 되도록 하는 바이어스 저항 R_b는 얼마인가?

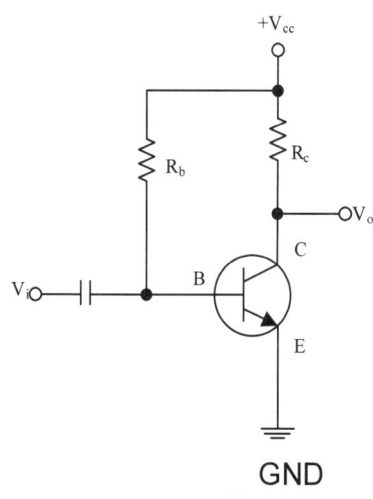

① 320[kΩ] ② 495[kΩ]
③ 880[kΩ] ④ 930[kΩ]

◆ 고정바이어스 회로

$V_{CC} = R_B I_B + V_{BE}$에서, $R_B = \dfrac{V_{CC} - V_{BE}}{I_B}$

여기서, $I_C \fallingdotseq \beta I_B$이므로
$I_B = (10 \times 10^{-3})/100 = 0.1[mA]$
$R_B = \dfrac{10 - 0.7}{0.1 \times 10^{-3}} = 930[kΩ]$

[정답] ④

06
다음 증폭기 회로에서 R_E가 증가하면 어떤 현상이 일어나는가?

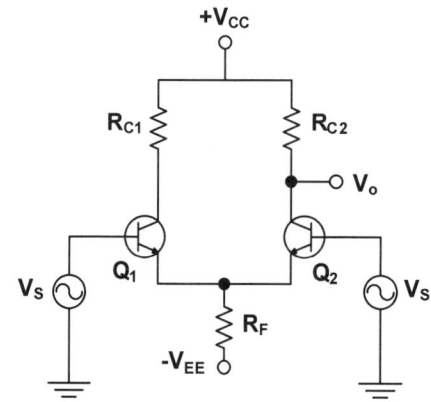

① 차동이득이 감소한다. ② 차동이득이 증가한다.
③ 동상이득이 감소한다. ④ 동상이득이 증가한다.

R_E가 증가할수록 동상이득이 감소하므로 실제 차동증폭기에서는 R_E 대신 저항 값이 무한대인 정전류원으로 설계하여 사용한다.

[정답] ③

07
전치 증폭기에 대한 설명으로 틀린 것은?
① 출력신호를 1차 증폭시킨다.
② 초기신호를 정형한다.
③ 고출력 증폭용으로 사용된다.
④ 종단 증폭기에 비해 증폭률이 낮다.

전치증폭기(Pre-Amp)는 잡음 특성을 개선하기 위하여 사용하는 저잡음 증폭기이며, 고출력 증폭용으로 사용되는 증폭기는 전력증폭기(Power-Amp)라 한다.

[정답] ③

08
다음 그림과 같은 회로에 대한 설명으로 옳은 것은?

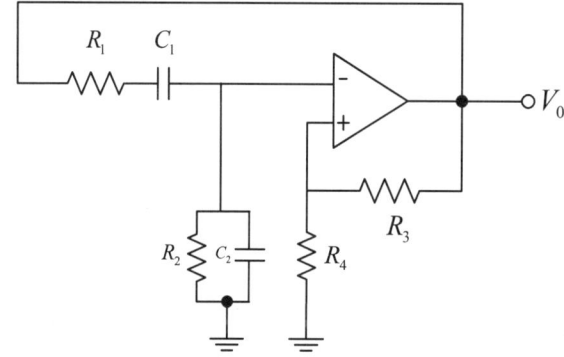

① 발진 주파수의 가변이 쉽다.
② 고주파용 발진기이다.
③ 발진주파수 $f = \dfrac{\sqrt{6}}{2\pi RC}[Hz]$이다.
④ 증폭기의 전류이득이 29 이상이면 발진한다.

회로는 윈브리지 발진회로이다.

◆ 윈브리지 발진회로(Wien-bridge oscillator)
① 발진주파수 $f = \dfrac{1}{2\pi \sqrt{R_1 R_2 C_1 C_2}}[Hz]$
② 커패시터는 주파수를 가변하는데 사용된다.
③ 보통 5kHz~500kHz의 주파수 범위를 갖는다.

[정답] ①

09
다음 중 비반전 연산증폭기에 대한 설명으로 옳은 것은?
① 출력과 입력의 위상은 동위상이다.
② 두 개의 단자에 흐르는 전류는 최대값을 가진다.
③ 입력단자의 전압은 0 이다.
④ 폐루프 이득은 항상 1보다 작다.

비반전 연산 증폭기는 입력신호가 비반전 단자(+단자)에 가해지고, 출력신호의 일부가 반전단자(-단자)에 궤환되는 증폭기이다.

- 폐루프 전압이득

$$A_f = \frac{V_o}{V_i} = (1 + \frac{R_f}{R}) = 10$$

[정답] ①

10
다음 회로의 동작점(Q)으로 알맞은 것은? (단, β= 50, V_{BE} = 0.7[V])

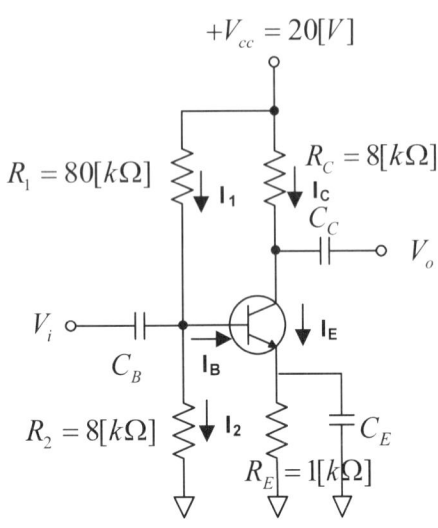

① 3.5[mA], 18.5[V]
② 2.5[mA], 17.5[V]
③ 0.5[mA], 15.5[V]
④ 0.3[mA], 10.5[V]

근사치로 I_C와 I_E를 같다고 두면
$V_B = 1.2V$, $V_E = 1.2 - 0.7 = 0.5[V]$
$I_E = \frac{V_E}{R_E} = \frac{0.5}{1K} = 0.5[mA] = I_C$
R_C와 R_E에 각각 0.5mA가 흘러서 4V와 0.5V가 걸린다.
따라서 $V_{CE} = 20 - 4 - 0.5 = 15.5[V]$

[정답] ③

11
9,600[bps]의 비트열을 16진 PSK로 변조하여 전송하면 변조속도는?
① 1,200[Baud] ② 2,400[Baud]
③ 3,200[Baud] ④ 4,600[Baud]

$$r[bps] = \log_2 M[bit] \times B[baud]$$
$$B[baud] = \frac{r[bps]}{\log_2 M[bit]} = \frac{9600}{\log_2 16} = 2400[baud]$$

[정답] ②

12
다음 중 PWM의 특징과 거리가 먼 것은?
① PAM보다 S/N비가 크다.
② PPM보다 전력부하의 변동이 크다.
③ LPF를 이용하여 간단히 복조할 수 있다.
④ 진폭 제한기를 사용하여도 페이딩을 제거할 수는 없다.

• **PWM(Pulse Width Modulation, 펄스폭변조)**
① PWM은 펄스의 폭이 전송하고자 하는 신호에 따라 변화시키는 펄스변조방식이다.
② PWM 변조는 펄스의 상승과 하강을 급격하게 하여 S/N비의 개선이 가능하며, 모터 제어나 전압제어에 사용된다.
③ PWM 변조는 진폭 제한기의 사용으로 수신신호의 레벨변동(페이딩)을 제거할 수 있다.

[정답] ④

13
다음 중 주파수변조(FM)에서 신호대 잡음비(S/N)를 개선하기 위한 방법으로 틀린 것은?
① 디엠파시스(De-Emphasis) 회로를 사용한다.
② 잡음지수가 낮은 부품을 사용한다.
③ 변조지수를 크게 한다.
④ 증폭도를 크게 높인다.

• **FM방식 S/N비 개선방법**
① 변조 지수 m_f를 크게 한다.
② 최대 주파수 편이를 크게 한다.
③ 변조 신호의 주파수를 작게 한다.
④ 변조 신호의 진폭을 크게 한다.
⑤ 주파수 감도 계수를 크게 한다.
⑥ 반송파의 진폭을 크게 한다.
⑦ pre-emphasis 회로를 사용한다.

[정답] ④

14 다음 중 주파수변조를 진폭변조와 비교한 설명으로 틀린 것은?

① 페이딩의 영향이 적다.
② 주파수의 혼신방해가 작다.
③ 사용주파수대역이 좁다.
④ S/N비가 개선된다.

- **FM의 특징**
① 수신측에서 진폭 제한기 (리미터)를 사용하므로 언나 일정한 저주파 출력을 얻을 수 있다.
② AM 방식에 비하여 신호대 잡음비(S/N)비가 좋다.
③ 피변조파의 점유 주파수 대역폭이 넓다.(단점)
④ 초단파이상의 주파수대에서 많이 사용된다.
⑤ 전력 증폭을 모두 C급 동작으로 하기 때문에 송신기의 효율이 좋다.
⑥ 페이딩(fading), Echo 등의 혼신 방해가 적다.

[정답] ③

15 다음 중 출력 파형으로 구형파를 얻을 수 없는 회로는?

① 멀티바이브레이터   ② 슈미트트리거 회로
③ 부트스트랩 회로   ④ 슬라이서 회로

- **부트스트랩 회로(Bootstrap Circuit)**
MOSFET에서 gate 전압을 Vdd보다 크게 하기 위해 사용하는 전압 상승 회로

[정답] ③

16 다음 그림의 회로 명칭은 무엇인가?

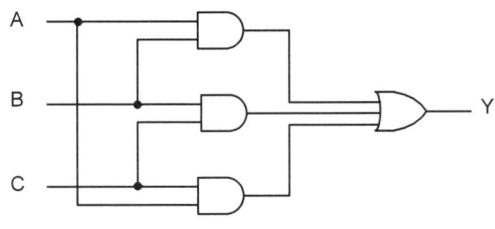

① 일치 회로   ② 반 일치 회로
③ 다수결 회로 ④ 비교 회로

3개의 입력 가운데서 2개 이상 1일 때만 출력을 얻는 다수결 회로이다.

[정답] ③

17 25진 리플 카운터를 설계할 경우 최소한 몇 개의 플립플롭이 필요한가?

① 3개   ② 4개
③ 5개   ④ 6개

$2^{n-1} \leq N \leq 2^n$ 의 식으로 구한다. 25진 카운터이므로 $n=5$가 된다.

[정답] ③

18 그림과 같은 회로의 출력은?

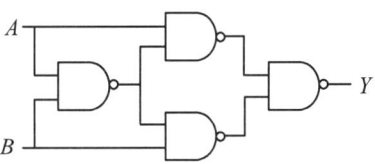

① AB ② $\overline{A}+\overline{B}$
③ $AB+\overline{AB}$ ④ $A\overline{B}+\overline{A}B$

- **EX-OR 회로의 출력**
$Y=(A+B)(\overline{AB})=A\overline{B}+\overline{A}B=A\oplus B$

[정답] ④

19 반감산기에서 차를 얻기 위하여 사용되는 게이트는?

① 배타적OR게이트   ② AND게이트
③ NOR게이트   ④ OR게이트

- **반감산기**

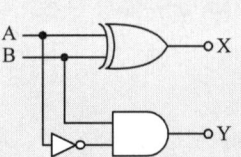

반감산기는 두 Bit를 빼는 회로로 입력 변수 A와 B는 각각 피감수와 감수를 나타내고, 출력 X는 차(difference), Y는 자리 빌림(borrow)를 나타낸다.

[정답] ①

20 다음 중 슈미트 트리거 회로에 대한 설명으로 틀린 것은?

① 입력이 어느 레벨이 되면 비약하여 방형 파형을 발생시킨다.
② 입력 전압의 크기가 on, off 상태를 결정한다.
③ 펄스 파형을 만드는 회로로 사용한다.
④ 증폭기에 궤환을 걸어 입력신호의 진폭에 따른 1개의 안정 상태를 갖는 회로이다.

슈미트 트리거 회로는 입력신호의 진폭에 따라서 2가지의 안정된 상태를 가지게 한 펄스발생회로이다.

- **슈미트 트리거 용도**
① 전압비교회로
② 쌍안정회로
③ 구형파 펄스 발생회로
④ A/D 변환기

[정답] ④

2 무선통신기기

21 다음 중 VSB 변조의 특징에 대한 설명으로 틀린 것은?

① 양측파대 중 원하지 않는 측파대를 완전히 제거하지 않고 그 일부를 잔류시켜 원하는 측파대와 함께 전송한다.
② VSB 변조는 SSB 변조에 비해 25-33[%] 정도의 대역폭을 넓게 사용하지만 간단히 만들 수 있다.
③ 원하지 않은 측파대를 완벽히 제거하지 않아야 하므로 필터 설계조건이 까다롭다.
④ DSB 변조와 SSB 변조를 절충한 방식으로 텔레비전 방송에 사용되고 있다.

- **VSB(Vestigial Side Band)**
  ① VSB란 Vestigial side band로 잔류측파대 진폭변조라 하며 SSB(Single Side Band)방식의 장점인 대역폭과 전력에 대한 장점을 살리고 DSB(Double Side Band)의 장점인 포락선 검파(비동기 검파)를 할 수 있는 변조 방식이다.
  ② DSB 장점은 피변조파내에 반송파가 포함되어 있으므로 검파하기 쉽고, SSB는 한쪽 대역만 사용하므로 전력이나 점유 주파수 대역이 적게 된다.
  ③ 필터의 설계 또는 적용이 단순하다.

[정답] ③

22 FM수신기에서 이득이 15[dB], 잡음지수가 1.4[dB]인 증폭기 후단에 이득이 10[dB], 잡음지수가 1.6[dB]인 또 다른 증폭기가 있다. 이 수신기의 종합잡음 지수는?

① 1.34[dB] ② 1.44[dB]
③ 1.54[dB] ④ 1.64[dB]

- **종합잡음지수 (F 잡음 , G 이득)**

$$F_1 + \frac{F_2-1}{G_1} + \frac{F_3-1}{G_1 G_2} \cdots$$

[정답] ②

23 다음 중 PLL(Phase-Locked LOOP)방식의 응용분야와 이에 대한 설명으로 틀린 것은?

① TV수상기에서 수평주사와 수직주사를 동시에 맞추기 위해 사용된다.
② FM스테레오 튜너의 성능을 개선하기 위함이다.
③ 인공위성으로부터의 신호를 추적하는 데 사용된다.
④ FM수신기의 이득을 높이기 위함이다.

- **PLL의 구성**
  위상검출기, 전압제어발진기, Loop Filter로 구성되는 궤환 회로로 주파수합성기, 주파수 체배기, FM 및 FSK 복조 등에 사용된다.

[정답] ④

24 다음 중 초단파대 이하의 무선송신기에서 종단전력 증폭기를 안테나와 결합시킬 경우 주로 π형 결합회로가 사용되는 이유가 아닌 것은?

① 반사파가 제거된다.
② 정합회로 설계가 용이하다.
③ 스퓨리어스 발사 억제에 효과적이다
④ 멀티밴드(Multi Band) 조정이 용이하다.

π형 결합회로의 특징
· 임피던스 정합이 용이함 · 회로의 조정과 설계가 용이함 · 대역통과필터(π형 결합회로)

[정답] ①

25 64 QAM의 심볼속도가 19,200[심볼/초]이다. 데이터 전송 속도는 얼마인가?

① 115.2[kbps] ② 153.6[kbps]
③ 307.2[kbps] ④ 1.2[Mbps]

$$r[bps] = \log_2 M[bit] \times B[baud]$$
$$r = \log_2 64 \times 19200 = 115.2 [kbps]$$

[정답] ①

26 다음 중 디지털 변조 방법은?

① PAM ② PCM
③ PPM ④ PWM

PCM 변조방식은 아날로그 신호를 표본화 - 압축 - 양자화 - 부호화 단계를 거쳐 디지털펄스로 변환하는 펄스 디지털 변조방식이다.

[정답] ②

27
이진변조에서 M-진 변조로 확장할 때 다음 중 주파수 효율이 가장 낮은 변조방식은?
① M진 ASK
② M진 FSK
③ M진 PSK
④ M진 QAM

FSK방식은 ASK방식이나 PSK방식에 비하여 대역폭이 넓어지므로 주파수 효율이 낮다.

[정답] ②

28
다음 중 정보에 따라 주파수를 변환시키는 디지털 변조 방식은?
① ASK
② FSK
③ PSK
④ QAM

디지털 변조방식의 종류와 정의는 다음과 같다.
① ASK(Amplitude Shift Keying : 진폭편이변조)
  디지털 정보신호에 따라 반송파의 진폭을 변화시켜 전송하는 방식
② FSK(Frequency Shift Keying : 주파수편이변조)
  디지털 정보신호에 따라 반송파의 위상을 변화시켜 전송하는 방식
③ PSK(Phase Shift Keying : 위상편이변조)
  디지털 정보신호에 따라 반송파의 위상을 변화시켜 전송하는 방식
④ QAM(Quadrature Amplitude Modulation : 직교진폭변조)
  디지털 정보신호에 따라 반송파의 진폭과 위상을 변화시켜 전송하는 방식

[정답] ②

29
다음 중 QPSK(Quadrature Phase Shift Keying) 대신 OQPSK(Offset QPSK) 방식을 사용하는 이유로 적합한 것은?
① 전송률을 높이기 위해서이다.
② 같은 전송률로 BER(Bit Error Rate)을 낮추기 위해서이다.
③ $180[°]$ 위상변화를 제거하기 위해서이다.
④ 수신기 복잡도를 줄이기 위해서이다.

• OQPSK(Offset QPSK)
QPSK에서의 위상 변화는 0, ±90°, 180°가 되는데 반송파의 위상이 180° 변하게 되면 PSK의 장점인 Constant Envelope을 유지하지 못하게 된다.
OQPSK는 Constant Envelope을 유지하기위해 I ch이나 Q ch중 어느 한 ch을 $\frac{1}{2}T_s$(1비트 시간 즉, T_b)만큼 지연 시켜 180° 위상 변화를 제거한 변조 방식이다.

[정답] ③

30
다음 중 레이다의 기능에 의한 오차에 속하지 않는 것은?
① 해면반사
② 거리오차
③ 방위오차
④ 선박 경사에 의한 오차

• 레이더의 오차 분류
(1) 기능에 의한 오차
  ① 거리오차
  ② 방위오차
  ③ 선박경사에 의한 오차
(2) 허상에 의한 오차
  ① 다중반사에 의한 허상
  ② 측엽파에 의한 허상
  ③ 타 선박의 레이더와 간섭에 의한 허상
  ④ 선체 구조물에 의한 허상
(3) 불규칙한 전파반사에 의한 오차
  ① 해면반사
  ② 비나 구름에 의한 반사
  ③ 영상의 방해 현상

[정답] ①

31
다음 중 GNSS(Global Navigation Satellite System)의 위성항법시스템이 아닌 것은?
① GPS
② GLONASS
③ LORAN-C
④ Galileo

GNSS(Global Navigation Satellite System, 위성 항법시스템)
위성을 이용한 측위정보 시스템으로 위성에서 발신한 전파를 이용하여 지구상의 사용자에게 언제 어디서나 위치, 항법, 시각정보를 제공할 수 있도록 한다.

• GNSS 종류
① GPS : 미국의 글로벌 포지션 시스템
② Glonass : 러시아의 글로벌 궤도 항법 위성 시스템
③ BeiDou : 중국에서 개발한 시스템
④ Galileo : EU에서 개발한 시스템

[정답] ③

32
다음 중 용어가 바르게 연결되지 않은 것은?
① DSC : 디지털 선택 호출
② NBDP : 협대역 직접 인쇄 전신
③ EPIRB : 비상위치지시용 무선표지설비
④ VOR : 계기착륙시설

① VOR(Very High Frequency Omnidirection Range) : 초단파를 이용해 ADF보다 정확하게 탐지
(*ADF(Automatic Direction Finder : 지상으로부터 송신된 전파를 이용해 항공기에서 수신하여 자동으로 방향탐지)
② ILS(Instrument Landing System) : 계기착륙시설

[정답] ④

33
다음 중 항해 장비를 운용할 때 고려사항이 아닌 것은?
① 항해지침에 따른 지정지점의 통제기관과의 교신을 포함한다.
② 주변교통량에 다른 지정지점의 통제기관과의 교신을 포함한다.
③ 주변여건을 고려하여 선박의 적정한 자세 및 고도 확인을 포함한다.
④ 항해장비는 수면비행선박 조종을 위한 보조적 장치이므로 맹목적으로 신뢰하여야 한다.

> 항해장비(navigation device)는 배의 위치를 판단하거나 해도를 작성하고, 항로를 유지하기 위해 배에서 사용하는 기기로 액체 나침반, 측심기, 위성항법장치 등이 있다. 항해장비는 선박 안전 및 운항과 직결되는 중요 장비이므로 사용방법 등을 숙지하고 있어야 한다.

[정답] ④

34
다음 중 DC-DC 컨버터의 구성요소가 아닌 것은?
① 구형파 발생기   ② 정류회로
③ 정전압회로   ④ 버퍼회로

> DC-DC Converter는 DC전압을 다른 DC전압으로 변경시켜주는 회로이다. 일반적인 구성은 다음과 같다.
> (DC-구형파발생-변압기-정류기-평활-정전압-DC)

[정답] ④

35
무부하시의 직류 출력전압을 220[V], 부하시의 직류 출력전압을 200[V]라 할 때, 전압 변동률은 몇 [%]인가?
① 5[%]   ② 10[%]
③ 205[%] ④ 405[%]

> 전압변동률 $= \dfrac{V_0 - V_L}{V_L} \times 100 [\%]$
> (V_0은 무부하시 직류 출력전압, V_L은 부하시 직류 출력전압)
> $= \dfrac{220 - 200}{200} \times 100 [\%] = 10 [\%]$

[정답] ②

36
다음 중 진폭변조(AM) 송신기의 전력 측정방법으로 적합하지 않은 것은?
① 실효 저항법   ② 의사 공중선법
③ 전구의 조도비교법 ④ 볼로메터 브리지법

> ◆ AM송신기 전력측정방법
> ① 실효저항 이용
> ② 의사공중선 이용
> ③ 전구의 조도비교법
> ④ 열량계법 (양극손실 측정법)
> ⑤ 수부하법
> ⑥ C-C형 전력계 법
>
> ◆ FM송신기 전력측정방법
> ① 볼로메터 브리지
> ② 열량계법
> ③ C-M형 전력계법

[정답] ④

37
다음 중 필터의 Shape Factor를 바르게 나타낸 것은? (단, B_3는 3[dB]대역폭, B_6는 6[dB]대역폭, B_{60}은 60[dB]대역폭이다.)
① B_6/B_3 ② B_{60}/B_3
③ B_3/B_6 ④ B_{60}/B_6

> 필터 형상 인자/필터 성형 인자(Shape Factor)
> $SF = \dfrac{B_{30dB}}{B_{3dB}} = \dfrac{B_{60dB}}{B_{6dB}}$

[정답] ④

38
수신기의 안정도는 수신기를 구성하는 어떤 구성요소의 주파수 안정도에 의해 결정되는가?
① 동조회로   ② 고주파 증폭기
③ 국부 발진기 ④ 검파기

> 안정도는 국부발진기 및 회로의 안정도에 의해 결정된다. 그 외에 부품의 노후화 및 증폭회로의 특성에 따라 안정도가 변한다.

[정답] ③

39 다음 중 필터법을 이용한 송신기의 왜율 측정에 필요하지 않는 것은?

① LPF(Low Pass Filter)
② BPF(Band Pass Filter)
③ HPF(High Pass Filter)
④ 감쇠기

BPF(Band Pass Filter)대신 LPF를 사용해야 한다.
[정답] ②

40 어떤 동축 케이블의 종단 개방시 입력 임피던스가 $30[\Omega]$이고 종단 단락 시 입력 임피던스가 $187.5[\Omega]$일 때 이 동축 케이블의 특성 임피던스는 몇 $[\Omega]$인가?

① $50[\Omega]$ ② $65[\Omega]$
③ $75[\Omega]$ ④ $80[\Omega]$

• 선로의 특성 임피던스
$$Z_0 = \sqrt{개방시 임피던스 \times 단락시 임피던스}$$
$$= \sqrt{30 \times 187.5} = 75[\Omega]$$
[정답] ③

3 안테나기기

41 자유공간에서 전파가 $20[\mu s]$동안 전파되었을 때 진행한 거리는 어느 정도인가?

① 2km ② 6km
③ 20km ④ 60km

$d = v \cdot t = 3 \times 10^8 \times 20 \times 10^{-6} = 6000[m] = 6[km]$
[정답] ②

42 다음 중 포인팅 벡터의 단위는

① J/m^2 ② W/m^2
③ J/m^2 ④ W/m^2

$P = EH\sin\theta$, $\theta = 90°$ 인 경우 $P = EH$
포인팅 벡터는 단위면적당 전력 밀도[W/㎡]의 크기 및 방향을 나타낸다.
[정답] ②

43 다음 중 양청구역에 대한 설명으로 틀린 것은?

① 전리층 반사파와 지표파 간의 간섭이 약한 지역으로 통신품질이 양호한 지역이다.
② 전리층 반사파 전계가 지표파의 전계강도보다 강한 지역이다.
③ 송신 안테나에서부터 전리층 반사파와 지표파의 전계강도가 같아지는 지점까지의 영역이다.
④ 수신점의 잡음온도, 송신전력, 대지의 전기적 특성에 따라 달라진다.

• 양청구역(Service Area)
라디오·텔레비전 방송을 실질적으로 수신할 수 있는 범위의 지역으로, 지표파에 의한 전계강도와 전리층 반사파에 의한 전계강도가 같은 이내의 구역이다.
[정답] ②

44 다음 중 지표파의 대지에 대한 영향으로 틀린 것은?

① 지표파의 전계강도 감쇠가 커지는 순서는 "해상→해안→평야→구릉→산악→시가지"이다.
② 주파수가 낮을수록 멀리 전파된다.
③ 대지의 비유전율이 클수록 멀리 전파된다.
④ 수평편파보다 수직편파 쪽이 감쇠가 작다.

• 지표파의 특성
① 대지의 도전율이 클수록 감쇠가 적어진다.
② 유전율이 작을수록 감쇠가 적어진다.
③ 전파는 해상에서 가장 잘 전파하여 평지, 구릉, 산악, 시가지, 사막 순으로 감쇠가 커진다.
④ 지표파는 장·중파대에서 감쇠가 적다.
⑤ 수평편파는 대지에서 단락되기 때문에 큰 감쇠를 받는다.(지표파에서 전파해가는 것은 거의 수직 성분이다.)
[정답] ③

45 다음 중 전리층의 주간 및 야간의 변화에 대한 설명으로 틀린 것은?

① D층은 야간에 장파대의 전파를 반사시킬 수 있다.
② E층은 주간에 약 1[MHz]의 중파를 반사시킬 수 있다.
③ F층은 단파대의 전파를 반사시킬 수 있다.
④ Es층은 80[MHz] 정도의 초단파를 반사시킬 수 있다.

• 전리층특징

	D층	E층	F층	Es층
높이	<90km	<200km	<400km	<200km
반사	장파	중파	단파	초단파
생성	주간	주야	주야	랜덤

[정답] ①

46

페이딩을 방지하기 위해 둘 이상의 수신 안테나를 서로 다른 장소에 설치하여 두 수신 안테나의 출력을 합성하거나 양호한 출력을 선택하여 수신하는 방법이 사용되는 페이딩은?

① 간섭성 페이딩　　② 편파성 페이딩
③ 흡수성 페이딩　　④ 선택성 페이딩

> 페이딩이란 수신신호가 여러 방향에서 도달하여 전계가 시간적으로 흔들리는 현상을 말함. 페이딩방지를 위한 다이버시티기법에는 공간, 주파수, 시간, 편파, 각도 다이버시티 기법이 있음.
> ① 간섭성 페이딩
> 동일 송신 전파를 수신하는 경우에 전파의 통로가 둘 이상인 경우 이들 전파가 간섭하여 일으키는 페이딩 이다.
> ② 편파성 페이딩
> 전리층 반사에 의해 도래한 전파가 지구자계의 영향으로 정상파와 이상파로 되고 이에 의해 타원 편파가 된다. 이 페이딩은 단파대에서 심하며, 그 주기가 빠르다.
> ③ 도약성 페이딩
> 도약성 페이딩은 일출, 일몰시의 급격한 전자밀도 변동으로 도약거리 부근에서 발생된다.
> ④ 흡수성 페이딩
> 전파가 전리층을 통과하거나 반사될 때에 전자와 공기분자와의 충돌 때문에 그 세력의 일부가 흡수되므로 전파의 에너지는 감쇄를 받는다.
> ⑤ 선택성 페이딩
> 전리층을 통과하는(1종감쇠) 주파수마다 감쇠 량이 달라서 생기는 페이딩임
>
> [정답] ①

47

다음 중 지표파에서 가장 손실이 적어 원거리까지 도달할 수 있는 경우는?

① 수직편파를 사용하여 해상을 전파할 때
② 수평편파를 사용하여 해상을 전파할 때
③ 수직편파를 사용하여 평야를 전파할 때
④ 수평편파를 사용하여 평야를 전파할 때

> 수평편파보다 수직편파가 감쇠가 적고, 전파는 해상에서 가장 잘 전파된다.
> (전계강도의 감쇠는 해수, 습지, 건지 순임)
>
> [정답] ①

48

비동조 급전선의 특징이 아닌 것은?

① 급전선상에 진행파만 존재하도록 한다.
② 장거리 전송에도 손실이 적고 전송 효율이 높다.
③ 송신기와 안테나의 거리가 멀 때 사용한다.
④ 정합장치가 필요 없다.

> • 동조 급전선과 비동조 급전선의 비교
> 동조 급전선 : 정재파가 분포되어 있는 급전선
> ① 급전선이 짧을 때 사용된다.
> ② 급전선상에 정재파를 발생시켜서 급전
> ③ 정합장치를 필요로 하지 않는다.
> ④ 전송효율은 급전선이 길어지면 나빠진다.
>
> 비동조 급전선 : 진행파로 여진되는 급전선
> ① 급전선이 길이가 길 때 사용된다.
> ② 급전선 상에 정재파가 생기지 않도록 급전
> ③ 정합장치를 필요로 한다.
> ④ 정재파가 없어 손실 적고, 전송효율 양호
>
> [정답] ④

49

그림과 같이 600[MHz]의 반파장 안테나의 끝에서 전압 급전을 하고자 한다. 급전선(l)의 최소 길이는?

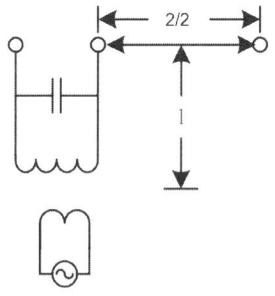

① 0.25m　　② 2.5m
③ 25m　　　④ 250m

> 병렬공진 회로이므로 급전선의 길이를 $\dfrac{\lambda}{4}$ 의 우수배로 맞추어야 한다.
> 따라서 2.5[m]가 급전선의 최소길이가 된다.
>
> [정답] ①

50

다음 중 동조 급전선에 대한 설명으로 틀린 것은?

① 급전선상에 정재파가 존재한다.
② 급전선의 길이가 길 때 사용한다.
③ 임피던스 정합장치가 불필요하다.
④ 전송효율이 비동조 급전선보다 낮다.

> • 동조 급전선과 비동조 급전선의 비교
> 동조 급전선 : 정재파가 분포되어 있는 급전선
> ① 급전선이 짧을 때 사용된다.
> ② 급전선상에 정재파를 발생시켜서 급전
> ③ 정합장치를 필요로 하지 않는다.
> ④ 전송효율은 급전선이 길어지면 나빠진다.
>
> 비동조 급전선 : 진행파로 여진되는 급전선
> ① 급전선이 길이가 길 때 사용된다.
> ② 급전선 상에 정재파가 생기지 않도록 급전
> ③ 정합장치를 필요로 한다.
> ④ 정재파가 없어 손실 적고, 전송효율 양호
>
> [정답] ②

51
다음 중 스미스 차트(Smith chart)를 사용하여 구할 수 없는 것은?

① 실효전력　　　　② 반사계수
③ 전압정재파비　　④ 정규화 임피던스

> Smith Chart를 사용하여 구할 수 있는 것은 반사계수, 전압정재파비, 정규화 임피던스 이다.
>
> [정답] ①

52
다음 중 도파관에 대한 설명으로 틀린 것은?

① 도파관내의 전파속도에는 위상속도와 군속도가 있다.
② 고역통과 필터의 일종이다.
③ 도파관에 전송할 수 있는 파장은 모드에 따라 다르다.
④ 주파수가 높을수록 저항손실과 유전체 손실이 커진다.

> ◆ 도파관의 특징
> ① 외부 전자기파의 영향이 없음
> ② 도파관 내부에서 전파가 반사되며 TE, TM모드를 형성함
> ③ 저항손실이 매우 적음
> ④ 유전체 손실이 적다.
> ⑤ 차단주파수 이상을 통과시킴(HPF)
> ⑥ 대전력을 취급할 수 있다.
> ⑦ 복사손실이 없다.
>
> [정답] ④

53
접지안테나 복사저항이 $36.6[\Omega]$이고, 접지저항이 $7[\Omega]$이며, 그 외의 손실저항이 $4[\Omega]$이다. 안테나 효율은?

① 75.4[%]　　② 76.8[%]
③ 78.6[%]　　④ 79.2[%]

> 안테나효율 = $\dfrac{복사저항}{복사저항 + 손실저항} \times 100[\%]$
> = $\dfrac{36.6}{36.6+(7+4)} \times 100[\%] = 76.8[\%]$
>
> [정답] ②

54
반파장 안테나에 10[A] 전류가 흐를 때 500[km] 지점에서 최대 복사 방향에서의 전계강도는 약 얼마인가?

① 10[mV/m]　　② 4.3[mV/m]
③ 2.1[mV/m]　　④ 1.2[mV/m]

> $E = \dfrac{60I}{d} = \dfrac{600}{500 \times 10^3} = 1.2[mV/m]$
>
> [정답] ④

55
전자파 적합성(EMC)을 고려한 기기설계에는 두 가지 접근 방법이 있다. 하나는 응급(Crisis) 접근법이고 다른 하나는 시스템(System) 접근법이다. 다음 중 시스템 접근법에 해당되는 것만 고르시오.

A	설계자는 설계가 끝나고 테스트 또는 경험상의 문제가 나타날 때까지 전체적인 전자파 적합성(EMC)는 무시하고 진행한다.
B	설계자들에게 있어서 유용한 잡음 감소기술 수준은 낮아도 되지만 대책비용은 올라간다.
C	설계자는 과정의 초기에 전자파 적합성(EMC)문제를 고려하고 실험실에 남아 있는 문제를 찾고, 일찍 모형을 계획한다.
D	설계 초기부터 끝까지 전자파 적합성(EMC)를 고려하고, 가격면에서 효율적인 접근방법이다.

① A, B　　② B, C
③ C, D　　④ A, D

> ◆ 응급 접근법(분리 접근법)
> · 설계, 시험 및 생산 단계까지 전체적인 EMC를 무시하고 진행
> · EMC 문제가 나타날 때 EMC 대책 수립
> · 고비용의 EMC 대책 경비
>
> ◆ 시스템 접근법
> · 설계 초기 단계부터 끝까지 EMC를 고려함
> · 설계자는 개발 초기부터 EMC 문제를 고려하고 설계시 남아있는 문제를 찾아 수정함
> · 가능한 철저히 EMC 관한 최종테스트를 하고 제작
> · 설계 초기 단계부터 끝까지 EMC를 고려함
> · 비용면에서 효율적
>
> [정답] ③

56
다음 중 전자파내성(EMS)에 대한 특징으로 가장 적합한 것은?

① 전자파장해 또는 전자파간섭이라고 하며 전자기기로부터 부수적으로 발생되는 불필요한 전자파가 공간으로 방사된다.
② 전원선을 통해 전도되어 해당기기 자체나 통신망 및 다른 전기, 전자기기에 전자기적 장애를 유발시킨다.
③ 전자파를 발생시키는 기기가 다른 기기의 성능에 영향을 주지 않도록 전자파가 방사 또는 전도되는 것을 제한한다.
④ 전자파보호, 전자파내성 또는 전자파 민감성이라 하며 전자파방해가 존재하는 환경에서 기기, 장치 또는 시스템이 성능의 저하 없이 동작할 수 있다.

> ◆ EMS(Electro Magnetic Susceptibility)
> - 전자파 내성/전자파 감응성
> - 외부 전자파 환경에 대하여 특정기기의 전자기적 민감한 정도를 나타낸다.
>
> [정답] ④

57
다음 중 전파환경에 대한 설명으로 적합하지 않은 것은?
① 전자파 적합성에는 전자파필터와 전자파내성 등이 있다.
② 전자파 인체보호에는 전자파강도와 전자파흡수율이 있다.
③ 전자파 환경은 크게 전자파 적합성과 전자파 인체보호기준으로 나눌 수 있다.
④ 인체, 기자재, 무선설비 등을 둘러싸고 있는 전파의 세기, 잡음 등 전자파의 총체적인 분포 상황을 말한다.

EMC(Electro-Magnetic Compatibility, 전자파 적합성)의 구분
① EMI(Electro Magnetic Interference, 전자파 장해)
  각종 전기 전자 장비로부터 발생되는 불요 전자파가 통신이나 다른 기기에 전자기적 장해를 유발시키는 현상
② EMS(Electro Magnetic Susceptibility, 전자파 내성/전자파 감응성): 외부 전자파 환경에 대하여 특정기기의 전자기적 민감성

[정답] ①

58
장해 전자파를 발생시키는 기기가 건물 내에 설치되어 있는 경우 아래와 같은 조건에서 장해 전자파의 허용치(E_L)는 얼마인가? (조건 : 기기로부터 거리 d 위치에서의 장해 전자파 크기(E_d) = 250[$dB\mu\ V/m$], 건물의 감쇠량(L) = 30[dB])

① 230[$dB\mu\ V/m$] ② 280[$dB\mu\ V/m$]
③ 310[$dB\mu\ V/m$] ④ 330[$dB\mu\ V/m$]

장해전자파의 허용치=장해전자파 크기+건물의 감쇠량
$= 250[\text{dB}\mu\text{V/m}] + 30[\text{dB}]$
$= 280[\text{dB}\mu\text{V/m}]$

[정답] ②

59
다음 중 가장 광대역 특성을 갖는 안테나는?
① 롬빅(Rhombic) 안테나 ② 동축 다이폴 안테나
③ 1파장 루프 안테나 ④ 제펠린(Zeppeline) 안테나

단파대 안테나 : 롬빅안테나, 진행파 V형, 반파장다이폴
장/중파대 안테나 : 수직접지, 역 L형, T형, 우산형
초단파 안테나 : 폴디드 다이폴, 야기안테나, Whip
(파장 ∝ 1/주파수)

[정답] ①

60
다음 중 텔레비전 방송의 송신용으로 적당하지 않은 안테나는?
① 슈퍼턴 스타일(Super Turn stile) 안테나
② 쌍루프 안테나
③ 슈퍼게인(Super Gain)안테나
④ U라인 안테나

• 텔레비전 방송의 송신용 안테나
1. 슈퍼턴 스타일 안테나
2. 슈퍼게인 안테나
3. 쌍루프 안테나
 * U라인 안테나는 광대역 안테나수신용 안테나임

[정답] ④

4 무선통신시스템

61
다음 중 무선 송신기의 발진부의 발진기 조건에 해당되지 않는 것은?
① 고조파 발생이 적어야 한다.
② 전원 전압의 변화에 따라 발진 출력이 비례하여 변하여야 한다.
③ 주파수의 미조정이 용이 해야한다.
④ 주파수 안정도가 높아야 한다.

무선 송신기의 발진부 : 고주파의 전기적 진동 신호인 반송파를 발생

• 발진부 설명
① 발진부는 능동소자와 수동소자를 조합하여 구성
 - 수동 소자를 이용해 반송파의 발진 주파수를 결정
 - 능동 소자는 결정된 발진 주파수의 진동을 무한히 지속시킴
② 발진부에서 발생되는 주파수는 송신기의 출력 주파수를 결정
③ 고안정도를 요구
④ 미세한 주파수 조정가능
⑤ 장시간 동작의 경우의 온도변화와 습도 변화 및 전원 전압의 변동에 대한 발진 주파수의 변화가 적은 것이 바람직

[정답] ②

62
다음 중 디지털 통신시스템을 설계하는 경우 고려해야 할 사항이 아닌 것은?
① 최소의 전송전력　② 최소의 심볼에러
③ 최대의 채널 대역폭　④ 최대의 데이터 전송율

- **디지털 통신시스템의 성능 및 설계**
  ① 성능 평가 요소
   - 비트오율 또는 비트오류확률 (오류 성능)
   - 전력 효율성
   - 대역 효율성
   - 복잡도(Complexity)
  ② 주요 목표 : 비트오류의 최소화
  ③ 설계 고려사항
   - 채널 특성 : 수신 전력, 가용 대역폭, 잡음 통계, 페이딩 열화 등
   - 요구 조건 : 데이터율, 오류 성능

[정답] ③

63
다른 주파수에서 다수의 반송파 신호를 사용하여 각 채널상에 비트를 실어 보내는 방식은?
① 위상분할 다중화　② 시분할 다중화
③ 파장분할 다중화　④ 직교주파수 분할 다중화

OFDMA 방식은 각 사용자가 서로 직교관계에 있는 부반송파를 사용하여 다중 접속하는 방식이다.

[정답] ④

64
다음 중 의사잡음(PN 부호)에 관한 설명으로 틀린 것은?
① 일정한 주기로 반복된다.
② 주파수 대역폭을 확산시키는데 사용된다.
③ 주파수 합성기로 만든다.
④ 재밍(Jamming)을 최소화 할 수 있다.

- **PN 코드의 특징**
  ① Shift register의 단수를 N이라 할 때 PN sequence 주기는 $2^N - 1$이다.
  ② PN 코드는 상호상관이 0인 코드로 code와 code 사이에 아무런 연관이 없다. 즉 code 사이에 아무런 연관이 없다. (CDMA 시스템에서는 상호상관이 일정값 이하이고, 0에 가까울수록 좋다.)
  ③ Maximum length code(최장길이부호)라 함
  ④ 자기상관이란 송신부 및 수신부의 PN코드의 일치여부 및 두 코드의 시작점이 시간적으로 일치하는지를 확인하는 과정으로 CDMA에서는 자기상관특성이 우수한 PN코드 사용한다.

[정답] ③

65
다음 중 WCDMA의 물리계층(PHY) 기능이 아닌 것은?
① 패킷 재전송　② 채널 코딩
③ 변조　④ 데이터 다중화

1. 무선 물리 계층
- 무선 물리 계층(Radio Physical Layer)은 단말과 UTRAN 사이에서 무선채널을 통한 데이터의 전송을 담당한다.
- 데이터 다중화, 채널 코딩, 확산, 변조 등의 기능
- 상위의 MAC(Media Access Control) 계층과는 전송채널(Transport Channel)을 통해 연결된다.

2. 무선 데이터링크 계층
- OSI 참조 모델의 제2계층에 해당
- MAC(Medium Access Control) 계층, RLC(Radio Link Control) 계층, PDCP(Packet Data Convergence Protocol) 계층, 그리고 BMC(Broadcast/Multicast Control) 계층으로 구성

3. 무선자원제어 계층
- 무선자원제어(RRC: Radio Resource Contrl) 계층은 단말 또는 UTRAN 내에서 하위 계층의 설정/변경/해제와 관련된 다양한 제어 기능을 제공한다.

[정답] ①

66
재난안전통신망에서 제공되어야 할 핵심 요구기능으로 가장 거리가 먼 것은?
① 생존·신뢰성　② 신속·홍보성
③ 재난대응과 보안성　④ 운용효율과 상호운용성

- **재난안전무선통신망의 특성(필요조건)**
  ① 생존 신뢰성
   - 통신기능을 극한 상황(낙뢰, 정전 등)에서도 유지해야 하고, 장애 시 응급복구가 신속하고 용이하여야 함
   - 통신서비스가 중단되지 않아야 하고, 이동 중에도 통신이 가능토록 안정적인 통신품질을 제공하여야 함
  ② 재난대응성
   - 재난의 다양한 상황에서도 대응할 수 있는 통신기능을 제공하여야 함
   - 재난 발생 등으로 신속한 통화(상황전파·지령·보고 등)가 필요할 경우 즉시 통화를 보장하여야 함
  ③ 보안성
   - 통화내용이 도·감청 등으로 누출되어 재난과 안전관리에 저해요소가 될 가능성이 낮아야 함
   - 승인된 사용자에게만 의미 있는 정보를 전달하여야 함
  ④ 운영 효율성
   - 통신망의 용이한 운영을 지원할 수 있어야 하고, 충분한 사용자 수용 용량을 확보할 수 있어야 함
   - 통신 서비스를 넓은 영역에서 제공하고, 최소 비용으로 최대의 효과를 얻을 수 있도록 통신망이 운영되도록 하여야 함
  ⑤ 상호운용성
   - 같은 기종 또는 서로 다른 기종의 시스템 상호 간에 통신(연동)할 수 있어야 함

[정답] ②

67
통합공공통신망(PS-LTE, LTE-M, LTE-R)에서 사용하는 무선주파수 대역은 다음 중 어느것인가?
① 500[MHz] ② 600[MHz]
③ 700[MHz] ④ 800[MHz]

• 700MHz 대역 사용

방송 :2ch (12MHz)	보호	재난↑ (10MHz)	통신↑ (20MHz)	보호	방송 :3ch (18MHz)	보호	재난↓ (10MHz)	통신↓ (20MHz)	보호

698　710 718　　728　748 753　771 773　783　　　803 806

[정답] ③

68
UHD TV 지상파 채널로 2개 이상의 방송신호를 서로 다른 계층으로 나눠 전송하여 한 채널에 HD방송과 UHD방송을 서비스 할 수 있는 기술은?
① LDM ② MMT
③ SFN ④ ROUTE

• **LDM(Layered Division Multiplexing)**
여러 개의 스트림데이터를 하나의 RF채널에서 전송하기 위해 스펙트럼을 중첩시키는 기술

- 각 스트림 데이터는 각각 다른 파워레벨, 채널코딩, 변조기법을 갖음
- 하나의 RF 채널에서 4K UHD 및 이동 HD 서비스를 동시에 지원
- 차후에 더 많은 계층을 올릴 수 있음

[정답] ①

69
다음 중 무선 LAN 단말기 상호간 전송 중에 발생하는 충돌을 방지하기 위해 사용하는 방식은?
① TDM ② CSMA/CA
③ CDM ④ FDM

• 매체접근기술에 따른 서비스방식

CSMA/CD	CSMA/CA	TDMA/TDD	Token Passing
IEEE802.3	WLAN	DECT	IEEE802.4

[정답] ②

70
다음 중 각종 물품에 소형 Chip을 부착해 사물의 정보와 주변 환경정보를 무선주파수로 전송·처리하는 비접촉 인식 시스템은 무엇인가?
① DMB ② RFID
③ CDMA ④ BCN

• **RFID(Radio Frequency ID)**
① RFID는 RF(Radio Frequency) 기술을 이용하여 개개의 아이템을 자동으로 식별해주는 기술이다.
② RFID 태그는 메모리칩이 내장되어 태그의 정보를 읽거나 쓸 수 있으며, 비가시적으로 인식이 가능하고 동시에 여러 개를 인식할 수 있어 물류, 택배 시스템 등에 활용이 가능하다.
③ RFID의 가장 큰 장점은 태그라고 불리는 아주 작고 가벼운 전자 방식의 '쓰기읽기' 기록 저장장치에 비교적 많은 양의 데이터를 저장할 수 있다는 점이다.

[정답] ②

71
다음 중 무선 AP(Access Point)에서 공인 IP와 사설 IP를 상호 변환하는 기술은?
① NAT(Network Address Translation)
② DHCP(Dynamic Host Confituration Protocol)
③ Teaming
④ Virtualization

• **NAT(Network Address Translation)**
라우터 등의 장비를 사용하여 다수의 사설 IP(private IP)주소를 하나의 공인 IP(public IP)주소로 변환하는 기술

[정답] ①

72
무선 근거리 통신망을 나타내는 용어는?
① AAAA ② WLAN
③ WWAN ④ WMAN

③ WWAN(Wireless Wide Area Network) : 무선광역네트워크
④ WMAN(Wireless Metropolitan Area Network): 무선 대도시 통신망

[정답] ②

73
다음 중 ISM 대역을 포함하고 있지 않는 주파수 대역은?
① 700MHz 대역 ② 2.4GHz 대역
③ 5GHz 대역 ④ 60GHz 대역

ISM대역은 별도의 허가없이 사용 가능한 소출력 무선 주파수 대역을 말한다. 주요 ISM 대역은 13.56MHz, 433MHz, 900MHz, 2.4GHz, 60GHz 등이 있다.

[정답] ①

74
다음 CSMA/CD 기술과 CSMA/CA 기술에 대한 설명 중 맞지 않는 것은?
① CSMA/CD는 IEEE802.3의 MAC에 적용된 기법이다.
② CSMA/CA는 IEEE802.11의 MAC에 적용된 기법이다.
③ CSMA/CD와 CSMA/CA 모두 송신 전에 매체를 확인한다.
④ CSMA/CD에서는 명시적인 ACK 패킷을 이용해 충돌회피를 시도한다.

• CSMA/CD와 CSMA/CA 비교

	CSMA/CD	CSMA/CA
접속표준	IEEE802.3	IEEE802.11
충돌방식	충돌검출	충돌회피
사용계층	MAC	MAC
Hidden Node	문제발생	발생하지 않음

[정답] ④

75
다음 규격 중 OSI 참조모델의 네트워크 계층과 관계가 가장 적은 것은?
① IP
② MTP
③ X.21
④ Q.931

• 서비스별 계층구조

서비스	특 징	계 층
IP	인터넷 프로토콜	네트워크 계층
MTP	공통선 신호방식	네트워크 계층
X.21	전송방식	물리계층
Q.931	ISDN신호방식	네트워크 계층

[정답] ③

76
무선통신시스템 설계 시 단파가 중장파보다 불리한 점은 어느 것인가?
① 복사 능률이 더 낮다.
② 페이딩의 영향이 더 크다.
③ 안테나 설치가 어렵다.
④ 원거리 통신에 불리하다.

• 단파의 특징
① 원거리 소출력 통신 가능
② 복사능률 양호
③ 페이딩 영향이 크다
④ 불감지대가 생김

[정답] ②

77
다음 중 무선통신시스템에서 보안에 위협이 되는 요소의 종류가 아닌 것은?
① 피상적 공격(Superficial Attack)
② 수동적 공격(Passive Attack)
③ 능동적 공격(Active Attack)
④ 비인가 사용(Unauthorized Usage)

• 보안 위협의 종류
① 해킹 : 외부로부터 내부를 침입하는 행위.
② 스푸핑: IP 등을 도용하여 내부로 침입 (능동적 공격)
③ 스니핑: IP 등을 알아내기 위해 탐색하는 행위 (수동적 공격)
④ 비인가 공격: 인증되지 않은 사용자가 접속하는 공격.

[정답] ①

78
다음 중 장애처리 매뉴얼을 작성할 때 적합하지 않은 것은?
① 시스템 관련 예비품 관리기준
② 장애 발생을 확인하는 일련의 절차와 방법
③ 환경의 영향 및 개인보호 장비와 관련 기준
④ 통신망 성능을 최적화하기 위한 전송 경로 제어방법

전송 경로 제어방법은 통신망 성능을 최적화하기 위한 하나의 방법으로 통신망 설계시 필요하다.

[정답] ④

79
스펙트럼 분석기를 이용하여 측정할 수 있는 주요 측정 항목으로 틀린 것은?
① Channel Power
② S Parameter
③ 점유주파수 Bandwidth
④ Spurious

• 측정 장비의 특징

오실로스코프	스펙트럼 아날라이져	네트워크 아날라이져
주파수 및 주기 파형 측정	주파수 및 진폭 스펙트럼 분석, 안테나 복사패턴 분석	S-Parameter 측정

[정답] ②

80
RF 네트워크 분석기를 이용하여 측정할 수 있는 주요 측정 항목으로 틀린 것은?
① Time Delay
② Return Loss
③ VSWR
④ Spurious Emission

> **RF Network Analyzer**
> 무선(RF/MW) 회로소자의 동작 파라미터를 측정 및 분석하는 장치
>
> **측정 가능 항목**
> ① S Parameter (크기, 위상)
> - 고주파 회로망 전력(또는 전류,전압) 등의 해석 파라미터
> ② 반사 특성
> - 반사 계수(Reflection Coefficient)
> - 반사 손실(Return Loss)
> - 전압 정재파비(VSWR)
> ③ 투과 특성
> - 투과 계수(Transmission Coefficient)
> - 삽입 손실(Insertion Loss)
> - 이득(Gain)
> ④ 임피던스
> ⑤ 군지연 등
>
> [정답] ④

5 전자계산일반 및 무선설비기준

81
다음 중 누산기(Accumulator)에 대한 설명으로 옳은 것은?
① 연산장치에 있는 레지스터의 하나로서 연산 결과를 기억하는 장치이다.
② 기억장치 주변에 있는 회로인데 가감승제 계산 논리연산을 행하는 장치이다.
③ 일정한 입력 숫자들을 더하여 그 누계를 항상 보존하는 장치이다.
④ 정밀 계산을 위해 특별히 만들어 두어 유효 숫자 개수를 늘리기 위한 것이다.

> **누산기(Accumulator)**
> ① 산술 및 논리연산의 결과를 일시적으로 기억하는 레지스터이다.
> ② 누산기는 기억장치의 일부로서 계산 속도가 빨라질 수 있도록 도와주는 역할을 한다.
> ③ 연산을 할 때는 누산기에 있는 데이터와 주기억 장소에 있는 데이터가 근본이 되어 연산회로에서 처리된 다음, 그 결과가 다시 누산기에 저장된다.
>
> [정답] ①

82
다음은 어떤 장치에 대한 설명인가?

> 이것은 4[kHz] 이하의 낮은 Clock Rate로 동작하며, 8비트 ADC/DAC를 갖는다. 그리고 매우 저전력(수 mW ~ 수 μW)에서 동작한다. 또한 기본적인 연산기능과 인터럽트 기능을 가지며, 유휴 상태에서는 수 nW의 전력밖에 사용하지 않는다. 이러한 특징으로 인해 저용량의 배터리로 오랜 시간 지속되어야 하는 전자기기에 많이 사용된다.

① Micro Processor
② Micro Controller
③ Digital Signal Processor
④ Multi mode Processor

> **마이크로 컨트롤러(Micro Controller)**
> 마이크로 컨트롤러는 마이크로 프로세서를 이용한 CPU의 기능과 일정한 용량의 기억장치(RAM, ROM), 입출력제어회로 등을 단일의 칩에 모두 내장한 것을 말한다. 1개의 소자로 완전한 1개의 컴퓨터로서의 기능을 갖추고 있어 단일칩 마이크로 컴퓨터라고도 불린다.
> 일부 MCU들은 4[kHz] 이하의 낮은 클럭속도로 동작하며, 8비트 ADC/DAC를 가지며 매우 저전력(수 mW ~ 수 μW)에서 동작한다. 이러한 특징으로 인해 저용량의 배터리로 오랜 시간 지속되어야 하는 전자기기에 많이 사용된다.
>
> [정답] ②

83
다음 중 스위치와 허브에 대한 설명으로 올바른 것은?
① 전통적인 케이블 방식의 CSMA/CD는 허브라는 장비로 대체되었다.
② 임의의 호스트에서 전송한 프레임은 허브에서 수신하며, 허브는 목적지로 지정된 호스트에만 해당 데이터를 전달한다.
③ 허브는 외형적으로 스타형 구조를 갖기 때문에 내부의 동작 역시 스타형 구조로 작동되므로 충돌이 발생하지 않는다.
④ 스위치 허브의 성능 문제를 개선하여 허브로 발전하였다.

> **스위치(Switch)와 허브(Hub)**
> ① 허브는 여러 대의 컴퓨터를 연결해서 네트워크를 만들어주는 단순 분배를 하는 중계 장치이다.
> ② 스위치는 연결된 장치들의 IP와 MAC 주소를 모두 테이블 형태로 가지고, 원하는 목적지에 데이터 패킷을 전송하는 장치이다.
> ③ CSMA/CD 방식에서 전송 케이블에 호스트를 연결하는 방식은 더 이상 사용되지 않으며, 허브를 사용해 호스트를 연결한다.
> ④ 허브의 성능 문제를 개선한 허브에는 스위치 기능이 있어, 임의의 호스트로부터 수신한 프레임을 모든 호스트에 전송하지 않고 목적지로 지정한 호스트에만 전송할 수 있다.
>
> [정답] ①

84
다음 중 100Base-TX의 이더넷 규격에서 이용하는 케이블로 올바른 것은?

① Category3이상의 UTP 케이블
② Category5이상의 UTP 케이블
③ 동축케이블
④ 광케이블

> 카테고리가 높을수록 더 높은 주파수에서도 적은 유전체 손실, 더 좋은 절연, 더 많은 꼬임(twist)을 가진다.
> - Category 3 : Mbits/sec 정도의 음성급 데이터 전송율 보장(현재는 거의 사용하지 않음)
> - Category 5 : 100 Mbits/sec 이상(1Gbps 응용)에 보다 적합한 데이타 전송율 보장, 100BASE-TX Ethernet 지원
>
> [정답] ②

85
IP주소와 서브넷 마스크를 참조할 때 다음 중 가능한 네트워크 주소는?

> IP 주소 : 192.156.100.68
> 서브넷 마스크 : 255.255.255.224

① 192.156.100.0
② 192.156.100.64
③ 192.156.100.128
④ 192.156.100.255

> 서브넷 마스크의 마지막 8개의 비트가 11100000
> (1이 서브넷 비트, 0이 호스트 비트)
>
> 주어진 IP주소의 서브넷은 010(68=01000100)에 해당한다.
> 네트워크 주소는 호스트 비트가 모두 0
> 따라서 네트워크 주소는 192.156.100.64(01000000)
>
> [정답] ②

86
다음 중 무선랜의 보안 문제점에 대한 대응책으로 적절하지 않은 것은?

① AP 보호를 위해 전파가 건물 내부로 한정되도록 전파출력을 조정하고 창이나 외부에 접한 벽이 아닌 건물 안쪽 중심부, 특히 눈에 띄지 않는 곳에 설치한다.
② SSID(Service Set Identifer)와 WEP(Wired Equipment Privacy)를 설정한다.
③ AP의 접속 MAC주소를 필터링한다.
④ AP의 DHCP를 가능하도록 설정한다.

> • DHCP(Dynamic Host Configuration Protocol)
> 호스트의 IP주소와 각종 TCP/IP 프로토콜의 기본 설정을 클라이언트에게 자동적으로 제공해주는 프로토콜
>
> 장점 : IP 주소의 효율적인 사용 가능, IP 충돌 방지
> 단점 : 서버에 의존
>
> [정답] ④

87
데이터베이스(DB) 사용자의 기대를 만족시키기 위해 지속적으로 수행하는 데이터 관리 및 개선활동에 해당하는 용어는?

① 데이터 정제
② 데이터 백업
③ 데이터 측정
④ 데이터 품질 관리

> ① 데이터 정제
> 데이터 표준을 준수하지 않은 데이터에 대해서 여러 분석 작업을 통하여 데이터를 수정하는 과정
> ② 데이터 백업
> 데이터를 미리 임시로 복제하여 문제가 일어나도 데이터를 복구할 수 있도록 준비해 두는 것
>
> [정답] ④

88
이진수 10010011과 10100001을 논리합(OR)으로 맞게 변환한 값은?

① 00110010
② 10110011
③ 10000001
④ 10000100

> 논리합(OR) : 입력 중 1이 한 개라도 있으면 출력값이 1
>
> ```
>      1 0 0 1 0 0 1 1
>  OR  1 0 1 0 0 0 0 1
>      1 0 1 1 0 0 1 1
> ```
>
> [정답] ②

89
다음 중 네트워크 가상화의 종류에 해당하지 않는 것은?

① 호스트 가상화
② 링크 가상화
③ 스토리지 가상화
④ 라우터 가상화

> • 네트워크 가상화(Network Virtualization)
> 기존에 하드웨어로 제공되던 네트워크 리소스를 소프트웨어로 추상화하는 것.
> 즉, 스위치나 라우터 등의 물리적 네트워크 장비 기능을 가상화하여 가상 머신이나 컨테이너, 범용 프로세서를 탑재한 하드웨어에서 구동하는 방식 네트워크 가상화를 통해 누구나 물리적 네트워크 리소스를 풀링하고 액세스 할 수 있다. 이를 통해 네트워크 생산성과 효율성을 높일 수 있다.
>
> [정답] ③

90
분산 컴퓨팅에 관한 설명으로 틀린 것은?

① 분산컴퓨팅의 목적은 성능확대와 가용성에 있다.
② 성능확대를 위해서는 컴퓨터 클러스터의 활용으로 수직적 성능확대와 수평적 성능확대가 있다.
③ 수평적 성능확대는 통신연결을 높은 대역의 통신회선으로 업그레이드하여 성능 향상 시키는 것이다.
④ 수직적 성능확대는 컴퓨터 자체의 성능을 업그레이드 하는 것을 말한다. CPU, 기억장치 등의 증설로 성능향상을 시킨다.

- **분산 컴퓨팅**
여러 대의 컴퓨터를 연결하여 상호작용하게 함으로써 컴퓨팅의 성능 효율을 높이는 것. 목적은 성능확대와 가용성확대에 있다.

성능확대를 위한 분산 컴퓨팅의 대표적인 예로 컴퓨터 클러스터의 활용이 있는데 수직적 성능확대와 수평적 성능확대가 있다.
- 수직적 성능확대: 컴퓨터 자체의 성능을 업그레이드하는 것을 말한다. 기존의 프로그램 등 각종의 운영환경의 변화없이 업무를 지속할 수 있다는 장점이 있는 반면 컴퓨터가 고가 사양이 될수록 비용이 커진다는 단점이 있다.
- 수평적 성능확대: 컴퓨터들을 네트워크로 연결하여 성능을 업그레이드 하는 것을 말한다. 단순히 컴퓨팅 노드의 수를 늘리고 상호 연동하여 사용해서 성능을 향상하는 방법이다. 기존 투자 지원을 이용할 수 있고, 점진적인 성능개선을 추구할 수 있다는 장점이 있다.

[정답] ④

91
"전파의 전파특성을 이용하여 위치·속도 및 기타 사물의 특징에 관한 정보를 취득하는 것"으로 정의되는 것은?

① 전파측정　　② 전파측위
③ 무선측위　　④ 무선측정

전파법시행령 제2조(정의) 이 영에서 사용하는 용어의 뜻은 다음과 같다.
16. "무선측위(無線測位)"란 전파의 전파특성(傳播特性)을 이용하여 위치·속도 및 기타 사물의 특징에 관한 정보를 취득하는 것을 말한다.

[정답] ③

92
다음 문장의 괄호 안에 들어갈 적합한 말은?

"안테나공급전력"이라 함은 안테나의 (　　)에 공급되는 전력을 말한다.

① 접지선　　② 급전선
③ 송신장치　　④ 단말기

전파법시행령 제2조(정의) 이 영에서 사용하는 용어의 뜻은 다음과 같다.
6. "안테나공급전력"이란 안테나의 급전선(전파에너지를 전송하기 위하여 송신장치 또는 수신장치와 안테나 사이를 연결하는 선을 말한다)에 공급되는 전력을 말한다.

[정답] ②

93
과학기술정보통신부장관이 주파수 분배를 할 때 고려사항이 아닌 것은?

① 국가안보·질서유지 또는 인명안전의 필요성
② 주파수의 이용현황 등 국내의 주파수 이용여건
③ 전파를 이용하는 서비스에 대한 수요
④ 유선통신기술의 발전추세

- **전파법 제9조(주파수분배)**
① 과학기술정보통신부장관은 다음 각 호의 사항을 고려하여 주파수분배를 하여야 한다.
1. 국방·치안 및 조난구조 등 국가안보·질서유지 또는 인명안전의 필요성
2. 주파수의 이용현황 등 국내의 주파수 이용여건
3. 국제적인 주파수 사용동향
4. 전파이용 기술의 발전추세
5. 전파를 이용하는 서비스에 대한 수요

[정답] ④

94
다음 중 필요주파수대폭 202(MHz)를 바르게 표시한 것은?

① M202　　② 2M02
③ 202M　　④ 20M2

- **전파형식**
① 전파형식 개요
 - 필요주파수대폭과 그 등급에 따라 표시하되 앞의 4자리는 필요주파수대폭을 뒤 5자리는 　 신호의 등급(특성)을 표시
② 필요주파수대폭
 - 3개의 숫자와 1개의 문자로 표시, 문자는 소수점 자리에 두어 필요주파수대역 단위 표시
  . 0.001 ~ 999 Hz => H, 1.00 ~ 999 kHz => K, 1.00 ~ 999 MHz => M, 1.00 ~ 999 GHz => G
 - 영(0),K,M,G의 문자는 필요주파수대폭 표시 첫머리에 둘 수 없음
③ 등급
 - 발사전파에 대한 기본 특성에 따른 등급 및 기호 표시 앞 3자리는 기본특성, 뒤 2자리는 　 취사형 추가특성 표시 다만,추가특성 생략 시에 그냥 하이픈(-)으로 만 표시
 - 변조형식: 진폭변조(A,H,R,J,B,C),F,G,D),주파수변조(F),위상변조(G) 등
 - 신호특성: 디지털(1),아날로그(3) 등
 - 정보형태: 전화(E),영상(F) 등
 - 신호항목: 음성방송(G),상용음성(J) 등
 - 다중화특성:부호-분할다중(C),시-분할다중(F) 등
④ 전파형식 표시 예　12K5G3EJN
(①12K5 ②G ③3 ④E ⑤J ⑥N)
　① 필요주파수대폭 : 12K5 => 12.5 kHz
　② 주반송파의 변조형식 : G => 위상변조
　③ 주반송파를 변조시키는 신호의 특성 : 3 => 아날로그 정보를 포함하는 단일채널
　④ 송신될 정보의 형식 : E => 전화(음성방송포함)
　⑤ 신호항목 : J => 상용음성
　⑥ 다중화 특성 : N => 다중화가 아닌 것
※ SSB:J3E, DMB:G7W

[정답] ③

95

3[MHz]부터 30[MHz]까지 주파수대역 중 방송용으로 분배된 주파수의 전파를 이용하여 음성·음향 등을 보내는 방송은?

① 데이터방송　　② 중파방송
③ 단파방송　　　④ 초단파방송

> 전파법시행령 제2조(정의) 이 영에서 사용하는 용어의 뜻은 다음과 같다.
> 8. "중파방송"이란 300킬로헤르츠(㎑)부터 3메가헤르츠(㎒)까지의 주파수대역 중 방송용으로 분배된 주파수의 전파를 이용하여 음성·음향 등을 보내는 방송을 말한다.
> 9. "단파방송"이란 3메가헤르츠(㎒)부터 30메가헤르츠(㎒)까지의 주파수대역 중 방송용으로 분배된 주파수의 전파를 이용하여 음성·음향 등을 보내는 방송을 말한다.
> 10. "초단파방송"이란 30메가헤르츠(㎒)부터 300메가헤르츠(㎒)까지의 주파수대역 중 방송용으로 분배된 주파수의 전파를 이용하여 음성·음향 등을 보내는 방송으로서 제11호 및 제12호의 방송에 해당하지 아니하는 방송을 말한다.
> 11. "텔레비전방송"이란 정지 또는 이동하는 사물의 순간적 영상과 이에 따르는 음성·음향 등을 보내는 방송을 말한다.
> 12. "데이터방송"이란 데이터와 이에 따르는 영상·음성·음향 등을 보내는 방송으로서 제8호부터 제11호까지의 방송에 해당하지 아니하는 방송을 말한다.

[정답] ③

96

전파발사의 등급을 표시함에 있어 "다섯째 기호 : 다중화특성" 중 "부호분할 다중"(대역폭 확장기술 포함)을 표시하는 기호는 어느 것인가?

① C　　② F
③ W　　④ T

> • 전파형식
> ① 전파형식 개요
>   - 필요주파수대폭과 그 등급에 따라 표시하되 앞의 4자리는 필요주파수대폭을 뒤 5자리는 신호의 등급(특성)을 표시
> ② 필요주파수대폭
>   - 3개의 숫자와 1개의 문자로 표시, 문자는 소수점 자리에 두어 필요주파수대역 단위 표시
>   . 0.001 ~ 999 Hz => H, 1.00 ~ 999 kHz => K, 1.00 ~ 999 MHz => M, 1.00 ~ 999 GHz => G
>   - 영(0),K,M,G의 문자는 필요주파수대폭 표시 첫머리에 둘 수 없음
> ③ 등급
>   - 발사전파에 대한 기본 특성에 따른 등급 및 기호 표시 앞 3자리는 기본특성, 뒤 2자리는 취사형 추가특성 표시 다만,추가특성 생략시에 그냥 하이픈(-)으로 만 표시
>   - 변조형식: 진폭변조(A,H,R,J,B,C),F,G,D),주파수변조(F),위상변조(G) 등
>   - 신호특성: 디지털(1),아날로그(3) 등
>   - 정보형태: 전화(E),영상(F) 등
>   - 신호항목: 음성방송(G),상용음성(J) 등
>   - 다중화특성:부호-분할다중(C),시-분할다중(F) 등
> ④ 전파형식 표시 예 12K5G3EJN
> (①12K5 ②G ③3 ④E ⑤J ⑥N)
>   ① 필요주파수대폭 : 12K5 => 12.5 kHz
>   ② 주반송파의 변조형식 : G => 위상변조
>   ③ 주반송파를 변조시키는 신호의 특성 : 3 => 아날로그 정보를 포함하는 단일채널
>   ④ 송신될 정보의 형식 : E => 전화(음성방송포함)
>   ⑤ 신호항목 : J => 상용음성
>   ⑥ 다중화 특성 : N => 다중화가 아닌 것
> ※ SSB:J3E, DMB:G7W

[정답] ①

97

다음 문장의 괄호 안에 들어갈 내용으로 가장 적합한 것은?

> 발주자는 (　　)에게 공사의 감리를 발주하여야 한다.

① 도급업자　　② 수급인
③ 용역업자　　④ 공사업자

> 정보통신공사업법 제8조(감리 등)
> ① 발주자는 용역업자에게 공사의 감리를 발주하여야 한다.

[정답] ③

98
다음 문장의 괄호 안에 들어갈 내용으로 가장 적합한 것은?

> 공사의 감리를 발주 받은 용역업자는 공사에 대한 감리를 끝냈을 때에는 대통령령으로 정하는 바에 따라 그 감리 결과를 ( )에게 서면으로 알려야 한다.

① 도급자   ② 발주자
③ 수급인   ④ 하도급자

- **정보통신공사업법 제11조(감리 결과의 통보)**
제8조제1항에 따라 공사의 감리를 발주받은 용역업자는 공사에 대한 감리를 끝냈을 때에는 대통령령으로 정하는 바에 따라 그 감리 결과를 발주자에게 서면으로 알려야 한다.

[정답] ②

99
전파법령에 따라 검사를 받은 전파응용설비 정기검사의 유효기간은 얼마인가?

① 1년   ② 3년
③ 5년   ④ 7년

전파법시행령 제77조(전파응용설비의 검사) ① 법 제58조제3항에 따라 검사를 받은 전파응용설비 정기검사의 유효기간은 5년으로 한다.

[정답] ③

100
적합성평가 시험업무를 하는 시험기관의 지정은 누가하는가?

① 산업통상부장관   ② 한국정보통신기술협회장
③ 한국방송통신전파진흥원장   ④ 과학기술정보통신부장관

전파법시행령 제77조의9(시험기관의 지정 등) ① 법 제58조의5제1항에 따라 적합성평가의 시험업무를 하는 기관(이하 "시험기관"이라 한다)으로 지정받으려는 법인은 다음 각 호의 구분에 따라 시험기관 지정신청서(전자문서로 된 신청서를 포함한다)에 과학기술정보통신부장관이 정하는 서류(전자문서를 포함한다)를 첨부하여 과학기술정보통신부장관에게 신청하여야 한다. 〈개정 2013. 3. 23., 2014. 8. 27., 2016. 6. 21., 2017. 7. 26.〉

[정답] ④

⑨ 2021년 4회

1 디지털 전자회로

01 다음 회로에서 제너 다이오드에 흐르는 전류는? (단, 제너 다이오드의 파괴 전압은 10[V]이다.)

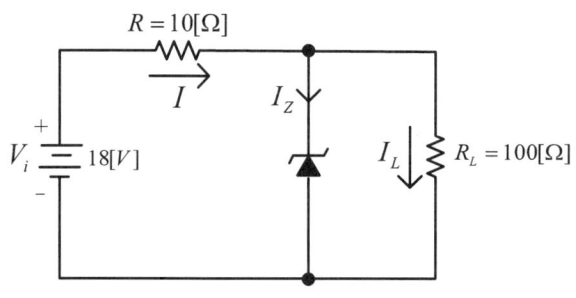

① 0.5[A]　　② 0.7[A]
③ 1.0[A]　　④ 1.7[A]

$$I_Z = I - I_L = \frac{V_i - V_z}{R} - \frac{V_Z}{R_L} = \frac{8}{10} - \frac{10}{100} = 0.8 - 0.1 = 0.7[V]$$

[정답] ②

02 다음 그림에서 1차측과 2차측의 권선비가 5:1일 때 1차측의 입력전압 V_{rms}=120[V]이다. 다이오드가 이상적이고 리플이 작다고 가정하면 직류 부하전류는 약 얼마인가?

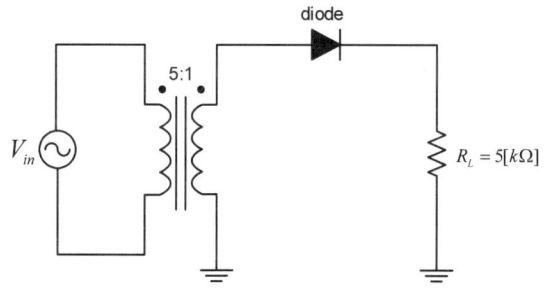

① 1.7[mA]　　② 3.4[mA]
③ 5.1[mA]　　④ 6.8[mA]

1차측이 120[V]이고 권선비가 5:1 이므로
2차측 전압은 $120 \times \frac{1}{5} = 24[V]$

$$V_{dc} = \frac{V_m}{\pi} = \frac{\sqrt{2}\,V_{rms}}{\pi} = \frac{\sqrt{2} \cdot 24}{\pi} \fallingdotseq 10.8[V]$$

$$I_{dc} = \frac{V_{dc}}{R_L} = \frac{10.8}{5K} = 2.16[mA]$$

[정답] ④

03 다음과 같은 블록도에서 출력으로 나타나는 파형이 적합한 것은?

입력(교류) — 정류/평활 — 정전압회로 — 출력( )

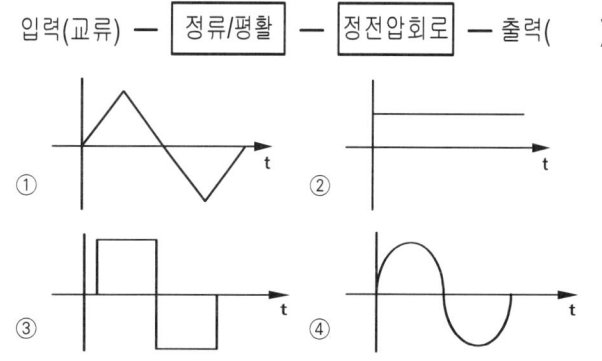

전원회로의 정전압회로는 부하변동의 영향 없이 일정한 직류출력을 유지시켜주는 회로이다.

[정답] ②

04 다음 중 캐스코드 증폭기에 대한 설명으로 틀린 것은?

① 입력단은 공통베이스, 출력단은 공통이미터로 구성된 증폭기이다.
② 전압 궤환율이 매우 적다.
③ 공통베이스 증폭기로 인해 고주파 특성이 양호하다.
④ 자기 발진 가능성이 매우 적다.

캐스코드 증폭기 회로는 CE와 CB가 종속적으로 조합된 다단증폭기로 VHF대역 전치 저잡음 증폭기로 널리 사용된다.

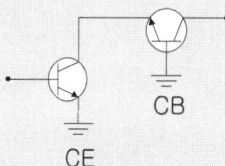

캐스코드 증폭기는 입력에 전류증폭율이 우수한 CE증폭기를 출력에 입력임피던스가 매우 낮은 CB증폭기를 접속한 다단증폭기이다.

[정답] ①

05

다음 그림과 같은 회로에서 결합계수가 0.5이고, 발진주파수가 200[kHz]일 경우 C의 값은 얼마인가? (단, π=3.14이고, $L_1 = L_2 = 1[\mathrm{mH}]$로 가정한다.)

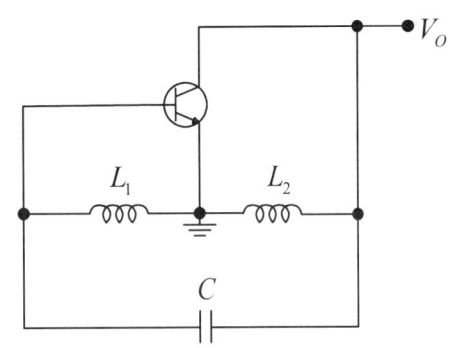

① 211.3[uF] ② 211.3[pF]
③ 422.6[uF] ④ 422.6[pF]

• **결합계수와 상호 인덕턴스**

$k = \dfrac{M}{\sqrt{L_1 L_2}}$,

$M = k\sqrt{L_1 L_2} = 0.5\sqrt{(1\times 10^{-3})^2} = 0.5\times 10^{-3}$

• **하틀리 발진회로의 발진 주파수**

$f = \dfrac{1}{2\pi\sqrt{(L_1 + L_2 + 2M)C}}$

$C = \dfrac{1}{4\pi^2 f^2 (L_1 + L_2 + 2M)}$

$= \dfrac{1}{4\pi^2 (200\times 10^3)^2 \times (2\times 10^{-3} + 1\times 10^{-3})}$

$= 211.3\,[\mathrm{pF}]$

[정답] ②

06

다음 그림과 같은 발진회로에서 높은 주파수의 동작에 적절한 발진회로 구현을 위한 리액턴스 조건은 무엇인가?

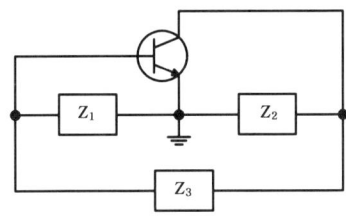

① Z_1 = 용량성, Z_2 = 용량성, Z_3 = 용량성
② Z_1 = 유도성, Z_2 = 유도성, Z_3 = 유도성
③ Z_1 = 유도성, Z_2 = 용량성, Z_3 = 용량성
④ Z_1 = 용량성, Z_2 = 용량성, Z_3 = 유도성

• **3소자형 발진기의 종류**

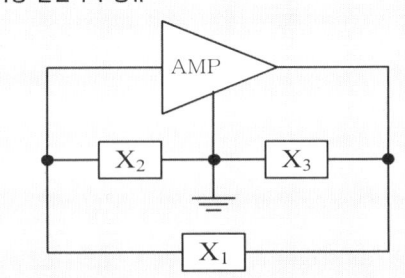

구분	리액턴스 소자		
	X_1	X_2	X_3
Hartley Oscillator	C	L	L
Colpitts Oscillator	L	C	C

[정답] ④

07

다음 중 연산증폭기의 응용회로가 아닌 것은?

① 부호변환기 ② 배수기
③ 교류전류 플로워 ④ 전압-전류 변환기

• **연산증폭 회로의 응용**
① 부호변환기
② 배수기
③ 가산기
④ 적분 연산기(LPF : Low Pass Filter)
⑤ 미분 연산기(HPF : High Pass Filter)
⑥ DC 전압 플로워

[정답] ③

08
다음 차동증폭 회로에서 주어진 전압 및 전류 조건에 맞는 직류 IV-곡선으로 맞는 것은? (단, $I_{RC1} = I_{RC2} = 3.25[\text{mA}]$ $V_E = 0.7[\text{V}]$이다.)

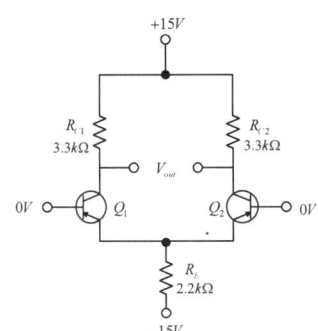

①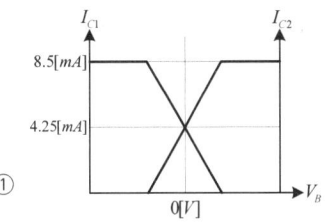

②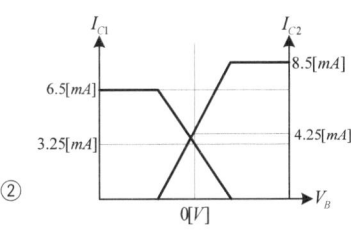

③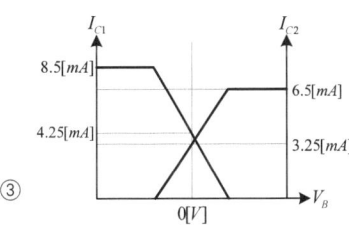

④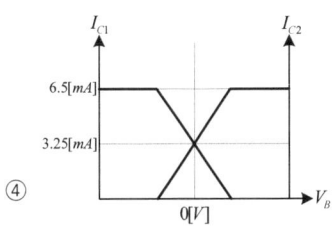

I_E에 흐르는 전류는 두 전류가 더해져서 총 $6.5[\text{mA}]$가 흐른다.

[정답] ④

09
다음 중 OP-AMP 성능을 판단하는 파라미터로 관련이 없는 것은?

① V_{io}(입력 오프셋 전압)
② CMRR(동상 신호 제거비)
③ I_B(입력 바이어스전류)
④ PIV(최대 역전압)

• OP-AMP의 전기적 특성을 나타내는 파라미터
① 입력 오프셋 전압(Input offset voltage)
 : 출력전압이 '0'일 때 두 입력단자 사이에 인가되는 전압
② 입력 바이어스 전류(Input bias current)
 : 두 입력 단자를 통해 흘러 들어가는 전류의 평균치
③ 입력/출력 저항(Input/Output resistance)
 : 입력단/출력단에서 증폭기 내부로 들여다본 저항
④ 동상신호 제거비(Common mode rejection ratio)
 : 두 입력단자에 동일한 신호를 인가할 수 있는 정도
⑤ 출력전압 범위(Output voltage swing)
 : 찌그러짐 없이 부하저항에 공급할 수 있는 최대전압
※ PIV(최대 역전압)은 다이오드와 관련된 파라미터이다.

[정답] ④

10
발진회로의 출력이 직접 부하와 결합되면 부하의 변동으로 인하여 발진주파수가 변동된다. 이에 대한 대책이 아닌 것은?

① 정전압 회로를 사용한다.
② 발진회로와 부하 사이에 완충증폭기를 접속한다.
③ 발진회로를 온도가 일정한 곳에 둔다.
④ 다음 단과의 결합을 밀 결합으로 한다.

• 발진회로의 주파수 변화방지
① 부하변동 : 발진회로와 부하사이에 완충증폭기 사용
② 전압변동 : 정전압 전원회로 사용
③ 온도변동 : 온도보상회로(항온조) 사용

[정답] ②

11
다음 중 아날로그 신호로부터 디지털 부호를 얻는 방법이 아닌 것은?

① PM(Phase Modulation)
② DM(Delta Modulation)
③ PCM(Pulse Code Modulation)
④ DPCM(Differential Pulse Code Modultaion)

PM (Phase Modulation)은 신호파의 진폭(0,1)에 따라 아날로그 반송파 위상을 변화(위상 편이)시키는 변조방식이다

[정답] ①

12
포스트 실리 검파 회로와 비검파 회로와의 검파 감도 비는?
① 1:3
② 3:1
③ 1:2
④ 2:1

- **포스터 실리형 판별기와 비검파기의 비교**
  ① 포스터 실리형 판별기는 비검파기보다 검파강도(출력전압)가 2배이다.
  ② 비검파기에서는 두 개의 다이오드 방향이 다르다.
  ③ 비검파기에는 별도의 진폭제한기가 필요 없다.

[정답] ④

13
FM수신기에 사용되는 주파수변별기의 역할은?
① 주파수 변화를 진폭 변화로 바꾸어준다.
② 진폭 변화를 위상 변화로 바꾸어준다.
③ 주파수체배를 행한다.
④ 최대주파수편이를 증가시킨다.

주파수 변별기(frequency discriminator)는 수신된 FM 신호를 미분하여 입력 신호의 순시 주파수에 비례하는 전압을 출력하는 복조회로이다.

[정답] ①

14
다음 중 4진 PSK에서 BPSK와 같은 양의 정보를 전송하기 위해 필요한 대역폭은?
① BPSK의 0.5배
② BPSK의 같은 대역폭
③ BPSK의 2배
④ BPSK의 4배

$r(\text{정보전송량}) = n \times B$
$n_{4PSK} \times B_{4PSK} = n_{BPSK} \times B_{BPSK}$
$2 \times B_{4PSK} = 1 \times B_{BPSK}$
$\therefore B_{4PSK} = \frac{1}{2} B_{BPSK}$

[정답] ①

15
다음 중 저역 통과 RC회로에서 시정수가 의미하는 것은?
① 응답의 위치를 결정해준다.
② 입력의 주기를 결정해준다.
③ 입력의 진폭 크기를 표시한다.
④ 응답의 상승속도를 표시한다.

- **상승시간**
  펄스의 상승 시간(Rise Time)은 펄스가 최대 진폭의 10[%]에서 90[%]까지 상승하는 시간을 말한다.
  $\tau = 2.2 \times CR$

[정답] ④

16
다음 회로는 무엇을 가리키는가?

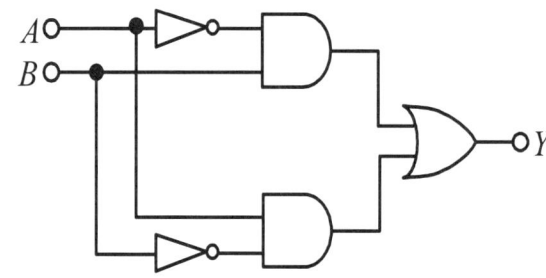

① 배타적 논리합 회로(Exclusive-OR)
② 감산기(Subtractor)
③ 반가산기(Half adder)
④ 전가산기(Full adder)

- **배타적 논리합 회로(Exclusive-OR)**
  $Y = (A+B)(\overline{AB}) = A\overline{B} + \overline{A}B = A \oplus B$

A	B	Y
0	0	0
0	1	1
1	0	1
1	1	0

[정답] ①

17.
RS 플립플롭 회로의 출력 Q 및 $\overline{Q}$는 리셋(Reset) 상태에서 어떠한 논리 값을 가지는가?
① $Q = 0$, $\overline{Q} = 0$
② $Q = 1$, $\overline{Q} = 1$
③ $Q = 0$, $\overline{Q} = 1$
④ $Q = 1$, $\overline{Q} = 0$

- **RS플립플롭의 진리표**

Q	$\overline{Q}$	Q(t+1)
0	0	Q(t) 불변
1	0	1(Set)
0	1	0(Reset)
1	1	부정

[정답] ③

18
다음 중 파형 조작 회로에서 클리퍼(Clipper)회로에 대한 설명으로 옳은 것은?

① 입력 파형에서 특정한 기준 레벨의 윗부분 또는 아랫부분을 제거하는 것
② 입력 파형에 직류분을 가하여 출력 레벨을 일정하게 유지하는 것
③ 입력 파형중에 어떤 특정 시간의 파형만 도출하는 것
④ 입력의 Step전압을 인가하는 것

> 임의의 입력파형에 대하여 다이오드의 스위칭 상태에 따라 특정한 기준 전압 레벨의 윗부분 또는 아래 부분을 절단하는 회로를 클리퍼라 한다.
> **[정답] ①**

19
다음 그림과 같은 회로의 논리 동작으로 맞는 것은?

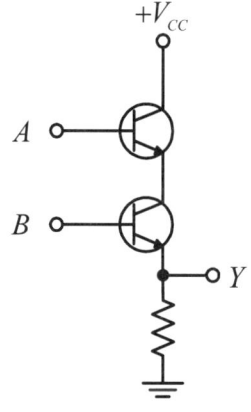

① OR ② AND
③ NOR ④ NAND

> A와 B의 입력이 모두 High일 때, 출력 Y에 "High"가 출력되는 AND 게이트회로이다.
> • AND 논리회로
>
> | A | B | Y |
> |---|---|---|
> | 0[V] | 0[V] | 0[V] |
> | 0[V] | 5[V] | 0[V] |
> | 5[V] | 0[V] | 0[V] |
> | 5[V] | 5[V] | 5[V] |
>
> **[정답] ②**

20
다음 중 멀티바이브레이터의 동작 특성에 대한 설명으로 틀린 것은?

① 비안정 멀티바이브레이터는 한쪽의 상태에서 다른 쪽의 회로가 가진 시정수에 따라 교번 발진을 계속 한다.
② 단안정 멀티바이브레이터는 외부로부터의 트리거에 의해 상태 전이를 일으켜도 일정한 시간이 지나면 다시 원래의 상태로 되돌아온다.
③ 쌍안정 멀티바이브레이터는 입력펄스가 공급되기 전까지는 그 상태를 계속 유지한다.
④ 쌍안정 멀티바이브레이터는 1개의 펄스가 공급될 때 2개의 출력펄스를 가져 펄스의 주파수를 높이는데 이용한다.

> • 멀티 바이브레이터(Multivibrator)
> ① 비안정 M/V
>   안정된 상태가 없이 외부 트리거 입력 없이 스스로 반전하면서 구형파 발진
> ② 단안정 M/V
>   외부트리거 입력에 의해 일정시간 불안정 상태 구형파 발진
> ③ 쌍안정 M/V
>   외부트리거 입력에 의해 2개의 안정상태 유지
> **[정답] ④**

2 무선통신기기

21
다음 중 SSB 방식을 DSB 방식과 비교한 설명으로 맞는 것은?

① 송신기의 소비전력은 SSB 방식이 적다.
② 송수신기의 회로는 SSB 방식이 간단하다.
③ SSB 방식이 낮은 주파수 안정도를 필요로 한다.
④ SSB 방식은 간섭성 페이딩에 의한 영향이 적다.

> • DSB 와 SSB 비교
>
> | | DSB | SSB |
> |---|---|---|
> | 대역폭 | 넓음 | 좁음 |
> | 송신전력 | 큼 | 적음 |
> | 신호대 잡음비 | 낮음 | 높음 |
> | 구성 | 간단 | 복잡 |
> | 복조방식 | 비동기 | 동기 |
>
> **[정답] ①**

22
진폭 12[V], 주파수 10[MHz]의 반송파를 진폭 6[V], 1[kHz]의 변조파 신호로 진폭 변조할 때 변조율은?

① 25[%] ② 50[%]
③ 75[%] ④ 100[%]

> 변조도 $m_a = \dfrac{A_m}{A_c} = \dfrac{6}{12} \times 100[\%] = 50[\%]$
> **[정답] ②**

23
다음 중 아날로그 위상고정루프방식에 사용되는 위상검출기는?

① 이중 평형믹서
② 배타적 OR
③ 에지트리거
④ RS플립플롭

> PLL은 FM, FSK 신호의 복조회로, 주파수 합성기, 국부 발진기, stereo decoder 등에 사용되며 구조와 동작 개념을 간단히 설명하면 다음과 같다.
> ① PLL의 구조
> 위상비교기, VCO(전압 제어 발진기), loop filter로 구성되는 부궤환 회로로 다음과 같은 구조를 갖는다.
>
>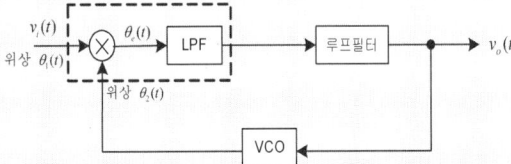
>
> ② PLL의 동작
> PLL은 수신기의 국부 발진 주파수 및 위상을, 주파수 변조된 반송파의 주파수 및 위상에 정합시켜 나가게 되는데, 만약 VCO의 위상과 FM파의 위상이 같을 때는 $\theta_e(t) = 0$이 되며 이때를 phase-lock 되었다고 하고 서로 다른 경우에는 $\theta_e(t)$가 어떤 값을 가지게 되고 이 $\theta_e(t)$를 VCO의 제어 신호로 사용하여 VCO의 위상을 FM파의 위상에 맞게 변화시켜 나간다.
> ③ 아날로그 PLL회로에서 사용되는 위상비교기/위상검출기로는 탁월한 dynamic range를 가지는 이중 평형 믹서(DBM : Double Balanced Mixer)가 사용된다.
>
> [정답] ②

24
위성통신에 사용되는 주파수 대역 중 12.5 ~ 18[GHz] 대역을 무엇이라고 하는가?

① C 밴드
② Ku 밴드
③ Ka 밴드
④ X 밴드

> • 각 밴드의 주파수
>
> | 밴드 | 주파수 대역 |
> |---|---|
> | L Band | 1[GHz] ~ 2[GHz] |
> | S Band | 2[GHz] ~ 4[GHz] |
> | C Band | 4[GHz] ~ 8[GHz] |
> | X Band | 8[GHz] ~ 12.5[GHz] |
> | Ku Band (under) | 12.5[GHz] ~ 18[GHz] |
> | K Band | 18[GHz] ~ 26.5[GHz] |
> | Ka Band (above) | 26.5[GHz] ~ 40[GHz] |
>
> [정답] ②

25
다음 중 아날로그 송신설비와 비교하여 디지털송신설비를 설명한 것으로 틀린 것은?

① 적은 전력으로 광범위한 서비스지역을 확보할 수 있다.
② 데이터를 이용한 다양한 서비스가 가능하다.
③ 좁은 면적에 시설할 수 있다.
④ 단순한 편이나 운용비용이 매우 비싸다.

> 디지털 송신설비는 낮은 전력, 낮은 전계강도 등에 유리한 중계방식이므로 운용비용(OPEX)가 저렴하다.
>
> [정답] ④

26
다음 중 BPSK(Binary Phase Shift Keying) 변조방식에 대한 설명으로 틀린 것은?

① 정보 데이터의 심볼값에 따라 반송파의 위상이 변경되는 변조방법이다.
② 동기검파 방식만 사용이 가능해 구성이 비교적 복잡하다.
③ 점유대역폭은 ASK(Amplitude Shift Keying)와 같으나 심볼 오류 확률은 낮다.
④ M진 PSK 방식의 대역폭 효율은 변조방식의 영향을 받는다.

> • BPSK의 특징
> ① 점유대역폭은 ASK와 같으나 전송로 등의 잡음, 레벨 변동 영향에 강해 심볼 오류확률이 적다.
> ② 비동기식 포락선 검파방식은 사용이 불가능하며 동기 검파 방식만 사용이 가능해 구성이 비교적 복잡하다
> ③ M진 PSK의 경우 M의 증가에 따라 스펙트럼 효율 증가해 고속 데이터 전송이 가능하다
> ④ BPSK 심볼 오류 확률은 QPSK 심볼 오류 확률의 $\frac{1}{2}$이지만 비트 오류 확률(P_b)은 동일하다.
>
> [정답] ④

27
QPSK(Quadrature Phase Shift Keying) 신호의 보(Baud)속도가 400[sps]이면 데이터 전송속도는 얼마인가?

① 100[bps]
② 400[bps]
③ 800[bps]
④ 1,600[bps]

> $$r[bps] = n[\frac{bit}{symbol}] \times B[baud]$$
> $$= \log_2 M \times B$$
> $$= \log_2 4 \times 400 = 800[bps]$$
>
> [정답] ③

28
수신된 펄스열의 눈 형태(Eye Pattern)을 관찰하면 수신기의 오류확률을 짐작할 수 있다. 수신된 신호를 표본화하는 최적 시간은 언제인가?

① 눈의 형태(Eye Pattern)가 가장 크게 열리는 순간
② 눈의 형태(Eye Pattern)가 닫히는 순간
③ 눈의 형태(Eye Pattern)가 중간 크기인 순간
④ 눈의 형태(Eye Pattern)가 여러 개 겹치는 순간

> 오류 없이 1과 0을 판정하기 위하여 눈의 형태(Eye Pattern)가 가장 크게 열리는 순간에 표본화해야 한다.
>
> [정답] ①

29
다음 중 레이다 기술에 대한 설명으로 틀린 것은?
① 야간이나 시계가 불량한 경우 레이다를 사용하면 안전한 항해를 할 수 있다.
② 거리와 방위를 구할 수 있으므로 목표물의 위치 및 상대속도 등을 구할 수 있다.
③ 특수 레이다의 경우 열대성 폭풍(태풍)의 위치와 강우 이동 파악 등 다양한 용도로 사용할 수 있다.
④ 기상조건에 영향을 많이 받으므로 주로 가시거리 내에서 사용된다

> 레이다는 날씨나 외부 환경의 영향을 받지 않으면서 장거리를 정확하게 감지할 수 있는 장점이 있다.
>
> [정답] ④

30
다음 중 레이다 시스템의 구성요소가 아닌 것은?
① 송신기   ② 수신기
③ 안테나   ④ 블랙박스

> RADAR (Radio Detection and Ranging)으로 무선을 이용해 대상물까지의 거리를 측정하는 장치임.
> • 레이다(Radar)시스템의 구성요소
> 1) 송신부 / 송신전환부
> 2) 수신부
> 3) 안테나부
> 4) 부속회로 (STC 해면반사 억제회로, FTC 비 또는 눈 반사제거회로)
>
> [정답] ④

31
GPS(Global Positioning System) 오차 중 가장 큰 오차를 발생시키는 오차는?
① 위성 위치 오차   ② 전리층 굴절 오차
③ 수신기 잡음 오차   ④ 다중경로 오차

> • GPS 위성신호의 오차
> ① 전리층 영향
> ② 대류권 영향
> ③ 잡음의 영향
> ④ 정보 전송량의 문제
> ⑤ 위성시계의 오차
>
> [정답] ②

32
다음 중 거리측정장치(DME)에 대한 설명으로 틀린 것은?
① 지상국 안테나는 무지향성 안테나를 사용한다.
② DME 동작원리는 전파의 전파속도를 이용한 것이다.
③ DME는 보통 VOR 또는 ILS와 함께 설치된다.
④ 지상 DME국은 질문신호를 송신하고 항공기는 응답신호를 송신한다.

> DME(Distance Measuring Equipment)는 960-1215[MHz]를 사용하는 항법장치로 항행중인 항공기가 미지의 지점으로부터 거리 정보를 연속적으로 얻을 수 있다. 항공기에는 질문기가 지상국에는 응답기가 설치되어 있다.
>
> [정답] ④

33
다음 중 전파 지연시간을 이용하는 항법 장치는?
① VOR(Very High Frequency Omnidirectional Range)
② INS(Inertial Navigation System)
③ DME(Distance Measuring Equipment)
④ GPS(Global Positioning System)

> ① ADF : 지상으로부터 송신된 전파를 이용 항공기에서 수신하여 자동으로 방향탐지
> ② VOR : 초단파를 이용해 ADF보다 정확
> ③ RMI : 자국방향에 대해 VOR상호 방향과의 각도 및 항공기의 방위각을 표시
> ④ ILS : 착륙을 위한 진행방향, 자세, 활공각도 등을 정확하게 제공함 (HF, VHF사용)
> ⑤ DME(Distance Measuring Equipment)는 전파 지연시간을 이용해 거리를 측정장비
>
> [정답] ③

34
다음 중 콘덴서 입력형 평활회로에 대한 설명으로 잘못된 것은?
① 직류출력전압이 높다.
② 역전압이 높다.
③ 전압변동율이 크다.
④ 저전압,대전류에 이용한다.

> • 콘덴서 입력형과 쵸크 입력형의 비교
>
> | | 콘덴서입력형(π) | 쵸크입력형(L) |
> |---|---|---|
> | 맥동률 | 적다 | 크다 |
> | 출력직류전압 | 크다 | 작다 |
> | 전압 변동률 | 크다 | 작다 |
> | 최대 역전압 | 높다(단점) | 낮다 |
> | 용도 | 대전압 | 대전류 |
>
> [정답] ④

35
단상 반파 정류회로에서 직류 출력전류의 평균치를 측정하면 어떤 값이 얻어지는가?(단, I_m은 입력 교류전류의 최대치이다.)

① $\dfrac{I_m}{2}$ ② I_m

③ $\dfrac{I_m}{\pi}$ ④ $\sqrt{\dfrac{I_m}{2}}$

- 단상 반파정류회로의 특성

	출력특성
I_{dc} (평균전류)	$\dfrac{Im}{\pi}$
V_{dc} (평균전압)	$\dfrac{Vm}{\pi}$
I_{rms} (실효치 전류)	$\dfrac{Im}{2}$
V_{rms} (실효치 전압)	$\dfrac{Vm}{2}$

* 반파정류의 맥동율 (ripple) $r = 1.21\,(121\%)$

[정답] ③

36
공진곡선에서 공진시의 주파수를 1,000[kHz], 공진 시의 전류를 10[A], 공진시의 0.707배가 되는 두 점의 주파수를 각각 990[kHz]와 1,010[kHz]라 할 때 코일의 Q값은?

① 30   ② 40
③ 50   ④ 60

$Q = \dfrac{f_0}{B} = \dfrac{1000}{1010-990} = 50$

[정답] ③

37
수부하법을 사용한 송신기의 전력 측정에서 냉각수 입구측의 온도가 4[℃] 출구측의 온도가 7[℃], 냉각수 유량이 4[cm³/sec]일 때 송신기의 전력은 약 몇 [W]인가?

① 28.2[W]   ② 34.6[W]
③ 46.8[W]   ④ 50.2[W]

- 수부하법
AM송신기의 전력측정에 사용되는 방법
$P = 4.18\,Q(t_2 - t_1) = 4.18 \times 4 \times (7-4) \fallingdotseq 50.2[W]$

[정답] ④

38
변조지수가 60[%]인 AM변조에서 반송파의 평균전력이 300[W]일 때, 하측파대 전력은 얼마인가?

① 9[W]   ② 18[W]
③ 27[W]   ④ 54[W]

하측파대 전력 $P_l = \dfrac{m^2}{4}P_c = \dfrac{0.36}{4} \times 300 = 27[W]$

[정답] ③

39
다음 중 AM송신기의 전력 측정방법이 아닌 것은?

① 진공관 전력계법   ② 전구 부하법
③ 안테나 실효저항법   ④ 열량계법

- AM송신기 전력측정방법
① 실효저항 이용
② 의사공중선 이용
③ 전구의 조도비교법
④ 양극손실 측정법
⑤ 수부하법
⑥ C-C형 전력계 법

[정답] ④

40
급전선상에 반사파가 없을 때 전압 정재파비는 얼마가 되는가?

① 0   ② 1/2
③ 1   ④ ∞

정재파는 (진행파 + 반사파)를 말함, 반사파가 없다는 의미는 정합이 되었다는 의미임.

전압정재파비 $VSWR = \dfrac{1+|\Gamma|}{1-|\Gamma|}$

∴ 반사계수 $\Gamma = 0$ 이 되어, 완전정합이므로 $VSWR = 1$

[정답] ③

3 안테나 기기

41 전계강도가 3.77[V/m]인 자유공간에서 단위 면적당 단위 시간에 통과하는 전자파 에너지(Pointing power)는 약 얼마인가?

① $3.77\pi [mW/m^2]$ ② $37.7 [mW/m^2]$
③ $120 [mW/m^2]$ ④ $120\pi [mW/m^2]$

- 포인팅 전력 밀도

$$P = \frac{E^2}{120\pi}$$

$$P = \frac{(3.77)^2}{120\pi} = 37.7 [mW/m^2]$$

[정답] ②

42 다음 중 수정 굴절률에 대한 설명으로 틀린 것은?

① 수정 굴절률을 사용하면 구면 대기층에 대해서도 평면 대기층에 대한 스넬의 법칙을 적용할 수 있다.
② 표준대기에서 높이 h에 대한 M단위 수정 굴절률이 비 $\frac{dM}{dh}$는 음수이다.
③ 수정 굴절률의 값은 높이와 비례 관계에 있다.
④ 수정 굴절률의 값은 굴절률과 비례 관계에 있다.

- 수정굴절 특징율
① 구면 대기층에서의 스넬의 법칙이 평면대기층에서의 스넬의 법칙으로 간단하게 표현
② 표준대기에서 높이 h에 대한 M단위 굴절율의 비 $\frac{dM}{dh}$은 양수 이다.
 (단, 굴절율이 역전되는 역전층에서 $\frac{dM}{dh}$은 음수)
③ 수정굴절율은 굴절율 n 과 높이 h 에 비례함
 (수정굴절율 $M = n + \frac{h}{ro}$ (ro : 지구반경))

[정답] ②

43 다음 중 주파수 특성에 의해 페이딩을 분류할 때 동기성 페이딩에 해당하는 것 만을 나타낸 것은?

① 감쇠형 페이딩과 선택성 페이딩
② 산란형 페이딩과 회절성 K형 페이딩
③ 회절성 K형 페이딩과 감쇠형 페이딩
④ 선택성 페이딩과 산란형 페이딩

- 동기성 페이딩 (同期性fading)
전파 주파수에 대한 수신 전계 강도가 대체로 균일하게 변동하는 페이딩. 비교적 주기가 느리고 변동이 완만하므로 자동 이득 제어를 걸기가 쉽다
주파수 변동 특성에 따른 분류
 - 선택성 페이딩 (Selective Fading) ; 주파수 선택적 페이딩
  주파수 대역별 페이딩 상태가 매우 다르게 나타남.
 - 동기성 페이딩 (Synchronous Fading) ;
  주파수 비선택적 페이딩
  신호 주파수대역에서 수신 전계강도가 대체로 균일하게 변동
* 둘 간의 구분은 다중경로에 의해 지연확산 되는 정도에 관련됨

- 대류권 페이딩의 종류

페이딩 종류	특 징
K형 페이딩	대기높이의 굴절율 원인
덕트형 페이딩	전송로 상에 라디오덕트 형성
신틸레이션	와류에 의한 공기뭉치 원인
감쇠형 페이딩	비, 구름, 안개 및 대기의 흡수
산란형 페이딩	전파의 퍼짐(Scattering)

[정답] ③

44 다음 중 전리층의 급격한 이동으로 반송파와 측파대가 받는 감쇠의 정도가 달라져서 생기는 페이딩에 대한 설명으로 틀린 것은?

① 선택성 페이딩이다.
② 주파수 다이버시티를 사용하여 방지할 수 있다.
③ SSB(Single Side Band) 통신 방식을 사용하면 발생하지 않는다.
④ AGC(Automatic Gain Control) 장치를 사용하여 방지할 수 있다.

- 선택성 페이딩
각 주파수 성분마다(반송파과 측파대가 받는) 감쇠의 정도가 다름으로써 생기는 페이딩으로 주파수 다이버시티 또는 SSB 방식을 사용하여 방지할 수 있다.

[정답] ④

45

수신기에 '슈~슈~' 하는 것 같은 연속적인 잡음이 혼입되는 현상으로 심한 눈보라나 모래바람 등이 불 때나 유성이나 자기폭풍이 일어날 때 생기는 잡음은?

① 클릭(click) 잡음
② 그라인더(grinder) 잡음
③ 히싱(hissing) 잡음
④ 튜닝(Tuning) 잡음

- 공전잡음의 종류

잡 음	특 성
클릭 잡음	짧고 날카로운 소리(충격성잡음)
글라인더 잡음	긴 연속음 (큰 수신 장애)
히싱 잡음	연속적인 잡음 ("Shu~Shu")

[정답] ③

46

회절이 발생하지 않았을 때의 수신 전계강도를 E_0, 회절이 발생했을 때의 수신 전계강도를 E_d라 하면, 회절계수는?

① E_0/E_d
② E_d/E_0
③ $(E_0/E_d)^2$
④ $(E_d/E_0)^2$

- 회절현상
① 전파는 빛과 같이 전송로상에서 다른 매질을 만나면 회절, 반사, 굴절하는 특징이 있음.
② 회절현상은 호이겐스의 원리에 의해 장애물을 넘어서 수신점에 도달하거나, 산악회절과 초단파대역에서도 회절이득을 얻기도 한다.
③ 회절현상은 주파수가 낮을수록(파장이 길수록) 많이 발생된다.
④ 회절계수

$$S = \frac{회절이\ 발생할때\ 전계강도(E_d)}{회절이\ 발생하지\ 않을때\ 전계강도(E_0)}$$

[정답] ②

47

주간에 20[MHz]의 신호로 원양에서 조업 중인 선박과 통신을 하고자 할 때 이용되는 전리층은?

① D층
② Es층
③ E층
④ F층

단파(3MHz~30MHz)는 파장이 짧으므로 지표파는 감쇄가 심해 거의 실용성이 없다. 그러나 전리층 반사파는 F층 반사로 전파되는데 제1종 감쇄가 적으므로 소전력으로 원거리 통신이 가능하다.
편의상 도약거리 이내를 근거리, 그 밖을 원거리라고 한다.

[정답] ④

48

임피던스가 50[Ω]인 급전선의 입력전력 및 반사전력이 각각 50[W]와 8[W]일 때의 전압 반사계수는?

① 0.86
② 0.40
③ 0.16
④ 0.14

- 반사계수

$$m_f = \sqrt{\frac{P_R}{P_F}} = \frac{V_r}{V_f} = \sqrt{\frac{8}{50}} = 0.4$$

[정답] ②

49

다음 중 급전점이 전류 정재파의 파복이 되는 것은?

① 전압급전
② 전류급전
③ 동조급전
④ 비동조급전

파복이란 가장 큰 값의 위치를 말하는 것으로 급전점의 위치에서 전류 정재파의 가장 큰 값이 나타나도록 급전하는 방식 또는 급전점이 전류 정재파의 파복이 되는 급전방식을 전류급전이라 한다.

[정답] ②

50

복사저항 안테나의 450[Ω]인 폴디드다이폴 안테나 두 개를 $\lambda/4$ 임피던스 변환기를 사용하여 100[Ω]의 평행2선식 급전선에 정합시키고자 한다. 이 때 변환기의 임피던스 값은?

① 212[Ω]
② 275[Ω]
③ 300[Ω]
④ 424[Ω]

Q변성기($\frac{\lambda}{4}$ 임피던스 변환기)에 의한 정합

① 급전선과 부하사이에 $\frac{\lambda}{4}$ 길이의 도선을 삽입하여 임피던스를 정합시키는 방법으로 평행 2선식, 동축 급전선 모두 사용

② 급전선과 부하의 정합일 경우
$$Z_o' = \sqrt{Z_o R} = \sqrt{(450 \times 2) \times 100} = 300[\Omega]$$

[정답] ③

51
Balun에 대한 설명으로 옳지 않은 것은?
① $\lambda/2$ 다이폴을 동축 급전선으로 급전할 때 사용하면 좋다.
② 안테나와 급전선의 전자계 모드가 다른 경우에 사용한다.
③ 집중 정수형과 분포정수형이 있다.
④ $\lambda/2$ 다이폴을 평행 2선식으로 급전할 때 필요하다.

• 평형 · 불평형 변환회로(Balun)
평형형(Balanced)인 평행2선식 급전선과 불평형형(Unbalanced)인 동축급전선을 정합시키는 장치를 Balun (Balanced to Unbalanced)이라 한다.

[정답] ④

52
다음 중 도체에 의한 도파관의 특징으로서 옳지 않은 것은?
① 저항 손실이 적다.
② 방사손실이 없고 유전체 손실이 크다.
③ 고역 필터(HPF)로서 작용을 한다.
④ 취급할 수 있는 전력이 크다.

• 도파관의 특징
① 외부 전자기파의 영향이 없음
② 도파관 내부에서 전파가 반사되며 TE, TM모드를 형성함
③ 저항손실이 매우 적음
④ 도파관은 차단주파수 이상을 통과시킴(HPF)
⑤ TE모드 와 TM모드

[정답] ②

53
차단파장 λ_c=10[cm] 인 구형 도파관에 5[GHz]의 전파를 전송할 때 관내파장 λ_g는 몇 [cm]인가?
① 5.0[cm] ② 6.0[cm]
③ 7.5[cm] ④ 10.0[cm]

관내파장 $\lambda_g = \dfrac{\lambda}{\sqrt{1-(\dfrac{\lambda}{\lambda_c})^2}}$

$\lambda = \dfrac{c}{f} = \dfrac{3\times 10^8}{5\times 10^9} = 0.06[m] = 6[cm]$ 이므로

$\lambda_g = \dfrac{6}{\sqrt{1-(\dfrac{6}{10})^2}} = \dfrac{6}{\sqrt{1-0.36}} = \dfrac{6}{0.8} = 7.5[cm]$

[정답] ③

54
$\dfrac{\lambda}{2}$ Doublet 안테나의 복사저항이 73.13[Ω]이고 안테나 전류가 1[A]일 때 복사전력은 약 얼마인가?
① 36.6[W] ② 73.1[W]
③ 365.5[W] ④ 731.3[W]

$R = 73.13[\Omega]$
$\therefore P_r = I^2 R = 1^2 \times 73.13 = 73.13[W]$

[정답] ②

55
다음 중 전자파환경에 대한 설명으로 적합하지 않은 것은?
① 전자파 적합성에는 전자파 필터와 전자파내성 등이 있다.
② 전자파 인체보호에는 전자파 강도와 전자파 흡수율이 있다.
③ 전자파 환경은 크게 전자파 적합성과 전자파 인체보호기준으로 나눌 수 잇다.
④ 인체, 기자재, 무선설비 등을 둘러싸고 있는 전파의 세기, 잡음 등 전자파의 초체적인 분포상황을 말한다.

EMC(Electro-Magnetic Compatibility, 전자파 적합성)의 구분
① EMI(Electro Magnetic Interference, 전자파 장해)
각종 전기 전자 장비로부터 발생되는 불요 전자파가 통신이나 다른 기기에 전자기적 장해를 유발시키는 현상
② EMS(Electro Magnetic Susceptibility, 전자파 내성/전자파 감응성): 외부 전자파 환경에 대하여 특정기기의 전자기적 민감성

[정답] ①

56
다음 중 전자파내성(EMS)에 대한 설명으로 옳은 것은?
① 전자파 양립성이라고도 한다.
② 전자파장해(EMI) 분야의 전자파적합(EMC) 분야로 구분할 수 있다.
③ 전기·전자기기가 외부로부터 전자파 간섭을 받을 때 영향받는 정도를 나타낸다.
④ 발생 원인으로는 자연적인 발생 원인(대기잡음, 우주잡음, 대양방사 등)과 인공적인 발생원인(의도적인 잡음, 비의도적인 잡음)으로 크게 구분한다.

• EMS(Electro Magnetic Susceptibility)
- 전자파 내성/전자파 감응성
- 외부 전자파 환경에 대하여 특정기기의 전자기적 민감한 정도를 나타낸다.

[정답] ③

57

장해전자파 측정기의 주요 특성 중에서 검파기의 특성에 대해 잘못 설명한 것은?

① 준 첨두치형 검파형식을 갖는 전자파장해 수신기는 검파기의 방전 시정수가 충전 시정수에 비교하여 대단히 크다. 이 때문에 중간주파 증폭회로에서 대역이 제한된 장해전자파의 첨두치에 가까운 값을 지시치로서 표시한다.

② 준 첨두치형 전자파장해 수신기의 기본특성에서 충전 시정수의 값은 장해전자파의 FM라디오의 송신장해와 장해 전자파 레벨의 지시치가 양호한 상관관계가 되도록 객관적으로 평가한 실험에 의해 정해진 것이다.

③ 평균치형 검파기를 갖는 전자파장해 수신기는 장해전자파 입력에 대하여 포락선 형태인 중간주파 출력의 평균치를 지시기에 표시한 것이다.

④ 첨두치형 검파기를 갖는 전자파장해 수신기는 장해전자파 입력에 대하여 포락선 형태인 중간주파 출력의 첨두치를 지시기에 표시한 것이다.

- **4.2 검파기의 기능**
  방해의 유형에 따라 다음 검파기를 갖춘 측정수신기를 사용하여 측정할 수 있다.
  a) 협대역 방해나 신호의 측정, 그리고 특히 협대역과 광대역 방해를 식별하기 위한 측정에서 일반적으로 사용하는 평균치 검파기
  b) 라디오 청취자의 청취 곤란성을 평가하기 위한 광대역 방해에 대한 가중치 측정을 위해 사용하며, 또한 협대역 방해 측정용으로도 사용할 수 있는 준첨두치 검파기
  c) 광대역 또는 협대역 방해 어느 쪽의 측정용으로도 사용할 수 있는 첨두치 검파기

[정답] ②

58

고출력 전자파(EMP)에 대한 방사성 방호성능 측정방법에서 차폐성능을 측정하기 위한 절차로 바르게 나열한 것은?

① 측정계획의 수립 → 측정 주파수 및 측정지점 확인 → 측정 대상 및 시설 주변의 전자파 환경 측정 → 시험값 측정 → 기준값 측정 → 차폐성능 확인

② 측정 주파수 및 측정지점 확인 → 측정계획의 수립 → 측정 대상 및 시설 주변의 전자파 환경 측정 → 시험값 측정 → 기준값 측정 차폐성능 확인

③ 측정계획의 수립 → 측정 대상 및 시설 주변의 전자파 환경 측정 → 측정 주파수 및 측정지점 확인 → 기준값 측정 → 시험값 측정 → 차폐성능 확인

④ 측정 주파수 및 측정지점 확인 → 측정 대상 및 시설 주변의 전자파 환경 측정 → 측정계획의 수립→ 기준값 측정 → 시험값 측정 → 차폐성능 확인

차폐성능 측정은 다음과 같은 절차에 따라 수행한다.
1. 측정대상 및 시설 주변의 전파환경 측정
2. 측정주파수 및 측정 지점 결정
3. 기준값 측정
4. 시험값 측정
5. 차폐성능 평가

[정답] ③

59

다음 중 단파대에서 주로 사용되는 안테나는?

① 롬빅 안테나 ② T형 안테나
③ 우산형 안테나 ④ 역L형 안테나

T형 안테나, 우산형 안테나, 역L형 안테나는 중.장파대에서 주로 사용하는 안테나이다.

[정답] ①

60

300[MHz]의 전파를 사용하는 Single Turn Style 안테나의 적립단수를 4로 할 때 얻을 수 있는 이득은 약 얼마인가?

① 2.9 ② 3.9
③ 4.7 ④ 6.3

- **최대 이득을 얻기 위한 적립단 간격**

$$d = \frac{N}{N+1}\lambda = \frac{4}{4+1} \times 1 = \frac{4}{5}$$

이득 $G = 1.22 N \frac{d}{\lambda} = 1.22 \times 4 \times \frac{\frac{4}{5}}{1} = 3.904$

[정답] ②

4 무선통신 시스템

61
다음 중 PCM(Pulse Code Modulation) 다중통신의 특징이 아닌 것은?
① 전송로의 잡음이나 누화 등의 방해에 강하다.
② 중계시마다 잡음이 누적되지 않는다.
③ 경로(Route) 변경이나 회선 변환이 쉽다.
④ 협대역 전송로가 필요하다.

- PCM 특징
① 전송로의 잡음이나 누화 등의 방해가 적다.
② 중계시마다 잡음이 누적되지 않는다.
③ 경로변경이나 회선 변환이 쉽다.
④ 저질의 전송로를 전송매체로 사용할 수 있다.
⑤ 고가의 여파기를 필요로 하지 않는다.
⑥ 점유주파수 대역폭이 넓다.

[정답] ④

62
이동통신시스템의 다원접속방식 중 다수의 가입자가 하나의 반송파를 공유하여 사용하면서, 시간 축을 여러 개의 시간간격(대역)으로 구분하여 여러 가입자가 자기에게 할당된 시간의 대역을 사용하여 다른 가입자와 겹치지 않도록 하는 다중접속방식은?
① FDMA   ② TDMA
③ CDMA   ④ CSMA

TDMA 방식은 동일한 주파수대역을 여러 개의 시간구간(time slot)으로 나누어 다원접속하는 방식으로 유럽의 GSM, 북미 표준방식(IS-54, IS-136), 일본의 PDC(Personal Digital Cordless phone) 방식 등이 있다.

[정답] ②

63
중간주파수를 동일하게 하여 주파수가 상이한 무선회선방식과 상호접속이 가능하도록 하는 마이크로웨이브방식의 중계방식은?
① 헤테로다인 중계방식   ② 복조 중계방식
③ 직접 중계방식   ④ 무급전 중계방식

- 헤테로다인 중계방식 특징
① 장거리중계에 이용
② 변복조를 부가하지 않아 장치가 비교적 간단
③ 변복조를 반복하지 않으므로 열화 특성이 더해지지 않음
④ 통화로의 분기, 삽입이 곤란
⑤ 중간주파수를 동일하게 하면 주파수가 다른 무선회선 사이의 상호 접속가능

[정답] ①

64
다음 중 펨토셀이라 불리는 소형 저전력 실내 이동통신 기지국을 도입함으로써 얻을 수 있는 효과가 아닌 것은?
① 트래픽의 분산
② 음영지역 해소를 통한 커버리지 증대
③ 핫스팟에서의 데이터 전송 속도 증대
④ 매크로 기지국과의 간섭 감소

- 펨토셀(Femto cell)
전파가 제대로 닿지 않는 가정이나 기업 건물 안에 설치해 안정적인 통신 환경을 확립하는 데 쓴다. 10^{-15}를 뜻하는 '펨토(femto)'처럼 빈틈없는 통신 환경을 구현한다는 뜻이 있다.
- 외부 기지국인 매크로 기지국과의 간섭은 증가된다.

[정답] ④

65
WCDMA 시스템에서 다음과 같은 기능을 담당하는 부분을 무엇이라 하는가?

선불형 지능망 가입자의 데이터 호(단문 메시지, 인터넷 컨텐츠, 장문 메시지)에 대한 실시간 과금을 수행한다. VAS, LMSC 등 여러 종류의 Client와 연동하여 차감 금액을 실시간으로 계산하고 이를 지능망 SCP에 전달한다

① GMLC(General Mobile Location Center)
② IPAS(IP Accounting System)
③ HLR(Home Location Register)
④ INBH(Intelligent Billing Host)

① INBH(Intelligent Billing Host)는 선불형 지능망 가입자의 데이터 호에 대한 실시간 과금을 수행한다. SMSC(Short Message Service Center : 단문 메시지 센터), LMSC(Long Message Service Center : 장문 메시지 센터) 등 여러종류의 Client와 연동하여 차감 금액을 실시간으로 계산하고 이를 지능망 SCP(Service Control Point)에 전달한다.
② GMLC(General Mobile Location Center)
WCDMA망에서 SMLC 및 교환기, SGSN 등과의 연동을 위해 가입자의 위치를 수집한다.
③ IPAS(IP Accounting System)
다양한 특성을 가진 개별 서비스(IP주소, URL, 콘텐츠 내용 등)에 대한 차등 과금을 수행한다.
④ HLR(Home Location Register)
이동 가입자에 대한 정보(이동성, 인증, 부가서비스 정보 등)를 실시간으로 관리하는 데이터베이스로 홈위치 등록기라 한다.

[정답] ④

66
공공안전통신망에서 LTE 기반 공공 안전망을 이용하는 이유가 아닌 것은?

① 글로벌 표준이기 때문에 장비의 제조 및 구축에 있어 비용이 절감된다.
② 멀티미디어 기반기술로 고속, 저지연, 빠른 호 설정과 보안성이 우수하다.
③ 다양한 망 구축체계에서도 무선장비의 지원이 가능하다.
④ 고궤도 위성 시스템과 직접 접속할 수 있어 광역화가 가능하다.

공공안전통신망에서 LTE 기반 공공안전망을 이용하는 이유는 다음과 같다.
① 글로벌 표준규격이므로 장비의 제조가 용이하고 구축에 있어 비용이 절감되기 때문
② 멀티미디어 기반기술로 고속, 저지연 음성, 문자, 영상 서비스 및 복합 서비스가 가능하고, 빠른 호 설정과 보안성이 우수하기 때문
③ 다양한 망 구축체계에서도 무선장비의 지원이 가능하기 때문

[정답] ④

67
공공안전분야에서의 재해통신망에서 데이터 수집부의 역할은 무엇인가?

① 카메라 및 센서 데이터의 모니터링
② 센서 및 카메라를 이용한 재난, 재해 데이터의 측정
③ 센서 및 영상정보의 저장, 필터링, 전송과 제어 기능
④ 재난, 재해의 모니터링과 경보발령

재해통신망은 모니터링 및 경보발령부, 데이터 측정부, 데이터 수집부 등으로 구성되어 있으며 이중 데이터 수집부는 센서 및 영상정보의 저장, 가공, 필터링, 전송과 제어기능을 수행한다.

[정답] ③

68
다음 중 ATSC 1.0인 8-VSB 표준에 대한 설명으로 틀린 것은?

① 영상신호 MPEG-2를 사용
② 음성압축방식은 돌비 AC-3을 사용
③ 잡음에 강하여 전국을 SFN으로 서비스 가능
④ NTSC와 동일한 채널 주파수 대역폭(6[MHz])에서 구현

ATSC 1.0에서는 각 지역마다 다른 주파수를 사용하는 MFN을 사용하고 있다.

[정답] ③

69
다음 중 Bluetooth 기술에 대한 설명으로 틀린 것은?

① 근거리 무선통신 기술로 양방향 통신이 가능하다.
② 2.4[GHz]의 ISM (Industrial Scientific Medical)대역에서 통신한다.
③ IEEE 802.11b와의 주파수 충돌 영향을 줄이기 위해 AFH(Adaptive Frequency Hopping)방식을 사용할 수 있다.
④ 프로토콜 스택의 물리계층에서 사용되는 변조 방식은 16 QAM(Quadrature Amplitude Modulation)이다.

프로토콜 스택의 물리계층에서 GFSK 변조 사용

[정답] ④

70
다음 중 2.4[GHz] 대역을 사용하지 않는 단, 근거리 무선통신기술은?

① Wireless LAN
② Home RF
③ Bluetooth
④ UWB(Ultra Wide Band)

• WPAN(근거리 무선통신)규격(IEEE 802.15)

규격	특 징
Zigbee(802.15.4)	저속, 센서제어규격
Bluetooth(802.15.1)	저속, 저가격, 음성, 데이타규격
UWB(802.15.3)	광대역특성의 고속전송규격

[정답] ④

71
다음 중 무선 LAN시스템에 대한 설명으로 틀린 것은?

① AP(Access Point)는 무선접속을 통해 이동단말과의 무선링크를 구성하는 무선기지국의 일종이다.
② AP(Access Point)는 기존 유선망과 연결되어 무선단말이 인터넷 서비스를 제공한다.
③ 무선 LAN은 CSMA/CA와 같은 방법으로 매체를 공유하여 사용한다.
④ 유선 LAN에 비해 전송속도가 높다.

무선 LAN은 유선 LAN에 비해 망 구성이 용이하고 복잡한 배선이 필요없는 장점이 있으나 유선 LAN에 비해 전송속도가 느리고 보안에 취약하며 잡음의 영향을 더 받을 수 있다.

[정답] ④

72
다음 중 무선 LAN에서 사용하고 있는 전송방식이 아닌 것은?

① WDM
② OFDM
③ DSSS
④ FHSS

WDM(Wavelength Division Multiplexing)
여러 파장대역을 동시에 전송하는 광 다중화 방식

[정답] ①

73 다음 중 ISM 대역을 포함하고 있지 않는 주파수 대역은?

① 700[MHz]   ② 2.4[GHz]
③ 5[GHz]   ④ 60[GHz]

- **ISM 대역**
13.553~13.567 MHz, 26.975~27.283 MHz, 40.66~40.70 MHz, 2.4~2.48 GHz, 5.725~5.875 GHz, 24~24.25 GHz, 61~61.5 GHz, 122~123 GHz, 244~246 GHz

[정답] ①

74 다음 중 통신 프로토콜의 일반적 기능과 관계가 없는 것은?

① 연결 제어   ② 흐름 제어
③ 상태 제어   ④ 다중화

- **통신프로토콜의 기능**
① 정보의 분할 및 조립(Fragmentation)
  : 단편화(Segmentation)와 조립(Reassembly)
② 정보의 캡슐화(Encapsulation)
  : 데이터의 앞/뒤에 헤더와 트레일러를 첨가
③ 연결제어(Connection Control)
  : 노드간의 연결확립, 데이터전송, 연결해제
④ 흐름제어(Flow Control)
  : 수신지에서 발송데이터의 양과 속도를 제한
⑤ 오류제어(Error Control)
  : 오류검출 및 정정하는 기능(FEC, ARQ)
⑥ 동기화(Synchronization)
  : 송수신기 사이에 같은 상태를 유지
⑦ 순서지정(Sequencing)
  : 패킷망에서 패킷단위로 분할/전송
⑧ 주소지정(Addressing)
  : 네트워크가 인식가능한 주소부여
⑨ 다중화(Multiplexing)
  : 한정된 링크를 다수의 사용자가 공유하도록 함

[정답] ③

75 다음 중 고정 광대역 무선 접속표준은?

① IEEE 802.4   ② IEEE 802.8
③ IEEE 802.11   ④ IEEE 802.16

IEEE 802.4 : Token Bus
IEEE 802.8 : Fiber Optic Technical Advisory Group
  컴퓨터 네트워크를 통한 토큰에서 사용되는 광섬유 미디어를 위한 근거리 통신망 표준
IEEE 802.16 : Wireless MAN

[정답] ③

76 다음 중 부표 등에 탑재되어 위치 또는 기상 자료 등을 자동으로 송출하는 무선설비는?

① 텔레미터(Telemeter)
② 라디오 부이(Radio Buoy)
③ 라디오 존데(Radiosonde)
④ 트랜스폰더(Transponder)

- **라디오 부이**
해상에서, 조난을 당했을 때 일정한 전파를 보내어 그 위치를 알리는 자동 무선 발신기

[정답] ②

77 다음 중 유지보수 장애처리 종료 후 업무로 적합하지 않은 것은?

① 장애 해결 상황을 담당자에게 통보
② 장애 조치 결과 보고서를 작성
③ 장애 발생 접수 및 보고
④ 장애 근본 원인분석을 판단하여 재발 방지 위한 대책 강구

'장애 발생 접수 및 보고'는 장애 발생 시 업무로 적합하다.

[정답] ③

78 전류세기를 측정하고자 할 때 가장 적합한 측정기는?

① 디지털 멀티미터   ② 네트워크 분석기
③ OTDR   ④ 융착접속기

멀티미터는 여러 가지 측정 기능을 결합한 전자 계측기이다.
멀티미터로 전압, 전류, 전기저항 등을 측정할 수 있다.

[정답] ①

79 시스템의 전기적 특성에 대한 설명으로 틀린 것은?

① 사용주파수 : 무선통신에서 송수신 정보가 실리는 대역을 의미하며 단위는 [Hz]을 사용한다.
② 송출신호전력 : 무선통신에서 출력신호를 의미하며 일반적으로 단위는 [dBm],[W] 등으로 표기한다.
③ 광신호 세기 : 광장비에서 출력신호를 의미하며 일반적으로 단위는 [dBmV]를 사용한다.
④ 이득(Gain) : 입력되는 신호레벨의 세기 대비 출력되는 신호레벨세기를 의미한다.

광신호 세기의 단위는 [dbm]이다.

[정답] ③

80
전위 강하법으로 접지저항이 다음과 같이 측정되었을 때 접지저항은 몇 [Ω]인가?

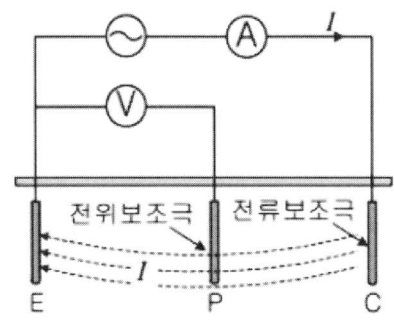

전류계 지시치 : 5[A] 전압계 지시치 : 200[V]
단, 회로에서 전압강하는 없는 것으로 한다.

① 0.025
② 40
③ 200
④ 5000

접지저항 $= \dfrac{전압}{전류} = \dfrac{200}{5} = 40[V]$

[정답] ②

5 컴퓨터일반 및 무선설비기준

81
다음 중 램(RAM)에 대한 설명으로 틀린 것은?

① 롬(ROM)과 달리 기억 내용을 자유자재로 읽거나 변경할 수 있다.
② SRAM과 DRAM은 전원공급이 끊기면 기억된 내용이 모두 지워진다.
③ SRAM은 DRAM에 비해 속도가 느린 편이고 소비 전력이 적고, 가격이 저렴하다.
④ DRAM은 전하량으로 정보를 나타내며, 대용량 기억 장치 구성에 적합하다.

• RAM(Random Access Memory)
① RAM은 사용자가 자유롭게 내용을 읽고 쓰고 지울 수 있는 반도체 기억장치이다.
② RAM에 기억된 내용은 전원이 끊기면 지워지는 휘발성 기억장치이다. 이런 특성 때문에 속도는 느리지만 전원이 끊어져도 정보를 저장할 수 있는 자기테이프, 플로피디스크, 하드디스크 등의 보조기억장치에 사용된다.
③ RAM에는 정적 램(Static RAM)과 동적 램(Dynamic RAM)이 있다.

• DRAM과 SRAM

DRAM	SRAM
휘발성	휘발성
집적도가 높음	집적도가 낮음
제조가 간편하고 대용량	제조가 어렵고 소용량
Refresh가 필요함	Refresh가 필요치 없음
처리 속도가 빠름	처리 속도가 느림

[정답] ③

82
다음 중 운영체제가 제공하는 소프트웨어 프로그램이 아닌 것은?

① 스택(Stack)
② 컴파일러(Compiler)
③ 로더(Loader)
④ 응용 패키지(Application Package)

• 운영체제(Operating System)
① 운영체제는 컴퓨터를 구성하고 있는 자원을 효율적으로 관리하는 프로그램의 집합을 말한다.
② 운영체제는 시스템 소프트웨어로 중앙처리장치, 주기억장치, 입/출력장치, 파일 등의 동작을 통제하는 프로그램의 집합으로써 사용자에게 편의성을 제공하고 시스템을 효율적으로 운용하는데 그 목적이 있다.
※ 스택은 자료를 기억장치 내에 저장하는 방법 중 하나이다.

[정답] ①

83
컴퓨터들 사이에 메시지를 전달하는 과정에서 지켜야할 규정을 정해놓은 것을 프로토콜(protocol)이라 부른다. 다음 중 프로토콜을 구성하는 요소가 아닌 것은?

① 구분(Syntax)
② 의미(Semantics)
③ 순서(Timing)
④ 다중화(Multiplexing)

• 프로토콜의 구성요소 3가지
① 구문(syntax) : 데이터형식, 코딩 및 신호레벨을 포함한다.
② 의미(semantic) : 조정과 오류 관리를 위한 제어정보를 포함한다.
③ 타이밍(timing) : 속도조절과 순서관리를 포함한다.

[정답] ④

84
다음 중 OSI 7 Layer의 물리계층(1계층) 관련 장비는?

① 리피터(Repeater)
② 라우터(Router)
③ 브리지(Bridge)
④ 스위치(Swich)

라우터 : 3계층 장비
브리지, 스위치 : 2계층 장비

[정답] ①

85

DoS 공격엔 다양한 종류가 있다. 다음 중 웹서버 운영체제(OS) 자원을 고갈시키는 DoS는 무엇인가?

① Syn Flooding ② GET Flooding
③ Teardrop ④ Syn Cookie

- **GET Flooding**
동일한 동적 콘텐츠에 대한 HTTP GET 요청 전송을 대량으로 반복 수행함으로써 공격대상 서버의 cpu 및 연결자원이 소진 및 고갈될 만큼 과도하게 사용하게 하여 정상적인 요청 처리를 못하게하는 서비스 거부 공격

- **Teardrop**
데이터의 송수신과정에서 데이터의 송신한계를 넘으면 MTU(1500byte) 조각으로 나누어 fragment number를 붙여 송신, 수신측에서는 fragment number를 재조합하여 분석. Teardrop은 나누어진 byte정보인 fragment offset을 위조하여 재조합을 불가능하게 하는 공격

- **Syn Cookie**
Syn Flooding 공격을 방지하는 방법.

[정답] ①

86

다음 중 DoS 공격 중에서 통상적으로 시스템에서 허용된 65535 Byte보다 큰 IP 패킷을 발송하여 서비스 거부를 일으키는 형태의 공격은?

① Ping of Death ② IP Spoofing
③ Teardrop ④ Land Attack

- **IP Spoofing**
송신자의 ID를 숨기거나, 다른 컴퓨터 시스템으로 가장하거나, 이 둘 모두를 수행하기 위해 소스 주소가 수정된 IP 패킷을 생성하는 것.

- **Teardrop**
데이터의 송수신과정에서 데이터의 송신한계를 넘으면 MTU(1500byte) 조각으로 나누어 fragment number를 붙여 송신, 수신측에서는 fragment number를 재조합하여 분석. Teardrop은 나누어진 byte정보인 fragment offset을 위조하여 재조합을 불가능하게 하는 공격

- **Land Attack(Local Area Network Denial Attack)**
공격자가 패킷의 출발지 주소나 포트를 임의로 변경하여 출발지와 목적지 주소를 동일하게 함으로써 공격대상 컴퓨터의 실행 속도가 느려지거나 동작이 마비되어 서비스 거부 상태에 빠지도록 하는 공격

[정답] ①

87

다양한 보안 솔루션을 하나로 묶어 비용을 절감하고 관리의 복잡성을 최소화하며, 복합적인 위협 요소를 효율적으로 방어 할 수 있는 솔루션은?

① UTM (Unified Threat Management)
② IPS (Intrusion Prevention System)
③ IDS (Intrusion Dtection System)
④ UMS (Unified Messaging System)

보안장치	기 능
UTM	통합보안 관리시스템
IPS	행위기반 차단시스템
IDS	패턴기반 탐지시스템

[정답] ①

88

사용자가 인터넷을 통해 서비스 제공자에게 접속하여 어플리케이션을 사용하고 사용한 만큼 비용을 지불한다. 서비스가 운용되고 있는 서버에 대한 운영체제, 하드웨어, 네트워크는 제어할 수 없고 오직 소프트웨어만 사용할 수 있는 서비스는 무엇인가?

① Paas ② Saas
③ Iaas ④ Naas

- **클라우드 서비스**

IaaS	PaaS	SaaS
Infrastructure as a Service	Platform as a Service	Software as a Service
Your Application	Your Application	Your Application
Frameworks	Frameworks	Frameworks
Web Server	Web Server	Web Server
OS Service	OS Service	OS Service
Operating System	Operating System	Operating System
Virtualized Instance	Virtualized Instance	Virtualized Instance
Hardware	Hardware	Hardware
확장성이 높고 자동화된 컴퓨팅 리소스를 가상화하여 제공.	OS, 미들웨어와 같은 소프트웨어 작성을 위한 플랫폼을 가상화하여 제공, 관리	소프트웨어와 데이터를 제공하고 관리

[정답] ②

89
할당 받은 주파수의 이용기간 중 대가에 의한 주파수 할당과 심사에 의한 주파수 할당의 이용기간의 범위가 맞게 짝지어진 것은?
① 10년, 20년
② 20년, 10년
③ 5년, 10년
④ 10년, 5년

- **전파법 제15조(할당받은 주파수의 이용기간)**
  ① 과학기술정보통신부장관은 주파수의 이용여건 등을 고려하여 제11조(대가에 의한 주파수할당)에 따라 할당하는 주파수는 20년의 범위에서, 제12조(심사에 의한 주파수할당)에 따라 할당하는 주파수는 10년의 범위에서 그 이용기간을 정하여야 한다.

[정답] ②

90
아마추어국의 개설조건 중 무선설비의 안테나공급전력은 최대 몇 와트 이하이어야 하는가?(단, 이동하는 아마추어국의 경우는 제외한다.)
① 100[W]
② 200[W]
③ 500[W]
④ 1,000[W]

- **전파법 시행령 제27조(무선국의 개설조건)**
  ② 아마추어국은 개설조건 외에 다음 각 호의 개설조건을 갖추어야 한다.
  2. 무선설비의 안테나공급전력이 1킬로와트(이동하는 아마추어국의 경우에는 50와트) 이하 일 것

[정답] ④

91
평수구역 안에서만 운항하는 선박(여객선 및 어선 제외)의 의무선박국의 정기검사 유효 기간은?
① 1년
② 2년
③ 3년
④ 5년

- **전파법 시행령 제44조(정기검사의 유효기간)**
  ① 법 제24조제4항 각 호 외의 부분에서 "대통령령으로 정하는 기간"이란 다음 각 호의 구분에 따른 기간을 말한다.
  2. 다음 각 목에 따른 무선국: 2년
     가. 총톤수 40톤 미만인 어선의 의무선박국
     나. 평수구역 안에서만 운항하는 선박(여객선 및 어선은 제외한다)의 의무선박국
     다. 회전익항공기 및 경량항공기의 의무항공기국

[정답] ②

92
우주국과 통신을 하기 위하여 지구에 개설한 무선국은?
① 우주국
② 위성국
③ 지구국
④ 지구우주국

- **전파법 제2조(정의)**
  ⑪ "지구국(地球局)"이란 우주국과 통신을 하기 위하여 지구에 개설한 무선국을 말한다

[정답] ③

93
무선국의 개설 허가 시 심사해야 할 대상이 아닌 것은?
① 주파수지정이 가능한지의 여부
② 기술기준에 적합한지의 여부
③ 무선종사자의 자격과 정원이 배치기준에 적합한지의 여부
④ 개설목적을 달성하는데 최대한의 주파수 및 안테나공급전력을 사용하는지의 여부

- **전파법 제21조(무선국 개설허가 등의 절차)**
  ① 무선국의 개설허가 또는 허가받은 사항을 변경하기 위한 허가(이하 "변경허가"라 한다)를 받으려는 자는 대통령령으로 정하는 바에 따라 미래창조과학부장관에게 신청하여야 한다.
  ② 과학기술정보통신부장관은 제1항에 따른 신청을 받은 때에는 다음 각 호의 사항을 심사하여야 한다.
  1. 주파수지정이 가능한지의 여부
  2. 설치하거나 운용할 무선설비가 제45조에 따른 기술기준에 적합한지의 여부
  3. 무선종사자의 배치계획이 제71조에 따른 자격·정원배치기준에 적합한지의 여부
  4. 제20조의2에 따른 무선국의 개설조건에 적합한지의 여부

[정답] ④

94
거짓으로 적합성평가를 받은 후 그 적합성평가의 취소처분을 받은 경우에 해당 기자재는 얼마 이내의 기간 동안 적합성평가를 받을 수 없는가?
① 1년
② 2년
③ 3년
④ 5년

- **전파법 시행령/ 제77조의8(적합성평가의 취소)**
  [적합성 평가 취소 기간]
  1. 해당 방송통신기자재등이 적합성평가기준에 적합하지 아니하게 된 경우나 적합성평가표시를 하지 아니하거나 거짓으로 표시한 경우 사유로 취소처분을 받은 경우: 6개월
  2. 거짓이나 그 밖의 부정한 방법으로 적합성평가를 받은 경우: 1년

[정답] ①

95 다음 중 신고로서 무선국 개설이 가능한 경우가 아닌 것은?

① 적합성평가를 받은 무선설비를 사용하는 아마추어국
② 발사하는 전파가 미약한 무선국 또는 무선설비의 설치공사가 필요없는 무선국
③ 수신전용의 무선국
④ "대가에 의한 주파수할당" 규정에 의하여 주파수할당을 받은 자가 전기통신역무 등을 제공하기 위하여 개설하는 무선국

- 제19조의2(신고를 통한 무선국 개설 등)
① 제19조제1항에도 불구하고 다음 각 호의 어느 하나에 해당하는 무선국으로서 국가 간, 지역 간 전파혼신 방지 등을 위하여 주파수 또는 안테나공급전력을 제한할 필요가 없다고 인정되거나 인명안전 등을 목적으로 개설하는 것이 아닌 무선국 등 대통령령으로 정하는 무선국을 개설하려는 자는 과학기술정보통신부장관에게 신고하여야 한다. 신고한 사항 중 대통령령으로 정하는 사항을 변경하려는 경우에도 또한 같다.
1. 발사하는 전파가 미약한 무선국이나 무선설비의 설치공사를 할 필요가 없는 무선국
2. 수신전용의 무선국
3. 제11조 또는 제12조에 따라 주파수할당을 받은 자가 전기통신역무 등을 제공하기 위하여 개설하는 무선국
4. 「방송법」 제2조제1호라목에 따른 이동멀티미디어방송을 위하여 개설하는 무선국
② 제1항에도 불구하고 발사하는 전파가 미약한 무선국 등으로서 대통령령으로 정하는 무선국은 과학기술정보통신부장관에게 신고하지 아니하고 개설할 수 있다.

[정답] ④

96 일반적인 경우 통신관련 시설의 접지저항은 몇 [Ω]이하를 기준으로 하는가?

① 10[Ω]　② 50[Ω]
③ 100[Ω]　④ 500[Ω]

- 제5조(접지저항 등)
② 통신관련시설의 접지저항은 10Ω 이하를 기준으로 한다.

[정답] ①

97 무선설비의 안전시설기준에서 정하는 발전기, 정류기 등에 인입되는 고압전기는 절연차폐체 내에 수용하여야 한다. 다음 중 고압전기에 포함되는 것은?

① 220 볼트를 초과하는 교류전압
② 220 볼트를 초과하는 직류전압
③ 500 볼트를 초과하는 교류전압
④ 750 볼트를 초과하는 직류전압

- 무선설비 규칙 제17조(무선설비의 안전시설)
① 무선설비에 전원의 공급을 위하여 고압전기(600볼트를 초과하는 고주파 및 교류전압과 750볼트를 초과하는 직류전압을 말한다. 이하 같다)를 발생시키는 발전기나 고압전기가 인입되는 변압기, 정류기 등을 이용할 경우에는 해당 기기들은 외부에서 쉽게 닿지 아니하도록 절연차폐체 또는 접지된 금속차폐체 안에 있어야 한다. 다만, 취급자 외의 자가 출입하지 못하도록 된 장소에 설치되는 경우는 예외로 한다

[정답] ④

98 적합인증을 받고자 하는 자가 제출하여야 하는 서류가 아닌 것은?

① 적합 인증신청서
② 사용자설명서
③ 적합성평가기준에 부합함을 증명하는 확인서
④ 지정시험기관의 장이 발행하는 시험성적서

방송통신기자재 등의 적합성평가에 관한 고시 제5조(적합인증의 신청 등)
① 제3조제1항에 따른 대상기자재에 대하여 적합인증을 신청하고자 하는 자는 다음 각 호의 신청서와 첨부서류(전자문서를 포함한다)를 작성하여 원장에게 제출하여야 한다.
1. 별지 제1호서식의 적합인증신청서
2. 사용자설명서(한글본) : 제품개요, 사양, 구성 및 조작방법 등이 포함되어야 한다.
3. 다음 각 목 중 어느 하나의 시험성적서
　가. 지정시험기관의 장이 발행하는 시험성적서
　나. 원장이 발행하는 시험성적서
　다. 국가 간 상호 인정협정을 체결한 국가의 시험기관 중 원장이 인정한 시험기관의 장이 발행한 시험성적서
4. 외관도 : 제품의 전면·후면 및 타 기기와의 연결부분과 적합성평가표시 사항의 식별이 가능한 사진을 제출하여야 한다.
5. 부품 배치도 또는 사진 : 부품의 번호, 사양 등의 식별이 가능하여야 한다.
6. 회로도
　가. 적합성평가를 받은 '무선 송·수신용 부품'을 기자재의구성품으로 사용하는 경우에는 해당 부분을 생략할 수 있다.
　나. 적합성평가기준 적용분야가 유선분야에 해당하는 기자재인 경우에는 전원 및 기간통신망과 직접 접속되는 부분의 회로도를 제출한다.
7. 대리인 지정서 : 제27조에 따른 별지 제4호서식의 대리인 지정(위임)서

[정답] ③

99. 적합인증을 받아야 하는 대상기기 중 틀린 것은?

① 무선방위측정기
② 정보자동 전화장치
③ 전계강도측정기
④ 네비텍스 수신기

> **• 방송통신기자재 등의 적합성평가에 관한 고시**
> 제3조(적합성평가 대상기자재의 분류 등)
> ① 영 제77조의2제1항 각 호에 따른 적합인증 대상기자재는 별표 1과 같다.
> 대상기기:네비텍스수신기, 무선호출국용 무선설비의 기기, 주파수공용 무선전화 영상전송기는 법 개정으로 삭제
>
> **[정답]** ③

100. 방송통신의 진흥을 위하여 기술정보의 제공 등 기술지도를 할 수 있는 자는?

① 문화체육관광부장관
② 산업통상자원부장관
③ 정보통신진흥협회회장
④ 과학기술정보통신부장관

> 방송통신발전기본법 제16조(방송통신기술의 진흥 등) 과학기술정보통신부장관은 방송통신기술의 진흥을 통한 방송통신서비스 발전을 위하여 다음 각 호의 시책을 수립·시행하여야 한다.
> 1. 방송통신과 관련된 기술수준의 조사, 기술의 연구개발, 개발기술의 평가 및 활용에 관한 사항
> 2. 방송통신 기술협력, 기술지도 및 기술이전에 관한 사항
> 3. 방송통신기술의 표준화 및 새로운 방송통신기술의 도입 등에 관한 사항
> 4. 방송통신 기술정보의 원활한 유통을 위한 사항
> 5. 방송통신기술의 국제협력에 관한 사항
> 6. 그 밖에 방송통신기술의 진흥에 관한 사항
>
> **[정답]** ④